Segurança de Processos Químicos

Fundamentos e Aplicações

Terceira Edição

O GEN | Grupo Editorial Nacional reúne as editoras Guanabara Koogan, Santos, Roca, AC Farmacêutica, Forense, Método, LTC, E.P.U. e Forense Universitária, que publicam nas áreas científica, técnica e profissional.

Essas empresas, respeitadas no mercado editorial, construíram catálogos inigualáveis, com obras que têm sido decisivas na formação acadêmica e no aperfeiçoamento de várias gerações de profissionais e de estudantes de Administração, Direito, Enfermagem, Engenharia, Fisioterapia, Medicina, Odontologia, Educação Física e muitas outras ciências, tendo se tornado sinônimo de seriedade e respeito.

Nossa missão é prover o melhor conteúdo científico e distribuí-lo de maneira flexível e conveniente, a preços justos, gerando benefícios e servindo a autores, docentes, livreiros, funcionários, colaboradores e acionistas.

Nosso comportamento ético incondicional e nossa responsabilidade social e ambiental são reforçados pela natureza educacional de nossa atividade, sem comprometer o crescimento contínuo e a rentabilidade do grupo.

Segurança de Processos Químicos

Fundamentos e Aplicações

Terceira Edição

Daniel A. Crowl

Joseph F. Louvar

Tradução e Revisão Técnica

Bruno de Almeida Barbabela
Engenheiro Químico

Carlos André Vaz Junior, D.Sc.
Professor da Escola de Química da Universidade Federal do Rio de Janeiro

Os autores e a editora empenharam-se para citar adequadamente e dar o devido crédito a todos os detentores dos direitos autorais de qualquer material utilizado neste livro, dispondo-se a possíveis acertos caso, inadvertidamente, a identificação de algum deles tenha sido omitida.

Não é responsabilidade da editora nem dos autores a ocorrência de eventuais perdas ou danos a pessoas ou bens que tenham origem no uso desta publicação.

Apesar dos melhores esforços dos autores, dos tradutores, do editor e dos revisores, é inevitável que surjam erros no texto. Assim, são bem-vindas as comunicações de usuários sobre correções ou sugestões referentes ao conteúdo ou ao nível pedagógico que auxiliem o aprimoramento de edições futuras. Os comentários dos leitores podem ser encaminhados à **LTC — Livros Técnicos e Científicos Editora** pelo e-mail ltc@grupogen.com.br.

Authorized translation from the English language edition, entitled CHEMICAL PROCESS SAFETY: FUNDAMENTALS WITH APPLICATIONS, 3rd Edition, 0131382268 by CROWL, DANIEL A.; LOUVAR, JOSEPH F., published by Pearson Education, Inc., publishing as Prentice Hall, Copyright © 2011 by Pearson Education, Inc.

All rights reserved. No part of this book may be reproduced or transmitted in any form or by any means, electronic or mechanical, including photocopying, recording or by any information storage retrieval system, without permission from Pearson Education, Inc.

Portuguese language edition published by LTC — LIVROS TÉCNICOS E CIENTÍFICOS EDITORA LTDA., Copyright © 2015.

Esta edição é uma tradução autorizada da edição em língua inglesa, intitulada CHEMICAL PROCESS SAFETY: FUNDAMENTALS WITH APPLICATIONS, 3ª Edição, 0131382268 de CROWL, DANIEL A.; LOUVAR, JOSEPH F. publicada pela Pearson Education, Inc., por meio do selo Prentice Hall, Copyright © 2011 by Pearson Education, Inc.

Todos os direitos reservados. Nenhuma parte deste livro pode ser reproduzida sob quaisquer formas ou por quaisquer meios (eletrônico, mecânico, gravação, fotocópia, distribuição na internet ou outros), sem permissão expressa da detentora do copyright original, Pearson Education, Inc.

Direitos exclusivos para a língua portuguesa
Copyright © 2015 by
LTC — Livros Técnicos e Científicos Editora Ltda.
Uma editora integrante do GEN | Grupo Editorial Nacional
Reservados todos os direitos. É proibida a duplicação ou reprodução deste volume, no todo ou em parte, sob quaisquer formas ou por quaisquer meios (eletrônico, mecânico, gravação, fotocópia, distribuição na internet ou outros), sem permissão expressa da editora.

Travessa do Ouvidor, 11
Rio de Janeiro, RJ – CEP 20040-040
Tels.: 21-3543-0770 / 11-5080-0770
Fax: 21-3543-0896
ltc@grupogen.com.br
www.ltceditora.com.br

Designer: Leônidas Leite
Imagem da capa: © Light & Magic Photography | Dreamstime.com
Editoração Eletrônica: Hera

CIP-BRASIL. CATALOGAÇÃO NA PUBLICAÇÃO
SINDICATO NACIONAL DOS EDITORES DE LIVROS, RJ

L918s
3. ed.

Crowl, Daniel A.
Segurança de processos químicos – fundamentos e aplicações / Daniel A. Crowl, Joseph F. Louvar ; tradução e revisão técnica Bruno de Almeida Barbabela, Carlos André Vaz Junior. - 3. ed. - Rio de Janeiro : LTC, 2015.
il. ; 28 cm.

Tradução de: Chemical process safety – fundamentals with applications
Inclui apêndice, bibliografia e índice
ISBN 978-85-216-2518-6

1. Engenharia química. I. Título.

13-06017	CDD: 660.2842
	CDU: 66.02

Sumário

Prefácio xv

Sobre os Autores xvii

Nomenclatura xix

1 Introdução 1

- 1-1 Programas de Segurança 2
- 1-2 Ética na Engenharia 4
- 1-3 Estatísticas de Acidentes e Perdas 4
- 1-4 Risco Aceitável 12
- 1-5 Percepções do Público 12
- 1-6 A Natureza do Processo de um Acidente 14
- 1-7 Segurança Intrínseca (ou Inerente) 19
- 1-8 Sete Desastres Significativos 22
    - Flixborough, Inglaterra 22
    - Bhopal, Índia 23
    - Seveso, Itália 25
    - Pasadena, Texas 25
    - Texas City, Texas 27
    - Jacksonville, Florida 28
    - Port Wentworth, Geórgia 28
- Leitura Sugerida 29
- Problemas 30

2 Toxicologia 35

- 2-1 Como Tóxicos Entram em Organismos Biológicos 36
    - Trato Gastrintestinal 37
    - Pele 37
    - Sistema Respiratório 38
- 2-2 Como Tóxicos São Eliminados pelos Organismos Biológicos 39
- 2-3 Efeitos de Tóxicos nos Organismos Biológicos 39
- 2-4 Estudos Toxicológicos 40
- 2-5 Dose *versus* Resposta 41
- 2-6 Modelos para Curvas de Dose Resposta 47
- 2-7 Toxidez Relativa 52
- 2-8 Valores de Concentração Limite ou Limites de Tolerância 53
- 2-9 O Diamante da NFPA (National Fire Protection Association) 55
- Recursos na Internet 56
- Leitura Sugerida 56
- Problemas 57

3 Higiene Industrial 61

- 3-1 Normas Governamentais 62
  - Leis e Normas 62
  - Criação de uma Lei 62
  - Criação de uma Norma 62
  - OSHA: Gestão da Segurança dos Processos 66
  - EPA: Plano de Gestão de Risco 69
  - DHS: Normas Antiterrorismo para Instalações de Produtos Químicos (CFATS) 71
- 3-2 Higiene Industrial: Antecipação e Identificação 73
  - Folhetos de Especificações de Segurança do Material 75
- 3-3 Higiene Industrial: Avaliação 77
  - Avaliação das Exposições aos Tóxicos Voláteis pelo Monitoramento 80
  - Avaliação das Exposições do Trabalhador à Poeira 84
  - Avaliação da Exposição do Trabalhador ao Ruído 85
  - Estimativa da Exposição do Trabalhador aos Vapores Tóxicos 87
  - Estimativa da Taxa de Evaporação de um Líquido 89
  - Estimativa das Exposições do Trabalhador durante as Operações de Enchimento dos Recipientes 92
- 3-4 Higiene Industrial: Controle 95
  - Respiradores 95
  - Ventilação 97
- Recursos na Internet 104
- Leitura Sugerida 104
- Problemas 104

4 Modelos de Fonte 113

- 4-1 Introdução aos Modelos de Fonte 113
- 4-2 Escoamento de Líquido através de um Orifício 116
- 4-3 Escoamento de Líquido através de um Orifício em um Tanque 119
- 4-4 Escoamento de Líquidos através de Tubulações 124
  - Método 2-K 127
- 4-5 Escoamento dos Gases ou Vapores através de Orifícios 133
- 4-6 Escoamento de Gases ou Vapores através de Tubulações 138
  - Escoamentos Adiabáticos 138
  - Escoamentos Isotérmicos 145
- 4-7 Vaporização Instantânea ou Flash de Líquidos 154
- 4-8 Evaporação ou Ebulição de Piscina de Líquido 160
- 4-9 Hipóteses de Liberação Realistas e Cenários Mais Desfavoráveis 162
- 4-10 Análise Conservadora 162
- Leitura Sugerida 164
- Problemas 165

5 Modelos de Liberação Tóxica e de Dispersão 176

- 5-1 Parâmetros que Afetam a Dispersão 177
- 5-2 Modelos de Dispersão de Empuxo Neutro 180
  - Caso 1: Estado Estacionário para Emissão Contínua a partir de Fonte Pontual, sem Vento 183
  - Caso 2: *Puff* sem Vento 184

Caso 3: Regime Não Permanente para Emissão Contínua a partir de Fonte Pontual, sem Vento 185

Caso 4: Estado Estacionário para Emissão Contínua a partir de Fonte Pontual, com Vento 185

Caso 5: *Puff* sem Vento e com Coeficiente de Difusividade Sendo Função da Direção 186

Caso 6: Estado Estacionário para Emissão Contínua a partir de Fonte Pontual com Vento, e com Coeficiente de Difusividade Sendo Função da Direção 187

Caso 7: *Puff* com Vento 187

Caso 8: *Puff* sem Vento e com Fonte Localizada no Solo 188

Caso 9: Pluma em Estado Estacionário com Fonte Localizada no Solo 188

Caso 10: Estado Estacionário para Liberação Contínua com Fonte Localizada a uma Altura H_r Acima do Solo 188

Modelo de Pasquill-Gifford 189

Caso 11: *Puff* com Liberação Instantânea, Fonte no Nível do Solo, Coordenadas Fixas na Fonte, Vento Constante Apenas na Direção x com Velocidade Constante u 189

Caso 12: Pluma em Estado Estacionário, com Fonte Contínua Localizada no Nível do Solo e Vento se Movendo na Direção x com Velocidade Constante u 193

Caso 13: Pluma em Estado Estacionário, com Fonte Contínua Localizada a uma Altura H_r acima do Nível do Solo e Vento se Movendo na Direção x com Velocidade Constante u 194

Caso 14: *Puff* com Fonte Pontual Instantânea Localizada em uma Altura H_r acima do Nível do Solo, e um Sistema de Coordenadas no Solo que se Move com o *Puff* 195

Caso 15: *Puff* com Fonte Pontual Instantânea Localizada em uma Altura H_r acima do Nível do Solo e um Sistema de Coordenadas Fixo no Solo no Ponto de Emissão 195

Condições de Pior Cenário 196

Limitações da Modelagem da Dispersão de Pasquill-Gifford 196

5-3 Dispersão de Gases Densos 196

5-4 Transição de Gás Denso para Gás de Empuxo Neutro 205

Ponto de Transição no Caso de Liberação Contínua 206

Concentração na Direção do Vento para Emissão Contínua 207

Ponto de Transição no Caso de Liberação Instantânea 208

Composição na Direção do Vento para Emissão Instantânea 208

5-5 Critérios Relativos aos Efeitos Tóxicos 211

5-6 Efeito do Momento e do Empuxo na Liberação 217

5-7 Atenuação da Emissão 220

Leitura Sugerida 222

Problemas 222

6 Incêndios e Explosões 231

6-1 O Triângulo do Fogo 231

6-2 Distinção entre Incêndios e Explosões 233

6-3 Definições 233

6-4 Características de Inflamabilidade dos Líquidos e Vapores 235

Líquidos 235

Gases e Vapores 239

Misturas de Vapor 239

Dependência do Limite de Inflamabilidade com a Temperatura 241

Dependência do Limite de Inflamabilidade com a Pressão 241
Estimativa dos Limites de Inflamabilidade 242
6-5 Concentração Limite de Oxigênio e Inertização 245
6-6 Diagrama de Inflamabilidade 248
6-7 Energia de Ignição 255
6-8 Autoignição 256
6-9 Auto-Oxidação 256
6-10 Compressão Adiabática 257
6-11 Fontes de Ignição 258
6-12 Sprays e Névoas 259
6-13 Explosões 260
Detonação e Deflagração 261
Explosões Confinadas 262
Danos de Explosão Resultantes da Sobrepressão 271
Método TNT Equivalente ou Equivalência de TNT 275
Método de Multienergia da TNO 276
Energia das Explosões Químicas 280
Energia das Explosões Mecânicas 282
"Dano por Míssil" ou "efeito granada" 284
Danos Pessoais Decorrentes de Explosões 285
Explosões de Nuvem de Vapor 286
Explosões de Vapor em Expansão de Líquido em Ebulição 287
Leitura Sugerida 287
Problemas 288

7 Conceitos para Prevenir Incêndios e Explosões 298

7-1 Inertização 298
Purga a Vácuo 299
Purga por Pressão 302
Purga Combinada por Pressão-Vácuo 303
Purga a Vácuo e por Pressão com Nitrogênio Impuro 304
Vantagens e Desvantagens dos Vários Procedimentos de Inertização por Pressão e a Vácuo 305
Purga por Varrimento 305
Purga por Sifão 307
Utilização do Diagrama de Inflamabilidade para Evitar Atmosferas Inflamáveis 307
7-2 Eletricidade Estática 312
Fundamentos de Carga Estática 312
Acúmulo de Carga 313
Descargas Eletrostáticas 314
Energia das Descargas Eletrostáticas 316
Energia das Fontes Eletrostáticas de Ignição 317
Fluxo de Corrente 317
Queda de Voltagem Eletrostática
Energia dos Capacitores Carregados 321
Capacitância de um Corpo 325
Balanço de Cargas 328

	7-3	Controle da Eletricidade Estática 334
		Métodos Gerais de Projeto para Evitar as Ignições Eletrostáticas 334
		Relaxamento 335
		União e Aterramento 336
		Tubulações de Imersão 338
		Aumentando a Condutividade com Aditivos 338
		Manuseio de Sólidos sem Vapores Inflamáveis 339
		Manuseio de Sólidos com Vapores Inflamáveis 340
	7-4	Equipamentos e Instrumentos à Prova de Explosão 340
		Invólucros à Prova de Explosão 341
		Classificação da Área e do Material 342
		Projeto de uma Área XP 342
	7-5	Ventilação 342
		Plantas ao Ar Livre 343
		Plantas no Interior de Edificações 343
	7-6	Sprinkler ou Chuveiros Automáticos 345
	7-7	Conceitos Diversos para Evitar Incêndios e Explosões 347
		Leitura Sugerida 349
		Problemas 350

8   Reatividade Química   356

	8-1	Compreensão sobre o Tema 356
	8-2	Compromisso, Conscientização e Identificação dos Perigos Relacionados aos Produtos Químicos Reativos 359
	8-3	Caracterização dos Perigos Relacionados a Produtos Químicos Reativos Utilizando Calorímetros 364
		Introdução à Calorimetria dos Produtos Químicos Reativos 365
		Análise Teórica dos Dados do Calorímetro 371
		Estimação de Parâmetros a partir de Dados Calorimétricos 381
		Ajuste dos Dados para a Capacidade Calorífica do Recipiente da Amostra 385
		Calor da Reação a partir dos Dados Calorimétricos 386
		Utilização dos Dados de Pressão do Calorímetro 386
		Aplicação dos Dados Calorimétricos 387
	8-4	Controle dos Perigos da Reatividade Química 388
		Leitura Sugerida 390
		Problemas 391

9   Introdução aos Alívios de Pressão   402

	9-1	Conceitos de Alívio 403
	9-2	Definições 405
	9-3	Localização dos Alívios 406
	9-4	Tipos e Características dos Alívios de Pressão 408
		Operados por Mola e Discos de Ruptura 408
		Alívios do Tipo Pino de Ruptura 412
		Alívios Operados por Válvula Piloto 412
		Vibração 413
		Vantagens e Desvantagens dos Vários Alívios 413

9-5 Cenários de Alívio de Pressão 413
9-6 Dados para Dimensionar os Alívios 415
9-7 Sistemas de Alívio de Pressão 416
  Práticas de Instalação de Alívios 416
  Considerações no Projeto de Alívios de Pressão 418
  Vaso de *Knockout* Horizontal 419
  Flare ou Tocha 421
  Scrubbers 422
  Condensadores 423
Leitura Sugerida 423
Problemas 423

10 Dimensionamento dos Alívios de Pressão 428

10-1 Alívios Convencionais Operados por Mola para Escoamento de Líquido 429
10-2 Alívios Convencionais Operados por Mola para Escoamento de Vapor ou Gás 434
10-3 Discos de Ruptura no Escoamento de Líquido 439
10-4 Discos de Ruptura no Escoamento de Vapor ou Gás 439
10-5 Escoamento Bifásico durante o Alívio de uma Reação Descontrolada 441
  Método do Nomograma Simplificado 446
10-6 Alívios Operados por Válvula Piloto e com Pino de Ruptura 449
10-7 Ventilação para Explosões de Poeira e Vapor 449
  Ventilações para Estruturas para Baixa Pressão 450
  Ventilações para Estruturas de Alta Pressão 452
10-8 Ventilação para Incêndios Externos aos Tanques de Processo 455
10-9 Alívios para Expansão Térmica dos Fluidos de Processo 459
Leitura Sugerida 462
Problemas 463

11 Identificação de Perigos 471

11-1 Listas de Verificação dos Perigos do Processo 473
11-2 Levantamento dos Perigos 478
11-3 HAZOP – Estudos de Perigos e Operabilidade 488
11-4 Avaliação da Segurança (*Safety Review*) 495
  Avaliação Informal 497
  Avaliação Formal 499
11-5 Outros Métodos 501
Leitura Sugerida 502
Problemas 502

12 Avaliação de Risco 512

12-1 Revisão da Teoria das Probabilidades 513
  Interações entre as Unidades de Processamento 514
  Falhas Reveladas e Falhas Ocultas 520
  Probabilidade de Coincidência 524
  Redundância 525
  Falhas de Causa Comum 526

Sumário   xi

    12-2   Árvore de Eventos   526
    12-3   Árvore de Falhas   530
                Determinação dos Conjuntos dos Cortes Mínimos   534
                Cálculos Quantitativos Utilizando a Árvore de Falhas   535
                Vantagens e Desvantagens das Árvores de Falhas   536
                Relação entre as Árvores de Falhas e as Árvores de Eventos   537
    12-4   AQR e LOPA   537
                Análise Quantitativa de Riscos   538
                Análise das Camadas de Proteção   538
                Consequência   540
                Frequência   540
                LOPA Típica   546
        Leitura Sugerida   548
        Problemas   549

13   Procedimentos e Projetos de Segurança   555

    13-1   Hierarquia de Segurança de Processos   556
                Estratégias de Segurança de Processos   556
                Camadas de Proteção   556
    13-2   Gerenciando a Segurança   556
                Documentação   557
                Comunicação   557
                Delegação   557
                Acompanhamento   557
    13-3   Práticas Recomendadas   558
    13-4   Procedimentos – Operação   558
    13-5   Procedimentos – Permissões   559
                Permissão para Trabalho a Quente   559
                Permissão Bloquear-Etiquetar-Experimentar   559
                Permissão de Entrada no Tanque   560
    13-6   Procedimentos – Avaliações de Segurança e Investigações de Acidentes   561
                Avaliações de Segurança   561
                Investigação de Incidentes   561
    13-7   Projetos para Segurança de Processos   562
                Projetos Inerentemente mais Seguros   562
                Controles – Duplo Bloqueio e Purga   564
                Controles – Salvaguardas ou Redundância   564
                Controles – Válvulas de Bloqueio   564
                Controles – Supressão de Explosões   565
                Supressores de Chama   565
                Confinamento   566
                Materiais de Construção   567
                Vasos de Processamento   567
                Deflagrações   568
                Detonações   569
    13-8   Projetos Diversos para Incêndios e Explosões   572
    13-9   Projetos para Reações Descontroladas   572

13-10 Projetos para Lidar com Pó e Poeira 573
       Projetos para Prevenir Explosões de Pó 574
       Práticas de Gestão para Prevenir as Explosões de Pó e Poeiras 574
  Leitura Sugerida 574
  Problemas 575

14 Casos Históricos 578

14-1 Eletricidade Estática 579
       Explosão no Carregamento de Vagões-Tanque 579
       Explosão em uma Centrífuga 579
       Explosão no Sistema de Dutos 579
       Condutor em um Depósito de Sólidos 580
       Pigmento e Filtro 580
       Auxiliar de Manutenção 581
       Lições Aprendidas com a Eletricidade Estática 581

14-2 Reatividade Química 582
       Frasco de Éter Isopropílico 587
       Decomposição do Nitrobenzeno do Ácido Sulfônico 587
       Oxidação Orgânica 587
       Lições Aprendidas com a Reatividade Química 588

14-3 Projetos de Sistemas 588
       Explosão de Óxido de Etileno 588
       Explosão de Etileno 588
       Explosão de Butadieno 589
       Explosão de Hidrocarboneto Leve 589
       Vibração da Bomba 589
       Falha da Bomba 590
       Segunda Explosão de Etileno 590
       Terceira Explosão de Etileno 590
       Segunda Explosão de Óxido de Etileno 591
       Lições Aprendidas com os Projetos 591

14-4 Procedimentos 594
       Testando um Tanque quanto a Vazamentos 594
       Homem Trabalhando em um Tanque 594
       Explosão de Cloreto de Vinil 595
       Perigosa Expansão da Água 595
       Reação Descontrolada de Fenol-Formaldeído 595
       As Condições e uma Reação Secundária Causam uma Explosão 596
       Explosão de Tanque de Mistura de Combustíveis 597
       Lições Aprendidas com os Procedimentos 597

14-5 Treinamento 598
       Falha na Solda 598
       Cultura de Segurança 598
       Treinamento dentro das Universidades 599
       Treinamento Relativo ao Uso dos Padrões 600
       Lições Aprendidas com o Treinamento 601

14-6 Conclusão 601
  Leitura Sugerida 602
  Problemas 602

A   **Constantes de Conversão de Unidades**   605

B   **Dados de Inflamabilidade de Hidrocarbonetos Selecionados**   608

C   **Equações Detalhadas para os Diagramas de Inflamabilidade**   613
       Equações Úteis para Misturas Gasosas   613
       Equações Úteis para Entrada e Saída de Serviço dos Tanques/Vasos de Processamento   618

D   **Relatório de Avaliação Formal da Segurança do Exemplo 10-4**   621

E   **Dados da Pressão de Saturação do Vapor**   632

F   **Tipos Especiais de Substâncias Químicas Reativas**   633

G   **Dados de Segurança para uma Série de Substâncias Químicas**   639

       Índice   649

Prefácio

A terceira edição de *Segurança de Processos Químicos* foi planejada para aprimorar o processo de aprendizado e aplicação dos fundamentos da segurança de processos químicos. Ela é adequada como referência industrial, para uma disciplina avançada de graduação, ou para um curso de pós-graduação em segurança de processos químicos. Pode ser utilizada por qualquer um interessado em melhorar a segurança de processos, incluindo engenheiros químicos, mecânicos e químicos. São apresentados mais materiais que podem ser acomodados em uma disciplina de três créditos, dando ao instrutor a oportunidade de enfatizar os tópicos de seu interesse.

O objetivo principal deste livro-texto é apresentar os importantes fundamentos técnicos da segurança de processos químicos. A ênfase nos fundamentos vai auxiliar o aluno e cientista praticante no *entendimento* dos conceitos e na aplicação adequada dos mesmos. Essa aplicação requer uma quantidade significativa de conhecimentos fundamentais e tecnologia.

A terceira edição foi reescrita para incluir novas tecnologias de segurança de processos, novas referências e dados atualizados que tenham surgido desde que a primeira edição foi publicada em 1990 e a segunda edição em 2002. Ela também inclui a nossa experiência no ensino de segurança de processos, tanto na indústria como no meio acadêmico, durante os últimos 20 anos.

A terceira edição contém dois capítulos novos. O Capítulo 8, "Reatividade Química", foi adicionado devido a recomendações da CSB (U.S. Chemical Safety Board), como resultado da investigação do acidente no T2 Laboratories. O Capítulo 13, "Procedimentos e Projetos de Segurança", foi adicionado para consolidar alguns conteúdos que estavam espalhados pelas edições anteriores e para apresentar uma discussão mais completa e detalhada. Removemos o capítulo sobre investigação de acidentes, que apareceu na primeira e na segunda edições; muito do conteúdo foi relocado para o Capítulo 13.

Continuamos a acreditar que um livro-texto sobre segurança só é possível com bases tanto na indústria como no meio acadêmico. As bases industriais garantem que o material seja relevante para a indústria. As bases acadêmicas asseguram que o material seja apresentado em seu fundamento, auxiliando professores e alunos a entenderem os conceitos. Embora ambos os autores sejam (agora) de universidades, um tem mais de 30 anos de experiência relevante na indústria (J.F.L.), e o outro (D.A.C.) acumulou experiência significativa em consultoria para a indústria e para o governo desde que a primeira edição foi escrita.

Desde que a primeira edição foi publicada, muitas universidades desenvolveram disciplinas, ou conteúdos em disciplinas, sobre segurança de processos químicos. Esta nova ênfase em segurança de processos nos Estados Unidos é o resultado das influências positivas da indústria e da ABET (Accreditation Board for Engineering and Technology). Baseado nos comentários de faculdades, este livro-texto é uma excelente aplicação dos tópicos fundamentais que são ensinados nos primeiros três anos de cursos de graduação.

Embora professores normalmente tenham pouca prática em segurança de processos químicos, eles têm achado que os conceitos neste texto e os exercícios e as soluções complementares são fáceis de aprender e ensinar. Professores também perceberam que os empregados de indústrias são fortemente entusiasmados e dispostos a oferecer palestras específicas sobre segurança, permitindo aprimorar as suas disciplinas.

Este livro-texto é planejado para uma disciplina dedicada de segurança de processos químicos. No entanto, continuamos a acreditar que segurança de processos químicos deve ser parte de cada disciplina de graduação e pós-graduação em química e engenharias química e mecânica, tanto como ela é parte de todas as experiências industriais. Este texto é uma excelente referência para essas disciplinas. O livro também pode ser usado como referência para uma disciplina de projeto.

Alguns podem comentar que a nossa apresentação não é completa ou que alguns detalhes estão faltando. O propósito deste livro, no entanto, não é ser completo, mas oferecer um ponto de partida para aqueles que desejam aprender sobre essa importante área. Há uma publicação, por exemplo, que complementa o assunto deste livro-texto intitulada *Health and Environmental Risk Analysis*, ampliando os tópicos relevantes para análise de riscos.

Agradecemos os nossos vários amigos que nos ajudaram a aprender os fundamentos da segurança de processos químicos e sua aplicação. Muitos desses amigos já faleceram – incluindo G. Boicourt, J. Wehman e W. Howard. Especificamente gostaríamos de agradecer S. Grossel, consultor industrial; B. Powers, aposentado da Dow Chemical Company; D. Hendershot, aposentado da Rohm and Haas; R. Welker, aposentado da University of Arkansas; R. Willey, da Northeastern University; R. Darby, aposentado da Texas A&M University; e Tom Spicer, da University of Arkansas. R. Willey, da Northeastern University, e V. Wilding, da BYU, geraram revisões muito úteis do manuscrito inteiro. Vários revisores forneceram comentários úteis sobre o Capítulo 8, "Reatividade Química", incluindo S. Horsch, H. Johnstone e C. Mashuga, da Dow Chemical Company; R. Johnson, da Unwin Corporation; J. Keith, da Michigan Technological University; e A. Theis, da Fauske and Associates.

Também reconhecemos e agradecemos todos os membros do Safety and Chemical Engineering Education (SACHE), Committee of the Center for Chemical Process Safety (CCPS) e o Safety and Loss Prevention Committee, do American Institute of Chemical Engineers. Somos honrados em sermos membros de ambos os comitês. Os membros desses comitês são os especialistas em segurança; o seu entusiasmo e conhecimento tem sido verdadeiramente educativo e uma inspiração chave para o desenvolvimento deste texto.

Finalmente, continuamos a reconhecer nossas famílias, que nos deram paciência, compreensão e encorajamento durante a escrita dessas três edições.

Esperamos que este livro-texto ajude a prevenir acidentes em plantas químicas e nas universidades, e contribua para um futuro muito mais seguro.

Daniel A. Crowl e Joseph F. Louvar

Sobre os Autores

Daniel A. Crowl participa* do programa de Segurança de Processos Químicos, da Michigan Technological University, financiado pela Herbert H. Dow Foundation. O Professor Crowl recebeu seu título de Bacharel em ciência de combustíveis pela Pennsylvania State University e seus títulos de Mestre e Ph.D. em engenharia química pela University of Illinois.

Ele é coautor do livro-texto *Segurança de Processos Químicos – Fundamentos e Aplicações*, primeira e segunda edições. Também é autor/editor de vários livros do American Institute of Chemical Engineers (AIChE) sobre segurança de processos e editor da seção sobre segurança da oitava edição de *Perry's Chemical Engineer's Handbook*.

O Professor Crowl ganhou vários prêmios, incluindo o Bill Doyle Award, do AIChE, o Chemical Health and Safety Award, da American Chemical Society (ACS), o Walton/Miller Award, da Safety and Health Division do AIChE, e o Gary Leach Award, do Conselho do AIChE.

O Professor Crowl é membro do AIChE, da Safety and Health Division da ACS e do Center for Chemical Process Safety (CCPS).

Joseph F. Louvar tem títulos de Bacharel, Mestre e Ph.D. em engenharia química. É atualmente professor da Wayne State University após ter se aposentado da BASF Corporation. Enquanto trabalhando na BASF Corporation, foi diretor do departamento de engenharia química da BASF; suas responsabilidades incluíam a produção de especialidades químicas, e gerenciou a implementação e manutenção de cinco processos que empregavam químicos altamente perigosos e que eram cobertos por uma Gestão de Segurança de Processos. Como professor da Wayne State University, leciona segurança de processos químicos, avaliação de riscos e projeto de processos.

O Professor Louvar é o autor de várias publicações relacionadas com segurança e coautor de dois livros, *Segurança de Processos Químicos – Fundamentos e Aplicações*, primeira e segunda edições, e *Health and Environmental Risk Analysis: Fundamentals with Applications*. O Professor Louvar foi presidente do Loss Prevention Committee, e da Safety and Health Division. É consultor do CCPS para o Undergraduate Education Committee, comumente conhecido como Safety and Chemical Engineering Education Committee, SACHE; também é coeditor do periódico do AIChE para segurança de processos, *Process Safety Progress*.

---

*No momento em que a edição original deste livro foi escrita. (N.E.)

Material Suplementar

Este livro conta com os seguintes materiais suplementares:

- Ilustrações da obra em formato de apresentação (acesso restrito a docentes).
- Lecture PowerPoint Slides: arquivos em formato (.ppt) contendo apresentações em inglês para uso em sala de aula (acesso restrito a docentes).
- Solutions Manual: arquivo em formato (.pdf) contendo soluções em inglês para os exercícios do livro-texto (acesso restrito a docentes).

O acesso ao material suplementar é gratuito, bastando que o leitor se cadastre em: http://gen-io.grupogen.com.br

GEN-IO (GEN | Informação Online) é o repositório de materiais suplementares e de serviços relacionados com livros publicados pelo GEN | Grupo Editorial Nacional, maior conglomerado brasileiro de editoras do ramo científico-técnico-profissional, composto por Guanabara Koogan, Santos, Roca, AC Farmacêutica, Forense, Método, LTC, E.P.U. e Forense Universitária. Os materiais suplementares ficam disponíveis para acesso durante a vigência das edições atuais dos livros a que eles correspondem.

Nomenclatura*

a	velocidade do som (comprimento/tempo)
A	área (comprimento^2) ou energia livre de Helmholtz (energia/mol); ou disponibilidade de um componente do processo; ou constante pré-exponencial da taxa de reação de Arrhenius (tempo^{-1})
A_t	área do corte transversal de um tanque (comprimento^2)
ΔA	variação na energia livre de Helmholtz (energia/mol)
B	incremento na temperatura de um reator adiabático (adimensional)
C	concentração mássica (massa/volume) ou capacitância (Farads)
C_0	coeficiente de descarga (adimensional), ou concentração na fonte (massa/volume)
C_1	concentração em um tempo específico (massa/volume)
C_m	concentração de gás denso (fração volumétrica)
C_p	capacidade calorífica a pressão constante (energia/massa grau)
C_{ppm}	concentração em partes por milhão em volume
C_v	capacidade calorífica a volume constante (energia/massa grau)
C_{vent}	constante de deflagração do suspiro (pressão$^{1/2}$)
C_x	concentração na distância x na direção do vento (massa/volume)
$\langle C \rangle$	concentração mássica média (massa/volume)
d	diâmetro (comprimento)
d_p	diâmetro da partícula (comprimento)
d_f	diâmetro da lança da tocha (comprimento)
D	coeficiente de difusão (área/tempo)
D_c	dimensão característica da fonte para liberações contínuas de gases densos (comprimento)
D_i	dimensão característica da fonte para liberações instantâneas de gases densos (comprimento)
D_0	coeficiente de difusão de referência (área/tempo)
D_m	difusividade molecular (área/tempo)
D_{dti}	dose total integrada devido a um *puff* de vapor passante (massa tempo/volume)
E_a	energia de ativação (energia/mol)
ERPG	Emergency Response Planning Guideline (veja a Tabela 5-6)
EEGL	Emergency Exposure Guidance Levels (veja a Seção 5-5)
f	fator de fricção de Fanning (adimensional) ou frequência (1/tempo)

**Blowdown drum*: vaso de despressurização. Essa é a tradução frequente, contudo o termo em inglês é amplamente empregado. Por esse motivo mantivemos os dois.
Choked pressure: adotamos como tradução o termo: "pressão *choked*".
Knockout drum: adotamos como tradução o termo: vaso de *knockout*. (N.T.)

$f(t)$	função densidade de falhas
f_v	fração mássica de vapor (adimensional)
F	termo de perda de fluxo de fluido por fricção (energia massa) ou força ou fator ambiental
FAR	Fatal Accident Rate (taxa de acidentes fatais) (fatalidades/10^8 horas)
FEV	volume expiratório forçado (litros/segundo)
FVC	capacidade vital forçada (litros)
g	aceleração gravitacional (comprimento/tempo^2)
g_c	constante gravitacional (massa comprimento/força tempo^2)
g_o	fator de flutuabilidade inicial da nuvem (comprimento/tempo^2)
g_x	fator de flutuabilidade na distância x (comprimento/tempo^2)
G	energia livre de Gibbs (energia/mol) ou fluxo mássico (massa/área tempo)
G_T	fluxo mássico durante alívio (massa/área tempo)
ΔG	variação da energia livre de Gibbs (energia/mol)
h	entalpia específica (energia/massa)
h_L	nível de líquido acima do vazamento em um tanque (comprimento)
h_L^0	nível de líquido inicial acima do vazamento em um tanque (comprimento)
h_s	altura do vazamento em relação ao solo (comprimento)
H	entalpia (energia/mol) ou altura (comprimento)
H_f	altura de chama (comprimento)
H_r	altura efetiva de liberação no modelo de pluma (comprimento)
ΔH	variação da entalpia (energia/mol)
ΔH_c	calor de combustão (energia/massa)
ΔH_r	correção da altura de liberação conforme Equação 5-65
ΔH_v	entalpia de vaporização (energia/massa)
I	intensidade sonora (decibéis)
ID	diâmetro interno da tubulação (comprimento)
IDLH	Immediately Dangerous to Life and Health (Imediatamente Perigoso para a Vida e Saúde – IPVS) (veja a Seção 5-5)
I_0	intensidade do som de referência (decibéis)
I_s	corrente eletroquímica (decibéis)
ISOC	In-Service Oxygen Concentration (concentração de oxigênio em serviço) (percentual volumétrico de oxigênio)
j	número de ciclos de purga para inertização (adimensional)
J	trabalho elétrico (energia)
k	fator de mistura não ideal para a ventilação (adimensional), ou taxa de reação (concentração^{1-m}/tempo)
k_1, k_2	constantes nas equações de probit
k_s	condutividade térmica do solo (energia/comprimento tempo grau)
K	coeficiente de transferência de massa (comprimento/tempo)
K_b	correção para a contrapressão no dimensionamento de alívios (adimensional)
K_f	perda de carga para escoamento de fluido (adimensional)

Nomenclatura

K_i, K_∞	constantes para a perda de carga, conforme Equação 4-38
K_G	constante de explosão para vapores (comprimento pressão/tempo)
K_j	difusividade turbulenta nas direções x, y ou z (área/tempo)
K_P	correção para a sobrepressão no dimensionamento de alívios (adimensional)
K_{St}	constante de explosão para poeiras (comprimento pressão/tempo)
K_V	correção para a viscosidade no dimensionamento de alívios (adimensional)
K_0	coeficiente de transferência de massa de referência (comprimento/tempo)
K^*	difusividade turbulenta constante (área/tempo)
L	comprimento
LEL	Lower Explosion Limit (limite inferior de explosividade) (% volumétrico)
$LFL = LEL$	Lower Flammability Limit (limite inferior de inflamabilidade) (% volumétrico)
LOC	Limiting Oxygen Concentration (concentração limite de oxigênio) (percentual volumétrico de oxigênio)
LOL	Lower Flammable Limit in Pure Oxygen (limite inferior de inflamabilidade em oxigênio puro) (% volumétrico)
m	massa
m_f	fração mássica
m_0	massa total contida em um vaso reator (massa)
m_{LR}	massa do reagente limitante na Equação 8-34 (massa)
m_T	massa total da mistura reagente na Equação 8-34 (massa)
m_{TNT}	massa de TNT
m_v	massa de vapor
M	peso molecular (massa/mol)
M_0	peso molecular de referência (massa/mol)
Ma	número de Mach (adimensional)
MOC, MSOC	concentração mínima de oxigênio ou concentração máxima segura de oxigênio. Veja LOC
MTBC	tempo médio entre coincidências (tempo)
MTBF	tempo médio entre falhas (tempo)
n	número de mols ou ordem da reação
OSFC	Out of Service Fuel Concentration (concentração de combustível para fora de serviço) (percentual volumétrico de combustível)
p	pressão parcial (força/área)
p_d	número de eventos de processo perigosos
p_s	pressão escalar para explosões (adimensional)
P	pressão total ou probabilidade
P_b	contrapressão para o dimensionamento de alívios (psig)
PEL	nível de exposição permissível (veja a Seção 2-8)
PFD	probabilidade de falha na demanda
P_g	pressão manométrica (força/área)
$P_{máx}$	pressão máxima para o dimensionamento de alívios (psig)
P_s	pressão de ajuste para o dimensionamento de alívios (psig)

P^{sat}	pressão de saturação do vapor
q	calor (energia/massa) ou intensidade térmica (energia/área tempo)
q_f	intensidade térmica da tocha (energia/área tempo)
q_g	fluxo térmico do solo (energia/área tempo)
q_s	taxa de liberação de energia a pressão definida, durante alívio do reator (energia/massa)
Q	calor (energia) ou carga elétrica (coulombs)
Q_m	taxa de descarga mássica (massa/tempo)
$Q_m{}^*$	descarga mássica instantânea (massa)
Q_v	taxa de ventilação (volume/tempo)
r	raio (comprimento)
R	resistência elétrica (ohms) ou confiabilidade
$\bar{R}$	distância ajustada de Sachs, definida pela Equação 6-29 (adimensional)
R_d	duração da liberação para liberações de gases pesados (tempo)
RHI	Reaction Hazard Index (índice de periculosidade da reação), definido pela Equação 14-1
r_f	tacha de enchimento do vaso (tempo^{-1})
R_g	constante dos gases ideais (pressão volume/mol grau)
Re	número de Reynolds (adimensional)
S	entropia (energia/mol grau) ou tensão (força/área)
S_m	resistência do material (força/área)
SPEGL	Short Term Public Exposure Guideline (instrução para exposição do público de curta duração) (veja a Seção 5-5)
t	tempo
t_d	duração da fase positiva de uma onda de choque (tempo)
t_e	tempo de esvaziamento
t_p	tempo para formar um *puff* de vapor
t_v	espessura da parede do vaso (comprimento)
t_w	duração do turno de trabalho
Δt_v	duração do alívio do reator
T	temperatura (grau)
T_d	temperatura de decomposição do material (grau)
T_i	intervalo de tempo
TLV	Threshold Limit Value (limite de exposição ocupacional) (ppm em volume ou mg/m^3)
T_m	temperatura máxima durante alívio do reator (grau)
T_s	temperatura de saturação a pressão definida, durante alívio do reator (grau)
TWA	Time-Weighted Average (média ponderada pelo tempo) (ppm em volume ou mg/m^3)
TXD	método de dispersão tóxica (veja a Seção 5-5)
u	velocidade (comprimento/tempo)
u_d	velocidade terminal de uma partícula (comprimento/tempo)
$\bar{u}$	velocidade média (comprimento/tempo)

Nomenclatura

$\langle u \rangle$	velocidade média (comprimento/tempo)
U	energia interna (energia/mol) ou coeficiente global de transferência de calor (energia/área grau tempo) ou indisponibilidade de um componente do processo
UEL	Upper Explosion Limit (limite superior de explosividade) (% volumétrico)
UFL = UEL	Upper Flammability Limit (limite superior de inflamabilidade) (% volumétrico)
UOL	Upper Flammable Limit in Pure Oxygen (limite superior de inflamabilidade em oxigênio puro) (% volumétrico)
v	volume específico (volume/massa)
v_f	volume específico de líquido (volume/massa)
v_g	volume específico de vapor (volume/massa)
v_{fg}	mudança no volume específico com a vaporização do líquido (volume/massa)
V	volume total ou potencial elétrico (volts)
V_c	volume do recipiente
W	largura (comprimento)
W_e	trabalho de expansão (energia)
W_s	trabalho no eixo (energia)
x	fração molar ou coordenada cartesiana (comprimento), ou conversão do reator (adimensional), ou distância a partir da fonte (comprimento)
x_t	é a distância da fonte até a transição (comprimento)
x_v	é a distância virtual (comprimento), e
x_{nb}	é a distância usada no modelo de flutuabilidade neutra para calcular a concentração a sota-vento da transição (comprimento)
X_f	distância a partir da base da tocha (comprimento)
y	fração molar de vapor (adimensional) ou coordenada Cartesiana (comprimento)
Y	variável de probit (adimensional)
Y_G	fator de expansibilidade do gás (adimensional)
z	altura acima do ponto de partida (comprimento) ou coordenada cartesiana (comprimento) ou compressibilidade (adimensional)
z_e	distância escalada para explosões (comprimento/massa$^{1/3}$)

Letras Gregas

α	fator de correção da velocidade (adimensional) ou difusividade térmica (área/tempo)
β	coeficiente de expansão térmica (grau^{-1})
δ	espessura da camada dupla (comprimento)
ε	rugosidade da tubulação (comprimento) ou emissividade (adimensional)
ε_r	constante dielétrica relativa (adimensional)
ε_0	constante de permissividade para o espaço livre (carga^2/força comprimento^2)
η	eficiência da explosão (adimensional)
Φ	fator de enchimento não ideal (adimensional), ou fator-fi para a inércia térmica do calorímetro (adimensional)
γ	razão de calores específicos (adimensional)

γ_c	condutividade (ohm/cm)
Γ	energia de ativação adimensional
χ	função definida pela Equação 9-10
λ	frequência de eventos perigosos
λ_d	frequência média de eventos perigosos
μ	viscosidade (massa/comprimento/tempo) ou valor médio ou taxa de falha (falhas/tempo)
μ_V	viscosidade do vapor (massa/comprimento/tempo)
Ψ	coeficiente de descarga global usado na Equação 10-15 (adimensional)
ρ	densidade (massa/volume)
ρ_L	densidade do líquido (massa/volume)
ρ_{ref}	densidade de referência para o peso específico (massa/volume)
ρ_V	densidade do vapor (massa/volume)
ρ_x	densidade na distância x a sota-vento da fonte (massa/volume)
σ	desvio-padrão (adimensional)
$\sigma_x, \sigma_y, \sigma_z$	coeficiente de dispersão (comprimento)
τ	tempo de relaxação ou tempo adimensional de reação
τ_i	período de inspeções para falhas ocultas
τ_0	período de operação para um componente de processo
τ_r	período necessário para reparar um componente
τ_u	período de indisponibilidade para falhas ocultas
ζ	potencial zeta (volts)

Subscritos

a	ambiente
ad	adiabático
c	combustão
f	formação ou líquido
g	vapor ou gás
H	pressão maior
i	evento iniciador
j	purgas
L	pressão menor
m	máximo
s	pressão definida
o	inicial ou referência

Sobrescritos

º	padrão
'	estocástico ou variável aleatória

CAPÍTULO 1

Introdução

Em 1987, Robert M. Solow, economista do Instituto de Tecnologia de Massachusetts (Massachusetts Institute of Technology, MIT), ganhou o Prêmio Nobel de Economia pelo seu trabalho na identificação das causas do crescimento econômico. O professor Solow concluiu que a maior parcela do crescimento econômico é devido aos avanços tecnológicos.

É razoável concluir que o crescimento de uma indústria também é dependente dos avanços tecnológicos. Isto é especialmente verdadeiro para a indústria química, a qual está adentrando uma era de processos mais complexos: pressões maiores, químicos mais reativos e processos não convencionais.

Processos mais complexos requerem tecnologias de segurança mais complexas. Muitos profissionais até acreditam que o desenvolvimento e aplicação de tecnologias de segurança é atualmente uma restrição para o crescimento da indústria química.

Conforme a tecnologia de processos químicos se torna mais complexa, os engenheiros químicos passam a necessitar de um entendimento, tanto fundamental quanto detalhado, de segurança. H. H. Fawcett disse: "Conhecer é sobreviver, e ignorar fundamentos é cortejar um desastre."[1] Este livro define os fundamentos da segurança de processos químicos.

Desde 1950, avanços tecnológicos significativos vêm sendo realizados na segurança de processos. Hoje, segurança tem a mesma importância que a produção e se desenvolveu em uma disciplina científica que inclui muitas teorias e práticas altamente técnicas e complexas. Exemplos da tecnologia de segurança incluem

- Modelos hidrodinâmicos representando o escoamento bifásico através do alívio de um vaso
- Modelos de dispersão representando o espalhamento de vapores tóxicos em uma planta, após a liberação, e
- Técnicas matemáticas para determinação dos vários modos como processos podem falhar e a probabilidade de falha

Avanços recentes na segurança de processos químicos enfatizam o uso de ferramentas tecnológicas apropriadas, que gerem informações para a tomada de decisões de segurança com relação ao projeto e operação da planta.

---

[1]H. H. Fawcett and W. S. Wood, *Safety and Accident Prevention in Chemical Operations,* 2nd ed. (New York: Wiley, 1982), p. 1.

A palavra "segurança" costumava significar a antiga estratégia de prevenção de acidentes através do uso de capacetes, calçados de segurança, e uma variedade de regras e regulações. A ênfase principal era na segurança do trabalhador. Muito mais recentemente, "segurança" foi substituída por "prevenção de perdas". Este termo inclui identificação de perigos, avaliação técnica e desenvolvimento de novos projetos de engenharia para prevenir perdas. O assunto deste texto é prevenção de perdas, mas, por conveniência, as palavras "segurança" e "prevenção de perdas" serão usadas como sinônimos em todo ele.

Segurança, *perigo* e *risco* são termos frequentemente usados em segurança de processos químicos. Suas definições são

- *Segurança* ou *prevenção de perdas*: a prevenção de acidentes através do uso de tecnologias adequadas para identificar os perigos de uma planta química e eliminá-los antes que um acidente ocorra.
- *Perigo*: uma condição química ou física que tem o potencial de causar danos às pessoas, à propriedade ou ao meio ambiente.
- *Risco*: uma medida das lesões a humanos, dos danos ao meio ambiente ou das perdas econômicas em termos tanto da probabilidade do incidente como da magnitude da perda ou lesão.

Plantas químicas contêm uma grande variedade de perigos. Primeiramente, temos os perigos mecânicos usuais, que causam lesões aos trabalhadores devido a tropeços, quedas ou movimento de equipamentos. Em segundo lugar, temos os perigos químicos. Estes incluem os perigos devido a fogo e explosão, devido a reatividade e a toxicidade.

Como será mostrado depois, plantas químicas são as mais seguras de todas as fábricas. No entanto, o potencial sempre existe para um acidente de proporções catastróficas. Apesar dos substanciais programas de segurança da indústria química, manchetes como as mostradas na Figura 1-1 continuam a aparecer nos jornais.

1-1 Programas de Segurança

Um programa de segurança (*safety*, em inglês) bem-sucedido requer vários ingredientes, como mostrado na Figura 1-2. Esses ingredientes são

- **S**istemática
- **A**titude
- **F**undamentos
- **E**xperiência
- **T**empo
- Você (*You*, no inglês)

Em primeiro lugar, o programa precisa de uma sistemática (1) para registrar o que precisa ser feito para se ter um notável programa de segurança, (2) para fazer o que precisa ser feito e (3) para registrar que as tarefas necessárias tenham sido realizadas. Em segundo lugar, os participantes precisam ter uma atitude positiva. Isto inclui a vontade de fazer parte de um trabalho necessário para o sucesso, mas com pouco ou nenhum reconhecimento. Em terceiro lugar, os participantes precisam entender e

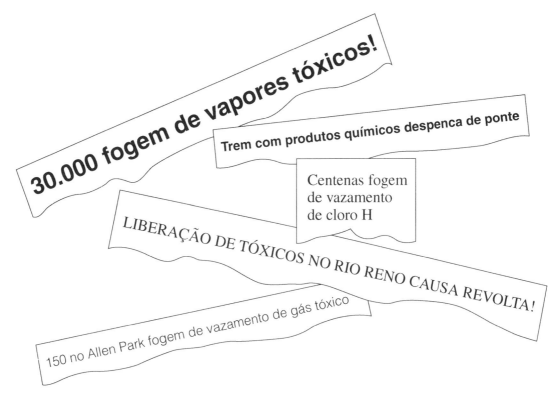

Figura 1-1 Manchetes são um indicativo da preocupação do público com a segurança química.

utilizar os fundamentos da segurança de processos para o projeto, construção e operação de suas plantas. Em quarto lugar, todos precisam aprender através das experiências históricas, ou serão fadados a repeti-las. É especialmente recomendado que funcionários (1) leiam e entendam casos de acidentes passados e (2) perguntem as pessoas em suas próprias e outras organizações sobre suas experiências e conselhos. Em quinto lugar, todos devem reconhecer que segurança leva tempo. Isto inclui tempo para estudo, tempo para realizar o trabalho, tempo para registrar os resultados (para histórico), tempo para repassar experiências e tempo para treinar ou para ser treinado. Em sexto lugar, todos (você) deveriam assumir a responsabilidade de contribuir para o programa de segurança. Um programa de segurança precisa ter o comprometimento de todos os níveis da organização. É preciso que seja dada à segurança a mesma importância dada à produção.

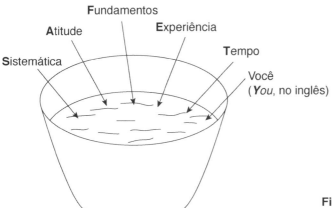

Figura 1-2 Os ingredientes para um programa de segurança bem-sucedido.

O meio mais efetivo de implementação de um programa de segurança é torná-lo responsabilidade de cada um em uma planta de processos químicos. O conceito retrógrado de identificar alguns poucos funcionários para serem responsáveis pela segurança é inadequado pelos padrões atuais. Todos os funcionários têm a responsabilidade de ter conhecimentos sobre segurança e de praticar a segurança.

É importante reconhecer a distinção entre um bom e um notável programa de segurança.

- Um *bom* programa de segurança identifica e elimina perigos à segurança existentes.
- Um *notável* programa de segurança tem sistemas de gestão que previnam a existência de perigos à segurança.

Um bom programa de segurança elimina os perigos existentes conforme eles sejam identificados, enquanto um notável programa de segurança previne a existência do perigo em primeiro lugar.

Os sistemas de gestão comumente utilizados e que visam à eliminação da existência de perigos incluem verificações de segurança, auditorias de segurança, técnicas de identificação de perigos, listas de verificação e a aplicação adequada do conhecimento técnico.

1-2 Ética na Engenharia

A maioria dos engenheiros é empregado por empresas privadas que fornecem salário e benefícios pelos seus serviços. A empresa obtém lucros para os seus acionistas, e os engenheiros precisam fornecer um serviço a essa companhia que mantenha e melhore esses lucros. Engenheiros são responsáveis por minimizar perdas e providenciar um ambiente seguro para os funcionários da empresa. Engenheiros têm responsabilidade junto a si mesmo, com seus colegas de trabalho, com suas famílias, com a comunidade e com a profissão de engenheiro. Parte desta responsabilidade é descrita na declaração de Ética na Engenharia desenvolvida pelo American Institute of Chemical Engineers (AIChE), conforme mostrado na Tabela 1-1.

1-3 Estatísticas de Acidentes e Perdas

Estatísticas de acidentes e perdas são métricas importantes da efetividade dos programas de segurança. Essas estatísticas são de grande valor para determinar se um processo é seguro ou se um procedimento de segurança está funcionando efetivamente.

Muitos métodos estatísticos estão disponíveis para caracterizar a incidência de acidentes e perdas. Esses métodos devem ser utilizados com cuidado. Como a maioria das estatísticas, os métodos estatísticos são apenas médias e não refletem o potencial para episódios isolados envolvendo perdas substanciais. Infelizmente, nenhum método, sozinho, é capaz de mensurar todos os aspectos necessários. Os três sistemas considerados aqui são

- Taxa de ocorrências da OSHA,
- Taxa de acidentes fatais – TAF (*fatal accident rate* – FAR), e
- Taxa de fatalidade, ou de mortes por pessoa por ano

Todos os três métodos reportam o número de acidentes e/ou fatalidades para um número fixo de trabalhadores durante um período específico.

Introdução

Tabela 1-1 Código de Ética Profissional do American Institute of Chemical Engineers

Princípios fundamentais

Engenheiros devem defender e aprimorar a integridade, a honra e a dignidade da profissão de engenharia por

1. usar seu conhecimento e habilidade em prol da melhoria do bem-estar humano;
2. ser honesto e imparcial e servir com fidelidade ao público, aos funcionários e aos clientes;
3. esforçar-se para aumentar a competência e o prestígio da profissão de engenharia.

Cânones fundamentais

1. Engenheiros devem manter fundamentalmente a segurança, a saúde e o bem-estar do público na realização dos seus deveres profissionais.
2. Engenheiros devem realizar serviços somente em áreas de sua competência.
3. Engenheiros devem fazer declarações públicas somente de forma objetiva e verdadeira.
4. Engenheiros devem agir em assuntos profissionais, para cada empregador ou cliente, como agentes confiáveis e devem evitar conflitos de interesse.
5. Engenheiros devem construir a sua reputação profissional baseada nos méritos de seus serviços.
6. Engenheiros devem agir de forma a manter e aprimorar a honra, a integridade e a dignidade da profissão de engenharia.
7. Engenheiros devem continuar o seu desenvolvimento profissional durante sua carreira e devem oferecer oportunidades para o desenvolvimento profissional daqueles engenheiros sob sua supervisão.

OSHA significa Occupational Safety and Health Administration. A OSHA é responsável por garantir, nos Estados Unidos, que os trabalhadores tenham um ambiente de trabalho seguro. A Tabela 1-2 contém várias definições da OSHA aplicáveis às estatísticas de acidentes.

A taxa de ocorrências da OSHA é baseada em casos por 100 trabalhadores/ano. Um trabalhador/ano é considerado como equivalendo a 2000 horas (50 semanas de trabalho/ano $\times$ 40 horas/semana). A taxa de ocorrências da OSHA é então baseada em 200.000 horas de exposição do trabalhador ao perigo. A taxa de ocorrências da OSHA é calculada a partir do número de lesões e doenças ocupacionais e do número total de funcionários/hora trabalhados durante o período de aplicação. A seguinte equação é usada:

$$\text{Taxa de ocorrências da OSHA (baseada em lesões e doenças)} = \frac{\text{Número de lesões e doenças} \times 200.000}{\text{Total de horas trabalhadas por todos os funcionários durante o período analisado.}} \quad (1\text{-}1)$$

Uma taxa de ocorrências também pode ser baseada nos dias de afastamento em vez de lesões e doenças. Para este caso,

$$\text{Taxa de ocorrências da OSHA (baseada em dias afastados)} = \frac{\text{Número de dias de afastamento} \times 200.000}{\text{Total de horas trabalhadas por todos os funcionários durante o período analisado.}} \quad (1\text{-}2)$$

A definição de um dia de afastamento é dada na Tabela 1-2.

Tabela 1-2 Glossário de Termos Usados pela OSHA e Indústria para Representar Perdas Relacionadas ao Trabalho[a,b]

Termo	Definição
Primeiros socorros	Qualquer tratamento único e quaisquer visitas de acompanhamento com o propósito de observação de pequenos arranhões, cortes, queimaduras, distensões e assim por diante, que normalmente não precisem de cuidados médicos. Esse tratamento único e visitas de acompanhamento com o propósito de observação são considerados primeiros socorros, mesmo que realizados por um médico ou equipe profissional registrada.
Taxa de ocorrências	Número de lesões e/ou doenças ocupacionais ou dias de afastamento por 100 funcionários de tempo integral.
Dias de afastamento	Número de dias (consecutivos ou não) após a lesão ou doença ocupacional, mas não incluindo o dia durante o qual o funcionário seja incapaz de realizar toda ou qualquer parte de suas atribuições normais, durante todo o dia ou qualquer parte do dia de trabalho ou turno, devido à lesão ou doença ocupacional.
Tratamento médico	Tratamento administrado por um médico ou equipe profissional registrada sob as ordens diretas de um médico. Tratamento médico não inclui tratamento de primeiros socorros, mesmo que realizado por um médico ou equipe profissional registrada.
Lesão ocupacional	Qualquer lesão, como cortes, distensões ou queimaduras, que resultem de um acidente de trabalho ou a uma exposição única e instantânea no ambiente de trabalho.
Doença ocupacional	Qualquer condição anormal ou desordem, que não seja resultante de uma lesão ocupacional, causada por exposição a fatores ambientais associados ao trabalho. Inclui enfermidades agudas ou crônicas, ou doenças que possam ser causadas pela inalação, absorção, ingestão ou contato direto.
Casos reportáveis	Casos envolvendo uma lesão ou doença ocupacional, incluindo mortes.
Casos fatais reportáveis	Lesões que resultem em morte, independente do tempo entre a lesão e a morte ou a duração da enfermidade.
Casos não fatais reportáveis sem afastamento	Casos de lesão ou doença ocupacional que não envolvam fatalidades ou dias de afastamento, mas resultem em (1) transferência para outra ocupação ou terminação do emprego, ou (2) tratamento médico outro que primeiros socorros, ou (3) diagnóstico de doença ocupacional, ou (4) perda de consciência, ou (5) restrição do trabalho ou da locomoção.
Casos reportáveis com afastamento devido a restrições de trabalho	Lesões que resultem em que a pessoa lesionada não seja capaz de realizar suas obrigações normais, mas seja capaz de exercer outras atividades condizentes com o seu dia normal de trabalho.
Casos reportáveis por dias em que esteve ausente do trabalho	Lesões que resultem em que a pessoa lesionada não seja capaz de retornar ao trabalho no próximo dia normal de trabalho.
Casos médicos reportáveis	Lesões que necessitem de tratamento que seja administrado por um médico ou sob as ordens diretas de um médico. A pessoa lesionada é capaz de retornar ao trabalho e realizar suas obrigações normais. Tratamentos médicos incluem cortes que necessitem de pontos, queimaduras de segundo grau (queimaduras com bolhas), ossos fraturados, lesões que precisem de prescrição de medicamentos, e lesões com perda da consciência.

[a]*Injury Facts*, edição de 1999 (Chicago: Conselho Nacional de Segurança, 1999), p. 151.
[b]Regulamentos da OSHA, 29 CFR 1904.12.

A taxa de ocorrências da OSHA fornece informações para todos os tipos de lesões e doenças relacionadas ao trabalho, incluindo fatalidades. Isto fornece uma melhor representação de acidentes de trabalho do que sistemas baseados em fatalidades somente. Por exemplo, uma planta pode experimentar vários pequenos acidentes que resultem em lesões, mas não fatalidades. Por outro lado, dados sobre fatalidades não podem ser extraídos da taxa de ocorrências da OSHA sem informações adicionais.

A FAR (TAF) é usada principalmente pela indústria química britânica. Esta estatística é usada aqui, pois existem alguns dados de FAR bastante úteis e interessantes disponíveis na literatura aberta. A FAR reporta o número de fatalidades baseado em 1000 funcionários trabalhando durante toda a sua vida. Os funcionários são considerados como trabalhando um total de 50 anos. Sendo assim, a FAR é baseada em 10^8 horas de trabalho. A equação resultante é

$$\text{FAR} = \frac{\text{Número de fatalidades} \times 10^8}{\text{Total de horas trabalhadas por todos os funcionários durante o período analisado.}} \quad (1\text{-}3)$$

O último método considerado é a taxa de fatalidade, ou mortes por pessoa por ano. Este sistema é independente do número de horas realmente trabalhados e relata somente o número de fatalidades esperado por pessoa por ano. Esta abordagem é útil para a realização de cálculos acerca da população em geral, na qual o número de horas de exposição é mal definido. A equação aplicável é

$$\text{Taxa de fatalidade} = \frac{\text{Número de fatalidades por ano}}{\text{Número total de pessoas na população aplicável.}} \quad (1\text{-}4)$$

Tanto a taxa de ocorrências da OSHA como a FAR dependem do número de horas de exposição. Um empregado trabalhando um turno de dez horas tem um risco total maior do que um trabalhando um turno de oito horas. A FAR pode ser convertida para a taxa de fatalidade (e vice-versa) se o número de horas de exposição é conhecido. A taxa de ocorrências da OSHA não pode ser prontamente convertida para a FAR ou taxa de fatalidade, porque ela contém tanto informações sobre lesões como sobre fatalidades.

Exemplo 1-1

Um processo tem uma FAR relatada igual a 2. Se um empregado trabalha um turno-padrão de 8 horas, 300 dias por ano, calcule as mortes por pessoa por ano.

Solução

$$\text{Mortes por pessoa por ano} = (8 \text{ horas/dia}) \times (300 \text{ dias/ano}) \times (2 \text{ mortes}/10^8 \text{ horas})$$
$$= 4{,}8 \times 10^{-5}.$$

Estatísticas de acidente típicas para várias indústrias são mostradas na Tabela 1-3. Uma FAR de 1,2 é apresentada na Tabela 1-3 para a indústria química. Aproximadamente metade dessas mortes

Tabela 1-3 Estatísticas de Acidentes para Indústrias Selecionadas

	Taxa de ocorrências da OSHA (EUA)					
	Reportável[a]	Dias ausentes do trabalho[a]	Fatalidade[b,2]		FAR (Reino Unido)[c]	
Atividade industrial	2007	2007	2000	2005	1974–78	1987–90
Agricultura[1]	6,1	3,2	24,1	27	7,4	3,7
Químicos e produtos associados	3,3	1,9	2,5	2,8	2,4	1,2
Mineração de carvão	4,7	3,2	50	26,8	14,5	7,3
Construção	5,4	2,8	10	11,1	10	5,0
Montadora de veículos	9,3	5,0	1,3	1,7	1,2	0,6
Todas as manufaturas	5,6	3,0	3,3	2,4	2,3	1,2

[a]*Injury Facts* (Chicago: Conselho Nacional de Segurança, 2009), p. 62.
[b]Lesões ocupacionais fatais, total de horas trabalhadas e taxas de lesões ocupacionais fatais, 2000, *www.bls.gov/iif/oshwc/cfoi/cfoi_rates_2000.pdf*.
S. Mannan, ed., *Lees' Loss Prevention in the Process Industries*, 3rd ed., Vol. 1 (London: Butterworth Heinemann), p. 2/12.
[1]Produtos de colheita e origem animal.
[2]Fatalidades por 100.000 empregados.

são devido a acidentes industriais ordinários (queda de escadas, atropelamento); a outra metade, a exposições químicas.[2]

Os valores da FAR mostram que, se 1000 trabalhadores começam a trabalhar na indústria química, 2 destes trabalhadores vão morrer como resultado do seu emprego, durante toda a sua vida laboral. Uma dessas mortes será devido à exposição química direta. No entanto, 20 das mesmas 1000 pessoas vão morrer como resultado de acidentes não industriais (a maioria em casa ou na estrada) e 370 vão morrer de doenças. Destes que vão sucumbir devido a doenças, 40 vão morrer como resultado direto do tabagismo.[3]

A Tabela 1-4 lista as FARs para várias atividades comuns. A tabela é dividida em riscos voluntários e involuntários. Com base nestes dados, parece que indivíduos estão dispostos a se expor a riscos substancialmente maiores, caso ele seja voluntário. É também evidente que muitas atividades comuns do dia a dia são substancialmente mais perigosas do que o trabalho em uma planta química.

Por exemplo, a Tabela 1-4 indica que viajar de canoa é muito mais perigoso do que viajar de motocicleta, apesar de percepções gerais contrárias. Este fenômeno é devido ao número de horas expostas. Canoagem gera mais fatalidades por hora de atividade do que viajar de motocicleta. O número total de fatalidades por motocicleta é maior porque mais pessoas viajam de motocicleta do que de canoa.

---

[2]T. A. Kletz, "Eliminating Potential Process Hazards," *Chemical Engineering* (Apr. 1, 1985).
[3]Kletz, "Eliminating Potential Process Hazards."

Introdução

Tabela 1-4 Estatísticas de Fatalidades para Atividades Não Industriais Comuns[a,b]

Atividade	FAR (mortes/10⁸ horas)	Taxa de fatalidade (mortes por pessoa por ano)
Atividade voluntária		
Permanecer em casa	3	
Viajar por		
Carro	57	17×10^{-5}
Bicicleta	96	
Via aérea	240	
Motocicleta	660	
Canoagem	1000	
Alpinismo	4000	4×10^{-5}
Fumo (20 cigarros/dia)		500×10^{-5}
Atividade involuntária		
Atingido por meteorito		6×10^{-11}
Atingido por raio (Reino Unido)		1×10^{-7}
Fogo (Reino Unido)		150×10^{-7}
Atropelamento por veículo		600×10^{-7}

[a]Frank P. Lees, *Loss Prevention in the Process Industries* (London: Butterworths, 1986), p. 178.
[b]Frank P. Less, *Loss Prevention in the Process Industries*, 2nd ed. (London: Butterworths, 1996), p. 9/96.

Exemplo 1-2

Se duas vezes mais pessoas usaram motocicletas para uma mesma amostragem de tempo cada, o que vai acontecer com (a) a taxa de ocorrências da OSHA, (b) a FAR, (c) a taxa de fatalidade e (d) o número total de fatalidades?

Solução

a. A taxa de ocorrências da OSHA vai permanecer a mesma. O número de lesões e mortes vai dobrar, mas o número de horas expostas vai dobrar também.

b. A FAR vai permanecer inalterada pelo mesmo motivo que no item a.

c. A taxa de fatalidade, ou mortes por pessoa por ano, vai dobrar. A taxa de fatalidade não depende do número de horas expostas.

d. O número total de fatalidades vai dobrar.

Exemplo 1-3

Se todos os motoqueiros usaram suas motocicletas duas vezes mais, o que vai acontecer com (a) a taxa de ocorrências da OSHA, (b) a FAR, (c) a taxa de fatalidade e (d) o número total de fatalidades?

Solução

a. A taxa de ocorrências da OSHA vai permanecer a mesma. O mesmo raciocínio do Exemplo 1-2, item a, é aplicável.

b. A FAR vai permanecer inalterada pelo mesmo motivo que no item a.

c. A taxa de fatalidade vai dobrar. Duas vezes mais fatalidades vão ocorrer dentro do grupo.

d. O número total de fatalidades vai dobrar.

Exemplo 1-4

Um amigo declara que mais alpinistas são mortos viajando de carro do que escalando. Esta declaração é embasada pelas estatísticas de acidentes?

Solução

Os dados da Tabela 1-4 mostram que viajar de carro (FAR = 57) é mais seguro do que alpinismo (FAR = 4000). Alpinismo causa muito mais fatalidades por hora exposta do que viajar de carro. No entanto, os alpinistas passam, provavelmente, muito mais tempo viajando de carro do que escalando. Como resultado, a declaração pode ser correta, porém mais dados são necessários.

Reconhecendo que a indústria química é segura, por que há tanta preocupação com relação à segurança de plantas químicas? A preocupação tem a ver com o potencial da indústria para muitas mortes, como, por exemplo, na tragédia de Bhopal, Índia. Estatísticas de acidentes não incluem informações sobre o número total de mortos em um único acidente. As estatísticas de acidentes podem levar a conclusões erradas. Por exemplo, considere duas plantas químicas separadas. Ambas as plantas têm uma probabilidade de explosão e devastação completa uma vez a cada 1000 anos. A primeira planta emprega um único operador. Quando a planta explode, o operador é a única fatalidade. A segunda planta emprega 10 operadores. Quando esta planta explode, todos os 10 operadores sucumbem. Em ambos os casos, a FAR e a taxa de ocorrências da OSHA são as mesmas; o segundo acidente mata mais pessoas, mas há um número maior de horas expostas correspondente. Em ambos os casos, o risco ao qual um operador individual está exposto é o mesmo.[4]

É da natureza humana perceber o acidente com maior perda de vidas como a maior tragédia. O potencial de maior perda de vidas dá a impressão de que a indústria química não é segura.

Dados[5] relativos a perdas publicados após 1966, em intervalos de 10 anos, indicam que o número total de perdas, a quantidade total de dólares perdidos e a quantidade média perdida por incidente têm aumentado de forma constante. O valor de perdas totais tem duplicado a cada 10 anos, apesar dos crescentes esforços por parte da indústria de processos químicos em melhorar a segurança. Os aumentos são principalmente devido à expansão no número de plantas químicas, a um aumento no tamanho das plantas químicas, e a um aumento no uso de produtos químicos mais complexos e perigosos.

Danos à propriedade e perdas de produção também devem ser considerados em prevenção de perdas. Essas perdas podem ser substanciais. Acidentes desse tipo são muito mais comuns do que fatalidades. Isto é demonstrado na pirâmide de acidentes mostrada na Figura 1-3. Os números fornecidos

---

[4]Kletz, "Eliminating Potential Process Hazards".
[5]*The 100 Largest Losses, 1972–2001: Large Property Damage Losses in the Hydrocarbon-Chemical Industries*, 20th ed., Marsh's Risk Consulting Practice, Feb. 2003.

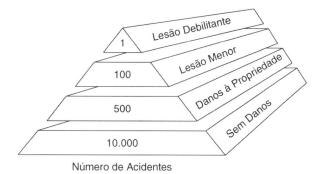

Figura 1-3 A pirâmide de acidentes.

são somente aproximados. Os números exatos variam por indústria, localização e época. Acidentes "Sem Danos" são frequentemente chamados de "quase acidentes" e se mostram uma boa oportunidade para que as empresas determinem que um problema existe e o corrijam antes que um acidente mais sério ocorra. É frequentemente dito que "a causa de um acidente é visível no dia anterior a sua ocorrência". Inspeções, verificações de segurança, e a avaliação cuidadosa de quase acidentes identificam condições perigosas que podem ser corrigidas antes que acidentes reais ocorram.

Segurança é um bom negócio e, como a maioria dos fatores, tem um nível ótimo de atividade a partir do qual o retorno é reduzido. Como mostrado por Kletz,[6] se gastos iniciais são realizados em segurança, previne-se a perda de plantas, e trabalhadores experientes são poupados. Isto resulta em maior retorno devido à redução no gasto com perdas. Se os gastos com segurança aumentam, então o retorno aumenta mais, mas ele pode ser menor do que o ganho anterior e não tanto quanto se ganharia se o dinheiro fosse gasto em outro lugar. Se os gastos com segurança aumentam mais, o preço do produto aumenta e as vendas diminuem. De fato, pessoas são poupadas de lesões (bom humanitariamente), mas o custo é a redução nas vendas. Finalmente, gastos com segurança ainda maiores resultam na perda da competitividade no preço do produto: A empresa irá falir. Cada empresa precisa determinar um nível apropriado de gastos com segurança. Isto é parte do gerenciamento de riscos.

De um ponto de vista técnico, gastos excessivos com equipamentos de segurança para resolver problemas de segurança pontuais podem tornar o sistema excessivamente complexo e, consequentemente, podem criar novos problemas de segurança, devido a esta complexidade. Este gasto excessivo poderia ter um maior retorno para a segurança, se atribuído a um problema de segurança diferente. Engenheiros precisam também considerar outras alternativas ao projetar melhorias de segurança.

É importante também reconhecer as causas de mortes acidentais, como mostrado na Tabela 1-5. Como a maioria dos programas de segurança empresariais, se não todos, são focados em prevenir lesões em empregados, os programas deveriam incluir segurança fora do ambiente de trabalho. Particularmente, treinamento para prevenir acidentes com veículos motorizados.

Quando as organizações focam nas causas raízes das lesões a trabalhadores, é útil analisar a forma como fatalidades no ambiente de trabalho ocorrem (veja a Figura 1-4). Embora a ênfase deste livro seja a prevenção de acidentes relacionados a químicos, os dados na Figura 1-4 mostram que programas de segurança precisam incluir treinamentos para prevenir lesões resultantes de transporte, assaltos, exposições químicas e mecânicas, e incêndios e explosões.

---

[6]Kletz, "Eliminating Potential Process Hazards".

Tabela 1-5 Todas as Mortes Acidentais[a]

Tipo de morte	Mortes em 1998	Mortes em 2007
Veículo motorizado		
Em local público (exceto a trabalho)	38.900	40.955
No trabalho	2.100	1.945
Em casa	200	200
Subtotal	41.200 (43,5%)	43.100 (35,4%)
No trabalho		
Exceto veículo motorizado	3.000	2.744
Veículo motorizado	2.100	1.945
Subtotal	5.100 (5,4%)	4.689 (3,9%)
Em casa		
Exceto veículo motorizado	28.200	43.300
Veículo motorizado	200	200
Subtotal	28.400 (30,0%)	43.500 (35,7%)
Em local público	20.000 (21,1%)	30.500 (25%)
Todas as categorias	94.700	121.789

[a]*Injury Facts*, 2009, p. 2.

1-4 Risco Aceitável

Não podemos eliminar o risco completamente. Cada processo químico tem certa quantidade de risco associado a ele. Em algum momento na fase de projeto, alguém precisa decidir se os riscos são "aceitáveis". Isto quer dizer que são os riscos maiores do que os riscos normais do dia a dia, a que um indivíduo está exposto no seu ambiente não industrial? Certamente seria necessário um esforço substancial e um gasto considerável para projetar um processo com um risco comparável a ser atingido por um raio (veja a Tabela 1-4). É satisfatório projetar um processo com um risco comparável ao risco de permanecer em casa? Para um processo químico particular em uma planta composta por vários processos, este risco pode ser muito alto porque os riscos resultantes de múltiplas exposições são cumulativos.[7]

Engenheiros precisam fazer todo o esforço para minimizar riscos dentro das restrições econômicas do processo. Nenhum engenheiro deve projetar um processo que ele ou ela saiba que vai resultar em perda humana ou lesão, independentemente de qualquer estatística.

1-5 Percepções do Público

O público em geral tem grande dificuldade com o conceito de risco aceitável. A principal objeção é devido à natureza involuntária do risco aceitável. Projetistas de plantas químicas, quando

---

[7]Modernos sítios industriais requerem uma separação suficiente entre as plantas dentro do complexo, de forma a minimizar os riscos de exposição múltipla.

Introdução

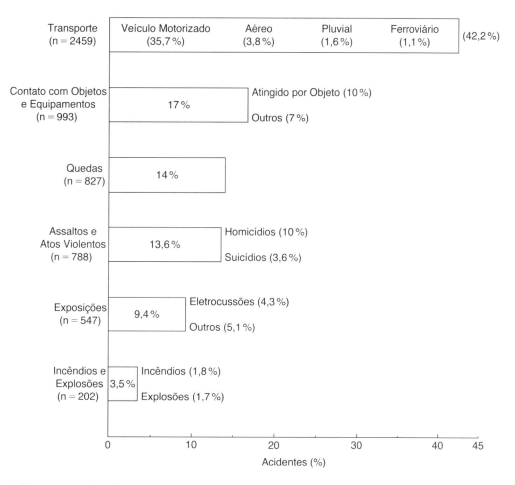

Figura 1-4 A forma como fatalidades no ambiente de trabalho ocorreram em 2006. O número total de fatalidades no ambiente de trabalho foi de 5840; isto inclui os acidentes acima acrescidos de 14 por reação corpórea e esforço, e 10 não classificados. Fonte dos dados: *Injury Facts*, 2009, p. 56.

especificam o risco aceitável, estão assumindo que este risco é satisfatório para a população que vive próximo à planta. Frequentemente essa população não possui nem conhecimento de que exista algum risco.

Os resultados de uma pesquisa de opinião pública sobre os perigos dos químicos são mostrados na Figura 1-5. Essa pesquisa perguntou aos participantes se eles diriam que os químicos são mais benéficos do que nocivos, mais nocivos do que benéficos ou igualmente benéficos e nocivos. Os resultados mostram uma divisão quase que perfeita entre as três respostas, com uma pequena vantagem para aqueles que consideraram igualmente benéficos e nocivos.

Alguns naturalistas sugerem a eliminação dos perigos das plantas químicas pelo "retorno à natureza". Uma alternativa, por exemplo, é eliminar fibras sintéticas, produzidas por químicos, e usar fibras naturais, como o algodão. Como sugerido por Kletz,[8] estatísticas de acidentes demonstram que isto vai resultar em um maior número de fatalidades, visto que a FAR para a agricultura é maior.

---

[8]Kletz, "Eliminating Potential Process Hazards".

Figura 1-5 Resultados de pesquisa de opinião pública na qual foi feita a pergunta: "Você diria que químicos são mais benéficos do que nocivos, mais nocivos do que benéficos, ou igualmente benéficos e nocivos?" Fonte: *The Detroit News*.

Exemplo 1-5

Liste seis diferentes produtos produzidos por engenheiros químicos que sejam significantemente benéficos para a humanidade.

Solução

Penicilina, gasolina, borracha sintética, papel, plástico, concreto.

1-6 A Natureza do Processo de um Acidente

Acidentes em plantas químicas seguem padrões típicos. É importante estudar esses padrões de forma a se antecipar aos tipos de acidentes que podem ocorrer. Como mostrado na Tabela 1-6, incêndios são o mais comum, seguidos por explosão e liberação tóxica. Com relação a fatalidades, a ordem é inversa: liberação tóxica tem o maior potencial de fatalidades.

Perdas econômicas são consistentemente altas para acidentes envolvendo explosões. O tipo mais danoso de explosão é uma explosão de nuvem de vapor não confinada, na qual uma grande nuvem de vapor volátil e inflamável é liberada e dispersa através da planta, seguida pela ignição e explosão da nuvem. Uma análise dos maiores acidentes em plantas químicas (baseado em acidentes no mundo e em dólares de 1998) é apresentada na Figura 1-6. Conforme ilustrado, explosões de nuvem de vapor

Tabela 1-6 Três Tipos de Acidentes de Plantas Químicas

Tipo de acidente	Probabilidade de ocorrência	Potencial para fatalidades	Potencial para perdas econômicas
Incêndio	Alta	Baixo	Intermediário
Explosão	Intermediária	Intermediário	Alto
Liberação tóxica	Baixa	Alto	Baixo

Figura 1-6 Tipos de perdas para grandes acidentes em plantas químicas e de hidrocarbonetos. Dados de *The 100 Largest Losses, 1972-2001*.

representam o maior percentual dessas grandes perdas. A categoria "outros" da Figura 1-6 inclui perdas resultantes de inundações e tempestades de vento.

Liberações tóxicas em geral resultam em pequenos danos aos equipamentos. Lesões pessoais, perdas de funcionários, compensações legais e responsabilidades com a limpeza podem ser significativas.

A Figura 1-7 apresenta as causas de perdas para esses grandes acidentes. Por uma vantagem expressiva, a causa principal é falha mecânica, como falha de tubulações devido a corrosão, erosão e altas pressões, e falha na selagem/gaxetas. Falhas desse tipo são normalmente devido a manutenção precária ou utilização inadequada dos princípios de segurança inerente (Seção 1-7) e gerenciamento da segurança de processos (Seção 3-1). Bombas, válvulas e equipamentos de controle irão falhar se não forem mantidos adequadamente. A segunda maior causa é erro operacional. Por exemplo, válvulas não são abertas ou fechadas na sequência adequada, ou reagentes não são alimentados em um reator na ordem correta. Perturbações no processo causadas, por exemplo, por falha de energia ou de água de resfriamento representam 3% das perdas.

Erro humano é frequentemente usado para descrever a causa de perdas. Quase todos os acidentes, exceto aqueles com causas naturais, podem ser atribuídos a erro humano. Por exemplo, falhas mecânicas podem ser todas devido a erro humano como resultado de manutenção ou inspeção inadequadas. O termo "erro operacional", usado na Figura 1-7, inclui erros humanos ocorridos no local que levaram diretamente à perda.

A Figura 1-8 apresenta um exame dos tipos de equipamentos associados com grandes acidentes. A falha de tubulações representa a principal parcela dos acidentes, seguida por reatores e tanques de armazenamento. Um resultado interessante desse estudo é que os componentes mecânicos mais complicados (bombas e compressores) são pouco responsáveis por grandes perdas.

A distribuição de perdas para a indústria química e de hidrocarbonetos, em intervalos de 5 anos, é mostrada na Figura 1-9. O número e a magnitude das perdas aumentaram a cada período consecutivo de 10 anos, nos últimos 30 anos. Este aumento corresponde à tendência de construir plantas maiores e mais complexas.

As perdas menores entre 1992 e 1996 são, possivelmente, o resultado temporário de regulações governamentais, as quais foram implementadas nos Estados Unidos durante esta época; isto é, em 24 de fevereiro de 1992, a OSHA publicou a versão final do seu regulamento sobre PSM – Process Safety Management of Highly Hazardous Chemicals (Gestão da Segurança de Processos para Químicos

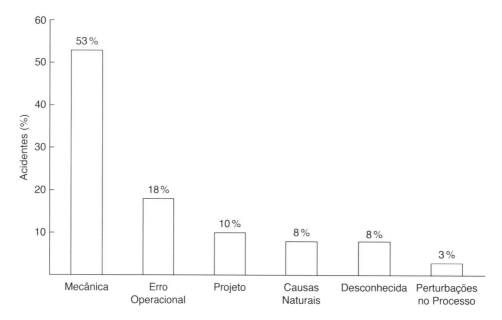

Figura 1-7 Causas das perdas para os maiores acidentes em plantas químicas e de hidrocarbonetos. Dados de *The 100 Largest Losses, 1972-2001*.

Altamente Perigosos). Este regulamento se tornou efetivo em 26 de maio de 1992. Como mostrado, no entanto, as menores perdas entre 1992 e 1996 foram provavelmente um benefício inicial do PSM, porque, no último período de 5 anos (1997-01), as perdas aumentaram novamente.

Acidentes seguem um processo em três etapas. Os seguintes acidentes em plantas químicas ilustram estas fases.

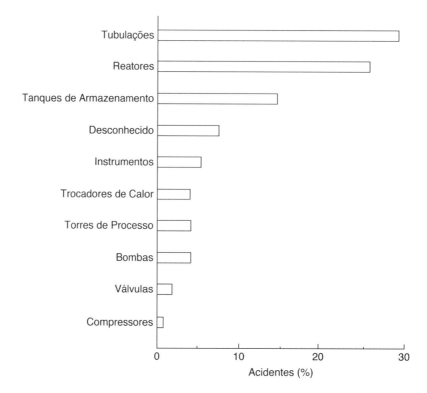

Figura 1-8 Equipamentos associados com os maiores acidentes em plantas químicas e de hidrocarbonetos. Dados de *The 100 Largest Losses, 1972-2001*.

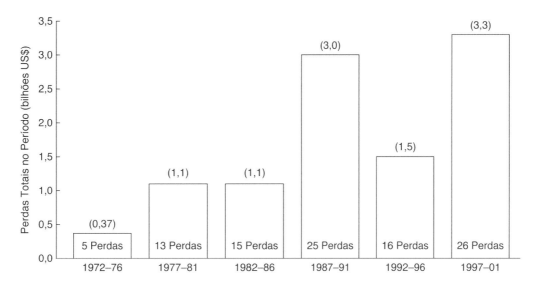

Figura 1-9 Distribuição de perdas para os maiores acidentes em plantas químicas e de hidrocarbonetos, em um período de 30 anos. Dados de *The 100 Largest Losses, 1972-2001*.

Um trabalhador caminhando em uma passarela elevada, em uma planta de processo, tropeça e cai em direção à borda. Para prevenir a queda, ele segura a haste de uma válvula próxima. Infelizmente a haste da válvula se move e líquido inflamável começa a ser liberado para o ambiente. Uma nuvem de vapor inflamável se forma e um caminhão próximo provoca a ignição. A explosão e o fogo rapidamente se propagam para equipamentos próximos. O incêndio resultante dura seis dias até que todo o material inflamável na planta seja consumido, e a planta é completamente destruída.

Esse desastre ocorreu em 1969[9] e levou a uma perda econômica de US$4.161.000. Ele demonstra um ponto importante: mesmo o menor acidente pode resultar em uma grande catástrofe.

A maioria dos acidentes segue uma sequência de três etapas:

- Iniciação (o evento que inicia o acidente)
- Propagação (o evento ou eventos que mantêm ou expandem o acidente)
- Terminação (o evento ou eventos que cessam o acidente ou diminuem o seu tamanho)

No exemplo, o trabalhador tropeçou para iniciar o acidente. O acidente foi propagado pela abertura da válvula e a resultante explosão e incêndio crescente. O evento foi terminado pelo consumo de todos os materiais inflamáveis.

A engenharia de segurança envolve a eliminação do passo de iniciação e a substituição dos passos de propagação com eventos de terminação. A Tabela 1-7 apresenta alguns modos de se conseguir isto. Em teoria, acidentes podem ser suprimidos pela eliminação da fase de iniciação. Na prática, isto não é efetivo: é irreal esperar a eliminação de todos os iniciadores. Uma abordagem muito mais efetiva é trabalhar em todas as três áreas, de forma a garantir que acidentes, uma vez iniciados, não se propaguem e terminem o mais breve possível.

---

[9]*One Hundred Largest Losses: A Thirty-Year Review of Property Losses in the Hydrocarbon-Chemical Industries* (Chicago: M & M Protection Consultants, 1986), p. 3.

Tabela 1-7 Vencendo o Processo de um Acidente

Fase	Efeito desejado	Forma de ação
Iniciação	Diminuição	Aterramento
		Inertização
		Elétrica à prova de explosão
		Corrimãos e proteções
		Procedimentos de manutenção
		Permissão para trabalho a quente
		Consideração de fatores humanos no projeto
		Projeto do processo
		Consciência das propriedades perigosas dos químicos
Propagação	Diminuição	Transferência emergencial de materiais
		Redução no inventário de materiais inflamáveis
		Espaçamento entre equipamentos e arranjo
		Materiais de construção não inflamáveis
		Instalação de válvulas de retenção e de parada de emergência
Terminação	Aumento	Equipamentos e procedimentos de combate a incêndio
		Sistemas de alívio
		Sistemas de aspersores de água (*sprinkler*)
		Instalação de válvulas de retenção e de parada de emergência

Exemplo 1-6

O seguinte relatório de acidente foi preenchido.[10]

> Falha de uma conexão roscada de 1½" do dreno de uma linha de óleo rico, na base de uma torre de absorção em uma grande (1,35 MCF/D) planta de produção de gás, permitiu a liberação do óleo rico e gás a 850 psi e −40°F. A nuvem de vapor resultante foi provavelmente inflamada pelo sistema de ignição de recompressores motorizados. A torre de absorção de 75' de altura × 10' de diâmetro colapsou sobre a tubovia e dois trens de trocadores. A ruptura de tubulações adicionou mais combustível ao fogo. Severas chamas incidindo sobre um trem com um compressor de 11.000 cavalos de potência movido a turbina a gás, recuperador de calor, e superaquecedor, resultou em sua quase total destruição.

Identifique as fases de iniciação, de propagação e de terminação para este acidente.

Solução

Iniciação: Falha da conexão roscada de 1½" do dreno

Propagação: Liberação de óleo rico e gás, formação de nuvem de vapor, ignição da nuvem de vapor pelos recompressores, colapso da torre de absorção sobre a tubovia

Terminação: Consumo dos materiais combustíveis no processo

Como mencionado anteriormente, o estudo de casos é uma etapa particularmente importante para o processo de prevenção de acidentes. Para entender estes eventos é útil conhecer a definição de termos que são comumente usados nas descrições (veja a Tabela 1-8).

---

[10]*One Hundred Largest Losses*, p. 10.

Introdução

Tabela 1-8 Definições para Casos Históricos[a]

Termo	Definição
Acidente	A ocorrência de uma sequência de eventos não intencionais que produzem lesão, morte ou danos à propriedade. "Acidente" se refere ao evento, não ao resultado do evento.
Perigo	Uma condição química ou física que tem o potencial de causar danos a pessoas, à propriedade ou ao meio ambiente.
Incidente	A perda de contenção de material ou energia; nem todos os eventos se propagam em incidentes; nem todos os incidentes se propagam em acidentes.
Consequência	Uma medida dos efeitos esperados dos resultados de um incidente.
Possibilidade de ocorrência	Uma medida da probabilidade esperada ou da frequência de ocorrência de um evento. Pode ser expressa como uma frequência, uma probabilidade de ocorrência em um intervalo de tempo, ou uma probabilidade condicional.
Risco	Uma medida das lesões a humanos, dos danos ambientais ou da perda econômica, em termos tanto da possibilidade de ocorrência do incidente e quanto da magnitude das perdas ou lesões.
Análise de riscos	O desenvolvimento de uma estimativa quantitativa do risco baseada em uma avaliação de engenharia e técnicas matemáticas para combinar estimativas das consequências e das frequências dos incidentes.
Avaliação de riscos	O processo pelo qual os resultados de uma análise de riscos são usados para a tomada de decisões, seja através da classificação relativa das estratégias de redução do risco, seja através da comparação com critérios de aceitabilidade de risco.
Cenário	Uma descrição dos eventos que resultam em um acidente ou incidente. A descrição deve conter informações relevantes para a definição das causas raízes.

[a]Center for Chemical Process Safety (CCPS), *Guidelines for Consequence Analysis*.

1-7 Segurança Intrínseca (ou Inerente)

Uma planta intrinsecamente[11,12] segura baseia-se na química e na física para prevenir acidentes, em vez de sistemas de controle, intertravamentos, redundâncias e procedimentos especiais de operação. Plantas intrinsecamente seguras são tolerantes a erros, e em geral as mais rentáveis. Um processo que não necessita de intertravamentos complexos e procedimentos elaborados é mais simples, fácil de operar e confiável. Equipamentos menores, operados a temperaturas e pressões menos severas, têm custos de aquisição e operacionais menores.

Em geral, a segurança de um processo baseia-se em múltiplas camadas de proteção. A primeira camada são as características de projeto do processo. Camadas subsequentes incluem sistemas de controle, intertravamentos, sistemas de parada de emergência, sistemas de proteção, alarmes e planos de resposta a emergência. Segurança intrínseca é parte de todas as camadas de proteção; no entanto,

---

[11]Center for Chemical Process Safety (CCPS), *Guidelines for Engineering Design for Process Safety* (New York: American Institute of Chemical Engineers, 1993).
[12]Center for Chemical Process Safety (CCPS), *Inherently Safer Chemical Processes: A Life Cycle Approach*, 2nd ed. (Hoboken, NJ: John Wiley & Sons, 2009).

ela é especialmente voltada para as características de projeto do processo. A melhor abordagem para prevenir acidentes é adicionar características de projeto do processo que previnam situações perigosas. Uma planta intrinsecamente mais segura é mais tolerante a erros operacionais e condições anormais.

Embora um processo ou planta possa ser modificado para aumentar a segurança intrínseca em qualquer momento do seu ciclo de vida, o potencial para grandes melhorias é maior nos estágios iniciais do desenvolvimento do processo. Nestes estágios iniciais, engenheiros e químicos têm o máximo grau de liberdade nas especificações da planta e do processo, e são livres para considerar alternativas ao processo básico, tais como alterações na química fundamental e na tecnologia.

As quatro palavras a seguir são recomendadas para descrever segurança intrínseca:

- Minimizar (intensificação)
- Substituir (substituição)
- Moderar (atenuação e limitação dos efeitos)
- Simplificar (simplificação e tolerância a erros)

Os tipos de técnicas intrinsecamente seguras que são usadas na indústria química estão ilustrados na Tabela 1-9 e são descritos em mais detalhes no que se segue.

Minimização implica a redução dos perigos pelo uso de menor quantidade de substâncias perigosas nos reatores, colunas de destilação, vasos de armazenamento e dutos. Quando possível, materiais perigosos devem ser produzidos e consumidos no local. Isto minimiza o armazenamento e transporte de matérias-primas e intermediários perigosos.

Vapores liberados a partir de derrames podem ser minimizados pelo projeto de bacias (diques) de contenção, de forma que materiais tóxicos e inflamáveis não acumulem no entorno do tanque. Tanques menores também diminuem os perigos de uma liberação.

Quando as possibilidades de minimização estão sendo investigadas, substituições também devem ser consideradas como uma alternativa ou conceito associado; isto é, materiais mais seguros devem ser usados no lugar dos perigosos. Isto pode ser realizado pelo uso de rotas químicas alternativas que permitam o uso de materiais menos perigosos ou condições de processo menos severas. Quando possível, solventes tóxicos ou inflamáveis devem ser substituídos por solventes menos perigosos (por exemplo, tintas e adesivos com base aquosa, ou formulações secas para químicos agrícolas).

Outra alternativa para a substituição é a moderação, ou seja, o uso do material perigoso em uma condição menos perigosa. Condições menos perigosas ou formas menos perigosas de um material incluem (1) a diluição para uma menor pressão de vapor, de forma a reduzir a concentração liberada; (2) a refrigeração para uma menor pressão de vapor; (3) o manuseio de sólidos com partículas maiores para minimizar poeiras; e (4) o processamento em condições de temperatura e pressão menos severas.

Construções de contenção são algumas vezes usadas para moderar o impacto do vazamento de um material especialmente tóxico. Quando for usada a contenção, precauções especiais devem ser incluídas para garantir a proteção do trabalhador, como controles remotos, monitoração contínua e restrição de acesso.

Plantas simples são mais amigáveis do que plantas complexas, visto que elas proporcionam menos oportunidades de erro e porque elas contêm menos equipamentos que podem causar problemas. Comumente, a razão para complexidade de uma planta é a necessidade de adicionar equi-

Tabela 1-9 Técnicas Intrinsecamente Seguras

Tipo	Técnicas típicas
Minimizar (intensificação)	Mudar de grande reator em batelada para um reator contínuo menor
	Reduzir o inventário armazenado de matérias-primas
	Melhorar o controle para redução do inventário de químicos intermediários perigosos
	Reduzir o tempo de espera do processo.
Substituir (substituição)	Usar vedação de bombas por selo mecânico *vs.* empacotamento
	Usar tubulações soldadas *vs.* flangeadas
	Usar solventes que sejam menos tóxicos
	Usar medidores mecânicos *vs.* com mercúrio
	Usar químicos com maiores pontos de fulgor, pontos de ebulição e outras características menos perigosas
	Usar água como fluido de troca térmica em vez de óleo de aquecimento
Moderar (atenuação e limitação dos efeitos)	Usar vácuo para reduzir o ponto de ebulição
	Reduzir as temperaturas e pressões do processo
	Refrigerar vasos de armazenamento
	Dissolver materiais perigosos em solventes seguros
	Operar em condições nas quais descontrole do reator não seja possível
	Colocar salas de controle longe das operações
	Separar as salas de bombeamento das demais salas
	Isolar acusticamente linhas e equipamentos ruidosos
	Implementar barreiras para salas de controle e tanques
Simplificar (simplificação e tolerância a erros)	Manter o sistema de tubulações organizado e fácil de seguir visualmente
	Projetar painéis de controle de fácil compreensão
	Projetar plantas para manutenção fácil e segura
	Selecionar equipamentos que requeiram menos manutenção
	Escolher equipamentos com taxas de falha baixas
	Incluir proteções resistentes a fogo e explosões
	Separar controles e sistemas em blocos que são mais úteis de abranger e compreender
	Rotular as tubulações para facilitar "seguir as linhas"
	Rotular vasos e controles para aumentar a compreensão

pamentos e automação para controlar os perigos. Simplificação reduz as oportunidades para erros e operações incorretas. Por exemplo, (1) sistemas de tubulação podem ser projetados para minimizar vazamentos ou falhas; (2) sistemas de transferência podem ser projetados para minimizar o potencial de vazamentos; (3) etapas e unidades do processo podem ser separadas para prevenir o efeito dominó; (4) válvulas *fail-safe* podem ser adicionadas; (5) equipamentos e controles podem ser posicionados em uma ordem lógica; e (6) o estado do processo pode ser apresentado de forma visível e clara, a todo o momento.

O projeto de um sistema de tubulação simples e intrinsecamente seguro inclui a minimização do uso de visores de vidro, conectores flexíveis e do tipo fole; uso de tubulações soldadas para químicos inflamáveis e tóxicos; e evitar o emprego de tubulações roscadas, usando juntas espiraladas e juntas flexíveis do tipo grafite que são menos propensas a falhas catastróficas, e usando suportes apropriados para as linhas, para minimizar tensões e subsequentes falhas.

1-8 Sete Desastres Significativos

O estudo de casos proporciona informações valiosas para engenheiros químicos envolvidos com segurança. Esta informação é usada para aprimorar procedimentos, de forma a prevenir acidentes similares no futuro.

Os sete acidentes mais citados (Flixborough, Inglaterra; Bhopal, Índia; Seveso, Itália; Pasadena, Texas; Texas City, Texas; Jacksonville, Flórida; e Port Wentworth, Geórgia) são apresentados aqui. Todos esses acidentes tiveram um impacto significativo nas percepções do público e na profissão de engenharia química, gerando uma nova ênfase e regulamentos à prática da segurança. O Capítulo 14 apresenta os casos em mais detalhes.

O acidente de Flixborough é, talvez, o mais documentado desastre em uma planta química. O governo britânico insistiu em uma investigação detalhada.

Flixborough, Inglaterra

O acidente em Flixborough, Inglaterra, ocorreu em um sábado em junho de 1974. Embora não tenha sido reportado em grande detalhe nos Estados Unidos, ele teve grande impacto na engenharia química no Reino Unido. Como resultado do acidente, a segurança alcançou uma priorização muito maior naquele país.

A *Flixborough Works of Nypro Limited* foi projetada para produzir 70.000 toneladas por ano de caprolactama, uma matéria-prima para a produção de náilon. O processo usa ciclo-hexano, que tem propriedades similares à gasolina. Nas condições de processo utilizadas em Flixborough (155°C e 7,9 atm), o ciclo-hexano volatiza imediatamente quando despressurizado para as condições atmosféricas.

O processo no qual o acidente ocorreu consistia em seis reatores em série. Nestes reatores, o ciclo-hexano era oxidado para ciclo-hexanona e então para ciclo-hexanol, usando injeção de ar na presença de um catalisador. A massa líquida reativa era alimentada por gravidade através da série de reatores. Cada reator normalmente continha cerca de 20 toneladas de ciclo-hexano.

Vários meses antes de o acidente ocorrer, foi descoberto um vazamento no reator 5. Inspeções mostraram uma rachadura vertical na sua estrutura de aço inoxidável. Foi tomada uma decisão de remover o reator para reparos. Uma decisão adicional foi tomada, de continuar operando através da conexão direta do reator 4 com o reator 6 da série. A perda do reator iria reduzir o rendimento, mas permitiria a continuidade da produção, uma vez que o ciclo-hexano não reagido é separado e reciclado em uma etapa posterior.

As tubulações de alimentação conectando os reatores tinham 28 in de diâmetro. Como só havia em estoque tubulações de 20 in, a conexão entre o reator 4 e o reator 6 foi realizada utilizando-se tubulações flexíveis do tipo fole, como mostrado na Figura 1-10. Supõe-se que a tubulação temporária de desvio rompeu-se devido a suporte inadequado, e flexão excessiva da seção devido às pressões internas do reator. Em decorrência da ruptura dessa seção de desvio, estima-se que 30 toneladas de ciclo-hexano volatilizaram e formaram uma grande nuvem de vapor. A nuvem sofreu ignição por uma fonte desconhecida, cerca de 45 segundos após o vazamento.

A explosão resultante colocou abaixo a planta industrial inteira, incluindo os escritórios administrativos. Vinte e oito pessoas morreram e 36 outras foram feridas. Dezoito dessas fatalidades ocorreram na sala de controle principal, quando o teto colapsou. A perda de vidas teria sido substancialmente

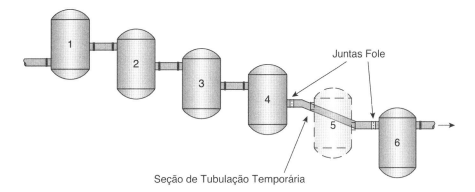

Figura 1-10 A falha de uma seção de tubulação temporária, substituindo o reator 5, causou o acidente de Flixborough.

maior se o acidente houvesse ocorrido em um dia de semana, quando os escritórios administrativos estavam lotados com funcionários. Os danos se estenderam a 1821 casas próximas e 167 lojas e fábricas. Cinquenta e três civis foram reportados como feridos. O incêndio resultante na planta continuou por mais de 10 dias.

Este acidente poderia ter sido evitado pela utilização de procedimentos de segurança adequados. Em primeiro lugar, a linha de desvio foi instalada sem uma revisão de segurança ou sem a supervisão adequada por engenheiros experientes. O desvio foi esquematizado no chão da oficina de manutenção usando giz!

Em segundo lugar, o sítio industrial mantinha inventários excessivamente grandes de produtos perigosos. Isto incluía 330.000 galões de ciclo-hexano, 66.000 galões de nafta, 11.000 galões de tolueno, 26.400 galões de benzeno e 450 galões de gasolina. Esses inventários contribuíram para o incêndio após a explosão inicial. Finalmente, a modificação tinha projeto inadequado. Como regra, qualquer modificação deve manter a mesma qualidade de construção do restante da planta.

Bhopal, Índia

O acidente de Bhopal, Índia, em 3 de dezembro de 1984, recebeu consideravelmente mais atenção do que o acidente de Flixborough. Isto ocorreu devido às mais de 2000 casualidades de civis que resultaram do acidente.

A planta de Bhopal fica no estado de Madhya Pradesh, na Índia central. A planta era parcialmente propriedade da Union Carbide e parcialmente propriedade local.

Os habitantes civis mais próximos estavam a cerca de 1,5 milha de distância quando a planta foi construída. Como a planta era a fonte de emprego predominante na região, uma favela cresceu no entorno da mesma.

A planta produzia pesticidas. Um produto intermediário no processo é o metil isocianato (MIC). MIC é um produto extremamente perigoso. Ele é reativo, tóxico, volátil e inflamável. A concentração máxima de MIC para exposição dos trabalhadores, em um período de 8 horas, é de 0,02 ppm (parte por milhão). Indivíduos expostos a vapores de MIC com concentração acima de 21 ppm sofrem de irritação severa no nariz e garganta. Morte causada por a altas concentrações de vapor é devida a dificuldades respiratórias.

MIC apresenta uma grande quantidade de propriedades físicas perigosas. O seu ponto de ebulição em condições atmosféricas é de 39,1°C. Tem uma pressão de vapor de 348 mmHg a 20°C. O vapor é cerca de duas vezes mais pesado do que o ar, fazendo com que o mesmo se mantenha próximo ao solo quando liberado.

MIC reage exotermicamente com a água. Embora a taxa de reação seja baixa, com resfriamento inadequado, a temperatura sobe e o composto entra em ebulição. Tanques de armazenamento de MIC são tipicamente resfriados para evitar este problema.

A unidade que utilizava o MIC não estava operando devido a disputas locais dos trabalhadores. De alguma forma, um tanque de armazenamento contendo grandes quantidades de MIC foi contaminado com água ou outra substância. Uma reação química aqueceu o MIC a uma temperatura acima do seu ponto de ebulição. Os vapores de MIC foram liberados por um sistema de alívio de pressão em um vaso coletor e sistema de queima, instalado para consumir o MIC em caso de liberação. Infelizmente, o vaso coletor e o sistema de queima não estavam operacionais, por uma série de razões. Uma quantidade estimada de 25 toneladas de vapores tóxicos de MIC foi liberada. A nuvem tóxica se propagou para a comunidade vizinha, matando mais de 2000 pessoas e causando danos a um número estimado de mais de 20.000 outras pessoas. Nenhum trabalhador da planta sofreu ferimentos ou foi morto. Nenhum equipamento da planta foi danificado.

A causa exata da contaminação do MIC é desconhecida. Se o acidente foi causado por um problema no processo, uma revisão de segurança bem executada poderia ter identificado o problema. O vaso coletor e o sistema de tocha (*flare*) deveriam estar completamente operacionais para prevenir a liberação. Inventários de produtos perigosos, em particular intermediários, também deveriam ser minimizados.

A rota reacional usada em Bhopal é mostrada no topo da Figura 1-11, e inclui o intermediário perigoso MIC. Um esquema alternativo é mostrado na parte inferior da figura e envolve um clorofor-

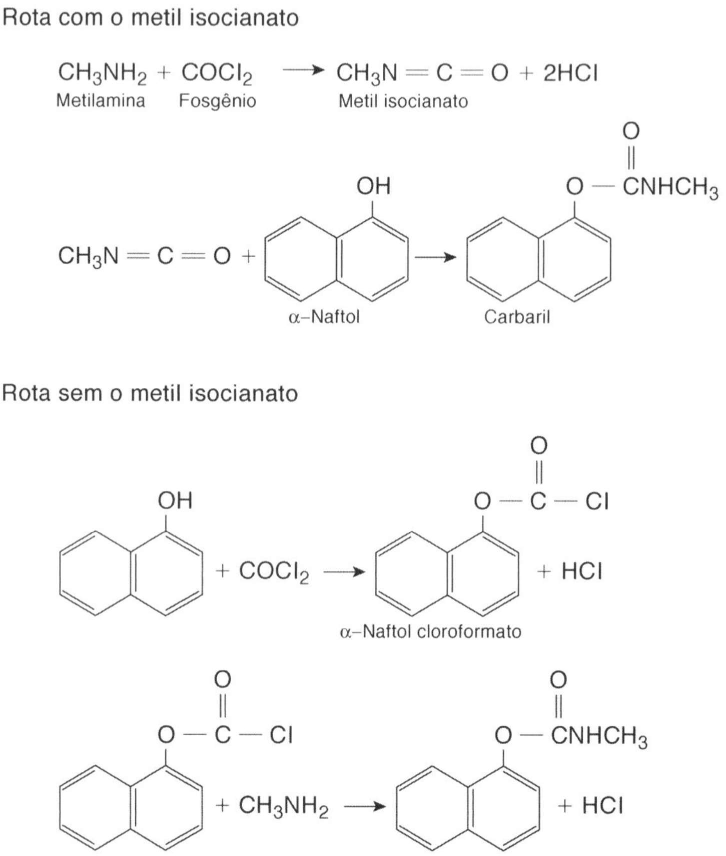

Figura 1-11 A reação mais acima é a rota reacional do metil isocianato usada em Bhopal. A reação mais abaixo sugere uma rota alternativa, usando um intermediário menos perigoso. Adaptado de *Chemical and Engineering News* (11 de fevereiro de 1985), p. 30.

mato intermediário menos perigoso. Outra solução é reprojetar o processo para reduzir o inventário do perigoso MIC. O projeto produz e consome o MIC, em uma área altamente restrita do processo, com um inventário de MIC de menos de 20 libras.

Seveso, Itália

Seveso é uma cidade pequena, de aproximadamente 17.000 habitantes, a 15 milhas de Milão, Itália. A planta era propriedade da *Icmesa Chemical Company*. O produto era hexaclorofeno, um bactericida, com triclorofenol produzido como um intermediário. Durante a operação normal, uma pequena quantidade de TCDD (2,3,7,8-tetraclorodibenzoparadioxina) é produzida no reator como produto secundário indesejado.

TCDD é talvez a mais potente toxina conhecida pelos seres humanos. Estudos em animais mostraram que a TCDD pode ser fatal em doses tão baixas quanto 10^{-9} vezes a massa corporal. Como TCDD é também insolúvel em água, a descontaminação é difícil. Doses não letais de TCDD resultam em "cloracne", uma doença tipo acne que pode persistir por muitos anos.

Em 10 de julho de 1976, o reator de triclorofenol se descontrolou, resultando em uma temperatura operacional maior do que a normal e aumentando a produção de TCDD. Uma quantidade estimada de 2 kg de TCDD foi liberada através do sistema de alívio, na forma de uma nuvem branca sobre Seveso. Uma chuva intensa subsequente varreu o TCDD para o solo. Aproximadamente 10 milhas quadradas foram contaminadas.

Devido à comunicação deficiente com as autoridades locais, a evacuação da população não foi iniciada até vários dias após o ocorrido. Neste momento, mais de 250 casos de "cloracne" já haviam sido reportados. Mais de 600 pessoas foram evacuadas e outras 2000 realizaram testes sanguíneos. A área imediatamente adjacente à planta, mais severamente contaminada, foi cercada, sendo mantida nesta condição até hoje.

TCDD é tão tóxico e persistente que, para uma liberação menor porém similar ocorrida em Duphar, na Índia, em 1963, a planta foi totalmente desmantelada, tijolo por tijolo, acondicionada em concreto e descartada no mar. Menos de 200 g de TCDD foram liberados e a contaminação ficou restrita à área da planta. Dos 50 homens designados para a limpeza do material vazado, 4 morreram devido à exposição ao TCDD.

Os acidentes de Seveso e Duphar poderiam ter sido evitados, se sistemas de controle adequados tivessem sido usados para conter as liberações do reator. A aplicação adequada de princípios fundamentais de engenharia de segurança teria prevenido ambos os acidentes. Primeiro, se fossem seguidos procedimentos adequados, as etapas de iniciação do acidente não teriam ocorrido. Segundo, pelo uso de procedimentos adequados de avaliação de perigos, estes poderiam ter sido identificados e corrigidos antes da ocorrência dos acidentes.

Pasadena, Texas

Uma grande explosão em Pasadena, Texas, em 23 de outubro de 1989, resultou em 23 mortos, 314 feridos e perdas totais de mais de US$ 715 milhões. Essa explosão ocorreu em uma planta de polietileno de alta densidade, após a liberação acidental de 85.000 libras de uma mistura inflamável contendo etileno, isobutano, hexano e hidrogênio. A liberação formou, instantaneamente, uma grande

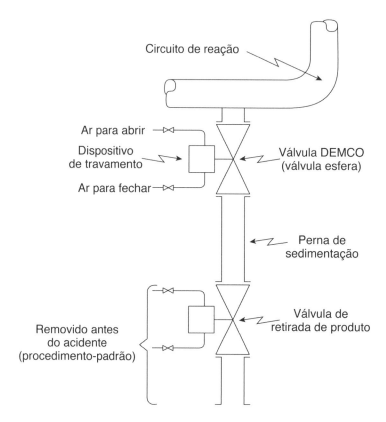

Figura 1-12 Perna de sedimentação e sistema de retirada de produto de uma planta de polietileno.

nuvem de gás, pois o sistema estava sob alta pressão e temperatura. A nuvem sofreu ignição cerca de 2 minutos após a liberação, por uma fonte de ignição não identificada.

Os danos resultantes da explosão tornaram impossível reconstruir o cenário acidental real. Contudo, evidências mostraram que os procedimentos operacionais padrões não foram seguidos apropriadamente.

A liberação ocorreu no sistema de retirada de polietileno produzido, como ilustrado na Figura 1-12. Normalmente, as partículas de polietileno (produto) sedimentam na perna de sedimentação e são removidas através da válvula de retirada de produto. Ocasionalmente, o produto entope a perna de sedimentação, e o produto deve ser removido pela equipe de manutenção. O procedimento normal – e seguro – inclui o fechamento da válvula DEMCO, a remoção das linhas de ar e o travamento da válvula na posição fechada. Só então a válvula de retirada de produto é removida, dando acesso à perna de sedimentação entupida.

As evidências da investigação do acidente mostraram que este procedimento de segurança não foi seguido; especificamente, a válvula de retirada de produto foi removida, a válvula DEMCO estava na posição aberta e o dispositivo de travamento havia sido removido. Este cenário foi uma violação grave de procedimentos bem estabelecidos e bem compreendidos, e criou as condições que permitiram a liberação e subsequente explosão.

A investigação[13] da OSHA descobriu que (1) nenhuma análise de perigos do processo havia sido realizada na planta de polietileno, e, como resultado, muitas deficiências de segurança graves foram

---

[13]Occupational Safety and Health Administration, *The Pasadena Accident: A Report to the President* (Washington, DC: US Department of Labor, 1990).

ignoradas ou menosprezadas; (2) a válvula de bloqueio simples (DEMCO) na perna de sedimentação não foi projetada para falhar para uma posição segura, fechada, quando ocorresse a falha do ar; (3) em vez de confiar em uma única válvula de bloqueio, um arranjo do tipo bloqueio duplo com alívio ou um flange cego após a válvula de bloqueio simples deveria ter sido usado; (4) nenhuma providência foi tomada para o desenvolvimento, implementação e aplicação de um sistema de permissão efetivo (por exemplo, abertura de linhas); e (5) nenhum sistema permanente de detecção de gases combustíveis e alarme estava presente na região dos reatores.

Outros fatores que contribuíram para a severidade deste desastre também foram citados: (1) proximidade entre estruturas com alta taxa de ocupação humana (salas de controle) e de operações perigosas; (2) separação inadequada entre as construções; e (3) equipamentos de processo congestionados.

Texas City, Texas

Uma refinaria de petróleo teve grandes explosões em 23 de março de 2005, as quais mataram 15 trabalhadores e feriram cerca de 180.[14] As explosões foram resultado da liberação súbita de líquido e vapores inflamáveis através de um alívio (*open vent stack*) na unidade de isomerização (ISOM) da refinaria. A unidade ISOM converte pentano e hexano em isopentano e iso-hexano (aditivo para gasolina). A unidade trabalha aquecendo o pentano e o hexano na presença de um catalisador. A unidade inclui uma torre de destilação e equipamentos de processo associados, os quais são usados para preparar a alimentação de hidrocarbonetos para o reator de isomerização.

O acidente ocorreu durante a partida da unidade ISOM. Durante esta partida, hidrocarbonetos foram bombeados na torre de destilação durante três horas, sem que qualquer líquido fosse removido ou transferido para o armazenamento (o que deveria ter ocorrido). Como resultado, a torre de 164 ft de altura ficou inundada. A alta pressão resultante ativou três válvulas de alívio de pressão, e o líquido foi descarregado para um vaso de despressurização (*blowdown drum*) aberto para a atmosfera. O vaso de despressurização foi preenchido com hidrocarbonetos, produzindo uma liberação tipo gêiser através da haste de alívio do vaso. Os hidrocarbonetos inflamáveis formaram poças no chão, liberando vapores que entraram em ignição, resultando em múltiplas explosões e incêndios. Muitos dos que morreram estavam trabalhando dentro ou perto das duas oficinas móveis, localizadas próximas a um vaso de despressurização.

A investigação da CSB identificou os seguintes fatores principais: (1) as oficinas móveis estavam posicionadas em um local inseguro (todas as 15 fatalidades ocorreram dentro ou no entorno dessas oficinas); a unidade ISOM não deveria ter sido partida porque havia problemas existentes e conhecidos que deveriam ter sido reparados antes da partida (mau funcionamento conhecido em equipamentos, como indicador de nível e alarme, e uma válvula de controle); e (3) anteriormente haviam ocorrido pelo menos outras quatro liberações de hidrocarbonetos por este alívio do vaso de despressurização e, mesmo que estes graves quase acidentes tivessem revelado a existência do perigo, nenhuma investigação efetiva foi conduzida, nem mudanças adequadas no projeto foram realizadas (um sistema de tocha adequadamente projetado teria queimado estes efluentes para prevenir a liberação insegura do líquido inflamável e vapores combustíveis).

---

[14]D. Holmstrom, F. Altamirano, J. Banks, G. Joseph, M. Kaszniak, C. Mackenzie, R. Shroff, H. Cohen, and S. Wallace, "CSB Investigation of the Explosions and Fire at the BP Texas City Refinery on March 23, 2005," *Process Safety Progress* (2006), 25(4): 345–349.

Jacksonville, Flórida

A CSB investigou um acidente[15] que ocorreu em uma unidade de produção de químicos (aditivos para gasolina) em 9 de dezembro de 2007. Uma forte explosão e incêndio mataram 4 empregados e feriram 32, incluindo 4 empregados e 28 membros do público externo que estavam trabalhando em empreendimentos no entorno. Esta planta misturava e vendia solventes de impressão e começou a manufaturar MCMT (*methylcyclopentadienyl manganese tricarbonyl*) em um reator em batelada de 2500 galões em janeiro de 2004.

O acidente ocorreu quando a planta estava produzindo a sua 175ª batelada de MCMT. O processo incluía duas reações exotérmicas, a primeira uma etapa necessária na produção de MCMT e a segunda uma reação secundária indesejada que ocorre a cerca de 390°F, o que é ligeiramente superior à temperatura normal de operação. O resfriamento do reator falhou (bloqueio da linha ou falha de válvula) e a temperatura aumentou, favorecendo ambas as reações de forma descontrolada. Cerca de 10 minutos após a falha inicial do resfriamento, o reator se rompeu e o seu conteúdo explodiu devido à alta descontrolada de temperatura e pressão. A pressão do reator e o conteúdo explodiram com uma equivalência de TNT de cerca de 140 libras de TNT. Destroços do reator foram encontrados a cerca de 1 milha de distância e a explosão danificou construções a cerca de um quarto de milha de distância da unidade.

A CSB descobriu que (1) o sistema de resfriamento do reator era susceptível a falhas simples devido à ausência de redundâncias no projeto, (2) o sistema de alívio do reator era incapaz de aliviar a pressão das reações descontroladas e (3) apesar do número de prévios quase acidentes similares, os funcionários da empresa falharam em reconhecer os perigos das reações descontroladas associadas ao processo de manufatura (mesmo os dois donos da empresa sendo formados em química e engenharia química).

As recomendações da CSB no relatório deste acidente focaram em melhorar o ensino dos estudantes de engenharia química quanto aos perigos das reações químicas.

Port Wentworth, Geórgia

Em 7 de fevereiro de 2008, uma série de explosões de poeira de açúcar em uma unidade de fabricação de açúcar resultou em 14 fatalidades e 36 feridos.[16] Esta refinaria convertia a cana-de-açúcar em açúcar granulado. Um sistema de parafusos e correias transportadoras transportavam o açúcar granulado da refinaria até os silos de estocagem, e para áreas especiais de processamento do produto.

Uma cobertura de painéis de aço, recentemente instalada na correia transportadora, permitiu que concentrações explosivas de poeira de açúcar se acumulassem dentro da região confinada. A primeira explosão de poeira ocorreu nesta correia encamisada com painéis de aço, localizada abaixo dos silos de açúcar. Um rolamento sobreaquecido na correia foi a fonte de ignição mais provável. Esta explosão inicial dispersou a poeira de açúcar que havia se acumulado nos pisos e superfícies horizontais do elevador, propagando mais explosões através da construção. Explosões secundárias de poeira ocorreram através do prédio, partes da refinaria e do prédio de carregamento. As ondas de pressão

---

[15]"Investigation Report—T2 Laboratories, Inc. Runaway Reaction," U.S. Chemical Safety and Hazard Investigation Board, Report No. 2008-3-I-FL, Sept. 2009.

[16]"Investigation Report—Sugar Dust Explosion and Fire," U.S. Chemical Safety and Hazard Investigation Board, Report No. 2008-05-I-GA, Sept. 2009.

das explosões deformaram pisos de concreto espessos e colapsaram paredes de tijolos, bloqueando escadarias e outras rotas de saída.

A investigação da CSB identificou três causas principais: (1) o equipamento de correia transportadora não foi projetado para minimizar a liberação de poeira de açúcar e eliminar todas as fontes de ignição das áreas de trabalho; (2) a prática de limpeza e arrumação da área era deficiente; e (3) a empresa falhou em corrigir as condições perigosas recorrentes e conhecidas, apesar de os perigos associados a poeiras combustíveis serem bem conhecidos e amplamente publicados.

Anteriormente ao acidente de Port Wentworth, a CSB realizou um estudo[17] em 2005 com relação à extensão do problema de explosão de poeiras industriais. Identificaram-se 200 incêndios e explosões devido a poeiras em um período de 25 anos, que levaram 100 vidas e fizeram 600 feridos. O trágico evento em Port Wentworth demonstra que explosões de poeira na indústria continuam a ser um problema.

Leitura Sugerida

Aspectos Gerais da Segurança de Processos Químicos

Robert M. Bethea, *Explosion and Fire at Pasadena, Texas* (New York: American Institute of Chemical Engineers, 1996).

Howard H. Fawcett and William S. Wood, eds., *Safety and Accident Prevention in Chemical Operations,* 2nd ed. (New York: Wiley, 1982), ch. 1.

Dennis C. Hendershot, "A History of Process Safety and Loss Prevention in the American Institute of Chemical Engineers," *Process Safety Progress* (June 2009), 28(2): 105–113.

S. Mannan, ed. *Lees' Loss Prevention in the Process Industries*, 3rd ed. (London: Butterworth-Heinemann, 2005).

Bhopal

Chemical and Engineering News (Feb. 11, 1985), p. 14.

A. Sam West, Dennis Hendershot, John F. Murphy, and Ronald Willey, "Bhopal's Impact on the Chemical Industry," *Process Safety Progress* (Dec. 2004), 23(4): 229–230.

Ronald J. Willey, Dennis C. Hendershot, and Scott Berger, "The Accident in Bhopal: Observations 20 Years Later," *Process Safety Progress* (Sept. 2007), 26(3): 180–184.

Seveso

Chemical and Engineering News (Aug. 23, 1976), p. 27.

Dennis C. Hendershot and John F. Murphy, "Expanding Role of the Loss Prevention Professional: Past, Present, and Future," *Process Safety Progress* (March 2007), 26(1): 18–26.

Walter B. Howard, "Seveso: Cause; Prevention," *Plant /Operations Progress* (Apr. 1985), 4(2): 103–104.

J. Sambeth, "What Really Happened at Seveso," *Chemical Engineering* (May 16, 1983), pp. 44–47.

Flixborough

Robert M. Bethea, *Process Safety Management with Case Histories: Flixborough, Pasadena, and Other Incidents* (New York: American Institute of Chemical Engineers, 1994).

Dennis C. Hendershot and John F. Murphy, "Expanding Role of the Loss Prevention Professional: Past, Present, and Future," *Process Safety Progress* (Mar. 2007), 26(1): 18–26.

---

[17]"CSB Reports Chemical Dust Explosions Are a Serious Problem," *www.csb.gov/newsroom /detail.aspx?nid=272&SID=0&pg=1&F*.

Trevor A. Kletz, "The Flixborough Explosion—Ten Years Later," *Plant/Operations Progress* (July 1984), 3(3): 133–135.

S. Mannan, ed. *Lees' Loss Prevention in the Process Industries*, 3rd ed., vol. 3, Appendix 2, Pages 1–18. (London: Butterworth-Heinemann, 2005.)

Casos Históricos Gerais

T. Kletz, *Learning from Accidents*, 3rd ed. (Boston: Butterworth-Heinemann, 2001).

T. Kletz, *What Went Wrong? Case Histories of Process Plant Disasters and How They Could Have Been Avoided*, 5th ed. (Boston: Butterworth-Heinemann, 2009).

Problemas

1-1 Um funcionário trabalha em uma planta com uma FAR de 4. Se este funcionário trabalha em um turno de 4 horas, 200 dias por ano, qual o valor esperado de mortes por pessoa por ano?

1-2 Existem três unidades de processo em uma planta. As unidades possuem FAR de 0,5, 0,3 e 1,0, respectivamente.

a. Qual a FAR global da planta, considerando a exposição simultânea dos trabalhadores às três unidades, simultaneamente?

b. Suponha agora que as unidades estão afastadas o suficiente, de forma que um acidente em uma delas não afete os trabalhadores das outras. Se um trabalhador passa 20% do seu tempo na área de processo 1, 40% na área de processo 2 e 40% na área de processo 3, qual a FAR global?

1-3 Supondo que um carro viaja a uma velocidade média de 50 milhas por hora, quantas milhas precisam ser dirigidas antes que uma fatalidade seja esperada?

1-4 A uma trabalhadora é dito que as chances de ela ser morta por um processo particular são de 1 a cada 500 anos. A trabalhadora deve ficar satisfeita ou alarmada? Qual é a FAR (assumindo horas normais de trabalho) e quais as mortes de pessoas por ano? Quais devem ser as chances dela, assumindo uma planta química conforme a média?

1-5 Uma planta emprega 1500 trabalhadores em tempo integral em um processo com uma FAR de 5. Quantas mortes relacionadas à indústria são esperadas em um ano?

1-6 Considere o Exemplo 1-4. Quantas horas devem ser viajadas por um carro para cada hora de escalada, de modo que o risco de fatalidades por carro seja igual ao risco de fatalidades por alpinismo?

1-7 Identifique as etapas de iniciação, propagação e terminação para os seguintes relatórios de acidentes.[18] Sugira meios para prevenir e conter estes acidentes.

a. Um contratado cortou, acidentalmente, uma linha de 10 in de propano, operando a 800 psi, em um terminal de líquidos de gás natural. A grande nuvem de vapor, estimada como tendo se dispersado por uma área de 44 acres, sofreu ignição cerca de 4-5 minutos depois, por uma fonte de ignição desconhecida. Produtos líquidos de 5 de 26 compartimentos alimentaram o fogo com uma quantidade estimada de 18.000 a 36.000 galões de GLP por cerca de 6 horas, antes que o vazamento fosse bloqueado e o fogo extinto. Ambas as bombas de incêndio

---
[18]*One Hundred Largest Losses.*

com motor a diesel falharam; uma porque o intenso calor irradiado danificou a sua fiação de ignição, e a outra porque a explosão quebrou um visor de combustível, derramando óleo diesel, que sofreu ignição destruindo o motor da bomba.

b. Uma unidade de alquilação estava sendo partida após uma parada devido a uma perda de alimentação elétrica. Quando circulação adequada não pôde ser mantida em um circuito de aquecimento da deisobutanização, decididiu-se limpar o filtro. Os trabalhadores haviam despressurizado o vaso e removido todos, menos três dos parafusos dos flanges, quando uma liberação de pressão soltou um material preto pelo flange, seguido de vapores de butano. Estes vapores se dispersaram para um forno a 100 ft de distância, onde ocorreu a ignição, com a chama retornando em direção ao flange. O fogo que se seguiu expôs a torre de fracionamento e vasos de recebimento horizontais. Estes vasos explodiram, rompendo tubulações, que adicionaram mais combustível ao incêndio. As explosões e o calor causaram a perda do isolamento térmico da torre de fracionamento de 8 ft $\times$ 122 ft, causando a sua fragilização e queda sobre duas tubulações principais, rompendo as mesmas – o que adicionou mais combustível ao incêndio. A extinção do fogo, alcançada basicamente pelo isolamento das fontes de combustível, levou 2½ horas.

A falha foi rastreada até uma válvula de 10 in que não conseguiu fechar os últimos ¾ de polegada devido a um fino pó de carbono e óxido de ferro. Quando o flange foi aberto, o pó foi arrastado, permitindo que butano líquido fosse liberado.

1-8 A indústria aérea afirma que transporte aéreo comercial tem menos mortes por milha do que outros meios de transporte. Os dados estatísticos suportam esta afirmação? Em 1984 a indústria aérea reportou 4 mortes por 10.000.000 passageiros-milhas. Que outra informação é requerida para calcular a FAR? E a taxa de fatalidade?

1-9 Uma universidade tem 1200 empregados em tempo integral. Em um ano em particular, esta universidade teve 38 feridos com afastamento reportados, resultando em 274 dias de trabalho perdidos. Calcule a taxa de incidente da OSHA baseado nos feridos e dias de trabalho perdidos.

1-10 Com base em fatalidades no ambiente de trabalho (Figura 1-4) e assumindo que você é responsável pelo programa de segurança de uma organização, o que você enfatizaria?

1-11 Baseado nas causas das maiores perdas (Figura 1-7), o que você enfatizaria em um programa de segurança?

1-12 Depois de rever as respostas dos Problemas 1-10 e 1-11, a segurança intrínseca pode ajudar?

1-13 Que conclusões você consegue derivar da Figura 1-9?

1-14 Qual a pior coisa que pode ocorrer com você, como um engenheiro químico, em uma planta química?

1-15 Uma explosão ocorreu na sua planta, e um funcionário morreu. Uma investigação mostra que o acidente foi culpa do empregado morto, que carregou manualmente o ingrediente errado no reator. Qual é a responsabilidade dos seguintes grupos?

a. Os outros funcionários que trabalham na mesma área do processo.

b. Os outros funcionários em outras partes da instalação.

c. Média gerência.

d. Alta gerência.

e. O presidente da empresa.

f. A união.

1-16 Você recentemente começou a trabalhar em uma planta de produtos químicos. Depois de várias semanas de trabalho, você reconhece que o gerente da fábrica controla a planta com punho de ferro. Ele está a poucos anos da aposentadoria, depois de ter uma carreira que começou de baixo e atingiu o topo. Além disso, certo número de práticas de risco são realizadas na planta, incluindo algumas que poderiam conduzir a resultados catastróficos. Você levou esses problemas para o seu supervisor imediato, mas ele decide não fazer nada por medo de que o gerente da fábrica fique chateado. Afinal de contas, ele diz: "Nós temos operado esta planta há 40 anos sem um acidente." O que você faria nessa situação?

1-17 a. Você entra em uma loja e depois de um tempo decide sair, preferindo não comprar nada lá. O que você observou para fazer você sair? A que conclusões se pode chegar sobre as atitudes das pessoas que gerenciam e operam esta loja?

b. Você entra em uma planta química e, após um curto período de tempo, decide sair, temendo que a planta possa explodir a qualquer momento. O que você observou para decidir sair? Que conclusões se podem chegar sobre as atitudes das pessoas que gerenciam e operam esta planta?

Comente as similaridades dos itens a e b.

1-18 Um grande tanque de armazenamento é cheio manualmente por um operador. O operador primeiro abre uma válvula na linha de alimentação e observa cuidadosamente o indicador de nível, até que o tanque esteja cheio (um longo tempo depois). Uma vez que o enchimento esteja completo, o operador fecha a válvula para interromper o carregamento. Uma vez por ano o operador está distraído e o tanque é sobrecarregado. Para evitar isto, foi instalado um alarme no indicador do nível, para alertar o operador para uma condição de nível alto. Com a instalação de alarme, o tanque passou a ser sobrecarregado duas vezes por ano. Você pode explicar isto?

1-19 A numeração cuidadosa dos equipamentos de processo é importante para evitar confusão. Em uma unidade, um equipamento foi numerado como J1001 na sua parte superior. Quando a atribuição de números prosseguiu para fora da edificação, um novo equipamento foi numerado como JA1001. Um operador foi instruído verbalmente para preparar a bomba JA1001 para reparos. Infelizmente, ele preparou a bomba J1001, causando um descontrole da planta. O que aconteceu?

1-20 A tampa da carcaça de uma bomba é mantida no lugar por oito parafusos. Um funcionário é instruído a reparar a bomba. O mesmo remove todos os oito parafusos e encontra a placa de cobertura presa na caixa. Uma chave de fenda é usada para erguer a tampa. A tampa voa de repente, e sprays líquidos tóxicos são liberados em toda a área de trabalho. É evidente que a bomba deveria ter sido isolada, drenada e limpa, antes da reparação. Existe, no entanto, um procedimento melhor para a remoção da placa de cobertura. Qual é o procedimento?

1-21 O nível do líquido em um tanque com 10 m de altura é determinado através da medição da pressão no fundo do vaso. O indicador de nível foi calibrado para trabalhar com um líquido que tem uma densidade relativa de 0,9. Se o líquido habitual é substituído por um novo, com densidade relativa de 0,8, o tanque vai ser sobrecarregado ou ficará apenas parcialmente preenchido? Se o nível do líquido real é de 8 m, qual a leitura do medidor de nível? É possível que o tanque transborde sem que o medidor de nível indique essa situação?

1-22 Uma das categorias de segurança intrínseca é a simplificação/tolerância ao erro. Que instrumentos você pode adicionar ao tanque descrito no Problema 1-21 para eliminar os problemas?

1-23 As bombas podem ser fechadas através do fechamento das válvulas de entrada e de saída, nas laterais da bomba. Isto pode conduzir a danos na bomba e/ou a um aumento rápido da temperatura do líquido. Uma bomba em particular contém 4 kg de água. Sendo a bomba de 1 HP, qual é o aumento máximo de temperatura esperada para a água? Suponha uma capacidade calorífica constante de 1 kcal/kg/°C. O que vai acontecer se a bomba continua a funcionar?

1-24 Água irá sofrer flash quase instantaneamente, se aquecida sob certas condições.

   a. Qual é a proporção em volume entre o vapor de água a 300 K e de água no estado líquido a 300 K, em condições saturadas?

   b. O óleo quente é acidentalmente bombeado para um tanque de armazenagem. Infelizmente, o reservatório contém água residual, que sofre flash e rompe o tanque. Se o tanque apresenta 10 m de diâmetro e 5 m de altura, quantos quilos de água a 300 K são necessários para gerar vapor suficiente para pressurizar o tanque a uma pressão de 8 in de coluna de água, a pressão de explosão do tanque?

1-25 Outra maneira de medir o desempenho em relação a acidentes é pela LTIR ou taxa de acidentes com perda de tempo (*lost-time injury rate*). Este índice é idêntico à taxa de incidência da OSHA, com base em incidentes em que o empregado é incapaz de continuar suas funções normais. Uma planta tem 1,2 mil funcionários em tempo integral de trabalho de 40 e 50 horas por semana. Se a planta teve dois incidentes com perda de tempo no ano passado, qual é a LTIR?

1-26 Um carro sai de Nova York e viaja a distância 2800 milhas até Los Angeles, a uma velocidade média de 50 mph. Um plano alternativo de viagem é voar em uma companhia aérea comercial, durante 4 horas e meia. Quais são os FARs para os dois meios de transporte? Qual o plano de viagem mais seguro com base na FAR?

1-27 Uma coluna foi usada para retirar compostos de baixa volatilidade de um fluido de transferência de calor a alta temperatura. Durante um procedimento de manutenção, água ficou presa entre duas válvulas. Durante a operação normal, uma válvula foi aberta e o óleo quente entrou em contato com a água fria. O resultado foi uma quase súbita vaporização da água, seguida por danos consideráveis à coluna. Considere água líquida a 25°C e 1 atm. Quantas vezes o volume aumentou, se a água é vaporizada a 100°C e 1 atm?

1-28 Grandes tanques de armazenamento são projetados para resistir a baixas pressões e vácuos. Normalmente, eles são construídos para suportar não mais do que 8 in de coluna de água, e 2,5 in de coluna de água de vácuo. Um tanque particular tem 30 ft de diâmetro.

   a. Se uma pessoa de 200 libras está no meio da cobertura do tanque, qual é a pressão resultante (em polegadas de coluna de água), se o peso da pessoa é distribuído através de todo o telhado?

   b. Se o telhado foi inundado com 8 in de água (equivalente à pressão máxima), qual é o peso total (em libras) de água?

   c. Um grande tanque de armazenamento colapsou quando a abertura para o exterior foi conectada a uma bomba, e o funcionário a ligou para esvaziar o tanque. Como isso aconteceu?

   Nota: Uma pessoa pode facilmente soprar a uma pressão maior do que 20 in de coluna de água.

1-29 Um tambor de 50 gal é encontrado no pátio de sua planta com as extremidades deformadas. Você é incapaz de identificar o conteúdo do tambor. Desenvolva um procedimento para lidar com esse perigo. Existem muitas maneiras de resolver este problema. Por favor, descreva apenas uma abordagem.

1-30 A planta foi parada para uma extensa manutenção e reparo. Você está encarregado de partir novamente a planta. Há uma pressão considerável do departamento de vendas para entregar o produto. Por volta das 4 horas da manhã, um problema se desenvolve. Uma "raquete" foi deixada acidentalmente em uma das linhas de processamento. Uma experiente pessoa da manutenção sugere que pode remover a raquete sem a despressurização da linha. Ela disse que rotineiramente realizava essa operação anos atrás. Uma vez que você está no comando, o que você faria?

1-31 Caminhões de transporte de gasolina apresentam uma restrição na quantidade de carga transportada no tanque. A carga nunca pode estar entre 20% e 80% da capacidade total. Ou deve ser menor que 20% ou maior que 80%. Por quê?

1-32 Em 1891, a indústria do cobre em Michigan empregava 7702 pessoas. Naquele ano houve 28 fatalidades nas minas. Estime a FAR para esse ano, considerando que os trabalhadores trabalhavam 40 horas por semana e 50 semanas no ano. Compare com os resultados da FAR publicados para a indústria química.

1-33 O Weather Channel reportou que, em média, cerca de 42 americanos morrem devido a descargas atmosféricas todo ano. A população atual dos EUA é de cerca de 300 milhões de pessoas. Qual índice é adequado para essa informação: FAR, OSHA, taxa de acidentes, ou mortes por pessoa por ano? Por quê? Calcule o valor para este índice e compare com os valores publicados.

1-34 O vídeo da CSB "Preventing Harm from Sodium Hydrosulfide" apresenta incidentes envolvendo NaSH e H_2S. Usando a internet, encontre as FISPQs (MSDS) de ambos os compostos. Crie uma tabela com as seguintes propriedades físicas a temperatura e pressão ambiente, se disponíveis: estado físico, densidade, PEL-OSHA, TLV-ACGIH e pressão de vapor. Liste ainda outros perigos que podem ser obtidos a partir das FISPQs. Quais destas propriedades representam maior preocupação durante o uso desses compostos?

CAPÍTULO 2

Toxicologia

Devido à quantidade e variedade de compostos químicos usados pela indústria de processos, engenheiros químicos devem ter conhecimento sobre

- O modo como tóxicos entram em organismos biológicos
- O modo como tóxicos são eliminados dos organismos biológicos
- O efeito de tóxicos em organismos biológicos, e
- Métodos para prevenir ou reduzir a entrada de tóxicos em organismos biológicos

As três primeiras áreas estão relacionadas com a toxicologia. A última área é essencialmente *higiene industrial*, um tópico abordado no Capítulo 3.

Muitos anos atrás, a toxicologia era definida como a ciência de venenos. Infelizmente, a palavra *veneno* não podia ser definida adequadamente. Paracelsus, um dos primeiros investigadores da toxicologia durante os anos de 1500, fez a seguinte declaração: "Todas as substâncias são venenos; não há nenhuma que não seja um veneno. A dose correta diferencia um veneno de um remédio." Substâncias inofensivas, como a água, podem se tornar fatais se administradas a um organismo biológico em doses suficientemente grandes. Um princípio fundamental da toxicologia é

Não existem substâncias inofensivas, somente modos inofensivos de usar substâncias.

Hoje em dia, a toxicologia é mais adequadamente definida como o estudo qualitativo e quantitativo dos efeitos adversos de tóxicos em organismos biológicos. Um tóxico pode ser um químico ou agente físico, incluindo poeiras, fibras, ruído e radiação. Um bom exemplo de um agente físico é a fibra de asbestos, uma causa conhecida para dano pulmonar e câncer.

A *toxidez*, ou *toxicidade*, de um químico ou agente físico é uma propriedade do agente, descrevendo seus efeitos em organismos biológicos. *Perigo tóxico* é a probabilidade de dano a organismos biológicos, baseado na exposição resultante do transporte e outros fatores físicos de uso. O perigo tóxico de uma substância pode ser reduzido pela aplicação de técnicas de higiene industrial adequadas. A toxidez, no entanto, não pode ser alterada.

2-1 Como Tóxicos Entram em Organismos Biológicos

Para organismos de ordem elevada, o caminho de agentes químicos pelo corpo é bem definido. Após o tóxico entrar no organismo, ele se move para a corrente sanguínea e é eventualmente eliminado ou transportado para o órgão-alvo. O dano é exercido no órgão-alvo. Um equívoco comum é achar que o dano ocorre no órgão no qual o tóxico está mais concentrado. Chumbo, por exemplo, é armazenado em humanos principalmente na estrutura óssea, mas o dano ocorre em diversos órgãos. Para químicos corrosivos, o dano ao organismo pode ocorrer sem absorção ou transporte pela corrente sanguínea.

Tóxicos entram nos organismos biológicos pelas seguintes vias:

- Ingestão: através da boca, para o estômago
- Inalação: através da boca ou nariz, para os pulmões
- Injeção: através de cortes na pele
- Absorção dérmica: através da membrana da pele

Todas estas rotas de entrada são controladas pela aplicação de técnicas de higiene industrial adequadas, resumidas na Tabela 2-1. Essas técnicas de controle são discutidas em mais detalhe no Capítulo 3 sobre higiene industrial. Das quatro rotas de entrada, as rotas de inalação e absorção dérmica são as mais significativas para instalações industriais. Inalação é a mais fácil de quantificar através da medição direta das concentrações no ar; a exposição usual é ao vapor, mas pequenas partículas sólidas e líquidas também podem contribuir.

Injeção, inalação e absorção dérmica geralmente resultam no tóxico entrando, inalterado, na corrente sanguínea. Tóxicos entrando através da ingestão são frequentemente modificados ou excretados em bile.

Tóxicos que entram por injeção ou absorção dérmica são difíceis de mensurar e quantificar. Alguns tóxicos são absorvidos rapidamente através da pele.

A Figura 2-1 mostra os níveis de concentração no sangue esperados, como função do tempo e da rota de entrada. O nível de concentração no sangue é função de uma variedade de parâmetros, de forma que variações significativas neste comportamento são esperadas. Injeção normalmente resulta no maior nível de concentração no sangue, seguida por inalação, ingestão e absorção. O pico de concentração geralmente ocorre antes com injeção, seguida por inalação, ingestão e absorção.

Tabela 2-1 Rotas de Entrada para Tóxicos e Métodos de Controle

Rota de entrada	Órgão de entrada	Método de controle
Ingestão	Boca ou estômago	Aplicação de regras para a alimentação, bebida e fumo
Inalação	Boca ou nariz	Ventilação, respiradores, máscaras e outros equipamentos de proteção individual
Injeção	Cortes na pele	Vestimenta de proteção adequada
Absorção dérmica	Pele	Vestimenta de proteção adequada

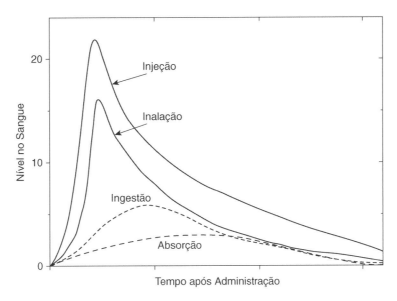

Figura 2-1 Níveis de concentração de tóxicos no sangue como função da rota de exposição. Variações significativas são esperadas como resultado da taxa e extensão da absorção, distribuição, biotransformação e excreção.

O trato gastrintestinal (GI), a pele e o sistema respiratório têm papéis importantes nas várias rotas de entrada.

Trato Gastrintestinal

O trato GI tem o papel mais importante em tóxicos entrando no corpo através da ingestão. Comidas e bebidas são os mecanismos de exposição comuns. Partículas aéreas (tanto sólidas como líquidas) também podem se alojar na mucosidade do trato respiratório superior e ser engolidos.

A taxa e a seletividade de absorção pelo trato GI são altamente dependentes de várias condições. O tipo de químico, seu peso molecular, tamanho e formato da molécula, acidez, suscetibilidade a ataque pela flora intestinal, taxa de movimentação pelo trato GI, e muitos outros fatores afetam a taxa de absorção.

Pele

A pele tem papéis importantes nas rotas de entrada tanto de absorção dérmica como de injeção. Injeção inclui a entrada por absorção através de cortes e injeções mecânicas com agulhas hipodérmicas. Injeção mecânica pode ocorrer como resultado do armazenamento indevido de agulhas hipodérmicas em uma gaveta de um laboratório.

A pele é composta por uma camada exterior chamada *stratum corneum*. Esta camada consiste em células mortas e secas, as quais são resistentes à permeação de tóxicos. Absorção também ocorre através de folículos capilares e glândulas sudoríparas, mas isto normalmente é desprezível. As propriedades absorvedoras da pele variam em função da localização e do grau de hidratação. A presença de água aumenta a hidratação da pele e resulta em permeabilidade e absorção aumentadas.

A maioria dos químicos não são absorvidos imediatamente pela pele. Alguns químicos, no entanto, apresentam notável permeabilidade pela pele. Fenol, por exemplo, requer somente uma pequena área de pele exposta para que o corpo absorva uma quantidade suficiente para causar a morte.

A pele na palma da mão é mais espessa do que a encontrada em qualquer outro lugar. No entanto, esta pele apresenta porosidade aumentada, resultando em maior absorção de tóxicos.

Sistema Respiratório

O sistema respiratório tem um papel importante em tóxicos entrando no corpo através da inalação.

A principal função do sistema respiratório é trocar oxigênio e dióxido de carbono entre o corpo e o ar inalado. Em 1 minuto, uma pessoa normal em descanso usa uma quantidade estimada de 250 mL de oxigênio e expele aproximadamente 200 mL de gás carbônico. Aproximadamente 8 L de ar são respirados por minuto. Somente uma fração do ar dos pulmões é trocada a cada respirada. Essas demandas crescem significativamente com o esforço físico.

O sistema respiratório é dividido em duas áreas: o sistema respiratório superior e o inferior. O sistema respiratório superior é composto do nariz, seios nasais, boca, faringe (seção entre a boca e o esôfago), laringe (a caixa vocal) e a traqueia. O sistema respiratório inferior é composto pelos pulmões e suas estruturas menores, incluindo os brônquios e os alvéolos. Os brônquios levam o ar fresco da traqueia através de uma série de ramificações até os alvéolos. Os alvéolos são pequenos sacos de ar fechados, nos quais ocorre a troca de gás com o sangue. Cerca de 300 milhões de alvéolos são encontrados em um pulmão normal. Estes alvéolos correspondem a uma área superficial de aproximadamente 70 m². Pequenos capilares encontrados nas paredes dos alvéolos transportam o sangue; cerca de 100 mL de sangue estão nos capilares a qualquer momento.

O trato respiratório superior é responsável pela filtragem, aquecimento e umidificação do ar. O ar fresco coletado pelo nariz está completamente saturado de água e regulado à temperatura adequada no momento em que atinge a laringe. O muco que reveste o trato respiratório superior auxilia na filtragem.

O trato respiratório superior e o inferior respondem diferentemente à presença de tóxicos. O trato respiratório superior é afetado principalmente por tóxicos que sejam solúveis em água. Esses materiais reagem ou dissolvem no muco, formando ácidos ou bases. Tóxicos no trato respiratório inferior afetam os alvéolos pelo bloqueio físico da transferência de gases (como poeiras insolúveis) ou reagindo com a parede dos alvéolos produzindo substâncias corrosivas ou tóxicas. Gás fosgênio, por exemplo, reage com a água da parede alveolar, produzindo HCl e monóxido de carbono.

Tóxicos do sistema respiratório superior incluem halogenetos (cloreto de hidrogênio, brometo de hidrogênio), óxidos (óxidos de nitrogênio, óxidos de enxofre, óxido de sódio) e hidróxidos (hidróxido de amônia, poeira de sódio e hidróxido de potássio). Tóxicos do sistema respiratório inferior incluem monômeros (como a acrilonitrila), halogenetos (fluoretos, cloretos, brometos) e outras substâncias diversas, como sulfeto de hidrogênio, fosgênio, metil cianeto, acroleína, poeiras de asbestos, sílica e fuligem.

Poeiras e outros materiais insolúveis apresentam uma dificuldade particular para os pulmões. Partículas que entram nos alvéolos são removidas vagarosamente. Para poeiras, a seguinte regra básica geralmente se aplica: Quanto menores forem as partículas de poeira, mais distante elas penetram no sistema respiratório. Partículas maiores do que 5 μm de diâmetro são geralmente filtradas pelo sistema respiratório superior. Partículas com diâmetro entre 2 e 5 μm geralmente atingem o sistema bronquial. Partículas menores do que 1 μm de diâmetro podem atingir os alvéolos.

2-2 Como Tóxicos São Eliminados pelos Organismos Biológicos

Tóxicos são eliminados, ou se tornam inativos, dos seguintes modos:

- Excreção: através dos rins, fígado, pulmões ou outros órgãos
- Desintoxicação: pela transformação do químico em algo menos nocivo pela biotransformação
- Armazenamento: no tecido adiposo

Os rins são o meio de excreção dominante no corpo humano. Eles eliminam substâncias que entram no corpo por ingestão, inalação, injeção e absorção dérmica. Os tóxicos são extraídos da corrente sanguínea pelos rins e são excretados pela urina.

Tóxicos que são ingeridos no trato digestivo são frequentemente excretados pelo fígado. De forma geral, compostos químicos com peso molecular maior do que cerca de 300 são excretados pelo fígado para a bile. Compostos com menor peso molecular entram na corrente sanguínea e são excretados pelos rins. O trato digestivo tende a seletivamente desintoxicar certos agentes, enquanto substâncias que entram através da inalação, injeção ou absorção dérmica geralmente chegam à corrente sanguínea inalterados.

Os pulmões são também meios de eliminar substâncias, particularmente aquelas que são voláteis. Clorofórmio e álcool, por exemplo, são parcialmente excretados por essa rota.

Outras rotas de excreção são a pele (através do suor), cabelo e unhas. Essas rotas são geralmente menores, comparadas com os processos de excreção dos rins, fígado e pulmões.

O fígado é o órgão dominante no processo de desintoxicação. A desintoxicação ocorre pela biotransformação, na qual os agentes químicos são transformados através de reações em substâncias inofensivas ou menos nocivas. Reações de biotransformação também podem ocorrer no sangue, parede do trato intestinal, pele, rins e outros órgãos.

O mecanismo final de eliminação é o armazenamento. Este processo envolve depositar o agente químico principalmente nas áreas gordurosas do organismo mas também nos ossos, sangue, fígado e rins. O armazenamento pode criar um problema futuro se o suprimento de comida para o organismo é reduzido e os depósitos de gordura são metabolizados; os agentes químicos armazenados serão liberados na corrente sanguínea, resultando em possível dano.

Para exposição maciça a agentes químicos, danos podem ocorrer nos rins, fígado ou pulmões, reduzindo significativamente a habilidade do organismo de excretar a substância.

2-3 Efeitos de Tóxicos nos Organismos Biológicos

A Tabela 2-2 lista alguns dos efeitos ou respostas da exposição tóxica.

O problema é determinar se uma exposição ocorreu antes que sintomas substanciais estejam presentes. Isto é obtido através de uma variedade de testes médicos. Os resultados desses testes precisam ser comparados com um estudo de caso-base médico, realizado antes da exposição. Muitas empresas químicas realizam estudos de caso-base em seus empregados antes da contratação.

Problemas respiratórios são diagnosticados usando um espirômetro. O paciente exala o mais forte e rápido que conseguir dentro do dispositivo. O espirômetro mede (1) o volume total exala-

Tabela 2-2 Diversas Respostas a Tóxicos

Efeitos que são irreversíveis
 Carcinogênico causa câncer
 Mutagênico causa dano aos cromossomos
 Perigo reprodutivo causa dano ao sistema reprodutivo
 Teratogênico causa defeitos de nascença

Efeitos que podem ser ou não reversíveis
 Dermatotóxico afeta a pele
 Hemotóxico afeta o sangue
 Hepatotóxico afeta o fígado
 Nefrotóxico afeta os rins
 Neurotóxico afeta o sistema nervoso
 Pulmonotóxico afeta os pulmões

do, chamado de capacidade vital forçada (CVF), com unidade em litros; (2) o volume expiratório forçado medido em 1 segundo (VEF_1), com unidade em litros por segundo; (3) o fluxo expiratório forçado no intervalo médio da capacidade vital (FEF 25-75%), medido em litros por segundo; e (4) a razão do VEF_1 para CVF × 100 observados (VEF_1/CVF%).

Reduções na taxa de expiração são indicativos de doença bronquial, tais como asma ou bronquite. Reduções na CVF são devido a reduções no volume pulmonar ou torácico, possivelmente como resultante de fibrose (um aumento no tecido fibroso intersticial do pulmão). O ar remanescente no pulmão após a exalação é chamado de volume residual (VR). Um aumento no VR é indicativo de deterioração dos alvéolos, possivelmente devido a enfisema. A medição do VR requer um teste especializado de diluição com hélio.

Desordens do sistema nervoso são diagnosticadas pelo exame do estado mental do paciente, função nervosa craniana, reflexos do sistema motor e sistemas sensoriais. Um eletrencefalograma (EEG) testa funções cerebrais e do sistema nervoso.

Mudanças na textura da pele, pigmentação, vascularidade e a aparência de cabelos e unhas são indicativos de possível exposição tóxica.

Contagens sanguíneas também são usadas para determinar exposições tóxicas. A medição de glóbulos vermelhos e brancos, quantidade de hemoglobina e contagem de plaquetas são realizadas facilmente e com baixo custo. No entanto, contagens sanguíneas são normalmente insensíveis à exposição tóxica; mudanças acentuadas são visíveis somente após exposição e danos substanciais.

A função renal é determinada através de uma variedade de testes que medem o conteúdo químico e a quantidade da urina. Para dano renal inicial, proteínas e açúcares são encontrados na urina.

A função hepática é determinada através de uma variedade de testes químicos com o sangue e a urina.

2-4 Estudos Toxicológicos

O principal objetivo de um estudo toxicológico é a quantificação dos efeitos de um possível tóxico em um organismo-alvo. Para a maior parte dos estudos, animais são usados, normalmente com a esperança de que os resultados possam ser extrapolados para humanos. Uma vez que os efeitos de um possível agente tenham sido quantificados, procedimentos apropriados são desenvolvidos para garantir que o agente seja manuseado adequadamente.

Antes de realizar um estudo toxicológico, os seguintes itens devem ser identificados:

- O tóxico
- O organismo-alvo ou de teste

- O efeito ou resposta a ser monitorado
- A variação da dose
- O período de teste

O tóxico deve ser identificado com relação a sua composição química e seu estado físico. Por exemplo, benzeno pode existir tanto na forma líquida como vapor. Cada estado físico entra no corpo por uma via preferencial distinta e requer um estudo toxicológico diferente.

O organismo de teste pode variar de uma única célula até animais maiores. A seleção depende do efeito considerado e outros fatores, como custo e disponibilidade do organismo de teste. Para estudos de efeitos genéticos, organismos unicelulares podem ser satisfatórios. Para estudos determinando os efeitos em órgãos específicos como pulmões, rins ou fígado, organismos mais complexos são uma necessidade.

A unidade de dose depende do método de administração. Para substâncias administradas diretamente no organismo (por ingestão ou injeção), a dose é medida em miligramas do agente por quilograma de peso corporal. Isto permite aos pesquisadores aplicar os resultados obtidos a partir de pequenos animais, como camundongos (peso corporal de frações de quilograma), a humanos (cerca de 70 kg para homens e 60 kg para mulheres). Para substâncias gasosas no ar, a dose pode ser medida tanto em partes por milhão (ppm) como em miligramas de agente por metro cúbico de ar (mg/m^3). Para partículas no ar, a dose é medida em miligramas de agente por metro cúbico de ar (mg/m^3) ou milhões de partículas por pé cúbico.

O período de teste depende de se efeitos de curto prazo ou de longo prazo são objetivos do estudo. Toxidez aguda é o efeito de uma única exposição ou uma série de exposições próximas, em um curto período de tempo. Toxidez crônica é o efeito de múltiplas exposições ocorrendo em um longo período de tempo. Estudos de toxidez crônica são difíceis de realizar devido ao tempo envolvido; a maioria dos estudos toxicológicos são baseados em exposições agudas. Os estudos toxicológicos podem ser complicados devido a latência, uma exposição que resulta em resposta retardada.

2-5 Dose *versus* Resposta

Organismos biológicos respondem diferentemente à mesma dose de um tóxico. Essas diferenças são resultado da idade, sexo, peso, dieta, estado de saúde e outros fatores. Por exemplo, considere o efeito de vapores irritantes em olhos humanos. Dada a mesma dose de vapores, alguns indivíduos mal vão notar qualquer irritação (resposta fraca ou baixa), enquanto outros indivíduos serão severamente irritados (resposta alta).

Considere uma rodada de teste toxicológico em um grande número de indivíduos. Cada indivíduo é exposto à mesma dose, e a resposta é documentada. Um gráfico do tipo mostrado na Figura 2-2 é preparado com os dados. A fração ou percentual de indivíduos que experimentam uma resposta específica são plotados. Curvas na forma mostrada na Figura 2-2 são frequentemente representadas por uma normal ou distribuição gaussiana, dada pela equação

$$f(x) = \frac{1}{\sigma\sqrt{2\pi}} e^{-\frac{1}{2}\left(\frac{x-\mu}{\sigma}\right)^2}, \qquad (2\text{-}1)$$

em que

$f(x)$ é a probabilidade (ou fração) de indivíduos experimentando uma resposta específica,

x é a resposta,

σ é o desvio-padrão, e

μ é a média.

O desvio-padrão e a média caracterizam o formato e a localização da curva de distribuição normal, respectivamente. Eles são calculados a partir dos dados originais $f(x_i)$ usando as equações

$$\mu = \frac{\sum_{i=1}^{n} x_i f(x_i)}{\sum_{i=1}^{n} f(x_i)}, \tag{2-2}$$

$$\sigma^2 = \frac{\sum_{i=1}^{n} (x_i - \mu)^2 f(x_i)}{\sum_{i=1}^{n} f(x_i)}, \tag{2-3}$$

em que n é o número de dados. A quantidade σ^2 é chamada de variância.

A média determina a localização da curva em relação ao eixo x, e o desvio-padrão determina o formato. A Figura 2-3 mostra o efeito do desvio-padrão no formato. Conforme o desvio-padrão diminui, a curva da distribuição se torna mais pronunciada no entorno do valor médio.

A área sob a curva da Figura 2-2 representa o percentual de indivíduos afetados por um intervalo de resposta específico. Em particular, o intervalo de resposta entre 1 desvio-padrão da média representa 68% dos indivíduos, como mostrado na Figura 2-4a. O intervalo de resposta de 2 desvios-padrão representa 95,5% do total de indivíduos (Figura 2-4b). A área sob a curva inteira representa 100% dos indivíduos.

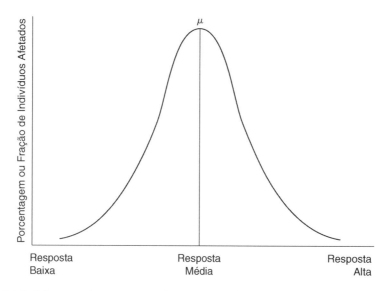

Figura 2-2 Uma distribuição gaussiana ou normal representando a resposta biológica à exposição a um tóxico.

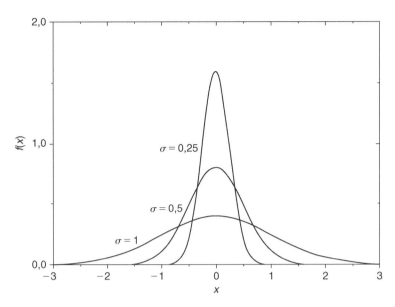

Figura 2-3 Efeito do desvio-padrão em uma distribuição normal com média 0. A distribuição se torna mais pronunciada no entorno da média conforme o desvio-padrão é reduzido.

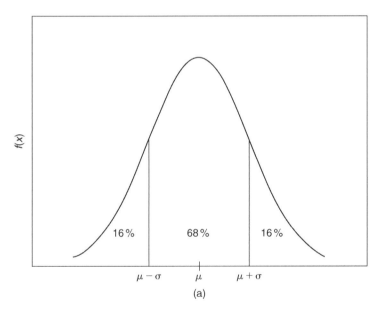

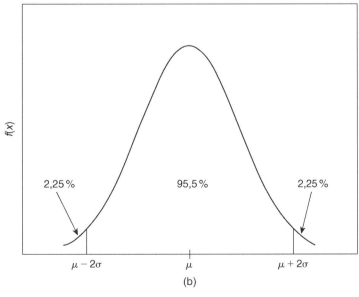

Figura 2-4 Porcentagem de indivíduos afetados, com base em uma resposta entre 1 e 2 desvios-padrão da média.

Exemplo 2-1

Setenta e cinco pessoas são testadas para irritação da pele em decorrência de uma dose específica de uma substância. As respostas são registradas em uma escala de 0 a 10, com 0 indicando sem resposta e 10 indicando uma resposta alta. O número de indivíduos exibindo uma resposta específica é dado segundo a tabela a seguir:

Resposta	Número de indivíduos afetados
0	0
1	5
2	10
3	13
4	13
5	11
6	9
7	6
8	3
9	3
10	2
	75

a. Gere o histograma do número de indivíduos afetados *versus* a resposta.

b. Determine a média e o desvio-padrão.

c. Trace a distribuição normal sobre o histograma dos dados originais.

Solução

a. O histograma é mostrado na Figura 2-5. O número de indivíduos afetados é plotado *versus* a resposta. Um método alternativo é plotar a porcentagem de indivíduos *versus* a resposta.

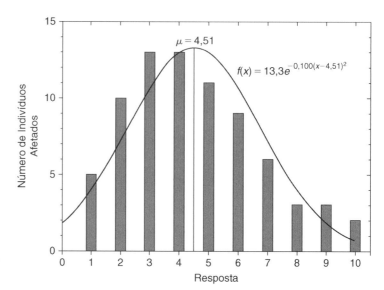

Figura 2-5 Porcentagem de indivíduos afetados *versus* a resposta.

b. A média é calculada usando a Equação 2-2:

$$\mu = \frac{(0\times0)+(1\times5)+(2\times10)+(3\times13)+(4\times13)+(5\times11)+(6\times9)+(7\times6)+(8\times3)+(9\times3)+(10\times2)}{75}$$

$$= \frac{338}{75} = 4{,}51.$$

O desvio-padrão é calculado usando a Equação 2-3:

$$\sigma^2 = [(1-4{,}51)^2(5) + (2-4{,}51)^2(10) + (3-4{,}51)^2(13)$$
$$+ (4-4{,}51)^2(13) + (5-4{,}51)^2(11) + (6-4{,}51)^2(9)$$
$$+ (7-4{,}51)^2(6) + (8-4{,}51)^2(3) + (9-4{,}51)^2(3)$$
$$+ (10-4{,}51)^2(2)]/75 = 374{,}7/75 = 5{,}00,$$
$$\sigma = \sqrt{\sigma^2} = \sqrt{5{,}00} = 2{,}24.$$

c. A distribuição normal é calculada usando a Equação 2-1. Substituindo a média e o desvio-padrão, encontramos

$$f(x) = \frac{1}{(2{,}24)\sqrt{6{,}28}} e^{-\frac{1}{2}\left(\frac{x-4{,}51}{2{,}24}\right)^2}$$
$$= 0{,}178 e^{-0{,}100(x-4{,}51)^2}.$$

A distribuição é convertida em uma função representando o número de indivíduos afetados, multiplicando-se pelo número total de indivíduos; no caso, 75. Os valores correspondentes são apresentados na Tabela 2-3 e na Figura 2-5.

Tabela 2-3 Frequência Teórica e Número de Pessoas Afetadas para Cada Resposta do Exemplo 2-1

x	f(x)	75f(x)
0	0,0232	1,74
1	0,0519	3,89
2	0,0948	7,11
3	0,1417	10,6
4	0,173	13,0
4,51	0,178	13,3
5	0,174	13,0
6	0,143	10,7
7	0,096	7,18
8	0,0527	3,95
9	0,0237	1,78
10	0,00874	0,655

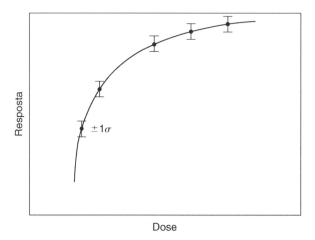

Figura 2-6 Curva de dose resposta. As barras no entorno dos pontos de dados representam o desvio-padrão em resposta a uma dose específica.

O experimento toxicológico é repetido para um número de diferentes doses, e curvas normais similares à Figura 2-3 são traçadas. O desvio-padrão e a resposta média são determinados a partir dos dados para cada dose.

Uma curva de dose resposta completa é obtida plotando a resposta média acumulada para cada dose. Barras de erro são traçadas em $\pm\sigma$ no entorno da média. Um resultado típico é mostrado na Figura 2-6.

Por conveniência, a resposta é plotada *versus* o logaritmo da dose, como mostrado na Figura 2-7. Esta forma proporciona um trecho muito mais linear no meio da curva de resposta do que a curva resposta *versus* dose simples da Figura 2-6.

Se a resposta de interesse for morte ou letalidade, a curva resposta *versus* dose logarítmica da Figura 2-7 é chamada de curva de dose letal. Com objetivo de comparação, a dose que resulta em 50%

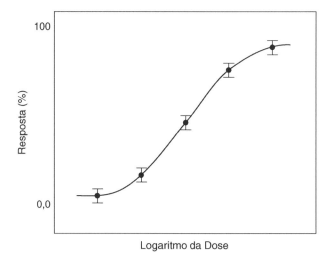

Figura 2-7 Curva de resposta *versus* dose logarítmica. Esta forma apresenta uma função muito mais linear do que aquela apresentada na Figura 2-6.

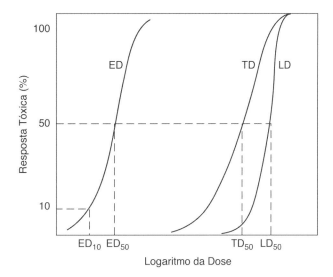

Figura 2-8 Os vários tipos de curvas de resposta *versus* dose logarítmica. ED, dose efetiva; TD, dose tóxica, LD, dose letal. Para gases, LC (concentração letal) é usada.

de letalidade em espécimes é reportada. Ela é chamada de dose LD_{50} (dose letal para 50% dos espécimes). Outros valores, como a LD_{10} ou LD_{90}, são também às vezes reportados. Para gases, dados de LC (concentração letal) são usados.

Se a resposta ao químico ou agente é menor e reversível (tal como uma pequena irritação nos olhos), a curva de resposta-dose logarítmica é chamada de curva de dose efetiva (ED). Valores para ED_{50}, ED_{10}, e assim por diante, também são usados.

Finalmente, se a resposta ao agente é tóxica (uma resposta indesejável que não é letal mas é irreversível, como dano hepático ou pulmonar), a curva de resposta-dose logarítmica é chamada de curva de dose tóxica, ou curva TD.

A relação entre os vários tipos de curvas de resposta-dose logarítmica é mostrada na Figura 2-8.

Mais comumente, curvas de dose resposta são desenvolvidas usando dados de toxidez aguda. Dados de toxidez crônica são consideravelmente diferentes. Além disto, os dados são complicados por diferenças na idade do grupo, sexo e método de administração. Se vários químicos estiverem envolvidos, os tóxicos podem agir de forma aditiva (o efeito combinado é a soma dos efeitos individuais), sinergicamente (o efeito combinado é maior do que os efeitos individuais), potencialidade (a presença de um aumenta o efeito do outro) ou antagonicamente (cada um neutraliza o outro).

2-6 Modelos para Curvas de Dose Resposta

Curvas de resposta *versus* dose podem ser traçadas para uma variedade de exposições, incluindo exposição ao calor, pressão, radiação, impacto e som. Por motivos computacionais, a curva de dose resposta não é conveniente; uma equação analítica é preferida.

Muitos métodos existem para representar a curva de dose resposta.[1] Para exposições únicas o método do probit (probit = *probability unit*, ou unidade de probabilidade) é particularmente adequado,

---

[1] Phillip L. Williams, Robert C. James e Stephen M. Roberts, eds., *The Principles of Toxicology: Environmental and Industrial Applications*, 2nd ed. (New York: John Wiley & Sons, 2000).

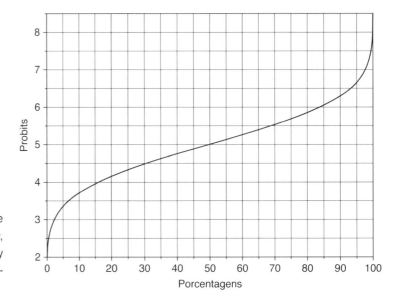

Figura 2-9 A relação entre porcentagens e probits. Fonte: D. J. Finney, *Probit Analysis*, 3rd ed. (Cambridge: Cambridge University Press, 1971), p. 23. Reimpresso com permissão.

proporcionando uma formulação linear equivalente à curva de dose resposta. A variável probit Y se relaciona com a probabilidade P por[2]

$$P = \frac{1}{(2\pi)^{1/2}} \int_{-\infty}^{Y-5} \exp\left(-\frac{u^2}{2}\right) du. \tag{2-4}$$

A Equação 2-4 proporciona uma relação entre a probabilidade P e a variável probit Y. Esta relação é plotada na Figura 2-9 e tabulada na Tabela 2-4.

A relação de probit na Equação 2-4 transforma a forma sigmoidal da curva resposta *versus* dose normal em uma linha reta quando plotada usando uma escala probit linear, como mostrado na Figura 2-10. Técnicas-padrão de ajuste de curvas são usadas para determinar a linha reta de melhor ajuste.

A Tabela 2-5 lista uma variedade de equações de probit para um número de diferentes tipos de exposição. O fator causal representa a dose V. A variável probit Y é calculada por

$$Y = k_1 + k_2 \ln V. \tag{2-5}$$

Para cálculo em planilhas computacionais, uma expressão mais prática para realizar a conversão de probits em porcentagem é dada por

$$P = 50\left[1 + \frac{Y-5}{|Y-5|} \operatorname{erf}\left(\frac{|Y-5|}{\sqrt{2}}\right)\right], \tag{2-6}$$

em que erf é a função erro.

---

[2] D. J. Finney, *Probit Analysis* (Cambridge: Cambridge University Press, 1971), p. 23.

Tabela 2-4 Transformação de Porcentagens em Probits[a]

%	0	1	2	3	4	5	6	7	8	9
0	–	2,67	2,95	3,12	3,25	3,36	3,45	3,52	3,59	3,66
10	3,72	3,77	3,82	3,87	3,92	3,96	4,01	4,05	4,08	4,12
20	4,16	4,19	4,23	4,26	4,29	4,33	4,36	4,39	4,42	4,45
30	4,48	4,50	4,53	4,56	4,59	4,61	4,64	4,67	4,69	4,72
40	4,75	4,77	4,80	4,82	4,85	4,87	4,90	4,92	4,95	4,97
50	5,00	5,03	5,05	5,10	5,10	5,13	5,15	5,18	5,20	5,23
60	5,25	5,28	5,31	5,33	5,36	5,39	5,41	5,44	5,47	5,50
70	5,52	5,55	5,58	5,61	5,64	5,67	5,71	5,74	5,77	5,81
80	5,84	5,88	5,92	5,95	5,99	6,04	6,08	6,13	6,18	6,23
90	6,28	6,34	6,41	6,48	6,55	6,64	6,75	6,88	7,05	7,33
%	0,0	0,1	0,2	0,3	0,4	0,5	0,6	0,7	0,8	0,9
99	7,33	7,37	7,41	7,46	7,51	7,58	7,65	7,75	7,88	8,09

[a]D. J. Finney, *Probit Analysis* (Cambridge: Cambridge University Press, 1971), p. 25. Reimpresso com permissão.

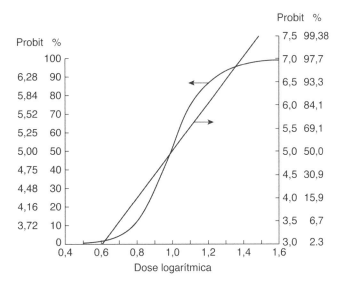

Figura 2-10 A transformação de probit converte a curva sigmoidal de resposta versus dose logarítmica em uma linha reta quando plotada em uma escala probit linear. Fonte: D. J. Finney, *Probit Analysis*, 3rd ed. (Cambridge: Cambridge University Press, 1971), p. 24. Reimpresso com permissão.

Tabela 2-5 Correlações de Probit para uma Variedade de Exposições (A variável causal é representativa da magnitude da exposição.)

Tipo de ferimento ou dano	Variável causal	Parâmetros de probit	
		k_1	k_2
Fogo[a]			
Mortes por queimadura devido a incêndio em nuvem	$t_e I_e^{4/3}/10^4$	−14,9	2,56
Mortes por queimadura devido a incêndio em poça	$tI^{4/3}/10^4$	−14,9	2,56
Explosão[a]			
Mortes por hemorragia pulmonar	p^o	−77,1	6,91
Rupturas de tímpano	p^o	−15,6	1,93
Mortes por impacto	J	−46,1	4,82
Ferimentos por impacto	J	−39,1	4,45
Ferimentos por lançamento de fragmentos	J	−27,1	4,26
Dano estrutural	p^o	−23,8	2,92
Quebra de vidros	p^o	−18,1	2,79
Liberação tóxica[b]			
Mortes por amônia	$\Sigma C^{2,0} T$	−35,9	1,85
Mortes por monóxido de carbono	$\Sigma C^{1,0} T$	−37,98	3,7
Mortes por cloro	$\Sigma C^{2,0} T$	−8,29	0,92
Mortes por óxido de etileno[c]	$\Sigma C^{1,0} T$	−6,19	1,0
Mortes por cloreto de hidrogênio	$\Sigma C^{1,0} T$	−16,85	2,0
Mortes por dióxido de nitrogênio	$\Sigma C^{2,0} T$	−13,79	1,4
Mortes por fosgênio	$\Sigma C^{1,0} T$	−19,27	3,69
Mortes por óxido de propileno	$\Sigma C^{2,0} T$	−7,42	0,51
Mortes por dióxido de enxofre	$\Sigma C^{1,0} T$	−15,67	1,0
Tolueno	$\Sigma C^{2,5} T$	−6,79	0,41

t_e = tempo de duração efetivo (s)
I_e = intensidade de radiação efetiva (W/m²)
t = tempo de duração da poça em chamas (s)
I = intensidade de radiação da poça em chamas (W/m²)
p^o = pico de sobrepressão (N/m²)
J = impulso (N s/m²)
C = concentração (ppm)
T = intervalo de tempo (min)

[a]Selecionados de Frank P. Lees, *Loss Prevention in the Process Industries* (London: Butterworths, 1986), p. 208.
[b]Center for Chemical Process Safety (CCPS), *Guidelines for Consequence Analysis of Chemical Releases* (New York: American Institute of Chemical Engineers, 2000), p. 254.
[c]Richard W. Prugh, "Quantitative Evaluation of Inhalation Toxicity Hazards", em *Proceedings of the 29th Loss Prevention Symposium* (American Institute of Chemical Engineers, 31 de julho de 1995).

Exemplo 2-2

Determine o percentual de pessoas que irão morrer como resultado de queimaduras devido a um incêndio em poça, se a variável probit Y for 4,39. Compare os resultados com a Tabela 2-4 e a Equação 2-6.

Solução

A porcentagem a partir da Tabela 2-4 é de 27%. A mesma porcentagem pode ser calculada usando a Equação 2-6, como a seguir:

$$P = 50\left[1 + \frac{4,39 - 5}{|4,39 - 5|} \text{erf}\left(\frac{|4,39 - 5|}{\sqrt{2}}\right)\right]$$

$$= 50\left[1 - \text{erf}\left(\frac{0,61}{\sqrt{2}}\right)\right] = 50[1 - \text{erf}(0,4314)]$$

$$= 50[1 - 0,458] = 27,1\%,$$

em que a função erro é uma função matemática achada em planilhas computacionais, Mathcad e outros programas matemáticos.

Exemplo 2-3

Eisenberg[3] relatou os seguintes dados sobre o efeito do pico de sobrepressão decorrente de explosões, sobre a ruptura de tímpanos em humanos:

Percentual afetado	Pico de sobrepressão (N/m²)
01	16.500
10	19.300
50	43.500
90	84.300

Confirme a correlação de probit para este tipo de exposição, conforme exposto na Tabela 2-5.

Solução

A porcentagem é convertida em uma variável probit usando a Tabela 2-4. Os resultados são:

Porcentagem	Probit
01	2,67
10	3,72
50	5,00
90	6,28

---

[3]N. A. Eisenberg, *Vulnerability Model: A Simulation System for Assessing Damage Resulting from Marine Spills*, NTIS Report AD-A015-245 (Springfield, VA: National Technical Information System, 1975).

Figura 2-11 Percentual afetado *versus* o logaritmo natural do pico de sobrepressão para o Exemplo 2-3.

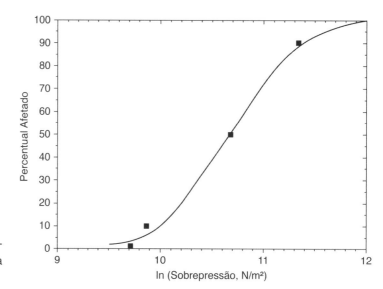

Figura 2-12 Probit *versus* o logaritmo natural do pico de sobrepressão para o Exemplo 2-3.

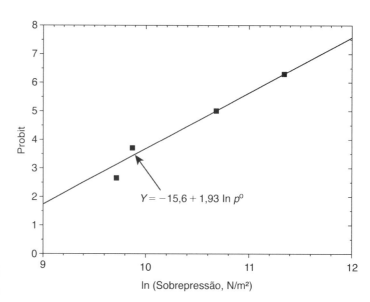

A Figura 2-11 é um gráfico do percentual afetado *versus* o logaritmo natural do pico de sobrepressão. Isto demonstra o formato sigmoidal clássico para a curva de resposta *versus* dose logarítmica. A Figura 2-12 é um gráfico da variável probit (com uma escala probit linear) *versus* o logaritmo natural do pico de sobrepressão. A linha reta verifica os valores apresentados na Tabela 2-5. A curva sigmoidal da Figura 2-11 é traçada após converter a correlação de probit novamente para porcentagem.

2-7 Toxidez Relativa

A Tabela 2-6 mostra a escala de Hodge-Sterner para o grau de toxidez. Esta escala cobre um intervalo de doses de 1,0 mg/kg a 15.000 mg/kg.

Tabela 2-6 Escala de Hodge-Sterner para o Grau de Toxidez[a]

LD_{50} experimental por quilograma de peso corporal	Grau de toxidez	Dose letal provável para uma pessoa de 70 kg
<1,0 mg	Perigosamente tóxico	Uma pitada
1,0–50 mg	Fortemente tóxico	Uma colher de chá
50–500 mg	Altamente tóxico	Uma onça líquida
0,5–5 g	Moderadamente tóxico	Um *pint*
5–15 g	Levemente tóxico	Um quarto de galão
>15 g	Toxidez extremamente baixa	Mais de um quarto de galão

[a]N. Irving Sax, *Dangerous properties of Industrial Materials* (New York: Van Nostrand Reinhold, 1984), p. 1.

Agentes tóxicos são comparados por toxidez relativa baseada nas curvas LD, ED ou TD. Se a curva dose resposta do químico A está à direita da curva dose resposta do químico B, então o químico A é mais tóxico. Cuidados devem ser tomados quando comparando duas curvas dose resposta, quando apenas dados parciais estiverem disponíveis. Se a inclinação das curvas variar significativamente, a situação mostrada na Figura 2-13 pode ocorrer. Se somente um único ponto de dado na parte superior da curva estiver disponível, pode aparentar que o químico A é sempre mais tóxico do que o químico B. Os dados completos mostram que o químico B é mais tóxico em doses menores.

2-8 Valores de Concentração Limite ou Limites de Tolerância

O menor valor na curva dose resposta é chamado de dose limite. Abaixo desta dose, o corpo é capaz de desintoxicar e eliminar o agente sem nenhum efeito detectável. Na realidade, a resposta é idêntica a zero somente quando a dose é zero, mas para pequenas doses a resposta é indetectável.

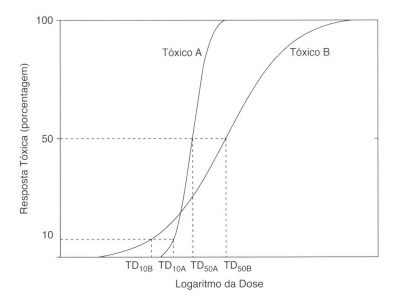

Figura 2-13 Dois tóxicos com toxidez relativa distinta, em diferentes doses. O tóxico A é mais tóxico a doses elevadas, enquanto o tóxico B é mais tóxico a pequenas doses.

Tabela 2-7 Definições para Limites de Tolerância (TLV)[a]

Tipo de TLV	Definição
TLV-TWA	Valor de limite de tolerância-média ponderada no tempo (*threshold limit value-time-weighted average*)
	A concentração para um dia de trabalho convencional de 8 horas e uma semana de 40 horas; acredita-se que praticamente todos os trabalhadores possam ser expostos a essa concentração repetidamente, dia após dia, durante a vida laboral, sem efeitos adversos.
TLV-STEL	Valor limite de tolerância-limite de exposição de curta duração (*threshold limit value-short-term exposure limit*)
	Um valor médio de 15 minutos que não deve ser excedido em nenhum momento da jornada de trabalho, mesmo que o valor médio de 8 horas esteja abaixo do TLV-TWA. O TLV-STEL é a concentração a que, acredita-se, os trabalhadores possam ser expostos continuamente por um curto período de tempo sem sofrer (1) irritação, (2) danos crônicos ou irreversíveis a tecidos, (3) efeitos tóxicos dependentes da taxa da dose, ou (4) um grau suficiente de narcose que aumente a probabilidade de ferimentos acidentais, impacte o autorresgate, ou reduza materialmente a eficiência do trabalho. Exposições acima do TLV-TWA até o TLV-STEL devem ser menores do que 15 minutos, não devem ocorrer mais do que quatro vezes ao dia, e deve haver pelo menos 60 minutos entre exposições sucessivas nesta faixa.
TLV-C	Valor limite de tolerância-teto (*threshold limit value-ceiling*)
	É a concentração que não deve ser excedida durante qualquer momento da exposição do trabalhador.

[a]ACGIH, *2009 TLVs and BEIs* (Cincinnati, OH: American Conference of Governmental Industrial Hygienists, 2009).

A Conferência Americana de Higienistas Industriais Governamental (American Conference of Governmental Industrial Hygienists, ACGIH) estabeleceu doses limites chamadas de limites de tolerância (*threshold limit values*, TLV), para um grande número de agentes químicos. O TLV se refere a concentrações no ar que correspondem a condições, abaixo das quais nenhum efeito adverso seja normalmente esperado durante a vida do trabalhador. A exposição ocorre somente durante horas normais de trabalho, oito horas por dia e cinco dias por semana. O TLV era anteriormente chamado de concentração máxima permitida (*maximum allowable concentration*, MAC).

Existem três tipos diferentes de TLV (TLV-TWA, TLV-STEL e TLV-C) com definições precisas apresentadas na Tabela 2-7. Mais dados de TLV-TWA são disponíveis quanto a TLV-STEL ou TLV-C.

Os TLVs são "desenvolvidos para uso somente como orientação ou recomendação para auxiliar na avaliação e controle de potenciais perigos à saúde no ambiente de trabalho e para nenhum outro uso (por exemplo, nem para a avaliação e controle da poluição do ar para o público externo; nem para a estimativa do potencial tóxico de exposições contínuas e ininterruptas ou outros períodos de trabalho mais extensos; nem tampouco para provar ou refutar uma doença ou condição física existente em um indivíduo)". Além disto, esses valores não são linhas bem definidas que separem condições seguras e inseguras.[4]

A OSHA definiu sua própria dose limite, chamada de nível de exposição permissível (*permissive exposure level*, PEL). Os valores do PEL são próximos dos valores do TLV-TWA da ACGIH. No entanto, os valores de PEL não são tão numerosos e não são atualizados com tanta frequência. Os TLVs são normalmente um pouco mais conservativos.

[4]ACGIH, *2009 TLVs and BEIs*.

Para alguns agentes tóxicos (particularmente carcinogênicos), não são permitidas exposições a nenhum nível. Esses tóxicos possuem valor limite zero.

Outra grandeza frequentemente informada é a quantidade imediatamente perigosa para a vida e a saúde (*immediately dangerous to life and helth*, IDLH). Exposições neste valor e acima devem ser evitadas em quaisquer circunstâncias.

TLVs são apresentados usando ppm (partes por milhão em volume), mg/m³ (miligramas de vapor por metro cúbico de ar), ou, para poeiras, mg/m³ ou milhões de partículas por pé cúbico de ar. Para vapores, mg/m³ é convertido em ppm usando a equação

$$C_{ppm} = \text{Concentração em ppm} = \frac{22,4}{M}\left(\frac{T}{273}\right)\left(\frac{1}{P}\right)(mg/m^3)$$

$$= 0,08205\left(\frac{T}{PM}\right)(mg/m^3), \qquad (2\text{-}7)$$

em que

T é a temperatura em Kelvin,

P é a pressão absoluta em atm, e

M é o peso molecular em g/g-mol.

Valores de TLV e PEL para uma variedade de agentes tóxicos são apresentados no Apêndice G.

Por favor, observe que, embora o PEL seja um limite legal e o TLV seja uma orientação, cada esforço deve ser feito para reduzir as concentrações de exposição no ambiente de trabalho o máximo possível.

2-9 O Diamante da NFPA (National Fire Protection Association)

Outro método que é utilizado para caracterizar as propriedades perigosas de compostos químicos é o diamante da NFPA.

A NFPA é uma sociedade profissional que foi criada em 1896 para reduzir mundialmente fatalidades e ferimentos devido ao fogo e outros perigos. A sua função primária e promover códigos e normas de consenso, incluindo o National Electrical Code (NEC).

O diamante da NFPA frequentemente aparece em contêineres e vasos de armazenamento de compostos químicos. O principal objetivo do diamante é proporcionar um meio rápido para que a equipe de resposta a emergências possa reconhecer os perigos que podem ser encontrados durante um incêndio ou outra emergência. No entanto, é também útil para operações de rotina onde o reconhecimento dos perigos é importante. Os diamantes da NFPA são frequentemente encontrados em frascos de laboratório.

O diamante da NFPA consiste em 4 áreas separadas, mostradas na Figura 2-14. As respectivas áreas correspondem a perigos à saúde, de fogo, de estabilidade e especiais. No passado, a palavra reatividade era utilizada em vez de estabilidade, mas estabilidade química é uma descrição mais precisa do perigo a que a equipe de resposta a emergências está exposta durante um incidente de incêndio.

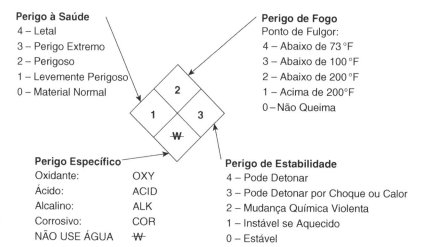

Figura 2-14 O Diamante da NFPA usado para identificar substâncias perigosas.

A simplicidade do diamante da NFPA é que os respectivos perigos são indicados por um número, com o número 0 representando perigo mínimo e o número 4 representando o maior perigo. A Figura 2-14 mostra como os números são atribuídos.

O Apêndice G contém números da NFPA para uma variedade de compostos químicos comuns.

Recursos na Internet

American Conference of Governmental Industrial Hygienists (ACGIH), *www.acgih.org*.

NIOSH Pocket Guide to Chemical Hazards. Este é um banco de dados gratuitos, de perigos químicos. *www.cdc.gov/niosh/npg/*.

Society of Toxicology. Esta é uma organização profissional de cientistas de instituições acadêmicas, do governo e da indústria, representando toxicologistas. *www.toxicology.org*.

TOXNET, Toxicology Data Network fornecida pela U.S. National Library of Medicine. Inclui bancos de dados gratuitos de toxicologia, perigos químicos, saúde ambiental e liberações tóxicas. *www.toxnet.nlm.nih.gov*.

U.S. Department of Labor, Occupational Safety and Health Administration. Inclui todas as regulamentações e valores de PEL. *www.osha.gov*.

Leitura Sugerida

Toxicologia

Eula Bingham, Barbara Cohrssen e Charles H. Powell, eds., *Patty's Toxicology*, 5th ed. (New York: John Wiley and Sons, 2001.)

Curtis D. Klassen, ed., *Casarett and Doull's Toxicology – The Basic Science of Poisons*, 7th ed. (New York: McGraw-Hill, 2008.)

Richard J. Lewis, Sr., ed., *Sax's Dangerous Properties of Industrial Materials*, 11th ed. (New York: Wiley Interscience, 2004.)

Análise de Probit

D. J. Finney, *Probit Analysis* (Cambridge: Cambridge University Press), 1971.

Sam Mannan, ed. *Lees' Loss Prevention in the Process Industries*, 3rd ed. (Amsterdam: Elsevier, 2005), pp. 18/49-18/58.

Valores de Limite de Tolerância

Documentation of the Threshold Limit Values and Biological Exposure Indices, 7th ed. (Cincinnati, OH: American Conference of Governmental Industrial Hygienists, 2010.)

ACGIH, *2009 TLVs and BEIs* (Cincinnati, OH: American Conference of Governmental Industrial Hygienists, 2009).

Problemas

2-1 Obtenha a Equação 2-7.

2-2 Finney[5] relatou os dados de Martin[6] envolvendo a toxidez da rotenona para a espécie *Macrosiphoniella sanborni*. A rotenona foi aplicada em um meio de 0,5% saponina contendo 0,5% de álcool. Os insetos foram examinados e classificados um dia após a exposição. Os dados observados foram:

Dose de rotenona (mg/L)	Número de insetos	Número afetado
10,2	50	44
7,7	49	42
5,1	46	24
3,8	48	16
2,6	50	6
0	49	0

a. A partir dos dados fornecidos, plote o percentual de insetos afetados *versus* o logaritmo natural da dose.

b. Converta os dados para uma variável probit e plote o probit *versus* o logaritmo natural da dose. Se o resultado for linear, determine a linha reta que ajusta os dados. Compare o probit e o número de insetos afetados preditos pela linha reta ajustada com os dados reais.

2-3 Uma explosão produz um pico de sobrepressão de 47.000 N/m². Que fração de estruturas serão danificadas por exposição a esta sobrepressão? Que fração de pessoas expostas irá morrer como resultado de hemorragia pulmonar? Que fração sofrerá de ruptura dos tímpanos? Que conclusões sobre os efeitos desta explosão podem ser feitas?

2-4 O pico de sobrepressão esperado como resultado da explosão de um tanque em uma planta industrial é aproximado pela equação

$$\log P = 4,2 - 1,8 \log r,$$

em que P é a sobrepressão em psi e r é a distância em relação à explosão, em pés. A planta emprega 500 pessoas que trabalham em uma área de 10 a 500 ft do possível local da explosão.

---

[5]Finney, *Probit Analysis*, p. 20.
[6]J. T. Martin, "The problem of the Evaluation of Rotenone-Containing Plants. VI. The Toxicity of 1-Elliptone and of Poisons Applied Jointly, with Further Observations on the Rotenone Equivalente Method of Assessing the Toxicity of Derris Root", *Ann. Appl. Biol.* (1942), 29: 69-81.

Estime o número de fatalidades esperado como resultado de hemorragia pulmonar e o número de tímpanos rompidos como resultado desta explosão. Tenha certeza em declarar qualquer premissa adicional.

2-5 Uma certa substância volátil evapora de um frasco aberto para uma sala com volume de 1000 ft³. A taxa de evaporação é determinada como 100 mg/min. Se o ar na sala for assumido como uma mistura perfeita, quantos ft³/min de ar fresco devem ser fornecidos para garantir que a concentração da substância volátil se mantenha abaixo da TLV de 100 ppm? A temperatura é 77°F e a pressão é 1 atm. Assuma o peso molecular de 100 para a espécie volátil. Na maioria das vezes, o ar em uma sala não pode ser considerado como uma mistura perfeita. Como uma mistura deficiente afetaria a quantidade de ar requerida?

2-6 No Exemplo 2-1, parte c, os dados foram representados por uma função distribuição normal

$$f(x) = 0{,}178 e^{-0{,}100(x-4{,}51)^2}$$

Use esta função de distribuição para determinar a fração de indivíduos que demonstra resposta na faixa de 2,5 a 7,5.

2-7 Quanta acetona líquida (em mililitros) é requerida para produzir uma concentração de vapor de 100 ppm em uma sala com dimensões 3 × 4 × 10 m? A temperatura é 25°C e a pressão é 1 atm. Os seguintes dados de propriedade física são para a acetona: peso molecular, 58,1; e densidade, 0,7899.

2-8 Se 500 trabalhadores em uma planta são expostos às seguintes concentrações de amônia para um dado número de horas, quantas mortes serão esperadas?

a. 1000 ppm para 1 hora.

b. 2000 ppm para 2 horas.

c. 300 ppm para 3 horas.

d. 150 ppm para 2 horas.

2-9 Use a página do NIOSH na internet (*www.cdc.gov/niosh*) para obter o significado e a definição de concentração IDLH.

2-10 Use a página do NIOSH na internet para determinar o tempo de escape para uma pessoa sujeita à concentração IDLH.

2-11 Use a página do NIOSH na internet para determinar o número de mortes que ocorreram em 1992 devido a asbestos.

2-12 Use a página do NIOSH na internet para determinar e comparar o PEL e a concentração IDLH do óxido de etileno e do etanol.

2-13 Use a página do NIOSH na internet para determinar e comparar o PEL, a concentração IDLH e o TLV do óxido de etileno, do benzeno, do etanol, do tricloro etileno, do flúor e do cloreto de hidrogênio.

2-14 Use a página do NIOSH na internet para determinar e comparar o PEL, a concentração IDLH e a LC$_{50}$ da amônia, do monóxido de carbono e do óxido de etileno.

2-15 A página do NIOSH na internet informa que mortes ocorrem como resultado da exposição à amônia entre 5000 e 10.000 ppm ao longo de um período de 30 minutos. Compare o resultado com os resultados a partir da equação de probit (Tabela 2-5).

Toxicologia

2-16 Use a equação de probit (Equação 2-5) para determinar as fatalidades esperadas para pessoas expostas por 2 horas a cada uma das concentrações IDLH da amônia, do cloro, do óxido de etileno e do cloreto de hidrogênio.

2-17 Determine a concentração do óxido de etileno que vai causar uma taxa de fatalidade de 50% se a exposição ocorrer por 30 minutos.

2-18 Um grupo de 100 pessoas é exposto ao fosgênio em dois períodos consecutivos, como se segue: (1) 10 ppm por 30 min e (b) 1 ppm por 300 min. Determine o número de fatalidades esperado.

2-19 Determine o tempo de duração, em minutos, ao qual um grupo de 100 pessoas pode ser exposto a 1500 ppm de monóxido de carbono para resultar em (a) 0% de fatalidade e (b) 50% de fatalidades.

2-20 Use a Equação 2-7 para converter o TLV em ppm para o TLV em mg/m^3 para o benzeno, monóxido de carbono e cloro. Assuma 25°C e 1 atm.

2-21 Use uma planilha eletrônica (tal como QuattroPro, Lotus ou Excel) para resolver o Problema 2-4. Quebre a distância entre 20 ft e 500 ft em vários intervalos. Use um tamanho entre os intervalos tão pequeno que o resultado seja essencialmente independente do tamanho desse intervalo. A sua planilha deve ter colunas para a distância, pressão, valor de probit, porcentagem e o número de indivíduos afetados para cada intervalo. Você também deve ter duas células na planilha que forneçam o número total de indivíduos com ruptura de tímpano e o número de mortes por hemorragia pulmonar. Para converter de probit para porcentagem, use uma função de busca ou uma função equivalente.

2-22 Use os resultados do Problema 2-21 para estabelecer uma distância recomendada entre a sala de controle e o tanque, se a sala de controle for projetada para suportar sobrepressões de (a) 1 psi e (b) 3 psi.

2-23 Use a Equação 2-6 para converter probits de 3,72, 5,0 e 6,28 para percentual afetado, e compare com os valores apresentados na Tabela 2-4.

2-24 Estime a concentração exposta em ppm que resultaria em 80% de fatalidades dos indivíduos expostos, se eles fossem expostos a fosgênio por 4 min.

2-25 Estime a concentração exposta em ppm que resultaria em 80% de fatalidades dos indivíduos expostos, se eles fossem expostos a cloro por 4 min.

2-26 Determine o potencial de mortes resultante das seguintes exposições a cloro:
   a. 200 ppm por 15 min.
   b. 100 ppm por 5 min.
   c. 50 ppm por 2 min.

2-27 Determine o potencial de mortes resultante das seguintes exposições a cloro:
   a. 200 ppm por 150 min.
   b. 100 ppm por 50 min.
   c. 50 ppm por 20 min.

2-28 Use Joseph F. Louvar e B. Diane Louvar, *Health and Environmental Risk Analysis: Fundamentals with Applications* (Upper Saddle River, NJ: Prentice Hall, 1998), pp. 287-288, para encontrar os níveis de toxidez (alto, médio ou baixo) para a inalação de agentes químicos tóxicos.

2-29 Use Joseph F. Louvar e B. Diane Louvar, *Health and Environmental Risk Analysis*, pp. 287-288, para encontrar os níveis de toxidez (alto, médio ou baixo) para uma dose única de um agente químico que cause 50% de mortes.

2-30 Usando os dados a seguir, determine as constantes de probit e o LC_{50}:

Dose de rotenona (mg/L)	Número de insetos	Número afetado (mortes)
10,2	50	44
7,7	49	42
5,1	46	24
3,8	48	16
2,6	50	6

2-31 Obtenha uma equação similar à Equação 2-7 para converter lb_m/ft^3 em ppm. Use temperatura em Rankine, pressão em atm e peso molecular em lb_m/lb-mol.

2-32 Humanos respiram cerca de 500 mL de ar por respirada e realizam cerca de 12 respiradas por minuto em condições de atividade normal. Se uma pessoa é exposta a uma atmosfera contendo benzeno a uma concentração de 10 ppm (volumétrica), quantos gramas de benzeno serão depositados nos pulmões durante um turno de 8 horas, se todo o benzeno que entrar permanecer nos pulmões? Quantas gotas de líquido é isto? Uma gota de líquido contém cerca de 0,05 cm³. A densidade do benzeno é 0,879. Se você fosse o trabalhador, isto seria aceitável?

2-33 Usando as equações de probit fornecidas na Tabela 2-5:

a. Determine a sobrepressão de uma explosão (em psi) na qual 50% de fatalidades devido a hemorragia pulmonar são esperados.

b. Determine a sobrepressão de uma explosão (em psi) na qual 50% das estruturas são danificadas.

c. Compare os resultados das partes a e b. Por que a sobrepressão da parte b é frequentemente usada como uma sobrepressão mínima para fatalidades?

2-34 A concentração Imediatamente Perigosa para a Vida e a Saúde (IDLH) é definida como a concentração "que gera uma ameaça de exposição a contaminantes no ar quando esta exposição é suscetível de causar a morte, ou efeitos adversos à saúde imediatos ou tardios, ou o impedimento da fuga do ambiente". O IDLH implica um tempo de exposição máximo de 30 minutos.

a. O IDLH para o gás cloro é 10 ppm. Use a equação de probit para mortes por cloro para estimar a fração de fatalidades devido à exposição ao IDLH por 30 min.

b. Estime a exposição ou tempo de evacuação máximos para resultar em não mais do que 1% de fatalidades ao nível do IDLH.

Capítulo 3

Higiene Industrial

A indústria e a sociedade continuam a focar na redução dos danos pessoais e ambientais resultantes dos acidentes. Muitos dos resultados nessa área se devem à preocupação cívica e ética, algumas vezes manifestada nas leis e normas. Neste capítulo, descrevemos a relação entre as leis e as normas como uma introdução à higiene industrial.

A higiene industrial é uma ciência dedicada à identificação, avaliação e controle das condições ocupacionais que provocam doenças e ferimentos. Os higienistas industriais também são responsáveis por escolher e utilizar a instrumentação para monitorar o local de trabalho durante as fases de identificação e controle dos projetos de higiene industrial.

Os projetos típicos que envolvem a higiene industrial são o monitoramento das concentrações de vapores tóxicos transportados pelo ar, a redução dos vapores tóxicos transportados pelo ar através do uso de ventilação, a escolha do equipamento adequado para a proteção dos funcionários a fim de evitar a exposição, a elaboração de procedimentos para lidar com materiais nocivos e o monitoramento e redução do ruído, calor, radiação e outros fatores físicos para assegurar que os trabalhadores não sejam expostos a níveis nocivos.

As quatro fases de qualquer projeto de higiene industrial são *antecipação*, *identificação*, *avaliação* e *controle*:

- Antecipação: expectativa da presença de perigos no local de trabalho e de exposições dos trabalhadores
- Identificação: determinação da presença de exposições no local de trabalho
- Avaliação: determinação da grandeza da exposição
- Controle: aplicação de tecnologia adequada para reduzir as exposições no local de trabalho a níveis aceitáveis

Nas indústrias e laboratórios químicos o higienista industrial trabalha intimamente com os profissionais de segurança como parte integrante de um programa de segurança e prevenção de perdas. Após identificar e avaliar os perigos, o higienista industrial faz recomendações relevantes para as técnicas de controle. O higienista industrial, os profissionais de segurança e o pessoal de operação das fábricas trabalham juntos para garantir que as medidas de controle sejam aplicadas e mantidas. Tem sido demonstrado claramente que os produtos químicos tóxicos podem ser manuseados com segurança quando os princípios de higiene industrial são aplicados de maneira adequada.

3-1 Normas Governamentais

Leis e Normas

As leis e normas são ferramentas importantes para proteger as pessoas e o meio ambiente. O Congresso Americano é responsável pela aprovação das leis que governam os Estados Unidos. Para colocar essas leis em vigor, o Congresso autoriza certas organizações governamentais, incluindo a Agência de Proteção Ambiental (EPA), a Administração de Segurança e Saúde Ocupacional (OSHA) e o Departamento de Segurança Interna (DHS), a criarem e imporem o cumprimento de normas.

Criação de uma Lei

Uma lei nos Estados Unidos é criada em um processo de três etapas:

Etapa 1: Um membro do Congresso propõe um projeto de lei. Um projeto de lei é um documento que, se for aprovado, se transforma em lei.

Etapa 2: Se ambas as câmaras do Congresso aprovarem o projeto de lei, ele é enviado para o presidente, que tem a opção de aprovar ou vetar. Se aprovar, o projeto de lei se transforma em uma lei chamada ato.

Etapa 3: O texto completo da lei é publicado no *United States Code* (USC).[1] O *code* é o registro oficial de todas as leis federais.

Criação de uma Norma

Após a lei se tornar oficial, como ela é colocada em prática? Muitas vezes as leis não incluem os detalhes do próprio cumprimento. Por exemplo, o USC exige a proteção com o respirador adequado, mas não especifica os tipos detalhados ou limitações dos respiradores. Para fazer com que as leis funcionem no dia a dia, o Congresso autoriza organizações governamentais, incluindo a EPA, OSHA e DHS, a criarem normas e/ou padrões.

As normas definem regras específicas sobre o que é legal e o que é ilegal. Por exemplo, uma norma relevante para a Lei do Ar Limpo especifica os níveis de produtos químicos tóxicos que são considerados seguros, as quantidades de produtos químicos tóxicos que são legalmente emitidas na atmosfera e quais são as penalidades aplicáveis se os limites legais forem ultrapassados. Após a norma entrar em vigor, a EPA tem a responsabilidade de (1) ajudar os cidadãos a cumprirem a lei e (2) impor o cumprimento da norma.

O processo de criação de uma norma e/ou padrão nos Estados Unidos consiste em duas etapas:

Etapa 1: A organização ou agência autorizada decide quando uma norma é necessária. Depois, a organização pesquisa, elabora e propõe uma norma. A proposta é apresentada no *Federal Register* (FR) para que o público possa avaliá-la e enviar comentários para a organização. Esses comentários são utilizados para revisar a norma.

Etapa 2: Após a norma ser reescrita, ela é publicada no *Federal Register* como uma regra final, sendo codificada simultaneamente por meio da publicação no *Code of Federal Regulations* (CFR).

---

[1]*www4.law.cornell.edu/uscode.*

Em 1970, o Congresso dos Estados Unidos promulgou uma lei de saúde e segurança que continua a ter um impacto importante sobre as práticas de higiene industrial na indústria química: a Lei de Saúde e Segurança Ocupacional de 1970 (OSHAct). A fim de avaliar a importância da OSHAct, é útil analisar as normas e práticas[2] antes de 1970.

Antes de 1936, as normas pertinentes à saúde ocupacional nos Estados Unidos eram mal administradas pelas agências governamentais estaduais e locais. Durante esse período, as equipes e fundos eram pequenos demais para executar programas eficazes. Em 1936, o governo federal promulgou a Lei Walsh-Healy, estabelecendo os padrões federais de segurança e saúde para as atividades relacionadas aos contratos federais. Essa lei de 1936 também deu início a uma pesquisa importante relacionada à causa, reconhecimento e controle de doenças ocupacionais. Os conceitos promulgados pela Lei Walsh-Healy, embora inadequados aos padrões atuais, foram os precursores das atuais normas de saúde e segurança ocupacional nos Estados Unidos.

Entre 1936 e 1970, uma série de estados americanos promulgaram as suas próprias normas de saúde e segurança. Embora tenha havido algum progresso, essas normas nunca foram suficientemente apoiadas para levar a cabo um programa satisfatório. Isso produziu resultados relativamente incoerentes e ineficazes.

A OSHAct de 1970 foi elaborada para solucionar esses problemas e para fornecer um programa coerente em nível nacional com o financiamento necessário para geri-lo de maneira eficaz. Essa lei definiu procedimentos claros para estabelecer normas, realizar investigações quanto ao cumprimento e elaborar e manter históricos de segurança e saúde.

Como resultado da OSHAct, financiamento suficiente foi comprometido para criar e apoiar a Administração de Saúde e Segurança Ocupacional (OSHA), que gerencia as responsabilidades do governo especificadas na OSHAct, e o Instituto Nacional de Saúde e Segurança Ocupacional (NIOSH), que realiza pesquisas e programas de assistência técnica para melhorar a proteção e manutenção da saúde dos trabalhadores. Entre os exemplos de responsabilidades do NIOSH temos (1) medir os efeitos da exposição sobre a saúde no ambiente de trabalho, (2) desenvolver critérios para lidar com materiais tóxicos, (3) estabelecer níveis de exposição seguros e (4) treinar profissionais para administrar os programas da lei.

O NIOSH desenvolve dados e informações relativas aos perigos, e a OSHA utiliza esses dados para promulgar padrões (normas). Algumas leis e normas particularmente relevantes à indústria química americana são exibidas na Tabela 3-1. Conforme se encontra ilustrado nessa tabela, a distinção entre leis (USC) e normas (CFR) é global *versus* detalhe.

A OSHAct torna os empregadores responsáveis por proporcionar condições de trabalho seguras e saudáveis para seus funcionários. A OSHA está autorizada a realizar inspeções e, quando forem encontradas violações das normas de segurança e saúde, ela pode enviar exigências e impor sanções financeiras. Os destaques dos direitos de execução da OSHA estão ilustrados na Tabela 3-2.

As implicações, interpretações e aplicações da OSHAct vão continuar a se desenvolver à medida que os padrões forem promulgados. Especialmente dentro da indústria química, esses padrões vão continuar a criar um ambiente para melhorar a elaboração dos processos e as condições dos processos relevantes para a segurança e saúde dos trabalhadores e das comunidades circundantes.

---

[2] J. B. Olishifski, ed., *Fundamentals of Industrial Hygiene*, 2nd ed. (Chicago: National Safety Council, 1979), pp. 758-777.

Tabela 3-1 Algumas Leis do United States Code (USC) e Normas do Code of Federal Regulations (CFR)

Número	Descrição
29 USC 651	Lei de Segurança e Saúde Ocupacional (1970)
42 USC 7401	Lei do Ar Limpo (1970)
33 USC 1251	Lei da Água Limpa (1977)
42 USC 7401	Modificações da Lei do Ar Limpo (1990)
15 USC 2601	Lei para Controle de Substâncias Tóxicas II (1992)
42 USC 300f	Modificação da Lei para a Água Potável Segura (1996)
40 CFR 280.20	Testes de Vazamento de Tanques de Armazenamento Subterrâneos (1988)
40 CFR 370.30	Relatório Anual de Liberação de Produtos Tóxicos, SARA 313 (1989)
29 CFR 1910.120	Treinamento, Técnicas em Materiais Perigosos, HAZMAT (1989)
29 CFR 1910.1450	Exposição a Produtos Químicos Perigosos nos Laboratórios (1990)
40 CFR 370.20	Inventário Anual de Produtos Químicos Perigosos, SARA 311 (1991)
29 CFR 1910.119	Gestão de Segurança de Processos (1992)
40 CFR 68.65	Programa de Gestão de Riscos (1996)
29 CFR 1910.134	Programa de Proteção Respiratória (1998)
42 USC 7401	Lei Normativa para Informações de Segurança Química, Segurança Local e Combustíveis (1999)
49 USC 40101	Lei de Transporte e Proteção (2001)
6 USC 101	Lei de Segurança Interna (2002)
42 USC 301	Lei Federal para Alimentos, Medicamentos e Cosméticos (2002)
42 USC 13201	Lei de Política Energética (2005)
29 CFR 1910 Subparte	Normas Elétricas (2007)
6 CFR 27	Normas Antiterrorismo para Instalações de Produtos Químicos (CFATS) (2007)

A regulamentação do governo vai continuar a ser parte significante da prática de segurança dos processos químicos. Desde que a OSHAct foi transformada em lei, uma boa quantidade de legislações novas tem sido promulgada, controlando o local de trabalho e o ambiente comunitário. A Tabela 3-3 apresenta um resumo da legislação de segurança americana. A Tabela 3-4 resume as partes importantes da OSHAct atual.

Tabela 3-2 Destaques do Direito de Execução da OSHA

Os empregadores têm de receber os fiscais da OSHA em suas instalações visando a realizar inspeções de segurança sem aviso prévio. Pode ser necessária uma ordem de busca para mostrar a provável causa.

O direito de inspeção da OSHA inclui os registros de segurança e saúde.

Podem ser invocadas sanções criminais.

Os funcionários da OSHA que encontrarem condições de perigo iminente podem requisitar o fechamento da instalação.

Tabela 3-3 Legislação Federal Americana Relevante para a Segurança dos Processos Químicos[a]

Data	Abreviação	Lei
1899	RHA	Lei dos Rios e Portos
1906	FDCA	Lei Federal para Alimentos, Medicamentos e Cosméticos
1947	FIFRA	Lei Federal para Inseticidas, Fungicidas e Raticidas
1952	DCA	Lei para Cargas Perigosas
1952	FWPCA	Lei Federal para Controle de Poluição da Água
1953	FFA	Lei para Tecidos Inflamáveis
1954	AEA	Lei de Energia Atômica
1956	FWA	Lei da Pesca e Vida Selvagem de 1956
1960	FHSA	Lei Federal para Rotulagem de Substâncias Perigosas
1965	SWDA	Lei de Descarte de Resíduos Sólidos
1966	MNMSA	Lei para Segurança nas Minas de Metais e Não Metais
1969	NEPA	Lei Nacional para Políticas Ambientais
1969	CMHSA	Lei Federal para Saúde e Segurança das Minas de Carvão
1970	CAA	Lei do Ar Limpo
1970	PPPA	Lei de Embalagem para Prevenção de Veneno de 1970
1970	WQI	Lei para Melhoria da Qualidade da Água de 1970
1970	RSA	Lei Federal para Segurança Ferroviária de 1970
1970	RRA	Lei para Recuperação de Recursos de 1970
1970	OSHA	Lei para Segurança e Saúde Ocupacional
1972	NCA	Lei para Controle de Ruídos de 1972
1972	FEPCA	Lei Federal para Controle da Poluição Ambiental
1972	HMTA	Lei para Transporte de Materiais Perigosos
1972	CPSA	Lei para Segurança dos Bens de Consumo
1972	MPRSA	Lei para Proteção, Pesquisa e Santuários Marinhos de 1972
1972	CWA	Lei da Água Limpa
1972	CZMA	Lei para Gestão da Zona Costeira
1973	ESA	Lei para as Espécies em Perigo de Extinção de 1973
1974	SDWA	Lei para Água Potável Segura
1974	TSA	Lei para Segurança dos Transportes de 1974
1974	ESECA	Lei de Fornecimento de Energia e Coordenação Ambiental
1976	TSCA	Lei para Controle de Substâncias Tóxicas
1976	RCRA	Lei para Conservação e Recuperação de Recursos
1977	FMSHA	Lei Federal para Segurança e Saúde nas Minas
1977	SMCRA	Lei para Controle e Recuperação das Minas de Superfície
1978	UMTCA	Lei para Controle de Rejeitos de Usinas de Urânio
1978	PTSA	Lei para Segurança de Portos e Cargueiros
1980	CERCLA	Lei Abrangente para Resposta, Compensação e Responsabilização Ambiental de 1980 (*Superfund*)

(*continua*)

Tabela 3-3 Legislação Federal Americana Relevante para a Segurança dos Processos Químicos[a] (*continuação*)

Data	Abreviação	Lei
1984	HSWA	Modificações da Lei para Resíduos Perigosos e Sólidos
1986	AHERA	Lei de Resposta Emergencial ao Perigo do Amianto
1986	SARA	Lei para Modificação e Reautorização do *Superfund*
1986	EPCRA	Lei para Planejamento de Emergência e do Direito de Saber da Comunidade
1986	TSCA	Lei para Controle de Substâncias Tóxicas
1987	WQA	Lei da Qualidade da Água
1990	OPA	Lei de Poluição do Petróleo de 1990
1990	CAAA	Modificações da Lei do Ar Limpo
1990	PPA	Lei para Prevenção da Poluição de 1990
1992	TSCA-II	Lei para Redução do Perigo das Tintas Residenciais à Base de Chumbo
1992	–	Lei de Cumprimento das Instalações Federais
1993	NEPA	Lei Nacional de Políticas Ambientais
1994	HMTAA	Modificações da Lei para Transporte de Materiais Perigosos
1996	SDWA	Modificação da Lei para Água Potável Segura
1996	FQPA	Lei para Proteção da Qualidade dos Alimentos
1996	EPCRA	Lei para Planejamento de Emergências e Direito de Saber da Comunidade
1996	FFDCA	Lei Federal para Alimentos, Medicamentos e Cosméticos
1996	FIFRA	Lei para Inseticidas, Fungicidas e Raticidas
1999	–	Lei Normativa para Informações de Segurança Química, Segurança Local e Combustíveis
2001	TSA	Lei para Transportes e Segurança
2002	HAS	Lei de Segurança Interna
2005	–	Lei de Política Energética
2007	CFATS	Normas Antiterrorismo para Instalações de Produtos Químicos

[a]Informações dos websites da EPA e da OSHA: *www.epa.gov* e *www.osha.gov*.

OSHA: Gestão da Segurança dos Processos

Em 24 de fevereiro de 1992, a OSHA publicou a regra final "Gestão da Segurança dos Processos de Produtos Químicos de Alta Periculosidade". Essa norma é voltada para o desempenho; ou seja, estabelece requisitos gerais para a gestão dos produtos químicos perigosos. A gestão da segurança dos processos (GSP) foi elaborada após o acidente em Bhopal (1984), para evitar acidentes similares. Ela é reconhecida pela indústria e pelo governo americano como uma norma excelente que vai reduzir a quantidade e a grandeza dos acidentes — caso seja compreendida e praticada dentro do previsto.

Tabela 3-4 Partes da OSHAct Relevantes para a Prática da Engenharia Química[a]

Parte	Título
1910.95	Exposição ao ruído ocupacional
1910.97	Radiação não ionizante
1910 Subparte H	Materiais perigosos
1910.106	Líquidos inflamáveis e combustíveis
1910.110	Armazenamento e manejo de gases liquefeitos de petróleo
1910.119	Gestão da segurança dos processos de produtos químicos altamente perigosos
1910.120	Operações e resposta de emergência de resíduos perigosos
1910 Subparte I	Equipamento de proteção pessoal
1910.133	Proteção dos olhos e da face
1910.134	Proteção respiratória
1910.135	Proteção da cabeça
1910.136	Proteção dos pés
1910.138	Proteção das mãos
1910 Subparte L	Proteção contra incêndio
1910 Subparte N	Manuseio e armazenagem de materiais
1910 Subparte O	Maquinário e guarda de máquinas
1910 Subparte P	Ferramentas manuais e portáteis e outros equipamentos manuais
1910 Subparte Q	Soldadura, corte e brasagem
1910 Subparte S	Elétrico
1910 Subparte Z	Substâncias tóxicas e perigosas – incluindo as normas para produtos químicos específicos
1910.1200	Comunicação do perigo
1910.1450	Exposição ocupacional a produtos químicos perigosos nos laboratórios

[a]Todos fazem parte da 29 CRF 1910. Veja *www.osha.gov* para obter detalhes.

A norma GSP possui 14 seções principais: participação do funcionário, informações de segurança de processos, análise de risco dos processos, procedimentos operacionais, treinamento, contratados, revisão de segurança pré-partida, integridade mecânica, autorização de trabalho a quente, gestão da mudança, investigações de acidentes, planejamento e resposta de emergência, auditorias e segredos comerciais. Uma breve discussão de cada seção é fornecida a seguir.

A *participação do funcionário* requer a sua participação ativa em todos os principais elementos da GSP. Os empregadores têm de elaborar e documentar um plano de ação para especificar essa participação.

As *informações de segurança de processos* são compiladas e disponibilizadas a todos os funcionários a fim de facilitar a compreensão e identificação dos perigos. Essas informações incluem diagramas de processamento ou diagramas de fluxo de processos, química dos processos e limitações dos processos, como, por exemplo, temperaturas, pressões, fluxos e composições. As consequências dos desvios do processo também são exigidas. Essas informações de segurança de processos são necessárias antes do treinamento, da análise de risco dos processos, da gestão da mudança e das investigações de acidentes.

A *análise de risco dos processos* (ARP) deve ser realizada por uma equipe de especialistas, incluindo engenheiros, químicos, operadores, higienistas industriais e outros especialistas adequados e experientes. A ARP precisa incluir um método que se ajuste à complexidade do processo, seja um estudo de HAZOP para um processo complexo, seja, para processos menos complexos, métodos menos rigorosos, como, por exemplo, *what-if*, *checklist*, FMEA (análise dos modos de falha e efeito) ou árvores de falhas.

Os empregadores devem assegurar que as recomendações da ARP sejam ativadas em tempo hábil. Todo processo de GSP necessita de uma ARP atualizada, pelo menos a cada cinco anos após a realização da análise inicial.

Os *procedimentos operacionais* que permitem a operação segura da fábrica têm de ser documentados. Essas instruções devem ser escritas claramente e de modo coerente com as informações de segurança dos processos. Elas precisam cobrir, no mínimo, a partida inicial, as operações normais, as operações temporárias, o desligamento de emergência, as operações de emergência, o desligamento normal, a partida após os desligamentos normais e emergenciais, os limites operacionais e as consequências dos desvios, considerações de segurança e saúde, propriedades perigosas dos produtos químicos, precauções de exposição, controles de engenharia e administrativos, especificações de controle de qualidade para todos os produtos químicos, perigos especiais ou exclusivos, e sistemas e funções de controle da segurança. As práticas de trabalho seguras também precisam estar documentadas, tais como o trabalho a quente, desenergização e espaço confinado. Esses procedimentos operacionais são atualizados frequentemente, sendo a frequência estabelecida pelo pessoal de operações.

Um programa de *treinamento* eficaz ajuda os funcionários a compreenderem os perigos associados com as tarefas que realizam. O pessoal de manutenção e operações recebe treinamento inicial e treinamento de reciclagem. Os operadores precisam compreender os perigos associados com cada tarefa, incluindo os desligamentos de emergência, as partidas e as operações normais. O treinamento de reciclagem é administrado a cada três anos ou com mais frequência, caso necessário; os operadores decidem sobre a frequência do treinamento de reciclagem.

Os *contratados* são treinados para realizar suas tarefas com segurança no mesmo grau dos funcionários. Mesmo durante a seleção dos contratados, os funcionários precisam considerar o desempenho destes em relação à segurança, além das suas habilidades.

Uma *revisão de segurança pré-partida* é uma revisão de segurança especial conduzida após uma modificação no processo ou nas condições de operação e antes da partida. Nessa revisão, uma equipe de revisores assegura que (1) o sistema seja construído de acordo com as especificações do projeto, (2) a segurança, a manutenção, a operação e os procedimentos de emergência estejam em vigor, (3) o treinamento adequado seja realizado e (4) as recomendações da ARP sejam implementadas ou resolvidas.

A seção de *integridade mecânica* da norma GSP garante que o equipamento, a tubulação, os sistemas de alívio, os controles e os alarmes estejam mecanicamente sólidos e operacionais. Os requisitos incluem (1) procedimentos por escrito para manter os sistemas funcionando, (2) treinamento pertinente à manutenção preventiva, (3) inspeções periódicas e testes baseados nas recomendações do fornecedor, (4) um processo para corrigir deficiências e (5) um processo para garantir que todo o equipamento e peças avulsas sejam adequados.

A norma GSP verifica que um sistema esteja em vigor para preparar e emitir *autorizações de trabalho a quente* antes que essas atividades (solda, esmeril ou equipamento que produza centelha) sejam realizadas. A autorização exige as datas autorizadas para o trabalho a quente, o equipamento envolvido no trabalho, um sistema para manter e documentar a certificação, identificação das aberturas onde as centelhas podem cair, os tipos e quantidades dos extintores de incêndio, identificação dos vigilantes de incêndio, uma inspeção antes do trabalho, assinaturas da autorização, identificação dos materiais inflamáveis na área, verificação atestando que o entorno não é explosivo, verificação de que os materiais combustíveis sejam removidos ou cobertos adequadamente, identificação e fechamento dos vasilhames ou dutos abertos e verificação de que as paredes soldadas não são inflamáveis.

Na seção de *gestão da mudança* da norma GSP, os funcionários são obrigados a elaborar e implementar procedimentos documentados para gerenciar mudanças na química do processo, equipamentos do processo e procedimentos operacionais. Antes que uma mudança ocorra (exceto na substituição em espécie) ela deve ser analisada para averiguar se não vai afetar a segurança da operação. Após a realização da mudança, todos os funcionários afetados são treinados e é realizada uma revisão pré-partida.

A norma GSP define a *investigação de acidentes*. Os empregadores devem investigar todos os acidentes que resultaram ou poderiam ter resultado em uma grande liberação ou em um grande acidente em 48 horas após o evento. A norma exige uma equipe de investigação composta de diferentes profissionais, incluindo operadores, com conhecimento do sistema. Após a investigação, os empregadores são obrigados a utilizar adequadamente as recomendações da investigação.

O intuito do elemento GSP para o *planejamento e resposta de emergência* é obrigar os funcionários a responderem eficazmente à liberação de produtos químicos altamente nocivos. Embora a norma exija essa atividade em empresas com mais de 10 funcionários, este elemento deveria fazer parte de um programa nas organizações ainda menores e que lidam com produtos químicos nocivos.

Na seção *auditorias* da norma GSP, os empregadores são obrigados a se certificar de que avaliaram o seu cumprimento da norma pelo menos a cada três anos. As recomendações da auditoria têm de ser seguidas. Os relatórios de auditoria precisam ser retidos enquanto o processo existir.

A seção *segredos comerciais* da norma GSP assegura que todos os contratados recebam todas as informações relevantes para trabalhar com segurança na instalação. Alguns funcionários podem precisar assinar acordos de sigilo antes de receberem essas informações.

EPA: Plano de Gestão de Risco

Em 20 de junho de 1996 a EPA publicou o Plano de Gestão de Risco (PGR) como uma norma definitiva.[3] Essa norma também é uma resposta ao acidente em Bhopal, sendo reconhecida pela indústria e pelo governo como uma norma excelente que vai reduzir a quantidade e a grandeza dos acidentes — caso seja compreendida e praticada conforme o pretendido.

A norma PGR se destina a diminuir a quantidade e a grandeza das liberações acidentais de substâncias tóxicas e inflamáveis. Embora a PGR seja similar à GSP em muitos aspectos, a PGR é concebida para proteger as pessoas e o ambiente exterior ao local, enquanto a GSP é concebida para proteger as pessoas no local. A PGR é exigida nas fábricas que utilizam mais de uma determinada quantidade-limite de produtos químicos altamente nocivos e controlados. A PGR é uma responsabilidade do local (o local pode possuir vários processos), enquanto a GSP cobre cada processo no local.

---

[3]*Code of Federal Regulations*, 40 CFR 68, subpart B (Washington, DC: US Government Printing Office, 20 de junho de 1996).

A PGR possui os seguintes elementos:

- Avaliação dos riscos
- Programa de prevenção
- Programa de resposta de emergência
- Documentação mantida no local e submetida às autoridades federais, estaduais e locais. Essas informações são compartilhadas com a comunidade local.

O documento da PGR é atualizado quando o processo ou a química mudam ou quando uma auditoria governamental exige uma atualização. Os três primeiros itens da norma são descritos brevemente nos parágrafos a seguir. O quarto item, documentação, é autoexplicativo.

A *avaliação de riscos* é uma análise de consequência para uma gama de potenciais liberações de produtos químicos nocivos, incluindo a história dessas liberações na instalação. As liberações têm de incluir o pior cenário possível e os cenários mais prováveis, porém significantes, de liberação acidental. Uma matriz de risco pode ser utilizada para caracterizar o pior cenário e os cenários mais prováveis.

A EPA exige a seguinte análise de consequências: (1) um único pior cenário possível de liberação é analisado para todos os materiais inflamáveis no local e apenas uma substância inflamável é analisada nos outros cenários mais prováveis; e (2) um único pior cenário possível é analisado para todas as substâncias tóxicas no local e as liberações mais prováveis são analisadas para cada substância tóxica coberta pela norma.

O pior cenário possível se baseia na liberação do conteúdo inteiro de um vasilhame ou sistema de tubulação em um período de 10 minutos nas piores condições meteorológicas possíveis (estabilidade F e velocidade do vento de 1,5 m/s). Medidas de atenuação passiva (por exemplo, diques) podem ser utilizadas no processo de cálculo; portanto, a taxa de liberação nos derrames de líquidos corresponde à taxa de evaporação.

Os casos de liberação alternativos das substâncias tóxicas cobrem cenários com concentrações tóxicas além do perímetro do local. Os casos alternativos de substâncias inflamáveis cobrem cenários que podem causar danos substanciais fora e dentro do local. Os cenários de liberação que têm potencial para chegar ao público são de grande preocupação. Os cenários sem potencial para danos externos ao local não precisam ser obrigatoriamente relatados.

Os cálculos do modelo de dispersão são utilizados normalmente para estimar as concentrações a favor do vento; essas concentrações são a base para a determinação das consequências da toxicidade, dos incêndios e/ou das explosões. Para as pessoas não interessadas em utilizar modelos de dispersão, a norma inclui tabelas de consulta para todas as substâncias apresentadas a fim de ajudar a instalação a determinar as distâncias de impacto de cenários de liberação específicos.

A PGR exige apenas uma análise da consequência e não da probabilidade. Portanto, os resultados não são uma determinação verdadeira do risco, pois o risco é composto de consequência e probabilidade. Uma descrição mais detalhada das análises de consequência necessárias pode ser encontrada em outro texto.[4]

A segunda exigência da PGR é um *programa de prevenção*. O programa de prevenção tem 11 elementos, em comparação com os 14 elementos da norma GSP. De acordo com a Tabela 3-5, mui-

---

[4]Daniel A. Crowl, "Consequence Modeling for the EPA Risk Management Plan (RMP)", *Process Safety Progress* (Spring, 1997), pp. 1-5.

Tabela 3-5 Comparação dos Programas de Prevenção GSP e PGR

Programa GSP (OSHA)	PGR (EPA)
Informações de segurança do processo	Informações de segurança do processo
Análise de risco do processo	Avaliação de riscos
Procedimentos operacionais	Procedimentos operacionais padrão
Participação do funcionário	(Nenhuma equivalência)
Treinamento	Treinamento
Contratados	(Nenhuma equivalência)
Revisão pré-partida	Revisão pré-partida
Integridade mecânica	Manutenção
Autorização para trabalho a quente	(Nenhuma equivalência)
Gestão da mudança	Gestão da mudança
Investigações de acidentes	Investigações de acidentes
Planejamento e resposta de emergência	Resposta de emergência
Auditorias de cumprimento da norma	Auditorias de segurança
Segredos comerciais	(Nenhuma equivalência)
(Nenhuma equivalência)	Avaliação de riscos

tos desses elementos são duplicados. Felizmente, a EPA fez uma tentativa deliberada para manter as mesmas exigências sempre que possível, embora haja diferenças devido ao fato de que a EPA e a OSHA têm responsabilidades diferentes. A primeira coluna na Tabela 3-5 apresenta cada elemento do programa GSP e a segunda coluna mostra o elemento correspondente do programa de prevenção (alguns elementos não possuem equivalência).

O *programa de resposta de emergência* apresenta as etapas a serem seguidas pelos funcionários da instalação em resposta às liberações acidentais de materiais nocivos. Ele também estabelece procedimentos para notificar a comunidade local e as agências de resposta de emergência adequadas. O treinamento é para todos os funcionários sobre os tópicos relevantes à resposta de emergência. Os requisitos incluem exercícios para testar o plano e avaliar a sua eficácia, e o plano tem de ser revisado com base nas constatações desses exercícios.

O plano deve ser coordenado com os planos locais de resposta emergencial desenvolvidos pelas Comissões Locais de Planejamento de Emergências (CLPEs) e pelas agências locais de resposta emergencial. Assim como em outras normas similares da OSHA, a Lei para Conservação e Recuperação de Recursos (RCRA) e a Lei para Prevenção e Controle de Derramamentos na Lei para a Água Limpa, o plano de resposta emergencial deve ser mantido na instalação e tem de incluir descrições de todos os sistemas de atenuação.

DHS: Normas Antiterrorismo para Instalações de Produtos Químicos (CFATS)

Em 2006, o Congresso aprovou uma lei exigindo que o Departamento de Segurança Interna dos Estados Unidos (DHS) estabelecesse normas de desempenho baseadas no risco para a segurança das instalações de produtos químicos. De modo subsequente, em 9 de abril de 2007 o DHS emitiu uma medida provisória chamada Normas Antiterrorismo para Instalações de Produtos Químicos (CFATS). Os detalhes são fornecidos no *Code of Federal Regulations* 6 CFR 27. Essa norma se aplica a qualquer instalação que fabrique, utilize, armazene, distribua ou possua certos produtos químicos em uma quantidade igual ou superior à especificada.

As indústrias químicas contêm ativos que incluem qualquer pessoa, ambiente, instalação, material, informação, reputação comercial ou atividade que tenha um valor positivo para a empresa. O ativo de maior interesse com relação às indústrias químicas é a quantidade de materiais perigosos. Uma ameaça é qualquer indicação, circunstância ou evento com potencial para causar a perda ou dano de um ativo. Uma vulnerabilidade é um ponto fraco que pode ser aproveitado por um adversário para obter acesso a um ativo. Um adversário é qualquer grupo, organização ou governo que conduza, pretenda conduzir ou que tenha capacidade para conduzir atividades prejudiciais aos ativos críticos.[5]

A Tabela 3-6 identifica algumas das questões de segurança relativas às indústrias químicas. A finalidade da norma CFATS é identificar para o DHS todas as instalações químicas de alto risco com relação ao terrorismo e assegurar que essas instalações tenham um plano de gestão de risco de segurança eficaz.

A norma funciona da seguinte forma: A norma 6 CFR 27 inclui o Apêndice A, que é uma lista de produtos químicos e quantidades-limite. Se uma instalação tiver esses produtos químicos em quantidades que ultrapassem o limite, ela é obrigada a preencher a *Top Screen* da Ferramenta de Avaliação da Segurança Química (FASQ). A *Top Screen* da FASQ é preenchida *on-line*. O DHS avalia a *Top Screen* e faz uma classificação preliminar indicando se a instalação apresenta um risco elevado. O DHS classifica as instalações de alto risco em quatro camadas, 1 a 4, com a primeira camada representando o maior risco. Todas as instalações químicas colocadas preliminarmente nas camadas têm de realizar uma Avaliação de Vulnerabilidade da Segurança (AVS) e submetê-la ao DHS.

Tabela 3-6 Problemas de Segurança Relevantes para as Indústrias Químicas

Problema de segurança	Exemplo de objetivo terrorista
Perda de contenção intencional	Liberação de produtos químicos na atmosfera, resultando em exposição tóxica, incêndio ou explosão. Isso resulta em prejuízo ao público, aos trabalhadores e ao meio ambiente. A indústria química também pode ser danificada ou destruída, provocando danos econômicos diretos ou indiretos.
Furto de produtos químicos	Uso de produtos químicos como armamentos primários ou secundários[a] improvisados contra terceiros.
Contaminação ou deterioração de um produto ou processo	Prejuízo imediato ou atrasado a pessoas ou ao meio ambiente, ou que causem danos econômicos.
Degradação do ativo	Danos mecânicos ou físicos ou interrupção cibernética. Isso provoca danos econômicos diretos ou indiretos.
Aquisição de produtos químicos sob falso pretexto	Compra de produtos químicos através dos canais de aquisição normais por meio da deturpação da finalidade. Uso de produtos químicos como armamentos primários ou secundários[a] improvisados contra terceiros.

[a]Um armamento de apoio ou auxiliar com a finalidade de apoiar ou suplementar o armamento primário.
Adaptado de David A. Moore, "Security", pp. 23-104 a 23-109.

---

[5]David A. Moore, "Security", *Perry's Chemical Engineers' Handbook,* 8th ed., Don W. Green and Robert H. Perry, eds. (New York: McGraw-Hill), pp. 23-104 a 23-109.

A avaliação de vulnerabilidade da segurança (AVS) é um processo utilizado para identificar problemas de segurança que surgem das atividades da instalação, variando da liberação intencional de produtos químicos e sabotagem até furto ou desvio de produtos químicos que possam ser utilizados ou convertidos em armamentos. A AVS identifica esses problemas de segurança e também permite que a instalação estime a probabilidade de as vulnerabilidades da instalação serem exploradas com sucesso. O DHS avalia a AVS e atribui uma classificação de camada final à instalação.

As instalações químicas em todas as quatro camadas são obrigadas a elaborar e implementar um Plano de Segurança do Local (PSL) que satisfaça os critérios publicados nas normas de desempenho baseadas no risco. O DHS realiza inspeções e/ou auditorias nas instalações classificadas nas camadas, com as instalações de mais alto risco sendo inspecionadas com mais frequência. O PSL deve detalhar as iniciativas físicas, procedimentais e cibernéticas que o local adota para reduzir ou eliminar as vulnerabilidades.

As estratégias de segurança das instalações químicas costumam envolver as seguintes contramedidas para cada ameaça de segurança:[6] detenção, detecção, atraso, resposta e conscientização.

A detenção evita ou desestimula as brechas de segurança por meio do medo ou dúvida. Guardas de segurança, iluminação e barreiras são exemplos de contramedidas de detenção.

As câmeras, o monitoramento e os alarmes de invasão detectam um adversário tentando cometer um evento de segurança. Eles também podem fornecer a identidade do adversário, observação em tempo real e possivelmente ajudam na apreensão do adversário.

A contramedida do atraso é concebida para retardar o avanço de um adversário que esteja entrando ou saindo de uma área restrita. O atraso pode proporcionar o tempo necessário para interditar o ataque ou apreender o adversário.

A resposta inclui a capacidade de resposta da instalação e a capacidade demonstrada dos agentes externos, como a polícia e os bombeiros. A resposta não se limita à interdição armada pela polícia e/ou equipe de segurança; também inclui toda a capacidade de resposta dos materiais perigosos tradicionais, associada normalmente com a segurança e a gestão ambiental. As capacidades de resposta *in loco* incluem o combate a incêndios, a proteção, a resposta médica, a contenção de derramamentos e a capacidade para reduzir o estoque com rapidez, apenas para citar algumas.

A conscientização inclui conhecer os clientes e a finalidade das suas compras. Essa estratégia de segurança é concebida principalmente para evitar a aquisição de produtos químicos sob falsos pretextos, mas também pode identificar as consultas dos adversários que se fazem passar por clientes a fim de obter informações sobre a instalação, matérias-primas, intermediários ou produtos.

3-2 Higiene Industrial: Antecipação e Identificação

Uma das principais responsabilidades dos higienistas industriais é antecipar, identificar e solucionar potenciais problemas de saúde nas instalações. No entanto, a tecnologia de processos químicos é tão complexa que essa tarefa requer os esforços orquestrados dos higienistas industriais, *designers* de processos, operadores, pessoal de laboratório, e gestão. O higienista industrial ajuda na

---

[6]Center for Chemical Process Safety (CCPS), *Guidelines for Managing and Analyzing the Security Vulnerabilities of Fixed Chemical Sites* (New York: American Institute of Chemical Engineers, 2002).

eficiência global do programa trabalhando com esse pessoal. Por essas razões a higiene industrial (particularmente a identificação) tem de fazer parte do processo de educação dos químicos, engenheiros e gestores.

Muitos produtos químicos perigosos são manuseados com segurança diariamente dentro das indústrias químicas. Para alcançar esse sucesso operacional, *todos* os perigos potenciais têm de ser identificados e controlados. Quando produtos químicos tóxicos e/ou inflamáveis são manuseados, as condições potencialmente perigosas podem ser numerosas — nas instalações grandes pode haver milhares. Para operar de modo seguro nessas condições é necessário disciplina, habilidade, preocupação e atenção aos detalhes.

A etapa de identificação requer um estudo completo do processo químico, das condições de operação e dos procedimentos operacionais. As fontes de informação incluem as descrições do *design* do processo, as instruções de operação, as revisões de segurança, as descrições do fornecedor do equipamento, as informações dos fornecedores de produtos químicos e as informações do pessoal operacional. A qualidade dessa etapa de identificação muitas vezes é uma função do número de recursos utilizados e da qualidade das perguntas feitas. Os diferentes recursos podem ter diferentes ênfases operacionais e técnicas, exclusivas para equipamentos ou produtos químicos específicos. Nessa etapa de identificação, muitas vezes é necessário agrupar e integrar as informações disponíveis para identificar novos problemas potenciais resultantes dos efeitos combinados de exposições múltiplas.

Durante essa etapa de identificação, os perigos potenciais e os métodos de contato são identificados e registrados. Conforme ilustrado na Tabela 3-7, os perigos potenciais são muitos, especialmente

Tabela 3-7 Identificação dos Perigos Potenciais[a]

Perigos potenciais	
Líquidos	Ruído
Vapores	Radiação
Poeiras	Temperatura
Fumaças	Mecânico

Modo de entrada dos compostos tóxicos no organismo	
Inalação	Ingestão
Absorção corporal (pele ou olhos)	Injeção

Dano potencial	
Pulmões	Pele
Ouvidos	Olhos
Sistema nervoso	Fígado
Rins	Órgãos reprodutivos
Sistema circulatório	Outros órgãos

[a]Olishifski, *Fundamentals of Industrial Hygiene*, pp. 24-26.

Tabela 3-8 Dados Úteis para a Identificação de Saúde

Limites de Exposição Ocupacional (TLVs)
Limiares de odor dos vapores
Estado físico
Pressão de vapor dos líquidos
Sensibilidade dos produtos químicos à temperatura ou impacto
Taxas e calores de reação
Subprodutos nocivos
Reatividade com outros produtos químicos
Concentrações inflamáveis e explosivas dos produtos químicos, pós e vapores
Níveis de ruído do equipamento
Tipos e graus de radiação

porque os perigos listados também podem agir em combinação. A lista de perigos potenciais junto com os dados necessários para a identificação dos perigos (veja a Tabela 3-8) é utilizada frequentemente durante a etapa de identificação dos projetos de higiene industrial.

A Tabela 3-9 apresenta uma lista de limiares de odor para vários produtos químicos. Essa é uma abordagem para identificar a presença de vapores químicos no local de trabalho. Os indivíduos variam bastante quanto à detecção de odor, então se espera uma grande variabilidade em relação a isto. Além disso, alguns produtos químicos, como a metil-etil-cetona, anestesiam os órgãos olfatórios com a continuidade da exposição, reduzindo a capacidade para detectar o odor. Em muitos casos, o limiar de odor está abaixo do limite de exposição ocupacional (TLV). Por exemplo, o cloro tem um limiar de odor de 0,05 ppm, enquanto o TLV é de 0,5 ppm (Apêndice G). Nesse caso, o odor é percebido em uma concentração bem abaixo do TLV. Em alguns produtos químicos, o inverso é verdadeiro. Por exemplo, o óxido de etileno tem um limiar de odor de 851 ppm, enquanto o TLV é de 1 ppm. Nesse caso, depois que o odor é detectado, o limite de exposição já foi muito ultrapassado.

A determinação dos potenciais de perigos que resultam em acidentes (avaliação de risco) costuma fazer parte da etapa de identificação (veja o Capítulo 12). Essa lista de perigos potenciais e seus riscos é utilizada durante a fase de avaliação e controle do projeto. Os recursos para avaliar os perigos e elaborar métodos de controle são alocados prioritariamente, proporcionando o tempo e a atenção adequados para a maioria dos perigos importantes.

Folhetos de Especificações de Segurança do Material

Uma das referências mais importantes utilizadas durante um estudo de higiene industrial envolvendo produtos químicos tóxicos são as fichas de informações de segurança de produtos químicos (FISPQs). Uma amostra de FISPQ é exibida na Figura 3-1. A FISPQ apresenta as propriedades de uma substância que podem ser necessárias para determinar os perigos potenciais da mesma.

Tabela 3-9 Limiares de Odor de Vários Produtos Químicos[a]

Compostos químicos	Limiar de odor (ppm)
Acetaldeído	0,186
Acetato de vinila	0,603
Ácido acético	0,016
Ácido acrílico	0,4
Acrilonitrila	16,6
Acroleína	0,174
Álcool etílico	0,136
Álcool metílico	141
Amônia	5,75
Anilina	0,676
Bromina	0,066
Butano	204
Butiraldeído	0,009
Cânfora	0,051
Cloreto de hidrogênio	0,77
Cloreto de metileno	0,912
Cloreto de vinila	0,253
Cloro	0,05
Clorofórmio	11,7
Cumeno	0,024
Dietilamina	0,186
Estireno	3,44
Éter etílico	2,29
Éter isopropílico	0,055
Etilamina	0,324
Fenol	0,011
Flúor	0,126
Fosgênio	0,55
Isocianato metílico	2,1
Mercaptano etílico	0,001
Mercaptano metílico	0,001
Metil-etil-cetona (MEC)	0,27
Óxido de etileno	851
Ozônio	0,051
Sulfeto de hidrogênio	0,0005
Tolueno	0,16
Tricloroetileno	1,36

[a]Dados do *2010 Respirator Selection Guide* (St. Paul, MN: 3M Corporation, 2010).

As FISPQs são disponibilizadas (1) pelo fabricante do produto químico, (2) por uma fonte comercial ou (3) por uma biblioteca particular desenvolvida pela indústria química.

O higienista industrial ou profissional de segurança deve interpretar as propriedades físicas e toxicológicas a fim de determinar os perigos associados com o produto químico. Essas propriedades também são utilizadas para desenvolver uma estratégia destinada ao controle e manuseio adequados desses produtos químicos.

Exemplo 3-1

É feita uma pesquisa em um laboratório e os seguintes compostos químicos são identificados: cloreto de sódio, tolueno, ácido clorídrico, fenol, hidróxido de sódio, benzeno e éter. Identifique os perigos potenciais nesse laboratório.

Solução

A Sax[7] forneceu as informações técnicas necessárias para solucionar esse problema. A tabela a seguir resume os resultados:

Produto químico	Descrição e perigo potencial
Cloreto de sódio	Sal comum de mesa. Nenhum perigo.
Tolueno	Líquido claro, incolor, com um ligeiro perigo de incêndio e perigo moderado de explosão. A entrada no corpo é basicamente pela inalação do vapor. Irrita a pele e os olhos.
Ácido clorídrico	Líquido claro, incolor, sem perigo de incêndio ou explosão. É um irritante moderado da pele, olhos e mucosas, entrando no corpo por ingestão ou inalação. Altamente reativo com uma ampla variedade de substâncias.
Fenol	Massa branca, cristalina, encontrada com mais frequência na forma de solução. Risco moderado de incêndio. Emite vapores tóxicos quando aquecido. É absorvido imediatamente através da pele. Exposições de pequenas áreas de pele resultaram em morte em menos de 1 hora.
Hidróxido de sódio	Irritante da pele e dos olhos. Ação corrosiva em todos os tecidos do corpo. Reage violentamente com uma série de substâncias.
Benzeno	Líquido claro, incolor, com um grande risco de incêndio e risco de explosão moderado. É um possível carcinógeno. A entrada no corpo se dá basicamente pela inalação, mas também é absorvido através da pele. As concentrações elevadas produzem um efeito narcótico.
Éter	Uma ampla variedade de compostos orgânicos cujo efeito é principalmente narcótico. As doses elevadas podem provocar a morte. A maioria dos éteres é inflamável e explosiva.

3-3 Higiene Industrial: Avaliação

A fase de avaliação determina o alcance e o grau de exposição do funcionário aos produtos tóxicos e aos perigos físicos no ambiente de trabalho.

---

[7]R. J. Lewis, ed. *Sax's Dangerous Properties of Industrial Materials*, 11th ed. (New York: Willey, 2004).

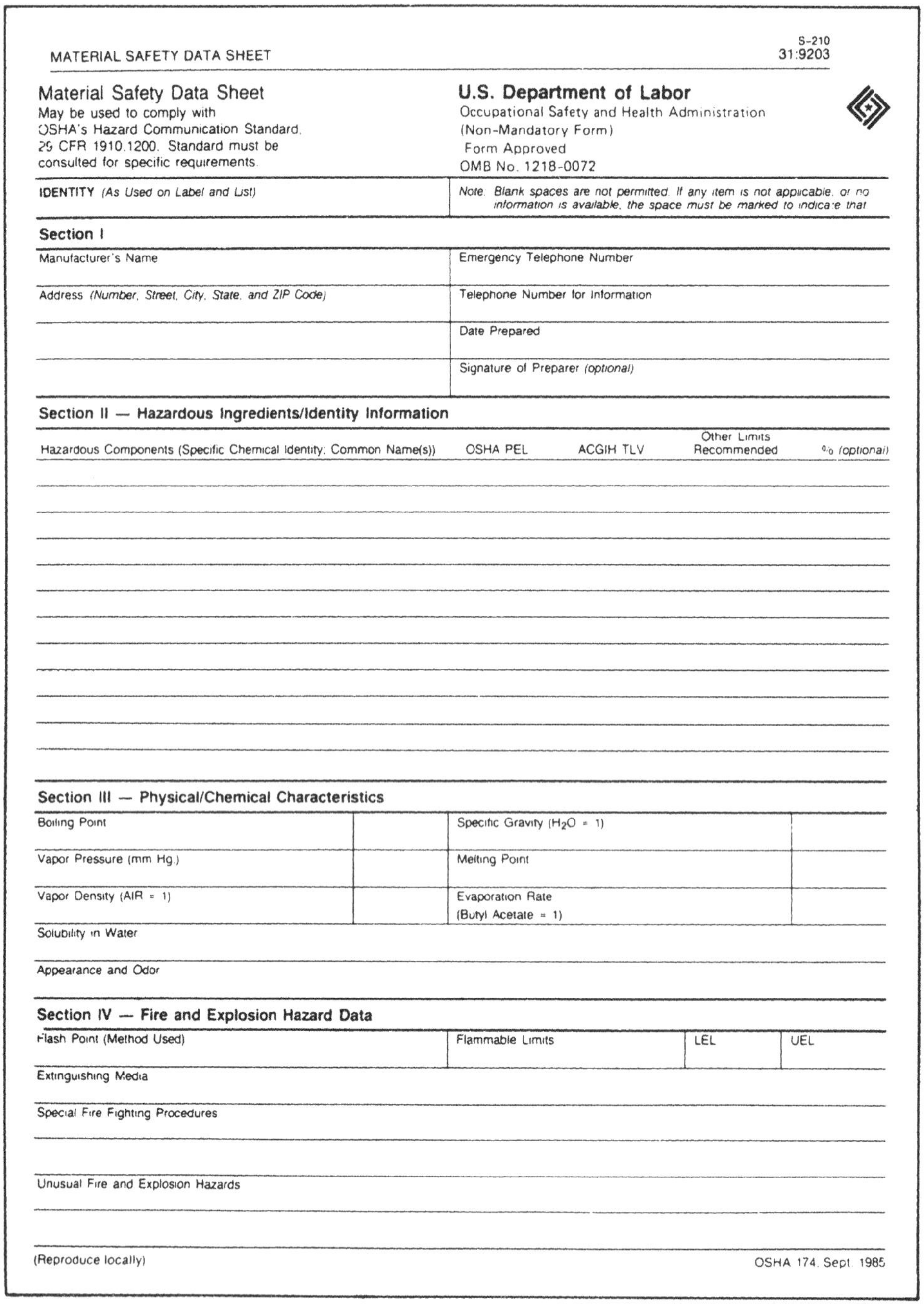

MATERIAL SAFETY DATA SHEET S-210 31:9203

Material Safety Data Sheet
May be used to comply with
OSHA's Hazard Communication Standard,
29 CFR 1910.1200. Standard must be
consulted for specific requirements.

U.S. Department of Labor
Occupational Safety and Health Administration
(Non-Mandatory Form)
Form Approved
OMB No. 1218-0072

IDENTITY *(As Used on Label and List)*

Note: Blank spaces are not permitted. If any item is not applicable, or no information is available, the space must be marked to indicate that.

Section I

Manufacturer's Name	Emergency Telephone Number
Address *(Number, Street, City, State, and ZIP Code)*	Telephone Number for Information
	Date Prepared
	Signature of Preparer *(optional)*

Section II — Hazardous Ingredients/Identity Information

Hazardous Components (Specific Chemical Identity; Common Name(s))	OSHA PEL	ACGIH TLV	Other Limits Recommended	% *(optional)*

Section III — Physical/Chemical Characteristics

Boiling Point		Specific Gravity (H_2O = 1)	
Vapor Pressure (mm Hg.)		Melting Point	
Vapor Density (AIR = 1)		Evaporation Rate (Butyl Acetate = 1)	

Solubility in Water

Appearance and Odor

Section IV — Fire and Explosion Hazard Data

Flash Point (Method Used)	Flammable Limits	LEL	UEL

Extinguishing Media

Special Fire Fighting Procedures

Unusual Fire and Explosion Hazards

(Reproduce locally) OSHA 174, Sept. 1985

Figura 3-1 Ficha de informações de segurança de produtos químicos (FISPQ). A maioria das empresas utiliza o seu próprio formato de FISPQ.

31:9204 REFERENCE FILE

Section V — Reactivity Data

Stability	Unstable		Conditions to Avoid
	Stable		

Incompatibility (*Materials to Avoid*)

Hazardous Decomposition or Byproducts

Hazardous Polymerization	May Occur		Conditions to Avoid
	Will Not Occur		

Section VI — Health Hazard Data

Route(s) of Entry: Inhalation? Skin? Ingestion?

Health Hazards (*Acute and Chronic*)

Carcinogenicity: NTP? IARC Monographs? OSHA Regulated?

Signs and Symptoms of Exposure

Medical Conditions
Generally Aggravated by Exposure

Emergency and First Aid Procedures

Section VII — Precautions for Safe Handling and Use

Steps to Be Taken in Case Material Is Released or Spilled

Waste Disposal Method

Precautions to Be Taken in Handling and Storing

Other Precautions

Section VIII — Control Measures

Respiratory Protection (*Specify Type*)

Ventilation	Local Exhaust	Special
	Mechanical (*General*)	Other

Protective Gloves | Eye Protection

Other Protective Clothing or Equipment

Work/Hygienic Practices

Page 2 ☆ USGPO 1986-491-529/45775

Figura 3-1 (*continuação*)

Durante a fase de avaliação, os vários tipos de medidas de controle existentes e sua eficácia também são estudados. As técnicas de controle são apresentadas em mais detalhes na Seção 3-4.

Durante o estudo, a probabilidade de vazamentos grandes e pequenos deve ser considerada. As exposições súbitas às altas concentrações, através dos grandes vazamentos, podem levar a efeitos agudos imediatos, como, por exemplo, perda de consciência, queimação nos olhos ou acessos de tosse. Raramente ocorre dano duradouro nos indivíduos, caso eles sejam removidos imediatamente da área contaminada. Nesse caso, o acesso imediato a um ambiente limpo é importante.

Entretanto, os efeitos crônicos surgem das exposições repetidas às concentrações baixas, principalmente pelos pequenos vazamentos ou pela volatilização de produtos químicos sólidos ou líquidos. Muitos vapores químicos tóxicos são incolores e inodoros (ou a concentração tóxica poderia ficar abaixo do limiar de odor). Pequenos vazamentos dessas substâncias poderiam não se tornar evidentes durante meses ou até mesmo anos. Pode haver comprometimentos permanentes e graves em decorrência de tais exposições. Atenção especial deve ser direcionada à prevenção e controle das baixas concentrações de gases tóxicos. Nessas circunstâncias, é necessário algum dispositivo para avaliação contínua; ou seja, a amostragem e análise contínuas ou frequentes são importantes.

Para estabelecer a eficácia dos controles existentes, são extraídas amostras a fim de determinar a exposição dos trabalhadores às condições que podem ser nocivas. Se os problemas forem evidentes, devem-se implementar imediatamente os controles; controles temporários, como o equipamento de proteção individual, podem ser utilizados. Os controles de prazo mais longo e os controles permanentes são desenvolvidos de modo subsequente.

Após a obtenção dos dados de exposição, é necessário comparar os níveis de exposição reais com as normas aceitáveis de saúde ocupacional, como, por exemplo, concentrações de TLVs, PELs ou IDHL. Esses padrões, junto com as concentrações reais, são utilizados para identificar os perigos potenciais que necessitam de mais ou melhores medidas de controle.

Avaliação das Exposições aos Tóxicos Voláteis pelo Monitoramento

Um método direto para determinar as exposições do trabalhador é através do monitoramento contínuo em tempo real das concentrações de tóxicos no ar em um ambiente de trabalho. Para dados de concentração contínuos $C(t)$, a concentração TWA (média ponderada pelo tempo) é calculada utilizando a seguinte equação:

$$\text{TWA} = \frac{1}{8} \int_0^{t_w} C(t)\, dt, \tag{3-1}$$

em que

$C(t)$ é a concentração (em ppm ou mg/m^3) do produto químico no ar e

t_w é a duração do turno do trabalhador em horas.

A integral é sempre dividida por 8 horas, independentemente do período de tempo realmente trabalhado no turno. Desse modo, se um trabalhador ficar exposto por 12 horas a uma concentração de produto químico igual ao TLV-TWA, então o TLV-TWA foi ultrapassado, pois o cálculo é normalizado para 8 horas.

O monitoramento contínuo não é a situação usual, pois a maioria das instalações não tem os equipamentos necessários à disposição.

O caso mais usual é o da obtenção de amostras intermitentes, representando as exposições do trabalhador em pontos fixos no tempo. Se assumirmos que a concentração C_i é fixa (ou média) ao longo do período de tempo T_i, a concentração TWA é calculada por

$$\text{TWA} = \frac{C_1 T_1 + C_2 T_2 + \cdots + C_n T_n}{8\text{ h}}. \tag{3-2}$$

Todos os sistemas de monitoramento possuem desvantagens, pois (1) os trabalhadores entram e saem do local de trabalho e (2) a concentração dos produtos tóxicos pode variar nos diferentes locais na área de trabalho. Os higienistas industriais desempenham papel importante na escolha e colocação do equipamento de monitoramento do local de trabalho e na interpretação dos dados.

Se houver mais de um produto químico presente no local de trabalho, um procedimento é assumir que os efeitos dos produtos tóxicos são aditivos (a menos que haja informações em contrário). As exposições combinadas de vários produtos tóxicos com diferentes TLV-TWAs são determinadas a partir da equação

$$\sum_{i=1}^{n} \frac{C_i}{(\text{TLV-TWA})_i}, \tag{3-3}$$

em que

n é a quantidade total de produtos tóxicos,

C_i é a concentração do produto químico i em relação aos outros produtos tóxicos, e $(\text{TLV-TWA})_i$ é o TLV-TWA da amostra química i.

Se a soma na Equação 3-3 for maior do que 1, então os trabalhadores estão superexpostos.

A mistura TLV-TWA pode ser calculada a partir de

$$(\text{TLV-TWA})_{\text{mis}} = \frac{\sum_{i=1}^{n} C_i}{\sum_{i=1}^{n} \dfrac{C_i}{(\text{TLV-TWA})_i}}. \tag{3-4}$$

Se a soma das concentrações dos produtos tóxicos na mistura ultrapassar essa quantidade, então os trabalhadores estão superexpostos.

Nas misturas de produtos tóxicos com efeitos diferentes (como, por exemplo, um vapor ácido misturado com vapor de chumbo), os TLVs não podem ser presumidos como aditivos.

Exemplo 3-2

O ar contém 5 ppm de dietilamina (TLV-TWA de 5 ppm), 20 ppm de ciclo-hexanol (TLV-TWA de 50 ppm), 10 ppm de óxido de propileno (TLV-TWA de 2 ppm). Qual é a mistura TLV-TWA? Este nível foi ultrapassado?

Solução

A partir da Equação 3-4,

$$(\text{TLV-TWA})_{\text{mis}} = \frac{5 + 20 + 10}{\dfrac{5}{5} + \dfrac{20}{50} + \dfrac{10}{2}}$$

$$= 5{,}5 \text{ ppm}.$$

A concentração total da mistura é $5 + 20 + 10 = 35$ ppm. Os trabalhadores estão superexpostos nessas circunstâncias.

Uma abordagem alternativa é utilizar a Equação 3-3:

$$\sum_{i=1}^{3} \frac{C_i}{(\text{TLV-TWA})_i} = \frac{5}{5} + \frac{20}{50} + \frac{10}{2} = 6{,}4.$$

Como essa quantidade é maior do que 1, o TLV-TWA foi ultrapassado.

Exemplo 3-3

Determine a exposição TWA de 8 horas do trabalhador se ele estiver exposto a vapores e tolueno da seguinte maneira:

Duração da exposição (h)	Concentração medida (ppm)
2	110
2	330
4	90

Solução

Utilizando a Equação 3-2,

$$\text{TWA} = \frac{C_1 T_1 + C_2 T_2 + C_3 T_3}{8}$$

$$= \frac{110(2) + 330(2) + 90(4)}{8} = 155 \text{ ppm}.$$

Como o TLV do tolueno é de 20 ppm, o trabalhador está superexposto. Outras medidas de controle precisam ser desenvolvidas. De modo temporário e imediato, todos os funcionários que trabalham nesse ambiente precisam usar respiradores adequados.

Exemplo 3-4

Determine o TLV a 25°C e 1 atm de pressão de uma mistura derivada do seguinte líquido:

Componente	Percentual em mols	TLV da Amostra (ppm)
Heptano	50	400
Tolueno	50	20

Solução

A solução requer a concentração do heptano e do tolueno na fase de vapor. Supondo que a composição do líquido não mude à medida que ele evapora (a quantidade é grande), a composição do vapor é calculada utilizando os cálculos-padrão de equilíbrio líquido-vapor. Supondo que as leis de Raoult e Dalton se apliquem a esse sistema nessas condições, a composição do vapor é determinada diretamente das pressões de saturação do vapor dos componentes puros. Himmelblau[8] forneceu os seguintes dados na temperatura especificada:

$$P_{heptano}^{sat} = 46,4 \text{ mm Hg},$$
$$P_{tolueno}^{sat} = 28,2 \text{ mm Hg}.$$

Aplicando a lei de Raoult, as pressões parciais no vapor são determinadas:

$$p_i = x_i P_i^{sat},$$
$$p_{heptano} = (0,5)(46,4 \text{ mm Hg}) = 23,2 \text{ mm Hg},$$
$$p_{tolueno} = (0,5)(28,2 \text{ mm Hg}) = 14,1 \text{ mm Hg}.$$

A pressão total dos produtos tóxicos é (23,2 + 14,1) = 37,3 mm Hg. A partir da lei de Dalton as frações molares em uma base tóxica são

$$y_{heptano} = \frac{23,2 \text{ mm Hg}}{37,3 \text{ mm Hg}} = 0,622,$$
$$y_{tolueno} = 1 - 0,622 = 0,378.$$

O TLV da mistura é calculado através da Equação 3-4:

$$TLV_{mis} = \frac{1}{\dfrac{0,622}{400} + \dfrac{0,378}{20}} = 48,9 \text{ ppm}.$$

Como o vapor sempre terá a mesma concentração, os TLVs de cada composto químico na mistura são

$$TLV_{heptano} = (0,622)(48,9 \text{ ppm}) = 30,4 \text{ ppm},$$
$$TLV_{tolueno} = (0,378)(48,9 \text{ ppm}) = 18,5 \text{ ppm}.$$

---

[8]David M. Himmelblau e James B. Riggs, *Basic Principles and Calculations in Chemical Engineering*, 7th ed. (Englewood Cliffs, NJ: Prentice Hall, 2004), app. G.

Se a concentração real ultrapassar esses níveis, serão necessárias mais medidas de controle. Para misturas de vapores os TLVs de cada composto químico na mistura são significativamente reduzidos em relação aos TLVs das substâncias puras.

Avaliação das Exposições do Trabalhador à Poeira

Os estudos de higiene industrial incluem qualquer contaminante que possa causar danos à saúde; as poeiras, naturalmente, se enquadram nesta categoria. A teoria toxicológica ensina que as partículas de poeira que apresentam o maior perigo para os pulmões estão normalmente na faixa de tamanho respirável de 0,2 a 0,5 μm (veja o Capítulo 2). As partículas maiores do que 0,5 μm geralmente são incapazes de penetrar nos pulmões, enquanto as partículas menores do que 0,2 μm sedimentam muito lentamente e são praticamente exaladas com o ar.

A principal razão para extrair amostras das partículas atmosféricas é estimar as concentrações inaladas e depositadas nos pulmões. Os métodos de amostragem e a interpretação dos dados relevantes para os danos à saúde são relativamente complexos; os higienistas industriais, que são especialistas nesta tecnologia, devem ser consultados.

Os cálculos de avaliação da poeira são realizados de modo idêntico ao utilizado para os vapores voláteis. Em vez de utilizar ppm como unidade de concentração, é mais conveniente utilizar mg/m^3 ou mppcf (milhões de partículas por pé cúbico).

Exemplo 3-5

Determine o TLV de uma mistura uniforme de poeiras contendo as seguintes partículas:

Tipo de poeira	Concentração (peso %)	TLV (mppcf)
Poeira A	70	20
Poeira B	30	2,7

Solução

A partir da Equação 3-4:

$$\text{TLV da mistura} = \frac{1}{\dfrac{C_1}{\text{TLV}_1} + \dfrac{C_2}{\text{TLV}_2}}$$

$$= \frac{1}{\dfrac{0,70}{20} + \dfrac{0,30}{2,7}}$$

$$= 6,8 \text{ mppcf.}$$

Serão necessárias medidas de controle especiais quando a contagem real de partículas (da faixa de tamanho especificada nas normas ou por higienista industrial) ultrapassar 6,8 mppcf.

Higiene Industrial

Avaliação da Exposição do Trabalhador ao Ruído

Os problemas de ruído são comuns nas indústrias químicas; este tipo de problema também é avaliado pelos higienistas industriais. Se houver suspeita de um problema de ruído, o higienista industrial deve fazer imediatamente as medições de ruído adequadas e elaborar recomendações.

Os níveis de ruído são medidos em decibéis. Um decibel (dB) é uma escala logarítmica relativa utilizada para comparar as intensidades de dois sons. Se um som estiver na intensidade I e outro som estiver na intensidade I_o, então a diferença nos níveis de intensidade em decibéis é dada por

$$\text{Intensidade do ruído (dB)} = -10 \log_{10}\left(\frac{I}{I_o}\right). \tag{3-5}$$

Desse modo, um som 10 vezes mais intenso do que outro tem um nível de intensidade 10 dB maior.

Uma escala de som absoluta (em dBA, para decibéis absolutos) é definida através do estabelecimento de uma referência de intensidade. Por conveniência, o limiar auditivo é estabelecido em 0 dBA. A Tabela 3-10 contém os níveis de dBA de uma série de atividades comuns.

Alguns níveis de ruído permissíveis para fontes individuais são fornecidos na Tabela 3-11.

Os cálculos de avaliação de ruídos são realizados de maneira idêntica aos cálculos dos vapores, exceto que a unidade é o dBA em vez do ppm e são utilizadas horas de exposição em vez de concentração.

Tabela 3-10 Níveis de Intensidade Sonora de uma Série de Atividades Comuns

Fonte de ruído	Nível de intensidade sonora (dB)
Rebitagem	120
Prensa mecânica	110
Caminhão passando	100
Fábrica	90
Escritório barulhento	80
Discurso convencional	60
Escritório particular	50
Residência média	40
Estúdio de gravação	30
Sussurro	20
Limiar da boa audição	10
Limiar da excelente audição juvenil	0

Tabela 3-11 Exposições Permissíveis ao Ruído[a]

Nível sonoro (dBA)	Exposição máxima (h)
85	16
88	10,6
90	8
91	7
92	6
94	4,6
95	4
97	3
100	2
102	1,5
105	1
110	0,5
115	0,25

[a]Combinado de OSHA CFR 1910.05 a B. A. Plog e P. J. Quinlan, *Fundamentals of Industrial Hygiene*, 5th ed. (Itasca, IL: National Safety Council, 2001.)

Exemplo 3-6

Determine se o seguinte nível de ruído é permissível sem nenhum outro recurso de controle:

Nível de ruído (dBA)	Duração (h)	Máximo permitido (h)
85	3,6	16
95	3,0	4
110	0,5	0,5

Solução

A partir da Equação 3-3:

$$\sum_{i=1}^{3} \frac{C_i}{(\text{TLV-TWA})_i} = \frac{3,6}{16} + \frac{3}{4} + \frac{0,5}{0,5} = 1,97.$$

Como a soma é maior do que 1,0, os funcionários nesse ambiente são obrigados a utilizar imediatamente a proteção auricular. No longo prazo, devem ser elaborados métodos de controle da redução de ruídos para determinados equipamentos com níveis de ruído excessivos.

Higiene Industrial

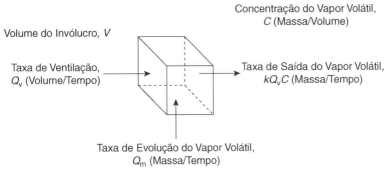

Figura 3-2 Balanço de massa do vapor volátil.

Estimativa da Exposição do Trabalhador aos Vapores Tóxicos

O melhor procedimento para determinar as exposições a vapores tóxicos é medir diretamente as concentrações de vapor. Para fins de projeto, as estimativas das concentrações de vapor em espaços fechados, acima dos reservatórios abertos, em locais onde são preenchidos os tambores e na área dos derramamentos, são frequentemente necessárias.

Considere o volume em espaço fechado exibido na Figura 3-2. Esse espaço fechado é ventilado por um fluxo de ar de volume constante. Os vapores voláteis evoluem dentro do espaço fechado. É necessária uma estimativa da concentração do vapor volátil no ar.

Façamos com que

C seja a concentração do vapor volátil no espaço fechado (massa/volume),

V seja o volume do espaço fechado (volume),

Q_v seja a taxa de ventilação (volume/tempo),

k seja o fator de mistura não ideal (adimensional) e

Q_m seja a taxa de evolução do material volátil (massa/tempo).

O fator de mistura não ideal k leva em conta as condições no espaço fechado, que não são uma mistura perfeita. Segue-se que

Massa total do material volátil no volume = VC,

Acumulação da massa do material volátil = $\dfrac{d(VC)}{dt} = V\dfrac{dC}{dt}$,

Taxa de massa do material volátil resultante da evolução = Q_m,

Taxa de massa da saída de material volátil = kQ_vC.

Como a acumulação é igual à massa interna menos a massa externa, o balanço dinâmico da massa no material volátil é

$$V\frac{dC}{dt} = Q_m - kQ_vC. \tag{3-6}$$

No estado estacionário, o termo da acumulação é 0 e a Equação 3-6 é solucionada para C:

$$C = \frac{Q_m}{kQ_v}. \tag{3-7}$$

A Equação 3-7 é convertida para unidades de concentração mais convenientes, de ppm, pela aplicação direta da Lei dos Gases Ideais. Façamos com que m represente a massa, ρ represente a densidade de massa, e os subscritos v e b indiquem as amostras de gás volátil e em volume, respectivamente. Então:

$$C_{ppm} = \frac{V_v}{V_b} \times 10^6 = \left(\frac{m_v/\rho_v}{V_b}\right) \times 10^6 = \left(\frac{m_v}{V_b}\right)\left(\frac{R_g T}{PM}\right) \times 10^6, \tag{3-8}$$

em que

R_g é a constante universal dos gases perfeitos,

T é a temperatura ambiente absoluta,

P é a pressão absoluta e

M é o peso molecular das amostras voláteis.

O termo m_v/V_b é idêntico à concentração do material volátil, calculada através da Equação 3-7. Substituindo a Equação 3-7 na Equação 3-8, temos

$$\boxed{C_{ppm} = \frac{Q_m R_g T}{kQ_v PM} \times 10^6.} \tag{3-9}$$

A Equação 3-9 é utilizada para determinar a concentração média (em ppm) de quaisquer amostras voláteis em um espaço fechado, dado um termo fonte Q_m e uma taxa de ventilação Q_v. Ela pode ser aplicada aos seguintes tipos de exposição: um trabalhador em pé ao lado de uma piscina de líquido volátil, um trabalhador em pé próximo a uma abertura em um tanque de armazenamento, ou um trabalhador em pé perto de um contêiner de líquido volátil.

A Equação 3-9 inclui os seguintes pressupostos importantes:

- A concentração calculada em uma concentração média no espaço fechado. As condições localizadas resultam em concentrações significativamente mais altas; os trabalhadores diretamente acima de um contêiner aberto poderiam ficar expostos a concentrações mais altas.

- Presume-se uma condição de estado estacionário. Ou seja, o termo de acumulação no balanço de massa é zero.

O fator de mistura não ideal varia de 0,1 a 0,5 na maioria das situações práticas.[9] Para a mistura perfeita, $k = 1$.

---

[9]R. Craig Matthiessen, "Estimating Chemical Exposure Levels in the Workplace", *Chemical Engineering Progress* (abril, 1986), p. 30.

Higiene Industrial

Exemplo 3-7

Um contêiner aberto contendo tolueno, localizado em um espaço fechado, é pesado ao longo do tempo, sendo determinado que a taxa de evaporação média é de 0,1 g/min. A taxa de ventilação é de 100 ft³/min. A temperatura é 80 °F e a pressão é 1 atm. Estime a concentração de vapor do tolueno e compare sua resposta com o TLV do tolueno de 50 ppm.

Solução

Como o valor de k não é conhecido diretamente, ele deve ser utilizado como um parâmetro. A partir da Equação 3-9,

$$kC_{ppm} = \frac{Q_m R_g T}{Q_v PM} \times 10^6.$$

A partir dos dados fornecidos,

$Q_m = 0{,}1$ g/min $= 2{,}20 \times 10^{-4}$ lb$_m$/min,

$R_g = 0{,}7302$ ft³ atm/lb-mol °R,

$T = 80°F = 540°R$,

$Q_v = 100$ ft³/min,

$M = 92$ lb$_m$/lb-mol,

$P = 1$ atm.

Substituindo na Equação para obter kC_{ppm}:

$$kC_{ppm} = \frac{(2{,}20 \times 10^{-4}\text{ lb}_m/\text{min})(0{,}7302\text{ ft}^3\text{ atm/lb-mol°R})(540°R)}{(100\text{ ft}^3/\text{min})(1\text{ atm})(92\text{ lb}_m/\text{lb-mol})} \times 10^6$$

$$= 9{,}43\text{ ppm}.$$

Como k varia de 0,1 a 0,5, prevê-se que a concentração varie de 18,9 ppm a 94,3 ppm. Recomenda-se a amostragem real do vapor para garantir que o TLV de 20 ppm não seja ultrapassado.

Estimativa da Taxa de Evaporação de um Líquido

Os líquidos com alta pressão de saturação do vapor evaporam mais depressa. Como resultado, a taxa de evaporação (massa/tempo) deve ser uma função da pressão de saturação do vapor. Na realidade, para a evaporação no ar estagnado a taxa de vaporização é proporcional à diferença entre a pressão de saturação do vapor e a pressão parcial do vapor no ar estagnado; isto é,

$$Q_m \alpha (P^{sat} - p), \tag{3-10}$$

em que

p^{sat} é a pressão de saturação do vapor do líquido puro na temperatura do líquido e

ρ é a pressão parcial do vapor na massa de gás estagnado acima do líquido.

Uma expressão mais genérica[10] para a taxa de evaporação é:

$$Q_m = \frac{MKA(P^{sat} - p)}{R_g T_L}, \qquad (3\text{-}11)$$

em que

Q_m é a taxa de evaporação (massa/tempo),

M é o peso molecular da substância volátil,

K é o coeficiente de transferência e massa (comprimento/tempo) de uma área A,

R_g é a constante universal dos gases perfeitos e

T_L é a temperatura absoluta do líquido.

Em muitas situações, $p^{sat} \gg p$ e a Equação 3-11 é simplificada para

$$\boxed{Q_m = \frac{MKAP^{sat}}{R_g T_L}.} \qquad (3\text{-}12)$$

A Equação 3-12 é utilizada para estimar a taxa de evaporação da substância volátil de um vasilhame aberto ou de um derramamento de líquido.

A taxa de evaporação, determinada pela Equação 3-12, é utilizada na Equação 3-9 para estimar a concentração de uma substância volátil em um espaço fechado resultante da evaporação de um líquido:

$$C_{ppm} = \frac{KATP^{sat}}{kQ_v PT_L} \times 10^6. \qquad (3\text{-}13)$$

Na maioria das situações, $T = T_L$ e a Equação 3-13 é simplificada para

$$\boxed{C_{ppm} = \frac{KAP^{sat}}{kQ_v P} \times 10^6.} \qquad (3\text{-}14)$$

O coeficiente de transferência de massa do gás é estimado utilizando a relação[11]

$$K = aD^{2/3}, \qquad (3\text{-}15)$$

em que

a é uma constante e

D é o coeficiente de difusão da fase gasosa.

---

[10]Steven R. Hanna e Peter J. Drivas, *Guidelines for the Use of Vapor Cloud Dispersion Models*, 2nd ed. (New York: American Institute of Chemical Engineers, 1996).

[11]Louis J. Thibodeaux, *Environmental Chemodynamics*, 2nd ed. (New York: Wiley, 1996), p. 85.

Higiene Industrial

A Equação 3-15 é utilizada para determinar a proporção dos coeficientes de transferência de massa entre a amostra de interesse K e uma amostra de referência K_o:

$$\frac{K}{K_o} = \left(\frac{D}{D_o}\right)^{2/3}. \qquad (3\text{-}16)$$

Os coeficientes de difusão da fase gasosa são estimados a partir dos pesos moleculares M das amostras:[12]

$$\frac{D}{D_o} = \sqrt{\frac{M_o}{M}}. \qquad (3\text{-}17)$$

A Equação 3-17 é combinada com a Equação 3-16, produzindo

$$\boxed{K = K_o \left(\frac{M_o}{M}\right)^{1/3}.} \qquad (3\text{-}18)$$

A água é utilizada com mais frequência como substância de referência; ela possui um coeficiente de transferência de massa[13] de 0,83 cm/s.

Exemplo 3-8

Um grande tanque aberto, com 5 ft de diâmetro, contém tolueno. Estime a taxa de evaporação desse tanque, supondo uma temperatura de 77°F e uma pressão de 1 atm. Se a taxa de ventilação for de 3000 ft²/min, estime a concentração de tolueno no local de trabalho.

Solução

O peso molecular do tolueno é 92. O coeficiente de transferência de massa é estimado a partir da Equação 3-18 utilizando a água como referência:

$$K = (0{,}83 \text{ cm/s})\left(\frac{18}{92}\right)^{1/3} = 0{,}482 \text{ cm/s} = 0{,}949 \text{ ft/min}.$$

A pressão de saturação do vapor é fornecida no Exemplo 3-4:

$$P^{\text{sat}}_{\text{tolueno}} = 28{,}2 \text{ mm Hg} = 0{,}0371 \text{ atm}.$$

A área da piscina é

$$A = \frac{\pi d^2}{4} = \frac{(3{,}14)(5 \text{ ft})^2}{4} = 19{,}6 \text{ ft}^2.$$

---

[12] Gordon M. Barrow, *Physical Chemistry*, 2nd ed. (New York: McGraw-Hill, 1966), p. 19.
[13] Matthiessen, "Estimating Chemical Exposure", p. 33.

A taxa de evaporação é calculada através da Equação 3-12:

$$Q_m = \frac{MKAP^{sat}}{R_g T_L}$$

$$= \frac{(92\text{ lb}_m/\text{lb-mol})(0{,}949\text{ ft/min})(19{,}6\text{ ft}^2)(0{,}0371\text{ atm})}{(0{,}7302\text{ ft}^3\text{ atm/lb-mol°R})(537°\text{R})}$$

$$= 0{,}162\text{ lb}_m/\text{min}.$$

A concentração é estimada utilizando a Equação 3-14 com k como parâmetro:

$$kC_{ppm} = \frac{KAP^{sat}}{Q_v P} \times 10^6$$

$$= \frac{(0{,}949\text{ ft/min})(19{,}6\text{ ft}^2)(0{,}0371\text{ atm})}{(3000\text{ ft}^3/\text{min})(1\text{ atm})} \times 10^6$$

$$= 230\text{ ppm}.$$

A concentração vai variar de 460 ppm a 2300 ppm, dependendo do valor de k. Como o TLV do tolueno é 20 ppm, recomenda-se mais ventilação, ou a quantidade de área superficial exposta deve ser reduzida. A quantidade de ventilação necessária para reduzir a pior concentração possível (2300 ppm) para 50 ppm é

$$Q_v = (3000\text{ ft}^3/\text{min})\left(\frac{2300\text{ ppm}}{20\text{ ppm}}\right) = 345.000\text{ ft}^3/\text{min}.$$

Isso representa um nível impraticável de ventilação geral. As potenciais soluções para este problema incluem a contenção do tolueno em um recipiente fechado ou o uso de ventilação local exaustora na abertura do recipiente.

Estimativa das Exposições do Trabalhador durante as Operações de Enchimento dos Recipientes

Nos vasos que estão sendo cheios com líquido, as emissões voláteis são geradas a partir de duas fontes, como mostra a Figura 3-3. Essas fontes são

- Evaporação do líquido, representada pela Equação 3-14 e
- Deslocamento do vapor no espaço de vapor pelo líquido que está enchendo o vasilhame

A geração líquida da substância volátil é a soma das duas fontes:

$$Q_m = (Q_m)_1 + (Q_m)_2, \tag{3-19}$$

em que

$(Q_m)_1$ representa a fonte resultante da evaporação e

$(Q_m)_2$ representa a fonte resultante do deslocamento.

Higiene Industrial

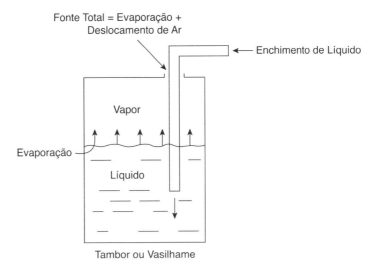

Figura 3-3 Evaporação e deslocamento a partir do enchimento de um vaso.

O termo fonte $(Q_m)_1$ é calculado através da Equação 3-12. $(Q_m)_2$ é determinado presumindo que o vapor é completamente saturado com a substância volátil. Mais tarde, é introduzido um ajuste para as condições abaixo da saturação. Façamos

V_c o volume do contêiner (volume),

r_f a taxa de enchimento constante do vasilhame (tempo^{-1}),

P^{sat} a pressão de saturação do vapor do líquido volátil e

T_L a temperatura absoluta do contêiner e do líquido.

Segue-se que $r_f V_c$ é a taxa volumétrica da massa de vapor que está sendo deslocada do tambor (volume/tempo). Além disso, se ρ_v é a densidade do vapor volátil, $r_f V_c \rho_v$ é a taxa de massa do material volátil sendo deslocado do contêiner (massa/tempo). Utilizando a Lei dos Gases Ideais,

$$\rho_v = \frac{M P^{sat}}{R_g T_L}, \qquad (3\text{-}20)$$

e segue-se que

$$(Q_m)_2 = \frac{M P^{sat}}{R_g T_L} r_f V_c. \qquad (3\text{-}21)$$

A Equação 3-21 pode ser modificada para os vapores do contêiner que não estão saturados com o material volátil. Façamos ϕ representar esse fator de ajuste; então,

$$(Q_m)_2 = \frac{M P^{sat}}{R_g T_L} \phi r_f V_c. \qquad (3\text{-}22)$$

Para o enchimento com respingo (enchimento pelo topo do contêiner com o líquido respingando para o fundo), $\phi = 1$. Para o enchimento subsuperficial[14] (por um cano de imersão até o fundo do tanque), $\phi = 0,5$.

O termo fonte líquido resultante do enchimento é derivado pela combinação das Equações 3-12 e 3-22 com a Equação 3-19:

$$Q_m = (Q_m)_1 + (Q_m)_2 = \frac{M P^{sat}}{R_g T_L}(\phi r_f V_c + KA). \tag{3-23}$$

Esse termo fonte é substituído na Equação 3-9 para calcular a concentração de vapor (em ppm) em um espaço fechado resultante da operação de enchimento. O pressuposto de que $T = T_L$ também é invocado. O resultado é

$$C_{ppm} = \frac{P^{sat}}{k Q_v P}(\phi r_f V_c + KA) \times 10^6. \tag{3-24}$$

Em muitas situações práticas, o termo de evaporação KA é muito menor do que o termo de deslocamento, podendo ser desprezado.

Exemplo 3-9

Vagões estão sendo cheios com tolueno despejado pelo topo. Os vagões de 10.000 galões estão sendo cheios com uma frequência de um vagão a cada 8 horas. O orifício de enchimento no vagão-tanque tem 4 in de diâmetro. Estime a concentração do vapor de tolueno em consequência desta operação de enchimento. A taxa de ventilação é estimada em 3000 ft³/min. A temperatura é 77 °F e a pressão é de 1 atm.

Solução

A concentração é estimada utilizando a Equação 3-24. A partir do Exemplo 3-8, $K = 0,949$ ft/min e $p^{sat} = 0,0371$ atm. A área do orifício de enchimento é

$$A = \frac{\pi d^2}{4} = \frac{(3,14)(4 \text{ in})^2}{(4)(144 \text{ in}^2/\text{ft}^2)} = 0,0872 \text{ ft}^2.$$

Desse modo,

$$KA = (0,949 \text{ ft/min})(0,0872 \text{ ft}^2) = 0,0827 \text{ ft}^3/\text{min}.$$

A taxa de enchimento r_f é

$$r_f = \left(\frac{1}{8 \text{ h}}\right)\left(\frac{1 \text{ h}}{60 \text{ min}}\right) = 0,00208 \text{ min}^{-1}.$$

---
[14]Matthiessen, "Estimating Chemical Exposure", p. 33.

No caso do enchimento despejando pelo topo, o fator de enchimento não ideal ϕ é 1,0. O termo de deslocamento na Equação 3-24 é

$$\phi r_f V_c = (1,0)(0,00208 \text{ min}^{-1})(10.000 \text{ gal})\left(\frac{\text{ft}^3}{7,48 \text{ gal}}\right) = 2,78 \text{ ft}^3/\text{min}.$$

Conforme previsto, o termo de evaporação é pequeno em comparação com o termo de deslocamento. A concentração é calculada a partir da Equação 3-24, utilizando k como parâmetro:

$$kC_{ppm} = \frac{P^{sat}\phi r_f V_c}{Q_v P} = \frac{(0,0371 \text{ atm})(2,78 \text{ ft}^3/\text{min})}{(3000 \text{ ft}^3/\text{min})(1 \text{ atm})} \times 10^6$$
$$= 34,4 \text{ ppm}.$$

A concentração real poderia variar de 69 ppm a 344 ppm, dependendo do valor de k. Recomenda-se a amostragem para garantir que a concentração esteja abaixo de 20 ppm. No caso do enchimento subsuperficial, $\phi = 0,5$ e a faixa de concentração é reduzida para 35-172 ppm.

3-4 Higiene Industrial: Controle

Após os perigos potenciais serem identificados e avaliados, devem ser elaboradas e instaladas técnicas de controle adequadas. Isso requer a aplicação da tecnologia adequada para reduzir as exposições no local de trabalho.

Os tipos de técnicas de controle utilizadas na indústria química estão ilustrados na Tabela 3-12.

Projetar métodos de controle é uma tarefa importante e criativa. Durante o processo de concepção, o projetista tem de prestar muita atenção para garantir que a técnica de controle recém-concebida proporcione o controle desejado e que a nova técnica de controle em si não crie outro perigo, às vezes mais nocivo do que o problema original.

As duas principais técnicas de controle são os controles ambientais e a proteção individual. O controle ambiental reduz a exposição ao reduzir a concentração de produtos tóxicos no ambiente de trabalho. Isso inclui o enclausuramento, a ventilação local exaustora, a ventilação geral diluidora, os métodos úmidos e a boa manutenção, conforme foi discutido anteriormente. A proteção individual evita ou reduz a exposição, proporcionando uma barreira entre o trabalhador e o ambiente de trabalho. Essa barreira normalmente é utilizada pelo trabalhador, daí a designação "individual". Os tipos comuns de equipamento de proteção individual são apresentados na Tabela 3-13.

Respiradores

Os respiradores são encontrados rotineiramente nos laboratórios químicos e fábricas. Os respiradores só devem ser utilizados nos seguintes casos:

- Em caráter temporário, até os métodos de controle regulares serem implementados
- Como equipamento de emergência para garantir a segurança do trabalhador no caso de um acidente
- Como último recurso, caso as técnicas de controle ambiental sejam incapazes de proporcionar uma proteção satisfatória

Tabela 3-12 Métodos de Higiene Industrial em Plantas de Produtos Químicos

Tipo e explicação	Técnicas típicas
Segurança intrínseca Eliminar ou reduzir o perigo.	Eliminar inteiramente o produto químico. Reduzir os estoques de produtos químicos, incluindo matérias-primas, intermediários e produtos. Substituir o produto químico por outro menos nocivo. Diminuir a temperatura e a pressão do produto químico. Reduzir o tamanho da tubulação a fim de reduzir o estoque de manutenção.
Enclausuramento Enclausurar a sala ou equipamento e colocar sob pressão negativa.	Enclausurar as operações perigosas, como, por exemplo, os pontos de amostragem. Vedar salas, esgotos, ventilação e similares. Utilizar analisadores e instrumentos para observar dentro dos equipamentos. Blindar as superfícies de alta temperatura.
Ventilação local exaustora Conter e esgotar as substâncias perigosas.	Utilizar capas adequadamente projetadas. Utilizar capas para carga e descarga. Utilizar ventilação na estação de envasamento. Utilizar exaustão local nos pontos de amostragem. Manter os sistemas de exaustão sob pressão negativa.
Ventilação geral diluidora Projetar sistemas de ventilação para controlar o baixo nível de produtos tóxicos.	Projetar vestiários com boa ventilação e áreas especiais ou invólucros para roupas contaminadas. Projetar ventilação para isolar as operações das salas e escritórios. Projetar ventilação direcional.
Molhamento Utilizar métodos de molhamento para minimizar a contaminação com poeira.	Limpeza dos vasos por via química *versus* jato de areia. Utilizar *sprays* de água para limpeza. Limpar as áreas frequentemente. Utilizar *sprays* de água para proteger as valas ou bombas.
Boa manutenção Manter contidos os produtos tóxicos e as poeiras.	Utilizar diques em volta de tanques e bombas. Fornecer conexões de água e vapor para lavagem da área. Fornecer linhas para lavagem e limpeza. Fornecer um sistema de esgoto bem projetado com contenção de emergência.
Proteção individual Como última linha de defesa.	Utilizar óculos de segurança e protetores faciais. Usar aventais, protetores de braço e roupas espaciais. Usar respiradores adequados; os respiradores autônomos são necessários quando a concentração de oxigênio for menor do que 19,5%.

Tabela 3-13 Equipamento de Proteção Individual, sem Incluir os Respiradores[a]

Tipo	Descrição
Capacete	Protege a cabeça da queda de equipamentos e de impactos
Óculos de segurança	Lentes resistentes a impacto com proteções laterais
Óculos contra respingo de produtos químicos, à prova de gás	Adequado para líquidos e vapores
Sapatos de segurança com biqueira metálica	Protegem contra queda de peças ou equipamentos
Proteção facial	Resistente à maioria dos produtos químicos
Avental de vinil	Resiste à maioria dos produtos químicos
Traje antirrespingo	Borracha viton ou de butil para exposições não inflamáveis
Linha de ar mandado	Utilizado com suprimento de ar externo
Mangotes de borracha	Protegem os antebraços
Luvas revestidas com PVC	Resistem a ácidos e bases
Botas de PVC e nitrílicas até o joelho	Resistem a ácidos, óleos e graxas
Protetores auriculares do tipo plug	Protegem contra aos altos níveis de ruído

[a]*Lab Safety Supply Catalog* (Janesville, WI: Lab Safety Supply Inc.). As especificações técnicas do fabricante sempre devem ser consultadas.

Os respiradores sempre comprometem a capacidade do trabalhador. Um trabalhador com respirador é incapaz de agir ou responder tão bem quanto um trabalhador sem o equipamento. Vários tipos de respiradores são apresentados na Tabela 3-14.

Os respiradores podem ser utilizados de maneira inadequada e/ou podem ser danificados a ponto de não fornecerem a proteção necessária. A OSHA e o NIOSH desenvolveram normas para utilização dos respiradores,[15] incluindo o teste de ajuste (para garantir que o dispositivo não vaze excessivamente), inspeções periódicas (para garantir que o equipamento funcione adequadamente), aplicações de uso específico (para garantir que o equipamento seja utilizado na tarefa correta), treinamento (para garantir que ele seja utilizado adequadamente) e manutenção de registros (para garantir que o programa esteja funcionando eficientemente). Todos os usuários industriais de respiradores nos Estados Unidos são legalmente obrigados a compreender e cumprir os requisitos da OSHA.

Ventilação

Para o controle ambiental do material tóxico transportado pelo ar o método mais comum é a ventilação, pelas seguintes razões:

- A ventilação pode remover rapidamente as concentrações perigosas de materiais inflamáveis e tóxicos.

---

[15]*NIOSH Respirator Selection Logic*, DHHS-NIOSH Publication 2005-100 (Washington, DC: US Department of Health and Human Services, 2004).

Tabela 3-14 Respiradores Úteis para a Indústria Química[a]

Exposição	Tipo	Exemplo de marca comercial	Limitações
Poeira	Máscara de poeira de boca e nariz	Máscara semifacial MSA Comfo Classic	$O_2 > 19,5\%$ Filtros da série N e R Menos de 8 horas de uso Carga total de poeira < 200 mg Concentração menor do que IDLH Os limites de exposição aos produtos químicos têm de ser conhecidos
Vapores químicos	Boca e nariz com cartucho químico	Máscara semifacial MSA Comfo Classic	$O_2 > 19,5\%$ Concentrações menores do que IDLH. As concentrações não devem ultrapassar 10 vezes o limite de exposição. Deve impedir o rompimento do cartucho. Muitos cartuchos disponíveis para os produtos químicos. Os limites de exposição aos produtos químicos devem ser conhecidos
Vapores químicos	Máscara facial total com cartucho químico	MSA Advantage Series, Máscara de Gás MSA	$O_2 > 19,5\%$ Concentrações menores do que IDLH. As concentrações não devem ultrapassar 50 vezes o limite de exposição. Deve impedir o rompimento do cartucho. Muitos cartuchos disponíveis para os produtos químicos. Os limites de exposição aos produtos químicos devem ser conhecidos.
Vapores químicos e poeiras	Aparelho de respiração autônomo (SCBA)	MSA Firehawk	Utilizado para exposições químicas, biológicas, radiológicas e nucleares (CBRN). Necessário o teste de ajuste. Pode ser utilizado para concentrações acima do IDLH. Tempo de uso limitado, dependendo da capacidade do tanque de ar.

[a]Informações do *website* da Mine Safety Appliances, *www.msa.com*. Seguir as especificações mais detalhadas do fabricante e suas limitações. Todos os respiradores requerem treinamento e vigilância médica.

- A ventilação pode ser altamente localizada, reduzindo a quantidade de ar movimentado e o tamanho do equipamento.
- O equipamento de ventilação está prontamente disponível e pode ser instalado facilmente.
- O equipamento de ventilação pode ser acrescentado a uma instalação existente.

A principal desvantagem da ventilação é o custo operacional. Pode ser necessária uma quantidade substancial de energia elétrica para acionar os ventiladores potencialmente grandes, e o custo para

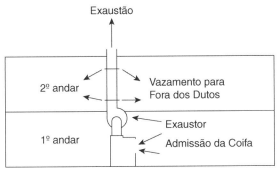

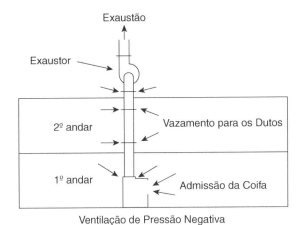

Figura 3-4 A diferença entre um sistema de ventilação ou exaustão de pressão positiva e pressão negativa. O sistema de pressão negativa garante que os contaminantes não vazem para os ambientes de trabalho.

aquecer ou resfriar grandes quantidades de ar puro pode ser grande. Esses custos operacionais precisam ser considerados durante a avaliação das alternativas.

A ventilação se baseia em dois princípios: (1) diluir o contaminante abaixo da concentração limite e (2) remover o contaminante antes que os trabalhadores sejam expostos.

Os sistemas de ventilação (ou exaustão) são compostos de ventiladores (ou exaustores) e dutos. Os ventiladores produzem uma pequena queda de pressão (menos de 0,1 psi) que movimenta o ar. O melhor sistema é o de pressão negativa, com os exaustores localizados na extremidade externa do sistema, puxando o ar para fora. Isso garante que os vazamentos no sistema extraiam o ar do local de trabalho em vez de expelir o ar contaminado dos dutos para o local de trabalho. Isso é exibido na Figura 3-4.

Existem dois tipos de técnicas de ventilação: ventilação local exaustora e ventilação geral diluidora.

Ventilação Local Exaustora

O exemplo mais comum de ventilação local exaustora é a coifa. Uma coifa é um dispositivo que envolve completamente a fonte de contaminante e/ou movimenta o ar de modo a levar o contaminante para um dispositivo de exaustão. Existem vários tipos de coifas:

- Uma *coifa fechada* contém completamente a fonte do contaminante.
- Uma *coifa externa* extrai continuamente os contaminantes para um exaustor a partir de alguma distância.

- Uma *coifa receptora* é uma coifa externa que usa o movimento de descarga do contaminante para coleta.
- Uma *coifa push-pull* usa uma corrente de ar proveniente de um suprimento para empurrar os contaminantes para um sistema de exaustão.

O exemplo mais comum de coifa fechada é a coifa de laboratório ou "capela". Uma coifa-padrão de laboratório é exibida na Figura 3-5. O ar puro é captado através da área da janela da coifa, sendo removido pela parte de cima através de um duto. Os perfis de fluxo do ar dentro da coifa dependem muito da abertura frontal. É importante manter alguma abertura para garantir a entrada adequada de ar puro. Do mesmo modo, a coifa jamais deve ficar totalmente aberta, pois os contaminantes podem escapar. O defletor que pode existir na parte traseira da coifa garante que os contaminantes sejam removidos da superfície de trabalho e do canto inferior traseiro.

Outro tipo de coifa de laboratório é a coifa de *by-pass*, exibida na Figura 3-6. Nesse projeto, o ar desviado é fornecido através de uma grelha na parte superior da coifa. Isso garante a disponibilidade de ar puro para varrer os contaminantes na coifa. O suprimento de ar desviado é reduzido, à medida que a abertura frontal aumenta.

As vantagens das coifas fechadas são que elas

- Eliminam completamente a exposição dos trabalhadores
- Requerem um fluxo de ar mínimo
- Proporcionam um dispositivo de contenção no caso de incêndio ou explosão e
- Proporcionam uma blindagem para o trabalhador por meio de uma porta deslizante na coifa

As desvantagens das coifas são que elas

- Limitam o espaço de trabalho e
- Podem ser utilizadas apenas em equipamentos pequenos, do tamanho da bancada, ou em equipamentos de planta piloto

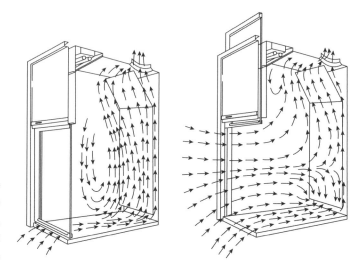

Figura 3-5 Coifa-padrão de laboratório. Os padrões de fluxo do ar e a velocidade de controle dependem da abertura frontal. Fonte: N. Irving Sax, *Dangerous Properties of Industrial Materials*, 4th ed. (New York: Van Nostrand Reinhold, 1975), p. 74.

Higiene Industrial

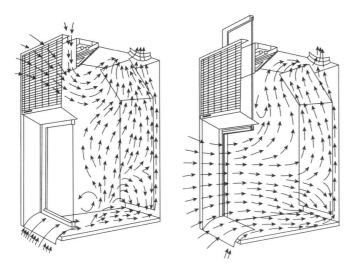

Figura 3-6 Coifa-padrão de laboratório com desvio. O ar desviado é controlado pela abertura frontal. Fonte: N. Irving Sax, *Dangerous Properties of Industrial Materials*, 4th ed. (New York: Van Nostrand Reinhold, 1975), p. 75.

A maioria dos cálculos de coifa presume o fluxo empistonado. Em um duto de área transversal A e velocidade média do ar $\bar{u}$ (distância/tempo), o volume de ar movimentado por unidade de tempo Q_v é calculado a partir de

$$Q_v = A\bar{u}. \tag{3-25}$$

Em um duto retangular de largura W e comprimento L, Q_v é obtido utilizando a equação

$$Q_v = LW\bar{u}. \tag{3-26}$$

Considere a coifa como a caixa exibida na Figura 3-7. A estratégia de projeto é proporcionar uma velocidade fixa do ar na abertura da coifa. Essa velocidade de face ou controle (em relação à face da coifa) garante que os contaminantes não saiam da coifa.

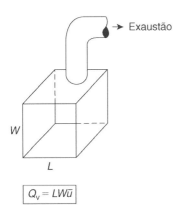

Q_v = Taxa Volumétrica de Fluxo, Volume/Tempo
L = Comprimento
W = Largura
$\bar{u}$ = Velocidade de Controle Necessária

Figura 3-7 Determinação da taxa volumétrica total do fluxo de ar em uma coifa. Para a operação geral, sugere-se uma velocidade de controle entre 80 e 120 ft por minuto (fpm).

A velocidade de controle necessária depende da toxicidade do material, da profundidade da coifa e da taxa de evolução do contaminante. As coifas mais rasas precisam de velocidades de controle maiores para evitar que os contaminantes saiam pela frente. No entanto, a experiência mostrou que as velocidades mais altas podem levar à formação de turbulência a partir da parte inferior da entrada frontal, sendo possível o refluxo do ar contaminado. Para a operação geral, sugere-se uma velocidade de controle entre 80 e 120 ft por minuto (fpm).

Existem instrumentos para medir a velocidade do fluxo de ar em pontos específicos da abertura da janela da coifa. Os testes são uma exigência da OSHA nos Estados Unidos.

A velocidade do fluxo de ar é uma função da abertura frontal e da velocidade do exaustor. Com frequência setas são utilizadas para indicar a abertura frontal adequada a fim de garantir uma velocidade especificada.

Existem equações de projeto para uma ampla variedade de formas de coifas e dutos.[16]

Outros tipos de método de ventilação local incluem as "trombas de elefante", "copas de ventilação" e "*plenums*". A tromba de elefante é simplesmente um duto de ventilação flexível posicionado perto de uma fonte de contaminante. É utilizada com mais frequência na carga e descarga de materiais tóxicos de tambores ou recipientes. As copas de ventilação e os *plenums* livremente suspensos podem ser fixados em uma posição ou acoplados a um duto flexível que permita a sua movimentação. Esses métodos provavelmente vão expor os trabalhadores aos produtos tóxicos, mas em quantidades diluídas.

Ventilação Geral Diluidora

Se o contaminante não puder ser colocado em uma coifa e tiver que ser utilizado em espaço aberto ou em um recinto, é necessária a ventilação de diluição. Ao contrário da ventilação da coifa, em que o fluxo de ar impede a exposição do trabalhador, a ventilação geral diluidora sempre expõe o trabalhador, mas em quantidades diluídas pelo ar puro. A ventilação de diluição sempre requer mais fluxo de ar do que a ventilação local exaustora; os custos operacionais podem ser substanciais.

As Equações 3-9, 3-12 e 3-14 são utilizadas para calcular as taxas de ventilação necessárias. A Tabela 3-15 apresenta os valores de k, que é o fator de mistura não ideal utilizado nestas equações.

Tabela 3-15 Fator de Mistura Não Ideal k para Várias Condições de Ventilação de Diluição[a]

Concentração do vapor (ppm)	Concentração de poeira (mppcf)	Fator de mistura: Condição de ventilação			
		Ruim	Média	Boa	Excelente
acima de 500	50	1/7	1/4	1/3	1/2
101 – 500	20	1/8	1/5	1/4	1/3
0 – 100	5	1/11	1/8	1/7	1/6

[a]Sax, *Dangerous Properties*, p. 29. Os valores divulgados aqui são o *inverso* dos valores da Sax.

---

[16]*Industrial Ventilation: A Manual of Recommended Practice*, 27th ed. (Cincinnati, OH: American Conference of Governmental Industrial Hygienists, 2010).

Higiene Industrial

Para exposições a muitas fontes, o requisito de diluição do ar é calculado para cada fonte individualmente. O requisito de diluição total é a soma dos requisitos de diluição individuais.

As seguintes restrições devem ser consideradas antes de implementar a ventilação geral diluidora:

- O contaminante não deve ser altamente tóxico.
- O contaminante deve evoluir em uma taxa uniforme.
- Os trabalhadores devem permanecer a uma distância adequada da fonte para assegurar a diluição correta do contaminante.
- Sistemas depuradores não são necessários para tratar o ar antes da exaustão para o meio ambiente.

Exemplo 3-10

O xileno é utilizado como solvente na tinta. Uma determinada operação de pintura evapora uma quantidade estimada em 3 galões de xileno em um turno de 8 horas. A qualidade da ventilação é classificada como média. Determine a quantidade de ar da ventilação geral diluidora necessária para manter a concentração do xileno abaixo de 100 ppm, o seu TLV-TWA. Além disso, calcule o ar necessário se a operação for executada em uma coifa fechada com uma abertura de 50 ft^2 e uma velocidade de face de 100 ft/min. A temperatura é 70 °F e a pressão é 1 atm. A densidade do xileno é 0,864 e seu peso molecular é 106.

Solução

A taxa de evaporação do xileno é

$$Q_m = \left(\frac{3 \text{ gal}}{8 \text{ h}}\right)\left(\frac{1 \text{ h}}{60 \text{ min}}\right)\left(\frac{0,1337 \text{ ft}^3}{1 \text{ gal}}\right)\left(\frac{62,4 \text{ lb}_m}{\text{ft}^3}\right)(0,864)$$

$$= 0,0450 \text{ lb}_m/\text{min}.$$

A partir da Tabela 3-12, para a ventilação média e uma concentração do vapor de 100 ppm, $k = 1/8 = 0,125$. Com a Equação 3-9, solucione Q_v:

$$Q_v = \frac{Q_m R_g T}{k C_{ppm} P M} \times 10^6$$

$$= \frac{(0,0450 \text{ lb}_m/\text{min})(0,7302 \text{ ft}^3 \text{ atm/lb-mol°R})(537°R)}{(0,125)(100 \text{ ppm})(1 \text{ atm})(106 \text{ lb}_m/\text{lb-mol})} \times 10^6$$

$$= 13.300 \text{ ft}^3/\text{min requerida de ar para diluição}$$

Para uma coifa com uma área aberta de 50 ft^2, utilizando a Equação 3-25 e supondo uma velocidade de controle necessária de 100 fpm, temos

$$Q_v = A\bar{u} = (50 \text{ ft}^2)(100 \text{ ft/min}) = 5000 \text{ ft}^3/\text{min}.$$

A coifa requer muito menos fluxo de ar do que a ventilação de diluição e evita completamente a exposição do trabalhador.

Recursos na Internet

National Institute for Occupational Safety and Health (NIOSH), *www.cdc.gov/niosh.*

U.S. Code of Federal Regulations, *www.gpoaccess.gov.*

U.S. Department of Homeland Security (DHS), *www.dhs.gov.*

U.S. Occupational Safety and Health Administration (OSHA), *www.osha.gov.*

Leitura Sugerida

Higiene Industrial

Roger L. Brauer, *Safety and Health for Engineers,* 2nd ed. (NY: Wiley Interscience, 2005).

Richard J. Lewis, ed. *Sax's Dangerous Properties of Industrial Materials*, 11th ed. (Hoboken, NJ: John Wiley, 2005).

Barbara A. Plog and Patricia J. Quinlan, *Fundamentals of Industrial Hygiene*, 5th ed. (Itasca, IL: National Safety Council, 2001).

Vernon E. Rose and Barbara Cohrssen, *Patty's Industrial Hygiene*, 6th ed. (Hoboken, NJ: John Wiley, 2011).

Segurança

Center for Chemical Process Safety (CCPS), *Guidelines for Managing and Analyzing the Security Vulnerabilities of Fixed Chemical Sites* (New York: American Institute of Chemical Engineers, 2002).

David A. Moore, "Security", *Perry's Chemical Engineers' Handbook*, 8th ed., Don W. Green and Robert H. Perry, eds. (New York: McGraw-Hill, 2008), pp. 23-104 a 23-109.

Ventilação

Industrial Ventilation: A Manual of Recommended Practice, 27th ed. (Cincinnati, OH: American Conference of Governmental Industrial Hygienists, 2010).

Problemas

3-1 Determine (a) se os seguintes produtos químicos são cobertos pela norma GSP (29 CFR 1910.119) e (b) suas quantidades-limite: acroleína, cloreto de hidrogênio, fosgênio, propano, óxido de etileno e metanol.

3-2 Determine (a) se os seguintes produtos químicos são cobertos pela norma GSP e (b) suas quantidades-limite: amônia (anídrica), seleneto de hidrogênio, formaldeído, metano e etanol.

3-3 Determine se os seguintes produtos químicos (a) são cobertos pela PGR (40 CFR 68.130) e (b) estão listados como tóxicos ou inflamáveis. Se estiverem listados, (c) quais são as suas quantidades-limite? Os produtos químicos são acroleína, cloreto de hidrogênio, fosgênio, propano, óxido de etileno e metanol.

3-4 Determine se os seguintes produtos químicos (a) são cobertos pela PGR e (b) são listados como tóxicos ou inflamáveis. Se forem listados, (c) quais são as suas quantidades-limite? Os produtos químicos são a amônia (anídrica), seleneto de hidrogênio, formaldeído, metano e etanol.

Higiene Industrial

3-5 Analisando os resultados dos Problemas 3-1 a 3-4, descreva por que as quantidades-limite são mais baixas nos produtos químicos regulados pela GSP do que nos produtos químicos regulados pela PGR.

3-6 Analise os detalhes da PGR (40 CFR 68) e descreva as três categorias de programas utilizados na modelagem de consequências.

3-7 Analise os detalhes da PGR (40 CFR 68) e descreva os parâmetros de desfecho das análises de consequência dos piores cenários possíveis.

3-8 Analise os detalhes da PGR (40 CFR 68) e descreva os parâmetros de desfecho das análises de consequência dos cenários alternativos.

3-9 Analise a PGR (40 CFR 68) para determinar as condições que precisam ser utilizadas na modelagem de dispersão dos piores cenários possíveis.

3-10 Analise a PGR (40 CFR 68) para determinar as condições que precisam ser utilizadas na modelagem de dispersão dos cenários alternativos.

3-11 Descreva os vários cenários alternativos típicos para um estudo da PGR.

3-12 Uma fábrica faz a contagem de estoque dos seguintes produtos químicos: cloreto vinílico, metil-etil-cetona, óxido de etileno, estireno e ciclo-hexano. Determine os perigos associados a esses produtos químicos. Quais informações adicionais você poderia requisitar para realizar uma avaliação adequada do risco associado a esses produtos químicos?

3-13 O TLV-TWA de uma substância é 150 ppm. Um trabalhador começa um turno de trabalho às 8h e termina o turno às 17h. Está incluída uma hora de intervalo para almoço entre o meio-dia e as 13 horas, quando se pode presumir que não ocorra exposição a produto químico.

Os dados foram obtidos na área e trabalho nos horários indicados. O trabalhador excedeu a especificação do TLV-TWA?

Horário	Concentração (ppm)
8h10	110
9h05	130
10h07	143
11h20	162
12h12	142
13h17	157
14h03	159
15h13	165
16h01	153
17h00	130

3-14 O ar contém 4 ppm de tetracloreto de carbono e 25 ppm de 1,1-dicloroetano. Calcule o TLV da mistura e determine se este valor foi ultrapassado.

3-15 Uma substância possui um TLV-TWA de 20 ppm, um TLV-STEL de 250 ppm e um TLV-C de 300 ppm. Os dados na tabela a seguir foram obtidos na área de trabalho:

Horário	Concentração (ppm)
8h01	185
9h17	240
10h05	270
11h22	230
12h08	190
13h06	150
14h05	170
15h09	165
16h00	160
17h05	130

Um trabalhador em um turno de 8 horas está exposto a esse vapor tóxico. A exposição está dentro do exigido? Se não estiver, quais são as violações? Suponha que o trabalhador esteja almoçando entre o meio-dia e as 13h e que não esteja exposto ao produto químico durante este período.

3-16 A Sax[17] forneceu a seguinte equação para determinar os requisitos de diluição do ar resultante da evaporação de um solvente:

$$\text{CFM} = \frac{(3,87 \times 10^8)(\text{lb}_m \text{ de líquido evaporado/min})}{(\text{peso molecular})(\text{TLV})(k)},$$

em que CFM é o ft³/min de diluição do ar necessária. Mostre que essa equação é igual à Equação 3-9. Quais são os pressupostos inerentes a essa equação?

Os Problemas 3-17 a 3-22 se aplicam ao tolueno e ao benzeno. Os dados a seguir estão disponíveis para esses materiais:

	Benzeno (C_6H_6)	Tolueno (C_7H_8)
Peso molecular	78,11	92,13
Gravidade específica	0,8794	0,866
TLV (ppm)	0,5	20

---
[17]Sax, *Dangerous Properties*, p. 28.

Pressões de saturação do vapor:

$$\ln(P^{\text{sat}}) = A - \frac{B}{C + T},$$

em que P^{sat} é a pressão de saturação do vapor em mm Hg, T é a temperatura em K e A, B e C são as constantes fornecidas pela seguinte tabela:

	A	B	C
Benzeno	15,9008	2788,51	−52,36
Tolueno	16,0137	3096,52	−53,67

3-17 Calcule a concentração (em ppm) do vapor saturado com ar acima de uma solução de tolueno puro. Calcule a concentração (em ppm) do vapor em equilíbrio com o ar acima de uma solução de 50 mol % de tolueno e benzeno. A temperatura é de 80°F e a pressão total é 1 atm.

3-18 Calcule a densidade do ar puro e a densidade do ar contaminado com 100 ppm de benzeno. As densidades desses dois gases são suficientemente diferentes para garantir uma concentração mais alta no solo e em outros pontos baixos? A temperatura é de 70°F e a pressão é 1 atm.

3-19 As Equações 3-12 e 3-14 representam a evaporação de um líquido puro. Modifique essas equações para representar a evaporação de uma mistura de líquidos miscíveis perfeitos.

3-20 O benzeno e o tolueno formam uma mistura líquida perfeita. Uma mistura composta de 50 mol % de benzeno é utilizada em uma indústria química. A temperatura é de 80°F e a pressão é 1 atm.

   a. Determine o TLV da mistura.

   b. Determine a taxa de evaporação por unidade de área desta mistura.

   c. Um tambor com boca de 2 in de diâmetro é utilizado para conter a mistura. Determine a taxa de ventilação necessária para manter a concentração do vapor abaixo do TLV. A qualidade da ventilação nos arredores da operação é média.

3-21 Um tambor contém 42 galões de tolueno. Se a tampa do tambor for deixada aberta (diâmetro da tampa = 3 ft), determine o tempo necessário para evaporar todo o tolueno no tambor. A temperatura é de 85°F. Estime a concentração de tolueno (em ppm) perto do tambor se a taxa de ventilação local for 1000 ft³/min. A pressão é 1 atm.

3-22 Uma determinada operação de produção evapora 2 pint/h de tolueno e 1 pint/turno de 8 horas de benzeno. Determine a taxa de ventilação necessária para manter a concentração do vapor abaixo do TLV. A temperatura é de 80°F e a pressão é 1 atm.

3-23 As Equações 3-12 e 3-14 podem ser aplicadas às exposições não confinadas utilizando uma taxa de ventilação eficaz. A taxa de ventilação eficaz para as exposições externas foi estimada em 3000 ft³/min.[18]

Um trabalhador está de pé, perto de uma abertura de um tanque contendo 2-butoxietanol (peso molecular = 118). A área da passagem é de 7 ft². Estime a concentração (em ppm) do vapor perto da abertura. A pressão do vapor do 2-butoxietanol é 0,6 mm Hg.

---

[18]Matthieson, "Estimating Chemical Exposure", p. 33.

3-24 Tambores de cinquenta e cinco galões estão sendo cheios com 2-butoxietanol. Os tambores são cheios por derramamento a partir do topo a uma taxa de 30 tambores por hora. A abertura da boca através da qual os tambores são cheios tem uma área de 8 cm^2. Estime a concentração de vapor no ambiente se a taxa de ventilação for 3000 ft^3/min. A pressão do vapor do 2-butoxietanol é de 0,6 mm Hg nessas condições.

3-25 Um tanque de gasolina em um automóvel-padrão contém cerca de 14 galões de gasolina e pode ser cheio em aproximadamente 3 minutos. O peso molecular da gasolina é aproximadamente 94 e a sua pressão do vapor a 77°F é 4,6 psi. Estime a concentração (em ppm) do vapor da gasolina em consequência da operação de enchimento. Suponha uma taxa de ventilação de 3.000 ft^3/min. O TLV da gasolina é 300 ppm.

3-26 Uma "tromba de elefante" de 6 in de diâmetro é utilizada para remover contaminantes perto da boca de um tambor durante uma operação de enchimento. A velocidade do ar necessária no final da "tromba de elefante" é 100 ft/min. Calcule a taxa volumétrica de escoamento do ar necessária.

3-27 Para diminuir a poluição do ar, os postos de gasolina estão instalando sistemas limpadores para remover os vapores da gasolina ejetados do tanque do automóvel durante a operação de abastecimento. Isso é feito por um sistema de exaustão com "tromba de elefante" instalado na mangueira de abastecimento.

Suponha que o tamanho do tanque de um automóvel médio comporte 14 galões. Se o vapor no tanque estiver saturado com gasolina a uma pressão de vapor de 4,6 psi nessas condições, quantos galões de gasolina são recuperados pelo proprietário do posto em cada abastecimento? Para 10.000 galões de gasolina fornecida, quantos galões são recuperados? O peso molecular da gasolina é aproximadamente 94 e a sua gravidade específica (líquido) é 0,7.

3-28 O ar normal contém 21% de oxigênio por volume. O corpo humano é sensível às reduções na concentração de oxigênio; as concentrações abaixo de 19,5% são perigosas e as concentrações abaixo de 16% podem causar angústia respiratória. As máscaras sem suprimentos de ar (autônomo) nunca devem ser utilizadas nas atmosferas abaixo de 19,5% de oxigênio.

Um tanque de armazenamento de 1000 ft^3 de capacidade deve ser limpo antes da reutilização. Procedimentos adequados devem ser utilizados para garantir que a concentração de oxigênio do ar dentro do tanque seja adequada.

Calcule os ft^3 de nitrogênio (77°F e 1 atm) que irão reduzir a concentração de oxigênio dentro do tanque para (a) 19,5% e (b) 16%. As concentrações de oxigênio dentro dos tanques e espaços confinados podem ser reduzidas significativamente por pequenas quantidades de elementos inertes!

3-29 Uma coifa de laboratório tem uma abertura com um comprimento de 4 ft e uma altura de 3 ft. A profundidade da coifa é de 18 in. Essa coifa será utilizada em uma operação envolvendo o tricloroetileno (TCE) (TLV-TWA: 10 ppm). O TCE será usado na forma líquida à temperatura ambiente. Determine uma velocidade de controle adequada para essa coifa e calcule a taxa de fluxo de ar total.

3-30 Deseja-se operar a coifa do Problema 3-29 de modo que a concentração do vapor no *plenum* da coifa fique abaixo do limite inferior de explosão de 12,5% (vol). Estime a velocidade de controle mínima necessária para atingir esse objetivo. A quantidade de TCE evaporada dentro da coifa é 5,3 lb por hora. O peso molecular do TCE é 131,4. A temperatura é 70°F e a pressão é 1 atm.

3-31 Um vasilhame aberto com 1 m de diâmetro e 2 m de altura está sendo cheio pelo topo com acetato de etila ($C_4H_8O_2$) (líquido). O vasilhame leva 30 minutos para encher. A taxa de ventilação local é 0,50 m³/s.

  a. Estime a concentração local (em ppm) de acetato de etila. Compare com o TLV.

  b. Estime a concentração local (em ppm), se o vasilhame for coberto com uma folha metálica plana e o enchimento for feito através de um orifício de 5 cm de diâmetro. Compare com o TLV.

  c. Qual método de enchimento você recomenda e por quê?

  Em ambos os casos, T = 25°C e a pressão ambiente é 1 atm. A gravidade específica do acetato de etila é 0,90.

3-32 Um trabalhador derrama 400 litros de tetraidrofurano (THF) (C_4H_8O) durante um período de 5 minutos em um reator de 1500 litros de volume total. O enchimento é feito através de um poço de visita de 0,5 m de diâmetro. A taxa de ventilação local é 0,5 m³/s, a pressão ambiente é 1 atm e a temperatura é 25°C.

Estime a concentração local de THF, em ppm. O que você pode afirmar em relação à exposição do trabalhador ao THF?

Dados de propriedades físicas do THF:

  Peso molecular: 72,12

  Pressão do vapor: 114 mmHg

  Densidade líquida: 888 kg/m³

  TLV-TWA: 50 ppm

3-33 A Equação 3-6 no texto fornece um balanço de massa para a evolução de um material volátil enclausurado:

$$V\frac{dC}{dt} = Q_m - kQ_vC.$$

A integração da equação acima, de uma concentração inicial C_o até qualquer concentração C, resulta na seguinte equação:

$$\frac{Q_m/V - C/\tau}{Q_m/V - C_o/\tau} = e^{-t/\tau},$$

em que

  t é o tempo,

  C_o é a concentração inicial do material volátil e

  τ é uma constante de tempo com unidades de tempo.

  a. Integre a Equação 3-6 para derivar a expressão acima.

b. Determine uma expressão para a constante de tempo τ.

c. Para o *Michigan Tech Unit Operations Lab*, o volume total do laboratório é 74.300 ft^3 com uma área de piso de 4800 ft^2. Se o gás nitrogênio estiver escapando a uma taxa de 4800 ft^3/min e o fator de mistura não ideal k tiver um valor de 0,1, determine o valor da constante de tempo, em minutos.

d. Como a constante de tempo representa o tempo necessário para a concentração variar 67% de sua mudança total, discorra sobre a grandeza dos resultados da parte b.

3-34 Utilize a equação fornecida no Problema 3-33 para trabalhar este problema.

O tolueno está evaporando de uma operação de enchimento de tambor a uma taxa de 0,1 lb$_m$/min com uma taxa de ventilação de 1000 ft^3/min. A instalação tem uma área de piso de 1000 ft^2 e um teto a uma altura de 10 ft. A temperatura é de 77°F e a pressão é 1 atm. Suponha um fator de mistura não ideal k igual a 0,5.

a. Qual é a concentração em estado estacionário do tolueno em ppm?

b. Se a taxa de ventilação for aumentada para 1500 ft^3/min, qual é a nova concentração em estado estacionário em ppm?

c. Quanto tempo demora para a concentração mudar para 63,2% da variação total? E para 98,2% da variação total? Comente sobre a importância de utilizar as concentrações dinâmicas, ao contrário dos valores de estado estacionário.

3.35 Deve-se proporcionar a contenção de derramamento durante o transporte de produtos químicos em um laboratório.

Uma garrafa com 2 litros de tetraidrofurano (THF) (C$_4$H$_8$O) deve ser transportada de um armário de armazenagem para uma coifa. Se ocorrer um acidente e o recipiente for rompido, o THF vai formar uma piscina de evaporação, resultando em uma concentração de vapor dentro do laboratório.

Considere as duas hipóteses de acidente:

a. O THF é transferido sem nenhuma contenção. Suponha que no rompimento do recipiente se forme uma piscina de 1 cm de profundidade. Estime a concentração de vapor no laboratório, em ppm.

b. O THF é transferido com o uso de uma bandeja de 15 cm $\times$ 15 cm. Se o recipiente se romper, vai se formar uma piscina dentro da bandeja. Estime a concentração de vapor no laboratório, em ppm.

c. Compare os dois valores. Com base nas equações, como a concentração de vapor aumenta de acordo com a área da piscina, ou seja, linearmente, quadraticamente, etc.? Que recomendações você pode fazer em relação ao tamanho da bandeja?

Suponha que a temperatura seja de 25°C e a pressão 1 atm. Suponha também uma taxa de ventilação de 0,5 m^3/s no laboratório.

Estão disponíveis as seguintes propriedades do THF:

Peso molecular: 72,12

Pressão do vapor: 114 mm Hg

Densidade líquida: 888 kg/m³

TLV-TWA: 50 ppm

3-36 Queremos avaliar o uso do nitrogênio no laboratório do *Michigan Tech Unit Operations*. Estamos preocupados se, no caso de ocorrência de uma liberação de nitrogênio, o nível de oxigênio vai cair para menos do que os 19,5% permitidos pela OSHA. O laboratório tem uma área de piso de 4800 ft² e um volume de 74.300 ft³. A taxa de ventilação é 1 ft³/min para cada ft² de espaço de piso do laboratório.

a. Atualmente, utilizamos um cilindro de gás para fornecer nitrogênio. Trata-se de um cilindro K com um volume de 1,76 ft³. O nitrogênio em um cilindro cheio está pressurizado a 2500 psig. O nitrogênio se comporta como um gás ideal nessas condições.

Calcule a concentração de oxigênio no recinto se o cilindro falhar catastroficamente (rompimento total). Suponha que o nitrogênio liberado pelo cilindro desloque o ar do laboratório.

Nesse caso, a concentração de oxigênio é aceitável?

b. Estamos propondo a substituição do cilindro por uma pequena fábrica de nitrogênio. A fábrica é capaz de produzir 19,3 SCFM de nitrogênio. Estime a concentração de oxigênio no laboratório devido a essa liberação contínua de nitrogênio. Isso é aceitável? Qual é a concentração local em torno do vazamento?

3-37 Uma taxa de ventilação padrão para o processamento *indoor* de materiais inflamáveis é 1 ft³/min de ventilação por ft² de área de piso. Uma determinada instalação de processamento tem um teto a uma altura de 10 ft. Quantas trocas de ar total por hora a taxa de ventilação acima representa nesta instalação?

3-38 Uma instalação de cloração de benzeno está localizada dentro de uma estrutura com 60 ft de largura, 200 ft de comprimento e 30 ft de altura. Para o processamento químico dentro dos prédios, a taxa de ventilação padrão é 1,0 ft³/min de ventilação por ft² de área de piso.

A temperatura é 70°F e a pressão é 1 atm.

a. Qual é a taxa de ventilação global necessária para essa estrutura?

b. Se 100 lb de benzeno derramarem e formarem uma piscina com 0,1 in de profundidade no chão de concreto liso, qual é a taxa de evaporação do benzeno?

c. Qual concentração se pode esperar dentro do prédio devido a esse derramamento, supondo a taxa de ventilação da parte a?

Dados:

Benzeno: C_6H_6

Gravidade específica líquida do benzeno: 0,8794

3-39 O ruído em uma área mede 90 dBA durante 2 horas do dia, 97 dBA durante 2 horas do dia e nas 4 horas restantes existem níveis de ruídos alternados de 95 dBA por 10 minutos e 80 dBA por 10 minutos. Essa exposição ultrapassa o limite permitido?

3-40 A média ponderada no tempo de 8h de um grupo de trabalhadores é 3,5 ppm de 2-etoxietanol, 3,4 ppm de 2-etoxietil acetato e 10,2 ppm de 2-butoxietanol. Os trabalhadores foram superexpostos?

Produto Químico	MW	TLV	Efeito
2-Etoxietanol	90,12	5	Reprodutivo
2-Etoxietil acetato	132,16	5	Reprodutivo
2-Butoxietanol	118,17	20	Sangue

3-41 Um vasilhame de armazenamento contendo tetracloreto de carbono (CCl_4) está contido em uma área cercada por diques com dimensões de 10 m × 10 m. O tanque de armazenamento tem uma configuração horizontal em forma de bala com pernas que erguem o vasilhame bem acima do piso do dique. A temperatura do líquido é 35°C e a pressão ambiente é 1 atm.

a. Qual é a taxa de evaporação se o piso do dique estiver completamente coberto com tetracloreto de carbono? Qual é a taxa de derramamento mínima (em kg/s) do vasilhame de armazenamento, necessária para manter o piso do dique coberto com líquido?

b. Se uma das hipóteses de acidente com esse vasilhame resultar em um vazamento com uma taxa de descarga de 1 kg/s, estime a concentração do vapor de tetracloreto de carbono perto do vasilhame (em ppm), supondo uma taxa de ventilação para espaços abertos de 3000 ft^3/min.

CAPÍTULO 4

Modelos de Fonte

A maioria dos acidentes nas indústrias químicas resulta em derramamentos de materiais tóxicos, inflamáveis e explosivos.

Os modelos de fonte são parte importante do procedimento de modelagem das consequências exibido na Figura 4-1. A Figura 4-1 também identifica os capítulos neste livro que estão relacionados com o tópico exibido. Mais detalhes são fornecidos em outros lugares.[1] Acidentes começam com um incidente, que normalmente resulta na perda de contenção de substâncias empregadas no processo. Os compostos possuem características nocivas que podem incluir propriedades tóxicas e conteúdo energético. Os incidentes típicos podem incluir a ruptura ou quebra de uma tubulação, um furo em um tanque ou tubulação, uma reação descontrolada, ou o incêndio externo a um recipiente. Depois que o incidente é conhecido, modelos de fonte são escolhidos para descrever como os materiais são descarregados do processo. O modelo de fonte fornece uma descrição da taxa de descarga, da quantidade total descarregada (ou tempo total de descarga) e do estado da descarga (ou seja, sólido, líquido, vapor, ou uma combinação). Um modelo de dispersão é utilizado em seguida para descrever como o material é transportado pelo vento e dispersado até certos níveis de concentração. No caso das liberações inflamáveis, modelos de incêndio e explosão convertem as informações do modelo de fonte em liberações energéticas potencialmente perigosas, como a radiação térmica e as sobrepressões geradas por explosões. Os modelos de efeito convertem esses resultados específicos do incidente em efeitos sobre as pessoas (ferimento ou morte) e as estruturas. Os impactos ambientais também poderiam ser considerados, mas não o fazemos aqui. Um refinamento adicional é proporcionado por fatores de atenuação como os aspersores de água, sistemas de espuma, e abrigo ou evacuação, os quais tendem a reduzir a magnitude dos efeitos potenciais nos acidentes reais.

4-1 Introdução aos Modelos de Fonte

Os modelos de fonte são construídos a partir de equações fundamentais ou empíricas que representam os processos físico-químicos que ocorrem durante a liberação de materiais. Em uma indústria química razoavelmente complexa, são necessários muitos modelos de fonte para descrever a liberação. Alguma elaboração e modificação dos modelos originais normalmente se fazem necessárias para se ajustar à

---

[1]Center for Chemical Process Safety (CCPS), *Guidelines for Consequence Analysis of Chemical Releases* (New York: American Institute of Chemical Engineers, 1999).

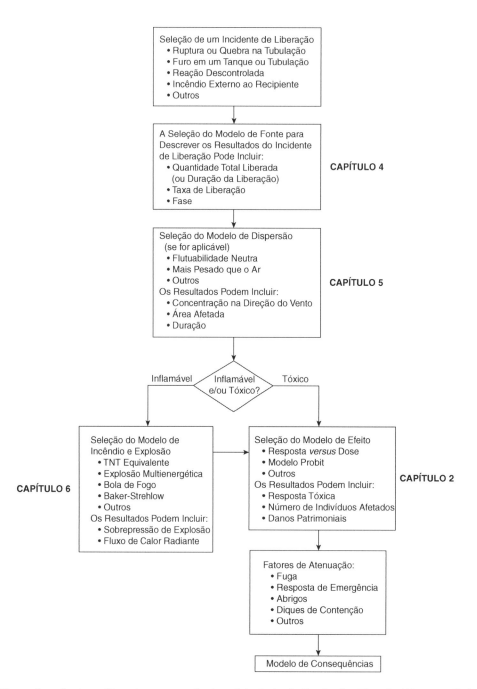

Figura 4-1 Procedimento de análise das consequências. Adaptado do Center for Chemical Process Safety (CCPS), *Guidelines for Consequence Analysis for Chemical Releases* (New York: American Institute of Chemical Engineers, 1999).

situação específica. Frequentemente, os resultados consistem apenas em estimativas, pois as propriedades físicas dos compostos não estão adequadamente caracterizadas ou os próprios processos físicos não são completamente compreendidos. Se existir incerteza, os parâmetros devem ser escolhidos para maximizar a taxa de liberação e a quantidade liberada. Isso garante que um projeto seja conservador.

Os mecanismos de liberação são classificados em liberações de abertura ampla e limitada. No caso da abertura ampla, um grande furo se desenvolve na unidade de processamento, liberando uma quantidade substancial de material em um curto período de tempo. Um exemplo excelente é a sobrepressão e explosão de um tanque de armazenamento. No caso da abertura limitada, o material é liberado em

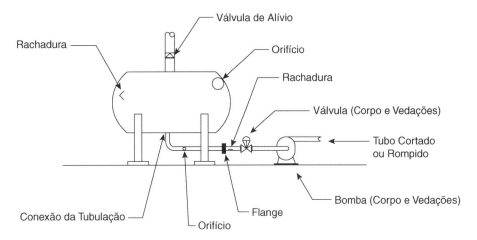

Figura 4-2 Vários tipos de liberações de abertura limitada.

uma taxa suficientemente lenta para que as condições a montante não sejam imediatamente afetadas; o pressuposto da pressão constante a montante frequentemente é válido.

As liberações de abertura limitada são conceituadas na Figura 4-2. Nessas liberações o material é ejetado de orifícios ou rachaduras nos tanques e tubulações, vazamentos em flanges, válvulas e bombas, e tubulações cortadas ou rompidas. Os sistemas de alívio, concebidos para evitar a sobrepressão dos tanques e recipientes de processo, também são origens potenciais do material liberado.

A Figura 4-3 mostra como o estado físico do material afeta o mecanismo de liberação. Para gases ou vapores armazenados em um tanque, um vazamento resulta em um jato de gás ou vapor. Quanto aos líquidos, um vazamento abaixo do nível do líquido no tanque resulta em uma corrente de fuga de

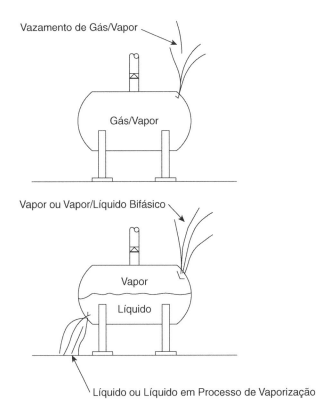

Figura 4-3 O vapor e o líquido são ejetados de unidades de processo em estado monofásico ou bifásico.

líquido. Se o líquido estiver armazenado sob pressão e acima do ponto de ebulição atmosférico, um vazamento abaixo do nível do líquido vai resultar em uma corrente de líquido sendo vaporizado. Também podem se formar pequenas gotículas de líquido ou aerossóis a partir da corrente de vaporização, com a possibilidade de serem transportadas para longe do vazamento pelas correntes de vento. Um vazamento acima do nível de líquido pode resultar em um fluxo de vapor ou em um fluxo bifásico composto de vapor e líquido, dependendo das propriedades físicas do material.

Existem vários modelos de fonte básicos que são utilizados repetidamente e que serão elaborados em detalhes aqui. Os modelos de fonte são

- Escoamento de líquido através de um orifício
- Escoamento de líquido através de um orifício em um tanque
- Escoamento de líquidos através de tubulações
- Escoamento de gases ou vapores através de orifícios
- Escoamento de gases ou vapores através de tubulações
- Vaporização de líquidos
- Evaporação ou ebulição de piscina de líquido

Outros modelos de fonte, específicos para certos materiais, são introduzidos nos capítulos subsequentes.

4-2 Escoamento de Líquido através de um Orifício

Um balanço de energia mecânica descreve as várias formas de energia associadas aos fluidos que escoam:

$$\int \frac{dP}{\rho} + \Delta\left(\frac{\bar{u}^2}{2\alpha g_c}\right) + \frac{g}{g_c}\Delta z + F = -\frac{W_s}{\dot{m}}, \quad (4\text{-}1)$$

em que

P é a pressão (força/área),

ρ é a densidade do fluido (massa/volume),

$\bar{u}$ é a velocidade média instantânea do fluido (comprimento/tempo),

g_c é a constante gravitacional (comprimento massa/força tempo^2),

α é o fator de correção adimensional do perfil de velocidade com os seguintes valores:

$\alpha = 0{,}5$ no escoamento laminar, $\alpha = 1{,}0$ no escoamento de pistão e

$\alpha \to 1{,}0$ no escoamento turbulento,

g é a aceleração devido à gravidade (comprimento/tempo^2),

z é a altura acima do ponto de referência (comprimento),

F é a perda líquida por atrito (comprimento força/massa),

W_s é o trabalho feito sobre o eixo (força comprimento),

$\dot{m}$ é a vazão mássica (massa/tempo).

Modelos de Fonte

A função Δ representa o estado final menos o inicial.

Para os líquidos não compressíveis, a densidade é constante e

$$\int \frac{dP}{\rho} = \frac{\Delta P}{\rho}. \tag{4-2}$$

Considere uma unidade de processo que desenvolve um pequeno orifício, como mostra a Figura 4-4. A pressão do líquido contido na unidade é convertida para energia cinética à medida que o fluido escapa através do vazamento. As forças de atrito entre o líquido em movimento e a parede do vazamento convertem parte da energia cinética do líquido em energia térmica, resultando em uma menor velocidade.

Para essa liberação de abertura limitada, suponha uma pressão manométrica constante P_g dentro da unidade de processo. A pressão externa é atmosférica; então, $\Delta P = P_g$. O trabalho sobre o eixo é zero e a velocidade do fluido dentro da unidade de processo é considerada desprezível. A mudança na elevação do fluido durante a descarga através do orifício também é desprezível; então, $\Delta z = 0$. As perdas por atrito no vazamento são aproximadas por um coeficiente de descarga constante C_1, definido como

$$-\frac{\Delta P}{\rho} - F = C_1^2 \left(-\frac{\Delta P}{\rho} \right). \tag{4-3}$$

As modificações são substituídas no balanço da energia mecânica (Equação 4-1) para determinar $\bar{u}$, a velocidade de descarga média a partir do vazamento:

$$\bar{u} = C_1 \sqrt{\alpha} \sqrt{\frac{2g_c P_g}{\rho}}. \tag{4-4}$$

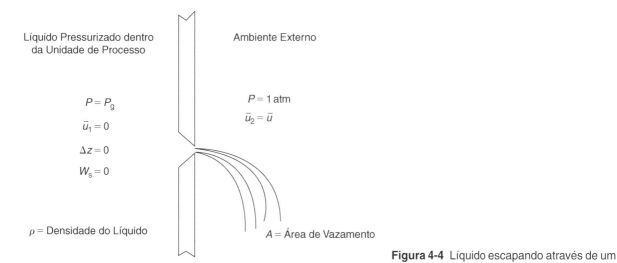

Figura 4-4 Líquido escapando através de um orifício em uma unidade de processo. A energia do líquido resultante da sua pressão no recipiente é convertida em energia cinética, com algumas perdas por atrito decorrentes do escoamento através do orifício.

Um novo coeficiente de descarga C_o é definido como

$$C_o = C_1\sqrt{\alpha}. \qquad (4\text{-}5)$$

A equação resultante para a velocidade do fluido que sai do vazamento é

$$\boxed{\bar{u} = C_o\sqrt{\frac{2g_c P_g}{\rho}}.} \qquad (4\text{-}6)$$

A vazão mássica Q_m resultante de um orifício de área A é dada por

$$\boxed{Q_m = \rho\bar{u}A = AC_o\sqrt{2\rho g_c P_g}.} \qquad (4\text{-}7)$$

A massa total do líquido derramado depende do tempo total em que o vazamento está ativo.

O coeficiente de descarga C_o é uma função complicada do número de Reynolds do fluido que está escapando através do vazamento e do diâmetro do orifício. Sugerem-se as seguintes diretrizes:[2]

- Para orifícios com arestas vivas e para números de Reynolds maiores do que 30.000, C_o se aproxima do valor 0,61. Nessas condições, a velocidade de saída do fluido independe do tamanho do orifício.
- Para um bocal bem arredondado o coeficiente de descarga se aproxima de 1.
- Para seções curtas de tubulação acoplada a um recipiente (com uma proporção comprimento-diâmetro no mínimo igual a 3), o coeficiente de descarga é aproximadamente 0,81.
- Quando o coeficiente de descarga é desconhecido ou incerto, utiliza-se um valor de 1,0 para maximizar os escoamentos calculados.

Mais detalhes sobre os coeficientes de descarga para líquidos são fornecidos em outro lugar.[3]

Exemplo 4-1

Às 13h o operador da fábrica nota uma queda de pressão na tubulação que transporta benzeno. A pressão é restabelecida imediatamente para 100 psig. Às 14h30 é descoberto um vazamento de ¼ in de diâmetro na tubulação, sendo consertado imediatamente. Estime a quantidade total de benzeno derramado. A densidade relativa do benzeno é 0,8794.

Solução

A queda na pressão observada às 13h é indicativa de um vazamento na tubulação. Presume-se que o vazamento esteja ativo entre 13h e 14h30, um total de 90 minutos. A área do orifício é

$$A = \frac{\pi d^2}{4} = \frac{(3,14)(0,25\ \text{in})^2(1\ \text{ft}^2/144\ \text{in}^2)}{4}$$

$$= 3,41 \times 10^{-4}\ \text{ft}^2.$$

---

[2]Sam Mannam, ed., *Lees' Loss Prevention in the Process Industries,* 3rd ed. (Amsterdam: Elsevier, 2005), p. 15/17.
[3]Robert H. Perry e Don W. Green, *Perry's Chemical Engineers Handbook,* 8th ed. (New York: McGraw-Hill, 2008), pp. 8-59.

Modelos de Fonte

A densidade do benzeno é

$$\rho = (0{,}8794)(62{,}4 \text{ lb}_m/\text{ft}^3) = 54{,}9 \text{ lb}_m/\text{ft}^3.$$

A vazão mássica é dada pela Equação 4-7. Um coeficiente de descarga de 0,61 é presumido para esse vazamento tipo orifício:

$$Q_m = AC_o\sqrt{2\rho g_c P_g}$$
$$= (3{,}41 \times 10^{-4} \text{ ft}^2)(0{,}61)\sqrt{(2)\left(54{,}9\frac{\text{lb}_m}{\text{ft}^3}\right)\left(32{,}17\frac{\text{ft lb}_m}{\text{lb}_f \text{ s}^2}\right)\left(100\frac{\text{lb}_f}{\text{in}^2}\right)\left(144\frac{\text{in}^2}{\text{ft}^2}\right)}$$
$$= 1{,}48 \text{ lb}_m/\text{s}.$$

A quantidade total de benzeno derramado é

$$(1{,}48 \text{ lb}_m/\text{s})(90 \text{ min})(60 \text{ s/min}) = 7990 \text{ lb}_m = 1090 \text{ gal}.$$

4-3 Escoamento de Líquido através de um Orifício em um Tanque

Um tanque de armazenamento é exibido na Figura 4-5. Existe um orifício na altura h_L abaixo do nível do fluido. O escoamento do fluido através desse orifício é representado pelo balanço de energia mecânica (Equação 4-1), supondo incompressível, como mostra a Equação 4-2.

A pressão manométrica do tanque é P_g e a pressão manométrica externa é atmosférica, ou 0. O trabalho no eixo W_s é zero e a velocidade do fluido no tanque é zero.

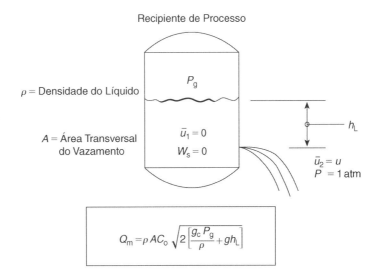

Figura 4-5 Um vazamento tipo orifício em um recipiente de processo. A energia resultante da pressão da altura do fluido acima do vazamento é convertida para energia cinética à medida que o fluido sai pelo orifício. Parte da energia é perdida devido ao atrito de escoamento do fluido.

Um coeficiente de descarga adimensional C_1 é definido como

$$-\frac{\Delta P}{\rho} - \frac{g}{g_c}\Delta z - F = C_1^2\left(-\frac{\Delta P}{\rho} - \frac{g}{g_c}\Delta z\right). \tag{4-8}$$

O balanço de energia mecânica (Equação 4-1) é solucionado para $\bar{u}$, a velocidade de descarga instantânea média do vazamento:

$$\bar{u} = C_1\sqrt{\alpha}\sqrt{2\left(\frac{g_c P_g}{\rho} + gh_L\right)}, \tag{4-9}$$

em que h_L é a altura do líquido acima do vazamento. Um novo coeficiente de descarga C_o é definido como

$$C_o = C_1\sqrt{\alpha}. \tag{4-10}$$

A equação resultante para a velocidade instantânea do fluido que sai do vazamento é

$$\bar{u} = C_o\sqrt{2\left(\frac{g_c P_g}{\rho} + gh_L\right)}. \tag{4-11}$$

A vazão mássica instantânea Q_m resultante de um orifício de área A é dada por

$$\boxed{Q_m = \rho\bar{u}A = \rho A C_o\sqrt{2\left(\frac{g_c P_g}{\rho} + gh_L\right)}.} \tag{4-12}$$

À medida que o tanque se esvazia, a altura do líquido diminui e a velocidade da vazão mássica diminui.

Suponha que a pressão manométrica P_g na superfície do líquido é constante. Isso ocorreria se o recipiente fosse preenchido com um gás inerte para evitar explosão ou se fosse ventilado para a atmosfera. Para um tanque de área transversal constante A_t, a massa total do líquido no tanque acima do vazamento é

$$m = \rho A_t h_L. \tag{4-13}$$

A taxa de variação da massa dentro do tanque é

$$\frac{dm}{dt} = -Q_m, \tag{4-14}$$

em que Q_m é dada pela Equação 4-12. Substituindo as Equações 4-12 e 4-13 na Equação 4-14 e supondo uma seção transversal constante no tanque e uma densidade do líquido constante, podemos obter uma equação diferencial representando a mudança na altura do fluido:

$$\frac{dh_L}{dt} = -\frac{C_o A}{A_t}\sqrt{2\left(\frac{g_c P_g}{\rho} + gh_L\right)}. \tag{4-15}$$

Modelos de Fonte

A Equação 4-15 é rearranjada e integrada a partir de uma altura inicial h_L^o para qualquer altura h_L:

$$\int_{h_L^o}^{h_L} \frac{dh_L}{\sqrt{\frac{2g_c P_g}{\rho} + 2gh_L}} = -\frac{C_o A}{A_t} \int_0^t dt. \tag{4-16}$$

Essa equação é integrada para

$$\frac{1}{g}\sqrt{\frac{2g_c P_g}{\rho} + 2gh_L} - \frac{1}{g}\sqrt{\frac{2g_c P_g}{\rho} + 2gh_L^o} = -\frac{C_o A}{A_t} t. \tag{4-17}$$

Solucionando para h_L, a altura do nível do líquido no tanque, temos

$$\boxed{h_L = h_L^o - \frac{C_o A}{A_t}\sqrt{\frac{2g_c P_g}{\rho} + 2gh_L^o}\, t + \frac{g}{2}\left(\frac{C_o A}{A_t} t\right)^2.} \tag{4-18}$$

A Equação 4-18 é substituída na Equação 4-12 para obter a taxa de descarga de massa em qualquer tempo t:

$$\boxed{Q_m = \rho C_o A \sqrt{2\left(\frac{g_c P_g}{\rho} + gh_L^o\right)} - \frac{\rho g C_o^2 A^2}{A_t} t.} \tag{4-19}$$

O primeiro termo no lado direito da Equação 4-19 é a taxa de descarga de massa inicial em $h_L = h_L^o$.

O tempo t_e para o recipiente se esvaziar até o nível do vazamento é descoberto solucionando a Equação 4-18 para t após definir $h_L = 0$:

$$\boxed{t_e = \frac{1}{C_o g}\left(\frac{A_t}{A}\right)\left[\sqrt{2\left(\frac{g_c P_g}{\rho} + gh_L^o\right)} - \sqrt{\frac{2g_c P_g}{\rho}}\right].} \tag{4-20}$$

Se o recipiente estiver na pressão atmosférica, $P_g = 0$ e a Equação 4-20 se reduz para

$$\boxed{t_e = \frac{1}{C_o g}\left(\frac{A_t}{A}\right)\sqrt{2gh_L^o}.} \tag{4-21}$$

Exemplo 4-2

Um tanque cilíndrico de 20 ft de altura e 8 ft de diâmetro é utilizado para armazenar benzeno. O tanque é inertizado com nitrogênio até uma pressão regulada constante de 1 atm para evitar explosão. O nível do líquido dentro do tanque está atualmente em 17 ft. Ocorre uma punção de 1 in no tanque a 5 ft do solo devido ao manuseio descuidado de uma empilhadeira de garfo. Estime (a) os galões de benzeno derramados, (b) o tempo necessário para o benzeno vazar e (c) a vazão mássica máxima do benzeno através do vazamento. A densidade relativa do benzeno nessas condições é 0,8794.

Solução

A densidade do benzeno é

$$\rho = (0{,}8794)(62{,}4 \text{ lb}_m/\text{ft}^3)$$
$$= 54{,}9 \text{ lb}_m/\text{ft}^3.$$

A área do tanque é

$$A_t = \frac{\pi d^2}{4} = \frac{(3{,}14)(8 \text{ ft})^2}{4} = 50{,}2 \text{ ft}^2.$$

A área do vazamento é

$$A = \frac{(3{,}14)(1 \text{ in})^2(1 \text{ ft}^2/144 \text{ in}^2)}{4} = 5{,}45 \times 10^{-3} \text{ ft}^2.$$

A pressão manométrica é

$$P_g = (1 \text{ atm})(14{,}7 \text{ lb}_f/\text{in}^2)(144 \text{ in}^2/\text{ft}^2) = 2{,}12 \times 10^3 \text{ lb}_f/\text{ft}^2.$$

a. O volume de benzeno acima do vazamento é

$$V = A_t h_L^o = (50{,}2 \text{ ft}^2)(17 \text{ ft} - 5 \text{ ft})(7{,}48 \text{ gal/ft}^3) = 4506 \text{ gal}.$$

Este é o benzeno total que vai vazar.

b. O período de tempo para o benzeno vazar é dado pela Equação 4-20:

$$t_e = \frac{1}{C_o g}\left(\frac{A_t}{A}\right)\left[\sqrt{2\left(\frac{g_c P_g}{\rho} + g h_L^o\right)} - \sqrt{\frac{2 g_c P_g}{\rho}}\right]$$

$$= \frac{1}{(0{,}61)(32{,}17 \text{ ft/s}^2)}\left(\frac{50{,}2 \text{ ft}^2}{5{,}45 \times 10^{-3} \text{ ft}^2}\right)$$

$$\times \left\{\left[\frac{(2)(32{,}17 \text{ ft-lb}_m/\text{lb}_f\text{-s}^2)(2{,}12 \times 10^3 \text{ lb}_f/\text{ft}^2)}{54{,}9 \text{ lb}_m/\text{ft}^3}\right.\right.$$

$$\left.\left.+ (2)(32{,}17 \text{ ft/s}^2)(12 \text{ ft})\right]^{1/2} - \sqrt{2484 \text{ ft}^2/\text{s}^2}\right\}$$

$$= (469 \text{ s}^2/\text{ft})(7{,}22 \text{ ft/s}) = 3386 \text{ s} = 56{,}4 \text{ min}.$$

Isso parece ser mais do que adequado para parar o vazamento ou para invocar um procedimento de emergência para reduzir o impacto do vazamento. No entanto, a descarga máxima ocorre no instante inicial.

c. A descarga máxima ocorre em $t = 0$ em um nível de líquido de 17,0 ft. A Equação 4-19 é utilizada para calcular a vazão mássica:

Modelos de Fonte

$$Q_m = \rho A C_o \sqrt{2\left(\frac{g_c P_g}{\rho} + gh_L^o\right)}$$

$$= (54.9 \text{ lb}_m/\text{ft}^3)(5.45 \times 10^{-3} \text{ ft}^2)(0.61)\sqrt{3.26 \times 10^3 \text{ ft}^2/\text{s}^2}$$

$$= 10.4 \text{ lb}_m/\text{s}.$$

Uma equação geral para representar o tempo de drenagem de qualquer recipiente de qualquer geometria é elaborada da seguinte forma: Suponha que o espaço de altura de carga acima do líquido esteja na pressão atmosférica; depois, combinando as Equações 4-12 e 4-14, temos:

$$\frac{dm}{dt} = \rho \frac{dV}{dt} = -\rho A C_o \sqrt{2gh_L}. \tag{4-22}$$

Rearranjando e integrando, obtemos

$$-\frac{1}{AC_o\sqrt{2g}} \int_{V_1}^{V_2} \frac{dV}{\sqrt{h_L}} = \int_0^t dt, \tag{4-23}$$

que resulta na equação geral do tempo de drenagem de qualquer recipiente:

$$\boxed{t = \frac{1}{AC_o\sqrt{2g}} \int_{V_1}^{V_2} \frac{dV}{\sqrt{h_L}}.} \tag{4-24}$$

A Equação 4-24 não supõe que o orifício esteja no fundo do recipiente.

Para um recipiente com a forma de um cilindro vertical, temos

$$dV = \frac{\pi D^2}{4} dh_L. \tag{4-25}$$

Substituindo na Equação 4-24, obtemos

$$t = \frac{\pi D^2}{4AC_o\sqrt{2g}} \int \frac{dh_L}{\sqrt{h_L}}. \tag{4-26}$$

Se o orifício estiver no fundo do recipiente, então a Equação 4-26 é integrada de $h = 0$ a $h = h_o$. Depois a Equação 4-26 fornece o tempo de esvaziamento do recipiente:

$$t_e = \frac{\pi D^2/4}{AC_o}\sqrt{\frac{2h_L^o}{g}} = \frac{1}{C_o g}\left(\frac{\pi D^2/4}{A}\right)\sqrt{2gh_L^o}, \tag{4-27}$$

com o mesmo resultado da Equação 4-21.

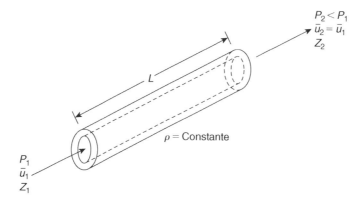

Figura 4-6 Líquido escoando através de uma tubulação. As perdas por atrito entre o fluido e a parede da tubulação durante o escoamento resultam em uma queda de pressão ao longo do comprimento da tubulação. As alterações na energia cinética frequentemente são desprezíveis.

4-4 Escoamento de Líquidos através de Tubulações

Uma tubulação transportando líquido é exibida na Figura 4-6. Um gradiente de pressão através da tubulação é a força motriz para o movimento do líquido. As forças de atrito entre o líquido e a parede da tubulação convertem a energia cinética em energia térmica. Isso resulta em uma diminuição na pressão do líquido.

O escoamento dos líquidos incompressíveis através das tubulações é descrito pelo balanço de energia mecânica (Equação 4-1) combinado com o pressuposto do fluido incompressível (Equação 4-2). O resultado líquido é

$$\frac{\Delta P}{\rho} + \frac{\Delta \bar{u}^2}{2\alpha g_c} + \frac{g}{g_c}\Delta z + F = -\frac{W_s}{\dot{m}}. \tag{4-28}$$

O termo da perda por atrito F na Equação 4-28 representa a perda de energia mecânica resultante do atrito e inclui as perdas resultantes do escoamento através do comprimento da tubulação; os equipamentos como válvulas, cotovelos, orifícios; e as entradas e saídas da tubulação. Para cada dispositivo que produz atrito é utilizado um termo de perda da seguinte forma:

$$F = K_f \left(\frac{u^2}{2g_c}\right), \tag{4-29}$$

em que

K_f é o excesso de perda de carga devido à tubulação ou ao equipamento da tubulação (adimensional) e u é a velocidade do fluido (comprimento/tempo).

Para os fluidos escoando através das tubulações, o termo do excesso de perda de carga K_f é dado por

$$K_f = \frac{4fL}{d}, \tag{4-30}$$

em que

f é o fator de atrito de Fanning (adimensional),

L é o comprimento da trajetória do escoamento (comprimento) e

d é o diâmetro da trajetória do escoamento (comprimento).

O fator de atrito de Fanning f é uma função do número de Reynolds Re e da rugosidade da tubulação ε. A Tabela 4-1 fornece os valores de ε para vários tipos de tubulação limpa. A Figura 4-7 é um gráfico do fator de atrito de Fanning *versus* número de Reynolds com a rugosidade da tubulação, ε/d, como parâmetro.

Para um escoamento laminar, o fator de atrito de Fanning é dado por

$$f = \frac{16}{Re}. \tag{4-31}$$

Para o escoamento turbulento, os dados exibidos na Figura 4-7 são representados pela equação de Colebrook:

$$\frac{1}{\sqrt{f}} = -4 \log\left(\frac{1}{3,7}\frac{\varepsilon}{d} + \frac{1,255}{Re\sqrt{f}}\right). \tag{4-32}$$

Tabela 4-1 Fator de Rugosidade ε das Tubulações[a]

Material da tubulação	Condição	ε Típico mm	ε Típico in
Bronze estampado, cobre, aço inoxidável	Novo	0,002	0,00008
Aço comercial	Novo	0,046	0,0018
	Ferrugem leve	0,3	0,015
	Ferrugem generalizada	2,0	0,08
Ferro	Forjado, novo	0,045	0,0018
	Moldado, novo	0,30	0,025
	Galvanizado	0,15	0,006
Concreto	Muito liso	0,04	0,0016
	Alisado com desempenadeira, escovado	0,3	0,012
	Áspero, marcas com formas visíveis	2,0	0,08
Vidro ou plástico	Tubulação estampada	0,002[c]	0,0008[c]
Borracha	Tubulação lisa	0,01	0,004
	Reforçado com arame	1,0	0,04
Fibra de vidro[b]		0,005	0,0002

[a]Ron Darby, "Fluid Flow", *Albright's Chemical Engineering Handbook*, Lyle F. Albright, ed. (Boca Raton, FL: CRC Press, 2009), p. 421.
[b]William D. Stringfellow, ed., *Fiberglass Pipe Handbook* (Washington, DC: Society of the Plastics Industry, Inc., 1989).
[c]Considerado geralmente tubulação lisa com $\varepsilon = 0$.

Uma forma alternativa da Equação 4-32, útil para determinar o número de Reynolds a partir do fator de atrito f, é

$$\frac{1}{Re} = \frac{\sqrt{f}}{1{,}255}\left(10^{-0{,}25/\sqrt{f}} - \frac{1}{3{,}7}\frac{\varepsilon}{d}\right). \qquad (4\text{-}33)$$

No escoamento totalmente turbulento nas tubulações ásperas, f não depende do número de Reynolds, como mostra a Figura 4-7 com os fatores de atrito quase constantes nos números de Reynolds elevados. Nesse caso, a Equação 4-33 é simplificada para

$$\frac{1}{\sqrt{f}} = 4 \log\left(3{,}7\frac{d}{\varepsilon}\right). \qquad (4\text{-}34)$$

Nas tubulações lisas, $\varepsilon = 0$ e a Equação 4-32 é reduzida para

$$\frac{1}{\sqrt{f}} = 4 \log \frac{Re\sqrt{f}}{1{,}255}. \qquad (4\text{-}35)$$

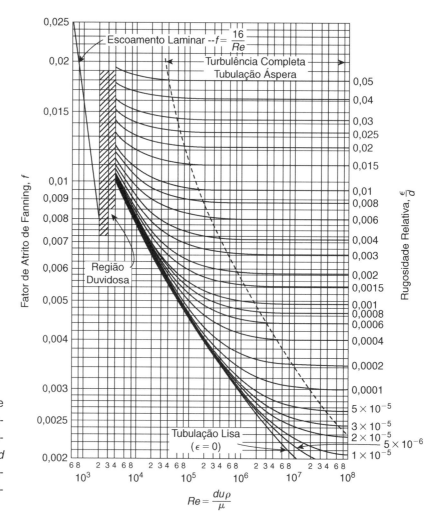

Figura 4-7 Gráfico do fator de atrito de Fanning f versus número de Reynolds. Fonte: Octave Levenspiel, *Engineering Flow and Heat Exchange* (New York: Plenum Press, 1984), p. 20. Reimpresso com permissão.

Modelos de Fonte

Na tubulação lisa com um número de Reynolds menor do que 100.000, a seguinte aproximação de Blasius à Equação 4-35 é útil:

$$f = 0{,}079 Re^{-1/4}. \tag{4-36}$$

Uma única equação foi proposta por Chen[4] para fornecer o fator de atrito f ao longo de toda a gama de números de Reynolds exibida na Figura 4-7. Essa equação é

$$\frac{1}{\sqrt{f}} = -4 \log\left(\frac{\varepsilon/d}{3{,}7065} - \frac{5{,}0452 \log A}{Re}\right), \tag{4-37}$$

em que

$$A = \left[\frac{(\varepsilon/d)^{1{,}1098}}{2{,}8257} + \frac{5{,}8506}{Re^{0{,}8981}}\right].$$

Método 2-K

Nos cotovelos, nas válvulas e em outras obstruções ao longo do escoamento, o método tradicionalmente aplicado tem sido utilizar um comprimento de tubulação equivalente L_{equiv} na Equação 4-30. O problema com esse método é que o comprimento especificado está atrelado ao fator de atrito. Uma abordagem aperfeiçoada é utilizar o método 2-K,[5,6] que usa o comprimento real do trajeto do escoamento na Equação 4-30 – comprimentos equivalentes não são utilizados – e proporciona uma abordagem mais detalhada para os acessórios de tubulação, admissões e saídas. O método 2-K define o excesso de perda de carga em termos de duas constantes, o número de Reynolds e o diâmetro interno da tubulação:

$$K_f = \frac{K_1}{Re} + K_\infty\left(1 + \frac{1}{ID_{polegadas}}\right), \tag{4-38}$$

em que

K_f é o excesso de perda de carga (adimensional),

K_1 e K_∞ são constantes (adimensionais),

Re é o número de Reynolds (adimensional) e

$ID_{polegadas}$ é o diâmetro interno do trajeto do escoamento (polegadas).

A Tabela 4-2 traz uma lista de valores de K a serem utilizados na Equação 4-38 nos vários tipos de acessórios e válvulas.

---

[4]N. H. Chen, *Industrial Engineering and Chemistry Fundamentals* (1979), 18: 296.
[5]W. B. Hooper, *Chemical Engineering* (24 de agosto de 1981), pp. 96-100.
[6]W. B. Hooper, *Chemical Engineering* (7 de novembro de 1988), pp. 89-92.

Tabela 4-2 Constantes 2-K para Coeficientes de Perda nos Acessórios e Válvulas[a]

Acessórios	Descrição do acessório	K_1	K_∞
Cotovelos			
90°	Padrão ($r/D = 1$), rosqueada	800	0,40
	Padrão ($r/D = 1$), flangeada/soldada	800	0,25
	Raio longo ($r/D = 1,5$), todos os tipos	800	0,20
	Meia-esquadria ($r/D = 1,5$): 1 Solda (90°)	1000	1,15
	2 Soldas (45°)	800	0,35
	3 Soldas (30°)	800	0,30
	4 Soldas (22,5°)	800	0,27
	5 Soldas (18°)	800	0,25
45°	Padrão ($r/D = 1$), todos os tipos	500	0,20
	Raio longo ($r/D = 1,5$)	500	0,15
	Meia-esquadria, 1 solda (45°)	500	0,25
	Meia-esquadria, 2 soldas (22,5°)	500	0,15
180°	Padrão ($r/D = 1$), rosqueada	1000	0,60
	Padrão, ($r/D = 1$), flangeado/soldado	1000	0,35
	Raio longo ($r/D = 1,5$), todos os tipos	1000	0,30
Tês			
Utilizados como cotovelos	Padrão, rosqueado	500	0,70
	Raio longo, rosqueado	800	0,40
	Padrão, flangeado/soldado	800	0,80
	Ramal	1000	1,00
Atravessados	Rosqueado	200	0,10
	Flangeado/soldado	150	0,50
	Ramal	100	0,00
Válvulas			
Gaveta, esfera ou controle	Tamanho da linha, $\beta = 1,0$	300	0,10
	Guarnição reduzida, $\beta = 0,9$	500	0,15
	Guarnição reduzida, $\beta = 0,8$	1000	0,25
Globo	Padrão	1500	4,00
	Ângulo ou tipo Y	1000	2,00
Diafragma	Tipo barragem	1000	2,00
Borboleta		800	0,25
Retenção	Levantar	2000	10,0
	Oscilação	1500	1,50
	Disco de inclinação	1000	0,50

[a]William B. Hooper, *Chemical Engineering* (24 de agosto de 1981), p. 97.

Para as entradas e saídas da tubulação, a Equação 4-38 é modificada para levar em conta a variação na energia cinética:

$$K_f = \frac{K_1}{Re} + K_\infty. \qquad (4\text{-}39)$$

Para entradas da tubulação, $K_1 = 160$ e $K_\infty = 0{,}50$ são usados para uma entrada normal. Para uma conexão de tubulação tipo Borda a um tanque em que a tubulação perfura uma curta distância no fundo do tanque, $K_\infty = 1{,}0$. Para as saídas da tubulação, $K_1 = 0$ e $K_\infty = 1{,}0$. Os fatores K dos efeitos de entrada e saída contribuem para a mudança na energia cinética através dessas alterações na tubulação, de modo que não devem ser considerados nenhuns termos de energia cinética adicionais no balanço de energia mecânica. Para números de Reynolds elevados (ou seja, $R_e > 10.000$), o primeiro termo na Equação 4-39 é desprezível e $K_f = K_\infty$. Para os números de Reynolds baixos (ou seja, $R_e < 50$), o primeiro termo domina e $K_f = K_1/Re$.

Também existem equações para os orifícios[7] e para as alterações nos tamanhos das tubulações.[8]

O método 2-K também representa a descarga líquida através dos orifícios. A partir do método 2-K pode ser determinada uma expressão para o coeficiente de descarga de vazamento de líquido através de um orifício. O resultado é

$$C_o = \frac{1}{\sqrt{1 + \sum K_f}}, \qquad (4\text{-}40)$$

em que $\sum K_f$ é a soma de todo o excesso de perda de carga, incluindo as entradas, saídas, comprimentos de tubulação e acessórios, fornecidos pelas Equações 4-30, 4-38 e 4-39. Para um furo em um tanque sem conexões ou acessórios, o atrito é causado apenas pelos efeitos de entrada e saída do orifício. Para os números de Reynolds maiores do que 10.000, $K_f = 0{,}5$ para a entrada e $K_f = 1{,}0$ para a saída. Desse modo, $\sum K_f = 1{,}5$ e, a partir da Equação 4-40, $C_o = 0{,}63$, que quase corresponde ao valor sugerido de 0,61.

O procedimento de solução para determinar a vazão mássica do material descarregado de um sistema de tubulações é como a seguir.

1. Dados: o comprimento, o diâmetro e qualquer tipo de tubulação; mudanças de pressão e elevação através do sistema de tubulação; entrada ou saída de trabalho para o fluido resultante de bombas, turbinas etc.; quantidade e tipo de acessórios na tubulação; propriedades do fluido, incluindo a densidade e a viscosidade.

2. Especifique o ponto inicial (ponto 1) e o ponto final (ponto 2). Isso tem de ser feito com cuidado, pois os termos individuais na Equação 4-28 são altamente dependentes dessa especificação.

3. Determine as pressões e elevações nos pontos 1 e 2. Determine a velocidade inicial do fluido no ponto 1.

---

[7] W. B. Hooper, *Chemical Engineering* (24 de agosto de 1981), pp. 96-100.
[8] W. B. Hooper, *Chemical Engineering* (7 de novembro de 1988), pp. 89-92.

4. Estime um valor para a velocidade no ponto 2. Se escoamento turbulento totalmente desenvolvido for esperado, então isso não é necessário.

5. Determine o fator de atrito para a tubulação utilizando as Equações 4-31 a 4-37.

6. Determine os termos do excesso de perda de carga na tubulação (utilizando a Equação 4-30), nos acessórios (utilizando a Equação 4-38) e em quaisquer efeitos de entrada e saída (utilizando a Equação 4-39). Some os termos da perda de carga e calcule a perda líquida por atrito utilizando a Equação 4-29. Utilize a velocidade no ponto 2.

7. Calcule os valores de todos os termos na Equação 4-28 e substitua na equação. Se a soma de todos os termos na Equação 4-28 for zero, então o cálculo está completo. Se não for, volte ao passo 4 e repita o cálculo.

8. Determine a vazão mássica utilizando a equação $\dot{m} = \rho \bar{u} A$.

Se escoamento turbulento totalmente desenvolvido for esperado, a solução é direta. Substitua os termos conhecidos na Equação 4-28, deixando a velocidade no ponto 2 como variável. Solucione diretamente para a velocidade.

Exemplo 4-3

A água contaminada com pequenas quantidades de resíduos nocivos é drenada por gravidade para fora de um grande tanque de armazenamento através de uma tubulação nova e reta de aço comercial com 100 mm de diâmetro interno (DI). A tubulação tem 100 m de comprimento, com uma válvula gaveta próxima ao tanque. Toda a montagem da tubulação é praticamente horizontal. Se o nível do líquido no tanque estiver 5,8 m acima da saída da tubulação e esta tubulação for acidentalmente cortada a 33 m do tanque, calcule a vazão do material que escapa.

Solução

A operação de drenagem é exibida na Figura 4-8. Supondo variações desprezíveis na energia cinética, nenhuma alteração de pressão e nenhum trabalho no eixo, o balanço de energia mecânica (Equação 4-28) aplicado entre os pontos 1 e 2 se reduz a

$$\frac{g}{g_c}\Delta z + F = 0.$$

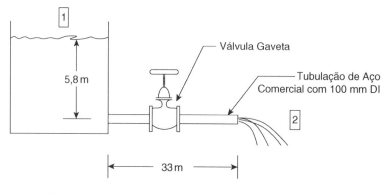

Figura 4-8 Geometria da drenagem para o Exemplo 4-3.

Modelos de Fonte

Para a água,

$$\mu = 1{,}0 \times 10^{-3} \text{ kg/m s},$$

$$\rho = 1000 \text{ kg/m}^3.$$

Os fatores K para os efeitos de entrada e saída são determinados através da Equação 4-39. O fator K para a válvula gaveta é encontrado na Tabela 4-2 e o fator K para o comprimento da tubulação é dado pela Equação 4-30. Para a entrada da tubulação,

$$K_f = \frac{160}{Re} + 0{,}50.$$

Para a válvula gaveta,

$$K_f = \frac{300}{Re} + 0{,}10.$$

Para a saída da tubulação,

$$K_f = 1{,}0.$$

Para o comprimento da tubulação,

$$K_f = \frac{4fL}{d} = \frac{4f(33 \text{ m})}{(0{,}10 \text{ m})} = 1320f.$$

Somando os fatores K, temos

$$\sum K_f = \frac{460}{Re} + 1320f + 1{,}60.$$

Para $Re > 10.000$, o primeiro termo na equação é pequeno. Desse modo,

$$\sum K_f \approx 1320f + 1{,}60,$$

e segue-se que

$$F = \sum K_f \left(\frac{\bar{u}^2}{2g_c} \right) = (660f + 0{,}80)\bar{u}^2.$$

O termo gravitacional na equação da energia mecânica é dado por

$$\frac{g}{g_c} \Delta z = \left(\frac{9{,}8 \text{ m/s}^2}{1 \text{ kg m/s}^2/\text{N}} \right)(0 - 5{,}8 \text{ m}) = -56{,}8 \text{ Nm/kg} = -56{,}8 \text{ J/kg}.$$

Como não há variação de pressão e nenhum trabalho na bomba ou eixo, o balanço de energia mecânica (Equação 2-28) se reduz a

$$\frac{\bar{u}_2^2}{2g_c} + \frac{g}{g_c} \Delta z + F = 0.$$

Solucionando para a velocidade e substituindo a mudança de altura, temos

$$\bar{u}_2^2 = -2g_c\left(\frac{g}{g_c}\Delta z + F\right) = -2g_c(-56{,}8 + F).$$

O número de Reynolds é dado por

$$Re = \frac{d\bar{u}\rho}{\mu} = \frac{(0{,}1\text{ m})(\bar{u})(1000\text{ kg/m}^3)}{1{,}0 \times 10^{-3}\text{ kg/m s}} = 1{,}0 \times 10^5\bar{u}.$$

Para a tubulação de aço comercial nova, a partir da Tabela 4-1, $\varepsilon = 0{,}0046$ mm e

$$\frac{\varepsilon}{d} = \frac{0{,}046\text{ mm}}{100\text{ mm}} = 0{,}00046.$$

Como o fator de atrito f e o termo de perda por atrito F são funções do número de Reynolds e da velocidade, a solução é encontrada por tentativa e erro. A solução por tentativa e erro é exibida na seguinte tabela:

$\bar{u}$ Suposto (m/s)	Re	f	F	$\bar{u}$ Calculado (m/s)
3,00	300.000	0,00451	34,09	6,75
3,50	350.000	0,00446	46,00	4,66
3,66	366.000	0,00444	50,18	3,66

Desse modo, a velocidade do líquido descarregando da tubulação é 3,66 m/s. A tabela também mostra que o fator de atrito f varia pouco com o número de Reynolds. Desse modo, podemos aproximar utilizando a Equação 4-34 para o escoamento turbulento totalmente desenvolvido nas tubulações ásperas. A Equação 4-34 produz um valor do fator de atrito igual a 0,0041. Então,

$$F = (660f + 0{,}80)\bar{u}_2^2 = 3{,}51\bar{u}_2^2.$$

Substituindo e solucionando, temos

$$\bar{u}_2^2 = -2g_c(-56{,}8 + 3{,}51\bar{u}_2^2)$$
$$= 113{,}6 - 7{,}02\bar{u}_2^2,$$
$$\bar{u}_2 = 3{,}76\text{ m/s}.$$

Esse resultado é parecido com a solução mais exata da tentativa e erro.

A área transversal da tubulação é

$$A = \frac{\pi d^2}{4} = \frac{(3{,}14)(0{,}1\text{ m})^2}{4} = 0{,}00785\text{ m}^2.$$

Modelos de Fonte

A vazão mássica é dada por

$$Q_m = \rho \bar{u} A = (1000 \text{ kg/m}^3)(3,66 \text{ m/s})(0,00785 \text{ m}^2) = 28,8 \text{ kg/s}.$$

Isso representa uma vazão significativa. Supondo um período de resposta de emergência de 15 minutos até interromper a liberação, um total de 26.000 kg de resíduos nocivos será derramado. Além do material liberado pelo escoamento, o líquido contido na tubulação entre a válvula e a ruptura também vai vazar. Um sistema alternativo deve ser concebido para limitar a liberação, o qual poderia incluir uma redução no período de resposta emergencial, a substituição da tubulação por outra com diâmetro menor ou a modificação do sistema de tubulação para incluir outras válvulas de controle destinadas a interromper o escoamento.

4-5 Escoamento dos Gases ou Vapores através de Orifícios

Para líquidos em escoamento as alterações na energia cinética frequentemente são desprezíveis e as propriedades físicas (particularmente a densidade) são constantes. Para os gases e vapores em escoamento, esses pressupostos são válidos apenas para pequenas variações de pressão ($P_1/P_2 < 2$) e para velocidades baixas ($< 0,3$ vez a velocidade do som no gás). A energia contida dentro do gás ou vapor em consequência da sua pressão é convertida em energia cinética à medida que o gás ou vapor escapa e se expande através do orifício. A densidade, a pressão e a temperatura variam à medida que o gás ou vapor sai através do vazamento.

As descargas de gás e vapor são classificadas em liberações restritas e de expansão livre. Nas liberações restritas, o gás passa através de uma pequena fenda com grandes perdas por atrito; uma pequena quantidade da energia inerente à pressão do gás é convertida para energia cinética. Nas liberações por expansão livre, a maior parte da energia de pressão é convertida para energia cinética; o pressuposto do comportamento isentrópico costuma ser válido.

Os modelos de fonte para as liberações restritas requerem informações detalhadas sobre a estrutura física do vazamento; esses modelos não são considerados aqui. Os modelos de fonte para liberação por expansão livre requerem apenas o diâmetro do vazamento.

Um vazamento por expansão livre é exibido na Figura 4-9. O balanço de energia mecânica (Equação 4-1) descreve o escoamento dos gases e vapores compressíveis. Supondo alterações desprezíveis da energia potencial e nenhum trabalho no eixo, temos uma forma reduzida do balanço de energia mecânica descrevendo o escoamento compressível através dos orifícios:

$$\int \frac{dP}{\rho} + \Delta\left(\frac{\bar{u}^2}{2\alpha g_c}\right) + F = 0. \tag{4-41}$$

Um coeficiente de descarga C_1 é definido de modo similar ao coeficiente definido na Seção 4-2:

$$-\int \frac{dP}{\rho} - F = C_1^2\left(-\int \frac{dP}{\rho}\right). \tag{4-42}$$

A Equação 4-42 é combinada com a Equação 4-41 e integrada entre dois pontos convenientes quaisquer. Um ponto inicial (indicado pelo subscrito "o") é selecionado onde a velocidade é

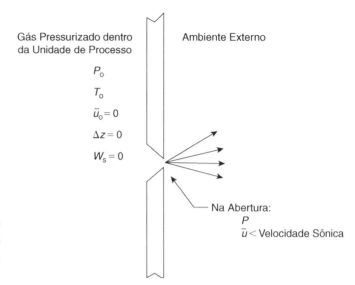

Figura 4-9 Um vazamento de gás por expansão livre. O gás se expande isentropicamente através do orifício. As propriedades do gás (P, T) e a velocidade variam durante a expansão.

zero e a pressão é P_o. A integração é feita até qualquer ponto final arbitrário (indicado sem um subscrito). O resultado é

$$C_1^2 \int_{P_o}^{P} \frac{dP}{\rho} + \frac{\bar{u}^2}{2\alpha g_c} = 0. \tag{4-43}$$

Para qualquer gás ideal submetido a uma expansão isentrópica,

$$Pv^\gamma = \frac{P}{\rho^\gamma} = \text{constante}, \tag{4-44}$$

em que γ é a proporção das capacidades de calor, $\gamma = C_p/C_v$. Substituindo a Equação 4-44 na Equação 4-43, definindo um novo coeficiente de descarga C_o idêntico ao da Equação 4-5 e integrando os resultados em uma equação representando a velocidade do fluido em qualquer ponto durante a expansão isentrópica:

$$\bar{u}^2 = 2g_c C_o^2 \frac{\gamma}{\gamma - 1} \frac{P_o}{\rho_o}\left[1 - \left(\frac{P}{P_o}\right)^{(\gamma-1)/\gamma}\right] = \frac{2g_c C_o^2 R_g T_o}{M}\frac{\gamma}{\gamma - 1}\left[1 - \left(\frac{P}{P_o}\right)^{(\gamma-1)/\gamma}\right]. \tag{4-45}$$

A segunda forma incorpora a lei dos gases ideais para densidade inicial ρ_o. R_g é a constante dos gases ideais e T_o é a temperatura da origem. Utilizando a equação da continuidade

$$Q_m = \rho \bar{u} A \tag{4-46}$$

e a lei dos gases ideais para as expansões isentrópicas na forma

$$\rho = \rho_o \left(\frac{P}{P_o}\right)^{1/\gamma} \tag{4-47}$$

Modelos de Fonte

resulta em uma expressão para a vazão mássica:

$$Q_m = C_o A P_o \sqrt{\frac{2g_c M}{R_g T_o} \frac{\gamma}{\gamma - 1} \left[\left(\frac{P}{P_o}\right)^{2/\gamma} - \left(\frac{P}{P_o}\right)^{(\gamma+1)/\gamma}\right]}. \tag{4-48}$$

A Equação 4-48 descreve a vazão mássica em qualquer ponto durante a expansão isentrópica.

Em muitos estudos de segurança, a vazão máxima do vapor através do orifício é requerida. Ela é determinada pela diferenciação da Equação 4-48 com relação a P/P_o e definindo a derivada igual a zero. O resultado é solucionado para a razão de pressão que resulta no escoamento máximo:

$$\frac{P_{choked}}{P_o} = \left(\frac{2}{\gamma + 1}\right)^{\gamma/(\gamma - 1)}. \tag{4-49}$$

A pressão *choked* P_{choked} é a pressão máxima a jusante que resulta no escoamento máximo através do orifício ou tubulação. Nas pressões a jusante *menores* do que P_{choked}, são válidas as seguintes afirmações: (1) a velocidade do fluido na abertura do vazamento é a velocidade do som nas condições prevalecentes, e (2) a velocidade e a vazão mássica não podem ser mais aumentadas pela redução da pressão a jusante; elas independem das condições a jusante. Esse tipo de escoamento se chama *choked*, *crítico* ou *sônico* e é ilustrado na Figura 4-10.

Uma característica interessante da Equação 4-49 é que para os gases ideais a pressão *choked* é função apenas da capacidade térmica γ. Desse modo:

Gás	γ	P_{choked}
Monoatômico	$\cong 1{,}67$	$0{,}487 P_o$
Diatômico e ar	$\cong 1{,}40$	$0{,}528 P_o$
Triatômico	$\cong 1{,}32$	$0{,}542 P_o$

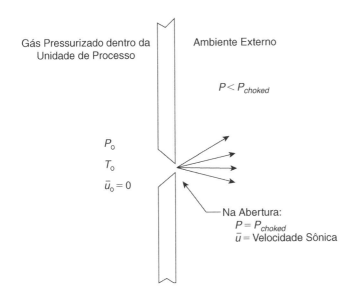

Figura 4-10 Escoamento sônico do gás através de um orifício. A velocidade do gás é equivalente à do som na abertura. A vazão mássica independe da pressão a jusante.

Em um vazamento de ar para condições atmosféricas ($P_{choked} = 14{,}7$ psia), se a pressão de montante for maior do que $14{,}7/0{,}528 = 27{,}8$ psia ou $13{,}1$ psig, o escoamento será sônico e maximizado através do vazamento. As condições que levam ao escoamento sônico (*choked*) são comuns nas indústrias de processamento.

O escoamento máximo é determinado pela substituição da Equação 4-49 na Equação 4-48:

$$(Q_m)_{choked} = C_o A P_o \sqrt{\frac{\gamma g_c M}{R_g T_o} \left(\frac{2}{\gamma + 1}\right)^{(\gamma+1)/(\gamma-1)}}, \qquad (4\text{-}50)$$

em que

M é o peso molecular do vapor ou gás que está escapando,

T_o é a temperatura da origem e

R_g é a constante dos gases ideais.

Para orifícios com arestas vivas e escoamentos com números de Reynolds maiores do que 30.000 (não sônicos), indica-se um coeficiente de descarga constante C_o de 0,61. No entanto, nos escoamentos sônicos o coeficiente de descarga aumenta à medida que a pressão a jusante diminui.[9] Nesses escoamentos e nas situações em que C_o é duvidoso, recomenda-se um valor conservador de 1,0.

Os valores da capacidade térmica γ de uma série de gases são fornecidos na Tabela 4-3.

Tabela 4-3 Capacidade Térmica γ para Gases Selecionados[a]

Gás	Fórmula química ou símbolo	Peso molecular aproximado (*M*)	Capacidade térmica $\gamma = C_p/C_v$
Acetileno	C_2H_2	26,0	1,30
Amônia	NH_3	17,0	1,32
Ar	–	29,0	1,40
Argônio	Ar	39,9	1,67
Butano	C_4H_{10}	58,1	1,11
Cloreto de hidrogênio	HCl	36,5	1,41
Cloreto metílico	CH_3Cl	50,5	1,20
Cloro	Cl_2	70,9	1,33
Dióxido de carbono	CO_2	44,0	1,30
Dióxido de enxofre	SO_2	64,1	1,26
Etano	C_2H_6	30,0	1,22
Etileno	C_2H_4	28,0	1,22
Gás natural	–	19,5	1,27
Hélio	He	4,0	1,66

(continua)

---

[9]Robert H. Perry e Cecil H. Chilton, *Chemical Engineers Handbook*, 7th ed. (New York: McGraw-Hill, 1997), pp. 10-16.

Tabela 4-3 Capacidade Térmica γ para Gases Selecionados[a] (*continuação*)

Gás	Fórmula química ou símbolo	Peso molecular aproximado (*M*)	Capacidade térmica $\gamma = C_p/C_v$
Hidrogênio	H_2	2,0	1,41
Metano	CH_4	16,0	1,32
Monóxido de carbono	CO	28,0	1,40
Nitrogênio	N_2	28,0	1,41
Óxido nítrico	NO	30,0	1,40
Óxido nitroso	N_2O	44,0	1,31
Oxigênio	O_2	32,0	1,40
Propano	C_3H_8	44,1	1,15
Propileno	C_3H_6	42,1	1,14
Sulfureto de hidrogênio	H_2S	34,1	1,30

[a]Crane Co., *Flow of Fluids Through Valves, Fittings and Pipes*, Technical Paper 410 (New York: Crane Co., 2009), *www.flowoffluids.com*.

Exemplo 4-4

Um orifício de 0,1 in se forma em um tanque contendo nitrogênio a 200 psig e 80° F. Determine a vazão mássica através desse vazamento.

Solução

A partir da Tabela 4-3, para o nitrogênio $\gamma = 1{,}41$. Então, a partir da Equação 4-49,

$$\frac{P_{choked}}{P_o} = \left(\frac{2}{\gamma + 1}\right)^{\gamma/(\gamma-1)} = \left(\frac{2}{2{,}41}\right)^{1{,}41/0{,}41} = 0{,}527.$$

Desse modo,

$$P_{choked} = 0{,}527(200 + 14{,}7)\ \text{psia} = 113{,}1\ \text{psia}.$$

Uma pressão externa menor do que 113,1 psia vai resultar no escoamento sônico através do vazamento. Como a pressão externa é atmosférica, nesse caso prevê-se o escoamento sônico e se aplica a Equação 4-50. A área do orifício é

$$A = \frac{\pi d^2}{4} = \frac{(3{,}14)(0{,}1\ \text{in})^2(1\ \text{ft}^2/144\ \text{in}^2)}{4} = 5{,}45 \times 10^{-5}\ \text{ft}^2.$$

O coeficiente de descarga C_o é considerado como 1,0. Além disso,

$$P_o = 200 + 14{,}7 = 214{,}7\ \text{psia},$$

$$T_o = 80 + 460 = 540°\text{R},$$

$$\left(\frac{2}{\gamma + 1}\right)^{(\gamma+1)/(\gamma-1)} = \left(\frac{2}{2{,}41}\right)^{2{,}41/0{,}41} = 0{,}829^{5{,}87} = 0{,}347.$$

Então, utilizando a Equação 4-50,

$$(Q_m)_{choked} = C_o A P_o \sqrt{\frac{\gamma g_c M}{R_g T_o} \left(\frac{2}{\gamma+1}\right)^{(\gamma+1)/(\gamma-1)}}$$

$$= (1,0)(5,45 \times 10^{-5} \text{ ft}^2)(214,7 \text{ lb}_f/\text{in}^2)(144 \text{ in}^2/\text{ft}^2)$$

$$\times \sqrt{\frac{(1,4)(32,17 \text{ ft lb}_m/\text{lb}_f \text{ s}^2)(28 \text{ lb}_m/\text{lb-mol})}{(1545 \text{ ft lb}_f/\text{lb-mol}°\text{R})(540°\text{R})}}(0,347)$$

$$= 1,685 \text{ lb}_f \sqrt{5,24 \times 10^{-4} \text{ lb}_m^2/\text{lb}_f^2 \text{ s}^2}$$

$$\boxed{(Q_m)_{choked} = 3,86 \times 10^{-2} \text{ lb}_m/\text{s}.}$$

4-6 Escoamento de Gases ou Vapores através de Tubulações

O escoamento do vapor através de tubulações é modelado pela utilização de dois casos especiais: comportamento adiabático e isotérmico. O caso adiabático corresponde ao escoamento rápido do vapor através de uma tubulação isolada. O caso isotérmico corresponde ao escoamento através de uma tubulação não isolada e mantida a uma temperatura constante; uma tubulação submersa é um exemplo excelente. Os escoamentos reais de vapor se comportam entre os casos adiabático e isotérmico. Infelizmente, o caso real tem de ser modelado numericamente, pois não existem equações generalizadas e úteis.

Em ambos os casos, isotérmico e adiabático, é conveniente definir um número de Mach (Ma) como a razão da velocidade do gás para a velocidade do som no gás nas condições prevalecentes:

$$\text{Ma} = \frac{\bar{u}}{a}, \qquad (4\text{-}51)$$

em que a é a velocidade do som. A velocidade do som é determinada através da relação termodinâmica

$$a = \sqrt{g_c \left(\frac{\partial P}{\partial \rho}\right)_S}, \qquad (4\text{-}52)$$

que, para um gás ideal, é equivalente a

$$a = \sqrt{\gamma g_c R_g T/M}, \qquad (4\text{-}53)$$

demonstrando que nos gases ideais a velocidade sônica é uma função apenas da temperatura. No ar a 20° C a velocidade do som é 344 m/s (1129 ft/s).

Escoamentos Adiabáticos

Uma tubulação adiabática contendo um vapor em escoamento é exibida na Figura 4-11. Nesse caso em particular, a velocidade de saída é menor do que a velocidade sônica. O escoamento é impulsionado por

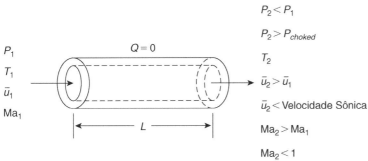

Figura 4-11 Escoamento adiabático não sônico de gás através de uma tubulação. A temperatura do gás poderia aumentar ou diminuir, dependendo da grandeza das perdas por atrito.

um gradiente de pressão através da tubulação. À medida que o gás escoa pela tubulação, ele se expande devido a uma diminuição na pressão. Essa expansão leva a um aumento na velocidade e a um aumento na energia cinética do gás. A energia cinética é extraída da energia térmica do gás, ocorrendo uma diminuição na temperatura. No entanto, forças de atrito estão presentes entre o gás e a parede da tubulação. Essas forças de atrito contribuem para aumentar a temperatura do gás. Dependendo da magnitude dos termos de energia cinética e atrito, é possível um aumento ou diminuição na temperatura do gás.

O balanço da energia mecânica (Equação 4-1) também se aplica aos escoamentos adiabáticos. Nesse caso ele é escrito mais convenientemente na forma

$$\frac{dP}{\rho} + \frac{\overline{u}d\overline{u}}{\alpha g_c} + \frac{g}{g_c}dz + dF = -\frac{\delta W_s}{m}. \tag{4-54}$$

Os seguintes pressupostos são válidos nesse caso:

$$\frac{g}{g_c}dz \approx 0$$

é válido para os gases. Supondo uma tubulação reta sem nenhumas válvulas ou acessórios, as Equações 4-29 e 4-30 podem ser combinadas e depois diferenciadas, resultando em

$$dF = \frac{2f\,\overline{u}^2\,dL}{g_c d}.$$

Como não há ligações mecânicas,

$$\delta W_s = 0.$$

Uma parte importante do termo da perda por atrito é o pressuposto de um fator constante de atrito de Fanning f ao longo do comprimento da tubulação. Esse pressuposto é válido apenas nos números de Reynolds elevados.

Um balanço energético total é útil para descrever as mudanças de temperatura do gás em escoamento. Para esse processo de escoamento permanente o balanço energético total é dado por

$$dh + \frac{\overline{u}d\overline{u}}{\alpha g_c} + \frac{g}{g_c}dz = \delta q - \frac{\delta W_s}{m}, \tag{4-55}$$

em que h é a entalpia do gás e q é o calor. São invocados os seguintes pressupostos:

$dh = C_p\, dT$ para um gás perfeito,

$g/g_c\, dz \approx 0$ é válido para os gases,

$\delta q = 0$ porque a tubulação é adiabática,

$\delta W_s = 0$ porque não há ligações mecânicas presentes.

Esses pressupostos são aplicados às Equações 4-55 e 4-54. As equações são combinadas, integradas (entre o ponto inicial indicado pelo subscrito "o" e qualquer ponto final arbitrário) e manipuladas para produzir, após um esforço considerável,[10]

$$\frac{T_2}{T_1} = \frac{Y_1}{Y_2}, \quad \text{em que } Y_i = 1 + \frac{\gamma - 1}{2}\text{Ma}_i^2, \tag{4-56}$$

$$\frac{P_2}{P_1} = \frac{\text{Ma}_1}{\text{Ma}_2}\sqrt{\frac{Y_1}{Y_2}}, \tag{4-57}$$

$$\frac{\rho_2}{\rho_1} = \frac{\text{Ma}_1}{\text{Ma}_2}\sqrt{\frac{Y_2}{Y_1}}, \tag{4-58}$$

$$G = \rho \bar{u} = \text{Ma}_1 P_1 \sqrt{\frac{\gamma g_c M}{R_g T_1}} = \text{Ma}_2 P_2 \sqrt{\frac{\gamma g_c M}{R_g T_2}}, \tag{4-59}$$

em que G é o fluxo mássico com unidades de massa/(área-tempo) e

$$\underbrace{\frac{\gamma + 1}{2}\ln\left(\frac{\text{Ma}_2^2 Y_1}{\text{Ma}_1^2 Y_2}\right)}_{\text{energia cinética}} - \underbrace{\left(\frac{1}{\text{Ma}_1^2} - \frac{1}{\text{Ma}_2^2}\right)}_{\text{compressibilidade}} + \underbrace{\gamma\left(\frac{4fL}{d}\right)}_{\text{atrito da tubulação}} = 0. \tag{4-60}$$

A Equação 4-60 relaciona os números de Mach às perdas por atrito na tubulação. As várias contribuições de energia são identificadas. O termo de compressibilidade contribui para a mudança na velocidade resultante da expansão do gás.

As Equações 4-59 e 4-60 são convertidas para uma forma mais conveniente e útil substituindo os números de Mach pelas temperaturas e pressões, utilizando as Equações 4-56 a 4-58:

$$\frac{\gamma + 1}{\gamma}\ln\frac{P_1 T_2}{P_2 T_1} - \frac{\gamma - 1}{2\gamma}\left(\frac{P_1^2 T_2^2 - P_2^2 T_1^2}{T_2 - T_1}\right)\left(\frac{1}{P_1^2 T_2} - \frac{1}{P_2^2 T_1}\right) + \frac{4fL}{d} = 0, \tag{4-61}$$

$$G = \sqrt{\frac{2g_c M}{R_g}\frac{\gamma}{\gamma - 1}\frac{T_2 - T_1}{(T_1/P_1)^2 - (T_2/P_2)^2}}. \tag{4-62}$$

---

[10]Octave Levenspiel, *Engineering Flow and Heat Exchange*, 2nd ed. (New York: Springer, 1998), p. 43.

Modelos de Fonte

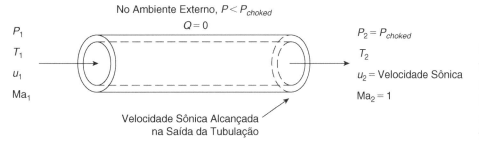

Figura 4-12 Escoamento sônico adiabático do gás através de uma tubulação. A velocidade máxima é alcançada no final da tubulação.

Na maioria dos problemas o comprimento da tubulação (L), o diâmetro interno (d), a temperatura a montante (T_1) e a pressão (P_1) e a pressão a jusante (P_2) são conhecidos. Para calcular o fluxo mássico G, o procedimento é o seguinte:

1. Determinar a rugosidade ε da tubulação a partir da Tabela 4-1. Calcular ε/d.
2. Determinar o fator de atrito de Fanning f a partir da Equação 4-34. Isso pressupõe o escoamento turbulento plenamente desenvolvido em números de Reynolds elevados. Esse pressuposto pode ser verificado mais tarde, mas normalmente é válido.
3. Determinar T_2 a partir da Equação 4-61.
4. Calcular o fluxo mássico total G a partir da Equação 4-62.

Para tubulações longas ou para grandes diferenças de pressão ao longo da tubulação, a velocidade do gás pode se aproximar da velocidade sônica. Esse caso é exibido na Figura 4-12. Quando a velocidade sônica é alcançada, o escoamento do gás é denominado *choked*. O gás alcança a velocidade sônica no final da tubulação. Se a pressão a montante for elevada ou se a pressão a jusante for reduzida, a velocidade do gás no final da tubulação permanece constante na velocidade sônica. Se a pressão a jusante diminuir para menos do que a pressão *choked* P_{choked}, o escoamento através da tubulação permanece sônico e constante, independentemente da pressão a jusante. A pressão no final da tubulação permanecerá em P_{choked}, mesmo que a pressão seja maior do que a pressão ambiente. O gás que sai da tubulação passa por uma mudança abrupta de P_{choked} para a pressão ambiente. Para o escoamento sônico as Equações 4-56 a 4-60 são simplificadas definindo-se $Ma_2 = 1,0$. Os resultados são

$$\frac{T_{choked}}{T_1} = \frac{2Y_1}{\gamma + 1}, \tag{4-63}$$

$$\frac{P_{choked}}{P_1} = Ma_1 \sqrt{\frac{2Y_1}{\gamma + 1}}, \tag{4-64}$$

$$\frac{\rho_{choked}}{\rho_1} = Ma_1 \sqrt{\frac{\gamma + 1}{2Y_1}}, \tag{4-65}$$

$$G_{choked} = \rho \bar{u} = Ma_1 P_1 \sqrt{\frac{\gamma g_c M}{R_g T_1}} = P_{choked} \sqrt{\frac{\gamma g_c M}{R_g T_{choked}}}, \tag{4-66}$$

$$\frac{\gamma + 1}{2} \ln\left[\frac{2Y_1}{(\gamma + 1)Ma_1^2}\right] - \left(\frac{1}{Ma_1^2} - 1\right) + \gamma\left(\frac{4fL}{d}\right) = 0. \tag{4-67}$$

O escoamento sônico ocorre se a pressão a jusante for menor do que P_{choked}. Isso é verificado utilizando a Equação 4-64.

Na maioria dos problemas envolvendo escoamentos sônicos adiabáticos, o comprimento da tubulação (L), o diâmetro interno (d), a pressão a montante (P_1) e a temperatura (T_1) são conhecidos. Para calcular o fluxo mássico G, o procedimento é como a seguir.

1. Determinar o fator de atrito de Fanning f utilizando a Equação 4-34. Isso supõe o escoamento turbulento plenamente desenvolvido em números de Reynolds elevados. Esse pressuposto pode ser verificado mais tarde, mas normalmente é válido.
2. Determinar Ma_1 a partir da Equação 4-67.
3. Determinar o fluxo mássico G_{choked} a partir da Equação 4-66.
4. Determinar P_{choked} a partir da Equação 4-64 para confirmar a operação nas condições *choked*.

As Equações 4-63 a 4-67 para o escoamento adiabático na tubulação podem ser modificadas para utilizar o método 2-K discutido anteriormente substituindo ΣK_f para $4fL/d$.

O procedimento pode ser simplificado pela definição de um fator de expansão do gás Y_g. No escoamento dos gases ideais, o fluxo mássico para as condições sônicas e não sônicas é representado pela fórmula de Darcy:[11]

$$G = \frac{\dot{m}}{A} = Y_g \sqrt{\frac{2g_c \rho_1 (P_1 - P_2)}{\sum K_f}}, \qquad (4\text{-}68)$$

em que

G é o fluxo mássico (massa/área-tempo),

$\dot{m}$ é a vazão mássica do gás (massa/tempo),

A é a área da descarga (comprimento^2),

Y_g é o fator de expansão do gás (adimensional),

g_c é a constante gravitacional (força/massa-aceleração),

ρ_1 é a densidade do gás a montante (massa/volume),

P_1 é a pressão do gás a montante (força/área),

P_2 é a pressão do gás a jusante (força/área) e

ΣK_f são os termos do excesso de perda de carga, incluindo as entradas e saídas da tubulação, comprimentos da tubulação e acessórios (adimensional).

Os termos do excesso de perda de carga ΣK_f são encontrados através do método 2-K apresentado anteriormente na Seção 4-4. Na maioria das descargas acidentais de gases, o escoamento é turbulento plenamente desenvolvido. Isso significa que nas tubulações o fator de atrito independe do número de Reynolds e que para os acessórios $K_f = K_\infty$ e a solução é direta.

---
[11]Crane Co., *Flow of Fluids*.

Modelos de Fonte

O fator de expansão do gás Y_g na Equação 4-68 depende apenas da razão de capacidade térmica do gás γ e dos elementos de atrito no trajeto ΣK_f. Uma equação para o fator de expansão do gás no escoamento sônico é obtida igualando a Equação 4-68 à Equação 4-59 e solucionando Y_g. O resultado é

$$Y_g = \text{Ma}_1 \sqrt{\frac{\gamma \Sigma K_f}{2}\left(\frac{P_1}{P_1 - P_2}\right)}, \qquad (4\text{-}69)$$

em que Ma_1 é o número de Mach a montante.

O procedimento para determinar o fator de expansão do gás tem a seguinte forma: Primeiro, o número de Mach a montante, Ma_1, é determinado através da Equação 4-67. ΣK_f deve ser substituído por *4fL/d* para incluir os efeitos das tubulações e dos acessórios. A solução é obtida por tentativa e erro, estimando valores do número de Mach a montante e determinando se o valor estimado satisfaz os objetivos da equação. Isso pode ser feito facilmente utilizando uma planilha eletrônica.

A próxima etapa no procedimento é determinar a razão da pressão sônica. Isso é obtido a partir da Equação 4-64. Se a razão real for maior do que a razão da Equação 4-64, então o escoamento é sônico ou *choked* e a queda de pressão prevista pela Equação 4-64 é utilizada para continuar o cálculo. Se a razão for menor do que a da Equação 4-64, então o escoamento não é sônico e a taxa de queda de pressão efetiva é utilizada.

Finalmente, o fator de expansão Y_g é calculado a partir da Equação 4-69.

O cálculo para determinar o fator de expansão pode ser realizado depois que γ e os termos da perda por atrito ΣK_f forem especificados. Esse cálculo pode ser feito uma vez e para todos, com os resultados exibidos nas Figuras 4-13 e 4-14. Como mostra a Figura 4-13, a razão de pressão $(P_1 - P_2)/P_1$ é levemente uma função da capacidade térmica γ. O fator de expansão Y_g depende pouco de γ, com o valor de Y_g variando em menos de 1% do valor em $\gamma = 1,4$ ao longo do intervalo de $\gamma = 1,2$ a $\gamma = 1,67$. A Figura 4-14 mostra o fator de expansão para $\gamma = 1,4$.

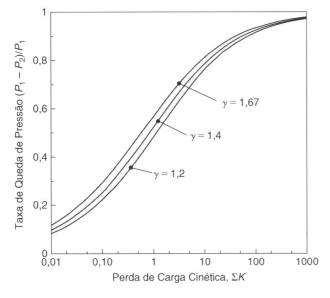

Figura 4-13 Taxa de queda de pressão em função do excesso de perda de carga cinética na tubulação para escoamento adiabático. (Reimpresso de *J. Loss Prevention in the Proc. Ind.* Vol. 18, J. M. Keith and D.A. Crowl, "Estimating Sonic Gas Flow Rates in Pipelines", pp. 55-62, 2005, com permissão da Elsevier.)

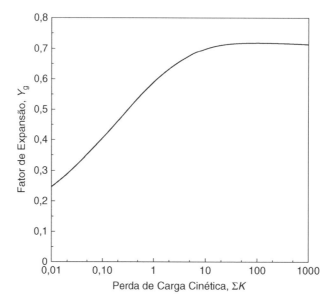

Figura 4-14 Fator de expansão do gás em função do excesso de perda de carga cinética na tubulação no escoamento adiabático. Os resultados são uma função da capacidade térmica, mas a diferença é menor do que pode ser exibido nesta figura. (Reimpresso de *J. Loss Prevention in the Proc. Ind.* Vol. 18, J. M. Keith and D. A. Crowl, "Estimating Sonic Gas Flow Rates in Pipelines", pp. 55-62, 2005, com permissão da Elsevier.)

Os resultados das Figuras 4-13 e 4-14 podem ser ajustados utilizando uma equação da forma ln $Y_g = A(\ln K_f)^3 + B(\ln K_f)^2 + C(\ln K_f) + D$, em que A, B, C e D são constantes. Os resultados estão exibidos na Tabela 4-4 e são válidos para os intervalos K_f indicados, dentro de 1%.

O procedimento para determinar a vazão mássica adiabática através de uma tubulação ou orifício é o seguinte:

1. Dado: γ baseado no tipo de gás; comprimento, diâmetro e tipo da tubulação; entradas e saídas da tubulação; quantidade total e tipos dos acessórios; queda de pressão total; densidade do gás a montante.

Tabela 4-4 Correlações para o Fator de Expansão Y_g e para a Taxa de Queda de Pressão Sônica $(P_1 - P_2)/P_1$ em Função da Perda ΣK na Tubulação nas Condições de Escoamento Adiabático[a]

Valor da função[b]	A	B	C	D	Intervalo de validade, K
Fator de expansão Y_g	0,00129	−0,0216	0,116	−0,528	0,2–1000
Taxa de queda de pressão sônica $\gamma = 1,2$	0,943	0,00727	1,12	–	0,01–1000
Taxa de queda de pressão sônica $\gamma = 1,4$	0,965	0,00461	0,944	–	0,2–1000
Taxa de queda de pressão sônica $\gamma = 1,67$	0,989	0,00178	0,767	–	0,01–1000

[a]J. Keith and D. A. Crowl, "Estimating Sonic Gas Flow Rates in Pipelines", *J. Loss Prevention in the Proc. Ind.* (2005), 18: 55-62.
[b]As equações utilizadas para ajustar as funções têm a forma ln $Y = A(\ln K)^3 + B(\ln K)^2 + C(\ln K) + D$ para o fator de expansão e $\{(P_1 - P_2)/P_1\}^{-1} = A + B(\ln K)^2 + C/K^{0,5}$ para a taxa de queda de pressão.

Modelos de Fonte

2. Suponha o escoamento turbulento plenamente desenvolvido para determinar o fator de atrito da tubulação e os termos do excesso de perda de carga para os acessórios e as entradas e saídas da tubulação. O número de Reynolds pode ser obtido no final do cálculo para verificar essa hipótese. Some cada um dos termos do excesso de perda de carga para obter ΣK_f.

3. Calcule $(P_1 - P_2)/P_1$ a partir da queda de pressão especificada. Confira esse valor na Figura 4-13 para determinar se o escoamento é sônico. Todas as áreas acima das curvas na Figura 4-13 representam o escoamento sônico. Determine a pressão *choked* P_2 utilizando a Figura 4-13 diretamente, interpolando um valor da tabela ou utilizando as equações fornecidas na Tabela 4-4.

4. Determine o fator de expansão na Figura 4-14. Leia o valor diretamente na figura, interpole-o a partir da tabela ou utilize a equação fornecida na Tabela 4-4.

5. Calcule a vazão mássica utilizando a Equação 4-68. Utilize a pressão *choked* determinada na etapa 3 nesta expressão.

Esse método é aplicável às descargas gasosas através de sistemas de tubulação e orifícios.

Escoamentos Isotérmicos

O escoamento isotérmico do gás em uma tubulação com atrito é exibido na Figura 4-15. Nesse caso, presume-se que a velocidade do gás esteja bem abaixo da velocidade sônica. Um gradiente de pressão através da tubulação fornece a força motriz para o transporte do gás. À medida que o gás se expande através do gradiente de pressão, a velocidade deve aumentar para manter a mesma vazão mássica. A pressão no final da tubulação é igual à pressão do ambiente externo. A temperatura é constante em todo o comprimento da tubulação.

O escoamento isotérmico é representado pelo balanço de energia mecânica na forma exibida na Equação 4-54. Os seguintes pressupostos são válidos nesse caso:

$$\frac{g}{g_c} dz \approx 0$$

é válido para gases, e, combinando as Equações 4-29 e 4-30 e diferenciando,

$$dF = \frac{2f\bar{u}^2 dL}{g_c d},$$

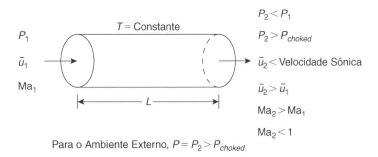

Figura 4-15 Escoamento não sônico isotérmico do gás através de tubulação.

supondo f constante, e

$$\delta W_s = 0$$

pois não há nenhuma ligação mecânica. Um balanço de energia total não é necessário, já que a temperatura é constante.

Aplicando os pressupostos na Equação 4-54 e manipulando-os consideravelmente, obtemos[12]

$$T_2 = T_1, \tag{4-70}$$

$$\frac{P_2}{P_1} = \frac{\text{Ma}_1}{\text{Ma}_2}, \tag{4-71}$$

$$\frac{\rho_2}{\rho_1} = \frac{\text{Ma}_1}{\text{Ma}_2}, \tag{4-72}$$

$$G = \rho \bar{u} = \text{Ma}_1 P_1 \sqrt{\frac{\gamma g_c M}{R_g T}}, \tag{4-73}$$

em que G é o fluxo mássico com unidades de massa/(área-tempo) e

$$\underbrace{2 \ln \frac{\text{Ma}_2}{\text{Ma}_1}}_{\text{energia cinética}} - \underbrace{\frac{1}{\gamma} \left(\frac{1}{\text{Ma}_1^2} - \frac{1}{\text{Ma}_2^2} \right)}_{\text{compressibilidade}} + \underbrace{\frac{4fL}{d}}_{\text{atrito na tubulação}} = 0. \tag{4-74}$$

Os vários termos energéticos na Equação 4-74 foram identificados.

Uma forma mais conveniente da Equação 4-74 é em termos da pressão em vez dos números de Mach. Essa forma é obtida utilizando as Equações 4-70 a 4-72. O resultado é

$$2 \ln \frac{P_1}{P_2} - \frac{g_c M}{G^2 R_g T}(P_1^2 - P_2^2) + \frac{4fL}{d} = 0. \tag{4-75}$$

Um problema típico é determinar o fluxo mássico G, dado o comprimento da tubulação (L), o diâmetro interno (d) e as pressões a montante e a jusante (P_1 e P_2). O procedimento é como a seguir.

1. Determine o fator de atrito de Fanning f utilizando a Equação 4-34. Isso pressupõe o escoamento turbulento plenamente desenvolvido em números de Reynolds elevados. Esse pressuposto pode ser verificado mais tarde, mas normalmente é válido.
2. Calcule o fluxo mássico G a partir da Equação 4-75.

---

[12]Levenspiel, *Engineering Flow and Heat Exchange*, 2nd ed. (1998), p. 46.

Modelos de Fonte

Levenspiel[13] mostrou que a maior velocidade possível durante o escoamento isotérmico do gás em uma tubulação não é a velocidade sônica, como acontece no caso adiabático. Em termos do número de Mach, a velocidade máxima é

$$\text{Ma}_{choked} = \frac{1}{\sqrt{\gamma}}. \tag{4-76}$$

Esse resultado é demonstrado começando pelo balanço de energia mecânica e rearranjando-o na seguinte forma:

$$-\frac{dP}{dL} = \frac{2fG^2}{g_c \rho d}\left[\frac{1}{1-(\bar{u}^2\rho/g_c P)}\right] = \frac{2fG^2}{g_c \rho d}\left(\frac{1}{1-\gamma\text{Ma}^2}\right). \tag{4-77}$$

A quantidade $-(dP/dL) \to \infty$ quando $\text{Ma} \to 1/\sqrt{\gamma}$. Desse modo, no escoamento *choked* em uma tubulação isotérmica, de acordo com a Figura 4-16, aplicam-se as seguintes equações:

$$T_{choked} = T_1, \tag{4-78}$$

$$\frac{P_{choked}}{P_1} = \text{Ma}_1\sqrt{\gamma}, \tag{4-79}$$

$$\frac{\rho_{choked}}{\rho_1} = \text{Ma}_1\sqrt{\gamma}, \tag{4-80}$$

$$\frac{\bar{u}_{choked}}{\bar{u}_1} = \frac{1}{\text{Ma}_1\sqrt{\gamma}}, \tag{4-81}$$

$$G_{choked} = \rho\bar{u} = \rho_1\bar{u}_1 = \text{Ma}_1 P_1\sqrt{\frac{\gamma g_c M}{R_g T}} = P_{choked}\sqrt{\frac{g_c M}{R_g T}}, \tag{4-82}$$

em que G_{choked} é o fluxo mássico com unidades de massa/(área-tempo) e

$$\ln\left(\frac{1}{\gamma\text{Ma}_1^2}\right) - \left(\frac{1}{\gamma\text{Ma}_1^2} - 1\right) + \frac{4fL}{d} = 0. \tag{4-83}$$

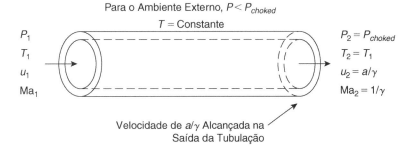

Figura 4-16 Escoamento isotérmico, em condição *choked*, do gás através de uma tubulação. A velocidade máxima é alcançada no final da tubulação.

---
[13]Levenspiel, *Engineering Flow and Heat Exchange*, 2nd ed. (1998), p. 46.

Na maioria dos problemas típicos, o comprimento da tubulação (L), o diâmetro interno (d), a pressão a montante (P_1) e a temperatura (T) são conhecidos. O fluxo mássico G é determinado através do seguinte procedimento:

1. Determine o fator de atrito de Fanning utilizando a Equação 4-34. Isso pressupõe o escoamento turbulento plenamente desenvolvido em números de Reynolds elevados. Esse pressuposto pode ser verificado mais tarde, mas normalmente é válido.
2. Determine Ma_1 a partir da Equação 4-83.
3. Determine o fluxo mássico G a partir da Equação 4-82.

Esse método direto utilizando as Equações 4-68 e 4-69 também pode ser aplicado aos escoamentos isotérmicos. A Tabela 4-5 fornece as equações para o fator de expansão e para a queda de pressão. As Figuras 4-17 e 4-18 são os gráficos dessas funções. O procedimento é idêntico ao dos escoamentos adiabáticos.

Tabela 4-5 Correlações para o Fator de Expansão Y_g e a Taxa de Queda de Pressão Sônica $(P_1 - P_2)/P_1$ em Função da Perda ΣK nas Condições de Escoamento Isotérmico[a]

Valor da função[b]	A	B	C	D	Intervalo de validade, K
Fator de expansão Y_g	0,00130	−0,0216	0,111	−0,502	0,2–1000
Taxa de queda de pressão sônica, todos os γ	0,911	0,0118	1,38	–	0,01–1000

[a]Keith e Crowl, "Estimating Sonic Gas Flow Rates".
[b]As equações utilizadas para ajustar as funções têm a forma $\ln Y_g = A(\ln K)^3 + B(\ln K)^2 + C(\ln K) + D$ para o fator de expansão e $\{(P_1 - P_2)/P_1\}^{-1} = A + B(\ln K)^2 + C/K^{0,5}$ para a taxa de queda de pressão.

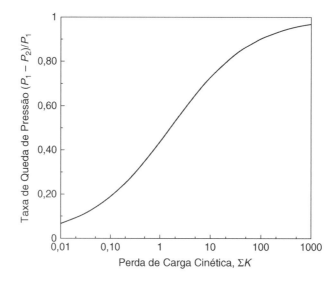

Figura 4-17 Taxa de queda de pressão em função do excesso de perda de carga cinética na tubulação no escoamento isotérmico. Os resultados independem da capacidade calorífica. Reimpresso de *J. Loss Prevention in the Proc. Ind.* Vol. 18, J. M. Keith and D. A. Crowl, "Estimating Sonic Gas Flow Rates in Pipelines", pp. 55-62, 2005, com permissão da Elsevier.

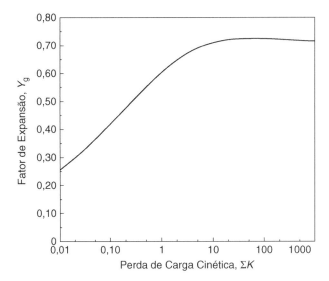

Figura 4-18 Fator de expansão do gás em função do excesso de perda de carga cinética na tubulação no escoamento isotérmico. Os resultados independem da capacidade térmica. Reimpresso de *J. Loss Prevention in the Proc. Ind.* Vol. 18, J. M. Keith and D. A. Crowl, "Estimating Sonic Gas Flow Rates in Pipelines", pp. 55-62, 2005, com permissão da Elsevier.

Keith e Crowl[14] descobriram que em ambos os casos, adiabático e isotérmico, o fator de expansão Y_g exibe um valor máximo. Nos escoamentos isotérmicos esse valor máximo foi o mesmo para todos os valores de capacidade térmica γ e ocorreram em uma perda de carga cinética de 56,3 com um fator de expansão máximo de 0,7248. Nos escoamentos adiabáticos o valor máximo do fator de expansão é uma função da capacidade térmica γ. Para $\gamma = 1,4$ o fator de expansão tem um valor máximo de 0,7182 a uma perda de carga cinética de 90,0.

Em ambos os escoamentos, adiabático e isotérmico, o fator de expansão se aproxima de uma assíntota à medida que a perda de carga cinética fica maior – a assíntota é a mesma em ambos os casos. Essa assíntota é $1/\sqrt{2} = 0{,}7071$ em ambos os escoamentos, adiabático e isotérmico. A comparação dos cálculos detalhados com a solução assintótica mostra que para valores de perda de carga cinética iguais a 100 e 500 a diferença entre a solução detalhada e a assintótica é 2,2% e 0,2%, respectivamente.

A solução assintótica pode ser inserida na Equação 4-68, resultando na seguinte equação simplificada para o fluxo mássico:

$$G = \frac{\dot{m}}{A} = \sqrt{\frac{g_c \rho_1 P_1}{\Sigma K}}. \qquad (4\text{-}84)$$

Nas liberações de gases através de tubulações é importante saber se esta liberação ocorre adiabática ou isotermicamente. Em ambos os casos a velocidade do gás aumenta devido à sua expansão à medida que a pressão diminui. Nos escoamentos adiabáticos a temperatura do gás pode aumentar ou diminuir, dependendo da grandeza relativa dos termos de atrito e energia cinética. Nos escoamentos em condição *choked*, a pressão *choked* adiabática é menor do que a pressão *choked* isotérmica. Nos escoamentos em tubulações reais, a partir de uma origem em uma pressão e temperatura fixas, a vazão real é menor do que a previsão adiabática e maior do que a previsão isotérmica. O Exemplo 4-5 mostra que nos problemas de escoamento de tubulações a diferença entre os resultados adiabático e isotérmico geralmente é pequena. Levenspiel[15] mostrou que o modelo adiabático sempre prevê um

---

[14] Keith e Crowl, "Estimating Sonic Gas Flow Rates".
[15] Levenspiel, *Engineering Flow and Heat Exchange*, 2nd ed. (1998), p. 45.

escoamento maior do que o real, contanto que a pressão e a temperatura da origem sejam as mesmas. A Crane Co.[16] relatou que, "quando os fluidos compressíveis descarregam a partir da extremidade de uma tubulação razoavelmente curta de área transversal uniforme para uma área de seção transversal maior, o escoamento geralmente é considerado adiabático". A Crane sustentou essa afirmação com dados experimentais obtidos em tubulações de diâmetros 130 e 220 descarregando ar para a atmosfera. Finalmente, nas condições de escoamento *choked* sônico as condições isotérmicas são difíceis de alcançar na prática devido à grande velocidade do escoamento gasoso. Em consequência, o modelo do escoamento adiabático é o preferido para as descargas de gases compressíveis através das tubulações.

Exemplo 4-5

O espaço de vapor acima do óxido de etileno (OE) nos tanques de armazenamento tem de ser purgado de oxigênio e depois inertizado com nitrogênio a 81 psig para evitar explosão. O nitrogênio em uma determinada instalação é fornecido por uma fonte de 200 psig, regulado para 81 psig e fornecido para o recipiente de armazenamento através de 33 ft de tubulação de aço comercial com um diâmetro interno de 1,049 in.

No caso de uma falha do regulador de nitrogênio, o recipiente estará exposto à pressão total de 200 psig a partir da fonte de nitrogênio. Isso vai ultrapassar a capacidade nominal do recipiente de armazenamento. Para evitar a ruptura do recipiente, ele deve ser equipado com um dispositivo de alívio para purgar esse nitrogênio. Determine a vazão mássica mínima de nitrogênio, através do dispositivo de alívio, necessária para evitar que a pressão aumente dentro do tanque no caso de uma falha do regulador.

Determine a vazão mássica supondo (a) um orifício com um diâmetro de entrada igual ao diâmetro da tubulação, (b) uma tubulação adiabática e (c) uma tubulação isotérmica. Decida qual resultado corresponde mais fielmente à situação real. Qual vazão mássica deveria ser utilizada?

Solução

a. A vazão máxima através do orifício ocorre em condições *choked*. A área da tubulação é

$$A = \frac{\pi d^2}{4} = \frac{(3,14)(1,049 \text{ in})^2(1 \text{ ft}^2/144 \text{ in}^2)}{4}$$

$$= 6,00 \times 10^{-3} \text{ ft}^2.$$

A pressão absoluta da fonte de nitrogênio é

$$P_o = 200 + 14,7 = 214,7 \text{ psia} = 3,09 \times 10^4 \text{ lb}_f/\text{ft}^2.$$

A pressão *choked* a partir da Equação 4-49 é, para um gás diatômico,

$$P_{choked} = (0,528)(214,7 \text{ psia}) = 113,4 \text{ psia}$$

$$= 1,63 \times 10^4 \text{ lb}_f/\text{ft}^2.$$

O escoamento sônico pode ser previsto porque o sistema descarrega para as condições atmosféricas. A Equação 4-50 fornece a vazão mássica máxima. Para o nitrogênio, $\gamma = 1,4$ e

$$\left(\frac{2}{\gamma + 1}\right)^{(\gamma + 1)/(\gamma - 1)} = \left(\frac{2}{2,4}\right)^{2,4/0,4} = 0,335.$$

---
[16]Crane Co., *Flow of Fluids*.

Modelos de Fonte

O peso molecular do nitrogênio é 28 lb$_m$/lb-mol. Sem nenhumas informações adicionais, suponha um coeficiente de descarga unitária $C_o = 1,0$. Desse modo,

$$Q_m = (1,0)(6,00 \times 10^{-3} \text{ ft}^2)(3,09 \times 10^4 \text{ lb}_f/\text{ft}^2) \times \sqrt{\frac{(1,4)(32,17 \text{ ft lb}_m/\text{lb}_f \text{s}^2)(28 \text{ lb}_m/\text{lb-mol})}{(1545 \text{ ft lb}_f/\text{lb-mol°R})(540°\text{R})}} (0,335)$$

$$= (185 \text{ lb}_f)\sqrt{5,06 \times 10^{-4} \text{ lb}_m^2/\text{lb}_f^2 \text{s}^2}$$

$$\boxed{Q_m = 4,16 \text{ lb}_m/\text{s.}}$$

b. Suponha condições de escoamento *choked* adiabático. Para a tubulação de aço comercial, a partir da Tabela 4-1 $\varepsilon = 0,046$ mm. O diâmetro da tubulação, em milímetros, é $(1,049 \text{ in})(25,4 \text{ mm/in}) = 26,6$ mm. Assim,

$$\frac{\varepsilon}{d} = \frac{0,046 \text{ mm}}{26,6 \text{ mm}} = 0,00173.$$

A partir da Equação 4-34,

$$\frac{1}{\sqrt{f}} = 4 \log\left(3,7 \frac{d}{\varepsilon}\right)$$

$$= 4 \log(3,7/0,00173) = 13,32,$$

$$\sqrt{f} = 0,0751,$$

$$f = 0,00564.$$

Para o nitrogênio, $\gamma = 1,4$.

O número de Mach a montante é determinado a partir da Equação 4-67:

$$\frac{\gamma + 1}{2} \ln\left[\frac{2Y_1}{(\gamma + 1)\text{Ma}_1^2}\right] - \left(\frac{1}{\text{Ma}_1^2} - 1\right) + \gamma\left(\frac{4fL}{d}\right) = 0,$$

com Y_1 fornecido pela Equação 4-56. Substituindo os números fornecidos, temos

$$\frac{1,4 + 1}{2} \ln\left[\frac{2 + (1,4 - 1)\text{Ma}^2}{(1,4 + 1)\text{Ma}^2}\right] - \left(\frac{1}{\text{Ma}^2} - 1\right) + 1,4\left[\frac{(4)(0,00564)(33 \text{ ft})}{(1,049 \text{ in})(1 \text{ ft}/12 \text{ in})}\right] = 0,$$

$$1,2 \ln\left(\frac{2 + 0,4\text{Ma}^2}{2,4\text{Ma}^2}\right) - \left(\frac{1}{\text{Ma}^2} - 1\right) + 11,92 = 0.$$

Essa equação é solucionada por tentativa e erro, através de um programa específico ou planilha eletrônica, para o valor de Ma. Os resultados são tabulados da seguinte forma:

Ma estimado	Valor do lado esquerdo da equação
0,20	−8,43
0,25	0,043

Esse último número de Mach estimado fornece um resultado próximo de zero. Então, a partir da Equação 4-56,

$$Y_1 = 1 + \frac{\gamma - 1}{2}\text{Ma}^2 = 1 + \frac{1,4 - 1}{2}(0,25)^2 = 1,012,$$

e a partir das Equações 4-63 e 4-64,

$$\frac{T_{choked}}{T_1} = \frac{2Y_1}{\gamma + 1} = \frac{2(1,012)}{1,4 + 1} = 0,843,$$

$$T_{choked} = (0,843)(80 + 460)°\text{R} = 455°\text{R},$$

$$\frac{P_{choked}}{P_1} = \text{Ma}\sqrt{\frac{2Y_1}{\gamma + 1}} = (0,25)\sqrt{0,843} = 0,230,$$

$$P_{choked} = (0,230)(214,7 \text{ psia}) = 49,4 \text{ psia} = 7,11 \times 10^3 \text{ lb}_f/\text{ft}^2.$$

A pressão na saída da tubulação deve ser menor do que 49,4 psia para garantir o escoamento sônico. O fluxo mássico é calculado através da Equação 4-66:

$$G_{choked} = P_{choked}\sqrt{\frac{\gamma g_c M}{R_g T_{choked}}}$$

$$= (7,11 \times 10^3 \text{ lb}_f/\text{ft}^2)\sqrt{\frac{(1,4)(32,17 \text{ ft lb}_m/\text{lb}_f\text{s}^2)(28 \text{ lb}_m/\text{lb-mol})}{(1545 \text{ ft lb}_f/\text{lb-mol}°\text{R})(455°\text{R})}}$$

$$= 7,11 \times 10^3 \text{ lb}_f/\text{ft}^2\sqrt{1,79 \times 10^{-3} \text{ lb}_m^2/\text{lb}_f^2\text{s}^2} = 301 \text{ lb}_m/\text{ft}^2\text{s},$$

$$Q_m = GA = (301 \text{ lb}_m/\text{ft}^2\text{s})(6,00 \times 10^{-3} \text{ ft}^2)$$

$$\boxed{= 1,81 \text{ lb}_m/\text{s}.}$$

O procedimento simplificado com uma solução direta também pode ser utilizado. O excesso de perda de carga resultante do comprimento da tubulação é fornecido pela Equação 4-30. O fator de atrito f já foi determinado:

$$K_f = \frac{4fL}{d} = \frac{(4)(0,00564)(10,1 \text{ m})}{(1,049 \text{ in})(0,0254 \text{ m/in})} = 8,56.$$

Para essa solução, apenas o atrito da tubulação será considerado e os efeitos da saída serão ignorados. A primeira consideração é se o escoamento é sônico. A razão da pressão sônica é fornecida na Figura 4-13 (ou as equações na Tabela 4-4). Para $\gamma = 1,4$ e $K_f = 8,56$,

$$\frac{P_1 - P_2}{P_1} = 0,770 \Rightarrow P_2 = 49,4 \text{ psia}.$$

Segue-se que o escoamento é sônico porque a pressão a jusante é menor do que 49,4 psia. A partir da Figura 4-14 (ou da Tabela 4-4), o fator de expansão do gás $Y_g = 0,69$. A densidade do gás nas condições a montante é

$$\rho_1 = \frac{P_1 M}{R_g T} = \frac{(214,7 \text{ psia})(28 \text{ lb}_m/\text{lb-mol})}{(10,731 \text{ psia ft}^3/\text{lb-mol}°\text{R})(540°\text{R})} = 1,037 \text{ lb}_m/\text{ft}^3.$$

Modelos de Fonte

Substituindo esse valor na Equação 4-68 e utilizando a pressão *choked* determinada por P_2, obtemos

$$\dot{m} = Y_g A \sqrt{\frac{2g_c \rho_1 (P_1 - P_2)}{\sum K_f}},$$

$$= (0,69)(6,00 \times 10^{-3} \text{ ft}^2) \sqrt{\frac{(2)\left(32,17 \frac{\text{ft lb}_m}{\text{lb}_f \text{ s}^2}\right)\left(1,037 \frac{\text{lb}_m}{\text{ft}^3}\right)(214,7 - 49,4)\left(\frac{\text{lb}_f}{\text{in}^2}\right)\left(144 \frac{\text{in}^2}{\text{ft}^2}\right)}{8,56}}$$

$$\boxed{= 1,78 \text{ lb}_m/\text{s}.}$$

Esse resultado é essencialmente idêntico ao resultado anterior, embora com muito menos esforço.

c. No caso isotérmico, o número de Mach a montante é fornecido pela Equação 4-83. Substituindo os números fornecidos, obtemos

$$\ln\left(\frac{1}{1,4\text{Ma}^2}\right) - \left(\frac{1}{1,4\text{Ma}^2} - 1\right) + 8,52 = 0.$$

A solução é encontrada por tentativa e erro:

Ma estimado	Valor do lado esquerdo da equação
0,25	0,526
0,24	−0,362
0,245	0,097
0,244	0,005 ← Resultado final

A pressão *choked*, a partir da Equação 4-79, é

$$P_{choked} = P_1 \text{Ma}_1 \sqrt{\gamma} = (214,7 \text{ lb}_f/\text{in}^2)(0,244)\sqrt{1,4} = 62,0 \text{ psia} = 8,93 \times 10^3 \text{ lb}_f/\text{ft}^2.$$

A vazão mássica é calculada através da Equação 4-82:

$$G_{choked} = P_{choked} \sqrt{\frac{g_c M}{R_g T}} = 8,93 \times 10^3 \text{ lb}_f/\text{ft}^2 \times \sqrt{\frac{(32,17 \text{ ft lb}_m/\text{lb}_f \text{ s}^2)(28 \text{ lb}_m/\text{lb-mol})}{(1545 \text{ ft lb}_f/\text{lb-mol}°\text{R})(540°\text{R})}}$$

$$= 8,93 \times 10^3 \text{ lb}_f/\text{ft}^2 \sqrt{1,08 \times 10^{-3} \text{ lb}_m^2/\text{lb}_f^2 \text{ s}^2} = 293 \text{ lb}_m/\text{ft}^2 \text{ s},$$

$$Q_m = G_{choked} A = (293 \text{ lb}_m/\text{ft}^2 \text{ s})(6,00 \times 10^{-3} \text{ ft}^2)$$

$$\boxed{= 1,76 \text{ lb}_m/\text{s}.}$$

Utilizando a solução direta simplificada, a partir da Tabela 4-5 ou da Figura 4-15,

$$\frac{P_1 - P_2}{P_1} = 0,70 \Rightarrow P_2 = 64,4 \text{ psia}.$$

Portanto, o escoamento é sônico. A partir da Tabela 4-5 ou da Figura 4-16, $Y_g = 0{,}70$. Substituindo na Equação 4-68, lembrando de usar a pressão *choked* acima, temos $\dot{m} = 1{,}74$ lb$_m$/s. Esse resultado é próximo ao obtido pelo método mais detalhado.

Os resultados estão resumidos na seguinte tabela:

Caso	P_{choked} (psia)	Q_m (lb$_m$/s)
Orifício	113,4	4,16
Tubulação adiabática	49,4	1,81
Tubulação isotérmica	62,0	1,76

Um procedimento padrão para esses tipos de problemas é representar a descarga através da tubulação como um orifício. Os resultados mostram que essa abordagem gera um resultado grande para esse caso. O método do orifício sempre produz um valor maior do que o método da tubulação adiabática, garantindo um projeto de segurança conservador. O cálculo do orifício, no entanto, é mais fácil de aplicar, exigindo apenas o diâmetro da tubulação e a pressão e temperatura do abastecimento a montante. Os detalhes de configuração não são necessários, assim como nos métodos da tubulação adiabática e isotérmica.

Observe também que as pressões *choked* calculadas são diferentes em cada caso, com uma diferença substancial entre os casos do orifício e adiabático/isotérmico. Um projeto adotando escoamento sônico, baseado em um cálculo de orifício, poderia, na realidade, não ser sônico devido às altas pressões a jusante.

Finalmente, repare que os métodos de tubulação adiabática e isotérmica produzem resultados razoavelmente parecidos. Na maioria das situações reais, as características de transferência de calor não podem ser determinadas com facilidade. Desse modo, o método da tubulação adiabática é o preferido, pois sempre vai produzir o número maior para um projeto de segurança conservador.

4-7 Vaporização Instantânea ou Flash de Líquidos

Os líquidos armazenados sob pressão acima da sua temperatura de ebulição normal apresentam problemas substanciais devido à vaporização instantânea (flash). Se o tanque, a tubulação ou outro dispositivo de contenção apresentar um vazamento, o líquido vai se transformar parcialmente em vapor, algumas vezes de maneira explosiva.

O flash ocorre de maneira tão rápida que o processo é considerado adiabático. O excesso de energia contido no líquido superaquecido provoca vaporização e abaixa a temperatura até o novo ponto de ebulição. Se m é a massa do líquido original, C_p a capacidade térmica do líquido (energia/massa graus), T_o a temperatura do líquido antes da despressurização e T_b o ponto de ebulição após despressurização, então o excesso de energia contido no líquido superaquecido é dado por

$$Q = mC_p(T_o - T_b). \tag{4-85}$$

Modelos de Fonte

Essa energia vaporiza o líquido. Se ΔH_v é o calor da vaporização do líquido, a massa do líquido vaporizado m_v, é dada por

$$m_v = \frac{Q}{\Delta H_v} = \frac{mC_p(T_o - T_b)}{\Delta H_v}. \tag{4-86}$$

A fração vaporizada do líquido é

$$\boxed{f_v = \frac{m_v}{m} = \frac{C_p(T_o - T_b)}{\Delta H_v}.} \tag{4-87}$$

A Equação 4-87 pressupõe propriedades físicas constantes ao longo do intervalo de temperatura T_o a T_b. Uma expressão geral sem essa hipótese é derivada da forma seguinte.

A variação na massa m do líquido resultante de uma mudança na temperatura T é dada por

$$dm = \frac{mC_p}{\Delta H_v} dT. \tag{4-88}$$

A Equação 4-88 é integrada entre a temperatura inicial T_o (com a massa m do líquido) e a temperatura final do ponto de ebulição T_b (com a massa $m - m_v$ do líquido):

$$\int_m^{m-m_v} \frac{dm}{m} = \int_{T_o}^{T_b} \frac{C_p}{\Delta H_v} dT, \tag{4-89}$$

$$\ln\left(\frac{m - m_v}{m}\right) = -\frac{\overline{C_p}(T_o - T_b)}{\overline{\Delta H_v}}, \tag{4-90}$$

em que $\overline{C_p}$ e $\overline{\Delta H_v}$ são a capacidade térmica média e o calor latente médio da vaporização, respectivamente, ao longo do intervalo de temperatura T_o a T_b. Solucionando a fração vaporizada do líquido, $f_v = m_v/m$, obtemos

$$f_v = 1 - \exp[-\overline{C_p}(T_o - T_b)/\overline{\Delta H_v}]. \tag{4-91}$$

Exemplo 4-6

Uma lb_m de água em estado líquido saturado está contida em um recipiente a 350° F. O recipiente se rompe e a pressão cai para 1 atm. Calcule a fração vaporizada do material, utilizando (a) as tabelas de vapor, (b) a Equação 4-87 e (c) a Equação 4-91.

Solução

a. O estado inicial é a água em estado líquido saturado a $T_o = 350°$ F. A partir das tabelas de vapor,

$P = 134,6$ psia,

$H = 321,6$ Btu/lb_m.

A temperatura final é o ponto de ebulição a 1 atm ou 212° F. Nessa temperatura e nas condições de saturação,

$H_{vapor} = 1150,4$ Btu/lb$_m$,

$H_{líquido} = 180,07$ Btu/lb$_m$.

Como o processo ocorre adiabaticamente, $H_{final} = H_{inicial}$ e a fração do vapor (ou qualidade) é calculada a partir de

$$H_{final} = H_{líquido} + f_v(H_{vapor} - H_{líquido}),$$

$$321,6 = 180,07 + f_v(1150,4 - 180,07),$$

$$\boxed{f_v = 0,1459.}$$

Ou seja, 14,59% da massa do líquido original é vaporizada.

b. Para a água em estado líquido a 212° F,

$C_p = 1,01$ Btu/lb$_m$ °F,

$\Delta H_v = 970,3$ Btu/lb$_m$.

A partir da Equação 4-87,

$$f_v = \frac{C_p(T_o - T_b)}{\Delta H_v} = \frac{(1,01 \text{ Btu/lb}_m \text{ °F})(350 - 212)\text{°F}}{970,3 \text{ Btu/lb}_m},$$

$$\boxed{f_v = 0,1436.}$$

c. As propriedades médias da água em estado líquido entre T_o e T_b são

$\overline{C_p} = 1,04$ Btu/lb$_m$ °F,

$\overline{\Delta H_v} = 920,7$ Btu/lb$_m$.

Substituindo na Equação 4-91, temos

$$f_v = 1 - \exp[-\overline{C_p}(T_o - T_b)/\overline{\Delta H_v}]$$

$$= 1 - \exp[-(1,04 \text{ Btu/lb}_m \text{ °F})(350 - 212)\text{°F}/(920,7 \text{ Btu/lb}_m)]$$

$$= 1 - 0,8557$$

$$\boxed{f_v = 0,1443.}$$

Ambas as expressões funcionam razoavelmente bem em comparação com o valor real da tabela de vapor.

Quanto às misturas líquidas compostas de muitas substâncias miscíveis, o cálculo da vaporização é consideravelmente complicado, pois os componentes mais voláteis vaporizam primeiro. Existem procedimentos para solucionar esse problema.[17]

---

[17] J. M. Smith e H. C. Van Ness, *Introduction to Chemical Engineering Thermodynamics*, 6th ed. (New York: McGraw-Hill, 2000).

Modelos de Fonte

Os líquidos em condição de flashear que escapam pelos orifícios e tubulações exigem consideração especial porque pode haver formação de escoamento bifásico. Vários casos especiais necessitam de consideração.[18] Se o tamanho da trajetória do fluido liberado for curto (através de um orifício em um recipiente de parede fina), existem condições de não equilíbrio, e o líquido não tem tempo para vaporizar dentro do orifício; o fluido vaporiza externamente ao orifício. As equações que descrevem o escoamento de fluidos não compressíveis através de orifícios se aplicam (ver Seção 4-2).

Se o tamanho da trajetória de liberação do líquido for maior do que 10 cm (através de uma tubulação ou recipiente de parede grossa), as condições de vaporização no equilíbrio são atingidas e o escoamento encontra-se em condições *choked*. Uma boa aproximação é supor uma pressão *choked* igual à pressão de saturação de vapor do líquido que está sendo vaporizado. O resultado será válido apenas para os líquidos armazenados em uma pressão mais alta do que a pressão de saturação do vapor. Com esse pressuposto, a vazão mássica é dada por

$$Q_m = AC_o\sqrt{2\rho_f g_c(P - P^{sat})}, \tag{4-92}$$

em que

A é a área da liberação,

C_o é o coeficiente de descarga (adimensional),

ρ_f é a densidade do líquido (massa/volume),

P é a pressão dentro do tanque e

P^{sat} é a pressão de saturação do vapor do líquido que está sendo vaporizado em temperatura ambiente.

Exemplo 4-7

A amônia líquida é armazenada em um tanque a 24° C e a uma pressão de $1,4 \times 10^6$ Pa. Uma tubulação com 0,0945 m de diâmetro se rompe a uma curta distância do recipiente (o tanque), permitindo que a amônia vaporizada escape. A pressão de saturação do vapor da amônia líquida nessa temperatura é $0,968 \times 10^6$ Pa e a sua densidade é 603 kg/m³. Determine a vazão mássica através do vazamento. Podem-se presumir condições de vaporização no equilíbrio.

Solução

A Equação 4-92 se aplica ao caso das condições de vaporização no equilíbrio. Suponha um coeficiente de descarga de 0,61. Então

$$Q_m = AC_o\sqrt{2\rho_f g_c(P - P^{sat})}$$

$$= (0,61)\frac{(3,14)(0,0945\ m)^2}{4}$$

$$\times \sqrt{2(603\ kg/m^3)[1(kg\ m/s^2)/N](1,4 \times 10^6 - 0,968 \times 10^6)(N/m^2)}$$

$$\boxed{Q_m = 97,6\ kg/s.}$$

---

[18]Hans K. Fauske, "Flashing Flows or: Some Practical Guidelines for Emergency Releases", *Plant/Operations Progress* (julho de 1985), p. 133.

Para os líquidos armazenados na pressão de saturação do vapor, $P = P^{\text{sat}}$, a Equação 4-92 não é mais válida. Uma abordagem mais detalhada é exigida. Considere um fluido inicialmente quiescente e que é acelerado através do vazamento. Suponha que a energia cinética é dominante e que os efeitos da energia potencial são desprezíveis. Depois, a partir do balanço da energia mecânica (Equação 4-1) e volume específico (com unidades de volume/massa) $v = 1/\rho$, podemos escrever

$$-\int_1^2 v\,dP = \frac{\overline{u}_2^2}{2g_c}. \tag{4-93}$$

Uma velocidade mássica G com unidades de massa /(área-tempo) é definida por

$$G = \rho \overline{u} = \frac{\overline{u}}{v}. \tag{4-94}$$

Combinando a Equação 4-94 com a Equação 4-93 e supondo que a velocidade mássica é constante, temos

$$-\int_1^2 v\,dP = \frac{\overline{u}_2^2}{2g_c} = \frac{G^2 v_2^2}{2g_c}. \tag{4-95}$$

Solucionando para a velocidade mássica G e supondo que o ponto 2 pode ser definido em qualquer ponto ao longo da trajetória do fluxo, obtemos

$$G = \frac{\sqrt{-2g_c \int v\,dP}}{v}. \tag{4-96}$$

A Equação 4-96 contém um valor máximo no qual ocorre o escoamento em condições *choked*. Nas condições de escoamento *choked*, $dG/dP = 0$. Diferenciando a Equação 4-96 e definindo o resultado igual a zero, temos

$$\frac{dG}{dP} = 0 = -\frac{(dv/dP)}{v^2}\sqrt{-2g_c \int v\,dP} - \frac{g_c}{\sqrt{-2g_c \int v\,dP}} \tag{4-97}$$

$$0 = -\frac{G(dv/dP)}{v} - \frac{g_c}{vG}. \tag{4-98}$$

Solucionando a Equação 4-98 para G, obtemos

$$\boxed{G = \frac{Q_m}{A} = \sqrt{-\frac{g_c}{(dv/dP)}}.} \tag{4-99}$$

Modelos de Fonte

O volume específico bifásico é dado por

$$v = v_{fg} f_v + v_f, \qquad (4\text{-}100)$$

em que

v_{fg} é a diferença no volume específico entre o vapor e o líquido,

v_f é o volume específico do líquido e

f_v é a fração mássica do vapor.

Diferenciando a Equação 4-100 em relação à pressão, temos

$$\frac{dv}{dP} = v_{fg} \frac{df_v}{dP}. \qquad (4\text{-}101)$$

Mas, segundo a Equação 4-87,

$$df_v = -\frac{C_p}{\Delta H_v} dT, \qquad (4\text{-}102)$$

e a partir da equação de Clausius-Clapeyron, na saturação

$$\frac{dP}{dT} = \frac{\Delta H_v}{T v_{fg}}. \qquad (4\text{-}103)$$

Substituindo as Equações 4-103 e 4-102 na Equação 4-101, temos

$$\frac{dv}{dP} = -\frac{v_{fg}^2}{\Delta H_v^2} T C_p. \qquad (4\text{-}104)$$

A vazão mássica é determinada combinando a Equação 4-104 com a Equação 4-99:

$$\boxed{Q_m = \frac{\Delta H_v A}{v_{fg}} \sqrt{\frac{g_c}{T C_p}}.} \qquad (4\text{-}105)$$

Repare que a temperatura T na Equação 4-105 é a temperatura absoluta da equação de Clausius-Clapeyron e não está associada à capacidade térmica.

Pequenas gotículas de líquido também se formam em um jato de vapor intermitente. Essas gotículas de aerossol são imediatamente arrastadas pelo vento e transportadas para longe do local de descarga. Supõe-se frequentemente que a quantidade de gotículas formadas é igual ao material vaporizado.[19]

---

[19]Trevor A. Kletz, "Unconfined Vapor Cloud Explosions", em *Eleventh Loss Prevention Symposium* (New York: American Institute of Chemical Engineers, 1977).

Exemplo 4-8

O propileno é armazenado a 25° C em um tanque na sua pressão de saturação. Surge um orifício de 1 cm de diâmetro no tanque. Estime a vazão mássica do propileno através do orifício nessas condições:

$\Delta H_v = 3{,}34 \times 10^5$ J/kg,

$v_{fg} = 0{,}042$ m³/kg,

$P^{sat} = 1{,}15 \times 10^6$ Pa,

$C_p = 2{,}18 \times 10^3$ J/kg K.

Solução

A Equação 4-105 se aplica a esse caso. A área do vazamento é

$$A = \frac{\pi d^2}{4} = \frac{(3{,}14)(1 \times 10^{-2}\text{ m})^2}{4} = 7{,}85 \times 10^{-5}\text{ m}^2.$$

Usando a Equação 4-105, obtemos

$$Q_m = \frac{\Delta H_v A}{v_{fg}} \sqrt{\frac{g_c}{TC_p}}$$

$$= (3{,}34 \times 10^5\text{ J/kg})(1\text{ N m/J})\frac{(7{,}85 \times 10^{-5}\text{ m}^2)}{(0{,}042\text{ m}^3/\text{kg})}$$

$$\times \sqrt{\frac{1{,}0(\text{kg m/s}^2)/\text{N}}{(2{,}18 \times 10^3\text{ J/kg K})(298\text{ K})(1\text{ N m/J})}}$$

$$\boxed{Q_m = 0{,}774\text{ kg/s.}}$$

4-8 Evaporação ou Ebulição de Piscina de Líquido

O caso da evaporação de uma substância volátil a partir de uma piscina de líquido já foi considerado no Capítulo 3. A vazão mássica total de evaporação é fornecida pela Equação 3-12:

$$\boxed{Q_m = \frac{MKAP^{sat}}{R_g T_L},} \tag{3-12}$$

em que

Q_m é a taxa de vaporização mássica (massa/tempo),

M é o peso molecular do material puro,

K é o coeficiente de transferência de massa (comprimento/tempo),

A é a área de exposição,

P^{sat} é a pressão de saturação do vapor do líquido,

R_g é a constante dos gases ideais e

T_L é a temperatura do líquido.

Para os líquidos em ebulição na piscina, a taxa de ebulição é limitada pela transferência de calor do ambiente externo para o líquido na piscina. O calor é transferido (1) do solo por condução, (2) do ar por condução e convecção e (3) por irradiação do sol e/ou fontes adjacentes como um incêndio.

O estágio inicial da ebulição normalmente é controlado pela transferência de calor a partir do solo. Isso é particularmente verdadeiro em um derramamento de líquido com um ponto de ebulição normal abaixo da temperatura ambiente ou da temperatura do solo. A transferência de calor do solo é modelada com uma equação unidimensional simples de condução de calor, dada por

$$q_g = \frac{k_s(T_g - T)}{(\pi \alpha_s t)^{1/2}}, \qquad (4\text{-}106)$$

em que

q_g é o fluxo de calor a partir do solo (energia/área-tempo),

k_s é a condutividade térmica do solo (energia/comprimento-tempo-graus),

T_g é a temperatura do solo (graus),

T é a temperatura da piscina de líquido (graus),

α_s é a difusividade térmica do solo (área/tempo) e

t é o tempo após o derramamento (tempo).

A Equação 4-106 não é considerada conservativa.

A taxa de ebulição é determinada supondo-se que todo o calor é utilizado para ferver o líquido. Desse modo

$$Q_m = \frac{q_g A}{\Delta H_v}, \qquad (4\text{-}107)$$

em que

Q_m é a taxa de ebulição mássica (massa/tempo),

q_g é a transferência de calor para a piscina a partir do solo, determinada pela Equação 4-106 (energia/área-tempo),

A é a área da piscina (área) e

ΔH_v é o calor da vaporização do líquido na piscina (energia/massa).

Em momentos posteriores, os fluxos de calor solar e a transferência de calor por convecção a partir da atmosfera passam a ser importantes. Para um derramamento no solo dentro de um dique isolado, esses fluxos podem ser as únicas contribuições energéticas. Essa abordagem parece funcionar adequadamente para o gás natural liquefeito (GNL) e talvez para o etano e o etileno. Os hidrocarbonetos superiores (C_3 e superior) requerem um mecanismo de transferência de calor mais detalhado. Esse modelo também despreza os possíveis efeitos do congelamento da água no solo, os quais podem alterar significativamente o comportamento da transferência de calor. Mais detalhes sobre as piscinas de ebulição são fornecidos em outro lugar.[20]

4-9 Hipóteses de Liberação Realistas e Cenários Mais Desfavoráveis

A Tabela 4-6 apresenta uma série de liberações realistas e outras envolvendo cenários mais desfavoráveis. As liberações realistas representam os resultados de incidentes com alta probabilidade de ocorrência. Desse modo, em vez de supor que um recipiente de armazenamento inteiro falhe catastroficamente, é mais realista supor que existe grande probabilidade de que a liberação vá ocorrer a partir da desconexão da maior tubulação conectada ao tanque.

As liberações no cenário mais desfavorável possível são as que supõem a falha quase catastrófica do processo, resultando em uma liberação quase instantânea de todo o estoque do processo ou a liberação ao longo de um curto período de tempo.

A escolha do caso de liberação depende dos requisitos do estudo de consequências. Se o estudo interno de uma empresa estiver sendo realizado a fim de determinar as consequências reais das liberações industriais, então os casos realistas seriam escolhidos. No entanto, se estiver sendo feito um estudo para cumprir as exigências do Plano de Gestão de Risco da EPA, então devem ser utilizadas as liberações nos cenários mais desfavoráveis.

4-10 Análise Conservadora

Todos os modelos, incluindo os de consequências, possuem incertezas. Essas incertezas surgem devido (1) à compreensão incompleta da geometria da liberação (ou seja, o tamanho do orifício), (2) às propriedades físicas desconhecidas ou mal caracterizadas, (3) à má compreensão dos processos químicos ou de liberação e (4) ao comportamento desconhecido ou mal compreendido da mistura, apenas para citar alguns motivos.

As incertezas que surgem durante o procedimento de modelagem das consequências são tratadas atribuindo-se valores conservadores a alguns desses elementos desconhecidos. Ao fazê-lo, obtém-se uma *estimativa conservadora* da consequência, definindo os limites do espaço construtivo. Isso garante que o projeto de engenharia resultante para atenuar ou remover o risco seja *superespecificado*. No entanto, todos os esforços devem ser feitos para alcançar um resultando coerente com as demandas do problema.

Em qualquer estudo de modelagem, deve haver várias demandas que exigem decisões diferentes para o projeto conservador. Por exemplo, o modelo de dispersão baseado em uma liberação ao nível do solo vai maximizar a consequência para a comunidade circundante, mas não vai maximizar a consequência para os operários da fábrica no topo da estrutura de processo.

Para ilustrar a modelagem conservadora, considere um problema que exige uma estimativa da taxa de descarga gasosa a partir de um orifício em um tanque de armazenamento. Essa taxa de descarga é

---
[20]CCPS, *Guidelines for Consequence Analysis of Chemical Releases* (1999).

Tabela 4-6 Diretrizes para a Seleção dos Incidentes de Processo

Característica do incidente	Diretriz
Incidentes de liberação realistas[a]	
Tubulações de processo	Ruptura da tubulação de processo com maior diâmetro da seguinte forma: Nos diâmetros menores que 2 in, suponha uma ruptura completa. Nos diâmetros entre 2 e 4 in, suponha uma ruptura igual à da tubulação de 2 in de diâmetro. Nos diâmetros acima de 4 in, suponha uma área de ruptura igual a 20% da área transversal da tubulação.
Mangueiras	Suponha ruptura completa.
Dispositivos de alívio de pressão descarregando diretamente na atmosfera	Utilize a taxa de liberação total calculada na pressão estabelecida. Refira-se ao cálculo do alívio de pressão. Todo o material liberado é supostamente transportado pelo ar.
Recipientes	Suponha uma ruptura baseada na tubulação de processo com maior diâmetro acoplada ao recipiente. Utilize os critérios de tubulação.
Outros	Os incidentes podem ser estabelecidos com base na experiência da fábrica, ou podem ser elaborados a partir do resultado de uma análise, ou derivados de estudos de análise de risco.
Cenários mais desfavoráveis[b]	
Quantidade	Suponha a liberação da maior quantidade de substância manipulada *in situ* em um único recipiente de processo a qualquer momento. Para estimar a taxa de liberação, suponha que o volume total seja liberado em 10 minutos.
Velocidade/estabilidade atmosférica	Suponha a estabilidade F, velocidade do vento 1,5 m/s, exceto se os dados meteorológicos indicarem o contrário.
Temperatura/umidade	Suponha a temperatura máxima diária mais elevada e umidade média.
Altura da liberação	Suponha que a liberação ocorra no nível do solo.
Topografia	Suponha a topografia urbana ou rural, como for mais conveniente.
Temperatura da substância liberada	Considere que os líquidos são liberados na temperatura máxima diária mais elevada, baseado nos dados dos três anos anteriores, ou na temperatura do processo, o que for mais alto. Suponha que os gases liquefeitos por refrigeração na pressão atmosférica sejam liberados em seus pontos de ebulição.

[a]*Dow's Chemical Exposure Index Guide* (New York: American Institute of Chemical Engineers, 1994).
[b]US EPA, *RMP Offsite Consequence Analysis Guidance* (Washington, DC: US Environmental Protection Agency, 1996).

utilizada para estimar as concentrações do gás a favor do vento visando estimar o impacto toxicológico. A taxa de descarga depende de uma série de parâmetros, incluindo (1) a área do orifício, (2) a pressão dentro e fora do tanque, (3) as propriedades físicas do gás e (4) a temperatura do gás, apenas para mencionar alguns parâmetros.

A realidade da situação é que a taxa de descarga gasosa máxima ocorre no início do vazamento, diminuindo em função do tempo à medida que a pressão dentro do tanque diminui. A solução dinâmica completa para esse problema é difícil, exigindo um modelo de descarga mássica em associação cruzada com um balanço de material sobre o conteúdo do tanque. Uma equação de estado (talvez não ideal) é necessária para determinar a pressão do tanque, dada a massa total. Efeitos complexos da temperatura também são possíveis. Um esforço de modelagem desses detalhes não é necessariamente exigido para estimar a consequência.

Um procedimento muito mais simples é calcular a taxa de descarga mássica no instante em que o vazamento ocorre, supondo uma temperatura e pressão fixas dentro do tanque iguais à temperatura e pressão iniciais. A taxa de descarga efetiva em momentos posteriores sempre será menor, e as concentrações a favor do vento sempre serão menores. Desse modo, assegura-se um resultado conservador.

Para a área do orifício, uma decisão possível é considerar a área da maior tubulação conectada ao tanque, já que as desconexões de tubulação são uma fonte frequente de vazamentos nesses tanques. Mais uma vez, isso maximiza a consequência e garante um resultado conservador. Esse procedimento continua até que todos os parâmetros do modelo estejam especificados.

Infelizmente, esse procedimento pode resultar em uma consequência que é muitas vezes maior do que a real, levando ao potencial exagero no projeto dos procedimentos de atenuação ou dos sistemas de segurança. Isso ocorre, em particular, se forem tomadas várias decisões durante a análise, com cada uma dessas decisões produzindo um resultado máximo. Por esse motivo, a análise de consequências deve ser abordada com inteligência, temperada com uma boa dose de realismo e bom senso.

Leitura Sugerida

Modelagem de Consequências

Center for Chemical Process Safety (CCPS), *Guidelines for Consequence Analysis of Chemical Releases* (New York: American Institute of Chemical Engineers, 1999).

Center for Chemical Process Safety (CCPS), *Guidelines for Chemical Process Quantitative Risk Analysis* (New York: American Institute of Chemical Engineers, 2000).

Escoamento de Líquidos através de Orifícios

Sam Mannan, ed., *Lees' Loss Prevention in the Process Industries*, 3rd ed. (London: Butterworths, 2005), p. 15/6.

Escoamento de Líquidos através de Tubulações

Octave Levenspiel, *Engineering Flow and Heat Exchange*, 2nd ed. (New York: Springer, 1998), ch. 2.

Warren L. McCabe, Julian C. Smith and Peter Harriott, *Unit Operations of Chemical Engineering*, 7th ed. (New York: McGraw-Hill, 2004), ch. 5.

Escoamento de Vapor através de Orifícios

Mannan, *Loss Prevention*, p. 15/10.

Levenspiel, *Engineering Flow and Heat Exchange*, 2nd ed. (1998), pp. 48-51.

Escoamento de Vapor através de Tubulações

Jason Keith and Daniel A. Crowl, "Estimating Sonic Gas Flow Rates in Pipelines", *J. Loss Prev. Proc. Ind.* (2005), 18: 55-62.

Levenspiel, *Engineering Flow and Heat Exchange*, 2nd ed. (1998), ch. 3.

Vaporização de Líquidos

Steven R. Hanna and Peter J. Drivas, *Guidelines for Use of Vapor Dispersion Models*, 2nd ed. (New York: American Institute of Chemical Engineers, 1996), pp. 24-32.

Mannan, *Loss Prevention*, p. 15/11.

Evaporação e Ebulição de Piscinas de Líquidos

Hanna and Drivas, *Gudelines*, pp. 31, 39.

Problemas

4-1 Um orifício de 20 in aparece em uma tubulação contendo tolueno. A pressão na tubulação no ponto do vazamento é de 100 psig. Determine a taxa de vazamento. A densidade relativa do tolueno é 0,866.

4-2 Uma tubulação horizontal de 100 ft de comprimento transportando benzeno tem um vazamento a 43 ft da extremidade de alta pressão. O diâmetro do vazamento é estimado em 0,1 in. No momento, a pressão a montante na tubulação é de 50 psig e a pressão a jusante é de 40 psig. Estime a vazão mássica do benzeno através do vazamento. A densidade relativa do benzeno é 0,8794.

4-3 O TLV-TWA do gás sulfeto de hidrogênio é 10 ppm. O gás sulfeto de hidrogênio é armazenado em um tanque a 100 psig e 80° F. Estime o diâmetro de um orifício no tanque levando a uma concentração local de sulfeto de hidrogênio igual a TLV-TWA. A taxa de ventilação local é 2000 ft^3/min, sendo considerada média. A pressão ambiente é 1 atm.

4-4 Um tanque contém gás pressurizado. Desenvolva uma equação descrevendo a pressão do gás em função do tempo, caso o tanque desenvolva um vazamento. Suponha um escoamento em condição *choked* e uma temperatura constante do gás do tanque igual a T_o.

4-5 No escoamento incompressível em uma tubulação horizontal de diâmetro constante e sem acessórios ou válvulas, mostre que a pressão é uma função linear do comprimento da tubulação. Que outros pressupostos são necessários para esse resultado? Esse resultado é válido para tubulações não horizontais? Como a presença de acessórios, válvulas e de outros equipamentos afeta esse resultado?

4-6 Um tanque de armazenamento tem 10 m de altura. Em um determinado momento o nível de líquido está a 5 m de altura dentro do tanque. O tanque é pressurizado com nitrogênio a 0,1 bar para evitar a atmosfera inflamável em seu interior. O líquido no tanque possui uma densidade de 490 kg/m^3.

  a. Se um orifício de 10 mm se formar a 3 m acima do solo, qual é a taxa de descarga mássica inicial do líquido (em kg/s)?

  b. Estime a distância a partir do tanque em que o jato de líquido vai atingir o solo. Determine se esse jato será contido por um dique de 1 m de altura situado a 1 m da parede do tanque.

  Dica: Para um corpo em queda livre o tempo para chegar ao solo é dado por

  $$t = \sqrt{\frac{2h}{g}},$$

  em que t é o tempo, h é a altura inicial acima do solo e g é a aceleração devido à gravidade.

4-7 A água é bombeada através de uma tubulação Série 40 de 1 in (diâmetro interno = 1,049 in) a 400 gal/h. Se a pressão em um ponto da tubulação for 103 psig e um pequeno vazamento surgir 22 ft a jusante, calcule a pressão do fluido no vazamento. A seção da tubulação é horizontal, sem acessórios ou válvulas. Para a água nessas condições, a viscosidade é 1,0 centipoise e a densidade é 62,4 lb_m/ft^3. Suponha que se trata de uma tubulação nova de aço comercial.

4-8 Se uma válvula esfera for adicionada a uma seção de tubulação do Problema 4-7, calcule a pressão supondo que a válvula esteja aberta.

4-9 Uma solução de ácido clorídrico a 31,5% é bombeada de um tanque de armazenamento para outro. A potência de entrada para a bomba é de 2 kW, sendo esta bomba 50% eficiente. A tubulação é de PVC com um diâmetro interno de 50 mm. Em um determinado momento, o nível do líquido no primeiro tanque está 4,1 m acima da saída da tubulação. Devido a um acidente, a tubulação está cortada entre a bomba e o segundo tanque, em um ponto 2,1 m abaixo da saída da tubulação do primeiro tanque. Esse ponto está a 27 m em comprimento equivalente da tubulação a partir do primeiro tanque. Calcule a vazão (em kg/s) do vazamento. A viscosidade da solução é $1,8 \times 10^{-3}$ kg/m s e a densidade é 1600 kg/m³.

4-10 A inspeção matinal em um parque de estocagem encontra um vazamento no tanque de terebintina. O vazamento é corrigido. Uma investigação descobre que o vazamento tinha 0,1 in de diâmetro e que estava 7 ft acima do fundo do tanque. Registros mostram que o nível da terebintina no tanque era de 17,3 ft antes da ocorrência do vazamento e 13,0 ft após o vazamento ter sido corrigido. O tanque tem um diâmetro de 15 ft. Determine (a) a quantidade total de terebintina derramada, (b) a taxa máxima de derramamento e (c) o tempo total em que o vazamento esteve ativo. A densidade da terebintina nessas condições é 55 lb/ft³.

4-11 Calcule a pressão da tubulação no ponto exibido na Figura 4-19. A vazão através da tubulação é de 10.000 L/h. A tubulação é nova e de aço comercial, com um diâmetro interno de 50 mm. O líquido na tubulação é petróleo com uma densidade de 928 kg/m³ e uma viscosidade de 0,004 kg/m s. O tanque é ventilado para a atmosfera.

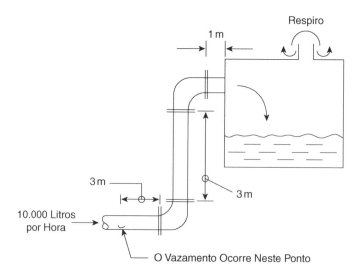

Figura 4-19 Configuração do processo para o Problema 4-11.

4-12 Um tanque com uma tubulação de dreno é exibido na Figura 4-20. O tanque contém petróleo e há preocupação de que a tubulação do dreno se rompa abaixo do tanque, permitindo que o conteúdo vaze.

Modelos de Fonte

a. Se a tubulação do dreno se romper 2 metros abaixo do tanque, e o nível do petróleo for de 7 m, estime a vazão mássica inicial do material que sai pela tubulação do dreno.

b. Se a tubulação se romper no fundo do tanque, deixando um orifício de 50 mm de diâmetro, estime a vazão mássica inicial.

O petróleo tem uma densidade de 928 kg/m^3 e uma viscosidade de 0,004 kg/m s.

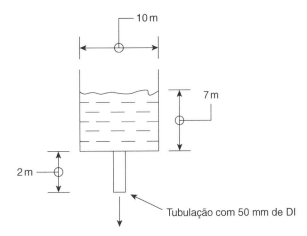

Figura 4-20 Processo de drenagem do tanque para o Problema 4-12.

4-13 Um cilindro no laboratório contém nitrogênio a 2200 psia. Se o cilindro cair e a válvula se romper, estime a vazão mássica inicial do nitrogênio que sai do tanque. Suponha um orifício com 0,5 in de diâmetro. Qual é a força criada pelo jato de nitrogênio?

4-14 Um equipamento de laboratório utiliza nitrogênio a 250 psig. O nitrogênio é fornecido por um cilindro, passando através de um regulador e através de uma tubulação de cobre estampado, com 15 ft e 0,25 in de diâmetro interno. Se a tubulação se separar do equipamento, estime o escoamento do nitrogênio a partir da tubulação. O nitrogênio no tanque está a 75° F.

4-15 O vapor é fornecido para as serpentinas de aquecimento do vaso de um reator a 125 psig, saturado. As serpentinas são de tubos Série 80 com 0,5 in (diâmetro interno = 0,546 in). O vapor é fornecido por uma tubulação principal através de uma tubulação similar com um comprimento equivalente de 53 ft. As serpentinas de aquecimento consistem em 20 ft de tubulação enrolada em uma bobina dentro do reator.

Se a tubulação da serpentina de aquecimento se romper acidentalmente, o vaso do reator ficará exposto à pressão total de 125 psig do vapor, ultrapassando a sua pressão nominal. Em consequência, o reator tem de ser equipado com um sistema de alívio para descarregar o vapor na eventualidade de um rompimento da serpentina. Calcule a vazão mássica máxima do vapor a partir das serpentinas rompidas empregando duas abordagens:

a. Supondo que o vazamento na serpentina é representado por um orifício.

b. Supondo o escoamento adiabático através da tubulação.

4-16 Um aquecedor de água doméstico contém 40 galões de água. Devido a uma falha do controle de aquecimento, o calor é aplicado continuamente à água no tanque, aumentando a temperatura e a pressão. Infelizmente, a válvula de escape está entupida e a pressão ultrapassa o máximo aceitável pelo tanque. A 250 psig o tanque se rompe. Estime a quantidade de água vaporizada instantaneamente.

4-17 Calcule o fluxo mássico (kg/m² s) dos seguintes vazamentos do tanque, sabendo que a pressão de armazenamento é igual à pressão do vapor a 25° C:

Material tóxico	Pressão (Pa)	Calor de vaporização (J/kg)	V_{fg} (m³/kg)	Capacidade térmica (J/kg K)
a. Propano	$0{,}95 \times 10^6$	$3{,}33 \times 10^5$	0,048	$2{,}23 \times 10^3$
b. Amônia	1×10^6	$1{,}17 \times 10^6$	0,127	$4{,}49 \times 10^3$
c. Cloreto metílico	$0{,}56 \times 10^6$	$3{,}75 \times 10^5$	0,077	$1{,}5 \times 10^3$
d. Dióxido de enxofre	$0{,}39 \times 10^6$	$3{,}56 \times 10^5$	0,09	$1{,}36 \times 10^3$

4-18 Grandes tanques de armazenamento necessitam de uma ventilação de respiro (chamada tecnicamente de ventilação de conservação) para permitir que o ar entre e saia do tanque como resultado das mudanças de temperatura e pressão, e de uma mudança no nível de líquido no tanque. Infelizmente, esses respiros também permitem que materiais voláteis escapem, resultando em potenciais exposições dos trabalhadores.

Uma expressão que pode ser utilizada para estimar a taxa de emissão volátil em um tanque de armazenamento resultante de uma única mudança na temperatura é dada por

$$m = \frac{M P^{\text{sat}} V_o}{R_g T_L}\left(\frac{T_H}{T_L} - 1\right),$$

em que m é a massa total da substância volátil liberada, M é o peso molecular da substância volátil, P^{sat} é a pressão de saturação do vapor do líquido, V_o é o volume de vapor do tanque, R_g é a constante dos gases ideais, T_L é a temperatura absoluta baixa inicial e T_H é a temperatura absoluta final.

Um tanque de armazenamento tem 15 m de diâmetro e 10 m de altura. No momento ele se encontra cheio pela metade com tolueno ($M = 92$, $P^{\text{sat}} = 36{,}4$ mm Hg). Se a temperatura mudar de 4° C para 30° C ao longo de um período de 12 horas,

a. Derive a equação de m.

b. Estime a taxa de emissão de tolueno (em kg/s).

c. Se um operário estiver em pé, perto do respiro, estime a concentração (em ppm) de tolueno no ar. Utilize uma temperatura média e uma taxa de ventilação eficaz de 3000 ft³/min. O operário está superexposto?

4-19 Um tanque de 100 ft de diâmetro e 20 ft de altura é cheio com petróleo até 2 ft do topo. Um cenário de acidente é aquele em que uma linha de 6 in de diâmetro conectada ao fundo do tanque se solta, permitindo que o petróleo drene. Se for necessário um tempo de resposta de emergência igual a 30 minutos para parar o vazamento, estime a quantidade máxima de petróleo (em galões) que vaza. O tanque é ventilado para a atmosfera e a densidade relativa do petróleo é 0,9.

4-20 Um procedimento de redução de acidentes se chama transferência emergencial de material, no qual o material é transportado para longe do local do acidente antes do seu envolvimento.

Existe um planejamento para atenuar cenário de incêndio em tanque de petróleo bombeando o conteúdo do tanque até esvaziá-lo, em um período total de 1 hora.

O tanque tem 30 m de diâmetro e o petróleo costuma permanecer em um nível de 9 m.

A transferência será feita pelo bombeamento do petróleo através de uma tubulação nova de aço comercial com 200 mm (diâmetro interno) para outro tanque de 40 m de diâmetro e 10 m de altura. O oleoduto representa 50 m de tubulação equivalente.

a. Estime o tamanho mínimo da bomba (em HP) necessário para esvaziar o tanque em 1 hora. Suponha que a bomba tem uma eficiência de 80%.

b. Se estiver disponível uma bomba de 100 HP (80% eficiente), quanto tempo levará para esvaziar o tanque?

c. Quais conclusões podem ser extraídas a respeito da viabilidade dessa abordagem?

A densidade do petróleo é de 928 kg/m^3 com uma viscosidade de 0,004 kg/ms.

4-21 Um tanque de armazenamento contém água contaminada com uma pequena quantidade de material nocivo solúvel. O tanque tem 3 m de diâmetro e 6 m de altura. No presente momento o nível do líquido está a 1 m do topo do tanque.

a. Se uma tubulação de alimentação de 3 cm (diâmetro interno) no fundo do tanque se romper, quanto líquido (em m^3) será derramado se o procedimento de resposta de emergência precisar de 30 minutos para interromper o escoamento?

b. Qual é o nível final do líquido (em m)?

c. Qual é a taxa máxima de derramamento do líquido (em kg/s)?

Suponha que o tanque possua respiro.

4-22 Uma tubulação de 3 cm de diâmetro interno, ligada em um tanque de nitrogênio, se rompe. Estime a vazão máxima de vazamento (kg/s) do gás se a pressão inicial do tanque for de 800 kPa (manométrico). A temperatura é de 25°C e a pressão externa é atmosférica.

4-23 Um tanque de armazenamento possui um respiro para a atmosfera. Se surgir um orifício no tanque, o nível do líquido h_L é dado pela seguinte equação diferencial:

$$\frac{dh_L}{dt} = -\frac{C_o A}{A_t}\sqrt{2gh_L},$$

em que h_L é a altura do nível do líquido acima do vazamento, C_o é o coeficiente de descarga constante (= 0,61), A é a área transversal do vazamento, A_t é a área transversal do tanque e g é a aceleração devido à gravidade.

a. Integre a equação para determinar uma expressão para a altura do nível do líquido em função do tempo. Suponha um nível inicial do líquido acima do vazamento igual a h_L^o.

b. Qual é a força motriz que empurra a água para fora do orifício no tanque?

c. Se a área transversal do tanque aumentar, o nível do líquido varia mais depressa, mais devagar, ou na mesma velocidade?

d. Se o nível do líquido aumentar, este nível muda mais depressa, mais devagar, ou na mesma velocidade?

e. Um tanque cilíndrico de 10 ft de altura e 20 ft de diâmetro é utilizado para armazenar água. O nível do líquido no tanque inicialmente é de 7 ft. Se ocorrer uma punção de 1 in a 2 ft do fundo do tanque, quanto tempo vai levar para a água drenar pelo vazamento? Qual é o volume total de líquido (em galões) descarregado?

f. Qual seria a importância do vazamento se o líquido fosse inflamável? E se fosse tóxico?

4-24 Utilize um balanço de energia mecânica para mostrar que o trabalho da bomba necessário para bombear um líquido através de uma tubulação de um tanque para outro é dado por

$$W_s = -\frac{2fL\dot{m}^3}{g_c d\rho^2 A^2} = -\frac{32fL\dot{m}^3}{\pi^2 g_c d^5 \rho^2},$$

em que W_s é o trabalho da bomba, f é o fator de atrito de Fanning, L é o comprimento da tubulação, $\dot{m}$ é a vazão mássica, d é o diâmetro da tubulação, ρ é a densidade do líquido e A é a área transversal da tubulação. Certifique-se de apresentar claramente as suas hipóteses!

4-25 No Exemplo 4-5, o escoamento máximo através da linha de nitrogênio foi determinado para dimensionar o dispositivo de alívio.

Um conceito importante na segurança de processo é a *segurança inerente*. Isso significa que o processo é concebido de tal modo a evitar que os perigos resultem em um acidente.

Suponha que o reator do Exemplo 4-5 esteja equipado com um dispositivo de alívio capaz de liberar nitrogênio do vaso do reator na taxa de 0,5 lb$_m$/s. Isso não é suficiente para evitar o excesso de pressurização do reator no caso de uma falha do regulador. Um método de projeto inerentemente mais seguro é instalar um orifício na linha de fornecimento de nitrogênio para limitar o escoamento deste gás.

a. Calcule o diâmetro do orifício necessário para reduzir o escoamento na linha de nitrogênio para 0,5 lb$_m$/s.

b. Quais problemas de segurança ou operacionais novos podem surgir como resultado da instalação do orifício?

4-26 Um tanque arredondado de 10 m de diâmetro está assentado no solo, dentro de uma área de 20 m² cercada por diques. O tanque contém um material nocivo dissolvido principalmente em água. O tanque possui um respiro para a atmosfera.

Ocorreu um vazamento no tanque devido ao fato de uma tubulação de 0,1 m de diâmetro, situada 1 m acima do fundo do tanque, ter sido desconectada acidentalmente. No momento em que o escoamento do líquido foi interrompido, o nível de líquido na área represada havia alcançado uma altura de 0,79 m.

a. Estime a quantidade total de líquido derramado (em m³ e em kg).

b. Se o nível do líquido no tanque no final do derramamento era de 8,5 m acima do fundo do tanque, estime a duração do vazamento.

c. Qual era o nível original do líquido no tanque?

4-27 a. Mostre que para qualquer bomba a velocidade máxima da descarga de líquido é dada por

$$u = \sqrt[3]{-\frac{2g_c W_s}{\rho A}},$$

em que u é a velocidade máxima de descarga do líquido, W_s é o trabalho no eixo da bomba, ρ é a densidade do líquido e A é a área de descarga da saída da bomba. Certifique-se de apresentar as hipóteses adotadas na sua solução.

b. Uma bomba de 1 kW descarrega água através da saída de uma bomba com 50 mm (diâmetro interno). Qual é a velocidade máxima do líquido que sai da bomba? Qual é a taxa máxima de descarga (em kg/s)?

4-28 Considere um poço de petróleo perfurado até uma profundidade de 1000 ft e conectado à superfície com tubos novos de aço comercial de 4 in (diâmetro interno). Se a pressão no reservatório do poço for constante em 500 psig, qual é a previsão de vazão do petróleo líquido (em barris por dia) na superfície se a tubulação estiver aberta para a atmosfera? Suponha 1000 ft de tubulação equivalente e nenhum escoamento de gás com o petróleo. A densidade relativa do petróleo é 0,93 e a sua viscosidade é 0,4 centipoise. Certifique-se de declarar e justificar claramente quaisquer hipóteses! Lembre-se: um barril de petróleo equivale a 42 galões.

4-29 As bombas podem ser bloqueadas fechando as válvulas de entrada e saída. Isso pode levar a um aumento rápido na temperatura do líquido bloqueado dentro da bomba.

Uma bomba contém 4 kg de água. Se a potência nominal da bomba for de 1 HP, qual é o aumento máximo de temperatura previsto para a água em °C/h? Suponha uma capacidade térmica constante para a água igual a 1 kcal/kg°C. O que vai acontecer se a bomba continuar a funcionar?

4-30 Calcule a quantidade de litros de líquido por ano que pode ser transportada através dos seguintes diâmetros de tubulação, supondo uma velocidade constante do líquido igual a 1 m/s:

a. 3 cm de diâmetro interno.

b. 5 cm de diâmetro interno.

c. 25 cm de diâmetro interno.

d. 50 cm de diâmetro interno.

Comente sobre a ordem de grandeza do resultado e sobre a necessidade de tubulações maiores em uma indústria química.

4-31 Calcule o número de quilogramas de gás ideal por ano que podem ser transportados através dos seguintes diâmetros de tubulação, supondo uma velocidade do gás igual a 3 m/s, uma pressão manométrica de 689 kPa, uma temperatura de 25° C e um peso molecular de 44:

a. 3 cm de diâmetro interno.

b. 5 cm de diâmetro interno.

c. 25 cm de diâmetro interno.

d. 50 cm de diâmetro interno.

Comente sobre a ordem de grandeza do resultado e sobre a necessidade de tubulações maiores em uma indústria química.

4-32 O gráfico da Figura 4-21 exibe o histórico de um vazamento em um tanque de armazenamento. Nenhuma outra operação de bombeamento ou enchimento ocorreu durante esse período. O tanque tem 10 m de altura e 10 m de diâmetro, contendo um líquido com densidade relativa de 0,9.

a. Quando o vazamento começou e quanto tempo durou, aproximadamente?

b. A que altura está o vazamento?

c. Qual é a quantidade total (em kg) derramada?

d. Estime a taxa de descarga máxima do fluido (em kg/s).

e. Estime o diâmetro do orifício de vazamento (em cm).

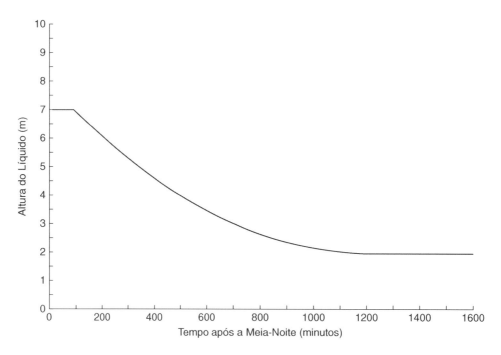

Figura 4-21 Gráfico para o Problema 4-32.

4-33 Um recipiente de armazenamento contendo tetracloreto de carbono (CCl_4) está contido em uma área represada, com dimensões de 10 m × 10 m. O tanque tem uma configuração horizontal com suportes para elevá-lo bem acima do solo da área represada. A temperatura do líquido é de 35° C e a pressão ambiente é de 1 atm. O peso atômico do cloro é 35,4.

a. Qual é a taxa de derramamento (em kg/s) do recipiente de armazenamento necessária para encher completamente, com líquido, o solo da área represada?

b. Se uma das hipóteses de acidente para esse recipiente resultar em um vazamento com uma taxa de descarga de 1 kg/s, estime a concentração de vapor de CCl_4 perto do recipiente (em ppm), supondo uma taxa de ventilação efetiva de 3.000 ft^3/min para o ambiente externo.

4-34 Mostre que, para um recipiente de armazenamento esférico contendo líquido a uma altura inicial h_o, o tempo para o líquido drenar de um orifício no fundo da esfera é dado por

$$t = \frac{\sqrt{2}\pi(h_o)^{3/2}\left(D - \frac{3}{5}h_o\right)}{3AC_o\sqrt{g}},$$

em que D é o diâmetro interno da esfera, A é a área do orifício, C_o é o coeficiente de descarga e g é a aceleração devido à gravidade.

4-35 Estime a taxa de vaporização resultante do aquecimento proveniente do solo 10 s após o derramamento instantâneo de 1500 m^3 de gás natural liquefeito (GNL) em um dique retangular de concreto com 7 m × 10 m. Você vai precisar dos seguintes dados:

Difusividade térmica do solo: $4{,}16 \times 10^{-7}$ m^2/s

Condutividade térmica do solo: 0,92 W/m K

Temperatura da piscina de líquido: 109 K

Temperatura do solo: 293 K

Calor de vaporização da piscina: 498 kJ/kg a 109 K

4-36 Os caminhões-tanque que transportam combustíveis possuem quatro câmaras separadas para que possam transportar quatro tipos diferentes de gasolina. As câmaras frontal e traseira geralmente são as maiores. Uma válvula de dreno está situada no fundo da câmara, tanto para encher quanto para drenar. A drenagem costuma ser feita apenas por gravidade. A válvula de dreno é conectada por uma haste metálica até uma válvula de respiro no topo da câmara – isto garante que a válvula de respiro esteja aberta quando a câmara estiver sendo cheia ou drenada.

Os caminhões-tanque não conseguem suportar muita pressão ou vácuo – a pressão no espaço de vapor deve ser mantida o mais próxima possível da atmosférica o tempo todo.

Durante as operações de remoção, a câmara não deve ter uma pressão de mais do que 4500 Pa acima ou menos de 1500 Pa abaixo da pressão ambiente, o que é bem abaixo da pressão nominal da câmara que equivale a 20.000 Pa acima da pressão ambiente e 10.000 Pa abaixo do ambiente para o vácuo.

Quando a câmara é cheia com gasolina, a altura do líquido é de 1,86 m acima do fundo da câmara.

A fábrica nos pediu para avaliar vários cenários potenciais para um caminhão com um volume de câmara traseira igual a 11.860 litros. A quantidade total de gasolina que essa câmara pode reter é de 11.400 litros, proporcionando espaço de vapor suficiente para a expansão do líquido.

A gasolina possui uma densidade relativa de 0,75 e a temperatura ambiente é de 25° C e 1 atm.

a. A fábrica está preocupada com o colapso do caminhão-tanque devido a um entupimento do sistema de respiro durante a descarga da gasolina. Se a câmara estiver cheia com 11.400 litros de gasolina, qual quantidade de líquido deve ser drenada para alcançar uma pressão de 1500 Pa abaixo da pressão ambiente? Quanto deve ser drenado para atingir 10.000 Pa abaixo da pressão ambiente? Suponha que a pressão inicial acima da pressão do líquido é de 1 atm.

b. A fábrica também está preocupada com o excesso de pressurização da câmara durante o enchimento do tanque. Começando com uma câmara completamente vazia a 1 atm, quanto líquido deve ser adicionado para aumentar a pressão para 4500 Pa acima da pressão ambiente? E para 20.000 Pa acima da pressão ambiente?

c. O dreno no fundo da câmara se conecta a uma tubulação de 100 mm de DI e depois a uma mangueira de 100 mm de DI. Se a câmara for cheia com gasolina e a conexão da tubulação no fundo se romper, deixando um orifício de 100 mm, qual é a taxa de descarga inicial (kg/s) da gasolina?

d. Uma mangueira com 8 m de comprimento (100 mm de DI) está conectada com o fundo da câmara e fornece gasolina para um tanque de armazenamento subterrâneo. A conexão com o tanque de armazenamento subterrâneo está 1 m abaixo do fundo da câmara. Se a mangueira for desconectada do tanque de armazenamento, estime o escoamento de gás (kg/s) neste cenário. Nesse caso, suponha um fator de atrito constante para a mangueira igual a 0,005.

4-37 Um pneu de automóvel comum comporta um volume gasoso de 10 litros, aproximadamente. Se um pneu for inflado com ar a 3 atm (pressão manométrica) e a temperatura for de 30° C, qual o tamanho do orifício, em mm, necessário para desinflar o pneu a 1 atm absoluta em 1 minuto?

Suponha que a taxa de descarga inicial do gás quando o orifício se forma é constante durante todo o processo de esvaziamento e que o volume do pneu não se altera.

4-38 O cloro líquido é fornecido a um processo a partir de uma fonte de pressão regulada a 20 barg através de uma tubulação nova de aço comercial com diâmetro interno de 0,02 m. A pressão ambiente é de 1 atm e a temperatura ambiente é de 30º C.

a. Se a tubulação se romper na fonte regulada, estime a vazão através do vazamento, em kg/s.

b. Se a tubulação se romper no final do comprimento de 300 m, estime o escoamento em kg/s.

Quanto ao cloro, as seguintes propriedades estão disponíveis nessas condições:

Densidade: 1380 kg/m^3

Viscosidade: $0,328 \times 10^{-3}$ Pa-s

4-39 A coluna de destilação do Michigan Tech Unit Operations Lab destila uma mistura de etanol e água. O produto etanol é enviado a um tanque T-107 para o armazenamento temporário. O tanque é um cilindro vertical com um fundo cuneiforme, como mostra a Figura 4-22. Uma tubulação Série 40 de 2 in está conectada ao fundo do tanque a fim de bombear o conteúdo de volta para o tanque de matéria-prima.

Queremos determinar as consequências da ruptura da tubulação no fundo do recipiente e o derramamento e a evaporação do etanol.

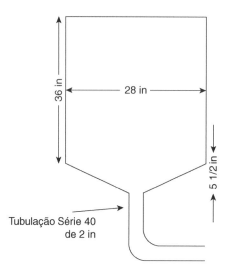

Figura 4-22 Recipiente de armazenamento para o Problema 4-39.

Tipicamente, durante a operação normal o tanque T-107 fica 20% cheio, aproximadamente. No entanto, para a nossa finalidade, vamos supor um enchimento mais conservador de 50%. Além disso, o etanol tem cerca de 90% de pureza, mas vamos considerar o caso mais conservador do etanol a 100%.

Informações complementares:

Etanol: C_2H_6O

Densidade relativa do etanol: 0,7893

Tubulação Série 40 de 2 in: DI = 2,067 in

                                              DE = 2,375 in

Modelos de Fonte

a. Utilize a Tabela 4-6 para determinar um diâmetro adequado para a tubulação no caso realista de liberação a partir da ruptura da tubulação na base do tanque. Você deveria utilizar o DI ou o DE da tubulação?

b. Qual é a taxa de descarga inicial quando a tubulação se rompe? O tanque é inertizado com nitrogênio a uma pressão manométrica regulada de 4 in.

c. Se a taxa de descarga inicial for mantida, quanto tempo vai levar para drenar todo o material do tanque? Se o tempo de drenagem total for menor do que 10 minutos, então a liberação pode ser considerada instantânea. É este o caso?

d. Se uma piscina de etanol se formar no piso com uma profundidade de líquido estimada em 1 cm, qual é a área da piscina em ft^2?

e. Estime a taxa de evaporação do etanol da piscina em lb_m/s. Suponha uma temperatura de 80° F e uma pressão ambiente de 1 atm.

f. Estime a concentração dos vapores de etanol no UO Lab (em ppm) a partir desta evaporação. Suponha um volume do UO Lab de 74.300 ft^3 e uma taxa de ventilação de 6 trocas de ar por hora.

4-40 Um orifício foi provocado por um tiro de fuzil de alta capacidade em um oleoduto no Alasca. A taxa de descarga do petróleo foi estimada em 140 gal/min. Estime o diâmetro do orifício (em polegadas), supondo uma pressão de 500 psig no oleoduto.

Dados do petróleo:

  Densidade relativa: 0,93

  Viscosidade: 0,4 centipoise

4-41 Um tanque contendo cloro líquido é utilizado por uma estação local de tratamento de água. A instalação utiliza gás de cloro que é fornecido pelo topo do tanque através de uma tubulação de 3 mm de DI. Se a tubulação que fornece o gás se romper, estime a concentração de cloro (em ppm) nas proximidades do vazamento. Suponha uma taxa de ventilação de 30 m^3/min e "boa" ventilação. Comente o resultado e como isso poderia mudar.

Outras informações sobre o Cl_2:

  Peso molecular: 70,9

  Pressão de saturação do vapor do cloro líquido a 298 K: 6,8 atm

CAPÍTULO 5

Modelos de Liberação Tóxica e de Dispersão

Durante um acidente, equipamentos de processo podem liberar materiais tóxicos rapidamente e em quantidades suficientes para formar perigosas nuvens por todo o complexo industrial e pelas comunidades vizinhas. Alguns exemplos são a ruptura explosiva de um reator em consequência da pressão excessiva causada por uma reação fora de controle, a ruptura de uma tubulação contendo materiais tóxicos em alta pressão, a ruptura de um tanque contendo material tóxico armazenado acima do seu ponto de ebulição a pressão atmosférica, e a ruptura de um tanque de transporte de produtos químicos de um trem ou caminhão, após um acidente.

Acidentes graves (como o de Bhopal) enfatizam a importância de se planejar para as emergências e de projetar plantas que minimizem a ocorrência e as consequências de uma emissão tóxica. Os modelos de liberação tóxica são utilizados rotineiramente para estimar os efeitos de uma emissão nos ambientes da planta e da comunidade.

Um programa de excelência em segurança se esforça para identificar os problemas antes de sua ocorrência. Os engenheiros químicos devem compreender todos os aspectos da emissão tóxica para evitar a existência dessas situações e reduzir o impacto de uma liberação, caso ela ocorra. Isso exige um modelo de liberação tóxica.

Os modelos de liberação tóxica e de dispersão são parte importante do procedimento de modelagem de consequências exibido na Figura 4-1. O modelo de liberação tóxica representa as três primeiras etapas do procedimento de modelagem de consequências. Essas etapas são

1. Identificar o incidente de liberação (quais situações de processo podem levar à emissão? Isso foi descrito nas Seções 4-9 e 4-10)

2. Desenvolver um modelo de fonte para descrever como os materiais são liberados e a taxa de liberação (isto foi detalhado no Capítulo 4)

3. Estimar as concentrações de material tóxico na direção do vento (*downwind*) utilizando um modelo de dispersão (uma vez conhecidas as concentrações a jusante, existem vários critérios para estimar o impacto ou efeito, como discutido na Seção 5-4)

Há várias opções baseadas nas previsões do modelo de liberação tóxica; por exemplo, (1) desenvolver um plano de resposta de emergência com a comunidade vizinha, (2) desenvolver modificações de engenharia para eliminar a origem da emissão, (3) enclausurar a potencial fonte de emissão e acrescentar sistemas de ventilação ou outro equipamento de remoção de vapores, (4) reduzir o inventário de

Modelos de Liberação Tóxica e de Dispersão

materiais perigosos para diminuir a quantidade emitida e (5) acrescentar sistemas de monitoramento de área para detectar vazamentos incipientes e dispor de válvulas de bloqueio e recursos de controles para eliminar os níveis perigosos de derramamentos ou vazamentos. Essas opções são discutidas em mais detalhes na Seção 5-6 sobre atenuação da emissão.

5-1 Parâmetros que Afetam a Dispersão

Os modelos de dispersão descrevem o transporte pelo ar dos materiais tóxicos, para longe do local do acidente, através de toda a planta e da comunidade. Após uma emissão, o material tóxico aerotransportado é levado para longe, pelo vento, em uma pluma característica, como mostra a Figura 5-1, ou em um *puff*, como mostra a Figura 5-2. A concentração máxima de material tóxico ocorre no ponto da emissão (que pode não ser no nível do solo). As concentrações na direção do vento são menores devido à mistura turbulenta e à dispersão da substância tóxica no ar.

Uma ampla variedade de parâmetros afeta a dispersão atmosférica dos materiais tóxicos:

- Velocidade do vento
- Estabilidade atmosférica
- Condições do terreno (construções, água, árvores)
- Altura da emissão em relação ao nível do solo
- Momento e empuxo iniciais do material liberado

À medida que a velocidade do vento aumenta, a pluma da Figura 5-1 se torna mais comprida e estreita; a substância é levada na direção do vento mais rapidamente, mas também é diluída de forma mais rápida por uma maior quantidade de ar.

A estabilidade atmosférica está relacionada com a mistura vertical do ar. Durante o dia, a temperatura do ar diminui rapidamente com a altura, estimulando o movimento vertical. À noite, a temperatura diminui menos, resultando em menos movimento vertical. Os perfis de temperatura das situações diurnas e noturnas são exibidos na Figura 5-3. Às vezes ocorre uma inversão. Durante uma inversão, a temperatura aumenta com a altura, resultando em movimento vertical mínimo. Isso ocorre com mais frequência à noite porque o solo resfria rapidamente em consequência da radiação térmica.

A estabilidade atmosférica é classificada de acordo com três classes de estabilidade: instável, neutra e estável. Nas condições atmosféricas instáveis o Sol aquece o solo mais rapidamente do que o calor pode ser removido, de modo que a temperatura do ar perto do solo é mais alta do que a temperatura do ar nas altitudes mais elevadas, como se pode observar nas primeiras horas da manhã. Isso resulta em uma atmosfera instável porque o ar de densidade mais baixa se encontra abaixo do ar de densidade mais alta. Essa influência da densidade aumenta a turbulência mecânica atmosférica. Na estabilidade neutra o ar acima do solo aquece e a velocidade do vento aumenta, reduzindo o efeito da energia solar, ou insolação. A diferença de temperatura do ar não influencia a turbulência mecânica atmosférica. Nas condições atmosféricas estáveis o Sol não consegue aquecer o solo com a mesma velocidade em que ele resfria; portanto, a temperatura perto do solo é mais baixa do que a temperatura do ar nas altitudes mais elevadas. Essa condição é estável porque a camada de ar de maior densidade se encontra abaixo do ar de menor densidade. A influência da densidade suprime a turbulência mecânica.

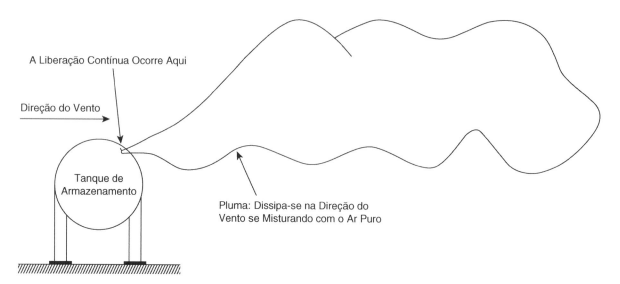

Figura 5-1 Pluma característica formada por uma emissão contínua do material.

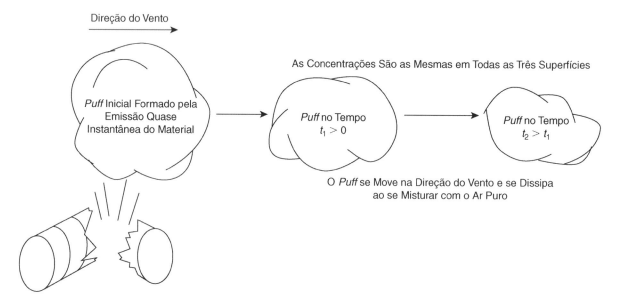

Figura 5-2 *Puff* formado pela emissão quase instantânea do material.

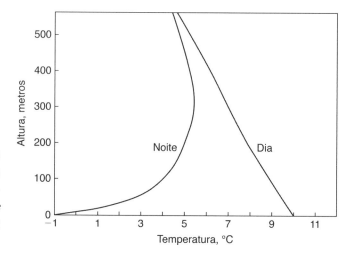

Figura 5-3 Temperatura do ar em função da altitude nas condições diurnas e noturnas. O gradiente de temperatura afeta o movimento vertical do ar. Adaptado de D. Bruce Turner, *Workbook of Atmospheric Dispersion Estimates* (Cincinnati: US Department of Health, Education, and Welfare, 1970), p. 1.

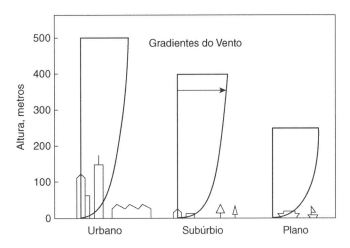

Figura 5-4 Efeito das condições do terreno sobre o gradiente vertical do vento. Adaptado de D. Bruce Turner, *Workbook of Atmospheric Dispersion Estimates* (Cincinnati: US Department of Health, Education, and Welfare, 1970), p. 2.

As condições do terreno afetam a mistura mecânica na superfície e o perfil do vento de acordo com a altura. Árvores e construções aumentam a mistura, enquanto lagos e áreas abertas diminuem-na. A Figura 5-4 mostra a mudança na velocidade do vento *versus* a altura em uma série de condições da superfície.

A altura da liberação afeta significativamente as concentrações no nível do solo. À medida que a altura aumenta, as concentrações no nível do solo diminuem porque a pluma deve se dispersar por uma distância vertical maior. Isso é exibido na Figura 5-5.

O empuxo e o momento do material liberado mudam a altura efetiva da liberação. A Figura 5-6 demonstra esses efeitos. O momento de um jato em alta velocidade vai levar o gás mais alto do que o ponto de emissão, resultando em uma altura efetiva muito maior. Se o gás tiver uma densidade menor que a do ar, o gás emitido será inicialmente mais leve e vai subir. Se o gás tiver uma densidade maior que a do ar, então o gás emitido será inicialmente mais pesado e cairá em direção ao solo. A temperatura e o peso molecular do gás emitido determinam a densidade deste em rela-

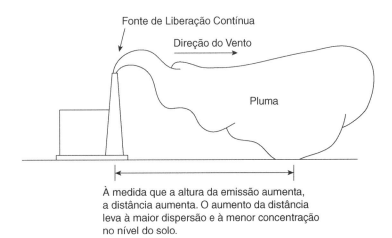

Figura 5-5 O aumento da altura da emissão diminui a concentração no solo.

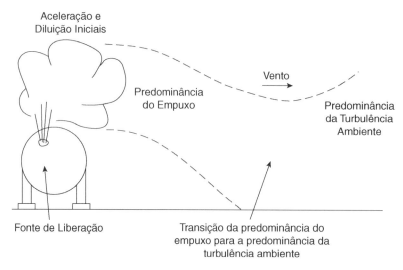

Figura 5-6 A aceleração inicial e o empuxo do material liberado afetam a característica da pluma. Os modelos de dispersão discutidos neste capítulo representam apenas a turbulência ambiente. Adaptado de Steven R. Hanna e Peter J. Drivas, *Guidelines for Use of Vapor Cloud Dispersion Models* (New York: American Institute of Chemical Engineers, 1987), p. 6.

ção ao ar (com um peso molecular de 28,97). Para todos os gases, à medida que viajam na direção do vento, e são misturados com o ar puro, acabam atingindo um ponto em que terão sido diluídos adequadamente a ponto de serem considerados de empuxo neutro. Nesse ponto a dispersão é governada pela turbulência do ambiente.

5-2 Modelos de Dispersão de Empuxo Neutro

Os modelos de dispersão de empuxo neutro são utilizados para estimar as concentrações na direção do vento de uma liberação em que o gás é misturado com o ar puro a ponto de a mistura resultante ter um empuxo neutro. Assim, esses modelos se aplicam aos gases em concentrações baixas, geralmente na faixa de partes por milhão.

Dois tipos de modelos de dispersão de nuvem de vapor com empuxo neutro são utilizados com frequência: os modelos de pluma e de *puff*. O modelo de pluma descreve a concentração em regime permanente (estado estacionário) do material emitido a partir de uma fonte contínua. O modelo de *puff* descreve a concentração temporal do material a partir de uma liberação única de uma quantidade fixa deste. A distinção entre os dois modelos é exibida graficamente nas Figuras 5-1 e 5-2. Quanto ao modelo de pluma, um exemplo típico é a liberação contínua de gases de uma chaminé. Uma pluma em regime permanente é formada na direção do vento a partir da chaminé. Quanto ao modelo de *puff*, um exemplo típico é a emissão súbita de uma quantidade fixa de material devido à ruptura de um tanque de armazenamento. Uma grande nuvem de vapor é formada, movendo-se para longe do ponto de ruptura.

O modelo de *puff* pode ser empregado para descrever uma pluma; uma pluma é simplesmente a liberação de *puffs* contínuos. No entanto, se as informações da pluma em regime permanente forem as únicas necessárias, recomenda-se o modelo de pluma, por ser mais fácil de utilizar. Nos estudos envolvendo as plumas dinâmicas (por exemplo, o efeito sobre uma pluma causado por uma mudança na direção do vento), deve-se utilizar o modelo de *puff*.

Modelos de Liberação Tóxica e de Dispersão

Considere a emissão instantânea de uma massa fixa de material, Q_m^*, em uma extensão infinita de ar (uma superfície de terreno será adicionada mais tarde). O sistema de coordenadas é fixo na origem. Supondo que não há nenhuma reação ou difusão molecular, a concentração C do material resultante dessa emissão é dada pela equação de advecção,

$$\frac{\partial C}{\partial t} + \frac{\partial}{\partial x_j}(u_j C) = 0, \tag{5-1}$$

em que u_j é a velocidade do ar e o subscrito j representa o somatório ao longo de todas as direções das coordenadas x, y e z. Se a velocidade u_j na Equação 5-1 for igualada à velocidade média do vento e a equação for solucionada, descobriremos que o material se dispersa muito mais rápido do que o previsto. Isso se deve à turbulência no campo de velocidades. Se pudéssemos especificar exatamente a velocidade do vento de acordo com o tempo e a posição, incluindo os efeitos resultantes da turbulência, a Equação 5-1 preveria a concentração correta. Infelizmente, não existem modelos para descrever adequadamente a turbulência. Em consequência disso, utiliza-se uma aproximação. Façamos a velocidade ser representada por uma quantidade média e uma quantidade estocástica

$$u_j = \langle u_j \rangle + u_j', \tag{5-2}$$

em que

$\langle u_j \rangle$ é a velocidade média e

u_j' é a flutuação estocástica resultante da turbulência.

Segue-se que a concentração C também vai flutuar em consequência do campo de velocidades; então,

$$C = \langle C \rangle + C', \tag{5-3}$$

em que

$\langle C \rangle$ é a concentração média e

C' é a flutuação estocástica.

Como as flutuações em C e u_j estão em torno dos valores médios, segue-se que

$$\langle u_j' \rangle = 0,$$
$$\langle C' \rangle = 0. \tag{5-4}$$

Substituindo as Equações 5-2 e 5-3 na Equação 5-1 e fazendo a média do resultado ao longo do tempo, temos

$$\frac{\partial \langle C \rangle}{\partial t} + \frac{\partial}{\partial x_j}(\langle u_j \rangle \langle C \rangle) + \frac{\partial}{\partial x_j}\langle u_j' C' \rangle = 0. \tag{5-5}$$

Os termos $\langle u_j \rangle C'$ e $u_j'\langle C \rangle$ são zero quando se extrai a sua média ($\langle\langle u_j \rangle C'\rangle = \langle u_j \rangle \langle C' \rangle = 0$), mas o termo do fluxo turbulento $\langle u_j' C' \rangle$ não é necessariamente zero e permanece na equação.

É preciso outra equação para descrever o fluxo turbulento. A abordagem usual é definir um coeficiente de difusão K_j (com unidades de área/tempo) de modo que

$$\langle u_j' C' \rangle = -K_j \frac{\partial \langle C \rangle}{\partial x_j}. \tag{5-6}$$

Substituindo a Equação 5-6 na Equação 5-5, temos

$$\frac{\partial \langle C \rangle}{\partial t} + \frac{\partial}{\partial x_j}(\langle u_j \rangle \langle C \rangle) = \frac{\partial}{\partial x_j}\left(K_j \frac{\partial \langle C \rangle}{\partial x_j}\right). \tag{5-7}$$

Se presumirmos que a atmosfera é incompressível, então

$$\frac{\partial \langle u_j \rangle}{\partial x_j} = 0, \tag{5-8}$$

e a Equação 5-7 se transforma em

$$\boxed{\frac{\partial \langle C \rangle}{\partial t} + \langle u_j \rangle \frac{\partial \langle C \rangle}{\partial x_j} = \frac{\partial}{\partial x_j}\left(K_j \frac{\partial \langle C \rangle}{\partial x_j}\right).} \tag{5-9}$$

A Equação 5-9, junto com as restrições apropriadas (fronteiras) e as condições iniciais, formam a base fundamental para a modelagem da dispersão. Essa equação será solucionada para uma série de casos.

O sistema de coordenadas utilizado nos modelos de dispersão é exibido nas Figuras 5-7 e 5-8. O eixo x é a linha central diretamente na direção do vento a partir do ponto de liberação, sendo girado

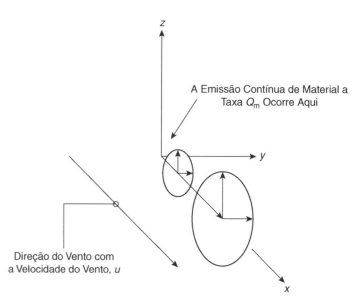

Figura 5-7 Emissão contínua, em regime permanente, a partir de fonte pontual, com o vento. Repare no sistema de coordenadas: x é a direção do vento, y é a direção perpendicular ao vento e z é a direção vertical.

Modelos de Liberação Tóxica e de Dispersão

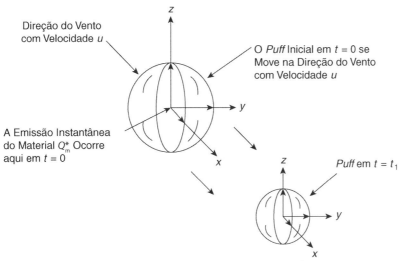

Figura 5-8 *Puff* com vento. Após a emissão instantânea inicial, o *puff* se move com o vento.

nas diferentes direções do vento. O eixo *y* é a distância perpendicular (*crosswind*) em relação à linha do vento, e o eixo *z* é a elevação acima do ponto de emissão. O ponto $(x, y, z) = (0, 0, 0)$ é o ponto de liberação. As coordenadas $(x, y, 0)$ estão niveladas com o ponto de emissão, e as coordenadas $(x, 0, 0)$ estão ao longo da linha central, ou eixo *x*.

Caso 1: Estado Estacionário para Emissão Contínua a partir de Fonte Pontual, sem Vento

As condições aplicáveis são

- Taxa de liberação de massa constante (Q_m = constante)
- Sem vento ($\langle u_j \rangle = 0$)
- Regime permanente (estado estacionário) ($\partial \langle C \rangle / \partial t = 0$)
- Coeficiente de difusividade constante ($K_j = K^*$ em todas as direções)

Nesse caso, a Equação 5-9 é reduzida para a forma

$$\frac{\partial^2 \langle C \rangle}{\partial x^2} + \frac{\partial^2 \langle C \rangle}{\partial y^2} + \frac{\partial^2 \langle C \rangle}{\partial z^2} = 0. \tag{5-10}$$

A Equação 5-10 é mais útil por definir um raio como $r^2 = x^2 + y^2 + z^2$. A transformação da Equação 5-10 em termos de *r* produz

$$\frac{d}{dr}\left(r^2 \frac{d\langle C \rangle}{dr}\right) = 0. \tag{5-11}$$

Para uma liberação contínua em estado estacionário, o fluxo de concentração em qualquer ponto *r* a partir da origem deve ser igual à taxa de liberação Q_m (com unidades de massa/tempo). Isso é representado matematicamente pela seguinte condição de limite de fluxo:

$$-4\pi r^2 K^* \frac{d\langle C \rangle}{dr} = Q_\mathrm{m}. \tag{5-12}$$

A condição de limite restante é

$$\text{As } r \to \infty, \quad \langle C \rangle \to 0. \tag{5-13}$$

A Equação 5-12 é separada e integrada entre qualquer ponto r e $r = \infty$:

$$\int_{\langle C \rangle}^{0} d\langle C \rangle = -\frac{Q_\mathrm{m}}{4\pi K^*} \int_{r}^{\infty} \frac{dr}{r^2}. \tag{5-14}$$

Solucionando a Equação 5-14 para $\langle C \rangle$, temos

$$\langle C \rangle(r) = \frac{Q_\mathrm{m}}{4\pi K^* r}. \tag{5-15}$$

É fácil verificar por substituição que a Equação 5-15 também é uma solução para a Equação 5-11 e, assim, uma solução para esse caso. A Equação 5-15 é transformada para coordenadas retangulares, produzindo

$$\langle C \rangle(x, y, z) = \frac{Q_\mathrm{m}}{4\pi K^* \sqrt{x^2 + y^2 + z^2}}. \tag{5-16}$$

Caso 2: *Puff* sem Vento

As condições aplicáveis são

- Emissão em *puff*, ou seja, liberação instantânea de uma massa fixa de material Q_m^* (com unidades de massa),
- Sem vento ($\langle u_j \rangle = 0$),
- Coeficiente de difusividade constante ($K_j = K^*$ em todas as direções).

A Equação 5-9, nesse caso, é reduzida para

$$\frac{1}{K^*} \frac{\partial \langle C \rangle}{\partial t} = \frac{\partial^2 \langle C \rangle}{\partial x^2} + \frac{\partial^2 \langle C \rangle}{\partial y^2} + \frac{\partial^2 \langle C \rangle}{\partial z^2}. \tag{5-17}$$

A condição inicial necessária para solucionar a Equação 5-17 é

$$\langle C \rangle(x, y, z, t) = 0 \quad \text{em } t = 0. \tag{5-18}$$

A solução da Equação 5-17 em coordenadas esféricas[1] é

$$\langle C \rangle(r, t) = \frac{Q_\mathrm{m}^*}{8(\pi K^* t)^{3/2}} \exp\left(-\frac{r^2}{4K^* t}\right), \tag{5-19}$$

---

[1] H. S. Carslaw and J. C. Jaeger, *Conduction of Heat in Solids* (London: Oxford University Press, 1959), p. 256.

Modelos de Liberação Tóxica e de Dispersão

e em coordenadas retangulares é

$$\langle C \rangle(x, y, z, t) = \frac{Q_m^*}{8(\pi K^* t)^{3/2}} \exp\left[-\frac{(x^2 + y^2 + z^2)}{4K^* t}\right]. \tag{5-20}$$

Caso 3: Regime Não Permanente para Emissão Contínua a partir de Fonte Pontual, sem Vento

As condições aplicáveis são

- Taxa de emissão de massa constante (Q_m = constante),
- Sem vento ($\langle u_j \rangle = 0$),
- Coeficiente de difusividade constante ($K_j = K^*$ em todas as direções).

Nesse caso, a Equação 5-9 é reduzida para a Equação 5-17 com a condição inicial representada pela Equação 5-18 e a condição de limite representada pela Equação 5-13. A solução é encontrada integrando a solução instantânea (Equação 5-19 ou 5-20) de acordo com o tempo. O resultado em coordenadas esféricas[2] é

$$\langle C \rangle(r, t) = \frac{Q_m}{4\pi K^* r} \operatorname{erfc}\left(\frac{r}{2\sqrt{K^* t}}\right), \tag{5-21}$$

e em coordenadas retangulares é

$$\langle C \rangle(x, y, z, t) = \frac{Q_m}{4\pi K^* \sqrt{x^2 + y^2 + z^2}} \operatorname{erfc}\left(\frac{\sqrt{x^2 + y^2 + z^2}}{2\sqrt{K^* t}}\right). \tag{5-22}$$

Como $t \to \infty$, as Equações 5-21 e 5-22 são reduzidas para as soluções correspondentes de regime permanente (Equações 5-15 e 5-16).

Caso 4: Estado Estacionário para Emissão Contínua a partir de Fonte Pontual, com Vento

Esse caso é exibido na Figura 5-7. As condições aplicáveis são

- Emissão contínua (Q_m = constante),
- Vento soprando apenas na direção x ($\langle u_j \rangle = \langle u_x \rangle = u$ = constante) e
- Coeficiente de difusividade constante ($K_j = K^*$ em todas as direções).

Nesse caso, a Equação 5-9 é reduzida para

$$\frac{u}{K^*} \frac{\partial \langle C \rangle}{\partial x} = \frac{\partial^2 \langle C \rangle}{\partial x^2} + \frac{\partial^2 \langle C \rangle}{\partial y^2} + \frac{\partial^2 \langle C \rangle}{\partial z^2}. \tag{5-23}$$

---
[2]Carslaw and Jaeger, *Conduction of Heat*, p. 261.

A Equação 5-23 é solucionada junto com as restrições apropriadas (fronteiras), representadas pelas Equações 5-12 e 5-13. A solução da concentração média em qualquer ponto[3] é

$$\langle C \rangle (x, y, z) = \frac{Q_m}{4\pi K^* \sqrt{x^2 + y^2 + z^2}} \exp\left[-\frac{u}{2K^*}(\sqrt{x^2 + y^2 + z^2} - x) \right]. \tag{5-24}$$

Se for presumida uma pluma delgada (a pluma é comprida e delgada, não se afastando muito do eixo x), ou seja,

$$y^2 + z^2 \ll x^2, \tag{5-25}$$

Então, utilizando $\sqrt{1 + a} \approx 1 + a/2$, a Equação 5-24 é simplificada para

$$\langle C \rangle (x, y, z) = \frac{Q_m}{4\pi K^* x} \exp\left[-\frac{u}{4K^* x}(y^2 + z^2) \right]. \tag{5-26}$$

Ao longo da linha central dessa pluma, $y = z = 0$ e

$$\langle C \rangle (x) = \frac{Q_m}{4\pi K^* x}. \tag{5-27}$$

Caso 5: *Puff* sem Vento e com Coeficiente de Difusividade Sendo Função da Direção

Esse caso é igual ao Caso 2, mas com o coeficiente de difusividade sendo função da direção. As condições aplicáveis são

- Emissão em *puff* ($Q_m^* = $ constante),
- Sem vento ($\langle u_j \rangle = 0$) e
- Cada direção da coordenada possui um coeficiente de difusividade diferente, mas constante (K_x, K_y e K_z).

A Equação 5-9 é reduzida para a seguinte equação nesse caso:

$$\frac{\partial \langle C \rangle}{\partial t} = K_x \frac{\partial^2 \langle C \rangle}{\partial x^2} + K_y \frac{\partial^2 \langle C \rangle}{\partial y^2} + K_z \frac{\partial^2 \langle C \rangle}{\partial z^2}. \tag{5-28}$$

A solução é[4]

$$\langle C \rangle (x, y, z, t) = \frac{Q_m^*}{8(\pi t)^{3/2} \sqrt{K_x K_y K_z}} \exp\left[-\frac{1}{4t}\left(\frac{x^2}{K_x} + \frac{y^2}{K_y} + \frac{z^2}{K_z} \right) \right]. \tag{5-29}$$

---

[3]Carslaw and Jaeger, *Conduction of Heat*, p. 267.
[4]Frank P. Lees, *Loss Prevention in the Process Industries*, 2nd ed. (London: Butterworths, 1996), p. 15/106.

Caso 6: Estado Estacionário para Emissão Contínua a partir de Fonte Pontual com Vento, e com Coeficiente de Difusividade Sendo Função da Direção

Esse caso é igual ao Caso 4, mas com o coeficiente de difusividade sendo função da direção. As condições aplicáveis são

- Emissão contínua (Q_m = constante),
- Regime permanente (estado estacionário) ($\partial \langle C \rangle / \partial t = 0$),
- Vento soprando apenas na direção x ($\langle u_j \rangle = \langle u_x \rangle = u$ = constante),
- Cada direção possui um coeficiente de difusividade diferente mas constante (K_x, K_y e K_z) e
- Aproximação de pluma delgada (Equação 5-25).

A Equação 5-9 é reduzida para

$$u \frac{\partial \langle C \rangle}{\partial x} = K_x \frac{\partial^2 \langle C \rangle}{\partial x^2} + K_y \frac{\partial^2 \langle C \rangle}{\partial y^2} + K_z \frac{\partial^2 \langle C \rangle}{\partial z^2}. \quad (5\text{-}30)$$

A solução é[5]

$$\langle C \rangle (x, y, z) = \frac{Q_m}{4\pi x \sqrt{K_x K_y}} \exp\left[-\frac{u}{4x}\left(\frac{y^2}{K_y} + \frac{z^2}{K_z}\right)\right]. \quad (5\text{-}31)$$

Ao longo da linha central dessa pluma, $y = z = 0$ e a concentração média é fornecida por

$$\langle C \rangle (x) = \frac{Q_m}{4\pi x \sqrt{K_y K_z}}. \quad (5\text{-}32)$$

Caso 7: *Puff* com Vento

Esse caso é igual ao Caso 5, mas com vento. A Figura 5-8 exibe a geometria. As condições aplicáveis são

- Emissão em *puff* (Q_m^* = constante),
- Vento soprando apenas na direção x ($\langle u_j \rangle = \langle u_x \rangle = u$ = constante),
- Cada direção da coordenada possui um coeficiente de difusividade diferente mas constante (K_x, K_y e K_z).

A solução desse problema é obtida por uma transformação simples das coordenadas. A solução do Caso 5 representa um *puff* em torno do ponto de emissão. Se o *puff* se mover com o vento ao longo do eixo x, a solução desse caso é obtida pela substituição da coordenada x existente por um novo sistema de coordenadas, $x - ut$, que se move com a velocidade do vento. A variável t é o tempo desde a emissão do *puff*, e u é a velocidade do vento. A solução é simplesmente a Equação 5-29 transformada para esse novo sistema de coordenadas:

$$\langle C \rangle (x, y, z, t) = \frac{Q_m^*}{8(\pi t)^{3/2} \sqrt{K_x K_y K_z}} \exp\left\{-\frac{1}{4t}\left[\frac{(x-ut)^2}{K_x} + \frac{y^2}{K_y} + \frac{z^2}{K_z}\right]\right\}. \quad (5\text{-}33)$$

---
[5]Lees, *Loss Prevention*, p. 15/107.

Caso 8: *Puff* sem Vento e com Fonte Localizada no Solo

Esse caso é igual ao Caso 5, mas com a fonte localizada no solo. O solo representa uma fronteira impenetrável. Consequentemente, a concentração é duas vezes maior do que no Caso 5. A solução é 2 vezes a Equação 5-29:

$$\langle C \rangle (x, y, z, t) = \frac{Q_m^*}{4(\pi t)^{3/2} \sqrt{K_x K_y K_z}} \exp\left[-\frac{1}{4t} \left(\frac{x^2}{K_x} + \frac{y^2}{K_y} + \frac{z^2}{K_z} \right) \right]. \tag{5-34}$$

Caso 9: Pluma em Estado Estacionário com Fonte Localizada no Solo

Esse caso é igual ao Caso 6, mas com a fonte da emissão no solo, como mostra a Figura 5-9. O solo representa uma fronteira impenetrável. Consequentemente, a concentração é duas vezes maior do que no Caso 6. A solução é 2 vezes a Equação 5-31:

$$\langle C \rangle (x, y, z) = \frac{Q_m}{2\pi x \sqrt{K_x K_y}} \exp\left[-\frac{u}{4x} \left(\frac{y^2}{K_y} + \frac{z^2}{K_z} \right) \right]. \tag{5-35}$$

Caso 10: Estado Estacionário para Liberação Contínua com Fonte Localizada a uma Altura H_r Acima do Solo

Nesse caso, o solo age como uma fronteira impenetrável a uma distância H da origem. A solução é[6]

$$\langle C \rangle (x, y, z) = \frac{Q_m}{4\pi x \sqrt{K_y K_z}} \exp\left(-\frac{uy^2}{4K_y x} \right)$$

$$\times \left\{ \exp\left[-\frac{u}{4K_z x}(z - H_r)^2 \right] + \exp\left[-\frac{u}{4K_z x}(z + H_r)^2 \right] \right\}. \tag{5-36}$$

Se $H_r = 0$, a Equação 5-36 é reduzida para a Equação 5-35 para a origem no solo.

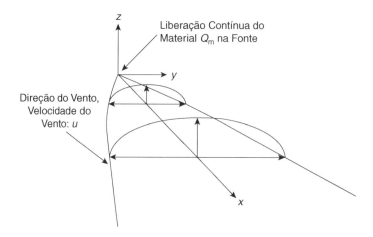

Figura 5-9 Pluma em estado estacionário com fonte localizada no solo. A concentração é o dobro da concentração de uma pluma fora do solo.

---

[6]Lees, *Loss Prevention*, p. 15/107.

Modelo de Pasquill-Gifford

Os Casos 1 a 10 dependem da especificação de um valor para o coeficiente de difusividade K_j. Em geral, K_j muda com a posição, o tempo, a velocidade do vento e as condições meteorológicas predominantes. Embora a abordagem do coeficiente de difusividade seja útil teoricamente, ela não é conveniente em termos experimentais e não proporciona um conjunto prático de modelos.

Sutton[7] solucionou essa dificuldade propondo a seguinte definição de um *coeficiente de dispersão*:

$$\sigma_x^2 = \frac{1}{2}\langle C \rangle^2 (ut)^{2-n}, \qquad (5\text{-}37)$$

com expressões similares fornecidas para σ_y e σ_z. Os coeficientes de dispersão σ_x, σ_y e σ_z representam os desvios-padrão da concentração na direção do vento, na direção perpendicular ao vento, e na direção vertical (x, y, z), respectivamente. Os valores dos coeficientes de dispersão são muito mais fáceis de obter experimentalmente do que os coeficientes de difusão.

Os coeficientes de dispersão são uma função das condições atmosféricas e da distância na direção do vento a partir do ponto de emissão. As condições atmosféricas são classificadas segundo seis classes de estabilidade diferentes, exibidas na Tabela 5-1. As classes de estabilidade dependem da velocidade do vento e da quantidade de luz solar. Durante o dia, o aumento da velocidade do vento resulta em uma maior instabilidade atmosférica, enquanto à noite ocorre o contrário. Isso se deve a uma mudança nos perfis da temperatura vertical do dia para a noite.

Os coeficientes de dispersão σ_y e σ_z para uma fonte contínua são fornecidos nas Figuras 5-10 e 5-11, com as correlações correspondentes fornecidas na Tabela 5-2. Os valores de σ_x não são fornecidos porque é razoável supor que $\sigma_x = \sigma_y$. Os coeficientes de dispersão σ_y e σ_z para uma emissão em *puff* são fornecidos na Figura 5-12 e as equações são fornecidas na Tabela 5-3. Os coeficientes de dispersão de *puff* se baseiam em dados limitados (exibidos na Tabela 5-2) e não devem ser considerados precisos.

As equações dos Casos 1 a 10 foram derivadas por Pasquill[8] utilizando expressões da forma da Equação 5-37. Essas equações junto com as correlações dos coeficientes de dispersão são conhecidas como *modelo de Pasquill-Gifford*.

Caso 11: *Puff* com Liberação Instantânea, Fonte no Nível do Solo, Coordenadas Fixas na Fonte, Vento Constante Apenas na Direção *x* com Velocidade Constante *u*

Esse caso é idêntico ao Caso 7. A solução tem forma similar à da Equação 5-33:

$$\boxed{\langle C \rangle(x, y, z, t) = \frac{Q_m^*}{\sqrt{2}\pi^{3/2}\sigma_x\sigma_y\sigma_z} \exp\left\{-\frac{1}{2}\left[\left(\frac{x-ut}{\sigma_x}\right)^2 + \frac{y^2}{\sigma_y^2} + \frac{z^2}{\sigma_z^2}\right]\right\}.} \qquad (5\text{-}38)$$

A concentração no nível do solo é fornecida em $z = 0$:

$$\langle C \rangle(x, y, 0, t) = \frac{Q_m^*}{\sqrt{2}\pi^{3/2}\sigma_x\sigma_y\sigma_z} \exp\left\{-\frac{1}{2}\left[\left(\frac{x-ut}{\sigma_x}\right)^2 + \frac{y^2}{\sigma_y^2}\right]\right\}. \qquad (5\text{-}39)$$

---

[7] O. G. Sutton, *Micrometeorology* (New York: McGraw-Hill, 1953), p. 286.
[8] F. Pasquill, *Atmospheric Diffusion* (London: Van Nostrand, 1962).

Tabela 5-1 Classes de Estabilidade Atmosférica para Utilização com o Modelo de Dispersão de Pasquill-Gifford[a,b]

Velocidade do vento na superfície (m/s)	Insolação diurna[c]			Condições noturnas[d]	
	Forte	Moderada	Leve	Levemente encoberto ou >4/8 de nuvens baixas	≤3/8 de nebulosidade
<2	A	A–B	B	F[e]	F[e]
2–3	A–B	B	C	E	F
3–4	B	B–C	C	D[f]	E
4–6	C	C–D	D[f]	D[f]	D[f]
>6	C	D[f]	D[f]	D[f]	D[f]

Classes de estabilidade:
  A, extremamente instável
  B, moderadamente instável
  C, levemente instável
  D, estabilidade neutra
  E, levemente estável
  F, moderadamente estável

[a]F. A. Gifford, "Use of Routine Meteorological Observations for Estimating Atmospheric Dispersion", *Nuclear Safety* (1961), 2(4): 47.
[b]F. A. Gifford, "Turbulent Diffusion-Typing Schemes: A Review", *Nuclear Safety* (1976), 17(1): 68.
[c]Insolação forte corresponde ao meio-dia ensolarado em pleno verão na Inglaterra. A insolação leve corresponde às condições similares em pleno inverno.
[d]Noite se refere ao período de 1 h antes do pôr do sol e 1 h após o amanhecer.
[e]Esses valores são preenchidos para completar a tabela.
[f]A categoria neutra D deve ser utilizada, independentemente da velocidade do vento, nas condições nubladas diurnas ou noturnas e em quaisquer condições do céu durante a hora antes ou após o pôr do sol ou o amanhecer, respectivamente.

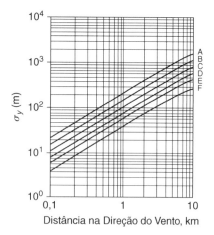
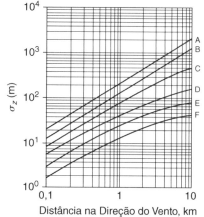

Figura 5-10 Coeficientes de dispersão para o modelo de pluma de Pasquill-Gifford nas emissões rurais.

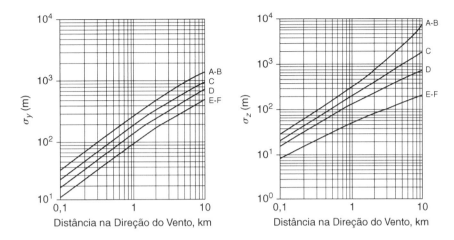

Figura 5-11 Coeficientes de dispersão para o modelo de pluma de Pasquill-Gifford nas emissões urbanas.

Tabela 5-2 Equações Recomendadas para os Coeficientes de Dispersão de Pasquill-Gifford para a Dispersão da Pluma[a,b] (a distância na direção do vento x é medida em metros)

Classe de estabilidade de Pasquill-Gifford	σ_y (m)	σ_z (m)
Condições rurais		
A	$0{,}22x(1 + 0{,}0001x)^{-1/2}$	$0{,}20x$
B	$0{,}16x(1 + 0{,}0001x)^{-1/2}$	$0{,}12x$
C	$0{,}11x(1 + 0{,}0001x)^{-1/2}$	$0{,}08x(1 + 0{,}0002x)^{-1/2}$
D	$0{,}08x(1 + 0{,}0001x)^{-1/2}$	$0{,}06x(1 + 0{,}0015x)^{-1/2}$
E	$0{,}06x(1 + 0{,}0001x)^{-1/2}$	$0{,}03x(1 + 0{,}0003x)^{-1}$
F	$0{,}04x(1 + 0{,}0001x)^{-1/2}$	$0{,}016x(1 + 0{,}0003x)^{-1}$
Condições urbanas		
A–B	$0{,}32x(1 + 0{,}0004x)^{-1/2}$	$0{,}24x(1 + 0{,}001x)^{+1/2}$
C	$0{,}22x(1 + 0{,}0004x)^{-1/2}$	$0{,}20x$
D	$0{,}16x(1 + 0{,}0004x)^{-1/2}$	$0{,}14x(1 + 0{,}0003x)^{-1/2}$
E–F	$0{,}11x(1 + 0{,}0004x)^{-1/2}$	$0{,}08x(1 + 0{,}00015x)^{-1/2}$

A-F são definidas na Tabela 5-1.
[a]R. F. Griffiths, "Errors in the Use of the Briggs Parameterization for Atmospheric Dispersion Coefficients", *Atmospheric Environment* (1994), 28(17): 2861-2865.
[b]G. A. Briggs, *Diffusion Estimation for Small Emissions*, Report ATDL-106 (Washington, DC: Air Resources, Atmospheric Turbulence, and Diffusion Laboratory, Environmental Research Laboratories, 1974).

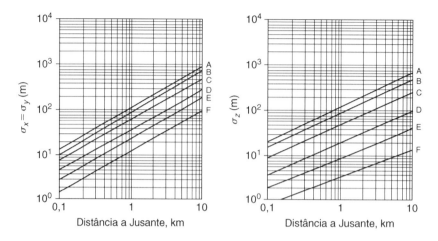

Figura 5-12 Coeficientes de dispersão para o modelo de *puff* de Pasquill-Gifford.

Tabela 5-3 Equações Recomendadas para os Coeficientes de Dispersão de Pasquill-Gifford para a Dispersão de *puff*[a,b] (a distância na direção do vento *x* é medida em metros)

Classe de estabilidade de Pasquill-Gifford	σ_y (m) ou σ_x (m)	σ_z (m)
A	$0{,}18x^{0{,}92}$	$0{,}60x^{0{,}75}$
B	$0{,}14x^{0{,}92}$	$0{,}53x^{0{,}73}$
C	$0{,}10x^{0{,}92}$	$0{,}34x^{0{,}71}$
D	$0{,}06x^{0{,}92}$	$0{,}15x^{0{,}70}$
E	$0{,}04x^{0{,}92}$	$0{,}10x^{0{,}65}$
F	$0{,}02x^{0{,}89}$	$0{,}05x^{0{,}61}$

A-F são definidas na Tabela 5-1.
[a]R. F. Griffiths, "Errors in the Use of the Briggs Parameterization for Atmospheric Dispersion Coefficients", *Atmospheric Environment* (1994), 28(17): 2861-2865.
[b]G. A. Briggs, *Diffusion Estimation for Small Emissions*, Report ATDL-106 (Washington, DC: Air Resources, Atmospheric Turbulence, and Diffusion Laboratory, Environmental Research Laboratories, 1974).

A concentração no nível do solo ao longo do eixo x é fornecida em $y = z = 0$:

$$\langle C \rangle (x, 0, 0, t) = \frac{Q_m^*}{\sqrt{2}\pi^{3/2}\sigma_x\sigma_y\sigma_z} \exp\left[-\frac{1}{2}\left(\frac{x - ut}{\sigma_x}\right)^2\right]. \tag{5-40}$$

O centro da nuvem é encontrado nas coordenadas $(ut, 0, 0)$. A concentração no centro dessa nuvem em movimento é fornecida por

$$\langle C \rangle (ut, 0, 0, t) = \frac{Q_m^*}{\sqrt{2}\pi^{3/2}\sigma_x\sigma_y\sigma_z}. \tag{5-41}$$

Modelos de Liberação Tóxica e de Dispersão

A dose integrada total D_{tid} recebida por um indivíduo situado nas coordenadas fixas (x, y, z) é a integral da concentração em relação ao tempo:

$$D_{tid}(x, y, z) = \int_0^\infty \langle C \rangle(x, y, z, t)\, dt. \qquad (5\text{-}42)$$

A dose integrada total no nível do solo é obtida pela integração da Equação 5-39, de acordo com a Equação 5-42. O resultado é

$$D_{tid}(x, y, 0) = \frac{Q_m^*}{\pi \sigma_y \sigma_z u} \exp\left(-\frac{1}{2}\frac{y^2}{\sigma_y^2}\right). \qquad (5\text{-}43)$$

A dose integrada total ao longo do eixo x no solo é

$$D_{tid}(x, 0, 0) = \frac{Q_m^*}{\pi \sigma_y \sigma_z u}. \qquad (5\text{-}44)$$

Frequentemente é necessário calcular as fronteiras da nuvem definidas por uma concentração fixa. A linha que conecta os pontos de concentração igual em torno do limite da nuvem se chama isopleta. Para uma determinada concentração $\langle C \rangle^*$ as isopletas no nível do solo são determinadas dividindo a equação da concentração na linha central (Equação 5-40) pela equação da concentração geral no nível do solo (Equação 5-39). Essa equação é solucionada diretamente para y:

$$y = \sigma_y \sqrt{2 \ln\left(\frac{\langle C \rangle(x, 0, 0, t)}{\langle C \rangle(x, y, 0, t)}\right)}. \qquad (5\text{-}45)$$

O procedimento é

1. Especificar $\langle C \rangle^*$, u e t.
2. Determinar as concentrações $\langle C \rangle(x, 0, 0, t)$ ao longo do eixo x utilizando a Equação 5-40. Definir o limite da nuvem ao longo do eixo x.
3. Estabelecer $\langle C \rangle(x, y, 0, t) = \langle C \rangle^*$ na Equação 5-45 e determinar os valores de y em cada ponto da linha central na Etapa 2.

O procedimento é repetido para cada valor de t necessário.

Caso 12: Pluma em Estado Estacionário, com Fonte Contínua Localizada no Nível do Solo e Vento se Movendo na Direção *x* com Velocidade Constante *u*

Esse caso é idêntico ao Caso 9. A solução tem forma similar à da Equação 5-35:

$$\langle C \rangle(x, y, z) = \frac{Q_m}{\pi \sigma_y \sigma_z u} \exp\left[-\frac{1}{2}\left(\frac{y^2}{\sigma_y^2} + \frac{z^2}{\sigma_z^2}\right)\right]. \qquad (5\text{-}46)$$

A concentração no nível do solo é fornecida em $z = 0$:

$$\langle C \rangle(x, y, 0) = \frac{Q_m}{\pi \sigma_y \sigma_z u} \exp\left[-\frac{1}{2}\left(\frac{y}{\sigma_y}\right)^2\right]. \tag{5-47}$$

A concentração ao longo da linha central da pluma diretamente na direção do vento é fornecida em $y = z = 0$:

$$\langle C \rangle(x, 0, 0) = \frac{Q_m}{\pi \sigma_y \sigma_z u}. \tag{5-48}$$

As isopletas são obtidas pelo uso de um procedimento idêntico ao que foi utilizado no Caso 11.

Nas emissões contínuas no nível do solo, a concentração máxima ocorre no ponto de emissão.

Caso 13: Pluma em Estado Estacionário, com Fonte Contínua Localizada a uma Altura H_r acima do Nível do Solo e Vento se Movendo na Direção x com Velocidade Constante u

Esse caso é idêntico ao Caso 10. A solução tem forma similar à da Equação 5-36:

$$\boxed{\begin{aligned}\langle C \rangle(x, y, z) &= \frac{Q_m}{2\pi \sigma_y \sigma_z u} \exp\left[-\frac{1}{2}\left(\frac{y}{\sigma_y}\right)^2\right] \\ &\times \left\{\exp\left[-\frac{1}{2}\left(\frac{z - H_r}{\sigma_z}\right)^2\right] + \exp\left[-\frac{1}{2}\left(\frac{z + H_r}{\sigma_z}\right)^2\right]\right\}.\end{aligned}} \tag{5-49}$$

A concentração no nível do solo é obtida definindo $z = 0$:

$$\langle C \rangle(x, y, 0) = \frac{Q_m}{\pi \sigma_y \sigma_z u} \exp\left[-\frac{1}{2}\left(\frac{y}{\sigma_y}\right)^2 - \frac{1}{2}\left(\frac{H_r}{\sigma_z}\right)^2\right]. \tag{5-50}$$

As concentrações da linha central no nível do solo são obtidas definindo $y = z = 0$:

$$\langle C \rangle(x, 0, 0) = \frac{Q_m}{\pi \sigma_y \sigma_z u} \exp\left[-\frac{1}{2}\left(\frac{H_r}{\sigma_z}\right)^2\right]. \tag{5-51}$$

A concentração máxima no nível do solo ao longo do eixo $x \langle C \rangle_{\text{máx}}$ é obtida utilizando

$$\boxed{\langle C \rangle_{\text{máx}} = \frac{2Q_m}{e\pi u H_r^2}\left(\frac{\sigma_z}{\sigma_y}\right).} \tag{5-52}$$

A distância na direção do vento em que ocorre a concentração máxima no nível do solo é obtida a partir de

$$\boxed{\sigma_z = \frac{H_r}{\sqrt{2}}.} \tag{5-53}$$

O procedimento para obter a concentração máxima e a distância na direção do vento é utilizar a Equação 5-53 para determinar a distância e, em seguida, utilizar a Equação 5-52 para determinar a concentração máxima.

Caso 14: *Puff* com Fonte Pontual Instantânea Localizada em uma Altura H_r acima do Nível do Solo, e um Sistema de Coordenadas no Solo que se Move com o *Puff*

Nesse caso, o centro do *puff* é obtido em $x = ut$. A concentração média é fornecida por

$$\langle C \rangle(x, y, z, t) = \frac{Q_m^*}{(2\pi)^{3/2} \sigma_x \sigma_y \sigma_z} \exp\left[-\frac{1}{2}\left(\frac{y}{\sigma_y}\right)^2\right]$$
$$\times \left\{ \exp\left[-\frac{1}{2}\left(\frac{z - H_r}{\sigma_z}\right)^2\right] + \exp\left[-\frac{1}{2}\left(\frac{z + H_r}{\sigma_z}\right)^2\right] \right\}. \tag{5-54}$$

A dependência de tempo é alcançada através dos coeficientes de dispersão, pois seus valores mudam à medida que o *puff* se move na direção do vento a partir do ponto de emissão. Se não houver vento ($u = 0$), a Equação 5-54 não prevê o resultado correto.

No nível do solo, $z = 0$ e a concentração é calculada através de

$$\langle C \rangle(x, y, 0, t) = \frac{Q_m^*}{\sqrt{2}\pi^{3/2} \sigma_x \sigma_y \sigma_z} \exp\left[-\frac{1}{2}\left(\frac{y}{\sigma_y}\right)^2 - \frac{1}{2}\left(\frac{H_r}{\sigma_z}\right)^2\right]. \tag{5-55}$$

A concentração ao longo do solo na linha central é fornecida em $y = z = 0$:

$$\langle C \rangle(x, 0, 0, t) = \frac{Q_m^*}{\sqrt{2}\pi^{3/2} \sigma_x \sigma_y \sigma_z} \exp\left[-\frac{1}{2}\left(\frac{H_r}{\sigma_z}\right)^2\right]. \tag{5-56}$$

A dose total integrada no nível do solo é obtida aplicando-se a Equação 5-42 à Equação 5-55. O resultado é

$$D_{\text{tid}}(x, y, 0) = \frac{Q_m^*}{\pi \sigma_y \sigma_z u} \exp\left[-\frac{1}{2}\left(\frac{y}{\sigma_y}\right)^2 - \frac{1}{2}\left(\frac{H_r}{\sigma_z}\right)^2\right]. \tag{5-57}$$

Caso 15: *Puff* com Fonte Pontual Instantânea Localizada em uma Altura H_r acima do Nível do Solo e um Sistema de Coordenadas Fixo no Solo no Ponto de Emissão

Nesse caso, o resultado é obtido por meio de uma transformação das coordenadas, similar à transformação utilizada no Caso 7. O resultado é

$$\langle C \rangle(x, y, z, t) = \begin{bmatrix} \text{Equações do } \textit{puff} \text{ com sistema de coordenadas} \\ \text{móveis (Equações 5-54 a 5-56)} \end{bmatrix}$$
$$\times \exp\left[-\frac{1}{2}\left(\frac{x - ut}{\sigma_x}\right)^2\right], \tag{5-58}$$

em que t é o tempo desde a emissão do *puff*.

Condições de Pior Cenário

Para uma pluma, a concentração mais alta sempre é obtida no ponto de emissão. Se a emissão ocorrer acima do nível do solo, então a concentração mais alta no solo é obtida em um ponto a uma certa distância da fonte na direção do vento.

Para um *puff*, a concentração máxima sempre é obtida no seu centro. Em uma emissão acima do nível do solo, o centro do *puff* vai se mover paralelamente ao solo e a concentração máxima no solo vai ocorrer diretamente abaixo deste centro. A isopleta de um *puff* é quase circular à medida que se move na direção do vento. O diâmetro da isopleta aumenta inicialmente à medida que o *puff* viaja na direção do vento, atinge um máximo e depois diminui de diâmetro.

Se as condições climáticas forem desconhecidas ou não forem especificadas, então podem ser feitos certos pressupostos resultando no cenário mais pessimista; ou seja, visando estimar a concentração mais elevada. As condições climáticas nas equações de dispersão de Pasquill-Gifford são incluídas por meio dos coeficientes de dispersão e da velocidade do vento. Ao examinar as equações da dispersão de Pasquill-Gifford para estimar as concentrações, torna-se óbvio que os coeficientes de dispersão e a velocidade do vento estão no denominador. Assim, a concentração máxima é estimada pela escolha das condições climáticas e da velocidade do vento nos menores valores dos coeficientes de dispersão e da velocidade do vento. Inspecionando as Figuras 5-10 a 5-12, podemos ver que os menores coeficientes de dispersão ocorrem com a estabilidade F. Claramente, a velocidade do vento não pode ser zero, então deve ser escolhido um valor finito. A EPA[9] sugere que a estabilidade F pode existir com velocidades do vento tão baixas quanto 1,5 m/s. Alguns analistas de risco utilizam a velocidade do vento de 2 m/s. Os pressupostos utilizados no cálculo devem ser indicados de maneira clara.

Limitações da Modelagem da Dispersão de Pasquill-Gifford

A dispersão de Pasquill-Gifford ou gaussiana se aplica apenas à dispersão de empuxo neutro dos gases, na qual a mistura turbulenta é a característica predominante na dispersão. Geralmente ela é válida apenas para uma distância de 0,1-10 km do ponto de emissão.

As concentrações previstas para os modelos gaussianos são médias temporais. Assim, é possível que as concentrações locais instantâneas ultrapassem os valores médios previstos – isto poderia ser importante na resposta de emergência. Os modelos apresentados aqui presumem uma média temporal de 10 minutos. As concentrações instantâneas reais podem variar em até duas vezes em relação às concentrações calculadas por meio dos modelos gaussianos.

5-3 Dispersão de Gases Densos

Um gás denso é definido como qualquer gás cuja densidade é maior do que a densidade do ar ambiente através do qual estiver sendo disperso. Esse resultado pode ser devido ao gás apresentar um peso molecular maior do que o do ar ou baixa temperatura resultante da autorrefrigeração durante a emissão ou outros processos.

Após uma emissão em *puff* típica pode se formar uma nuvem com dimensões vertical e horizontal similares (perto da fonte). A nuvem densa despenca em direção ao solo sob a influência da gravida-

---

[9]EPA, *RMP Offsite Consequence Analysis Guidance* (Washington, DC: US Environmental Protection Agency, 1996).

de, aumentando o seu diâmetro e reduzindo a sua altura. Ocorre uma diluição inicial considerável em decorrência da movimentação da nuvem no ar ambiente. Posteriormente, a altura da nuvem aumenta devido à completa interação do ar com as interfaces vertical e horizontal do *puff*. Depois de ocorrer diluição suficiente, a turbulência atmosférica predomina sobre as forças gravitacionais e as características típicas da dispersão gaussiana são exibidas.

O modelo de Britter e McQuaid[10] foi concebido através de análise dimensional e correlacionando os dados existentes para dispersão de nuvem densa. O modelo é mais adequado para as emissões instantâneas ou contínuas de gases densos no nível do solo. Presume-se que a emissão ocorra à temperatura ambiente e sem formação de aerossol ou gotículas de líquido. Constatou-se que a estabilidade atmosférica surte pouco efeito sobre os resultados e não faz parte do modelo. A maior parte dos dados adveio dos testes de dispersão nas áreas rurais remotas em terreno praticamente plano. Desse modo, os resultados não são aplicáveis às áreas em que os efeitos do terreno são relevantes.

O modelo exige a especificação do volume inicial da nuvem, da vazão volumétrica inicial, da duração da emissão e da densidade inicial do gás. Também requer a velocidade do vento a uma altura de 10 m, a distância na direção do vento e a densidade ambiente do gás.

A primeira etapa é determinar se o modelo de gás denso é aplicável. O empuxo inicial da nuvem é definido como

$$g_o = g(\rho_o - \rho_a)/\rho_a, \tag{5-59}$$

em que

g_o é o fator de empuxo inicial (comprimento/tempo^2),

g é a aceleração devido à gravidade (comprimento/tempo^2),

ρ_o é a densidade inicial do material emitido (massa/volume) e

ρ_a é a densidade do ar ambiente (massa/volume).

Uma dimensão característica, que depende do tipo de emissão, também pode ser definida. Nas liberações contínuas

$$D_c = \left(\frac{q_o}{u}\right)^{1/2}, \tag{5-60}$$

em que

D_c é a dimensão característica para emissões contínuas de gases densos (comprimento),

q_o é a vazão volumétrica inicial da pluma (volume/tempo) e

u é a velocidade do vento a uma elevação de 10 m (comprimento/tempo).

Nas emissões instantâneas a dimensão característica é definida como

$$D_i = V_o^{1/3}, \tag{5-61}$$

---

[10]R. E. Britter and J. McQuaid, *Workbook on the Dispersion of Dense Gases* (Sheffield, United Kingdom: Health and Safety Executive, 1988).

em que

D_i é a dimensão característica para emissões instantâneas de gás denso (comprimento) e

V_o é o volume inicial do material liberado (comprimento³).

Os critérios para uma nuvem suficientemente densa exigir uma representação de nuvem densa são, no caso das emissões contínuas,

$$\left(\frac{g_o q_o}{u^3 D_c}\right)^{1/3} \geq 0{,}15 \qquad (5\text{-}62)$$

e, nas emissões instantâneas,

$$\frac{\sqrt{g_o V_o}}{u D_i} \geq 0{,}20. \qquad (5\text{-}63)$$

Se esses critérios forem satisfeitos, então as Figuras 5-13 e 5-14 são utilizadas para estimar as concentrações na direção do vento. As Tabelas 5-4 e 5-5 fornecem equações para as correlações nessas figuras.

O critério para determinar se a emissão é contínua ou instantânea é calculado por meio do seguinte grupo:

$$\frac{u R_d}{x}, \qquad (5\text{-}64)$$

em que

R_d é a duração da emissão (tempo) e

x é a distância na direção do vento no espaço dimensional (comprimento).

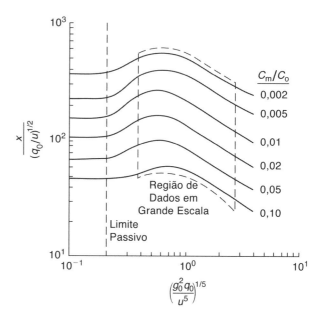

Figura 5-13 Correlação dimensional de Britter-McQuaid para a dispersão das plumas de gás denso.

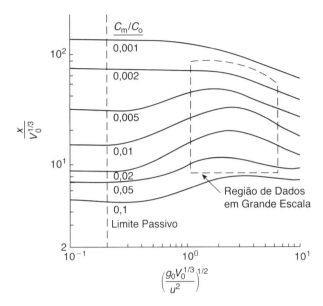

Figura 5-14 Correlação dimensional de Britter-McQuaid para a dispersão de *puffs* de gás denso.

Tabela 5-4 Equações Utilizadas para Aproximar as Curvas das Correlações de Britter-McQuaid para Pluma, Curvas Fornecidas na Figura 5-13

Razão de concentração (C_m/C_o)	Intervalo válido para $\alpha = \log\left(\dfrac{g_o^2 q_o}{u^5}\right)^{1/5}$	$\beta = \log\left[\dfrac{x}{(q_o/u)^{1/2}}\right]$
0,1	$\alpha \leq -0,55$	1,75
	$-0,55 < \alpha \leq -0,14$	$0,24\alpha + 1,88$
	$-0,14 < \alpha \leq 1$	$0,50\alpha + 1,78$
0,05	$\alpha \leq -0,68$	1,92
	$-0,68 < \alpha \leq -0,29$	$0,36a + 2,16$
	$-0,29 < \alpha \leq -0,18$	2,06
	$-0,18 < \alpha \leq 1$	$-0,56\alpha + 1,96$
0,02	$\alpha \leq -0,69$	2,08
	$-0,69 < \alpha \leq -0,31$	$0,45\alpha + 2,39$
	$-0,31 < \alpha \leq -0,16$	2,25
	$-0,16 < \alpha \leq 1$	$-0,54\alpha + 2,16$
0,01	$\alpha \leq -0,70$	2,25
	$-0,70 < \alpha \leq -0,29$	$0,49\alpha + 2,59$
	$-0,29 < \alpha \leq -0,20$	2,45
	$-0,20 < \alpha \leq 1$	$-0,52\alpha + 2,35$
0,005	$\alpha \leq -0,67$	2,40
	$-0,67 < \alpha \leq -0,28$	$0,59\alpha + 2,80$
	$-0,28 < \alpha \leq -0,15$	2,63
	$-0,15 < \alpha \leq 1$	$-0,49\alpha + 2,56$
0,002	$\alpha \leq -0,69$	2,6
	$-0,69 < \alpha \leq -0,25$	$0,39\alpha + 2,87$
	$-0,25 < \alpha \leq -0,13$	2,77
	$-0,13 < \alpha \leq 1$	$-0,50\alpha + 2,71$

Tabela 5-5 Equações Utilizadas para Aproximar as Curvas das Correlações de Britter-McQuaid para *Puffs*, Curvas Fornecidas na Figura 5-14

Razão de concentração (C_m/C_o)	Intervalo válido para $\alpha = \log\left(\dfrac{g_o V_o^{1/3}}{u^2}\right)^{1/2}$	$\beta = \log\left(\dfrac{x}{V_o^{1/3}}\right)$
0,1	$\alpha \leq -0,44$	0,70
	$-0,44 < \alpha \leq 0,43$	$0,26\alpha + 0,81$
	$-0,43 < \alpha \leq 1$	0,93
0,05	$\alpha \leq -0,56$	0,85
	$-0,56 < \alpha \leq -0,31$	$0,26\alpha + 1,0$
	$0,31 < \alpha \leq 1,0$	$-0,12\alpha + 1,12$
0,02	$\alpha \leq -0,66$	0,95
	$-0,66 < \alpha \leq -0,32$	$0,36\alpha + 1,19$
	$0,32 < \alpha \leq 1$	$-0,26\alpha + 1,38$
0,01	$\alpha \leq -0,71$	1,15
	$-0,71 < \alpha \leq -0,37$	$0,34\alpha + 1,39$
	$-0,37 < \alpha \leq 1$	$-0,38\alpha + 1,66$
0,005	$\alpha \leq -0,52$	1,48
	$-0,52 < \alpha \leq -0,24$	$0,26\alpha + 1,62$
	$0,24 < \alpha \leq 1$	$0,30\alpha + 1,75$
0,002	$\alpha \leq 0,27$	1,83
	$0,27 < \alpha \leq 1$	$-0,32\alpha + 1,92$
0,001	$\alpha \leq -0,10$	2,075
	$-0,10 < \alpha \leq 1$	$-0,27\alpha + 2,05$

Se esse grupo tiver um valor maior ou igual a 2,5, então a emissão de gases densos é considerada contínua. Se o valor do grupo for menor ou igual a 0,6, então a emissão é considerada instantânea. Se o valor residir entre um e outro, então as concentrações são calculadas através dos modelos contínuo e instantâneo e o resultado de maior concentração é escolhido.

Nas emissões não isotérmicas, o modelo de Britter-McQuaid recomenda dois cálculos ligeiramente diferentes. No primeiro cálculo, é aplicado um termo de correção à concentração inicial (veja o Exemplo 5-3). No segundo cálculo, presume-se a adição de calor na origem para trazer o material para a temperatura ambiente, o que proporciona um limite para o efeito da transferência de calor. Nos gases mais leves do que o ar (como o metano ou o gás natural liquefeito), o segundo cálculo poderia ser sem sentido. Se a diferença entre os dois cálculos for pequena, então os efeitos não isotérmicos são presumidamente desprezíveis. Se dois cálculos estiverem dentro de um fator de 2, então é utilizado o cálculo que fornece a máxima concentração, ou mais pessimista. Se a diferença for muito grande (maior do que um fator de 2), então é escolhida a concentração máxima, ou mais pessimista, mas podem valer a pena o uso de métodos mais detalhados (tal como um código de computador).

O modelo de Britter-McQuaid é uma técnica de análise dimensional, baseada em uma correlação desenvolvida a partir de dados experimentais. No entanto, o modelo se baseia apenas nos dados de terrenos rurais planos, sendo aplicável somente a esses tipos de emissões. O modelo também é incapaz de levar em conta os efeitos de parâmetros como a altura da liberação, rugosidade do terreno e perfis de velocidade do vento.

Exemplo 5-1

Em um dia nublado, uma chaminé com altura efetiva de 60 m está emitindo dióxido de enxofre na vazão de 80 g/s. A velocidade do vento é 6 m/s. A chaminé está situada em uma área rural. Determine

a. A concentração média de SO_2 no solo na distância de 500 m na direção do vento.

b. A concentração média no solo na distância de 500 m na direção do vento e 50 m na direção perpendicular.

c. A localização e o valor da concentração máxima (média) no nível do solo diretamente na direção do vento.

Solução

a. Trata-se de uma emissão contínua. A concentração no solo diretamente na direção do vento é fornecida pela Equação 5-51:

$$\langle C \rangle(x, 0, 0) = \frac{Q_m}{\pi \sigma_y \sigma_z u} \exp\left[-\frac{1}{2}\left(\frac{H_r}{\sigma_z}\right)^2\right]. \tag{5-51}$$

A partir da Tabela 5-1, a classe de estabilidade é D.

Os coeficientes de dispersão são obtidos na Figura 5-11 ou na Tabela 5-2. Utilizando a Tabela 5-2:

$$\sigma_y = 0{,}08x(1 + 0{,}0001x)^{-1/2}$$
$$= (0{,}08)(500 \text{ m})[1 + (0{,}0001)(500 \text{ m})]^{-1/2} = 39{,}0 \text{ m},$$
$$\sigma_z = 0{,}06x(1 + 0{,}0015x)^{-1/2}$$
$$= (0{,}06)(500 \text{ m})[1 + (0{,}0015)(500 \text{ m})]^{-1/2} = 22{,}7 \text{ m}.$$

Substituindo na Equação 5-51, temos

$$\langle C \rangle(500 \text{ m}, 0, 0) = \frac{80 \text{ g/s}}{(3{,}14)(39{,}0 \text{ m})(22{,}7 \text{ m})(6 \text{ m/s})} \exp\left[-\frac{1}{2}\left(\frac{60 \text{ m}}{22{,}7 \text{ m}}\right)^2\right]$$
$$= 1{,}45 \times 10^{-4} \text{ g/m}^3.$$

b. A concentração média na distância de 50 m perpendicular à direção do vento é obtida através da Equação 5-50 e definindo $y = 50$. Os resultados são aplicados diretamente:

$$\langle C \rangle(500 \text{ m}, 50 \text{ m}, 0) = \langle C \rangle(500 \text{ m}, 0, 0)\exp\left[-\frac{1}{2}\left(\frac{y}{\sigma_y}\right)^2\right]$$
$$= (1{,}45 \times 10^{-4} \text{ g/m}^3)\exp\left[-\frac{1}{2}\left(\frac{50 \text{ m}}{39 \text{ m}}\right)^2\right]$$
$$= 6{,}37 \times 10^{-5} \text{ g/m}^3.$$

c. A localização da concentração máxima é obtida a partir da Equação 5-53:

$$\sigma_z = \frac{H_r}{\sqrt{2}} = \frac{60 \text{ m}}{\sqrt{2}} = 42{,}4 \text{ m}.$$

A partir da Figura 5-10 para estabilidade D, σ_z tem este valor a aproximadamente 1.200 m na direção do vento. A partir da Figura 5-10 ou da Tabela 5-2, $\sigma_y = 88$ m. A concentração máxima é determinada por meio da Equação 5-52:

$$\langle C\rangle_{\text{máx}} = \frac{2Q_m}{e\pi u H_r^2}\left(\frac{\sigma_z}{\sigma_y}\right)$$

$$= \frac{(2)(80 \text{ g/s})}{(2{,}72)(3{,}14)(6 \text{ m/s})(60 \text{ m})^2}\left(\frac{42{,}4 \text{ m}}{88 \text{ m}}\right)$$

$$= 4{,}18 \times 10^{-4} \text{ g/m}^3. \tag{5-52}$$

Exemplo 5-2

O cloro é utilizado em um determinado processo químico. O modelo de fonte indica que, em um determinado cenário de acidente, 1,0 kg de cloro será emitido instantaneamente. A emissão vai ocorrer no nível do solo. Uma área residencial está a 500 m de distância da fonte do cloro. Determine

- **a.** O tempo necessário para o centro da nuvem alcançar a área residencial. Suponha uma velocidade do vento de 2 m/s.
- **b.** A concentração máxima de cloro na área residencial. Compare-a com a ERPG-1 de cloro de 1,0 ppm. Quais condições de estabilidade e velocidade do vento produzem a concentração máxima?
- **c.** Determine a distância que a nuvem deve percorrer para dispersar até uma concentração máxima abaixo da ERPG-1. Utilize as condições da parte b.
- **d.** Determine o tamanho da nuvem com base na ERPG-1 em um ponto no solo a 5 km diretamente na direção do vento. Suponha as condições da parte b.

Suponha, em todos os casos, que a nuvem de cloro emitida tem empuxo neutro (o que poderia não ser um pressuposto válido).

Solução

a. Para uma distância de 500 m e uma velocidade do vento de 2 m/s, o tempo necessário para o centro da nuvem alcançar a área residencial é

$$t = \frac{x}{u} = \frac{500 \text{ m}}{2 \text{ m/s}} = 250 \text{ s} = 4{,}2 \text{ min}.$$

Isso deixa muito pouco tempo para o alerta de emergência.

b. A concentração máxima ocorre no centro da nuvem diretamente no eixo do vento a partir do ponto de emissão. A concentração é fornecida pela Equação 5-41:

$$\langle C\rangle(ut, 0, 0, t) = \frac{Q_m^*}{\sqrt{2}\pi^{3/2}\sigma_x\sigma_y\sigma_z}. \tag{5-41}$$

As condições de estabilidade são escolhidas para maximizar $\langle C\rangle$ na Equação 5-41. Isso requer coeficientes de dispersão de valor mínimo. A partir da Figura 5-12, o menor valor de qualquer coeficiente de dispersão ocorre com as condições de estabilidade F. Ou seja, para condição noturna, céu levemente nublado e com uma velocidade de vento menor que 3 m/s. A concentração máxima no *puff* ocorre no ponto mais próximo da emissão na área residencial. Isso ocorre na distância de 500 m. Desse modo,

$$\sigma_x = \sigma_y = 0{,}02x^{0{,}89} = (0{,}02)(500 \text{ m})^{0{,}89} = 5{,}0 \text{ m},$$

$$\sigma_z = 0{,}05x^{0{,}61} = (0{,}05)(500 \text{ m})^{0{,}61} = 2{,}2 \text{ m}.$$

Modelos de Liberação Tóxica e de Dispersão

A partir da Equação 5-41,

$$\langle C \rangle = \frac{1{,}0 \text{ kg}}{\sqrt{2}(3{,}14)^{3/2}(5{,}0 \text{ m})^2(2{,}2 \text{ m})} = 2{,}31 \times 10^{-3} \text{ kg/m}^3 = 2310 \text{ mg/m}^3.$$

Isso é convertido para ppm utilizando a Equação 2-6. Supondo uma pressão de 1 atm e uma temperatura de 298 K, a concentração em ppm é 798 ppm. Isso é muito acima da ERPG-1 de 1,0 ppm. Quaisquer indivíduos dentro da área residencial mais próxima e quaisquer funcionários dentro da fábrica estarão excessivamente expostos se estiverem fora das construções e na direção do vento a partir da origem da emissão.

c. A partir da Tabela 2-7, a ERPG-1 de 1,0 ppm é de 3,0 mg/m^3 ou $3{,}0 \times 10^{-6}$ kg/m^3. A concentração no centro da nuvem é fornecida pela Equação 5-41. Substituindo os valores conhecidos, obtemos

$$3{,}0 \times 10^{-6} \text{ kg/m}^3 = \frac{1{,}0 \text{ kg}}{\sqrt{2}(3{,}14)^{3/2}\sigma_y^2 \sigma_z},$$

$$\sigma_y^2 \sigma_z = 4{,}24 \times 10^4 \text{ m}^3.$$

A distância na direção do vento é solucionada através das equações fornecidas na Tabela 5-3. Desse modo, para a estabilidade F,

$$\sigma_y^2 \sigma_z = (0{,}02 x^{0{,}89})^2 (0{,}05 x^{0{,}61}) = 4{,}24 \times 10^4 \text{ m}^3.$$

Solucionando x por tentativa e erro, temos $x = 8{,}0$ km na direção do vento.

d. A concentração da linha central na direção do vento é fornecida pela Equação 5-40:

$$\langle C \rangle (x, 0, 0, t) = \frac{Q_m^*}{\sqrt{2}\pi^{3/2} \sigma_x \sigma_y \sigma_z} \exp\left[-\frac{1}{2}\left(\frac{x - ut}{\sigma_x}\right)^2\right]. \tag{5-40}$$

O tempo necessário para o centro do *puff* chegar é

$$t = \frac{x}{u} = \frac{5000 \text{ m}}{2 \text{ m/s}} = 2500 \text{ s}.$$

A uma distância na direção do vento de $x = 5$ km $= 5000$ m e supondo condições de estabilidade F, calculamos

$$\sigma_x = \sigma_y = 0{,}02 x^{0{,}89} = 39{,}2 \text{ m},$$

$$\sigma_z = 0{,}05 x^{0{,}61} = 9{,}0 \text{ m}.$$

Substituindo os números fornecidos, temos

$$3{,}0 \times 10^{-6} \text{ kg/m}^3 = \frac{1{,}0 \text{ kg}}{\sqrt{2}\pi^{3/2}(39{,}2 \text{ m})^2(9{,}0 \text{ m})} \exp\left[-\frac{1}{2}\left(\frac{x - 5000}{39{,}2 \text{ m}}\right)^2\right],$$

em que x é expresso em metros. A quantidade $(x - 5000)$ representa a largura do *puff*. Solucionando para essa quantidade, obtemos

$$0{,}326 = \exp\left[-\frac{1}{2}\left(\frac{x - 5000}{39{,}2 \text{ m}}\right)^2\right],$$

$$x - 5000 = 58{,}7.$$

A nuvem tem $2 \times 58{,}7 = 109{,}4$ m de largura nesse ponto, com base na concentração ERPG-1. A 2 m/s ela vai levar aproximadamente

$$\frac{109{,}4 \text{ m}}{2 \text{ m/s}} = 58{,}7 \text{ s,}$$

para passar.

Um procedimento de emergência adequado seria alertar os moradores para ficarem em casa com as janelas fechadas e a ventilação desligada até a nuvem passar. Um esforço da planta para reduzir a quantidade de cloro emitida também é indicado.

Exemplo 5-3[11]

Calcule a distância na direção do vento para a seguinte emissão de gás natural liquefeito (GNL) de modo a obter uma concentração igual ao limite inferior de inflamabilidade (LFL) de 5% em volume. Suponha as condições ambientes de 298 K e 1 atm. Estão disponíveis os seguintes dados:

Vazão de derramamento do líquido: 0,23 m³/s,

Duração do derramamento (R_d): 174 s,

Velocidade do vento a 10 m acima do solo (u): 10,9 m/s,

Densidade do GNL: 425,6 kg/m³,

Densidade de vapor do GNL no ponto de ebulição de –162 °C: 1,76 kg/m³.

Solução

A vazão volumétrica de descarga é fornecida por

$$q_o = (0{,}23 \text{ m}^3/\text{s})(425{,}6 \text{ kg/m}^3)/1{,}76 \text{ kg/m}^3 = 55{,}6 \text{ m}^3/\text{s}.$$

A densidade do ar ambiente é calculada a partir da lei dos gases ideais e produz um resultado igual a 1,22 kg/m³. Desse modo, a partir da Equação 5-59:

$$g_o = g\left(\frac{\rho_o - \rho_a}{\rho_a}\right) = (9{,}8 \text{ m/s}^2)\left(\frac{1{,}76 - 1{,}22}{1{,}22}\right) = 4{,}34 \text{ m/s}^2.$$

Etapa 1. Determinar se a emissão é considerada contínua ou instantânea. Nesse caso, aplica-se a Equação 5-64, e a quantidade deve ser maior do que 2,5 para uma emissão contínua. Substituindo os números necessários, temos

$$\frac{uR_d}{x} = \frac{(10{,}9 \text{ m/s})(174 \text{ s})}{x} \geq 2{,}5,$$

e segue-se que, em uma emissão contínua,

$$x \leq 758 \text{ m.}$$

A distância final deve ser menor do que isso.

---

[11] Britter and McQuaid, *Workbook on the Dispersion of Dense Gases.*

Etapa 2. Determinar se um modelo de nuvem densa é aplicável. Nesse caso, as Equações 5-60 e 5-62 se aplicam. Substituindo os números adequados, temos

$$D_c = \left(\frac{q_o}{u}\right)^{1/2} = \left(\frac{55{,}6 \text{ m}^3/\text{s}}{10{,}9 \text{ m/s}}\right)^{1/2} = 2{,}26 \text{ m,}$$

$$\left(\frac{g_o q_o}{u^3 D_c}\right)^{1/3} = \left[\frac{(4{,}29 \text{ m/s}^2)(55{,}6 \text{ m}^3/\text{s})}{(10{,}9 \text{ m/s})^3 (2{,}26 \text{ m})}\right]^{1/3} = 0{,}44 \geq 0{,}15,$$

e fica claro que o modelo de nuvem densa se aplica.

Etapa 3. Ajustar a concentração para uma emissão não isotérmica. O modelo de Britter-McQuaid proporciona um ajuste para a concentração visando levar em conta a emissão não isotérmica do vapor. Se a concentração original for C^*, então a concentração efetiva é fornecida por

$$C = \frac{C^*}{C^* + (1 - C^*)(T_a/T_o)},$$

em que T_a é a temperatura ambiente e T_o é a temperatura na origem, ambas absolutas. Para a nossa concentração necessária de 0,05, a equação C fornece uma concentração efetiva de 0,019.

Etapa 4. Calcular os grupos adimensionais para a Figura 5-13:

$$\left(\frac{g_o^2 q_o}{u^5}\right)^{1/5} = \left[\frac{(4{,}34 \text{ m/s}^2)^2 (55{,}6 \text{ m}^3/\text{s})}{(10{,}9 \text{ m/s})^5}\right]^{1/5} = 0{,}369$$

e

$$\left(\frac{q_o}{u}\right)^{1/2} = \left(\frac{55{,}6 \text{ m}^3/\text{s}}{10{,}9 \text{ m/s}}\right)^{1/2} = 2{,}26 \text{ m.}$$

Etapa 5. Aplicar a Figura 5-13 para determinar a distância na direção do vento. A concentração inicial do gás C_o é essencialmente GNL puro. Assim, $C_o = 1{,}0$ e $C_m/C_o = 0{,}019$. A partir da Figura 5-13,

$$\frac{x}{\left(\dfrac{q_o}{u}\right)^{1/2}} = 126,$$

e $x = (2{,}26 \text{ m})(126) = 285$ m. Isso se compara à distância de 200 m determinada experimentalmente, demonstrando que as estimativas de dispersão dos gases densos podem facilmente estar erradas por um fator de 2.

5-4 Transição de Gás Denso para Gás de Empuxo Neutro

Como mostra a Figura 5-15, à medida que um gás denso se move na direção do vento a sua concentração diminui. No ponto de transição x_t ele se torna um gás de empuxo neutro. Na região de gás denso a concentração é calculada através dos métodos da Seção 5-3. Após a transição, as composições são calculadas utilizando as equações de empuxo neutro para emissões no nível do solo; veja os Casos 11 e 12 na Seção 5-2. Como mostra a Figura 5-15, essas composições de gases de empuxo neutro são

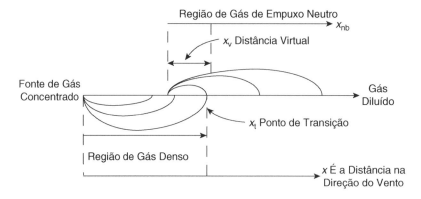

Figura 5-15 Esboço descrevendo a transição de gás denso para gás de empuxo neutro.

calculadas a partir de um ponto de transição que está na direção do vento. Os métodos para determinar a distância virtual x_v e as composições são descritos nesta seção.

Ponto de Transição no Caso de Liberação Contínua

Para localizar o ponto de transição x_t em uma emissão contínua, a Equação 5-62 é modificada para incluir as propriedades locais.[12,13] As propriedades locais são exibidas abaixo:

$$\rho_x = \rho_0\left(\frac{C_x}{C_0}\right) + \rho_a\left(1 - \frac{C_x}{C_0}\right), \tag{5-65}$$

$$g_x = g\left(\frac{\rho_x - \rho_a}{\rho_a}\right) = g\left(\frac{C_x}{C_0}\right)\left(\frac{\rho_0 - \rho_a}{\rho_a}\right), \tag{5-66}$$

em que

C_x é a concentração em x na direção do vento a partir da fonte (massa/volume),

C_0 é a concentração na fonte (massa/volume),

ρ_x é a densidade em x a partir da fonte (massa/volume) e

g_x é o fator de empuxo em x (comprimento/tempo^2).

Como as dispersões dos gases densos se baseiam nos volumes originais que estão sendo diluídos com a entrada de ar, há uma relação simples de balanço de massa entre as concentrações e as vazões, como mostra a Equação 5-67:

$$q_x C_x = q_0 C_0, \tag{5-67}$$

na qual q_x é a vazão volumétrica da pluma em x (volume/tempo).

---

[12]Hanna and Drivas, *Guidelines for Use of Vapor Cloud Dispersion Models*.
[13]J. A. Havens and T. O. Spicer, *Development of na Atmospheric Dispersion Model for Heavier than Air Gas Mixtures*, USCG Report CG D 22 85 (Washington, DC: United States Coast Guard Headquarters, 1985).

Modelos de Liberação Tóxica e de Dispersão

Para determinar o ponto de transição, o critério exibido na Equação 5-62 é convertido para as condições locais, como mostra a Equação 5-68:

$$\left(\frac{g_x q_x}{u^3 D_{cx}}\right)^{1/3} \geq 0{,}15, \qquad (5\text{-}68)$$

em que

$$D_{cx} = \left(\frac{q_x}{u}\right)^{1/2} \qquad (5\text{-}69)$$

e D_{cx} é a dimensão característica para uma liberação contínua de gás denso em x (comprimento). Após substituir g_x, q_x e D_x na Equação 5-68 com as propriedades exibidas nas Equações 5-65, 5-66, 5-67 e 5-69, o critério exibido na Equação 5-68 é convertido para

$$\left(\frac{C_x}{C_0}\right)^{1/6} \left(\frac{g_0 q_0}{u^3 D_c}\right)^{1/3} \geq 0{,}15. \qquad (5\text{-}70)$$

A razão de concentração C_x/C_0 na transição (de gás denso para gás de empuxo neutro) é determinada pela conversão da desigualdade da Equação 5-70 em uma igualdade. Depois, o ponto x_t de transição é determinado através da Figura 5-13; ou seja, é determinado no valor da ordenada correspondente à inserção da abscissa conhecida e C_x/C_0.

Concentração na Direção do Vento para Emissão Contínua

Se for desejado conhecer a concentração na região de gás denso (veja a Figura 5-15), então são feitos os cálculos de gases densos utilizando os métodos exibidos na Seção 5-3. Se a concentração for desejada na região de empuxo neutro (na distância de transição), são utilizados os modelos de empuxo neutro para uma emissão no nível do solo (veja a Seção 5-2). A emissão no nível do solo é utilizada porque todas as emissões de gases densos, até mesmo das chaminés, despencam para o solo.

Como mostra a Figura 5-15, os cálculos de empuxo neutro são feitos de uma posição a montante da transição, a uma distância x_v (distância virtual) que produz a concentração de empuxo neutro igual à concentração de gases densos na transição.

A distância virtual x_v é determinada através da Equação 5-71, em que a concentração na transição é C_x. Nessa equação, a única incógnita é x_v, que está em ambos os coeficientes de dispersão extraídos da Tabela 5-2.

$$\sigma_y \sigma_z = \frac{q_0}{C_x \pi u} \qquad (5\text{-}71)$$

A composição em qualquer distância x a partir da origem é calculada utilizando as equações de empuxo neutro para as emissões contínuas no nível do solo, como foi mostrado no Caso 12 (Seção 5-2). Mas a distância na direção do vento para os coeficientes de dispersão é x_{nb}, como mostra a Figura 5-15. A Equação 5-72 exibe a relação entre as várias distâncias:

$$x_{nb} = x - x_t + x_v, \qquad (5\text{-}72)$$

em que

x é a distância a partir da fonte (comprimento),

x_t é a distância da fonte até a transição (comprimento),

x_v é a distância virtual (comprimento) e

x_{nb} é a distância utilizada no modelo de empuxo neutro para calcular a concentração de transição na direção do vento.

Ponto de Transição no Caso de Liberação Instantânea

A equação para o critério dos gases densos para um modelo de *puff* é derivada por meio das Equações 5-65, 5-66 e a equação do balanço de massa (Equação 5-73):

$$V_x C_x = V_0 C_0, \qquad (5\text{-}73)$$

em que V_x é o volume do gás em x (comprimento^3).

O critério para qualquer localização é

$$\frac{\sqrt{g_x V_x}}{u D_{xi}} \geq 0{,}20, \qquad (5\text{-}74)$$

em que

$$D_{xi} = (V_x)^{1/3} \qquad (5\text{-}75)$$

e D_{xi} é a dimensão característica para uma emissão instantânea de gás denso em x (comprimento). Após substituir g_x, q_x e D_{xi} na Equação 5-74 pelas propriedades exibidas nas Equações 5-65, 5-66, 5-73 e 5-75, o critério (Equação 5-74) é convertido para a Equação 5-76.

$$\left(\frac{C_x}{C_0}\right)^{1/3} \left(\frac{\sqrt{g_0 V_0}}{u V_0^{1/3}}\right) \geq 0{,}20. \qquad (5\text{-}76)$$

A razão de concentração C_x/C_0 na transição (gás denso para gás de empuxo neutro) é determinada pela conversão da desigualdade da Equação 5-76 para uma igualdade. A transição x_t é determinada com a Figura 5-14.

Composição na Direção do Vento para Emissão Instantânea

A distância virtual x_v é determinada utilizando a Equação 5-77, na qual a concentração na transição é C_x. Nessa equação, a única incógnita é x_v que é determinada com x que produz o lado esquerdo igual ao lado direito. Os coeficientes de dispersão adequados são extraídos da Tabela 5-3. Então, a distância virtual x_v pode ser calculada:

Modelos de Liberação Tóxica e de Dispersão

$$\sigma_x\sigma_y\sigma_z = \frac{V_0}{C_x\sqrt{2\pi^{3/2}}}. \qquad (5\text{-}77)$$

A composição em qualquer distância x a partir da fonte é calculada com as equações de empuxo neutro para emissões em *puff* no nível do solo, como mostra o Caso 11 (Seção 5-2). Mas a distância nos coeficientes de dispersão é x_{nb}, como mostra a Figura 5-15. A Equação 5-72 mostra a relação entre as várias distâncias.

Exemplo 5-4

Um gás é emitido continuamente por uma chaminé com 25 m de altura. Determine a concentração na linha do vento ($y = 0$) desse gás a uma distância de 100 m da fonte em um ambiente rural. São especificadas as seguintes condições:

Vazão de liberação: 100 g/s,

Peso molecular do gás: 50 g/g mol,

Temperatura e pressão: 25 °C e 1 atm,

Velocidade do vento e condições meteorológicas: 4 m/s e dia nublado (encoberto).

Solução

Etapa 1. Determinar se esse gás é denso.

A densidade do gás na origem é

$$\rho = \frac{P \times MW}{82,057 \times (Temp + 273)} = \frac{1 \times 50}{82,057 \times (25 + 273)} = 2,045 \times 10^{-3} \text{ g/cm}^3,$$

e a densidade do ar é $1,186 \times 10^{-3}$ g/cm³.

A vazão volumétrica de descarga é fornecida por

$$q_0 = \frac{(taxa\ de\ emissão)}{\rho \times 10^6} = \frac{100}{2,045 \times 10^{-3} \times 10^6} = 0,049 \text{ m}^3/\text{s},$$

e o fator de empuxo inicial é

$$g_0 = g\left(\frac{\rho - \rho_a}{\rho_a}\right) = 9,8 \text{ m/s}^2 \left[\frac{2,045 \times 10^{-3} - 1,186 \times 10^{-3}}{1,186 \times 10^{-3}}\right] = 7,097 \text{ m/s}^2.$$

D_c é calculado através da Equação 5-60:

$$D_c = \left(\frac{q_0}{u}\right)^{1/2} = \left(\frac{0,049}{4}\right)^{1/2} = 0,1 \text{ m}$$

$$\left(\frac{g_0 q_0}{u^3 D_c}\right)^{1/3} = \left(\frac{7,097}{4^3 \times 0,1}\right)^{1/3} = 0,366 \text{ que é maior do que } 0,15.$$

Portanto, trata-se de um gás denso.

Etapa 2. Determinar o ponto em que o gás passa de denso para gás de empuxo neutro. A razão de concentração na transição é determinada pela Equação 5-70:

$$\left(\frac{C_x}{C_0}\right)^{1/6} \left(\frac{g_0 q_0}{u^3 D_c}\right)^{1/3} = 0{,}15$$

$$\left(\frac{C_x}{C_0}\right) = \left(\frac{0{,}15}{0{,}366}\right)^6 = 4{,}74 \times 10^{-3}.$$

A concentração na transição é, portanto,

$$C = 4{,}74 \times 10^{-3} \times \rho = 4{,}7 \times 10^{-3} \times 2{,}045 \times 10^3 = 9{,}6 \text{ g/m}^3.$$

O ponto de transição x_t é determinado através da Figura 5-13 em um processo de três etapas: (1) calcular a abscissa, (2) achar a grandeza da ordenada a partir da Figura 5-13 que está na interseção da abscissa com a razão de concentração, e (3) utilizar esta grandeza da ordenada para calcular x_t.

$$\text{A abscissa é } \left(\frac{g_0^2 q_0}{u^5}\right)^{1/5} = 0{,}299.$$

A interseção dessa abscissa e da razão de concentração corresponde a uma ordenada na Figura 5-13 de 340. Ela é utilizada para calcular x_t da seguinte forma:

$$\frac{x_t}{(q_0/u)^{1/2}} = 340$$

$$x_t = 340 \times (0{,}049/4)^{1/2} = 37{,}6 \text{ m}.$$

Este é o ponto em que o gás passa de denso para gás de empuxo neutro. Uma vez que o problema exige uma composição a 100 m e isso está a jusante da transição, a distância virtual é necessária.

Etapa 3. Determinar a distância virtual utilizando a Equação 5-71.

Nesse problema a classe da estabilidade atmosférica é D para a velocidade do vento de 4 m/s, dia nublado e ambiente rural, conforme observado na Tabela 5-1 e nota de rodapé 6. Portanto, os coeficientes de dispersão são

$$\sigma_y = 0{,}08 \times x_v (1 + 0{,}0001 \times x_v)^{-1/2},$$

$$\sigma_z = 0{,}06 \times x_v (1 + 0{,}0015 \times x_v)^{-1/2},$$

e x_v é determinado da seguinte forma:

$$\sigma_y \sigma_z = \frac{q_0}{C_x \pi u}$$

$$0{,}08 \times x_v (1 + 0{,}0001 \times x_v)^{-1/2} \times 0{,}06 \times x_v (1 + 0{,}0015 \times x_v)^{-1/2} = \frac{0{,}049}{9{,}6 \times \pi \times 4}.$$

Portanto,

$$x_v = 13{,}2 \text{ m}.$$

Etapa 4. Determinar a composição em $x = 100$ m.

A composição 100 m a jusante da transição é calculada por meio da Equação 5-48. A distância utilizada para calcular essa composição é

$$x_{nb} = x - x_t - x_v$$

$$x_{nb} = x - x_t + x_v = 100 - 37,6 + 13,2 = 75,6 \text{ m.}$$

O resultado utilizando a Equação 5-71 é

$$0,08 \times x_{nb}(1 + 0,0001 \times x_{nb})^{-1/2} \times 0,06 \times x_{nb}(1 + 0,0015 \times x_{nb})^{-1/2} = \frac{0,049}{C \times \pi \times 4},$$

ou

$$C = 0,31 \text{ g/m}^3.$$

Em resumo, as composições em cada localização são:

Na origem: $C = 2045$ g/m^3.

Na transição (37,5 m): $C = 9,6$ g/m^3.

Na distância de 100 m a jusante da fonte: $C = 0,31$ g/m^3.

5-5 Critérios Relativos aos Efeitos Tóxicos

Uma vez realizados os cálculos de dispersão, surge a questão: Qual concentração é considerada perigosa? As concentrações baseadas nos valores de TLV-TWA, discutidos no Capítulo 2, são excessivamente conservadoras, sendo tais valores concebidos para as exposições do trabalhador, e não para as exposições de curto prazo nas situações de emergência.

Uma abordagem possível é utilizar os modelos probit elaborados no Capítulo 2. Esses modelos também são capazes de incluir os efeitos resultantes das mudanças temporárias nas concentrações tóxicas. Infelizmente, as correlações divulgadas estão disponíveis apenas para alguns produtos químicos e os dados exibem uma ampla variação das correlações.

Uma abordagem simplificada é especificar um critério de concentração tóxica acima do qual se presume que todos os indivíduos expostos a este valor vão estar em perigo. Essa abordagem levou a muitos critérios promulgados por várias agências do governo americano e associações privadas. Alguns desses critérios e métodos incluem

- Emergence Response Planning Guidelines (ERPG) para contaminantes do ar, editadas pela American Industrial Hygiene Association (AIHA)
- Níveis de IPVS (IDLH) estabelecidos pelo NIOSH
- Emergency Exposure Guidance Levels (EEGLs) e Short-Term Public Exposure Limits (SPEGLs) editados pela National Academy of Sciences/National Research Council

- TLVs estabelecidos pela ACGIH, incluindo os limites de exposição no curto prazo (TLV-STEL) e das concentrações de teto (TLV-Cs)
- PELs promulgadas pela OSHA
- Métodos de dispersão da toxicidade (TXDS) utilizados pelo Departamento de Proteção Ambiental de New Jersey
- Parâmetros tóxicos promulgados pela EPA como parte da RMP (PGR: Plano de Gestão de Risco)

Esses critérios e métodos se baseiam em uma combinação de resultados gerados por experimentos com animais, observações de exposições humanas de longo e curto prazo e opinião de especialistas. Os parágrafos a seguir definem esses critérios e descrevem algumas de suas características.

As ERPGs são preparadas por uma força-tarefa industrial e são publicadas pela AIHA. São fornecidos três intervalos de concentração para a exposição a uma substância específica:

1. A ERPG-1 é a concentração no ar máxima abaixo da qual se acredita que quase todos os indivíduos poderiam ficar expostos durante 1 hora sem sentir efeitos, a não ser efeitos adversos brandos e temporários sobre a saúde, ou perceber um odor claramente definido.
2. A ERPG-2 é a concentração no ar máxima abaixo da qual se acredita que quase todos os indivíduos poderiam ficar expostos por até 1 hora sem sentir ou desenvolver efeitos graves sobre a saúde ou sintomas que poderiam prejudicar sua capacidade para tomar atitudes protetoras.
3. A ERPG-3 é a concentração no ar máxima abaixo da qual se acredita que quase todos os indivíduos poderiam ficar expostos por até 1 hora sem sentir ou desenvolver efeitos fatais sobre a saúde (similar às EEGLs).

Os dados das ERPGs são exibidos na Tabela 5-6. Até hoje, foram desenvolvidas 47 ERPGs que estão sendo analisadas, atualizadas e ampliadas por uma força-tarefa da AIHA. Devido ao esforço abrangente para elaborar valores de toxicidade aguda, as ERPGs estão se tornando uma norma aceitável para indústria/governo americano.

A NIOSH publica as concentrações IPVS (IDLH) que devem ser utilizadas como indicadores de toxicidade aguda para gases industriais comuns. Uma condição de exposição IDLH é definida como uma condição que "representa uma ameaça de exposição a contaminantes no ar quando esta exposição tende a causar morte ou efeitos adversos permanentes imediatos ou posteriores na saúde, ou impede a fuga do ambiente".[14] Os valores de IPVS também levam em consideração as reações tóxicas agudas, como, por exemplo, a irritação ocular grave, que podem impedir a fuga. O nível de IPVS é considerado ainda uma concentração máxima acima da qual somente é permitido o uso de aparelhos de respiração altamente confiáveis. Se os valores de IPVS forem ultrapassados, todos os trabalhadores desprotegidos devem sair da área imediatamente.

Os dados de IPVS (IDLH) estão disponíveis atualmente para 380 materiais. Como os valores de IPVS foram elaborados para proteger as populações de trabalhadores saudáveis, eles devem ser ajustados para as populações sensíveis, como os idosos, deficientes ou doentes. Para os vapores inflamáveis, a concentração de IPVS é definida como um décimo do limite inferior de inflamabilidade (LFL). Observe também que os níveis de IPVS não foram analisados por revisores, e que não existe nenhuma documentação substantiva dos valores.

---
[14]NIOSH, *NIOSH Pocket Guide to Chemical Hazards* (Washington, DC: US Department of Health and Human Services, 2005).

Tabela 5-6 Diretrizes de Planejamento da Resposta de Emergência[a*](todos os valores estão em ppm, salvo alguma indicação em contrário)

Produto Químico	ERPG-1	ERPG-2	ERPG-3
Acetaldeído	10	200	1000
Acetato de vinila	5	75	500
Ácido acético	5	35	250
Ácido acrílico	1,0	50	250
Ácido clorossulfônico	2 mg/m^3	10 mg/m^3	30 mg/m^3
Ácido fórmico	3	25	250
Ácido sulfônico (oleum, trióxido de enxofre e ácido sulfúrico)	2 mg/m^3	10 mg/m^3	120 mg/m^3
Acrilato de n-butil	0,05	25	250
Acrilonitrila	10	35	75
Acroleína	0,05	0,15	1,5
Amônia	25	150	750
Anidrido acético	0,5	15	100
Benzeno	50	150	1000
Berílio	NA	25 μg/m^3	100 μg/m^3
Bromo	0,1	0,5	5
1,3-Butadieno	10	200	5000
Cianeto de hidrogênio	NA	10	25
Cloreto de alila	3	40	300
Cloreto de benzila	1	10	50
Cloreto de cloroacetila	0,05	0,5	10
Cloreto de hidrogênio	3	20	150
Cloreto de metila	NA	400	1000
Cloreto de vinila	500	5000	20.000
Cloro	1	3	20
Cloroformato de etila	ID	100	200
Clorofórmio	NA	50	5000
Cloropicrina	0,1	0,3	1,5
Clorotrifluoretileno	20	100	300
Crotonaldeído	0,2	1	3
1,2-Diclorometano	50	200	300
Diborane	NA	1	3
Dicetona	1	5	20
Di-isocianato de difenilmetileno	0,2 mg/m^3	2 mg/m^3	25 mg/m^3
Dimetilamina	0,6	100	350
Dimetildiclorosilano	2	10	75
Dióxido de enxofre	0,3	3	15
Dióxido de nitrogênio	1	15	30
Dissulfeto de carbono	1	50	500

(continua)

Tabela 5-6 Diretrizes de Planejamento da Resposta de Emergência[a]*(todos os valores estão em ppm, salvo alguma indicação em contrário) (*continuação*)

Produto Químico	ERPG-1	ERPG-2	ERPG-3
Dissulfeto de dimetila	0,01	50	250
Epicloridrina	5	20	100
Estireno	50	250	1.000
Etanol	1800	3300	NA
Fenol	10	50	200
Flúor	0,5	5	20
Fluoreto de hidrogênio	2	20	50
Formaldeído	1	10	25
Fosgênio	NA	0,5	1,5
Gasolina	200	1000	4000
Hexaclorobutadieno	1	3	10
Hexafluoreto de urânio	5 mg/m^3	15 mg/m^3	30 mg/m^3
Hexafluoropropileno	10	50	500
Hexafluoroacetona	NA	1	50
Hidreto de lítio	25 μg/m^3	100 μg/m^3	500 μg/m^3
Isobutironitrila	10	50	200
Isocianato de metila	0,025	0,25	1,5
Isocianato de *n*-butil	0,01	0,05	1
2-Isocianatoetila metacrilato	ID	0,1	1
Metanol	200	1.000	5.000
Metilmercaptano	0,005	25	100
Metiltriclorosilano	0,5	3	15
Monometilamina	10	100	500
Monóxido de carbono	200	350	500
Óxido de etileno	NA	50	500
Óxido de propileno	50	250	750
Pentóxido de fósforo	1 mg/m^3	10 mg/m^3	50 mg/m^3
Perfluoroisobutileno	NA	0,1	0,3
Peróxido de hidrogênio	10	50	100
Sulfeto de hidrogênio	0,1	30	100
Tetracloreto de carbono	20	100	750
Tetracloreto de titânio	5 mg/m^3	20 mg/m^3	100 mg/m^3
Tetrafluoroetileno	200	1000	10.000
Tolueno	50	300	1000
Trifluoreto de cloro	0,1	1	10
Trimetilamina	0,1	100	500

Observações: NA = Inadequado
ID = Dados insuficientes
[a]AIHA, *Emergency Response Planning Guidelines and Workplace Environmental Exposure Levels* (Fairfax, VA: American Industrial Hygiene Association, 2010) e *www.aiha.org*.
*Emergency Response Planning Guidelines (ERPGs). (N.T.)

Desde os anos 1940, o National Research Council's Committee on Toxicology tem submetido EEGLs para 44 produtos químicos de interesse especial do Departamento de Defesa. Uma EEGL é definida como uma concentração de gás, vapor ou aerossol considerada aceitável e que permite que os indivíduos expostos realizem tarefas específicas durante as condições de emergência, com duração de 1 a 24 horas. A exposição às concentrações na EEGL pode produzir irritação temporária ou efeitos transientes sobre o sistema nervoso central, mas não deve produzir efeitos duradouros ou que prejudicariam o desempenho de uma tarefa. Além das EEGLs, o National Research Council desenvolveu as SPEGLs, definidas como concentrações aceitáveis para as exposições dos membros do público em geral. As SPEGLs são definidas geralmente em 10-50% da EEGL e são calculadas levando em conta os efeitos da exposição sobre as populações heterogêneas sensíveis. As vantagens de utilizar as EEGLs e as SPEGLs em vez dos valores de IPVS são que (1) uma SPEGL considera os efeitos sobre as populações sensíveis, (2) as EEGLs e SPEGLs são concebidas para várias durações de exposição diferentes e (3) os métodos pelos quais as EEGLs e SPEGLs foram concebidas estão bem documentados nas publicações do National Research Council. Os valores de EEGL e SPEGL estão exibidos na Tabela 5-7.

Certos (ACGIH) critérios podem ser adequados para utilização como pontos de referência. Os limites de tolerância da ACGIH – TLV-STELs e TLV-Cs – são concebidos para proteger os trabalhadores dos efeitos agudos resultantes da exposição aos produtos químicos; tais efeitos incluem irritação e narcose. Esses critérios são discutidos no Capítulo 2. Esses critérios podem ser utilizados na dispersão dos gases tóxicos, mas geralmente produzem um resultado conservador pelo fato de serem concebidos para exposições dos trabalhadores.

As PELs são promulgadas pela OSHA e têm força de lei. Esses níveis são similares aos critérios da ACGIH para TLV-TWAs porque também se baseiam em exposições médias ponderadas pelo tempo de 8 horas. As "concentrações máximas aceitáveis", "os valores limites" ou os "níveis de ação" citados pela OSHA podem ser convenientes como pontos de referência.

O Departamento de Proteção Ambiental de New Jersey utiliza o método TXDS de análise de consequências para estimar as quantidades potencialmente catastróficas de substâncias tóxicas, conforme é exigido pela Lei para a Prevenção de Catástrofes Tóxicas de New Jersey (TCPA). Uma concentração tóxica aguda (ATC) é definida como a concentração de um gás ou vapor de uma substância tóxica que vai resultar em efeitos agudos sobre a saúde da população afetada, e em 1 morte em 20 ou menos

Tabela 5-7 Níveis de Orientação de Emergência à Exposição* do National Research Council (NRC) (todos os valores estão em ppm, salvo indicação em contrário)

Composto	EEGL 1 hora	EEGL 24 horas	Origem
Acetona	8500	1000	NRC I
Ácido sulfúrico	1 mg/m³		NRC I
Acroleína	0,05	0,01	NRC I
Álcool isopropílico	400	200	NRC II
Amônia	100		NRC VII
Arsina	1	0,1	NRC I
Benzeno	50	2	NRC VI

(continua)

Tabela 5-7 Níveis de Orientação de Emergência à Exposição* do National Research Council (NRC) (todos os valores estão em ppm, salvo indicação em contrário) (*continuação*)

Composto	EEGL 1 hora	EEGL 24 horas	Origem
Brometo de lítio	15 mg/m^3	7 mg/m^3	NRC VII
Bromotrifluorometano	25.000		NRC III
Cloreto de hidrogênio	20/1^a	20/1^a	NRC VII
Cloreto de vinilideno		10	NRC II
Cloro	3	0,5	NRC II
Clorofórmio	100	30	NRC I
Cromato de lítio	100 μg/m^3	50 μg/m^3	NRC VIII
Diclorodifluorometano	10.000	1000	NRC II
Diclorofluorometano	100	3	NRC II
Diclorotetrafluoroetano	10.000	1000	NRC II
1,1-Dimetil-hidrazina	0,24^a	0,01^a	NRC V
Dióxido de enxofre	10	5	NRC II
Dióxido de nitrogênio	1^a	0,04^a	NRC IV
Dissulfeto de carbono	50		NRC I
Etanolamina	50	3	NRC II
Etileno glicol	40	20	NRC IV
Flúor	7,5		NRC I
Fosgênio	0,2	0,02	NRC II
Hidrazina	0,12^a	0,005^a	NRC V
Hidróxido de sódio	2 mg/m^3		NRC II
Mercúrio (vapor)		0,2 mg/m^3	NRC I
Metano		5000	NRC I
Metanol	200	10	NRC IV
Metil-hidrazina	0,24^a	0,01^a	NRC V
Monóxido de carbono	400	50	NRC IV
Óxido de alumínio	15 mg/m^3	100	NRC IV
Óxido de etileno	20	1	NRC VI
Óxido nitroso	10.000		NRC IV
Ozônio	1	0,1	NRC I
Sulfeto de hidrogênio		10	NRC IV
Tolueno	200	100	NRC VII
Tricloroetileno	200 ppm	10 ppm	NRC VIII
Triclorofluorometano	1500	500	NRC II
Triclorotrifluoroetano	1500	500	NRC II
Trifluoreto de cloro	1		NRC II
Xileno	200	100	NRC II

^{a}Valor de SPEGL.
*Emergency Exposure Guidance Levels (EEGLs). (N.T.)

(5% ou mais) durante uma exposição de 1 hora. Os valores da ATC, conforme foram propostos pelo Departamento de Proteção Ambiental de New Jersey, são estimados para 103 "substâncias extraordinariamente perigosas" e se baseiam no valor mais baixo (1) da concentração letal mais baixa divulgada (LCLO) em dados de testes com animais, (2) da concentração letal (CL50) de dados de testes com animais multiplicados por 0,1 ou (3) do valor de IPVS (IDLH).

A EPA divulgou uma série de parâmetros tóxicos que devem ser utilizados para modelar a dispersão no ar das emissões de gases tóxicos, como parte integrante do EPA RMP.[15] O parâmetro tóxico, em ordem de preferência, é (1) a ERPG-2 ou (2) o nível de preocupação (LOC) promulgado pela Lei *Emergency Planning and Community Right-to-Know*. O LOC é considerado "a concentração máxima no ar de uma substância extremamente perigosa que não vai provocar efeitos de saúde graves e irreversíveis na população em geral quando esta for exposta à substância por um tempo relativamente curto". Os parâmetros tóxicos são fornecidos para 74 produtos químicos sob o domínio do RMP e são exibidos na Tabela 5-8.

Em geral, os critérios toxicológicos mais diretamente relevantes disponíveis atualmente, particularmente para o desenvolvimento de planos de resposta de emergência, são as ERPGs, SPEGLs e EEGLs. Estas foram desenvolvidas especificamente para serem aplicadas às populações em geral e para levar em conta as populações sensíveis e a incerteza científica nos dados toxicológicos. Nos incidentes envolvendo substâncias para as quais não existem SPEGLs ou EEGLs, os níveis de IPVS (IDLH) fornecem critérios alternativos. No entanto, como os níveis de IDLH não foram concebidos para levar em conta as populações sensíveis e como eles se baseiam em um período de exposição máxima de 30 minutos, a EPA sugere que a identificação de uma zona de efeito deve se basear nos níveis de exposição de um décimo do nível de IDLH. Por exemplo, o nível de IDLH do dióxido de cloro é de 5 ppm. As zonas de efeito resultantes da emissão desse gás são definidas como qualquer zona em que a concentração de dióxido de cloro deve ultrapassar 0,5 ppm. Naturalmente, a abordagem é conservadora e produz resultados irreais; uma abordagem mais realista é utilizar um pressuposto de dose constante para as emissões com menos de 30 minutos de duração utilizando o nível de IDLH.

O uso dos TLV-STELs e dos limites de teto pode ser mais adequado se o objetivo for identificar as zonas de efeito nas quais o interesse primário inclua os efeitos mais transitórios como a irritação ou a percepção do odor. Em geral, as pessoas situadas fora da zona baseada nesses limites podem ser consideradas não afetadas pela emissão.

Craig e colaboradores[16] forneceram uma hierarquia de diretrizes alternativas de concentração no caso de indisponibilidade dos dados de ERPG. Essa hierarquia é exibida na Tabela 5-9.

Esses métodos podem resultar em algumas inconsistências, pois os diferentes métodos se baseiam em conceitos diferentes. Deve prevalecer o bom senso.

5-6 Efeito do Momento e do Empuxo na Liberação

A Figura 5-6 indica que as características de emissão de um *puff* ou pluma dependem do momento e do empuxo da emissão. O momento e o empuxo iniciais mudam a altura efetiva da emissão. Uma emissão que ocorre no nível do solo, mas em um jato para cima de líquido vaporizado, tem uma al-

---

[15]EPA, *RMP Offsite Consequence Analysis Guidance* (Washington, DC: US Environmental Protection Agency, 1996).

[16]D. K. Craig, J. S. Davis, R. DeVore, D. J. Hansen, A. J. Petrocchi and T. J. Powell, "Alternative Guideline Limits for Chemicals without Environmental Response Planning Guidelines", *AIHA Journal* (1995), 56.

Tabela 5-8 Parâmetros Tóxicos Especificados pelo Plano de Gestão de Risco da EPA[a]

Nome químico	Parâmetro tóxico (mg/L)	Nome químico	Parâmetro tóxico (mg/L)
Gases		Líquidos (*continuação*)	
Ácido cianídrico	0,011	1,1-Dimetil-hidrazina	0,012
Amônia (anídrica)	0,14	Dissulfeto de carbono	0,16
Arsina	0,0019	Epicloro-hidrina	0,076
Cloreto de cianogênio	0,030	Éter clorometílico	0,00025
Cloreto de hidrogênio (anídrico)	0,030	Éter metil-clorometílico	0,0018
Cloreto de metila	0,82	Etilenodiamina	0,49
Cloro	0,0087	Etilenoimina	0,018
Diborano	0,0011	Furano	0,0012
Dióxido de cloro	0,0028	Hidrazina	0,011
Dióxido de enxofre (anídrico)	0,0078	Isobutironitrila	0,14
Flúor	0,0039	Isocianato metílico	0,0012
Fluoreto de hidrogênio (anídrico)	0,016	Metacrilonitrila	0,0027
Formaldeído (anídrico)	0,012	Metil hidrazina	0,0094
Fosfina	0,0035	Metiltriclorosilano	0,018
Fosgênio	0,00081	Monômero de acetato de vinila	0,26
Metilmercaptano	0,049	Níquel-carbonila	0,00067
Óxido de etileno	0,090	Oxicloreto de fósforo	0,0030
Óxido nítrico	0,031	Óxido de propileno	0,59
Seleneto de hidrogênio	0,00066	Pentacarbonil ferro	0,00044
Sulfeto de hidrogênio	0,042	Perclorometilmercaptano	0,0076
Tetrafluoreto de enxofre	0,0092	Piperidina	0,022
Tricloreto de boro	0,010	Propileneimina	0,12
Trifluoreto de boro	0,028	Propionitrila	0,0037
Líquidos		Tetracloreto de titânio	0,020
Ácido nítrico (100%)	0,026	Tetrametilchumbo	0,0040
Ácido peracético	0,0045	Tetranitrometano	0,0040
Acrilonitrila	0,076	Tiocianato metílico	0,085
Acroleína	0,0011	Tolueno 2,4-di-isocianato	0,0070
Álcool alílico	0,036	Tolueno 2,6-di-isocianato	0,0070
Alilamina	0,0032	Tolueno di-isocianato	
Bromo	0,0065	(não especificado)	0,0070
Ciclo-hexilamina	0,16	Tricloreto de arsênio	0,01
Cloreto de acriloíla	0,00090	Tricloreto de fósforo	0,028
Cloroformiato de metila	0,0019	Trifluoreto de boro	
Cloroformiato de propil	0,010	Composto com	
Cloroformiato isopropílico	0,10	Éter metílico (1:1)	0,023
Clorofórmio	0,49	Trimetilclorosilano	0,050
Crotonaldeído	0,029	Trióxido de enxofre	0,010
Dimetildiclorosilano	0,026		

[a]EPA, *RMP Offsite Consequence Analysis Guidance* (Washington, DC: US Environmental Protection Agency, 1996).

Tabela 5-9 Hierarquia Recomendada de Orientações de Concentração Alternativas[a]

Orientação primária	Hierarquia de orientações alternativas	Origem
ERPG-1		AIHA
	EEGL (30 min)	NRC
	IPVS (IDLH)	NIOSH
ERPG-2		AIHA
	EEGL (60 min)	NRC
	LOC	EPA/FEMA/DOT
	PEL-C	OSHA
	TLV-C	ACGIH
	5 × TLV-TWA	ACGIH
ERPG-3		AIHA
	PEL-STEL	OSHA
	TLV-STEL	ACGIH
	3 × TLV-TWA	ACGIH

AIHA: American Industrial Hygiene Association
NIOSH: National Institute for Occupational Safety and Health
NRC: National Research Council Committee on Toxicology
EPA: Environmental Protection Agency
FEMA: Federal Emergency Management Agency
DOT: US Department of Transportation
OSHA: US Occupational Safety and Health Administration
ACGIH: American Conference of Governmental Industrial Hygienists
[a]D. K.Craig, J. S. Davis, R. DeVore, D. J. Hansen, A. J. Petrocchi and T. J. Powell, "Alternative Guideline Limits for Chemicals without Environmental Response Planning Guidelines", *AIHA Journal* (1995), 56.

tura efetiva maior do que uma emissão sem o jato. De modo similar, uma emissão de vapor a uma temperatura mais alta do que a temperatura do ar ambiente vai subir devido aos efeitos do empuxo, aumentando a altura efetiva da emissão.

Ambos os efeitos são demonstrados pela tradicional emissão de chaminé exibida na Figura 5-16. O material lançado pela chaminé contém momento, baseado na sua velocidade ascendente dentro do tubo da chaminé, e também empuxo positivo, pois sua temperatura é mais alta do que a do ambiente. Desse modo, o material continua a subir após a sua emissão pela chaminé. A ascensão é desacelerada e acaba parando, à medida que o material resfria e o momento é dissipado.

Para as emissões de chaminé, Turner[17] sugeriu a utilização da fórmula empírica de Holland para calcular a altura adicional resultante do empuxo e do momento da emissão:

$$\Delta H_r = \frac{\overline{u}_s d}{\overline{u}} \left[1,5 + 2,68 \times 10^{-3} Pd \left(\frac{T_s - T_a}{T_s} \right) \right], \quad (5\text{-}65)$$

[17]D. Bruce Turner, *Workbook of Atmospheric Dispersion Estimates* (Cincinnati: US Department of Health, Education and Welfare, 1970), p. 31.

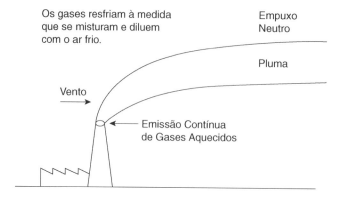

Figura 5-16 Pluma de chaminé demonstrando o empuxo inicial dos gases aquecidos.

em que

ΔH_r é a correção para a altura H_r da emissão,

$\bar{u}_s$ é a velocidade de saída do gás pela chaminé (em m/s),

d é o diâmetro interno da chaminé (em m),

$\bar{u}$ é a velocidade do vento (em m/s),

P é a pressão atmosférica (em mb),

T_s é a temperatura do gás da chaminé (em K) e

T_a é a temperatura do ar (em K).

Para os vapores mais pesados que o ar, se o material for emitido acima do nível do solo, então o material inicialmente vai cair em direção ao solo até dispersar o suficiente para reduzir a densidade da nuvem.

5-7 Atenuação da Emissão

A finalidade do modelo de liberação tóxica é fornecer uma ferramenta para realizar a atenuação da emissão. A atenuação é definida como "diminuição do risco de um incidente de emissão, agindo na origem (no ponto de emissão) (1) de maneira preventiva ao reduzir a probabilidade de um evento que poderia gerar uma nuvem de vapor perigosa, ou (2) de maneira protetora ao reduzir a magnitude da emissão e/ou da exposição das pessoas ou propriedades locais".

O procedimento de atenuação da emissão faz parte do procedimento de modelagem de consequências exibido na Figura 4-1. Após a seleção de um incidente de emissão, um modelo de origem é utilizado para determinar a taxa de emissão ou a quantidade total emitida. Isso está atrelado a um modelo de dispersão e a modelos subsequentes de incêndios ou explosões. Finalmente, um modelo de efeito é utilizado para estimar o impacto da emissão, que é um indicador da consequência.

O risco é composto de consequência e probabilidade. Assim, uma estimativa das consequências de uma emissão fornece apenas a metade da avaliação total do risco. É possível que um determinado incidente de liberação possa ter consequências graves, levando a amplos esforços de atenuação nas instalações para reduzir as consequências. No entanto, se a probabilidade for baixa, o esforço pode não ser necessário. Tanto a consequência quanto a probabilidade devem ser incluídas para avaliar o risco.

A Tabela 5-10 contém uma série de medidas para atenuar uma emissão. Os problemas apresentados neste capítulo demonstram que uma emissão pequena pode resultar em um impacto importante a jusante. Além disso, esse impacto pode ocorrer minutos depois da emissão inicial, limitando o tempo disponível para um procedimento de resposta de emergência. Claramente, é melhor prevenir a liberação em primeiro lugar. A segurança inerente, o projeto de engenharia e a gestão devem ser as primeiras questões consideradas em qualquer procedimento de atenuação da emissão.

Tabela 5-10 Abordagens de Atenuação da Emissão[a]

Área principal	Exemplos
Segurança inerente	Diminuição do inventário: Menos produtos químicos estocados ou menos tanques no processo
	Substituição química: Substituir um produto químico mais perigoso por um menos perigoso
	Atenuação do processo: Utilizar temperaturas e pressões menores
Projeto de engenharia	Integridade física da instalação: Utilizar vedações ou materiais de construção melhores
	Integridade dos processos: Garantir as condições de operação adequadas e a pureza do material
	Características de projeto adequadas para o controle de emergência: Sistemas de alívio de emergência
	Contenção de derramamentos: Diques e tanques de derramamento
Gestão	Políticas e procedimentos operacionais
	Treinamento de prevenção e controle das emissões de vapor
	Auditorias e inspeções
	Teste dos equipamentos
	Programa de manutenção
	Gerenciamento das modificações e mudanças para evitar novos perigos
	Segurança patrimonial
Detecção precoce do vapor e alarme	Detecção por sensores
	Detecção por funcionários
Contramedidas	Sprays de água
	Cortinas de água
	Cortinas de vapor
	Cortinas de ar
	Ignição deliberada de nuvem explosiva
	Diluição
	Espumas
Resposta de emergência	Comunicação *in loco*
	Equipamentos e procedimentos de *shutdown* de emergência
	Evacuação do local
	Abrigos seguros
	Equipamento de proteção individual
	Tratamento médico
	Planos de emergência, procedimentos, treinamentos e exercícios *in loco*.

[a]Richard W. Prugh and Robert W. Johnson, *Guidelines for Vapor Release Mitigation* (New York: American Institute of Chemical Engineers, 1988), p. 2.

Leitura Sugerida

Modelagem de Dispersão

Center for Chemical Process Safety (CCPS), *Guidelines for Consequence Analysis of Chemical Releases* (New York: American Institute of Chemical Engineers, 1999).

Guidelines for Vapor Cloud Dispersion Models, 2nd ed. (New York: American Institute of Chemical Engineers, 1996.)

Steven Hanna, Seshu Dharmavaram, John Zhang, Ian Sykes, Henk Witlox, Shah Khajehnajafi and Kay Koslan, "Comparison of Six Widely-Used Dense Gas Dispersion Models for Three Recent Chlorine Railcar Accidents", *Process Safety Progress* (setembro de 2008), 27(3): 248-259.

International Conference and Workshop on Modeling the Consequences of Accidental Releases of Hazardous Materials (New York: American Institute of Chemical Engineers, 1999).

S. Mannan, ed. *Lees' Loss Prevention in the Process Industries,* 3rd ed. (London: Butterworth-Heinemann, 2005).

J. McQuaid, "Trials on Dispersion of Heavy Gas Clouds", *Plant/Operations Progress* (janeiro de 1985), 4(1): 58-61.

John H. Seinfield, *Atmospheric Chemistry and Physics of Air Pollution* (New York: Wiley, 1986), caps. 12, 13 e 14.

D. Bruce Turner, *Workbook of Atmospheric Dispersion Estimates* (Cincinnati: US Department of Health, Education and Welfare, 1970).

Atenuação da Emissão

Keith Moodie, "The Use of Water Spray Barriers to Disperse Spills of Heavy Gases", *Plant/Operations Progress* (outubro de 1985), 4(4): 234-241.

Richard W. Prugh and Robert W. Johnson, *Guidelines for Vapor Release Mitigation* (New York: American Institute of Chemical Engineers, 1988).

Morshed A. Rana, Benjamin R. Cormier, Jaffee A. Suardin, Yingchun Zhang and M. Sam Mannan, "Experimental Study of Effective Water Spray Curtain Application in Dispersing Liquefied Natural Gas Vapor Clouds", *Process Safety Progress* (2008), 27(4): 345-353.

Problemas

5-1 Uma churrasqueira de quintal contém um tanque de propano de 20 lb. O propano sai do tanque através de uma válvula e um regulador, sendo alimentado através de uma mangueira de borracha de ½ in em um conjunto de válvula dupla. Depois das válvulas o propano flui através de um conjunto duplo de bocais onde é misturado com o ar. A mistura propano-ar chega então ao queimador, onde é queimado. Descreva os possíveis incidentes de liberação de propano nesse equipamento.

5-2 Tolueno contaminado é fornecido para um sistema de lavagem exibido na Figura 5-17. O tolueno é bombeado de um tambor de 50 galões para um extrator centrífugo em contracorrente. O extrator separa a água do tolueno por meio da força centrífuga que age sobre a diferença nas densidades. O tolueno contaminado entra no extrator pela periferia e flui para o centro. A água entra pelo centro do extrator e flui para a periferia. O tolueno lavado e a água contaminada fluem para tambores de 50 galões. Determine o número de incidentes de liberação para esse equipamento.

5-3 Uma queima de lixo emite uma quantidade estimada de 3 g/s de óxidos de nitrogênio. Qual é a concentração média dos óxidos de nitrogênio a partir dessa origem diretamente na direção do vento, a uma distância de 3 km, em uma noite nublada, com uma velocidade do vento de 7 m/s? Suponha que esse lixo seja uma fonte pontual no nível do solo.

5-4 Um incinerador de lixo possui uma altura efetiva da chaminé igual a 100 m. Em um dia ensolarado, com vento a 2 m/s, a concentração de dióxido de enxofre a 200 m diretamente na direção do vento é medida em $5,0 \times 10^{-5}$ g/m^3. Estime a vazão mássica (em g/s) de dióxido de enxofre emitida por essa chaminé. Estime também a concentração máxima prevista de dióxido de enxofre no solo e a sua localização.

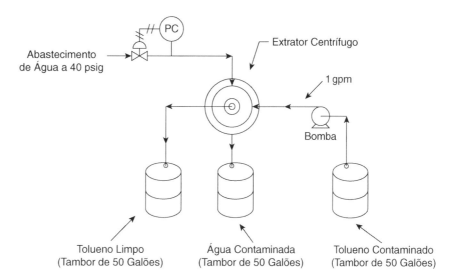

Figura 5-17 Processo de lavagem do tolueno com água.

5-5 Você foi envolvido repentinamente por uma coluna de fumaça de material tóxico oriundo de uma planta química da sua vizinhança. Em que direção você deve correr em relação ao vento para diminuir a sua exposição?

5-6 Uma estação de amostragem de ar está situada em um azimute de 203° de uma fábrica de cimento a uma distância de 1500 m. A fábrica de cimento emite partículas finas (menos de 15 μm de diâmetro) na taxa de 750 lb/h por uma chaminé de 30 m. Qual é a concentração dos particulados na estação de amostragem de ar quando o vento é de 30° com 3 m/s, em um dia claro no final do outono às 16 horas?

5-7 Um tanque de armazenamento contendo acroleína (ERPG-1 = 0,05 ppm) está situado a 1500 m de uma área residencial. Estime a quantidade de acroleína que deve ser emitida instantaneamente no nível do solo para produzir uma concentração no limite da área residencial igual à ERPG-1.

5-8 Considere novamente o Problema 5-7, mas suponha uma emissão contínua no nível do solo. Qual é a vazão de emissão necessária para produzir uma concentração média no limite da área residencial igual à ERPG-1?

5-9 A concentração de cloreto de vinila, a 2 km na direção do vento, de uma emissão contínua a 25 m de altura é de 1,6 mg/m^3. É um dia ensolarado, e a velocidade do vento é de 18 km/h. Determine a concentração média a 0,1 km na perpendicular em relação aos 2 km na linha do vento.

5-10 O diborano é utilizado na fabricação de chips de silício. Uma instalação utiliza um vaso e 500 lb. Se o vaso inteiro for liberado continuamente durante um período de 20 minutos, determine a localização da isopleta de 5 mg/m^3 no nível do solo. É um dia claro e ensolarado, com um vento de 5 mph. Suponha que a emissão seja no nível do solo.

5-11 Reconsidere o Problema 5-10. Suponha agora que o vaso se rompe e que o conteúdo inteiro de diborano seja liberado instantaneamente. Determine, 10 minutos após a liberação,

   a. A localização da nuvem de vapor.

   b. A localização da isopleta de 5 mg/m^3.

   c. A concentração no centro da nuvem.

   d. A dosagem total recebida por um indivíduo estacionado no eixo a favor do vento a 15 minutos da fonte.

   e. Até onde a nuvem vai precisar caminhar para reduzir a concentração máxima para 5 mg/m^3.

5-12 Um tanque de cloro de 800 lb está armazenado em uma estação de tratamento de água. Um estudo dos cenários de liberação indica que todo o conteúdo do tanque poderia ser liberado na forma de vapor em um período de 10 minutos. No caso do gás cloro, a evacuação da população deve ocorrer nas áreas em que a concentração de vapor ultrapassar a ERPG-1. Sem outras informações, estime a distância, na direção do vento, que deve ser evacuada.

5-13 Um reator em uma fábrica de pesticidas contém 1000 lb de uma mistura líquida com 50% do peso líquido consistindo em isocianato metílico (MIC). O líquido está perto do ponto de ebulição. Um estudo de vários cenários de emissão indica que a ruptura do reator vai derramar o líquido, em ebulição, em uma piscina no solo. A taxa de ebulição do MIC foi estimada em 20 lb/min. A evacuação da população tem de ocorrer nas áreas em que a concentração do vapor ultrapassa a ERPG-3. Se a velocidade do vento for 3,4 mph em uma noite sem nuvens, estime a área a favor do vento que deve ser evacuada.

5-14 Uma indústria química tem 500 lb de acrilamida sólida armazenada em uma plataforma grande. Cerca de 20% do peso sólido possui partículas com menos de 10 μm de tamanho. Um estudo de cenários indica que todas as partículas finas poderiam ser aerotransportadas em um período de 10 minutos. Se a evacuação deve ocorrer nas áreas em que a concentração de partículas ultrapassa 110 mg/m^3, estime a área que deve ser evacuada.

5-15 Você foi indicado coordenador de emergência da comunidade de Smallville, exibida na Figura 5-18.

A Indústria Química ABC é exibida no mapa. Ela relata os seguintes produtos químicos e suas quantidades: 100 lb de cloreto de hidrogênio e 100 galões de ácido sulfúrico. Você é solicitado a elaborar um plano de emergência para a comunidade.

   a. Determine qual produto químico apresenta o maior perigo para a comunidade.

   b. Supondo que todo o produto químico seja liberado durante um período de 10 minutos, determine a distância na direção do vento que deve ser evacuada.

   c. Identifique os locais que poderiam ser afetados por um incidente de liberação na fábrica ou que poderiam contribuir para o incidente devido à sua proximidade com a planta.

   d. Determine as rotas de transporte que serão utilizadas para a entrada e saída dos materiais perigosos na instalação. Identifique quaisquer interseções de alto risco onde os acidentes poderiam ocorrer.

   e. Determine a zona vulnerável ao longo das rotas de transporte identificadas na parte d. Utilize uma distância de 0,5 milha em ambos os lados da rota, a menos que uma distância menor seja indicada pela parte b.

f. Identifique quaisquer preocupações especiais (escolas, lares de idosos, shopping centers e congêneres) que aparecem na zona vulnerável da rota de transporte.

g. Determine as rotas de evacuação para as áreas no entorno da fábrica.

h. Determine as rotas de tráfego alternativas em torno do perigo potencial.

i. Determine os recursos necessários para suportar as necessidades das partes g e h.

j. Identifique os meios necessários para alertar a área e descreva o conteúdo de uma mensagem de advertência que poderia ser utilizada em uma emergência na instalação.

k. Estime o número potencial de pessoas evacuadas durante uma emergência. Determine como essas pessoas devem ser transferidas e para onde poderiam ser evacuadas.

l. Quais outras preocupações poderiam ser importantes durante uma emergência química?

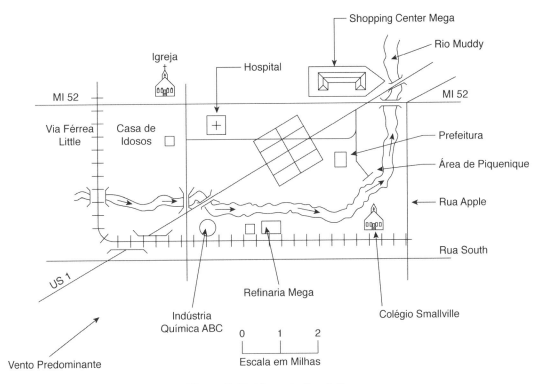

Figura 5-18 Mapa de Smallville.

5-16 Derive a Equação 5-43.

5.17 Uma resposta para uma emissão de curto prazo é advertir as pessoas a permanecerem em suas casas ou escritórios, com as janelas fechadas e a ventilação desligada.

Uma residência média, com as janelas fechadas, troca ar com as cercanias em um volume igual a três vezes o seu volume interno por hora (embora se possam esperar grandes variações).

a. Derive uma equação para a concentração de vapor químico dentro da casa com base em um parâmetro, N_t, igual à quantidade de trocas de volume por hora. Suponha uma mistura completa do ar, uma concentração inicial de vapor igual a zero dentro da casa e uma concentração externa constante durante o período de exposição.

b. Uma nuvem de vapor com uma concentração máxima de 20 ppm está passando por uma comunidade. Determine o tempo decorrido antes de a concentração de vapor dentro de uma residência média alcançar 10 ppm.

c. Se o vento estiver soprando a 2 mph e a planta estiver 1 milha a montante da comunidade, qual é o tempo máximo disponível para o pessoal da fábrica parar ou reduzir a emissão a fim de garantir que as concentrações dentro das residências não ultrapassem o valor de 10 ppm?

5-18 Uma linha de fornecimento (diâmetro interno = 0,493 in) contendo gás cloro é abastecida com uma pressão regulada de 50 psig. Se a linha se romper, estime a distância que a pluma deve percorrer para reduzir a concentração para 7,3 mg/m³. Suponha um dia nublado com um vento de 15 mph e uma temperatura de 80 °F. A emissão é perto do nível do solo.

5-19 Um tanque rompeu e uma piscina de benzeno se formou. A piscina é aproximadamente retangular, com dimensões de 20 ft por 30 ft. Estime a taxa de evaporação e a distância afetada na direção do vento. Defina o limite da pluma utilizando 10 ppm. É um dia nublado com um vento de 9 mph. A temperatura é 90 °F.

5-20 O Plano de Gestão de Risco da EPA define um cenário pessimista como a emissão de todo o estoque do processo em um período de 10 minutos (presumidamente uma emissão contínua). Os cálculos da dispersão têm de ser realizados supondo a estabilidade F e a velocidade do vento de 1,5 m/s. Esses resultados devem ser relatados à EPA e à comunidade próxima.

a. Uma planta possui um tanque de 100 lb de fluoreto de hidrogênio anídrico (peso molecular = 20). O parâmetro tóxico é especificado no Plano de Gestão de Risco como 0,016 mg/L. Determine a distância a jusante (em milhas) até o parâmetro tóxico de uma emissão no cenário pessimista da EPA.

b. Comente sobre a viabilidade de usar um modelo de emissão contínua em um período de emissão de 10 minutos.

c. Cem libras de fluoreto de hidrogênio é uma quantidade pequena. Muitas plantas possuem tanques muito maiores. Comente sobre como uma quantidade grande afetaria a distância a jusante e como isto poderia afetar a percepção pública da sua instalação. Qual a implicação disso quanto ao tamanho dos inventários de produtos químicos das indústrias?

5-21 Um tanque de cloro contém 1000 kg de cloro a 50 bar manométricos (1 bar = 100.000 Pa). Qual é o diâmetro máximo do orifício (em mm) nesse tanque que vai resultar em uma concentração igual à ERPG-1 a uma distância de 300 m na direção do vento? Suponha 1 atm, 25°C, um peso molecular do cloro igual a 70,9 e que todo o cloro líquido evapore.

5-22 O coordenador de emergência decidiu que a resposta de emergência adequada para a emissão imediata de um material tóxico é advertir as pessoas a permanecerem em suas casas, com as portas e janelas fechadas, até a nuvem passar. O coordenador também indicou que as casas a 4000 m na direção do vento não devem ficar expostas a concentrações acima de 0,10 mg/m³ desse material por mais de 2 minutos. Estime a emissão instantânea máxima do material (em kg) permitida a partir dessas especificações. Certifique-se de explicitar quaisquer pressupostos a respeito das condições meteorológicas, velocidade do vento etc.

5-23 Um tanque contendo gás sulfeto de hidrogênio (peso molecular 34) foi excessivamente pressurizado e o dispositivo de alívio foi aberto. Nesse caso, o dispositivo de alívio tem um diâmetro de 3 cm e a vazão através do alívio é equivalente à vazão obtida através de um orifício de 3 cm de diâmetro no tanque. Nesse caso, a vazão de gás foi calculada em 1,76 kg/s.

Uma nuvem de material se formou na direção do vento em relação ao ponto de emissão. Determine a distância que deve ser evacuada (em km). Suponha que a evacuação deva ocorrer em qualquer local que ultrapasse a OSHA PEL. Nessa emissão, o sulfeto de hidrogênio no tanque se encontra a uma pressão de 1 MPa absoluta a 25°C, sua ocorrência é no nível do solo e está uma noite clara com um vento na velocidade de 5,5 m/s.

5-24 Uma tubulação transportando benzeno desenvolveu um grande vazamento. Felizmente, o vazamento ocorreu em uma área com dique, e o benzeno líquido está contido dentro do dique retangular de 50 ft × 30 ft. A temperatura é 80°F e a pressão ambiente é 1 atm. É uma noite nublada com um vento de 5 mph. Todas as áreas na direção do vento e com uma concentração acima de 4 vezes a PEL devem ser evacuadas.

a. Determine a vazão de evaporação do dique (em lb/s).

b. Determine a distância na direção do vento (em milhas) que deve ser evacuada.

c. Determine a largura máxima da pluma (em ft) e a distância (em milhas) onde ela ocorre.

5-25 Você está desenvolvendo planos de evacuação de emergência para a comunidade local na direção do vento em relação a sua fábrica. Um dos cenários identificados é a ruptura de uma tubulação de amônia. Estima-se que a amônia vai ser liberada a uma vazão de 10 lb/s se essa tubulação se romper. Você decidiu que qualquer pessoa exposta a mais de 100 ppm de amônia deve ser evacuada até serem feitos os reparos. Qual distância de evacuação na direção do vento você vai recomendar?

5-26 Estão sendo formulados planos de emergência para que ações rápidas possam ser tomadas no caso de uma falha de equipamento. Prevê-se que, se uma determinada tubulação rompesse, ela liberaria amônia a uma vazão de 100 lb/s. Decidiu-se que qualquer pessoa exposta a potenciais concentrações acima de 500 ppm deve ser evacuada. Qual recomendação você vai fazer quanto à distância de evacuação na direção do vento? Suponha que a velocidade do vento seja de 6 mph e que o Sol esteja brilhando.

5-27 Utilize o modelo de dispersão dos gases densos de Britter-McQuaid para determinar a distância até 1% da concentração de uma liberação de gás cloro. Suponha que a emissão ocorre ao longo de 500 segundos com uma vazão volumétrica de liberação de 1 m³/s. A velocidade do vento a 10 m de altura é 10 m/s. O ponto de ebulição do cloro é –34°C e a densidade do líquido no ponto de ebulição é 1470 kg/m³. Suponha condições ambiente de 298 K e 1 atm.

5-28 Utilize uma planilha eletrônica para determinar a localização, no solo, de uma curva isopleta para uma pluma. A planilha deve ter células específicas para a vazão de liberação (g/s), altura da fonte (m), incremento espacial (m), velocidade do vento (m/s), peso molecular do material emitido, temperatura (K), pressão (atm) e concentração da isopleta (ppm).

O resultado da planilha deve incluir, em cada ponto na direção do vento, os coeficientes de dispersão y e z (m), as concentrações na linha central na direção do vento (ppm) e as localizações das isopletas (m).

A planilha também deve ter células fornecendo a distância na direção do vento, a área total e a largura máxima da pluma, todas baseadas nos valores das isopletas.

O seu trabalho deve incluir uma breve descrição do seu método de solução, resultados da planilha e gráficos da localização das isopletas.

Utilize os dois casos a seguir para os cálculos e suponha as condições de estabilidade no cenário pessimista:

Caso a: Vazão de liberação: 200 g/s

Altura da emissão: 0 m

Peso molecular: 100

Temperatura: 298 K

Pressão: 1 atm

Concentração da isopleta: 10 ppm

Caso b: O mesmo acima, mas altura de emissão = 10 m. Compare a largura da pluma, a área e a distância na direção do vento para cada caso. Comente sobre a diferença entre os dois casos.

5-29 Elabore uma planilha para determinar as isopletas de um *puff* em um tempo determinado após a liberação do material.

A planilha deve conter células específicas para a digitação das seguintes quantidades: tempo após a emissão (s), velocidade do vento (2 m/s), emissão total (kg), altura da emissão (m), peso molecular do gás emitido, temperatura ambiente (K), pressão ambiente (atm) e isopleta de concentração (ppm).

O resultado da planilha deve incluir, em cada ponto na direção do vento, a localização, os coeficientes de dispersão *y* e *z*, a concentração na linha central na direção do vento e a distância fora do centro da isopleta (+/−).

O resultado da planilha também deve incluir um gráfico da localização da isopleta.

Para a construção da sua planilha, sugerimos que você configure as células para se moverem com o centro do *puff*. Senão você vai precisar de uma grande quantidade de células.

Utilize a planilha para o seguinte caso:

Massa da emissão: 0,5 kg

Altura da emissão: 0 m

Peso molecular do gás: 30

Temperatura ambiente: 298 K

Pressão ambiente: 1 atm

Isopleta e concentração: 1 ppm

Estabilidade atmosférica: F

Execute a planilha para uma série de tempos diferentes e trace um gráfico da largura máxima do *puff* em função da distância em relação à fonte (na direção do vento).

Responda às seguintes questões:

a. A que distância na direção do vento o *puff* alcança a sua largura máxima?

b. A qual distância e tempo o *puff* se dissipa?

c. Estime a área total varrida pelo *puff*, da emissão inicial até a dissipação.

Modelos de Liberação Tóxica e de Dispersão

Seu trabalho deve incluir uma descrição do método de resolução, um resultado completo da planilha 2000 segundos após a emissão, um gráfico da largura máxima do *puff* em função da distância na direção do vento e o cálculo da área total varrida.

5-30 Uma massa fixa de gás tóxico foi liberada quase instantaneamente de uma unidade de processo. Você foi solicitado a determinar a porcentagem de mortes prevista para 2 km a jusante da emissão. Prepare uma planilha para calcular o perfil da concentração em torno do centro do *puff* 2000 m da emissão (na direção do vento). Utilize a quantidade total emitida como um parâmetro. Determine a porcentagem de mortes para 2 km a jusante em consequência da passagem do *puff*. Varie a quantidade total emitida para produzir uma faixa de mortes de 0 a 100%. Registre os resultados em pontos suficientes para proporcionar um gráfico preciso da porcentagem de mortes *versus* quantidade emitida. A emissão ocorre à noite em condições calmas e límpidas.

Mude o valor do expoente de concentração para 2,00 em vez de 2,75 na equação de probit e reexecute a sua planilha para uma quantidade de emissão total de 5 kg. Qual é o grau de sensibilidade dos resultados a esse expoente?

Dica: Suponha que a forma do *puff* e o perfil de concentração permaneçam essencialmente fixos à medida que a nuvem passa.

Informações suplementares:

Peso molecular do gás: 30

Temperatura: 298 K

Pressão: 1 atm

Altura da emissão: 0

Velocidade do vento: 2 m/s

Utilize uma equação de probit para as mortes, na forma

$$Y = -17{,}1 + 1{,}69 \ln\left(\,_a\ C^{2{,}75}T\right),$$

em que Y é a variável probit, C é a concentração em ppm e T é o intervalo de tempo (minutos).

Seu trabalho deve incluir um único resultado da planilha para uma emissão total de 5 kg, incluindo o perfil de concentração do *puff* e o percentual de mortes; um gráfico do perfil de concentração para o caso de 5 kg *versus* a distância em metros a partir do centro do *puff*; um gráfico da porcentagem de mortes *versus* a quantidade total emitida; um resultado único da planilha para uma emissão de 5 kg com um expoente probit de 2,00; e uma discussão completa do seu método e dos seus resultados.

5-31 Uma determinada emissão de gás cloro resultou no perfil de concentração fornecido na Figura 5-19 para a nuvem se movendo na direção do vento ao longo do terreno. Essa é a concentração registrada em um local fixo à medida que a nuvem passa. A concentração aumenta linearmente até uma concentração máxima $C_{máx}$ e depois diminui linearmente até zero.

A largura da nuvem é representada pela duração ou tempo da passagem, como mostra a figura. Elabore uma planilha para calcular a porcentagem de mortes previstas em consequência dessa nuvem, com esse formato particular, passando por um local fixo. Configure a sua planilha para incluir parâmetros de duração da nuvem e concentração máxima. Utilize a sua planilha para traçar um gráfico para cada uma das concentrações máximas de 40, 50, 60, 70, 80 e 100 ppm. Que conclusões podem ser extraídas a respeito dos resultados?

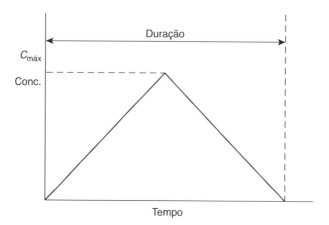

Figura 5-19 Perfil de concentração de uma emissão de gás cloro.

5-32 Derive a Equação 5-70.

5-33 Derive a Equação 5-76.

5-34 Um caminhão-tanque transportando benzeno líquido (C_6H_6) capotou na Interstate 94 em Detroit, formando uma piscina de benzeno com 30 m de diâmetro. O terreno é bem plano. São 13 horas, um dia claro e ensolarado. O vento está soprando a 7 m/s. A temperatura ambiente é 30°C.

a. Estime a taxa de evaporação do benzeno em kg/s.

b. Utilize o modelo de dispersão para estimar a distância na direção do vento, em metros, até a concentração ERPG-1.

Todas as propriedades físicas estão contidas neste livro.

5-35 Derive a Equação 5-65.

CAPÍTULO 6

Incêndios e Explosões

Os produtos químicos apresentam um perigo substancial relativo a incêndios e explosões. A combustão de um tanque de tolueno pode destruir um laboratório químico em minutos, sendo potencialmente fatal para as pessoas presentes. As possíveis consequências dos incêndios e explosões em plantas piloto e nos ambientes industriais são ainda maiores.

Os três acidentes mais comuns na indústria química são os incêndios, as explosões e as emissões tóxicas, nesta ordem (veja o Capítulo 1). Os solventes orgânicos são a fonte mais comum de incêndios e explosões na indústria química.

Nas fábricas de produtos químicos e hidrocarbonetos, as perdas resultantes dos incêndios e explosões são substanciais. Perdas anuais de patrimônio nos Estados Unidos foram estimadas em quase US$300 milhões (dólares de 1997).[1] Perdas de vidas e interrupções de negócios também são substanciais. Para evitar acidentes resultantes de incêndios e explosões, os engenheiros têm de estar familiarizados com

- As propriedades de incêndio e explosão dos materiais,
- A natureza do processo de incêndio ou explosão,
- Os procedimentos para reduzir os perigos de incêndio ou explosão.

Neste capítulo cobrimos os dois primeiros tópicos, enfatizando as definições e os métodos de cálculo para estimar a magnitude e as consequências dos incêndios e explosões. Discutimos os procedimentos para reduzir os perigos de incêndio e explosão no Capítulo 7.

6-1 O Triângulo do Fogo

Os elementos essenciais da combustão são o combustível, um oxidante e uma fonte de ignição. Esses elementos são ilustrados pelo triângulo do fogo, exibido na Figura 6-1.

O fogo, ou queima, é a rápida oxidação exotérmica de um combustível inflamado. O combustível pode estar na forma sólida, líquida ou de vapor, mas os combustíveis líquidos ou vaporizados geralmente são mais fáceis de inflamar. A combustão sempre ocorre na fase de vapor; os líquidos são volatilizados e os sólidos são decompostos em vapor antes da combustão.

---

[1] *Large Property Damage Losses in the Hydrocarbon-Chemical Industry: A Thirty Year Review* (New York: J. H. Marsh & McLennan, 1998).

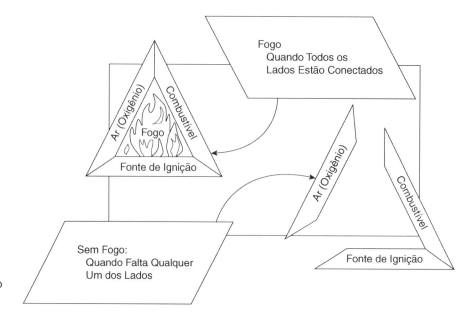

Figura 6-1 O triângulo do fogo.

Quando o combustível, o oxidante e uma fonte de ignição estão presentes nos níveis necessários, vai ocorrer a queima. Isso significa que um incêndio *não vai* ocorrer, se (1) não houver combustível ou se a sua quantidade não for suficiente, (2) não houver um oxidante ou se a sua quantidade não for suficiente e (3) a fonte de ignição não for suficientemente energética para iniciar o incêndio.

Dois exemplos comuns dos três componentes do triângulo do fogo são a madeira, o ar e um fósforo; e a gasolina, o ar e uma centelha. No entanto, outras combinações menos óbvias de produtos químicos podem levar a incêndios e explosões. Vários combustíveis, oxidantes e fontes de ignição comuns na indústria química são

Combustíveis

Líquidos: gasolina, acetona, éter, pentano

Sólidos: plásticos, pó de madeira, partículas metálicas

Gases: acetileno, propano, monóxido de carbono, hidrogênio

Oxidantes

Gases: oxigênio, flúor, cloro

Líquidos: peróxido de hidrogênio, ácido nítrico, ácido perclórico

Sólidos: peróxidos metálicos, nitrito de amônio

Fontes de ignição

Centelhas, chamas, eletricidade estática, calor

No passado, o único método para controlar os incêndios e as explosões era a eliminação ou redução das fontes de ignição. A experiência prática demonstrou que isso não é suficientemente robusto – as energias para a ignição da maioria dos materiais inflamáveis são baixas demais e as fontes de ignição abundantes demais. Em consequência, a prática atual é evitar os incêndios e explosões eliminando continuamente as fontes de ignição e concentrando, ao mesmo tempo, os esforços na prevenção das misturas inflamáveis.

6-2 Distinção entre Incêndios e Explosões

A principal distinção entre incêndios e explosões é a taxa de liberação de energia. Os incêndios liberam energia lentamente, enquanto as explosões liberam energia rapidamente, tipicamente na ordem de microssegundos. Os incêndios também podem resultar de explosões, as quais podem resultar dos incêndios.

Um bom exemplo de como a taxa de liberação de energia afeta as consequências de um acidente é um pneu de automóvel. O ar comprimido dentro do pneu contém energia. Se a energia for liberada lentamente através do bico, o pneu desinfla sem causar danos. Se o pneu se romper subitamente e se toda a energia dentro do pneu comprimido for liberada rapidamente, o resultado é uma perigosa explosão.

6-3 Definições

Algumas das definições utilizadas com frequência e relacionadas aos incêndios e explosões são fornecidas a seguir. Essas definições são discutidas em mais detalhes nas seções posteriores.

Combustão ou incêndio: Combustão ou incêndio é uma reação química na qual uma substância combina com um oxidante e libera energia. Parte da energia liberada é utilizada para sustentar a reação.

Ignição: A ignição de uma mistura inflamável pode ser provocada por uma mistura inflamável que entra em contato com uma fonte de ignição com energia suficiente, ou pelo gás, alcançando uma temperatura suficientemente elevada para provocar a sua autoignição.

Temperatura de autoignição (*AIT*): Uma temperatura fixa acima da qual a energia adequada está disponível no ambiente para proporcionar uma fonte de ignição.

Flash point (*FP*): O *flash point* de um líquido é a temperatura mais baixa na qual ele libera vapor suficiente para formar uma mistura inflamável com o ar. No *flash point* o vapor vai queimar, mas apenas brevemente; não é produzida uma quantidade adequada de vapor para manter a combustão. A temperatura de *flash point* geralmente vai aumentar com o aumento da pressão.

Existem vários métodos experimentais para determinar o *flash point*. Cada método produz um valor um pouco diferente. Os dois métodos utilizados com mais frequência são o de vaso aberto e vaso fechado, dependendo da configuração física do equipamento de experimentação. O *flash point* de vaso aberto é alguns graus mais alto do que o de vaso fechado.

Ponto de combustão ou fire point: O *fire point* é a temperatura mais baixa na qual o valor acima de um líquido vai continuar a queimar após a ignição; a temperatura do ponto de combustão é mais alta do que a do *flash point*.

Limites de inflamabilidade: As misturas de vapor e ar vão inflamar e queimar apenas em um intervalo bem definido de composições. A mistura não vai queimar quando a composição for inferior ao limite inferior de inflamabilidade (LII ou LFL em inglês); a mistura é muito pobre para combustão. A mistura também não é combustível quando a composição é rica demais, ou seja, quando ela está acima do limite superior de inflamabilidade (LSI ou UFL em inglês). Uma mistura é inflamável apenas quando a composição está entre o LFL e o UFL. As unidades utilizadas frequentemente são o percentual volumétrico de combustível (porcentagem de combustível mais ar).

O limite inferior de explosão (LIE ou LEL em inglês) e o limite superior de explosão (LSE ou UEL em inglês) são utilizados intercaladamente com o LFL e o UFL.

Explosão: Uma explosão é uma expansão rápida dos gases, resultando em uma pressão de rápida movimentação ou onda de choque. A expansão pode ser mecânica (por meio de uma ruptura súbita de um tanque pressurizado) ou pode ser o resultado de uma reação química rápida. O dano da explosão é causado pela pressão ou onda de choque.

Explosão mecânica: Uma explosão resultante de uma falha súbita de um vaso contendo gás não reativo em alta pressão.

Deflagração: Uma explosão na qual a frente de reação se move a uma velocidade menor do que a velocidade do som no meio que não reagiu.

Detonação: Uma explosão na qual a frente de reação se move a uma velocidade maior do que a velocidade do som no meio que não reagiu.

Explosão confinada: Uma explosão que ocorre dentro de um vaso ou edificação. Essas explosões são as mais comuns e costumam resultar em ferimentos nos habitantes da edificação e em danos extensos.

Explosão não confinada: As explosões não confinadas ocorrem em espaço aberto. Esse tipo de explosão geralmente é o resultado de uma emissão de gás inflamável. O gás é espalhado e misturado com o ar até entrar em contato com uma fonte de ignição. As explosões não confinadas são mais raras do que as explosões confinadas porque o material explosivo é frequentemente diluído abaixo do LFL pelo vento. Essas explosões são destrutivas porque grandes quantidades de gás e grandes áreas estão frequentemente envolvidas.

Explosão do vapor em expansão de líquido em ebulição (BLEVE): Uma BLEVE ocorre se um vaso que contém um líquido em temperatura acima do seu ponto de ebulição na pressão atmosférica se romper. A BLEVE subsequente é a vaporização explosiva de uma grande fração do conteúdo do vaso, possivelmente seguida pela combustão ou explosão da nuvem vaporizada, caso seja combustível. Esse tipo de explosão ocorre quando um incêndio externo aquece o conteúdo de um tanque de material volátil. À medida que o conteúdo do tanque esquenta, a pressão do vapor do líquido dentro do tanque aumenta e a integridade estrutural do tanque é reduzida devido ao aquecimento. Se o tanque se romper, o líquido quente volatiliza explosivamente.

Explosão de pó: Essa explosão resulta da combustão rápida de partículas sólidas finas. Muitos materiais sólidos (incluindo metais comuns, como o ferro e o alumínio) se tornam inflamáveis quando reduzidos a um pó fino.

Onda de choque: Uma onda abrupta de pressão se movendo através de um gás. Uma onda de choque ao ar livre é seguida por um vento forte; a combinação da onda de choque e do vento se chama onda de explosão. O aumento da pressão na onda de choque é tão rápido que o processo é principalmente adiabático.

Sobrepressão: A pressão sobre um objeto em consequência do impacto de uma onda de choque.

Incêndios e Explosões

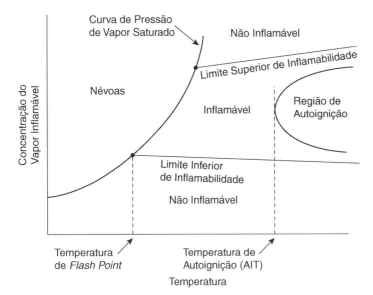

Figura 6-2 Relações entre as várias propriedades de inflamabilidade.

A Figura 6-2 é um gráfico da concentração *versus* temperatura e mostra como várias dessas definições estão relacionadas. A curva exponencial na Figura 6-2 representa a curva de pressão do vapor saturado para o material líquido. Tipicamente, o UFL aumenta e o LFL diminui com a temperatura. Teoricamente o LFL cruza a curva de pressão do vapor saturado no *flash point*, embora os dados experimentais nem sempre estejam coerentes. A temperatura de autoignição é realmente a menor temperatura da região de autoignição. O comportamento da região de autoignição e os limites de inflamabilidade nas temperaturas mais altas não são conhecidos.

O *flash point* e os limites de inflamabilidade não são propriedades fundamentais, mas são definidos apenas pelo aparelho experimental específico e pelo procedimento utilizado.

6-4 Características de Inflamabilidade dos Líquidos e Vapores

As características de inflamabilidade de alguns produtos químicos orgânicos importantes (líquidos e gases) são fornecidas no Apêndice B.

Líquidos

A temperatura do *flash point* é um dos principais parâmetros utilizados para caracterizar o perigo de incêndio e explosão dos líquidos.

As temperaturas do *flash point* são determinadas utilizando um aparelho de vaso aberto exibido na Figura 6-3. O líquido a ser testado é colocado no vaso. A temperatura do líquido é medida com um termômetro enquanto um queimador de Bunsen é utilizado para aquecer o líquido. Uma pequena chama é estabelecida na extremidade de um bastão móvel. Durante o aquecimento, o bastão é movido lentamente para trás e para frente sobre a piscina de líquido. Finalmente atinge-se a temperatura na qual o líquido é suficientemente volátil para produzir um vapor inflamável e ocorre uma chama instantânea. A temperatura em que isso ocorre pela primeira vez se chama temperatura de *flash point*. Repare que nessa temperatura ocorre apenas uma chama momentânea; uma temperatura mais alta, chamada temperatura do ponto de combustão (ou *fire point*), é necessária para produzir uma chama contínua.

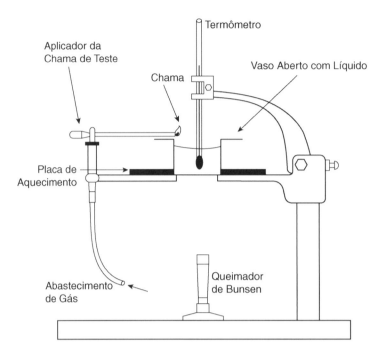

Figura 6-3 Determinação do *flash point* em vaso aberto de Cleveland. O aplicador da chama de teste é movimentado para a frente e para trás, horizontalmente, sobre a amostra de líquido.

O problema com os procedimentos de *flash point* de vaso aberto é que a movimentação do ar sobre o vaso aberto pode mudar as concentrações do vapor e aumentar a temperatura de *flash point* determinado experimentalmente. Para evitar isso, a maioria dos métodos modernos de determinação de *flash point* emprega procedimento de vaso fechado. Nesse aparelho, existe uma pequena abertura manual no topo do vaso. O líquido é colocado em um vaso préaquecido e deixado descansar por um período de tempo fixo. Depois a abertura é acionada e o líquido é exposto à chama. Os métodos de vaso fechado resultam tipicamente em temperaturas de *flash point* mais baixas.

Satyanarayana e Rao[2] mostraram que as temperaturas do *flash point* para os materiais puros se correlacionam bem com o ponto de ebulição do líquido. Eles conseguiram ajustar o *flash point* em 1200 compostos com um erro abaixo de 1% utilizando a equação

$$T_f = a + \frac{b(c/T_b)^2 e^{-c/T_b}}{(1 - e^{-c/T_b})^2}, \qquad (6\text{-}1)$$

em que

T_f é a temperatura de *flash point* (K),

a, b e c são as constantes fornecidas na Tabela 6-1 (K) e

T_b é a temperatura do ponto de ebulição do material (K).

As temperaturas de *flash point* podem ser estimadas para misturas multicomponentes se apenas um componente for inflamável e se o *flash point* do componente inflamável for conhecido. Nesse caso, a

---

[2]Satyanarayana e Rao, "Improved Equation to Estimate Flash Points of Organic Compounds".

Tabela 6-1 Constantes Utilizadas na Equação 6-1 para Prever o *Flash Point*[a]

Grupo químico	a	b	c
Hidrocarbonetos	225,1	537,6	2217
Álcoois	230,8	390,5	1780
Aminas	222,4	416,6	1900
Ácidos	323,2	600,1	2970
Éteres	275,9	700,0	2879
Enxofre	238,0	577,9	2297
Ésteres	260,8	449,2	2217
Cetonas	260,5	296,0	1908
Halogênios	262,1	414,0	2154
Aldeídos	264,5	293,0	1970
Contendo fósforo	201,7	416,1	1666
Contendo nitrogênio	185,7	432,0	1645
Frações de petróleo	237,9	334,4	1807

[a]K. Satyanarayana e P. G. Rao, "Improved Equation to Estimate Fash Points of Organic Compounds", *Journal of Hazardous Materials* (1992), 32: 81-85.

temperatura do *flash point* é estimada determinando-se a temperatura na qual a pressão do vapor do componente inflamável na mistura é igual à pressão do vapor do componente puro no seu *flash point*. As temperaturas de *flash point* determinadas experimentalmente são recomendadas para as misturas multicomponentes com mais de um componente inflamável.

Exemplo 6-1

O metanol possui um *flash point* de 54°F e sua pressão de vapor nesta temperatura é 62 mm Hg. Qual é o *flash point* de uma solução contendo 75% de metanol e 25% de água por peso?

Solução

As frações molares de cada componente são necessárias para aplicar a lei de Raoult. Supondo uma base de 100 lb de solução, podemos construir o seguinte:

	Libras	Peso molecular	Mols	Fração molar
Água	25	18	1,39	0,37
Metanol	75	32	2,34	0,63
			3,73	1,00

A lei de Raoult é utilizada para calcular a pressão do vapor (P^{sat}) do metanol puro com base na pressão parcial necessária para vaporizar:

$$p = xP^{sat}$$

$$P^{sat} = p/x = 62/0{,}63 = 98{,}4 \text{ mm Hg}.$$

Utilizando um gráfico da pressão do vapor *versus* temperatura, exibido na Figura 6-4, o *flash point* da solução é 20,5°C ou 68,9°F.

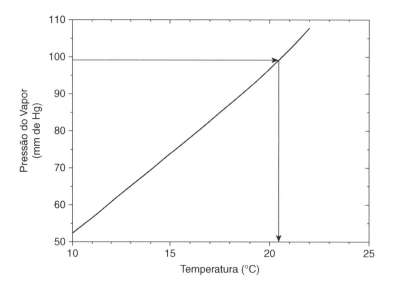

Figura 6-4 Pressão de saturação do vapor do metanol.

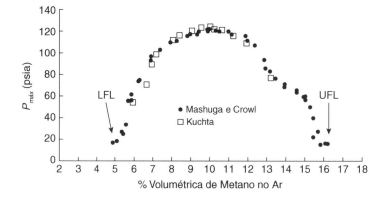

Figura 6-5 Pressão máxima da combustão do metano em uma esfera de 20 L. Os limites de inflamabilidade são definidos em 1 psig de pressão máxima. Dados de C. V. Mashuga e D. A. Crowl, "Application of the Flammability Diagram for Evaluation of Fire and Explosion Hazards of Flammable Vapors", *Process Safety Progress* (1998), 17(3):176-183; and J. M. Kuchta, *Investigation of Fire and Explosion Accidents in the Chemical, Mining and Fuel-Related Industries: A Manual*, US Bureau of Mines Report 680 (Washington, DC: US Bureau of Mines, 1985).

Gases e Vapores

Os limites de inflamabilidade dos vapores são determinados experimentalmente em um aparelho de vaso fechado especialmente projetado (veja a Figura 6-15 na Seção 6-13). As misturas de concentrações conhecidas de vapor e ar são adicionadas e depois expostas a uma fonte de ignição. A pressão máxima da explosão é medida. Esse teste é repetido com concentrações diferentes para estabelecer a faixa de inflamabilidade para o gás específico. A Figura 6-5 mostra os resultados para o metano.

Misturas de Vapor

Frequentemente são necessários os LFLs e UFLs das misturas. Esses limites são calculados utilizando a equação de Le Chatelier:[3]

$$\text{LFL}_{\text{mis}} = \frac{1}{\sum_{i=1}^{n} \dfrac{y_i}{\text{LFL}_i}}, \qquad (6\text{-}2)$$

em que

LFL_i é o limite inferior de inflamabilidade do componente i (em % volumétrica);

y_i é a fração molar do componente i na mistura; e

n é o número de componentes da mistura combustível.

De modo similar,

$$\text{UFL}_{\text{mis}} = \frac{1}{\sum_{i=1}^{n} \dfrac{y_i}{\text{UFL}_i}}, \qquad (6\text{-}3)$$

em que UFL_i é o limite superior de inflamabilidade do componente i (em % volumétrica).

A equação de Le Chatelier é derivada empiricamente e não é universalmente aplicável. Mashuga e Crowl[4] derivaram a equação de Le Chatelier utilizando termodinâmica. A derivação mostra que os seguintes pressupostos são inerentes a essa equação:

- A capacidade térmica do produto é constante.
- O número de mols de gás é constante.
- A cinética da combustão dos compostos puros é independente e não muda com a presença de outros componentes combustíveis.
- O aumento adiabático da temperatura no limite de inflamabilidade é o mesmo para todos os compostos.

Esses pressupostos foram considerados razoavelmente válidos no LFL e menos no UFL.

---

[3] H. Le Chatelier, "Estimation of Firedamp by Flammability Limits", *Ann. Mines* (1891), ser. 8,19: 388-395.
[4] C. V. Mashuga and D. A. Crowl, "Derivation of Le Chatelier's Mixing Rule for Flammable Limits", *Process Safety Progress* (2000), 19(2): 112-117.

A utilização adequada da regra de Le Chatelier exige os dados do limite de inflamabilidade na mesma temperatura e pressão. Além disso, os dados de inflamabilidade divulgados na literatura podem ser provenientes de fontes díspares, com uma ampla variabilidade. A combinação desses dados provenientes de fontes díspares pode provocar resultados insatisfatórios, o que pode não ser óbvio para o usuário.

Exemplo 6-2

Quais são o LFL e o UFL de uma mistura gasosa composta de 0,8% de hexano, 2,0% de metano e 0,5% de etileno por volume?

Solução

As frações molares tomando como base somente o combustível são calculadas na tabela seguinte. Os dados do LFL e do UFL são obtidos do Apêndice B.

	% Volumétrica	Fração molar com base no combustível	LFL_i (vol. %)	UFL_i (vol. %)
Hexano	0,8	0,24	1,2	7,5
Metano	2,0	0,61	5,0	15
Etileno	0,5	0,15	2,7	36,0
Combustíveis totais	3,3			
Ar	96,7			

A Equação 6-2 é utilizada para determinar o LFL da mistura:

$$LFL_{mis} = \frac{1}{\sum_{i=1}^{n} \frac{y_i}{LFL_i}}$$

$$= \frac{1}{\frac{0,24}{1,2} + \frac{0,61}{5,0} + \frac{0,15}{2,7}}$$

$$= 1/0,378 = 2,65 \text{ por volume total de combustíveis.}$$

A Equação 6-3 é utilizada para determinar o UFL da mistura:

$$UFL_{mis} = \frac{1}{\sum_{i=1}^{n} \frac{y_i}{UFL_i}}$$

$$= \frac{1}{\frac{0,24}{7,5} + \frac{0,61}{15} + \frac{0,15}{36,0}}$$

$$= 13,0 \text{ por volume total de combustíveis.}$$

Como a mistura contém 3,3% de combustíveis totais, ela é inflamável.

Dependência do Limite de Inflamabilidade com a Temperatura

Em geral, a faixa de inflamabilidade aumenta com a temperatura.[5] As seguintes equações derivadas empiricamente estão disponíveis para os vapores:

$$\text{LFL}_T = \text{LFL}_{25} - \frac{0{,}75}{\Delta H_c}(T - 25), \tag{6-4}$$

$$\text{UFL}_T = \text{UFL}_{25} + \frac{0{,}75}{\Delta H_c}(T - 25), \tag{6-5}$$

em que

ΔH_c é o calor de combustão líquido (kcal/mol) e

T é a temperatura (°C).

As Equações (6-4) e (6-5) são muito aproximadas e funcionam apenas para um número muito limitado de hidrocarbonetos ao longo de uma faixa de temperatura limitada. O 0,75 é, na verdade, 100 C_p.

Dependência do Limite de Inflamabilidade com a Pressão

A pressão tem pouco efeito sobre o LFL, exceto nas pressões muito baixas (<50 mm Hg absolutos), em que as chamas não são propagadas.

O UFL aumenta significativamente à medida que a pressão aumenta, ampliando a faixa de inflamabilidade. Existe uma expressão empírica para o UFL nos vapores em função da pressão:[6]

$$\boxed{\text{UFL}_P = \text{UFL} + 20{,}6(\log P + 1),} \tag{6-6}$$

em que

P é a pressão (megapascal absoluto) e

UFL é o limite superior de inflamabilidade (volume % de combustível mais ar a 1 atm).

Exemplo 6-3

Se o UFL de uma substância for 11% por volume a 0,0 MPa manométrico, qual é o UFL a 6,2 MPa manométricos?

---

[5] M. G. Zabetakis, S. Lambiris e G. S.Scott, "Flame Temperatures of Limit Mixtures", in *Seventh Symposium on Combustion* (London: Butterworths, 1959), p. 484.
[6] M. G. Zabetakis, "Fire and Explosion Hazards at Temperature and Pressure Extremes", *AICHE Inst. Chem. Engr. Symp.*, ser. 2, *Chem. Engr. Extreme Cond. Proc. Symp.* (1965), pp. 99-104.

Solução

A pressão absoluta é $P = 6{,}2 + 0{,}101 = 6{,}301$ MPa. O UFL é determinado utilizando a Equação 6-6:

$$UFL_P = UFL + 20{,}6(\log P + 1)$$
$$= 11{,}0 + 20{,}6(\log 6{,}301 + 1)$$
$$= 48 \text{ vol. \% de combustível no ar.}$$

Estimativa dos Limites de Inflamabilidade

Em algumas situações pode ser necessário estimar os limites de inflamabilidade sem dados experimentais. Os limites de inflamabilidade são medidos facilmente; a determinação experimental é sempre recomendada.

Jones[7] constatou que para muitos vapores de hidrocarbonetos o LFL e o UFL são uma função da concentração estequiométrica (C_{st}) do combustível:

$$\boxed{LFL = 0{,}55 C_{st},} \qquad (6\text{-}7)$$

$$\boxed{UFL = 3{,}50 C_{st},} \qquad (6\text{-}8)$$

em que C_{st} é o percentual volumétrico de combustível na mistura mais ar.

A concentração estequiométrica da maioria dos compostos orgânicos é determinada utilizando a reação geral da combustão

$$C_m H_x O_y + z O_2 \rightarrow m CO_2 + \frac{x}{2} H_2 O. \qquad (6\text{-}9)$$

Segue-se, da estequiometria, que

$$z = m + \frac{x}{4} - \frac{y}{2},$$

em que z tem unidades de mols de O_2/mol de combustível.

Outras mudanças estequiométricas e de unidade são necessárias para determinar C_{st} como função de z:

$$C_{st} = \frac{\text{mols de combustível}}{\text{mols de combustível} + \text{mols de ar}} \times 100$$

$$= \frac{100}{1 + \left(\dfrac{\text{mols de ar}}{\text{mols de combustível}}\right)}$$

$$= \frac{100}{1 + \left(\dfrac{1}{0{,}21}\right)\left(\dfrac{\text{mols de } O_2}{\text{mols de combustível}}\right)}$$

$$= \frac{100}{1 + \left(\dfrac{z}{0{,}21}\right)}.$$

---

[7]G. W. Jones, "Inflammation Limits and Their Practical Application in Hazardous Industrial Operations", *Chem. Rev.* (1938), 22(1): 1-26.

Incêndios e Explosões

Substituindo z e aplicando as Equações 6-7 e 6-8, temos

$$\boxed{\text{LFL} = \frac{0{,}55(100)}{4{,}76m + 1{,}19x - 2{,}38y + 1}}, \tag{6-10}$$

$$\boxed{\text{UFL} = \frac{3{,}50(100)}{4{,}76m + 1{,}19x - 2{,}38y + 1}}. \tag{6-11}$$

Outro método[8,9] correlaciona os limites de inflamabilidade em função do calor de combustão do combustível. Um bom ajuste foi obtido para 123 materiais orgânicos contendo carbono, hidrogênio, oxigênio, nitrogênio e enxofre. As correlações resultantes são

$$\text{LFL} = \frac{-3{,}42}{\Delta H_c} + 0{,}569\Delta H_c + 0{,}0538\Delta H_c^2 + 1{,}80, \tag{6-12}$$

$$\text{UFL} = 6{,}30\Delta H_c + 0{,}567\Delta H_c^2 + 23{,}5, \tag{6-13}$$

em que

LFL e UFL são os limites inferior e superior de inflamabilidade (% volumétrica de combustível no ar), respectivamente, e

ΔH_c é o calor de combustão do combustível (em 10^3 kJ/mol).

A Equação 6-13 é aplicável apenas ao longo de uma faixa de UFL de 4,9-23%. Se o calor de combustão for fornecido em kcal/mol, ele pode ser convertido para kJ/mol multiplicando por 4,184.

A capacidade de previsão das Equações 6-6 a 6-13 é apenas modesta, na melhor das hipóteses. Para o hidrogênio, as previsões são ruins. Para o metano e os hidrocarbonetos superiores, os resultados são melhores. Desse modo, esses métodos devem ser utilizados apenas para uma rápida estimativa inicial e não devem substituir os dados experimentais reais.

Exemplo 6-4

Estime o LFL e o UFL do hexano e compare os limites calculados aos valores reais determinados experimentalmente.

Solução

A estequiometria é

$$C_6H_{14} + zO_2 \rightarrow mCO_2 + \frac{x}{2}H_2O,$$

---

[8] T. Suzuki, "Empirical Relationship Between Lower Flammability Limits and Standard Enthalpies of Combustion of Organic Compounds", *Fire and Materials* (1994), 18: 333-336.

[9] T. Suzuki and K. Koide, "Correlation between Upper Flammability Limits and Thermochemical Properties of Organic Compounds", *Fire and Materials* (1994), 18: 393-397.

e z, m, x e y são encontrados balanceando essa reação química utilizando as definições na Equação 6-9:

$m = 6$,

$x = 14$,

$y = 0$.

O LFL e o UFL são determinados usando as Equações 6-10 e 6-11:

$$LFL = 0{,}55(100)/[4{,}76(6) + 1{,}19(14) + 1]$$
$$= 1{,}19 \text{ vol. \% } versus \text{ 1,2 vol. \% real,}$$
$$UFL = 3{,}5(100)/[4{,}76(6) + 1{,}19(14) + 1]$$
$$= 7{,}57 \text{ vol. \% } versus \text{ 7,5 vol. \% real.}$$

Os limites de inflamabilidade, em geral, são definidos no ar. Como você vai ver mais tarde, os limites de inflamabilidade no oxigênio puro costumam ser úteis para projetar sistemas destinados a evitar incêndios e explosões. A combustão no oxigênio puro também exibe um limite inferior de oxigênio (LOL) e um limite superior de oxigênio (UOL), assim como o LFL e o UFL no ar. Esses limites inflamáveis têm unidade de percentual de combustível no oxigênio. A Tabela 6-2 apresenta os dados de inflamabilidade de uma série de combustíveis no oxigênio puro.

Em geral, para a maioria dos hidrocarbonetos o LOL é próximo do LFL.

Tabela 6-2 Limites de Inflamabilidade no Oxigênio Puro[a]

Composto	Fórmula	Limites de inflamabilidade no oxigênio puro	
		Inferior (LOL)	Superior (UOL)
Hidrogênio	H_2	4,0	94
Deutério	D_2	5,0	95
Monóxido de carbono[b]	CO	15,5	94
Amônia	NH_3	15,0	79
Metano	CH_4	5,1	61
Etano	C_2H_6	3,0	66
Etileno	C_2H_4	3,0	80
Propileno	C_3H_6	2,1	53
Ciclopropano	C_3H_6	2,5	60
Éter dietílico	$C_4H_{10}O$	2,0	82
Éter divinílico	C_4H_6O	1,8	85

[a]Dados de B. Lewis e G. von Elbe, *Combustion, Flames and Explosions of Gases* (New York: Harcourt Brace Jovanovich, 1987).
[b]Os limites são insensíveis ao p_{H_2O} acima de alguns mm Hg.

Hansen e Crowl[10] derivaram uma equação empírica para o UOL com base no traçado de linhas ao longo dos limites de inflamabilidade. Eles constataram que uma boa estimativa do UOL pode ser encontrada a partir de

$$\text{UOL} = \frac{\text{UFL}[100 - C_{\text{UOL}}(100 - \text{UFL}_\text{O})]}{\text{UFL}_\text{O} + \text{UFL}(1 - C_{\text{UOL}})}, \tag{6-14}$$

em que

UOL é o limite superior de oxigênio (vol. % de combustível no oxigênio),

UFL é o limite superior de inflamabilidade (vol. % de combustível no ar),

UFL_O é a concentração de oxigênio no limite superior de inflamabilidade (vol. % de oxigênio no ar) e

C_{UOL} é uma constante de ajuste.

Essa equação exige apenas os dados do UFL. Hansen e Crowl encontraram um bom ajuste da Equação 6-14 para uma série de combustíveis utilizando $C_{\text{UOL}} = -1{,}87$.

Exemplo 6-5

Estime o UOL do metano usando a Equação 6-14.

Solução

Segundo o Apêndice B, o UFL do metano é 15,0 vol. % de combustível no ar; logo, o UFL = 15%. Se escolhermos uma base de 100 mols de mistura gasosa, então 15 mols são metano e os 85 mols restantes são ar. Dos 85 mols de ar, $(0{,}21)(85) = 17{,}85$ mols de oxigênio. Assim, $\text{UFL}_\text{O} = 17{,}85\%$. Substituindo na Equação 6-14:

$$\text{UOL} = \frac{\text{UFL}[100 - C_{\text{UOL}}(100 - \text{UFL}_\text{O})]}{\text{UFL}_\text{O} + \text{UFL}(1 - C_{\text{UOL}})} = \frac{(15\%)[100 + 1{,}87(100 - 17{,}85\%)]}{17{,}85\% + (15\%)(1 + 1{,}87)} = 62{,}4\%.$$

Isso se compara ao valor experimental de 61% exibido na Tabela 6-3.

6-5 Concentração Limite de Oxigênio e Inertização

O LFL se baseia no combustível no ar. No entanto, o oxigênio é o ingrediente-chave e existe uma concentração mínima de oxigênio necessária para propagar a chama. Esse é um resultado especialmente útil, pois as explosões e incêndios podem ser evitados reduzindo a concentração de oxigênio independentemente da concentração do combustível. Esse conceito é a base de um procedimento comum chamado inertização (veja o Capítulo 7).

---

[10]Travis J. Hansen and Daniel A. Crowl, "Estimation of the Flammable Zone Boundaries for Flammable Gases", *Process Safety Progress* (June 2010), 29: 3.

Tabela 6-3 Concentrações de Oxigênio Limitantes (LOCs) (percentual volumétrico da concentração de oxigênio acima do qual pode ocorrer combustão)[a]

Gás ou vapor	N$_2$/Ar	CO$_2$/Ar	Gás ou vapor	N$_2$/Ar	CO$_2$/Ar
Metano	12	14,5	Querosene	10 (150°C)	13 (150°C)
Etano	11	13,5	JP-1 combustível	10,5 (150°C)	14 (150°C)
Propano	11,5	14,5	JP-3 combustível	12	14,5
n-Butano	12	14,5	JP-4 combustível	11,5	14,5
Isobutano	12	15	Gás natural	12	14,5
n-Pentano	12	14,5	Cloreto de n-butila	14	–
Isopentano	12	14,5		12 (100°C)	–
n-Hexano	12	14,5	Cloreto de metileno	19 (30°C)	–
n-Heptano	11,5	14,5		17 (100°C)	–
Etileno	10	11,5	Dicloreto de etileno	13	–
Propileno	11,5	14		11,5 (100°C)	–
1-Buteno	11,5	14	Metil clorofórmio	14	–
Isobutileno	12	15	Tricloroetileno	9 (100°C)	–
Butadieno	10,5	13	Acetona	11,5	14
3-Metil-1-buteno	11,5	14	t-butanol	NA	16,5 (150°C)
Benzeno	11,4	14	Dissulfeto de carbono	5	7,5
Tolueno	9,5	–	Monóxido de carbono	5,5	5,5
Estireno	9,0	–	Etanol	10,5	13
Etilbenzeno	9,0	–	2-Etil butanol	9,5 (150°C)	–
Viniltolueno	9,0	–	Éter etílico	10,5	13
Dietilbenzeno	8,5	–	Hidrogênio		5
Ciclopropano	11,5	14	Sulfeto de hidrogênio	7,5	11,5
Gasolina			Formato de isobutila	12,5	15
(73/100)	12	15	Metanol	10	12
(100/130)	12	15	Acetato de metila	11	13,5
(115/145)	12	14,5			

[a]Dados de NFPA 68, *Venting of Deflagrations* (Quincy, MA: National Fire Protection Association, 1994).

Abaixo da concentração limite de oxigênio (LOC), a reação não consegue gerar energia suficiente para aquecer toda a mistura gasosa (incluindo os gases inertes) até o ponto necessário para a autopropagação da chama.

A LOC também foi chamada de concentração mínima de oxigênio (MOC), concentração máxima segura de oxigênio (MSOC), entre outros nomes.

A Tabela 6-3 contém valores de LOC para uma série de materiais. A LOC depende do gás inerte empregado.

A LOC tem unidade de porcentagem de mols de oxigênio nos mols totais. Se não houver dados experimentais, a LOC é estimada através da estequiometria da reação de combustão e do LFL. Esse procedimento funciona para muitos hidrocarbonetos.

Incêndios e Explosões

Exemplo 6-6

Estime a LOC do butano (C_4H_{10}).

Solução

A estequiometria para essa reação é

$$C_4H_{10} + 6{,}5O_2 \rightarrow 4CO_2 + 5H_2O.$$

O LFL do butano (segundo o Apêndice B) é 1,8% por volume. A partir da estequiometria

$$\text{LOC} = \left(\frac{\text{mols de combustível}}{\text{mols totais}}\right)\left(\frac{\text{mols de } O_2}{\text{mols de combustível}}\right) = \text{LFL}\left(\frac{\text{mols de } O_2}{\text{mols de combustível}}\right).$$

Por substituição, obtemos

$$\text{LOC} = \left(1{,}8\frac{\text{mols de combustível}}{\text{mols totais}}\right)\left(\frac{6{,}5 \text{ mols } O_2}{1{,}0 \text{ mols de combustível}}\right)$$

$$= 11{,}7 \text{ vol. \% } O_2.$$

A combustão do butano é evitável adicionando-se nitrogênio, dióxido de carbono ou mesmo vapor d'água até a concentração de oxigênio ficar abaixo de 11,7%. A adição de água, porém, não é recomendada porque qualquer condição que condense a água levaria à concentração de oxigênio de volta para a região inflamável.

O Exemplo 6-6 mostra que a LOC pode ser estimada usando a equação

$$\text{LOC} = z\,(\text{LFL}). \tag{6-15}$$

A Equação 6-15 não produz resultados muito bons.

Hansen e Crowl[11] constataram que uma estimativa melhor da LOC é fornecida por

$$\text{LOC} = \left(\frac{\text{LFL} - C_{\text{LOC}}\text{UFL}}{1 - C_{\text{LOC}}}\right)\left(\frac{\text{UFL}_o}{\text{UFL}}\right), \tag{6-16}$$

em que

LOC é a concentração limite de oxigênio (percentual de oxigênio),

LFL é o limite inferior de inflamabilidade (percentual de combustível no ar),

UFL é o limite superior de inflamabilidade (percentual de combustível no ar),

UFL_O é a concentração do oxigênio no limite superior de inflamabilidade (vol% de oxigênio no ar) e

C_{LOC} é uma constante de ajuste.

A análise dos dados de inúmeros valores experimentais constatou que $C_{\text{LOC}} = -1{,}11$ proporciona um bom ajuste para muitos hidrocarbonetos.

---

[11]Hansen and Crowl, "Estimation of the Flammable Zone Boundaries".

Exemplo 6-7

Estime a LOC do butano utilizando a Equação 6-16. Compare os resultados com os do Exemplo 6-6.

Solução

Segundo o Apêndice B, para o butano LFL = 1,8% e UFL = 8,5%. A concentração de oxigênio no limite superior de inflamabilidade é

$$UFL_o = (0{,}21)(100 - 8{,}5) = 19{,}21\% \text{ oxigênio.}$$

Substituindo na Equação 6-16,

$$LOC = \left(\frac{LFL - C_{LOC}UFL}{1 - C_{LOC}}\right)\left(\frac{UFL_o}{UFL}\right) = \left[\frac{1{,}8\% + (1{,}11)(8{,}5\%)}{1 + 1{,}11}\right]\left(\frac{19{,}21\%}{8{,}5\%}\right) = 12{,}0\%.$$

Isso se compara ao valor experimental de 12% exibido na Tabela 6-3. A Equação 6-15 produz um valor de 11,7%, que é mais baixo do que o valor experimental.

6-6 Diagrama de Inflamabilidade

Uma maneira geral para representar a inflamabilidade de um gás ou vapor é pelo diagrama triangular exibido na Figura 6-6. As concentrações de combustível, oxigênio e material inerte (em volume ou mol %) são representadas nos três eixos. Cada vértice do triângulo representa 100%

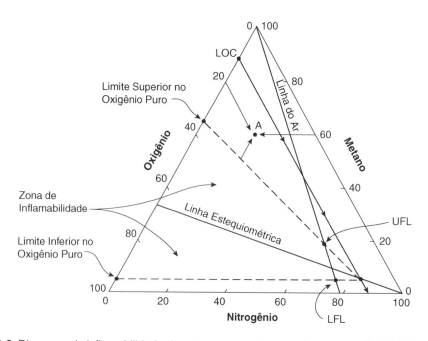

Figura 6-6 Diagrama de inflamabilidade do metano a uma temperatura e pressão iniciais de 25°C e 1 atm. Fonte: C. V. Mashuga e D. A. Crowl, "Application of the Flammability Diagram", 176-183.

de combustível, oxigênio ou nitrogênio. As marcas nos eixos mostram a direção em que a escala se move pela figura. Assim, o ponto A representa uma mistura composta de 60% de metano, 20% de oxigênio e 20% de nitrogênio. A zona envolvida pela linha tracejada representa todas as misturas inflamáveis. Como o ponto A se situa fora da zona inflamável, uma mistura dessa composição não é inflamável.

A linha do ar representa todas as combinações possíveis de combustível mais ar. Esta linha se estende do ponto onde o combustível é 0%, o oxigênio é 21% e o nitrogênio é 79%, até o ponto onde o combustível é 100%, o oxigênio é 0% e o nitrogênio é 0%. A equação dessa linha é

$$\text{Combustível \%} = -\left(\frac{100}{79}\right) \times \text{nitrogênio \%} + 100. \tag{6-17}$$

A linha estequiométrica representa todas as combinações da mistura combustível/oxigênio. A reação de combustão pode ser escrita na forma

$$\text{Combustível} + z\text{O}_2 \rightarrow \text{produtos da combustão}, \tag{6-18}$$

em que z é o coeficiente estequiométrico do oxigênio. A interseção da linha estequiométrica com o eixo do oxigênio (em % volumétrica de oxigênio) é fornecida por

$$100\left(\frac{z}{1+z}\right). \tag{6-19}$$

A Equação 6-19 é derivada percebendo que no eixo do oxigênio não há nitrogênio. Desse modo, os mols presentes são combustível (1 mol) mais oxigênio (z mols). Os mols totais são $1 + z$, e o mol ou volume percentual de oxigênio é fornecido pela Equação 6-15.

A linha estequiométrica se estende de um ponto onde o combustível é $100/(1 + z)$, o oxigênio é $100z/(1 + z)$ e o nitrogênio é 0%, até um ponto onde o combustível é 0%, o oxigênio é 0% e o nitrogênio é 100%. A equação da linha estequiométrica é

$$\text{Combustível \%} = \frac{100 - \text{Nitrogênio \%}}{(1+z)}. \tag{6-20}$$

A LOC também é exibida na Figura 6-6. Claramente, qualquer mistura gasosa contendo oxigênio abaixo da LOC não é inflamável.

A forma e o tamanho da zona de inflamabilidade no diagrama mudam em função de uma série de parâmetros, incluindo o tipo de combustível, temperatura, pressão e inerte. Assim, os limites de inflamabilidade e a LOC também mudam com esses parâmetros.

O Apêndice C deriva várias equações úteis para trabalhar com os diagramas de inflamabilidade. Esses resultados mostram que:

1. Se as duas misturas gasosas R e S forem combinadas, a composição resultante da mistura se situa em uma linha que conecta os pontos R e S no diagrama de inflamabilidade. A localização

da mistura final na linha reta depende dos mols relativos nas misturas combinadas: se a mistura S tiver dois mols, o ponto da mistura final vai se situar mais próximo do ponto S. Isso é idêntico à regra da alavanca utilizada nos diagramas de fase.

2. Se uma mistura R for diluída continuamente com a mistura S, a composição da mistura segue a linha reta entre os pontos R e S no diagrama de inflamabilidade. À medida que a diluição continua, a composição da mistura se aproxima cada vez mais do ponto S. Finalmente, na diluição infinita a composição da mistura está no ponto S.

3. Nos sistemas com pontos de composição que caem sobre a linha reta que passa através de um vértice correspondente a um componente puro, os outros dois componentes estão presentes em uma proporção fixa ao longo de todo o comprimento da linha.

4. A LOC pode ser estimada pela leitura da concentração de oxigênio na interseção da linha estequiométrica e a linha horizontal desenhada através do LFL (veja o Apêndice C). Isso é equivalente à equação

$$\text{LOC} = z(\text{LFL}). \tag{6-15}$$

Esses resultados são úteis para acompanhar a composição do gás durante uma operação de processo, determinando se existe formação de uma mistura inflamável durante o procedimento. Por exemplo, considere um tanque de armazenamento contendo metano puro cujas paredes interiores devem ser inspecionadas como parte do seu procedimento de manutenção periódica. Nessa operação, o metano deve ser removido do tanque e substituído por ar para que os funcionários da inspeção respirem. A primeira etapa no procedimento é despressurizar o tanque até a pressão atmosférica. Nesse ponto o tanque contém 100% de metano, representado pelo ponto A na Figura 6-7. Se o tanque for aberto e o ar puder entrar, a composição do gás dentro do tanque vai seguir a linha de ar na Figura 6-7 até a composição gasosa do tanque chegar ao ponto B de ar puro. Repare que em algum ponto nessa operação a composição gasosa passa pela zona de inflamabilidade. Se uma fonte de ignição de força suficiente estiver presente, então o resultado será um incêndio ou explosão.

O procedimento é o inverso para recolocar o tanque em serviço. Nesse caso, o procedimento começa no ponto B na Figura 6-7, com o tanque contendo ar. Se o tanque for fechado e o metano for bombeado para dentro dele, então a composição gasosa dentro do tanque vai acompanhar a linha de ar e terminar no ponto A. Mais uma vez, a mistura é inflamável à medida que a composição gasosa se move pela zona de inflamabilidade.

Pode ser utilizado um procedimento de inertização para evitar a zona de inflamabilidade em ambos os casos. Isso é discutido em mais detalhes no Capítulo 7.

A determinação de um diagrama completo de inflamabilidade requer várias centenas de testes utilizando um aparelho específico para os ensaios (veja a Figura 6-15 na Seção 6-13). Os diagramas com dados experimentais para o metano, etileno e hidrogênio são exibidos nas Figuras 6-8 a 6-10, respectivamente. Os dados na região central da zona de inflamabilidade não estão disponíveis porque a pressão máxima ultrapassa a pressão nominal do tanque, ou porque a combustão torna-se instável, ou uma transição para a detonação é observada ali. Nesses dados, uma mistura é considerada inflamável se o aumento de pressão após a ignição for maior que 7% da pressão

Incêndios e Explosões

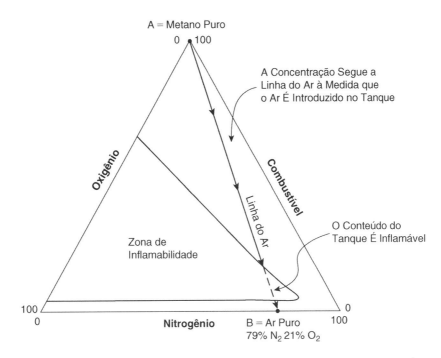

Figura 6-7 A concentração do gás durante uma operação para retirar um tanque de serviço.

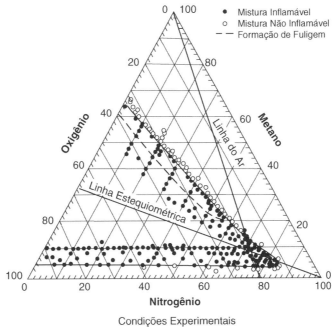

Figura 6-8 Diagrama experimental de inflamabilidade para o metano. Fonte: C. V. Mashuga, dissertação de doutorado, Michigan Technological University, 1999.

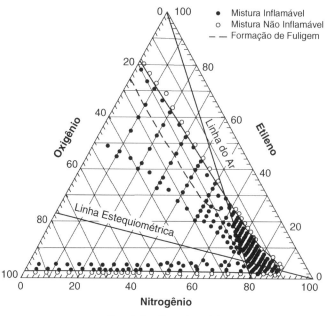

Figura 6-9 Diagrama experimental de inflamabilidade para o etileno. Fonte: C. V. Mashuga, tese de doutorado, Michigan Technological University, 1999.

ambiente original, de acordo com a ASTM E918.[12] Repare que são exibidos muito mais pontos de dados do que o necessário para definir os limites de inflamabilidade. Isso foi feito para obter uma compreensão mais completa do comportamento de pressão *versus* tempo da combustão em uma ampla gama de misturas. Essa informação é importante para a mitigação da explosão.

A Figura 6-10 apresenta uma geometria diferente da exibida nas Figuras 6-8 e 6-9, mas ainda transmite as mesmas informações. Repare que o eixo do oxigênio é diagonal, enquanto os eixos do nitrogênio e do hidrogênio são retangulares. O LFL (cerca de 4% de combustível) ainda é exibido como a interseção inferior da zona de inflamabilidade com a linha do ar, e o UFL (cerca de 75% de combustível) é a interseção superior da zona de inflamabilidade com a linha de ar. A LOC é a diagonal do oxigênio que apenas toca a zona de inflamabilidade – nesse caso, cerca de 5% de oxigênio. Algumas pessoas preferem essa forma do diagrama de triângulo, por ser mais fácil de apresentar na forma de gráfico – o nitrogênio e o combustível são os eixos x e y, respectivamente.

Uma série de características importantes é exibida nas Figuras 6-8 a 6-10. Primeiro, o tamanho da zona de inflamabilidade aumenta do metano para o etileno, e do etileno para o hidrogênio – o UFL é consequentemente mais alto. Segundo, a combustão do metano e do etileno produz quantidades copiosas de fuligem nas partes superiores mais ricas em combustível da zona de inflamabilidade. Não há fuligem com o hidrogênio porque não há carbono. Finalmente, o limite inferior da zona de inflamabilidade é basicamente horizontal e pode ser aproximado pelo LFL.

---

[12]ASTM E918-83, *Standard Practice for Determining Limits of Flammability of Chemicals at Elevated Temperature and Pressure* (W. Conshocken, PA: ASTM, 2005).

Incêndios e Explosões

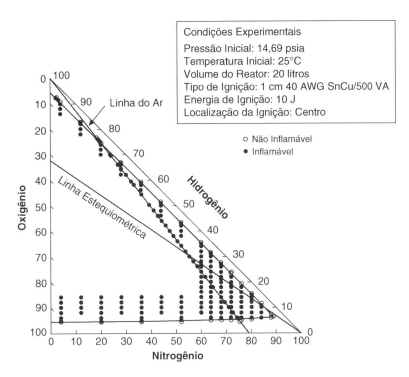

Figura 6-10 Diagrama experimental de inflamabilidade para o hidrogênio. Trata-se de uma geometria diferente, mas ainda transmite as mesmas informações. (Fonte: Y. D. Jo e D. A. Crowl, Michigan Technological University, 2006.)

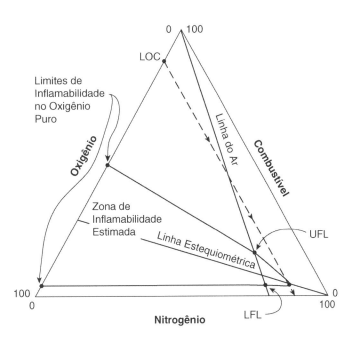

Figura 6-11 Método 1 para a aproximação da zona de inflamabilidade.

Para a maioria dos materiais inflamáveis, não há dados experimentais disponíveis do tipo exibido nas Figuras 6-8 a 6-10. Vários métodos foram desenvolvidos para aproximar a zona de inflamabilidade:

Método 1 (Figura 6-11): Dados os limites de inflamabilidade no ar, a LOC e os limites de inflamabilidade no oxigênio puro, o procedimento é o seguinte:

1. Desenhar os limites de inflamabilidade no ar como pontos na linha de ar.
2. Desenhar os limites de inflamabilidade no oxigênio puro como pontos na escala do oxigênio.
3. Utilizar a Equação 6-19 para localizar o ponto estequiométrico no eixo do oxigênio e desenhar a linha estequiométrica deste ponto até o vértice de 100% nitrogênio.
4. Localizar a LOC no eixo do oxigênio e desenhar uma linha paralela ao eixo do combustível até intersectar a linha estequiométrica. Desenhar um ponto nessa interseção.
5. Conectar todos os pontos exibidos.

A zona de inflamabilidade derivada dessa abordagem é apenas uma aproximação da zona real. Repare que as linhas que definem os limites da zona nas Figuras 6-8 a 6-10 não são exatamente retas. Esse método também requer limites de inflamabilidade no oxigênio puro – dados estes que não estão prontamente disponíveis. Os limites de inflamabilidade no oxigênio puro para uma série de hidrocarbonetos comuns são fornecidos na Tabela 6-2.

Método 2 (Figura 6-12): Dados os limites de inflamabilidade no ar e a LOC, o procedimento é o seguinte: Utilizar as etapas 1, 3 e 4 do método 1. Nesse caso, apenas os pontos no "nariz" da zona de inflamabilidade podem ser conectados. A zona de inflamabilidade da linha do ar até o eixo do oxigênio não pode ser detalhada sem outros dados, embora ela se estenda até o eixo do oxigênio e, tipicamente, aumente de tamanho. O limite inferior também pode ser aproximado pelo LFL.

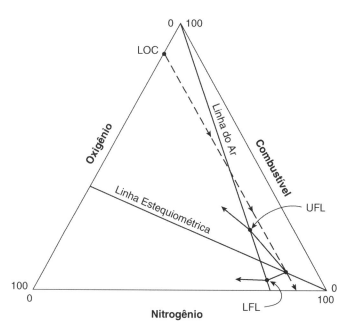

Figura 6-12 Método 2 para a aproximação da zona de inflamabilidade. Apenas a área à direita da linha do ar pode ser determinada.

Incêndios e Explosões

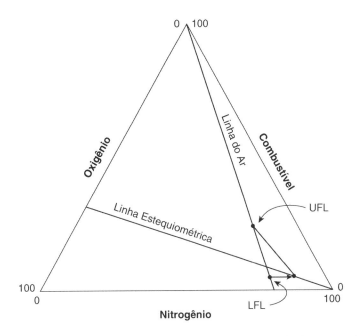

Figura 6-13 Método 3 para a aproximação da zona de inflamabilidade. Apenas a área à direita da linha do ar pode ser determinada.

Método 3 (Figura 6-13): Dados os limites de inflamabilidade no ar, o procedimento é o seguinte: Utilizar as etapas 1 e 3 do método 1. Estimar a LOC utilizando a Equação 6-15 ou 6-16. Isso é apenas uma estimativa e geralmente (mas nem sempre) proporciona uma LOC conservadora.

6-7 Energia de Ignição

A energia mínima de ignição (MIE) é o mínimo de energia fornecida necessária para iniciar a combustão. Todos os materiais inflamáveis (incluindo as poeiras) possuem MIEs. A MIE depende do produto químico ou mistura, concentrações envolvidas, pressão e temperatura. Algumas MIEs são fornecidas na Tabela 6-4.

Os dados experimentais indicam que

- A MIE diminui com um aumento na temperatura
- Em geral, a MIE das poeiras está em níveis energéticos um pouco mais altos do que os gases combustíveis
- Um aumento na concentração de hidrogênio aumenta a MIE

Muitos hidrocarbonetos possuem MIEs em torno de 0,25 mJ. Isso é baixo em comparação com as fontes de ignição. Por exemplo, uma descarga estática de 22 mJ é iniciada caminhando por um tapete, e uma vela de ignição comum possui uma energia de descarga de 25 mJ. As descargas eletrostáticas, em consequência do escoamento de fluido, também possuem níveis de energia que ultrapassam as MIEs dos materiais inflamáveis e podem proporcionar uma fonte de ignição, contribuindo para as explosões industriais (veja o Capítulo 7).

Tabela 6-4 Energia Mínima de Ignição de Gases Selecionados[a]

Produto Químico	Energia Mínima de Ignição (mJ)
Acetileno	0,020
Benzeno	0,225
1,3-Butadieno	0,125
n-Butano	0,260
Ciclo-hexano	0,223
Ciclopropano	0,180
Etano	0,240
Eteno	0,124
Etilacetato	0,480
Óxido de etileno	0,062
n-Heptano	0,240
Hexano	0,248
Hidrogênio	0,018
Metano	0,280
Metanol	0,140
Metil acetileno	0,120
Metil-etil-cetona	0,280
n-Pentano	0,220
2-Pentano	0,180
Propano	0,250

[a]Dados de I. Glassman, *Combustion*, 3rd ed. (New York: Academic Press, 1996.)

6-8 Autoignição

A temperatura de autoignição (AIT) de um vapor, às vezes chamada de temperatura de ignição espontânea (SIT), é a temperatura na qual o vapor incendeia espontaneamente a partir da energia do ambiente. A temperatura de autoignição é uma função da concentração e volume de vapor, pressão do sistema, presença de material catalítico e condições de escoamento. É essencial determinar experimentalmente as AITs nas condições mais próximas possíveis das condições do processo.

A composição afeta a AIT; as misturas ricas ou pobres possuem AITs mais elevadas. Os volumes maiores diminuem as AITs; um aumento na pressão diminui as AITs; e os aumentos na concentração de oxigênio diminuem as AITs. Essa forte dependência das condições ilustra a importância de se proceder com quando utilizar os dados de AIT.

Os dados de AIT são fornecidos no Apêndice B.

6-9 Auto-Oxidação

Auto-oxidação é o processo de oxidação lenta com a concorrente evolução do calor, levando às vezes à autoignição se a energia não for removida do sistema. Os líquidos com volatilidade

Incêndios e Explosões

relativamente baixa são particularmente susceptíveis a esse problema. Os líquidos com alta volatilidade são menos susceptíveis à autoignição porque se autorresfriam em consequência da evaporação.

Muitos incêndios são iniciados em consequência da auto-oxidação, o que se chama combustão instantânea. Alguns exemplos de auto-oxidação com um potencial para combustão espontânea incluem os óleos sobre um pedaço de pano em uma área quente de armazenamento; o isolamento em uma tubulação de vapor, quando saturado com certos polímeros; e um filtro saturado com certos polímeros (foram registrados casos em que resíduos de filtração de 10 anos de idade incendiaram quando o material de aterro sanitário foi manuseado por uma escavadeira, permitindo a auto-oxidação e a eventual autoignição).

Esses exemplos ilustram por que devem ser tomadas precauções especiais para evitar incêndios que possam resultar da auto-oxidação e autoignição.

6-10 Compressão Adiabática

Um meio adicional de ignição é a compressão adiabática. Por exemplo, a gasolina e o ar em um cilindro de motor de automóvel vão incendiar se os vapores estiverem comprimidos adiabaticamente até uma temperatura que ultrapasse a temperatura de autoignição. Essa é a causa dos solavancos ("bater pino") de pré-ignição observados nos motores funcionando quentes demais e com uma mistura pobre demais.

Vários acidentes de grandes proporções foram causados por vapores inflamáveis sendo sugados pela admissão dos compressores de ar; a compressão subsequente resultou na autoignição. Um compressor é particularmente susceptível à autoignição se tiver um pós-resfriador sujo. Devem ser incluídas garantias na concepção do processo para evitar incêndios indesejáveis que possam resultar da compressão adiabática.

O aumento adiabático da temperatura de um gás ideal é calculado a partir da equação termodinâmica de compressão adiabática:

$$T_f = T_i \left(\frac{P_f}{P_i}\right)^{(\gamma-1)/\gamma}, \qquad (6\text{-}21)$$

em que

T_f é a temperatura absoluta final,

T_i é a temperatura absoluta inicial,

P_f é a pressão absoluta final,

P_i é a pressão absoluta inicial e

$\gamma = C_p/C_v$.

As possíveis consequências dos aumentos adiabáticos da temperatura dentro de uma indústria química são ilustradas pelos dois exemplos a seguir.

Exemplo 6-8

Qual é a temperatura final após a compressão do ar sobre hexano líquido de 14,7 psia para 500 psia se a temperatura inicial for 100°F? A AIT do hexano é 487°C (Apêndice B) e γ do ar é 1,4.

Solução

Segundo a Equação 6-21, temos

$$T_f = (37,8 + 273)\left(\frac{500}{14,7}\right)^{(0,4/1,4)}$$

$$= 851 \text{ K} = 578°\text{C}.$$

Essa temperatura ultrapassa a AIT do hexano, resultando em uma explosão.

Exemplo 6-9

O óleo lubrificante em um compressor do tipo pistão sempre é encontrado em quantidades minúsculas no orifício do cilindro; as operações do compressor sempre devem ser mantidas bem abaixo da AIT do óleo para evitar explosão.

Um determinado óleo lubrificante possui uma AIT de 400°C. Calcule a taxa de compressão necessária para elevar a temperatura do ar até a AIT desse óleo. Suponha uma temperatura inicial do ar de 25°C e 1 atm.

Solução

A Equação 6-21 se aplica. Solucionando para a taxa de compressão, obtemos

$$\left(\frac{P_f}{P_i}\right) = \left(\frac{T_f}{T_i}\right)^{\gamma/(\gamma-1)}$$

$$= \left(\frac{400 + 273}{25 + 273}\right)^{1,4/0,4}$$

$$= 17,3.$$

Essa taxa representa uma pressão de saída de apenas (17,3)(14,7 psia) = 254 psia. A taxa de compressão real ou pressão deve ser mantida bem abaixo disso.

Esses exemplos ilustram a importância do projeto cuidadoso, do monitoramento atento das condições e da necessidade dos programas periódicos de manutenção preventiva quando se trabalha com gases inflamáveis e compressores. Isso é especialmente importante nos dias de hoje, pois as condições dos processos de alta pressão estão se tornando mais comuns nas indústrias químicas modernas.

6-11 Fontes de Ignição[13]

Conforme ilustrado pelo triângulo do fogo, os incêndios e explosões podem ser evitados pela eliminação das fontes de ignição. Várias fontes de ignição foram tabuladas para mais de 25.000 incêndios pela Factory Mutual Engineering Corporation e estão resumidas na Tabela 6-5. As fontes de ignição

---

[13]*Accident Prevention Manual for Industrial Operations* (Chicago: National Safety Council, 1974).

Tabela 6-5 Fontes de Ignição dos Principais Incêndios[a]

Elétricas (fiação dos motores)	23%
Fumo	18%
Atrito (rolamentos ou peças quebradas)	10%
Materiais superaquecidos (temperaturas anormalmente altas)	8%
Superfícies quentes (calor dos aquecedores, lâmpadas etc.)	7%
Chama de queimadores (uso inadequado de tochas etc.)	7%
Faíscas de combustão (faíscas e brasas)	5%
Ignição espontânea (lixo etc.)	4%
Corte e soldagem (faíscas, arcos, calor etc.)	4%
Exposição (fagulhas transportadas pelo vento para novas áreas)	3%
Incêndio criminoso (incêndios provocados)	3%
Centelhas mecânicas (moedores, trituradores etc.)	2%
Substâncias derretidas (derramamentos de líquidos quentes)	2%
Ação química (processos fora de controle)	1%
Centelhas estáticas (liberação de energia acumulada)	1%
Raios (onde não são utilizados para-raios)	1%
Diversos	1%

[a]*Accident Prevention Manual for Industrial Operations.*

são inúmeras; consequentemente, é impossível identificar e eliminar todas elas. A principal razão para inertizar um líquido inflamável, por exemplo, é evitar um incêndio ou explosão pela ignição de uma fonte não identificada. Embora provavelmente nem todas as fontes de ignição sejam identificadas, os engenheiros ainda têm de continuar a identificá-las e eliminá-las.

Algumas situações especiais podem ocorrer em uma instalação de processamento onde é impossível evitar misturas inflamáveis. Nesses casos, é necessária uma análise de segurança completa para eliminar todas as possíveis fontes de ignição em cada uma das unidades onde existem gases inflamáveis.

A eliminação das fontes de ignição com a maior probabilidade de ocorrência (veja a Tabela 6-5) deve receber a maior atenção. Combinações das fontes também devem ser investigadas. O objetivo é eliminar ou minimizar as fontes de ignição devido à probabilidade de um incêndio ou explosão aumentar rapidamente com o aumento da quantidade de fontes de ignição. Os esforços necessários aumentam significativamente à medida que o tamanho da fábrica aumenta; as possíveis fontes de ignição podem ser da ordem de milhares.

6-12 Sprays e Névoas[14]

A eletricidade estática é gerada quando as névoas ou sprays passam por orifícios. Uma carga pode se acumular e descarregar em uma centelha. Se houver vapores inflamáveis, vai ocorrer um incêndio ou explosão.

---

[14]Frank P. Lees, *Loss Prevention in the Process Industries,* 2nd ed. (Boston: Butterworths, 1996.)

As névoas e sprays também afetam os limites de inflamabilidade.[15] Nas suspensões com diâmetros de gota menores que 0,01 mm, o LFL é praticamente o mesmo da substância na forma de vapor. Isso é verdadeiro até mesmo nas temperaturas baixas onde o líquido é não volátil e não há vapor. As névoas desse tipo são formadas por condensação.

Nas névoas formadas mecanicamente com diâmetros de gota entre 0,01 mm e 0,2 mm, o LFL diminui com o aumento do diâmetro da gota. Nos experimentos com diâmetros de gota maiores, o LFL foi menor do que um décimo do LFL normal. Isso é importante durante a inertização na presença de névoas.

Quando os sprays possuem diâmetros de gota entre 0,6 mm e 1,5 mm, é impossível a propagação da chama. Nessa situação, porém, a presença de pequenas gotas e/ou de perturbações que quebram as gotas maiores pode criar uma condição perigosa.

6-13 Explosões

O comportamento da explosão depende de uma grande quantidade de parâmetros. Um resumo dos parâmetros mais importantes é exibido na Tabela 6-6.

O comportamento da explosão é difícil de caracterizar. Muitas abordagens para o problema foram empreendidas, incluindo estudos teóricos, semiempíricos e empíricos. Apesar desses esforços, o comportamento da explosão ainda não é completamente compreendido. Os profissionais de engenharia, portanto, devem usar com cuidado os resultados extrapolados, e proporcionar uma margem de segurança conveniente em todos os projetos.

Uma explosão resulta da liberação rápida de energia. A liberação de energia deve ser suficientemente repentina para provocar um acúmulo local de energia no local da explosão. Depois, essa energia é dissipada por uma série de mecanismos, incluindo a formação de uma onda de pressão, projéteis, radiação térmica e energia acústica. Os danos decorrentes de uma explosão são causados pela dissipação da energia.

Tabela 6-6 Parâmetros que Afetam Significativamente o Comportamento das Explosões

Temperatura ambiente
Pressão ambiente
Composição do material explosivo
Propriedades físicas do material explosivo
Natureza da fonte de ignição: tipo, energia e duração
Geometria do entorno: confinado ou não confinado
Quantidade de material combustível
Turbulência do material combustível
Tempo antes da ignição
Taxa de liberação do material combustível

[15] J. H. Borgoyne, "The Flammability of Mists and Sprays", *Chemical Process Hazards* (1965), 2: 1.

Se a explosão ocorrer em um gás, a energia faz com que o gás se expanda rapidamente, forçando de volta o gás circundante e iniciando uma onda de pressão que se move rapidamente para longe da origem. A onda de pressão contém energia, a qual resulta em danos locais. Nas indústrias químicas, grande parte do dano decorrente das explosões se deve a essa onda de pressão. Assim, para compreender os impactos da explosão, devemos compreender a dinâmica da onda de pressão.

Uma onda de pressão propagada no ar se chama *onda de propulsão* porque a onda de pressão é seguida por um forte vento. Uma *onda de choque* ou frente de choque resulta se a frente de pressão tiver uma mudança abrupta de pressão. Uma onda de choque deve ser proveniente de materiais altamente explosivos, como, por exemplo, o TNT, mas também pode decorrer da ruptura súbita de um tanque de pressão. A pressão máxima sobre a pressão ambiente se chama *pico de sobrepressão*.

Detonação e Deflagração

Os efeitos danosos de uma explosão dependem bastante de a explosão resultar de uma detonação ou de uma deflagração. A diferença depende da frente de reação se propagar acima ou abaixo da velocidade do som nos gases não reagidos. Para os gases ideais, a velocidade do som ou velocidade sônica é uma função apenas da temperatura e tem um valor de 344 m/s (1.129 ft/s) a 20°C. Fundamentalmente, a velocidade sônica é aquela em que a informação é transmitida através de um gás.

Em algumas reações de combustão, a frente de reação é propagada por uma forte onda de pressão que comprime a mistura não reagida na frente da frente de reação acima da sua temperatura de ignição. Essa compressão ocorre rapidamente, resultando em uma mudança brusca de pressão ou choque na frente da frente de reação. Isso é classificado como uma detonação, resulta em uma frente de reação e leva a onda de choque que se propaga na mistura não reagida na velocidade sônica ou acima da mesma.

Em uma deflagração, a energia da reação é transferida para a mistura não reagida pela condução do calor e pela difusão molecular. Esses processos são relativamente lentos, fazendo com que a frente de reação se propague em uma velocidade menor que a velocidade sônica.

A Figura 6-14 mostra as diferenças físicas entre detonação e deflagração de uma reação de combustão que ocorre na fase gasosa em espaço aberto. Uma frente de choque é encontrada a uma curta distância diante da frente de reação. A frente de reação fornece a energia da frente de choque e continua a dirigi-la em velocidades sônicas ou superiores.

Em uma deflagração, a frente de reação se propaga a uma velocidade menor do que a velocidade do som. A frente de pressão se move na velocidade do som no gás não reagido e se afasta da frente de reação. Uma maneira de visualizarmos a frente de pressão resultante é considerar a frente de reação como produtora de uma série de frentes de pressão individuais. Essas frentes de pressão se afastam da frente de reação na velocidade do som e se reúnem em uma frente de pressão principal. A frente de pressão principal vai continuar a crescer em tamanho, à medida que mais energia e frentes de pressão são produzidas pela frente de reação.

As frentes de pressão produzidas pelas detonações e deflagrações são acentuadamente diferentes. Uma detonação produz uma frente de choque, com um aumento repentino da pressão, uma pressão máxima de mais de 10 atm e uma duração total de menos de 1 ms. A frente de pressão resultante de uma deflagração é caracteristicamente ampla (muitos milissegundos de duração), plana (sem uma frente de choque abrupta) e com uma pressão máxima muito menor do que a pressão máxima de uma detonação (tipicamente 1 ou 2 atm).

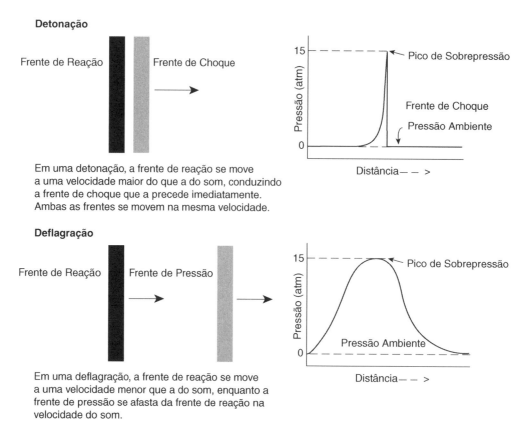

Figura 6-14 Comparação da dinâmica de detonação e deflagração do gás. A explosão começa bem à esquerda.

Os comportamentos das frentes de reação e pressão diferem dos comportamentos exibidos na Figura 6-14, dependendo da geometria local que restringe as frentes. Um comportamento diferente ocorre se as fontes se propagarem em um recipiente fechado, uma tubulação, ou através de uma unidade de processo congestionada. O comportamento dinâmico do gás nas geometrias complexas está além do escopo deste texto.

Uma deflagração também pode evoluir para uma detonação. Isso se chama transição de deflagração para detonação (DDT). A transição é particularmente comum nas tubulações, mas improvável nos tanques ou espaços abertos. Em um sistema de tubulação, a energia de uma deflagração pode alimentar a onda de pressão, resultando em um aumento adiabático da pressão. A pressão se acumula e resulta em uma detonação completa.

Explosões Confinadas

Uma explosão confinada ocorre em um espaço confinado, como, por exemplo, um tanque ou uma edificação. Os dois cenários confinados mais comuns envolvem vapores explosivos e poeiras explosivas. Estudos empíricos demonstraram que a natureza da explosão é uma função de várias características determinadas experimentalmente. Essas características dependem do material explosivo utilizado e incluem a inflamabilidade ou os limites explosivos, a taxa de aumento da pressão após a mistura inflamável incendiar e a pressão máxima após a ignição. Essas características são determinadas utilizando dois dispositivos de laboratório similares, exibidos nas Figuras 6-15 e 6-18.

Incêndios e Explosões

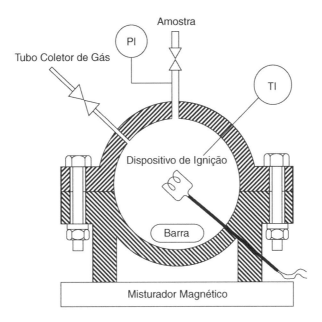

Figura 6-15 Aparelho de teste para colher dados da explosão de vapor.

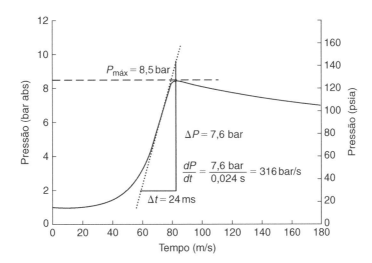

Figura 6-16 Dados típicos de pressão *versus* tempo, obtidos do aparelho de explosão de gás exibido na Figura 6-15.

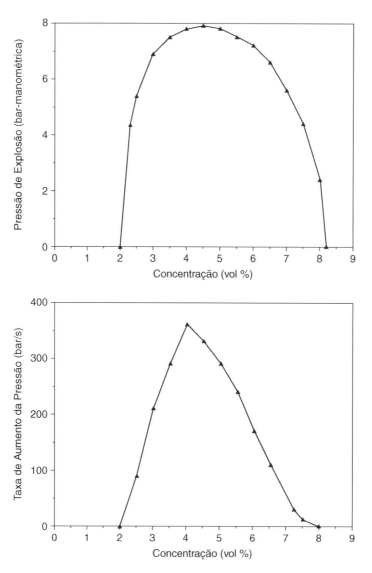

Figura 6-17 Taxa de pressão e pressão máxima de explosão em função da concentração de vapor. A taxa de pressão máxima não ocorre necessariamente na pressão máxima.

Aparelho de Explosão de Vapores

O aparelho utilizado para determinar a natureza explosiva dos vapores é exibido na Figura 6-15. O procedimento de teste inclui (1) evacuação do tanque, (2) ajuste da temperatura, (3) medição dos gases para obter a mistura apropriada, (4) ignição do gás por uma centelha ou fio fino e (5) medição da pressão em função do tempo.

Após a ignição, a onda de pressão se move para o exterior dentro do tanque até colidir com a parede; a reação termina na parede. A pressão dentro do tanque é medida por um transdutor localizado na parede externa. Um gráfico típico de pressão *versus* tempo é exibido na Figura 6-16. Os experimentos desse tipo costumam resultar em uma deflagração com aumento de poucas atmosferas de pressão.

A taxa de aumento na pressão é indicativo da taxa de propagação da frente de chama e, assim, da magnitude da explosão. A taxa de pressão ou inclinação é calculada no ponto de inflexão da curva de pressão, como mostra a Figura 6-16. O experimento é repetido em diferentes concentrações. A taxa de pressão e a pressão máxima de cada rodada são representadas no gráfico em relação à concentração, como mostra a Figura 6-17. A pressão máxima e as taxas de pressão ocorrem em algum lugar dentro do intervalo de inflamabilidade (mas não necessariamente na mesma concentração). Utilizando esse conjunto de experimentos relativamente simples, as características explosivas podem ser estabelecidas completamente; neste exemplo, os limites de inflamabilidade estão entre 2% e 8%, a pressão máxima é de 7,4 bar e a taxa máxima de aumento da pressão é de 360 bar/s.

Aparelho de Explosão para Poeiras

O aparelho experimental utilizado para caracterizar a natureza explosiva das poeiras é exibido na Figura 6-18. O dispositivo é similar ao aparelho de explosão do vapor, com a exceção de um volume maior e da adição de um recipiente de amostra e um anel de distribuição da poeira. O anel de distribuição garante a mistura adequada da poeira antes da ignição.

O procedimento experimental é como a seguir. A amostra de poeira é colocada no recipiente de amostra. O sistema computadorizado abre a válvula solenoide, e a poeira é conduzida pela pressão do ar, saindo do recipiente de amostra através do anel de distribuição e passando para a esfera de poeira. Após um atraso de vários milissegundos para garantir a mistura adequada e a distribuição da poeira, o dispositivo de ignição é descarregado. O computador mede a pressão em função do tempo utilizando transdutores de pressão de alta e baixa velocidade. O ar utilizado para conduzir a poeira para dentro da esfera é medido cuidadosamente para garantir uma pressão de 1 atm (0,987 bar) dentro da esfera no momento da ignição. Um gráfico típico de pressão *versus* tempo a partir do aparelho de explosão de poeira é exibido na Figura 6-19.

Os dados são coletados e analisados da mesma maneira que no aparelho de explosão do vapor. A pressão máxima e a taxa máxima de aumento da pressão são determinadas, assim como os limites de inflamabilidade.

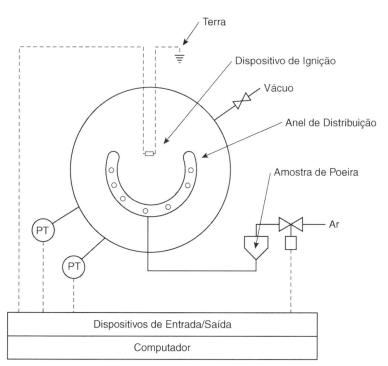

Figura 6-18 Aparelho de teste para adquirir dados de explosão de poeira.

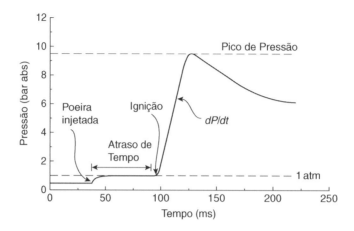

Figura 6-19 Dados de pressão do dispositivo de explosão de poeira.

Características da Explosão

As características da explosão determinadas por meio do aparelho de explosão de vapor e poeira são utilizadas da seguinte maneira:

1. Os limites de inflamabilidade ou explosividade são utilizados para determinar as concentrações seguras de operação ou a quantidade de material inerte necessária para controlar a concentração dentro das regiões seguras.

2. A taxa máxima de aumento na pressão indica a robustez de uma explosão. Desse modo, o comportamento explosivo dos diferentes materiais pode ser comparado relativamente. A taxa máxima também é utilizada para projetar um escape para aliviar um tanque durante uma explosão, antes de a pressão romper o tanque, ou para estabelecer o intervalo de tempo para adicionar um supressor de explosão (água, dióxido de carbono, ou outro) para interromper o processo de combustão.

Frequentemente, um gráfico do logaritmo da inclinação máxima da pressão *versus* o logaritmo do volume do tanque produz uma linha reta de inclinação −1/3, como mostra a Figura 6-20. Essa relação se chama lei cúbica:

$$(dP/dt)_{máx} V^{1/3} = \text{constante} = K_G, \tag{6-22}$$

$$(dP/dt)_{máx} V^{1/3} = K_{St}, \tag{6-23}$$

em que K_G e K_{St} são os índices de deflagração do gás e da poeira, respectivamente. À medida que a robustez de uma explosão aumenta, os índices de deflagração K_G e K_{St} aumentam. A lei cúbica afirma que a frente de pressão leva mais tempo para se propagar através de um tanque maior. Os dados de $P_{máx}$ e K_G e K_{St} dos vapores e poeiras são exibidos nas Tabelas 6-7 e 6-8, respectivamente. A Tabela 6-7 mostra que uma boa concordância pode ser obtida entre diferentes investigações da pressão máxima, mas que apenas uma concordância limitada é obtida quanto aos valores de K_G. Postula-se que os valores de K_G são sensíveis às configurações e condições experimentais. As poeiras são divididas em quatro classes, dependendo do valor do índice de deflagração. Essas *classes St* são exibidas na Tabela 6-8.

Incêndios e Explosões

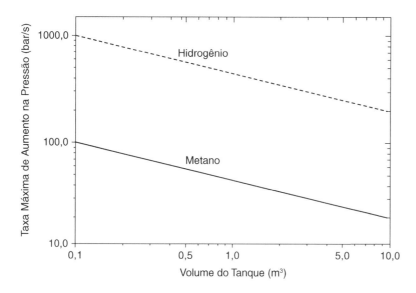

Figura 6-20 Dados típicos de explosão exibindo a lei cúbica.

Tabela 6-7 Pressões Máximas e Índices de Deflagração de uma Série de Gases e Vapores[a]

Produto químico	Pressão máxima $P_{máx}$ (bar g)			Índice de deflagração K_G (bar-m/s)		
	NFPA 68 (1997)	Bartknecht (1993)	Senecal e Beaulieu (1998)	NFPA 68 (1997)	Bartknecht (1993)	Senecal e Beaulieu (1998)
Acetileno	10,6	–	–	109	–	–
Amônia	5,4	–	–	10	–	–
Butano	8,0	8,0	–	92	92	–
Bissulfeto de carbono	6,4	–	–	105	–	–
Éter dietílico	8,1	–	–	115	–	–
Etano	7,8	7,8	7,4	106	106	78
Álcool etílico	7,0	–	–	78	–	–
Etilbenzeno	6,6	7,4	–	94	96	–
Etileno	–	–	8,0	–	–	171
Hidrogênio	6,9	6,8	6,5	659	550	638
Sulfeto de hidrogênio	7,4	–	–	45	–	–
Isobutano			7,4	–	–	67
Metano	7,05	7,1	6,7	64	55	46
Álcool metílico	–	7,5	7,2	–	75	94
Cloreto de metileno	5,0	–	–	5	–	–
Pentano	7,65	7,8	–	104	104	–
Propano	7,9	7,9	7,2	96	100	76
Tolueno	–	7,8	–	–	94	–

[a]Dados selecionados de:
NFPA 68, *Venting of Deflagrations* (Quincy, MA: National Fire Protection Association, 1997).
W. Bartknecht, *Explosions-Schutz: Grundlagen und Anwendung* (New York: Springer-Verlag, 1993).
J. A. Senecal and P. A. Beaulieu, "K_G: Data and Analysis", em *31st Loss Prevention Symposium* (New York: American Institute of Chemical Engineers, 1997).

Tabela 6-8 Classes St para Poeiras e Dados de Combustão para Nuvens de Poeira[a]

Índice de deflagração, K_{St} (bar m/s)	Classe St
0	St-0
1–200	St-1
200–300	St-2
>300	St-3

Poeira	Tamanho médio da partícula (μm)	Concentração mínima da poeira explosiva (g/m³)	$P_{máx}$ (bar g)	K_{St} (bar-m/s)	Energia de ignição mínima (mJ)
Algodão, madeira, turfa					
Algodão	44	100	7,2	24	–
Celulose	51	60	9,3	66	250
Serragem	33	–	–	–	100
Serragem	80	–	–	–	7
Poeira de papel	<10	–	5,7	18	–
Alimentação humana e animal					
Dextrose	80	60	4,3	18	–
Frutose	200	125	6,4	27	180
Frutose	400	–	–	–	>4000
Poeira de grão de trigo	80	60	9,3	112	–
Leite em pó	165	60	8,1	90	75
Farinha de arroz	–	60	7,4	57	>100
Farinha de trigo	50	–	–	–	540
Lactose	10	60	8,3	75	14
Carvão, produtos de carvão					
Carbono ativado	18	60	8,8	44	–
Carvão betuminoso	<10	–	9,0	55	–
Plásticos, resina, borracha					
Poliacrilamida	10	250	5,9	12	–
Poliéster	<10	–	10,1	194	–
Polietileno	72	–	7,5	67	–
Polietileno	280	–	6,2	20	–
Polipropileno	25	30	8,4	101	–
Polipropileno	162	200	7,7	38	–
Polistireno	155	30	8,4	110	–
Polistireno	760	–	8,4	23	–
Poliuretano	3	<30	7,8	156	–

(continua)

Tabela 6-8 Classes St para Poeiras e Dados de Combustão para Nuvens de Poeira[a] (*continuação*)

Poeira	Tamanho médio da partícula (μm)	Concentração mínima da poeira explosiva (g/m³)	$P_{máx}$ (bar g)	K_{St} (bar-m/s)	Energia de ignição mínima (mJ)
Produtos intermediários, materiais auxiliares					
Ácido adipínico	<10	60	8,0	97	–
Naftaleno	95	15	8,5	178	<1
Ácido salicílico	–	30	–	–	–
Outros produtos técnicos, químicos					
Material corante orgânico (azul)	<10	–	9,0	73	–
Material corante orgânico (vermelho)	<10	50	11,2	249	–
Material corante orgânico (vermelho)	52	60	9,8	237	–
Metais, ligas					
Poeira de alumínio	<10	60	11,2	515	–
Poeira de alumínio	22	30	11,5	110	–
Poeira de bronze	18	750	4,1	31	–
Ferro (de filtro seco)	12	500	5,2	50	–
Magnésio	28	30	17,5	508	–
Magnésio	240	500	7,0	12	–
Silício	<10	125	10,2	126	54
Zinco (pó do coletor)	<10	250	6,7	125	–
Outros produtos orgânicos					
Grafite (99,5% C)	7	<30	5,9	71	–
Enxofre	20	30	6,8	151	–
Toner	<10	60	8,9	196	4

[a]Dados selecionados de R. K. Eckoff, *Dust Explosions in the Process Industries* (Oxford: Butterworth-Heinemann, 1997).

As Equações 6-22 e 6-23 são utilizadas para estimar as consequências de uma explosão em um espaço confinado, como uma edificação ou um tanque, da seguinte forma:

$$\left[\left(\frac{dP}{dt}\right)_{máx} V^{1/3}\right]_{\text{no tanque}} = \left[\left(\frac{dP}{dt}\right)_{máx} V^{1/3}\right]_{\text{experimental}}. \tag{6-24}$$

O subscrito "no tanque" é para o reator ou prédio; o subscrito "experimental" se aplica aos dados determinados no laboratório utilizando aparelho de explosão de vapor ou poeira. A Equação 6-24 per-

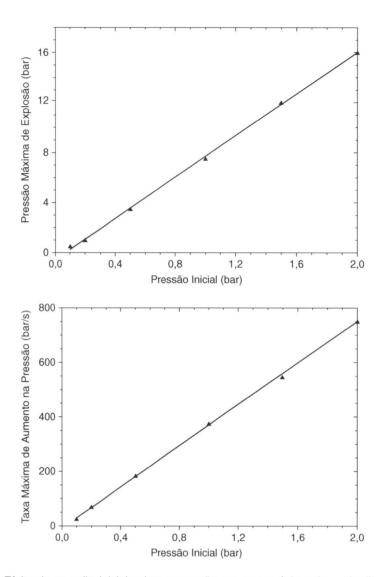

Figura 6-21 Efeito da pressão inicial sobre a pressão e a taxa máxima de explosão. Dados de W. Bartknecht, *Explosions* (New York: Springer-Verlag, 1981).

mite que os resultados experimentais de um aparelho de explosão de vapor ou poeira sejam aplicados para determinar o comportamento explosivo dos materiais nos prédios e tanques de processamento. Isso é discutido em mais detalhes no Capítulo 10. As constantes K_G e K_{St} não são propriedades físicas do material porque elas dependem (1) da composição da mistura, (2) da mistura dentro do tanque, (3) da forma do tanque de reação e (4) da energia da fonte de ignição. Portanto, é necessário realizar os experimentos o mais próximo possível das condições reais em consideração.

Estudos experimentais indicam que a pressão máxima da explosão geralmente não é afetada pelas mudanças no volume, e a pressão máxima e a taxa máxima de pressão dependem linearmente da pressão inicial. Isso é exibido na Figura 6-21. À medida que a pressão inicial aumenta, chega-se a um ponto onde a deflagração se transforma em detonação.

As explosões de poeira demonstram um comportamento único. Essas explosões ocorrem se partículas sólidas finamente divididas forem dispersas no ar e incendiadas. As partículas de poeira podem ser um subproduto indesejado ou o produto em si.

As explosões envolvendo poeiras são mais comuns na moagem de farinha, armazenamento de grãos e mineração de carvão. Os acidentes envolvendo as explosões de poeira podem ser bastante substanciais; uma série de explosões de silos de grãos em Westwego perto de Nova Orleans, em 1977, matou 35 pessoas.[16]

Uma primeira explosão de poeira pode causar explosões secundárias. A explosão primária envia uma onda de choque por toda a instalação, agitando mais poeira e resultando possivelmente em uma explosão secundária. Desse modo, a explosão se propaga rapidamente por uma instalação. Muitas vezes as explosões secundárias são mais danosas do que a explosão primária.

As explosões de poeira são ainda mais difíceis de caracterizar do que as explosões gasosas. Em um gás, as moléculas são pequenas e de tamanho bem definido. As partículas de poeira são de tamanho variado e são muito maiores do que as moléculas. A gravidade também afeta o comportamento da partícula de poeira.

Nas poeiras, as deflagrações parecem muito mais comuns do que as detonações.[17] As ondas de pressão decorrentes das deflagrações, porém, são suficientemente poderosas para destruir as estruturas e matar ou ferir pessoas.

Para ser explosiva, uma mistura de poeira tem de ter as seguintes características:

- As partículas devem estar abaixo de um determinado tamanho mínimo, tipicamente menos de 400 mícrons.
- O carregamento das partículas tem de estar entre certos limites.
- O carregamento de poeira tem de ser razoavelmente uniforme.

Na maioria das poeiras,[18] o limite inferior de explosão está entre 20 g/m^3 e 60 g/m^3 e o limite superior de explosão está entre 2 kg/m^3 e 6 kg/m^3.

Danos de Explosão Resultantes da Sobrepressão

A explosão de uma poeira ou gás (seja como deflagração ou como detonação) resulta em uma frente de reação que se afasta da fonte de ignição, precedida por uma onda de choque ou frente de pressão. Após o material combustível ser consumido, a frente de reação termina, mas a onda de pressão continua seu movimento para fora. Uma onda de explosão é composta da onda de pressão e do vento subsequente. É essa onda de explosão que provoca a maior parte dos danos.

A Figura 6-22 mostra a variação na pressão com o tempo para uma onda em um local fixo a alguma distância do ponto da explosão. A explosão ocorre no tempo t_0. Há um tempo pequeno, porém finito, t_1 antes de a frente de choque sair da sua origem e chegar ao local afetado. Esse tempo, t_1, se chama tempo de chegada. Em t_1 a frente de choque chegou, observando-se um pico de sobrepressão seguido imediatamente por um forte deslocamento de ar. A pressão diminui rapidamente para a pressão ambiente no tempo t_2, mas o vento continua na mesma direção por um curto período de tempo. O período de tempo de t_1 a t_2 se chama duração do choque. A duração do choque é o período de maior destruição de estruturas independentes, de modo que o seu valor é importante para estimar os danos.

---

[16]S. Mannan, ed., *Lees' Loss Prevention in the Process Industries*, 3rd ed. (Amsterdam: Elsevier, 2005), p. A1/48.
[17]Lees, *Loss Prevention in the Process Industries,* p. 17/265.
[18]Bartknecht, *Explosions*, p. 27.

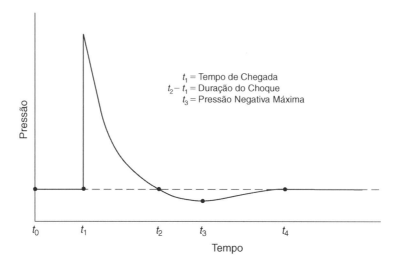

Figura 6-22 Pressão da onda de explosão em um local fixo.

A pressão decrescente continua a cair abaixo da pressão ambiente até uma pressão negativa máxima no tempo t_3. Na maior parte do período de pressão negativa, entre t_2 e t_4, o deslocamento de ar da explosão muda de direção e segue na direção da origem. Há algum dano associado ao período de pressão negativa, mas, como a pressão negativa máxima é de apenas alguns psi para as explosões típicas, o dano é muito menor do que o do período de sobrepressão. A pressão negativa nas grandes explosões e nas explosões nucleares, porém, pode ser bem grande, resultando em danos consideráveis. Após atingir a pressão negativa máxima t_3, a pressão vai se aproximar da pressão ambiente em t_4. Nesse momento, o deslocamento de ar da explosão e a destruição direta terminam.

Uma consideração importante é como a pressão é medida enquanto a onda de explosão passa. Se o transdutor de pressão estiver em ângulos retos com a onda de explosão, a sobrepressão medida se chama sobrepressão lateral (às vezes chamada de sobrepressão em campo livre). Em uma localização fixa, exibida na Figura 6-22, a sobrepressão lateral aumenta abruptamente até o seu valor máximo (pico de sobrepressão lateral) e depois cai enquanto a onda de explosão passa. Se o transdutor de pressão for colocado de frente para a onda de choque que se aproxima, então a pressão medida é a sobrepressão refletida A sobrepressão refletida inclui a sobrepressão e a pressão de estagnação. A pressão de estagnação se deve à aceleração do gás em movimento, à medida que ele se choca com o transdutor de pressão. A pressão refletida para as baixas sobrepressões laterais é aproximadamente o dobro nos choques fortes. A sobrepressão refletida é máxima quando a onda de explosão chega perpendicular à parede ou objeto de interesse e diminui à medida que o ângulo muda a partir da perpendicular. Muitas referências divulgam dados de sobrepressão sem declarar claramente como ela é medida. Em geral, a sobrepressão implica sobrepressão lateral e, frequentemente, pico de sobrepressão lateral.

Os danos decorrentes da explosão se baseiam na determinação da sobrepressão lateral resultante do impacto da onda de pressão sobre uma estrutura. Em geral, o dano também é uma função da taxa de aumento da pressão e da duração da onda de explosão. No entanto, boas estimativas do dano da explosão são obtidas utilizando apenas o pico de sobrepressão lateral.

As estimativas de danos baseadas nas sobrepressões são fornecidas na Tabela 6-9. Conforme ilustrado, deve haver danos significativos até mesmo nas sobrepressões pequenas.

Tabela 6-9 Estimativas de Danos nas Estruturas Comuns com Base na Sobrepressão (esses valores são aproximações)[a]

Pressão		Danos
psig	kPa	
0,02	0,14	Ruído irritante (137 dB se for de baixa frequência, 10-15 Hz)
0,03	0,21	Rompimento ocasional de grandes janelas de vidro já sob tensão
0,04	0,28	Ruído alto (143 dB), ruído sônico, falha de vidro
0,1	0,69	Quebra de janelas pequenas sob tensão
0,15	1,03	Pressão típica da quebra do vidro
0,3	2,07	"Distância segura" (probabilidade de 95% de não ocorrência de danos graves abaixo deste valor); limite de projétil; algum dano aos tetos das casas; 10% das janelas de vidro quebradas
0,4	2,76	Danos estruturais menores limitados
0,5–1,0	3,4–6,9	As janelas grandes e pequenas costumam quebrar; danos ocasionais às estruturas das janelas
0,7	4,8	Pequenos danos às estruturas da casa
1,0	6,9	Demolição parcial das casas, tornando-as inabitáveis
1–2	6,9–13,8	Quebra das telhas de amianto ondulado; painéis de aço corrugado ou alumínio, fechos falham, seguidos por empenamento; painéis de madeira (habitação popular), fechos falham, painéis levados pelo vento
1,3	9,0	Estrutura de aço de edificações levemente distorcida
2	13,8	Colapso parcial das paredes e telhados das casas
2–3	13,8–20,7	Paredes de bloco de concreto ou escória, não reforçadas, quebram
2,3	15,8	Limite inferior dos danos estruturais graves em
2,5	17,2	50% de destruição das casas de alvenaria
3	20,7	Máquinas pesadas (3.000 lb) nas edificações industriais sofrem poucos danos; edificações de estrutura de aço distorcem e se afastam das fundações
3–4	20,7–27,6	Edificações de placas de aço sem estrutura são demolidas; ruptura de tanques de armazenamento de petróleo
4	27,6	O revestimento dos prédios industriais leves se rompe
5	34,5	Os postes de madeira dos serviços de luz e telefone se rompem; as prensas hidráulicas (40.000 lb) nas edificações são ligeiramente danificadas
5–7	34,5–48,2	Destruição quase completa das casas
7	48,2	Vagões ferroviários carregados são derrubados
7–8	48,2–55,1	Painéis de alvenaria, 8-12 in de espessura, não reforçados, se rompem por cisalhamento ou flexão
9	62,0	Vagões ferroviários fechados completamente demolidos
10	68,9	Provável destruição total das edificações; máquinas-ferramentas pesadas (7.000 lb) deslocadas e muito danificadas; máquinas-ferramentas muito pesadas (12.000 lb) sobrevivem
300	2068	Limite da cratera

[a]V. J. Clancey, "Diagnostic Features of Explosion Damage", artigo apresentado no Sexto Encontro Internacional de Ciências Forenses (Edinburgh, 1972).

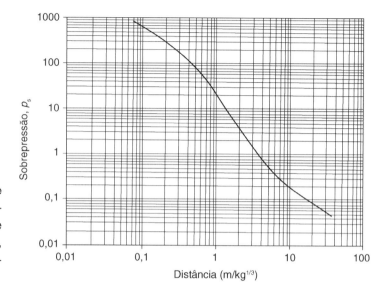

Figura 6-23 Correlação entre a distância e o pico de sobrepressão lateral em uma explosão de TNT ocorrendo em uma superfície plana. Fonte: G. F. Kinney e K. J. Graham, *Explosive Shocks in Air* (Berlin: Springer-Verlag, 1985).

Experimentos com explosivos demonstraram[19] que a sobrepressão pode ser estimada utilizando uma massa de TNT equivalente, indicada por m_{TNT}, e a distância do ponto em relação à origem da explosão, indicada por r. A lei de escala derivada empiricamente é

$$z_e = \frac{r}{m_{TNT}^{1/3}}. \tag{6-25}$$

A energia equivalente do TNT é 1120 cal/g.

A Figura 6-23 fornece uma correlação da escala de sobrepressão p_s *versus* escala de distância z_e com unidades de m/kg$^{1/3}$. Para converter ft/lb$^{1/3}$ para m/kg$^{1/3}$, multiplique por 0,3967. A escala de sobrepressão p_s é fornecida por

$$p_s = \frac{p_o}{p_a}, \tag{6-26}$$

em que

p_s é a escala de sobrepressão (adimensional),

p_o é o pico de sobrepressão lateral, e

p_a é a pressão ambiente.

Os dados na Figura 6-23 são válidos apenas para as explosões de TNT que ocorrem em uma superfície plana. Nas explosões que ocorrem ao ar livre, bem acima do solo, as sobrepressões resultantes da Figura 6-23 são multiplicadas por 0,5. Considera-se que a maioria das explosões que ocorrem nas indústrias químicas se origina no solo.

---

[19] W. E. Baker, *Explosions in Air* (Austin: University of Texas Press, 1973); S. Glasstone, *The Effects of Nuclear Weapons* (Washington, DC: US Atomic Energy Commission, 1962).

Incêndios e Explosões

Os dados na Figura 6-23 também são representados pela equação empírica

$$\frac{p_o}{p_a} = \frac{1616\left[1 + \left(\frac{z_e}{4,5}\right)^2\right]}{\sqrt{1 + \left(\frac{z_e}{0,048}\right)^2}\sqrt{1 + \left(\frac{z_e}{0,32}\right)^2}\sqrt{1 + \left(\frac{z_e}{1,35}\right)^2}}. \qquad (6\text{-}27)$$

O procedimento para estimar a sobrepressão a qualquer distância r resultante da explosão de uma massa de material é: (1) calcular a energia da explosão utilizando procedimentos termodinâmicos estabelecidos, (2) converter a energia para uma quantidade equivalente de TNT, (3) utilizar a lei da escala e as correlações da Figura 6-23 para estimar a sobrepressão e (4) utilizar a Tabela 6-9 para estimar o dano.

Exemplo 6-10

Um quilograma de TNT é explodido. Calcule a sobrepressão a uma distância de 30 m da explosão.

Solução

O valor do parâmetro de escala é determinado através da Equação 6-25:

$$z_e = \frac{r}{m_{TNT}^{1/3}}$$

$$= \frac{30 \text{ m}}{(1,0 \text{ kg})^{1/3}} = 30 \text{ m kg}^{-1/3}.$$

Segundo a Figura 6-23, a sobrepressão em escala é 0,055. Desse modo, se a pressão ambiente for 1 atm, então a sobrepressão lateral resultante é estimada em $(0,055)(101,3 \text{ kPa}) = 5,6$ kPa (0,81 psi). Segundo a Tabela 6-9, essa sobrepressão vai provocar danos pequenos nas estruturas das casas.

Método TNT Equivalente ou Equivalência de TNT

A equivalência de TNT é um método simples para igualar a energia conhecida de um combustível inflamável com uma massa equivalente de TNT. A abordagem é utilizada sobre o pressuposto de que uma massa de combustível explodindo se comporta de modo análogo ao TNT explodindo, assumindo uma base em energia equivalente. A massa equivalente de TNT é estimada utilizando a seguinte equação:

$$m_{TNT} = \frac{\eta m \Delta H_c}{E_{TNT}}, \qquad (6\text{-}28)$$

em que

m_{TNT} é a massa equivalente de TNT (massa),

η é a eficiência empírica da explosão (adimensional),

m é a massa do hidrocarboneto (massa),

ΔH_c é a energia da explosão do gás inflamável (energia/massa) e

E_{TNT} é a energia da explosão do TNT.

Um valor típico para a energia da explosão do TNT é 1120 cal/g = 4,686 kJ/kg = 2016 Btu/lb. O calor da combustão do gás inflamável pode ser utilizado no lugar da energia da explosão para o gás combustível.

A eficiência da explosão é um dos principais problemas no método da equivalência. A eficiência é utilizada para ajustar a estimativa levando em conta uma série de fatores, incluindo a mistura incompleta do material combustível com o ar e a conversão incompleta da energia térmica para energia mecânica. A eficiência da explosão é empírica, com a maioria das estimativas de nuvem inflamável variando entre 1% e 10%, conforme o relato de uma série de fontes. As eficiências de explosão também são definidas para materiais sólidos, como o nitrato de amônio.

O método da equivalência de TNT também utiliza uma curva de sobrepressão que se aplica nas detonações de fonte pontual do TNT. As explosões de nuvem de vapor (VCEs) são explosões que ocorrem devido à liberação de vapor inflamável sobre um grande volume e, mais frequentemente, são deflagrações. Além disso, o método é incapaz de considerar os efeitos da aceleração da velocidade da chama resultante do confinamento. Em consequência, a curva de sobrepressão do TNT tende a exagerar na previsão da sobrepressão perto da VCE, e a subestimar esta sobrepressão nas distâncias mais afastadas da VCE.

A vantagem do método da equivalência de TNT é a sua facilidade de aplicação devido à simplicidade dos cálculos.

O procedimento para estimar os danos associados a uma explosão utilizando o método da equivalência do TNT é o seguinte:

1. Determinar a quantidade total de material inflamável envolvido na explosão.
2. Estimar a eficiência da explosão e calcular a massa equivalente de TNT utilizando a Equação 6-28.
3. Utilizar a lei de escala fornecida pela Equação 6-25 e Figura 6-23 (ou Equação 6-27) para estimar o pico de sobrepressão lateral.
4. Utilizar a Tabela 6-9 para estimar os danos das estruturas comuns e dos equipamentos de processo.

O procedimento pode ser aplicado ao inverso para estimar a quantidade de material envolvido com base nas estimativas dos danos.

Método de Multienergia da TNO

O método da TNO identifica os volumes confinados em um processo, atribui um grau de confinamento relativo e depois determina a contribuição para a sobrepressão a partir deste volume confinado (TNO é a Netherlands Organization for Applied Scientific Research). São utilizadas curvas semiempíricas para determinar a sobrepressão.

A base para esse modelo é que a energia da explosão depende altamente do nível de saturação, e depende menos do combustível na nuvem.

O procedimento para utilizar o modelo de multienergia de uma VCE é o seguinte:[20]

1. Executar um modelo de dispersão para determinar a extensão da nuvem. Em geral, isso é feito pressupondo que não haja equipamentos nem construções, devido às limitações da modelagem de dispersão nessas áreas.

2. Realizar uma inspeção em campo para identificar as áreas saturadas. Normalmente, os vapores pesados tendem a se mover na descendente.

3. Identificar possíveis e principais fontes de explosão dentro da área coberta pela nuvem inflamável. As principais fontes de explosão incluem as áreas saturadas e construções, como equipamentos de processo nas indústrias químicas ou refinarias, pilhas de caixas ou pallet e rachaduras de tubulações; os espaços entre planos paralelos (por exemplo, os que ficam por baixo dos automóveis estacionados muito próximos uns dos outros; e as construções abertas, por exemplo, edifícios-garagem); os espaços dentro de estruturas tubulares (por exemplo, túneis, pontes, corredores, sistemas de esgoto, bueiros); e uma mistura de ar e combustível intensamente turbulenta em um jato resultante da liberação em alta pressão. Presume-se que a mistura de combustível e ar remanescente na nuvem inflamável produza uma explosão de pouca força.

4. Estime a energia das cargas equivalentes de combustível e ar (a) considerando cada fonte de explosão separadamente, (b) supondo que quantidades totais da mistura de ar e combustível estejam presentes nas áreas parcialmente confinadas/obstruídas e nos jatos, identificadas como fontes de explosão na nuvem, contribuam para as explosões, (c) estimando os volumes de mistura de ar e combustível presentes em cada área identificada como fonte de explosão (esta estimativa pode ser baseada nas dimensões globais das áreas e jatos; repare que a mistura inflamável pode não preencher o volume total de uma fonte de explosão e que o volume de equipamento deve ser considerado sempre que representar uma proporção apreciável do volume como um todo); e (d) calcular a energia de combustão E (J) para cada explosão multiplicando os volumes individuais da mistura por $3{,}5 \times 10^6$ J/m^3 (este valor é típico do calor da combustão de uma mistura estequiométrica média de hidrocarboneto e ar).

5. Atribuir um número representativo da força da explosão para cada explosão individual. Algumas empresas definiram procedimentos para isso; no entanto, muitos analistas de risco utilizam a sua própria opinião.

   Uma estimativa segura e mais conservadora da força das fontes de explosão forte pode ser feita se uma força máxima igual a 10 – representativa de uma detonação – for presumida. No entanto, uma força igual a 7 parece representar com mais precisão a experiência real. Além do mais, nas sobrepressões laterais abaixo de 0,5 bar, não aparecem diferenças nas forças entre 7 e 10.

   A explosão resultante das parcelas não confinadas e não obstruídas de uma nuvem podem ser modeladas assumindo uma baixa força inicial. Para a parcela em repouso, assuma força mínima de 1. Para parcelas não quiescentes, com movimentos turbulentos de baixa intensidade (por exemplo, por causa do momento do combustível liberado) assuma força de 3.

6. Depois que a quantidade de energia E e a força inicial da explosão de cada carga individual de combustível e ar forem estimadas, a sobrepressão lateral da explosão na escala Sachs e a dura-

---

[20]*Guidelines for Evaluating the Characteristics of Vapor Cloud Explosions, Flash Fires e BLEVEs* (New York: American Institute of Chemical Engineers, 1994).

ção da fase positiva em alguma distância R de uma fonte de explosão são lidas dos gráficos de explosão na Figura 6-24 após o cálculo da distância na escala Sachs:

$$\overline{R} = \frac{R}{(E/P_o)^{1/3}}, \qquad (6\text{-}29)$$

em que

$\overline{R}$ é a distância na escala de Sachs a partir da carga (adimensional),

R é a distância a partir da carga (m),

E é a energia de combustão da carga (J) e

P_o é a pressão ambiente (Pa).

O pico de sobrepressão lateral da explosão e a duração da fase positiva são calculados a partir da sobrepressão na escala de Sachs e da duração da fase positiva na escala Sachs. A sobrepressão é fornecida por

$$p_o = \Delta \overline{P}_S \cdot p_a, \qquad (6\text{-}30)$$

e a duração da fase positiva é fornecida por

$$t_d = \bar{t}_d \left[\frac{(E/P_o)^{1/3}}{c_o} \right], \qquad (6\text{-}31)$$

em que

P_S é a sobrepressão lateral da explosão (Pa),

$\Delta \overline{P}_S$ é a sobrepressão lateral da explosão na escala Sachs (adimensional),

p_a é a pressão ambiente (Pa),

t_d é a duração da fase positiva (s),

$\bar{t}_d$ é a duração da fase positiva na escala de Sachs (adimensional),

E é a energia de combustão da carga (J) e

c_o é a velocidade do som no ambiente (m/s).

Se fontes de explosão distintas estiverem situadas próximas umas das outras, elas podem iniciar quase simultaneamente, e as explosões respectivas devem ser adicionadas. A abordagem mais conservadora para essa questão é presumir uma força de explosão máxima inicial igual a 10 e a soma da energia de combustão de cada fonte em questão. A definição mais completa desse tema importante (por exemplo, a determinação da distância máxima entre as possíveis fontes de explosão para que suas explosões individuais sejam consideradas separadamente) é um fator de pesquisa atual.

O principal problema com a aplicação do método de multienergia da TNO é que o usuário tem de decidir sobre a escolha de um fator de gravidade, baseado no grau de confinamento. Pouca orientação é

Incêndios e Explosões

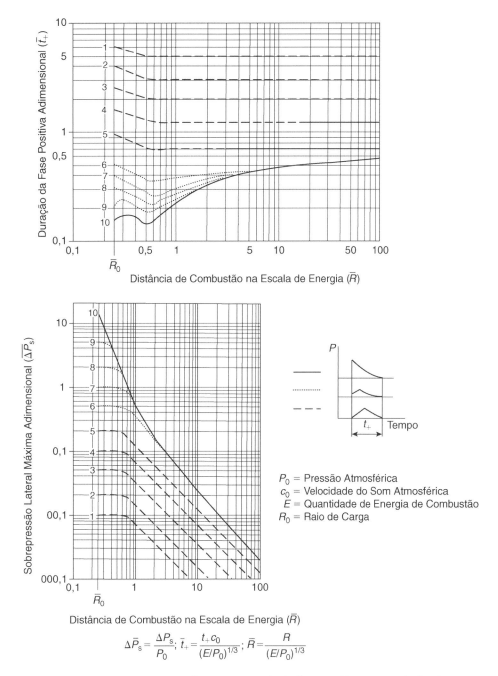

Figura 6-24 Sobrepressão em escala Sachs e duração da fase positiva em escala Sachs para o modelo de explosão multienergia da TNO. Fonte: *Guidelines for Evaluating the Characteristics of Vapor Cloud Explosions, Flash Fires e BLEVEs* (New York: American Institute of Chemical Engineers, 1994); utilizado com permissão.

fornecida para as geometrias de confinamento parcial. Além disso, não está claro como os resultados de cada força de explosão deveriam ser combinados.

Outro método popular para estimar as sobrepressões é o método de Baker-Strehlow. Esse método se baseia em uma velocidade de chama que é escolhida com base em três fatores: (1) a reatividade do material liberado, (2) as características de expansão da chama da unidade de processo (que estão relacionadas com o confinamento e com a configuração espacial) e (3) a densidade do obstáculo dentro da unidade de processo. Um conjunto de curvas semiempíricas é utilizado para estimar a sobrepressão. Uma descrição completa do procedimento é fornecida por Baker e colaboradores.[21] Os métodos multienergia da TNO e Baker-Strehlow são essencialmente equivalentes, embora o método TNO tenda a prever uma pressão mais elevada no campo próximo e o método de Baker-Strehlow tenda a prever uma pressão mais alta no campo distante. Ambos os métodos requerem mais informações e cálculos detalhados do que o método da equivalência de TNT.

Energia das Explosões Químicas

A onda de explosão resultante de uma explosão química é gerada por uma expansão rápida dos gases no local da explosão. Essa expansão pode ser provocada por dois mecanismos: (1) aquecimento térmico dos produtos da reação e (2) mudança na quantidade total de mols por reação.

Na maioria das explosões por combustão dos hidrocarbonetos no ar, a mudança no número de mols é pequena. Por exemplo, considere a combustão do propano no ar. A equação estequiométrica é

$$C_3H_8 + 5O_2 + 18,8N_2 \rightarrow 3CO_2 + 4H_2O + 18,8N_2.$$

A quantidade inicial de mols no lado esquerdo da equação é 24,8 e o número de mols no lado direito é 25,8. Nesse caso, deve haver apenas um pequeno aumento na pressão em consequência da mudança no número de mols e quase toda a energia da explosão deve ser uma decorrência da liberação de energia térmica.

A energia liberada durante uma explosão é calculada através da termodinâmica. Tipicamente, é utilizado o calor da combustão, mas a energia da reação pode ser calculada facilmente utilizando calores de formação. Os dados do calor de combustão são fornecidos no Apêndice B. Normalmente, o calor de combustão inferior é utilizado onde o produto da água está na fase de vapor, não de líquido. Uma vez que a explosão ocorre em poucos milissegundos, a energia explosiva é liberada bem antes de o vapor d'água conseguir se condensar em líquido.

A energia liberada da explosão é igual ao trabalho necessário para expandir os gases. Crowl[22] argumentou que esse trabalho de expansão é uma forma de energia mecânica. A disponibilidade termodinâmica é uma função de estado utilizada para determinar a energia mecânica máxima que pode ser extraída de um material enquanto ele desloca-se para o equilíbrio com o ambiente. Sussman[23] mostrou que a disponibilidade termodinâmica de um sistema reacional pode ser calculada utilizando a energia de formação padrão de Gibbs. Crowl, então, concluiu que a energia da explosão para um composto a temperatura e pressão ambientes é igual à energia-padrão de formação de Gibbs. Crowl também mostrou como a energia de explosão poderia ser determinada para os materiais que explodem em diferentes composições gasosas, e em temperaturas e pressões diferentes das do ambiente. No entanto, esses ajustes normalmente são pequenos.

---

[21]Q. A. Baker, C. M. Doolittle, G. A. Fitzgerald and M. J. Tang, "Recent Developments in the Baker-Strehlow VCE Analysis Methodology", *Process Safety Progress* (1998), 17(4): 297.

[22]D. A. Crowl, "Calculating the Energy of Explosion Using Thermodynamic Availability", *Journal of Loss Prevention in the Process Industries* (1992), 5(2): 109-118.

[23]M. V. Sussman, *Availability (Exergy) Analysis* (Lexington, MA: Mulliken House, 1981).

Exemplo 6-11

Mil quilogramas de metano escapam de um tanque de armazenamento, se misturam com o ar e explodem. Determine (a) a quantidade equivalente de TNT e (b) o pico de sobrepressão lateral a uma distância de 50 m da explosão. Suponha uma eficiência da explosão de 2%.

Solução

a. A Equação 6-28 se aplica. O calor da combustão do metano se encontra no Apêndice B. Substituindo na Equação 6-28, obtemos

$$m_{\text{TNT}} = \frac{\eta m \Delta H_c}{E_{\text{TNT}}} = \frac{(0{,}02)(1000 \text{ kg})(1 \text{ mol}/0{,}016 \text{ kg})(802{,}3 \text{ kJ/mol})}{4686 \text{ kJ/kg}} = 214 \text{ kg TNT}.$$

b. A Equação 6-25 é utilizada para determinar a distância em escala:

$$z_e = \frac{r}{m_{\text{TNT}}^{1/3}} = \frac{50 \text{ m}}{(214 \text{ kg})^{1/3}} = 8{,}4 \text{ m/kg}^{1/3}.$$

Segundo a Figura 6-23 (ou Equação 6-27), a sobrepressão em escala é 0,25. Desse modo, a sobrepressão é

$$p_o = p_s p_a = (0{,}25)(101{,}3 \text{ kPa}) = 25 \text{ kPa}.$$

Essa sobrepressão vai demolir as edificações de painéis de aço.

Exemplo 6-12

Considere a explosão de uma nuvem de vapor de propano e ar, confinada embaixo de um tanque de armazenamento. O tanque está apoiado 1 m acima do solo, em pilares de concreto. Presume-se que a concentração do vapor na nuvem esteja em concentrações estequiométricas. Suponha um volume de 2094 m³ de nuvem confinada embaixo do tanque, representando o volume subjacente ao tanque. Determine a sobrepressão da explosão dessa nuvem de vapor a uma distância de 100 m da explosão utilizando o método multienergia da TNO.

Solução

O calor da combustão de uma mistura estequiométrica de hidrocarboneto e ar é aproximadamente 3,5 MJ/m³; multiplicando pelo volume confinado, a energia total resultante é (2094 m³)(3,5 MJ/m³) = 7329 MJ. Para aplicar o método multienergia da TNO, é escolhida uma força de explosão igual a 7. A energia na escala Sachs é determinada utilizando a Equação 6-25. O resultado é

$$\overline{R} = \frac{R}{(E/P_o)^{1/3}} = \frac{100 \text{ m}}{[(7329 \times 10^6 \text{ J})/(101.325 \text{ Pa})]^{1/3}} = 2{,}4.$$

A curva 7 na Figura 6-24 é utilizada para determinar o valor da sobrepressão em escala em torno de 0,13. A sobrepressão lateral resultante é determinada a partir da Equação 6-26:

$$p_o = \Delta \overline{P}_s \cdot p_a = (0{,}13)(101{,}3 \text{ kPa}) = 13{,}2 \text{ kPa} = 1{,}9 \text{ psi}.$$

Isso é suficiente para quebrar paredes de concreto ou blocos de concreto.

Energia das Explosões Mecânicas

Nas explosões mecânicas não ocorre uma reação química, e a energia é obtida do conteúdo energético da substância contida. Se essa energia for liberada rapidamente, pode haver uma explosão. Exemplos desse tipo de explosão são a falha súbita de um pneu cheio de ar comprimido e a ruptura catastrófica repentina de um tanque de gás comprimido.

Quatro métodos são utilizados para estimar a energia da explosão de um gás pressurizado: equação de Brode, expansão isentrópica, expansão isotérmica e disponibilidade termodinâmica. O método de Brode[24] talvez seja a abordagem mais simples. Esse método determina a energia necessária para aumentar a pressão do gás em volume constante, da pressão atmosférica até a pressão final do gás no tanque. A expressão resultante é

$$E = \frac{(P_2 - P_1)V}{\gamma - 1}, \tag{6-32}$$

em que

E é a energia da explosão (energia),

P_1 é a pressão ambiente (força/área),

P_2 é a pressão de ruptura do tanque (força/área),

V é o volume do gás em expansão no tanque (volume) e

γ é a razão de capacidade térmica do gás (adimensional).

Como $P_2 > P_1$, a energia calculada a partir da Equação 6-32 é positiva, indicando que a energia é liberada para o ambiente durante a ruptura do tanque.

O método de expansão isentrópica supõe que o gás se expande isentropicamente do seu estado inicial para o final. A seguinte equação representa esse caso:

$$E = \left(\frac{P_2 V}{\gamma - 1}\right)\left[1 - \left(\frac{P_1}{P_2}\right)^{(\gamma-1)/\gamma}\right]. \tag{6-33}$$

O caso da expansão isotérmica supõe que o gás se expande isotermicamente. Isso é representado pela seguinte equação:

$$E = R_g T_1 \ln\left(\frac{P_2}{P_1}\right) = P_2 V \ln\left(\frac{P_2}{P_1}\right), \tag{6-34}$$

em que

R_g é a constante dos gases perfeitos e

T_1 é a temperatura ambiente (graus).

---

[24]H. L. Brode, "Blast Waves from a Spherical Charge", *Physics of Fluids* (1959), 2: 17.

Incêndios e Explosões

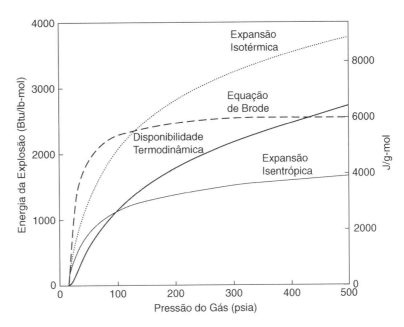

Figura 6-25 A energia da explosão de um gás inerte comprimido, calculada através de métodos diferentes. Fonte: D. A. Crowl, *Understanding Explosions* (New York: American Institute of Chemical Engineers, 2003); utilizado com permissão.

O método final utiliza a disponibilidade termodinâmica para estimar a energia da explosão. A disponibilidade termodinâmica representa a energia mecânica máxima que pode ser extraída de um material enquanto ele entra em equilíbrio com o ambiente. A sobrepressão resultante de uma explosão é uma forma de energia mecânica. Assim, a disponibilidade termodinâmica prevê um limite superior máximo para a energia mecânica disponível a fim de produzir uma sobrepressão.

Uma análise realizada por Crowl[25] utilizando a disponibilidade termodinâmica resultou na seguinte expressão para prever a energia máxima da explosão de um gás contido em um tanque:

$$E = P_2 V \left[\ln\left(\frac{P_2}{P_1}\right) - \left(1 - \frac{P_1}{P_2}\right) \right]. \tag{6-35}$$

Repare que a Equação 6-35 é quase igual à Equação 6-34 para uma expansão isotérmica, com a adição de um termo de correção. Esse termo de correção leva em conta a perda de energia em consequência da segunda lei da termodinâmica.

Surge a questão quanto ao método a ser utilizado. A Figura 6-25 apresenta a energia da explosão utilizando todos os quatro métodos como uma função da pressão inicial do gás no tanque. O cálculo presume um gás inerte inicialmente a 298 K com $\gamma = 1,4$. O gás se expande no ar ambiente a 1 atm de pressão. O método isentrópico produz um valor baixo de energia de explosão. A expansão isentrópica resulta em um gás a uma temperatura muito baixa; a expansão de um gás ideal de 200 psia para 14,7 psia em uma temperatura final de 254°R ou –205°F. Isso é termodinamicamente incoerente porque a temperatura final é ambiente. O método da expansão isotérmica prevê um valor grande para a energia da explosão porque ele presume que toda a energia da compressão está disponível para rea-

---

[25]D. A. Crowl, "Calculating the Energy of Explosion".

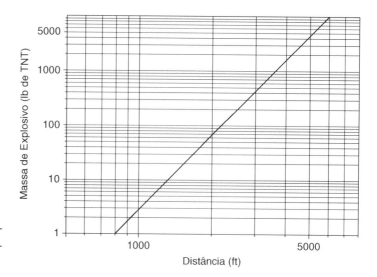

Figura 6-26 Faixa horizontal máxima dos fragmentos da explosão. Dados de Clancey, "Diagnostic Features of Explosive Damage".

lizar trabalho. Na realidade, parte da energia deve ser expelida como calor residual, de acordo com a segunda lei da termodinâmica. O método da disponibilidade termodinâmica leva em conta essa perda através do termo de correção na Equação 6-35. Todos os quatro métodos continuam a ser utilizados para estimar a energia da explosão dos gases comprimidos.

Acredita-se que a equação de Brode preveja com mais exatidão a energia de explosão potencial perto da fonte de explosão, ou no campo próximo, e que o método da expansão isentrópica preveja melhor os efeitos em uma distância maior. No entanto, não está claro onde ocorre essa transição. Além disso, uma parcela da energia potencial de explosão do rompimento do tanque é convertida em energia cinética das partes do tanque e outras ineficiências (como a energia de deformação na forma de calor nos fragmentos do tanque). Para fins de estimativa, não é incomum subtrair 50% da energia potencial total para calcular os efeitos da pressão da explosão decorrente do rompimento do tanque.

"Dano por Míssil" ou "efeito granada"

Uma explosão que ocorre em um tanque ou estrutura confinada pode romper o tanque ou a estrutura, resultando na projeção de detritos ao longo de uma grande área. Esses detritos, ou "mísseis", podem causar ferimentos consideráveis nas pessoas e danificar as estruturas e equipamentos de processo. As explosões não confinadas também criam "mísseis" pelo impacto da onda de explosão e pela subsequente translação das estruturas.

Os "mísseis" frequentemente são um meio pelo qual um acidente se propaga por uma instalação industrial. Uma explosão localizada em uma parte da instalação projeta detritos por toda a fábrica. Esses detritos atingem tanques de armazenamento, equipamentos de processo e tubulações, resultando em incêndios ou explosões secundários.

Clancey[26] desenvolveu uma relação empírica entre a massa do explosivo e a faixa de alcance horizontal máxima dos fragmentos, conforme ilustrado na Figura 6-26. Essa relação é útil durante as investigações de acidentes para calcular o nível de energia necessário para projetar os fragmentos em uma distância observada.

---

[26]Clancey, "Diagnostic Features of Explosion Damage".

Incêndios e Explosões

Danos Pessoais Decorrentes de Explosões

As pessoas podem se ferir em explosões a partir dos efeitos diretos da explosão (incluindo a sobrepressão e a radiação térmica) ou dos efeitos indiretos (principalmente devido aos danos por "mísseis").

Os efeitos dos danos das explosões são estimados através da análise probit, discutida na Seção 2-6.

Exemplo 6-13

Um reator contém o equivalente a 10.000 lb de TNT. Se ele explodir, estime os ferimentos nas pessoas e os danos às estruturas a 500 ft de distância.

Solução

A sobrepressão é determinada através da Equação 6-25 e da Figura 6-23. A distância em escala é

$$z_e = \frac{r}{m_{TNT}^{1/3}}$$

$$= \frac{500 \text{ ft}}{(10.000 \text{ lb})^{1/3}}$$

$$= 23,2 \text{ ft/lb}^{1/3} = 9,20 \text{ m/kg}^{1/3}.$$

Segundo a Figura 6-23, a sobrepressão em escala é 0,21 e a sobrepressão é (0,21)(14,7 psia) = 3,1 psig. A Tabela 6-9 indica que os prédios de painéis de aço serão demolidos nesse local.

Os ferimentos pessoais são determinados utilizando equações probit da Tabela 2-5. A equação probit para as mortes resultantes de hemorragia pulmonar é

$$Y = -77,1 + 6,91 \ln P,$$

e a equação probit para a ruptura do tímpano é

$$Y = -15,6 + 1,93 \ln P,$$

em que P é a sobrepressão em N/m². Desse modo,

$$P = \left(\frac{3,1 \text{ psi}}{14,7 \text{ psi/atm}}\right)\left(101.325 \frac{\text{N/m}^2}{\text{atm}}\right)$$

$$= 21.400 \text{ N/m}^2.$$

Substituindo esse valor nas equações probit, temos

$$Y_{mortes} = -77,1 + 6,91 \ln(21.400) = -8,20,$$

$$Y_{tímpanos} = -15,6 + 1,93 \ln(21.400) = 3,64.$$

A Tabela 2-4 converte o probit para porcentagens. O resultado mostra que não há mortes e que menos de 10% das pessoas expostas sofre ruptura do tímpano. Isso presume a conversão completa da energia da explosão.

Com base na Figura 6-26, essa explosão poderia projetar fragmentos a uma distância máxima de 6000 ft, resultando em prováveis ferimentos e danos em consequência dos fragmentos da explosão.

Explosões de Nuvem de Vapor

As explosões mais perigosas e destrutivas nas indústrias de processamento químico são as explosões de nuvem de vapor (VCEs). Essas explosões ocorrem em uma sequência de etapas:

1. Liberação repentina de uma grande quantidade de vapor inflamável (isto ocorre tipicamente quando um tanque contendo um líquido superaquecido e pressurizado se rompe).
2. Dispersão do vapor por toda a fábrica, misturando-se ao mesmo tempo com o ar.
3. Ignição da nuvem de vapor resultante.

O acidente em Flixborough, Inglaterra, é um exemplo clássico de VCE. Uma falha repentina de uma linha de ciclo-hexano com 20 in de diâmetro entre os reatores levou à vaporização de uma quantidade estimada em 30 toneladas de ciclo-hexano. A nuvem de vapor se dispersou por toda a fábrica e foi incendiada por uma fonte desconhecida 45 segundos após a sua emissão. Todo o local da fábrica foi arrasado e 28 pessoas morreram.

Um resumo de 29 VCEs[27] durante o período de 1974-1986 mostra as perdas patrimoniais de cada evento entre US$5.000.000 e US$100.000.000 e 140 mortes (uma média de quase 13 por ano).

As VCEs aumentaram em quantidade devido a um aumento nos estoques de materiais inflamáveis nas fábricas e devido às operações em condições mais severas. Qualquer processo contendo quantidades de gases liquefeitos, líquido volátil superaquecido ou gases em alta pressão é considerado um bom candidato para uma VCE.

As VCEs são difíceis de caracterizar, principalmente devido ao grande número de parâmetros para descrever o evento. Os acidentes ocorrem em circunstâncias não controladas. Os dados coletados de eventos reais, em sua maioria, não são confiáveis, sendo difíceis de comparar.

Alguns dos parâmetros que afetam o comportamento da VCE[28] são a quantidade de material emitido, a fração vaporizada do material, a probabilidade de ignição da nuvem, a distância percorrida pela nuvem antes da ignição, o tempo de atraso antes da ignição, a probabilidade de explosão em vez de incêndio, a existência de uma quantidade limite de material, a eficiência da explosão e a localização da fonte de ignição relativamente à emissão.

Estudos qualitativos[29] demonstraram que (1) a probabilidade de ignição aumenta com o aumento da nuvem de vapor, (2) os incêndios de nuvem de vapor são mais comuns do que as explosões, (3) a eficiência da explosão geralmente é pequena (aproximadamente 2% da energia de combustão é convertida em uma onda de explosão), e (4) a mistura turbulenta de vapor e ar, além da ignição da nuvem em um ponto remoto em relação à emissão, aumentam o impacto da explosão.[30]

Do ponto de vista da segurança, a melhor abordagem é evitar a emissão do material. Uma grande nuvem de material combustível é perigosa e quase impossível de ser controlada, apesar de todos os sistemas de segurança instalados para evitar a ignição.

Os métodos utilizados para evitar as VCEs incluem a manutenção de estoques baixos de materiais voláteis e inflamáveis, utilização de condições de processamento que minimizem a vaporização se

---

[27]Richard W. Prugh, "Evaluation of Unconfined Vapor Cloud Explosion Hazards", *International Conference on Vapor Cloud Modeling* (New York: American Institute of Chemical Engineers, 1987), p. 713.
[28]Mannan, ed., *Lees' Loss Prevention in the Process Industries,* 3rd ed., p. 17/134.
[29]Mannan, ed., *Lees' Loss Prevention in the Process Industries,* 3rd ed., p. 17/140.
[30]Prugh, "Evaluation of Unconfined Vapor Cloud Explosion Hazards", p. 714.

um tanque ou tubulação se romper, utilização de analisadores para detectar vazamentos em concentrações baixas, e instalação de válvulas de bloqueio para fechar os sistemas enquanto o derramamento está na fase incipiente.

Explosões de Vapor em Expansão de Líquido em Ebulição[31]

Uma explosão de vapor em expansão de líquido em ebulição (BLEVE) é um tipo especial de acidente que pode liberar grandes quantidades de materiais. Se os materiais forem inflamáveis, pode se formar uma VCE; se forem tóxicos, uma grande área pode se sujeitar à contaminação. Em ambas as situações, a energia liberada pelo próprio processo de BLEVE pode resultar em danos consideráveis.

Uma BLEVE ocorre quando um tanque contendo um líquido mantido acima do ponto de ebulição na pressão atmosférica se rompe, resultando na vaporização explosiva de uma grande fração do conteúdo do tanque.

As BLEVEs são causados pela falha súbita do recipiente (vaso) em consequência de qualquer causa. O tipo de BLEVE mais comum é provocado pelo fogo. As etapas são as seguintes:

1. Ocorre um incêndio adjacente ao tanque contendo líquido.
2. O fogo aquece as paredes do tanque.
3. As paredes do tanque abaixo do nível do líquido são resfriadas pelo mesmo, aumentando a temperatura do líquido e a pressão no tanque.
4. Se as chamas alcançarem as paredes do tanque ou o teto, onde há apenas vapor e nenhum líquido para remover o calor, a temperatura do metal do tanque aumenta até ele perder a sua resistência estrutural.
5. O tanque se rompe, vaporizando explosivamente o seu conteúdo.

Se o líquido for inflamável e um incêndio for a causa da BLEVE, o líquido pode incendiar, à medida que o tanque se rompe. Muitas vezes o líquido fervente e em chamas se comporta como um combustível de foguete, lançando partes do tanque a grandes distâncias. Se a BLEVE não for provocado por um incêndio, pode se formar uma nuvem de vapor, resultando em uma VCE. Os vapores também podem ser perigosos para os funcionários por queimaduras na pele ou efeitos tóxicos.

Quando ocorre uma BLEVE em um tanque, apenas uma fração do líquido vaporiza; a quantidade depende das condições físicas e termodinâmicas do conteúdo do tanque. A fração vaporizada é estimada através dos métodos discutidos na Seção 4-7.

Leitura Sugerida

Center for Chemical Process Safety (CCPS), *Guidelines for Evaluating Process Buildings for External Explosions and Fires* (New York: John Wiley, 1996).

Center for Chemical Process Safety (CCPS), *Guidelines for Vapor Cloud Explosion, Pressure Vessel Burst, BLEVE and Flash Fire Hazards,* 2nd ed. (New York: John Wiley, 2010.)

D. A. Crowl, *Understanding Explosions* (New York: John Wiley, 2003).

---

[31]Mannan, ed., *Lees' Loss Prevention in the Process Industries,* 3rd ed., p. 17/167; Bodurtha, *Industrial Explosion Prevention and Protection* (New York: McGraw-Hill, 1980), p. 99.

Rolf Eckhoff, *Dust Explosions in the Process Industries*, 3rd ed. (Amsterdam: Elsevier, 2003.)

Irvin Glassman and Richard A. Yetter, *Combustion,* 4th ed. (Burlington, MA: Academic Press, 2008.)

Don W. Green and Robert H. Perry, *Perry's Chemical Engineers' Handbook*, 8th ed. (New York: McGraw-Hill, 2008), pp. 23-6 to 23-21.

Gilbert F. Kinney and Kenneth J. Graham, *Explosive Shocks in Air*, 2nd ed. (Berlin: Springer-Verlag, 1985.)

Bernard Lewis and Guenther von Elbe, *Combustion, Flames and Explosions of Gases*, 3rd ed. (Burlington, MA: Academic Press, 1987.)

Sam Mannan, ed., *Lees' Loss Prevention in the Process Industries,* 3rd ed. (Amsterdam: Elsevier, 2005), ch. 16 and 17.

Society of Fire Protection Engineers, *SFPE Handbook of Fire Protection Engineering*, 4th ed. (Quincy, MA: National Fire Protection Association, 2008.)

Daniel R. Stull, *Fundamentals of Fires and Explosion*, AICHE Monograph Series, nº 10, v. 73 (New York: American Institute of Chemical Engineers, 1977.)

Problemas

6-1 Estime o *flash point* de uma solução de 50 mol % de água e 50 mol % de metanol.

6-2 Estime o *flash point* de uma solução de 50 mol % de água e 50 mol % de etanol.

6-3 Estime o LFL e o UFL das seguintes misturas:

	Todos em volume %			
	a	b	c	d
Hexano	0,5	0,0	1,0	0,0
Metano	1,0	0,0	1,0	0,0
Etileno	0,5	0,5	1,0	1,0
Acetona	0,0	1,0	0,0	1,0
Éter etílico	0,0	0,5	0,0	1,0
Combustíveis totais	2,0	2,0	3,0	3,0
Ar	98,0	98,0	97,0	97,0

6-4 Estime o LFL e o UFL do Problema 6-3a a 50ºC, 75ºC e 100ºC.

6-5 Estime o UFL do Problema 6-3a a 1 atm, 5 atm, 10 atm e 20 atm de pressão.

6-6 Estime o LFL e o UFL utilizando as concentrações estequiométricas do metano, propileno, éter etílico e acetona. Compare essas estimativas com os valores reais.

6-7 Estime a LOC do propano, hidrogênio e metano utilizando as Equações 6-15 e 6-16. Compare os valores na Tabela 6-3.

6-8 Determine a LOC de uma mistura de 2% de hexano, 3% de propano e 2% de metano por volume.

6-9 Determine a taxa de compressão mínima necessária para elevar a temperatura do ar sobre o hexano até a sua AIT. Suponha uma temperatura inicial de 100ºC.

6-10 Qual será o LFL do hexano na presença de névoas de hexano com gotas maiores que 0,01 mm?

6-11 Por que os compressores de hidrogênio em estágios necessitam de resfriadores entre os estágios?

6-12 Por que os motores quentes às vezes continuam a funcionar após a ignição ser desligada?

6-13 Um conjunto de experimentos é executado em um gás inflamável em um tanque esférico. Os seguintes dados são obtidos para dois volumes de tanques diferentes. Estime o valor de K_G para esse gás combustível:

$V = 1\ m^3$		$V = 20\ m^3$	
Tempo (s)	P (bar)	Tempo (s)	P (bar)
0,0	0,0	0,0	0,0
0,1	0,2	0,2	0,15
0,2	0,5	0,3	0,35
0,3	1,2	0,4	0,6
0,35	1,6	0,5	0,9
0,40	3,2	0,6	1,4
0,425	4,7	0,7	2,2
0,450	6,5	0,8	4,1
0,475	6,9	0,85	5,0
0,500	7,1	0,90	6,2
0,550	7,4	0,95	7,1
0,600	7,3	1,00	7,0
0,650	7,0	1,05	7,2
0,700	6,4	1,10	6,7
0,750	6,1	1,15	6,25
0,800	5,7	1,20	5,90
0,900	5,1	1,30	5,40
1,000	4,7	1,40	5,00
		1,50	5,60

6-14 Determine a energia da explosão de 1 lb de *n*-butano gasoso. Qual é o equivalente em TNT?

6-15 Um cilindro de gás contém 50 lb de propano. O cilindro cai acidentalmente e se rompe, vaporizando todo o seu conteúdo. A nuvem é incendiada, ocorrendo uma explosão. Determine a sobrepressão dessa explosão a 100 ft de distância. Qual é o tipo de dano previsto?

6-16 Uma VCE com metano destruiu a estrutura de uma casa a 100 ft de distância da fonte de ignição. Estime a quantidade de metano liberada.

6-17 Uma grande nuvem de propano é liberada e acaba sendo incendiada, produzindo uma VCE. Estime a quantidade de propano liberada se a explosão quebrar janelas a 3 milhas de distância da fonte de ignição.

6-18 A 77°F a gasolina tem uma pressão de vapor de 4,6 psia. Por que a gasolina pode ser armazenada em tanques de armazenamento ventilados sem a presença de vapores inflamáveis acima do líquido no tanque? Comente sobre o esforço da EPA para reduzir a volatilidade da gasolina a fim de reduzir as emissões fugitivas. O que vai acontecer, à medida que a volatilidade for reduzida?

6-19 Uma linha de montagem de automóveis inclui uma operação que envolve o enchimento dos tanques de combustível com gasolina. Estime a taxa de ventilação necessária para reduzir os vapores dessa operação abaixo do LFL da gasolina. Suponha que cada tanque tenha um volume de 14 gal e que um tanque possa ser enchido em 3 min. Suponha o enchimento por jato, e que apenas um tanque seja abastecido de cada vez. O peso molecular da gasolina é de aproximadamente 94, e sua pressão de vapor a 77°F é 4,6 psia. Além disso, calcule o ar de ventilação necessário para reduzir a concentração dos vapores de gasolina abaixo do TLV-TWA. Qual problema é mais difícil?

6-20 Um tanque de butano está localizado a 500 ft de uma área residencial. Estime a emissão mínima instantânea de butano necessária para produzir uma concentração de vapor na área residencial igual ao LFL do composto. Qual é a taxa de emissão contínua necessária? Suponha que a liberação ocorra no nível do solo. A quantidade mínima vai aumentar, diminuir ou permanecer a mesma, se a liberação ocorrer acima do nível do solo?

6-21 O benzeno é armazenado em uma área de armazenamento interno com 15 ft de comprimento e 15 ft de largura, com um teto de 8 ft. Essa área de armazenamento possui um sistema de ventilação que troca o ar no ambiente, completamente, seis vezes por hora. A área de armazenamento também é equipada com um detector de vapor inflamável que soa um alarme quando a concentração de vapor inflamável alcança 25% do LFL do benzeno. Qual é a taxa mínima de derramamento do benzeno, em lb/h, que vai disparar o alarme de vapor inflamável no ambiente? Suponha uma pressão de 1 atm e uma temperatura de 80°F. Além disso, suponha condições médias de ventilação.

6-22 Um cilindro de laboratório padrão está a cerca de 5 ft de altura com um diâmetro interno do tanque de 6 in, aproximadamente. Determine a energia de explosão total desse cilindro se ele contiver nitrogênio comprimido a 2.500 psig. Suponha condições iniciais e ambientais de 298 K e 1 atm.

6-23 Muitos operadores químicos acreditam que os vapores inertizados acima de um líquido inflamável não são inflamáveis quando se misturam com o ar. Frequentemente esse não é o caso: se os vapores inertizados escaparem do tanque e se misturarem com o ar, ou se o tanque for purgado com ar após esvaziar, a mistura resultante pode ser inflamável.

Um tanque de armazenamento contém benzeno líquido a 100°F. O espaço de vapor do tanque é inertizado com nitrogênio puro até uma pressão total de ½ in de coluna de água. Suponha que o espaço de vapor esteja saturado com vapor de benzeno.

a. Determine a concentração volumétrica percentual do benzeno no vapor.

b. Utilize o diagrama de inflamabilidade para mostrar se a mistura vai se tornar inflamável ou não quando misturada com o ar.

(Dica: 1 atm = 34,4 ft de água.)

6-24 Uma regra industrial informal é projetar as salas de controle para suportarem uma explosão de 1 tonelada de TNT a 100 ft.

a. A qual sobrepressão isso corresponde?

b. A que quantidade (em libras) de propano (C_3H_8) isso corresponde, com base em uma quantidade equivalente de energia?

c. A que distância (em ft) dessa explosão de 1 tonelada deve estar um condomínio residencial de casas para sofrer não mais do que pequenos danos às estruturas das habitações?

Incêndios e Explosões

6-25 Segundo o código de incêndio, os tanques de armazenamento de propano não podem ficar a menos de 10 ft de uma casa. Essa exigência é concebida para evitar que os vapores inflamáveis entrem na casa, não para proteger a casa de uma possível explosão.

Que quantidade de propano (em lb_m) pode ser armazenada nessas condições, vindo a causar apenas pequenos danos a uma casa, no evento de uma explosão? Esteja certo de apresentar quaisquer pressupostos.

6-26 Os incêndios e explosões são perigos substanciais em muitas indústrias químicas.

   a. Descreva com exemplos os três ingredientes de qualquer incêndio.

   b. Crie uma lista de verificação com pelo menos seis itens para identificar perigos de incêndio em qualquer local de trabalho.

   c. Apresente seis características comuns de prevenção/proteção das indústrias químicas e descreva quando elas seriam adequadas.

6-27 Os seguintes líquidos são armazenados em um tanque de armazenamento a 1 atm e 25ºC. Os tanques são ventilados com ar. Determine se o vapor de equilíbrio acima do líquido será inflamável. Os líquidos são

   a. Acetona

   b. Benzeno

   c. Ciclo-hexano

   d. Álcool etílico

   e. Heptano

   f. Hexano

   g. Pentano

   h. Tolueno

6-28 Um poço de gás natural está localizado a 400 m de uma sala de controle. A sala de controle é um possível perigo de ignição no caso de um vazamento de gás natural (essencialmente metano puro). Estudos demonstraram que uma margem de segurança adequada é imposta se a concentração de gás a jusante for determinada utilizando a metade do LFL. Para o metano, isso representa uma concentração de 2,5 vol. %.

   a. Qual é a taxa de liberação mínima do metano (em kg/s) que vai resultar em uma concentração na sala de controle igual à metade do LFL? Certifique-se de colocar seus pressupostos claramente. Suponha uma temperatura de 298 K e uma pressão ambiente de 1 atm.

   b. Se a pressão do metano no poço for de 10 atm, que tamanho de orifício (em cm) vai produzir a taxa de emissão do item a?

   c. Se o maior tamanho de tubulação no poço for 4 cm (diâmetro interno), comente sobre a probabilidade de um perigo de ignição proveniente da sala de controle.

6-29 Na tragédia do voo 800 da TWA culpou-se a explosão de vapores de combustível no tanque central. O volume do tanque de combustível central é de 18.000 gal.

   a. Se no momento da explosão a concentração de combustível no tanque for de 1% por volume e a pressão dentro do tanque for de 12,9 psia, determine a energia de explosão do vapor

292   Capítulo 6

equivalente (em libras de TNT). Suponha uma temperatura de 80°F. Certifique-se de colocar cuidadosamente quaisquer pressupostos.

b. Estime a sobrepressão a uma distância de 50 ft da explosão do tanque de combustível decorrente da explosão dos vapores na parte a.

c. Estime a concentração limitante do oxigênio (LOC) do combustível do jato, dado que o LFL é 0,6% por volume e o coeficiente estequiométrico do oxigênio na equação da combustão é 18,9.

Para o combustível do jato, a energia da explosão é 18.590 Btu/lb e o peso molecular é 160.

6-30 Você resolveu comprar um tanque de 500 galões de propano líquido (C_3H_8) para aquecer a sua casa durante o inverno. Você está preocupado com a ruptura do tanque e a possibilidade de uma explosão de nuvem de vapor de todo o propano. A que distância (em pés) o tanque deve estar, da casa, para garantir que ela venha a sofrer apenas danos pequenos em decorrência da explosão? A densidade relativa do propano líquido é 0,500 e a energia da explosão do propano é 488,3 kcal/g-mol.

6-31 Uma mistura de líquido contendo uma fração molar de 0,50 de benzeno-tolueno está contida em um tanque de armazenamento a 25°C e 1 atm. O tanque é ventilado para a atmosfera.

a. O vapor no tanque é inflamável?

b. Quais são as suas preocupações a respeito dos perigos de incêndio e explosão com esse tanque de armazenamento?

Dica: Pode-se presumir que o benzeno-tolueno seja um sistema ideal de vapor-líquido.

6-32 Um tanque contendo butano líquido (C_4H_{10}) está situado a 500 ft de uma subestação elétrica. Uma das hipóteses que estamos considerando é o rompimento de uma tubulação Classe 40 de 1 in (diâmetro interno = 1,049 in) com a descarga do butano líquido. Estamos preocupados com o fato de esse vazamento vir a causar concentrações de vapores inflamáveis na subestação. Suponha que todo o líquido se transforme em vapor.

a. Estime a taxa de descarga (em lb_m/s) do butano de uma tubulação quebrada com 1 in de diâmetro.

b. Estime as concentrações de vapor do butano na subestação. É provável que isso seja um perigo de inflamabilidade?

A temperatura é 80°F e a pressão ambiente é 1 atm. Certifique-se de colocar claramente quaisquer pressupostos. A pressão do vapor do butano líquido a 80°F é 40 psia e a densidade relativa do butano a 80°F é 0,571.

6-33 A acetona é utilizada como solvente em um laboratório. Há alguma preocupação com os perigos de incêndio associados a essa substância. Uma solução é diluir a acetona pura com água, proporcionando assim um *flash point* maior. Qual fração molar de água em uma mistura de água-acetona é necessária para aumentar o *flash point* da mistura para 100°F? A acetona é completamente solúvel em água.

6-34 Você recebeu a tarefa de auxiliar na realocação da nova sala de controle do seu processo. A nova sala de controle será concebida para suportar uma sobrepressão explosiva de 2 psig. Sua atenção está concentrada em um tanque de armazenamento de propano localizado a 100 m do local proposto para a nova sala de controle. Qual é a quantidade máxima de propano (em kg) que pode ser armazenada nesse tanque, sem ultrapassar a sobrepressão nominal da sala de controle? Certifique-se de declarar quaisquer pressupostos utilizados no seu cálculo.

6-35 Um tanque de armazenamento contém álcool metílico líquido. Seu vapor é inertizado com nitrogênio até uma pressão total de 2 in de coluna d'água. O vapor inertizado será inflamável se escapar do tanque? Suponha uma temperatura de 25°C.

6-36 Desenhe um diagrama de inflamabilidade para o *n*-butano. A LOC divulgada experimentalmente para o *n*-butano é 12%. A quanto deve ser reduzida a concentração de oxigênio antes de bombear butano? A qual concentração de butano o vapor deve ser reduzido antes de bombear ar no tanque antes da sua retirada de serviço?

6-37 Nos gases inflamáveis a energia de ignição mínima é tipicamente 0,1 mJ. A massa da moeda de um centavo de dólar é 2,6 g. A que distância essa moeda deve ser largada para conter a energia cinética igual a 0,1 mJ?

6-38 Durante um determinado acidente, uma quantidade estimada em 39.000 kg de material inflamável foi liberada e incendiada, resultando em uma explosão, uma bola de fogo e em mortes e danos subsequentes nos equipamentos. A publicação *Guidelines for Evaluating the Characteristics of Vapor Cloud Explosions, Flash Fires e BLEVEs* (New York: American Institute of Chemical Engineers, 1994) fornece uma série de equações úteis para estimar os efeitos de uma explosão como essa.

A intensidade da irradiação de calor (em kW/m^2) de uma bola de vapor queimando é fornecida pela equação empírica

$$I_e = 828 m_f^{0,771}/L^2.$$

A duração de tempo efetiva (em segundos) da queima é dada por

$$t_e = 2,6 m_f^{1/6}.$$

A altura do centro da bola de fogo (em metros) é presumidamente constante durante a queima, e dada por

$$H_{BLEVE} = 0,75 D_{máx}.$$

Finalmente, o diâmetro máximo da bola de fogo (em metros) é dado por

$$D_{máx} = 5,8 m_f^{1/3}.$$

Nessas equações, I_e é a intensidade de radiação efetiva (kW/m^2), m_f é a massa do combustível (kg), L é a distância do centro da bola de fogo até o receptor (m) e t_e é a duração de tempo efetiva da queima (s).

Utilize um programa de planilha eletrônica (como o Quattro Pro ou o Excel) para estimar o número total de mortes resultantes da bola de fogo. Utilize as equações probit fornecidas no texto. Suponha que 400 pessoas estejam distribuídas uniformemente a uma distância de 75 m a

1.000 m do centro da bola de fogo. Divida o intervalo de distância em uma série de pequenos incrementos. Utilize um incremento de distância suficientemente pequeno para que os resultados sejam essencialmente independentes do tamanho do incremento.

O resultado da sua planilha deve ter colunas destinadas à distância do centro da bola de fogo, intensidade de radiação, valores probit e porcentagem e número de mortes. Você também deve ter uma única célula da planilha designada ao número total de mortes.

Uma maneira de simplificar o procedimento é especificar um limiar de fluxo radioativo. Presume-se que 100% das mortes vão ocorrer para qualquer pessoa exposta a qualquer quantidade acima desse valor. Qualquer pessoa exposta a um valor menor não será afetada. Estime um limiar aproximado de fluxo radioativo que vá resultar no mesmo número de mortes que o cálculo probit detalhado.

6-39 O ar em um tambor de 55 galões tem de ser vaporizado e inertizado com nitrogênio antes de esse tambor ser abastecido com um líquido inflamável. Isso é feito colocando-se uma tubulação de nitrogênio através do orifício do tambor, chegando ao fundo. Uma vazão constante de nitrogênio é utilizada para realizar a inertização.

a. Mostre que a concentração de oxigênio no tambor é representada por

$$V\frac{dC}{dt} = -kQ_vC,$$

em que C é a concentração de oxigênio no tambor (massa/volume), k é o fator de mistura não ideal $(0,1 < k < 1)$ e Q_v é o escoamento volumétrico do nitrogênio (volume/tempo).

b. Mostre que o tempo necessário para se chegar a uma concentração-alvo C_f a partir de uma concentração inicial C_o é dado por

$$t = -\left(\frac{V}{kQ_v}\right)\ln\left(\frac{C_f}{C_o}\right).$$

c. Estime o tempo a ser levado para inertizar um tambor para 1% de oxigênio utilizando 75 L/min de nitrogênio. Use k como parâmetro.

6-40 Um vaso em um processo que utiliza um vapor inflamável tem dimensões de 100 m por 100 m por 10 m de altura. Utilize o modelo de multienergia da TNO para estimar a sobrepressão a 100 m de distância do processo resultante da liberação e ignição do vapor inflamável. Suponha que 20% do volume do processo estejam moderadamente saturados e que os 80% restantes estejam levemente saturados. Certifique-se de declarar quaisquer outros pressupostos.

6-41 Uma espuma polimérica é expandida utilizando gás propano (C_3H_8) como um agente de expansão. O polímero é transportado como pequenos pellets em recipiente de transporte, inertizado com nitrogênio puro até uma pressão inicial de transporte de 1 atm absoluta. Durante o transporte, o gás propano sai dos pellets e se mistura com o nitrogênio gasoso no vaso de transporte. Estudos de laboratório demonstraram que o escapamento de gás propano pode aumentar a pressão no vaso em 10 kPa. Uma atmosfera inflamável vai ser criada quando o vaso de transporte for aberto e despejado em uma caçamba? A pressão ambiente é 1 atm.

6-42 A tabela abaixo fornece a pressão de vapor do propano líquido em função da temperatura:

Temperatura		Pressão do vapor	
(°F)	(°C)	(psig)	(bar)
−44,1	−42,2	0	0
−30	−34,4	6,8	0,5
−20	−28,9	11,5	0,8
−10	−23,3	17,5	1,2
0	−17,8	24,5	1,7
10	−12,2	34	2,3
20	−6,7	42	2,9
30	−1,1	53	3,7
40	4,4	65	4,5
50	10,0	78	5,4
60	15,6	93	6,4
70	21,1	110	7,6
80	26,7	128	8,8
90	32,2	150	10,3
100	37,8	177	12,2

Um cilindro de propano contém 9 kg de propano líquido a 30°C. A pressão ambiente é 1 atm.

a. Qual é a pressão no tanque (em bar) a essa temperatura?

b. Se a válvula for equivalente a um orifício de 10 mm de diâmetro, qual é a taxa de descarga inicial do propano (em kg/s) se a válvula for aberta?

c. Se todo o propano vazar e se misturar com o ar e depois incendiar ao ar livre, qual é a distância (em m) até o pico de sobrepressão lateral de 13,8 kPa (3 psig)?

6-43 Nossa fábrica está considerando a instalação de um tanque de armazenamento de propano em um local a 100 m da sala de controle. Pediram-nos para avaliar o risco nesse local, devido aos perigos de inflamabilidade e explosão.

a. Que emissão contínua de propano (em kg/s) é necessária para resultar em uma concentração, na sala de controle, igual ao LFL? Certifique-se de declarar claramente e validar o seu pressuposto de estabilidade atmosférica. Suponha condições rurais, uma temperatura de 25°C e uma pressão de 1 atm.

b. A sala de controle é concebida para suportar um pico de sobrepressão lateral de 2 psig. Quanto propano (em kg) pode ser armazenado nesse local? Certifique-se de declarar claramente e justificar o seu pressuposto de eficiência da explosão.

6-44 Um funcionário de laboratório deixou uma proveta aberta contendo 1,5 litro de dissulfito de carbono na mesa da sua sala, no laboratório, no final do expediente, e fechou a porta da sala quando saiu. Para poupar energia, a empresa desliga o sistema de ventilação da sala no final do expediente. Se o CS_2 evaporar, ele pode formar uma mistura inflamável no ar, e uma explosão pode ocorrer, se o funcionário acender a luz pela manhã. A temperatura é de 30°C e a pressão ambiente é de 1 atm. A área útil da sala é de 3 m por 3 m e a altura do teto é de 3 m.

  a. Estime a concentração resultante de CS_2 na sala, em volume %. Compare com o limite de inflamabilidade.

  b. Estime a quantidade equivalente de TNT do vapor. Certifique-se de declarar claramente quaisquer pressupostos.

  c. Se o vapor explodir, a qual distância se situa a sobrepressão de 3 psi?

  Dados de propriedades físicas do CS_2 a 30°C:

Pressão do vapor:	420 mm Hg
Densidade do líquido:	1.261 kg/m^3
Peso molecular:	76,13
Ponto de ebulição normal:	46,3°C

6-45 Nossa fábrica deseja instalar um tanque pressurizado contendo um total de 1.000 kg de propano líquido (C_3H_8). Estamos preocupados com a hipótese de ruptura do tanque e a subsequente mistura com o ar e a explosão da mistura inflamável.

  a. Nossa sala de controle possui uma sobrepressão lateral máxima de 3 psi. A que distância (em metros) da sala de controle o tanque deve estar localizado? Certifique-se de identificar explicitamente e justificar a eficiência da sua explosão.

  b. A que distância (em metros) das habitações fora do ambiente industrial o tanque deve estar localizado para que não haja nada além de pequenos danos nas estruturas das casas?

6-46 Sua fábrica está considerando a instalação de um tanque contendo 1.000 kg de propano. Um local possível está situado a 100 m de uma área residencial.

  a. Qual sobrepressão (em kPa) se pode esperar na área residencial devido à falha repentina do tanque, seguida por uma explosão da nuvem de vapor? Que tipo de dano se poderia esperar dessa sobrepressão? Suponha uma eficiência de explosão de 2%.

  b. Qual concentração de propano se pode prever na área residencial devido à ruptura do tanque? Esse propano será inflamável? Suponha condições urbanas e as condições do pior cenário possível, conforme a Tabela 4-6. A pressão é 1 atm e a temperatura é 298 K.

6-47 Você recebeu a tarefa de auxiliar na relocação da nova sala de controle do seu processo. A nova sala de controle será concebida para suportar uma sobrepressão explosiva de 2 psig. Sua atenção está concentrada em um tanque de armazenamento de propano localizado a 100 m do local proposto para a nova sala de controle. Qual é a quantidade máxima de propano (em kg) que pode ser armazenada nesse tanque sem ultrapassar a sobrepressão nominal da sala de controle? Certifique-se de declarar quaisquer pressupostos utilizados no seu cálculo.

6-48 A mistura estequiométrica de ar/combustível da gasolina é especificada como a razão mássica do ar para o combustível igual a 14,7.

  a. Converta isso para o percentual volumétrico de combustível no ar. Suponha um peso molecular da gasolina igual a 106 e do ar igual a 29.

  b. Um automóvel tem um motor a gasolina com um deslocamento de 5 litros. Qual será o consumo de gasolina, em galões por hora, se o motor estiver funcionando a 1.500 rpm? Lembre-se de que o motor de 4 tempos admite ar e combustível apenas a cada curso. Suponha uma gravidade específica de 0,75 para a gasolina. A mistura ar/combustível é fornecida ao motor a uma temperatura de 1 atm e 25°C.

c. Se a mistura de vapor ar/combustível for preaquecida a 150°F, qual será o consumo de combustível?

6-49 Quantos litros de gasolina são necessários para criar uma concentração estequiométrica de vapor no compartimento do tanque de um caminhão com um volume de 11.860 litros? A concentração estequiométrica da gasolina é 1,83 vol. %. A temperatura é 25°C e a pressão é 1 atm. Utilize as seguintes propriedades físicas:

Peso molecular: 106

Gravidade específica do líquido: 0,75

6-50 Um aquecedor de água de 60 galões, completamente cheio com água, se rompe catastroficamente a uma pressão de 290 psig. Estime:

a. A fração de água vaporizada.

b. A energia da explosão em termos de uma quantidade equivalente de TNT, em libras. Calcule utilizando a entalpia total da água quente quando ela se rompe menos a entalpia de uma quantidade equivalente de água em estado líquido no ponto de ebulição normal de 212°F.

c. Qual seria a sobrepressão resultante a uma distância de 50 ft?

Utilize uma tabela de vapor para determinar os valores da entalpia.

6-51 A pólvora foi utilizada como agente explosivo e propulsor de rifle durante centenas, se não milhares, de anos. Trata-se de uma mistura de nitrato de potássio, carvão vegetal e enxofre. A reação que ocorre durante a combustão da pólvora é

$$2KNO_3 + 3C + S \Longrightarrow K_2S + 3CO_2 + N_2.$$

Estime a equivalência de TNT (em kg) de 1 kg de pólvora.

Os calores de formação são fornecidos abaixo:

Amostra	Calor de formação (kJ/mol)
KNO_3	−494,6
CO_2	−393,6
K_2S	−380,7

6-52 Existe uma boa quantidade de variabilidade na determinação dos limites de inflamabilidade. Por exemplo, vários pesquisadores relataram limites inferiores de inflamabilidade para o metano de 5,3%, 5,0% e 4,85%. Reformule a solução do Problema 6-3c para determinar como essa variabilidade afeta o LFL da mistura.

6-53 Uma fábrica possui vários fluxos de vapor contendo vapores inflamáveis. Esses fluxos incluem vapor inertizado de um tanque de armazenamento de acetona, o vapor de um sistema de ventilação em uma estação de envasamento de acetona e ventilação das coifas do laboratório.

O plano é enviar esses vapores para um *flare* (tocha) visando a sua destruição.

Todos esses fluxos podem ser combinados em um único duto para combustão no *flare*? Se não, quais fluxos podem ser combinados com segurança e quais devem ser mantidos em separado? Por quê?

CAPÍTULO 7

Conceitos para Prevenir Incêndios e Explosões

Uma estratégia tripla utilizada para prevenir ou limitar possíveis danos decorrentes de incêndios e explosões é prevenir a formação de mistura inflamável, evitar a iniciação do incêndio ou da explosão e minimizar o dano após a ocorrência de um incêndio ou explosão. Essa estratégia é apresentada neste capítulo. Os tópicos específicos incluem

- Inertização
- Uso do diagrama de inflamabilidade introduzido no Capítulo 6
- Eletricidade estática
- Controle da eletricidade estática
- Ventilação
- Equipamento e instrumentos à prova de explosões
- Sistemas de chuveiros automáticos (Sprinkler)
- Características diversas de projeto para evitar incêndios e explosões

Para que qualquer explosão por combustão ou incêndio ocorra, três condições devem ser satisfeitas (como mostra o triângulo do fogo da Figura 6-1). Primeiro, um combustível ou material explosivo deve estar presente. Segundo, oxigênio ou um oxidante deve estar presente para apoiar a reação de combustão. Finalmente, deve haver uma fonte de ignição para iniciar a reação. Se qualquer uma das três condições do triângulo de fogo for eliminada, este triângulo é rompido, impossibilitando a ocorrência de um incêndio ou explosão por combustão. Essa é a base dos seis primeiros métodos de projeto apresentados acima.

O dano resultante dos incêndios e explosões é minimizado pela interrupção dos incêndios ou explosões o mais rápido possível e também pelo projeto do equipamento de processo (e dos centros de controle) visando suportar seus efeitos.

7-1 Inertização

Inertização é o processo de adição de um gás inerte a uma mistura combustível para reduzir a concentração de oxigênio abaixo da concentração limite de oxigênio (LOC). O gás inerte normalmente é o nitrogênio ou o dióxido de carbono, embora às vezes seja utilizado vapor d'água. Para muitos gases, a LOC tem valor de aproximadamente 10%, e em muitas poeiras ela gira em torno de 8%.

A inertização começa com uma purga inicial do tanque com gás inerte para levar a concentração de oxigênio abaixo da concentração segura. Um ponto de controle utilizado frequentemente é 4% abaixo da LOC, ou seja, 6% de oxigênio se a LOC for 10%.

O material inflamável é carregado após o tanque ter sido inertizado. Um sistema de inertização é necessário para manter uma atmosfera inerte no espaço de vapor acima do líquido. Em condições ideais, esse sistema deve incluir um recurso automático de adição do gás inerte para controlar a concentração do oxigênio e mantê-la abaixo da LOC. Esse sistema de controle possui um analisador para monitorar continuamente a concentração de oxigênio em relação à LOC e um sistema de alimentação de gás inerte controlado para adicionar este gás quando a concentração de oxigênio se aproximar da LOC. Mais frequentemente, porém, o sistema de inertização consiste apenas em um regulador projetado para manter uma pressão positiva fixa no espaço de vapor; isto garante que o gás inerte esteja sempre escoando para fora do tanque, em vez de deixar o ar entrar. O sistema analisador, porém, resulta em uma economia significativa na utilização do gás inerte, aumentando ao mesmo tempo a segurança.

Considere um sistema de inertização projetado para manter a concentração de oxigênio abaixo de 10%. À medida que o oxigênio penetra no tanque e a concentração sobe para 8%, um sinal emitido pelo sensor de oxigênio abre a válvula de alimentação de gás inerte. Mais uma vez o nível de oxigênio é ajustado para 6%. Esse sistema de controle em circuito fechado, com *set points* de alta e baixa ajustados para 8% e 6% de oxigênio, mantém a concentração deste em níveis seguros com uma margem de segurança razoável. As recomendações da NFPA são descritas no final desta seção.

Existem vários métodos de purga utilizados para reduzir *inicialmente* a concentração de oxigênio para o *set point* de baixa: purga a vácuo, purga por pressão, purga por pressão e vácuo combinada, purga a vácuo e pressão com nitrogênio impuro, purga por varrimento e purga por sifão.

Purga a Vácuo

A purga a vácuo é o procedimento de inertização mais comum nos tanques, mas não é utilizado nos grandes tanques de armazenamento porque estes não são concebidos para trabalhar com vácuo e geralmente só conseguem suportar uma pressão de apenas algumas polegadas de água.

No entanto, os reatores costumam ser projetados para o vácuo pleno, ou seja, −760 mm Hg manométricos ou 0,0 mm Hg absoluto. Consequentemente, a purga a vácuo é um procedimento comum nos reatores. As etapas do processo de purga a vácuo incluem (1) criar um vácuo no vaso até chegar ao nível adequado, (2) aliviar o vácuo com gás inerte, como o nitrogênio ou o dióxido de carbono, até a pressão atmosférica e (3) repetir as etapas 1 e 2 até alcançar a concentração de oxigênio desejada.

A concentração inicial de oxidante no vácuo (y_o) é igual à concentração inicial, e o número de mols na pressão alta inicial (P_H) e na pressão baixa inicial ou no vácuo (P_L) é calculado utilizando uma equação de estado.

O processo da purga a vácuo é esclarecido utilizando o procedimento passo a passo exibido na Figura 7-1. Um tanque de tamanho conhecido é purgado a vácuo de uma concentração inicial de oxigênio y_o até uma meta de concentração final de oxigênio y_j. Inicialmente o tanque está em uma pressão P_H, sendo purgado a vácuo por um vácuo na pressão P_L. O objetivo do cálculo a seguir é determinar o número de ciclos necessários para atingir a concentração de oxigênio desejada.

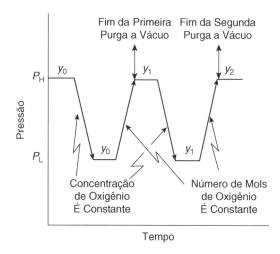

Figura 7-1 Ciclos da purga a vácuo.

Supondo o comportamento de um gás ideal, os mols totais em cada pressão são

$$n_H = \frac{P_H V}{R_g T}, \tag{7-1}$$

$$n_L = \frac{P_L V}{R_g T}, \tag{7-2}$$

em que n_H e n_L são os mols totais nos estados atmosférico e de vácuo, respectivamente.

O número de mols de oxidante para a pressão baixa P_L e para a pressão alta P_H é calculado através da lei de Dalton:

$$(n_{oxi})_{1L} = y_o n_L, \tag{7-3}$$

$$(n_{oxi})_{1H} = y_o n_H, \tag{7-4}$$

em que 1L e 1H são os primeiros estados de vácuo e atmosférico, respectivamente.

Quando o vácuo é aliviado com nitrogênio puro, os mols de oxidante são iguais aos do estado de vácuo, e os mols de nitrogênio aumentam. A nova concentração de oxigênio (mais baixa) é

$$y_1 = \frac{(n_{oxi})_{1L}}{n_H}, \tag{7-5}$$

em que y_1 é a concentração de oxigênio após a primeira purga com nitrogênio. Substituindo a Equação 7-3 na Equação 7-5, temos

$$y_1 = \frac{(n_{oxi})_{1L}}{n_H} = y_o \left(\frac{n_L}{n_H}\right).$$

Conceitos para Prevenir Incêndios e Explosões

Se o processo de vácuo e de alívio de inertização for repetido, a concentração após a segunda purga será

$$y_2 = \frac{(n_{oxi})_{2L}}{n_H} = y_1 \frac{n_L}{n_H} = y_o \left(\frac{n_L}{n_H}\right)^2.$$

Esse processo é repetido com a frequência necessária para diminuir a concentração de oxidante até um nível desejado. A concentração após j ciclos de purga, vácuo e alívio, é fornecida pela seguinte equação geral:

$$\boxed{y_j = y_o \left(\frac{n_L}{n_H}\right)^j = y_o \left(\frac{P_L}{P_H}\right)^j.} \tag{7-6}$$

Essa equação supõe que os limites de pressão P_H e P_L são idênticos em cada ciclo.

Os mols totais de nitrogênio adicionados a cada ciclo são constantes. Em j ciclos, o nitrogênio total é dado por

$$\Delta n_{N_2} = j(P_H - P_L)\frac{V}{R_g T}. \tag{7-7}$$

Exemplo 7-1

Utilize uma técnica de purga a vácuo para reduzir a concentração de oxigênio dentro de um tanque de 1000 galões até 1 ppm. Determine o número de purgas necessário e o nitrogênio total utilizado. A temperatura é de 75°F e o tanque está carregado originalmente com ar em condições ambientes. Uma bomba de vácuo é utilizada, alcançando 20 mm Hg absolutos, e o vácuo é aliviado posteriormente com nitrogênio puro até a pressão retornar para 1 atm absoluta.

Solução

A concentração de oxigênio nos estados inicial e final é

$$y_o = 0{,}21 \text{ lb-mol } O_2/\text{total mol,}$$
$$y_f = 1 \text{ ppm} = 1 \times 10^{-6} \text{ lb-mol } O_2/\text{total mol.}$$

O número de ciclos necessário é calculado por meio da Equação 7-6:

$$y_j = y_o \left(\frac{P_L}{P_H}\right)^j,$$
$$\ln\left(\frac{y_j}{y_o}\right) = j \ln\left(\frac{P_L}{P_H}\right),$$
$$j = \frac{\ln(10^{-6}/0{,}21)}{\ln(20 \text{ mm Hg}/760 \text{ mm Hg})} = 3{,}37.$$

Número de purgas = j = 3,37. São necessários quatro ciclos de purga para reduzir a concentração de oxigênio para 1 ppm.

O nitrogênio total utilizado é determinado a partir da Equação 7-7. A pressão baixa P_L é

$$P_L = \left(\frac{20 \text{ mm Hg}}{760 \text{ mm Hg}}\right)(14{,}7 \text{ psia}) = 0{,}387 \text{ psia},$$

$$\Delta n_{N_2} = j(P_H - P_L)\frac{V}{R_g T}$$

$$= 4(14{,}7 - 0{,}387) \text{ psia} \frac{(1000 \text{ gal})(1 \text{ ft}^3/7{,}48 \text{ gal})}{(10{,}73 \text{ psia ft}^3/\text{lb-mol}°\text{R})(75 + 460)°\text{R}}$$

$$= 1{,}33 \text{ lb-mol} = 37{,}2 \text{ lb de nitrogênio.}$$

Purga por Pressão

Os tanques podem ser purgados por pressão adicionando gás inerte pressurizado. Após este gás adicionado se difundir por todo o tanque, o mesmo escapa para a atmosfera, geralmente até a pressão atmosférica. Pode ser necessário mais de um ciclo de pressão para reduzir o conteúdo de oxidante até a concentração desejada.

Os ciclos utilizados para reduzir a concentração de oxigênio até um nível desejado são exibidos na Figura 7-2. Nesse caso, o tanque inicialmente está em P_L, sendo pressurizado através de uma fonte de nitrogênio puro em P_H. O objetivo é determinar o número necessário de ciclos de purga por pressão para alcançar a concentração desejada.

Como o tanque é pressurizado com nitrogênio puro, o número de mols de oxigênio se mantém constante durante a pressurização, enquanto a fração molar diminui. Durante a despressurização, a composição do gás dentro do tanque permanece constante, mas o número total de mols é reduzido. Desse modo, a fração molar do oxigênio continua a mesma.

A relação utilizada nesse processo de purga é idêntica à Equação 7-6, em que n_L agora é o número de mols na pressão atmosférica (baixa pressão) e n_H é o número total de mols sob pressão (alta pressão). No entanto, nesse caso a concentração inicial de oxidante no tanque (y_o) é calculada após o

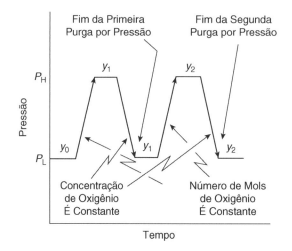

Figura 7-2 Ciclos de purga por pressão.

tanque estar pressurizado (o primeiro estado pressurizado). O número de mols para esse estado pressurizado é n_H e o número de mols para o caso atmosférico é n_L.

Uma vantagem prática da purga por pressão *versus* purga a vácuo é o potencial para reduções no tempo do ciclo. O processo de pressurização é muito mais rápido em comparação com o processo relativamente lento de desenvolvimento de um vácuo. Além disso, a capacidade do sistema de vácuo diminui significativamente à medida que o vácuo absoluto diminui. A purga por pressão, porém, utiliza mais gás inerte. Portanto, o melhor processo de purga é selecionado com base no custo e no desempenho.

Exemplo 7-2

Utilize uma técnica de purga por pressão para reduzir a concentração de oxigênio no mesmo tanque discutido no Exemplo 7-1. Determine o número de purgas necessário para reduzir a concentração de oxigênio para 1 ppm utilizando nitrogênio puro a uma pressão de 80 psig e a uma temperatura de 75°F. Além disso, determine o nitrogênio total necessário. Compare as quantidades de nitrogênio necessárias para os dois processos de purga.

Solução

A concentração final do oxigênio (y_f) é especificada em 1 ppm ou 10^{-6} lb-mol oxigênio/total lb-mol. O número de ciclos necessários é calculado através da Equação 7-6:

$$y_j = y_o \left(\frac{P_L}{P_H} \right)^j,$$

$$j = \frac{\ln(10^{-6}/0{,}21)}{\ln[14{,}7 \text{ psia}/(80 + 14{,}7) \text{ psia}]} = 6{,}6$$

O número de ciclos de purga é, portanto, igual a 7. Desse modo, são necessárias 7 purgas por pressão em comparação com as 4 purgas do processo a vácuo. A quantidade de nitrogênio utilizado nessa operação de inertização é determinada através da Equação 7-7:

$$\Delta n_{N_2} = j(P_H - P_L)\frac{V}{R_g T}$$

$$= 7(94{,}7 - 14{,}7) \text{ psia} \frac{133{,}7 \text{ ft}^3}{(10{,}73 \text{ psia ft}^3/\text{lb-mol}°\text{R})(535°\text{R})}$$

$$= 12{,}9 \text{ lb-mol} = 363 \text{ lb de nitrogênio}.$$

A purga por pressão exige 7 purgas e 363 lb de nitrogênio em comparação com as 4 purgas e 37,2 lb de nitrogênio da purga a vácuo. Esse resultado ilustra a necessidade de uma comparação de custo-desempenho para determinar se o tempo poupado na purga por pressão justifica o custo adicional do nitrogênio.

Purga Combinada por Pressão-Vácuo

Em alguns casos, tanto a purga por pressão quanto a purga a vácuo estão disponíveis e são utilizadas simultaneamente para purgar um tanque. O procedimento computacional depende do fato de o tanque ser primeiramente evacuado ou pressurizado.

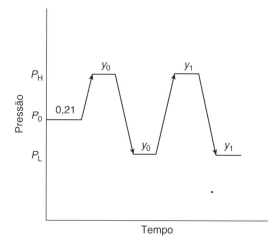

Figura 7-3 Purga a vácuo-pressão com pressurização inicial.

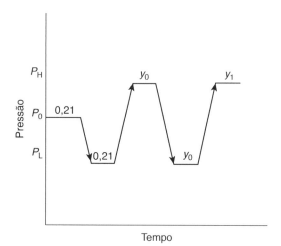

Figura 7-4 Purga a vácuo-pressão com evacuação inicial.

Os ciclos de purga com uma pressão inicial são exibidos na Figura 7-3. Nesse caso, o início do ciclo é definido como o final da pressurização inicial. Se a fração molar inicial do oxigênio é 0,21, a fração molar do oxigênio no final da pressurização inicial é fornecida por

$$y_O = 0{,}21\left(\frac{P_O}{P_H}\right). \tag{7-8}$$

Nesse ponto, os ciclos restantes são idênticos aos da purga por pressão, aplicando-se a Equação 7-6. No entanto, a quantidade de ciclos j é a quantidade de ciclos após a pressurização inicial.

Os ciclos de purga com uma evacuação inicial são exibidos na Figura 7-4. Nesse caso, o início do ciclo é definido como o final da evacuação inicial. A fração molar do oxigênio nesse ponto é igual à fração molar inicial. Além do mais, os ciclos restantes são idênticos aos da operação de purga a vácuo, e a Equação 7-6 é aplicável diretamente. No entanto, a quantidade de ciclos j é a quantidade de ciclos após a evacuação inicial.

Purga a Vácuo e por Pressão com Nitrogênio Impuro

As equações elaboradas para a purga a vácuo e para a purga por pressão se aplicam apenas ao caso do nitrogênio puro. Muitos dos processos de separação do nitrogênio disponíveis hoje não fornecem nitrogênio puro; eles fornecem tipicamente nitrogênio na faixa de 98% ou superior, com o restante consistindo normalmente em oxigênio.

Suponha que o nitrogênio contenha oxigênio com uma fração molar constante de y_{oxi}. Em um procedimento de purga por pressão, a quantidade total de mols de oxigênio presentes no final da primeira pressurização é fornecida pelos mols presentes inicialmente, mais os mols incluídos com o nitrogênio. Essa quantidade é

$$n_{oxi} = y_o\left(\frac{P_L V}{R_g T}\right) + y_{oxi}(P_H - P_L)\frac{V}{R_g T}. \tag{7-9}$$

Os mols totais no tanque no final da primeira pressurização são fornecidos na Equação 7-1. Desse modo, a fração molar do oxigênio no final desse ciclo é

$$y_1 = \frac{n_{oxi}}{n_{tot}} = y_o\left(\frac{P_L}{P_H}\right) + y_{oxi}\left(1 - \frac{P_L}{P_H}\right). \tag{7-10}$$

Esse resultado é generalizado na seguinte equação recursiva (Equação 7-11) e uma equação generalizada (Equação 7-12) para a concentração de oxigênio no final do j-ésimo ciclo de pressão:

$$\boxed{y_j = y_{j-1}\left(\frac{P_L}{P_H}\right) + y_{oxi}\left(1 - \frac{P_L}{P_H}\right),} \tag{7-11}$$

$$\boxed{(y_j - y_{oxi}) = \left(\frac{P_L}{P_H}\right)^j (y_o - y_{oxi}).} \tag{7-12}$$

A Equação 7-12 é utilizada no lugar da Equação 7-6 para a purga tanto por pressão quanto a vácuo.

Vantagens e Desvantagens dos Vários Procedimentos de Inertização por Pressão e a Vácuo

A purga por pressão é mais rápida porque os diferenciais de pressão são maiores; no entanto, ela usa mais gás inerte do que a purga a vácuo. A purga a vácuo usa menos gás inerte porque a concentração de oxigênio é reduzida principalmente pelo vácuo. Durante a combinação de purga a vácuo com purga por pressão, menos nitrogênio é utilizado em comparação com a purga por pressão, especialmente se o ciclo inicial for a vácuo.

Purga por Varrimento

O processo de purga por varrimento adiciona gás de purga em um vaso através de uma abertura e retira a mistura gasosa do interior do tanque para a atmosfera (ou para um purificador) por meio de outra abertura. Esse processo de purga é utilizado com frequência quando o tanque ou equipamento não suporta pressão ou vácuo; o gás de purga é adicionado e retirado na pressão atmosférica.

Os resultados da purga são definidos supondo-se mistura perfeita dentro do tanque, a temperatura constante e a pressão constante. Nessas condições, a vazão mássica ou volumétrica do jato de saída é igual à do jato de entrada. O balanço material em torno do vaso é

$$V\frac{dC}{dt} = C_0 Q_v - C Q_v, \qquad (7\text{-}13)$$

em que

V é o volume do tanque,

C é a concentração de oxidante dentro do tanque (unidades mássicas ou volumétricas),

C_0 é a concentração de oxidante na entrada (unidades mássicas ou volumétricas),

Q_v é a vazão volumétrica e

t é o tempo.

A vazão mássica ou volumétrica do oxidante no tanque é $C_0 Q_v$ e a vazão de saída do oxidante é $C Q_v$. A Equação 7-13 é reorganizada e integrada:

$$Q_v \int_0^t dt = V \int_{C_1}^{C_2} \frac{dC}{(C_0 - C)}. \qquad (7\text{-}14)$$

A quantidade volumétrica do gás inerte, necessária para reduzir a concentração de oxidante de C_1 para C_2, é $Q_v t$, e é determinada pela Equação 7-15:

$$\boxed{Q_v t = V \ln\left(\frac{C_1 - C_0}{C_2 - C_0}\right).} \qquad (7\text{-}15)$$

Para muitos sistemas $C_0 = 0$.

Exemplo 7-3

Um tanque de armazenamento contém 100% de ar por volume e tem de ser inertizado com nitrogênio até a concentração de oxigênio ficar abaixo de 1,25% por volume. O volume do tanque é de 1.000 ft³. Quanto nitrogênio tem de ser adicionado, supondo que o nitrogênio contenha 0,01% de oxigênio?

Solução

O volume de nitrogênio necessário, $Q_v t$, é determinado pela Equação 7-15:

$$\begin{aligned}
Q_v t &= V \ln\left(\frac{C_1 - C_0}{C_2 - C_0}\right) \\
&= (1000 \text{ ft}^3)\ln\left(\frac{21{,}0 - 0{,}01}{1{,}25 - 0{,}01}\right) \\
&= 2830 \text{ ft}^3.
\end{aligned}$$

Essa é a quantidade de nitrogênio contaminado adicionado (contendo 0,01% de oxigênio). A quantidade de nitrogênio puro necessária para reduzir a concentração de oxigênio para 1,25% é

$$Q_v t = (1000 \text{ ft}^3)\ln\left(\frac{21,0}{1,25}\right) = 2821 \text{ ft}^3.$$

Purga por Sifão

Como foi ilustrado no Exemplo 7-3, o processo de varrimento requer grandes quantidades de nitrogênio. Isso pode ser caro durante a purga de grandes tanques de armazenamento. A purga por sifão é utilizada para minimizar esse tipo de despesa de purga.

O processo de purga por sifão começa pelo enchimento do tanque com líquido – água ou qualquer líquido compatível com o produto. O gás de purga é adicionado posteriormente para preencher o espaço de vapor do tanque à medida que o líquido é drenado do tanque. O volume do gás de purga é igual ao volume do tanque e a taxa de purga é equivalente à vazão volumétrica da descarga de líquido.

Durante a utilização do processo de purga por sifão, pode ser desejável encher primeiro o tanque com líquido e depois utilizar o processo de purga por varrimento para remover o oxigênio do espaço superior residual. Utilizando esse método, a concentração de oxigênio é reduzida para concentrações baixas com apenas uma pequena despesa adicional relativa à purga por varrimento.

Utilização do Diagrama de Inflamabilidade para Evitar Atmosferas Inflamáveis

O diagrama de inflamabilidade introduzido no Capítulo 6 é uma ferramenta importante para evitar a formação de misturas inflamáveis. Como foi colocado anteriormente, apenas a eliminação das fontes de ignição não é o bastante para evitar incêndios e explosões; as fontes de ignição são abundantes demais para serem utilizadas como mecanismo primário de prevenção. Um projeto mais robusto é evitar a existência de misturas inflamáveis como controle primário, seguido pela eliminação das fontes de ignição como controle secundário. O diagrama de inflamabilidade é importante para determinar se existe uma mistura inflamável e para proporcionar metas de concentração para os procedimentos de inertização e purga.

O objetivo é evitar a região de inflamabilidade. O procedimento para retirar um tanque de serviço é ilustrado pela Figura 7-5. O tanque está inicialmente no ponto A e contém combustível puro. Se ar for utilizado para purgar o tanque, a composição acompanha a linha AR, que cruza a zona de inflamabilidade. Se primeiro for bombeado nitrogênio no tanque, a composição do gás acompanha a linha AS, como mostra a Figura 7-5. Uma abordagem é continuar o fluxo do nitrogênio até o tanque conter nitrogênio puro. No entanto, isso requer uma quantidade grande de nitrogênio, o que é caro. Um procedimento mais eficiente é inertizar com nitrogênio até alcançar o ponto S. Depois, o ar pode ser introduzido e a composição do gás acompanha a linha SR na Figura 7-5. Nesse caso, a zona de inflamabilidade é evitada, garantindo-se um procedimento seguro de preparação do tanque.

Poderíamos sugerir um procedimento ainda mais otimizado. Isso envolve primeiro o bombeamento de ar para dentro do tanque até alcançar um ponto em que a linha estequiométrica do ar esteja acima do LSI (UFL). A isso se segue o bombeamento de nitrogênio para o tanque seguido pelo ar. Essa abordagem evita o "bico" da zona de inflamabilidade e minimiza o consumo de nitrogênio.

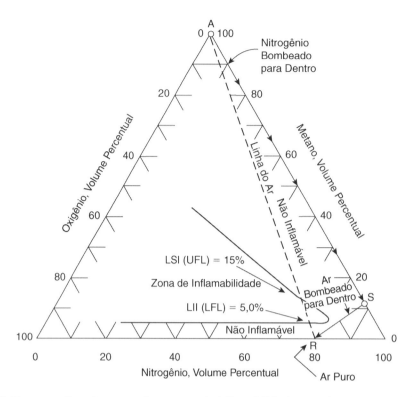

Figura 7-5 Um procedimento para evitar a zona de inflamabilidade ao retirar um tanque de serviço.

O problema com essa abordagem, porém, é que o ar forma uma mistura inflamável no ponto de entrada, à medida que o ar puro se mescla com a mistura de gás rico em combustível no tanque. O diagrama de inflamabilidade reflete apenas a composição média do gás dentro do tanque. Utilizar primeiro o nitrogênio evita esse problema.

Durante a utilização do processo de purga com nitrogênio, deve-se determinar a localização do ponto S na Figura 7-5. A abordagem é exibida na Figura 7-6. O ponto S é aproximado por uma linha que começa no ponto R do ar puro e se conecta através de um ponto M na interseção do LII (LFL) com a linha de combustão estequiométrica. Como as composições de gás nos pontos R e M são conhecidas, a composição no ponto S é determinada graficamente ou com

$$\text{OSFC} = \frac{\text{LFL}}{1 - z\left(\dfrac{\text{LFL}}{21}\right)}, \tag{7-16}$$

em que

OSFC é a concentração de combustível para fora de serviço, ou seja, a concentração de combustível no ponto S na Figura 7-6,

LII (LFL) é o volume percentual do combustível no ar no limite inferior de inflamabilidade e

z é o coeficiente estequiométrico do oxigênio da reação de combustão fornecida pela Equação 6-9.

A obtenção da Equação 7-16 é fornecida no Apêndice C.

Conceitos para Prevenir Incêndios e Explosões

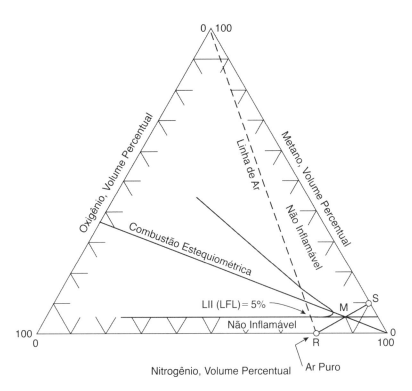

Figura 7-6 Estimativa de uma meta de concentração de combustível no ponto S para retirar um tanque de serviço. O ponto M é a interseção da linha do LII (LFL) com a linha estequiométrica.

Outra abordagem é estimar a concentração de combustível no ponto S estendendo a linha do ponto R através da interseção da concentração mínima de oxigênio (M) e da linha estequiométrica de combustão. O resultado analítico é

$$\text{OSFC} = \frac{\text{LOC}}{z\left(1 - \dfrac{\text{LOC}}{21}\right)}, \tag{7-17}$$

em que a LOC é a concentração limite de oxigênio (também chamada de concentração mínima de oxigênio) em volume percentual de oxigênio. A Equação 7-17 é deduzida no Apêndice C.

As Equações 7-16 e 7-17 são aproximações da concentração de combustível no ponto S. Felizmente, em geral elas são conservadoras, ou seja, resultam em valores menores que os valores de OSFC determinados experimentalmente. Por exemplo, para o metano o LFL é 5,3% e z é 2. Desse modo, a Equação 7-16 prevê uma OSFC de 10,7% de combustível. Isso se compara à OSFC de 14,5% determinada experimentalmente (Tabela 7-1). Ao utilizar uma LOC experimental de 12%, um valor de OSFC de 14% é determinado. Isso é próximo do valor experimental, mas ainda conservador. Para o etileno, 1,3-butadieno e hidrogênio, a Equação 7-17 prevê uma OSFC mais alta do que o valor determinado experimentalmente. Para todas as amostras na Tabela 7-1, a Equação 7-16 estima uma OSFC menor do que o valor experimental.

A Figura 7-7 mostra o procedimento para colocar um tanque em serviço. O tanque começa com ar, exibido como ponto A. O nitrogênio é bombeado para dentro do tanque até chegar ao ponto S. Depois o combustível é bombeado para dentro, acompanhando a linha SR até alcançar o ponto R. O problema é determinar a concentração do oxigênio (ou do nitrogênio) no ponto S. A concentração de

Tabela 7-1 Concentrações Experimentais de Oxigênio em Serviço (ISOCs) e Concentrações Experimentais de Combustível para Fora de Serviço (OSFCs)[a]

Produto Químico	OSFC (vol. % de combustível)	ISOC (vol. % de oxigênio)	Produto Químico	OSFC (vol. % de combustível)	ISOC (vol. % de oxigênio)
Metano	14,5	13	Ciclopropano	7,0	12,0
Etano	7,0	11,7	Álcool metílico	15,0	10,8
Propano	6,2	12,0	Álcool etílico	9,5	11,0
Butano	5,8	12,5	Éter dimetílico	7,1	11,0
n-Pentano	4,2	12,0	Éter dietílico	3,8	11,0
n-Hexano	3,8	12,2	Methyl formate	12,5	11,0
Gás natural	11,0	12,8	Isobutyl formate	6,5	12,7
Etileno	6,0	10,5	Acetato de metila	8,5	11,7
Propileno	6,0	12,0	Acetona	7,8	12,0
2-Metilpropano	5,5	12,5	Metil-etil-cetona	5,3	11,5
1-Buteno	4,8	11,7	Dissulfeto de carbono	2,5	6,0
3-Metil-1-buteno	4,0	11,5	Gasolina (115/145)	3,8	12,0
1,3-Butadieno	4,9	10,8	JP-4	3,5	11,7
Acetileno	4,0	7,0	Hidrogênio	5,0	5,7
Benzeno	3,7	11,8	Monóxido de carbono	19,5	7,0

[a]C. V. Mashuga e D. A. Crowl, "Application of the Flammability Diagram for Evaluation of Fire and Explosion Hazards of Flammable Vapors", *Process Safety Progress* (1998), 17(3): 176.

oxigênio em serviço (ISOC) representa a concentração máxima de oxigênio no ponto S na Figura 7-7 que apenas evita a zona de inflamabilidade, com uma pequena margem de segurança.

Se não houver um diagrama de inflamabilidade detalhado, então se estima a ISOC. Uma abordagem possível é utilizar a interseção do LFL com a linha estequiométrica da combustão. Uma linha é desenhada do vértice superior do triângulo (R) através dessa interseção até o eixo do nitrogênio. Isso é exibido na Figura 7-8. A composição em S é determinada graficamente ou com

$$\text{ISOC} = \frac{z\text{LFL}}{1 - \left(\frac{\text{LFL}}{100}\right)}, \tag{7-18}$$

em que

ISOC é a concentração de oxigênio em serviço, em volume % de oxigênio,

Z é o coeficiente estequiométrico do oxigênio fornecido na Equação 6-9 e

LFL é a concentração de combustível no limite inferior de inflamabilidade, em volume % de combustível no ar.

Conceitos para Prevenir Incêndios e Explosões

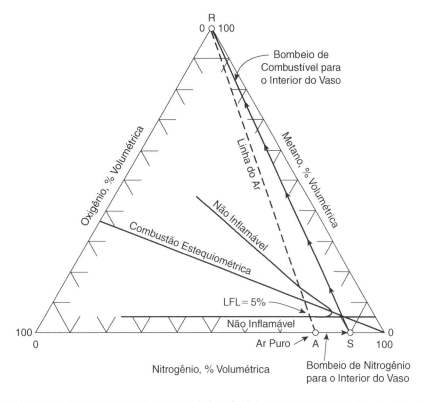

Figura 7-7 Um procedimento para evitar a zona inflamável durante a colocação de um vaso em serviço.

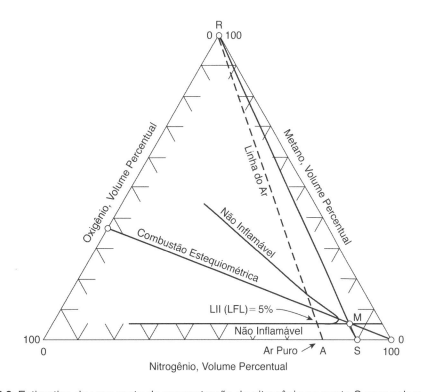

Figura 7-8 Estimativa de uma meta de concentração de nitrogênio no ponto S para colocar um tanque em serviço. O ponto M é a interseção da linha do LFL com a linha estequiométrica de combustão.

A Equação 7-18 é deduzida no Apêndice C.

A concentração de nitrogênio no ponto S é igual a 100 − ISOC.

Uma expressão para estimar a ISOC utilizando a interseção da concentração mínima de oxigênio com a linha estequiométrica também é encontrada utilizando um procedimento similar. O resultado analítico é

$$\boxed{\text{ISOC} = \frac{z\text{LOC}}{z - \dfrac{\text{LOC}}{100}},} \tag{7-19}$$

em que LOC é a concentração mínima de oxigênio, em volume % de oxigênio.

Uma comparação das estimativas utilizando as Equações 7-18 e 7-19 com os valores experimentais na Tabela 7-1 mostra que a Equação 7-18 prevê um valor de oxigênio mais baixo do que os valores experimentais em todas as amostras, com a exceção do formiato de metila. A Equação 7-19 prevê uma concentração de oxigênio mais baixa do que o valor experimental para todas as amostras da Tabela 7-1, com a exceção do butano, 3-metil-1-buteno, 1,3-butadieno, formiato de isobutila e acetona. Os valores calculados não são exibidos na Tabela 7-1. Os dados experimentais diretos e confiáveis em condições o mais próximas possível das condições de processo são sempre recomendados.

Outros métodos estão disponíveis para estimar a meta de concentração de gás para colocar um tanque em serviço ou para retirá-lo de serviço. Por exemplo, a NFPA 69[1] recomenda uma meta de concentração de oxigênio para tanques de armazenamento de não mais do que 2% abaixo da LOC medida, caso a concentração de oxigênio seja monitorada continuamente. Se a LOC for menor do que 5%, a meta de concentração de oxigênio é não mais do que 60% da LOC. Se a concentração de oxigênio não for monitorada continuamente, então o equipamento não deve operar a mais de 60% da LOC, ou a mais de 40% da LOC se esta estiver abaixo de 5%.

7-2 Eletricidade Estática

Uma fonte de ignição comum dentro das indústrias químicas é a fagulha resultante do acúmulo de carga estática e da descarga repentina. A eletricidade estática talvez seja a mais "ilusória" das fontes de ignição. Apesar dos esforços consideráveis, explosões e incêndios graves causados pela ignição estática continuam a assolar a indústria de processamento químico.

Os melhores métodos de projeto para prevenir esse tipo de fonte de ignição são desenvolvidos pela compreensão dos fundamentos relevantes para a carga estática, utilizando estes fundamentos para conceber recursos específicos dentro de uma planta a fim de evitar acúmulo da carga estática ou reconhecer as situações nas quais o acúmulo da eletricidade estática é inevitável. Quando o acúmulo da eletricidade estática é inevitável, são adicionados recursos de projeto para inertizar continuamente e confiavelmente a atmosfera em torno das regiões onde as centelhas são prováveis.

Fundamentos de Carga Estática

O acúmulo de carga estática é consequência da separação física entre um mau condutor e um bom condutor ou outro mau condutor. Quando materiais diferentes se tocam, os elétrons se movem através

---

[1] NFPA 69, *Standard on Explosion Prevention Systems*, 1997 ed. (Quincy, MA: National Fire Protection Association, 1997.)

da interface de uma superfície para a outra. Na separação, mais elétrons permanecem em uma superfície do que na outra; um material se torna carregado positivamente e o outro carregado negativamente.

Se ambos os materiais forem bons condutores, o acúmulo de carga em consequência da separação é pequeno porque os elétrons são capazes de passar entre as superfícies. No entanto, se um ou ambos os materiais forem isolantes ou maus condutores, os elétrons não são tão móveis e ficam aprisionados em uma das superfícies, com a magnitude da carga sendo muito maior.

Os exemplos domésticos que resultam em um acúmulo de carga estática são andar sobre um carpete, colocar materiais diferentes em uma máquina de secar roupa, tirar um suéter e pentear o cabelo. A aderência dos tecidos e as centelhas por vezes audíveis são o resultado do acúmulo de carga estática.

Os exemplos industriais comuns são o bombeamento de um líquido não condutor através de uma tubulação, a mistura de líquidos não miscíveis, os sólidos transportados pneumaticamente e o vazamento de vapor que entra em contato com um condutor não aterrado. As cargas estáticas nesses exemplos se acumulam para desenvolver grandes voltagens. O aterramento subsequente produz centelhas grandes e energéticas.

Nas operações industriais onde pode haver vapores inflamáveis, qualquer acúmulo de carga acima de 0,1 mJ é considerado perigoso. As cargas estáticas dessa grandeza são fáceis de gerar; o acúmulo estático criado pela caminhada em um carpete é, em média, de 20 mJ e ultrapassa vários milhares de volts.

Relações eletrostáticas básicas são utilizadas para compreender e investigar as situações de exemplo. Essas relações podem incluir a intensidade de campo produzida pelas cargas estáticas, o potencial eletrostático, a capacitância, os tempos de relaxamento, as correntes e os potenciais nos sistemas de fluxo, e muito mais.

Uma carga eletrostática ocorre quando dois materiais em potenciais ou polaridades diferentes se aproximam um do outro o suficiente para gerar uma transferência de carga. Em um ambiente explosivo essa transferência súbita de cargas pode ser suficientemente energética para atuar como uma fonte de ignição. Para evitar essas ignições, devemos compreender (1) como as cargas se acumulam nos objetos, (2) como as cargas descarregam por meio da transferência de carga e (3) como estimar a energia resultante descarregada em relação à energia mínima de ignição (MIE) do ambiente explosivo.

Acúmulo de Carga

Existem quatro processos[2] de acúmulo de carga relevantes para gerar descargas eletrostáticas perigosas em uma indústria química:

1. Carregamento por contato e atrito: Quando dois materiais, sendo um deles isolante, entram em contato, ocorre uma separação de carga na interface. Se os dois objetos forem separados, algumas das cargas continuam separadas, proporcionando aos dois materiais cargas opostas, mas iguais.

2. Carregamento em dupla camada: A separação da carga ocorre em uma escala microscópica em um líquido, em qualquer interface (sólido-líquido, gás-líquido ou líquido-líquido). À medida que o líquido escoa, ele carrega uma carga e deixa uma carga de sinal oposto na outra superfície; por exemplo, a parede de uma tubulação.

[2] J. A. Cross, *Electrostatics: Principles, Problems and Applications* (Bristol: Adam Higler, 1987).

3. **Carregamento por indução:** Esse fenômeno é aplicável apenas aos materiais que são eletricamente condutores. Uma pessoa com sapatos isolados, por exemplo, pode se aproximar de um tanque suspenso carregado positivamente (preenchido anteriormente com sólidos positivamente carregados). Os elétrons no corpo da pessoa (cabeça, ombros e braços) migram para a carga positiva do tanque, acumulando assim uma quantidade igual de cargas positivas no lado oposto do corpo. Isso deixa a parte inferior do corpo carregada positivamente por indução. Quando um objeto metálico é tocado, há uma transferência de elétrons, criando uma centelha.

4. **Carregamento por transporte:** Quando gotículas de líquido carregadas ou partículas sólidas carregadas se depositam em um objeto isolado, este objeto é carregado. A carga transferida é uma função da capacitância do objeto e das condutividades da gotícula, da partícula e da interface.

Descargas Eletrostáticas[3]

Um objeto carregado pode ser descarregado para um aterramento ou para um objeto carregado opostamente quando a intensidade de campo ultrapassar 3 MV/m (voltagem de ruptura do ar) ou quando a superfície alcançar uma densidade de carga máxima de $2,7 \times 10^{-5}$ C/m² através de seis métodos: (1) centelha, (2) escova propagadora, (3) pilha cônica (às vezes conhecida como descarga de Maurer), (4) escova, (5) descarga tipo raio e (6) descarga tipo corona.

Uma descarga por *centelha* (Figura 7-9) é uma descarga entre dois objetos metálicos. Como ambos os objetos são condutores, os elétrons se movem até sair por um único ponto do objeto carregado e entram em um segundo objeto através de um único ponto. Portanto, é uma centelha energética que pode incendiar uma poeira ou gás inflamável.

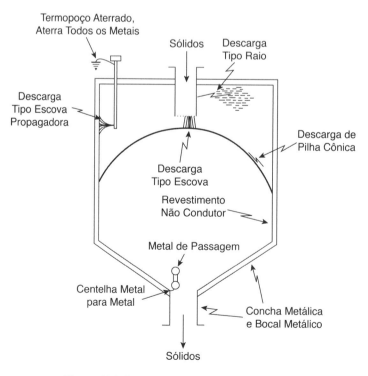

Figura 7-9 Descargas eletrostáticas comuns.

---

[3]T. B. Jones e J. L. King, *Powder Handling and Electrostatics* (Chelsea, MI: Lewis Publishers, 1991).

Conceitos para Prevenir Incêndios e Explosões

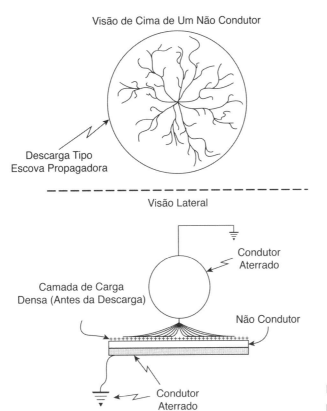

Figura 7-10 Descarga tipo escova propagadora.

Uma descarga tipo *escova propagadora* (Figuras 7-9 e 7-10) é uma descarga de um condutor aterrado quando este se aproxima de um isolante carregado, que é apoiado por um condutor. Essas descargas são energéticas e podem incendiar gases e poeiras inflamáveis. Os dados mostram que as descargas tipo escova propagadora não são possíveis se a voltagem de ruptura do isolante for 4 kV ou menos.[4]

Uma *descarga de pilha cônica* (Figura 7-9) é uma forma de descarga tipo escova que ocorre na superfície cônica de uma pilha de pó.[5] As condições necessárias para essa descarga são: (1) um pó com elevada resistividade ($>10^{10}$ ohm m), (2) um pó com partículas grossas (>1 mm de diâmetro), (3) um pó com alta proporção de carga em relação à massa (por exemplo, carregado via transporte pneumático) e (4) taxas de enchimento acima de 0,5 kg/s, aproximadamente. Trata-se de descargas relativamente intensas com energias de até várias centenas de milijoules; portanto, elas podem incendiar gases e poeiras inflamáveis. Para incendiar poeiras, as partículas grossas precisam de uma fração de partículas finas para gerar uma atmosfera explosiva.

Uma descarga tipo *escova* (Figura 7-9) é uma descarga entre um condutor com ponta relativamente aguda (raio de 0,1–100 mm) e outro condutor ou superfície isolada carregada. Essa descarga irradia do condutor em uma configuração tipo escova. Essa descarga é menos intensa em comparação com a descarga por centelha ponto a ponto e é improvável que incendeie as poeiras. No entanto, as descargas tipo escova podem incendiar gases inflamáveis.

---

[4]B. Maurer, "Discharges due to Electrostatic Charging of Particles in Large Storage Silos", *German Chemical Engineering* (1979), 3: 189-195.

[5]M. Glor and B. Maurer, "Ignition Tests with Discharges from Bulked Polymeric Granules in Silos (Cone Discharge)", *Journal of Electrostatics* (1993), 30: 123-134.

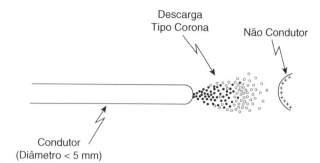

Figura 7-11 Descarga tipo corona.

As descargas *tipo raio* (Figura 7-9) são descargas de uma nuvem no ar acima do pó. Sabe-se, a partir dos experimentos, que as descargas tipo raio não ocorrem nos tanques com volumes abaixo de 60 m³ ou em silos com diâmetros menores do que 3 m.[6] Atualmente não há evidências físicas de que as descargas tipo raio tenham resultado em deflagrações industriais.

Uma descarga tipo *corona* (Figura 7-11) é similar a uma descarga tipo escova. O condutor elétrico tem uma ponta aguda. A descarga de um eletrodo como esse possui energia suficiente para incendiar apenas os gases mais sensíveis (por exemplo, o hidrogênio).

Energia das Descargas Eletrostáticas

A energia gerada nas descargas eletrostáticas comparada com as energias mínimas de ignição dos gases, vapores e poeiras é ilustrada na Figura 7-12. Em geral, os resultados mostram que os gases e vapores inflamáveis podem ser incendiados por descargas de centelha, escova, pilha cônica e escova propagadora e que as poeiras inflamáveis podem ser incendiadas apenas por descargas de centelha, escova propagadora e pilha cônica. As regiões contidas nas linhas tracejadas da Figura 7-12 indicam regiões de incerteza.

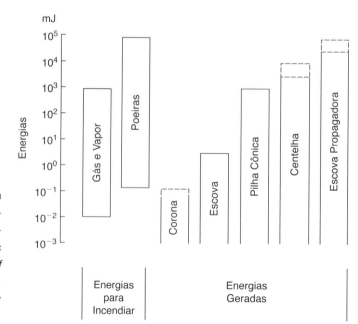

Figura 7-12 Energias mínimas de ignição em comparação com as energias de descarga eletrostática. Adaptado de M. Glor e B. Maurer, "Ignition Tests with Discharges from Bulked Polymeric Granules in Silos (Cone Discharge)", *Journal of Electrostatics* (1993), 30: 123-134; e M. Glor, *Electrostatic Hazards in Powder Handling* (New York: Wiley, 1988).

---

[6]P. Boschung, W. Hilgner, G. Luttgens, B. Maurer, and A. Wider, "An Experimental Contribution to the Question of the Existence of Lightning-like Discharges in Dust Clouds", *Journal of Electrostatics* (1977), 3: 303-310.

Energia das Fontes Eletrostáticas de Ignição

Uma centelha é gerada entre dois condutores quando a distância entre os mesmos é pequena em comparação com o diâmetro do condutor, e quando a intensidade do campo elétrico entre os condutores é de aproximadamente 3 MV/m. Uma descarga tipo escova é gerada se a distância entre os condutores for grande em comparação com o raio de curvatura do condutor.

A energia de uma descarga por centelha é uma função da carga acumulada (Q em coulombs) no objeto, da capacitância do objeto (C em farads) e do potencial ou voltagem (V em volts) do objeto. Essas três variáveis são relacionadas pela expressão $C = Q/V$. A energia real (expressa em joules) associada ao processo de descarga é dada por

$$J = \frac{Q^2}{2C}. \tag{7-20}$$

A Equação 7-20 supõe uma descarga tipo capacitância (ou seja, uma centelha); no entanto, a capacitância e a voltagem não são definidas nos sistemas não condutores. Portanto, a Equação 7-20 é válida apenas para centelhas capacitivas, mas é utilizada quantitativamente para as outras descargas.

Um critério utilizado frequentemente para estimar o perigo potencial de uma descarga é comparar a MIE da mistura combustível-ar com a energia equivalente da descarga. Uma determinação experimental exata da MIE, nas condições específicas do sistema, costuma ser necessária. As MIEs são exibidas na Tabela 6-4 para uma série de gases inflamáveis e na Tabela 6-8 para poeiras.

A energia da descarga estática é uma função da carga acumulada. Em um contexto industrial, essa carga acumulada geralmente é o resultado do carregamento por contato ou por atrito dos sólidos em escoamento e do carregamento em camada dupla dos líquidos em escoamento. Em cada caso, a carga (elétrons) é transportada com o material. A medida desse escoamento de elétrons é um fluxo de corrente, sendo representado em coulombs por segundo ou amps.

Fluxo de Corrente

Um fluxo de corrente I_S é o fluxo de eletricidade produzido pela transferência de elétrons de uma superfície para outra por um líquido ou sólido em escoamento. Quando um líquido ou sólido escoa por uma tubulação (de metal ou vidro), desenvolve-se uma carga eletrostática no material em escoamento. Essa corrente é análoga à corrente em um circuito elétrico. A relação entre o fluxo de corrente de um líquido e o comprimento e diâmetro da tubulação e velocidade e propriedades do líquido é fornecida por[7]

$$I_S = \left[\frac{10 \times 10^{-6}\,\text{amp}}{(\text{m/s})^2 (\text{m})^2}\right](ud)^2 \left[1 - \exp\left(-\frac{L}{u\tau}\right)\right], \tag{7-21}$$

em que

I_S é o fluxo de corrente (amps),

u é a velocidade (m/s),

---

[7]L. G. Britton, *Avoiding Static Ignition Hazards in Chemical Operations* (New York: American Institute of Chemical Engineers, 1999).

d é o diâmetro da tubulação (m),

L é o comprimento da tubulação (m) e

τ é o tempo de relaxamento do líquido (segundos).

O tempo de relaxamento é o tempo necessário para uma carga dissipar por vazamento. Ele é determinado por

$$\boxed{\tau = \frac{\varepsilon_r \varepsilon_0}{\gamma_c},} \qquad (7\text{-}22)$$

em que

τ é o tempo de relaxamento (segundos),

ε_r é a constante dielétrica relativa (adimensional),

ε_0 é a constante de permissividade, ou seja,

$$8{,}85 \times 10^{-12} \frac{\text{coulomb}^2}{\text{N m}^2} = 8{,}85 \times 10^{-14} \frac{\text{s}}{\text{ohm cm}}, \text{ e}$$

γ_c é a condutividade específica (mho/cm).

As condutividades específicas e as constantes dielétricas relativas são apresentadas na Tabela 7-2.

Cargas também são acumuladas quando os sólidos são transportados. O acúmulo resulta da separação das superfícies de partículas sólidas. Como as geometrias dos sólidos quase sempre são maldefinidas, os cálculos eletrostáticos dos sólidos são tratados empiricamente.

O fluxo de corrente gerado durante o transporte de sólidos é uma função do método de processamento dos sólidos (veja Tabela 7-3) e da vazão, como mostrado por

$$I_S = \left(\frac{\text{coulombs}}{\text{kg}}\right)\left(\frac{\text{kg}}{\text{s}}\right), \qquad (7\text{-}23)$$

em que

I_S é em coulombs/segundo ou amps,

coulombs/kg é fornecido na Tabela 7-3 e

kg/s é a vazão dos sólidos.

Algumas diretrizes geralmente aceitas nos cálculos eletrostáticos são exibidas na Tabela 7-4.

Tabela 7-2 Propriedades dos Cálculos Eletrostáticos[a]

Material	Condutividade específica[b] (mho/cm)	Constante dielétrica
Líquidos		
Benzeno	$7,6 \times 10^{-8}$ a $<1 \times 10^{-18}$	2,3
Tolueno	$<1 \times 10^{-14}$	2,4
Xileno	$<1 \times 10^{-15}$	2,4
Heptano	$<1 \times 10^{-18}$	2,0
Hexano	$<1 \times 10^{-18}$	1,9
Metanol	$4,4 \times 10^{-7}$	33,7
Etanol	$1,5 \times 10^{-7}$	25,7
Isopropanol	$3,5 \times 10^{-6}$	25,0
Água	$5,5 \times 10^{-6}$	80,4
Outros materiais e ar		
Ar		1,0
Celulose	$1,0 \times 10^{-9}$	3,9–7,5
Pirex	$1,0 \times 10^{-14}$	4,8
Parafina	10^{-16} a $0,2 \times 10^{-18}$	1,9–2,3
Borracha	$0,33 \times 10^{-13}$	3,0
Ardósia	$1,0 \times 10^{-8}$	6,0–7,5
Teflon	$0,5 \times 10^{-13}$	2,0
Madeira	10^{-10} a 10^{-13}	3,0

[a]J. H. Perry, *Chemical Engineers' Handbook*, 3rd. ed. (New York: McGraw-Hill, 1950), p. 1734.
[b]Resistência = 1/condutividade = 1/(mho/cm) = ohm cm.

Tabela 7-3 Acúmulo de Carga de Várias Operações[a]

Processo	Carga (coulomb/kg)
Peneiramento	10^{-9} a 10^{-11}
Derramamento	10^{-7} a 10^{-9}
Trituração	10^{-6} a 10^{-7}
Micronização	10^{-4} a 10^{-7}
Deslizamento	10^{-5} a 10^{-7}
Transporte pneumático de sólidos	10^{-5} a 10^{-7}

[a]R. A. Mancini, "The Use (and Misuse) of Bonding for Control of Static Ignition Hazards", *Plant/Operations Progress* (Jan. 1988) 7(1): 24.

Tabela 7-4 Valores Eletrostáticos Aceitos nos Cálculos[a]

Voltagem para produzir uma centelha entre pontas de agulha com 1/2 in de afastamento	14.000 V
Voltagem para produzir centelha entre placas com 0,01 mm de afastamento	350 V
Densidade máxima de carga antes da descarga tipo corona	$2,65 \times 10^{-9}$ coulomb/cm^2
Energias mínimas de ignição (mJ)	
Vapores no ar	0,1
Névoas no ar	1,0
Poeiras no ar	10,0
Capacitâncias aproximadas C (micro-microfarads)	
Seres humanos	100 a 400
Automóveis	500
Caminhão-tanque (2000 galões)	1000
Tanque (12 ft de diâmetro com isolamento)	100.000
Capacitância entre duas flanges de 2 in (1/8 in de intervalo)	20
Potenciais zeta dos contatos	0,01–0,1 V

[a]F. G. Eichel, "Electrostatics", *Chemical Engineering* (March 13, 1967), p. 163.

Queda de Voltagem Eletrostática

A Figura 7-13 ilustra um tanque com uma linha de alimentação. O líquido escoa pela linha de alimentação e cai no tanque. O fluxo de corrente acumula uma carga e uma voltagem na linha de alimentação para o tanque e no próprio tanque. A voltagem do aterramento elétrico na linha metálica até o final da tubulação de vidro é calculada utilizando

$$V = I_S R. \tag{7-24}$$

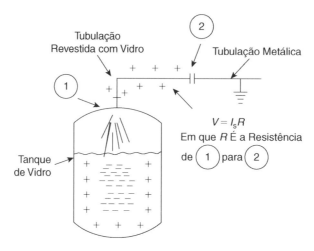

Figura 7-13 Acúmulo de carga elétrica em uma linha de alimentação resultante do escoamento de líquido.

A resistência R (em ohms) é calculada através da condutividade do líquido y_c (em mho/cm), o comprimento do condutor L (em cm), e a área A do condutor (em cm²):

$$R = \frac{L}{\gamma_c A}. \tag{7-25}$$

A relação mostra que, à medida que a área do condutor aumenta, a resistência diminui e, se o comprimento do condutor aumentar, a resistência aumenta.

Energia dos Capacitores Carregados

A quantidade de trabalho necessária para aumentar a carga de um capacitor de Q para Q + dQ é dJ = VdQ, em que V é a diferença de potencial e a carga é Q. Como V = Q/C, a integração produz a Equação 7-20, e as substituições produzem

$$J = \frac{CV^2}{2}, \tag{7-26}$$

$$J = \frac{QV}{2}. \tag{7-27}$$

As unidades utilizadas nas Equações 7-26 e 7-27 geralmente são C em farads, V em volts, Q em coulombs e J em joules.

As capacitâncias de vários materiais utilizados na indústria química são fornecidas na Tabela 7-5.

As cargas podem se acumular em consequência de um fluxo de corrente $dQ/dt = I_S$. Supondo um fluxo de corrente constante,

$$Q = I_S t, \tag{7-28}$$

Tabela 7-5 Capacitância de Vários Objetos[a]

Objeto	Capacitância (farad)
Colher pequena, lata de cerveja, ferramentas	5×10^{-12}
Baldes, pequenos tambores	20×10^{-12}
Recipientes de 50 a 100 galões	100×10^{-12}
Pessoa	200×10^{-12}
Automóvel	500×10^{-12}
Caminhão-tanque	1000×10^{-12}

[a]R. A. Mancini, "The Use (and Misuse) of Bonding for Control of Static Ignition Hazards", *Plant/Operations Progress* (Jan. 1988), 7(1): 24.

em que I_s é em amps e t em segundos. A Equação 7-28 supõe que o sistema começa sem acúmulo de carga, com apenas uma fonte constante de carga I_s e nenhuma perda de corrente ou de carga (veja a subseção "Balanço de Cargas", mais adiante, para obter um sistema mais complexo).

Exemplo 7-4

Determine a voltagem desenvolvida entre um bocal de carregamento e um tanque aterrado, como mostra a Figura 7-14. Calcule também a energia armazenada no bocal e a energia acumulada no líquido. Explique os perigos potenciais nesse processo para uma vazão de

a. 1 gpm
b. 150 gpm

Os dados são

Comprimento da mangueira:	20 ft
Diâmetro da mangueira:	2 in
Condutividade do líquido:	10^{-8} mho/cm
Constante dielétrica ε_r:	25,7
Densidade:	0,88 g/cm³

Solução

a. Como a mangueira e o bocal não são aterrados, a voltagem gerada na ponta do bocal é $V = IR$. A resistência é calculada através da Equação 7-25 para o líquido condutor com um comprimento de resistência equivalente ao comprimento da mangueira (do solo perto da bomba até o bocal) e uma área de resistência equivalente à área transversal do líquido condutor:

$$L = (20 \text{ ft})(12 \text{ in/ft})(2,54 \text{ cm/in}) = 610 \text{ cm},$$
$$A = \pi r^2 = (3,14)(1 \text{ in})^2(2,54 \text{ cm/in})^2 = 20,3 \text{ cm}^2.$$

Utilizando a Equação 7-25, obtemos

$$R = \left(\frac{1}{\gamma_c}\right)\left(\frac{L}{A}\right)$$
$$= (10^8 \text{ ohm cm})\left(\frac{610 \text{ cm}}{20,3 \text{ cm}^2}\right)$$
$$= 3,00 \times 10^9 \text{ ohm}.$$

O fluxo de corrente é uma função da velocidade e do diâmetro da tubulação. A velocidade média na tubulação é

$$u = \left(\frac{1 \text{ gal/min}}{3,14 \text{ in}^2}\right)\left(\frac{\text{ft}^3}{7,48 \text{ gal}}\right)\left(\frac{144 \text{ in}^2}{\text{ft}^2}\right)\left(\frac{1 \text{ min}}{60 \text{ s}}\right)$$
$$= 0,102 \text{ ft/s} = 3,1 \times 10^{-2} \text{ m/s}.$$

Conceitos para Prevenir Incêndios e Explosões

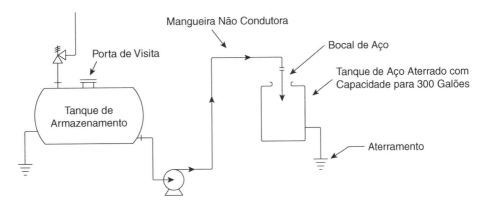

Figura 7-14 Sistema do Exemplo 7-4.

O tempo de relaxamento é estimado utilizando a Equação 7-22:

$$\tau = \frac{\varepsilon_r \varepsilon_0}{\gamma_c} = \frac{(25,7)\left(8,85 \times 10^{-14} \frac{\text{mho} \times \text{s}}{\text{cm}}\right)}{10^{-8} \text{mho/cm}}$$

$$= 22,7 \times 10^{-5} \text{ s.}$$

O fluxo de corrente agora é determinado através da Equação 7-21:

$$I_S = \left[\frac{10 \times 10^{-6} \text{ amp}}{(\text{m/s})^2 (\text{m})^2}\right](ud)^2\left[1 - \exp\left(-\frac{L}{u\tau}\right)\right]$$

$$= \left[\frac{10 \times 10^{-6} \text{ amp}}{(\text{m/s})^2 (\text{m})^2}\right]\left[(3,1 \times 10^{-2})\left(\frac{2}{12 \times 3,28}\right)\right]^2\left[1 - \exp\left(-\frac{20}{0,102 \times 2,27 \times 10^{-4}}\right)\right]$$

$$= (9,6 \times 10^{-9})(2,58 \times 10^{-3})(1 - 0) = 2,48 \times 10^{-11} \text{ amp.}$$

Método 1: Calculando a energia acumulada no capacitor formado entre as flanges no bocal. Uma centelha entre as flanges pode ser uma fonte de ignição. A queda de voltagem na linha de 20 ft é igual à queda de voltagem da flange da mangueira até a flange do bocal, supondo que o bocal seja aterrado. Portanto, a voltagem é

$$V = IR = (2,48 \times 10^{-11} \text{ amp})(3,0 \times 10^9 \text{ ohm})$$

$$= 0,074 \text{ volt.}$$

A capacitância entre as duas flanges de 1 in é fornecida na Tabela 7-4, ou seja,

$$C = 20 \times 10^{-12} \text{ farads} = 20 \times 10^{-12} \text{ coulomb/volt.}$$

A energia é determinada utilizando a Equação 7-26:

$$J = \frac{CV^2}{2} = \left[\frac{20 \times 10^{-12}(0,074)^2}{2}\right] = 5,49 \times 10^{-14} \text{ Joules.}$$

Essa energia é significativamente mais baixa do que a energia necessária para incendiar um gás inflamável (0,1 mJ); portanto, não há perigo no bocal.

Método 2: Calculando a energia acumulada no capacitor formado pelo tanque de líquido. Uma descarga tipo escova pode saltar desse líquido para um componente metálico como um termopar aterrado. A carga acumulada é calculada utilizando a Equação 7-28:

$$Q = I_S t,$$

com o tempo igual ao tempo de enchimento do tanque:

$$t = (300 \text{ gal}/1 \text{ gpm})(60 \text{ s/min}) = 18.000 \text{ s}.$$

A substituição na Equação 7-28 produz

$$Q = I_S t = (2{,}48 \times 10^{-11} \text{ amp})(18.000 \text{ s})$$
$$= 4{,}46 \times 10^{-7} \text{ coulomb}.$$

A capacitância do líquido é estimada em um décimo da capacitância de um tanque de 2000 galões, exibido na Tabela 7-4; portanto,

$$C = 100 \times 10^{-12} \text{ farads} = 100 \times 10^{-12} \text{ coulomb/volt},$$

e a energia acumulada é determinada utilizando a Equação 7-20:

$$J = \frac{Q^2}{2C} = \frac{(4{,}46 \times 10^{-7} \text{ coulomb})^2}{2(100 \times 10^{-12} \text{ farads})} = 9{,}9 \times 10^{-4} \text{ Joule} = 0{,}99 \text{ mJ}.$$

Isso ultrapassa a energia necessária para incendiar um gás inflamável (0,1 mJ). Nessa situação, o tanque deveria ser purgado com nitrogênio para manter a concentração do vapor inflamável abaixo do LFL.

b. Esse caso é idêntico, exceto em que a vazão é mais alta, 150 gpm *versus* 1 gpm, do que no caso a:

$$u = \left(0{,}102 \frac{\text{ft}}{\text{s}}\right)\left(\frac{150 \text{ gpm}}{1 \text{ gpm}}\right) = 4{,}66 \frac{\text{m}}{\text{s}}.$$

A resistência é a mesma do caso a, ou seja, $3{,}0 \times 10^9$ ohm:

$$\tau = 22{,}7 \times 10^{-5} \text{ s}.$$

O fluxo de corrente, segundo a Equação 7-21, é

$$I_S = \left[\frac{10 \times 10^{-6} \text{ amp}}{(\text{m/s})^2 (\text{m})^2}\right][(4{,}66 \text{ m/s})(0{,}051 \text{ m})]^2 \left[1 - \exp\left(-\frac{20 \text{ ft}}{15{,}3 \text{ ft/s} \times 2{,}27 \times 10^{-4} \text{ s}}\right)\right]$$
$$= 5{,}65 \times 10^{-7}(1 - 0) = 5{,}65 \times 10^{-7} \text{ amp}.$$

Método 1: Cálculo da energia acumulada no capacitor formado entre as flanges no bocal:

$$V = IR = (5{,}65 \times 10^{-7} \text{ amp})(3 \times 10^9 \text{ ohm}) = 1695 \text{ volts}.$$

A energia acumulada mais uma vez é calculada através da Equação 7-26:

$$J = \frac{CV^2}{2} = \frac{(20 \times 10^{-12})(1695)^2}{2} = 0{,}000029 \text{ J} = 0{,}029 \text{ mJ}.$$

Isso é menos do que a energia necessária para incendiar um gás inflamável (0,1 mJ).

Método 2: Cálculo da energia acumulada no capacitor formado pelo tanque de líquido:

$$t = \frac{300 \text{ gal}}{150 \text{ gpm}} \left(\frac{60 \text{ s}}{\text{min}}\right) = 160 \text{ s},$$

$$Q = I_S t = (5{,}65 \times 10^{-7})(160) = 9 \times 10^{-5} \text{ coulombs},$$

$$J = \frac{Q^2}{2C} = \frac{(9 \times 10^{-5})^2}{2(100 \times 10^{-12})} = 40 \text{ Joules} \gg 0{,}1 \text{ mJ}.$$

Essa energia ultrapassa 0,1 mJ. Esse problema ilustra a importância da inertização. É relativamente fácil acumular energias que ultrapassam 0,1 mJ.

Capacitância de um Corpo

O acúmulo de uma carga em uma superfície em relação a outra superfície produz um capacitor. Na indústria química as propriedades do capacitor desenvolvido são estimadas presumindo placas planas paralelas ou geometrias esféricas. Por exemplo, a capacitância de um tanque ou de uma pessoa é estimada supondo geometrias esféricas, e a capacitância da sola do sapato de uma pessoa ou de um revestimento não corrosivo de um tanque é estimada supondo placas planas paralelas. Vários exemplos são exibidos na Figura 7-15.

A capacitância C de um corpo é Q/V. Em uma esfera com raio r a voltagem desenvolvida quando uma carga Q é acumulada é derivada por meio da física elementar:

$$V = \frac{1}{4\pi\varepsilon_0} \frac{Q}{\varepsilon_r r}. \tag{7-29}$$

Portanto, como $C = Q/V$, a capacitância de um corpo esférico é

$$\boxed{C = 4\pi\varepsilon_r \varepsilon_0 r,} \tag{7-30}$$

em que

ε_r é a constante dielétrica relativa (adimensional),

ε_0 é a permissividade ($8{,}85 \times 10^{-12}$ coulomb^2/N m^2 = $2{,}7 \times 10^{-12}$ coulomb/volt ft),

r é o raio da esfera e

C é a capacitância.

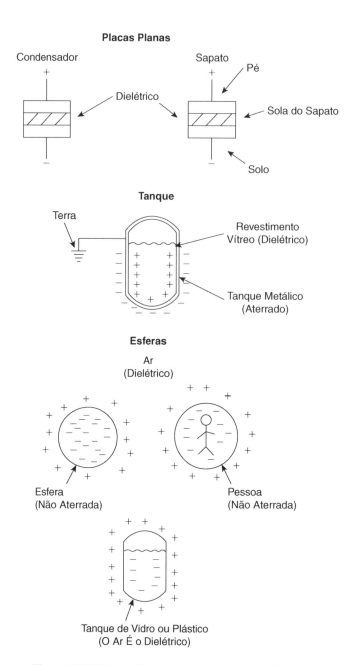

Figura 7-15 Tipos diferentes de capacitores industriais.

Para duas placas paralelas,

$$V = \frac{QL}{\varepsilon_r \varepsilon_0 A}. \tag{7-31}$$

Portanto, a capacitância entre as placas paralelas é

$$\boxed{C = \frac{\varepsilon_r \varepsilon_0 A}{L},} \tag{7-32}$$

Conceitos para Prevenir Incêndios e Explosões

em que

> A é a área da superfície e
>
> L é a espessura do dielétrico.

Exemplo 7-5

Estime a capacitância de uma pessoa (6,2 ft de altura) em pé em um piso de madeira seco.

Solução

A capacitância dessa pessoa é estimada supondo que essa pessoa tenha um formato esférico e que seja circundada por ar (ε_r é 1,0 para o ar). Utilizando a Equação 7-30 para uma esfera, temos

$$C = 4\pi\varepsilon_r\varepsilon_0 r$$
$$= 4(3,14)(1,0)\left(2,7 \times 10^{-12}\frac{\text{coulomb}}{\text{volt ft}}\right)\left(\frac{6,17\text{ ft}}{2}\right)$$
$$= 1,05 \times 10^{-10}\frac{\text{coulomb}}{\text{volt}}.$$

A capacitância calculada é próxima do volume apresentado para uma pessoa na Tabela 7-5.

Exemplo 7-6

Estime a capacitância de uma pessoa em pé sobre um piso condutor. Suponha que a sola do sapato da pessoa a separe do solo; ou seja, que a sola do sapato é o dielétrico do capacitor. Dado que

Área da sola do sapato (ft^2) = 2 sapatos (0,4 ft^2 cada)

Espessura da sola do sapato = 0,2 in

Constante dielétrica da sola do sapato = 3,5

Solução

Utilize a Equação 7-32, que para as placas planas paralelas é

$$C = \frac{\varepsilon_r\varepsilon_0 A}{L}$$
$$= \frac{(3,5)\left(2,7 \times 10^{-12}\frac{\text{coulomb}}{\text{volt ft}}\right)(0,8\text{ ft}^2)}{\left(\frac{0,2\text{ in}}{12\text{ in/ft}}\right)}$$
$$= 4,54 \times 10^{-10}\text{ farads}.$$

Exemplo 7-7

Estime o acúmulo de carga e a energia acumulada como consequência do fato de uma pessoa (isolada do piso) despejando 30 lb de um pó seco, utilizando uma colher, em um tambor de 20 galões. Suponha que a capacitância da pessoa seja 300×10^{-12} farad.

Solução

Essa operação é do tipo contato deslizante. A partir da Tabela 7-3 essa operação gera uma carga de 10^{-5} coulomb/kg. Portanto, o acúmulo de carga é

$$Q = \left(10^{-5}\frac{\text{coulombs}}{\text{kg}}\right)(30\text{ lb})\left(0{,}454\frac{\text{kg}}{\text{lb}}\right) = 1{,}36 \times 10^{-4}\text{ coulombs}.$$

A energia acumulada, segundo a Equação 7-20, é

$$J = \frac{Q^2}{2C} = \frac{(1{,}36 \times 10^{-4}\text{ coulombs})^2}{2(300 \times 10^{-12}\text{ farad})} = 30{,}8\text{ Joules}.$$

Esses resultados ilustram que a energia ultrapassa o requisito para gerar uma centelha capaz de incendiar um gás inflamável. Essa centelha seria descarregada se a pessoa se aproximasse de um aterramento, com a mão ou com a colher.

Uma carga igual e de sinal contrário também é acumulada no pó no tambor isolado. Portanto, o pó carregado é outra fonte de ignição. Por exemplo, se um objeto aterrado de qualquer tipo for colocado perto dos sólidos, pode ser gerada uma centelha energética.

Balanço de Cargas

Alguns sistemas são mais complexos em relação ao que foi discutido anteriormente; por exemplo, um tanque pode ter várias linhas de entrada e várias linhas de saída. Um exemplo é ilustrado na Figura 7-16.

Para esse tipo de sistema, é necessário um balanço de carga para estabelecer a carga e a energia acumulada em função do tempo. O balanço de carga é desenvolvido considerando-se os fluxos de corrente que entram, a carga carregada pelas correntes que saem e a perda de carga resultante do relaxamento. O resultado é

$$\boxed{\frac{dQ}{dt} = \sum_{i}^{n}(I_S)_{i,\text{in}} - \sum_{j}^{m}(I_S)_{j,\text{out}} - \frac{Q}{\tau},} \qquad (7\text{-}33)$$

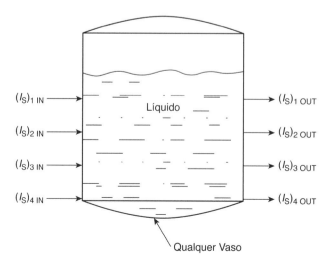

Figura 7-16 Vaso com várias entradas e saídas.

Conceitos para Prevenir Incêndios e Explosões

em que

$(I_S)_{i,\text{in}}$ é o fluxo de corrente que entra no tanque através de uma linha de entrada específica *i* de um conjunto de *n* linhas,

$(I_S)_{j,\text{out}}$ é a corrente que sai por uma linha de saída específica *j* de um conjunto de *m* linhas,

Q/τ é a perda de carga resultante do relaxamento e

τ é o tempo de relaxamento.

$(I_S)_{j,\text{out}}$ é uma função da carga acumulada no vaso e da taxa de descarga *F* do bocal de saída *j* específico:

$$\boxed{(I_S)_{j,\text{out}} = \frac{F_j}{V_c} Q,} \qquad (7\text{-}34)$$

em que

V_c é o volume do recipiente ou tanque e

Q é a carga total no vaso.

Substituindo a Equação 7-34 na Equação 7-33, temos

$$\frac{dQ}{dt} = \sum (I_S)_{i,\text{in}} - \sum \frac{F_j}{V_c} Q - \frac{Q}{\tau}. \qquad (7\text{-}35)$$

Se os escoamentos, fluxos de corrente e tempos de relaxamento forem constantes, a Equação 7-35 é uma equação diferencial linear que pode ser solucionada utilizando técnicas-padrão. O resultado é

$$\boxed{Q = A + Be^{-C}t,} \qquad (7\text{-}36)$$

em que

$$A = \frac{\sum (I_S)_{i,\text{in}}}{\left(\dfrac{1}{\tau} + \sum \dfrac{F_n}{V_c}\right)},$$

$$B = Q_0 - \frac{\sum (I_S)_{i,\text{in}}}{\left(\dfrac{1}{\tau} + \sum \dfrac{F_n}{V_c}\right)},$$

$$C = \left(\frac{1}{\tau} + \sum \frac{F_n}{V_c}\right).$$

Q_0 é a carga inicial no tanque em $t = 0$. Essas equações, além das equações descritas anteriormente (equações para I_S e J), são utilizadas para calcular Q e J em função do tempo. Portanto, os perigos dos sistemas relativamente complexos podem ser avaliados.

A Equação 7-36 também é utilizada quando as taxas de enchimento e descarga forem sequenciais. Nesse caso, Q é calculado para cada etapa com $\sum(I_s)_{i,in}$ e $\sum(F_n/V_c)$ especificados para a etapa em questão, e Q_0 inicial provém do passo anterior.

Um exemplo de operação sequencial é (1) carregamento de benzeno em um tanque em uma taxa definida, através de uma linha de tamanho conhecido, (2) carregamento de metanol e tolueno através de duas linhas diferentes em taxas diferentes, (3) manutenção do lote por um período especificado e (4) descarregamento do lote através de uma linha diferente em uma taxa especificada. Se os tamanhos da linha, as taxas e os materiais de construção forem conhecidos, o perigo potencial de cada etapa da operação pode ser estimado.

Exemplo 7-8

Um grande tanque (50.000 galões) está sendo abastecido com tolueno. Calcule Q e J durante a operação de enchimento quando o tanque está cheio pela metade (25.000 galões) e sendo

$F = 100$ gpm,

$I_S = 1{,}5 \times 10^{-7}$ amp,

Condutividade do líquido $= 10^{-14}$ mho cm^{-1} e

Constante dielétrica $= 2{,}4$.

Solução

Como existe apenas uma linha de entrada e nenhuma linha de saída, a Equação 7-33 se reduz para

$$\frac{dQ}{dt} = I_S - \frac{Q}{\tau}.$$

Portanto,

$$Q = I_S\tau + (Q_0 - I_S\tau)e^{-t/\tau}.$$

Como o tanque está inicialmente vazio, $Q_0 = 0$. O tempo de relaxação é calculado utilizando a Equação 7-22:

$$\tau = \frac{\varepsilon_r \varepsilon_0}{\gamma_c} = \frac{(2{,}4)\left(8{,}85 \times 10^{-14}\,\dfrac{\text{s}}{\text{ohm cm}}\right)}{(10^{-14}\,\text{mho cm}^{-1})} = 21{,}2\text{ s}.$$

O acúmulo de carga em função do tempo é

$$Q(t) = I_S\tau(1 - e^{-t/\tau}) = \left(1{,}5 \times 10^{-7}\,\frac{\text{coulomb}}{\text{s}}\right)(21{,}2\text{ s})(1 - e^{-t/21{,}2}).$$

Conceitos para Prevenir Incêndios e Explosões

Quando o tanque contém 25.000 galões, o tempo decorrido é igual a 15.000 s. Portanto,

$$Q(15.000 \text{ s}) = 3{,}19 \times 10^{-6} \text{ coulombs.}$$

A capacitância desse tanque é estimada supondo uma geometria esférica circundada por ar:

$$V_t = \frac{4}{3}\pi r^3,$$

$$r = \left(\frac{3V_t}{4\pi}\right)^{1/3}$$

$$= \left(\frac{3}{4\pi}\frac{25.000 \text{ gal}}{7{,}48 \text{ gal ft}^{-3}}\right)^{1/3} = 9{,}27 \text{ ft.}$$

Utilizando a Equação 7-30 e supondo um dielétrico igual a 1 para o ar, obtemos

$$C = 4\pi\varepsilon_r\varepsilon_0 r = 4(3{,}14)(1{,}0)\left(2{,}7 \times 10^{-12}\frac{\text{coulomb}}{\text{volt ft}}\right)(9{,}27 \text{ ft})$$

$$= 3{,}14 \times 10^{-10} \text{ farads.}$$

A energia armazenada no tanque (25.000 galões de tolueno) é calculada através da Equação 7-20:

$$J = \frac{Q^2}{2C} = \frac{(3{,}19 \times 10^{-6} \text{ coulomb})^2}{2(3{,}14 \times 10^{-10} \text{ farad})} = 16{,}2 \text{ mJ.}$$

A condição mínima para uma ignição é 0,10 mJ; portanto, as condições de operação deste tanque são extremamente perigosas.

Exemplo 7-9

A Figura 7-17 mostra um *trap* para remover a água de uma corrente de processo. Calcule:

a. Q e J quando o líquido do tanque acabar de atingir a linha de transbordamento (comece com um tanque vazio).

b. Q e J nas condições de equilíbrio ($t = \infty$).

c. O tempo necessário para reduzir a carga acumulada para a metade da carga de equilíbrio se os escoamentos forem interrompidos após alcançar as condições de equilíbrio.

d. A carga removida com a descarga nas condições de equilíbrio.

Dado:

Volume do tanque = 5 galões

Vazão = 100 gpm de tolueno

Fluxo de corrente $I_s = 1{,}5 \times 10^{-7}$ amp (valor alto devido ao filtro na linha)

Condutividade do líquido = 10^{-14} mho/cm

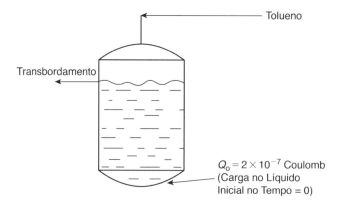

Figura 7-17 Acúmulo de carga em um sistema complexo de tancagem.

Constante dielétrica = 2,4

Carga inicial do tanque = 2×10^{-7} coulomb

Solução

a. O tempo de residência do tanque é

$$\text{Tempo de residência} = \left(\frac{5 \text{ gal}}{100 \text{ gpm}}\right)\left(\frac{60 \text{ s}}{\text{min}}\right) = 3{,}00 \text{ s}.$$

O tempo de relaxamento é determinado através da Equação 7-22:

$$\tau = \frac{\varepsilon_r \varepsilon_0}{\gamma_c} = \frac{(2{,}4)\left(8{,}85 \times 10^{-14} \frac{\text{s}}{\text{ohm cm}}\right)}{10^{-14} \frac{\text{mho}}{\text{cm}}} = 21{,}2 \text{ s}.$$

Durante a operação de enchimento, antes de o nível do líquido alcançar a linha de descarga, as Equações 7-35 e 7-36 se reduzem a

$$\frac{dQ}{dt} = I_S - \frac{Q}{\tau},$$

$$Q(t) = I_S \tau + (Q_0 - I_S \tau)e^{-t/\tau}$$

$$= 1{,}5 \times 10^{-7} \frac{\text{coulomb}}{\text{s}}(21{,}2 \text{ s})$$

$$+ [2 \times 10^{-7} \text{ coulomb} - 1{,}5 \times 10^{-7} \text{ amp}(21{,}24 \text{ s})]e^{-t/21{,}2}$$

$$= 3{,}18 \times 10^{-6} - 2{,}98 \times 10^{-6} e^{-t/21{,}2},$$

com $Q(t)$ em coulombs e t em segundos. Em 3 segundos,

$$Q(t = 3 \text{ s}) = 5{,}93 \times 10^{-7} \text{ coulombs}.$$

Esse é o acúmulo de carga logo antes de chegar à linha de transbordamento.

A capacitância do tanque é calculada supondo uma geometria esférica com o ar circundante servindo como dielétrico. Como 5 galões = 0,668 ft³, o raio dessa esfera é

$$r = \left[\frac{3(0,668 \text{ ft}^3)}{4\pi}\right]^{1/3} = 0,542 \text{ ft}.$$

A capacitância é estimada através da Equação 7-30:

$$C = 4\pi\varepsilon_r\varepsilon_0 r = 4\pi(1,0)\left(2,7 \times 10^{-12} \frac{\text{coulomb}}{\text{volt ft}}\right)(0,542 \text{ ft})$$

$$= 1,84 \times 10^{-11} \text{ farads}.$$

A energia acumulada no tanque é estimada utilizando a Equação 7-20:

$$J = \frac{Q^2}{2C} = \frac{(5,93 \times 10^{-7} \text{ coulomb})^2}{2(1,84 \times 10^{-11} \text{ farads})} = 9,55 \text{ mJ}.$$

A energia acumulada (9,55 mJ) ultrapassa em muito a quantidade necessária para a ignição dos materiais inflamáveis. Esse sistema está operando em condições perigosas.

b. Esse tanque vai se nivelar gradualmente nas condições de equilíbrio quando o tempo de operação ultrapassar significativamente o tempo de relaxamento; portanto, o termo exponencial da Equação 7-36 é 0. A Equação 7-36 se reduz, nesse caso, para

$$Q(t = \infty) = \frac{I_S}{\left(\frac{1}{\tau} + \frac{F}{V_c}\right)} = \frac{(1,5 \times 10^{-7} \text{ amps})}{\left(\frac{1}{21,2} + \frac{1}{3}\right)\text{s}^{-1}} = 3,94 \times 10^{-7} \text{ coulomb}.$$

Segundo a parte a, a capacitância é $C = 1,84 \times 10^{-11}$ farads. A energia é determinada através da Equação 7-20:

$$J = \frac{Q^2}{2C} = \frac{(3,94 \times 10^{-7} \text{ coulombs})^2}{2(1,84 \times 10^{-11} \text{ farads})} = 4,22 \text{ mJ}.$$

Embora haja uma perda de carga adicional com o transbordamento do líquido, o sistema ainda está operando em condições perigosas.

c. Após a interrupção do fluxo de entrada, $(I_S)_{in}$ e $(I_S)_{out}$ são zero e a Equação 7-36 se reduz para

$$Q = Q_0 e^{-t/\tau}.$$

Para $Q/Q_0 = 0,5$, a partir da definição do problema,

$$0,5 = e^{-t/\tau}$$

$$t = (21,2 \text{ s})\ln 2 = 14,7 \text{ s}.$$

Portanto, leva apenas 15 s para reduzir a carga acumulada para a metade da sua carga inicial.

d. Nas condições de equilíbrio, a Equação 7-35 é igualada a zero:

$$\frac{dQ}{dt} = I_S - \left(\frac{1}{\tau} + \frac{F}{V_c}\right)Q = 0,$$

e de acordo com a parte b, $Q(t = \infty) = 3{,}94 \times 10^{-7}$ coulomb e

$$\text{Perda de carga via relaxamento} = \frac{Q}{\tau} = 1{,}86 \times 10^{-8} \frac{\text{coulomb}}{\text{s}},$$

$$\text{Perda de carga via transbordamento} = \frac{F}{V_c}Q = 1{,}31 \times 10^{-7} \frac{\text{coulomb}}{\text{s}}.$$

Para esse exemplo, a perda de carga resultante do escoamento para fora de um sistema é maior do que a perda resultante do relaxamento.

As centelhas resultantes da carga e descarga estáticas continuam a causar grandes incêndios e explosões na indústria química. Os exemplos e fundamentos desenvolvidos nestas seções foram elaborados para enfatizar a importância deste assunto. Esperamos que a ênfase nos fundamentos venha a tornar o assunto menos evasivo e destrutivo.

7-3 Controle da Eletricidade Estática

O acúmulo de carga, as centelhas resultantes e a ignição dos materiais inflamáveis são eventos inevitáveis se os métodos de controle não forem utilizados adequadamente. Na prática, porém, os engenheiros de projeto reconhecem esse problema e instalam recursos especiais para evitar (1) as centelhas – pela eliminação da formação e acúmulo de cargas estáticas, e (2) a ignição – pela inertização do ambiente externo.

A inertização (Seção 7-1) é o método mais eficaz e confiável para prevenir a ignição. Ela é sempre utilizada, durante o trabalho, com líquidos inflamáveis que estão a 5°C (ou menos) abaixo do *flash point* (recipiente fechado). Os métodos para evitar o acúmulo são descritos nos parágrafos a seguir.

Métodos Gerais de Projeto para Evitar as Ignições Eletrostáticas

O objetivo de projeto é evitar o acúmulo de cargas em um produto (líquido ou pó) e também nos objetos circundantes (equipamentos e pessoal). Para todo objeto carregado existe uma contraparte carregada com sinal oposto. Três métodos são utilizados para atingir esse objetivo:

1. Evitar que as cargas se acumulem até níveis perigosos reduzindo a taxa de geração de carga e aumentando a taxa de relaxamento de carga. Esse método é utilizado geralmente durante a manipulação de líquidos.

2. Evitar que as cargas se acumulem até níveis perigosos projetando o sistema para incluir a redução da carga por meio de descargas de baixa energia. Esse método é utilizado geralmente durante a manipulação de pós.

3. Quando as descargas perigosas não puderem ser eliminadas, então evitar a possibilidade de uma ignição mantendo os níveis de oxidante abaixo dos níveis de combustível (inertização) ou mantendo os níveis de combustível abaixo do LII (LFL) ou acima do LSI (UFL). As medidas para mitigar as consequências de uma explosão também são opções a serem consideradas (por exemplo, ventilação de deflagração e supressão de explosões).

As características de projeto especiais para evitar as ignições eletrostáticas são descritas nos parágrafos seguintes.

As *centelhas* são evitadas pelo aterramento e pela união. Esse procedimento evita que dois objetos metálicos (próximos um do outro) tenham potenciais diferentes. O aterramento e a união são utilizados especialmente para evitar a existência de partes metálicas ou objetos isolados. Os objetos isolados são notórios pelo acúmulo de grandes potenciais e centelhas energéticas quando outro condutor em um potencial mais baixo se aproxima deles.

As descargas tipo *escova propagadora* são evitadas mantendo as superfícies ou revestimentos não condutores suficientemente delgados ou suficientemente condutores para ter uma voltagem de ruptura abaixo de 4 kV. Essas descargas também são evitadas mantendo os suportes metálicos aterrados, para eliminar o acúmulo de uma carga de alta densidade na interface metálica e uma carga contrária na superfície não condutora.

As descargas tipo *pilha cônica* são evitadas aumentando a condutividade (aditivos), diminuindo a taxa de carga para menos de 0,5 kg/s, ou utilizando recipientes com um volume menor do que 1 m^3. A maneira mais eficaz de evitar a ignição a partir das descargas do tipo pilha cônica é a inertização.

As descargas tipo *escova* são evitadas mantendo as superfícies não condutoras suficientemente delgadas ou suficientemente condutivas para ter uma voltagem de ruptura (U_d) de 4 kV. Os revestimentos não condutores com uma espessura maior do que 2 mm, porém, são capazes de descargas tipo escova, mesmo com uma U_d menor do que 4 kV. Para evitar as descargas tipo escova é necessária uma espessura abaixo de 2 mm. Isso fixa as cargas acumuladas no não condutor, e as cargas fixas não podem ser transferidas em uma descarga tipo escova. As descargas tipo escova relativas a líquidos não condutores são evitadas aumentando a condutividade por meio do uso de aditivos condutores. A maneira mais eficaz de evitar as ignições das descargas tipo escova é a inertização.

As descargas tipo *raio* são evitadas mantendo o volume do tanque abaixo de 60 m^3 ou o diâmetro do tanque em menos de 3 m. Se essa condição não for satisfeita, então o sistema precisa ser inertizado.

Relaxamento

Durante o bombeamento de líquidos para um vaso através de uma tubulação no topo deste recipiente, o processo de separação produz um fluxo de corrente I_S que é a base para o acúmulo de carga. É possível reduzir substancialmente esse perigo eletrostático adicionando uma seção ampliada da tubulação logo antes da entrada no tanque. Essa retenção dá tempo para a redução da carga por relaxamento. O tempo de residência nessa seção de relaxamento da tubulação deve ser aproximadamente o dobro do tempo de relaxamento determinado a partir da Equação 7-22.

Na prática real,[8] constatou-se que um tempo de retenção igual ou maior que a metade do tempo de relaxamento calculado é suficiente para eliminar o acúmulo de carga. A regra do "dobro do tempo

---

[8]F. G. Eichel, "Electrostatics", *Chemical Engineering* (Mar. 13, 1967), p. 153.

de relaxamento", portanto, proporciona um fator de segurança igual a 4. O American Petroleum Institute[9] recomenda uma *ud*, segundo a Equação 7-21, abaixo de 0,5 m²/s para o abastecimento de um caminhão-tanque e 0,8 m²/s para o abastecimento de um vagão-tanque.

União e Aterramento

A diferença de voltagem entre dois materiais condutores é reduzida a zero pela união destes, ou seja, pela união da extremidade de um fio condutor a um dos materiais e pela união da outra extremidade ao segundo material.

Durante a comparação de conjuntos de materiais unidos, os conjuntos podem ter voltagens diferentes. A diferença de voltagem entre os conjuntos é reduzida a zero pela união de cada conjunto ao solo, ou seja, pelo *aterramento*.

A união e o aterramento reduzem a voltagem de um sistema inteiro ao nível do solo ou à voltagem zero. Isso também elimina o acúmulo de carga entre as várias partes de um sistema, eliminando o potencial para centelhas estáticas. Os exemplos de aterramento e união estão ilustrados nas Figuras 7-18 e 7-19.

Os vasos revestidos com vidro ou plástico são aterrados utilizando inserções de tântalo ou sondas metálicas, como ilustra a Figura 7-20. No entanto, essa técnica não é eficaz para a manipulação de líquidos com baixa condutividade. Nesse caso, a linha de abastecimento deve se estender até o fundo do tanque (veja a Figura 7-21) para ajudar a eliminar a geração de carga (e o acúmulo) resultante da separação durante a operação de abastecimento. Além disso, as velocidades de entrada devem ser suficientemente baixas para minimizar a carga gerada pelo fluxo de corrente I_S.

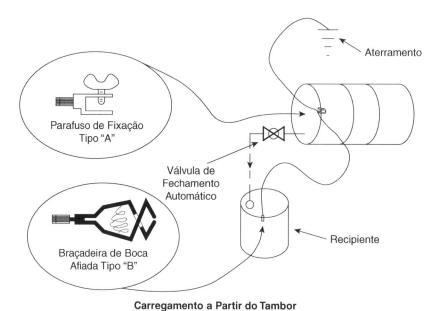

Figura 7-18 Procedimentos de união e aterramento para tanques e recipientes. Adaptado de Eichel, "Electrostatics", p. 153. (*continua*)

---

[9]API RP 2003, *Protection Against Ignitions Arising Out of Static, Lightning and Stray Currents* (Washington, DC; American Petroleum Institute, 1991).

Conceitos para Prevenir Incêndios e Explosões

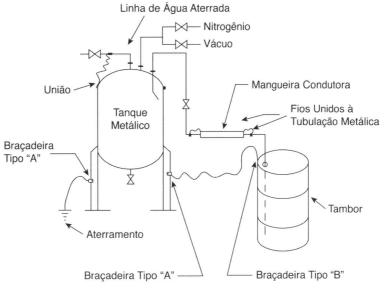

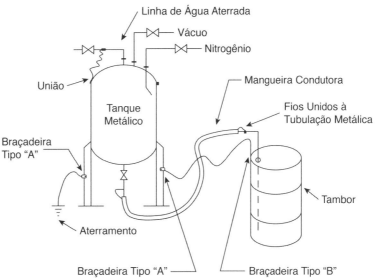

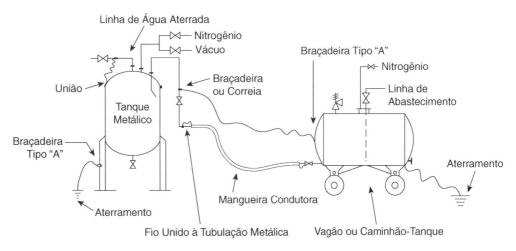

Descarregando Vagões ou Caminhões-Tanque

Figura 7-18

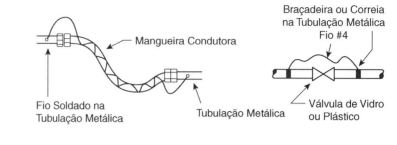

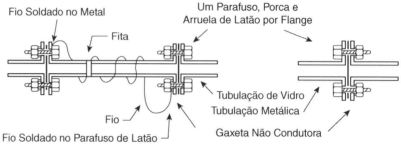

Figura 7-19 Procedimentos de união para válvulas, tubulações e flanges. Adaptado de Eichel, "Electrostatics", p. 153.

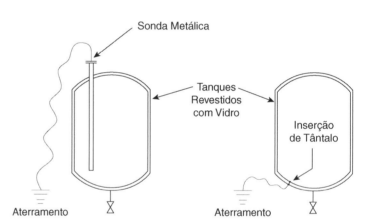

Figura 7-20 Aterramento de tanques revestidos com vidro.

Tubulações de Imersão

Uma linha estendida, às vezes chamada de perna de imersão ou tubulação de imersão, reduz a carga elétrica que se acumula quando o líquido cai livremente. Quando se utilizam tubulações de imersão, porém, deve-se ter cuidado para evitar o retorno por efeito sifão quando a vazão de entrada for interrompida. Um método utilizado frequentemente é fazer um furo na tubulação de imersão perto do topo do tanque. Outra técnica é utilizar uma cantoneira de ferro em vez da tubulação e deixar o líquido escoar pela cantoneira (veja a Figura 7-21). Esses métodos também são utilizados no abastecimento de tambores.

Aumentando a Condutividade com Aditivos

A condutividade para materiais orgânicos não condutores pode ser em alguns casos aumentada através do uso de aditivos antieletricidade estática. Exemplos destes aditivos incluem água e solventes po-

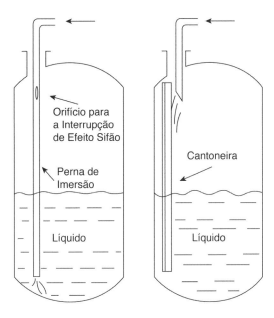

Figura 7-21 Pernas de imersão para evitar a queda livre e o acúmulo de energia estática.

lares, como o álcool. A água é efetiva apenas quando solúvel, porque a formação de fases imiscíveis funcionam como fontes adicionais de separação e geração de cargas.

Manuseio de Sólidos sem Vapores Inflamáveis

O carregamento de sólidos com uma calha não aterrada e condutora resulta em um acúmulo de carga na calha. Essa carga pode acumular e finalmente produzir uma centelha que pode incendiar a poeira dispersa e inflamável.

Os sólidos são transferidos com segurança mediante a união e aterramento de todas as partes condutoras e/ou utilizando partes não condutoras (tambor e calha). Veja a Figura 7-22.

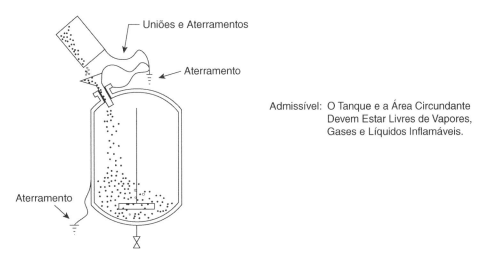

Figura 7-22 Manuseio de sólidos sem a presença de vapores inflamáveis. Adaptado de Expert Commission for Safety in the Swiss Chemical Industry, "Static Electricity: Rules for Plant Safety", *Plant/Operations Progress* (Jan. 1988), 7(1): 19.

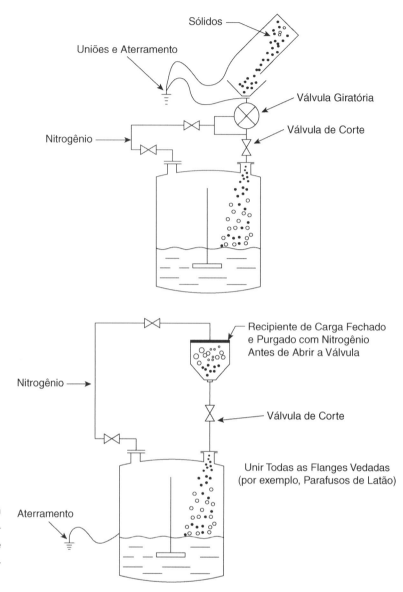

Figura 7-23 Manuseio de sólidos com presença de vapores inflamáveis. Fonte: Expert Commission for Safety in the Swiss Chemical Industry, "Static Electricity: Rules for Plant Safety", p. 19.

Manuseio de Sólidos com Vapores Inflamáveis

Um projeto seguro para essa operação inclui o manuseio dos sólidos e líquidos, em recipiente fechado com atmosfera inerte (veja a Figura 7-23).

Para os sólidos sem solvente é permitido o uso de recipientes não condutores. Para os sólidos contendo solventes inflamáveis, recomendam-se apenas os recipientes condutores e aterrados.[10]

7-4 Equipamentos e Instrumentos à Prova de Explosão

Todos os dispositivos elétricos são inerentemente fontes de ignição. Características especiais de projeto são necessárias para evitar a ignição dos vapores e poeiras inflamáveis. O perigo de incêndio e explosão é diretamente proporcional ao número e ao tipo de dispositivos elétricos em uma área de processo.

---

[10]Expert Commission for Safety in the Swiss Chemical Industry, "Static Electricity: Rules for Plant Safety", p. 1.

A maioria das práticas de segurança para instalações elétricas se baseia no National Electric Code (NEC).[11] Embora os estados, municípios e empresas de seguro possam ter suas próprias exigências de instalação, elas se baseiam no NEC.

As áreas de processo são divididas em dois tipos de ambientes principais: XP e não XP. XP, que significa à prova de explosão, indica que os materiais inflamáveis (particularmente os vapores) poderiam estar presentes em determinados momentos. Não XP significa que os materiais inflamáveis não estão presentes, mesmo em condições anormais. Nas áreas designadas como não XP, podem estar presentes chamas abertas, elementos aquecidos e outras fontes de ignição.

Invólucros à Prova de Explosão

Em uma área XP o equipamento elétrico e alguns instrumentos devem ter invólucros especiais à prova de explosão. Os invólucros não são projetados para evitar que os vapores e gases inflamáveis entrem, mas são projetados para suportar uma explosão interna e evitar que a combustão se espalhe para fora do invólucro. Um motor de arranque, por exemplo, é envolvido por uma caixa de ferro fundido, pesada, com a resistência necessária para suportar pressões explosivas.

O projeto à prova de explosão inclui o uso de conduto com conexões especiais vedadas em torno de todas as caixas de junção.

A Figura 7-24 mostra as características dos equipamentos elétricos dimensionados para uma área XP.

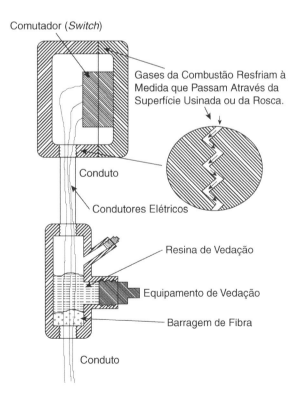

Figura 7-24 Características de projeto dos equipamentos elétricos dimensionados para uma área XP. Fonte: D. A. Crowl, *Understanding Explosions* (New York: American Institute of Chemical Engineers, 2003). Utilizado com permissão.

---

[11]NFPA 70, *The National Electric Code* (Quincy, MA: National Fire Protection Association, 2008).

Classificação da Área e do Material

O projeto dos equipamentos e instrumentos elétricos se baseia na natureza dos perigos do processo ou de classificações específicas do processo. O método de classificação está definido no National Electric Code em função da natureza e do grau dos perigos do processo dentro de uma determinada área. O método de classificação inclui as Classes I, II e III, os Grupos de A a G e as Divisões 1 ou 2.

As classes estão relacionadas com a natureza do material inflamável:

Classe I: Locais onde há gases ou vapores inflamáveis.

Classe II: O mesmo para as poeiras combustíveis.

Classe III: Locais perigosos onde há fibras ou poeiras combustíveis, mas que não tendem a estar em suspensão.

Os grupos designam a presença de tipos específicos de produtos químicos. Os produtos químicos agrupados têm perigos equivalentes:

Grupo A: acetileno

Grupo B: hidrogênio, etileno

Grupo C: monóxido de carbono, sulfeto de hidrogênio

Grupo D: butano, etano, álcool etílico

Grupo E: pó de alumínio

Grupo F: negro de fumo

Grupo G: pó

As designações de divisão são categorizadas em relação à probabilidade de o material estar nas regiões inflamável ou explosiva:

Divisão 1: Probabilidade da ignição é alta; ou seja, as concentrações inflamáveis normalmente estão presentes.

Divisão 2: Perigoso apenas em condições anormais. Os materiais inflamáveis normalmente estão contidos em recipientes ou sistemas fechados.

Projeto de uma Área XP

Durante o projeto de uma área XP, todos os equipamentos elétricos e instrumentos são especificados para a classe, grupo e divisão definidos anteriormente. Todos os equipamentos e instrumentos dentro de uma área têm de ser especificados e instalados adequadamente. A classificação como um todo é tão boa quanto o equipamento na área com a classificação mais baixa.

7-5 Ventilação

Ventilação adequada é outro método utilizado para evitar incêndios e explosões. A finalidade da ventilação é diluir os vapores explosivos no ar para evitar a explosão, e confinar as misturas inflamáveis perigosas.

Plantas ao Ar Livre

As instalações ao ar livre são recomendadas porque a velocidade média do vento é alta o bastante para diluir com segurança vazamentos de produtos químicos voláteis que possam existir na instalação. Embora as precauções de segurança sejam sempre empregadas para minimizar os vazamentos, podem ocorrer emissões acidentais pelas vedações das bombas e outros possíveis pontos.

Exemplo 7-10

Uma instalação que manipula quantidades substanciais de tolueno inflamável está situada a 1000 ft de uma área residencial. Há alguma preocupação de que um vazamento considerável de vapores inflamáveis possa formar uma nuvem inflamável com a subsequente ignição na área residencial. Determine a vazão mássica mínima do vazamento de tolueno necessária para produzir uma nuvem de vapor na área residencial com uma concentração igual ao LII (LFL). Suponha um vento de 5 mph e estabilidade atmosférica D.

Solução

Suponha um vazamento contínuo no nível do solo. A concentração da pluma na linha do vento é fornecida pela Equação 5-48:

$$\langle C \rangle = \frac{Q_m}{\pi \sigma_y \sigma_z u}.$$

Solucionando para Q_m, a vazão mássica do vazamento, obtemos

$$Q_m = \langle C \rangle \pi \sigma_y \sigma_z u.$$

O LFL do tolueno é 1,2% no ar (segundo o Apêndice B). Convertendo as unidades, obtemos

$$\left(0,012 \frac{m^3 \text{ tolueno}}{m^3 \text{ ar}}\right)\left(\frac{1 \text{ g-mol tolueno}}{22,4 \times 10^{-3} m^3 \text{ tolueno}}\right)\left(\frac{92 \text{ g tolueno}}{1 \text{ g-mol tolueno}}\right) = 49,3 \text{ g/m}^3.$$

A velocidade do vento é 5 mph = 2,23 m/s. A distância a jusante é de 1000 ft = 304 m. Segundo a Figura 5-10, σ_y = 22 m e σ_z = 12 m. Substituindo, obtemos

$$Q_m = (49,3 \text{ g/m}^3)(3,14)(22 \text{ m})(12 \text{ m})(2,23 \text{ m/s})$$
$$= 9,11 \times 10^4 \text{ g/s}$$
$$= 201 \text{ lb/s}.$$

Qualquer vazamento com uma vazão maior do que 201 lb/s é capaz de produzir uma nuvem inflamável na área residencial. Naturalmente, os efeitos tóxicos dessa nuvem também devem ser considerados. O LFL de 1,2% = 12.000 ppm é muito acima do TLV de 20 ppm do tolueno.

Plantas no Interior de Edificações

Frequentemente, os processos não podem ser construídos na parte externa. Nesse caso, são necessários sistemas de ventilação local e de diluição. Esses sistemas foram discutidos em detalhes no Capítulo 3, Seção 3-4.

Tabela 7-6 Dados de Ventilação para o Manuseio de Materiais Inflamáveis[a]

Tipo de área	Taxa	Condições
Ventilação para o interior das áreas de armazenamento	1 ft³/min/ft² de área de piso	(a) Sistema interligado para gerar alarme sonoro quando a ventilação falha (b) Localizar entradas e saídas para proporcionar movimentação de ar por toda a área (c) A recirculação é permitida, mas interrompida quando a concentração do ar ultrapassa 25% do LII (LFL)
Ventilação para o interior das áreas de processo	1 ft³/min/ft² de área de piso ou mais; veja (d)	(a) a (c) para o interior das áreas de armazenamento (d) Projetar o sistema de ventilação para manter as concentrações em um raio de 5 ft de todas as fontes abaixo de 25% do LII (LFL)

Classe I: *Flash point* (recipiente fechado) abaixo de 37,8°C (100°F)
Classe II: *Flash point* de 37,8°C a 60°C (100°F a 140°F)
Classe III: *Flash point* acima de 60°C (140°F)
[a]Dados extraídos de NFPA 30, *Flammables and Combustible Liquids Code* (Quincy, MA: National Fire Protection Association, 2008).

A ventilação local é o método mais eficaz para controlar as emissões de gases inflamáveis. A ventilação de diluição, porém, também é utilizada porque os possíveis pontos de emissão costumam ser numerosos e porque pode ser mecânica ou economicamente impossível cobrir todos os possíveis pontos de emissão apenas com ventilação local.

Existem critérios de projeto determinados empiricamente para projetar sistemas de ventilação para materiais inflamáveis dentro de áreas de armazenamento e processamento. Esses critérios de projeto são fornecidos na Tabela 7-6.

A eficácia de um sistema de ventilação é determinada através das equações do balanço de materiais, descritas no Capítulo 3, na seção "Estimativa da Exposição do Trabalhador aos Vapores Tóxicos", e conforme ilustrado no exemplo a seguir.

Exemplo 7-11

Determine a concentração de tolueno sobre um dique (100 ft²) que contém tolueno em consequência de um derramamento. Suponha que a área de processo (2.500 ft²) é concebida para lidar com materiais inflamáveis da Classe I e que a temperatura do líquido e do ar seja de 65°F. A pressão do vapor de tolueno a 65°F é 20 mm Hg. O LFL é 1,2% por volume.

Solução

Os modelos de origem para os derramamentos são descritos no Capítulo 3, nas Equações 3-14 e 3-18. A concentração dos voláteis em uma área ventilada resultante da evaporação de uma piscina é fornecida pela Equação 3-14:

$$C_{ppm} = \frac{KAP^{sat}}{kQ_vP} \times 10^6,$$

em que

K é o coeficiente de transferência de massa, determinado através da Equação 3-18,

A é a área da piscina,

Conceitos para Prevenir Incêndios e Explosões

P^{sat} é a pressão de saturação do vapor do líquido.

k é o fator de mistura não ideal,

Q_v é a taxa de ventilação volumétrica e

P é a pressão.

A capacidade de ventilação dessa área de processo se baseia no critério de projeto de 1 ft³/min/ft² (Tabela 7-6); portanto,

$$Q_v = \left(\frac{1 \text{ ft}^3}{\min \text{ ft}^2}\right)(2500 \text{ ft}^2) = 2500 \frac{\text{ft}^3}{\min}.$$

Além disso,

$$M = 92,$$
$$P^{sat} = 20 \text{ mm Hg},$$
$$A = 100 \text{ ft}^2.$$

O coeficiente de transferência de massa é calculado através da Equação 3-18, com M_0 e K_0 para a água, ou seja, 18 e 0,83 cm/s, respectivamente:

$$K = K_0 \left(\frac{M_0}{M}\right)^{1/3} = 0,83\left(\frac{18}{92}\right)^{1/3} = 0,482 \text{ cm/s} = 0,948 \text{ ft/min}.$$

O fator de mistura não ideal k varia entre 0,1 e 0,5. Como não é fornecida nenhuma informação a respeito da ventilação, k é utilizado como parâmetro. Substituindo na Equação 3-14, obtemos

$$kC_{ppm} = \frac{KAP^{sat} \times 10^6}{Q_v P}$$

$$= \frac{(0,948 \text{ ft/min})(100 \text{ ft}^2)(20/760) \text{ atm} \times 10^6}{(2500 \text{ ft}^3/\min)(1 \text{ atm})} = 998 \text{ ppm}.$$

A faixa de concentração é estimada em

$$C_{ppm} = 1996 \text{ ppm} = 0,1996\% \text{ por volume}, \quad \text{para } k = 0,5,$$
$$C_{ppm} = 9980 \text{ ppm} = 0,998\% \text{ por volume}, \quad \text{para } k = 0,1.$$

Essas concentrações são consideravelmente mais baixas do que o LII (LFL) de 1,2% por volume, o que ilustra que a taxa de ventilação especificada para os líquidos da Classe I é satisfatória para lidar com derramamentos relativamente grandes de materiais inflamáveis. No entanto, as concentrações excedem o TLV dessa substância.

7-6 Sprinkler ou Chuveiros Automáticos

Os sprinklers são uma maneira eficaz para conter os incêndios. O sistema consiste em uma matriz de cabeças aspersoras conectadas a um suprimento de água. As cabeças são montadas em um local alto (geralmente perto dos tetos) e dispersam, quando ativadas, um spray fino de água sobre uma área previamente definida. As cabeças são ativadas por uma série de métodos. Uma abordagem comum ativa as cabeças individualmente pelo derretimento de um fusível. Uma vez ativados, os aspersores não podem ser desligados, exceto se for cortado o suprimento principal de água. Essa abordagem se chama sistema de tubulação molhada. Esses sistemas são utilizados em áreas de armazenamento, laboratórios, salas de controle e pequenas plantas piloto. Outra abordagem, aciona toda a rede de aspersores a partir de um ponto de controle comum. O ponto de controle está conectado a uma rede de detectores de calor e/ou fumaça que dispara os aspersores quando é detectada uma condição anormal. Se um incêndio for detectado, toda a matriz de aspersores dentro de uma área é ativada, possivelmente em regiões sequer afetadas pelo incêndio. Essa abordagem se chama sistema de dilúvio. Esse sistema é utilizado nas áreas de processamento industrial e nas plantas piloto maiores.

Os sistemas de aspersores podem causar danos consideráveis decorrentes da água quando são ativados, dependendo do conteúdo da edificação ou da estrutura do processo. Estatisticamente, o volume dos danos provocados pela água nunca é tão grande quando o dano decorrente dos incêndios nas áreas que deveriam ter tido aspersores.

Os sistemas de sprinkler exigem manutenção para garantir que permaneçam em serviço e tenham um suprimento de água adequado e ininterrupto.

Existem várias classes de incêndio que requerem diferentes projetos de chuveiros automáticos. As descrições detalhadas dessas classes e as especificações dos sprinklers são fornecidas na NFPA 13.[12] Uma indústria química média é classificada como área de perigo comum (Grupo 3). Várias especificações de aspersor para esse tipo de área são fornecidas na Tabela 7-7.

Algumas vezes os tanques precisam de proteção hídrica especial para manter frias suas paredes durante os incêndios. As altas temperaturas da superfície podem resultar na ruptura do metal em pressões bem abaixo da pressão de trabalho máxima permitida para o tanque (MAWP), com consequências possivelmente desastrosas. Nos incêndios por derramamento de hidrocarbonetos, os tanques desprotegidos (sem isolamento ou spray de água) podem se romper em minutos.

Um sistema de proteção com spray de água em torno dos tanques é recomendado para evitar esse tipo de rompimento. Esses sistemas de proteção com água, chamados comumente de sistemas de dilúvio, são projetados para manter frio o tanque, lavar os derramamentos potencialmente perigosos e ajudar a derrubar as nuvens de gás.[13] Os sistemas de dilúvio também podem proporcionar tempo suficiente para transferir o material do tanque de armazenamento para outra área (segura).

Os sistemas de dilúvio para tanques geralmente são projetados com aspersores abertos, que são ativados quando um incêndio e/ou uma mistura de gás inflamável são detectados. O sistema de dilúvio geralmente é acionado quando a concentração de gás inflamável atinge uma fração do LFL (aproximadamente 25%) ou quando um incêndio é detectado através do calor. A Tabela 7-7 fornece descrições e especificações de projeto para esses sistemas.

Os monitores são hidrantes de água, fixos, com um esguicho de descarga acoplado. Eles também são instalados nas áreas de processo e parques de tancagem. Os hidrantes de incêndio e os monitores são instalados em intervalos de 150 a 250 ft em volta das unidades de processo, localizados de tal modo que todas as

---

[12]NFPA 13, *Installation of Sprinkler Systems* (Quincy, MA: National Fire Protection Association, 2010).
[13]D. C. Kirby and J. L. De Roo, "Water Spray Protection for a Chemical Processing Unit: One Company's View", *Plant/Operations Progress* (outubro de 1984), 13(4).

áreas da planta possam ser cobertas por 2 jatos. O monitor geralmente é localizado a 50 ft do equipamento que está sendo protegido.[14] Os monitores de incêndio descarregam água a uma taxa de 500 a 2000 gpm.

Exemplo 7-12

Determine o sistema de sprinkler requerido para uma área de processamento químico localizada dentro de um prédio de 100 ft por 30 ft, que lida com solventes reativos. Determine a quantidade de sprinklers e as especificações da bomba. Suponha aspersores com orifício de 0,5 in e com 35 psig em cada bocal, gerando 34 gpm cada, uma perda por atrito de 10 psig dentro do sistema e uma elevação de 15 ft do sistema de aspersão acima da bomba.

Solução

Os dados para projetar esse sistema são encontrados na Tabela 7-7.

$$\text{Quantidade total de água requerida} = (0{,}50 \text{ gpm/ft}^2)(100 \text{ ft})(30 \text{ ft})$$
$$= 1500 \text{ gpm,}$$
$$\text{Número de bocais de aspersão} = \frac{(1500 \text{ gpm})}{(34 \text{ gpm/bocal})} = 44{,}1,$$

que é arredondado para o próximo número par por conveniência de layout, ou 44.

A pressão necessária na bomba é a soma da pressão mínima no bocal (especificada como 35 psi), da perda de pressão resultante do atrito (10 psi) e da pressão resultante da elevação da tubulação sobre a bomba (15 ft de água ou 6,5 psi). Portanto, a pressão total é 51,5 psi, que é arredondada para cima, 52 psi. A potência da bomba é determinada como:

$$\frac{\text{ft-lb}_f}{\text{s}} = \left(\frac{52 \text{ lb}_f}{\text{in}^2}\right)\left(\frac{144 \text{ in}^2}{\text{ft}^2}\right)\left(\frac{1500 \text{ gal}}{\text{min}}\right)\left(\frac{\text{min}}{60 \text{ s}}\right)\left(\frac{\text{ft}^3}{7{,}48 \text{ gal}}\right) = 25.029,$$

$$\text{Potência} = (25.029 \text{ ft-lb}_f/\text{s})\left(\frac{\text{HP}}{550 \frac{\text{ft-lb}_f}{\text{s}}}\right) = 45{,}5 \text{ HP.}$$

Portanto, o sistema de sprinkler necessita de uma bomba com capacidade de 1500 gpm e um motor de 45,5 HP, supondo uma eficiência de 100%.

Na verdade, as bombas de incêndio normalmente são projetadas com pressões de descarga de 100 a 125 psig, de modo que os jatos do bocal da mangueira e do monitor tenham um alcance eficaz. Além disso, o tamanho do monitor é governado pelas exigências nos códigos de incêndio.[15]

7-7 Conceitos Diversos para Evitar Incêndios e Explosões

O sucesso na prevenção dos incêndios e explosões nas indústrias químicas exige uma combinação de muitas técnicas de projeto, incluindo as que foram mencionadas anteriormente e muitas outras mais. Uma descrição completa dessas técnicas está bem além do escopo deste texto. Uma lista parcial, exibida na Tabela 7-8, é fornecida para ilustrar que a tecnologia de segurança é relativamente complexa

---
[14]Orville M. Slye, "Loss Prevention Fundamentals for the Process Industry", artigo apresentado no Simpósio da AIChE, Nova Orleans, LA, 6 a 10 de março de 1988.
[15]NFPA 1, *Fire Code* (Quincy, MA: National Fire Protection Association, 2009).

Tabela 7-7 Proteção contra Incêndio nas Indústrias Químicas[a]

Tipos de sistemas de sprinkler

    Sistema de sprinkler anticongelamento: um sistema de tubulação molhada que contém uma solução anticongelante e que está conectado a um suprimento de água.

    Sistema de sprinkler dilúvio: aspersores abertos e uma linha vazia que está conectada a uma tubulação de abastecimento de água através de uma válvula que é aberta ao detectar calor ou um material inflamável.

    Sistema de sprinkler de tubulação seca: um sistema abastecido com nitrogênio ou ar sob pressão. Quando o aspersor é aberto pelo calor, o sistema é despressurizado, permitindo que a água flua para o sistema e para fora dos aspersores abertos.

    Sistema de sprinkler de tubulação molhada: um sistema contendo água que descarrega através dos aspersores abertos via calor.

Densidades de projeto (ver documentos da NFPA para obter detalhes)

    Origem do fogo: não menos que 0,50 gpm/ft^2 de área de piso.

    Bombas e equipamento relacionado: 0,50 gpm/ft^2 de área projetada.

    Tanques: 0,25 gpm/ft^2 de superfície exposta, incluindo o topo e o fundo. A distância vertical do bocal não deve ultrapassar 12 ft.

    Aço estrutural horizontal: 0,10 gpm/ft^2 de área de superfície. Isso pode não ser necessário se o aço for isolado ou projetado para suportar o pior cenário possível.

    Aço estrutural vertical: 0,25 gpm/ft^2 de área de superfície. Isso pode não ser necessário se o aço for isolado ou projetado para suportar o pior cenário possível.

    Tubulação e conduto metálico: não menos que 0,15 gpm/ft^2 de área de superfície e direcionada para a parte de baixo.

    Suportes para cabos: não menos de 0,3 gpm/ft^2 de área plana projetada (horizontal e vertical).

    Sistemas combinados: Os padrões NFPA especificam os métodos aceitáveis para combinar os requisitos acima.

    Taxas de descarga nominal dos bocais de aspersão com orifício de 0,5 in são

gpm:	18	25	34	50	58
psi:	10	20	35	75	100

[a]Dados extraídos de NFPA 13, *Standard for Installation of Sprinkler Systems* (Quincy, MA: National Fire Protection Associates, 2010); e NFPA 15, *Standards for Water Spray Fixed Systems for Fire Protection* (Quincy, MA: National Fire Protection Association, 2007).

Tabela 7-8 Conceitos Diversos para Evitar Incêndios e Explosões[a]

Recurso	Explicação
Programas de manutenção	A melhor maneira de evitar incêndios e explosões é parar a emissão de materiais inflamáveis. Os programas de manutenção preventiva são concebidos para atualizar o sistema antes que ocorram falhas.
À prova de fogo	Isolar os tanques, tubulações e estruturas a fim de minimizar os danos resultantes dos incêndios. Adicionar sistemas de dilúvio e projetar visando suportar algum dano decorrente de incêndios e explosões; por exemplo, utilizar vários sistemas de dilúvio com sistemas de desligamento separados.
Salas de controle	Projetar salas de controle para suportar explosões.
Abastecimentos de água	Fornecer abastecimento para a demanda máxima. Considerar muitos sistemas de dilúvio funcionando simultaneamente. Recomendam-se bombas com motor a diesel.

(continua)

Tabela 7-8 Conceitos Diversos para Evitar Incêndios e Explosões[a] (*continuação*)

Recurso	Explicação
Válvulas de controle para dilúvio	Instalar os sistemas de desligamento bem longe das áreas de processo.
Proteção manual contra incêndio	Instalar hidrantes, monitores e sistemas de dilúvio. Adicionar uma boa drenagem.
Unidades separadas	Plantas separadas (espacialmente) em uma mesma instalação, e unidades separadas dentro das plantas. Fornecer acesso de ambos os lados.
Utilidade pública	Projetar abastecimentos de vapor, água, eletricidade e ar para que estejam disponíveis durante as emergências. Instalar as subestações longe das áreas de processo.
Áreas pessoais	Situar as áreas de pessoal longe dos processos perigosos e áreas de armazenamento.
Unidades de grupo	Agrupar as unidades em fileiras. Projetar para operação e manutenção seguras. Criar ilhas de risco concentrando as unidades de processo perigosas em uma área. Proporcionar espaço entre as unidades para que trabalho a quente possa ser realizado em um grupo enquanto o outro está operando.
Válvulas de isolamento	Instalar válvulas de isolamento para os desligamentos seguros. Instalar em locais seguros e acessíveis na borda da unidade ou grupo.
Ferrovias e *flares*	Os equipamentos de processo devem ser separados dos *flares* e das ferrovias.
Compressores	Colocar compressores de gás na linha do vento, e separados de sistemas de aquecimento.
Diques	Situar os tanques de armazenamento de inflamáveis na periferia da unidade. Usar sistemas de diques para os tanques, de modo a conter e levar para longe os derramamentos.
Válvulas de bloqueio	Válvulas de bloqueio automatizadas devem ser posicionadas para interromper e/ou controlar as vazões durante as emergências. Deve ser considerada a capacidade para transferir materiais perigosos de uma área para outra.
Analisadores em tempo real	Adicionar analisadores em tempo real adequados para (1) monitorar o estado do processo, (2) detectar problemas em seu estágio incipiente e (3) adotar ação adequada para minimizar os efeitos dos problemas enquanto ainda na fase inicial
Projetos à prova de falhas	Todos os controles precisam ser projetados contra falhas. Adicionar meios de proteção para os desligamentos automáticos e seguros durante as emergências.

[a]John A. Davenport, "Prevent Vapor Cloud Explosions", *Hydrocarbon Processing* (March, 1977), pp. 205-214; and Orville M. Slye, "Loss Prevention Fundamentals for the Process Industry", artigo apresentado no Loss Prevention Symposium da AIChE, Nova Orleans, LA, 6 a 10 de março de 1988.

(a aplicação adequada requer conhecimento e experiência significativos) e para servir como uma lista de verificação para engenheiros visando ajudá-los a incluir as características críticas na prevenção de incêndios e explosões.

Leitura Sugerida

R. Beach, "Preventing Static Electricity Fires", *Chemical Engineering* (Dec. 21, 1964), pp. 73-78; (Jan. 4, 1965), pp. 63-73; and (Feb. 2, 1965), pp. 85-88.

John Bond, *Sources of Ignition, Flammability Characteristics of Chemicals and Products* (Oxford: Butterworth-Heinemann, 1991).

L. G. Britton, *Avoiding Static Ignition Hazards in Chemical Operations* (New York: American Institute of Chemical Engineers, 1999).

D. A. Crowl, *Understanding Explosions* (New York: American Institute of Chemical Engineers, 2003).

H. Deichelmann, *The Electrostatic Charge of Glass-Lined Vessels and Piping*, Pfaudler PWAG Report 326e.

J. S. Dorsey, "Static Sparks: How to Exorcise the 'Go Devils' ", *Chemical Engineering* (Sept. 13, 1976), pp. 203-205.

Fire Protection Handbook, 14th ed. (Boston: National Fire Protection Association, 1976), ch. 5.

S. K. Gallym, "Elements of Static Electricity", *Gas* (March 1949), pp. 12-46.

M. Glor, *Electrostatic Hazards in Powder Handling* (New York: Wiley, 1988).

H. Haase, *Electrostatic Hazards* (New York: Verlag Chemie-Weinheim, 1977).

Thomas B. Jones and Jack L. King, *Powder Handling and Electrostatics* (Chelsea, MI: Lewis Publishers, 1991).

T. M. Kirby, "Overcoming Static Electricity Problems in Lined Vessels," *Chemical Engineering* (Dec. 27, 1971), p. 90.

T.A. Kletz, *What Went Wrong?* 5th ed. (London: Butterworth Heinemann, 2009).

A. Klinkenberg and J. L. Van der Mine, *Electrostatics in the Petroleum Industry* (New York: Elsevier, 1958).

L. B. Loeb, "The Basic Mechanisms of Static Electrification", *Science* (Dec. 7, 1945), pp. 573-576.

"Loss Prevention", *Chemical Engineering Progress* (1977), v. 11.

J. F. Louvar, B. Maurer, and G. W. Boicourt, "Tame Static Electricity", *Chemical Engineering Progress* (Nov. 1994), pp. 75-81.

G. Luttgens and M. Glor, *Understanding and Controlling Static Electricity* (Goethestrasse, Germany: Expert Verlag, 1989).

S.S. MacKeown and V. Wouk, "Electrical Charges Produced by Flowing Gasoline", *Industrial Engineering Chemistry* (June 1942), pp. 659-664.

NFPA 77, *Recommended Practice on Static Electricity* (Boston: National Fire Protection Association, 2007).

T. H. Pratt, *Electrostatic Ignitions of Fires and Explosions* (Marietta, GA: Burgoyne, 1997).

D.I. Saletan, "Static Electricity Hazards", *Chemical Engineering* (June 1, 1959), pp. 99-102; and (June 29, 1959), pp. 101-106.

F. B. Silsbee, *Static Electricity,* Circular C-438 (Washington, DC: National Bureau of Standards, 1942).

Static Electricity, Bulletin 256 (Washington, DC: US Department of Labor, 1963).

Problemas

7-1 Desenvolva uma lista de etapas necessárias para converter uma cozinha comum em uma área XP.

7-2 Quais procedimentos de união e aterramento devem ser seguidos para transferir um tambor de solvente inflamável para um tanque de armazenamento?

7-3 O óxido de etileno é um líquido inflamável com uma temperatura de ebulição normal abaixo da temperatura ambiente. Descreva um sistema e um procedimento para transferir o óxido de etileno de um vagão-tanque, através de um sistema de bombeamento, para um tanque de armazenamento. Inclua os procedimentos de inertização e purga, além da união e aterramento.

7-4 Um líquido inflamável está sendo bombeado para fora de um tambor e para dentro de um vaso utilizando uma bomba manual. Descreva um procedimento adequado de união e aterramento.

7-5 Utilizando o método de purga por varrimento, inertize um tanque de 100 galões, contendo 100% de ar, até a concentração de oxigênio atingir 1%. Qual é o volume necessário de hidrogênio? Suponha nitrogênio sem oxigênio e uma temperatura de 77°F.

7-6 Um tanque de 150 ft^3 contendo ar deve ser inertizado até uma concentração de oxigênio de 1%. Há disponibilidade de nitrogênio puro para a tarefa. Como a pressão de trabalho máxima permitida do tanque é de 150 psia, é possível utilizar a técnica de varrimento ou de pressurização. Para a técnica de pressurização, podem ser necessários vários ciclos de pressurização, com o tanque voltando para a pressão atmosférica no final de cada ciclo. A temperatura é 80°F.

   a. Determine o volume de nitrogênio necessário para cada técnica.

   b. Para a técnica de pressurização, determine o número de ciclos necessários se a purga por pressão incluir o aumento da pressão para 140 psia com nitrogênio e depois a fuga até chegar a 0 psig.

7-7 Utilize uma técnica de purga a vácuo para purgar o oxigênio de um tanque de 150 ft^3 contendo ar. Reduza a concentração de oxigênio para 1% utilizando nitrogênio puro como gás inerte. A temperatura é 80°F. Suponha que a purga a vácuo vá da pressão atmosférica até 20 mm Hg absolutos. Determine o número de ciclos de purga necessários e os mols totais de nitrogênio utilizados.

7-8 Repita o Problema 7-7 utilizando uma purga combinada de vácuo e pressão. Utilize um vácuo de 20 mm Hg absolutos e uma pressão de 200 psig.

7-9 Utilize a técnica de purga por varrimento para reduzir a concentração de tolueno dos 20% iniciais para 1% em uma sala com um volume de 25.000 ft^3. Suponha que a sala seja purgada com ar a uma taxa de 6 trocas de ar por hora. Quanto tempo vai levar para a execução desse processo de purga?

7-10 Projete um sistema de inertização para um vaso pressurizado a fim de manter a atmosfera inerte em 40 psig. Certifique-se de levar em conta o enchimento e o esvaziamento do tanque. Indique a localização precisa das válvulas, reguladores, tubulações etc.

7-11 Projete um tanque genérico para o armazenamento sob pressão de um material inflamável. Inclua as seguintes características de projeto:

   a. Purga a vácuo e por pressão.

   b. Carregamento a vácuo do material a partir de um tambor de 55 galões.

   c. Drenagem do conteúdo do tanque.

   Forneça detalhes precisos sobre a localização das válvulas, reguladores e linhas de processo.

7-12 Determine o número necessário de purgas a vácuo para reduzir a concentração de oxigênio de um tanque de 21% para 1% se o nitrogênio contiver:

   a. 0 ppm de oxigênio.

   b. 9.000 ppm de oxigênio.

   Suponha que o seu sistema de vácuo desça até 20 mm Hg absolutos.

7-13 Utilize o sistema descrito na Figura 7-14 para determinar a voltagem desenvolvida entre o bocal de carregamento e o tanque aterrado e a energia armazenada no bocal. Explique o perigo potencial dos casos a e b a partir da seguinte tabela:

	Caso a	Caso b
Comprimento da mangueira (ft)	20	20
Diâmetro da mangueira (in)	02	2
Vazão (gpm)	25	25
Condutividade do líquido (mho/cm)	10^{-8}	10^{-18}
Constante dielétrica	02,4	19
Densidade (g/cm³)	00,8	0,8

7-14 Utilize o sistema descrito no Problema 7-13, parte b, para determinar o diâmetro da mangueira necessário para eliminar o perigo potencial resultante do acúmulo estático.

7-15 Repita o Exemplo 7-2 com um tanque de armazenamento de 40.000 galões. Suponha que a altura do tanque seja igual ao diâmetro.

7-16 Examine novamente o Problema 7-13, parte b. Qual é a maneira mais eficaz para reduzir o perigo dessa situação?

7-17 Estime o acúmulo de carga e a energia acumulada em consequência de transportar pneumaticamente um pó seco através de um duto de Teflon. O pó é coletado em um tanque isolado. Repita o cálculo para uma taxa de transporte de 50 lb/min e 100 lb/min para tempos de transporte de 1 hora e 5 horas. Discuta as maneiras para melhorar a segurança dessa situação.

7-18 Calcule a carga acumulada e a energia de um tanque de 100.000 galões sendo abastecido com um líquido a uma taxa de 200 gpm e possuindo um fluxo de corrente de 2×10^{-6} amp. Faça o cálculo para um fluido com condutividade de 10^{-18} mho/cm e uma constante dielétrica de 2,0. Repita o cálculo para (a) um tanque pela metade, (b) um tanque totalmente cheio e (c) um tanque cheio com uma linha de transbordamento.

7-19 No Problema 7-18, parte c, se o fluxo de entrada for interrompido, calcule a carga acumulada e a energia após 5 horas e após 20 horas. Discuta as consequências desses resultados.

7-20 Alguns tanques de armazenamento grandes possuem um teto flutuante, uma cobertura plana que flutua na superfície do líquido. À medida que o volume do líquido diminui, o teto flutuante sobe e desce dentro da concha cilíndrica do vaso. Quais são as razões para esse projeto?

7-21 Determine os requisitos hídricos de incêndio (gpm, quantidade de sprinklers e potência da bomba) para proteger o interior de uma área de processo de 200 ft². Suponha que os bocais de aspersão tenham um orifício de 0,5 in, que a pressão no bocal seja de 75 psig e que a taxa seja de 50 gpm.

7-22 Qual classificação elétrica seria especificada para uma área que possui motores das Classes I e II, Grupos A e E e Divisões 1 e 2?

7-23 Determine a distância recomendada entre uma área de processo com tolueno e uma área com chama aberta. Foram registrados vazamentos de tolueno de até 200 gpm. Suponha uma velocidade média do vento de 5 mph e estabilidade classe D.

7-24 Determine a taxa de ventilação recomendada para o interior de uma área de processo (30.000 ft³) que vai manipular líquidos e gases da Classe I.

7-25 Para a área de processo descrita no Problema 7-24, determine a concentração de propano na área em função do tempo se em $t = 0$ uma linha de propano com ¾ in se rompe (o tubo principal de propano está a 100 psig). A temperatura é 80°F. Veja, no Capítulo 4, o modelo de origem adequado e, no Capítulo 3, os modelos de balanço material.

7-26 Utilizando os resultados do Problema 7-25, descreva as características de segurança que deveriam ser adicionadas a essa área de processo.

7-27 Determine os requisitos hídricos de incêndio (gpm, número de sprinklers e potência da bomba) para proteger o interior de uma área de processo de 2000 ft^2. Suponha que os bocais de aspersão tenham um orifício de 0,5 in e que a pressão do bocal seja de 75 psig.

7-28 Repita o Problema 7-27 supondo que a pressão do bocal seja de 100 psig e que a taxa seja de 58 gpm.

7-29 Determine a necessidade hídrica (gpm) e o número de sprinklers para um sistema de dilúvio requerido para proteger um tanque de armazenamento de 10.000 galões que possui um diâmetro de 15 ft. Utilize bocais aspersores de 0,5 in com uma pressão de bocal de 35 psig e suponha que o tanque contenha um solvente reativo.

7-30 Determine os requisitos de aspersão de uma área de processamento químico de 150 ft por 150 ft. Determine o número de sprinklers e as especificações da bomba para esse sistema (HP e gpm). Suponha que a perda por atrito do último bocal até a bomba seja de 50 psi e que os bocais (orifício de 0,5 in) estejam a 75 psig.

7-31 Acetona (C_3H_6O) deve ser armazenada em um vaso cilíndrico com um diâmetro de 5 ft e uma altura de 8 ft. O tanque deve ser inertizado com nitrogênio puro antes do armazenamento da acetona. Um suprimento limitado de nitrogênio puro está disponível a 80 psig e 80°F. Um vácuo está disponível a 30 mm Hg de pressão absoluta.

    a. Determine a meta de concentração de oxigênio para o procedimento de inertização.

    b. Decida se o melhor procedimento é uma purga por pressão ou a vácuo, ou uma combinação de ambas.

    c. Determine o número de ciclos necessários para o seu procedimento escolhido.

    d. Determine a quantidade total de nitrogênio utilizada. A pressão final no tanque após o procedimento de inertização é a pressão atmosférica. A temperatura ambiente é 80°F.

7-32 Estamos considerando a instalação de um tanque de armazenamento para abrigar 5000 kg de hidrogênio líquido. O hidrogênio será armazenado em um tanque isolado a 1 atm de pressão absoluta em seu ponto de ebulição normal de 20 K.

As propriedades físicas do hidrogênio líquido a 20 K são:

Densidade: 70,8 kg/m^3

Capacidade térmica: 9,668 kJ/kg °C

Calor de vaporização: 446,0 kJ/kg

Peso molecular: 2,02

    a. Gostaríamos de armazenar o hidrogênio líquido em um tanque de armazenamento vertical cilíndrico com um diâmetro interno de 3 m. Um volume de vapor igual a 10% do volume de líquido também deve ser incluído. Qual é o volume do líquido e do tanque (em m³)? Qual é a altura necessária para o tanque (em m)?

b. Uma tubulação classe 40 com 25 mm (ID: 26,64 mm; OD: 30,02 mm) está conectada ao fundo do tanque para drenar o hidrogênio líquido. Se a tubulação se romper, produzindo um orifício com um diâmetro igual ao OD da tubulação, qual é a taxa de descarga inicial do hidrogênio líquido pelo orifício? Suponha que a altura do líquido esteja no nível de 5000 kg.

c. A que distância (em m) do armazenamento vai ocorrer a sobrepressão lateral de 3 psi no caso de uma explosão de nuvem de vapor confinada envolvendo o conteúdo total de 5000 kg do tanque?

d. Precisamos elaborar um procedimento para inertizar o tanque antes de carregá-lo com hidrogênio. Até que meta de concentração de nitrogênio precisamos inertizar o tanque para evitar a formação de uma mistura de gás inflamável durante o processo de abastecimento?

7-33 Um tanque de armazenamento tem de ser preparado para ser abastecido com monóxido de carbono. O tanque contém atualmente ar puro.

a. Qual é a meta de concentração de oxigênio para essa operação a fim de evitar a existência de um vapor inflamável quando o monóxido de carbono é adicionado?

b. Se o nitrogênio contendo 2% por volume de oxigênio estiver disponível a 2 barg, quantos ciclos de pressão são necessários para inertizar o tanque adequadamente?

7-34 Sua empresa está considerando a instalação de um tanque de armazenamento de baixa pressão com telhado cônico, com capacidade para 5000 m³. O tanque vai armazenar tolueno (C_7H_8). A empresa está considerando várias opções:

a. Um único tanque a até 10 m do processo.

b. Vários tanques menores a até 10 m do processo. Essa opção requer 200 m de tubulação adicional, além de outras válvulas.

c. Um único tanque a 100 m do processo. Isso requer 150 m de tubulação adicional.

d. Vários tanques menores a 100 m do processo. Isso requer 1000 m de tubulação adicional, além de outras válvulas.

Considere cada opção e apresente as características inerentemente mais seguras associadas com cada uma delas. Escolha a única opção que representa o projeto mais inerentemente seguro. Certifique-se de sustentar a sua escolha com argumentos.

Que outras perguntas você deveria fazer para melhorar a segurança inerente dessa instalação?

7-35 A empresa lhe pediu para considerar as consequências da explosão de um tanque, avaliando a sobrepressão resultante para as opções a e c no Problema 7-34. Em ambos os casos, suponha que o tanque de armazenamento seja drenado de todo o líquido e que contenha apenas a pressão de saturação do vapor para o tolueno líquido a 25°C e 1 atm de pressão total com o ar.

a. Qual é a concentração volumétrica percentual do tolueno no vapor de cada tanque?

b. Se o tanque contiver ar, esta concentração é inflamável?

c. Qual é a concentração estequiométrica do tolueno no ar? O vapor no tanque tem um teor de combustível alto ou baixo?

d. Se ocorrer uma ignição ou explosão dentro do tanque de armazenamento, estime a sobrepressão nos limites do processo para cada caso.

Conceitos para Prevenir Incêndios e Explosões 355

  e. Qual caso é aceitável? Discuta.

  f. Que outras características de projeto você recomendará para reduzir a probabilidade de uma explosão?

7-36 Um tanque de armazenamento de 1000 m³ contém álcool metílico líquido (CH_4O). O tanque é preenchido com uma mistura gasosa, obtida de uma unidade de separação por membranas. O gás da unidade de separação por membranas contém 98% de nitrogênio (mais 2% de oxigênio). O tanque é preenchido até uma pressão total de 10 mm Hg manométricos.

  Devemos preparar o tanque para permitir a entrada de pessoal, com a finalidade de realizar a inspeção anual em seu interior. Primeiro o líquido é drenado do tanque antes dessa operação e depois o tanque vazio tem de ser inertizado utilizando um método de purga por varrimento antes de abri-lo e permitir a entrada do ar.

  Suponha uma temperatura ambiente de 25°C e 1 atm.

  a. Qual é a concentração do gás (em vol. %) dentro do tanque após drenar o líquido e antes da inertização?

  b. Utilize um diagrama de triângulo para estimar a meta de concentração de combustível (em vol. %) para a operação de inertização.

  c. Se utilizarmos um procedimento de inertização com purga por varrimento, utilizando o nitrogênio a 98% como gás de varrimento a partir da unidade de separação por membranas, qual é o volume total de gás de varrimento (em m³ a 25°C e 1 atm) necessário para alcançar a meta de concentração desejada?

  d. Se o gás da unidade de separação por membranas for fornecido a uma taxa de 5 kg/min, quanto tempo (em minutos) vai levar para alcançar a meta de concentração desejada?

7-37 Um tanque de armazenamento de propano com um volume de 10.000 litros está sendo retirado de serviço para manutenção. O tanque tem de ser drenado de seu propano líquido, despressurizado até a pressão atmosférica e depois inertizado com nitrogênio antes de abri-lo para o ar.

  A temperatura é de 25°C e a pressão ambiente é 1 atm.

  a. Determine a meta de concentração de combustível necessária no tanque antes de abri-lo.

  b. Uma purga por varrimento será utilizada no procedimento de inertização. Se houver nitrogênio puro disponível em uma taxa de fornecimento de 0,5 kg/min, qual é o tempo mínimo (em min) necessário para reduzir a concentração de combustível para o valor desejado?

  c. Qual é a quantidade total (em kg) necessária de nitrogênio para realizar a tarefa?

CAPÍTULO 8

Reatividade Química

Produtos químicos perigosamente reativos já resultaram em muitos acidentes em operações industriais e laboratoriais. Evitar acidentes com produtos químicos reativos exige as seguintes etapas, que são discutidas neste capítulo:

1. Compreensão sobre o tema. Inclui compreender casos históricos e definições importantes. Os estudos de casos proporcionam uma compreensão das consequências, frequência e extensão dos acidentes com produtos químicos reativos. As definições proporcionam uma base comum, fundamental para a compreensão do tema. Isso é apresentado na Seção 8-1 e completado pelo Capítulo 14, "Casos Históricos".

2. Comprometimento, conscientização, e identificação dos perigos relacionados aos produtos químicos reativos. Isso é atingido através de programas adequados de gerenciamento, e do emprego de variados métodos para identificar produtos químicos reativos. Os detalhes serão discutidos na Seção 8-2.

3. Caracterização dos produtos químicos reativos. Um calorímetro é geralmente utilizado para adquirir dados reacionais, e um modelo é utilizado para estimar os parâmetros importantes para sua caracterização. Isso é descrito na Seção 8-3.

4. Controle dos produtos químicos reativos perigosos. Inclui a aplicação de princípios de projeto, ativos, passivos, e segurança inerente. Isso é discutido na Seção 8-4 e complementado por material adicional nos Capítulos 9, "Introdução aos Dispositivos de Alívio"; 10, "Dimensionamento dos Dispositivos de Alívio"; e 13, "Procedimentos e Projetos Seguros".

8-1 Compreensão sobre o Tema

Em outubro de 2002, o U.S. Chemical Safety and Hazard Investigation Board (CSB) emitiu um relatório sobre produtos químicos reativos.[1] Foram analisados 167 acidentes graves nos Estados Unidos envolvendo esses produtos, de janeiro de 1980 até junho de 2001. Quarenta e oito desses acidentes resultaram em um total de 108 mortes. Esses eventos resultaram em uma média de cinco fatalidades por ano. O CSB concluiu que os incidentes com produtos químicos reativos são um importante pro-

---

[1] *Improving Reactive Hazard Management* (Washington, DC: US Chemical Safety and Hazard Investigation Board, outubro de 2002).

blema de segurança de processos. Recomendou-se maior conscientização sobre os perigos relacionados à reatividade dos produtos químicos, tanto nas indústrias químicas quanto nas outras empresas que utilizam tais produtos. O CSB também sugeriu que recursos adicionais fossem investidos para que esses perigos possam ser identificados e controlados.

Em 19 de dezembro de 2007, ocorreu uma explosão na T2 Laboratories em Jacksonville, Flórida. Quatro pessoas morreram e 32 ficaram feridas devido à explosão. A instalação estava produzindo um composto químico para ser utilizado como aditivo na gasolina. A explosão foi provocada pelo estouro de um grande reator devido a uma reação descontrolada. Uma **reação descontrolada** (*runaway reaction*) ocorre quando o processo é incapaz de remover do reator quantidade de calor adequada para controlar a temperatura. Consequentemente, a temperatura do reator aumenta, resultando em uma taxa de reação mais alta e uma taxa ainda mais rápida de geração de calor. Os grandes reatores comerciais conseguem atingir taxas de aquecimento de várias centenas de graus Celsius por minuto durante uma reação descontrolada.

O CSB investigou o acidente da T2 Laboratories e constatou que os engenheiros da empresa não reconheceram os perigos de descontrole associados à química e aos processos utilizados, e que não foram capazes de proporcionar o controle adequado e a segurança necessária para evitar o acidente. Constatou, ainda, que, embora os engenheiros fossem graduados em engenharia química, eles não tiveram nenhuma instrução sobre perigos relacionados a produtos químicos reativos. O CSB recomendou a adição do tópico sobre perigos em sistemas reativos ao currículo de engenharia química.

Perigo relacionado à reatividade química é "uma situação com *potencial* para a ocorrência de uma *reação química descontrolada*, que pode resultar direta ou indiretamente em prejuízos graves para pessoas, propriedades ou meio ambiente".[2] A reação resultante pode ser muito violenta, liberando grande quantidade de calor e, possivelmente, grande quantidade de gases ou sólidos tóxicos, corrosivos ou inflamáveis. Se essa reação for confinada a um recipiente, a pressão dentro do mesmo pode aumentar com muita rapidez, acabando por exceder a capacidade deste, resultando em uma explosão. A reação pode ocorrer com um único produto químico, chamado **produto químico autorreativo** (por exemplo, monômero), ou com outro produto químico, a chamada **interação** química ou **incompatibilidade** química.

Observe que o perigo se deve ao potencial para uma reação química. Alguma outra coisa deve ocorrer para que esse perigo resulte em um acidente. No entanto, enquanto os produtos químicos reativos estiverem armazenados e forem utilizados em uma planta, o perigo da reatividade química estará sempre presente.

Uma das dificuldades com os perigos relacionados à reatividade dos produtos químicos é que tais perigos são difíceis de prever e identificar. Os materiais comuns que utilizamos rotineiramente, com um risco desprezível, podem reagir violentamente quando misturados com outros materiais comuns, ou podem reagir violentamente quando a temperatura ou a pressão variam.

As reações químicas ocorrem nas plantas químicas nos seguintes cenários:

1. Produtos químicos reagem conforme planejado, por exemplo, no reator de processo, visando gerar o produto desejado.

2. Produtos químicos reagem acidentalmente, por exemplo, devido a uma perturbação no processo, perda de contenção (liberação), etc.

---

[2] R. W. Johnson, S. W. Rudy e S. D. Unwin, *Essential Practices for Managing Chemical Reactivity Hazards* (New York: AIChE Center for Chemical Process Safety, 2003).

Os fatores humanos também são importantes nos incidentes envolvendo reações químicas. Suponha que um operador recebe a tarefa de "Carregar 10 kg de catalisador no reator B às 15h". A Tabela 8-1 apresenta algumas das maneiras nas quais esse operador poderia não conseguir realizar essa tarefa adequadamente. Como se pode ver, são possíveis vários modos de falha, e essa é apenas uma instrução em uma sequência de, possivelmente, centenas de etapas.

Tabela 8-1 Possíveis Modos de Falha para a Instrução Individual "Carregar 10 kg de Catalisador no Reator B às 15h"

1. Carregar mais catalisador.
2. Carregar menos catalisador.
3. Não carregar o catalisador.
4. Carregar o catalisador cedo demais.
5. Carregar o catalisador tarde demais.
6. Carregar o catalisador errado.
7. Carregar o catalisador no reator errado.
8. Carregar catalisador contaminado.
9. Carregar algo mais além do catalisador.
10. O operador recorre ao recipiente de armazenamento errado e carrega o catalisador errado.
11. O operador derrama o catalisador enquanto o carrega.
12. O operador utiliza recipiente indevido e o catalisador é contaminado com outro material durante o processo de medição.
13. O catalisador é contaminado com outro material durante o armazenamento.
14. O catalisador é contaminado com um produto químico incompatível e se sucede uma reação química vigorosa.
15. O catalisador armazenado é contaminado com um produto químico incompatível e se sucede uma reação química vigorosa no recipiente de armazenamento.
16. O operador é exposto ao catalisador durante a operação de carregamento, seja através da pele, dos olhos, da ingestão ou da inalação.
17. Outros trabalhadores são expostos ao catalisador.
18. O catalisador se dispersa no ar, sendo distribuído por todo o local de trabalho.
19. O catalisador pega fogo.
20. O catalisador é derramado e drenado para o esgoto.
21. O catalisador armazenado não é um catalisador ou é uma substância errada – o material errado é carregado.
22. O recipiente de armazenamento do catalisador está vazio – o catalisador não é carregado.
23. Não é possível encontrar dispositivo para adicionar o catalisador – o catalisador não é carregado na hora certa.
24. A balança utilizada para pesar o catalisador não está disponível – o catalisador não é carregado na hora certa.
25. A balança do catalisador não está funcionando adequadamente ou está descalibrada – quantidade errada de catalisador é carregada.
26. O relógio não funciona ou exibe a hora errada – o catalisador não é carregado na hora certa.
27. O operador se distrai com algo na unidade adjacente – o catalisador não é carregado na hora certa.

8-2 Compromisso, Conscientização e Identificação dos Perigos Relacionados aos Produtos Químicos Reativos

A primeira etapa nesse processo é gerenciar adequadamente os perigos dos produtos químicos reativos. Isso exige comprometimento de todos os empregados, especialmente aqueles no nível gerencial, para identificar e gerenciar adequadamente esses perigos por todo o ciclo de vida do processo. Isso inclui as etapas de pesquisa e desenvolvimento em laboratório; estudos em planta piloto; e projeto, construção, operação, manutenção, expansão e desativação de instalações.

A Figura 8-1 é um fluxograma útil para elaborar um panorama preliminar dos perigos relativos aos produtos químicos reativos. A Figura 8-1 contém sete perguntas para ajudar a identificar os perigos.

1. *Sua instalação realiza, intencionalmente, reações químicas?* Na maioria dos casos, isso é fácil de determinar. O ponto principal é o seguinte: Os produtos que saem da sua instalação têm uma configuração molecular diferente da configuração molecular das matérias-primas? É preciso obter uma resposta precisa para essa pergunta antes de avançar no fluxograma.

2. *Existe alguma mistura ou combinação de substâncias diferentes?* Se substâncias forem misturadas ou combinadas, ou até mesmo dissolvidas em um líquido ou água, então é possível que uma reação, intencional ou não, possa ocorrer.

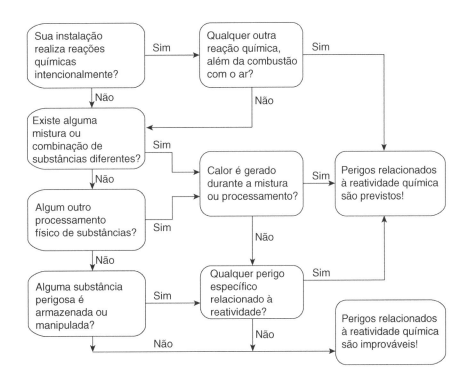

Figura 8-1 Fluxograma para elaborar um panorama dos perigos relativos aos produtos químicos reativos. Uma resposta "sim" em qualquer ponto de decisão segue na direção da química mais reativa. Veja a Seção 8.2 para obter mais detalhes. Fonte: R. W. Johnson, S. W. Rudy e S. D. Unwin, *Essential Practices for Managing Chemical Reactivity Hazards* (New York: AIChE Center for Chemical Process Safety, 2003).

3. *Existe algum outro processamento físico de substâncias em sua instalação?* Isso poderia incluir diminuição do tamanho de partículas, aquecimento/secagem, absorção, destilação, filtragem, armazenamento, reembalagem, envio e recebimento.

4. *Existem quaisquer substâncias perigosas armazenadas ou manipuladas na sua instalação?* A Ficha de Informação de Segurança de Produtos Químicos (FISPQ) é uma boa fonte de informação aqui.

5. *A combustão com o ar é a única reação química intencional na sua instalação?* Isso inclui a combustão de combustíveis comuns como o gás natural, propano, óleo combustível etc. A combustão é um perigo especial que é tratado por códigos e normas distintos e que não será abordado aqui.

6. *Algum calor é gerado durante a mistura, separação de fase ou processamento físico das substâncias?* A geração de calor quando os produtos químicos são misturados é uma forte indicação de que uma reação está acontecendo. Note que muitos produtos químicos não liberam muito calor durante a reação; então, mesmo que haja uma liberação limitada de calor, uma reação química pode estar ocorrendo. Também existem alguns processos físicos, como, por exemplo, a absorção ou a mistura mecânica, que podem causar geração de calor. Essa liberação de calor, embora não seja provocada por reação química, pode aumentar a temperatura e fazer com que uma reação ocorra.

7. *Qualquer perigo específico relacionado à reatividade?* Perigos específicos relacionados a produtos químicos reativos são exibidos na Tabela 8-2, com listas detalhadas por classes químicas e por produtos fornecidas no Apêndice F. Os grupos funcionais tipicamente associados a reações químicas são exibidos na Tabela 8-3.

Um dos perigos mais difíceis de caracterizar é a incompatibilidade entre produtos químicos, exibida na parte inferior da Tabela 8-2. Os materiais comuns que utilizamos rotineiramente, e com segurança, podem se tornar, eles próprios, altamente reativos quando misturados. Esses materiais podem reagir com bastante rapidez, possivelmente produzindo grande quantidade de calor e gás. Este gás pode ser tóxico ou inflamável.

A maneira mais fácil de mostrar graficamente as várias interações entre os produtos químicos é uma matriz de compatibilidade química, como mostra a Tabela 8-4. Os produtos químicos são apresentados do lado esquerdo da tabela. Os produtos químicos selecionados podem ser todos os que existem em uma instalação ou aqueles que podem entrar em contato uns com os outros durante as situações de rotina ou de emergência. Claramente, apresentar todos os produtos químicos fornece um resultado conservador, mas pode resultar em uma matriz grande e difícil de manejar.

Cada entrada na matriz de compatibilidade química mostra a interação entre dois produtos químicos. Desse modo, a entrada logo à direita do anidrido acético representa a interação binária entre este e a solução de ácido clorídrico.

A matriz de compatibilidade química considera apenas as interações binárias entre dois produtos. As interações binárias são esperadas durante as operações de rotina, enquanto as combinações de vários produtos químicos podem ocorrer durante as situações de emergência. No entanto, depois que os perigos são identificados utilizando as interações binárias de todos os produtos químicos, outros perigos, devido à combinação de mais de dois produtos químicos, são improváveis.

Depois que os produtos químicos são identificados, as interações binárias são preenchidas. As informações dessas interações podem ser obtidas a partir de várias fontes, como mostra a Tabela 8-5.

Tabela 8-2 Perigos Específicos de Produtos Químicos Reativos[a]

Pirofóricos e substâncias que sofrem combustão espontânea: Substâncias que vão reagir imediatamente com o oxigênio na atmosfera, incendiando e queimando sem uma fonte de ignição. A ignição pode ser imediata ou retardada.

    Identificação: A FISPQ ou rótulo identificam a substância como "combustão espontânea".

        Classificação de inflamabilidade da NFPA igual a 4.

        Classe de Perigo DOT/UN 4.2 (sólidos que sofrem combustão espontânea).

    Exemplos: Alquil-alumínio, reagente de Grignard, metais finamente divididos, sulfeto ferroso, trietil-alumínio.

        Veja a Tabela F-1 no Apêndice F.

Formadores de peróxido: Reagem com o oxigênio da atmosfera formando peróxidos instáveis.

    Identificação: Não são identificadas facilmente como formadores de peróxido a partir das FISPQs ou por outros recursos.

    Exemplos: 1,3-butadieno, 1,1-dicloro-etileno, isopropila e outros éteres, metais alcalinos.

        Veja a Tabela F-2.

Produtos químicos reativos com água: Reagem quimicamente com água, particularmente nas condições ambientais normais.

    Identificação: Normalmente identificados como reativos com água na FISPQ.

        Podem ser identificados como Classe de Perigo DOT/UN 4.3 (perigosos quando molhados).

        Podem ser rotulados como "perigosos quando molhados".

        Classificação Especial da NFPA apresenta símbolo característico.

    Exemplos: Sódio, tetracloreto de titânio, trifluoreto de boro, anidrido acético.

        Veja as Tabelas F-3 e F-4.

Oxidantes: Produzem imediatamente oxigênio ou outro gás oxidante ou reagem imediatamente produzindo ou iniciando a combustão dos materiais combustíveis.

    Identificação: Identificado como oxidante pela FISPQ.

        Classe de Perigo DOT/UN 5.1 (agente oxidante) ou outros grupos de classificação.

        Classificação Especial da NFPA com símbolo OX.

    Exemplos: Cloro, peróxido de hidrogênio, ácido nítrico, nitrato de amônio, ozônio, hipocloritos, peróxido de benzila.

        Veja a Tabela F-5.

Autorreativo: Substâncias que autorreagem muitas vezes de modo rápido ou explosivo.

    Identificação: Geralmente identificadas na FISPQs ou nos rótulos como "polimerizante", "decomposição" ou "instável."

        Classificação de reatividade/instabilidade na NFPA igual a 1 ou superior.

Polimerizante: Monômeros que se combinam para formar moléculas poliméricas muito grandes, tipo cadeia ou de ligação cruzada.

    Exemplos: Acroleína, etileno e óxido de propileno, estireno, acetato vinílico.

        Veja a Tabela F-6.

Sensíveis ao choque: Reagem no impacto.

    Exemplo: Ácido pícrico.

Decomposição térmica: Moléculas grandes se dividem em moléculas menores e mais estáveis.

Reorganização: Os átomos em uma molécula se reorganizam em uma estrutura molecular diferente, como, por exemplo, um isômero diferente.

Materiais incompatíveis: Materiais incompatíveis entrando em contato uns com os outros.

    Exemplos: Amônia + ácido metacrílico; soda cáustica + epicloridrina; ácidos + bases

[a]Veja Johnson et al., *Essential Practices for Managing Chemical Reactivity Hazards*, para obter mais detalhes sobre essas classificações, e também o Apêndice F para obter listas mais detalhadas desses materiais.

Tabela 8-3 Grupos Funcionais Reativos[a]

Azida	N_3
Diazo	$-N=N-$
Diazônio	$-N_2^+\,X^-$
Nitro	$-NO_2$
Nitroso	$-NO$
Nitrito	$-ONO$
Nitrato	$-ONO_2$
Fulminato	$-ONC$
Peróxido	$-O-O-$
Perácido	$-CO_3H$
Hidroperóxido	$-O-O-H$
Ozoneto	O_3
N-haloamina	$-\underset{X}{\overset{\,}{N}}-Cl$
Óxido de amina	$\equiv NO$
Hipoalitos	$-OX$
Cloratos	ClO_3
Acetiletos de metais pesados	$-C\equiv CM$

[a]Conrad Schuerch, "Safe Practice in the Chemistry Laboratory: A Safety Manual", em *Safety in the Chemical Laboratory*, v. 3, Norman V. Steere, ed. (Easton, PA: Division of Chemical Education, American Chemical Society, 1974), pp. 22-25.

Talvez a fonte mais fácil de usar seja o Chemical Reactivity Worksheet (CRW).[3] Essa planilha é fornecida gratuitamente pelo Office of Emergency Management da U.S. Environmental Protection Agency, Emergency Response Division, da National Oceanic and Atmospheric Administration (NOAA), e pelo AIChE Center for Chemical Process Safety. O software contém uma biblioteca de 5.000 produtos químicos de uso geral e misturas, e considera 43 grupos reativos orgânicos e inorgânicos diferentes. O CRW também fornece informações sobre os perigos associados a produtos químicos específicos e os grupos reativos relacionados a esses produtos, como mostra a parte inferior da Tabela 8-4. O CRW tende a ser conservador em suas previsões das interações binárias, de modo que os resultados devem ser interpretados com cautela.

Outra fonte de informação sobre produtos químicos reativos é o programa denominado CHETAH. CHETAH representa Chemical Thermodynamics and Energy Release Evaluation. Esse programa é capaz de prever os perigos relacionados à reatividade dos produtos químicos utilizando grupos funcionais. O CHETAH foi desenvolvido originalmente pela Dow Chemical e é muito útil como uma ferramenta de triagem inicial dos perigos.

[3]Lewis E. Johnson and James K. Farr, "CRW 2.0: A Representative-Compound Approach to Functionality-Based Prediction of Chemical Hazards", *Process Safety Progress* (setembro de 2008), 27(3): 212-218.

Tabela 8-4 Matriz de Compatibilidade Química e Perigos do Exemplo 8-1, conforme as Previsões do CRW 2.02

N°	Nome químico				
1	Solução de ácido clorídrico	1			
2	Anidrido acético	C, D7, E. G	2		
3	Metanol	C	B5, C	3	
4	Soda cáustica, escamas	B4, C, D3, D5, D6, D7, G	A6, C, D4	B1, B5, C	

Chave:
A6 A reação acontece de forma explosiva e/ou forma produtos explosivos.
B1 Pode se tornar altamente inflamável ou pode iniciar um incêndio, especialmente se outros materiais combustíveis estiverem presentes.
B4 Ignição espontânea dos reagentes ou produtos devido ao calor de reação.
B5 A combinação libera produtos gasosos, com ao menos um deles sendo inflamável. Pode causar pressurização.
C Reação exotérmica. Pode gerar calor e/ou causar pressurização.
D3 A combinação libera produtos gasosos, com ao menos um deles sendo tóxico. Pode causar pressurização.
D4 A combinação libera gás não inflamável e não tóxico. Pode causar pressurização.
D5 A combinação libera gás que promove a combustão (por exemplo, oxigênio). Pode causar pressurização.
D6 Geração exotérmica de fumaças tóxicas e corrosivas.
D7 Geração de líquido corrosivo.
E Gera produtos tóxicos hidrossolúveis.
G A reação pode ser intensa e violenta.

Perigos Químicos Individuais e Grupos Funcionais

Produto químico	Perigo relacionado à reatividade	Grupo funcional
Anidrido acético	Hidrorreativo	Anidrido
Soda cáustica, escamas	Hidrorreativo	Base
Solução de ácido clorídrico	Moderadamente reativo com o ar	Ácido, inorgânico, não oxidante
Metanol	Altamente inflamável	Álcool

Tabela 8-5 Fontes de Informação sobre Perigos Relacionados à Reatividade dos Produtos Químicos

Fonte	Localização
Ficha de Informação de Segurança de Produtos Químicos (FISPQ)	Fornecida pelo fabricante do produto químico ou na Internet
Chemical Reactivity Worksheet (CRW)	National Oceanic and Atmospheric Administration (NOAA) http://response.restoration.noaa.gov
Brethericks Handbook of Reactive Chemical Hazards, P. Urben, ed. (2006)	Editora Elsevier www.elsevier.com
Sax's Dangerous Properties of Industrial Materials, R. J. Lewis, ed. (2007)	John Wiley and Sons, Inc. www.wiley.com
Sigma Aldrich Library of Chemical Safety Data, R. E. Lengna, ed. (1988)	Sigma-Aldrich www.sigmaaldrich.com
Fire Protection Guide to Hazardous Materials (2010)	National Fire Protection Association (NFPA) www.nfpa.org
CHETAH: Computer Program for Chemical Thermodynamics and Energy Release Evaluation	American Society for Testing and Materials (ASTM) www.astm.org

Exemplo 8-1

Um laboratório contém os seguintes produtos químicos: solução de ácido clorídrico, anidrido acético, metanol e soda cáustica em escamas (NaOH). Desenhe uma matriz de compatibilidade química para esses produtos químicos. Quais são os principais perigos associados?

Solução

Os produtos químicos são digitados no software Chemical Reactivity Worksheet (CRW) e a matriz de compatibilidade química é exibida na Tabela 8-4. A Tabela 8-4 também apresenta o perigo mais relevante e o grupo reativo associado a cada produto químico.

A partir da Tabela 8-4, fica claro que a mistura de qualquer um desses produtos vai resultar em uma situação perigosa! Todos esses compostos devem ser armazenados separadamente e o sistema de gerenciamento deve, obrigatoriamente, garantir que a mistura acidental não ocorra.

Uma vez que cada combinação na matriz contém a letra C, fica claro que uma reação exotérmica deve ocorrer com a mistura de qualquer par de produtos químicos. Três combinações (ácido clorídrico + soda cáustica; anidrido acético + metanol; metanol + soda cáustica) liberam um produto gasoso, com pelo menos um dos gases liberados sendo inflamável. Duas combinações (ácido clorídrico + anidrido acético; ácido clorídrico + soda cáustica) resultam em uma reação intensa ou violenta. Uma combinação (anidrido acético + soda cáustica) resulta em uma reação explosiva e/ou que forma produtos explosivos. Outros perigos são apresentados na Tabela 8-4.

Segundo a descrição dos perigos individuais, no final da Tabela 8-4, dois dos compostos (anidrido acético e soda cáustica) reagem com água, um composto (solução de ácido clorídrico) reage levemente com o ar, e o metanol é inflamável. A previsão de reatividade da solução de ácido clorídrico com o ar provavelmente é um pouco conservadora.

Todos os funcionários que utilizam esses produtos químicos no laboratório devem estar a par dos perigos das substâncias isoladamente, e dos perigos relacionados à reatividade que resultam quando tais substâncias são misturadas.

8-3 Caracterização dos Perigos Relacionados a Produtos Químicos Reativos Utilizando Calorímetros

As plantas químicas geram produtos utilizando complexos compostos químicos reativos. É essencial que o comportamento dessas reações seja bem caracterizado antes de utilizar essas rotas nos grandes reatores comerciais. A análise calorimétrica é importante para compreender tanto as reações desejadas quanto as indesejadas.

Algumas das perguntas importantes que devem ser feitas a fim de caracterizar os produtos químicos reativos são exibidas na Tabela 8-6. As respostas para essas perguntas são necessárias para projetar sistemas de controle destinados a remover o calor da reação e evitar um descontrole; para projetar sistemas de segurança, tais como mecanismos de alívio, para proteger o reator dos efeitos da alta pressão (veja os Capítulos 9 e 10); e para compreender a frequência com que esses processos ocorrem. As respostas têm de ser obtidas nas condições mais próximas possível daquelas usadas pelo processo.

Nas reações exotérmicas, o calor é perdido para o ambiente externo através das paredes do reator. Quanto maiores essas perdas de calor, menor a temperatura dentro do reator. Inversamente, quanto menores as perdas de calor, maior a temperatura dentro do reator. Assim, podemos concluir que ire-

Tabela 8-6 Perguntas Importantes para a Caracterização dos Produtos Químicos Reativos

1. Em que temperatura a taxa de reação se torna suficientemente grande para que a energia gerada aqueça a mistura reacional a ponto de a reação ser detectável?
2. Qual é o aumento máximo de temperatura devido ao autoaquecimento adiabático dos reagentes?
3. Qual é a taxa máxima de autoaquecimento? Em que momento e temperatura isso ocorre?
4. Qual é a pressão máxima durante a reação? Essa pressão se deve à pressão do vapor do líquido ou à geração de produtos gasosos pela reação?
5. Qual é a taxa máxima de aumento de pressão? Em que momento e temperatura isso ocorre?
6. Existem reações paralelas que ocorrem, particularmente nas temperaturas acima da temperatura normal da reação? Se existirem, as perguntas de 1 a 5 podem ser respondidas para essa reação?
7. A geração de calor da reação química desejada aquece a massa reacional sob condições adiabáticas até uma temperatura em que ocorre outra reação?
8. O calor gerado pela reação química (desejada ou indesejada) ultrapassa a capacidade do vaso/processo para remover calor?

mos alcançar as temperaturas de reação mais elevadas e as maiores taxas de autoaquecimento quando o reator não tiver perdas de calor, isto é, quando for adiabático.

As perdas de calor através das paredes do reator são proporcionais à área superficial do vaso. À medida que o tamanho do vaso aumenta, a proporção entre a superfície e o volume se torna menor e as perdas de calor através das paredes têm um efeito menor. Desse modo, à medida que o vaso aumenta de volume, o comportamento deste se aproxima do comportamento adiabático.

Muitos funcionários de plantas químicas acreditam que um reator de grande porte vai autoaquecer a uma taxa muito mais baixa do que um vaso pequeno. Na realidade, o inverso é verdadeiro: um reator maior se aproxima das condições adiabáticas e as taxas de autoaquecimento são muito mais rápidas.

Como foi discutido acima, as taxas de remoção de calor não aumentam linearmente com o aumento do volume do reator. Esse problema de dimensionamento tem sido a causa de muitos acidentes. As reações testadas no laboratório ou na planta piloto exibiram frequentemente taxas que foram controladas facilmente utilizando banhos de gelo ou pequenas serpentinas de refrigeração. No entanto, quando essas reações são transferidas para grandes reatores comerciais, alguns envolvendo volumes de 20.000 galões ou mais, as taxas de autoaquecimento podem assumir ordens de grandeza muito maiores, resultando em um aumento incontrolável da temperatura e na explosão do reator. Os grandes reatores comerciais que empregam produtos químicos energéticos, como o ácido acrílico, o óxido de etileno, óxido de propileno e muitos outros, conseguem alcançar taxas de autoaquecimento de até centenas de graus Celsius por minuto!

Introdução à Calorimetria dos Produtos Químicos Reativos

A ideia por trás do calorímetro é utilizar com segurança pequenas quantidades de material no laboratório para responder as perguntas apresentadas na Tabela 8-6. A maioria dos calorímetros discutidos neste capítulo possui volumes de teste de alguns mL até 150 mL. Os volumes de teste maiores correspondem melhor aos reatores industriais, mas também aumentam os perigos associados com o teste de laboratório.

A tecnologia calorimétrica apresentada aqui foi desenvolvida principalmente nos anos 1970. Grande parte do desenvolvimento inicial foi feito pela Dow Chemical,[4,5,6] embora muitos pesquisadores tenham feito contribuições importantes desde então.

A Tabela 8-7 resume os calorímetros mais utilizados e disponíveis para o teste de produtos químicos reativos. Todos os calorímetros abrigam a amostra em uma pequena célula de amostra. Todos os equipamentos têm um meio para aquecer a amostra de teste e medir a temperatura dessa amostra em função do tempo. A maioria também tem capacidade para medir a pressão dentro da célula fechada.

É importante que o calorímetro apresente comportamento experimental o mais parecido possível com o comportamento adiabático, a fim de garantir que os resultados sejam representativos de um grande reator. As condições adiabáticas também vão garantir os resultados no "pior cenário", isto é, temperatura e pressão mais elevadas e taxas de autoaquecimento e de aumento de pressão mais altas.

Todos os calorímetros possuem dois modos de operação. O modo mais comum, chamado modo de varredura térmica, é o aquecimento da amostra com incrementos constantes na temperatura (por exemplo, 2°C por minuto) até a taxa de reação se tornar suficientemente grande a ponto de produzir energia suficiente para que o calorímetro detecte o calor da reação. Isso se chama modo de varredura térmica. Dois dos calorímetros na Tabela 8-7 – DSC e Advanced Reactive System Screening Tool (ARSST) – continuam a aquecer além dessa temperatura. Todos os outros calorímetros param de aquecer depois que o calor da reação é detectado, passando para um estado adiabático, igualando a temperatura externa com a temperatura da amostra.

O outro modo de aquecimento é aquecer a amostra até uma temperatura fixa e depois esperar durante um determinado tempo para ver se é detectada qualquer reação de autoaquecimento. Se for detectado o autoaquecimento, o calorímetro é colocado imediatamente em modo adiabático. Se não for detectado nenhum autoaquecimento após um determinado tempo, a temperatura é incrementada novamente e o processo se repete. Isso se chama modo de aquece-espera-busca (*heat-wait-search*).

Vários calorímetros – o Accelerating Rate Calorimeter (ARC), o Vent Sizing Package 2 (VSP2) e o Automatic Pressure Tracking Adiabatic Calorimeter (APTAC) – têm capacidade para realizar os dois modos de aquecimento na mesma operação.

O modo de varredura térmica é utilizado com mais frequência nos estudos de produtos químicos reativos. O modo de aquece-espera-busca é utilizado para produtos que têm um longo tempo de indução, significando que eles levam muito tempo para reagir.

No modo adiabático, o calorímetro tenta ajustar os aquecedores do lado de fora da célula de amostra para corresponderem à temperatura dentro da célula. Isso garante que não haja fluxo térmico da célula de amostra para o ambiente externo, resultando no comportamento adiabático.

Os calorímetros são classificados como abertos ou fechados. Um calorímetro aberto é aquele em que a célula de amostra é aberta para a atmosfera ou aberta para um grande vaso de contenção. Dois calorímetros na Tabela 8-7 – o DSC e o ARSST – são classificados como abertos. No DSC tradicional, a célula de amostra é completamente aberta para a atmosfera e nenhum dado de pressão é coletado. Alguns DSCs foram modificados para utilizar tubos capilares vedados ou suportes metálicos de alta pressão. No ARSST, a pequena célula de amostra (10 mL) é aberta para um vaso de contenção mui-

---

[4]D. L. Townsend and J. C. Tou, "Thermal Hazard Evaluation by an Accelerating Rate Calorimeter", *Thermochimica Acta* (1980), 37: 1-30.
[5]US Patent 4, 208, 907, 24 de junho de 1980.
[6]US Patent 4, 439, 048, 27 de março de 1984.

Reatividade Química

Tabela 8-7 Tipos de Calorímetros Mais Comumente Utilizados para Estudar os Produtos Químicos Reativos

Calorímetro	Fornecedor	Tipo	Volume do recipiente de teste típico, mL	Fator fi nominal, ϕ	Limites de rastreamento da reação adiabática, k/min	Tempo de operação	Comentários
DSC Differential Scanning Calorimeter (Calorímetro de Varredura Diferencial)	Vários	Aberto	<1	Não aplicável	Não aplicável	1 hora	Utilizado principalmente para sondagem inicial. Podem ser utilizadas células fechadas.
ARRST Advanced Reactive System Screening Tool	Fauske & Associates www.fauske.com	Aberto	10	1,05	0,1–200	Horas	Utilizado principalmente para sondagem inicial devido ao curto tempo de operação.
ARC Accelerating Rate Calorimeter	Vários	Fechado	10	1,5	0,04–20	1 + dia	Mais eficaz para reações com baixas taxas de autoaquecimento. Necessidade de ajustar as temperaturas para o fator Φ.
VSP2 Vent Sizing Package 2	Fauske & Associates www.fauske.com	Fechado	100	1,05	0,05–600	1 + dia	Útil para as reações com taxas de autoaquecimento muito elevadas. Também pode ser utilizado para identificar se ocorre o fluxo bifásico durante a descarga.
APTAC Automatic Pressure Tracking Adiabatic Calorimeter	NETZSCH www.netzsch.com	Fechado	130	1,10	0,04–400	1 + dia	Útil para reações com altas taxas de autoaquecimento. Também tem a capacidade para injetar automaticamente os reagentes e coletar os produtos.

to maior (350 mL). Um manômetro é acoplado ao vaso de contenção, mas apenas dados de pressão qualitativos são coletados deste instrumento. O vaso de contenção do ARSST também é pressurizado com nitrogênio durante a maioria das operações para evitar que a amostra de líquido ferva, permitindo alcançar temperaturas elevadas de reação.

Uma vez que o ARC é um sistema fechado, este calorímetro também pode ser empregado para determinar a pressão de vapor da mistura líquida. Isso é feito primeiro pela evacuação do ARC, e depois pela adição da amostra de teste. A pressão medida pelo ARC é a pressão do vapor; isto pode ser medido em função da temperatura.

É bem fácil isolar uma pequena célula de amostra para se aproximar das condições quase adiabáticas. No entanto, a célula de amostra tem de ser capaz de suportar as pressões da reação que podem chegar a centenas de atmosferas. A abordagem mais fácil para suportar altas pressões é utilizar um vaso de paredes espessas capaz de suportar a pressão. O problema com isso é que as paredes espessas da célula vão absorver calor da amostra de teste, resultando em condições aquém das adiabáticas. A presença de um vaso que absorva calor aumenta a inércia térmica do dispositivo de teste e reduz tanto a temperatura máxima quanto a taxa máxima de aquecimento.

A inércia térmica do dispositivo é representada por um fator Φ, definido por

$$\phi = \frac{\text{Capacidade calorífica combinada da amostra e do recipiente de contenção}}{\text{Capacidade calorífica da amostra}} \qquad (8\text{-}1)$$

$$= 1 + \frac{\text{Capacidade calorífica do recipiente de contenção}}{\text{Capacidade calorífica da amostra}}.$$

Claramente, um fator Φ o mais próximo possível de 1 representa menos inércia térmica. A maioria dos grandes reatores comerciais possui um fator Φ aproximadamente igual a 1,1.

A Tabela 8-7 apresenta os fatores Φ da maioria dos calorímetros. O ARC utiliza um vaso de paredes espessas para conter a pressão da reação; em consequência, ele tem um fator Φ elevado. O ARSST utiliza uma célula de amostra com paredes de vidro espessas e aberta para o vaso de contenção. Como o vaso de vidro contém apenas a amostra de teste e não precisa suportar a pressão desenvolvida pela reação, ele possui um fator Φ baixo.

O VSP2 e o APTAC utilizam um método de controle único para reduzir o fator Φ. Esses dois calorímetros utilizam recipientes de paredes finas para reduzir a capacidade calorífica da célula de amostra. A Figura 8-2 mostra um diagrama esquemático do calorímetro VSP2. A amostra está contida em uma célula de teste fechada e de paredes finas, a qual é mantida em um vaso de contenção. O sistema de controle mede a pressão dentro da célula de teste e também a pressão dentro do vaso de contenção. O sistema de controle é capaz de ajustar rapidamente a pressão dentro do vaso de contenção para compatibilizá-la com a pressão dentro da célula de teste. A diferença de pressão entre o interior da célula e o dispositivo de contenção é mantida o mais baixa possível, normalmente abaixo de 20 psi. Em consequência, a célula de parede fina não se rompe.

Os limites de monitoramento da reação adiabática exibidos na Tabela 8-7 se referem à taxa mais baixa em que o autoaquecimento é detectado, e o limite superior que o calorímetro consegue acompanhar.

O tempo de operação apresentado na Tabela 8-7 fornece uma ideia aproximada de quanto tempo leva para realizar uma única operação-padrão no dispositivo. Alguns dos calorímetros (DSC e ARSST) têm tempos de operação curtas, e são úteis para fazer inúmeros estudos preliminares, a fim de obter

Reatividade Química

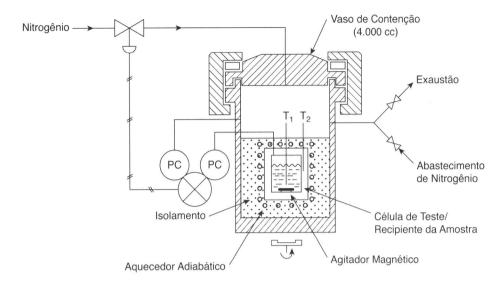

Figura 8-2 Vent Sizing Package (VSP2) exibindo o sistema de controle para equalizar a pressão entre a célula de amostra e o vaso de contenção.

uma ideia inicial da natureza reativa do material, antes de passar para um calorímetro mais complexo e com tempo de operação maior.

O Differential Scanning Calorimeter (DSC) consiste em duas pequenas células de amostra, uma contendo a amostra desconhecida e a outra contendo o material de referência. As duas amostras são aquecidas e o DSC mede a diferença no calor necessário para manter as duas amostras à mesma temperatura durante este aquecimento. Esse dispositivo pode ser utilizado para determinar a capacidade calorífica da amostra desconhecida, a temperatura na qual ocorre uma mudança de fase, o calor necessário para a mudança de fase e também as alterações térmicas devido a uma reação. Em um DSC tradicional as bandejas são abertas para a atmosfera; então este tipo de calorímetro é classificado como tipo aberto, conforme a Tabela 8-7. O DSC também pode ser modificado para utilizar tubos capilares selados de vidro ou pequenos recipientes metálicos. O DSC é utilizado principalmente nos estudos de sondagem rápida a fim de identificar se um perigo relacionado à reatividade está presente, e para dar uma ideia inicial das temperaturas em que ocorre a reação. O DSC tradicional não fornece nenhuma informação sobre pressão, já que os recipientes são abertos. Se forem utilizados tubos capilares selados, é possível obter informações limitadas sobre a pressão na qual o tubo se rompe.

As Figuras 8-3 e 8-4 exibem varreduras típicas de temperatura e pressão de um dispositivo APTAC. Na Figura 8-3, a amostra é aquecida impondo um incremento constante na temperatura com o tempo, até uma reação exotérmica ser detectada. Depois, o calorímetro passa para o modo adiabático. Neste modo, o calorímetro mede a temperatura da amostra e busca então igualar a temperatura externa com ela. Isso garante um comportamento quase adiabático. Durante o modo adiabático, a amostra se autoaquece pela energia liberada pela reação. Finalmente, os reagentes são todos consumidos e a reação termina. O autoaquecimento para nesse ponto, e a temperatura permanece constante. No final da operação, o aquecimento do calorímetro é desligado e a amostra esfria.

O gráfico na parte inferior da Figura 8-3 mostra o perfil de pressão nessa operação do APTAC. O aumento se deve à pressão de vapor da amostra de líquido. Essa pressão aumenta exponencialmente com a temperatura. A diminuição, e depois a elevação, na pressão após a reação é concluída sem merecer mais estudos – isto poderia ser uma decorrência da decomposição de um dos produtos da reação.

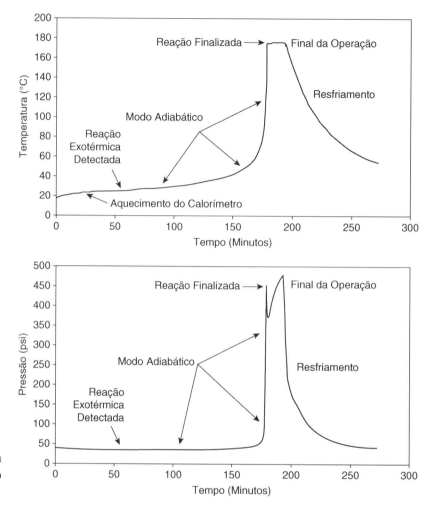

Figura 8-3 Dados do APTAC para a reação do metanol e do anidrido acético.

A Figura 8-4 exibe uma operação do calorímetro utilizando o modo de aquece-espera-busca. A amostra é aquecida de forma incremental, utilizando uma etapa em temperatura definida pelo usuário. Depois o calorímetro espera durante um período de tempo especificado, buscando qualquer aquecimento decorrente de reação. São necessários vários ciclos de aquece-espera-busca antes que uma reação exotérmica possa ser detectada e antes que o calorímetro entre no modo adiabático. No final da reação, o calorímetro volta para o modo de aquece-espera-busca, buscando outras reações em temperaturas mais elevadas.

Outro modo de operação do calorímetro é injetar um produto químico a uma temperatura especificada. Também é possível aquecer o calorímetro com o produto químico A no recipiente da amostra e depois injetar o produto químico B a uma temperatura especificada. Ambos os métodos vão resultar em uma injeção endotérmica à medida que o líquido frio for injetado, mas o calorímetro vai se recuperar rapidamente.

O calorímetro selecionado para um determinado estudo depende da natureza do material reativo. Muitas empresas fazem levantamentos iniciais utilizando o DSC ou o ARSST e depois, dependendo dos resultados, passam para um calorímetro com mais capacidade. Se for prevista uma reação muito lenta, então o ARC tem mais capacidade para detectar essas taxas de aquecimento. Se a reação tiver uma taxa de autoaquecimento muito elevada, então o VSP2 ou o APTAC são os calorímetros preferenciais.

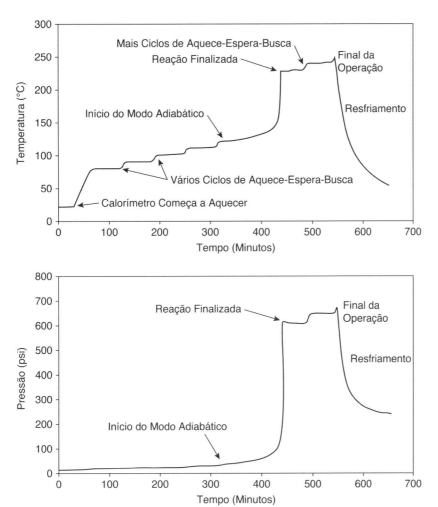

Figura 8-4 Dados do APTAC para a decomposição térmica do peróxido diterbutílico.

Análise Teórica dos Dados do Calorímetro

Suponha que tenhamos uma reação ocorrendo em uma célula de teste fechada e bem agitada. Suponha uma reação geral da forma

$$\alpha A + \beta B + \ldots = \text{Produtos}. \qquad (8\text{-}2)$$

Então, podemos escrever um balanço molar relativo ao reagente A da seguinte forma:

$$\frac{dC_A}{dt} = -k(T)C_A^a C_B^b \ldots, \qquad (8\text{-}3)$$

em que

C é a concentração (mols/volume),

$k(T)$ é o coeficiente dependente da temperatura (concentração^{1-n}/tempo) e

$a, b \ldots$ são as ordens da reação com relação a cada amostra.

O coeficiente $k(T)$ é fornecido pela equação de Arrhenius Ae^{-E_a/R_gT}, em que A é o fator pré-exponencial e E_a é a energia de ativação.

A Equação 8-3 pode ser escrita para cada espécie da reação exibida na Equação 8-2.

Se os reagentes forem adicionados inicialmente à célula de teste em suas proporções estequiométricas, então as concentrações permanecerão nestas proporções durante toda a reação. Logo,

$$\frac{C_B}{C_A} = \frac{\beta}{\alpha}, \tag{8-4}$$

e do mesmo modo para todas as demais espécies. Substituindo na Equação 8-3,

$$\begin{aligned}\frac{dC_A}{dt} &= -k(T)C_A^a\left(\frac{\beta}{\alpha}C_A\right)^b\dots \\ &= -k(T)\left(\frac{\beta}{\alpha}\right)^b\dots C_A^{a+b+\dots}\end{aligned} \tag{8-5}$$

Então, podemos escrever uma equação para a concentração da espécie A em termos de uma ordem global de reação $n = a + b + \dots$ e definir um novo coeficiente de taxa k'. Assim,

$$\frac{dC_A}{dt} = -k'(T)C_A^n. \tag{8-6}$$

Essa abordagem só funciona se todas as espécies forem estequiométricas.

Outra abordagem é ter todos os reagentes, exceto um, em excesso. Nesse caso as concentrações dos reagentes excedentes podem ser presumidas como aproximadamente constantes durante a reação. Suponha que todos os reagentes, exceto a amostra A, estejam em excesso. Então

$$\begin{aligned}\frac{dC_A}{dt} &= -k(T)C_A^a C_{Bo}^b C_{Co}^c\dots \\ &= -k(T)(C_{Bo}^b C_{Co}^c\dots)C_A^a \\ &= -k'(T)C_A^a,\end{aligned} \tag{8-7}$$

em que C_{Bo} é a concentração inicial da espécie B. Essa abordagem é útil para determinar a ordem da reação com relação a uma determinada espécie.

Considere agora uma situação na qual a ordem da reação é desconhecida. Suponha que a reação possa ser representada por uma reação global de enésima ordem da seguinte forma:

$$\frac{dC}{dt} = -k(T)C^n. \tag{8-8}$$

Podemos definir a conversão da reação, x, em termos da concentração inicial C_o:

$$x = \frac{C_o - C}{C_o}. \tag{8-9}$$

Repare que quando $C = C_o$, $x = 0$ e quando $C = 0$, $x = 1$.

Substituindo a Equação 8-9 na Equação 8-8,

$$\frac{dx}{dt} = k(T)C_o^{n-1}(1-x)^n. \tag{8-10}$$

Dividindo ambos os lados da Equação 8-10 por $k(T_o)C_o^{n-1}$,

$$\frac{1}{k(T_o)C_o^{n-1}}\frac{dx}{dt} = \frac{k(T)}{k(T_o)}(1-x)^n. \tag{8-11}$$

Agora, defina um tempo adimensional τ como

$$\begin{aligned}\tau &= k(T_o)C_o^{n-1}t \\ d\tau &= k(T_o)C_o^{n-1}dt,\end{aligned} \tag{8-12}$$

e a Equação 8-11 é simplificada para

$$\frac{dx}{d\tau} = \frac{k(T)}{k(T_o)}(1-x)^n. \tag{8-13}$$

Até esse ponto, todas as nossas equações são moldadas com relação à concentração dentro do vaso de reação. Infelizmente, a concentração é muito difícil de medir, particularmente quando a reação é muito rápida e as concentrações mudam constantemente. Os instrumentos online para medir a concentração diretamente ainda são muito limitados. Uma abordagem mais direta seria extrair uma amostra muito pequena do reator, resfriando e interrompendo a reação instantaneamente, para obter um resultado representativo. Contudo, a extração da amostra também teria um impacto no teste, já que estamos removendo massa e energia do recipiente. Desse modo, medir a concentração em tempo real é uma tarefa muito difícil.

O parâmetro mais fácil de ser medido é a temperatura. Isso pode ser feito facilmente com um termopar, obtendo leituras em tempo real. Podemos relacionar a temperatura à conversão supondo que esta seja proporcional à mudança total da temperatura durante a reação. Isso nos dá a seguinte equação:

$$x = \frac{T - T_o}{\Delta T_{ad}} = \frac{T - T_o}{T_F - T_o}, \tag{8-14}$$

em que

T_o é a temperatura inicial da reação,

T_F é a temperatura final da reação quando esta reação é completada e

ΔT_{ad} é a mudança adiabática de temperatura durante a reação.

A Equação 8-14 contém dois pressupostos importantes, que são:

1. A reação é caracterizada por uma temperatura inicial e final, e estas podem ser determinadas experimentalmente com uma razoável precisão.
2. A capacidade calorífica da amostra de teste é constante durante a reação.

O pressuposto 1 é provavelmente o mais importante. A temperatura inicial tem de ser a temperatura em que a taxa de reação se torna grande o bastante para gerar quantidade suficiente de energia a ponto de a reação ser detectada pelo termopar. Essa temperatura foi interpretada equivocadamente por muitos pesquisadores no passado. Alguns concluíram, incorretamente, que se o material reativo fosse armazenado abaixo da temperatura inicial, então a mistura não iria reagir. Isso é totalmente incorreto, já que a reação procede, apesar de frequentemente indetectável, mesmo abaixo da temperatura inicial. Calorímetros diferentes produzem temperaturas iniciais diferentes, já que elas são uma função da sensibilidade do equipamento. A temperatura inicial é utilizada apenas para relacionar a concentração do reagente à temperatura do reator, e nada mais.

O pressuposto 2 não será verdadeiro se a capacidade calorífica dos produtos for significativamente diferente da capacidade calorífica dos reagentes. Felizmente, as capacidades térmicas da maioria dos materiais líquidos são praticamente as mesmas. Se os reagentes forem principalmente líquidos e uma fração significativa dos produtos forem gases, então esse pressuposto pode falhar. Essa hipótese é aproximadamente verdadeira se um ou mais dos reagentes estiver em excesso ou se o sistema contiver um solvente em concentração elevada, resultando em uma capacidade calorífica quase constante do líquido.

O termo cinético na Equação 8-13 pode ser expandido da seguinte forma:

$$\frac{k(T)}{k(T_o)} = \frac{Ae^{-E_a/R_gT}}{Ae^{-E_a/R_gT_o}} = \exp\left[\frac{E_a}{R_g}\left(\frac{1}{T_o} - \frac{1}{T}\right)\right] \quad (8\text{-}15)$$

$$= \exp\left[\frac{E_a}{R_gT_o}\left(1 - \frac{T_o}{T}\right)\right]$$

$$= \exp\left[\frac{E_a}{R_gT_o}\left(1 - \frac{T_o}{T_o + \Delta T_{ad}x}\right)\right]$$

$$= \exp\left[\frac{\dfrac{E_a}{R_gT_o}\dfrac{\Delta T_{ad}}{T_o}x}{1 + \dfrac{\Delta T_{ad}}{T_o}x}\right]. \quad (8\text{-}16)$$

Agora, defina B como o aumento adiabático da temperatura e Γ como a energia de ativação adimensional, dadas as seguintes equações:

$$B = \frac{\Delta T_{ad}}{T_o} = \frac{T_F - T_o}{T_o} \quad (8\text{-}17)$$

$$\Gamma = \frac{E_a}{R_gT_o}. \quad (8\text{-}18)$$

Reatividade Química

Então, a Equação 8-13 se reduz à seguinte equação adimensional:

$$\boxed{\frac{dx}{d\tau} = (1 - x)^n \exp\left(\frac{\Gamma Bx}{1 + Bx}\right).}$$
(8-19)

Se o aumento adiabático da temperatura B for pequeno, ou seja, menor do que 0,4, então a Equação 8-19 é simplificada para

$$\boxed{\frac{dx}{d\tau} \cong (1 - x)^n \exp(\Gamma Bx).}$$
(8-20)

As Equações 8-19 e 8-20 contêm os seguintes pressupostos muito importantes:

1. O reator é homogêneo. Isso significa que os gradientes de temperatura e concentração na amostra líquida são pequenos.
2. As propriedades físicas – capacidade calorífica e calor da reação – da amostra são constantes.
3. O calor liberado pela reação é proporcional à conversão.
4. A conversão x da reação é diretamente proporcional ao aumento da temperatura durante a reação.

Convertendo as nossas equações dimensionais para a forma adimensional, reduzimos as equações à sua forma mais simples, permitindo assim a fácil manipulação algébrica. Também identificamos a menor quantidade de parâmetros adimensionais necessários para descrever o sistema. Nesse caso, existem três parâmetros: ordem da reação n, aumento adiabático da temperatura B adimensional e energia de ativação Γ adimensional. Finalmente, as equações são mais fáceis de solucionar numericamente, já que todas as variáveis estão escaladas, tipicamente, entre 0 e 1.

O problema em utilizar uma abordagem adimensional é que os parâmetros e variáveis adimensionais são difíceis de interpretar fisicamente. Pode ainda ser necessário algum esforço para converter as variáveis dimensionais para adimensionais.

A ordem da reação, n, tem valores típicos entre 0 e 2. A ordem da reação quase sempre é maior do que 1, e as ordens fracionárias são prováveis. O aumento adiabático da temperatura, B, possui valores típicos de 0 a 2, aproximadamente. A energia de ativação adimensional, Γ, pode ter valores que variam de 5 a 50 (ou mais), dependendo da energia de ativação.

Nossas Equações adimensionais 8-19 e 8-20 dependem de uma série de parâmetros dimensionais. Entre esses parâmetros, temos a temperatura inicial T_o, a temperatura final T_F, a energia de ativação E_a e o valor da equação de Arrhenius na temperatura inicial $k(T_o)$. Repare que as temperaturas inicial e final estão implicitamente relacionadas com a equação da taxa de reação de Arrhenius e não podem ser especificadas de maneira independente.

As Equações 8-19 e 8-20 podem ser integradas facilmente. Isso pode ser feito utilizando uma planilha eletrônica e a regra do trapézio, ou um software de matemática. Uma planilha utilizando a regra do trapézio poderia exigir passos curtos, adequados para garantir a convergência dos resultados.

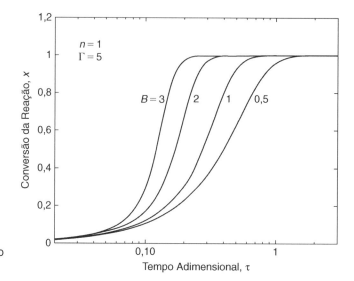

Figura 8-5 Equação 8-20 resolvida para o aumento adiabático da temperatura B.

As Figuras 8-5 e 8-6 mostram os resultados da integração da Equação 8-19. A conversão é representada graficamente em função do tempo adimensional. A escala de tempo é logarítmica para mostrar a janela temporal de modo mais conveniente. A Figura 8-5 mostra como o aumento adiabático da temperatura B resulta em uma reação que ocorre ao longo de um período de tempo mais curto, com uma inclinação mais acentuada. A Figura 8-6 mostra como o aumento da energia de ativação Γ também resulta em uma reação que ocorre ao longo de um período de tempo mais curto, também com uma inclinação mais acentuada. No caso em que $\Gamma = 20$, a conversão responde com bastante rapidez.

Uma questão importante relativa à Tabela 8-6 é a taxa máxima de autoaquecimento e o tempo em que ele ocorre. A taxa máxima de autoaquecimento é importante para projetar equipamentos de transferência de calor destinados a remover o calor da reação – as taxas de autoaquecimento mais elevadas requerem equipamentos de transferência de calor maiores. Alguns produtos químicos, como o óxido de etileno e o ácido acrílico, vão se autoaquecer com uma taxa de várias centenas de graus Celsius por minuto. O tempo no qual a taxa máxima de autoaquecimento ocorre também é importante para projetar equipamentos de transferência de calor e também procedimentos de resposta de emergência.

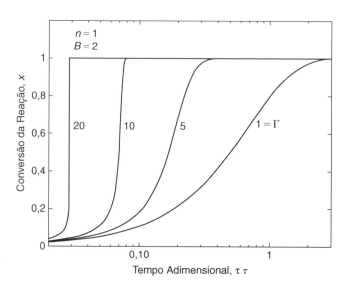

Figura 8-6 Equação 8-20 resolvida para o aumento da energia de ativação Γ.

Reatividade Química

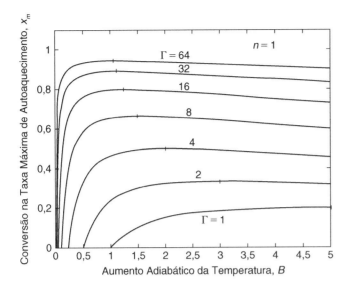

Figura 8-7 Conversão na taxa máxima de autoaquecimento para uma reação de primeira ordem. O traço vertical em cada curva representa o valor máximo.

A taxa máxima de autoaquecimento pode ser encontrada diferenciando a Equação 8-19 em relação ao tempo adimensional τ, e depois buscando o zero para chegar ao máximo. Essa equação pode ser solucionada para a conversão x_m, na qual ocorre a taxa máxima de autoaquecimento. Depois de muita álgebra, obtém-se a seguinte equação:

$$x_m = \frac{1}{2nB}\left[-(\Gamma + 2n) + \sqrt{\Gamma[\Gamma + 4n(1 + B)]}\right], \qquad (8\text{-}21)$$

em que x_m é a conversão na taxa máxima. A taxa máxima é obtida então pela substituição de x_m na Equação 8-19.

A Figura 8-7 é uma representação gráfica da Equação 8-21 para uma reação de primeira ordem. À medida que Γ aumenta, obtém-se uma função assintótica. Essa função é parecida com a curva $\Gamma = 64$ exibida. Além disso, há um x_m máximo para cada curva. O x_m máximo aumenta à medida que Γ aumenta e também ocorre em valores inferiores de B. Cada curva intercepta o eixo x.

A Equação 8-21 pode ser diferenciada mais uma vez com relação a B para descobrir o valor máximo de x_m. Após uma boa quantidade de álgebra, constata-se que o valor máximo ocorre em

$$B = \frac{4n}{\Gamma} + 1,$$
$$x_m = \frac{\Gamma}{4n + \Gamma}. \qquad (8\text{-}22)$$

A interseção das curvas na Figura 8-7 com o eixo x significa que a taxa de autoaquecimento ocorre na temperatura inicial, ou seja, quando $\tau = 0$. O valor de B nessa interseção pode ser obtido a partir da Equação 8-21 definindo $x_m = 0$ e solucionando para B. O resultado é

$$B = \frac{n}{\Gamma}. \qquad (8\text{-}23)$$

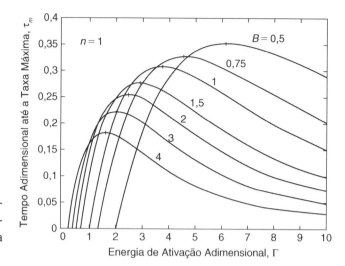

Figura 8-8 Tempo até a taxa máxima de autoaquecimento para uma reação de primeira ordem – intervalo de Γ baixo. Os traços verticais em cada curva representam o valor máximo.

O tempo até a taxa máxima de aquecimento é obtido pela separação das variáveis na Equação 8-19 e pela integração desta equação. O resultado é

$$\int_0^{x_m} \frac{dx}{(1-x)^n \exp\left(\dfrac{\Gamma B x}{1+Bx}\right)} = \int_0^{\tau_m} d\tau = \tau_m, \tag{8-24}$$

em que τ_m é o tempo adimensional em que ocorre a taxa máxima. Repare que esse tempo é relativo à temperatura inicial.

A Equação 8-24 pode ser solucionada numericamente para τ_m. Os resultados são exibidos nas Figuras 8-8 e 8-9 para dois intervalos de Γ diferentes. Cada curva tem um máximo, exibido pela marca de escala vertical. Esse máximo ocorre nos valores de Γ baixos, à medida que o aumento adiabático da temperatura, B, cresce. O máximo deve ser solucionado numericamente – a solução algébrica não é possível.

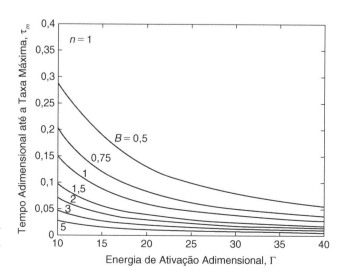

Figura 8-9 Tempo até a taxa máxima de autoaquecimento para uma reação de primeira ordem – intervalo de Γ alto.

Reatividade Química

Exemplo 8-2

Um reator químico atualmente tem uma temperatura de 400 K. Usando os dados calorimétricos fornecidos abaixo, calcule:

  a. A conversão no momento.

  b. A taxa de autoaquecimento no momento.

  c. O tempo desde a temperatura inicial.

  d. O tempo até a taxa máxima de autoaquecimento.

  e. A taxa máxima de autoaquecimento.

Dados calorimétricos:

Ordem n da reação:	1 (primeira ordem)
Temperatura inicial:	377 K
Temperatura final:	483 K
$K(T_o)$:	$5,62 \times 10^{-5}$ s^{-1}
Energia de ativação E_a:	15.000 cal/gm-mol K

Solução

De acordo com os dados calorimétricos fornecidos:

$$B = \frac{T_F - T_o}{T_o} = \frac{483 \text{ K} - 377 \text{ K}}{377 \text{ K}} = 0{,}282,$$

$$\Gamma = \frac{E_a}{R_g T_o} = \frac{15.000 \text{ cal/gm-mol}}{(1{,}987 \text{ cal/gm-mol K})(377 \text{ K})} = 20{,}0.$$

a. A conversão no momento é obtida através da Equação 8-14:

$$x = \frac{T - T_o}{T_F - T_o} = \frac{400 \text{ K} - 377 \text{ K}}{483 \text{ K} - 377 \text{ K}} = 0{,}217.$$

b. A taxa de autoaquecimento no momento é calculada utilizando a Equação 8-19:

$$\frac{dx}{d\tau} = (1-x)^n \exp\left(\frac{\Gamma B x}{1 + Bx}\right) = (1 - 0{,}217) \times \exp\left[\frac{(20{,}0)(0{,}282)(0{,}217)}{1 + (0{,}282)(0{,}217)}\right] = 2{,}48.$$

Isso deve ser convertido para tempo adimensional. A partir da Equação 8-12,

$$t = \frac{\tau}{k(T_o)C_o^{n-1}}. \tag{8-25}$$

e utilizando a definição de conversão fornecida pela Equação 8-14:

$$\frac{dT}{dt} = (T_F - T_o)k(T_o)C_o^{n-1}\left(\frac{dx}{d\tau}\right). \tag{8-26}$$

Segue-se que, para $n = 1$,

$$\frac{dT}{dt} = (T_F - T_o)k(T_o)\frac{dx}{d\tau} = (483 \text{ K} - 377 \text{ K})(5{,}62 \times 10^{-5} \text{ s}^{-1})(2{,}48)$$
$$= 0{,}0148 \text{ K/s} = 0{,}886 \text{ K/min}.$$

O tempo adimensional desde a temperatura inicial é obtido pela integração da Equação 8-19. Isso pode ser feito facilmente através de uma planilha ou de um software numérico. Os resultados são exibidos na Figura 8-10. Segundo a Figura 8-10, em uma conversão de 0,217 o tempo adimensional é 0,141. O tempo adimensional pode ser convertido para tempo real utilizando a Equação 8-25. Para uma reação de primeira ordem, $n = 1$ e

$$t = \frac{\tau}{k(T_o)} = \frac{0{,}141}{5{,}62 \times 10^{-5} \text{ s}^{-1}} = 2.510 \text{ s} = 41{,}8 \text{ min}.$$

Esse é o tempo desde a temperatura inicial.

c. A conversão na taxa máxima é fornecida pela Equação 8-21. Substituindo os valores conhecidos:

$$x_m = \frac{1}{2nB}\left[-(\Gamma + 2n) + \sqrt{\Gamma[\Gamma + 4n(1 + B)]}\right]$$

$$x_m = \frac{1}{(2)(1)(0{,}282)}\left[-(20 + 2) + \sqrt{(20)[20 + (4)(1 + 0{,}282)]}\right]$$

$$x_m = 0{,}741.$$

A partir da solução numérica, Figura 8-10, o tempo adimensional nessa conversão é 0,249. O tempo real é

$$t = \frac{\tau}{k(T_o)} = \frac{0{,}249}{5{,}62 \times 10^{-5} \text{ s}^{-1}} = 4.432 \text{ s} = 73{,}9 \text{ min}.$$

Isso é relativo ao tempo em que a temperatura inicial é alcançada. O tempo do estado atual da reação ($x = 0{,}217$) até o tempo na taxa máxima é

$$73{,}9 \text{ min} - 41{,}8 \text{ min} = 32{,}1 \text{ min}.$$

Desse modo, a reação vai alcançar a taxa máxima em 32,1 minutos.

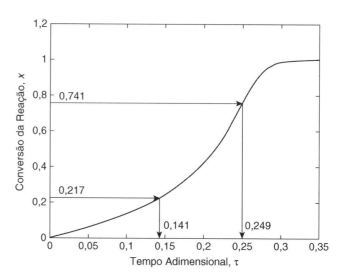

Figura 8-10 Gráfico de conversão para o Exemplo 8-2.

A Figura 8-8 ou 8-9 poderia ser utilizada para solucionar este problema diretamente. No entanto, ela não é precisa.

d. A taxa máxima de autoaquecimento é obtida utilizando a Equação 8-19:

$$\frac{dx}{d\tau} = (1 - x)^n \exp\left(\frac{\Gamma Bx}{1 + Bx}\right) = (1 - 0{,}741) \times \exp\left[\frac{(20{,}0)(0{,}282)(0{,}741)}{1 + (0{,}282)(0{,}741)}\right] = 8{,}21.$$

Segue-se que

$$\frac{dT}{dt} = (T_F - T_o)k(T_o)\frac{dx}{d\tau} = (483\ \text{K} - 377\ \text{K})(5{,}62 \times 10^{-5}\ \text{s}^{-1})(8{,}21)$$

$$= 0{,}0489\ \text{K/s} = 2{,}93\ \text{K/min}.$$

A taxa máxima de autoaquecimento, junto com a capacidade calorífica do líquido reagente, poderia ser utilizada para estimar os requisitos mínimos de resfriamento para esse reator. Além disso, o tempo até a taxa máxima poderia ser utilizado para estimar o tempo de residência, a temperatura de operação e a conversão do reator.

Estimação de Parâmetros a partir de Dados Calorimétricos

Antes de utilizar o modelo teórico, precisamos estimar, a partir dos dados calorimétricos, os parâmetros necessários para o modelo. Esses parâmetros incluem a temperatura inicial T_o, a temperatura final T_F, a ordem n da reação, a energia de ativação E_a e o valor da equação de Arrhenius na temperatura inicial $k(T_o)$. O calorímetro geralmente fornece dados de temperatura *versus* tempo, de modo que é necessário um procedimento para estimar estes parâmetros a partir dos dados.

As temperaturas inicial e final talvez sejam as mais importantes, já que a conversão e o modelo teórico dependem de conhecer estes parâmetros com precisão razoável. Se representarmos graficamente a taxa de variação da temperatura dT/dt *versus* o tempo, descobrimos que a taxa de variação da temperatura é muito baixa no início e no fim da reação. Desse modo, esse procedimento não vai funcionar.

Um procedimento melhor é representar graficamente o logaritmo da taxa de variação da temperatura dT/dt *versus* $-1000/T$. O exemplo a seguir ilustra melhor esse procedimento.

Exemplo 8-3

A Figura 8-3 mostra os dados de temperatura e pressão *versus* tempo para a reação do metanol e do anidrido acético em uma proporção molar de 2:1. Utilizando esses dados, estime as temperaturas inicial e final, e o aumento adiabático da temperatura B para esse sistema.

Solução

Uma representação gráfica da variação da temperatura em escala logarítmica *versus* $-1000/T$ é exibida na Figura 8-11. As taxas nos tempos iniciais são exibidas no lado esquerdo do gráfico e as taxas no final do experimento estão à direita. Quando o calorímetro detecta o comportamento exotérmico, ele para de aquecer. Isso é exibido como uma queda na taxa de variação da temperatura apresentada mais à esquerda da Figura 8-11. A temperatura inicial é encontrada no início da curva, na seção quase em linha reta. A temperatura inicial da Figura 8-10 é 298 K.

A temperatura final é obtida no lado direito do gráfico, onde a taxa cai subitamente e volta a um valor quase igual ao inicial. A temperatura final identificada a partir da Figura 8-11 é 447 K.

A Figura 8-11 também pode ser utilizada para identificar a taxa máxima de variação da temperatura, além da temperatura em que isso ocorre. Isso é obtido pelo valor de pico na Figura 8-11. A partir dos dados, a taxa máxima de variação da temperatura é 104 K/min (1,73 K/s) e isto ocorre a uma temperatura de 429 K.

O aumento adiabático da temperatura é fornecido pela Equação 8-17. Assim,

$$B = \frac{T_F - T_o}{T_o} = \frac{447\ \text{K} - 298\ \text{K}}{298\ \text{K}} = 0{,}500.$$

Nesse ponto do procedimento, temos as temperaturas inicial e final e o aumento adiabático da temperatura B.

O próximo parâmetro a ser estimado é a ordem da reação. Esta pode ser estimada reorganizando a Equação 8-19 da seguinte forma:

$$\frac{1}{(1-x)^n}\frac{dx}{d\tau} = \exp\left(\frac{\Gamma Bx}{1+Bx}\right). \tag{8-27}$$

A partir da Equação 8-12, $d\tau = k(T_o)C_o^{n-1}dt$; então,

$$\frac{1}{(1-x)^n}\frac{dx}{d\tau} = \frac{1}{(1-x)^n k(T_o)C_o^{n-1}}\frac{dx}{dt} = \exp\left(\frac{\Gamma Bx}{1+Bx}\right)$$

$$\frac{(dx/dt)}{(1-x)^n C_o^{n-1}} = k(T_o)\exp\left(\frac{\Gamma Bx}{1+Bx}\right)$$

$$\ln\left[\frac{(dx/dt)}{(1-x)^n C_o^{n-1}}\right] = \ln[k(T_o)] + \Gamma\left(\frac{Bx}{1+Bx}\right). \tag{8-28}$$

A Equação 8-28 pode ser modificada em termos da temperatura real. Uma vez que $dx = dT/(T_F - T_o)$,

$$\ln\left[\frac{(dT/dt)}{(T_F - T_o)(1-x)^n C_o^{n-1}}\right] = \ln[k(T_o)] + \Gamma\left(\frac{Bx}{1+Bx}\right). \tag{8-29}$$

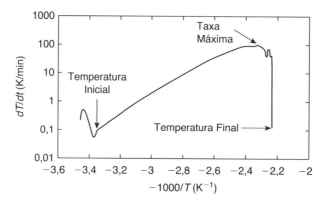

Figura 8-11 Procedimento gráfico para estimar as temperaturas inicial e final.

Para uma reação de primeira ordem, $n = 1$ e $(1 - x) = (T_F - T_o)$ e a Equação 8-29 pode ser ainda mais simplificada:

$$\ln\left[\frac{(dT/dt)}{T_F - T}\right] = \ln[k(T_o)] + \Gamma\left(\frac{Bx}{1 + Bx}\right). \tag{8-30}$$

O procedimento para determinar a ordem global n da reação, utilizando a Equação 8-28, ou 8-29, ou 8-30, é o seguinte: As temperaturas inicial e final e o aumento adiabático da temperatura B já são conhecidos a partir do Exemplo 8-3. Primeiro, a ordem global da reação é estimada. A primeira ordem ($n = 1$) é um bom ponto de partida. A conversão x pode ser calculada a partir dos dados de temperatura utilizando a Equação 8-14. Depois, o lado esquerdo da Equação 8-28, ou 8-29 ou 8-30 é representado graficamente contra $Bx/(1 + Bx)$. Se a ordem da reação estiver correta, obtemos uma linha reta. É possível haver ordens fracionárias para as reações; então pode ser necessário algum esforço para estimar a ordem que produz o melhor ajuste aos dados. Para qualquer ordem de reação diferente da unidade, a concentração inicial do reagente tem de ser conhecida. Finalmente, como um bônus, depois que a ordem da reação é identificada, a interseção da linha reta com o eixo y fornece uma estimativa de $k(T_o)$.

Se assumirmos uma reação de primeira ordem ($n = 1$) e substituirmos, para converter a Equação 8-30 em uma forma dimensional, obtemos a seguinte equação:

$$\ln\left[\frac{dT/dt}{T_F - T}\right] = \ln A - \frac{E_a}{R_g T}. \tag{8-31}$$

A Equação 8-31 afirma que, se um sistema for de primeira ordem, então um gráfico do lado esquerdo *versus* $-1/R_g T$ deveria produzir uma linha reta com uma inclinação de E_a e interceptar $-\ln A$. A Equação 8-31 é vista frequentemente na literatura como um meio para determinar os parâmetros cinéticos, não sendo uma equação tão geral quanto a Equação 8-28.

Exemplo 8-4

Utilizando os dados na Figura 8-3 e os resultados dos Exemplos 8-2 e 8-3, estime a ordem e o valor de $k(T_o)$ para a reação de metanol + anidrido acético (razão molar 2:1). Utilize esses parâmetros para estimar o fator pré-exponencial A e a energia de ativação E_a. Utilize o modelo teórico para calcular a taxa máxima de autoaquecimento e a temperatura correspondente. Compare com os valores experimentais.

Solução

A primeira etapa é converter os dados de temperatura em dados de conversão, x. Isso é feito utilizando as temperaturas inicial e final do Exemplo 8-3 e a Equação 8-14. Depois, (dx/dt) é calculada utilizando a regra do trapézio ou qualquer outro método adequado. A Equação 8-29 é aplicada com o pressuposto inicial de que $n = 1$. Depois, representamos graficamente $\ln\left(\dfrac{dT/dt}{T_F - T}\right)$ *versus* $\left(\dfrac{Bx}{1 + Bx}\right)$. Esses resultados são exibidos na Figura 8-12. Se eliminarmos alguns dos pontos iniciais e finais nos dados que divergem da linha reta – esses pontos têm menos precisão – e ajustarmos a linha reta aos dados restantes, obtemos um bom ajuste, com valor de R^2 igual a 0,9997. Isso confirma que a reação é de primeira ordem.

A partir do ajuste da linha reta, a inclinação é igual ao parâmetro adimensional Γ e a interseção é igual a $\ln k(T_o)$. Desse modo, $\Gamma = 29,4$ e $\ln k(T_o) = -11,3$. Segue-se que $k(T_o) = 1,24 \times 10^{-5}$ s^{-1}.

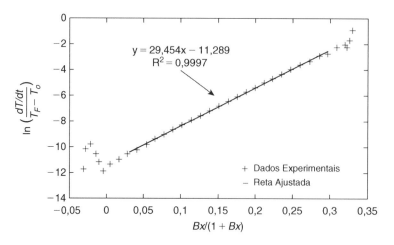

Figura 8-12 Determinação dos parâmetros cinéticos n, Γ e $k(T_o)$.

A partir da definição de Γ fornecida pela Equação 8-18, a energia de ativação E_a é calculada como 72,8 kJ/mol, e, já que $k(T_o) = A \exp(-E_a/R_g T_o)$, podemos calcular o fator pré-exponencial como $A = 7,27 \times 10^7$ s^{-1};

A conversão na taxa máxima de autoaquecimento é fornecida pela Equação 8-21:

$$x_m = \frac{1}{2nB}\left[-(\Gamma + 2n) + \sqrt{\Gamma[\Gamma + 4n(1 + B)]}\right].$$

Substituindo os valores conhecidos,

$$x_m = \frac{1}{(2)(0,5)}\left[-(29,4 + 2) + \sqrt{29,4[29,4 + 4(1 + 0,5)]}\right] = 0,861.$$

A temperatura nessa conversão é

$$\frac{T - T_o}{T_F - T_o} = x_m = 0,861$$
$$T = 426 \text{ K}.$$

Isso se compara muito bem com a temperatura de 429 K da taxa máxima experimental. A taxa máxima de autoaquecimento é estimada a partir da Equação 8-19, com $n = 1$:

$$\frac{dx}{d\tau} = (1 - x)\exp\left(\frac{\Gamma Bx}{1 + Bx}\right) = (1 - 0,861)\exp\left[\frac{(29,4)(0,500)(0,861)}{1 + (0,5)(0,861)}\right] = 967.$$

A taxa máxima de autoaquecimento em unidades dimensionais é calculada a partir da Equação 8-26:

$$\frac{dT}{dt} = (T_F - T_o)k(T_o)\frac{dx}{d\tau} = (447 \text{ K} - 298 \text{ K})(1,24 \times 10^{-5} \text{ s}^{-1})(967) = 1,78 \text{ K/s} = 107 \text{ K/min}.$$

Isso se compara ao valor experimental de 1,73 K/s (104 K/min). A taxa máxima experimental de autoaquecimento normalmente é mais baixa do que o valor teórico devido ao efeito de amortecimento da capacidade calorífica do recipiente

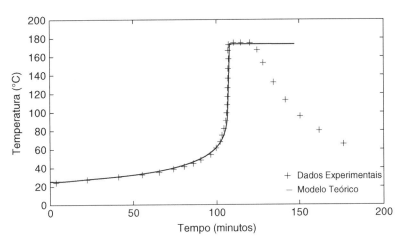

Figura 8-13 Comparação dos dados experimentais com a previsão do modelo teórico.

da amostra. A Figura 8-13 é uma representação gráfica dos dados experimentais e teóricos de tempo *versus* temperatura. A coerência é muito boa.

Resumo da Análise Calorimétrica: Etanol + Anidrido Acético

Ordem n da reação:	1
Temperatura inicial T_o:	298 K
Temperatura final T_F:	447 K
Aumento adiabático da temperatura B:	0,500
Energia de ativação adimensional Γ:	29,4
Energia de ativação E_a:	72,8 kJ/mol
Fator A pré-exponencial:	$7,27 \times 10^7$ s^{-1}
Taxa máxima de autoaquecimento, experimental:	104 K/min
Taxa máxima de autoaquecimento, teórica:	107 K/min
Temp. na taxa máx. de autoaquecimento, experimental:	429 K
Temp. na taxa máx. de autoaquecimento, teórica:	426 K

Ajuste dos Dados para a Capacidade Calorífica do Recipiente da Amostra

Até agora a análise dos dados calorimétricos presumiu que o recipiente da amostra possui uma capacidade calorífica desprezível. Essa situação não é realista – o recipiente da amostra sempre possui uma capacidade calorífica que absorve calor durante a reação química.

O recipiente da amostra absorve calor durante a reação e reduz a variação de temperatura total. Assim, sem o recipiente, a temperatura final da reação seria mais alta.

O efeito do recipiente da amostra sobre a temperatura pode ser estimado a partir do balanço de energia. O objetivo é estimar a mudança na temperatura da amostra isolada, sem o recipiente. O calor gerado pela amostra reagente isolada é distribuído entre a própria amostra e o recipiente. Na forma de equação,

$$[mC_P\Delta T_{ad}]_{\text{Amostra Isolada}} = [mC_P\Delta T_{ad}]_{\text{Amostra + Recipiente}}$$

$$[m_S C_P^S \Delta T_{ad}^S]_{\text{Amostra Isolada}} = \left[(m_S C_P^S + m_C C_P^C)\Delta T_{ad}^{S+C}\right]_{\text{Amostra + Recipiente}}$$

$$\Delta T_{ad}^S = \left[\frac{m_S C_P^S + m_C C_P^C}{m_S C_P^S}\right]\Delta T_{ad}^{S+C}$$

$$\Delta T_{ad}^S = \Phi \Delta T_{ad}^{S+C}, \tag{8-32}$$

em que Φ é o fator fi apresentado anteriormente na Equação 8-1.

A Equação 8-32 mostra que, por exemplo, se a reação ocorrer em um recipiente de reação com um fator Φ igual a 2, então o recipiente absorve a metade do calor gerado pela reação, e o aumento de temperatura medido no modo adiabático é a metade do aumento que seria medido por uma amostra isolada.

O modelo teórico pode ser ajustado pela substituição do aumento adiabático da temperatura B por ΦB, a fim de levar em conta a capacidade calorífica do recipiente.

A temperatura inicial da reação não é muito afetada pela presença do recipiente. No entanto, a temperatura final da reação é estimada pela seguinte equação:

$$T_F = T_o + \Phi \Delta T_{ad}^{S+C}. \tag{8-33}$$

Calor da Reação a partir dos Dados Calorimétricos

A análise calorimétrica pode fornecer outras informações além da análise do modelo cinético discutida até agora.

Os dados calorimétricos podem ser utilizados para estimar o calor da reação. Isso é feito por meio da seguinte equação:

$$\Delta H_{rx} = \frac{\Phi C_V \Delta T_{ad}}{m_{LR}/m_T}, \tag{8-34}$$

em que

ΔH_{rx} é o calor de reação, energia/massa, baseado no reagente limitante;

Φ é o fator fi do recipiente de contenção, fornecido pelas Equações 8-1 e 8-33, adimensional;

C_V é a capacidade calorífica a volume constante de um determinado reagente líquido, energia/massa-graus;

ΔT_{ad} é o aumento adiabático da temperatura durante a reação, graus;

m_{LR} é a massa inicial do reagente limitante, massa; e

m_T é a massa total da mistura reacional, massa.

Utilização dos Dados de Pressão do Calorímetro

As informações de pressão fornecidas pelo calorímetro são muito importantes, especialmente para o projeto do sistema de alívio e da resistência do recipiente que será pressurizado. Se o calorímetro for do tipo vaso fechado, o vaso pode ser evacuado antes de adicionar a amostra. Então, os dados de pressão são representativos da pressão do vapor do líquido reagente – dados importantes necessários para o dimensionamento do sistema de alívio.

Os dados de pressão são utilizados para classificar os sistemas reacionais em quatro tipos diferentes.[7] Essas classificações são importantes no projeto dos sistemas de alívio, discutidos no Capítulo 10. As classificações se baseiam no termo de energia dominante na massa reacional do líquido à medida que o material é descarregado através do sistema de alívio.

1. Reação volátil/temperada: Também chamada de sistema de vapor. Nesse caso, o calor da vaporização do líquido resfria, ou tempera, a massa da reação durante a descarga. As reações temperadas são inerentemente mais seguras, pois o mecanismo de resfriamento faz parte do sistema reacional.

2. Reação híbrida/temperada: Gases não condensáveis são produzidos em consequência da reação. No entanto, o calor da vaporização do líquido predomina para resfriar a massa reacional durante toda a descarga.

3. Reação híbrida/não temperada: Gases não condensados são produzidos, mas o calor da vaporização do líquido não predomina durante toda a descarga.

4. Reação gasosa/não temperada: A reação produz gases não condensáveis, e o líquido não é suficientemente volátil para que seu calor de vaporização produza muito efeito durante a descarga.

Os dados de pressão do calorímetro são utilizados para classificar o tipo de sistema.

1. As pressões inicial e final no calorímetro de recipiente fechado podem ser utilizadas para determinar se o sistema gera produto gasoso. Nesse caso, o calorímetro tem de ser operado de modo que as temperaturas inicial e final sejam iguais. Se a pressão inicial for igual à pressão final, então não são gerados produtos gasosos e a pressão se deve à pressão do vapor constante do líquido – trata-se de um sistema de reação volátil/temperada. Se a pressão final for maior do que a pressão inicial, então gases são formados, e o sistema de reação é híbrido ou gasoso.

2. Se o sistema for classificado como híbrido ou gasoso na parte 1, então o tempo e a temperatura em que ocorrem os picos de taxa de variação de temperatura e de pressão são empregados. Se os picos ocorrerem no mesmo tempo e temperatura, então o sistema é híbrido. Se os picos não ocorrerem na mesma temperatura, então o sistema é gasoso.

Aplicação dos Dados Calorimétricos

Os dados calorimétricos são utilizados para projetar e operar processos de modo que não ocorram incidentes envolvendo a reatividade dos produtos químicos presentes. Talvez essa seja a parte mais difícil desse procedimento, pois cada processo tem problemas e desafios exclusivos. Experiência é essencial nesse procedimento. A consultoria especializada é recomendada para interpretar os dados de calorimetria e para projetar sistemas de controle e de emergência.

Os dados calorimétricos são mais úteis para projetar sistemas de alívio com o objetivo de evitar elevações de pressões decorrentes de reatores fora de controle. Isso é feito utilizando os procedimentos discutidos no Capítulo 10.

---

[7]H. G. Fisher et al., *Emergency Relief System Design Using DIERS Technology* (New York: AIChE Design Institute for Emergency Relief Systems, 1992).

Os dados calorimétricos também são úteis para estimar ou desenvolver:

1. A carga térmica do trocador de calor para atingir o resfriamento necessário para o reator.
2. Requisitos de água de resfriamento e dimensionamento de bombas.
3. Dimensionamento do condensador em um sistema de refluxo do reator.
4. Concentrações máximas dos reagentes a fim de evitar a sobrepressão no reator.
5. Tamanho do reator.
6. Pressão nominal do reator.
7. Tipo de reator: batelada, semibatelada ou tubular.
8. Controle e sequenciamento da temperatura do reator.
9. Taxas de alimentação de reagentes em reator semibatelada.
10. Concentrações de catalisador.
11. Ajustes de alarmes e *shutdown*.
12. Fator de enchimento máximo dos reatores de batelada e semibatelada.
13. Concentrações de solvente necessárias para controlar a temperatura do reator.
14. Procedimentos operacionais.
15. Procedimentos de emergência.
16. Projeto de tanque de armazenagem e temperatura de armazenamento.
17. Sistemas de tratamento dos efluentes.

8-4 Controle dos Perigos da Reatividade Química

Se o fluxograma exibido na Figura 8-1 e discutido na Seção 8-1 mostrar que os perigos relativos a reatividade química estão presentes na sua planta ou operação, então os métodos exibidos na Tabela 8-8 são úteis para controlar esses perigos e evitar incidentes envolvendo reações químicas. A Tabela 8-8 é uma lista apenas parcial dos métodos – existem muitos outros disponíveis. Os métodos são classificados como inerentes, passivos, ativos ou baseados em procedimentos. Os métodos no topo da lista são os preferenciais. Os métodos inerentes e passivos sempre são preferidos em relação aos ativos e baseados em procedimentos.

Os métodos baseados em procedimentos na Tabela 8-8, embora sejam inferiores na hierarquia, são essenciais para qualquer sistema eficaz de gerenciamento dos produtos químicos reativos. Eles são discutidos em detalhes em Johnson et al.[8]

Um programa para lidar com perigos relacionados a produtos reativos requer uma quantidade considerável de tecnologia, experiência e gestão, para evitar acidentes em qualquer instalação que lide com esse tipo de composto. Isso exige conscientização e comprometimento de todos os funcionários, da alta gerência para baixo, e os recursos necessários para fazer tudo funcionar.

---

[8]Johnson et al., *Essential Practices for Managing Reactivity Hazards.*

Tabela 8-8 Hierarquia de métodos para aumentar a segurança envolvendo produtos químicos reativos. Esta é uma lista apenas parcial das possibilidades disponíveis

Inerentes

- Utilizar uma rota reacional que empregue produtos químicos menos perigosos.
- Utilizar uma rota reacional que seja menos energética, mais lenta ou mais fácil de controlar.
- Utilizar inventários menores para produtos químicos reativos, tanto na planta quanto no armazenamento. Reduzir o comprimento e o diâmetro da tubulação para diminuir o inventário.
- Eliminar ou reduzir os inventários de intermediários químicos reativos.
- Utilizar produtos químicos reativos em concentrações mais baixas ou temperar as reações com um solvente.
- Controlar a estequiometria do reator e a vazão mássica de carga para que no caso de uma reação descontrolada a capacidade de pressão nominal do vaso não venha a ser ultrapassada e os dispositivos de alívio não venham a abrir.
- Reduzir o transporte de produtos químicos reativos – produzir no local sob demanda, caso seja possível.
- Projetar equipamentos e/ou procedimentos para prevenir um acidente no caso de uma falha humana.
- Reduzir os tamanhos das tubulações para diminuir a taxa de vazamento. Instalar placas de orifício ou limitadores de fluxo.
- Aplicar os princípios de falha humana no projeto e operação do processo. Simplificar o projeto e a operação. Utilizar processos e química mais simples.

Passivos

- Garantir que os produtos químicos incompatíveis estejam sempre separados.
- Proporcionar as distâncias de separação adequadas entre os recipientes de armazenamento, reatores e outros equipamentos de processo que utilizem produtos químicos reativos.
- Proporcionar barreiras físicas, como diques e contenções, para controlar os derramamentos de produtos químicos reativos.
- Fornecer proteção passiva contra incêndio aos reatores, recipientes de armazenamento e equipamentos de processo. Isso inclui o isolamento dos reatores e dos vasos de armazenamento e o revestimento térmico de todos os suportes mecânicos.
- Garantir a distância adequada entre a instalação e as comunidades locais.

Ativos

- Fazer a triagem de todos os produtos em busca de substâncias químicas reativas.
- Fornecer ou ter acesso à caracterização calorimétrica experimental dos produtos químicos reativos.
- Fornecer sistemas de controle adequadamente projetados para controlar os produtos químicos reativos no processo.
- Dispor de equipamentos de troca térmica, adequadamente projetados para remover a energia liberada pela reação química.
- Identificar e caracterizar todas as reações possíveis, incluindo as reações ou decomposições em temperaturas mais elevadas, reações induzidas pela exposição ao fogo e reações decorrentes de contaminação.
- Usar sistemas de extinção, interrupção ou despejo para interromper rapidamente as reações químicas fora de controle.
- Fornecer proteção ativa contra incêndio e resposta de emergência para reduzir o tamanho dos acidentes com produtos químicos reativos.

(continua)

Tabela 8-8 Hierarquia de métodos para aumentar a segurança envolvendo produtos químicos reativos. Esta é uma lista apenas parcial das possibilidades disponíveis (*continuação*)

Ativos

- Fornecer sistemas de agitação e mistura confiáveis em todos os reatores e sensores químicos, capazes de identificar falhas de mistura.
- Fornecer sistemas de duplo bloqueio, além de outros sistemas, para evitar o refluxo do conteúdo do reator para os recipientes de armazenamento.
- Fornecer sistemas de alívio adequadamente projetados para evitar altas pressões no processo devido à reação química.
- Garantir que todos os produtos químicos reativos que requerem inibidores no armazenamento, particularmente os monômeros, sejam testados regularmente para assegurar que as concentrações do inibidor sejam adequadas.
- Fornecer sistemas de resfriamento hídrico confiáveis para os reatores exotérmicos.
- Fornecer uma medida explícita do fluxo da água de resfriamento para um reator, com alarmes e travamentos pelo sistema de controle, adequados para proporcionar um controle seguro no caso de falha do sistema hídrico de resfriamento.
- Utilizar reatores semibatelada em vez de batelada – a vazão de alimentação do reagente para o reator semibatelada proporciona um meio para controlar a taxa de liberação de calor da reação exotérmica.
- Evitar uma condição de "reator ocioso" no reator semibatelada, medindo e controlando adequadamente as temperaturas e concentrações do reagente.

Baseados em procedimentos

- Fornecer análises dos produtos químicos reativos relativos aos processos existentes e aos novos processos.
- Documentar os riscos de reatividade química e as decisões gerenciais.
- Divulgar e treinar sobre os perigos de reatividade química.
- Gerenciar as mudanças de processo que possam envolver produtos químicos reativos.
- Analisar e auditar seu programa de produtos químicos reativos para garantir que esteja operando adequadamente.
- Investigar os incidentes relacionados à reatividade química.
- Proporcionar a alocação de recursos para os programas relacionados à reatividade de produtos químicos.
- Garantir a responsabilidade organizacional pelos produtos químicos reativos.
- Dispor de programas de controle de qualidade destinados a garantir que todos os produtos químicos recebidos sejam os corretos e nas concentrações certas, sem impurezas perigosas.

Leitura Sugerida

Center for Chemical Process Safety (CCPS), *Guidelines for Safe Storage and Handling of Reactive Chemicals* (New York: American Institute of Chemical Engineers, 1995).

H. G. Fisher, H. S. Forrest, S. S. Grossel, J. E. Huff, A. R. Muller, J. A. Noronha, D. A. Shaw, and B. J. Tilley, *Emergency Relief System Design Using DIERS Technology* (New York: AIChE Design Institute for Emergency Relief Systems, 1992).

R. W. Johnson, "Chemical Reactivity", pp. 23-24 a 23-30, *Perry's Chemical Engineers' Handbook*, 8th ed., D. W. Green, ed. (New York: McGraw-Hill, 2008.)

D. C. Hendershot, "A Checklist for Inherently Safer Chemical Reaction Process Design and Operation", *International Symposium on Risk, Reliability and Security* (New York: American Institute of Chemical Engineers Center for Chemical Process Safety, 2002).

Improving Reactive Hazard Management (Washington, DC: US Chemical Safety and Hazard Investigation Board, outubro de 2002).

L. E. Johnson and J. K. Farr, "CRW 2.0: A Representative-Compound Approach to Functionality-Based Prediction of Reactive Chemical Hazards", *Process Safety Progress* (2008), 27(3): 212-218.

R. W. Johnson, S. W. Rudy and S. D. Unwin, *Essential Practices for Managing Chemical Reactivity Hazards* (New York: AIChE Center for Chemical Process Safety, 2003).

A. Kossoy and Y. Akhmetshin, "Identification of Kinetic Models for the Assessment of Reaction Hazards", *Process Safety Progress* (2007), 26(3): 209.

D. L. Townsend and J. C. Tou, "Thermal Hazard Evaluation by an Accelerating Rate Calorimeter", *Thermochimica Acta* (1980), 37: 1-30.

Problemas

8-1 O laboratório do professor Crowl contém o seguinte estoque de produtos químicos: metanol, hidróxido de sódio em esferas sólidas, anidrido acético, metano, hidrogênio, nitrogênio e oxigênio. O metano, nitrogênio e oxigênio estão contidos em cilindros tipo K, os quais abrigam cerca de 200 SCF de gás. Por favor, ajude o professor Crowl, preparando uma matriz de compatibilidade química para esses produtos. Forneça recomendações sobre o que representa o maior perigo.

8-2 Uma empresa tinha uma operação de pintura com spray para pintar peças automotivas. A pintura com spray era feita em uma cabine para diminuir a exposição dos trabalhadores e coletar quaisquer gotículas de tinta que poderiam ser arrastadas para o sistema de exaustão de ar. As gotículas de tinta eram coletadas por filtros fibrosos. No fim de cada dia, os filtros eram removidos, colocados em sacolas plásticas e armazenados para descarte em outro prédio.

Devido a preocupações ambientais com as emissões voláteis dos solventes da tinta, o fornecedor das tintas reformulou o produto para utilizar um solvente menos volátil. Essa mudança foi feita de comum acordo com a empresa de tintas. Vários testes foram realizados para garantir que a tinta reformulada funcionaria bem com o equipamento de spray existente e que a qualidade resultante seria satisfatória.

A empresa acabou mudando para a tinta reformulada. Vários dias depois, o prédio de descarte pegou fogo, aparentemente devido a um incêndio iniciado pelos filtros de tinta.

Você consegue explicar como isso aconteceu? Tem alguma sugestão para a prevenção?

8-3 Um fabricante terceirizado é contratado para preparar um lote de 8100 lb de um agente de precipitação de ouro. Os ingredientes são misturados em um misturador cuneiforme isolado e com um revestimento de aço para permitir o resfriamento e o aquecimento com uma mistura de água/glicol. O agente de precipitação consiste em aproximadamente 66% de hidrossulfeto de sódio, 22% de pó de alumínio e 11% de carbonato de potássio em peso. Após misturar esses ingredientes secos, uma pequena quantidade de benzaldeído líquido é adicionada para controle de odor. A mistura do produto é embalada em dezoito barris de 55 galões para transporte.[9]

Essa operação é inteiramente um problema de mistura. Esse mesmo misturador também é utilizado para outras formulações, e possui um sistema de resfriamento que utiliza uma mistura de água/etileno glicol. Aplique o método de triagem da Figura 8-1 para determinar se há previsão de qualquer perigo relacionado à reatividade química.

---

[9]Enunciado do problema de Johnson et al., *Essential Practices for Managing Chemical Reactivity Hazards.*

8-4 A Eastown Industries conduziu uma análise de Gestão de Mudança para trocar para um novo fornecedor de dicloreto de propileno. O dicloreto de propileno foi adquirido em vagões e descarregado em um grande tanque de armazenamento, a partir do qual foi dosado para barris de 55 galões destinados à venda para os clientes. Durante a análise da Gestão de Mudança, foi identificado que o fornecedor às vezes utilizava vagões de alumínio para outros produtos. O supervisor da mudança levantou a questão do que aconteceria se o dicloreto de propileno fosse recebido em um vagão de alumínio e permanecesse nos ramais por alguns dias antes de descarregar seu conteúdo no tanque de armazenamento.[9]

Utilize o CRW da NOAA como um recurso para decidir se o dicloreto de propileno é compatível com o alumínio nos vagões-tanque.

8-5 A expansão de uma universidade inclui a instalação de um sistema de distribuição para fornecer oxigênio gasoso via cilindros para um laboratório de biologia. Nenhum perigo de reatividade química foi identificado previamente nas instalações do laboratório.[9]

Aplique o método de triagem da Figura 8-1 para determinar se há previsão de qualquer perigo de reatividade química.

8-6 Refaça as Figuras 8-5 e 8-6 para uma reação de segunda ordem utilizando os mesmos parâmetros. Como a ordem da reação afeta o comportamento?

8-7 Refaça a Figura 8-7 para uma reação de segunda ordem. Como a ordem da reação afeta o comportamento?

8-8 Refaça as Figuras 8-8 e 8-9 para uma reação de segunda ordem. Como a ordem da reação afeta o comportamento?

8-9 Derive a Equação 8-21 diferenciando a Equação 8-19, solucionando para o máximo, e depois solucionando para x_m.

8-10 Derive a Equação 8-23.

8-11 Derive a Equação 8-22. Observação: Isso envolve muita álgebra tediosa!

8-12 Começando pela Equação 8-20, mostre que a taxa máxima de autoaquecimento para valores pequenos de B é fornecida por

$$x_m = 1 - \frac{n}{\Gamma B}.$$

O que acontece para Γ grande? E em $x_m = 0$? E em $\Gamma B = n$?

8-13 Derive a Equação 8-31 da Equação 8-30.

8-14 Uma equação utilizada frequentemente na análise calorimétrica para determinar a temperatura na taxa máxima é fornecida por

$$T_{\text{máx}} = \frac{E_a}{2nR_g}\left[\sqrt{1 + \frac{4nR_g T_F}{E_a}} - 1\right]. \tag{8-35}$$

Derive essa equação da Equação 8-21. Utilize essa equação para calcular $T_{\text{máx}}$ para o sistema etanol-anidrido acético dos Exemplos 8-3 e 8-4. Compare com o valor experimental.

---

[9]Enunciado do problema de Johnson et al., *Essential Practices for Managing Chemical Reactivity Hazards*.

8-15 São colocados 3,60 gm de ácido acrílico destilado a vácuo em um vaso de teste de titânio em um ARC. Estime o fator fi desse experimento.

Capacidade calorífica do ácido acrílico líquido:	2,27 J/gm-K
Capacidade calorífica do titânio:	0,502 J/gm-K
Massa do vaso de teste de titânio:	8,773 gm

8-16 Os dados abaixo são dados brutos do ARSST. Suponha uma reação de primeira ordem para esse sistema. A taxa de aquecimento do calorímetro é 0,3°C/min.

a. Faça um gráfico da taxa de temperatura *versus* $-1.000/T$ para estimar as temperaturas inicial e final.

b. Utilize a Equação 8-32 para determinar os parâmetros cinéticos A e E_a dos dados brutos originais.

Tempo (min)	Temperatura (°C)
0	12,0
5,1	15,0
10,1	17,1
15,2	19,3
20,2	21,4
25,3	23,4
30,3	25,3
35,4	25,7
40,4	26,6
45,5	27,6
50,6	28,9
55,6	30,4
60,7	32,4
65,7	34,8
70,7	37,6
75,8	41,0
80,8	45,0
85,9	50,0
90,9	57,1
95,1	67,1
96,16	71,1
97,25	77,1
98,25	85,6
99,2	100,7
99,53	110,3
99,63	114,5

(continua)

Tempo (min)	Temperatura (°C)
99,75	120,2
99,87	127,0
99,93	131,2
100,01	138,4
100,06	142,5
100,13	149,3
100,21	158,0
100,3	165,5
100,39	170,1
100,48	172,6
101,2	171,9

8-17 O ARRST continua a aquecer a amostra de teste durante toda a reação exotérmica. Assim, os dados devem ser ajustados para esse aquecimento contínuo. Esse ajuste é feito percebendo que o aumento da temperatura medido pelo calorímetro, ΔT^{Medida}, consiste no aumento adiabático da temperatura devido à reação, $\Delta T_{Ad}^{\text{Reação}}$, e no aumento da temperatura devido ao aquecimento do calorímetro, $\Delta T_{\text{Externa}}$.

$$\Delta T^{\text{Medida}} = \Delta T_{\text{ad}}^{\text{Reação}} + \Delta T_{\text{Externa}} \quad (8\text{-}36)$$

O aumento da temperatura devido ao aquecimento do calorímetro é fornecido por

$$\Delta T_{\text{Externa}} = \left(\frac{dT}{dt}\right)_{\text{Aplicada}} (t_F - t_o), \quad (8\text{-}37)$$

em que

$(dT/dt)_{\text{Aplicada}}$ é a taxa de aquecimento aplicada, grau/tempo;

t_F é o tempo na temperatura final; e

t_o é o tempo na temperatura inicial.

Utilize as Equações 8-36 e 8-37 para ajustar as temperaturas dos dados brutos do Problema 8-16 para a taxa de aquecimento imposta pelo calorímetro. Repita o Problema 8-16 para determinar os parâmetros cinéticos com os dados ajustados.

8-18 O fator fi do ARRST é de aproximadamente 1,05 (Tabela 8-7). Ajuste os dados do Problema 8-16 para o fator fi e estime os parâmetros cinéticos.

8-19 Utilizando os dados brutos do Problema 8-16, calcule A e E_a para cada caso exibido abaixo. Como cada caso afeta as quantidades calculadas?

a. Reduza o período de tempo ao longo do qual a reação ocorre pela metade.

b. Mantenha os mesmos tempos, mas dobre o aumento adiabático da temperatura.

c. Comente sobre como essas mudanças afetam os resultados.

8-20 Abaixo são exibidos os dados calorimétricos da reação de 14,2 wt. % de hidroperóxido de cumeno (CHP) em cumeno em um ARC. O ARC é operado em um modo de aquece-espera-busca, conforme está demonstrado. A reação exotérmica é detectada pelo ARC e a faixa de temperatura desta reação é exibida. Determine os seguintes parâmetros para essa reação: T_o, T_F, n, B, Γ, $\ln k(T_o)$, A e E_a. Utilize o modelo para prever a taxa máxima de autoaquecimento; compare com os resultados experimentais. Calcule o fator fi e ajuste os seus resultados finais.

Condições experimentais:

	Amostra	Vaso
Massa (gm)	5,293	18,772
Capacidade calorífica (J/gm-K)	2,020	0,385
Densidade (gm/mL)	0,850	
Volume (mL)	6,100	9,100

Concentração inicial do reagente limitante (CHIP): 0,123 gm/mL.

Estado	Tempo (min)	Temperatura (°C)	Taxa de elevação de temperatura (°C/min)	Pressão (psia)	Taxa de elevação de pressão (psi/min)
Espera	557,82	110,21	0,017	17,7	0,01
Busca	567,8	110,36	0,015	17,7	0
Aquece	580,26	115,01	0,12	18,3	0,05
Espera	590,26	115,23	0,023	18,4	0,01
Início da reação exotérmica:	634,1	116,26	0,023	19,1	0,02
	675,68	117,28	0,024	20	0,02
	712,28	118,29	0,027	20,7	0,02
	746,68	119,31	0,03	21,5	0,02
	778,14	120,34	0,032	22,5	0,03
	808	121,4	0,035	23,5	0,03
	835,12	122,44	0,038	24,7	0,04
	854,98	123,27	0,041	25,5	0,04
	878,22	124,3	0,044	26,6	0,05
	900,26	125,36	0,048	27,8	0,05
	921,1	126,46	0,052	29,2	0,07
	935,94	127,31	0,057	30,3	0,07
	953,9	128,42	0,061	31,8	0,08
	967,04	129,27	0,064	33	0,09

(continua)

Estado	Tempo (min)	Temperatura (°C)	Taxa de elevação de temperatura (°C/min)	Pressão (psia)	Taxa de elevação de pressão (psi/min)
	982,18	130,35	0,071	34,6	0,11
	996,08	131,42	0,076	36,2	0,12
	1007,06	132,32	0,081	37,6	0,13
	1019,64	133,43	0,088	39,5	0,15
	1028,94	134,31	0,094	41	0,16
	1039,94	135,42	0,1	43,1	0,19
	1048,34	136,32	0,107	44,8	0,2
	1058,2	137,48	0,117	47,1	0,23
	1064,88	138,32	0,125	48,8	0,25
	1071,9	139,28	0,136	50,8	0,28
	1080,02	140,43	0,141	53,4	0,32
	1086,36	141,4	0,152	55,6	0,35
	1091,68	142,28	0,165	57,6	0,38
	1098,56	143,47	0,172	60,5	0,42
	1103,38	144,36	0,184	62,8	0,48
	1107,84	145,26	0,201	65	0,49
	1113,38	146,39	0,203	68,2	0,58
	1117,66	147,33	0,219	70,9	0,63
	1122,78	148,5	0,228	74,3	0,66
	1126,26	149,36	0,247	76,8	0,72
	1130,56	150,46	0,255	80	0,74
	1134,02	151,35	0,257	82,8	0,81
	1137,46	152,31	0,279	85,8	0,87
	1141,5	153,43	0,277	89,6	0,94
	1144,7	154,36	0,29	92,6	0,94
	1148,04	155,3	0,281	95,8	0,96
	1155,52	157,39	0,281	103,4	1,03
	1159,14	158,34	0,262	107	0,99
	1163,48	159,45	0,255	111,4	1,01
	1167,5	160,38	0,231	115	0,9
	1171,72	161,28	0,213	118,4	0,81
	1176,94	162,26	0,187	122,3	0,75
	1183,68	163,34	0,16	126,4	0,61
	1192,22	164,47	0,132	130,7	0,5
	1200,84	165,36	0,103	134,2	0,41
	1211,5	166,27	0,085	137,6	0,32
	1229,16	167,32	0,059	141,5	0,22
	1257,64	168,37	0,036	145,7	0,15

(continua)

Estado	Tempo (min)	Temperatura (°C)	Taxa de elevação de temperatura (°C/min)	Pressão (psia)	Taxa de elevação de pressão (psi/min)
Final da reação exotérmica:	1297,4	169,15	0,019	148,5	0,07
Aquece	1311,46	174,18	0,123	151,3	0,2
Espera	1321,46	174,26	0,008	151,8	0,05
Busca	1331,76	174,33	0,006	152,3	0,05
Aquece	1345,64	179,15	0,086	154,8	0,18
Espera	1355,64	179,18	0	154,8	0
Busca	1366,1	179,2	0,001	154,9	0,01

8-21 Abaixo temos os dados calorimétricos de um ARC para a reação de 50 wt. % de epicloridrina em água. Nesse caso, há duas reações exotérmicas, uma após a outra. A segunda reação exotérmica é, provavelmente, a decomposição de um dos produtos da primeira reação. Determine os seguintes parâmetros para ambas as reações exotérmicas: T_o, T_F, B, Γ, $\ln k(T_o)$, A e E_a. Para a primeira reação exotérmica, determine a ordem da reação. Para a segunda reação exotérmica, a concentração inicial do reagente é desconhecida; suponha uma reação de primeira ordem e verifique se ela se ajusta aos dados.

Utilize o modelo para prever a taxa máxima de autoaquecimento de ambas as reações exotérmicas; compare com os resultados experimentais.

Calcule o fator fi e ajuste seus resultados finais.

Condições experimentais:

	Amostra	Bomba
Massa (gm)	4,000	18,480
Capacidade calorífica (J/gm-k)	3,490	0,385
Densidade (gm/mL)	1,07428	
Volume (mL)	3,72	9,1

Concentração inicial do reagente limitante (epicloridrina): 0,537 gm/mL.

Estado	Tempo (min)	Temperatura (°C)	Taxa de elevação da temperatura (°C/min)	Pressão (psia)	Taxa de elevação de pressão (psi/min)
Início da reação exotérmica 1:	320,84	71,2	0,029	22,4	0,01
	382,13	73,2	0,033	22,9	0,01
	435,7	75,2	0,038	23,2	0

(continua)

Estado	Tempo (min)	Temperatura (°C)	Taxa de elevação da temperatura (°C/min)	Pressão (psia)	Taxa de elevação de pressão (psi/min)
	481,78	77,2	0,045	23,7	0,01
	523,25	79,21	0,049	24,1	0,01
	559,84	81,21	0,057	24,7	0,01
	592,91	83,22	0,062	25,4	0,02
	621,43	85,22	0,072	26,2	0,03
	646,07	87,22	0,083	26,8	0,03
	668,31	89,24	0,091	27,6	0,03
	687,61	91,26	0,107	28,3	0,03
	704,06	93,26	0,124	29,1	0,05
	718,63	95,26	0,141	29,8	0,06
	731,88	97,27	0,155	30,6	0,08
	743,94	99,31	0,173	31,3	0,05
	754,69	101,32	0,191	32,2	0,08
	764,28	103,34	0,215	33,1	0,08
	773,03	105,34	0,233	34	0,09
	781,05	107,38	0,262	35	0,16
	787,6	109,2	0,286	35,8	0,14
	794,25	111,22	0,307	36,9	0,15
	800,36	113,24	0,34	37,9	0,17
	805,96	115,26	0,368	39	0,22
	811,01	117,31	0,412	40,2	0,24
	815,61	119,34	0,451	41,4	0,27
	819,79	121,36	0,492	42,6	0,29
	823,57	123,38	0,546	43,9	0,33
	826,68	125,21	0,609	45	0,38
	829,99	127,31	0,656	46,4	0,37
	832,94	129,34	0,701	47,9	0,56
	835,67	131,38	0,755	49,3	0,52
	838,11	133,25	0,76	50,8	0,58
	840,68	135,26	0,781	52,5	0,7
	843,36	137,31	0,75	54,4	0,74
	846,15	139,35	0,715	56,4	0,76
	849,34	141,4	0,608	58,4	0,6
	853,13	143,23	0,443	60	0,3
	866,88	145,24	0,094	60,8	0,06
Fim da reação exotérmica 1:	898,12	147,25	0,063	66	0,23
Início da reação exotérmica 2:	926,14	149,26	0,075	76,8	0,42

(continua)

Estado	Tempo (min)	Temperatura (°C)	Taxa de elevação da temperatura (°C/min)	Pressão (psia)	Taxa de elevação de pressão (psi/min)
	948,94	151,27	0,091	90,5	0,65
	966,87	153,27	0,119	103,5	0,74
	981,41	155,29	0,146	116,6	0,97
	993,06	157,3	0,184	128,8	1,08
	1002,74	159,31	0,216	140,3	1,24
	1010,8	161,33	0,259	151,3	1,41
	1017,58	163,34	0,306	161,8	1,56
	1023,39	165,34	0,357	171,7	1,71
	1028,41	167,37	0,412	181,3	1,94
	1032,32	169,21	0,478	189,7	2,18
	1036,12	171,23	0,564	198,8	2,46
	1039,46	173,27	0,639	207,8	2,8
	1042,3	175,28	0,731	216,4	3,19
	1044,91	177,37	0,841	225,6	3,65
	1046,92	179,21	0,964	233,7	4,24
	1048,95	181,3	1,084	242,8	4,63
	1050,65	183,33	1,228	251,8	5,54
	1052,18	185,37	1,342	260,7	5,92
	1053,39	187,22	1,627	268,9	7,06
	1054,58	189,28	1,821	277,9	7,68
	1055,65	191,4	2	287,5	8,87
	1056,51	193,25	2,17	296,6	10,85
	1057,4	195,37	2,523	307	12,38
	1058,09	197,28	2,944	316,2	13,33
	1058,68	199,21	3,222	325,7	15,93
	1059,29	201,3	3,551	337,6	22,76
	1059,86	203,4	3,655	350,1	22,41
	1060,29	205,34	4,652	361,1	25,65
	1060,69	207,35	5,142	374,4	33,81
	1061,04	209,43	5,85	387,1	35,5
	1061,34	211,4	6,75	400,6	66,25
	1061,59	213,25	7,75	412,4	49,17
	1061,83	215,29	8,833	425,2	55
	1062,06	217,4	9	439,1	60
	1062,26	219,33	9,909	453,4	73,64
	1062,46	221,35	10,3	468,3	77
	1062,64	223,39	11,5	483,6	89
	1062,8	225,33	12,625	498,6	97,5

(continua)

Estado	Tempo (min)	Temperatura (°C)	Taxa de elevação da temperatura (°C/min)	Pressão (psia)	Taxa de elevação de pressão (psi/min)
	1062,96	227,4	13	504,9	25
	1063,1	229,2	13	532,6	135
	1063,26	231,39	14,125	553,5	135
	1063,38	233,25	15,833	561,3	20
	1063,52	235,44	16	592,6	166,67
	1063,64	237,39	15,5	606,7	58,33
	1063,76	239,4	16,833	632,2	398,33
	1063,88	241,34	16	638,8	6,67
	1064	243,4	17,833	640,4	15
	1064,12	245,44	16,666	711,9	801,67
	1064,24	247,3	15,666	746,9	225
	1064,38	249,51	16,833	750,7	46,67
	1064,5	251,52	17	768,4	11,67
	1064,62	253,39	15,333	796,2	426,67
	1064,74	255,23	15	882,5	1423,33
	1064,92	257,44	12,4	936,2	270
	1065,08	259,43	12,375	975,5	243,75
	1065,24	261,29	11,5	1012,1	230
	1065,42	263,28	10,8	1051,4	215
	1065,61	265,26	10,111	1089,1	195,56
	1065,82	267,34	9,909	1127,9	179,09
	1066,05	269,46	9,083	1166,3	161,67
	1066,25	271,22	8,777	1196	146,67
	1066,5	273,27	8	1228,1	125,83
	1066,77	275,28	7,2	1264,7	135,33
	1067,12	277,39	5,85	1311,5	131
	1067,48	279,4	5,35	1356,4	120,5
	1067,82	281,2	4,842	1399,1	125,79
	1068,26	283,22	4,888	1451,5	112,78
	1068,69	285,23	4,5	1506,6	129
	1069,19	287,37	4,076	1570,3	128,08
	1069,73	289,37	3,793	1626	93,45
	1070,31	291,25	2,971	1670,4	70,86
	1071,26	293,29	1,905	1709,7	32,45
	1072,95	295,34	0,98	1728,5	9,12
	1078,36	297,34	0,292	1778,8	8,65
Fim da reação exotérmica 2:	1090,55	299,35	0,141	1839,7	3,84

8-22 Sua empresa está projetando um reator para executar uma reação de metanol + anidrido acético. Você recebeu a tarefa de projetar o sistema de resfriamento do reator. O reator é projetado para lidar com 10.000 kg de massa reagente. Suponha uma capacidade calorífica do líquido de 2,3 J/kg-K.

  a. Utilizando os resultados dos Exemplos 8-3 e 8-4, estime a carga térmica, em J/s, nas serpentinas de resfriamento para a taxa máxima de reação. Qual capacidade adicional e quais outras considerações são importantes para garantir que as serpentinas sejam dimensionadas adequadamente a fim de evitar uma reação descontrolada?

  b. Utilizando os resultados da parte a, estime o fluxo de água de resfriamento necessário, em kg/s. A água está disponível a 30°C com um limite máximo de temperatura de 50°C.

8-23 Sua empresa propõe a utilização de um reator batelada de 10 m^3 para reagir metanol + anidrido acético em uma razão molar de 2:1. O reator possui serpentinas de troca térmica com uma taxa máxima de resfriamento de 30 MJ/min. Uma vez que a serpentina é limitada, foi tomada a decisão de operar o reator no modo semibatelada. Nesse modo de operação, primeiro o metanol é adicionado ao reator, depois aquecido até a temperatura desejada, e então o reagente limitante, o anidrido acético, é adicionado em uma taxa constante, de modo a controlar a emissão de calor.

Estão disponíveis os seguintes dados:

Reação: $CH_3OH + (CH_3CO)_2O \rightarrow CH_3COOCH_3 + CH_3COOH$

  Metanol + anidrido acético → acetato de metila + ácido acético

Densidade da mistura líquida final: 0,97

Calor da reação: 67,8 kJ/mol

Mais dados estão disponíveis nos Exemplos 8-3 e 8-4.

  a. A empresa deseja gerar esse produto o mais rápido possível. Para isso, em qual temperatura o reator deve funcionar?

  b. Supondo um fator de enchimento máximo do reator da ordem de 80%, calcule a quantidade total de metanol, em kg, carregada inicialmente no reator. Quanto anidrido acético, em kg, será adicionado?

  c. Qual é a taxa máxima de adição do anidrido acético, em kg/min, para resultar em uma taxa de emissão de calor da reação igual à capacidade de resfriamento das serpentinas de resfriamento?

  d. Quanto tempo, em horas, vai levar para fazer a adição?

8-24 Utilizando os dados e as informações dos Exemplos 8-3 e 8-4, estime o calor da reação do sistema metanol + anidrido acético. Suponha uma capacidade calorífica constante para o líquido de 2,3 J/gm K e um fator fi de 1,04. Esse experimento foi feito no APTAC, com 37,8 gm de metanol combinados com 61,42 gm de anidrido acético e injetados em uma bomba de titânio de 135 mL.

Capítulo 9

Introdução aos Alívios de Pressão

Apesar das muitas precauções de segurança nas plantas químicas, as falhas de equipamentos ou os erros de operação podem provocar aumentos nas pressões dos processos, ultrapassando os níveis de segurança. Se as pressões crescerem demais, elas podem ultrapassar a resistência máxima das tubulações e tanques. Isso pode resultar na ruptura dos equipamentos, provocando grandes liberações de produtos químicos tóxicos ou inflamáveis.

A defesa contra esse tipo de acidente é, em primeiro lugar, evitá-lo. A segurança inerente, descrita no Capítulo 1, é a primeira linha de defesa. A segunda linha de defesa é o melhor controle do processo. Um grande esforço sempre é direcionado para controlar o processo dentro das regiões operacionais seguras. As elevações repentinas de pressão nos equipamentos devem ser evitadas ou minimizadas.

A terceira linha de defesa contra as pressões excessivas é instalar sistemas de alívio de líquidos ou gases antes que essas pressões excessivas sejam atingidas. O sistema de alívio é composto do dispositivo de alívio e equipamento de processo subsequente associado para lidar de maneira segura com o material ejetado.

O método utilizado para a instalação segura dos dispositivos de alívio de pressão está ilustrado na Figura 9-1. A primeira etapa no procedimento é especificar onde os dispositivos de alívio devem ser instalados. Diretrizes definitivas estão atualmente disponíveis. Segundo, o dispositivo de alívio adequado deve ser escolhido. O tipo depende principalmente da natureza do material a ser aliviado e das características de alívio necessárias. Terceiro, são elaborados cenários para descrever as várias maneiras em que um alívio pode ocorrer. A motivação é determinar a vazão mássica do material através do alívio e o estado físico do material (líquido, vapor ou bifásico). Em seguida, são coletados dados sobre o processo de alívio, incluindo as propriedades físicas do material ejetado, e o alívio é dimensionado. Finalmente, o pior cenário possível é selecionado, chegando-se ao projeto final do alívio.

Cada etapa nesse método é fundamental para o desenvolvimento de um projeto seguro; um erro em qualquer etapa desse procedimento pode resultar em falhas catastróficas.

Neste capítulo, introduzimos os fundamentos do alívio de pressão e as etapas do procedimento de projeto desses alívios. Os métodos de dimensionamento de dispositivos de alívio serão abordados no Capítulo 10.

Introdução aos Alívios de Pressão

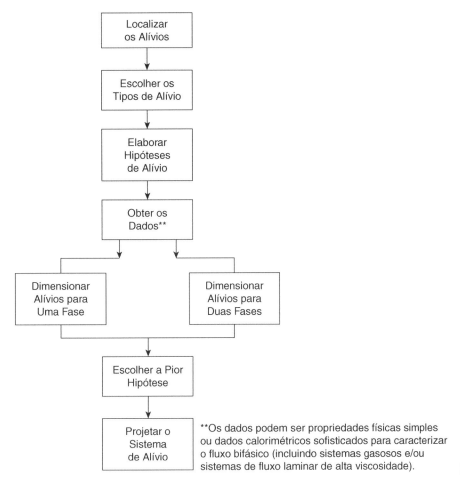

Figura 9-1 Método de alívio.

9-1 Conceitos de Alívio

Os sistemas de alívio de pressão são necessários pelas seguintes razões:[1]

- Proteger os funcionários dos perigos dos equipamentos excessivamente pressurizados
- Minimizar as perdas durante os problemas de pressão
- Evitar danos aos equipamentos
- Evitar danos às propriedades vizinhas
- Reduzir os prêmios de seguro
- Cumprir as normas governamentais

As curvas típicas de pressão *versus* tempo das reações fora de controle são ilustradas pela Figura 9-2. Suponha que esteja ocorrendo uma reação exotérmica dentro de um reator. Se houver perda de resfriamento devido à redução do abastecimento de água destinada a este resfriamento, decorrente de falha de uma válvula, ou devido a outra hipótese qualquer, então a temperatura do reator vai subir. À medida que a temperatura subir, a taxa de reação vai aumentar, levando a um aumento na produção de calor. Esse mecanismo autoacelerado resulta em uma reação fora de controle.

---

[1]Marx Isaacs, "Pressure Relief Systems", *Chemical Engineering* (22 de fevereiro de 1971), pp. 113-124.

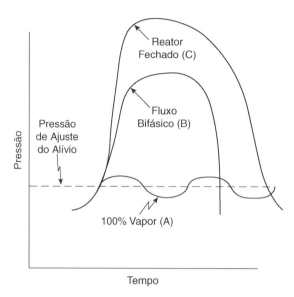

Figura 9-2 Pressão *versus* tempo nas reações fora de controle: (A) alívio de vapor, (B) alívio de duas fases (fluxo bifásico) e (C) vaso reacional fechado.

A pressão dentro do reator aumenta devido ao aumento da pressão de vapor dos componentes líquidos e/ou devido aos produtos da decomposição gasosa resultantes da alta temperatura.

Os descontroles de reação nos grandes reatores comerciais podem ocorrer em minutos, com aumento de temperatura e pressão da ordem de várias centenas de graus por minuto e várias centenas de psi por minuto, respectivamente. Nas curvas da Figura 9-2, o resfriamento é perdido em $t = 0$.

Se o reator não tiver um sistema de alívio, a pressão e a temperatura continuam a subir até os reagentes serem completamente consumidos, como mostra a curva C (Figura 9-2). Após os reagentes serem consumidos, a geração de calor cessa e o reator resfria; posteriormente, a pressão cai. A curva C supõe que o reator é capaz de suportar a pressão total da reação fora de controle.

Se o reator tiver um dispositivo de alívio de pressão, a resposta da pressão dependerá das características do dispositivo e das propriedades do fluido descarregado pelo alívio. Isso é ilustrado pela curva A (Figura 9-2) apenas para o alívio de vapor e pela curva B para duas fases (vapor e líquido). A pressão vai aumentar dentro do reator até o dispositivo de alívio ser ativado na pressão indicada.

Quando a mistura vapor e líquido é descarregada (curva B na Figura 9-2), a pressão continua a subir, à medida que a válvula de alívio abre. O aumento incremental na pressão em relação à pressão de alívio inicial se chama sobrepressão.

A curva A representa o vapor ou gás descarregado através da válvula de alívio. A pressão cai imediatamente quando o dispositivo de alívio abre, porque apenas uma pequena quantidade de descarga do vapor é necessária para diminuir a pressão. A pressão cai até a válvula de alívio se fechar; esta diferença de pressão se chama purga.

Como a natureza do alívio de material vapor-líquido bifásico é acentuadamente diferente do alívio de vapor, a natureza do material liberado deve ser conhecida para que se possa projetar um alívio adequado.

9-2 Definições[2]

Os parágrafos a seguir trazem as definições utilizadas com mais frequência na indústria química para definir os alívios.

Pressão de ajuste (set pressure): A pressão na qual o dispositivo de alívio começa a ser ativado.

Pressão de trabalho máxima permitida (maximum allowable working pressure – MAWP): Pressão manométrica máxima permissível no topo de um tanque para uma determinada temperatura. Às vezes é chamada de "pressão de projeto" *(design pressure)*. À medida que a pressão operacional aumenta, a MAWP diminui porque o metal do tanque perde a sua resistência nas temperaturas elevadas. Do mesmo modo, à medida que a temperatura operacional diminui, a MAWP diminui devido à fragilização do metal nas temperaturas mais baixas. Tipicamente, ocorre uma falha no tanque em 4 a 5 vezes a MAWP, embora deformação possa ocorrer em apenas 2 vezes a MAWP.

Pressão operacional (operating pressure): A pressão manométrica durante o serviço normal, geralmente 10% abaixo da MAWP.

Acumulação: O aumento de pressão em relação à MAWP de um tanque durante o processo de alívio de pressão. A acumulação é representada como uma porcentagem da MAWP.

Sobrepressão (overpressure): O aumento de pressão no tanque em relação à pressão de ajuste durante o processo de alívio. A sobrepressão é equivalente à acumulação quando a pressão de ajuste é igual à MAWP, sendo representada como uma porcentagem da pressão de ajuste.

Contrapressão (backpressure): A pressão na saída do dispositivo de alívio durante o processo de alívio, resultante da pressão no sistema de descarga.

Vaso de despressurização (blowdown): A diferença de pressão entre a pressão de ajuste do alívio e a pressão de reinicialização, representada como uma porcentagem da pressão de ajuste.

Pressão acumulada máxima permitida: A soma da MAWP e da acumulação permitida.

Sistema de alívio: A rede de componentes em torno de um dispositivo de alívio, incluindo a tubulação para o alívio, o dispositivo de alívio, as tubulações de descarga, o tambor separador, Scrubber, tocha, ou outros tipos de equipamentos que ajudam no processo de alívio de pressão seguro.

A relação entre esses termos é ilustrada pelas Figuras 9-3 e 9-4.

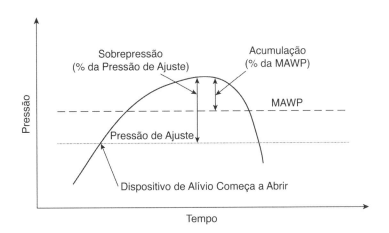

Figura 9-3 Descrição da sobrepressão e da acumulação.

---

[2]API RP 521, *Guide for Pressure-Relieving and Depressuring Systems*, 4th ed. (Washington, DC: American Petroleum Institute, 1997), pp. 1-3.

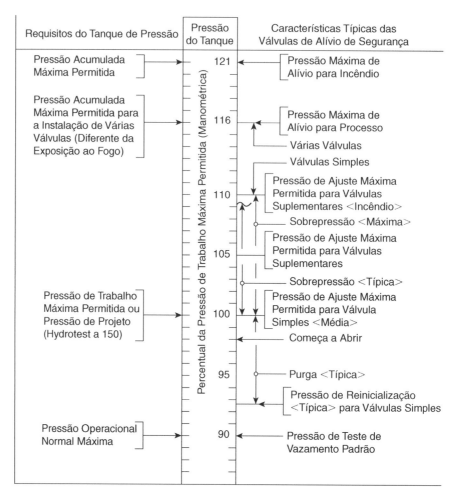

Figura 9-4 Diretrizes para as pressões de alívio. Adaptado de API RP 521, *Guide for Pressure-Relieving and Depressuring Systems*, 4th ed. (Washington, DC: American Petroleum Institute, 1997), p. 30.

9-3 Localização dos Alívios[3]

O procedimento para especificar a localização dos alívios requer a análise de cada operação unitária do processo e de cada etapa operacional. O engenheiro tem de prever os possíveis problemas que podem resultar em pressões elevadas. Os dispositivos de alívio da pressão são instalados em cada ponto identificado como potencialmente perigoso, ou seja, nos pontos em que condições perturbadoras criam pressões que podem ultrapassar a MAWP.

Os tipos de perguntas feitas nesse processo de análise são

- O que acontece com a perda do sistema de resfriamento, aquecimento ou agitação?
- O que acontece se o processo for contaminado ou equivocadamente carregado com um catalisador ou monômero?
- O que acontece se o operador cometer um erro?
- Qual é a consequência do fechamento das válvulas (válvulas de bloqueio) nos tanques ou nas linhas preenchidas com líquidos e expostas ao calor ou à refrigeração?
- O que acontece se uma linha falhar? Por exemplo, uma falha na linha de gás de alta pressão para um vaso de baixa pressão?

---

[3]Robert Kern, "Pressure-Relief Valves for Process Plants", *Chemical Engineering* (28 de fevereiro de 1977), pp. 187-194.

Tabela 9-1 Diretrizes para Especificar as Posições dos Alívios[a]

Todos os vasos precisam de alívios de pressão, incluindo os reatores, tanques de armazenamento, torres e tambores.

Seções bloqueadas de linhas preenchidas com líquido frio e que são expostas ao calor (como o Sol) ou à refrigeração precisam de alívios.

Bombas de deslocamento positivo, compressores e turbinas precisam de alívios no lado da descarga.

Tanques de armazenamento precisam de alívios de pressão e vácuo para protegê-los contra o bombeamento dentro ou fora de um tanque bloqueado ou contra a geração de vácuo pela condensação.

Alguns trocadores de calor são homologados para vapor de baixa pressão. Alívios são instalados para evitar as pressões de vapor excessivas devido a erro do operador ou falha do regulador.

[a]Marx Isaacs, "Pressure-Relief Systems", *Chemical Engineering* (22 de fevereiro de 1971), pp. 113-124.

- O que acontece se a unidade de operação for envolvida por um incêndio?
- Quais condições causam reações fora de controle e como os sistemas de alívio de pressão são projetados para lidar com a descarga resultante das reações fora de controle?

Algumas diretrizes para localizar os alívios estão resumidas na Tabela 9-1.

Exemplo 9-1

Especifique a localização dos alívios de pressão no sistema do reator de polimerização ilustrado na Figura 9-5. As principais etapas nesse processo de polimerização incluem (1) bombear 100 lb de iniciador no reator R-1, (2) aquecer a reação até a temperatura de 240°F, (3) adicionar o monômero por um período de 3 h e (4) remover o monômero residual por meio de vácuo utilizando a válvula V-15. Como a reação é exotérmica, é necessário o resfriamento com água fria durante a adição do monômero.

Solução

Segue o método de análise para especificar a localização dos alívios. Consulte as Figuras 9-5 e 9-6 e a Tabela 9-1 para obter as localizações.

a. Reator (R-1): Um alívio é instalado nesse reator porque, em geral, todo vaso de processamento precisa de um alívio de pressão. Esse alívio se chama PSV-1 – *process safety valve* 1.

b. Bomba de deslocamento positivo (P-1): As bombas de deslocamento positivo são sobrecarregadas, superaquecidas e danificadas se forem desativadas sem um dispositivo de alívio de pressão (PSV-2). Esse tipo de alívio geralmente é reciclado para alimentar o tanque.

c. Trocador de calor (E-1): As tubulações do trocador de calor podem se romper devido às pressões excessivas quando a água é bloqueada (V-10 e V-11 estão fechadas) e o trocador é aquecido (pelo vapor, por exemplo). Esse perigo é eliminado pela adição da PSV-3.

d. Tambor (D-1): Mais uma vez, todos os vasos precisam de válvulas de alívio de pressão, PSV-4.

e. Serpentina do reator: A serpentina desse reator pode ser rompida pela pressão quando a água ficar bloqueada (V-4, V-5, V-6 e V-7 estão fechadas) e quando a serpentina for aquecida com vapor ou até mesmo pelo Sol. Acrescentar PSV-5 a essa serpentina.

Isso completa a especificação das localizações dos alívios para esse processo relativamente simples. A razão para os dois dispositivos de alívio de pressão PSV-1A e PSV-1B é descrita na próxima seção.

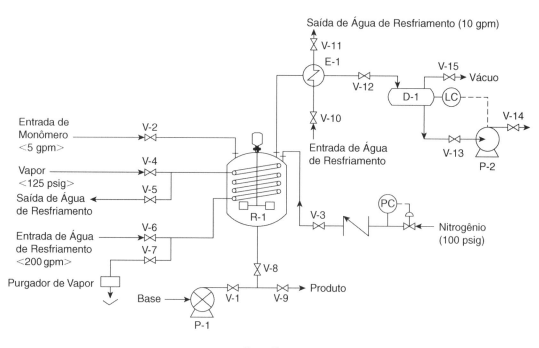

Figura 9-5 Reator de polimerização sem alívios de segurança.

O Exemplo 9-1 ilustra a lógica de engenharia para instalar as válvulas de alívio de pressão em vários locais dentro da planta química. Após as localizações dos alívios terem sido especificadas, o tipo de alívio de pressão é escolhido, dependendo da aplicação específica.

9-4 Tipos e Características dos Alívios de Pressão

Operados por Mola e Discos de Ruptura

São escolhidos tipos específicos de dispositivos de alívio de pressão para aplicações específicas, como, por exemplo, líquidos, gases, líquidos e gases, sólidos e materiais corrosivos; eles devem expelir a sua descarga para a atmosfera ou para dentro de sistemas confinados (Scrubber, tocha, condensador, incinerador e similares). Em termos de engenharia, o tipo de dispositivo de alívio de pressão é especificado com base nos detalhes do sistema de alívio, nas condições do processo e nas propriedades físicas do fluido a ser aliviado.

Existem duas categorias gerais de dispositivos de alívio de pressão (operados por mola e discos de ruptura) e dois tipos principais de válvulas operadas por mola (convencionais e balanceadas), como ilustra a Figura 9-7.

Introdução aos Alívios de Pressão

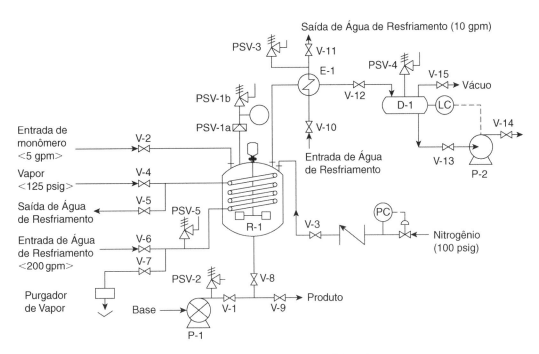

Figura 9-6 Reator de polimerização com alívios de segurança.

Nas válvulas operadas por molas, a tensão ajustável da mola compensa a pressão de entrada. A pressão de ajuste normalmente é especificada em 10% acima da pressão operacional normal. Para evitar a possibilidade de uma pessoa não autorizada mudar essa configuração, o parafuso ajustável é coberto com uma tampa rosqueada.

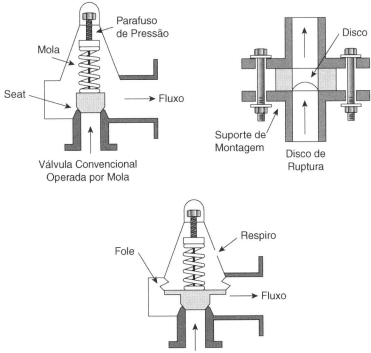

Figura 9-7 Principais tipos de dispositivos de alívio de pressão.

Em um alívio de pressão convencional operado por mola, a válvula se abre com base na queda de pressão através do corpo da válvula; ou seja, a pressão de ajuste é proporcional ao diferencial de pressão. Desse modo, se a contrapressão a jusante da válvula aumentar, a pressão de ajuste vai aumentar e a válvula pode não se abrir na pressão correta. Além disso, o fluxo através do alívio convencional é proporcional à diferença na pressão através do corpo da válvula. O fluxo através do alívio, portanto, é reduzido, à medida que a contrapressão aumenta.

No tipo balanceado, os foles da válvula asseguram que a pressão de um lado do corpo da válvula seja sempre igual à pressão atmosférica. Desse modo, a válvula balanceada sempre vai se abrir na pressão de ajuste desejada. No entanto, o fluxo através do alívio é proporcional à diferença de pressão entre a entrada e a saída da válvula. Portanto, o fluxo é reduzido à medida que a contrapressão aumenta.

Os discos de ruptura são concebidos especialmente para se romperem em uma determinada pressão de ajuste. Normalmente eles consistem em uma folha metálica calibrada e concebida para se romper em uma pressão bem especificada. São utilizados independentemente, em série ou em paralelo com dispositivos de alívio de pressão operados por mola. Eles podem ser feitos de uma série de materiais, incluindo materiais exóticos resistentes à corrosão.

Um problema importante com os discos de ruptura é a flexão do metal à medida que as pressões do processo mudam. A flexão pode levar à falha prematura nas pressões abaixo da pressão de ajuste. Por essa razão, alguns sistemas de disco de ruptura são concebidos para operar em pressões bem abaixo da pressão de ajuste. Além disso, vácuo pode causar a falha do disco de ruptura se o sistema de alívio de pressão não for projetado especificamente para este serviço.

Outro problema com os sistemas de disco de ruptura é que, depois de abertos, eles permanecem abertos. Isso pode levar à descarga completa do material do processo. Também pode permitir que o ar entre no processo, levando a um possível incêndio e/ou explosão. Em alguns acidentes, os discos se romperam sem o operador do processo estar a par da situação. Para evitar esse problema, os discos de ruptura são disponibilizados com fios embutidos que são cortados quando o disco se rompe, podendo ativar um alarme na sala de controle para alertar o operador. Além disso, quando os discos de ruptura se rompem, partes do disco podem ser liberadas, criando possíveis problemas de entupimento a jusante. Os avanços recentes no projeto dos discos de ruptura minimizaram esse problema.

Em todos esses exemplos, os problemas são eliminados se o disco de ruptura e o sistema forem especificados e projetados adequadamente para as condições de operação do processo.

Os discos de ruptura são disponibilizados em tamanhos muito maiores do que as válvulas de alívio operadas por mola, com tamanhos comerciais disponíveis de até vários pés de diâmetro. Os discos de ruptura normalmente custam menos do que as válvulas de alívio operadas por mola de tamanho equivalente.

Os discos frequentemente são instalados em série com um alívio operado por mola (1) para proteger um dispositivo caro como esse de um ambiente corrosivo, (2) para proporcionar isolamento absoluto durante a manipulação de produtos químicos extremamente tóxicos (os alívios operados por molas podem vazar), (3) para proporcionar isolamento absoluto durante a manipulação de gases inflamáveis, (4) para proteger as partes relativamente complexas de um dispositivo operado por mola dos monômeros reativos que poderiam causar bloqueio e (5) para descarregar as lamas que podem entupir os dispositivos operados por mola.

Quando os discos de ruptura são utilizados antes de um alívio operado por mola, um manômetro é instalado entre os dois dispositivos. Esse manômetro é um indicador que mostra quando o disco se rompe. A falha pode resultar da elevação repentina da pressão ou de um pequeno orifício provocado por corrosão. Em ambos os casos, o manômetro indica que o disco precisa ser substituído.

Existem três subcategorias de alívios de pressão operados por mola:

1. A *válvula de alívio* (*relief valve*) se destina principalmente aos líquidos. A válvula de alívio (apenas para líquidos) começa a se abrir na pressão de ajuste (*set pressure*). Essa válvula atinge a capacidade plena quando a pressão chega a 25% de sobrepressão. A válvula se fecha à medida que a pressão retorna para a pressão de ajuste.

2. A *válvula de segurança* (*safety valve*) é para o serviço de gás. As válvulas de segurança se abrem quando a pressão ultrapassa a pressão de ajuste. Isso acontece por meio de um bocal de descarga que direciona o material em alta velocidade através da válvula. Após a purga do excesso de pressão, a válvula retorna para aproximadamente 4% abaixo da pressão de ajuste; a válvula tem uma purga (*blowdown*) de 4%.

3. A *válvula de alívio de segurança* (*safety relief valve*) é utilizada para líquidos e gases. A válvula de alívio de segurança funciona como as válvulas de alívio para líquido e como as válvulas de segurança para gases.

Exemplo 9-2

Especifique os tipos de dispositivos de alívio necessários para o reator de polimerização no Exemplo 9-1 (veja a Figura 9-6).

Solução

Cada alívio é analisado em relação ao sistema de alívio e às propriedades dos fluidos descarregados:

a. PSV-1a é um disco de ruptura para proteger PSV-1b dos monômeros reativos (entupimento pela polimerização).

b. PSV-1b é uma válvula de alívio de segurança porque uma reação fora de controle vai gerar um fluxo bifásico com líquido e vapor.

c. PSV-2 é uma válvula de alívio porque se encontra em uma linha de líquido. Uma válvula convencional é satisfatória.

d. PSV-3 é uma válvula de alívio porque é apenas para líquido. Um dispositivo de alívio convencional é satisfatório.

e. PSV-4 é uma válvula de alívio de segurança porque é possível a passagem de líquido ou vapor. Como a sua descarga irá para um Scrubber com possíveis contrapressões (*backpressure*) grandes, é especificado um modelo balanceado.

f. PSV-5 é uma válvula de alívio apenas para líquido. Esse alívio fornece proteção para o seguinte cenário: o líquido é bloqueado pelo fechamento das válvulas; o calor da reação aumenta a temperatura do fluido circulante; e as pressões aumentam dentro da serpentina devido à expansão térmica.

Após especificar a localização e o tipo de todos os dispositivos de alívio de pressão, são elaboradas as hipóteses de alívio.

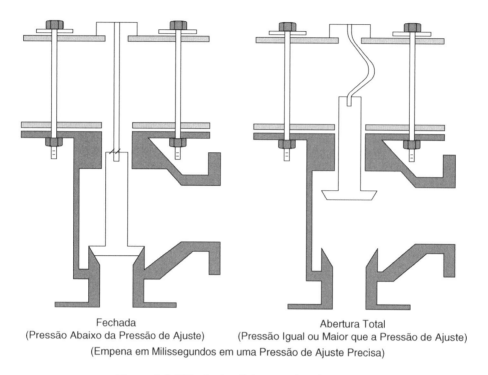

Fechada
(Pressão Abaixo da Pressão de Ajuste)

Abertura Total
(Pressão Igual ou Maior que a Pressão de Ajuste)
(Empena em Milissegundos em uma Pressão de Ajuste Precisa)

Figura 9-8 Válvula de alívio com pino de ruptura.

Alívios do Tipo Pino de Ruptura

Um alívio do tipo pino de ruptura é similar a um disco de ruptura; ou seja, quando a pressão empena o pino, a válvula se abre totalmente. Conforme a Figura 9-8, trata-se de um dispositivo relativamente simples. A principal vantagem de um alívio do tipo pino de ruptura é que este pino empena em uma pressão precisa; e a principal desvantagem deste dispositivo é que, quando o pino empena, a válvula se abre e permanece aberta.

Alívios Operados por Válvula Piloto

A válvula principal de um alívio deste tipo é controlada por uma pequena válvula piloto que é, em essência, uma válvula de alívio operada por mola, como mostra a Figura 9-9. Quando a válvula

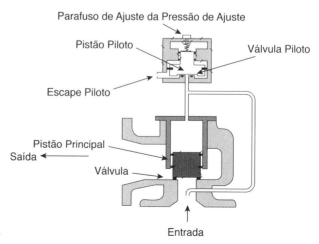

Figura 9-9 Válvula de alívio operada por válvula piloto.

piloto alcança a pressão de ajuste, ela se abre e libera a pressão acima da válvula principal. O pistão da válvula grande se abre e esgota o fluido do sistema. A válvula piloto e a válvula principal reinicializam quando a pressão de entrada cai para menos do que a pressão de ajuste.

As válvulas de alívio operadas por válvula piloto são utilizadas frequentemente quando é necessária uma grande área de alívio em pressões de ajuste elevadas. A pressão de ajuste desse tipo de válvula pode ser muito próxima da pressão de operação. As válvulas operadas por válvula piloto são escolhidas frequentemente quando as pressões de operação estão dentro de 5% das pressões de ajuste. A válvula piloto se esgota para a saída da válvula principal ou para a atmosfera. As válvulas de alívio operadas por válvula piloto são utilizadas comumente nos serviços de limpeza.

Vibração

Em geral, os sistemas de alívio devem ser concebidos adequadamente para evitar cenários indesejados e perigosos. No projeto devem estar incluídos o dimensionamento do alívio e também os detalhes da tubulação. Por exemplo, se um sistema não for projetado corretamente, a válvula pode vibrar violentamente. A vibração é causada pela abertura e fechamento rápido de uma válvula de alívio, que pode fazer com que seu selo se danifique, ou pode provocar falha mecânica dos componentes internos.

A principal causa de vibração da válvula é seu superdimensionamento. Nesse caso, a válvula permanece aberta apenas por um curto intervalo de tempo, reduzindo a pressão e se fechando em seguida. Logo após a válvula se fechar, a pressão volta a subir rapidamente, levando o dispositivo a se abrir novamente. Essa ação pulsátil pode ser muito destrutiva. As principais causas da vibração são a excessiva queda de pressão na entrada, as contrapressões elevadas e as válvulas superdimensionadas.

Esses problemas têm soluções de projeto; por exemplo, (1) as quedas excessivas na pressão de entrada podem ser evitadas com tubulações maiores na entrada e menos cotovelos e constrições; (2) as contrapressões elevadas podem ser evitadas aumentando o tamanho das linhas de saída e eliminando cotovelos e constrições; e (3) as válvulas superdimensionadas podem ser evitadas pela adição de válvulas de tamanho diferente para cobrir a faixa de cenários de emissão.

Vantagens e Desvantagens dos Vários Alívios

As principais vantagens e desvantagens dos diferentes tipos de alívios são exibidas na Tabela 9-2.

9-5 Cenários de Alívio de Pressão

Um cenário de alívio de pressão é a descrição de um evento de alívio específico. Normalmente, cada alívio tem mais de um evento de alívio, e o cenário mais desfavorável possível é o cenário ou evento que exige a maior "área de ventilação" do alívio. Os exemplos de eventos de alívio são

1. Uma bomba está sem carga; o alívio da bomba é dimensionado para lidar com a capacidade total da bomba em sua pressão nominal.
2. O mesmo alívio da bomba está em linha com um regulador de nitrogênio; o alívio é dimensionado para lidar com o nitrogênio se o regulador falhar.

Tabela 9-2 Principais Vantagens e Desvantagens dos Alívios

Tipo de válvula de alívio	Vantagens	Desvantagens
Operado por mola (convencional)	Muito confiável Utilizado em muitos serviços Reinicializa em pressões 4% abaixo da pressão de ajuste	Pressão de alívio afetada pela contrapressão Pode vibrar com contrapressões elevadas
Operado por mola (balanceada)	Pressão de alívio não afetada pela contrapressão Lida com maior acúmulo de contrapressão Protege a mola da corrosão	Os foles podem sofrer fadiga/ruptura O fluxo é função da contrapressão Pode liberar produtos inflamáveis/tóxicos para a atmosfera
Discos de ruptura	Sem fuga de emissões; isto é, sem vazamento na vedação Baixo custo e fácil de substituir Bom para emissões de alto volume Menos incrustações ou entupimento Bom para um segundo alívio exigindo uma grande área de alívio	Permanece aberto após o alívio A pressão de ruptura pode ser testada Requer substituição periódica Sensível ao dano mecânico Problemas maiores com as altas temperaturas Problemas de fadiga com a ciclagem da pressão
Pino de ruptura	Sem problemas de fadiga As pressões de alívio são mais precisas do que os dispositivos convencionais A pressão de ajuste não é sensível à temperatura de operação A substituição dos pinos é muito fácil e não é cara	Vedações de elastômero limitam a temperatura a cerca de 450°F O custo inicial é maior para os discos de ruptura
Operado por válvula piloto	A pressão de alívio não é afetada pela contrapressão Pode operar em pressões de até 98% da pressão de ajuste Vedações fortes, mesmo nas pressões próximas à pressão de ajuste Botão de pressão da válvula principal totalmente aberto nas sobrepressões baixas Menos suscetível à vibração A vibração devido à contrapressão não é possível	A válvula piloto é suscetível ao entupimento Limitado às restrições químicas e de temperatura das vedações A condensação e o líquido acumulado acima do pistão principal podem causar problemas Possível refluxo

3. A mesma bomba está conectada a um trocador de calor com vapor; o alívio é dimensionado para lidar com o vapor injetado no trocador em condições não controladas; por exemplo, uma falha no regulador de vapor.

Esta é uma lista de cenários para um alívio específico. A "área de ventilação" do alívio é calculada posteriormente para cada evento (cenário), e o cenário mais desfavorável possível é o evento que requer a maior área. Os piores casos são um subconjunto dos cenários globais desenvolvidos para cada alívio.

Tabela 9-3 Cenários de Alívio do Exemplo 9-2 (veja a Figura 9-6)

Identificações dos Alívios	Cenários
PSV-1a e PSV-1b	(a) O tanque está cheio de líquido e a bomba P-1 é acionada acidentalmente.
	(b) A serpentina de resfriamento está quebrada e a água entra a 200 gpm e 50 psig.
	(c) O regulador de nitrogênio falha, produzindo fluxo crítico através da linha de 1 in.
	(d) Perda de refrigeração durante a reação (fora de controle).
PSV-2	V-1 é fechada acidentalmente; o sistema precisa de alívio para 100 gpm a 50 psig.
PSV-3	Linha de água aquecida com vapor a 125 psig.
PSV-4	(a) O regulador de nitrogênio falha, gerando fluxo crítico através da linha de 0,5 in.
	(b) Observação: Os outros cenários de R-1 serão aliviados por PSV-1.
PSV-5	A água é bloqueada dentro da serpentina, e o calor da reação provoca expansão térmica.

Para cada alívio específico, são identificados e catalogados todos os cenários possíveis. Essa etapa do método é extremamente importante: a identificação do cenário real mais desfavorável frequentemente tem um efeito mais importante no tamanho do alívio do que a precisão dos cálculos de dimensionamento.

Os cenários desenvolvidos para o sistema do reator na Figura 9-6 estão resumidos na Tabela 9-3. Os cenários mais desfavoráveis possíveis são identificados mais adiante por meio da área de alívio máximo calculada para cada cenário e alívio (veja o Capítulo 10). Na Tabela 9-3 apenas três alívios possuem vários cenários que exigem cálculos comparativos para estabelecer os casos mais desfavoráveis. Os outros três alívios têm apenas um cenário; portanto, são os cenários mais desfavoráveis possíveis.

9-6 Dados para Dimensionar os Alívios

Os dados das propriedades físicas, e às vezes as características da taxa de reação, são necessários para realizar os cálculos de dimensionamento dos alívios. Os dados estimados através dos pressupostos de engenharia quase sempre são aceitáveis durante o projeto das unidades de operação porque o único resultado é o rendimento pior ou a qualidade inferior. No projeto de alívios de pressão, porém, esses tipos de pressupostos não são aceitáveis porque um erro pode resultar em falhas catastróficas e perigosas.

Durante o projeto de alívios para explosões de gás ou poeira, são necessários dados especiais de deflagração para as condições do cenário. Esses dados são adquiridos com o aparato já descrito na Seção 6-13.

Uma reação fora de controle é outro cenário que necessita de dados especiais.

Sabe-se que as reações fora de controle resultam quase sempre em alívios de fluxo bifásico.[4] As duas fases descarregam através do sistema de alívio de modo similar a uma mistura de champanhe e dióxido de carbono saindo de uma garrafa recém-aberta. Se o champanhe for aquecido antes de se abrir, todo o conteúdo da garrafa pode ser "aliviado". Esse resultado também foi verificado nas reações fora de controle na indústria química.

---

[4]Harold G. Fisher, "DIERS Research Program on Emergency Relief Systems", *Chemical Engineering Progress* (agosto de 1985), pp. 33-36.

Os cálculos de fluxo bifásico são relativamente complexos, especialmente quando as condições mudam rapidamente, como no cenário da reação fora de controle. Como resultado dessa complexidade, foram desenvolvidos métodos especiais para adquirir os dados relevantes e realizar os cálculos do tamanho do alívio. Veja no Capítulo 8, uma discussão detalhada desses métodos experimentais e, no Capítulo 10, os cálculos do dimensionamento.

9-7 Sistemas de Alívio de Pressão

Após o tipo de alívio ter sido escolhido e o seu tamanho calculado, o engenheiro assume a responsabilidade de concluir o projeto do sistema, incluindo a decisão de como instalar o alívio e como descartar os líquidos e vapores de saída.

Os sistemas de alívio de pressão são únicos em comparação com outros sistemas dentro de uma indústria química; em condições ideais, eles nunca vão funcionar, mas quando o fizerem, devem fazê-lo impecavelmente. Outros sistemas, como os de extração e destilação, evoluem normalmente até o seu desempenho e confiabilidade ideais. Essa evolução requer criatividade, conhecimento prático, trabalho duro, tempo e esforços cooperativos da instalação, do projeto e dos engenheiros de processo. Esse mesmo esforço e criatividade são essenciais durante o desenvolvimento de sistemas de alívio; no entanto, nesse caso o desenvolvimento de sistemas de alívio deve ser projetado de maneira otimizada e demonstrado dentro de um ambiente de pesquisa antes da partida da planta.

Para desenvolver os sistemas de alívio necessários ideais e confiáveis, é essencial compreender a sua tecnologia. O objetivo desta seção é fornecer aos estudantes e engenheiros de projeto os detalhes necessários para compreender esses sistemas.

Práticas de Instalação de Alívios

Independentemente de quão cuidadosamente o alívio é dimensionado, especificado e testado, uma instalação ruim pode resultar em um desempenho completamente insatisfatório. Algumas recomendações estão apresentadas na Figura 9-10. Durante a construção no campo, algumas vezes a

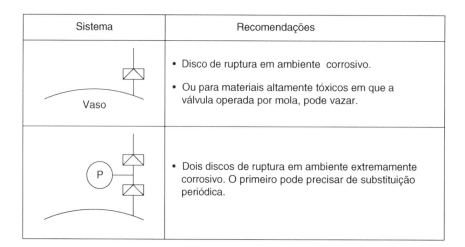

Figura 9-10 Práticas de instalação de alívios. Adaptado de Eric Jennett, "Components of Pressure-Relieving Systems", *Chemical Engineering* (19 de agosto de 1963), pp. 151-158. (*continua*)

Introdução aos Alívios de Pressão

Sistema	Recomendações
	• Disco de ruptura e alívio operado por mola. O alívio normal pode passar pelo dispositivo operado por mola e o disco de ruptura é uma reserva para os alívios maiores.
	• Dois alívios em série. O disco de ruptura protege contra toxicidade e corrosão. O alívio operado por mola fecha e minimiza as perdas.
	• Dois discos de ruptura com válvula especial que mantêm uma válvula sempre diretamente conectada ao tanque. Esse tipo de *design* é bom para os reatores de polimerização, em que a limpeza periódica é necessária.
Vaso	A. Queda de pressão equivalente a não mais do que 3% da pressão de ajuste. B. Cotovelo de raio longo. C. Se a distância for maior do que 10 ft, o peso e as forças devem ser suportados abaixo do cotovelo de raio longo.
Tubulação	• A área do orifício de um único alívio de segurança em serviço de vapor não deve ultrapassar 2% da área transversal da linha protegida. • Vários valores com configurações escalonadas podem ser necessários.
	A. As linhas de processo não devem estar conectadas com a tubulação e a entrada da válvula de segurança.
	A. Dispositivo causador de turbulência. B. Dimensão (B) exibida abaixo:

Dispositivo causador de turbulência	Número mínimo de diâmetros de tubulação reta
Regulador ou válvula:	25
2 tubos em L ou curvas não no mesmo plano:	20
2 tubos em L ou curvas no mesmo plano:	15
1 tubo em L ou curva:	10
Amortecedor de pulsação:	10

Figura 9-10 (*continuação*)

conveniência da construção leva a modificações e desvios da prática aceitável. O engenheiro deve assumir a responsabilidade por aderir à prática-padrão, especialmente durante a instalação de sistemas de alívio.

Considerações no Projeto de Alívios de Pressão

Um projetista de sistemas de alívio tem de estar familiarizado com os códigos governamentais, padrões industriais e requisitos de seguro. Isso é particularmente importante porque os padrões do governo local podem variar. Os códigos de interesse particular são publicados pela American Society of Mechanical Engineers, pelo American Petroleum Institute e pela National Board of Fire Underwriters. As referências específicas já foram citadas. Recomenda-se que os projetistas de alívios de pressão considerem cuidadosamente todos os códigos e, onde for viável, escolham o mais adequado para a instalação em questão.

Outra consideração importante são as forças geradas quando os materiais do alívio fluem através do sistema em alta velocidade. A API RP 520[5] tem algumas diretrizes; porém, a análise de tensão normal é o método recomendado.

Também é importante reconhecer que a filosofia da empresa e as autoridades regulatórias têm uma influência significativa sobre o projeto do sistema de descarte final, principalmente do ponto de vista da poluição. Por essa razão, os alívios hoje raramente descarregam para a atmosfera. Na maioria dos casos o alívio primeiro é descarregado para um sistema de *knockout*, para separar o líquido do vapor; neste sistema, o líquido é coletado e o vapor é descarregado para outra unidade de tratamento. Essa unidade de tratamento de vapor subsequente depende dos perigos do vapor, podendo incluir um condensador, *Scrubber*, incinerador, tocha (*flare*) ou uma combinação de alguns desses dispositivos. Esse tipo de sistema é conhecido como confinamento total; um dos sistemas é ilustrado pela Figura 9-11. Os sistemas de confinamento total são utilizados frequentemente e estão se tornando um padrão na indústria.

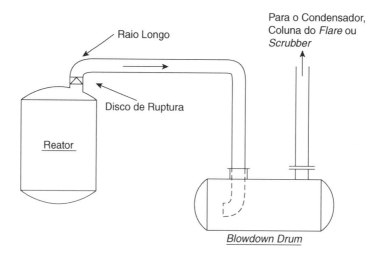

Figura 9-11 Sistema de confinamento do alívio com vaso de despressurização (*blowdown drum*). O tambor separa o vapor do líquido.

---

[5]API 520, *Sizing, Selection and Installation of Pressure-Relieving Devices in Refineries*, pt. 2, *Installation*, 4th ed. (Washington, DC: American Petroleum Institute, 1994.)

Vaso de *Knockout* Horizontal

Os vasos de *Knockout* às vezes são chamados de "vaso de despressurização" ou "*blowdown drums*". Conforme a ilustração na Figura 9-11, esse vaso horizontal serve como separador de líquido e vapor e também como um tanque de armazenamento do líquido liberado. A mistura bifásica normalmente entra em uma extremidade e o vapor sai na extremidade oposta. As entradas podem ser fornecidas em cada extremidade, com uma saída de vapor no centro para minimizar as velocidades do vapor. Quando o espaço dentro de uma planta é limitado, utiliza-se um tambor tangencial, como mostra a Figura 9-12.

O método de projeto para dimensionar esse tipo de sistema foi publicado por Grossel[6] e na API 521.[7] O método é baseado na velocidade máxima permitida para minimizar o arraste do líquido. A velocidade de decantação de uma partícula em um fluxo é

$$u_d = 1{,}15 \sqrt{\frac{g d_p (\rho_L - \rho_V)}{\rho_V C}}, \tag{9-1}$$

em que

u_d é a velocidade de decantação,

g é a aceleração devido à gravidade,

d_p é o diâmetro da partícula,

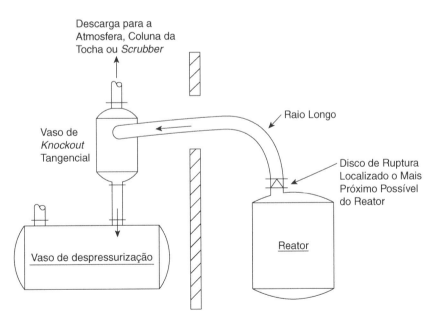

Figura 9-12 Vaso de *knockout* com entrada tangencial e vaso de despressurização de líquido separado.

---

[6] S. S. Grossel, "Design and Sizing of Knockout Drums/Catchtanks for Reactor Emergency Relief Systems", *Plant/Operations Progress* (julho de 1986).

[7] API RP 521, *Guide for Pressure-Relieving and Depressurizing Systems,* 4ª ed. (Washington, DC: American Petroleum Institute, 1997), pp. 63-67.

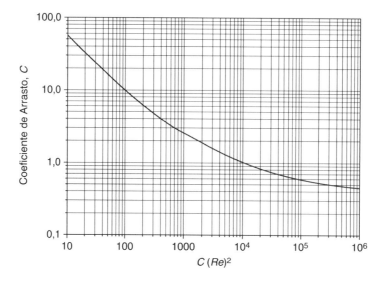

Figura 9-13 Correlação do coeficiente de arrasto. Dados da API RP 521, *Guide for Pressure-Relieving and Depressurizing Systems*, 2ª ed. (Washington, DC: American Petroleum Institute, 1982.)

ρ_L é a densidade do líquido,

ρ_V é a densidade do vapor e

C é o coeficiente de arrasto fornecido pela Figura 9-13.

A abscissa da Figura 9-13 é

$$C(Re)^2 = \left[0{,}95 \times 10^8 \frac{\text{centipoise}^2}{\left(\frac{\text{lb}}{\text{ft}^3}\right)^2 \text{ft}^3}\right] \frac{\rho_V d_p^3 (\rho_L - \rho_V)}{\mu_V^2}, \tag{9-2}$$

em que

μ_V é a viscosidade do vapor em centipoise e

$C(Re)^2$ é adimensional.

Exemplo 9-3

Determine a velocidade máxima do vapor em um vaso de *Knockout* horizontal para decantar as partículas de líquido com diâmetros de 300 μm, em que

Taxa de vapor = 170 lb/h,

ρ_V = 0,20 lb/ft³,

ρ_L = 30 lb/ft³,

μ_V = 0,01 centipoise e

d_p = 300 μm = 9,84 × 10⁻⁴ ft.

Solução

Para determinar a velocidade de decantação, o coeficiente de arrasto é determinado em primeiro lugar, utilizando a Figura 9-13. A abscissa do gráfico é calculada utilizando a Equação 9-2:

$$C(Re)^2 = \left[0{,}95 \times 10^8 \frac{\text{centipoise}^2}{\left(\frac{\text{lb}}{\text{ft}^3}\right)^2 \text{ft}^3}\right] \frac{\rho_V d_p^3 (\rho_L - \rho_V)}{\mu_V^2}$$

$$= \left[0{,}95 \times 10^8 \frac{\text{centipoise}^2}{\left(\frac{\text{lb}_m}{\text{ft}^3}\right)^2 \text{ft}^3}\right]$$

$$\times \frac{(0{,}2 \text{ lb}_m/\text{ft}^3)(9{,}84 \times 10^{-4} \text{ ft})^3 (30 - 0{,}2) \text{ lb}_m/\text{ft}^3}{(0{,}01 \text{ centipoise})^2}$$

$$= 5394.$$

Utilizando a Figura 9-13, descobrimos que $C = 1{,}3$.

A velocidade de decantação é determinada por meio da Equação 9-1:

$$u_d = 1{,}15 \sqrt{\frac{g d_p (\rho_L - \rho_V)}{\rho_V C}}$$

$$= 1{,}15 \sqrt{\frac{(32{,}2 \text{ ft/s}^2)(9{,}84 \times 10^{-4} \text{ ft})(30 - 0{,}2) \text{ lb/ft}^3}{(0{,}2 \text{ lb/ft}^3)(1{,}3)}} = 2{,}19 \text{ ft/s}.$$

A área necessária para o espaço de vapor, perpendicular à trajetória do vapor, é calculada na sequência utilizando a velocidade e a vazão volumétrica do vapor. Todo o projeto do recipiente é determinado em função dessa área de vapor mais o volume de armazenamento de líquido e a configuração geométrica geral do recipiente.

Flare ou Tocha[8]

Às vezes as tochas são utilizadas após os vasos de *Knockout*. O objetivo de um *flare* é a queima do combustível ou gás tóxico para produzir produtos de combustão que não sejam tóxicos e nem combustíveis. O diâmetro do *flare* deve ser adequado para manter uma chama estável e evitar um *blowout* (quando as velocidades do vapor são maiores que 20% da velocidade sônica).

A altura de um *flare* é fixada com base no calor gerado e no dano potencial resultante para os equipamentos e para o homem. O critério de projeto comum é que a intensidade do calor na base da chaminé não ultrapasse 1500 Btu/h/ft². Os efeitos da radiação térmica são exibidos na tabela a seguir:

Intensidade do calor (Btu/h/ft²)	Efeito
2000	Bolhas em 20 s
5300	Bolhas em 5 s
3000-4000	Vegetação e madeira incendeiam
350	Radiação solar

---

[8]Soen H. Tan, "Flare System Design Simplified", *Hydrocarbon Processing* (janeiro de 1967).

Utilizando os fundamentos da radiação, sabemos que a intensidade do calor q em um ponto específico é uma função do calor gerado pela chama Q_f, da emissividade ε e da distância R da chama:

$$q = \frac{\varepsilon Q_f}{4\pi R^2}. \qquad (9\text{-}3)$$

Supondo uma altura da chama igual a $120 d_f$, uma emissividade $\varepsilon = 0{,}048 \sqrt{M}$ e um valor de aquecimento de 20.000 Btu/lb, a Equação 9-3 pode ser modificada algebricamente para produzir uma altura do *flare* H_f (em ft) em função do diâmetro da chaminé d_f (em ft) e da intensidade do calor desejada q_f (em Btu/h/ft^2) a uma distância X_f da base do *flare* (em ft) para um combustível queimando com um peso molecular M e uma taxa de vapor Q_m (em lb/h):

$$H_f = -60 d_f + 0{,}5 \sqrt{(120 d_f)^2 - \left(\frac{4\pi q_f X_f^2 - 960 Q_m \sqrt{M}}{\pi q_f}\right)}. \qquad (9\text{-}4)$$

Exemplo 9-4

Determine a altura da chaminé necessária para gerar uma intensidade de calor de 1500 Btu/h/ft^2 a uma distância de 410 ft da base do *flare*. O diâmetro do *flare* é 4 ft, a carga é de 970.000 lb/h e o peso molecular do vapor é 44.

Solução

A altura do *flare* é calculada utilizando a Equação 9-4. As unidades são coerentes com as necessárias:

$$\begin{aligned}
H_f &= -60 d_f + 0{,}5 \sqrt{(120 d_f)^2 - \left(\frac{4\pi q_f X_f^2 - 960 Q_m \sqrt{M}}{\pi q_f}\right)} \\
&= -(60)(4) + 0{,}5 \sqrt{[(120)(4)]^2 - \left[\frac{(4)(3{,}14)(1500)(410)^2 - (960)(970.000)\sqrt{44}}{(3{,}14)(1.500)}\right]} \\
&= 226 \text{ ft}.
\end{aligned}$$

Scrubbers

Os fluidos dos alívios, algumas vezes bifásicos, devem seguir primeiro para um sistema de separação, onde líquidos e vapores são separados. Posteriormente, os líquidos são coletados e os vapores podem ou não ser liberados. Se os vapores forem não tóxicos e não inflamáveis, eles podem ser liberados para a atmosfera, a menos que alguma norma proíba esse tipo de descarga.

Se os vapores forem tóxicos, pode ser necessário um *flare* (descrito anteriormente) ou *Scrubber*. *Scrubbers* podem ser de coluna compactada, coluna de placa ou sistemas tipo Venturi. Os detalhes dos projetos de *Scrubbers* são cobertos por Treybal.[9]

---

[9] R. E. Treybal, *Mass Transfer Operations*, 3ª ed. (New York: McGraw-Hill, 1958.)

Condensadores

Um condensador simples é outra alternativa possível para tratar a saída de vapor. Essa alternativa é particularmente atraente se os vapores tiverem um ponto de ebulição relativamente alto e se o condensado recuperado for valioso. Essa alternativa sempre deve ser avaliada, pois é simples e geralmente mais barata, além de minimizar o volume de material que poderia precisar de pós-tratamento. O projeto dos sistemas de condensador é coberto por Kern.[10]

Leitura Sugerida

Artigos Genéricos sobre Válvulas e Sistemas de Alívio de Pressão

Floyd E. Anderson, "Pressure Relieving Devices", in *Safe and Efficient Plant Operations and Maintenance*, Richard Greene, ed. (New York: McGraw-Hill, 1980), p. 207.

G.W. Boicourt, "Emergency Relief System" (ERS) Design: An Integrated Approach Using DIERS Methodology", *Process Safety Progress* (abril de 1995), pp. 93-106.

R. Darby, *Emergency Relief System Design* (New York: American Institute of Chemical Engineers, 1997).

Ron Darby, "Relief Vent Sizing for Deflagrations", *Process Safety Progress* (junho de 2006), 25(2): 130-134.

S.S. Grossel and J. F. Louvar, *Design for Overpressure and Underpressure Protection* (New York: American Institute of Chemical Engineers, 2000).

Marx Isaacs, "Pressure-Relief Systems", *Chemical Engineering* (22 de fevereiro de 1971), p. 113.

Robert Kern, "Pressure-Relief Valves for Process Plants", *Chemical Engineering* (28 de fevereiro de 1977), p. 187.

J.C. Leung, "Simplified Vent Sizing Equations for Emergency Relief Requirements in Reactors and Storage Vessels", *AICHE Journal* (outubro de 1986), pp. 1622-1634.

J.C. Leung, H. K. Fauske and H. G. Fisher, "Thermal Runaway Reactions in a Low Thermal Inertia Apparatus", *Thermochimica Acta* (1986), 104: 13-29.

G.A. Melhem, "Relief System's Last Line of Defense, Only Line of Defense?" *Process Safety Progress* (dezembro de 2006), 25(4): 290-297.

Stanley A. Urbanik, "Evaluating Relief Valve Reliability When Extending the Test and Maintenance Interval", *Process Safety Progress* (setembro de 2004), 23(3): 191-196.

Problemas

9-1 Válvulas gaveta podem ser colocadas entre o alívio de pressão de um recipiente e o próprio recipiente?

9-2 Descreva o processo de criar um vácuo em um tanque de armazenamento como resultado da condensação. Desenvolva um exemplo para ilustrar a possível grandeza do vácuo.

9-3 No futuro, prevê-se que as taxas de seguro serão definidas em função da segurança de uma planta. Exemplifique os tipos de estatística que você mencionaria para reduzir os seus custos de seguro.

9-4 Forneça quatro exemplos de situações que exigem uma combinação de alívios operados por molas em série com discos de ruptura.

---

[10]D. Q. Kern, *Process Heat Transfer* (New York: McGraw-Hill, 1950).

9-5 A PSV-2 da Figura 9-6 é um alívio para proteger a bomba de deslocamento positivo P-1. Se o fluido sendo manipulado for extremamente volátil e inflamável, quais modificações de projeto você faria neste sistema de alívio?

9-6 Uma defesa contra as reações fora de controle é o melhor controle do processo. Utilizando o sistema ilustrado na Figura 9-6, quais recursos de controle você acrescentaria a esse sistema reacional?

9-7 Se um *Scrubber* for instalado após a PSV-1b e ele tiver uma queda de pressão de 30 psig, como isto afetaria o tamanho (qualitativamente) deste sistema de alívio de pressão?

9-8 Em relação ao Problema 9-7, descreva qualitativamente o algoritmo que você utilizaria para calcular o tamanho do alívio deste sistema.

9-9 Analise a Figura 9-14 e determine as localizações dos dispositivos de alívio.

9-10 Analise a Figura 9-15 e determine as localizações dos dispositivos de alívio.

9-11 Analise a Figura 9-14 e o Problema 9-9 para determinar quais tipos de dispositivos de alívio deveriam ser utilizados em cada local.

9-12 Analise a Figura 9-15 e o Problema 9-10 para determinar quais tipos de dispositivos de alívio deveriam ser utilizados em cada local.

9-13 Analise a Figura 9-14 e os Problemas 9-9 e 9-11, e faça recomendações para os sistemas fechados.

9-14 Analise a Figura 9-15 e os Problemas 9-10 e 9-12, e faça recomendações para os sistemas fechados.

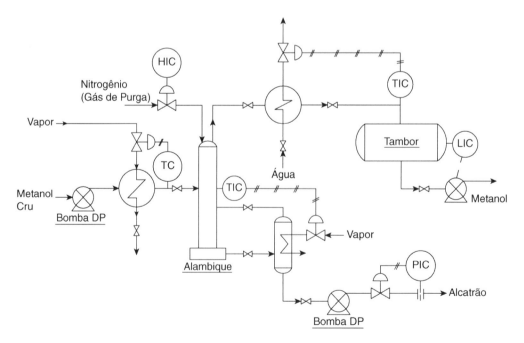

Figura 9-14 Sistema de destilação.

Introdução aos Alívios de Pressão

9-15 Utilizando os resultados dos Problemas 9-9 e 9-11, determine as hipóteses de alívio para cada dispositivo de alívio de pressão.

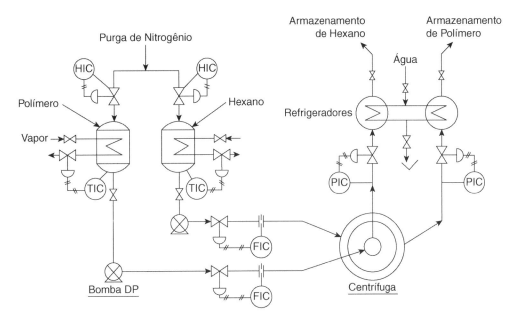

Figura 9-15 Sistema de extração.

9-16 Utilizando os resultados dos Problemas 9-10 e 9-12, determine os cenários de alívio para cada dispositivo de alívio de pressão.

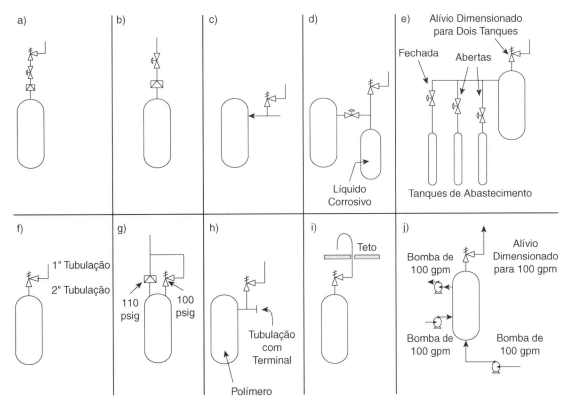

Figura 9-16 Configurações de válvula de alívio: O que está errado?

9-17 Elabore rascunhos para sistemas de ventilação de reator nos seguintes casos:

	Caso a	Caso b	Caso c	Caso d
O alívio do reator consiste apenas em vapor	x			x
O alívio do reator consiste em fluxo bifásico		x	x	
O conteúdo do reator é corrosivo		x		x
O conteúdo do reator é do tipo obstrutivo		x		
Os vapores descarregados pelo alívio são tóxicos	x			x
Os vapores descarregados pelo alívio são de alta temperatura	x	x		
Os vapores são de baixa temperatura			x	x

9-18 Determine a velocidade do vapor dentro de um vaso de *Knockout* horizontal nos três sistemas a seguir:

	Sistema a	Sistema b	Sistema c
ρ_V (lb/ft³)	0,03	0,04	0,05
ρ_L (lb/ft³)	64,0	64,5	50,0
Viscosidade do vapor (centipoise)	0,01	0,02	0,01
Diâmetro da partícula (μm)	300	400	350

9-19 Determine a altura de um *flare*, supondo várias intensidades máximas de calor no nível do solo em distâncias especificadas a partir do *flare*, nos três casos a seguir:

	Caso a	Caso b	Caso c
Fluxo de vapor (lb/h)	60.000	70.000	80.000
Peso molecular	30	60	80
Intensidade de calor (Btu/h/ft²)	2000	3000	4000
Distância da base (ft)	5	10	50
Diâmetro da chaminé (ft)	2	3	5

9-20 Descreva as vantagens e desvantagens de uma válvula de alívio com pino de ruptura. Veja Grossel e Louvar (2000).

9-21 Descreva as vantagens e desvantagens de uma válvula de segurança operada por válvula piloto. Veja Grossel e Louvar (2000).

9-22 Descreva as vantagens e desvantagens de um disco de ruptura seguido por uma válvula de alívio operada por mola. Veja Grossel e Louvar (2000).

9-23 Durante a utilização de um disco de ruptura seguido por um alívio operado por mola, é importante verificar periodicamente a pressão manométrica para assegurar que não haja vazamento por orifício no disco de ruptura. Descreva vários métodos para satisfazer essa exigência.

9-24 Ao projetar a tubulação de entrada de uma válvula de alívio, quais perdas de pressão são recomendadas? Veja API 520, *Sizing, Selection and Installation* (1994).

9-25 A tubulação de saída de um sistema de alívio de pressão normalmente é concebida para resistir a duas tensões mecânicas. Quais são essas duas tensões? Veja API 520, *Sizing, Selection and Installation* (1994).

9-26 Às vezes são necessárias válvulas de isolamento entre o recipiente e o alívio. Qual sistema de gerenciamento é recomendado para as válvulas de isolamento? Veja API 520, *Sizing, Selection and Installation* (1994).

9-27 Descreva um cenário de reação fora de controle que resulte de uma reação retardada (dormente). Veja Grossel e Louvar (2000).

9-28 Descreva uma reação fora de controle temperada. Veja Grossel e Louvar (2000).

9-29 Descreva uma reação fora de controle que seja "gasosa". Veja Grossel e Louvar (2000).

9-30 Descreva uma reação fora de controle que seja "híbrida". Veja Grossel e Louvar (2000).

9-31 Identifique os problemas com as configurações de válvula de alívio exibidas na Figura 9-16.

CAPÍTULO 10

Dimensionamento dos Alívios de Pressão

Os cálculos de dimensionamento dos alívios de pressão são realizados para determinar a área de ventilação do dispositivo.

O procedimento de cálculo de dimensionamento do alívio envolve, em primeiro lugar, a utilização de um modelo de fonte adequado para determinar a taxa de emissão de material através do dispositivo de alívio (veja o Capítulo 4) e, em segundo lugar, a utilização de uma equação conveniente baseada nos princípios hidrodinâmicos fundamentais para determinar a área de ventilação do dispositivo de alívio.

O cálculo da área de ventilação depende do tipo de escoamento (líquido, vapor ou bifásico) e do tipo de dispositivo de alívio (mola ou disco de ruptura).

No Capítulo 9, mostramos que, para os alívios de líquidos e escoamentos bifásicos, o processo de alívio começa na pressão de ajuste do alívio, com a pressão continuando a subir permanentemente e ultrapassando a pressão de ajuste (veja a curva B na Figura 9-2). Essas sobrepressões ultrapassam frequentemente a pressão de ajuste em 25% ou mais. Um dispositivo de alívio projetado para manter a pressão no nível da pressão de ajuste poderia exigir uma área de ventilação relativamente grande. De acordo com a Figura 10-1, a área de ventilação do alívio é reduzida substancialmente à medida que a sobrepressão aumenta. Esse é um exemplo que ilustra um resultado típico. A área de ventilação ideal de um determinado alívio depende da aplicação específica. A especificação da sobrepressão faz parte do projeto do alívio de pressão. Normalmente, os dispositivos de alívio são especificados para sobrepressões de 10% a 25%, dependendo dos requisitos do equipamento protegido e do tipo de material descarregado.

Os dispositivos de alívio operados por mola requerem 25-30% da capacidade máxima de fluxo para manter a válvula na posição aberta. Os fluxos mais baixos resultam em "vibração" provocada pela abertura e fechamento rápido do disco da válvula. Isso pode levar à destruição do dispositivo de alívio e a uma situação perigosa. Um dispositivo de alívio com uma área grande demais para o fluxo necessário pode vibrar. Por essa razão, os alívios devem ser projetados com a área de ventilação adequada: nem pequena e nem grande demais.

Dados experimentais nas condições de alívio reais são recomendados para dimensionar alívios dos sistemas nos cenários de reação descontrolada. Veja detalhes no Capítulo 8. Como sempre, as especificações técnicas do fabricante são utilizadas para a escolha, aquisição e instalação.

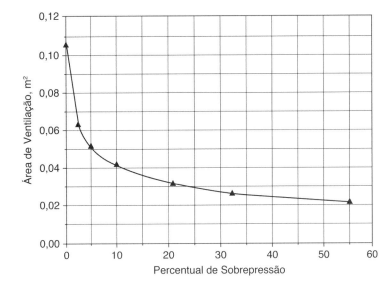

Figura 10-1 Área de ventilação necessária em função da sobrepressão para escoamento bifásico. A área de ventilação diminui consideravelmente com o aumento da sobrepressão. Dados extraídos de J. C. Leung, "Simplified Vent Sizing Equations for Emergency Relief Requirements in Reactors and Storage Vessels", *AIChE Journal* (1986), 32(10).

Neste capítulo apresentamos métodos para calcular as áreas de ventilação dos dispositivos de alívio nas seguintes configurações:

- Alívios convencionais operados por mola para escoamento de líquido ou vapor/gás
- Discos de ruptura para escoamento de líquido ou vapor/gás
- Escoamento bifásico durante o alívio de um reator fora de controle
- Alívios para explosões de poeira e vapor
- Alívios para incêndios externos aos vasos de processo
- Alívios para expansão térmica dos fluidos de processo

10-1 Alívios Convencionais Operados por Mola para Escoamento de Líquido

O escoamento através dos alívios operados por mola é aproximado como o fluxo através de um orifício. Deriva-se uma equação do equilíbrio de energia mecânica para representar esse fluxo (Equação 4-1). O resultado é similar à Equação 4-6, exceto em que a pressão é representada por uma diferença de pressão através do alívio operado por mola:

$$\bar{u} = C_o \sqrt{\frac{2g_c \Delta P}{\rho}}, \qquad (10\text{-}1)$$

em que

$\bar{u}$ é a velocidade do líquido através do alívio operado por mola,

C_o é o coeficiente de descarga,

ΔP é a queda de pressão através do alívio e

ρ é a densidade do líquido.

A vazão volumétrica Q_v do líquido é o produto da velocidade e da área, ou $\bar{u}A$. Substituindo a Equação 10-1 e solucionando a área de ventilação A do alívio, obtemos

$$A = \frac{Q_v}{C_o \sqrt{2g_c}} \sqrt{\frac{\rho}{\Delta P}}. \tag{10-2}$$

Uma equação de trabalho com unidades fixas é derivada da Equação 10-2 (1) substituindo a densidade ρ pela gravidade específica (ρ/ρ_{ref}) e (2) fazendo as substituições adequadas para as conversões de unidade. O resultado é

$$\boxed{A = \left[\frac{\text{in}^2(\text{psi})^{1/2}}{38{,}0 \text{ gpm}}\right] \frac{Q_v}{C_o} \sqrt{\frac{(\rho/\rho_{ref})}{\Delta P}},} \tag{10-3}$$

em que

A é a área calculada do alívio (in^2),

Q_v é a vazão volumétrica através do alívio (gpm),

C_o é o coeficiente de descarga (adimensional),

(ρ/ρ_{ref}) é a gravidade específica do líquido (adimensional) e

ΔP é a queda de pressão através do alívio operado por mola (lb$_f$/in^2).

Na realidade, o fluxo através do alívio operado por mola é diferente do fluxo através de um orifício. À medida que a pressão aumenta, a mola do alívio é comprimida, aumentando a área de descarga e aumentando o escoamento. Um orifício verdadeiro tem uma área fixa. Além disso, a Equação 10-3 não considera a viscosidade do fluido. Muitos fluidos de processo têm alta viscosidade. A área de ventilação do alívio de pressão deve aumentar à medida que a viscosidade do fluido também aumentar. Finalmente, a Equação 10-3 não considera o caso especial de um alívio do tipo balanceado.

A Equação 10-3 foi modificada pelo American Petroleum Institute para incluir correções para as situações acima. O resultado[1] é

$$\boxed{A = \left[\frac{\text{in}^2(\text{psi})^{1/2}}{38{,}0 \text{ gpm}}\right] \frac{Q_v}{C_o K_v K_p K_b} \sqrt{\frac{(\rho/\rho_{ref})}{1{,}25 P_s - P_b}},} \tag{10-4}$$

em que

A é a área calculada do alívio (in^2),

Q_v é o fluxo volumétrico através do alívio (gpm),

C_o é o coeficiente de descarga (adimensional),

---

[1] API RP 520, *Recommended Practice for the Sizing, Selection and Installation of Pressure-Relieving Systems in Refineries*, 6ª ed. (Washington, DC: American Petroleum Institute, 1993.)

K_v é a correção da viscosidade (adimensional),

K_p é a correção da sobrepressão (*overpressure*) (adimensional),

K_b é a correção da contrapressão (*backpressure*) (adimensional),

(ρ/ρ_{ref}) é a gravidade específica do líquido (adimensional),

P_s é a pressão de ajuste manométrica (lb_f/in^2) e

P_b é a contrapressão manométrica (lb_f/in^2).

Repare que o termo ΔP na Equação 10-3 foi substituído por um termo envolvendo a diferença entre a pressão de ajuste e a contrapressão. A Equação 10-3 parece presumir uma pressão máxima igual a 1,25 vez a pressão de ajuste. A descarga em outras pressões máximas é contabilizada no termo de correção da contrapressão, K_b.

C_o é o coeficiente de descarga. Diretrizes específicas para a seleção de um valor adequado são fornecidas no Capítulo 4, Seção 4-2. Se esse valor for duvidoso, utiliza-se um valor conservador igual a 0,61 para maximizar a área de ventilação do alívio.

A correção da viscosidade, K_v, corrige as perdas fracionárias adicionais resultantes do fluxo de material de alta viscosidade pela válvula. Essa correção é fornecida na Figura 10-2. A área de ventilação necessária para o alívio se torna maior à medida que a viscosidade do líquido aumenta (números de Reynolds mais baixos). Como o número de Reynolds é necessário para determinar a correção da viscosidade e como a área de ventilação é necessária para calcular o número de Reynolds, o procedimento é iterativo. Na maioria dos alívios de pressão, o número de Reynolds é maior do que 5000 e a correção é aproximadamente 1. Esse pressuposto é utilizado frequentemente como uma estimativa inicial para começar os cálculos.

Darby e Molavi[2] desenvolveram uma equação para representar o fator de correção da viscosidade exibido na Figura 10-2. Essa equação se aplica apenas para os números de Reynolds acima de 100:

$$K_v = 0,975 \sqrt{\frac{1}{\sqrt{\frac{170}{Re} + 0,98}}}, \qquad (10\text{-}5)$$

em que

K_v é o fator de correção da viscosidade (adimensional) e

Re é o número de Reynolds (adimensional).

O fator de correção da sobrepressão K_p inclui o efeito das pressões de descarga superiores à pressão de ajuste. Essa correção é fornecida na Figura 10-3. A correção da sobrepressão, K_p, é uma função da sobrepressão especificada para o projeto. À medida que a sobrepressão especificada se torna menor, o valor de correção diminui, resultando em uma área de alívio maior. Os projetos que incorporam menos de 10% de sobrepressão não são recomendados. A curva do fator de correção da sobrepressão exibida na Figura 10-3 mostra que até 25% de sobrepressão, inclusive, a capacidade do dispositivo de alívio é afetada pela mudança na área de descarga à medida que a válvula levanta, pela mudança

---

[2] R. Darby e K. Molavi, "Viscosity Correction Factor for Safety Relief Valves", *Process Safety Progress* (1997), 16(2).

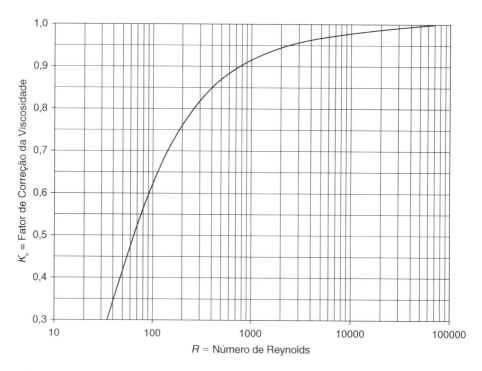

Figura 10-2 Fator de correção da viscosidade K_v para **alívios convencionais e do tipo balanceado** no escoamento de líquido. A curva é traçada utilizando a Equação $\ln K_v = 0{,}08547 - 0{,}9541/\ln R - 35{,}571/R$; são também utilizados dados da API RP 520, *Recommended Practice for the Sizing, Selection, and Installation of Pressure-Relieving Systems in Refineries*, 7ª ed. (2000), p. 54.

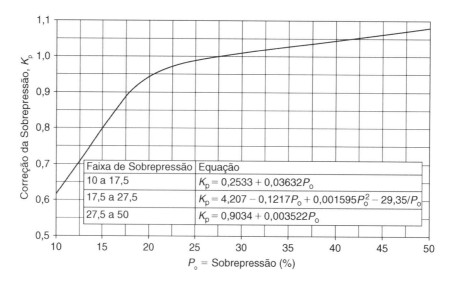

Faixa de Sobrepressão	Equação
10 a 17,5	$K_p = 0{,}2533 + 0{,}03632 P_o$
17,5 a 27,5	$K_p = 4{,}207 - 0{,}1217 P_o + 0{,}001595 P_o^2 - 29{,}35/P_o$
27,5 a 50	$K_p = 0{,}9034 + 0{,}003522 P_o$

Figura 10-3 Fator de correção da sobrepressão K_p para **alívios convencionais e balanceados** para escoamento de líquido. A curva é traçada utilizando as equações exibidas, derivadas dos dados da API RP 520, *Recommended Practice for the Sizing, Selection and Installation of Pressure-Relieving Systems in Refineries*, 7ª ed. (2000), p. 55.

Dimensionamento dos Alívios de Pressão

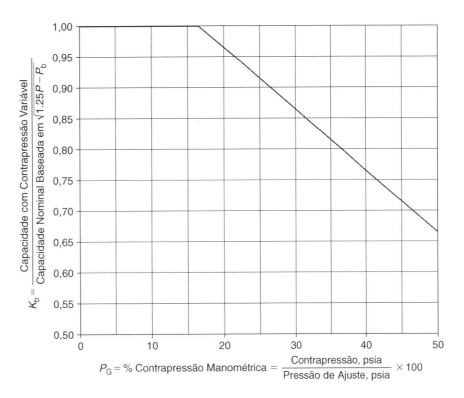

Figura 10-4 Fator de correção da contrapressão K_b para **alívios do tipo balanceado** para escoamento de líquido. A curva é traçada utilizando a Equação $K_b = 1,165 - 0,01 P_G$, derivada dos dados da API RP 520, *Recommended Practice for the Sizing, Selection, and Installation of Pressure-Relieving Systems in Refineries*, 7ª ed. (2000), p. 38.

no coeficiente de descarga do orifício e pela mudança na sobrepressão. Acima de 25%, a capacidade da válvula é afetada apenas pela mudança na sobrepressão, pois a área de descarga da válvula é constante e se comporta como um orifício verdadeiro. As válvulas que operam em sobrepressões baixas tendem a vibrar; portanto, as sobrepressões abaixo de 10% devem ser evitadas.

A correção da contrapressão, K_b, é utilizada apenas nos alívios operados por mola do tipo balanceado, fornecido na Figura 10-4. Essa correção compensa a ausência de contrapressão na parte de trás do disco de ventilação do alívio.

Exemplo 10-1

Uma bomba de deslocamento positivo bombeia água a 200 gpm em uma pressão de 200 psig. Como uma bomba sem carga pode ser facilmente danificada, calcule a área necessária para aliviar a bomba, supondo uma contrapressão de 20 psig e (a) uma sobrepressão de 10% e (b) uma sobrepressão de 25%.

Solução

a. A pressão de ajuste é 200 psig. A contrapressão é especificada em 20 psig e a sobrepressão é 10% da pressão de ajuste, ou 20 psig.

O coeficiente de descarga C_o não é especificado. No entanto, para uma estimativa conservadora utiliza-se o valor de 0,61.

A quantidade de material aliviado é a vazão total de água; então $Q_v = 200$ gpm.

O número de Reynolds através do dispositivo de alívio não é conhecido. No entanto, a 200 gpm, o número de Reynolds é presumidamente maior do que 5000. Desse modo, a correção da viscosidade é, segundo a Figura 10-2, $K_v = 1{,}0$.

A correção da sobrepressão K_p é fornecida na Figura 10-3. Como a porcentagem de sobrepressão é 10%, segundo a Figura 10-3, $K_p = 0{,}6$.

A correção da contrapressão não é necessária porque não se trata de um alívio operado por mola do tipo balanceado. Assim, $K_b = 1{,}0$.

Esses números são substituídos diretamente na Equação 10-4:

$$A = \left[\frac{\text{in}^2(\text{psi})^{1/2}}{38{,}0 \text{ gpm}}\right]\frac{Q_v}{C_o K_v K_p K_b}\sqrt{\frac{(\rho/\rho_{\text{ref}})}{1{,}25 P_s - P_b}}$$

$$= \left[\frac{\text{in}^2(\text{psi})^{1/2}}{38{,}0 \text{ gpm}}\right]\frac{200 \text{ gpm}}{(0{,}61)(1{,}0)(0{,}6)(1{,}0)}\sqrt{\frac{1{,}0}{(1{,}25)(200 \text{ psig}) - 20 \text{ psig}}}$$

$$= 0{,}948 \text{ in}^2,$$

$$d = \sqrt{\frac{4A}{\pi}} = \sqrt{\frac{(4)(0{,}948 \text{ in}^2)}{(3{,}14)}} = 1{,}10 \text{ in.}$$

b. Para uma sobrepressão de 25%, $K_p = 1{,}0$ (Figura 10-3) e

$$A = (0{,}948 \text{ in}^2)\left(\frac{0{,}6}{1{,}0}\right) = 0{,}569 \text{ in}^2,$$

$$d = \sqrt{\frac{(4)(0{,}569 \text{ in}^2)}{(3{,}14)}} = 0{,}851 \text{ in.}$$

Conforme o esperado, a área de ventilação do alívio diminui à medida que a sobrepressão aumenta.

Os fabricantes não fornecem dispositivos de alívio para todos os tamanhos calculados. Assim, deve ser feita uma seleção com base nos tamanhos de dispositivo de alívio disponíveis comercialmente. O próximo tamanho maior disponível normalmente é o escolhido. Em todos os dispositivos de alívio, a especificação técnica do fabricante deve ser conferida antes da escolha e instalação.

10-2 Alívios Convencionais Operados por Mola para Escoamento de Vapor ou Gás

Na maioria das descargas de vapor através de alívios operados por mola, a vazão é crítica. No entanto, a pressão a jusante deve ser conferida para garantir que seja menor do que a pressão *choked*, calculada através da Equação 4-49. Desse modo, para um gás ideal a Equação 4-50 é válida:

$$(Q_m)_{choked} = C_o AP\sqrt{\frac{\gamma g_c M}{R_g T}\left(\frac{2}{\gamma + 1}\right)^{(\gamma+1)/(\gamma-1)}}, \qquad (4\text{-}50)$$

em que

$(Q_m)_{choked}$ é vazão mássica da descarga,

C_o é o coeficiente de descarga,

Dimensionamento dos Alívios de Pressão

A é a área da descarga,

P é a pressão absoluta a montante,

γ é a razão da capacidade térmica do gás,

g_c é a constante gravitacional,

M é o peso molecular do gás,

R_g é a constante dos gases ideais e

T é a temperatura absoluta da descarga.

A Equação 4-50 é solucionada para a área de ventilação do alívio, dada uma vazão mássica específica Q_m:

$$A = \frac{Q_m}{C_o P} \sqrt{\frac{T/M}{\frac{\gamma g_c}{R_g}\left(\frac{2}{\gamma+1}\right)^{(\gamma+1)/(\gamma-1)}}}. \tag{10-6}$$

A Equação 10-6 é simplificada pela definição de uma função χ:

$$\chi = \sqrt{\frac{\gamma g_c}{R_g}\left(\frac{2}{\gamma+1}\right)^{(\gamma+1)/(\gamma-1)}}. \tag{10-7}$$

Então, a área de ventilação do alívio necessária para um gás ideal é calculada utilizando uma forma simplificada da Equação 10-6:

$$\boxed{A = \frac{Q_m}{C_o \chi P} \sqrt{\frac{T}{M}}.} \tag{10-8}$$

Para gases não ideais e ventilações reais, a Equação 10-8 é modificada (1) pela inclusão do fator de compressibilidade z para representar um gás real e (2) pela inclusão de uma correção de contrapressão K_b. O resultado é

$$\boxed{A = \frac{Q_m}{C_o \chi K_b P} \sqrt{\frac{Tz}{M}},} \tag{10-9}$$

em que

A é a área da ventilação do alívio,

Q_m é a vazão de descarga,

C_o é o coeficiente de descarga efetivo, normalmente 0,975 (adimensional),

K_b é a correção da contrapressão (adimensional),

P é a pressão de descarga máxima absoluta,

T é a temperatura absoluta,

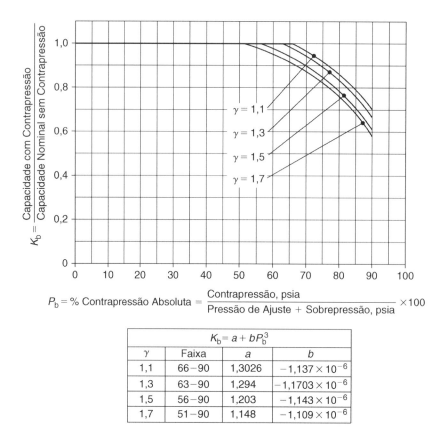

Figura 10-5 Correção da contrapressão K_b para **alívios convencionais operados por mola** no escoamento de vapor ou gás. As equações exibidas são derivadas dos dados da API RP 520, *Recommended Practice for the Sizing, Selection, and Installation of Pressure-Relieving Systems in Refineries*, 7ª ed. (2000), p. 49.

z é o fator de compressibilidade (adimensional) e

M é o peso molecular médio do material da descarga.

A constante χ é representada pela Equação 10-7, sendo convenientemente calculada utilizando a seguinte expressão (fixando as unidades):

$$\boxed{\chi = 519{,}5\sqrt{\gamma\left(\frac{2}{\gamma+1}\right)^{(\gamma+1)/(\gamma-1)}}.} \qquad (10\text{-}10)$$

Se a Equação 10-9 for utilizada, ela deve ter as seguintes unidades fixas: Q_m em lb_m/h, P em psia, T em °R e M em $lb_m/lb\text{-}mol$. A área calculada está em polegadas quadradas (in^2).

K_b é a correção da contrapressão e depende do tipo de alívio utilizado. Os valores são fornecidos na Figura 10-5 para alívios convencionais operados por mola e na Figura 10-6 para alívios do tipo balanceado.

A pressão utilizada na Equação 10-9 é a pressão de alívio máxima absoluta (fixando a unidade).

$$P = P_{máx} + 14{,}7, \qquad (10\text{-}11)$$

Dimensionamento dos Alívios de Pressão

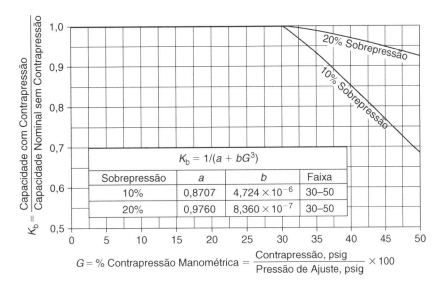

Figura 10-6 Correção da contrapressão K_b para **alívios do tipo balanceado** no escoamento de vapor ou gás. Essa curva é traçada utilizando as equações fornecidas. Dados da API RP 520, *Recommended Practice for the Sizing, Selection, and Installation of Pressure-Relieving Systems in Refineries*, 7ª ed. (2000), p. 37.

em que $P_{máx}$ é a pressão manométrica máxima em psig. Para os alívios de vapor, recomendam-se as seguintes diretrizes:[3]

$$P_{máx} = 1,1 P_s \text{ para tanques de pressão na ausência de fogo,}$$
$$P_{máx} = 1,2 P_s \text{ para tanques expostos ao fogo,}$$
$$P_{máx} = 1,33 P_s \text{ para tubulação.} \tag{10-12}$$

Para os fluxos de vapor não restringidos pelo fluxo sônico, a área é determinada por meio da Equação 4-48. A pressão P a jusante agora é necessária e o coeficiente de descarga C_o tem de ser estimado. O API Pressure Vessel Code[4] fornece as equações de trabalho equivalentes à Equação 4-48.

Exemplo 10-2

Um regulador de nitrogênio falha e permite que este gás entre no reator através de uma linha de 6 in de diâmetro. A fonte do nitrogênio está a 70°F e 150 psig. O alívio do reator está configurado a 50 psig. Determine o diâmetro de um alívio de vapor operado por mola do tipo balanceado, necessário para proteger o reator desse incidente. Suponha uma contrapressão do alívio de 20 psig.

Solução

A fonte de nitrogênio está a 150 psig. Se o regulador falhar, o nitrogênio vai inundar o reator, aumentando a pressão até um ponto em que o vaso vai falhar. Deve ser instalada uma ventilação do alívio para descarregar o nitrogênio com a mesma velocidade com que este é fornecido através da linha de 6 in. Como não foi fornecida nenhuma outra infor-

---

[3] *ASME Boiler and Pressure Vessel Code* (New York: American Society of Mechanical Engineers, 1998).
[4] API RP 520, *Recommended Practice*.

mação sobre o sistema de tubulação, o fluxo pela tubulação é presumido inicialmente como o fluxo sônico através de um orifício. A Equação 4-50 descreve esse fluxo:

$$(Q_m)_{choked} = C_o A P \sqrt{\frac{\gamma g_c M}{R_g T} \left(\frac{2}{\gamma + 1}\right)^{(\gamma+1)/(\gamma-1)}}.$$

Primeiro, porém, a pressão *choked* através da tubulação deve ser determinada para assegurar o fluxo sônico. Para os gases diatômicos, a pressão *choked* é dada como (veja o Capítulo 4)

$$P_{choked} = 0{,}528P = (0{,}528)(150 + 14{,}7) = 87{,}0 \text{ psia}.$$

A pressão máxima de projeto do alívio dentro do reator durante a ventilação do alívio é, segundo a Equação 10-12,

$$P_{máx} = 1{,}1 P_s = (1{,}1)(50 \text{ psig}) = 55{,}0 \text{ psig} = 69{,}7 \text{ psia}.$$

Trata-se de uma sobrepressão de 10%. Desse modo, a pressão no reator é menor do que a pressão *choked* e o fluxo pela linha de 6 in será sônico. As quantidades necessárias para a Equação 4-50 são

$$A = \frac{\pi d^2}{4} = \frac{(3{,}14)(6 \text{ in})^2}{4} = 28{,}3 \text{ in}^2,$$

$$P = 150 + 14{,}7 = 164{,}7 \text{ psia},$$

$$\gamma = 1{,}40 \text{ para gases diatômicos},$$

$$T = 70°\text{F} + 460 = 530°\text{R},$$

$$M = 28 \text{ lb}_m/\text{lb-mol},$$

$$C_o = 1{,}0,$$

$$\left(\frac{2}{\gamma + 1}\right)^{(\gamma+1)/(\gamma-1)} = \left(\frac{2}{1{,}4 + 1}\right)^{(2{,}4/0{,}4)} = 0{,}335.$$

Substituindo na Equação 4-50, obtemos

$$(Q_m)_{choked} = (1{,}0)(28{,}3 \text{ in}^2)(164{,}7 \text{ lb}_f/\text{in}^2) \times \sqrt{\frac{(1{,}4)(32{,}17 \text{ ft lb}_m/\text{lb}_f \text{s}^2)(28 \text{ lb}_m/\text{lb-mol})(0{,}335)}{(1545 \text{ ft lb}_f/\text{lb-mol}°\text{R})(530°\text{R})}}$$

$$= 106 \text{ lb}_m/\text{s}$$

$$= 3{,}82 \times 10^5 \text{ lb}_m/\text{h}.$$

A área da ventilação do alívio é calculada utilizando as Equações 10-9 e 10-10, com uma correção da contrapressão K_b determinada a partir da Figura 10-6. A contrapressão é 20 psig. Assim,

$$\left(\frac{\text{contrapressão, psig}}{\text{pressão de ajustes, psig}}\right) \times 100 = \left(\frac{20 \text{ psig}}{50 \text{ psig}}\right) \times 100 = 40\%.$$

Segundo a Figura 10-6, $K_b = 0{,}86$ para uma sobrepressão de 10%. O coeficiente efetivo de descarga é presumido em 0,975. O fator de compressibilidade z do gás é aproximadamente 1 nessas pressões. A pressão P é a pressão máxima absoluta. Desse modo, $P = 69{,}7$ psia. A constante χ é calculada a partir da Equação 10-10:

$$\chi = 519{,}5 \sqrt{\gamma \left(\frac{2}{\gamma + 1}\right)^{(\gamma+1)/(\gamma-1)}} = 519{,}5 \sqrt{(1{,}4)(0{,}335)} = 356.$$

Dimensionamento dos Alívios de Pressão

A área de ventilação necessária é calculada através da Equação 10-9:

$$A = \frac{Q_m}{C_o \chi K_b P} \sqrt{\frac{Tz}{M}}$$

$$= \frac{3,82 \times 10^5 \, lb_m/h}{(0,975)(356)(0,86)(69,7 \, psia)} \sqrt{\frac{(530°R)(1,0)}{(28 \, lb_m/lb\text{-}mol)}}$$

$$= 79,9 \, in^2.$$

O diâmetro necessário para a ventilação é

$$d = \sqrt{\frac{4A}{\pi}} = \sqrt{\frac{(4)(79,9 \, in^2)}{(3,14)}} = 10,1 \, in.$$

Os fabricantes fornecem dispositivos de alívio apenas em alguns tamanhos convenientes. O próximo diâmetro maior e mais parecido com o diâmetro necessário é selecionado. Provavelmente, seria $10\frac{1}{8}$ in (10,125 in).

10-3 Discos de Ruptura no Escoamento de Líquido

Nos alívios de líquido através de discos de ruptura cuja tubulação a jusante não apresenta comprimentos relevantes, o fluxo é representado pela Equação 10-2 ou pela Equação 10-3 para o fluxo através de um orifício de bordas afiadas. Nenhuma correção é sugerida.

$$A = \left[\frac{in^2(psi)^{1/2}}{38,0 \, gpm}\right] \frac{Q_v}{C_o} \sqrt{\frac{(\rho/\rho_{ref})}{\Delta P}} \qquad (10\text{-}3)$$

As Equações 10-2 e 10-3 se aplicam aos discos de ruptura que descarregam diretamente na atmosfera. Nos discos de ruptura que descarregam para um sistema de alívio (que poderia incluir tambores separadores, *scrubbers* ou *flare*), o disco de ruptura é considerado uma restrição ao fluxo, e o escoamento através do sistema de tubulação inteiro deve ser considerado. O cálculo é feito de maneira idêntica à do fluxo de tubulação regular (veja o Capítulo 4). O cálculo para determinar a área do disco de ruptura é iterativo neste caso. Isaacs[5] recomendou assumir no cálculo que o disco de ruptura é equivalente a 50 diâmetros da tubulação.

10-4 Discos de Ruptura no Escoamento de Vapor ou Gás

O fluxo de vapor através dos discos de ruptura é descrito utilizando uma equação de orifício similar à Equação 10-9, mas sem os fatores de correção adicionais. O resultado é

$$\boxed{A = \frac{Q_m}{\chi P} \sqrt{\frac{Tz}{M}}.} \qquad (10\text{-}13)$$

A Equação 10-13 presume um coeficiente de descarga C_o igual a 1,0.

---

[5]Marx Isaacs, "Pressure Relief Systems", *Chemical Engineering* (22 de fevereiro de 1971), p. 113.

Exemplo 10-3

Determine o diâmetro de um disco de ruptura necessário para aliviar a bomba do Exemplo 10-1, parte a.

Solução

A queda de pressão através do disco de ruptura é

$$\Delta P = P_{\text{máx}} - P_{\text{b}} = 220 \text{ psig} - 20 \text{ psig} = 200 \text{ psig}.$$

A gravidade específica da água (ρ/ρ_{ref}) é 1,0. Presume-se um coeficiente de descarga conservador de 0,61. Substituindo na Equação 10-3, obtemos

$$A = \left[\frac{\text{in}^2(\text{psi})^{1/2}}{38,0 \text{ gpm}}\right]\frac{Q_{\text{v}}}{C_{\text{o}}}\sqrt{\frac{(\rho/\rho_{\text{ref}})}{\Delta P}}$$

$$= \left[\frac{\text{in}^2(\text{psi})^{1/2}}{38,0 \text{ gpm}}\right]\frac{200 \text{ gpm}}{0,61}\sqrt{\frac{1,0}{200 \text{ psia}}} = 0,610 \text{ in}^2.$$

O diâmetro da ventilação do alívio é

$$d = \sqrt{\frac{4A}{\pi}} = \sqrt{\frac{(4)(0,610 \text{ in}^2)}{(3,14)}} = 0,881 \text{ in}.$$

Isso se compara a uma área de ventilação de alívio operado por mola igual a 1,10 in.

Exemplo 10-4

Calcule o diâmetro do disco de ruptura necessário para aliviar o processo do Exemplo 10-2.

Solução

A solução é fornecida pela Equação 10-9. A solução é idêntica à do Exemplo 10-2, com a exceção do fator de correção K_{b}. Portanto, a área é

$$A = (79,9 \text{ in}^2)(0,86) = 68,7 \text{ in}^2.$$

O diâmetro do disco de ruptura é

$$d = \sqrt{\frac{4A}{\pi}} = \sqrt{\frac{(4)(68,7 \text{ in}^2)}{(3,14)}} = 9,35 \text{ in}.$$

Isso se compara ao diâmetro de um alívio operado por mola igual a 9,32 in.

10-5 Escoamento Bifásico durante o Alívio de uma Reação Descontrolada

Quando ocorre uma reação descontrolada dentro de um reator, devemos prever o fluxo bifásico durante o processo de alívio. O aparato laboratorial para dimensionamento do tamanho da ventilação (*vent sizing package* – VSP) descrito no Capítulo 8 fornece os dados essenciais de aumento da temperatura e pressão para o dimensionamento da área do alívio.

A Figura 10-7 mostra o tipo mais comum de sistema de reator, chamado reator temperado. Ele se chama "temperado" porque o reator contém um líquido volátil que vaporiza durante o processo de alívio. A vaporização remove energia por meio do calor da vaporização e *tempera* a taxa de aumento da temperatura resultante da reação exotérmica.

O reator fora de controle é tratado como inteiramente adiabático. Os termos da energia incluem (1) o acúmulo de energia resultante do calor sensível do fluido do reator em consequência da sua elevação de temperatura decorrente da sobrepressão e (2) a remoção de energia resultante da vaporização do líquido no reator e da subsequente descarga através da ventilação de alívio.

A primeira etapa no cálculo de dimensionamento do alívio para ventilações bifásicas é determinar a vazão mássica através do alívio. Isso é calculado através da Equação 4-105, representando o escoamento bifásico obstruído através de um orifício:

$$Q_m = \frac{\Delta H_V A}{v_{fg}} \sqrt{\frac{g_c}{T_s C_P}}, \qquad (4\text{-}105)$$

em que, nesse caso,

Q_m é a vazão mássica através do alívio,

ΔH_V é o calor da vaporização do fluido,

A é a área do orifício,

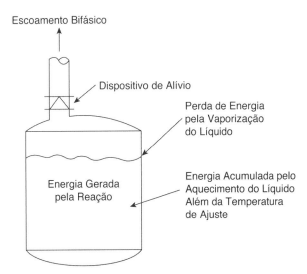

Figura 10-7 Um sistema de reação temperado, destacando os termos importantes de energia. As perdas de calor através das paredes do reator são consideradas desprezíveis.

V_{fg} é a mudança do volume específico do líquido em vaporização,

C_p é a capacidade térmica do fluido e

T_s é a temperatura de saturação absoluta do fluido na pressão de ajuste.

O fluxo mássico G_T é dado por

$$G_T = \frac{Q_m}{A} = \frac{\Delta H_V}{v_{fg}}\sqrt{\frac{g_c}{C_p T_s}}. \tag{10-14}$$

A Equação 10-14 se aplica ao alívio bifásico através de um orifício. No escoamento bifásico através de tubulação é aplicado um coeficiente de descarga global e adimensional ψ. A Equação 10-14 é o conhecido modelo da taxa de equilíbrio (*equilibrium rate model* – ERM) para o fluxo sônico.[6] Leung[7] mostrou que a Equação 10-14 deve ser multiplicada por um fator 0,9 para deixar o valor de acordo com o modelo de equilíbrio homogêneo (HEM) clássico. O resultado geralmente deve ser aplicável à ventilação homogênea de um reator (baixa qualidade, não restrita apenas à condição de entrada de líquido):

$$\boxed{G_T = \frac{Q_m}{A} = 0{,}9\psi\frac{\Delta H_V}{v_{fg}}\sqrt{\frac{g_c}{C_p T_s}}.} \tag{10-15}$$

Os valores de ψ são fornecidos na Figura 10-8. Para uma tubulação de comprimento 0, $\psi = 1$. À medida que o comprimento da tubulação aumenta, o valor de ψ diminui.

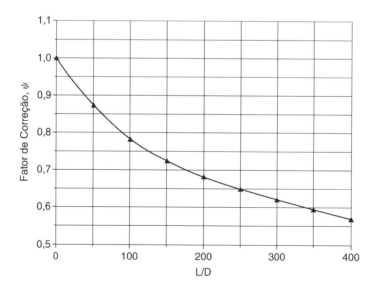

Figura 10-8 Fator de correção ψ corrigindo a vaporização do fluxo bifásico através de tubulações. Dados extraídos de J. C. Leung e M. A. Grolmes, "The Discharge of Two-Phase Flashing Flow in a Horizontal Duct", *AIChE Journal* (1987), 33(3): 524-527.

---

[6] H. K. Fauske, "Flashing Flows or: Some Practical Guidelines for Emergency Releases", *Plant Operations Progress* (julho de 1985), 4(3).

[7] J. C. Leung, "Simplified Vent Sizing Equations for Emergency Relief Requirements in Reactors and Storage Vessels", *AIChE Journal* (1986), 32(10):1622.

Dimensionamento dos Alívios de Pressão

Uma expressão um pouco mais conveniente é derivada reorganizando a Equação 4-103 e produzindo

$$\frac{\Delta H_V}{v_{fg}} = T_s \frac{dP}{dT}, \qquad (10\text{-}16)$$

e, substituindo na Equação 10-15, obtemos

$$G_T = 0{,}9\psi \frac{dP}{dT}\sqrt{\frac{g_c T_s}{C_P}}. \qquad (10\text{-}17)$$

A derivada exata é aproximada por uma derivada de diferença finita, produzindo

$$\boxed{G_T \cong 0{,}9\psi \frac{\Delta P}{\Delta T}\sqrt{\frac{g_c T_s}{C_P}},} \qquad (10\text{-}18)$$

em que

ΔP é a sobrepressão e

ΔT é o aumento de temperatura correspondente à sobrepressão.

A área de ventilação necessária é calculada solucionando uma forma particular do equilíbrio de energia dinâmico. Os detalhes são fornecidos em outro lugar.[8] O resultado é

$$\boxed{A = \frac{m_o q}{G_T\left(\sqrt{\dfrac{V}{m_o}\dfrac{\Delta H_V}{v_{fg}}} + \sqrt{C_V \Delta T}\right)^2}.} \qquad (10\text{-}19)$$

Uma forma alternativa é derivada aplicando-se a Equação 4-103:

$$\boxed{A = \frac{m_o q}{G_T\left(\sqrt{\dfrac{V}{m_o} T_s \dfrac{dP}{dT}} + \sqrt{C_V \Delta T}\right)^2}.} \qquad (10\text{-}20)$$

São definidas as seguintes variáveis adicionais para as Equações 10-19 e 10-20:

m_o é a massa total contida dentro do vaso do reator antes do alívio,

q é a taxa exotérmica de liberação de calor por unidade de massa,

V é o volume do vaso e

C_V é a capacidade térmica do líquido em volume constante.

---

[8] J. C. Leung, "Simplified Vent Sizing".

Nas Equações 10-19 e 10-20, a área de alívio se baseia no calor total adicionado ao sistema (numerador) e no calor removido ou absorvido (denominador). O primeiro termo no denominador corresponde ao calor removido pelo líquido e vapor que saem do sistema; o segundo termo corresponde ao calor absorvido em consequência do aumento da temperatura do líquido devido à sobrepressão.

A entrada de calor q resultante da reação exotérmica é determinada usando informações cinéticas fundamentais ou pelo DIERS VSP (veja o Capítulo 8). Para os dados obtidos por meio do VSP, é aplicada a equação

$$q = \frac{1}{2}C_V\left[\left(\frac{dT}{dt}\right)_s + \left(\frac{dT}{dt}\right)_m\right]. \tag{10-21}$$

na qual a derivada indicada pelo subscrito s corresponde à taxa de aquecimento na pressão de ajuste e a derivada indicada pelo subscrito m corresponde ao aumento da temperatura na pressão de recuperação máxima. Ambas as derivadas são determinadas experimentalmente utilizando o VSP.

As equações presumem que

1. Ocorre um vapor uniforme ou ventilação homogênea do vaso
2. O fluxo mássico G_T varia pouco durante o alívio
3. A energia da reação por unidade de massa q é tratada como uma constante
4. As propriedades físicas C_V, ΔH_V e v_{fg} são constantes
5. É um sistema de reator temperado. Isso se aplica à maioria dos sistemas de reação.

As unidades são um problema particular durante a utilização das equações bifásicas. O melhor procedimento é converter todas as unidades de energia em seus equivalentes mecânicos antes de solucionar a área de alívio, particularmente quando forem utilizadas unidades inglesas de engenharia.

Exemplo 10-5

Leung[9] informou sobre os dados de Huff[10] envolvendo um reator de 3500 galões com monômero de estireno submetido à polimerização adiabática após ser aquecido inadvertidamente até 70° C. A pressão de trabalho máxima permitida (MAWP) do vaso é 5 bar. Conhecendo os dados a seguir, determine o diâmetro necessário da ventilação do alívio. Suponha uma pressão de ajuste de 4,5 bar e uma pressão máxima de 5,4 bar absolutos:

Dados

Volume (V): 3500 galões = 13,16 m³

Massa da reação (m_o): 9500 kg

Temperatura de ajuste (*set temperature*) (T_s): 209,4°C = 482,5 K

Dados do VSP

Temperatura máxima (T_m): 219,5°C = 492,7 K

$(dT/dt)_s$ = 29,6°C/min = 0,493 K/s

$(dT/dt)_m$ = 39,7°C/min = 0,662 K/s

---

[9] Leung, "Simplified Vent Sizing".
[10] J. E. Huff, "Emergency Venting Requirements", *Plant/Operations Progress* (1982), 1(4): 211.

Dados de Propriedades Físicas

	Pressão de ajuste 4,5 bar	Pressão máxima 5,4 bar
v_f (m³/kg)	0,001388	0,001414
v_g (m³/kg)	0,08553	0,07278
C_P (kJ/kg K)	2,470	2,514
ΔH_V (kJ/kg)	310,6	302,3

Solução

A taxa de aquecimento q é determinada através da Equação 10-21:

$$q = \frac{1}{2}C_V\left[\left(\frac{dT}{dt}\right)_s + \left(\frac{dT}{dt}\right)_m\right]. \quad (10\text{-}21)$$

Supondo que $C_v = C_p$, temos

$$q = \frac{1}{2}(2{,}470 \text{ kJ/kg K})(0{,}493 + 0{,}662)(\text{K/s})$$

$$= 1{,}426 \text{ kJ/kg s}.$$

O fluxo mássico é fornecido pela Equação 10-15. Supondo que $L/D = 0$, $\psi = 1{,}0$:

$$G_T = 0{,}9\psi \frac{\Delta H_V}{v_{fg}}\sqrt{\frac{g_c}{T_s C_P}}$$

$$= (0{,}9)(1{,}0)\frac{(310.600 \text{ J/kg})[1 \text{ (N m)/J}]}{(0{,}08553 - 0{,}001388) \text{ m}^3/\text{kg}} \times \sqrt{\frac{[1 \text{ (kg m/s}^2)/\text{N}]}{(2470 \text{ J/kg K})(482{,}5 \text{ K})[1 \text{ (N m)/J}]}}$$

$$= 3043 \text{ kg/m}^2 \text{ s}.$$

A área de ventilação do alívio é determinada pela Equação 10-19. A mudança na temperatura ΔT é $T_m - T_s = 492{,}7 - 482{,}5 = 10{,}2$ K:

$$A = \frac{m_o q}{G_T\left(\sqrt{\frac{V}{m_o}\frac{\Delta H_V}{v_{fg}}} + \sqrt{C_V \Delta T}\right)^2}$$

$$= \frac{(9500 \text{ kg})(1426 \text{ J/kg s})[1 \text{ (N m)/J}]}{(3043 \text{ kg/m}^2 \text{ s})}$$

$$\times \left(\sqrt{\left(\frac{13{,}16 \text{ m}^3}{9500 \text{ kg}}\right)\left\{\frac{(310.600 \text{ J/kg})[1 \text{ (N m)/J}]}{(0{,}08414 \text{ m}^3/\text{kg})}\right\}} + \sqrt{(2470 \text{ J/kg K})(10{,}2 \text{ K})[1 \text{ (N m)/J}]}\right)^{-2}$$

$$= 0{,}084 \text{ m}^2.$$

O diâmetro necessário do alívio é

$$d = \sqrt{\frac{4A}{\pi}} = \sqrt{\frac{(4)(0{,}084 \text{ m}^2)}{3{,}14}} = 0{,}327 \text{ m}.$$

Suponha que seja presumido o alívio de todo o vapor. O tamanho necessário do disco de ruptura da fase de vapor é determinado supondo-se que toda a energia térmica é absorvida pela vaporização do líquido. Na temperatura de ajuste, a taxa de liberação de calor q é

$$q = C_V \left(\frac{dT}{dt}\right)_s = (2{,}470 \text{ kJ/kg K})(0{,}493 \text{ K/s}) = 1{,}218 \text{ kJ/kg s}.$$

O fluxo mássico de vapor através do alívio é

$$Q_m = \frac{qm_o}{\Delta H_V}$$
$$= \frac{(1218 \text{ J/kg s})(9500 \text{ kg})}{(310.600 \text{ J/kg})}$$
$$= 37{,}2 \text{ kg/s}.$$

A Equação 10-6 fornece a área necessária do alívio. O peso molecular do estireno é 104. Suponha que $\gamma = 1{,}32$ e $C_o = 1{,}0$. Então

$$A = \frac{Q_m}{C_o P} \sqrt{\frac{R_g T}{\gamma g_c M} \left(\frac{2}{\gamma + 1}\right)^{(\gamma+1)/(1-\gamma)}}$$

$$= \frac{(37{,}2 \text{ kg/s})}{(1{,}0)(4{,}5 \text{ bar})(100.000 \text{ Pa/bar})[1 \text{ (N/m}^2)/\text{Pa}]}$$

$$\times \sqrt{\frac{(8314 \text{ Pa m}^3/\text{kg-mol K})(482{,}5 \text{ K})[1 \text{ (N/m}^2)/\text{Pa}]}{(1{,}32)[1 \text{ (kgm/s}^2)/\text{N}](104 \text{ kg/kg-mol})}} \times \sqrt{\left(\frac{2}{2{,}32}\right)^{2{,}32/(-0{,}32)}}$$

$$= 0{,}0242 \text{ m}^2.$$

Isso exige um dispositivo de alívio com um diâmetro de 0,176 m, o que é um diâmetro significativamente menor do que o do fluxo bifásico. Assim, se o alívio fosse dimensionado supondo o alívio de todo o vapor, o resultado seria fisicamente incorreto e o reator seria severamente testado durante esse evento de descontrole.

Método do Nomograma Simplificado

Fauske[11] desenvolveu uma abordagem orientada para gráfico voltada para o problema do alívio bifásico do reator. Ele sugeriu a seguinte equação para determinar a área do alívio:

$$A = \frac{V\rho}{G_T \Delta t_v}, \tag{10-22}$$

em que

A é a área de ventilação do alívio,

V é o volume do reator,

ρ é a densidade dos reagentes,

---

[11] Hans K. Fauske, "A Quick Approach to Reactor Vent Sizing", *Plant/Operations Progress* (1984), 3(3), and "Generalized Vent Sizing Nomogram for Runaway Chemical Reactions", *Plant/Operations Progress* (1984), 3(4).

G_T é o fluxo mássico através do alívio e

Δt_v é o tempo de ventilação.

A Equação 10-22 foi desenvolvida por Boyle[12] definindo a área de ventilação necessária como o tamanho que esvaziaria o reator antes que a pressão pudesse subir e ultrapassar a sobrepressão tolerável de um determinado vaso.

O fluxo mássico G_T é dado pela Equação 10-15 ou 10-18 e o tempo de ventilação é dado aproximadamente por

$$\Delta t_c \cong \frac{\Delta T C_P}{q_s}, \qquad (10\text{-}23)$$

em que

ΔT é o aumento de temperatura correspondente à sobrepressão ΔP,

T é a temperatura,

C_p é a capacidade térmica e

q_s é a taxa de liberação de energia por unidade de massa na pressão de ajuste do sistema de alívio.

Combinando as Equações 10-22, 10-14 e 10-23, temos

$$\boxed{A = V\rho(g_c T_s C_P)^{-1/2} \frac{q_s}{\Delta P}.} \qquad (10\text{-}24)$$

A Equação 10-24 fornece uma estimativa conservadora da área de ventilação necessária. Considerando o caso de sobrepressão absoluta de 20%, supondo uma capacidade térmica do líquido típica de 2510 J/kg K para a maioria dos materiais orgânicos e supondo uma relação de água saturada, podemos obter a seguinte equação:[13]

$$A = (\text{m}^2/1000 \text{ kg}) = \frac{0,00208\left(\dfrac{dT}{dt}\right)(°\text{C/min})}{P_s(\text{bar})}. \qquad (10\text{-}25)$$

Um nomograma simples dos resultados pode ser traçado, como mostra a Figura 10-9. A área de ventilação necessária é determinada a partir da taxa de aquecimento, pressão de ajuste dos reagentes.

O nomograma de Fauske é útil para realizar estimativas rápidas e para verificar os resultados do cálculo mais rigoroso.

Estudos recentes[14] sugerem que os dados do nomograma da Figura 10-9 se aplicam para um coeficiente de descarga de $\psi = 0,5$, representando uma descarga (L/D) de 400. O uso do nomograma em outros tamanhos de tubulação de descarga e ψ diferentes requer uma correção adequada, como mostra o exemplo a seguir.

---

[12]W. J. Boyle Jr., "Sizing Relief Area for Polymerization Reactors", *Chemical Engineering Progress* (agosto de 1967), 63(8): 61.
[13]J. C. Leung and H. K Fauske, "Runaway System Characterization and Vent Sizing Based on DIERS Methodology", *Plant/Operations Progress* (abril de 1987), 6(2).
[14]H. G. Fisher and J. C. Leung, personal communication, janeiro de 1989.

Exemplo 10-6

Estime a área de ventilação do alívio utilizando a abordagem do nomograma de Fauske para o sistema de reação do Exemplo 10-5.

Solução

A taxa de aquecimento na temperatura de ajuste é especificada como 29,6°C/min. A pressão de ajuste é de 4,5 bar absolutos; então,

$$P_s = (4{,}5 \text{ bar})(0{,}9869 \text{ bar/atm})(14{,}7 \text{ psia/atm}) = 65{,}3 \text{ psia}.$$

Segundo a Figura 10-9, a área de ventilação necessária por 1000 kg de reagente é aproximadamente $1{,}03 \times 10^{-2}$ m². Assim, a área total do alívio é

$$A = (1{,}03 \times 10^{-2} \text{ m}^2/1000 \text{ kg})(9500 \text{ kg})$$
$$= 0{,}098 \text{ m}^2.$$

A Figura 10-9 é aplicável para $\psi = 0{,}5$. Para $\psi = 1{,}0$, a área é ajustada linearmente:

$$A = (0{,}098 \text{ m}^2)\left(\frac{0{,}5}{1{,}0}\right)$$
$$= 0{,}049 \text{ m}^2.$$

Isso pressupõe uma sobrepressão de 20% absolutos. O resultado pode ser ajustado para outras sobrepressões multiplicando-se a área por uma razão de 20/(porcentagem absoluta de sobrepressão).

Esse resultado se compara a uma área calculada mais rigorosamente de 0,084 m².

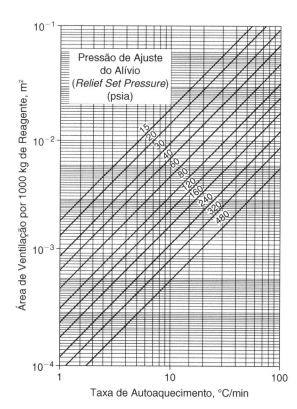

Figura 10-9 Nomograma para dimensionar alívios bifásicos de reator. Fonte: H. K. Fauske, "Generalized Vent Sizing Nomogram for Runaway Chemical Reactions", *Plant/Operations Progress* (1984), 3(4). Utilizado com permissão do American Institute of Chemical Engineers.

O fluxo bifásico através dos alívios é muito mais complexo do que a introdução fornecida aqui. Além do mais, a tecnologia ainda está em fase de desenvolvimento. As equações apresentadas aqui não são universalmente aplicáveis; no entanto, elas representam o método mais aceitável disponível atualmente.

10-6 Alívios Operados por Válvula Piloto e com Pino de Ruptura

Os alívios operados por válvula piloto e os alívios com pino de ruptura têm vantagens importantes sobre os outros alívios (veja a Tabela 9-2). Os métodos de cálculo para os alívios operados por válvula piloto são similares aos utilizados para os alívios operados por mola.[15,16] Os métodos de cálculo para os alívios com pino de ruptura não se encontram na literatura aberta. Os interessados nos alívios com pino de ruptura devem contatar os fornecedores de alívios de pressão[17,18] ou empresas especializadas em dimensionamento de alívios.[19]

10-7 Ventilação para Explosões de Poeira e Vapor

Prevenção de perdas significa prevenção dos perigos existentes. No entanto, em algumas situações os perigos são inevitáveis. Por exemplo, durante o processo de moagem para fazer a farinha do trigo, são produzidas quantidades substanciais de poeira inflamável. Uma explosão de poeira fora de controle em um armazém, posição no depósito ou unidade de processamento pode ejetar resíduos em alta velocidade sobre uma área considerável, propagando o acidente e resultando em grandes danos. A ventilação de deflagração reduz o impacto das explosões de poeira e vapor ao controlar a liberação da energia. A energia da explosão é direcionada para longe dos funcionários e equipamentos da instalação.

A ventilação de deflagração nos prédios e recipientes de processo normalmente é feita utilizando-se painéis contra explosão, como mostra a Figura 10-10. O painel contra explosão é concebido para ter menos resistência do que as paredes da estrutura. Desse modo, durante uma explosão os painéis se separam e a energia explosiva é ventilada. Os danos à estrutura e ao equipamento restantes são minimizados. Em relação às poeiras e vapores particularmente explosivos, não é incomum que as paredes (e talvez o teto) da estrutura inteira sejam construídas com painéis contra explosão.

Os detalhes da construção real dos painéis contra explosão estão além do escopo deste texto. Um painel contra explosão, solto e se movendo em alta velocidade, pode causar danos consideráveis. Portanto, deve ser fornecido um mecanismo para reter o painel durante o processo de deflagração. Além do mais, o isolamento térmico dos painéis também é necessário. Os detalhes de construção estão disponíveis nos manuais do fabricante.

Os painéis contra explosão são concebidos para proporcionar área de alívio adequada, dependendo de uma série de fatores de projeto. Entre esses fatores, temos o comportamento explosivo da poeira ou vapor, a sobrepressão máxima permitida na estrutura e o volume da estrutura. Existem normas para o projeto.[20]

Os projetos de deflagração são separados em duas categorias: estruturas para baixa pressão e estruturas para alta pressão. As estruturas de baixa pressão incluem laterais com placas metálicas e outros

---

[15] Crosby Engineering Handbook, *www.tycoflowcontrole-na.com/ld/CROMC-0296-US.pdf*.
[16] Sizing, Selection and Installation of Pressure-Relieving Devices in Refineries, Part 1, Sizing and Selection", *API Recommended Practice 520*, 7ª ed. (2000).
[17] Buckling Pin Relief Valve, *www.bucklingpin.com/*.
[18] Rupture Pin Technology, *www.rupturepin.com/*.
[19] Lloyd's Register Celerity3 Inc, *www.lrenergy.org/celerity_3.aspx*.
[20] NFPA 68, *Guide for Venting of Deflagrations* (Quincy, MA: National Fire Protection Association, 1998).

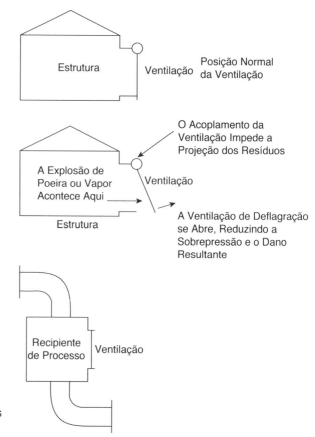

Figura 10-10 Ventilações de deflagração para estruturas e recipientes de processo.

materiais de construção de baixa resistência. Essas estruturas são capazes de suportar não mais do que 1,5 psig (0,1 bar manométrico). As estruturas de alta pressão incluem os vasos de processo de aço, estruturas de concreto, e similares, capazes de suportar pressões acima de 1,5 psig (0,1 bar manométrico).

Ventilações para Estruturas para Baixa Pressão

Para as estruturas para baixa pressão, capazes de suportar pressões inferiores a 1,5 psig (0,1 bar manométrico), as técnicas de projeto originais se basearam na equação de Runes:[21]

$$A = \frac{C^*_{vent} L_1 L_2}{\sqrt{P}}, \qquad (10\text{-}26)$$

em que

A é a área de ventilação necessária,

C^*_{vent} é uma constante que depende da natureza do material combustível.

L_1 é a menor dimensão da estrutura retangular do prédio a ser ventilado,

---

[21]Richard R. Schwab, "Recent Developments in Deflagration Venting Design", in *Proceedings of the International Symposium on Preventing Major Chemical Accidents*, John L. Woodward, ed. (New York: American Institute of Chemical Engineers, 1987), p. 3.101.

Dimensionamento dos Alívios de Pressão

L_2 é a segunda menor dimensão do prédio a ser ventilado e

P é a pressão interna máxima que pode ser suportada pelo ponto mais fraco.

Swift e Epstein[22] apresentaram uma equação mais detalhada, incluindo muitas características importantes de combustão:

$$A = \frac{\dfrac{A_s}{C_o}\dfrac{\lambda S_u \rho_u}{G}\left[\left(\dfrac{P_{máx}}{P_o}\right)^{1/\gamma} - 1\right]}{\sqrt{\dfrac{P_f}{P_o} - 1}}, \qquad (10\text{-}27)$$

em que

A é a área de ventilação necessária,

A_s é a área superficial interna do invólucro,

C_o é o coeficiente de descarga,

λ é o fator turbulento,

S_u é a velocidade laminar de queima,

ρ_u é a densidade do gás não queimado,

G é o fluxo mássico,

$P_{máx}$ é a pressão de explosão máxima não ventilada,

P_o é a pressão inicial,

P_f é o pico de pressão final durante a ventilação e

γ é a relação de capacidade térmica.

Muitas das variáveis na Equação 10-27 podem ser estimadas ou presumidas. Essas variáveis são reagrupadas e resultam na seguinte fórmula:

$$\boxed{A = \frac{C_{vent} A_s}{\sqrt{P}},} \qquad (10\text{-}28)$$

em que P é a sobrepressão interna máxima que pode ser suportada pelo elemento estrutural mais fraco. A Equação 10-28 é muito similar à equação de Runes (Equação 10-26).

Os valores da constante C_{vent} são fornecidos na Tabela 10-1.

Exemplo 10-7

Um espaço é utilizado para distribuir líquidos inflamáveis. Os líquidos em geral têm velocidades fundamentais de queima menores que 1,3 vez a do propano. O ambiente tem 9 m de comprimento por 6 m de largura e 6 m de altura. Três das paredes são compartilhadas com uma estrutura contígua. A quarta e maior parede do ambiente está na superfície externa da estrutura. As três paredes internas são capazes de suportar uma pressão de 0,05 bar. Estime a área de ventilação necessária para essa operação.

---

[22]Ian Swift and Mike Epstein, "Performance of Low Pressure Explosion Vents", *Plant/Operations Progress* (abril de 1987), 6(2).

Tabela 10-1 Constante Característica do Combustível para a Equação Swift-Epstein[a]

Material combustível	C_{vent} ($\sqrt{psi}$)	C_{vent} ($\sqrt{kPa}$)
Amoníaco anidro	0,05	0,13
Metano	0,14	0,37
Gases alifáticos (excluindo o metano) ou gases com uma velocidade fundamental de queima menor do que 1,3 vez a do propano	0,17	0,45
Poeiras St-1	0,10	0,26
Poeiras St-2	0,12	0,30
Poeiras St-3	0,20	0,51

[a]NFPA, *Venting of Deflagrations* (Quincy, MA: National Fire Protection Association, 1998).

Solução

A ventilação deve ser instalada na parede externa maior para ventilar a combustão para longe da estrutura contígua. A constante de ventilação desse vapor inflamável é fornecida na Tabela 10-1 e tem um valor de $0,45 \sqrt{kPa}$. A Equação 10-28 é utilizada para estimar a área de ventilação necessária. A área de superfície total do espaço (incluindo o piso e o teto) é

$$A_s = (2)(9\,m)(6\,m) + (2)(6\,m)(6\,m) + (2)(6\,m)(9\,m) = 288\,m^2.$$

A área de ventilação necessária é

$$A = \frac{C_{vent} A_s}{\sqrt{P}} = \frac{(0,45\,\sqrt{kPa})(288\,m^2)}{\sqrt{(0,05\,bar)(100\,kPa/bar)}} = 183\,m^2.$$

Isso é maior do que a área da parede externa. Uma opção é reforçar as três paredes internas para suportarem uma pressão mais elevada. Isso reduziria a área de ventilação necessária.

Ventilações para Estruturas de Alta Pressão

As estruturas de alta pressão são capazes de suportar pressões de mais de 1,5 psig (0,1 bar manométrico). O projeto de ventilação se baseia na definição de um índice de deflagração para gases e poeiras:

$$K_G \text{ ou } K_{St} = \left(\frac{dP}{dt}\right)_{máx} V^{1/3}, \qquad (10\text{-}29)$$

em que

K_G é o índice de deflagração para gases e vapores,

K_{St} é o índice de deflagração para poeiras,

$(dP/dt)_{máx}$ é o aumento máximo de pressão, determinado experimentalmente, e

V é o volume do recipiente.

Dimensionamento dos Alívios de Pressão

Discutimos o procedimento experimental utilizado para determinar os índices de deflagração de gases e poeiras no Capítulo 6. As tabelas dos valores típicos também foram fornecidas.

Os testes amplos com poeiras e vapores resultaram em um conjunto detalhado de equações empíricas para a área de ventilação do alívio de pressão (publicadas na NFPA 68).[23] A relação comprimento-diâmetro L/D do recipiente determina as equações utilizadas para calcular a área de ventilação necessária. Nos recipientes não circulares o valor utilizado para o diâmetro é equivalente ao diâmetro fornecido por $D = 2\sqrt{A/\pi}$, em que A é a área transversal normal ao eixo longitudinal do espaço.

Para os vapores de combustão que descarregam através de uma ventilação inercial baixa e uma relação L/D do recipiente menor que 2, aplica-se a seguinte equação da NFPA 68:

$$A_v = [(0{,}127 \log K_G - 0{,}0567)P_{red}^{-0{,}582} + 0{,}175 P_{red}^{-0{,}572}(P_{stat} - 0{,}1)]V^{2/3}, \qquad (10\text{-}30)$$

em que

A_v é a área de ventilação (m²),

K_G é o índice de deflagração do vapor (bar-m/s),

P_{red} é a pressão máxima durante a ventilação (bar manométrico) e

P_{stat} é a pressão de liberação da ventilação (bar manométrico).

A Equação 10-30 possui as seguintes restrições de utilização:

- K_G é menor do que 550 bar-m/s.
- P_{stat} é menor do que 0,5 bar manométrico.
- P_{red} é menor do que 2 bar manométricos.
- V é menor do que 1000 m³.

As condições experimentais nas quais a Equação 10-30 foi elaborada são:

- recipientes com volumes de 2, 4, 10, 25 e 250 m³ com uma L/D para todos os recipientes de teste aproximadamente igual a 1,
- pressão atmosférica inicial,
- energia de ignição de 10 J,
- mistura de gás quiescente no momento da ignição sem indutores de turbulência e
- P_{stat} variando de 0,1 a 0,5 bar manométrico.

Para os recipientes com L/D variando de 2 a 5, a área calculada empregando a Equação 10-30 é ajustada utilizando

$$\Delta A = \frac{A_v K_G \left(\dfrac{L}{D} - 2\right)^2}{750}, \qquad (10\text{-}31)$$

---

[23]NFPA 68, *Guide for Venting of Deflagrations* (Quincy, MA: National Fire Protection Association, 1998).

em que

ΔA é o ajuste da área de ventilação da Equação 10-30 (m²),

K_G é o índice de deflagração do gás em combustão (bar-m/s) e

L/D é a relação comprimento-diâmetro do espaço (adimensional).

Para valores de L/D acima de 5, a NFPA 68 deve ser consultada.

Para ventilar poeiras combustíveis através de uma baixa ventilação inercial e um recipiente com L/D inferior a 2, aplica-se a seguinte equação da NFPA 68:

$$A_v = [(3{,}264 \times 10^{-5})(P_{máx} K_{St} P_{red}^{-0{,}569}) + 0{,}27(P_{stat} - 0{,}1) P_{red}^{-0{,}5}] V^{0{,}753}, \qquad (10\text{-}32)$$

em que

A_v é a área de ventilação (m²),

$P_{máx}$ é a pressão máxima atingida durante a deflagração de uma mistura ideal de poeira combustível e ar em um recipiente fechado (bar manométrico),

K_{St} é o índice de deflagração da poeira (bar-m/s),

P_{red} é a pressão máxima durante a ventilação (bar manométrico),

P_{stat} é a pressão de liberação da ventilação (bar manométrico) e

V é o volume do recipiente (m³).

As seguintes limitações se aplicam à Equação 10-32:

- Para K_{St} entre 10 e 300 bar-m/s, $P_{máx}$ deve estar entre 5 e 10 bar manométricos.
- Para K_{st} entre 300 e 800 bar-m/s, $P_{máx}$ deve estar entre 5 e 12 bar manométricos.
- P_{stat} deve estar entre 0,1 e 1 bar manométrico.
- P_{red} deve estar entre 0,1 e 2 bar manométricos.
- O volume do recipiente deve estar entre 0,1 e 10.000 m³.

Para valores de L/D iguais ou maiores que 2, porém menores que 6, e para P_{red} menor que 1,5 bar manométrico (22 psi), a área de ventilação da Equação 10-32 é acrescida de

$$\Delta A = A_v(-4{,}305 \log P_{red} + 0{,}758) \log \frac{L}{D}. \qquad (10\text{-}33)$$

A área de ventilação ajustada (Equação 10-33) é sensível a P_{red}. Para valores baixos de P_{red}, a área de ventilação adicional é grande. Para valores de P_{red} de 1,5 bar manométrico e superiores a Equação 10-32 deve ser utilizada isoladamente. Para tubulações e dutos longos em que L/D é maior que 6, a NFPA 68 deve ser consultada.

Exemplo 10-8

Considere mais uma vez a sala de distribuição de líquidos inflamáveis do Exemplo 10-7. Nesse caso, as paredes foram reforçadas para suportar uma pressão de 0,4 bar (P_{red}). Suponha que a ventilação vai operar a 0,2 bar (P_{stat}) e que o K_G do vapor é 100 bar-m/s. Estime a área de ventilação necessária para proteger esse recinto.

Solução

Primeiro, a relação L/D deve ser determinada para o recinto. O eixo longitudinal percorre os 9 m de comprimento da sala. A área transversal normal a esse eixo tem (6 m)(6 m) = 36 m². Desse modo, $D = 2\sqrt{(36 \text{ m}^2)/\pi} = 6,77$ m. Então, L/D = 9 m/6,77 m = 1,3, e a Equação 10-30 se aplica sem mais correções. O volume do recinto é (9 m)(6 m)(6 m) = 324 m³. Substituindo na Equação 10-30, obtemos

$$A_v = [(0{,}127 \log 100 - 0{,}0567)(0{,}4)^{-0{,}582} + 0{,}175(0{,}4)^{-0{,}572}(0{,}2 - 0{,}1)](324)^{2/3}$$

$$= 17{,}3 \text{ m}^2.$$

Há uma área mais que adequada na parede externa do recinto para acomodar essa ventilação.

Ambos os métodos de dimensionamento da ventilação de gases e poeiras requerem valores para os índices de deflagração, K_G ou K_{St}. No Capítulo 6, discutimos o procedimento experimental para determinar esses valores e também fornecemos tabelas de valores comuns para gases e poeiras.

10-8 Ventilação para Incêndios Externos aos Tanques de Processo

Os incêndios externos aos tanques de processo podem gerar aquecimento e ebulição dos líquidos do processo, como mostra a Figura 10-11. A ventilação é necessária para evitar a explosão desses tanques.

O fluxo bifásico durante esses alívios de pressão é possível, mas improvável. Para alívios no cenário de reação sem controle, a energia é gerada através de todo o conteúdo do vaso, pela reação química. No caso do calor provocado por incêndio externo, o aquecimento ocorre apenas nas superfícies do vaso. Desse modo, a ebulição do líquido vai ocorrer apenas perto da parede, e a espuma bifásica resultante na superfície do líquido não terá uma espessura suficiente. O fluxo bifásico durante o alívio pode, portanto, ser evitado pelo fornecimento de um espaço de vapor adequado acima do líquido dentro do tanque.

As equações de alívio do incêndio bifásico estão disponíveis para o projeto conservador. Leung[24] apresentou uma equação para a temperatura máxima baseada em um equilíbrio de energia em torno do tanque aquecido. Ela presume uma taxa de entrada de calor constante Q:

$$T_m - T_s = \frac{Q}{G_T A C_V}\left[\ln\left(\frac{m_o}{V}\frac{Q}{G_T A}\frac{v_{fg}}{\Delta H_V}\right) - 1\right] + \frac{V \Delta H_v}{m_o C_V v_{fg}}, \qquad (10\text{-}34)$$

Figura 10-11 Aquecimento de um tanque de processo em consequência de um incêndio externo. A ventilação é necessária para evitar a ruptura do tanque. Na maioria dos incêndios, apenas uma fração da parte externa do tanque é exposta ao fogo.

---
[24]Leung, "Simplified Vent Sizing Equations".

em que

T_m é a temperatura máxima no tanque,

T_s é a temperatura de ajuste correspondente à pressão de ajuste,

Q é a taxa de entrada de calor constante,

G_T é o fluxo mássico através do alívio,

A é a área do alívio,

C_v é a capacidade térmica em volume constante,

m_o é a massa de líquido no tanque,

V é o volume do tanque,

V_{fg} é a diferença de volume entre as fases de vapor e líquida e

ΔH_v é o calor de vaporização do líquido.

A solução da Equação 10-34 para $G_T A$ é obtida por uma técnica iterativa ou de tentativa e erro. A Equação 10-34 tende a produzir várias raízes. Nesse caso, a solução correta é o fluxo mássico mínimo G_T. Para o caso especial de nenhuma sobrepressão, $T_m = T_s$, e a Equação 10-34 se resume a

$$A = \frac{Q m_o v_{fg}}{G_T V \Delta H_v}. \tag{10-35}$$

Foram recomendadas várias relações para calcular o calor acrescentado ao tanque envolvido pelo fogo. Para os materiais padronizados, a norma OSHA 1910.106[25] é obrigatória. Também existem outros padrões.[26] Crozier,[27] após a análise de vários padrões, recomendou as seguintes equações para determinar a entrada de calor total Q:

$$\begin{aligned}
Q &= 20.000 A & &\text{para } 20 < A < 200, \\
Q &= 199.300 A^{0,566} & &\text{para } 200 < A < 1000, \\
Q &= 936.400 A^{0,338} & &\text{para } 1000 < A < 2800, \\
Q &= 21.000 A^{0,82} & &\text{para } A > 2800,
\end{aligned} \tag{10-36}$$

em que

A é a área que absorve calor (em ft²) com as seguintes geometrias:

Nas esferas, 55% da área total exposta;

Nos tanques horizontais, 75% da área total exposta;

Nos tanques verticais, 100% da área total exposta nos primeiros 30 ft; e

Q é a entrada total de calor no tanque (em Btu/h).

---

[25]OSHA 1910.106, *Líquidos Inflamáveis e Combustíveis* (Washington, DC: US Department of Labor, 1996).
[26]API Standard 2000, *Venting Atmospheric and Low-Pressure Storage Tanks (Nonrefrigerated and Refrigerated)*, 5ª ed. (Washington, DC: American Petroleum Institute, 1998); e NFPA 30, *Flammable and Combustible Liquids Code* (Quincy, MA: National Fire Protection Association, 2000).
[27]R. A. Crozier, "Sizing Relief Valves for Fire Emergencies", *Chemical Engineering* (28 de outubro de 1985).

O fluxo mássico G_T é determinado através da Equação 10-15 ou 10-18.

A API 520[28] sugere uma abordagem ligeiramente diferente para estimar o fluxo de calor para o equipamento de processo em consequência de um incêndio. Se houver disponibilidade de combate imediato ao incêndio e se o material inflamável for drenado do tanque, então o fluxo de calor é estimado utilizando

$$Q = 21.000 F A^{0,82}. \qquad (10\text{-}37)$$

Se não houver combate adequado ao fogo nem drenagem, então a seguinte equação é utilizada:

$$Q = 34.500 F A^{0,82}, \qquad (10\text{-}38)$$

em que

Q é a entrada total de calor através da superfície do tanque (Btu/h),

F é o fator ambiental (adimensional) e

A é a área molhada total da superfície do tanque (ft^2).

O fator ambiental F é utilizado para contabilizar a proteção do vaso pelo isolamento. Uma série de valores para espessuras de isolamento é exibida na Tabela 10-2.

Tabela 10-2 Fatores Ambientais F para as Equações 10-37 e 10-38

Espessura do isolamento (polegadas)	Fator ambiental F
0	1,0
1	0,30
2	0,15
4	0,075

A área superficial A é a área do tanque molhada pelo seu líquido interno, com uma altura menor do que 25 ft acima da origem das chamas. Wong[29] forneceu muito mais detalhes sobre como determinar essa área e também uma série de equações para várias geometrias de tanque.

Exemplo 10-9

Leung[30] relatou a respeito do cálculo da área de alívio necessária para um tanque esférico de propano exposto ao fogo. O tanque tem um volume de 100 m^3 e contém 50.700 kg de propano. É necessária uma pressão de ajuste absoluta de

---
[28]API RP 520, *Sizing, Selection and Installation of Pressure-Relieving Devices in Refineries*, 6ª ed. (Washington, DC: American Petroleum Institute, 1993.)
[29]W. Y. Wong, "Fires, Vessels and the Pressure Relief Valve", *Chemical Engineering* (maio de 2000).
[30]Leung, "Simplified Vent Sizing Equations".

4,5 bar. Isso corresponde a uma temperatura de ajuste, baseada na pressão de saturação, de 271,5 K. Nessas condições, os seguintes dados para propriedades físicas são relatados:

$$C_P = C_V = 2{,}41 \times 10^3 \text{ J/kg K},$$

$$\Delta H_v = 3{,}74 \times 10^5 \text{ J/kg},$$

$$v_{fg} = 0{,}1015 \text{ m}^3/\text{kg}.$$

O peso molecular do propano é 44.

Solução

O problema é solucionado supondo que não haja sobrepressão durante o alívio. A área de ventilação do alívio calculada é maior do que a área real necessária para um dispositivo de alívio real com sobrepressão.

O diâmetro da esfera é

$$d = \left(\frac{6A}{\pi}\right)^{1/3} = \left[\frac{(6)(100 \text{ m}^3)}{(3{,}14)}\right]^{1/3} = 5{,}76 \text{ m}.$$

A área de superfície da esfera é

$$\pi d^2 = (3{,}14)(5{,}76 \text{ m})^2 = 104{,}2 \text{ m}^2 = 1121 \text{ ft}^2.$$

A área exposta ao calor é dada pelos fatores de geometria fornecidos com a Equação 10-36:

$$A = (0{,}55)(1121 \text{ ft}^2) = 616 \text{ ft}^2.$$

A entrada total de calor é obtida por meio da Equação 10-36:

$$Q = 199.300 A^{0{,}566} = (199.300)(616 \text{ ft}^2)^{0{,}566} = 7{,}56 \times 10^6 \text{ Btu/h}$$
$$= 2100 \text{ Btu/s} = 2{,}22 \times 10^6 \text{ J/s}.$$

Se utilizarmos a Equação 10-37 e presumirmos que o tanque está cheio de líquido, então toda a área de superfície do tanque é exposta ao fogo. Se supusermos também que não há isolamento, então $F = 1{,}0$. Desse modo,

$$Q = 21.000 F A^{0{,}82} = (21.000)(1{,}0)(1121 \text{ ft}^2)^{0{,}82} = 6{,}65 \times 10^6 \text{ Btu/h},$$

que é similar ao valor estimado através da Equação 10-36.

Segundo a Equação 10-15 e supondo $\psi = 1{,}0$, obtemos

$$G_T = \frac{Q_m}{A} = 0{,}9\psi \frac{\Delta H_V}{v_{fg}} \sqrt{\frac{g_c}{C_P T_s}}$$

$$= (0{,}9)(1{,}0)\left(\frac{3{,}74 \times 10^5 \text{ J/kg}}{0{,}1015 \text{ m}^3/\text{kg}}\right)\left(\frac{1 \text{ N m}}{\text{J}}\right) \times \sqrt{\frac{1 \text{ (kg m/s}^2)/\text{ N}}{(2{,}41 \times 10^3 \text{ J/kg K})(271{,}5 \text{ K})(1 \text{ N m/J})}}$$

$$= 4{,}10 \times 10^3 \text{ kg/m}^2 \text{ s}.$$

Dimensionamento dos Alívios de Pressão

A área de ventilação necessária é determinada a partir da Equação 10-35:

$$A = \frac{Qm_o v_{fg}}{G_T V \Delta H_v}$$

$$= \frac{(2{,}22 \times 10^6 \text{ J/s})(50.700 \text{ kg})(0{,}1015 \text{ m}^3/\text{kg})}{(4{,}10 \times 10^3 \text{ kg/m}^2 \text{ s})(100 \text{ m}^3)(3{,}74 \times 10^5 \text{ J/kg})}$$

$$= 0{,}0745 \text{ m}^2.$$

O diâmetro necessário é

$$d = \sqrt{\frac{4A}{\pi}} = \sqrt{\frac{(4)(0{,}0745 \text{ m}^2)}{(3{,}14)}}$$

$$= 0{,}308 \text{ m} = 12{,}1 \text{ in}.$$

Uma alternativa para analisar o problema poderia ser a seguinte pergunta: Qual fração inicial de enchimento deveria ser especificada no tanque para evitar o fluxo bifásico durante um incidente de exposição ao fogo? Não há correlações testadas até o momento para calcular a altura de uma camada de espuma acima do líquido fervente.

Para os alívios de incêndio com fluxo de vapor monofásico as equações fornecidas nas Seções 10-2 e 10-4 são utilizadas para determinar o tamanho do alívio.

Conforme foi mencionado anteriormente, as descargas de escoamento bifásico nas hipóteses de incêndio são possíveis, mas improváveis. Para dimensionar um alívio e escoamento de uma fase única (vapor), utilize a entrada de calor determinada pelas Equações 10-36 a 10-38 e calcule a vazão mássica do vapor através do alívio dividindo a entrada de calor pelo calor da vaporização do líquido. Isso presume que toda a entrada de calor decorrente do fogo é utilizada para vaporizar o líquido. A área do alívio é determinada utilizando as Equações 10-3 a 10-12.

10-9 Alívios para Expansão Térmica dos Fluidos de Processo

Os líquidos contidos dentro de vasos de processo e da tubulação normalmente vão se expandir quando aquecidos. A expansão vai danificar tubulações e vasos, se estes estiverem completamente cheios de fluido e se o líquido estiver bloqueado dentro dos mesmos.

Uma situação típica é a expansão térmica da água nas serpentinas de resfriamento de um reator, exibido na Figura 10-12. Se as serpentinas estiverem cheias de água e forem acidentalmente bloqueadas, a água vai se expandir quando aquecida pelo conteúdo do reator, levando a danos nas serpentinas.

As ventilações de alívio são instaladas nesses sistemas para evitar danos resultantes da expansão do líquido. Embora isso possa parecer um problema menor, o dano nos sistemas de troca de calor pode resultar em (1) contaminação do produto ou substâncias intermediárias, (2) problemas de corrosão subsequentes, (3) interrupções substanciais do funcionamento da instalação e (4) grandes despesas de reparos. A falha no equipamento de troca de calor também é difícil de identificar e os reparos são demorados.

Um coeficiente de expansão térmica para os líquidos, β, é definido como

$$\beta = \frac{1}{V}\left(\frac{dV}{dT}\right), \tag{10-39}$$

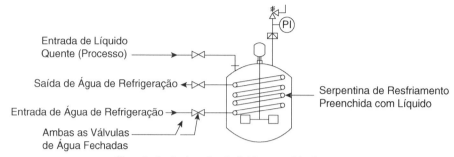

Figura 10-12 Danos nas serpentinas de resfriamento em consequência do aquecimento externo do fluido de refrigeração bloqueado.

em que

V é o volume de fluido e

T é a temperatura.

A Tabela 10-3 apresenta os coeficientes de expansão térmica de uma série de substâncias. A água se comporta de modo incomum. O coeficiente de expansão térmica diminui com o aumento da temperatura até cerca de 4°C, após o que o coeficiente de expansão térmica aumenta com a temperatura. Os coeficientes da água são determinados rapidamente a partir das tabelas de vapor.

A taxa de expansão volumétrica Q_v através do alívio, resultante da expansão térmica, é

$$Q_v = \frac{dV}{dt} = \frac{dV}{dT}\frac{dT}{dt}. \tag{10-40}$$

Tabela 10-3 Coeficientes de Expansão Térmica de uma Série de Líquidos[a]

Líquido	Densidade a 20°C (kg/m³)	Coeficiente de expansão térmica (°C⁻¹)
Álcool, etílico	791	112×10^{-5}
Álcool, metílico	792	120×10^{-5}
Benzeno	877	124×10^{-5}
Éter, etílico	714	166×10^{-5}
Glicerina	1261	51×10^{-5}
Mercúrio	13.546	$18,2 \times 10^{-5}$
Terebintina	873	97×10^{-5}
Tetracloreto de carbono	1595	124×10^{-5}

[a] G. Shortley and D. Williams, *Elements of Physics*, 4ª ed. (Englewood Cliffs, NJ: Prentice Hall, 1965), p. 302.

Dimensionamento dos Alívios de Pressão

Aplicando a definição do coeficiente de expansão térmica, fornecido pela Equação 10-39, obtemos

$$Q_v = \beta V \frac{dT}{dt}. \tag{10-41}$$

Para uma tubulação ou vaso aquecido externamente por um fluido quente, o balanço de energia no fluido é dado por

$$mC_P \frac{dT}{dt} = UA(T - T_a), \tag{10-42}$$

em que

T é a temperatura do fluido,

C_p é a capacidade térmica do líquido,

UA é um coeficiente global de transferência térmica e

T_a é a temperatura ambiente.

Segue-se que

$$\frac{dT}{dt} = \frac{UA}{mC_P}(T - T_a). \tag{10-43}$$

Substituindo na Equação 10-41, obtemos

$$Q_v = \frac{\beta V}{mC_P} UA(T - T_a), \tag{10-44}$$

e invocando a definição de densidade do líquido ρ,

$$\boxed{Q_v = \frac{\beta}{\rho C_P} UA(T - T_a).} \tag{10-45}$$

A Equação 10-45 descreve a expansão do fluido apenas no início da transferência de calor, quando este é exposto inicialmente à temperatura externa T_a. A transferência de calor aumenta a temperatura do líquido, alterando o valor de T. No entanto, é evidente que a Equação 10-45 fornece a taxa máxima de expansão térmica, suficiente para dimensionar um dispositivo de alívio.

A taxa de expansão volumétrica Q_v é utilizada posteriormente em uma equação adequada para determinar o tamanho da ventilação do alívio.

Exemplo 10-10

A serpentina de resfriamento em um reator tem uma área superficial de 10.000 ft². Sob as condições mais severas, as serpentinas podem conter água a 32°F e podem estar expostas a um vapor superaquecido a 400°F. Dado um coeficiente de transferência térmica de 50 Btu/h-ft², estime a taxa de expansão volumétrica da água nas serpentinas, em gpm.

Solução

O coeficiente de expansão β da água a 32°F deve ser utilizado aqui, sendo estimado pela utilização dos dados volumétricos do líquido, provenientes das tabelas de vapor ao longo de um curto intervalo de temperaturas, em torno de 32°F. Entretanto, as tabelas de vapor não fornecem dados do volume específico de água em estado líquido abaixo de 32°F. Um valor entre 32°F e alguma temperatura mais alta conveniente será suficiente. Segundo as tabelas de vapor:

Temperatura (°F)	Volume específico (ft³/lb$_m$)
32	0,01602
50	0,01603

O coeficiente de expansão é calculado utilizando a Equação 10-39:

$$\beta = \frac{1}{v}\frac{dv}{dT} = \frac{1}{0,016025 \text{ ft}^3/\text{lb}_m}\left(\frac{0,01602 - 0,01603}{32 - 50}\right)\left(\frac{\text{ft}^3/\text{lb}_m}{\text{°F}}\right)$$

$$= 3,47 \times 10^{-5}\,\text{°F}^{-1}.$$

A taxa de expansão volumétrica é fornecida pela Equação 10-45:

$$Q_v = \frac{\beta}{\rho C_P} UA(T - T_a)$$

$$= \frac{(3,47 \times 10^{-5}/\text{°F})(50\text{ Btu/h-ft}^2\text{-°F})(10.000\text{ ft}^2)(400 - 32)\text{°F}}{(62,4\text{ lb}_m/\text{ft}^3)(1\text{ Btu/lb}_m\text{°F})}$$

$$= 102 \text{ ft}^3/\text{h} = 12,7 \text{ gpm}.$$

A área de ventilação do dispositivo de alívio deve ser concebida para acomodar esse fluxo volumétrico.

Leitura Sugerida

Ventilações de Deflagração

W. Bartknecht, "Pressure Venting of Dust Explosions in Large Vessels", *Plant/Operations Progress* (outubro de 1986), 5(4): 196.

Frank T. Bodurtha, *Industrial Explosion Prevention and Protection* (New York: McGraw-Hill, 1980).

Ian Swift and Mike Epstein, "Performance of Low Pressure Explosion Vents", *Plant/Operations Progress* (abril de 1987), 6(2).

Códigos e Normas de Alívio de Pressão

API RP 520, *Recommended Practice for the Sizing, Selection and Installation of Pressure-Relieveing Systems in Refineries*, 6ª ed. (Washington, DC: American Petroleum Institute, 1993.)

API RP 521, *Guide for Pressure-Relieving and Depressurizing Systems*, 3ª ed. (Washington, DC: American Petroleum Institute, 1990.)

API Standard 2000, *Venting Atmospheric and Low-Pressure Storage Tanks* (*Nonrefrigerated and Refrigerated*), 5ª ed. (Washington, DC: American Petroleum Institute, 1998.)

ASME Boiler and Pressure Vessel Code (New York: American Society of Mechanical Engineers, 1998).

NFPA 68, *Guide for Venting of Deflagrations* (Quincy, MA: National Fire Protection Association, 1998).

Escoamento Bifásico

G. W. Boicourt, "Emergency Relief System (ERS) Design: An Integrated Approach Using DIERS Methodology", *Process Safety Progress* (abril de 1995), 14(2).

R. D'Alessandro, "Thrust Force Calculations for Pressure Safety Valves", *Process Safety Progress* (setembro de 2006), 25(3): 203.

R. Darby, "Relief Sizing for Deflagrations", *Process Safety Progress* (junho de 2006), 25(2): 130.

H. K. Fauske, "Determine Two-Phase Flows During Release", *Chemical Engineering Progress* (fevereiro de 1999).

H. K. Fauske, "Emergency Relief System (ERS) Design", *Chemical Engineering Progress* (agosto de 1985).

H. K. Fauske, "Flashing Flows or Some Practical Guidelines for Emergency Releases", *Plant/Operations Progress* (julho de 1985).

H. K. Fauske, "Generalized Vent Sizing Nomogram for Runaway Chemical Reactions", *Plant/Operations Progress* (outubro de 1984), 3(4).

H. K. Fauske, "Managing Chemical Reactivity-Minimum Best Practice", *Process Safety Progress* (junho de 2006), 25(2):120.

H. K. Fauske, "Properly Sized Vents for Nonreactive and Reactive Chemicals", *Chemical Engineering Progress* (fevereiro de 2000).

H. K. Fauske, "Revisiting DIERS, Two-Phase Methodology for Reactive Systems Twenty Years Later", *Process Safety Progress* (setembro de 2006), 25(3): 180.

H. K. Fauske and J. C. Leung, "New Experimental Technique for Characterizing Runaway Chemical Reactions", *Chemical Engineering Progress* (agosto de 1985).

K. E. First and J. E. Huff, "Design Charts for Two-Phase Flashing Flow in Emergency Pressure Relief Systems", artigo apresentado no Encontro Nacional da Primavera de 1988 da AIChE.

Harold G. Fisher, "DIERS Research Program on Emergency Relief Systems", *Chemical Engineering Progress* (agosto de 1985), p. 33.

H. G. Fisher, H. S. Forrest, S. S. Grossel, J. E. Huff, A. R. Muller, J. A. Noronha, D. A. Shaw, and R. J. Tilley, *Emergency Relief System Design Using DIERS Technology* (New York: American Institute of Chemical Engineers, 1992).

J. C. Leung, "A Generalized Correlation for One-Component Homogeneous Equilibrium Flashing Choked Flow", *AIChE Journal* (outubro de 1986), 32(10): 1743.

J. C. Leung, "Simplified Vent Sizing Equations for Emergency Relief Requirements in Reactors and Storage Vessels", *AIChE Journal* (outubro de 1986), 32(10): 1622.

J. C. Leung and H. G. Fisher, "Two-Phase Flow Venting from Reactor Vessels", *Journal of Loss Prevention* (abril de 1989), 2(2): 78.

J. C. Leung and M. A. Grolmes, "The Discharge of Two-Phase Flashing Flows in a Horizontal Duct", *AIChE Journal* (março de 1987), 33(3): 524.

J. C. Leung and M. A. Grolmes, "A Generalized Correlation for Flashing Chocked Flow of Initially Subcooled Liquid", *AIChE Journal* (abril de 1988), 34(4): 688.

S. Waldram, R. McIntosh and J. Etchells, "Thrust Force Calculations for Pressure Safety Valves", *Process Safety Progress* (setembro de 2006), 25(3): 214.

Problemas

10-1 Estime o diâmetro dos alívios de líquido operados por mola nas seguintes condições:

Capacidade da bomba em ΔP (gpm)	Pressão de Ajuste (psig)	Sobrepressão (%)	Contrapressão (%)	Tipo de válvula	(ρ/ρ_{ref})
a. 100	50	20	10	Convencional	1,0
b. 200	100	20	30	Balanceada	1,3
c. 50	50	10	40	Balanceada	1,2

10-2 Determine o diâmetro de um alívio de vapor operado por mola nas seguintes condições. Suponha que em cada caso $\gamma = 1,3$, a pressão de ajuste é 100 psia e a temperatura é 100°F.

Compressibilidade, z	Peso molecular	Fluxo mássico (lb/h)	Sobrepressão (%)	Contrapressão (%)
a. 1,0	28	50	10	10
b. 0,8	28	50	30	10
c. 1,0	44	50	10	10
d. 0,8	44	50	30	10
e. 1,0	28	100	10	30
f. 0,8	28	100	30	30

10-3 Determine o diâmetro necessário para os discos de ruptura nas seguintes condições. Suponha uma gravidade específica de 1,2 em todos os casos.

Fluxo de líquido (gpm)	Queda de pressão (psi)
a. 1000	100
b. 100	100
c. 1000	50
d. 100	50

10-4 Determine o diâmetro necessário para os discos de ruptura para escoamento de vapor nas seguintes condições. Suponha que o nitrogênio seja o gás liberado e que a temperatura seja de 100°F.

Fluxo de gás (lb/h)	Pressão (psia)
a. 100	100
b. 200	100
c. 100	50
d. 200	50

Dimensionamento dos Alívios de Pressão

10-5 Determine o diâmetro adequado para o alívio nas seguintes condições de fluxo bifásico. Suponha, em todos os casos, que $L/D = 0,0$.

	a	b	c	d
Massa reacional, lb	10.000	10.000	10.000	10.000
Volume, ft³	200	500	500	500
Pressão de ajuste, psia	100	100	100	100
Temperatura de ajuste, °F	500	500	500	500
$(dT/dt)_s$, °F/s	0,5	0,5	2,0	2,0
Pressão máxima, psia	120	120	120	140
Temperatura máxima, °F	520	520	520	550
$(dT/dt)_m$, °F/s	0,66	0,66	2,4	2,6
Volume específico do líquido, ft³/lb	0,02	0,2	0,02	0,02
Volume específico do vapor, ft³/lb	1,4	1,4	1,4	1,4
Capacidade térmica, Btu/lb °F	1,1	1,1	1,1	1,1
Calor de vaporização, Btu/lb	130	130	130	130

10-6 Como a sobrepressão é incluída no projeto dos alívios bifásicos?

10-7 Determine as áreas de ventilação do alívio nas seguintes hipóteses de escoamento bifásico envolvendo incêndio. Suponha um recipiente esférico em cada caso.

	a	b	c	d
Peso molecular	72	72	86	86
Volume, ft³	5000	5000	5000	5000
Massa inicial, lb	30.000	15.000	15.000	15.000
Pressão de ajuste, psia	100	100	100	100
Temperatura de ajuste, °F	220	220	220	220
Pressão máxima, psia	100	100	130	150
Temperatura máxima, °F	220	220	240	275
Calor de vaporização, Btu/lb	130	130	150	150
v_{fg}, ft³/lb	1,6	1,6	1,6	1,6
C_P, Btu/lb °F	0,40	0,40	0,52	0,52

10-8 Determine o tamanho do alívio para spray dryers que operam nas seguintes condições:

Vapores	a	b	c	d
Volume, ft³	1000	1000	1000	1000
Pressão de ajuste, psia	16,7	16,7	16,7	16,7
Pressão máxima, psia	17,6	17,6	29,4	29,4
Gás	Metano	Hidrogênio	Metano	Hidrogênio

Poeiras	a	b	c	d
Volume, ft³	1000	1000	1000	1000
Classe da poeira	1	3	1	3
Pressão de ajuste, psia	16,7	16,7	16,7	16,7
Pressão máxima, psia	20,6	20,6	29,4	29,4

Pressão máxima durante a combustão, $P_{máx}$ é 100 psia.

10-9 Determine o tamanho do alívio necessário para proteger da expansão térmica as seguintes serpentinas de troca térmica. Água é utilizada em todos os casos. Suponha que as tubulações consigam suportar uma pressão de 1000 psig e que a pressão de operação normal seja de 200 psig. Suponha uma pressão de ajuste de 500 psig, uma sobrepressão de 20% e nenhuma contrapressão.

	a	b	c	d
Área bloqueada, ft²	10.000	10.000	10.000	10.000
Temperatura máxima, °F	550	550	800	550
Temperatura mínima, °F	70	50	32	70
Coeficiente de transferência de calor, Btu/h ft² °F	75	75	75	125

10-10 Considere o Problema 10-9, parte a. Dessa vez use o álcool como meio líquido, com um coeficiente de expansão térmica de $1,12 \times 10^{-3}$/°C. A capacidade térmica do álcool é 0,58 kcal/kg°C e sua densidade é 791 kg/m³. Determine o tamanho do alívio necessário.

10-11 Um vaso de processo é equipado com um disco de ruptura de 2 in configurado a 100 psig e projetado para 10% de sobrepressão. Uma linha de nitrogênio tem de ser adicionada ao tanque para proporcionar capacidade de purga e/ou descarga por pressão dos líquidos. Que tamanho de linha você escolheria se o nitrogênio estivesse disponível a partir de uma fonte de 500 psig? A temperatura é 80°F.

10-12 A água quente domiciliar contém dispositivos de alívio para fornecer proteção no caso de falha dos controles do aquecedor. No caso de falha, a água seria aquecida a uma temperatura elevada.

Um aquecedor de água típico contém 40 galões de água e possui uma entrada de calor de 42.000 Btu/h. Se o aquecedor for equipado com um dispositivo de alívio de 150 psia operado por mola, calcule a área necessária para o alívio. Dica: Deve ocorrer um fluxo bifásico. Suponha que não haja sobrepressão.

Calcule também o tamanho da ventilação do alívio, supondo o alívio de todo o vapor. Suponha 20% de contrapressão.

10-13 Um tanque cilíndrico de 4 m de diâmetro e 10 ft de comprimento está completamente cheio de água e bloqueado. Estime a taxa de expansão térmica da água se a mesma estiver a 50°F e o revestimento de aço do tanque for subitamente aquecido até 100°F. Suponha um coeficiente de transferência térmica de 50 Btu/h ft² °F e que apenas a metade de cima do tanque seja aquecida.

Se o tanque for exposto ao fogo, qual será a área necessária para o alívio? Suponha que não haja sobrepressão. A MAWP do tanque é 200 psig.

10-14 Um galpão de 10 ft de largura por 10 ft de comprimento por 10 ft de altura é utilizado para armazenar tanques de metano. Qual é a área de ventilação de deflagração necessária? Suponha uma sobrepressão interna máxima de 0,1 psig.

10-15 Um *spray dryer* é utilizado para secar vitaminas e levá-las para forma de pó. O secador consiste em uma seção cilíndrica, de 12 ft de altura e 5 ft de diâmetro. Acoplada ao fundo da seção cilíndrica, há uma seção cônica para coletar o pó seco. O cone tem 5 ft de comprimento. Se o índice de deflagração do pó da vitamina for de 80 bar m/s, determine a área necessária para uma ventilação de deflagração. Suponha que a ventilação abra a 0,2 bar manométrico e que a pressão máxima durante a combustão seja 0,5 bar manométrico.

10-16 Um sistema de distribuição de bebidas consiste em um recipiente de bebida, uma mangueira de distribuição com válvula e um sistema de CO_2 para manter o produto pressurizado. O sistema de CO_2 inclui um pequeno recipiente de CO_2 liquefeito sob alta pressão e um regulador para controlar a pressão de entrada de gás na bebida.

Um sistema típico para bebidas contém um recipiente com 7,75 galões de bebida, um recipiente com 5 lb de CO_2 liquefeito e um regulador configurado em 9 psig. O regulador é conectado diretamente ao recipiente de CO_2, e uma mangueira plástica de 0,5 in (diâmetro interno) conecta o regulador ao recipiente de bebida. A pressão de vapor saturado do CO_2 liquefeito é 800 psia. Suponha uma temperatura de 80°F.

Um sistema de alívio de pressão tem de ser projetado para proteger da sobrepressão, o recipiente de bebida. O dispositivo de alívio será instalado na linha de CO_2 no ponto em que ela entra no recipiente de bebida.

a. Determine a hipótese que mais provavelmente contribui para a sobrepressão do recipiente de bebida.

b. O escoamento bifásico deve ser considerado?

c. Determine a área de ventilação necessária, supondo uma pressão de ajuste de 20 psig e uma sobrepressão de 10%. Suponha também um alívio operado por mola.

10-17 Você foi designado para analisar as hipóteses de alívio para um determinado reator químico na sua planta. Atualmente, você está analisando a hipótese que envolve a falha do regulador de nitrogênio que fornece o gás responsável por inertizar a região de vapor do reator. Seus cálculos mostram que a taxa de descarga máxima do nitrogênio através do sistema de alívio existente no vaso é de 0,5 kg/s. No entanto, seus cálculos também mostram que o fluxo de nitrogênio através da tubulação de alimentação de 1 in será muito maior do que isso. Assim, na configuração atual, uma falha do regulador de nitrogênio vai resultar em sobrepressão no reator.

Uma maneira de solucionar o problema é instalar uma placa de orifício na linha de nitrogênio, limitando assim o fluxo até o máximo de 0,5 kg/s. Determine o diâmetro do orifício (em cm) necessário para atingir esse fluxo. Suponha uma pressão de abastecimento na fonte de nitrogênio igual a 15 bar absolutos. A temperatura ambiente é 25°C e a pressão ambiente é 1 atm.

10-18 O sistema do reator em uma planta piloto contém tanques de armazenagem com 24 in de diâmetro e 36 in de altura. Um sistema de alívio deve ser projetado para proteger o recipiente no caso de exposição ao fogo. O recipiente contém um material polímero inflamável. Qual é o diâmetro necessário para o disco de ruptura aliviar a pressão adequadamente? Suponha uma pressão de descarga de 10 psig. O peso molecular do líquido é 162,2, seu ponto de ebulição é 673°R, o calor de vaporização é 92,4 Btu/lb e a relação da capacidade térmica do vapor é 1,30.

10-19 Um tanque horizontal com 10 ft de comprimento e 3 ft de diâmetro contém água. Qual deve ser o tamanho do alívio para proteger o tanque da exposição ao fogo? Suponha o seguinte: apenas emissão de vapor, MAWP de 200 psig, alívio convencional operado por mola.

10-20 Um reator batelada contém 10.000 kg de reagente líquido. Um dispositivo de alívio deve ser dimensionado adequadamente para uma possível reação descontrolada.

Um teste de laboratório demonstrou que a reação não vai resultar em uma emissão bifásica. Desse modo, um sistema de alívio de vapor deve ser projetado. Além do mais, os testes calorimétricos indicam que a taxa máxima de autoaquecimento é de 40°C/min. As propriedades físicas do material também são:

Capacidade térmica do líquido: 2,5 kJ/kg K

Calor de vaporização: 300 kJ/kg

Peso molecular: 100

O vapor age como um gás triatômico ideal.

a. Determine a taxa de vaporização máxima durante uma reação fora de controle (em kg/s).

b. Determine o diâmetro do alívio (em m) necessário para a reação fora de controle. Suponha uma MAWP de 7 bar manométricos, 10% de contrapressão e um alívio convencional operado por mola. Suponha uma temperatura de 200°C nas condições de alívio.

10-21 Uma tubulação de 1 in (diâmetro interno) é utilizada para fornecer água para um tanque de baixa pressão com uma MAWP de 20 psig. A água é fornecida através de um regulador a partir de uma fonte com uma pressão máxima de 100 psig. Determine o diâmetro de um alívio convencional operado por mola necessário para proteger o tanque de uma falha no regulador. Certifique-se de expor claramente seus pressupostos e as justificativas para os mesmos.

10-22 Uma bomba de 500 gpm é utilizada para fornecer água para um vaso de reator. Se a bomba continuar a operar, o reator pode encher demais e ficar excessivamente pressurizado. Determine o diâmetro do alívio (em polegadas) necessário para proteger o vaso. A MAWP do vaso é 100 psig. Exponha, de maneira clara, quaisquer pressupostos adicionais necessários para o seu cálculo. Suponha uma contrapressão de 10% e uma sobrepressão de 10% no sistema de alívio.

10-23 a. Calcule o fluxo mássico (kg/m²s) do material gasoso através de um vazamento, supondo que o material é armazenado em sua pressão de vapor dentro do vaso ($9,5 \times 10^5$ Pa abs). Suponha que o material é armazenado a 25°C, que é descarregado em 1 atm de pressão e que o seu peso molecular é 44.

b. Calcule o fluxo mássico (kg/m² s) do material bifásico através do mesmo vazamento nas mesmas condições da parte a. Suponha que o tamanho da descarga seja maior do que 10 cm. Os dados adicionais de propriedades físicas são:

Calor de vaporização: $3,33 \times 10^5$ J/kg

v_{fg}:   0,048 m³/kg

Dimensionamento dos Alívios de Pressão

Capacidade térmica do líquido: $2{,}23 \times 10^3$ J/kg K

Capacidade térmica do vapor: $1{,}70 \times 10^3$ J/kg K

c. Comente a respeito da diferença nas taxas de fluxo entre as partes a e b. Em geral, os sistemas de alívio projetados para escoamento bifásico devem ser maiores do que aqueles de vapor puro. Isso é coerente com os resultados das partes a e b? Por quê?

d. Calcule a taxa de descarga de energia da parte a. Suponha que o conteúdo energético do vapor se deva ao calor de vaporização do líquido para gás.

e. Calcule a taxa de descarga de energia para a descarga da parte b. Suponha que a energia se deva ao aumento sensível de calor do fluxo bifásico e descarga e que a temperatura da descarga seja 10 K mais alta.

f. Compare os resultados das partes d e e. Quantas vezes maior deve ser a área da descarga bifásica a fim de remover a energia na mesma taxa da emissão monofásica? Comente sobre as implicações dos sistemas de alívio nos vasos de reator.

10-24 Um dispositivo de alívio deve ser projetado para um vaso a fim de aliviar 1800 gpm de petróleo cru líquido, na eventualidade do bloqueio de uma linha de descarga. A MAWP é 250 psig e deve haver uma contrapressão máxima de 50 psig. A gravidade específica do petróleo é 0,928 e a sua viscosidade é 0,004 kg/m s.

a. Especifique uma pressão de ajuste e uma sobrepressão adequadas para esse alívio.

b. Que tipo de alívio deve ser utilizado: um disco de ruptura, um alívio convencional operado por mola ou um alívio do tipo balanceado?

c. Determine o diâmetro do alívio, em polegadas.

10-25 Um galpão com paredes metálicas finas deve ser equipado com uma ventilação para aliviar com segurança uma deflagração de hidrocarbonetos decorrente da combustão de um hidrocarboneto similar ao propano. A pressão máxima que a edificação consegue suportar é estimada em 0,5 psi. Determine a área de ventilação necessária para a estrutura se a área de superfície interna total da mesma (incluindo o piso e o teto) for de 24.673 ft^2.

10-26 Uma ventilação deve ser projetada para um recinto com 20 ft de comprimento, 30 ft de largura e 20 ft de altura. O recinto é utilizado para distribuir gases inflamáveis. As velocidades fundamentais de queima dos vapores do líquido são menos de 1,3 vez a do propano. Uma parede do recinto está situada contra a parede de outra estrutura e, assim, não está disponível para ventilação.

a. Determine a área de ventilação necessária se a pressão máxima que o recinto pode suportar é de 0,69 psi. Como essa área se compara à área de parede disponível para ventilação?

b. Determine a área de ventilação necessária se a pressão máxima que o recinto pode suportar é de 1,04 psi. Agora existe uma área de parede adequada para a ventilação?

10-27 Um dispositivo de alívio deve ser instalado em um vaso para protegê-lo de problemas operacionais. O alívio deve descarregar 53.500 lb/h de vapor de hidrocarboneto. A temperatura do alívio é de 167°F e a pressão de ajuste é 75 psig. Suponha uma sobrepressão de 10% e uma contrapressão de 0 psig. O vapor de hidrocarboneto tem um peso molecular de 65, uma compressibilidade de 0,84 e uma relação de capacidade térmica de 1,09. Determine o diâmetro do alívio.

10-28 Um *spray dryer* é utilizado para secar uma poeira com valor de K_{St} igual a 230 bar m/s. O equipamento é um cilindro vertical com 2 m de diâmetro e 3 m de altura.

    a. Estime a área de ventilação necessária se o equipamento for uma estrutura de baixa pressão capaz de suportar 0,05 bar manométrico.

    b. Estime a área de ventilação necessária se o dispositivo for capaz de suportar uma pressão de 0,2 bar manométrico. Suponha uma pressão de emissão da ventilação de 0,15 bar manométrico e uma pressão máxima durante a combustão de 8 bar manométricos.

10-29 Determine as áreas de duas válvulas de alívio – (a) convencional operada por mola e (b) operada por válvula piloto – nas seguintes condições:

Líquido:	100 gpm
Pressão de ajuste:	100 psig
Sobrepressão:	10%
Contrapressão:	30%
Viscosidade:	1000 centipoise
Temperatura:	60°F
Gravidade específica:	1,23

Capítulo 11

Identificação de Perigos

Os perigos estão por toda a parte. Infelizmente, um perigo nem sempre é identificado até a ocorrência de um acidente. Assim, é essencial identificá-los e reduzir o risco bem antes de um acidente.

As seguintes perguntas devem ser feitas para cada processo em uma indústria química:

1. Quais são os perigos?
2. O que pode dar errado e como?
3. Quais são as chances?
4. Quais são as consequências?

A primeira pergunta representa a identificação de perigos. As três últimas estão associadas com a avaliação de riscos, considerada em detalhes no Capítulo 12. A avaliação de riscos inclui a determinação dos eventos que podem produzir um acidente, a probabilidade da sua ocorrência e as suas consequências. As consequências podem incluir ferimentos ou mortes, danos ao meio ambiente ou perda de produção e bens de capital. A pergunta 2 é frequentemente chamada de identificação do cenário acidental.

A terminologia utilizada varia consideravelmente. A identificação de perigos e a avaliação de riscos às vezes são combinadas em uma categoria geral chamada de avaliação de perigos. A avaliação de riscos é às vezes chamada de análise de riscos. Um processo de avaliação de riscos que determina as probabilidades é frequentemente chamado de avaliação probabilística de riscos (*probabilistic risk assessment* – PRA), enquanto um processo que determina a probabilidade e as consequências é chamado de análise quantitativa de riscos ou AQR (*quantitative risk analysis* – QRA).

A Figura 11-1 ilustra o procedimento normal para o emprego da identificação de perigos e a avaliação de riscos. Após a descrição do processo ser disponibilizada, os perigos são identificados. São então determinados os diversos cenários pelos quais um acidente pode ocorrer, seguido pelo estudo da probabilidade e das consequências desse acidente. Essa informação é reunida em uma avaliação do risco final. Se o risco for aceitável, então o estudo está concluído e o processo pode entrar em funcionamento. Se o risco for inaceitável, então o sistema tem de ser modificado e o procedimento é reiniciado.

O procedimento descrito pela Figura 11-1 frequentemente é abreviado com base nas circunstâncias. Se os dados das taxas de falha dos equipamentos em questão não estiverem disponíveis, então o procedimento de avaliação de riscos não pode ser plenamente aplicado. A maioria das instalações

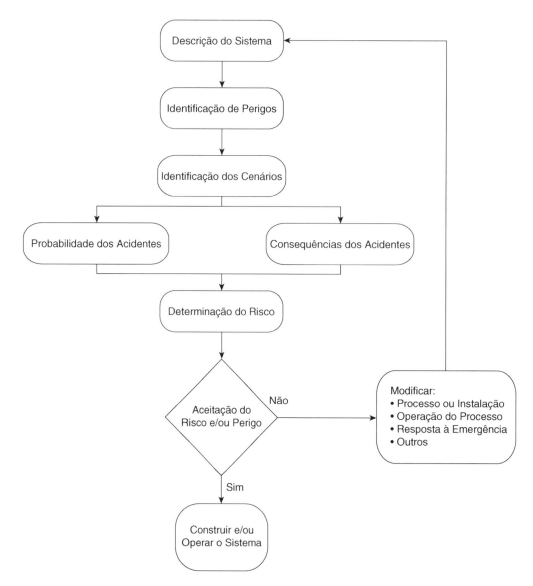

Figura 11-1 Procedimento de identificação de perigos e avaliação de riscos. Adaptado de *Guidelines for Hazards Evaluation Procedures* (New York: American Institute of Chemical Engineers, 1985), pp. 1-9.

(e até mesmo das subunidades dentro de uma instalação) modifica o procedimento para adequá-lo a sua situação específica.

Os estudos de identificação de perigos e avaliação de riscos podem ser realizados em qualquer estágio, seja durante o projeto inicial, seja durante a operação do processo. Se o estudo for realizado com o projeto inicial, ele deve ser executado o mais breve possível, de modo a permitir que modificações sejam facilmente incorporadas no projeto final.

A identificação de perigos pode ser feita de maneira independente da avaliação de riscos. No entanto, o melhor resultado é obtido se elas forem realizadas conjuntamente. Um resultado possível é que perigos com baixa probabilidade e consequências pequenas sejam identificados e tratados, resultando no "reforço excessivo" do processo. Isso significa que equipamentos e procedimentos de segurança possivelmente desnecessários e caros podem ser implementados. Por exemplo, aeronaves em voo e tornados são perigos para uma indústria química. Quais são as chances de sua ocorrência e o que

Identificação de Perigos

deveria ser feito a respeito? Na maioria das instalações, a probabilidade desses perigos é pequena: Nenhuma medida preventiva é necessária. Do mesmo modo, os perigos com probabilidade razoável, mas com consequências pequenas, às vezes são negligenciados.

Uma parte importante do procedimento de identificação de perigos apresentado na Figura 11-1 é a etapa de aceitação do risco. Cada organização que utiliza esses procedimentos deve ter critérios apropriados.

Existem vários métodos para realizar a identificação de perigos e a avaliação de riscos.[1] Só serão consideradas aqui algumas das abordagens mais populares. Nenhuma abordagem é necessariamente a mais adequada. A escolha do melhor método exige experiência. A maioria das empresas utiliza esses métodos ou adaptações para atender a suas necessidades específicas.

Os métodos de identificação de perigos descritos neste capítulo incluem os seguintes:

1. Listas de verificação (*checklists*) dos perigos do processo: É uma lista de itens e possíveis problemas no processo que devem ser averiguados.

2. Levantamentos de perigos: Isso pode ser tão simples quanto um inventário dos materiais perigosos, ou pode ser tão detalhado quanto os índices Dow. Os índices Dow são um sistema de classificação formal, muito parecido com um formulário de imposto de renda, que prevê penalidades para os perigos e créditos para os equipamentos e procedimentos de segurança.

3. Estudos de perigos e operabilidade (HAZOP): Essa abordagem permite que a mente fique livre em um ambiente controlado. Vários eventos são sugeridos para um determinado equipamento, com os participantes determinando se e como o evento poderia ocorrer e se o evento gera qualquer forma de risco.

4. Avaliação da segurança: Um tipo eficaz, porém menos formal, de HAZOP. Os resultados são altamente dependentes da experiência e do sinergismo do grupo que analisa o processo.

11-1 Listas de Verificação dos Perigos do Processo

Uma lista de verificação dos perigos do processo nada mais é do que uma lista dos possíveis problemas e áreas a serem averiguados. A lista lembra o revisor, ou operador, das possíveis áreas de problemas. Uma lista de verificação pode ser utilizada durante a concepção de um processo para identificar os perigos do projeto ou pode ser utilizada antes da operação do processo.

Um exemplo clássico é a lista de verificação de um automóvel que poderia ser analisada antes de dirigir nas férias. Essa lista poderia conter os seguintes itens:

- Verificar o óleo do motor
- Verificar a calibragem dos pneus
- Verificar o nível de fluido de arrefecimento no radiador
- Verificar o filtro de ar
- Verificar o nível de fluido no reservatório de lavagem do para-brisa
- Verificar os faróis e lanternas traseiras
- Verificar o sistema de escape quanto a vazamentos

---

[1]*Guidelines for Hazard Evaluation Procedures*, 3rd ed. (New York: American Institute of Chemical Engineers, 2008.)

- Verificar o nível do óleo de freio
- Verificar o nível da gasolina no tanque de combustível

As listas de verificação dos processos químicos podem ser detalhadas, envolvendo centenas ou milhares de itens. Mas, como foi ilustrado no exemplo das férias, o esforço despendido na elaboração e utilização das listas de verificação pode produzir resultados importantes.

Uma lista de verificação de segurança típica para a concepção de processos é exibida na Figura 11-2. Repare que são fornecidas três colunas de marcação. A primeira coluna é utilizada para indicar as áreas que foram plenamente investigadas. A segunda coluna é utilizada para os itens que não se aplicam ao processo em particular. A última coluna é utilizada para marcar as áreas que necessitam de mais investigação. As longas anotações de cada área são mantidas em separado da lista de verificação.

```
                                              Exige mais estudo  ↓
                                              Não se aplica  ↓
                                              Concluído  ↓
Arranjo geral
 1. Áreas drenadas adequadamente?                      □  □  □
 2. Existem corredores de acesso?                      □  □  □
 3. Paredes corta fogo, diques e parapeitos especiais são  □  □  □
    necessários?
 4. Obstruções subterrâneas perigosas?                  □  □  □
 5. Restrições suspensas perigosas?                     □  □  □
 6. Entradas e saídas de emergência?                    □  □  □
 7. Altura livre suficiente?                            □  □  □
 8. Acesso para veículos de emergência?                 □  □  □
 9. Espaço de armazenamento seguro para matérias-primas e  □  □  □
    produtos acabados?
10. Plataformas adequadas para operações de manutenção seguras?  □  □  □
11. Guindastes e elevadores projetados e protegidos      □  □  □
    adequadamente?
12. Espaço livre para as linhas de energia suspensas?   □  □  □

Edificações
 1. Escadas, escadarias e rotas de fuga adequadas?      □  □  □
 2. Necessidade de portas corta fogo?                   □  □  □
 3. Obstruções de cabeça marcadas?                      □  □  □
 4. Ventilação adequada?                                □  □  □
 5. Necessidade de escada ou escadaria até o telhado?   □  □  □
 6. Vidro de segurança especificado onde for necessário? □  □  □
 7. Necessidade de aço estrutural à prova de fogo?      □  □  □

Processo
 1. Consequências da exposição a operações adjacentes    □  □  □
    consideradas?
 2. Coifas especiais para fumaça ou poeira necessárias? □  □  □
```

Figura 11-2 Uma lista de verificação típica de segurança de processos. Uma lista desse tipo é utilizada frequentemente antes de uma análise mais completa. Adaptado de Henry E. Webb, "What to Do When Disaster Strikes", que consta em *Safe and Efficient Plant Operation and Maintenance*, Richard Greene, ed. (New York: McGraw-Hill, 1980.) (*continua*)

Identificação de Perigos

	Exige mais estudo ↓
	Não se aplica ↓
	Concluído ↓

3. Materiais instáveis armazenados adequadamente? ☐ ☐ ☐
4. Laboratório de processo verificado quanto a condições explosivas fora de controle? ☐ ☐ ☐
5. Facilidades para proteção contra explosões? ☐ ☐ ☐
6. Reações perigosas possíveis devido a erros ou à contaminação? ☐ ☐ ☐
7. Química dos processos completamente compreendida e avaliada? ☐ ☐ ☐
8. Facilidades para remoção rápida dos reagentes em uma emergência? ☐ ☐ ☐
9. A falha de equipamentos mecânicos é uma possível causa de perigos? ☐ ☐ ☐
10. Possíveis perigos em decorrência de bloqueios graduais ou repentinos na tubulação ou nos equipamentos? ☐ ☐ ☐
11. Possíveis riscos de responsabilidade pública em decorrência de sprays, fumaças, vapores ou ruído? ☐ ☐ ☐
12. Facilidades para o descarte de materiais tóxicos? ☐ ☐ ☐
13. Perigos envolvidos no descarte de material para o sistema de esgoto? ☐ ☐ ☐
14. Fichas de segurança de materiais (FISPQ) disponíveis para todos os produtos químicos? ☐ ☐ ☐
15. Possíveis perigos em decorrência da perda simultânea de dois ou mais serviços? ☐ ☐ ☐
16. Fatores de segurança alterados pelas revisões de projeto? ☐ ☐ ☐
17. Consequências do pior incidente ou de uma combinação de incidentes foram analisadas? ☐ ☐ ☐
18. Os diagramas de processo estão corretos e atualizados? ☐ ☐ ☐

Tubulação

1. Necessidade de chuveiros de emergência e lava olhos? ☐ ☐ ☐
2. Necessidade de sistemas de aspersão de água? ☐ ☐ ☐
3. Provisões para expansão térmica? ☐ ☐ ☐
4. Todas as linhas de transbordamento direcionadas para áreas seguras? ☐ ☐ ☐
5. Linhas de ventilação direcionadas de maneira segura? ☐ ☐ ☐
6. As especificações das tubulações foram seguidas? ☐ ☐ ☐
7. Necessidade de mangueiras de lavagem? ☐ ☐ ☐
8. Válvulas de retenção empregadas de acordo com a necessidade? ☐ ☐ ☐
9. A proteção e a identificação de tubulações frágeis foram consideradas? ☐ ☐ ☐
10. Possível deterioração do exterior da tubulação pelos produtos químicos? ☐ ☐ ☐
11. Válvulas de emergência facilmente acessíveis? ☐ ☐ ☐
12. Linhas de ventilação grandes e longas suportadas? ☐ ☐ ☐
13. Tubulação de vapor condensado projetada de maneira segura? ☐ ☐ ☐
14. Tubulação da válvula de alívio projetada para evitar entupimento? ☐ ☐ ☐

Figura 11-2 (*continuação*)

	Exige mais estudo ↓ Não se aplica ↓ Concluído ↓		
15. Drenos para aliviar a pressão na sucção e na descarga de todas as bombas do processo?	☐	☐	☐
16. Linhas de abastecimento de água da cidade não conectadas às tubulações do processo?	☐	☐	☐
17. Líquidos inflamáveis alimentando as unidades de produção desligadas a uma distância segura em caso de incêndio ou outra emergência?	☐	☐	☐
18. Proteção para o pessoal fornecida?	☐	☐	☐
19. Linhas de vapor quente isoladas?	☐	☐	☐
Equipamentos			
1. Projetos corretos para a pressão máxima de operação?	☐	☐	☐
2. Tolerância de corrosão considerada?	☐	☐	☐
3. Isolamento especial para equipamentos perigosos?	☐	☐	☐
4. Protetores para esteiras, polias, roldanas e engrenagens?	☐	☐	☐
5. Cronograma para verificação dos dispositivos de proteção?	☐	☐	☐
6. Diques para todos os tanques de armazenamento?	☐	☐	☐
7. Parapeitos para os tanques de armazenamento?	☐	☐	☐
8. Materiais de construção compatíveis com os processos químicos?	☐	☐	☐
9. Equipamentos recuperados e de reposição verificados estruturalmente e quanto às pressões de processo?	☐	☐	☐
10. Tubulações suportadas de maneira independente para aliviar as bombas e outros equipamentos conforme a necessidade?	☐	☐	☐
11. Lubrificação automática do maquinário crítico?	☐	☐	☐
12. Necessidade de equipamento emergencial de espera?	☐	☐	☐
Alívio e suspiro			
1. Válvulas de alívio ou discos de ruptura necessários?	☐	☐	☐
2. Materiais de construção resistentes à corrosão?	☐	☐	☐
3. *Vents* projetados adequadamente? (Tamanho, direção, configuração?)	☐	☐	☐
4. Supressores de chama necessários nas linhas de *vent*?	☐	☐	☐
5. Válvulas de alívio protegidas contra entupimento por discos de ruptura?	☐	☐	☐
6. Manômetros indicadores instalados entre os discos de ruptura e as válvulas de alívio?	☐	☐	☐
Instrumentos e Equipamentos Elétricos			
1. Todos os controles com proteção contra falhas?	☐	☐	☐
2. A indicação dupla das variáveis do processo é necessária?	☐	☐	☐
3. Todos os equipamentos identificados adequadamente?	☐	☐	☐
4. A tubulação é protegida?	☐	☐	☐
5. Proteções fornecidas para o controle do processo quando um instrumento tem de ser retirado de serviço?	☐	☐	☐
6. Segurança do processo afetada pelo atraso na resposta?	☐	☐	☐
7. Identificação em todos os comutadores de partida/parada?	☐	☐	☐

Figura 11-2 (*continuação*)

Identificação de Perigos

	Exige mais estudo ↓
	Não se aplica ↓
	Concluído ↓

8. Equipamentos projetados para permitir o bloqueio de proteção? ☐ ☐ ☐
9. As falhas elétricas provocam condições inseguras? ☐ ☐ ☐
10. Iluminação suficiente para as operações exteriores e interiores? ☐ ☐ ☐
11. Luzes fornecidas para todos os visores, chuveiros e lava olhos? ☐ ☐ ☐
12. Disjuntores adequados para proteção dos circuitos? ☐ ☐ ☐
13. Todos os equipamentos aterrados? ☐ ☐ ☐
14. Bloqueios especiais necessários para a operação segura? ☐ ☐ ☐
15. Suprimento emergencial de energia é necessário nos equipamentos de iluminação? ☐ ☐ ☐
16. Iluminação de emergência durante uma falta de energia é necessária para fuga? ☐ ☐ ☐
17. Todos os equipamentos de comunicação necessários foram fornecidos? ☐ ☐ ☐
18. Chaves de desconexão de emergência adequadamente indicadas? ☐ ☐ ☐
19. Necessidade de equipamentos elétricos especiais à prova de explosão? ☐ ☐ ☐

Equipamentos de Segurança
1. Necessidade de extintores de incêndio? ☐ ☐ ☐
2. Necessidade de equipamentos especiais para respiração? ☐ ☐ ☐
3. Necessidade de material para represamento? ☐ ☐ ☐
4. Necessidade de tubos indicadores colorimétricos? ☐ ☐ ☐
5. Necessidade de aparelhos para detecção de vapores inflamáveis? ☐ ☐ ☐
6. Materiais de extinção de incêndio compatíveis com os materiais de processo? ☐ ☐ ☐
7. Necessidade de procedimentos e alarmes de emergência? ☐ ☐ ☐

Matérias-Primas
1. Algum material ou produto requer equipamento de manuseio especial? ☐ ☐ ☐
2. Alguma matéria-prima ou produto afetado por condições climáticas extremas? ☐ ☐ ☐
3. Algum produto perigoso do ponto de vista tóxico ou inflamável? ☐ ☐ ☐
4. Recipientes adequados utilizados? ☐ ☐ ☐
5. Recipientes identificados adequadamente quanto a toxicidade, inflamabilidade, estabilidade, etc.? ☐ ☐ ☐
6. Consequências de derramamentos nocivos consideradas? ☐ ☐ ☐
7. Instruções especiais necessárias para os recipientes ou para armazenagem e estocagem pelos distribuidores? ☐ ☐ ☐
8. O armazém tem instruções especiais que cobrem cada produto considerado crítico? ☐ ☐ ☐

Figura 11-2 (*continuação*)

A concepção de uma *checklist* depende do intuito. Uma lista de verificação que se destina ao uso durante o projeto inicial de um processo será muito diferente de uma lista utilizada em uma alteração do processo. Algumas empresas têm listas de verificação para equipamentos específicos, como um trocador de calor ou uma coluna de destilação.

As listas de verificação só devem ser aplicadas durante os estágios preliminares da identificação de perigos e não devem ser utilizadas como um substituto de um procedimento mais completo de identificação desses perigos. As listas são mais eficazes na identificação de perigos decorrentes da concepção do processo, arranjo da instalação, armazenamento de produtos químicos, sistemas elétricos etc.

11-2 Levantamento dos Perigos

Um levantamento dos perigos pode ser tão simples quanto um inventário dos materiais perigosos em uma instalação, ou tão complicado quanto um procedimento rigoroso como o Índice Dow de Incêndio e Explosão (F&EI)[2] e o Índice Dow de Exposição Química (CEI),[3] que são duas formas populares de levantamento dos perigos. As duas são abordagens formais sistematizadas que utilizam um formulário de classificação, similar ao formulário de imposto de renda. O número final da classificação fornece uma classificação relativa do perigo. O F&EI também contém um mecanismo para estimar a perda em dólares no caso de um acidente.

O Dow F&EI é concebido para classificar os perigos relativos durante o armazenamento, o manuseio e o processamento de materiais explosivos e inflamáveis. A ideia principal desse procedimento é proporcionar uma abordagem puramente sistemática, praticamente independente de fatores de julgamento, para determinar a magnitude relativa dos perigos inflamáveis em uma indústria química. Os principais formulários utilizados nos cálculos são exibidos nas Figuras 11-3 e 11-4.

O procedimento começa com um fator relativo ao material, que é função apenas do tipo de produto químico ou produtos químicos utilizados. Esse fator é ajustado para os perigos dos processos gerais e especiais. Esses ajustes ou penalidades se baseiam em condições como o armazenamento em temperaturas acima do *flash point* ou de ebulição, reações endotérmicas ou exotérmicas e aquecedores com chama. Os créditos dos diversos sistemas e procedimentos de segurança são utilizados para estimar as consequências do perigo após a determinação do índice de incêndio e explosão.

O formulário mostrado na Figura 11-3 consiste em três colunas de números. A primeira coluna é a penalidade. As penalidades das várias situações inseguras são colocadas nessa coluna. A segunda coluna contém a penalidade realmente utilizada. Isso permite uma redução ou aumento na penalidade, com base em circunstâncias atenuantes não cobertas pelo formulário. No caso de dúvida, o valor completo da penalidade da primeira coluna é utilizado. A coluna final é utilizada no cálculo.

A primeira etapa do procedimento é dividir conceitualmente o processo em unidades distintas. Uma unidade de processamento consiste em uma única bomba, reator ou tanque de armazenamento. Um grande processo resulta em centenas de unidades individuais. Não é prático aplicar o índice de incêndio e explosão a todas essas unidades. A abordagem usual é escolher apenas as unidades que a experiência demonstra terem o risco mais elevado. Uma lista de verificação de segurança do processo ou levantamento dos perigos é utilizada com frequência para escolher as unidades mais perigosas destinadas a uma análise mais profunda.

---

[2] *Dow's Fire and Explosion Index Hazard Classification Code*, 7th ed. (New York: American Institute of Chemical Engineers, 1994.)
[3] *Dow's Chemical Exposure Index Guide*, 1st ed. (New York: American Institute of Chemical Engineers, 1998.)

Identificação de Perigos

ÍNDICE DE INCÊNDIO E EXPLOSÃO

ÁREA/PAÍS	DIVISÃO		LOCALIZAÇÃO	DATA
SÍTIO INDUSTRIAL	UNIDADE DE PRODUÇÃO		UNIDADE DE PROCESSAMENTO	
PREPARADO POR:		APROVADO POR: (Superintendente)	PRÉDIO	
REVISADO POR (Gerência)		REVISADO POR: (Centro de Tecnologia)	REVISADO POR: (Segurança e Prevenção de Perdas)	

MATERIAIS NA UNIDADE DE PROCESSAMENTO

FASE DA OPERAÇÃO	MATERIAIS BÁSICOS PARA O FATOR MATERIAL
___ PROJETO ___ PARTIDA ___ OPERAÇÃO NORMAL ___ PARADA	

FATOR MATERIAL (Veja a Tabela 1 ou Apêndices A ou B) Observe os requisitos quando a temperatura da unidade for maior que 140°F (60°C)

	Intervalo do Fator de Penalidade	Fator de Penalidade Utilizado[1]
1. Perigos Gerais do Processo		
Fator de Base	1,00	1,00
A. Reações Químicas Exotérmicas	0,30 a 1,25	
B. Processos Endotérmicos	0,20 a 0,40	
C. Manuseio e Transferência de Material	0,25 a 1,05	
D. Unidades de Processamento Confinadas ou Internas	0,25 a 0,90	
E. Acesso	0,20 a 0,35	
F. Drenagem e Controle de Derramamento ___ gal ou m³	0,25 a 0,50	
Fator dos Perigos Gerais do Processo (F1)..........................		
2. Perigos Especiais do Processo		
Fator de Base	1,00	1,00
A. Materiais Tóxicos	0,20 a 0,80	
B. Pressão Subatmosférica (< 500 mmHg)	0,50	
C. Operação Próxima ou Dentro da Faixa de Inflamabilidade ___Inertizado ___Não Inertizado		
1. Parques de Armazenamento com Estocagem de Líquidos Inflamáveis	0,50	
2. Perturbação do Processo ou Falha de Purga	0,30	
3. Sempre na Faixa de Inflamabilidade	0,80	
D. Explosão de Poeira (Veja a Tabela 3)	0,25 a 2,00	
E. Pressão (Veja a Figura 2) Pressão Operacional ___ psig ou kPa man. Pressão de Alívio ___ psig ou kPa man.		
F. Temperatura Baixa	0,20 a 0,30	
G. Quantidade de Material Inflamável/Instável: Quantidade ___ lb ou kg H_C = ___ Btu/lb ou kcal/kg		
1. Líquidos ou Gases no Processo (Veja a Figura 3)		
2. Líquidos ou Gases no Armazenamento (Veja a Figura 4)		
3. Sólidos Combustíveis no Armazenamento, Poeira no Processo (Veja a Figura 5)		
H. Corrosão e Erosão	0,10 a 0,75	
I. Vazamento – Juntas e Vedação	0,10 a 1,50	
J. Utilização de Equipamento com Chama (Veja a Figura 6)		
K. Sistema de Troca de Calor com Óleo Quente (Veja a Tabela 5)	0,15 a 1,15	
L. Equipamento Rotativo	0,50	
Fator dos Perigos Especiais do Processo (F_2)		
Fator dos Perigos da Unidade de Processamento ($F_1 \times F_2$) = F_3		
Índice de Incêndio e Explosão ($F_3 \times$ FM = F&EI)		

[1] Caso não haja penalidade, utilize 0,00

Figura 11-3 Formulário utilizado no Dow Fire and Explosion Index. As figuras e tabelas mencionadas no formulário são fornecidas no livreto do índice. Fonte: *Dow's Fire and Explosion Index Hazard Classification Guide*, 7th ed. (1994). Reproduzido com a permissão do American Institute of Chemical Engineers.

FATORES DE CRÉDITO PARA CONTROLE DE PERDAS

1. Fator de Crédito do Controle do Processo (C_1)

Recurso	Intervalo do Fator de Crédito	Fator de Crédito Utilizado[2]	Recurso	Intervalo do Fator de Crédito	Fator de Crédito Utilizado[2]
a. Energia de Emergência	0,98		f. Gás Inerte	0,94 a 0,96	
b. Resfriamento	0,97 a 0,99		g. Instruções/Procedimentos de Emergência	0,91 a 0,99	
c. Controle de Explosão	0,84 a 0,98		h. Avaliação dos Produtos Químicos Reativos	0,91 a 0,98	
d. Parada de Emergência	0,96 a 0,99		i. Avaliação de Outros Perigos do Processo	0,91 a 0,98	
e. Controle por Computador	0,93 a 0,99				

Valor de $C_{1(3)}$ ☐

2. Fator de Crédito do Isolamento do Material (C_2)

Recurso	Intervalo do Fator de Crédito	Fator de Crédito Utilizado[2]	Recurso	Intervalo do Fator de Crédito	Fator de Crédito Utilizado[2]
a. Válvulas Controladas Remotamente	0,96 a 0,98		c. Drenagem	0,91 a 0,97	
b. Alívio/Purga	0,96 a 0,98		d. Intertravamento	0,98	

Valor de $C_{2(3)}$ ☐

3. Fator de Crédito da Proteção contra Incêndio (C_3)

Recurso	Intervalo do Fator de Crédito	Fator de Crédito Utilizado[2]	Recurso	Intervalo do Fator de Crédito	Fator de Crédito Utilizado[2]
a. Detecção de Vazamento	0,94 a 0,98		f. Cortinas de Água	0,97 a 0,98	
b. Aço Estrutural	0,95 a 0,98		g. Espuma	0,92 a 0,97	
c. Abastecimento de Água para Incêndio	0,94 a 0,97		h. Extintores/Monitores Portáteis	0,93 a 0,98	
d. Sistemas Especiais	0,91		i. Proteção dos Cabos	0,94 a 0,98	
e. Sistemas de Aspersão de Água	0,74 a 0,97				

Valor de $C_{3(3)}$ ☐

Fator de Crédito do Controle de Perdas = $C_1 \times C_2 \times C_{3(3)}$ ☐ (Escreva na linha 7 abaixo)

RESUMO DA ANÁLISE DE RISCO DA UNIDADE DE PROCESSAMENTO

1. Índice de Incêndio e Explosão (F&EI)................. (Veja a Frente)	
2. Raio de Exposição............... (Figura 7)	ft ou m
3. Área de Exposição...............	ft² ou m²
4. Valor da Área de Exposição...............	milhões US$
5. Fator de Dano............... (Figura 8)	
6. Dano Patrimonial Máximo Provável Básico – (DPMP Básico) [4 × 5]	milhões US$
7. Fator de Crédito do Controle de Perda............... (Ver Acima)	
8. Dano Patrimonial Máximo Provável Real – (DPMP Real) [6 × 7]	milhões US$
9. Quantidade Máxima Provável de Dias de Paralisação (QMPDP) .... (Figura 9)	dias
10. Paralisação dos Negócios – (PN)...............	milhões US$

[2] Para nenhum fator de crédito, utilize 1,00.   [3] Produto de todos os fatores utilizados.

Consulte o *Fire & Explosion Index Hazard Classification Guide*, para obter mais detalhes.

Figura 11-4 Formulário utilizado na análise das consequências. Fonte: *Dow's Fire and Explosion Index Hazard Classification Guide*, 7th ed. (1994). Reproduzido com a permissão do American Institute of Chemical Engineers.

Identificação de Perigos

A etapa seguinte é determinar o fator relativo ao material (FM) a ser utilizado no formulário exibido na Figura 11-3. A Tabela 11-1 apresenta os FMs de uma série de compostos importantes. Essa lista também inclui dados sobre calor de combustão e temperaturas de *flash point* e ebulição. Os outros dados também são utilizados no cálculo do Dow F&EI. É fornecido um procedimento completo na referência para calcular o fator FM de outros compostos não apresentados na Tabela 11-1 ou fornecidos na referência da Dow.

Tabela 11-1 Dados Selecionados para o Índice Dow de Incêndio e Explosão[a]

Composto	Fator de material	Calor de combustão (Btu/lb $\times 10^{-3}$)	Flash point (°F)	Ponto de ebulição (°F)
Acetileno	29	20,7	Gás	−118
Acetona	16	12,3	−4	133
Benzeno	16	17,3	12	176
Bromo	1	0,0	−	−
1,3-Butadieno	24	19,2	−105	24
Butano	21	19,7	Gás	31
Carbureto de cálcio	24	9,1	−	−
Ciclo-hexano	16	18,7	−4	179
Ciclo-hexanol	10	15,0	154	322
Cloreto vinílico	24	8,0	−108	7
Cloro	1	0,0	Gás	−29
Etano	21	20,4	Gás	−128
Etileno	24	20,8	Gás	−155
Estireno	24	17,4	88	293
Gasolina	16	18,8	−45	100–400
Hidrogênio	21	51,6	Gás	−423
Metano	21	21,5	Gás	−258
Metanol	16	8,6	52	147
Monóxido de carbono	21	4,3	Gás	−313
Nitroglicerina	40	7,8	−	−
Octano	16	20,5	56	258
Óleo combustível #1	10	18,7	100–162	304–574
Óleo combustível #6	10	18,7	100–270	−
Óleo diesel	10	18,7	100–130	315
Óleo mineral	4	17,0	380	680
Pentano	21	19,4	<−40	97
Petróleo (cru)	16	21,3	20–90	−
Propileno	21	19,7	−162	−54
Tolueno	16	17,4	40	232
Xileno	16	17,6	77	279

[a]Selecionado do *Dow's Fire and Explosion Index Hazard Classification Guide*, 7th ed. (New York: American Institute of Chemical Engineers, 1994).

Em geral, quanto maior o valor do FM, mais inflamável e/ou explosivo é o material. Se forem utilizadas misturas de materiais, o FM é determinado a partir das propriedades da mistura. É sugerido o valor mais alto do FM sob a gama completa de condições operacionais. O valor resultante do FM para o processo é escrito no espaço previsto no topo do formulário da Figura 11-3.

A próxima etapa é determinar os perigos gerais do processo. Penalidades são aplicadas para os seguintes fatores:

1. Reações exotérmicas que podem provocar autoaquecimento
2. Reações endotérmicas que podem reagir devido a uma fonte de calor externa, como um incêndio
3. Manuseio e transferência de materiais, incluindo o bombeamento e a conexão de linhas de transferência
4. Unidades de processo confinadas que impedem a dispersão dos vapores de escape
5. Acesso limitado a equipamentos de emergência
6. Drenagem deficiente dos materiais inflamáveis para longe da unidade de processamento

Penalidades dos perigos de processos especiais são determinadas em seguida:

1. Materiais tóxicos que podem impedir o combate a incêndios
2. Operação abaixo da pressão atmosférica com um risco de entrada de ar externo
3. Operação perto ou dentro da faixa de inflamabilidade
4. Riscos de explosão de poeira
5. Pressão acima da atmosférica
6. Operação em baixa temperatura com possível fragilização de vasos de aço-carbono
7. Quantidade de material inflamável
8. Corrosão e erosão das estruturas da unidade de processamento
9. Vazamento no entorno das juntas e vedações
10. Utilização de aquecedores com chama, proporcionando uma fonte de ignição imediata
11. Sistemas de troca de calor com óleo aquecido, em que o óleo quente está acima da temperatura de ignição
12. Equipamentos rotativos grandes, incluindo bombas e compressores

As instruções detalhadas e as correlações para determinar os perigos gerais e especiais dos processos são fornecidas no F&EI completo da Dow.

O fator de perigo geral do processo (F_1) e o fator de perigo especial do processo (F_2) são multiplicados para produzir um fator de perigo único (F_3). O Dow F&EI é calculado pela multiplicação do fator de perigo único pelo FM. A Tabela 11-2 prevê o grau de perigo baseado no valor do índice.

O F&EI da Dow pode ser utilizado para determinar as consequências de um acidente. Isso inclui o dano máximo provável ao patrimônio (DPMP) e a quantidade máxima provável de dias de paralisação (QMPDP).

As consequências da análise são concluídas utilizando a planilha mostrada na Figura 11-4. Os cálculos são feitos na tabela de Resumo da Análise de Risco na parte de baixo do formulário. O raio de dano é estimado primeiramente utilizando uma correlação publicada no índice Dow completo. Essa

Tabela 11-2 Determinação do Grau de Perigo do Índice Dow de Incêndio e Explosão

Índice Dow de Incêndio e Explosão	Grau de perigo
1–60	Baixo
61–96	Moderado
97–127	Intermediário
128–158	Alto
159 e superior	Grave

correlação se baseia no F&EI determinado previamente. É determinado o valor, em dólar, do equipamento dentro do raio. Em seguida, um fator de dano (baseado em uma correlação fornecida) é aplicado à fração do equipamento realmente danificada pela explosão ou incêndio. Finalmente, um fator de crédito é aplicado com base nos sistemas de segurança. O número final, em dólares, é o valor do DPMP. Este número é utilizado para estimar o QMPDP utilizando uma correlação. Os detalhes sobre o procedimento estão disponíveis na referência completa da Dow.

Os índices Dow são úteis para determinar os requisitos de espaçamento dos equipamentos. O F&EI utiliza uma correlação empírica baseada inteiramente no valor do F&EI para estimar o raio de exposição. Presume-se que qualquer equipamento localizado fora dessa distância não seria danificado por um incêndio ou explosão. O CEI estima a distância do perigo de uma exposição química com base nos valores de ERPG (*emergency response planning guideline*) para um determinado material emitido.

Exemplo 11-1

Sua fábrica está considerando a montagem de uma nova instalação de descarga de vagões-tanque. A instalação vai descarregar vagões-tanque com capacidade nominal de 25.000 galões contendo butadieno puro ou ciclo-hexano. O sistema de descarga será equipado com um sistema de desligamento automático com válvulas de bloqueio operadas remotamente. A operação de descarga será feita com controle computadorizado. Os vagões são inertizados com nitrogênio até uma pressão de 40 psig e o sistema de alívio do vagão tem uma pressão de abertura de 75 psig. As instruções da operação estão escritas e foram revisadas pela equipe técnica da empresa. Uma análise dos produtos químicos reativos já foi feita na instalação proposta. Os detectores de gás combustível serão posicionados na estação de descarga. Um sistema de dilúvio será instalado no local da descarga com um excelente abastecimento de água. Um sistema de diques vai circundar três lados da instalação, com os vertedouros direcionados para uma área de captação coberta.

Determine o Dow F&EI para essa operação e determine o espaçamento mínimo entre as unidades adjacentes.

Solução

O Índice Dow contém a maior parte dos dados necessários para concluir a avaliação. Os dados dos compostos químicos utilizados nessa instalação são

Composto	Fator material	Classificação de perigos para a saúde da NFPA	Calor de combustão (Btu/lb)	Flash point (°F)
Butadieno	24	2	$19{,}2 \times 10^3$	−105
Ciclo-hexano	16	1	$18{,}7 \times 10^3$	−4

Como o butadieno tem o FM mais elevado, ele é o material em relação ao qual necessitamos avaliar através do Dow F&EI.

O formulário F&EI completo é exibido na Figura 11-5. Cada item diferente de zero no formulário é discutido no texto a seguir.

1.A. Reações químicas exotérmicas: A análise química reativa determinou que uma reação exotérmica não é possível aqui. A penalidade é zero.

1.B. Reações químicas endotérmicas: Essa penalidade se aplica apenas aos reatores; então a penalidade é zero.

1.C. Manuseio e transferência de materiais: A documentação do índice afirma: "Qualquer operação de carga e descarga envolvendo produtos inflamáveis Classe I ou materiais tipo GLP em que as linhas de transferência são conectadas e desconectadas recebe uma penalidade de 0,50."

1.D. Unidades de processamento confinadas ou internas: A unidade é em espaço aberto; então a penalidade é zero.

1.E. Acesso: A unidade terá acesso de emergência de todos os lados; então a penalidade é zero.

1.F. Drenagem e controle de transbordamento: Nenhuma penalidade é aplicada porque o dique e o sistema de captação estão presentes.

2.A. Materiais tóxicos: O índice sugere a utilização de um valor de penalidade igual a $0,20 \times$ Índice de Perigo para a Saúde da NFPA. Como a classificação é 2, o valor da penalidade é 0,4.

2.B. Pressão subatmosférica: A operação é pressurizada; então nenhuma penalidade é aplicada aqui.

2.C. Operação perto ou dentro da faixa de inflamabilidade

   1. Parques de estocagem armazenam líquidos inflamáveis: Os tanques são inertizados com um sistema fechado de recuperação de vapor; então a penalidade é zero.

   2. Perturbação no processo ou falha de purga: A unidade depende da purga inerte para mantê-la fora da faixa de inflamabilidade; então uma penalidade de 0,30 é aplicada.

   3. Sempre na faixa inflamável: O processo não está na faixa de inflamabilidade durante a operação normal; então a penalidade é zero.

2.D. Explosão de poeira: Não há poeira envolvida; então a penalidade é zero.

2.E. Pressão: O índice Dow fornece um procedimento detalhado para determinar essa penalidade. A penalidade da pressão operacional é determinada a partir da Figura 2 no livreto do índice Dow utilizando a pressão operacional. Nesse caso, a pressão operacional de 40 psig resulta em uma penalidade de 0,24. Segundo, é determinada uma penalidade na pressão de abertura do alívio (75 psig), mais uma vez utilizando a Figura 2 no livreto do índice Dow. Esse valor é 0,27. A penalidade da pressão operacional é dividida pela penalidade da pressão de abertura para obter um ajuste final da penalidade da pressão. Nesse caso, o ajuste é $0,24/0,27 = 0,8889$. Isso é multiplicado pela penalidade da pressão operacional para obter $0,24(0,8889) = 0,2133$. Finalmente, isso é multiplicado por um fator de correção igual a 1,3 por se tratar de um gás inflamável liquefeito. A penalidade final é $0,2133(1,3) = 0,28$.

2.F. Baixa temperatura: A operação em baixa temperatura não está prevista; então a penalidade é zero.

2.G. Quantidade de material inflamável/instável

   1. Líquidos ou gases no processo: Isso não faz parte do processo; então a penalidade é zero.

   2. Líquidos ou gases armazenados: A energia total contida no estoque é estimada a fim de determinar a penalidade. Isso requer a densidade do butadieno, que pode ser obtida na FISPQ ou em outra referência. Esse valor é 0,6263. Desse modo, a energia total é

$$(25.000 \text{ GAL})(8.345 \text{ lb/GAL})(0,6263) = 130.662 \text{ lb},$$
$$(1,30 \times 10^5 \text{ lb})(19,2 \times 10^3 \text{ Btu/lb}) = 2,51 \times 10^9 \text{ Btu}.$$

   A partir da Figura 4, curva B, no livreto do índice Dow, a penalidade é 0,76.

   3. Sólidos combustíveis armazenados, poeira no processo: Nenhum sólido está presente; então a penalidade é zero.

Identificação de Perigos

ÍNDICE DE INCÊNDIO E EXPLOSÃO

ÁREA/PAÍS	DIVISÃO	LOCALIZAÇÃO	DATA
América do Norte	Centro-Norte	Arkansas	03/04/94

SÍTIO INDUSTRIAL	UNIDADE DE PRODUÇÃO	UNIDADE DE PROCESSAMENTO	
No Loss	Dow Polymer	Rail Car Unloading	

PREPARADO POR:	APROVADO POR: (Superintendente)	PRÉDIO	
John Smith	Alvin Doe	A-103	

REVISADO POR: (Gerência)	REVISADO POR: (Centro de Tecnologia)	REVISADO POR: (Segurança e Prevenção de Perdas)
Robert Big	Bill Wright	

MATERIAIS NA UNIDADE DE PROCESSAMENTO
Butadieno, Ciclo-hexano

FASE DA OPERAÇÃO
__ PROJETO __ PARTIDA **X** OPERAÇÃO NORMAL __ PARADA

MATERIAIS BÁSICOS PARA O FATOR MATERIAL
Butadieno

FATOR MATERIAL (Veja a Tabela 1 ou Apêndices A ou B) Observe os requisitos quando a temperatura da unidade for maior que 140°F (60°C) — **24**

	Intervalo do Fator de Penalidade	Fator de Penalidade Utilizado(1)
1. Perigos Gerais do Processo		
Fator de Base	1,00	1,00
A. Reações Químicas Exotérmicas	0,30 a 1,25	-
B. Processos Endotérmicos	0,20 a 0,40	-
C. Manuseio e Transferência de Material	0,25 a 1,05	0,5
D. Unidades de Processamento Confinadas ou Internas	0,25 a 0,90	-
E. Acesso	0,20 a 0,35	-
F. Drenagem e Controle de Derramamento ___ gal ou m³	0,25 a 0,50	-
Fator dos Perigos Gerais do Processo (F1)		**1,5**
2. Perigos Especiais do Processo		
Fator de Base	1,00	1,00
A. Materiais Tóxicos Nh=2	0,20 a 0,80	0,4
B. Pressão Subatmosférica (< 500 mmHg)	0,50	-
C. Operação Próxima ou Dentro da Faixa de Inflamabilidade **X** Inertizado __ Não Inertizado		-
1. Parques de Armazenamento com Estocagem de Líquidos Inflamáveis	0,50	-
2. Perturbação do Processo ou Falha de Purga	0,30	0,30
3. Sempre na Faixa de Inflamabilidade	0,80	-
D. Explosão de Poeira (Veja a Tabela 3)	0,25 a 2,00	-
E. Pressão (Veja a Figura 2) Pressão Operacional **40** psig Pressão de Alívio **75** psig		0,28
F. Temperatura Baixa	0,20 a 0,30	-
G. Quantidade de Material Inflamável/Instável: Quantidade **130k** lb H_C = **19,2k** Btu/lb		
1. Líquidos ou Gases no Processo (Veja a Figura 3)		-
2. Líquidos ou Gases no Armazenamento (Veja a Figura 4)		0,76
3. Sólidos Combustíveis no Armazenamento, Poeira no Processo (Veja a Figura 5)		-
H. Corrosão e Erosão	0,10 a 0,75	0,1
I. Vazamento – Juntas e Vedações	0,10 a 1,50	0,1
J. Utilização de Equipamento com Chama (Veja a Figura 6)		-
K. Sistema de Troca de Calor com Óleo Quente (Veja a Tabela 5)	0,15 a 1,15	-
L. Equipamento Rotativo	0,50	-
Fator dos Perigos Especiais do Processo (F_2)		**2,94**
Fator dos Perigos da Unidade de Processamento ($F_1 \times F_2$) = F_3		**4,41**
Índice de Incêndio e Explosão ($F_3 \times FM$ = F&EI)		**106,00**

(1) Caso não haja penalidade, utilize 0,00.

FORM c_22380 Rev/01-94

Figura 11-5 Índice Dow de Incêndio e Explosão aplicado a uma instalação de descarga de vagões do Exemplo 11-1.

2.H. Corrosão e erosão: A corrosão e a erosão estão previstas em menos de 0,5 mil/ano. Desse modo, a penalidade é 0,10.

2.I. Vazamento-juntas e vedação: A vedação da bomba e da gaxeta deve ter um pequeno vazamento. Assim, a penalidade aqui é 0,10.

2.J. Utilização de equipamentos com chama: Nenhum equipamento com chama está presente; então a penalidade é zero.

2.K. Sistema de troca de calor com óleo aquecido: Não há esse tipo de sistema; então a penalidade é zero.

2.L. Equipamento rotativo: Não há equipamento rotativo grande; então a penalidade é zero.

Essas penalidades e fatores estão resumidos na Figura 11-5. O cálculo resultante mostra um valor F&EI de 106, significando que essa estação de descarga é um perigo intermediário.

A Figura 7 no livreto do índice Dow fornece um raio de exposição baseado no valor do F&EI. Nesse caso, o raio é de 90 ft (27,4 m). Assim, a estação de descarregamento deve estar situada a uma distância mínima de 90 ft (27,4 m) de qualquer outro equipamento ou processo.

O Dow CEI é um método simples para classificar um possível perigo agudo para a saúde das pessoas nas plantas ou comunidades vizinhas decorrente de possíveis acidentes com emissão de produtos químicos.

Para utilizar o CEI, são necessários os seguintes itens:

- Uma planta precisa da instalação e da área no entorno
- Uma folha de especificação de processo detalhada mostrando os tanques de contenção, a tubulação principal e os inventários de produtos químicos
- As propriedades físicas e químicas dos materiais investigados
- Os valores ERPG da Tabela 5-6
- O guia CEI
- O formulário CEI exibido na Figura 11-6

A Figura 11-7 mostra um fluxograma do procedimento CEI. O procedimento começa com uma definição dos possíveis incidentes de liberação de materiais. Entre eles, temos as liberações a partir de tubulações, mangueiras, dispositivos de alívio de pressão que descarregam diretamente na atmosfera, vasos e transbordamentos e derramamentos de tanques. O guia CEI tem diretrizes detalhadas para esses incidentes, como mostra a Tabela 4-6. Os incidentes são utilizados com uma série de modelos de fonte simplificados fornecidos no guia Dow[4] para estimar a taxa de liberação do material. Os ERPGs são utilizados com um modelo de dispersão simplificado para determinar o valor CEI e as distâncias afetadas, resultantes da liberação.

Os levantamentos são convenientes para identificar perigos associados com o projeto dos equipamentos, arranjo, armazenamento de materiais etc. Eles não são convenientes para identificar perigos resultantes da operação inadequada ou de condições anormais. Por outro lado, essa abordagem é bastante rigorosa, exige pouca experiência, é fácil de aplicar e fornece um resultado rápido.

---

[4]*Dow's Chemical Exposure Index Guide*.

Identificação de Perigos

RESUMO DO ÍNDICE DE EXPOSIÇÃO QUÍMICA (CEI)

Unidade de Produção _____   Localização _____
Produto Químico _____   Quantidade Total na Unidade _____
Maior Contenção Individual _____
Pressão da Contenção _____   Temperatura da Contenção _____
1. Cenário Sendo Avaliado _____

2. Taxa de Liberação Atmosférica pelo Cenário _____ kg/s
                                                _____ lb/min

3. Índice de Exposição Química (CEI)

4.

	Concentração		Distância Perigosa	
	mg/m³	PPM	metros	pés
ERPG-1/EEPG-1	_____	_____	_____	_____
ERPG-2/EEPG-2	_____	_____	_____	_____
ERPG-3/EEPG-3	_____	_____	_____	_____

5. Distâncias até:

	metros	pés
Público (em geral considerado o limite da propriedade)	_____	_____
Outras instalações internas à empresa	_____	_____
Plantas ou empresas externas	_____	_____

6. O CEI e a Distância Perigosa estabelecem o nível de avaliação necessário.

7. Se for necessária uma avaliação posterior, execute a Lista de Verificação de Contenção e Mitigação (*Chemical Exposure Index Guide*, 2ª edição - Apêndice 2, página 26) e prepare um Pacote de Avaliação.

8. Faça uma lista de quaisquer coisas visíveis, odores ou sons que possam advir da sua instalação e que provoquem preocupação ou indagações públicas (por exemplo, fumaça, grandes válvulas de alívio, odores abaixo dos níveis perigosos de mercaptanos ou aminas, etc.)
_____
_____
_____

Preparado por: _____
Revisado por: _____
                                                        Data
Superintendente ou Gerente da Unidade _____   _____
Representante de Revisão do Sítio _____   _____
Revisão Adicional da Gerência _____   _____
 (caso necessário)

Figura 11-6 Formulário utilizado para o Índice Dow de Exposição Química (CEI). Fonte: *Dow's Chemical Exposure Index Guide* (New York: American Institute of Chemical Engineers, 1998). Reproduzido com a permissão do American Institute of Chemical Engineers.

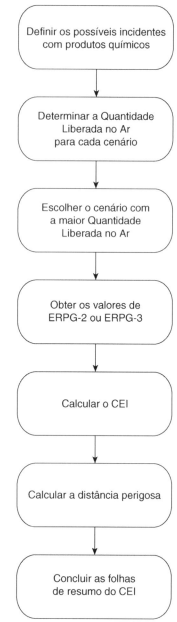

Figura 11-7 Procedimento para calcular o Índice de Exposição Química (CEI). Fonte: *Dow's Chemical Exposure Index Guide* (New York: American Institute of Chemical Engineers, 1998).

11-3 HAZOP – Estudos de Perigos e Operabilidade

O HAZOP é um procedimento formal para a identificação de perigos em uma instalação de processos químicos.[5] O procedimento é eficaz na identificação dos perigos e é bem-aceito pela indústria.

A ideia básica é deixar a mente livre em um ambiente controlado para poder considerar todas as maneiras possíveis com que falhas de processo e falhas operacionais possam ocorrer.

Antes de iniciar o HAZOP, informações detalhadas sobre o processo têm de estar disponíveis. Isso inclui fluxogramas de processo (PFDs), diagramas de processo e instrumentação (P&IDs), especificações detalhadas dos equipamentos, materiais de construção e balanços de massa e energia, todos atualizados.

---

[5]*Guidelines for Hazard Evaluation Procedures*, 3rd ed. (New York: American Institute of Chemical Engineers, 2008.)

O HAZOP completo requer uma equipe composta de uma série de profissionais experientes da instalação, laboratórios, operação, manutenção e segurança. Um indivíduo deve ser treinado para atuar como líder/mediador da equipe. Essa pessoa comanda a discussão, e tem de ser experiente no procedimento do HAZOP e no processo químico que está sendo analisado. Um indivíduo deve receber a tarefa de registrar os resultados, embora uma série de fornecedores disponibilize programas para realizar esta função em um computador pessoal. A equipe se reúne com regularidade algumas horas por dia. A duração da reunião deve ser suficientemente curta para garantir a manutenção do interesse e a participação de todos os membros da comissão. Uma unidade grande poderia consumir vários meses de reuniões quinzenais para concluir o HAZOP. Obviamente, um estudo HAZOP completo exige um grande investimento de tempo e esforço, mas o valor do resultado compensa este esforço.

O procedimento do HAZOP utiliza as seguintes etapas para realizar uma análise:

1. Comece com um fluxograma detalhado do processo. Divida o processo em uma série de unidades de processo. Assim, a área do reator poderia ser uma unidade, e o tanque de armazenamento outra. Escolha uma unidade para estudo.

2. Escolha um "nó" ou ponto de estudo (tanque, linha, instrução de operação).

3. Descreva as intenções de projeto do nó. Por exemplo, o tanque V-1 é projetado para armazenar a matéria-prima benzeno e fornecê-la ao reator, de acordo com a demanda.

4. Escolha um parâmetro do processo: fluxo, nível, temperatura, pressão, concentração, pH, viscosidade, estado (sólido, líquido ou gasoso), agitação, volume, reação, amostra, componente, início, fim, estabilidade, potência, inerte.

5. Aplique uma palavra-guia ao parâmetro do processo para sugerir possíveis desvios. Uma lista de palavras-guia é exibida na Tabela 11-3. Algumas das combinações de palavras-guia dos parâmetros de processo não fazem sentido, como mostram as Tabelas 11-4 e 11-5 para linhas e vasos de processo.

6. Se o desvio for aplicável, determine as possíveis causas e observe quaisquer sistemas de proteção.

7. Avalie as consequências do desvio (se houver).

8. Recomende a ação (o quê? por meio de quem? quando?).

9. Registre todas as informações.

10. Repita os passos 5 a 9 até todas as palavras-guia terem sido aplicadas ao parâmetro de processo selecionado.

11. Repita as etapas 4 a 10 até todos os parâmetros de processo aplicáveis terem sido considerados no ponto de estudo (nó) em questão.

12. Repita as etapas 2 a 11 até todos os pontos de estudo terem sido considerados na seção em questão e avance para a próxima seção do fluxograma.

As palavras-guia BEM COMO, PARTE DE e OUTRO QUE às vezes podem ser conceitualmente difíceis de aplicar. BEM COMO significa que alguma outra coisa acontece além da finalidade original do projeto. Isso poderia ser a ebulição de um líquido, a transferência de algum componente adicional ou a transferência de algum fluido para algum outro lugar além do previsto. PARTE DE significa que um dos componentes está faltando ou que o fluxo está sendo bombeado preferencialmente para apenas parte do

Tabela 11-3 Palavras-Guia Utilizadas no Procedimento de HAZOP

Palavras-guia	Significado	Comentários
NÃO, NENHUM	A negação completa da intenção de projeto	Nenhuma parte da intenção do projeto é alcançada, mas nada mais acontece.
MAIS, MAIOR	Aumento quantitativo	Aplica-se a quantidades como vazão e temperatura e a atividades como aquecimento e reação.
MENOS, MENOR	Diminuição quantitativa	Aplica-se a quantidades como vazão e temperatura e a atividades como aquecimento e reação.
BEM COMO, TAMBÉM	Aumento qualitativo	Todas as intenções de projeto e operação são alcançadas, junto com outras atividades, como, por exemplo, a contaminação dos fluxos de processo.
PARTE DE	Diminuição qualitativa	Apenas algumas das intenções do projeto são alcançadas, outras não.
INVERSO	A lógica contrária	Mais aplicável a atividades como fluxo ou reação química. Também aplicável a substâncias, como, por exemplo, veneno em vez de antídoto.
OUTRO QUE	Substituição completa	Nenhuma parte da intenção original é alcançada – a intenção original é substituída por alguma outra coisa.
MAIS CEDO QUE	Cedo demais ou na ordem errada	Aplica-se a etapas de processo ou ações.
MAIS TARDE QUE	Tarde demais ou na ordem errada	Aplica-se a etapas de processo ou ações.
ONDE MAIS	Em outros locais	Aplica-se aos locais do processo ou aos locais nos procedimentos de operação.

Tabela 11-4 Combinações Válidas de Palavras-Guia e Parâmetros de Processo (os x representam combinações válidas)

Parâmetros de processo	Não, nenhum	Mais, maior	Menos, menor	Bem como, também	Parte de	Inverso	Outro que	Mais cedo que	Mais tarde que	Onde mais
Fluxo	x	x	x	x	x	x	x	x	x	
Temperatura		x	x					x	x	
Pressão		x	x	x				x	x	
Concentração	x	x	x	x	x		x	x	x	
pH		x	x					x	x	
Viscosidade		x	x					x	x	
Estado				x				x	x	

Tabela 11-5 Combinações Válidas de Palavras-Guia e Parâmetros de Processo (os x representam combinações válidas)

Parâmetros de processo	Não, nenhum	Mais, maior	Menos, menor	Bem como, também	Parte de	Inverso	Outro que	Mais cedo que	Mais tarde que	Onde mais
Nível	x	x	x	x	x		x	x	x	x
Temperatura		x	x					x	x	
Pressão		x	x	x				x	x	
Concentração	x	x	x	x	x		x	x	x	
pH		x	x					x	x	
Viscosidade		x	x					x	x	
Agitação	x	x	x		x	x		x	x	
Volume	x	x	x	x	x			x	x	x
Reação	x	x	x				x	x	x	
Estado				x			x	x	x	
Amostra	x			x	x		x	x	x	

processo. OUTRO QUE se aplica às situações em que um material é substituído pelo material previsto, é transferido para algum outro local ou o material solidifica e não pode ser transportado. As palavras-guia MAIS CEDO QUE, MAIS TARDE QUE e ONDE MAIS são aplicáveis ao processamento em batelada.

Uma parte importante do procedimento HAZOP é a organização necessária para registrar e utilizar os resultados. Existem muitas formas para fazer isso e a maioria das empresas personaliza a sua abordagem para se adequar ao seu próprio jeito de fazer as coisas.

A Tabela 11-6 apresenta um tipo de formulário básico do HAZOP. A primeira coluna, chamada "Item", é utilizada para proporcionar um identificador único para cada caso considerado. O sistema de numeração utilizado é uma combinação de número e letra. Assim, a designação "1A" indicaria o primeiro nó e a primeira palavra-guia. A segunda coluna apresenta o nó considerado. A terceira coluna apresenta o parâmetro do processo, e a quarta coluna traz os desvios ou palavras-guia. As três colunas seguintes são os resultados mais importantes da análise. A primeira delas apresenta as possíveis causas. Essas causas são determinadas pela comissão e se baseiam na combinação específica de desvio com palavra-guia. A coluna seguinte apresenta as possíveis consequências do desvio. A última coluna traz a ação necessária para evitar que o perigo resulte em um acidente. Repare que os itens apresentados nessas três colunas são numerados consecutivamente. As últimas colunas são utilizadas para controlar a responsabilidade pelo trabalho e a sua execução.

Exemplo 11-2

Considere o sistema de reator exibido na Figura 11-8. A reação é exotérmica; então é fornecido um sistema de resfriamento para remover o excesso de energia da reação. No caso de perda da função de resfriamento, a temperatura do reator aumentaria. Isso levaria a um aumento na taxa de reação, levando também a mais liberação de energia. O resultado seria uma reação descontrolada, com pressões ultrapassando a pressão de ruptura do vaso do reator.

Tabela 11-6 Formulário HAZOP para Registro de Dados

Estudo de Perigos e Operabilidade – HAZOP

Nome do projeto:			Data:	Página de	Concluído:
Processo:					Nenhuma ação:
Seção:				Desenho de referência:	Data da resposta:
Item	Ponto de estudo (nó)	Parâmetros do processo	Desvios (palavras-guia)	Possíveis causas	Possíveis consequências	Ação necessária	Atribuída a:

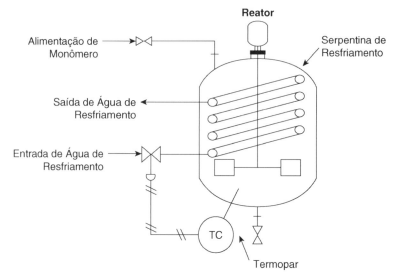

Figura 11-8 Uma reação exotérmica controlada por água de resfriamento.

A temperatura dentro do reator é medida e utilizada para controlar a vazão do líquido de resfriamento por uma válvula.

Execute um estudo HAZOP nessa unidade para aumentar a segurança do processo. Utilize como nós a serpentina de resfriamento (parâmetros do processo: fluxo e temperatura) e o agitador (parâmetro do processo: agitação).

Solução

As palavras-guia são aplicadas aos nós de estudo da serpentina de resfriamento e do agitador com os parâmetros de processo designados.

Os resultados do HAZOP são exibidos na Tabela 11-7, que é apenas uma pequena parte da análise completa.

As possíveis modificações do processo resultantes desse estudo (Exemplo 11-2) são as seguintes:

- Instalar um alarme de alta temperatura para alertar o operador no caso de perda de função de resfriamento
- Instalar um sistema de desligamento em caso de alta temperatura (esse sistema interromperia automaticamente o processo no vaso no caso de uma temperatura elevada no reator; a temperatura de desligamento seria mais alta do que a temperatura do alarme para proporcionar ao operador a oportunidade para restabelecer o resfriamento antes de o reator ser desligado)
- Instalar uma válvula de retenção na linha de resfriamento para evitar a inversão do fluxo (uma válvula de retenção poderia ser instalada antes e depois do reator para evitar que o conteúdo do reator flua para montante, bem como para evitar o refluxo no caso de um vazamento nas serpentinas)
- Inspecionar periodicamente a serpentina de resfriamento para assegurar a sua integridade
- Analisar no sistema de água do resfriamento a possível contaminação e a interrupção do abastecimento
- Instalar um medidor de vazão na água de resfriamento e um alarme de baixo fluxo (que vão fornecer uma indicação imediata da perda de resfriamento)

No caso de falha do sistema de água de resfriamento (independente da origem da falha), o alarme de alta temperatura e o sistema de desligamento de emergência impedem uma reação descontrolada. Uma equipe de análise que realiza o estudo HAZOP decidiu que a instalação de um controlador e de uma válvula de controle reserva não era essencial. O alarme de alta temperatura e o sistema de desligamento impedem uma reação descontrolada nesse caso. De modo similar, uma perda da fonte de água de resfriamento seria detectada pelo alarme ou pelo sistema de desligamento de emergência. A equipe de análise sugeriu que todas as falhas de água de resfriamento fossem adequadamente informadas e que, se uma determinada causa ocorresse repetidamente, então outras modificações do processo seriam justificáveis.

O Exemplo 11-2 demonstra que o número de alterações de processo sugeridas é grande, embora apenas uma única intenção de processo seja considerada.

A vantagem dessa abordagem é que ela proporciona uma identificação mais completa dos perigos, incluindo as informações sobre como esses perigos podem se desenvolver em decorrência dos procedimentos de operação e das perturbações operacionais no processo. As empresas que realizam estudos HAZOP detalhados percebem que seus processos funcionam melhor e têm menos tempo ocioso, que a qualidade do seu produto é melhor, que menos resíduos são produzidos e que seus funcionários são

Tabela 11-7 Estudo HAZOP Aplicado ao Reator Exotérmico do Exemplo 11-2

Estudo de Perigos e Operabilidade – HAZOP

Nome do projeto: Exemplo 11-2	Data: 1/1/93	Página 1 de 2	Concluído:
Processo: Reator do Exemplo 11-2			Nenhuma ação:
Seção: Reator exibido no Exemplo 11-2	Desenho de referência:		Data da resposta:

Item	Ponto de estudo (nó)	Parâmetros do processo	Desvios (palavras-guia)	Possíveis causas	Possíveis consequências	Ação necessária	Atribuída a:			
1A	Serpentina de resfriamento	Fluxo	Não	1. Válvula de controle de falha fechada 2. Serpentina de resfriamento obstruída	1. Perda de resfriamento, possível descontrole da reação 2. "	1. Selecionar válvula do tipo falha aberta 2. Instalar filtro com procedimento de manutenção	DAC DAC	1/93 1/93		
						Instalar medidor de vazão da água de resfriamento e alarme de baixo fluxo	DAC	2/93		
						Instalar alarme de alta temperatura para alertar o operador	DAC	2/93		
				3. Falha do suprimento de água de resfriamento	3. "	3. Verificar e monitorar a confiabilidade do suprimento de água	DAC	2/93		
				4. Controlador falha e fecha a válvula	4. "	4. Colocar o controlador na lista de instrumentação crítica	DAC	1/93		
				5. Pressão de ar falha e fecha a válvula	5. "	5. Veja 1A.1				
1B			Alto	1. Válvula de controle de falha aberta	1. Reator resfria, concentração do reagente acumula, possível descontrole no aquecimento	1. Instruir os operadores e atualizar os procedimentos	JFL	1/93		
1C			Baixo	2. Controlador falha e abre a válvula	2. "	2. Veja 1A.4				
				1. Linha de resfriamento parcialmente obstruída	1. Diminuição do resfriamento, possível descontrole	1. Veja 1A.2				
				2. Falha parcial do suprimento de água	2. "	2. Veja 1A.2				
1D			Bem como, parte de, inverso	3. Válvula de controle não responde	3. "	3. Incluir a válvula na lista de instrumentação crítica	JFL	1/93		
1E				1. Contaminação do suprimento de água	1. Não é possível aqui	1. Nenhuma				
1F				1. Abordado por 1C						
				2. Refluxo devido à alta contrapressão	1. Perda de resfriamento, possível descontrole	1. Veja 1A.2				
					2.	2. Instalar válvula de retenção	JFL	2/93	X	X
1G			Outro que, mais cedo que, mais tarde que	1. Não é considerado possível						
1H				1. Resfriamento normalmente começa cedo	1. Nenhuma					
1I				1. Erro do operador	1. Temperatura aumenta, possível descontrole	1. Intertravamento entre o fluxo de resfriamento e a alimentação do reator	JW	1/93	X	X
1J			Onde mais	1. Não é considerado possível						
1K		Temp.	Baixo	1. Baixa temperatura do suprimento de água	1. Nenhum – controlador mantém capacidade de resfriamento do sistema limitada, temp. aumenta	1. Nenhuma				
1L			Alto	1. Alta temperatura do suprimento de água		1. Instalar alarme de alta temperatura da água de resfriamento	JW	1/93	X	X
2A	Agitador	Agitação	Não	1. Mau funcionamento do motor do agitador	1. Nenhuma mistura, possível acumulação de materiais não reagidos	1. Intertravamento com linha de alimentação	JW	1/93		
				2. Falha de energia	2. Alimentação do monômero contínua, possível acumulação de materiais não reagidos	2. Válvula da alimentação do monômero deve ser falha fechada em caso de falta de energia	JW	2/93		
2B			Mais	1. Controlador do motor do agitador falha, resultando em alta velocidade do motor	1. Nenhuma					X

Identificação de Perigos

mais confiantes na segurança do processo. As desvantagens são que a abordagem HAZOP é tediosa para aplicar, requer um tempo de trabalho considerável e pode potencialmente identificar os perigos, independente de o risco associado ser alto ou baixo.

11-4 Avaliação da Segurança (*Safety Review*)

Outro método comumente utilizado para identificar problemas de segurança em laboratórios e processos, e para desenvolver soluções, é a "avaliação da segurança". Uma "avaliação da segurança" reúne um grupo diverso de pessoas para analisar um projeto ou operação com uma perspectiva ampla de segurança. A equipe de avaliação identifica e elimina os perigos no projeto e nos procedimentos. O processo de avaliação inclui a identificação dos eventos iniciadores ou das condições adversas que podem provocar um acidente. Depois a equipe elabora recomendações que podem incluir equipamentos, controles e procedimentos novos, modificados ou aperfeiçoados (operação, manutenção, emergência etc.). O foco deve ser na elaboração de uma avaliação de alta qualidade que previna ferimentos aos funcionários, danos ou falhas em equipamentos e interrupções do negócio.

A avaliação de segurança inclui uma análise dos acidentes e incidentes anteriores em instalações ou processos similares. Alguns incidentes são classificados como "quase perdas", significando que uma consequência grave não ocorreu, mas poderia ter ocorrido. As investigações de incidentes ou o histórico de casos contêm ações para evitar a recorrência de incidentes similares.[6] Eles identificam as causas primárias dos incidentes e estabelecem as etapas a serem implementadas para evitar eventos similares. O estudo de acidentes prévios e os relatórios de incidentes ajudam os avaliadores a evitarem os erros do passado; isto é, aprenda com a história ou você está condenado a repeti-la.

A avaliação deve ser feita periodicamente durante toda a vida de um projeto. A primeira avaliação (antes do projeto detalhado) é a mais importante, pois as mudanças no projeto original são mais baratas em comparação com as mudanças em uma instalação operacional. Muitas vezes uma avaliação informal da segurança vai identificar a necessidade de um estudo mais detalhado, como uma avaliação formal da segurança descrita na Seção 11-3, ou outros métodos de Análise de Perigos do Processo descritos na Seção 11-5.[7,8] Após a partida da unidade, as avaliações periódicas devem acontecer a cada ano, aproximadamente, ou sempre que o processo acrescentar novos equipamentos, novos produtos químicos ou novos procedimentos.

Uma avaliação da segurança é um processo cooperativo, construtivo e criativo que aumenta a segurança e o desempenho do processo. As avaliações da segurança são experiências positivas, e as boas avaliações previnem as situações apavorantes associadas aos acidentes e à sua investigação. Uma avaliação especialmente de alta qualidade não se limita às consequências ambientais e de segurança, mas é ampliada para abranger a operabilidade e as preocupações com a qualidade do produto.[9]

Em todos os métodos supracitados, as *checklists* são recomendadas para facilitar o processo de avaliação. Uma lista de verificação típica é exibida na Figura 11-2. Os avaliadores devem elaborar listas adaptadas para a instalação e para o pessoal que realiza a avaliação. Uma adaptação da Figura 11-2 é exibida na Tabela 11-8.

---

[6]"Compliance Guidelines and Recommendations for Process Safety Management (Nonmandatory)", Code of Federal Regulations, OSHA 29 CFR 1926.64 App C, 127-138.
[7]Guidelines for Hazard Evaluation Procedures, Third Edition, *Center for Chemical Process Safety of the Guidelines for Hazard Evaluation Procedures,* 3rd ed. (Center for Chemical Process Safety of the American Institute of Chemical Engineers, 2008).
[8]"Process Safety Management of Highly Hazardous Chemicals", Code of Federal Regulations, OSHA 29 CFR 1910.119, *Federal Register* (1993), 364-385.
[9]R. Collins, "Process Hazard Analysis Quality", *Process Safety Progress*, Vol. 29 (2), junho de 2004, 113-117.

Tabela 11-8 *Checklist* para Avaliações da Segurança Informais e Formais

Projeto: Características do projeto para evitar acidentes	Materiais: a. Inflamabilidade – AIT, LFL/UFL, *flash point* b. Explosividade – condições a evitar c. Toxicidade – TLV-TWA, IDLH, proteção necessária d. Corrosividade e compatibilidade – materiais de construção corretos e. Descarte de resíduos – equipamento, pessoal e restrições legais f. Armazenagem – restrições, incluindo a estabilidade no armazenamento g. Eletricidade estática – ligação e aterramento h. Reatividade – reatividade isolada ou com outros componentes no processo, efeito das impurezas, temperaturas para autorreações Equipamento: a. Margens de segurança – temperatura, pressão, fluxo, nível, etc. b. Alívio de pressão – cenários, piores casos, tipo e tamanho corretos c. Arranjo da planta – espaçamento adequado, supressores de chama, válvulas de segurança operadas remotamente, contenção de produtos químicos d. Equipamentos elétricos – classificação de áreas e. Controles – redundância e projeto com falha segura Procedimentos: Procedimentos de operação e manutenção para construção, partida, operação, limpeza e parada, incluindo situações de emergência e operação normal
Construção: Práticas de construção para evitar acidentes na área específica e em áreas adjacentes	Materiais: Indivíduos autorizados conferem se os materiais recebidos estão de acordo com as especificações, peças de reposição Equipamento: Testes hidrostáticos, integridade mecânica do equipamento e controles Procedimentos: Técnicos treinados, licenças utilizadas adequadamente, organização da área de trabalho, manutenção definida e agendada
Partida: Ideias e ações dedicadas a evitar problemas nesse período crítico e turbulento	Materiais: Toda a matéria-prima disponível, métodos de descarte dos materiais fora da especificação Equipamento: a. Equipamento, tubulações e controles reais conforme especificados nos documentos do projeto (após incluir as recomendações da avaliação da segurança) b. Equipamento purgado, flanges cegos removidos, verificação dos instrumentos e intertravamentos concluída Procedimentos: Procedimentos e treinamento concluídos, planos detalhados divulgados
Operação: Procedimentos para ajudar os funcionários da planta a permanecerem diligentes a fim de minimizar os perigos operacionais	Realizar auditorias periódicas para garantir que os materiais, equipamentos, procedimentos, treinamento (operadores e manutenção) e sistemas de permissões sejam adequados e atuais
Limpeza: Procedimentos para situações de rotina e emergência	Deve haver procedimentos para limpar os equipamentos e para o descarte dos materiais de limpeza
Parada: Procedimentos para interrupções sistemáticas e seguras da operação	Procedimentos para manipular todos os produtos químicos, limpar equipamentos, descartar produtos químicos e materiais, inertizar equipamentos e os sistemas de tubulação, manter o sistema em um modo de parada seguro e para a transição da parada para a partida.

Identificação de Perigos

A primeira avaliação utiliza uma lista de verificação para cada uma das seis fases da vida de um projeto (veja a Tabela 11-8), ou seja, concepção, construção, partida, operação, limpeza e parada.[7] As avaliações periódicas e de acompanhamento incluem os últimos quatro itens: partida, operação, limpeza e parada.

Existem dois tipos de avaliação da segurança: informal e formal.

Avaliação Informal

A *avaliação informal da segurança* é utilizada para pequenas mudanças nos processos existentes e para pequenos processos de bancada ou laboratoriais. O procedimento de avaliação informal da segurança costuma envolver apenas duas ou três pessoas. Inclui o indivíduo responsável pelo processo e um ou dois outros não associados diretamente com o processo, mas com experiência em procedimentos de segurança adequados. A ideia é proporcionar um diálogo vivo, no qual as ideias possam ser trocadas e as melhorias de segurança possam ser elaboradas.

Os avaliadores simplesmente se reúnem de modo informal para examinar o equipamento do processo e os procedimentos operacionais a fim de oferecer sugestões sobre como a segurança do processo poderia ser aperfeiçoada. As melhorias importantes devem ser resumidas em um memorando para que outras pessoas possam consultar no futuro. As melhorias devem ser implementadas antes de o processo entrar em operação.

Exemplo 11-3

Considere o sistema de reator de laboratório exibido na Figura 11-9. Esse sistema é concebido para reagir fosgênio ($COCl_2$) com anilina para produzir isocianato e HCl. A reação é exibida na Figura 11-10. O isocianato é utilizado na produção de espumas e plásticos.

O fosgênio é um vapor incolor com um ponto de ebulição de 46,8°F. Desse modo, normalmente ele é armazenado como um líquido em um recipiente sob pressão acima da sua temperatura de ebulição normal. O limite de tolerância (TLV-TWA) do fosgênio é 0,1 ppm e seu limiar de odor é 0,5-1 ppm, bem acima do TLV-TWA.

A anilina é um líquido com um ponto de ebulição de 364°F. Seu TLV-TWA é 2 ppm. Ela é absorvida através da pele.

No processo exibido na Figura 11-9, o fosgênio é alimentado a partir do recipiente através de uma válvula para um borbulhador de vidro poroso no reator. O condensador de refluxo condensa os vapores da anilina e os devolve para o

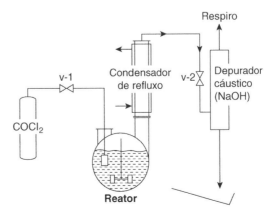

Figura 11-9 Projeto original de reator de fosgênio antes da avaliação informal da segurança.

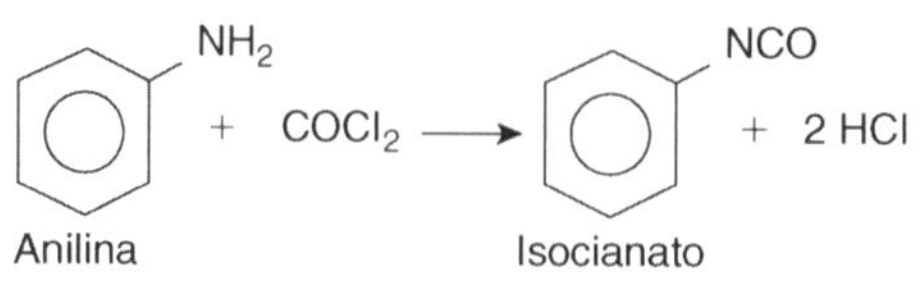

Figura 11-10 Reação estequiométrica do reator de fosgênio.

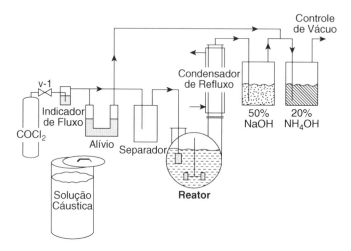

Figura 11-11 Concepção final do reator de fosgênio após a avaliação informal da segurança.

reator. Um purificador cáustico é utilizado para remover o fosgênio e os vapores de HCl do fluxo de saída do respiro. Todo o processo ocorre em uma capela.

Realize uma avaliação informal da segurança desse processo.

Solução

A avaliação de segurança foi feita por duas pessoas. A concepção final do processo é exibida na Figura 11-11. As mudanças e adições ao processo são:

1. Vácuo foi incluído para reduzir a temperatura de ebulição.
2. Um sistema de alívio é adicionado com uma saída para um depurador a fim de evitar os perigos resultantes de um borbulhador de vidro poroso entupido.
3. Um indicador de fluxo fornece a indicação visual do fluxo.
4. Borbulhadores são utilizados no lugar dos depuradores, por serem mais eficazes.
5. Um borbulhador de hidróxido de amônio é mais eficaz para absorver o fosgênio.
6. O separador captura o fosgênio líquido.
7. Um recipiente de soda cáustica é adicionado (o cilindro de fosgênio seria despejado neste recipiente no caso de um vazamento do próprio cilindro ou da válvula; a soda cáustica absorveria o fosgênio).

Além disso, os avaliadores recomendaram o seguinte: (1) Pendurar um papel indicador de fosgênio em volta da cobertura, da sala e das áreas operacionais (este papel normalmente é branco, mas fica marrom quando exposto a 0,1 ppm de fosgênio); (2) utilizar diariamente uma lista de verificação de segurança antes de iniciar o processo; e (3) expor um rascunho atualizado do processo perto do local onde é realizado.

Avaliação Formal

A *avaliação formal da segurança* é utilizada em processos novos, alterações substanciais nos processos existentes e nos processos que necessitam de uma avaliação atualizada. A avaliação formal é um procedimento em três etapas. Consiste em preparar um relatório detalhado da avaliação formal, criando uma comissão para estudar este relatório e inspecionar o processo, elaborar melhorias na concepção e nos procedimentos de operação, e implementar as recomendações. O relatório da avaliação formal da segurança inclui as seguintes seções:

I. Introdução

    A. Visão geral ou resumo: Fornece um breve resumo dos resultados da avaliação formal da segurança. Isso é feito após a conclusão da avaliação da segurança estar finalizada.

    B. Visão geral ou resumo do processo: Fornece uma breve descrição do processo, com ênfase nos principais perigos da operação.

    C. Reações e estequiometria: Fornecem as reações químicas e a estequiometria das mesmas.

    D. Dados de engenharia: Fornecem as condições operacionais de temperatura, pressão e os dados relevantes de propriedades físicas dos materiais utilizados.

II. Matérias-primas e produtos: Referem-se aos perigos específicos e problemas de manuseio associados às matérias-primas e produtos. Discutem-se procedimentos para minimizar esses perigos.

III. Configuração dos equipamentos

    A. Descrição dos equipamentos: Descreve a configuração dos mesmos. São fornecidos desenhos dos equipamentos.

    B. Especificações dos equipamentos: Identificação dos equipamentos por nome do fabricante e número de modelo. Fornecem dados físicos e informações de projeto associados ao equipamento.

IV. Procedimentos

    A. Procedimentos de operação normais: Descrevem como o processo é operado.

    B. Procedimento de segurança: Fornece uma descrição das preocupações exclusivas associadas ao equipamento e aos materiais, além de procedimentos específicos para minimizar o risco. Isso inclui:

        1. Parada de emergência: Descreve o procedimento para desligar o equipamento se ocorrer uma emergência, incluindo vazamentos importantes, descontrole do reator e perda de eletricidade, água e pressão de ar.

        2. Procedimentos de falha segura: Examinam as consequências das falhas de utilidades, como, por exemplo, perda de vapor, eletricidade, água, ar comprimido ou gás inerte. Descrevem o que fazer em cada caso para que o sistema falhe de forma segura.

        3. Procedimentos para grandes liberações: Descrevem o que fazer no caso de uma grande liberação de material tóxico ou inflamável.

    C. Procedimento de descarte de resíduos: Descreve como os materiais tóxicos ou perigosos são coletados, manuseados e descartados.

    D. Procedimentos de limpeza: Descrevem como limpar o processo após o uso.

V. Lista de verificação de segurança: Fornece a lista de verificação de segurança completa para que o operador a aplique antes da operação do processo. Essa lista de verificação é utilizada antes de cada partida.

VI. Fichas de informação de segurança dos produtos químicos (FISPQ): Fornecidas para cada material perigoso utilizado.

Exemplo 11-4

Um processo de lavagem do tolueno com água é exibido na Figura 11-12. Esse processo é utilizado para limpar impurezas hidrossolúveis do tolueno contaminado. A separação é feita com uma centrífuga Podbielniak, devido à diferença nas densidades. A fase leve (tolueno contaminado) é alimentada na periferia da centrífuga e segue para o centro. A fase pesada (água) é alimentada no centro e segue contracorrente com o tolueno para a periferia da centrífuga. Ambas as fases são misturadas dentro da centrífuga e separadas contracorrente. A extração é feita a 190°F.

O tolueno contaminado é alimentado a partir de um tanque de armazenamento para dentro da centrífuga. O líquido pesado gerado (água contaminada) é enviado para o tratamento de resíduos, e o líquido leve gerado (tolueno limpo) é coletado em um tambor de 55 galões.

Realize uma avaliação formal da segurança desse processo.

Solução

O relatório completo da avaliação da segurança é fornecido no Apêndice D. A Figura 11-13 mostra o processo modificado após a realização da avaliação formal da segurança. As mudanças ou acréscimos importantes resultantes da avaliação são:

1. Adicionar aterramento a todos os tambores de coleta e armazenamento e também aos vasos de processo
2. Adicionar inertização e purga a todos os tambores
3. Adicionar sistemas de exaustão a todos os tambores para proporcionar ventilação
4. Fornecer pescadores em todos os tambores para evitar a queda livre de solvente, resultando na geração e acúmulo de carga estática
5. Adicionar um tambor de carga com aterramento, conexão, inertização e ventilação
6. Fornecer uma conexão de vácuo com o tanque de armazenamento de tolueno contaminado para carga
7. Adicionar uma válvula de alívio no tanque de armazenamento de tolueno contaminado

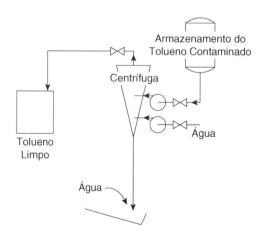

Figura 11-12 Processo de lavagem do tolueno com água antes da avaliação formal da segurança.

Identificação de Perigos

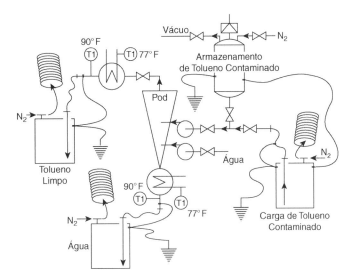

Figura 11-13 Processo de lavagem do tolueno com água após a avaliação formal da segurança.

8. Adicionar trocadores de calor a todos os fluxos de saída para resfriar os solventes de saída abaixo do seu *flash point* (isto deve incluir indicadores de temperatura para assegurar a operação adequada)
9. Fornecer um tambor de coleta de água residual para recolher toda a água que possa conter quantidades substanciais de tolueno proveniente de perturbações operacionais

Outras mudanças foram feitas ao procedimento de operação e emergência, incluindo:

1. Verificação periódica do ar da sala com tubos colorimétricos para determinar se há qualquer vapor de tolueno
2. Modificar o procedimento de emergência para derramamentos, de modo a (a) incluir a ativação do alarme de derramamento, (b) aumentar a ventilação para alta velocidade e (c) acionar o isolamento do esgoto para evitar que o solvente penetre nas linhas principais de esgoto.

A avaliação formal da segurança pode ser utilizada quase imediatamente, é relativamente fácil de aplicar e é conhecida por proporcionar bons resultados. No entanto, os participantes da comissão devem ter experiência na identificação de problemas de segurança. Nas comissões menos experientes, um estudo HAZOP mais formal pode ser mais eficaz na identificação dos perigos.

11-5 Outros Métodos

Outros métodos disponíveis para identificar os perigos são:

1. Análise "E se?" ("What if"): Esse método menos formal para identificar perigos aplica as palavras "e se" a uma série de áreas de investigação. Por exemplo, a pergunta poderia ser "e se o fluxo parar?" A equipe de avaliação decide então quais poderiam ser as possíveis consequências e como solucionar quaisquer problemas.
2. Análise de erro humano: Esse método é utilizado para identificar as partes e os procedimentos de um processo que têm uma probabilidade de erro humano acima do normal. O arranjo do painel de controle é uma aplicação excelente para a análise do erro humano, pois um painel de controle pode ser concebido de tal modo que o erro humano é inevitável.

3. Análise dos modos de falha, efeitos e criticalidade (FMECA): Esse método lista os equipamentos do processo junto com todos os possíveis modos de falha para cada item. O efeito de uma determinada falha é considerado em relação ao processo.

Leitura Sugerida

Center for Chemical Process Safety (CCPS), *Guidelines for Chemical Process Quantitative Risk Analysis* (CPQRA), 2ª ed. (New York: Center for Chemical Process Safety, AIChE, 2000.)

Center for Chemical Process Safety (CCPS), *Guidelines for Developing Quantitative Safety Risk Criteria* (CPQRA), 2ª ed. (New York: Center for Chemical Process Safety, AIChE, 2009.)

Center for Chemical Process Safety (CCPS), *Guidelines for Hazard Evaluation Procedures*, 3ª ed. (Hoboken, NJ: John Wiley & Sons, 2008.)

Center for Chemical Process Safety (CCPS), *Guidelines for Risk-Based Process Safety* (New York: Center for Chemical Process Safety, AIChE, 2008.)

Dow's Fire and Explosion Index Hazard Classification Guide, 7ª ed. (New York: American Institute of Chemical Engineers, 1994.)

Trevor A. Kletz, *HAZOP and HAZAN*, 3ª ed. (Warwickshire, England: Institution of Chemical Engineers, 1992.)

S. Mannan, ed., *Lees' Loss Prevention in the Process Industries*, 3ª ed. (London: Butterworth Heinemann, 2005.)

Problemas

11-1 A hidrólise do anidrido acético está sendo estudada em um reator de agitação contínua (CSTR). Nessa reação, o anidrido acético [$(CH_3CO)_2$] reage com a água, produzindo ácido acético (CH_3COOH).

A concentração do anidrido acético a qualquer momento no CSTR é determinada pela titulação com hidróxido de sódio. Como o procedimento de titulação demanda tempo (em relação ao tempo de reação da hidrólise), é necessário temperar a reação da hidrólise logo que a amostra for obtida. A têmpera é feita pela adição de um suplemento de anilina na amostra. A reação da têmpera é

$$(CH_3CO)_2 + C_6H_5NH_2 \rightarrow CH_3COOH + C_6H_5NHCOCH_3.$$

A reação de têmpera também forma ácido acético, mas em uma proporção estequiométrica diferente da reação de hidrólise. Assim, é possível determinar a concentração de anidrido acético no momento de obtenção da amostra.

A concepção inicial do experimento é exibida na Figura 11-14. A água e o anidrido acético são alimentados por gravidade dos reservatórios e através de um conjunto de rotâmetros. A água é misturada com o anidrido acético imediatamente antes de entrar no reator. A água também circula por intermédio de uma bomba centrífuga a partir do banho térmico e através das serpentinas no vaso do reator. Isso mantém a temperatura do reator em um valor fixo. Um controlador de temperatura no banho de água mantém a temperatura dentro de 1°F da temperatura desejada.

As amostras são extraídas do ponto exibido e tituladas manualmente em uma capela.

a. Desenvolva uma *checklist* a ser utilizada antes da operação deste experimento.

b. Quais equipamentos de segurança devem estar disponíveis?

c. Faça uma avaliação informal da segurança do experimento. Sugira modificações para aumentar a segurança.

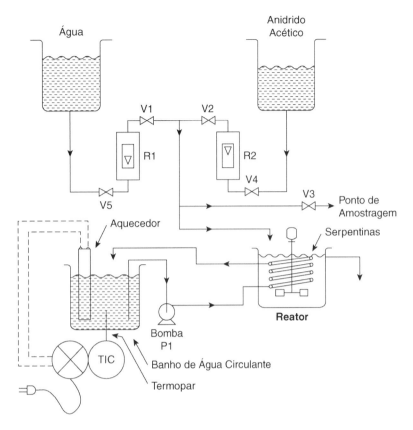

Figura 11-14 Sistema de reator de anidrido acético.

11-2 Realize um estudo HAZOP sobre o processo laboratorial do Problema 11-1. Considere a intenção de projeto como "fluxo de reagente para o reator" na sua análise. Quais recomendações específicas você pode fazer para melhorar a segurança desse experimento?

11-3 Um trocador de calor é utilizado para aquecer solventes voláteis inflamáveis, como mostra a Figura 11-15. A temperatura do fluxo de saída é medida por um termopar, e uma válvula de controle manipula a quantidade de vapor para o trocador de calor a fim de atingir a temperatura de referência.

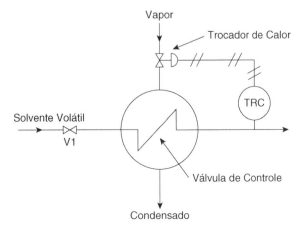

Figura 11-15 Sistema de aquecimento de solvente volátil.

a. Identifique os pontos de estudo (nós) do processo.

b. Realize um estudo HAZOP com relação à intenção de projeto "solvente quente originando do trocador de calor". Recomende as modificações possíveis para melhorar a segurança do processo.

11-4 Um forno a gás é exibido na Figura 11-16. Os gases quentes da combustão passam através de um trocador de calor para aquecer o ar fresco visando ao aquecimento do ambiente. O fluxo de gás é controlado por uma válvula solenoide de acionamento elétrico, conectada a um termostato. O gás é inflamado por uma chama piloto. Uma chave de alta temperatura desliga todo o gás no caso de temperatura elevada na câmara de ar fresco.

a. Determine as várias maneiras com que esse sistema pode falhar, levando a um aquecimento excessivo da câmara e possível incêndio.

b. Que tipo de válvula (normalmente aberta ou normalmente fechada) é recomendado para o suprimento de gás?

c. Qual é o modo de falha mais provável?

d. Pode surgir um problema devido à falha da chama piloto, levando a gases combustíveis no forno, trocador de calor e chaminé. Sugira pelo menos duas maneiras de evitar esse problema.

11-5 As máquinas de bebida são notórias por pegar o dinheiro da pessoa ou não entregar a bebida certa. Considere uma máquina de bebidas que entrega um copo de papel, gelo e bebida (composta de xarope e água) em uma ordem sequencial. A máquina também dá troco.

Identifique a quantidade máxima possível de modos de falha. Utilize as palavras-guia do HAZOP para identificar outras possibilidades.

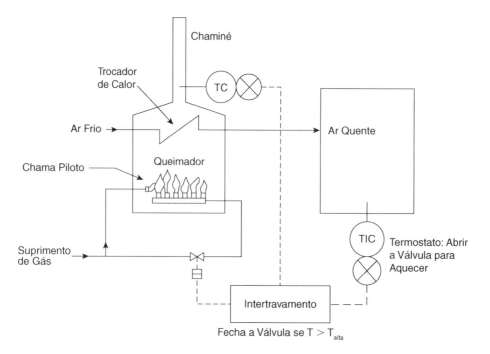

Figura 11-16 Sistema de controle do forno.

Identificação de Perigos

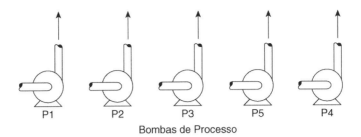

Figura 11-17 Arranjo das bombas.

11-6 Os submarinos da Segunda Guerra Mundial utilizavam tubos de torpedo com portas externas e internas. O torpedo era carregado no tubo a partir da sala de torpedos utilizando uma porta interna. Depois, a porta interna era fechada, a porta externa aberta e o torpedo lançado.

Um problema era garantir que a porta externa estivesse fechada antes de abrir a porta interna. Como não era possível uma verificação visual direta, uma pequena tubulação com válvula era acoplada ao topo do tubo de torpedo na sala de torpedos. Antes de abrir a porta interna, a válvula era aberta momentaneamente para verificar a presença de água pressurizada na tubulação. A presença de água pressurizada era uma indicação direta de que a porta externa estava aberta.

Determine o modo de falha desse sistema que resultava em alagamento da sala de torpedos e no possível afundamento do submarino.

11-7 Cinco bombas de processo são alinhadas em uma fileira e numeradas de acordo com a Figura 11-17. Você consegue identificar o perigo? Um arranjo similar levou a um acidente grave provocado por um funcionário da manutenção que recebeu uma aspersão de solvente quente quando desconectou uma linha da bomba errada. Um acidente como esse poderia ser atribuído a erro humano, mas realmente se trata de um perigo decorrente de uma deficiência no arranjo das bombas.

11-8 Um bom acrônimo em uma indústria química é KISS – *Keep It Simple, Stupid!* (Simplifique, idiota!) Isso também se aplica aos perigos. Os projetos complexos são quase sempre mais perigosos do que os simples.

A Figura 11-18 mostra uma fossa projetada para coletar fluidos de processo. O controlador de nível e a bomba asseguram que o nível da fossa seja mantido abaixo de uma altura máxima. Você consegue sugerir um sistema mais simples?

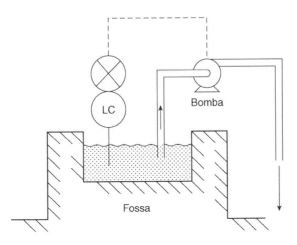

Figura 11-18 Sistema de controle do nível da fossa.

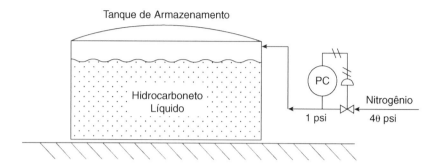

Figura 11-19 Sistema de inertização para um tanque de armazenamento.

11-9 Os tanques de armazenamento normalmente não são capazes de suportar muita pressão ou vácuo. Os tanques de armazenamento padrão são projetados para um máximo de 2,5 in de água de vácuo (0,1 psi) e cerca de 6 in de água de pressão (0,2 psi), ambos os valores manométricos.

Uma operação de soldagem estava para ocorrer no teto de um tanque de armazenamento. O tanque continha um líquido inflamável e volátil. O teto estava equipado com um tubo de respiro contendo um supressor de chama.

O encarregado reconheceu um possível perigo decorrente do escapamento de vapor inflamável pelo tubo de respiro e a sua consequente ignição pelas centelhas da operação de soldagem. Ele conectou um mangote no respiro no topo do tanque e levou o mesmo até o solo. Como os vapores inflamáveis eram hidrossolúveis, ele colocou a extremidade da mangueira em um tambor cheio de água. Durante uma operação subsequente que envolveu o esvaziamento do tanque, ocorreu um acidente. Você pode explicar o que aconteceu e como?

11-10 A Figura 11-19 mostra um tanque de armazenamento inertizado com nitrogênio. Essa configuração resultou em uma explosão e incêndio devido à perda de material inerte. Você consegue explicar por quê?

11-11 A Figura 11-20 mostra dois tanques em série, ambos com controladores de nível independentes. Essa configuração vai resultar no transbordamento inevitável do tanque inferior. Você consegue explicar por quê?

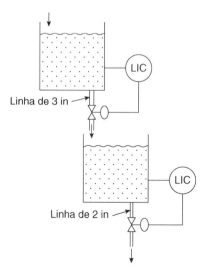

Figura 11-20 Tanques em série.

11-12 Elabore uma lista de verificação de segurança para o sistema descrito no Exemplo 11-3 e exibido na Figura 11-14. A finalidade da lista de verificação é garantir que o sistema seja seguro antes de sua operação.

11-13 Prepare um memorando da avaliação formal da segurança para o forno a gás descrito no Problema 11-4 e exibido na Figura 11-16. Esse memorando será fornecido a cada membro da comissão antes da reunião sobre a avaliação formal da segurança.

11-14 Descreva um processo de avaliação informal da segurança para utilizar um cilindro de fosgênio para carregar fosgênio gasoso para um reator. Avalie apenas até o reator.

11-15 Na Figura 11-8, identifique os pontos de estudo (nós) do processo do reator, conforme exibido.

11-16 "Falha segura" é um conceito utilizado para especificar a posição da instrumentação do processo no caso de falhas de energia, pressão de ar ou outros serviços. Por exemplo, a válvula que abastece água de resfriamento para um reator químico poderia falhar na posição aberta ("falha aberta") no caso de falta de energia. Isso proporcionaria o resfriamento máximo para o reator e impediria temperaturas elevadas e perigosas no vaso.

Especifique as posições de proteção contra falhas adequadas para as válvulas no equipamento a seguir. Especifique se é falha aberta ou falha fechada.

a. Um solvente inflamável é aquecido pelo vapor em um trocador de calor. A válvula controla o fluxo de vapor para o trocador.

b. Uma válvula controla a vazão de reagente para um vaso de reator. A reação é exotérmica.

c. Uma válvula controla a vazão de reagente para um vaso de reator. A reação é endotérmica.

d. Uma válvula controla o fluxo de gás natural para o forno em uma termelétrica.

e. Uma válvula controlada remotamente está conectada a um dreno em um tanque de armazenamento.

f. Uma válvula controlada remotamente é utilizada para encher um tanque a partir de uma linha de abastecimento.

g. Uma válvula controla o ar de combustão para um forno.

h. Uma válvula controla a pressão do abastecimento principal de vapor.

11-17 Os intertravamentos são utilizados para garantir que as operações em uma indústria química sejam realizadas na sequência adequada. Os bloqueios podem ser mecânicos ou eletrônicos. Em muitos casos, eles podem ser tão simples quanto um cadeado e uma chave.

Especifique o intertravamento mecânico mais simples capaz de cumprir as seguintes funções:

a. Uma válvula não pode ser fechada até o forno ser desligado.

b. Duas válvulas não podem ser fechadas ao mesmo tempo.

c. Uma válvula deve ser fechada antes de a bomba ser ativada.

d. A alimentação do reator não pode ser iniciada até o motor do agitador do vaso do reator ser ativado.

11-18 Um operador de processo recebe as seguintes instruções: "Carregar 10 lb de catalisador no reator batelada A após 3 h de início do ciclo." Determine pelo menos 15 maneiras pelas quais o operador pode não executar as instruções corretamente.

11-19 Os termopares nas indústrias químicas geralmente são encontrados em poços de medição. Estes poços protegem o termopar e também permitem que ele seja removido e substituído sem interromper o processo. Uma indústria química possuía alguns termopares sem poço, embora estes parecessem ser do tipo com poço. Isso levou a uma emissão acidental de material tóxico e inflamável. Você consegue explicar por quê?

11-20 Os níveis de líquido nos tanques de armazenamento são determinados frequentemente pela medição da pressão no fundo do tanque. Em um desses tanques, o material armazenado foi trocado, resultando em transbordamento. Por quê?

11-21 A La La Pharmaceuticals descobriu recentemente um novo fármaco, Lalone, em seus laboratórios químicos. O Lalone está previsto para ser um sucesso, gerando bilhões de dólares por ano. No próximo estágio de estudos clínicos, mais de 50 kg de Lalone são necessários e a La La Pharmaceuticals decidiu produzi-los em sua planta piloto em Lala Land. Na função de diretor de segurança das operações da planta piloto, você está encarregado de garantir a segurança de todas as operações.[10]

Durante um encontro com o químico que sintetizou o Lalone no laboratório, você aprendeu o seguinte: (1) o Lalone é um pó branco fino; (2) o Lalone é sintetizado por um processo em batelada através de uma série de quatro etapas principais – três conjuntos de reações para produzir intermediários, seguidos pela secagem para produzir o Lalone (todas as reações são executadas na fase líquida e requerem acetona como solvente); (3) as reações químicas não são plenamente compreendidas e a maioria das propriedades físicas e químicas é desconhecida; (4) até agora, o Lalone tem sido produzido apenas no laboratório e em pequenas quantidades (menos de 50 g); (5) a gerência quer que as operações da planta piloto sejam iniciadas o mais breve possível; e (6) a Divisão de Engenharia já começou a escrever os procedimentos de operação para o processo final.

Como diretor de segurança da planta piloto:

a. Com base no seu conhecimento e experiência em segurança, identifique os principais perigos nesse processo com os quais você se preocuparia.

b. Descreva como você estruturaria um estudo dos perigos para o processo de fabricação do Lalone.

c. De que outras informações você precisaria para realizar este estudo de avaliação dos perigos?

11-22 Pediram a um operador para controlar a temperatura de um reator a 60°C. Ele definiu o ponto de ajuste da temperatura em 60. A escala indicava, na realidade, 0 a 100% de uma faixa de temperatura de 0 a 200°C. Isso provocou uma reação descontrolada que pressurizou excessivamente o vaso. O líquido foi descarregado e feriu o operador. Qual foi a temperatura de ajuste que o operador realmente definiu?

11-23 Equipamentos de processo pneumáticos funcionam na faixa de 3 a 15 psig. Assim, por exemplo, um sinal de 3 psig poderia representar 0 psig no processo, e 15 psig poderiam representar 1200 psig no processo.

Um manômetro pneumático foi concebido para funcionar na faixa de 3 a 15 psig, correspondente ao sinal pneumático enviado da planta. No entanto, a escala impressa no manômetro mostrava de 0 a 1200 psig, correspondendo às pressões reais do processo.

---

[10]Problema fornecido por cortesia de Rajagopalan Srinivasan da Universidade de Cingapura.

Identificação de Perigos 509

Esse manômetro foi excessivamente pressurizado acidentalmente e resultou em um acidente. O que aconteceu?

11-24 Uma luz na sala de controle de uma indústria química indicava se uma válvula estava fechada ou não. Na realidade, ela indicava apenas o status do sinal que estava sendo enviado para a válvula. A válvula não fechou quando deveria e a planta explodiu. Por quê? Como você evitaria esse problema?

11-25 Uma cafeteira tem um reservatório no qual é derramada uma quantidade de água limpa. Um pequeno aquecedor provoca a percolação da água até o topo da cafeteira, onde ela passa pelo pó de café e pelo filtro. O café líquido é coletado na jarra de café.

a. Faça um rascunho da cafeteira e identifique os pontos de estudo (nós).

b. Faça um estudo HAZOP em uma cafeteira comum. Utilize como objetivo do projeto o café fresco e quente na jarra de café.

11-26 (Este problema requer o acesso do aluno ao manual *Dow Fire and Explosion Index*.) Em um devolatilizador, um solvente (60% de ciclo-hexano e 40% de pentano) é removido de um polímero e enviado para a seção de reciclagem de solventes da planta visando ao tratamento e à recuperação. O devolatilizador está situado em uma estrutura aberta com bom acesso para o combate a incêndio. A área de processamento tem uma superfície de concreto com 1% de inclinação e com uma área de captação remota capaz de lidar com todo um derramamento e com 30 minutos de água para combate a incêndio. O processo acontece acima do *flash point* do solvente em 300 mm Hg. O vaso tem um dispositivo de alívio configurado em 50 psig. Suponha um possível derramamento de 8000 lb de material inflamável, com um calor de combustão de $19,4 \times 10^3$ Btu/lb.

A unidade de processamento tem muitos recursos para controle de perdas. A planta possui um gerador de energia a diesel com um sistema de resfriamento de emergência. A planta também é controlada por computador, com o desligamento de emergência baseado em informações redundantes. O vácuo é sempre rompido com nitrogênio. O processo possui instruções de operação completas, escritas e atualizadas. Uma avaliação dos produtos químicos reativos foi concluída recentemente. O processo possui vários intertravamentos para evitar a polimerização.

A área de processamento tem detectores de gases combustíveis, proteções passivas contra incêndio e um sistema de dilúvio. Suportes para cabos são protegidos com dilúvio e na área de processamento existem extintores de incêndio com pó químico. Bombas de incêndio movidas a diesel conseguem atender uma demanda máxima de água durante 4 horas.

a. Determine o valor Dow F&EI desse processo para estimar o grau de perigo relativo.

b. Supondo um valor de equipamento dentro do raio de exposição equivalente a US$1 milhão, estime o dano patrimonial máximo provável.

c. Supondo um valor de produto de US$1,50 por libra e uma taxa de produção anual da planta equivalente a 35 milhões de libras, estime a perda por paralisação dos negócios.

11-27 (Este problema requer o acesso do aluno ao manual *Dow Fire and Explosion Index*.) Considere um tanque de armazenamento de butadieno em um parque de armazenamento contendo butadieno, ciclo-hexano, isopentano, estireno e isopropeno. A capacidade máxima de armazenamento do butadieno é de 100.000 galões. A pressão normal do tanque de armazenamento de butadieno é 15 psig, com a válvula de alívio configurada em 50 psig. O armazenamento de butadieno possui dique independente dos outros materiais. A área de armazenamento do butadieno é equipada com um sistema de resfriamento com glicol refrigerado que pode ser operado a partir de um gerador de emergência, caso necessário. As operações de transferência (entrada/saída) do armazenamento são monitoradas por controle computadorizado, com capacidade de desligamento de emergência. O espaço de vapor no tanque é inertizado. As instruções de operação são atuais e o sistema passou por uma avaliação recente dos produtos químicos reativos.

O sistema de armazenamento tem válvulas de bloqueio de emergência operadas remotamente em todas as linhas de transferência para dentro e para fora do tanque. A área de armazenamento tem a drenagem necessária para direcionar um derramamento para longe do tanque. A proteção contra refluxo foi instalada e testada para evitar o refluxo para dentro da linha de transferência e para o armazenamento.

Os recursos para controle de perdas incluem detectores de gases combustíveis instalados em volta da área de confinamento e do sistema de transferência. Uma bomba de incêndio movida a diesel é capaz de lidar com uma demanda de emergência de 4 horas de duração. Um sistema de dilúvio foi instalado em volta do tanque de armazenamento e da bomba de transferência.

A densidade relativa do butadieno é 0,6263.

a. Determine o Dow F&EI desse processo para estimar o grau de perigo relativo.

b. Supondo um valor do equipamento dentro do raio de exposição equivalente a US$1 milhão, estime o dano patrimonial máximo provável.

c. Supondo um valor do produto de US$2,00 por libra nessa planta e uma taxa de produção anual de 10 milhões de lb, estime a perda por paralisação dos negócios.

11-28 As reações químicas exotérmicas quase sempre são perigosas devido ao potencial para uma reação descontrolada. Serpentinas de resfriamento são fornecidas em reatores batelada para remover a energia da reação. No caso de uma falha no fornecimento de água de resfriamento, a temperatura do reator sobe e resulta em uma taxa de reação mais alta e em uma geração de energia mais alta. O resultado é uma reação descontrolada. Durante uma reação descontrolada, a temperatura pode subir rapidamente, resultando em pressões perigosas dentro do reator e em uma possível explosão.

A perda de resfriamento pode ser detectada pela medição da temperatura dentro do reator, soando um alarme. Frequentemente, no momento em que o alarme soar já será tarde demais. Projete uma configuração melhor de instrumentação e alarme para detectar a perda de resfriamento de uma maneira mais direta. Desenhe o diagrama de instrumentação.

11-29 Um líquido inflamável deve ser armazenado em um grande tanque de armazenamento. Dois recipientes estão disponíveis. Um deles se chama tanque com telhado de emenda fraca, com a parte mais fraca do recipiente sendo a emenda soldada entre o teto e a parede vertical do tanque. O outro recipiente é um tanque com teto abobadado, com a parte mais fraca sendo a emenda ao longo do fundo do tanque. Qual dos tanques é a melhor opção para armazenar esse material?

11-30 Sua fábrica comprou uma série de robôs a fim de facilitar a produção. Quais são os principais perigos associados com os robôs? Quais são alguns dos meios de proteção eficazes contra esses perigos?[11]

---

[11]Problema fornecido por cortesia de Alvin Yee da Universidade de Cingapura.

Identificação de Perigos

11-31 Conforme foi descrito na Seção 11-4, as listas de verificação são utilizadas para facilitar uma avaliação de segurança de alta qualidade e são adaptadas para um determinado processo e um determinado grupo de avaliadores (por exemplo, avaliadores experientes ou inexperientes). Adapte uma lista de verificação para um grupo de alunos de engenharia química que estão se preparando para avaliar um novo Carro ChemE para a competição anual AIChE ChemE.

11-32 As avaliações de segurança devem incluir uma análise e um estudo dos incidentes a acidentes prévios, conforme foi descrito na Seção 11.4. Parte da solução do Problema 11-31 inclui uma análise dos acidentes prévios. Resuma os acidentes que ocorreram previamente nas competições de Carro ChemE da AIChE e exponha as instruções relevantes para os novos competidores. (Veja ChemE Car Safety, Workshop Presentation (PDF), *www.SACHE.org*.)

Capítulo 12

Avaliação de Risco

A avaliação de risco inclui a identificação de incidentes e a análise das consequências. A identificação de incidentes descreve como um acidente ocorre. Ela inclui frequentemente uma análise das probabilidades. A análise das consequências descreve os danos esperados, o que inclui a perda de vidas, danos ao meio ambiente ou bens de capital e dias parados.

Os procedimentos de identificação de perigos apresentados no Capítulo 11 incluem alguns aspectos da avaliação de risco. O Dow F&EI inclui um cálculo do dano patrimonial máximo provável (*maximum probable property damage* – MPPD) e da quantidade máxima provável de dias de paralisação (*maximum probable days outage* – MPDO). Isso constitui uma forma de análise das consequências. No entanto, esses números são obtidos por meio de cálculos um tanto simples que envolvem correlações publicadas. Os estudos de perigos e operabilidade (HAZOP) fornecem informações sobre como ocorre um determinado acidente. Isso constitui uma forma de identificação de incidentes. Nenhuma probabilidade ou número são utilizados em um estudo HAZOP típico, embora a experiência de uma equipe de avaliação seja utilizada para decidir a respeito de um curso de ação adequado.

Neste capítulo vamos

- Fazer uma revisão de matemática probabilística, incluindo a matemática da falha de equipamentos,
- Mostrar como as probabilidades de falha de cada componente contribuem para a falha do processo,
- Descrever dois métodos probabilísticos (árvores de eventos e árvores de falhas),
- Descrever os conceitos da análise de camadas de proteção (*layer of protection analysis* – LOPA) e
- Descrever a relação entre a análise quantitativa do risco ou AQR (*quantitative risk analysis* – QRA) e a LOPA.

Concentramo-nos em determinar a frequência dos cenários acidentais. As duas últimas seções mostram como as frequências são utilizadas nos estudos de AQR e LOPA; a LOPA é uma AQR simplificada. Devemos enfatizar que os ensinamentos neste capítulo são fáceis de usar e aplicar e que os resultados muitas vezes constituem a base para aprimorar significativamente o projeto e a operação das plantas químicas e petroquímicas.

12-1 Revisão da Teoria das Probabilidades

As falhas de equipamentos ou processos ocorrem em consequência de uma interação complexa de componentes individuais. A probabilidade global de uma falha em um processo depende altamente da natureza dessa interação. Nesta seção, definimos os vários tipos de interações e descrevemos como realizar os cálculos de probabilidade de falhas.

São coletados os dados sobre taxa de falhas de um determinado componente físico. Com os dados adequados, é possível demonstrar que, em média, o componente falha após um determinado período de tempo. Isso se chama taxa média de falha, representada por μ com unidade de falhas/tempo. A probabilidade de que o componente não vai falhar durante o intervalo de tempo $(0, t)$ é fornecida por uma distribuição de Poisson:[11]

$$R(t) = e^{-\mu t}, \qquad (12\text{-}1)$$

em que R é a confiabilidade. A Equação 12-1 assume uma taxa de falha constante μ. À medida que $t \to \infty$, a confiabilidade vai para 0. A velocidade na qual isso ocorre depende do valor da taxa de falha μ. Quanto maior a taxa de falha, mais rápida é a diminuição da confiabilidade. Existem outras distribuições mais complexas. Essa distribuição exponencial simples é a utilizada com mais frequência porque requer apenas um único parâmetro, μ. O complemento da confiabilidade se chama probabilidade de falha (ou, às vezes, falibilidade), P, sendo fornecido por

$$P(t) = 1 - R(t) = 1 - e^{-\mu t}. \qquad (12\text{-}2)$$

A função densidade de falha é definida como a derivada da probabilidade de falha:

$$f(t) = \frac{dP(t)}{dt} = \mu e^{-\mu t}. \qquad (12\text{-}3)$$

A área sob a função densidade de falha completa é 1.

A função densidade de falha é utilizada para determinar a probabilidade P de ao menos uma falha no período de tempo t_o até t_1:

$$P(t_o \to t_1) = \int_{t_o}^{t_1} f(t)\, dt = \mu \int_{t_o}^{t_1} e^{-\mu t}\, dt = e^{-\mu t_o} - e^{-\mu t_1}. \qquad (12\text{-}4)$$

A integral representa a fração da área total sob a função densidade de falha entre o tempo t_o e t_1.

O intervalo de tempo entre duas falhas do componente se chama tempo médio entre falhas (*mean time between failures* – MTBF) e é fornecido pelo primeiro momento da função densidade de falha:

$$E(t) = \text{MTBF} = \int_0^\infty t f(t)\, dt = \frac{1}{\mu}. \qquad (12\text{-}5)$$

A Figura 12-1 exibe gráficos típicos das funções μ, f, P e R.

---

[1]B. Roffel and J. E. Rijnsdorp, *Process Dynamics, Control, and Protection* (Ann Arbor, MI: Ann Arbor Science, 1982), p. 381.

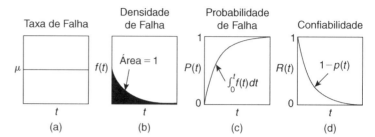

Figura 12-1 Gráficos típicos (a) da taxa de falha μ, (b) da densidade de falha $f(t)$, (c) da probabilidade de falha $P(t)$ e (d) da confiabilidade $R(t)$.

As Equações 12-1 a 12-5 são válidas apenas para uma taxa de falha μ constante. Muitos componentes exibem uma taxa de falha com uma típica curva de banheira, exibida na Figura 12-2. A taxa de falha é mais alta quando o componente é novo (mortalidade infantil) e quando é velho (velhice). Entre esses dois períodos (indicados pelas linhas na Figura 12-2), a taxa de falha é razoavelmente constante e as Equações 12-1 a 12-5 são válidas.

Interações entre as Unidades de Processamento

Os acidentes nas plantas químicas resultam geralmente de uma complicada interação entre uma série de componentes. A probabilidade global de falha do processo é calculada a partir das probabilidades de cada componente.

Os componentes do processo interagem de duas maneiras diferentes. Em alguns casos, uma falha de processo exige a falha simultânea de uma série de componentes em paralelo. Essa estrutura em paralelo é representada pela função lógica E. Isso significa que as probabilidades de falha de cada componente devem ser multiplicadas:

$$P = \prod_{i=1}^{n} P_i, \qquad (12\text{-}6)$$

em que

n é o número total de componentes e

P_i é a probabilidade de falha de cada componente.

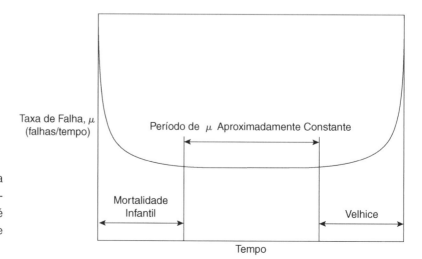

Figura 12-2 Uma curva de banheira típica da taxa de falha para componentes de processos. A taxa de falha é aproximadamente constante durante a meia-idade do componente.

Essa regra é facilmente memorizada porque nos componentes *p*aralelos as *p*robabilidades são multiplicadas.

A confiabilidade total de unidades paralelas é fornecida por

$$R = 1 - \prod_{i=1}^{n}(1 - R_i), \tag{12-7}$$

em que R_i é a confiabilidade de um componente individual do processo.

Os componentes do processo também interagem em série. Isso significa que uma falha de qualquer componente individual na série de componentes vai resultar em uma falha do processo. A função lógica OU representa esse caso. Nos componentes em série, a confiabilidade global do processo é obtida pela multiplicação das confiabilidades de cada componente:

$$R = \prod_{i=1}^{n} R_i. \tag{12-8}$$

A probabilidade global de falha é calculada a partir de

$$P = 1 - \prod_{i=1}^{n}(1 - P_i). \tag{12-9}$$

Em um sistema composto por dois componentes A e B, a Equação 12-9 é expandida para

$$P(A \text{ ou } B) = P(A) + P(B) - P(A)P(B). \tag{12-10}$$

O termo de produtos cruzados $P(A)P(B)$ compensa a contabilização dupla dos casos de interseção. Considere o exemplo do lançamento de um único dado e da determinação da probabilidade de que o número de pontos seja par *ou* divisível por 3. Nesse caso,

$P(\text{par } ou \text{ divisível por 3}) = P(\text{par}) + P(\text{divisível por 3}) - P(\text{par } e \text{ divisível por 3}).$

O último termo subtrai os casos em que ambas as condições são satisfeitas.

Se as probabilidades de falha forem pequenas (uma situação comum), o termo $P(A)P(B)$ é desprezível e a Equação 12-10 se reduz a

$$P(A \text{ ou } B) = P(A) + P(B). \tag{12-11}$$

Esse resultado é generalizado para qualquer número de componentes. Nesse caso em particular, a Equação 12-9 se reduz a

$$P = \sum_{i=1}^{n} P_i.$$

Os dados da taxa de falha de uma série de componentes de processo típicos são fornecidos na Tabela 12-1, a qual apresenta valores médios determinados em uma instalação de processos químicos típica. Os valores reais dependeriam do fabricante, dos materiais de construção, do projeto, do am-

Tabela 12-1 Dados de Taxa de Falha de Vários Componentes de Processo Selecionados[a]

Instrumento	Falhas/ano
Controlador	0,29
Válvula de controle	0,60
Medição de vazão (fluidos)	1,14
Medição de vazão (sólidos)	3,75
Chave de fluxo	1,12
Cromatógrafo gás-líquido	30,6
Válvula manual	0,13
Lâmpada indicadora	0,044
Medição de nível (líquidos)	1,70
Medição de nível (sólidos)	6,86
Analisador de oxigênio	5,65
Medição de pH	5,88
Medição de pressão	1,41
Válvula de alívio de pressão	0,022
Chave de pressão	0,14
Válvula solenoide	0,42
Motor	0,044
Registradores de dados	0,22
Medição de temperatura por termopar	0,52
Medição de temperatura por termômetro	0,027
Chave de posição de válvula	0,44

[a]Selecionado de Frank P. Lees, *Loss Prevention in the Process Industries* (London: Butterworths, 1986), p. 343.

biente e de outros fatores. As premissas nessa análise são que as falhas são independentes, difíceis e não intermitentes, e que a falha de um dispositivo não afeta os dispositivos adjacentes a ponto de a probabilidade de falha aumentar.

Um resumo dos cálculos para os componentes de processo ligados em paralelo e em série é exibido na Figura 12-3.

Exemplo 12-1

O fluxo de água para a serpentina de resfriamento de um reator químico é controlado pelo sistema exibido na Figura 12-4. O fluxo é medido por um dispositivo de pressão diferencial (DP), o controlador decide sobre a estratégia de controle adequada e a válvula de controle manipula o fluxo do líquido refrigerante. Determine a taxa de falha global, a probabilidade de falha, a confiabilidade e o MTBF desse sistema. Suponha um período de operação igual a 1 ano.

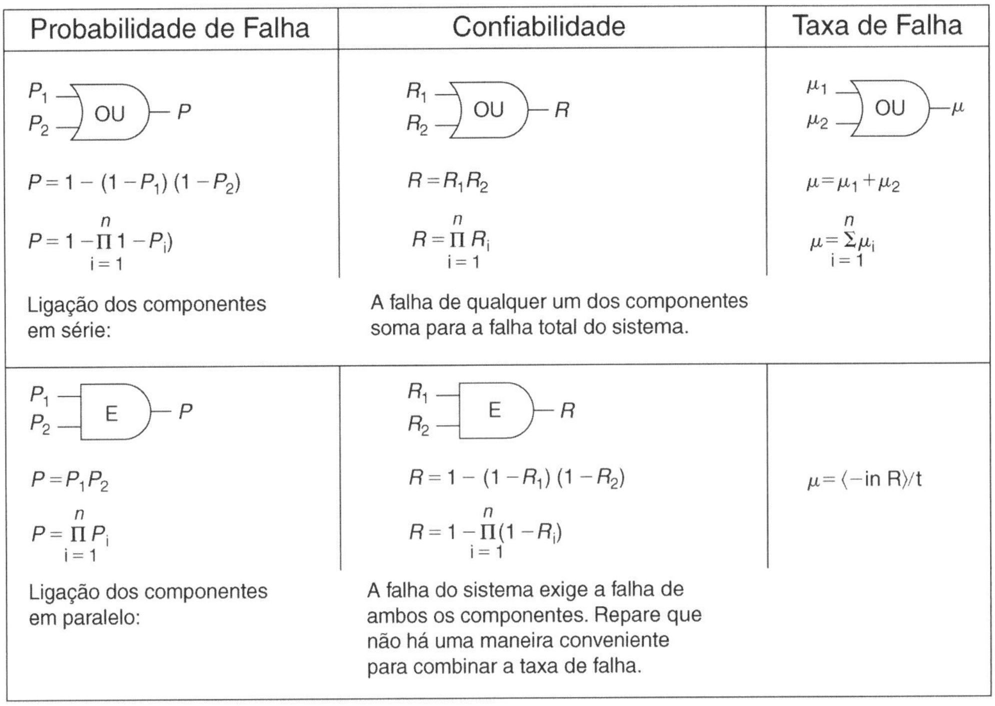

Avaliação de Risco

Probabilidade de Falha	Confiabilidade	Taxa de Falha
$P_1, P_2 \rightarrow \text{OU} \rightarrow P$ $P = 1 - (1-P_1)(1-P_2)$ $P = 1 - \prod_{i=1}^{n}(1-P_i)$ Ligação dos componentes em série:	$R_1, R_2 \rightarrow \text{OU} \rightarrow R$ $R = R_1 R_2$ $R = \prod_{i=1}^{n} R_i$ A falha de qualquer um dos componentes soma para a falha total do sistema.	$\mu_1, \mu_2 \rightarrow \text{OU} \rightarrow \mu$ $\mu = \mu_1 + \mu_2$ $\mu = \sum_{i=1}^{n} \mu_i$
$P_1, P_2 \rightarrow \text{E} \rightarrow P$ $P = P_1 P_2$ $P = \prod_{i=1}^{n} P_i$ Ligação dos componentes em paralelo:	$R_1, R_2 \rightarrow \text{E} \rightarrow R$ $R = 1 - (1-R_1)(1-R_2)$ $R = 1 - \prod_{i=1}^{n}(1-R_i)$ A falha do sistema exige a falha de ambos os componentes. Repare que não há uma maneira conveniente para combinar a taxa de falha.	$\mu = \langle -\ln R \rangle / t$

Figura 12-3 Cálculos de vários tipos de ligações entre os componentes.

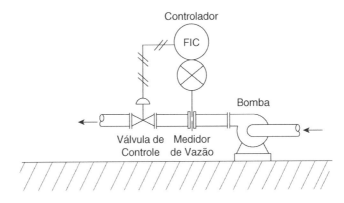

Figura 12-4 Sistema de controle de fluxo. Os componentes do sistema de controle estão ligados em série.

Solução

Esses componentes do processo estão ligados em série. Desse modo, se qualquer um dos componentes falhar, o sistema inteiro falha. A confiabilidade e a probabilidade de falha são calculadas para cada componente através das Equações 12-1 e 12-2. Os resultados são exibidos na tabela a seguir. As taxas de falha vêm da Tabela 12-1.

Componente	Taxa de falha μ (falhas/ano)	Confiabilidade $R = e^{-\mu t}$	Probabilidade de falha $P = 1 - R$
Válvula de controle	0,60	0,55	0,45
Controlador	0,29	0,75	0,25
Célula DP	1,41	0,24	0,76

A confiabilidade global dos componentes em série é calculada através da Equação 12-8. O resultado é

$$R = \prod_{i=1}^{3} R_i = (0,55)(0,75)(0,24) = 0,10.$$

A probabilidade de falha é calculada a partir de

$$P = 1 - R = 1 - 0,10 = 0,90/\text{ano}.$$

A taxa de falha global é calculada utilizando a definição de confiabilidade (Equação 12-1):

$$0,10 = e^{-\mu}$$

$$\mu = -\ln(0,10) = 2,30 \text{ falhas/ano}.$$

O MTBF é calculado utilizando a Equação 12-5:

$$\text{MTBF} = \frac{1}{\mu} = 0,43 \text{ ano}.$$

É esperado que esse sistema falhe, em média, uma vez a cada 0,43 ano.

Exemplo 12-2

Um diagrama dos sistemas de segurança em um determinado reator químico é exibido na Figura 12-5. Esse reator contém um alarme de alta pressão para alertar o operador no caso de pressões perigosas no reator. Ele consiste em uma chave de pressão dentro do reator, conectada a uma lâmpada indicadora de alarme. Para obter mais segurança, está instalado um sistema de parada do reator em caso de alta pressão. Esse sistema é ativado em uma pressão um pouco

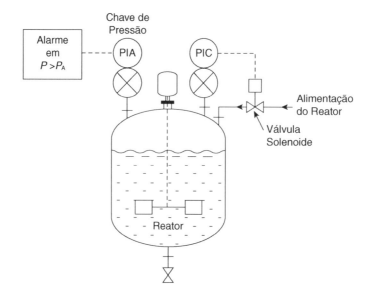

Figura 12-5 Um reator químico com um alarme e uma válvula solenoide de alimentação. Os sistemas de alarme e parada da alimentação estão ligados em paralelo.

Avaliação de Risco

maior do que a do sistema de alarme e consiste em uma chave de pressão conectada a uma válvula solenoide na linha de alimentação. O sistema automático interrompe o fluxo de reagente no caso de pressões perigosas. Calcule a taxa global de falha, a probabilidade de falha, a confiabilidade e o MTBF em uma condição de alta pressão. Suponha um período de operação de 1 ano. Elabore também uma expressão para a probabilidade de falha global baseada na probabilidade de falha de cada componente.

Solução

Os dados de taxa de falha estão disponíveis na Tabela 12-1. A confiabilidade e as probabilidades de falha de cada componente são calculadas através das Equações 12-1 e 12-2:

Componente	Taxa de falha μ (falhas/ano)	Confiabilidade $R = e^{-\mu t}$	Probabilidade de falha $P = 1 - R$
1. Chave de pressão 1	0,14	0,87	0,13
2. Indicador de alarme	0,044	0,96	0,04
3. Chave de pressão 2	0,14	0,87	0,13
4. Válvula solenoide	0,42	0,66	0,34

Uma situação perigosa de alta pressão no reator ocorre apenas quando o sistema de alarme e o sistema de parada falham. Esses dois sistemas estão ligados em paralelo. Os componentes do sistema de alarme estão em série:

$$R = \prod_{i=1}^{2} R_i = (0{,}87)(0{,}96) = 0{,}835,$$

$$P = 1 - R = 1 - 0{,}835 = 0{,}165,$$

$$\mu = -\ln R = -\ln(0{,}835) = 0{,}180 \text{ falha/ano},$$

$$\text{MTBF} = \frac{1}{\mu} = 5{,}56 \text{ anos}.$$

No sistema de parada, os seus componentes também estão ligados em série:

$$R = \prod_{i=1}^{2} R_i = (0{,}87)(0{,}66) = 0{,}574,$$

$$P = 1 - R = 1 - 0{,}574 = 0{,}426,$$

$$\mu = -\ln R = -\ln(0{,}574) = 0{,}555 \text{ falha/ano},$$

$$\text{MTBF} = \frac{1}{\mu} = 1{,}80 \text{ ano}.$$

Porém, os dois sistemas (alarme e parada) são combinados utilizando a Equação 12-6:

$$P = \prod_{i=1}^{2} P_i = (0{,}165)(0{,}426) = 0{,}070,$$

$$R = 1 - P = 0{,}930,$$

$$\mu = -\ln R = -\ln(0{,}930) = 0{,}073 \text{ falha/ano},$$

$$\text{MTBF} = \frac{1}{\mu} = 13{,}7 \text{ anos}.$$

Para o sistema de alarme isoladamente, é esperada a ocorrência de uma falha a cada 5,5 anos. De modo similar, em um reator com um sistema de parada por alta pressão independente, é esperado ocorrer uma falha a cada 1,80 ano. No entanto, com ambos os sistemas em paralelo, o MTBF é significativamente maior e uma falha combinada é esperada ocorrer a cada 13,7 anos.

A probabilidade de falha global é fornecida por

$$P = P(A)P(S),$$

em que $P(A)$ é a probabilidade de falha do sistema de alarme e $P(S)$ é a probabilidade de falha do sistema de parada de emergência. Um procedimento alternativo é chamar diretamente a Equação 12-9. Para o sistema de alarme,

$$P(A) = P_1 + P_2 - P_1P_2.$$

Para o sistema de parada,

$$P(S) = P_3 + P_4 - P_3P_4.$$

A probabilidade de falha global é

$$P = P(A)P(S) = (P_1 + P_2 - P_1P_2)(P_3 + P_4 - P_3P_4).$$

Substituindo os números fornecidos no exemplo, temos

$$P = [0,13 + 0,04 - (0,13)(0,04)][0,34 + 0,13 - (0,34)(0,13)]$$
$$= (0,165)(0,426) = 0,070.$$

É a mesma resposta anterior.

Se os produtos P_1P_2 e P_3P_4 forem presumidamente pequenos, então

$$P(A) = P_1 + P_2,$$
$$P(S) = P_3 + P_4,$$

e

$$P = P(A)P(S) = (P_1 + P_2)(P_3 + P_4)$$
$$= 0,080.$$

A diferença entre essa resposta e a que foi obtida anteriormente é de 14,3%. As probabilidades dos componentes não são suficientemente pequenas nesse exemplo para assumir que os produtos cruzados sejam desprezíveis.

Falhas Reveladas e Falhas Ocultas

O Exemplo 12-2 supõe que todas as falhas no alarme ou no sistema de parada de emergência são imediatamente óbvias para o operador e que são corrigidas em um tempo desprezível. Os alarmes e sistemas de parada de emergência são utilizados somente quando ocorre uma situação perigosa.

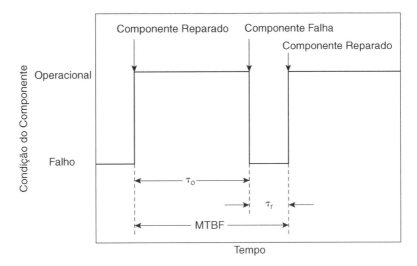

Figura 12-6 Ciclos do componente para falhas reveladas. Uma falha requer um período de tempo para reparo.

É possível o equipamento falhar sem o operador estar a par da situação. Isso se chama falha oculta, ou não revelada. Sem o teste regular e confiável dos equipamentos, os sistemas de alarme e emergência podem falhar sem aviso prévio. As falhas imediatamente óbvias se chamam falhas reveladas.

Um pneu furado em um automóvel é imediatamente óbvio para um motorista. No entanto, o pneu sobressalente também poderia estar furado sem o motorista estar ciente do problema, até precisar deste pneu.

A Figura 12-6 mostra a nomenclatura para as falhas reveladas. O tempo em que o componente está operacional se chama período de operação e é indicado por τ_o. Após a ocorrência de uma falha, um período de tempo, chamado período de inatividade ou tempo de paralisação (τ_r), é necessário para reparar o componente. O MTBF é a soma do período de operação e do tempo de paralisação, conforme está demonstrado.

Para as falhas reveladas, o período de inatividade ou tempo de paralisação de um determinado componente é calculado obtendo-se a média do tempo de inatividade de uma série de falhas:

$$\tau_r \cong \frac{1}{n} \sum_{i=1}^{n} \tau_{r_i}, \qquad (12\text{-}12)$$

em que

n é o número de vezes em que a falha ou inatividade ocorreu e

τ_{r_i} é o período de reparo de uma determinada falha.

De modo similar, o tempo antes da falha ou período de operação é fornecido por

$$\tau_o \cong \frac{1}{n} \sum_{i=1}^{n} \tau_{o_i}, \qquad (12\text{-}13)$$

em que τ_{o_i} é o período de operação entre um determinado conjunto de falhas.

O MTBF é a soma do período de operação e do período de reparo:

$$\text{MTBF} = \frac{1}{\mu} = \tau_r + \tau_o. \tag{12-14}$$

É conveniente definir uma disponibilidade e uma indisponibilidade. A disponibilidade A é simplesmente a probabilidade de que o componente ou processo se encontre funcionando. A indisponibilidade U é a probabilidade de que o componente ou processo não se encontre funcionando. É obvio que

$$A + U = 1. \tag{12-15}$$

A quantidade τ_o representa o período em que o processo está em operação e $\tau_r + \tau_o$ representa o tempo total. Por definição, segue-se que a disponibilidade é fornecida por

$$A = \frac{\tau_o}{\tau_r + \tau_o}, \tag{12-16}$$

e, de modo similar, a indisponibilidade é

$$U = \frac{\tau_r}{\tau_r + \tau_o}. \tag{12-17}$$

Combinando as Equações 12-16 e 12-17 com o resultado da Equação 12-14, podemos escrever as equações da disponibilidade e indisponibilidade para falhas reveladas:

$$\boxed{\begin{aligned} U &= \mu \tau_r, \\ A &= \mu \tau_o. \end{aligned}} \tag{12-18}$$

Para as falhas ocultas, a falha se torna óbvia somente após uma inspeção regular. Essa situação é exibida na Figura 12-7. Se τ_u for o período médio de indisponibilidade durante o intervalo de inspeção e se τ_i for o intervalo de inspeção, então

$$U = \frac{\tau_u}{\tau_i}. \tag{12-19}$$

O período médio de indisponibilidade é calculado a partir da probabilidade de falha:

$$\tau_u = \int_0^{\tau_i} P(t)\, dt. \tag{12-20}$$

Combinando com a Equação 12-19, obtemos

$$U = \frac{1}{\tau_i} \int_0^{\tau_i} P(t)\, dt. \tag{12-21}$$

Avaliação de Risco

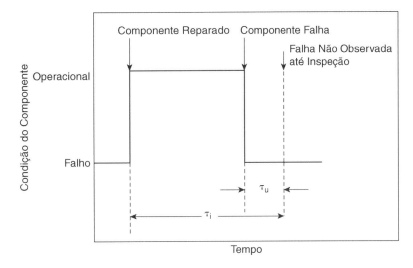

Figura 12-7 Ciclos do componente para falhas ocultas.

A probabilidade de falha $P(t)$ é fornecida pela Equação 12-2. Substituindo na Equação 12-21 e integrando, temos

$$U = 1 - \frac{1}{\mu \tau_i}(1 - e^{-\mu \tau_i}). \tag{12-22}$$

Uma expressão para a disponibilidade é

$$A = \frac{1}{\mu \tau_i}(1 - e^{-\mu \tau_i}). \tag{12-23}$$

Se o termo $\mu \tau_i \ll 1$, então a probabilidade de falha é aproximada por

$$P(t) \approx \mu t, \tag{12-24}$$

e a Equação 12-21 é integrada para fornecer, no caso de falhas ocultas,

$$\boxed{U = \frac{1}{2}\mu \tau_i.} \tag{12-25}$$

Esse é um resultado útil e conveniente, demonstrando que, em média, nas falhas ocultas o processo ou componente está indisponível durante um período igual à metade do intervalo de inspeção. Uma diminuição no intervalo de inspeção aumenta a disponibilidade de uma falha oculta.

As Equações 12-19 a 12-25 supõem um tempo de reparo desprezível. Isso geralmente é uma premissa válida porque equipamentos de processo são geralmente consertados em um período de horas, enquanto os intervalos de inspeção geralmente são mensais.

Exemplo 12-3

Calcule a disponibilidade e a indisponibilidade dos sistemas de alarme e parada de emergência do Exemplo 12-2. Suponha que uma inspeção de manutenção ocorra uma vez por mês e que o tempo de conserto seja desprezível.

Solução

Ambos os sistemas demonstram falhas ocultas. No sistema de alarme, a taxa de falha é $\mu = 0,18$ falha/ano. O período de inspeção é $1/12 = 0,083$ ano. A indisponibilidade é calculada através da Equação 12-25:

$$U = \frac{1}{2}\mu\tau_i = (1/2)(0,18)(0,083) = 0,0075,$$

$$A = 1 - U = 0,992.$$

O sistema de alarme está disponível 99,2% do tempo. No sistema de parada de emergência, $\mu = 0,55$ falha/ano. Assim,

$$U = \frac{1}{2}\mu\tau_i = (1/2)(0,55)(0,083) = 0,023,$$

$$A = 1 - 0,023 = 0,977.$$

O sistema de interrupção está disponível 97,7% do tempo.

Probabilidade de Coincidência

Todos os componentes do processo demonstram indisponibilidade como resultado de uma falha. Nos alarmes e sistemas de emergência é improvável que estes sistemas venham a ficar indisponíveis quando ocorrer um episódio perigoso no processo. O perigo resulta apenas quando ocorre uma perturbação no processo e o sistema de emergência está indisponível. Isso requer uma coincidência de eventos.

Suponha que um episódio perigoso no processo ocorra p_d vezes em um intervalo de tempo T_i. A frequência de ocorrência desse episódio é fornecida por

$$\lambda = \frac{p_d}{T_i}. \qquad (12\text{-}26)$$

Em um sistema de emergência com indisponibilidade U, uma situação perigosa vai ocorrer apenas quando ocorrer o episódio no processo e o sistema de emergência estiver indisponível. Isso significa, a cada $p_d U$ episódios. A frequência média de episódios perigosos λ_d é o número de coincidências dividido pelo período de tempo:

$$\lambda_d = \frac{p_d U}{T_i} = \lambda U. \qquad (12\text{-}27)$$

Para taxas de falha pequenas, $U = \frac{1}{2}\mu\tau_i$ e $p_d = \lambda T_i$. Substituindo na Equação 12-27, temos

$$\lambda_d = \frac{1}{2}\lambda\mu\tau_i. \qquad (12\text{-}28)$$

O tempo médio entre coincidências (MTBC – *mean time between coincidences*) é o inverso da frequência média de coincidências perigosas:

$$\text{MTBC} = \frac{1}{\lambda_d} = \frac{2}{\lambda \mu \tau_i}. \tag{12-29}$$

Exemplo 12-4

Para o reator do Exemplo 12-3, um incidente de alta pressão é esperado a cada 14 meses. Calcule o MTBC de uma ocorrência de alta pressão e uma falha no dispositivo de parada de emergência.

Solução

A frequência dos episódios do processo é fornecida pela Equação 12-26:

$$\lambda = 1 \text{ episódio}/[(14 \text{ meses})(1 \text{ ano}/12 \text{ meses})] = 0{,}857/\text{ano}.$$

A indisponibilidade é calculada a partir da Equação 12-25:

$$U = \frac{1}{2}\mu\tau_i = (1/2)(0{,}55)(0{,}083) = 0{,}023.$$

A frequência média de coincidências perigosas é fornecida pela Equação 12-27:

$$\lambda_d = \lambda U = (0{,}857)(0{,}023) = 0{,}020.$$

O MTBC é (segundo a Equação 12-29)

$$\text{MTBC} = \frac{1}{\lambda_d} = \frac{1}{0{,}020} = 50 \text{ anos}.$$

É esperado que um incidente simultâneo de alta pressão e falha do dispositivo de parada de emergência ocorra uma vez a cada 50 anos.

Se o intervalo de inspeção τ_i for reduzido pela metade, então $U = 0{,}023$, $\lambda_d = 0{,}010$ e o MTBC resultante é 100 anos. Isso é uma melhora significativa e mostra por que um programa de manutenção adequado e oportuno é importante.

Redundância[2]

Sistemas são projetados para funcionar normalmente, mesmo quando um único instrumento ou função de controle falha. Isso é obtido com controles redundantes, incluindo duas ou mais medições, rotas e atuadores de modo a garantir que o sistema opere com segurança e de forma confiável. O grau de redundância depende dos perigos do processo e do potencial de perdas econômicas. Um exemplo de

---

[2]S. S. Grossel and D. A. Crowl, eds. *Handbook of Highly Toxic Materials Handling and Management* (New York: Marcel Dekker, 1995), p. 264.

medição de temperatura redundante é a utilização de uma sonda de temperatura adicional. Um exemplo de malha de controle de temperatura redundante é a utilização de sonda de temperatura, controlador e atuador (por exemplo, válvula de controle da água de resfriamento) adicionais.

Falhas de Causa Comum

Ocasionalmente ocorre um incidente que resulta em uma falha de causa comum. Trata-se de um evento único que afeta uma série de componentes simultaneamente. Por exemplo, considere várias malhas de controle de vazão similares às da Figura 12-4. Uma falha de causa comum é a perda de energia elétrica ou uma perda de ar de instrumentação. Uma falha de serviço desse tipo pode fazer com que todas as malhas de controle falhem ao mesmo tempo. O serviço está conectado a esses sistemas via portas OU. Isso aumenta substancialmente a taxa de falhas. Durante o trabalho com sistemas de controle, é preciso projetar deliberadamente os sistemas a fim de minimizar as falhas de causa comum.

12-2 Árvore de Eventos

As árvores de eventos começam com um evento iniciador e se desmembram na direção de um resultado final. Essa abordagem é indutiva. O método fornece informações sobre como uma falha pode ocorrer e a probabilidade de ocorrência.

Quando ocorre um acidente em uma instalação, vários sistemas de segurança entram em ação para evitar a propagação do acidente. Esses sistemas de segurança falham ou têm êxito. A abordagem da árvore de eventos inclui os efeitos de um evento iniciador, seguidos pelo impacto dos sistemas de segurança.

As etapas típicas em uma análise por árvore de eventos são[3]

1. Identificar um evento iniciador de interesse,
2. Identificar as funções de segurança projetadas para lidar com o evento iniciador,
3. Construir a árvore de eventos e
4. Descrever as sequências de eventos resultantes do acidente.

Se houver dados adequados, o procedimento é utilizado para atribuir valores numéricos aos vários eventos. Isso é utilizado de forma eficaz para determinar a probabilidade de uma determinada sequência de eventos e para decidir quais melhorias são necessárias.

Considere o sistema do reator químico exibido na Figura 12-8. Um alarme de alta temperatura foi instalado para alertar o operador sobre a ocorrência de alta temperatura dentro do reator. A árvore de eventos para um evento iniciador de perda da água de resfriamento é exibida na Figura 12-9. São identificadas quatro funções de segurança que são escritas no topo da folha. A primeira função de segurança é o alarme de alta temperatura. A segunda função de segurança é o operador observar a alta temperatura do reator durante a inspeção normal. A terceira função de segurança é o operador restabelecer o fluxo do agente de refrigeração corrigindo o problema na hora. A função de segurança final é invocada pelo operador ao realizar uma parada de emergência do reator. Essas funções de segurança são escritas na página na ordem lógica de sua ocorrência.

---

[3]Center for Chemical Process Safety (CCPS), *Guidelines for Hazard Evaluation Procedures*, 3rd ed. (New York: American Institute of Chemical Engineers, 2009.)

Avaliação de Risco

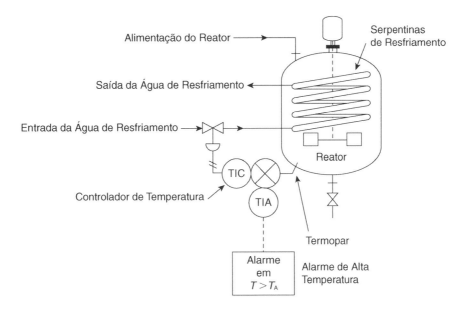

Figura 12-8 Reator com alarme de alta temperatura e controlador de temperatura.

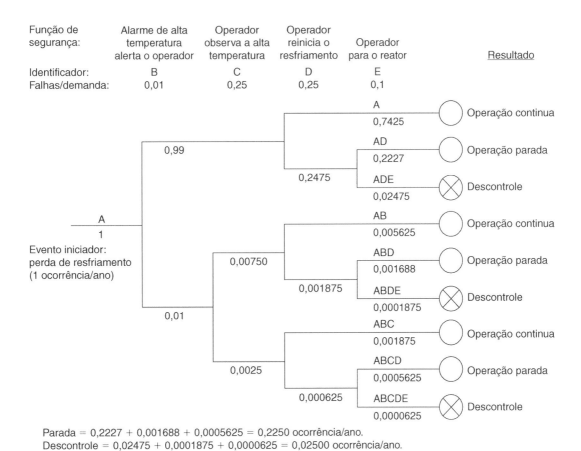

Parada = 0,2227 + 0,001688 + 0,0005625 = 0,2250 ocorrência/ano.
Descontrole = 0,02475 + 0,0001875 + 0,0000625 = 0,02500 ocorrência/ano.

Figura 12-9 Árvore de eventos de um acidente de perda da água de resfriamento no reator da Figura 12-8.

A árvore de eventos é escrita da esquerda para a direita. O evento iniciador é escrito primeiro no centro da página à esquerda. É traçada uma linha até a primeira função de segurança. Nesse ponto, a função de segurança pode ter êxito ou fracassar. Por convenção, uma operação bem-sucedida é traçada por uma linha reta ascendente, e uma falha é traçada para baixo. As linhas horizontais são desenhadas a partir desses dois estados até a próxima função de segurança.

Se uma função de segurança não se aplicar, a linha horizontal continua através da função de segurança sem ramificar. Nesse exemplo, o ramo superior continua através da segunda função, onde o operador observa a temperatura elevada. Se o alarme de alta temperatura funcionar adequadamente, o operador já vai estar a par da condição de alta temperatura. A descrição da sequência e as consequências são indicadas no lado extremo direito da árvore de eventos. Os círculos não preenchidos indicam condições seguras e os círculos com cruzes representam condições inseguras.

A notação alfabética na coluna de descrição da sequência é útil para identificar o evento em particular. As letras indicam a sequência de falhas dos sistemas de segurança. O evento iniciador sempre é incluído como a primeira letra na notação. Uma árvore de eventos para um evento iniciador diferente utilizaria uma letra diferente. No exemplo aqui, a sequência de letras ADE representa o evento iniciador A seguido pela falha das funções de segurança D e E.

A árvore de eventos pode ser utilizada quantitativamente se houver dados disponíveis sobre as taxas de falha das funções de segurança e sobre a taxa de ocorrência do evento iniciador. Neste exemplo, suponha que a perda da água de resfriamento ocorra uma vez por ano. Vamos supor que as funções de segurança físicas falhem 1% das vezes em que são demandadas. Essa é uma taxa de falha de 0,01 falha/demanda. Suponha também que o operador vai observar a alta temperatura do reator 3 a cada 4 vezes e que em 3 a cada 4 vezes o operador vai conseguir restabelecer o fluxo da água de resfriamento. Ambos os casos representam uma taxa de falha de 1 em cada 4 vezes, ou 0,25 falha/demanda. Finalmente, estima-se que o operador interrompa com sucesso o sistema em 9 a cada 10 vezes. Essa é uma taxa de falha de 0,10 falha/demanda.

As taxas de falha das funções de segurança são escritas abaixo dos cabeçalhos das colunas. A frequência de ocorrência do evento iniciador é escrita abaixo da linha que se origina no evento inicial.

A sequência de cálculos realizada em cada junção é exibida na Figura 12-10. Mais uma vez, o ramo superior, por convenção, representa uma função de segurança bem-sucedida e o ramo inferior representa uma falha. A frequência associada com o ramo inferior é calculada multiplicando a taxa de falha da função de segurança pela frequência do ramo de entrada. A frequência associada com o ramo superior é calculada subtraindo a taxa de falha da função de segurança de 1 (obtendo-se a taxa de sucesso da função de segurança) e depois multiplicando pela frequência do ramo de entrada.

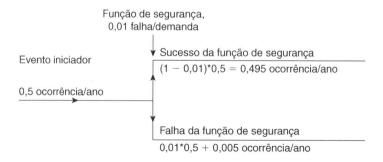

Figura 12-10 Sequência de cálculos através de uma função de segurança em uma árvore de eventos.

Avaliação de Risco

A frequência perigosa total associada com a árvore de eventos exibida na Figura 12-9 é a soma das frequências de todos os estados perigosos (os estados com círculos e cruzes). Nesse exemplo, a frequência perigosa total é estimada em 0,025 falha por ano (soma das falhas ADE, ABDE e ABCDE).

Essa análise da árvore de eventos mostra que uma reação perigosa descontrolada vai ocorrer em média 0,025 vez por ano ou uma vez a cada 40 anos. Isso é considerado alto demais para essa instalação. Uma solução possível é a inclusão de um sistema de parada de emergência do reator em caso de alta temperatura. Esse sistema de controle desligaria automaticamente o reator no caso de a temperatura do mesmo ultrapassar um valor fixo. A temperatura de parada de emergência seria mais alta do que o valor de alarme, para dar oportunidade ao operador para restabelecer o fluxo da água de resfriamento.

A árvore de eventos para o processo modificado é exibida na Figura 12-11. A função de segurança adicional proporciona uma redundância no caso de o alarme de alta temperatura falhar ou o operador não observar a temperatura elevada. Agora, estima-se que a reação descontrolada ocorra 0,00025 vez por ano, ou uma vez a cada 400 anos. Trata-se de uma melhoria substancial obtida pela adição de um simples sistema redundante de parada.

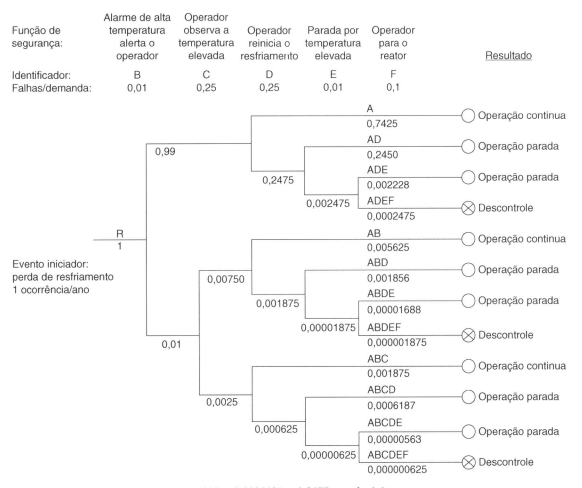

Parada = 0,2450 + 0,001856 + 0,00001688 + 0,0006187 = 0,2475 ocorrência/ano.
Descontrole = 0,0002475 + 0,000001875 + 0,000000625 = 0,0002500 ocorrência/ano.

Figura 12-11 Árvore de eventos para o reator da Figura 12-8. Inclui um sistema de parada de emergência por alta temperatura.

A árvore de eventos é útil para fornecer os cenários de possíveis modos de falha. Se houver disponibilidade de dados quantitativos, pode ser feita uma estimativa da frequência de falhas. Isso é utilizado com mais sucesso na modificação de projetos para aumento da segurança. A dificuldade é que na maioria dos processos reais o método pode ser excessivamente detalhado, resultando em uma árvore de eventos enorme. Se for tentado um cálculo probabilístico, deve haver dados disponíveis para cada função de segurança na árvore de eventos.

Uma árvore de eventos começa com uma determinada falha e termina com uma série de consequências resultantes desta falha. Se um engenheiro estiver preocupado com uma determinada consequência, não é certo que esta consequência de interesse vai realmente resultar da falha escolhida. Talvez essa seja a principal desvantagem da árvore de eventos.

12-3 Árvore de Falhas

As árvores de falhas se originaram na indústria aeroespacial e têm sido empregadas amplamente pela indústria nuclear para qualificar e quantificar os perigos e riscos associados com as plantas nucleares. Essa abordagem está se tornando mais popular nas indústrias de processos químicos, principalmente como resultado das experiências bem-sucedidas demonstradas pelo setor nuclear.

Uma árvore de falhas para qualquer sistema, exceto as mais simples das instalações, pode ser grande e envolver milhares de eventos de processo. Felizmente, essa abordagem tem utilizado de forma intensiva os recursos computacionais, com uma série de programas de computador disponíveis comercialmente para desenhar as árvores de falhas com base em uma sessão interativa.

As árvores de falhas são um método dedutivo para identificar as maneiras pelas quais os perigos podem levar a acidentes. A abordagem começa com um acidente bem definido, ou evento topo, e segue retroativamente na direção dos vários cenários que podem causar este acidente.

Por exemplo, um pneu furado em um automóvel é provocado por dois eventos possíveis. Em um caso, o pneu furado se deve à condução do veículo sobre os detritos na estrada, como um prego, por exemplo. A outra causa possível é a falha do pneu. O pneu furado é identificado como evento topo. As duas causas que contribuem são eventos básicos ou intermediários. Os eventos básicos são aqueles que não podem ser desmembrados em mais detalhes e os eventos intermediários são os que podem ser definidos em mais detalhes. Nesse exemplo, a condução do automóvel sobre detritos na estrada é um evento básico, já que não há mais o que detalhar. A falha do pneu é um evento intermediário, pois ela resulta de um pneu defeituoso ou de um pneu gasto.

O exemplo do pneu furado é retratado utilizando um diagrama lógico de árvore de falhas, exibido na Figura 12-12. Os círculos indicam os eventos básicos e os retângulos indicam os eventos intermediários. O símbolo parecido com um rabo de peixe representa a função lógica OU. Ele significa que qualquer um dos eventos de entrada vai fazer com que ocorra o evento da saída. Conforme a Figura 12-12, o pneu furado é provocado por detritos na estrada ou falha do pneu. De modo similar, a falha do pneu é provocada por um pneu defeituoso ou por um pneu gasto.

Os eventos em uma árvore de falhas não estão restritos a falhas físicas. Eles também podem incluir software, erros humanos e fatores ambientais.

Nos processos químicos de complexidade razoável é necessária uma série de funções lógicas para construir uma árvore de falhas. Uma lista detalhada é fornecida na Figura 12-13. A função lógica E é importante para descrever os processos que interagem em paralelo. Isso significa que o evento

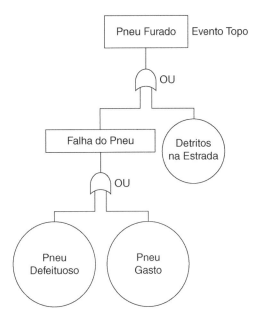

Figura 12-12 Uma árvore de falhas descrevendo os vários eventos que contribuem para um pneu furado.

de saída da função lógica E é ativo apenas quando ambos os eventos da entrada são ativos. A função INIBIÇÃO é útil nos eventos que levam a uma falha apenas em uma parte do tempo. Por exemplo, conduzir o veículo sobre detritos na estrada nem sempre leva a um pneu furado. A porta INIBIÇÃO poderia ser utilizada na árvore de falhas da Figura 12-12 para representar essa situação.

Antes de a árvore de falhas atual ser desenhada, vários passos preliminares são necessários:

1. Definir precisamente o evento topo. Eventos como "temperatura elevada do reator" ou "nível do líquido alto demais" são precisos e convenientes. Eventos como "explosão do reator" ou "incêndio no processo" são vagos demais, enquanto um evento como um "vazamento na válvula" é específico demais.

2. Definir os eventos existentes. Quais condições certamente estão presentes quando o evento topo ocorre?

3. Definir os eventos não permitidos. Esses são eventos improváveis ou que não estão em consideração no momento, podendo incluir as falhas de cabeamento, raios, tornados e furacões.

4. Definir as fronteiras físicas do processo. Quais componentes devem ser considerados na árvore de falhas?

5. Definir a configuração do equipamento. Quais válvulas estão abertas ou fechadas? Quais são os níveis de líquido? Este é um estado de operação normal?

6. Defina o nível de resolução. A análise vai considerar apenas a válvula, ou será necessário considerar os componentes da válvula?

A próxima etapa no procedimento é desenhar a árvore de falhas. Primeiro, desenhe o evento topo na parte superior da página. Identifique-o como evento topo para evitar confusão mais tarde quando a árvore de falhas se espalhar por várias páginas.

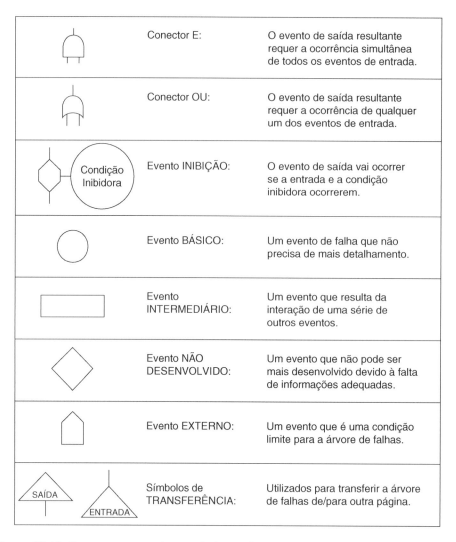

Figura 12-13 Os componentes de transferência lógica utilizados em uma árvore de falhas.

Segundo, determine os principais eventos que contribuem para o evento topo. Escreva esses eventos intermediários, básicos, não desenvolvidos ou externos na folha. Se esses eventos estiverem conectados em paralelo (todos os eventos devem ocorrer para que o evento topo ocorra), eles devem ser conectados ao evento topo por um conector E. Se esses eventos estiverem ligados em série (qualquer evento pode ocorrer para que o evento topo ocorra), eles devem ser conectados por um conector OU. Se novos eventos não puderem ser relacionados ao evento topo por uma única função lógica, estes novos eventos provavelmente não estão especificados de maneira adequada. Lembre-se de que o propósito da árvore de falhas é determinar as etapas que devem ocorrer a fim de produzir o evento topo.

Agora, considere qualquer um dos novos eventos intermediários. Quais eventos devem ocorrer a fim de contribuir com este evento único? Escreva-os na árvore como eventos intermediários, básicos, não desenvolvidos ou externos. Depois, decida qual função lógica representa a interação destes eventos mais novos.

Continue elaborando a árvore de falhas até que todos os ramos terminem em eventos básicos, não desenvolvidos ou externos. Todos os eventos intermediários devem ser expandidos.

Exemplo 12-5

Considere mais uma vez o sistema de alarme e parada de emergência do Exemplo 12-5. Desenhe uma árvore de falhas para este sistema.

Solução

A primeira etapa é definir o problema.

1. Evento topo: Danos no reator em consequência da sobrepressão.
2. Evento existente: Alta pressão no processo.
3. Eventos não permitidos: Falha do misturador, falhas elétricas, falhas de fiação, tornados, furacões, tempestades elétricas.
4. Fronteiras físicas: O equipamento exibido na Figura 12-5.
5. Configuração do equipamento: Válvula solenoide aberta, alimentação do reator fluindo.
6. Nível de resolução: O equipamento conforme a Figura 12-5.

O evento topo é escrito na parte superior da árvore de falhas, sendo assim indicado (veja a Figura 12-14). Devem ocorrer dois eventos para a sobrepressão: falha do sistema de alarme e falha do sistema de parada de emergência. Esses eventos têm de ocorrer simultaneamente, de modo que devem estar conectados por uma função E. O alarme pode falhar devido a uma falha da chave de pressão 1 ou a uma falha da luz indicadora do alarme. Eles devem estar conectados por uma função OU. O sistema de parada de emergência pode falhar devido a uma falha da chave de pressão 2 ou da válvula solenoide. Tais eventos também devem estar conectados por uma função OU. A árvore de falhas completa é exibida na Figura 12-14.

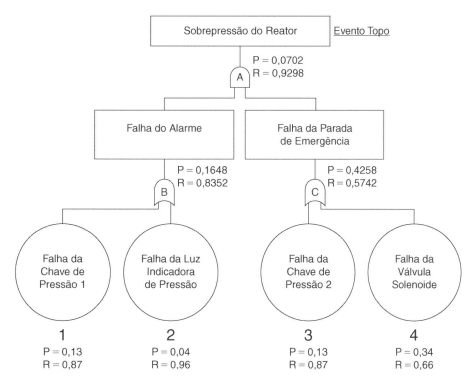

Figura 12-14 Árvore de falhas do Exemplo 12-5.

Determinação dos Conjuntos dos Cortes Mínimos

Depois de desenhada a árvore de falhas, uma série de cálculos pode ser realizada. O primeiro cálculo determina os conjuntos dos cortes mínimos. Este consiste em vários conjuntos de eventos que poderiam levar ao evento topo. Em geral, o evento topo poderia ocorrer através de uma série de combinações de eventos diferentes. Os diferentes conjuntos únicos de eventos que levam ao evento topo formam os conjuntos dos cortes mínimos.

Os conjuntos dos cortes mínimos são úteis para determinar as diversas maneiras com que o evento topo poderia ocorrer. Alguns dos cortes mínimos têm probabilidade mais alta do que outros. Por exemplo, um conjunto envolvendo apenas dois eventos é mais provável do que um conjunto envolvendo três eventos. De modo similar, um conjunto envolvendo a interação humana é mais propenso a falhas do que um conjunto que envolva apenas componentes físicos. Com base nessas regras simples, os conjuntos dos cortes mínimos são ordenados com relação à probabilidade de falha. Os conjuntos com probabilidades mais altas são examinados cuidadosamente para determinar se são necessários outros sistemas de segurança.

Os conjuntos dos cortes mínimos são determinados utilizando um procedimento desenvolvido por Fussell e Vesely.[4] O procedimento se torna mais claro através de um exemplo.

Exemplo 12-6

Determine os conjuntos dos cortes mínimos da árvore de falhas do Exemplo 12-5.

Solução

A primeira etapa no procedimento é dar nome a todos os conectores lógicos utilizando letras e a todos os eventos básicos utilizando números, conforme a Figura 12-14. O primeiro conector lógico abaixo do evento topo é denominado:

$$A$$

Os conectores E aumentam o número de eventos nos conjuntos de corte, enquanto os conectores OU ampliam o número de conjuntos. O conector lógico A na Figura 12-14 possui duas entradas: uma proveniente do conector B e outra proveniente do conector C. Como o conector A é uma função E, ele é substituído pelos conectores B e C:

$$\cancel{A}\ B \quad C$$

O conector B tem entradas provenientes dos eventos 1 e 2. Como o conector B é uma função OU, ele é substituído pela inclusão de uma linha adicional abaixo da linha atual. Primeiro, substitua o conector B por uma das entradas e depois crie uma segunda linha abaixo da primeira. Copie para essa nova linha todas as entradas nas colunas restantes da primeira linha:

$$\cancel{A}\ \cancel{B}\ 1 \quad C$$
$$\phantom{\cancel{A}\ \cancel{B}\ }2 \quad C$$

Repare que o conector C na segunda coluna da primeira linha é copiado para a nova linha.

---

[4] J. B. Fussell and W. E. Vesely, "A New Methodology for Obtaining Cut Sets for Fault Trees", *Transactions of the American Nuclear Society* (1972), 15.

Em seguida, substitua o conector C na primeira linha por suas entradas. Como este conector é uma função OU, substitua C pelo evento básico 3 e depois crie uma terceira linha com o outro evento. Certifique-se de copiar o 1 da outra coluna da primeira linha:

~~A~~ ~~B~~ 1   ~~C~~ 3
2   C
1   4

Finalmente, substitua a porta C na segunda linha por suas entradas. Isso gera uma quarta linha:

~~A~~ ~~B~~ 1   ~~C~~ 3
2   ~~C~~ 3
1   4
2   4

Então, os cortes são

1, 3
2, 3
1, 4
2, 4

Isso significa que o evento topo ocorre em consequência de qualquer um desses conjuntos de eventos básicos.

O procedimento nem sempre gera os conjuntos dos cortes mínimos. Algumas vezes um conjunto pode assumir a seguinte forma:

1, 2, 2

Isso é reduzido simplesmente para 1, 2. Em outras ocasiões, alguns conjuntos podem ser subconjuntos dos demais. Por exemplo, considere

1, 2
1, 2, 4
1, 2, 3

O primeiro conjunto básico é um subconjunto do segundo e do terceiro porque os eventos 1 e 2 são comuns a todos. Estes conjuntos que possuem subconjuntos listados devem ser eliminados para produzir os conjuntos dos cortes mínimos.

No exemplo não ocorre este caso.

Cálculos Quantitativos Utilizando a Árvore de Falhas

A árvore de falhas pode ser utilizada para realizar cálculos quantitativos a fim de determinar a probabilidade do evento topo. Isso é efetuado de duas maneiras.

Na primeira abordagem, os cálculos são realizados através do próprio diagrama da árvore de falhas. As probabilidades de falha de todos os eventos básicos, externos e não desenvolvidos são escritas na árvore de falhas. Depois, são efetuados os cálculos necessários através dos vários conectores lógicos.

Lembre-se de que as probabilidades são multiplicadas através de uma função E e que as confiabilidades são multiplicadas através de uma função OU. Os cálculos continuam dessa maneira até o evento topo ser alcançado. Os conectores Inibição são considerados um caso particular de um conector E.

Os resultados desse procedimento são exibidos pela Figura 12-14. O símbolo P representa a probabilidade e R representa a confiabilidade. As probabilidades de falha desses eventos básicos foram obtidas no Exemplo 12-2.

O outro procedimento é utilizar os conjuntos dos cortes mínimos. Esse procedimento se aproxima do resultado exato, apenas se as probabilidades de todos os eventos forem pequenas. Em geral, esse resultado fornece um número maior do que a probabilidade real. Essa abordagem supõe que os termos de produtos cruzados da probabilidade, exibidos na Equação 12-10, são desprezíveis.

Os conjuntos dos cortes mínimos representam os vários modos de falha. No Exemplo 12-6, os eventos 1, 3 ou 2, 3 ou 1, 4 ou 2, 4 poderiam causar o evento topo. Para estimar a probabilidade global de falha, as probabilidades dos conjuntos de cortes são somadas. Nesse caso,

$$P(1 \text{ E } 3) = (0{,}13)(0{,}13) = 0{,}0169$$
$$P(2 \text{ E } 3) = (0{,}04)(0{,}13) = 0{,}0052$$
$$P(1 \text{ E } 4) = (0{,}13)(0{,}34) = 0{,}0442$$
$$P(2 \text{ E } 4) = (0{,}04)(0{,}34) = \underline{0{,}0136}$$
$$\text{Total} \quad 0{,}0799$$

Isso se compara ao resultado exato de 0,0702, obtido através da árvore de falhas real. Os conjuntos de corte estão relacionados entre si pela função OU. No Exemplo 12-6, todas as probabilidades dos conjuntos de corte foram somadas. Isso é um resultado aproximado, como mostra a Equação 12-10, pois os termos de produtos cruzados foram desprezados. Nas probabilidades pequenas, os termos de produtos cruzados são desprezíveis e a soma vai se aproximar do resultado verdadeiro.

Vantagens e Desvantagens das Árvores de Falhas

A principal desvantagem de utilizar as árvores de falhas é que em qualquer processo razoavelmente complicado a árvore de falhas será enorme. Árvores de falhas envolvendo milhares de conectores e eventos intermediários não são incomuns. As árvores de falhas desse tamanho exigem uma quantidade de tempo considerável, medido em anos, para serem concluídas.

Além disso, o desenvolvedor de uma árvore de falhas nunca pode ter certeza de que todos os modos de falha foram considerados. As árvores de falhas mais completas geralmente são desenvolvidas por engenheiros mais experientes.

As árvores de falhas também supõem que as falhas são "totais", ou seja, que um determinado componente físico não falha parcialmente. Uma válvula vazando é um bom exemplo de falha parcial. Além disso, a abordagem supõe que uma falha de um componente não sobrecarrega os demais, resultando em uma mudança nas probabilidades de falha dos outros componentes.

As árvores de falhas elaboradas por indivíduos diferentes também costumam ser diferentes quanto à estrutura. As árvores diferentes geralmente predizem probabilidades de falha diferentes. Essa natureza inexata das árvores de falhas é um problema considerável.

Se a árvore de falhas for utilizada para calcular a probabilidade de falha do evento topo, então probabilidades de falha são necessárias para todos os eventos da árvore. Essas probabilidades geralmente não são conhecidas ou, pelo menos, não o são de forma precisa.

Uma grande vantagem da abordagem da árvore de falhas é que ela começa com um evento topo. Esse evento topo é escolhido pelo usuário para ser específico da falha de interesse. Isso é o oposto da abordagem da árvore de eventos, na qual os eventos resultantes de uma única falha podem não ser os eventos de interesse para o usuário.

As árvores de falhas também são utilizadas para determinar os conjuntos dos cortes mínimos. Os conjuntos dos cortes mínimos fornecem um volume enorme de informações sobre as várias maneiras com que os eventos topo podem ocorrer. Algumas empresas adotam uma estratégia de controle para que seus conjuntos dos cortes mínimos sejam compostos por quatro ou mais eventos independentes. Naturalmente, isso aumenta muito a confiabilidade do sistema.

Finalmente, o procedimento inteiro da árvore de falhas permite a aplicação de ferramentas computacionais. Existem programas computacionais para construir graficamente as árvores de falhas, determinar os conjuntos dos cortes mínimos e calcular as probabilidades de falha. Bibliotecas de referência contendo probabilidades de falha para vários tipos de equipamento de processo também podem ser incluídas.

Relação entre as Árvores de Falhas e as Árvores de Eventos

As árvores de eventos começam com um evento iniciador e funcionam na direção do evento topo (indução). As árvores de falhas começam com um evento topo e funcionam na direção do evento iniciador (dedução). Os eventos iniciadores são as causas do incidente, e os eventos topo são os resultados finais. Os dois métodos são relacionados de forma que os eventos topo das árvores de falhas são os eventos iniciadores das árvores de eventos. Ambos são utilizados juntos para produzir um quadro completo de um incidente, de suas causas iniciadoras até o seu resultado final. As probabilidades e frequências são anexadas aos diagramas.

12-4 AQR e LOPA

O risco é o produto da probabilidade de uma liberação, da probabilidade de exposição e das consequências da exposição. O risco é descrito geralmente de uma forma gráfica, como mostra a Figura 12-15. Todas as empresas decidem a respeito dos níveis de risco considerados aceitáveis ou inaceitáveis. O risco real de um processo ou instalação geralmente é determinado através da análise quantitativa de riscos (AQR) ou de uma análise das camadas de proteção (LOPA). Às vezes outros métodos são utilizados; no entanto, a AQR e a LOPA são os métodos mais comumente utilizados. Em ambos os

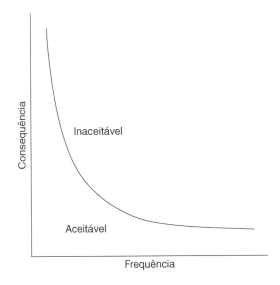

Figura 12-15 Descrição geral do risco.

métodos a frequência da liberação é determinada através de uma combinação de árvores de eventos, árvores de falhas ou de uma adaptação conveniente dessas técnicas.

Análise Quantitativa de Riscos[5]

A AQR é um método que identifica onde as operações, o projeto de engenharia ou os sistemas de gestão podem ser modificados para reduzir o risco. A complexidade de uma AQR depende dos objetivos do estudo e das informações disponíveis. Os benefícios máximos advêm quando as AQRs são utilizadas no início de um projeto (fases de análise conceitual e projeto) e são mantidos por todo o ciclo de vida da instalação.

O método da AQR é concebido para prover aos gestores uma ferramenta destinada a ajudá-los a avaliar o risco global de um processo. As AQRs são empregadas para avaliar os possíveis riscos quando os métodos qualitativos não conseguem proporcionar uma compreensão adequada desses riscos. A AQR é especialmente eficaz para avaliar estratégias alternativas de redução dos riscos.

As etapas principais de um estudo de AQR incluem

1. Definir as possíveis consequências dos eventos e os possíveis incidentes,
2. Avaliar as consequências dos incidentes (as ferramentas típicas desta etapa incluem a modelagem da dispersão e a modelagem de incêndio e explosão),
3. Estimar as possíveis frequências dos incidentes utilizando árvores de eventos e árvores de falhas,
4. Estimar os impactos dos incidentes sobre as pessoas, ambiente e propriedade e
5. Estimar o risco pela combinação dos impactos e das frequências, registrando este risco através de um gráfico similar ao da Figura 12-15.

Em geral, a AQR é um procedimento relativamente complexo que exige experiência e um comprometimento substancial de recursos e tempo. Em alguns casos, essa complexidade pode não se justificar; então, a aplicação dos métodos de LOPA pode ser mais conveniente.

Análise das Camadas de Proteção[6]

A LOPA é uma ferramenta semiquantitativa para analisar e avaliar o risco. Essa metodologia inclui métodos simplificados para caracterizar as consequências e estimar as frequências. Várias camadas de proteção são acrescentadas a um processo, por exemplo, para diminuir a frequência das consequências indesejadas. As camadas de proteção incluem a concepção de processos intrinsecamente seguros; o sistema básico de controle de processos; funções instrumentadas de segurança; dispositivos passivos, como diques ou paredes contra explosão; dispositivos ativos, como as válvulas de alívio de pressão; e intervenção humana. Esse conceito das camadas de proteção é ilustrado pela Figura 12-16. Os efeitos combinados das camadas de proteção e das consequências são comparados com alguns critérios de tolerância a riscos.

Na LOPA as consequências e os efeitos são aproximados por categorias, são estimadas as frequências, e a eficácia das camadas de proteção também é aproximada. Os valores aproximados e as cate-

---

[5]Center for Chemical Process Safety (CCPS), *Guidelines for Chemical Process Quantitative Risk Analysis*, 2nd ed. (New York: American Institute of Chemical Engineers, 2000.)
[6]Center for Chemical Process Safety (CCPS), *Layer of Protection Analysis: Simplified Process Risk Assessment*, D. A. Crowl, ed. (New York: American Institute of Chemical Engineers, 2001.)

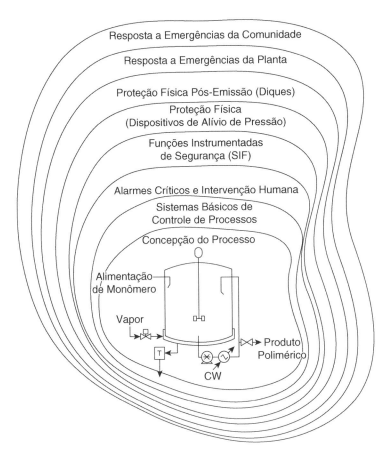

Figura 12-16 Camadas de proteção para diminuir a frequência de um cenário de acidente específico.

gorias são selecionados para fornecer resultados conservadores. Desse modo, os resultados de uma LOPA sempre devem ser mais conservadores do que os de uma AQR. Se os resultados da LOPA não forem satisfatórios ou se houver qualquer incerteza nos resultados, então se justifica uma AQR completa. Os resultados de ambos os métodos precisam ser utilizados com cautela. No entanto, os resultados tanto da AQR como da LOPA são especialmente satisfatórios para a comparação de alternativas.

Cada empresa utiliza critérios diferentes para estabelecer o limite entre o risco aceitável e o risco inaceitável. Os critérios podem incluir a frequência de fatalidades, a frequência de incêndios, a frequência máxima de uma categoria de consequência específica e o número necessário de camadas de proteção independentes para uma categoria de consequência específica.

A finalidade básica da LOPA é determinar se existem camadas de proteção suficientes contra um cenário de acidente específico. Conforme ilustrado na Figura 12-16, vários tipos de camadas protetoras são possíveis. A Figura 12-16 não inclui todas as camadas de proteção possíveis. Um cenário pode exigir uma ou mais camadas de proteção, dependendo da complexidade do processo e da possível gravidade de um acidente. Repare que, em um determinado cenário, apenas uma camada deve funcionar com êxito para a consequência ser evitada. No entanto, como nenhuma camada é perfeitamente eficaz, devem ser acrescentadas ao processo camadas suficientes para reduzir o risco a um nível aceitável.

As principais etapas de uma LOPA incluem

1. Identificar uma única consequência (um método simples para determinar as categorias de consequência é descrito mais adiante)

2. Identificar um cenário de acidente e a causa associada com a consequência (o cenário consiste em um par causa-consequência único)

3. Identificar o evento iniciador do cenário e estimar a frequência deste evento (um método simples é descrito mais adiante)

4. Identificar as camadas de proteção disponíveis para essa sequência em particular e estimar a probabilidade de falha na demanda para cada camada de proteção

5. Combinar a frequência do evento iniciador com as probabilidades de falha na demanda das camadas de proteção independentes para estimar uma frequência das consequências mitigadas para este evento iniciador

6. Representar graficamente a consequência *versus* a frequência a fim de estimar o risco (o risco geralmente é exibido em uma figura similar à Figura 12-15)

7. Avaliar o risco quanto à aceitabilidade (se for inaceitável, são necessárias mais camadas de proteção)

Esse procedimento se repete para outras consequências e cenários. Utiliza-se uma série de variações desse procedimento.

Consequência

O cenário de interesse mais comum da LOPA na indústria de processamento químico é a perda de contenção de materiais perigosos. Isso pode ocorrer através de uma série de incidentes, como o vazamento de um tanque, uma tubulação rompida, uma falha de vedação, ou a liberação através de uma válvula de alívio de pressão.

Em um estudo de AQR as consequências dessas liberações são quantificadas utilizando modelagem de dispersão e uma análise detalhada para determinar as consequências de incêndios, explosões, ou relativas à toxicidade. Em um estudo de LOPA as consequências são estimadas utilizando um dos seguintes métodos: (1) abordagem semiquantitativa sem referência direta a dano a pessoas, (2) estimativas qualitativas com dano a pessoas e (3) estimativas quantitativas com dano a pessoas. Veja a referência mencionada na nota de rodapé 6 para detalhamento desses métodos.

Durante a utilização do método semiquantitativo, a quantidade liberada é estimada através dos modelos de fonte, e as consequências são caracterizadas com uma categoria, como mostra a Tabela 12-2. Trata-se de um método fácil de ser utilizado, em comparação com a AQR.

Embora o método seja fácil de usar, ele identifica claramente problemas que podem necessitar de estudos complementares, tais como uma AQR, por exemplo. Ele também identifica os problemas que podem receber menos atenção pelo fato de as consequências serem insignificantes.

Frequência

Durante a realização de um estudo de LOPA, vários métodos podem ser empregados para determinar a frequência. Um dos métodos menos rigorosos inclui as seguintes etapas:

1. Determinar a frequência de falha do evento iniciador.

2. Ajustar essa frequência para incluir a demanda; por exemplo, a frequência de falhas de um reator é dividida por 12 se o reator for utilizado apenas 1 mês durante o ano inteiro. As frequências

Tabela 12-2 Categorização Semiquantitativa das Consequências

	Porte da consequência					
	1-10-lb liberados	10-100-lb liberados	100-1.000-lb liberados	1.000-10.000-lb liberados	10.000-100.000-lb liberados	>100.000-lb liberados
Característica da liberação						
Extremamente tóxica acima do PE[a]	Categoria 3	Categoria 4	Categoria 5	Categoria 5	Categoria 5	Categoria 5
Extremamente tóxica abaixo do PE ou altamente tóxica acima do PE	Categoria 2	Categoria 3	Categoria 4	Categoria 5	Categoria 5	Categoria 5
Altamente tóxica abaixo do PE ou inflamável acima do PE	Categoria 2	Categoria 2	Categoria 3	Categoria 4	Categoria 5	Categoria 5
Inflamável abaixo do PE	Categoria 1	Categoria 2	Categoria 2	Categoria 3	Categoria 4	Categoria 5
Combustível líquido	Categoria 1	Categoria 1	Categoria 1	Categoria 2	Categoria 2	Categoria 3
	Equipamento com sobressalente ou não essencial	Inatividade da instalação <1 mês	Inatividade da instalação 1-3 meses	Inatividade da instalação >3 meses	Ruptura de vaso, 3.000-10.000 galões, 100-300 psig	Ruptura de vaso, >10.000 galões, >300 psig
Característica da consequência						
Dano mecânico à planta de grande porte de produto principal	Categoria 2	Categoria 3	Categoria 4	Categoria 4	Categoria 4	Categoria 5
Dano mecânico à planta de pequeno porte de subproduto	Categoria 2	Categoria 2	Categoria 3	Categoria 4	Categoria 4	Categoria 5
Custo da consequência (dólares americanos)	$0-$10.000	$10.000-$100.000	$100.00-$1.000.000	$1.000.000-$10.000.000	>$10.000.000	
Categorias	Categoria 1	Categoria 2	Categoria 3	Categoria 4	Categoria 5	

[a]PE, ponto de ebulição na pressão atmosférica.

também são ajustadas (reduzidas) para incluir os benefícios da manutenção preventiva. Se, por exemplo, um sistema de controle recebe manutenção preventiva 4 vezes ao ano, então sua frequência de falhas é dividida por 4.

3. Ajustar a frequência de falhas para incluir as probabilidades de falha na demanda (PFD – *probabilities of failure on demand*) para cada camada de proteção independente.

As frequências de falhas dos eventos iniciadores comuns para um cenário de acidente são exibidas na Tabela 12-3.

Tabela 12-3 Valores de Frequência Típicos Atribuídos aos Eventos Iniciadores[a]

Evento iniciador	Intervalo de frequência segundo a literatura (por ano)	Exemplo de um valor escolhido por uma empresa para ser utilizado na LOPA (por ano)
Falha de vaso de pressão	10^{-5} a 10^{-7}	1×10^{-6}
Falha de tubulação, 100 m, ruptura completa	10^{-5} a 10^{-6}	1×10^{-5}
Vazamento de tubulação (seção de 10%), 100 m	10^{-3} a 10^{-4}	1×10^{-3}
Falha de tanque atmosférico	10^{-3} a 10^{-5}	1×10^{-3}
Perda de vedação/selagem	10^{-2} a 10^{-6}	1×10^{-2}
Excesso de velocidade da turbina/motor a diesel com rompimento da carcaça	10^{-3} a 10^{-4}	1×10^{-4}
Intervenção de terceiros (impacto externo por retroescavadeira, veículo, etc.)	10^{-2} a 10^{-4}	1×10^{-2}
Queda de carga de guindaste	10^{-3} a 10^{-4}/içamento	1×10^{-4}/içamento
Descarga atmosférica (raio)	10^{-3} a 10^{-4}	1×10^{-3}
Válvula de segurança abre sem que houvesse demanda	10^{-2} a 10^{-4}	1×10^{-2}
Falha na água de resfriamento	1 a 10^{-2}	1×10^{-1}
Falha de selagem de bomba	10^{-1} a 10^{-2}	1×10^{-1}
Falha de mangote de descarregamento/carregamento	1 a 10^{-2}	1×10^{-1}
Falha de malha instrumentada de controle	1 a 10^{-2}	1×10^{-1}
Falha de regulador	1 a 10^{-1}	1×10^{-1}
Pequeno incêndio externo (causas agregadas)	10^{-1} a 10^{-2}	1×10^{-1}
Grande incêndio externo (causas agregadas)	10^{-2} a 10^{-3}	1×10^{-2}
Falha de procedimento LOTO (*lock-out tag-out*) (falha global de um processo com vários elementos)	10^{-3} a 10^{-4}/oportunidade	1×10^{-3}(/oportunidade)
Falha do operador (ao executar procedimento de rotina; bem treinado, não estressado, descansado)	10^{-1} a 10^{-3}/oportunidade	1×10^{-2}(/oportunidade)

[a]Cada empresa escolhe seus próprios valores, coerentemente com o grau de conservadorismo ou com os critérios de tolerância a risco da própria corporação. As taxas de falha também podem ser bastante afetadas por rotinas de manutenção preventiva.

A PFD de cada camada de proteção independente (IPL – *independent protection layer*) varia de 10^{-1} a 10^{-5} para uma IPL fraca e uma forte, respectivamente. A prática comum é utilizar a PFD de 10^{-2}, a menos que a experiência mostre que ela deve ser maior ou menor. Algumas PFDs recomendadas pelo CCPS (veja a nota de rodapé 6) para avaliação preliminar são fornecidas nas Tabelas 12-4 e 12-5. Existem três regras para classificar um sistema ou ação específica como uma IPL:

1. A IPL é *eficaz* na prevenção da consequência quando ela funciona conforme a sua concepção.
2. A IPL funciona *independentemente* do evento iniciador e dos componentes de todas as outras IPLs utilizadas para o mesmo cenário.
3. A IPL é *passível de auditoria*, ou seja, a PFD da IPL deve ser capaz de ser validada, incluindo revisão, teste e documentação.

Tabela 12-4 PFDs para IPLs Passivas

IPLs passivas	Comentários (supondo uma base de projeto, inspeção e procedimentos de manutenção adequados)	PFDs da Indústria[a]	PFD do CCPS[a]
Dique	Reduz a frequência de grandes consequências (espalhamento livre) de um transbordamento de tanque, ruptura, derramamento, etc.	1×10^{-2} a 1×10^{-3}	1×10^{-2}
Sistema subterrâneo de drenagem	Reduz a frequência de grandes consequências (espalhamento livre) de um transbordamento de tanque, ruptura, derramamento, etc.	1×10^{-2} a 1×10^{-3}	1×10^{-2}
Vent aberto (sem válvula)	Evita a sobrepressão	1×10^{-2} a 1×10^{-3}	1×10^{-2}
Proteção contra incêndio	Reduz a taxa de entrada de calor e proporciona mais tempo para despressurizar, combater incêndios, etc.	1×10^{-2} a 1×10^{-3}	1×10^{-2}
Parede contra explosões ou bunker	Reduz a frequência de grandes consequências de uma explosão ao confinar a explosão e proteger os equipamentos, as edificações, etc.	1×10^{-2} a 1×10^{-3}	1×10^{-3}
Projeto intrinsecamente seguro	Se for implementado de maneira adequada, consegue eliminar cenários ou reduzir drasticamente as consequências associadas a um cenário	1×10^{-1} a 1×10^{-6}	1×10^{-2}
Supressores de chama ou detonação	Se forem projetados, instalados e mantidos de maneira adequada, conseguem eliminar o retorno de chama através de um sistema de tubulações ou para dentro de um vaso ou tanque	1×10^{-1} a 1×10^{-3}	1×10^{-2}

[a] Center for Chemical Process Safety (CCPS), *Layer of Protection Analysis, Simplified Process Risck Assessment*, D. A. Crowl, ed. (New York: American Institute of Chemical Engineers, 2001.)

A frequência da consequência final de um cenário específico é calculada utilizando

$$f_i^C = f_i^I \times \prod_{j=1}^{i} \text{PFD}_{ij}, \quad (12\text{-}30)$$

em que

f_i^C é a frequência mitigada para uma consequência C específica de um evento iniciador i,

f_i^I é a frequência do evento iniciador i e

PFD_{ij} é a probabilidade de falha da j-ésima IPL que protege contra a consequência específica e o evento iniciador i. A PFD normalmente é 10^{-2}, como foi descrito anteriormente.

Tabela 12-5 PFDs para IPLs Ativas e Ações Humanas

IPL ativa ou ação humana	Comentários [supondo uma base de projeto, inspeções e procedimentos de manutenção adequados (IPLs ativas) e documentação, treinamento e procedimentos de teste adequados (ação humana)]	PFDs da Indústria[a]	PFDs do CCPS[a]
Válvula de alívio de pressão	Impede o sistema de ultrapassar uma sobrepressão especificada. A eficácia desse dispositivo é sensível ao serviço e à experiência.	1×10^{-1} a 1×10^{-5}	1×10^{-2}
Disco de ruptura	Impede o sistema de ultrapassar uma sobrepressão especificada. A eficácia desse dispositivo é sensível ao serviço e à experiência.	1×10^{-1} a 1×10^{-5}	1×10^{-2}
Sistema básico de controle de processo (BPCS – basic process control system)	Pode ser creditado como uma IPL se não estiver associado ao evento iniciador que está sendo considerado. Veja IEC (1998, 2001).[b,c]	1×10^{-1} a 1×10^{-2}	1×10^{-1}
Funções instrumentadas de segurança (intertravamentos)	Veja IEC 61508 (IEC, 1998) e IEC 61511 (IEC, 2001) para obter os requisitos do ciclo de vida e outras informações.[b,c]		
Ação humana com tempo de resposta de 10 minutos	Ação simples e bem-documentada com indicações claras e confiáveis de que a ação é necessária.	1 a 1×10^{-1}	1×10^{-1}
Ação humana com tempo de resposta de 40 minutos	Ação simples e bem-documentada com indicações claras e confiáveis de que a ação é necessária.	1×10^{-1} a 1×10^{-2}	1×10^{-2}

[a]Center for Chemical Process Safety (CCPS), *Layer of Protection Analysis, Simplified Process Risck Assessment*, D. A. Crowl, ed. (New York: American Institute of Chemical Engineers, 2001.)
[b]IEC, IEC 61508, *Functional Safety of Electrical/Electronic/Programmable Electronic Safety-Related Systems, Partes 1 a 7* (Genebra: International Electrotechnical Commission, 1998).
[c]IEC, IEC 61511, *Functional Safety Instrumented Systems for the Process Industry Sector, Partes 1 a 3* (2004).

Quando existem vários cenários com a mesma consequência, cada cenário é avaliado individualmente utilizando a Equação 12-30. A frequência da consequência é determinada utilizando

$$\boxed{f^C = \sum_{i=1}^{I} f_i^C,} \qquad (12\text{-}31)$$

em que

f_i^C é a frequência da C-ésima consequência do i-ésimo evento iniciador e

I é o número total de eventos iniciadores com a mesma consequência.

Exemplo 12-7

Determine a frequência da consequência de uma falha na água de resfriamento se o sistema for concebido com duas IPLs. As IPLs são a interação humana com tempo de resposta de 10 minutos e um sistema básico de controle de processo (BPCS).

Solução

A frequência de uma falha na água de resfriamento é extraída da Tabela 12-3, ou seja, $f_1^I = 10^{-1}$. As PFDs são estimadas a partir das Tabelas 12-4 e 12-5. A PFD de resposta humana é 10^{-1} e a PFD do BPCS é 10^{-1}. A frequência da consequência é obtida através da Equação 12-30:

$$f_1^C = f_1^I \times \prod_{j=1}^{2} \text{PFD}_{1j}$$
$$= 10^{-1} \times (10^{-1})(10^{-1}) = 10^{-3} \text{ falhas/ano}.$$

Conforme foi ilustrado no Exemplo 12-7, a frequência de falha é determinada facilmente através dos métodos da LOPA.

O conceito de PFD também é utilizado durante o projeto de sistemas de parada de emergência chamados funções instrumentadas de segurança (SIFs). Uma SIF obtém baixos valores de PFD,

- Empregando sensores redundantes e elementos de controle final redundantes
- Utilizando vários sensores com sistemas de votação e elementos de controle final redundantes
- Testando os componentes de sistema em intervalos específicos para reduzir a probabilidade de falhas sob demanda pela detecção das falhas ocultas
- Utilizando um sistema de desengate desenergizado

Existem três níveis de integridade de segurança (SILs) que são geralmente aceitos na indústria de processamento químico para sistemas de parada de emergência:

1. SIL1 (PFD = 10^{-1} a 10^{-2}): Essas SIFs normalmente são implementadas com um único sensor, um único solucionador lógico e um único elemento de controle final, exigindo testes de prova periódicos.

2. SIL2 (PFD = 10^{-2} a 10^{-3}): Essas SIFs costumam ser totalmente redundantes, incluindo o sensor, o solucionador lógico e o elemento de controle final e exigindo testes de prova periódicos.

3. SIL3 (PFD = 10^{-3} a 10^{-4}): Os sistemas SIL3 costumam ser totalmente redundantes, incluindo o sensor, o solucionador lógico e o elemento de controle final; o sistema requer um projeto cuidadoso e testes de validação frequentes para obter valores de PFD baixos. Muitas empresas têm um número limitado de sistemas SIL3 devido ao alto custo normalmente associado a esta arquitetura.

LOPA Típica

Um estudo típico da LOPA aborda cerca de 2% a 5% dos problemas importantes definidos em uma PHA (*process hazard analysis*). Para isso, cada empresa elabora limites para os estudos da LOPA. Por exemplo, principais consequências com uma Categoria 4 e acidentes com uma ou mais mortes. Os estudos da LOPA eficazes devem se concentrar nas áreas associadas aos principais acidentes, com base em dados históricos, especialmente inicializações e paradas. É geralmente aceito que 70% dos acidentes ocorrem durante a inicialização e a parada; portanto, recomenda-se que um esforço significativo seja dedicado a estas situações.[7] Menos tempo empregado na LOPA permite mais tempo à PHA para identificar outros cenários de acidente não descobertos e importantes.

Cada camada de proteção independente (IPL) identificada, ou salvaguarda, é avaliada quanto a duas características: (1) A IPL é eficaz na prevenção do cenário de modo a evitar que se chegue às consequências? (2) A proteção é independente? Todas as IPLs, além de serem independentes, possuem três características:[8]

- Detectam o evento iniciador no cenário específico
- Decidem tomar ou não uma atitude
- Rechaçam e eliminam as consequências indesejadas

Alguns dos benefícios das LOPAs são que elas (1) concentram a atenção nos problemas principais, (2) eliminam as proteções desnecessárias, (3) estabelecem proteções válidas para aprimorar o processo da PHA, (4) requerem menos recursos e são mais rápidas do que a análise da árvore de falhas ou as AQRs e (5) proporcionam uma base para gerir as camadas de proteção, tais como peças de reposição e manutenção.

O formato geral de uma LOPA é exibido no Exemplo 12-8.

Exemplo 12-8

Uma equipe de PHA identificou várias consequências importantes com diferentes eventos iniciais e frequências. Elabore uma tabela para documentar os resultados da LOPA para dois dos principais cenários. O primeiro cenário é de um incêndio decorrente da ruptura de um tanque, e o segundo cenário é de uma emissão de um reator devido a uma falha no loop de controle. Ambos os cenários têm um vaso com volume de 50.000 lb de produto inflamável acima do ponto de ebulição na pressão atmosférica, e as falhas resultam em uma paralisação de seis meses. O reator funciona 100 dias por ano.

---

[7]W. Bridges and T. Clark, "Key Issues with Implementing LOPA (Layer of Protection Analysis): Perspective from One of the Originators of LOPA", *Proceedings from the AIChE Plant Process Safety Symposium*, Paper 19a (2009).
[8]A. Dowell and D. Hendershot, "Simplified Risk Analysis – LOPA", *Proceedings from the AIChE Loss Prevention Symposium*, Paper 281a (2002).

Solução

Os resultados da LOPA são exibidos na Tabela 12-6. Uma equipe típica de LOPA elabora uma tabela com muitas colunas para todos os eventos relevantes.

O evento iniciador (EI) do reator batelada é ajustado para 100 dias de operação, ou seja, a frequência inicial é de 10^{-1} falhas por ano vezes 100/300 ou uma frequência de $3,0 \times 10^{-2}$.

Tabela 12-6 Formato Geral da LOPA

Itens da LOPA	Resultados do cenário 1	Resultados do cenário 2
Descrição do evento (Tabela 12-3)	Incêndio decorrente da ruptura de um tanque	Reator – emissão grande
Evento iniciador (causa) (Tabela 12-3 e PHA)	Perda de resfriamento	Falha do BPCS
Consequência e gravidade (Tabela 12-2 e resultados da PHA)	Falha provocando > 3 meses de paralisação ou Categoria 4	Falha provocando > 3 meses de paralisação ou Categoria 4
Frequência do evento iniciador (por ano) (Tabela 12-3)	1×10^{-1}	Ajustado para 3×10^{-2}
Critérios de tolerância a riscos – a empresa escolhe os níveis de tolerância		
a. categoria	Categoria 4	Categoria 4
b. risco de danos (por ano)	$< 10^{-5}$	$< 10^{-5}$
c. risco de morte (por ano)	$< 10^{-9}$	$< 10^{-9}$
Camadas de proteção – existentes (tipo e PFD) Lista das camadas existentes com as frequências de PFD (Tabelas 12-4 e 12-5)	Projeto do processo 10^{-1} Alívio 10^{-2} Dique 10^{-2} Etc.	Novo BPCS 10^{-1} Alívio 10^{-2} Dique 10^{-2} Etc.
Probabilidade intermediária (PFD) (produto das camadas existentes e da frequência do evento iniciador)	10^{-6}	3×10^{-7}
Camadas de proteção – novas (tipo e PFD) (acrescentar novas camadas para chegar aos critérios de tolerância e acrescentar redundância se for relativamente barato)	SIL1 10^{-1} SIL2 10^{-2}	SIL1 10^{-1} SIL2 10^{-2}
Probabilidade atenuada do evento iniciador (falhas/ano) (o produto de todas as camadas de proteção e da frequência do EI)	10^{-9}	3×10^{-10} (a equipe da LOPA decidiu que a redundância se justifica)
Observações pertinentes ao projeto do processo: incluem LIC, alarme e manutenção		

Conforme ilustra a Tabela 12-6, ela contém informações para caracterizar o risco (consequência e frequência). Em cada caso, as frequências atenuadas dos eventos são comparadas com o risco tolerável, e outras IPLs são adicionadas a cada um desses critérios. Os resultados são uma aproximação da ordem de grandeza do risco, mas os números nas tabelas fornecem estimativas conservadoras das probabilidades de falha. Então, o risco absoluto pode estar fora, mas as comparações dos riscos conservadores identificam as áreas que precisam de atenção.

Esse método, portanto, identifica os controles para reduzir a frequência. No entanto, os membros das equipes de LOPA e PHA também devem considerar as alternativas de projeto inerentemente seguras (veja a Seção 1-7). Outros detalhes da LOPA, métodos, exemplos e referências estão nos livros do CCPS.[9,10]

Leitura Sugerida

Center for Chemical Process Safety (CCPS), *Guidelines for Chemical Process Quantitative Risk Analysis*, 2nd ed. (New York: American Institute of Chemical Engineers, 2000).

Center for Chemical Process Safety (CCPS), *Guidelines for Consequence Analysis of Chemical Releases* (New York: American Institute of Chemical Engineers, 1999.)

Center for Chemical Process Safety (CCPS), *Guidelines for Developing Quantitative Safety Risk Criteria* (New York: American Institute of Chemical Engineers, 2009.)

Center for Chemical Process Safety (CCPS), *Guidelines for Hazard Evaluation Procedures*, 3rd ed. (New York: American Institute of Chemical Engineers, 2009.)

Center for Chemical Process Safety (CCPS), *Guidelines for Risk-Based Process Safety* (New York: American Institute of Chemical Engineers, 2008).

Center for Chemical Process Safety (CCPS), *Initiating Events and Independent Protection Layers for LOPA* (New York: American Institute of Chemical Engineers, 2010).

Center for Chemical Process Safety (CCPS), *Layer of Protection Analysis: Simplified Process Risk Assessment*, D. A. Crowl, ed. (New York: American Institute of Chemical Engineers, 2001.)

Arthur M. Dowell III, "Layer of Protection Analysis and Inherently Safer Processes", *Process Safety Progress* (1999), 18(4): 214-220.

Raymond Freeman, "Using Layer of Protection Analysis to Define Safety Integrity Level Requirements", *Process Safety Progress* (setembro de 2007), 26(3): 185-194.

J. B. Fussell and W. E. Vesely, "A New Methodology for Obtaining Cut Sets for Fault Trees", *Transactions of the American Nuclear Society* (1972), 15.

J. F. Louvar and B. D. Louvar, *Health and Environmental Risk Analysis: Fundamentals with Applications* (Upper Saddle River, NJ: Prentice Hall PTR, 1998).

S. Mannan, ed., *Lees' Loss Prevention in the Process Industries*, 3rd ed. (London: Butterworth Heinemann, 2005.)

J. Murphy and W. Chastain, "Initiating Events and Independent Protection Layers for LOPA – A New CCPS Guideline Book", *Loss Prevention Symposium Proceedings* (2009), pp. 206-222.

B. Roffel and J. E. Rijnsdorp, *Process Dynamics, Control, and Protection* (Ann Arbor, MI: Ann Arbor Science, 1982), ch. 19.

A. E. Summers, "Introduction to Layers of Protection Analysis," *J. Hazard. Mater* (2003), 104(1-3): 163-168.

---

[9]Center for Chemical Process Safety (CCPS), *Simplified Process Risck Assessment: Layer of Protection Analysis*, D. A. Crowl, ed. (New York: American Institute of Chemical Engineers, 2001.)
[10]Center for Chemical Process Safety (CCPS), *Initiating Events and Independent Protection Layers for LOPA*, J. Murphy, ed. (New York: American Institute of Chemical Engineers, 2010.)

Problemas

12-1 Dados os esquemas de árvores de falhas exibidos na Figura 12-17 e o seguinte conjunto de probabilidades de falha:

Componente	Probabilidade de falha
1	0,1
2	0,2
3	0,3
4	0,4

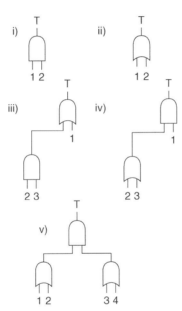

Figura 12-17 Arranjos para árvore de falhas.

a. Determine uma expressão para a probabilidade do evento de topo em termos de probabilidade de falha do componente.

b. Determine os conjuntos de corte mínimos.

c. Calcule um valor para a probabilidade de falha do evento de topo. Utilize a expressão da parte a e a própria árvore de falhas.

12-2 O sistema do tanque de armazenamento exibido na Figura 12-18 é utilizado para armazenar matéria-prima de processo. O enchimento exagerado dos tanques de armazenamento é um problema comum nas indústrias. Para evitar o excesso de enchimento, o tanque é equipado com um alarme de nível elevado e um sistema de parada em caso de nível alto. O sistema de parada em caso de nível elevado está conectado a uma válvula solenoide que interrompe o fluxo de matéria-prima.

a. Elabore uma árvore de eventos para este sistema utilizando a "falha do indicador de nível" como evento iniciador. Dado que o indicador de nível falha 4 vezes/ano, estime o número de transbordamentos previstos por ano. Utilize os seguintes dados:

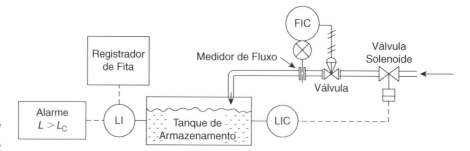

Figura 12-18 Sistema de controle de nível com alarme.

Sistema	Falhas/demanda
Alarme de nível elevado	0,01
Operador interrompe o fluxo	0,1
Sistema de comutadores de alto nível	0,01

    b. Elabore uma árvore de falhas para o evento de topo "transbordamentos do tanque de armazenamento". Utilize os dados na Tabela 12-1 para estimar a probabilidade de falhas do evento topo e o número previsto de ocorrências por ano. Determine os conjuntos de corte mínimos. Quais são os modos de falha mais prováveis? O projeto deveria ser aperfeiçoado?

12-3 Calcule a disponibilidade do sistema indicador de nível e do sistema de interrupção de fluxo do Problema 12-2. Suponha uma programação de manutenção mensal. Calcule o MTBC de um episódio de alto nível e de uma falha no sistema de parada, supondo que um episódio de alto nível ocorra uma vez a cada 6 meses.

12-4 O problema do Exemplo 12-5 é um tanto fora da realidade pelo fato de ser altamente provável que o operador venha a notar a pressão elevada, mesmo se os sistemas de alarme e interrupção não estiverem funcionando. Desenhe uma árvore de falhas utilizando a porta INIBIÇÃO para incluir essa situação. Determine os conjuntos de corte mínimos. Se o operador não notar a pressão elevada a cada 1 em quatro ocasiões, qual é a nova probabilidade do evento de topo?

12-5 Derive a Equação 12-22.

12-6 Mostre que para um processo protegido por dois sistemas de proteção independentes a frequência de coincidências perigosas é dada por

$$\lambda_d = \frac{1}{4}\lambda\mu^2\tau_i^2.$$

12-7 Um motor de arranque está conectado a um motor que, por sua vez, está conectado a uma bomba. O motor de arranque falha uma vez a cada 50 anos e requer 2 horas para reparos. O motor falha uma vez a cada 20 anos e requer 36 horas para reparos. A bomba falha uma vez a cada 10 anos e requer 4 horas para reparos. Determine a frequência de falha global, a probabilidade de o sistema vir a falhar nos próximos 2 anos, a confiabilidade e a indisponibilidade deste sistema.

12-8 Um reator passa por problemas a cada 16 meses. O dispositivo de proteção falha uma vez a cada 25 anos. A inspeção acontece uma vez por mês. Calcule a indisponibilidade, a frequência de coincidências perigosas e o MTBC.

12-9 Calcule o MTBF, a taxa de falha, a confiabilidade e a probabilidade de falha do evento de topo do sistema exibido na Figura 12-19. Mostre também os conjuntos de corte mínimos.

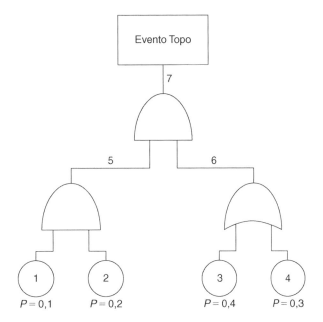

Figura 12-19 Determine as características de falha do evento de topo.

12-10 Determine o MTBF do evento de topo (explosão) do sistema exibido na Figura 12-20.

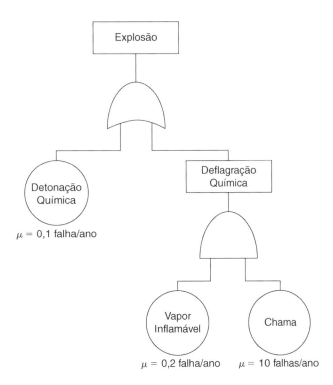

Figura 12-20 Determine o MTBF do evento topo.

12-11 Determine P, R, μ e o MTBF do evento de topo do sistema exibido na Figura 12-21. Apresente também os conjuntos de corte mínimos.

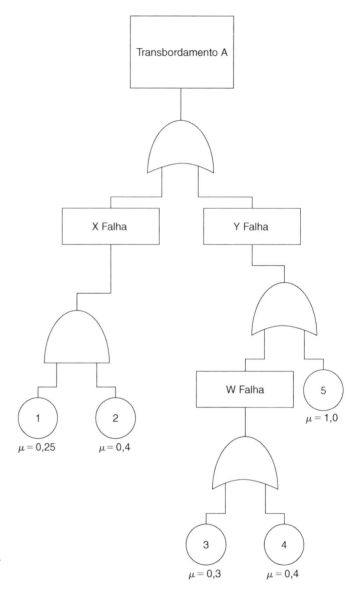

Figura 12-21 Determine as características de falha do evento topo.

12-12 Determine as características de falha e os conjuntos de corte mínimos do sistema exibido na Figura 12-22.

12-13 Utilizando o sistema exibido na Figura 12-23, desenhe uma árvore de falhas e determine as características de falha do evento topo (pressão do tanque ultrapassa a MAWP).

12-14 Utilizando o sistema exibido na Figura 12-24, desenhe uma árvore de falhas e determine as características de falha do evento topo (transbordamento do tanque). Nesse problema você tem a intervenção humana, ou seja, quando soa o alarme, alguém fecha a válvula 7.

12-15 Determine as taxas de falha previstas e os MTBFs dos sistemas de controle com classificações SIL1, SIL2 e SIL3 e com PFDs de 10^{-2}, 10^{-3} e 10^{-4}, respectivamente.

12-16 Determine a frequência das consequências de uma falha regular se o sistema for projetado com três IPLs.

12-17 Se um regulador tiver uma frequência de consequências de 10^{-1} falhas/ano, qual será a frequência se este regulador receber manutenção preventiva uma vez por mês?

Avaliação de Risco

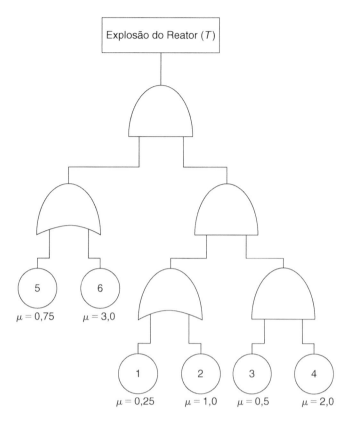

Figura 12-22 Determine as características de falha da explosão de um reator.

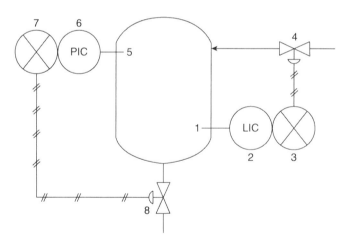

- Válvula 8 abre na pressão elevada
- Válvula 4 fecha no nível elevado
- Evento topo = pressão do tanque ultrapassa a MAWP

Figura 12-23 Um sistema de controle para evitar que a pressão ultrapasse a MAWP.

12-18 Determine a frequência das consequências de um sistema de água de resfriamento se ele for utilizado apenas 2 meses por ano e se receber manutenção preventiva a cada mês de operação.

12-19 Suponha que uma empresa decida caracterizar um risco aceitável como falha Categoria 1 a cada 2 anos e falha Categoria 5 a cada 1000 anos. Os cenários a seguir são aceitáveis ou não?

  a. Categoria 4 a cada 100 anos.

  b. Categoria 2 a cada 50 anos.

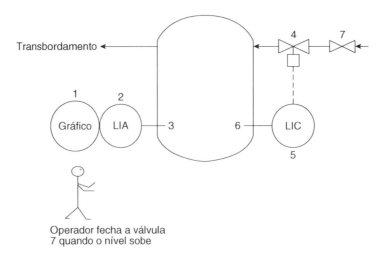

Figura 12-24 Sistema de controle para evitar o transbordamento do tanque.

12-20 Utilizando os resultados do Problema 12-19,

    a. O que você faria para passar os cenários inaceitáveis para a região aceitável?

    b. A análise do Problema 12-19 foi aceitável?

12-21 Se uma planta tiver uma frequência de consequências de 10^{-2}, quantas IPLs são necessárias para reduzir essa frequência para 10^{-6}?

12-22 Quais categorias de consequência têm os cenários a seguir:

    a. Emissão de 1.000 libras de fosgênio.

    b. Emissão de 1.000 libras de isopropanol a 75°F.

    c. Possíveis danos à instalação na ordem de US$ 1 milhão.

12-23 Utilizando as regras das IPLs, apresente quatro camadas protetoras que sejam claramente IPLs.

12-24 Se o seu procedimento de *lockout/tagout* tiver uma frequência de falha de 10^{-3} por oportunidade, quais medidas poderiam ser adotadas para reduzir esta frequência?

12-25 Se uma consequência específica tiver dois eventos iniciais que produzam a mesma consequência, descreva o processo para determinar a frequência deste evento específico.

12-26 Determine o MTBF dos sistemas SIL1-3 se tiverem PFDs de 10^{-1}, 10^{-2} e 10^{-3}, respectivamente. (Observação: Não é a mesma situação do Problema 12-15.)

12-27 Se você tiver uma instalação complexa e perigosa, descreva o que você faria para estabelecer quais partes da instalação necessitam de atenção especial.

12-28 Se você tiver uma instalação com um desempenho de segurança insatisfatório, quais medidas você adotaria para melhorar o desempenho?

12-29 Quais componentes redundantes deveriam ser acrescentados a uma medição crítica e a um controlador?

12-30 Quais etapas deveriam ser cumpridas para diminuir o MTBF de um loop de controle crítico?

Capítulo 13

Procedimentos e Projetos de Segurança

Os acidentes de processos são prevenidos pelo gerenciamento do desenvolvimento e manutenção das atividades de processo mais importantes. Este capítulo cobre os detalhes desse gerenciamento ao se concentrar nos seguintes tópicos:

- Hierarquia de segurança de processos
- Gerenciamento da segurança
- Práticas recomendadas
- Procedimentos – operacionais
- Procedimentos – autorizações
- Procedimentos – avaliações de segurança e investigação de acidentes
- Projetos para segurança de processos
- Projetos diversos para incêndios e explosões
- Projetos para reações fora de controle
- Projetos para lidar com pós e poeiras

O conhecimento adquirido focando-se nesses tópicos vai ajudar os estudantes, engenheiros e gestores a evitar acidentes. A motivação para incluir muitos desses tópicos se baseia em quatro citações parafraseadas bem conhecidas: (1) As causas dos acidentes são visíveis no dia anterior ao acidente; (2) não estamos inventando novas maneiras de ter acidentes; (3) aprenda com a história ou você está fadado a repeti-la; e (4) às vezes fazer o seu melhor não basta – às vezes você precisa fazer o que é necessário.

O conteúdo deste capítulo vai ajudar a identificar e eliminar as causas antes do acidente, mas, ainda mais importante, vai ajudar a prevenir as causas em primeiro lugar. Além disso, este capítulo se destina a motivar os estudantes, engenheiros e gestores a compreenderem que a segurança é tema importante, assim como uma grande responsabilidade.

13-1 Hierarquia de Segurança de Processos

Estratégias de Segurança de Processos

Existem quatro categorias de estratégias de segurança de processos, em ordem de preferência: (1) inerente, (2) passiva, (3) ativa e (4) procedural.[1,2]

- Inerente: Identifica e implementa maneiras para eliminar completamente ou reduzir significativamente os perigos, em vez de elaborar sistemas de proteção e procedimentos complementares. O projeto inerentemente mais seguro inclui a identificação de tecnologias que atuam em condições menos severas, em vez de dedicar amplos recursos para sistemas e procedimentos de segurança com a finalidade de gerenciar riscos associados aos perigos.

- Passiva: Acrescenta recursos de segurança que não exigem a ação de nenhum dispositivo. Os dispositivos passivos executam as funções a que se destinam sem interferência humana ou ações de controle. Os sistemas passivos incluem diques, supressores passivos de chama e o uso de conexões soldadas *versus* flanges e conexões rosqueadas.

- Ativa: Acrescenta sistemas de *shutdown* para prevenir acidentes. Os sistemas ativos incluem sistemas de controle de processos, intertravamentos de segurança, sistemas de *shutdown* automático e sistemas automáticos de mitigação.

- Procedural: Inclui procedimento de operação padrão, regras de segurança, treinamento dos operadores, procedimentos de resposta de emergência e técnicas de gerenciamento em geral.

As estratégias inerentes e passivas são as mais robustas e confiáveis, mas elementos de todas as estratégias são necessários para minimizar os problemas de segurança.

Camadas de Proteção

A aplicação das estratégias de segurança muitas vezes é descrita como uma série de camadas de proteção envolvendo um processo, como mostra a Figura 12-16. Essas camadas são necessárias porque é improvável que apenas as características do projeto inerentemente mais seguro venham a eliminar todos os perigos. Cada camada reduz o risco do processo.

As camadas de proteção ativas e procedurais requerem manutenção e gerenciamento constantes para garantir que continuem a funcionar conforme a sua concepção. Se não forem gerenciadas corretamente, os sistemas de proteção vão se degradar e aumentar os perigos até um nível inaceitável. Os projetos inerentemente mais seguros tornam essas camadas de proteção mais confiáveis e robustas.

13-2 Gerenciando a Segurança

Uma descrição simples e geral de um bom processo de gestão inclui a decisão a respeito do que precisa ser feito, a execução, a documentação do que foi executado e o estudo destes resultados,

---

[1]Center for Chemical Process Safety (CCPS), *Inherently Safer Processes: A Life Cycle Approach* (New York: American Institute of Chemical Engineers, 2008).
[2]D. Hendershot, "An Overview of Inherently Safer Design", *Process Safety Progress* (junho de 2009), 25(2): 98.

além do aperfeiçoamento do processo. Na área de segurança, esse processo simples é adaptado para incluir

- Documentação: Descrever o que precisa ser feito para eliminar os perigos e os acidentes.
- Comunicação: Motivar a todos os influenciados por esse documento a fazer o que precisa ser feito.
- Delegação: Delegar aos envolvidos partes gerenciáveis das responsabilidades.
- Acompanhamento: Certificar-se de que a documentação (procedimentos, etc.) é utilizada conforme a sua destinação. Utilizar também esse processo de acompanhamento para fazer aperfeiçoamentos.

Documentação

A documentação de segurança pode ser um procedimento para realizar uma avaliação de segurança, projetar uma planta, procedimentos operacionais para condições normais e emergenciais e procedimentos de treinamento.

A documentação deve, em geral, ser clara, prontamente disponível e fácil de acompanhar.[3] Além disso, os documentos devem ser controlados; ou seja, devem incluir uma página de rosto contendo as revisões feitas, com as datas e a assinatura do responsável. Repare que as revisões devem acontecer, pois o processo de acompanhamento incentiva os aperfeiçoamentos.

Comunicação

Após os procedimentos serem elaborados, estes não devem permanecer ociosos em uma prateleira, mas sim utilizados de maneira conveniente e com entusiasmo. Essa etapa de comunicação motiva todo o pessoal em relação aos documentos ou procedimentos, incluindo a importância dos documentos, a importância de todos reservarem um tempo para utilizá-los adequadamente e as consequências da não conformidade que podem afetar seriamente este pessoal, seus colegas de trabalho e suas famílias. A comunicação também enfatiza a importância de evitar a existência dos perigos.

Delegação

É importante conseguir a participação do funcionário no que diz respeito às responsabilidades de segurança. Portanto, a quantidade máxima possível de pessoas deveria receber a responsabilidade pela elaboração e modificação de documentos e procedimentos específicos. Essa participação melhora a qualidade dos documentos e motiva o cumprimento.

Acompanhamento

As responsabilidades só serão realizadas de forma satisfatória se as autoridades fizerem o acompanhamento para conferir o progresso. Trevor Kletz prega: "Não é o que você espera, mas o que você fiscaliza." Nesse caso, a gestão da instalação deve assumir a responsabilidade pela fiscalização. Em

---

[3]Center for Chemical Process Safety (CCPS), *Guidelines for Process Safety Documentation* (New York: American Institute of Chemical Engineers, 1995).

uma instalação industrial, esse gestor provavelmente será o gerente da planta. Conforme foi colocado anteriormente, esse processo de acompanhamento também deve incluir a realização de aperfeiçoamentos nos procedimentos documentados.

13-3 Práticas Recomendadas

Os engenheiros têm a responsabilidade de utilizar as práticas recomendadas quando projetam e operam instalações. O Código de Ética da Engenharia exige que seus projetos satisfaçam padrões e práticas estabelecidas.[4] O Código de Ética da AIChE afirma que os engenheiros devem executar serviços profissionais apenas na sua área de competência.[5] Veja também a Tabela 1-1.

Alguns engenheiros negligenciam essa responsabilidade com consequências graves. Muitos acidentes investigados pelo CSB[6] decorreram da não aplicação dos códigos, padrões e outras boas práticas reconhecidas e amplamente aceitas em engenharia (RAGAGEP).

As fontes de RAGAGEP incluem

- Leis governamentais
- Padrões do American Petroleum Institute (API)
- Diretrizes do Center for Chemical Process Safety (CCPS) da AIChE
- Códigos de incêndio e normas da National Fire Protection Association (NFPA)
- Métodos e regras nos textos de engenharia
- Experiência industrial adquirida pelo compartilhamento de informações dentro da indústria

Algumas das práticas recomendadas utilizadas com mais frequência incluem as do CCPS,[7,8] NFPA,[9,10] API,[11] e OSHA.[12]

13-4 Procedimentos – Operação

Os procedimentos operacionais são concebidos e gerenciados para ajudar os operadores a tocarem uma planta ou instalação, sem problemas ou acidentes. Eles devem incluir as etapas de cada fase da operação e os limites operacionais dos procedimentos de inicialização, paralisação, normais, temporários e emergenciais. Os limites operacionais devem ser destacados com as consequências da ultra-

---

[4]M. W. Mike and S. Roland, *Ethics in Engineering*, 3rd ed. (New York: McGraw-Hill, 1996.)
[5]"AIChE Code of Ethics", *www.aiche.org/About/Code.aspx*, 2003.
[6]A. S. Blair, "RAGAGEP Beyond Regulation: Good Engineering Practices for the Design and Operation of Plants", *Process Safety Progress* (Dec. 2007), 26(4): 330.
[7]Center for Chemical Process Safety (CCPS), *Guidelines for Design Solutions for Process Equipment Failures* (New York: American Institute of Chemical Engineers, 1998).
[8]Center for Chemical Process Safety (CCPS), *Guidelines for Engineering Design for Process Safety* (New York: American Institute of Chemical Engineers, 1993).
[9]NFPA 68, *Venting of Deflagrations* (Quincy, MA: National Fire Protection Association, 1997).
[10]NFPA 30, *Flammable and Combustible Liquids Code* (Quincy, MA: National Fire Protection Association, 1996).
[11]API 750, *Management of Process Hazards* (Washington DC: American Petroleum Institute, 1990).
[12]"Process Safety Management of Highly Hazardous Chemicals", *Code of Federal Regulations,* 29CFR 1910.119 (57FR23061, 1 de junho de 1992).

Procedimentos e Projetos de Segurança

passagem destes limites e com as etapas para corrigir ou evitar desvios das condições normais. Além disso, eles devem (1) conter controles de engenharia e administrativos para evitar exposições, (2) incluir uma descrição dos controles necessários para a operação segura e (3) destacar as autorizações que são empregadas para controlar o ambiente.[12]

13-5 Procedimentos – Permissões

As permissões são empregadas para controlar atividades não rotineiras, que são realizadas em ambientes potencialmente perigosos. A permissão inclui uma descrição dos perigos e das medidas adotadas para evitar acidentes. A permissão formal comunica as informações relevantes entre as pessoas que realizam o trabalho e o pessoal operacional afetado pelo trabalho. As ações para permissão incluem as dos colegas de trabalho e dos operadores; ações antes de o trabalho ter sido autorizado e ações após o trabalho ter sido feito para passar do ambiente autorizado para o modo de operação normal. Os exemplos a seguir fornecem as características chaves de algumas autorizações, mas eles não incluem todos os requisitos, pois os requisitos detalhados podem ser concebidos exclusivamente para diferentes ambientes.[13]

Permissão para Trabalho a Quente

Essa permissão previne a ignição de gases ou líquidos combustíveis ou inflamáveis em um ambiente de trabalho. As operações a quente incluem o uso de solda, esmeril ou maçaricos, e de quaisquer outras fontes de ignição. Essas autorizações são válidas apenas para um turno de cada vez. O procedimento inclui:

1. Conferir a presença de materiais inflamáveis na área com um detector de gases inflamáveis. Se houver vapores inflamáveis na área, então a permissão não é concedida.

2. Remover todos os recipientes de materiais combustíveis ou inflamáveis dentro de um raio de 35 ft do trabalho a quente. Se não puderem ser removidos, então devem ser cobertos com um tecido retardante de chama; marcar a área com um alerta de incêndio.

3. Colocar um extintor de incêndio na área e certificar-se de que os sistemas detectores de fumaça, aspersão de água (sprinkler) e alarme estejam funcionando.

4. Informar aos operadores e a todos na área e depois publicar uma permissão assinada. Além disso, manter um arquivo das autorizações pregressas.

Permissão Bloquear-Etiquetar-Experimentar

Essa permissão evita ferimentos ou danos decorrentes da liberação acidental da energia armazenada pelo equipamento. A energia armazenada inclui energia elétrica, gravitacional, mecânica e térmica. Essa permissão se destina a evitar que o equipamento inesperadamente seja colocado em movimento, expondo os funcionários a perigo. As atividades típicas que requerem essa permissão incluem a entrada do funcionário em uma zona de perigo (equipamento giratório ou tanque com agitador), conserto de

---
[13]"Iowa State University Permits", *www.ehs.iastate.edu/cms/default.asp?action=article&ID=300.*

circuitos elétricos, manutenção de maquinário com peças móveis, limpeza de equipamentos obstruídos e remoção de proteções ou equipamentos de segurança. O procedimento de bloquear-etiquetar-experimentar começa com um processo de desenergização:

- Desenergizar o equipamento desconectando todas as tomadas elétricas; liberar as linhas pressurizadas, como, por exemplo, as linhas hidráulicas, a ar, vapor, gás e água; e liberar os dispositivos operados por mola.

- Travar ou bloquear o equipamento ou dispositivo elétrico para evitar a reativação. Um dispositivo de bloqueio em grupo é utilizado para permitir que o dispositivo seja travado por várias operações de manutenção e pessoal de operações.

- Etiquetar o equipamento ou dispositivo para advertir contra a reenergização do mesmo. As etiquetas isoladamente podem ser utilizadas apenas quando o equipamento não puder ser fisicamente bloqueado, como, por exemplo, algumas válvulas.

- Experimentar reenergizar o equipamento para verificar se o processo de bloqueio funciona.

Antes de voltar para a operação normal, o supervisor de operações é o último a remover o bloqueio após se certificar de que o dispositivo ou equipamento pode ser reenergizado com segurança.

Permissão de Entrada no Tanque

Essa permissão às vezes é chamada de permissão para trabalho em espaço confinado. É utilizada para evitar que alguém se machuque nesses espaços. O espaço confinado pode ser um tanque, uma área represada ou até mesmo a abertura de uma grande tubulação. Os possíveis ferimentos incluem ser derrubado por um gás (nitrogênio, monóxido de carbono, etc.), ficar preso em um equipamento em movimento e ser engolfado pelos gases ou líquidos que entram no espaço confinado. Essa permissão inclui as seguintes etapas:

1. Fazer com que um supervisor de área assuma o controle total da entrada do vaso de acordo com os detalhes da permissão.
2. Isolar o equipamento, desconectando todas as linhas de processo que entram no vaso, podendo incluir sistemas de duplo bloqueio e purga.
3. Limpar o equipamento.
4. Gerenciar todas as outras permissões para este sistema, incluindo as permissões de bloquear-etiquetar-experimentar e as permissões de trabalho a quente, a fim de evitar a ativação inadvertida.
5. Manter um segundo assistente na área para ajudar em caso de emergências.
6. Instalar equipamento de emergência na área, como, por exemplo, um extintor de incêndio.
7. Colocar algemas de segurança em volta dos punhos da pessoa que entra no espaço confinado, com uma corrente e uma polia para permitir a remoção do funcionário em situações de emergência.
8. Monitorar continuamente a concentração de oxigênio para garantir que seja de, no mínimo, 19,5%.
9. Acrescentar ventilação no vaso ou espaço confinado para garantir que a concentração de oxigênio seja mantida.
10. Dispor de uma luz automática para auxiliar a visibilidade da pessoa no vaso.

11. Manter um radiocomunicador de duas vias no vaso para pedir socorro, caso seja necessário.

12. Utilizar uma escada para entrar no tanque, a menos que a distância para baixo seja pequena em comparação com a altura da pessoa que está entrando.

13. Fazer com que o gestor encarregado assine a permissão e divulgar a permissão na área.

13-6 Procedimentos – Avaliações de Segurança e Investigações de Acidentes

Avaliações de Segurança

Esta seção expande as avaliações de segurança descritas no Capítulo 11, pois o foco principal de uma avaliação é aperfeiçoar os procedimentos e projetos. Com relação a isso, algumas das características das avaliações de segurança incluem:

1. Elaboração e análise das descrições detalhadas dos processos. Essa descrição deve incluir (a) um fluxograma do processo (PFD) que contenha os principais equipamentos, tubulações e controles, e os balanços material e de energia; (b) um diagrama de tubulação e instrumentação (P&ID) que contenha todos os equipamentos, tubulações, válvulas, controles e especificações de projeto relevantes para a segurança; e (c) um layout exibindo a relação entre os equipamentos.

2. Análise das propriedades químicas, físicas e reativas de todos os produtos químicos da planta. A lista de produtos químicos deve incluir todas as combinações de substâncias químicas que estão sendo utilizadas no processo, além dos possíveis contaminantes.

3. Elaborar e revisar os procedimentos operacionais, incluindo inicialização, interrupção, operação normal e procedimentos de emergência. Os procedimentos operacionais devem destacar as limitações do processo (por exemplo, temperatura e pressão) e apresentar as consequências quando as limitações são ultrapassadas.

4. Análise da investigação de acidentes anteriores e de incidentes relevantes que são compartilhados por toda a empresa e entre empresas.

5. Elaboração de recomendações para aperfeiçoar o projeto e os procedimentos operacionais a fim de eliminar os perigos e evitar acidentes.

6. Elaborar e revisar o sistema de gestão para garantir que todas as recomendações da avaliação de segurança sejam implementadas e documentadas antes da inicialização.

As descrições da planta e procedimentos devem ser adaptados para situações específicas; por exemplo, descrições laboratoriais serão esboços informais.

Investigação de Incidentes

Os objetivos das investigações são identificar as causas dos incidentes, compreender a relação entre as causas e elaborar ações para evitar a recorrência de incidentes similares. Parafraseando Kletz:[14] "Não inventamos novas maneiras de ter acidentes – apenas continuamos a cometer os mesmos erros." Portanto, a análise das investigações de acidentes é particularmente importante antes de projetar uma nova instalação.

---

[14]Trevor Kletz, *Learning from Accidents*, 3rd ed. (Boston: Butterworth-Heinemann, 2001.)

Tabela 13-1 Relatório Típico de Acidente

Título do acidente:
Principal dano:
Data:
Local:

Eventos
1. Cenário principal do acidente:
2. Condições antes do acidente:
3. Eventos que precipitaram o acidente:

Causas do acidente
1. Problemas de projeto
2. Problemas de controle
3. Problemas nos procedimentos operacionais
4. Problemas de gerenciamento, incluindo manutenção e decisões equivocadas

Recomendações para prevenção/mitigação
1. 1ª Camada: Recomendação técnica imediata: mudanças específicas no projeto, procedimentos operacionais, manutenção, etc.
2. 2ª Camada: Recomendações para evitar o perigo: especificar claramente as limitações do processo e as consequências dos desvios.
3. 3ª Camada: Recomendação para aperfeiçoar os sistemas de gestão: acrescentar auditorias anuais para garantir que os novos projetos e procedimentos operacionais sejam utilizados conforme a especificação e acrescentar treinamento periódico.

Um formato típico de relatório de investigação de acidentes é exibido na Tabela 13-1. Essa tabela é uma adaptação de um relatório comentado por Kletz. Conforme a ilustração, um relatório típico inclui recomendações que podem e devem ser utilizadas em instalações similares para evitar acidentes. O Center for Chemical Process Safety também dispõe de um livro que cobre as investigações de acidentes.[15] O procedimento de avaliação da segurança apresentado acima inclui a avaliação e o uso das investigações de acidentes.

13-7 Projetos para Segurança de Processos

As seguintes características de projeto seguro são apenas amostras para ilustrar algumas das características de segurança fundamentais. Existem muito mais projetos de segurança do que os que são descritos em muitos livros e padrões.[16]

Projetos Inerentemente mais Seguros

A tecnologia inerentemente mais segura (*inherently safer technology* – IST) *elimina* e *reduz* permanentemente os perigos a fim de evitar ou reduzir as consequências dos acidentes, em vez de utilizar medidas de proteção complementares para controlar os riscos originários dos perigos. A segurança

---

[15]Center for Chemical Process Safety (CCPS), *Guidelines for Investigation of Chemical Process Incidents*, 2nd ed. (New York: American Institute of Chemical Engineers, 2003.)

[16]Ver as fontes mencionadas nas notas de rodapé 6 a 11 e também na NFPA 654, *Standard for the Prevention of Fire and Dust Explosions from the Manufacturing, Processing, and Handling of Combustible Particulates Solids* (Quincy, MA: National Fire Protection Association, 2000).

Procedimentos e Projetos de Segurança

inerente é uma característica relativa, sendo adequado descrever um processo como inerentemente mais seguro do que outro. É possível que uma modificação em uma área possa aumentar ou diminuir um perigo em outra área. Portanto, um engenheiro deve avaliar os projetos alternativos a fim de escolher aquele que é inerentemente mais seguro.

Nesses casos, utiliza-se uma ferramenta de decisão para avaliar as opções visando identificar os melhores projetos. As ferramentas incluem métodos de votação, métodos de classificação ponderada, análises de custo-benefício e análise de decisão.[17] A tecnologia inerentemente mais segura pode resultar em menor custo de capital no projeto de uma nova instalação e produz normalmente custos operacionais mais baixos, maior confiabilidade e tempos de inicialização menores. As instalações com tecnologias inerentemente mais seguras tendem a ser mais simples, fáceis e amigáveis para operar, além de serem mais tolerantes aos erros.

Casualmente, essa busca pela tecnologia inerentemente mais segura se aplica a todos os estágios de um processo. As melhores oportunidades para implementar projetos inerentemente mais seguros estão nos estágios iniciais do desenvolvimento. Mas os conceitos devem ser reavaliados periodicamente em qualquer processo, da inicialização até o shutdown. Por exemplo, alguns anos atrás a tecnologia de refrigeração com gás CFC era um projeto inerentemente mais seguro em comparação com a refrigeração à base de amônia, mas a subsequente identificação dos problemas de esgotamento ambiental do ozônio exigiram outra reavaliação e uma IST.

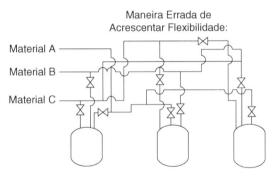
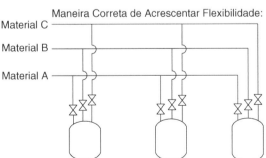

Figura 13-1 Esboço de um projeto simples *versus* complexo.

Se houver como optar, os projetos preferidos são os inerentemente mais seguros. O conceito de segurança inerente é a concepção de um sistema que falhe com segurança, mesmo quando os operadores cometem erros ou quando o equipamento falha.[18]

A segurança inerente é introduzida no Capítulo 1. Uma simples descrição resumida desta segurança inclui quatro alternativas:

1. **Moderar:** Utilizar condições mais brandas.
2. **Substituir:** Substituir os produtos químicos perigosos por inofensivos.
3. **Minimizar:** Utilizar vasos menores (reatores ou armazenamento) e quantidades menores.
4. **Simplificar:** Projetar sistemas que sejam fáceis de compreender, incluindo projetos mecânicos e telas de computador.

Um projeto simples inclui as configurações mecânicas dos tanques, bombas, tubulações, etc. Um projeto simples *versus* complexo é ilustrado na Figura 13-1. Outros projetos inerentemente mais seguros são descritos na Tabela 1-9.

---

[17]D. Hendershot, "Conflicts and Decisions in the Search for Inherently Safer Process Options", *Process Safety Progress* (janeiro de 1995), 14(1): 52.
[18]Trevor Kletz, *Plant Design for Safety: A User-Friendly Approach* (New York: Hemisphere Publishing Corporation, 1990).

Controles – Duplo Bloqueio e Purga

Os sistemas de purga e duplo bloqueio são instalados, por exemplo, nas linhas de monômeros entre o reator e os tanques de alimentação, como mostra a Figura 13-2. Isso evita que o conteúdo do reator, incluindo os catalisadores, volte inadvertidamente para o tanque de monômero. Só para se ter uma ideia, as reações de polimerização de poliéteres requerem a adição, no reator, de um monômero a partir de um tanque de armazenamento a aproximadamente 30 psig. Em consequência da reação exotérmica, o reator fica com temperaturas e pressões elevadas; os reatores de poliéteres são operados a aproximadamente 130 psig. Nessa condição, se a bomba de monômero falhar o conteúdo do reator com o catalisador vai voltar pela bomba e pelo sistema, entrando no tanque de monômero. Isso resulta em uma reação catalisada com concentrações de monômero proibitivamente elevadas – uma clássica reação descontrolada que vai produzir temperaturas e pressões elevadas e que normalmente vai gerar uma grande explosão e um grande incêndio. Nesse caso, o problema é eliminado pela colocação de um sistema de purga e duplo bloqueio em todas as linhas de monômero. Quando a bomba falhar, o sistema de purga e bloqueio é ativado, sendo praticamente impossível transferir o conteúdo do reator para o tanque de monômero. Repare que as linhas de monômero também podem incluir válvulas de retenção, mas elas não são tão confiáveis; as válvulas de retenção podem vazar através de suas gaxetas.

Controles – Salvaguardas ou Redundância

As salvaguardas ou controles redundantes são um conjunto especial de controles acrescentados ao sistema para reduzir a possibilidade de um acidente. Por exemplo, um reator que controla uma reação exotérmica rápida deve ter um grupo de salvaguardas para evitar a perigosa reação descontrolada, como mostra a Figura 13-3. A redundância aumenta a confiabilidade de um sistema de controle; os efeitos quantitativos da redundância são calculados através da análise da árvore de falhas, conforme foi discutido no Capítulo 12.

Controles – Válvulas de Bloqueio

As válvulas de bloqueio são instaladas por toda a planta para paralisar o sistema durante circunstâncias incomuns. As válvulas de bloqueio podem ser operadas manualmente ou por um sistema de controle ou analisador de campo. As válvulas de bloqueio são instaladas normalmente nas linhas, em todos

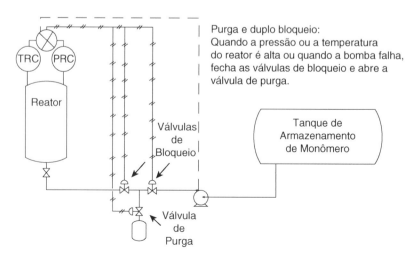

Figura 13-2 Sistema de purga e duplo bloqueio.

Procedimentos e Projetos de Segurança

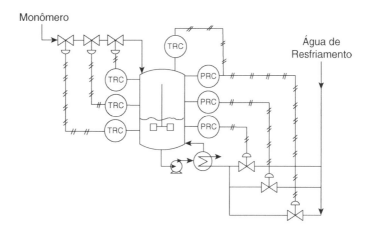

1) Temperatura ou pressão alta demais: abrir as válvulas de resfriamento e fechar as válvulas de monômero.
2) Falha motor ou agitação: idem.
3) Desequilíbrio térmico: idem.
4) Em todos os casos, as válvulas de purga e duplo bloqueio nas linhas de monômero seriam ativadas.

Figura 13-3 Salvaguardas ou redundância.

os vasos que contêm materiais perigosos, sendo ativadas quando uma linha ou mangueira adjacente começa a vazar; são instaladas nas linhas de esgoto para evitar que grandes vazamentos contaminem uma estação de tratamento de efluentes; e às vezes são instaladas nas plantas para que os materiais possam ser transferidos de um ambiente perigoso para um ambiente seguro; por exemplo, quando há um incêndio no entorno de um tanque, uma válvula de bloqueio que normalmente fica fechada seria aberta para transferir o material para um local seguro.

Controles – Supressão de Explosões

Conforme está ilustrado na Figura 13-4, um sistema de supressão de explosões detecta uma chama ou pressão na fase incipiente de uma explosão ou incêndio. Esse sistema de detecção deflagra válvulas de ação rápida para injetar uma substância extintora de chamas na região da queima. O sistema ilustrado nesta figura evitaria a explosão do secador de lodo. Esse tipo de sistema pode ser instalado nas tubulações para evitar que o fogo passe de um tanque para outro e também pode ser utilizado fora do equipamento para detectar e extinguir incêndios ou explosões.

Supressores de Chama

De acordo com a Figura 13-5, os supressores de chama são instalados em linha ou na extremidade de uma linha. Em ambos os casos, esses dispositivos extinguem a chama, evitando que ela se propague pela tubulação ou duto que contém material inflamável. Conforme a figura, o supressor de chama na extremidade da linha evita que um gás em queima seja propagado de volta para o tanque, caso o gás de exaustão seja inflamado por uma descarga atmosférica. O supressor em linha evita a ocorrência de um incêndio ou explosão em um tanque e a sua propagação para outro tanque.

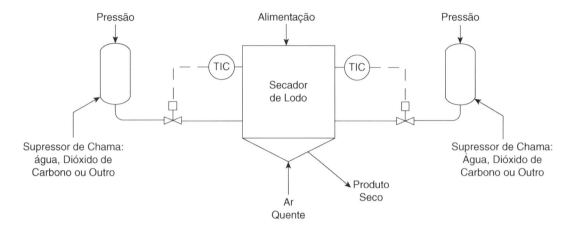

Figura 13-4 Supressão ativa de explosões.

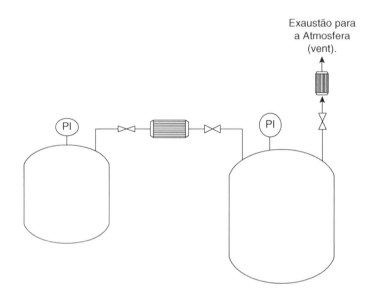

Figura 13-5 Supressores de chama passivos.

Confinamento

Com um produto químico que seja especialmente perigoso, as saídas do sistema de alívio devem seguir para um sistema confinado, como mostra a Figura 13-6. No entanto, quando se utiliza o confinamento, é muito importante a utilização de um sistema de gerenciamento detalhado para garantir que este confinamento seja sempre mantido e esteja sempre operacional. A planta de Bhopal tinha um sistema de confinamento similar ao exibido na figura, mas devido à má gestão, incluindo a falta de integridade mecânica, o sistema não funcionou quando foi necessário, produzindo resultados catastróficos.

Uma alternativa é acrescentar salvaguardas e redundância ao reator para tornar um alívio praticamente impossível. Nesse caso, o sistema de proteção seria projetado para ter uma confiabilidade aceitável; a confiabilidade seria determinada com a análise da árvore de falhas. Outra alternativa é aumentar a MAWP do reator para a pressão máxima dentre todos os cenários, ou seja, operacional e acidental.

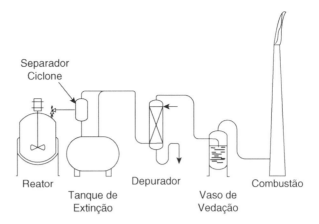

Figura 13-6 Sistema de alívio e confinamento.

Materiais de Construção

As falhas de material podem ocorrer sem aviso prévio, resultando em grandes acidentes. A maneira de reduzir o risco das falhas por corrosão é compreender totalmente os ambientes interno e externo e especificar materiais de construção capazes de suportar esses ambientes.[19] Quando uma empresa tem fornecedores construindo equipamento, esta empresa precisa monitorar suas técnicas de construção para se certificar de que estejam utilizando os materiais corretos e os padrões de construção indicados.

Para ilustrar a importância dos padrões de construção, houve um acidente em uma refinaria de petróleo devido a um erro no processo de soldagem; o soldador utilizou um material de solda menos nobre do que o material de construção da torre. Portanto, a corrosão transferiu o material menos nobre para a torre. O cordão de solda em volta de toda a torre falhou e ela caiu, produzindo grandes consequências adversas[20] – 17 mortes e US$100 milhões de prejuízo.

Vasos de Processamento

Os vasos de processamento são projetados para suportar temperaturas, pressões e ambientes de corrosão do processo. Normalmente, a espessura do vaso é escolhida para suportar a pressão, e esta espessura é incrementada com uma tolerância à corrosão. A tolerância à corrosão se baseia em determinações laboratoriais da taxa de corrosão e na vida útil desejada para o vaso.

A pressão necessária para produzir uma tensão específica em um vaso depende da espessura deste, do seu diâmetro e das propriedades mecânicas de suas paredes.[21] Nos vasos cilíndricos com pressão p não ultrapassando 0,385 vez a resistência mecânica do material S_M,

$$p = \frac{S_M t_v}{r + 0{,}6 t_v}. \qquad (13\text{-}1)$$

---

[19]Center for Chemical Process Safety (CCPS), *Guidelines for Design Solutions for Process Equipment Failures*.
[20]"Union Oil Amine Absorber Tower – Accident", TWI Services Company, *www.twi.co.uk/content/oilgas_casedown29.html*.
[21]Samuel Strelzoff and L. C. Pan, "Designing Pressure Vessels", *Chemical Engineering* (4 de novembro de 1968), p. 191.

em que

    p é a pressão manométrica interna,

    S_M é a resistência do material,

    t_v é a espessura da parede do vaso e

    r é o raio interno do vaso.

Nos vasos cilíndricos com pressões acima de $0{,}385 S_M$, aplica-se a seguinte equação:

$$\boxed{p = \frac{S_M\left(\dfrac{t_v}{r} + 1\right)^2 - S_M}{\left(\dfrac{t_v}{r} + 1\right)^2 + 1}.} \tag{13-2}$$

Nos vasos esféricos com pressões que não ultrapassem $0{,}665 S_M$, a equação é

$$\boxed{p = \frac{2 t_v S_M}{r + 0{,}2 t_v}.} \tag{13-3}$$

Nos vasos esféricos com pressões acima de $0{,}665 S_M$, a equação é

$$\boxed{p = \frac{2 S_M\left(\dfrac{t_v}{r} + 1\right)^2 - 2 S_M}{\left(\dfrac{t_v}{r} + 1\right)^2 + 2}.} \tag{13-4}$$

Essas fórmulas também são utilizadas para determinar a pressão necessária para produzir deformações elásticas utilizando as tensões. Elas também são utilizadas para determinar as pressões necessárias para produzir falhas utilizando a resistência à tração de S_M. Os dados de resistência dos materiais são fornecidos na Tabela 13-2.

As falhas por alta pressão têm a mesma probabilidade de ocorrer em uma tubulação ou sistema de tubulações que nos vasos. A pressão interna máxima das tubulações é calculada através das Equações 13-1 e 13-2.

Todos os vasos de processamento que são projetados para suportar uma pressão também são projetados para o vácuo total. Essa restrição de vácuo permite que a purga a vácuo e os vácuos acidentais no processamento, por exemplo, lavem com vapor um tanque inteiramente bloqueado (sem ventilação).

Deflagrações

As rupturas nas tubulações e vasos resultantes de deflagrações ou de simples excesso de pressurização costumam ser rasgos com tamanhos em torno de alguns diâmetros da tubulação.

Tabela 13-2 Resistência dos Materiais[a]

Material	Resistência à tração (psi)	Ponto de cedência (psi)
Vidro de borossilicato	10.000	
Carbono	660	
Duriron	60.000	30.000
Hastelloy C	72.000	48.000
Níquel	65.000	48.000
Aço 304	80.000	35.000
Aço 316	85.000	40.000
Aço 420	105.000	55.000

[a]Robert H. Perry and Cecil H. Chilton, eds., *Chemical Engineers' Handbook* (New York: McGraw-Hill, 1973), pp. 6-96 e 6-97.

As elevações de pressão durante as deflagrações são de, aproximadamente,[22]

$$\frac{p_2}{p_1} \approx 8 \text{ para misturas de hidrocarbonetos com ar,} \tag{13-5}$$

$$\frac{p_2}{p_1} \approx 16 \text{ para misturas de hidrocarbonetos com oxigênio.} \tag{13-6}$$

Detonações

Conforme foi descrito no Capítulo 6, as detonações têm uma chama e/ou frente de pressão de rápida movimentação. As falhas de detonação ocorrem geralmente nas tubulações ou vasos com grandes razões entre comprimento e diâmetro.

Em um único vaso as detonações aumentam as pressões de maneira significativa:[23]

$$\frac{p_2}{p_1} \approx 20. \tag{13-7}$$

Quando está envolvida uma rede de tubulações, a pressão p_1 a jusante aumenta devido ao acúmulo de pressão; portanto, a pressão p_2 pode aumentar em até outro fator de 20.

As falhas de detonação nas redes de tubulação sempre são a jusante da fonte de ignição. Elas ocorrem normalmente nos cotovelos ou em outras constrições, como as válvulas, por exemplo. As pressões da explosão podem destruir um cotovelo da tubulação em muitos fragmentos pequenos. Uma detonação nas tubulações leves pode lacerar o duto ao longo das emendas e também pode produzir uma grande quantidade de distorção estrutural nos dutos rasgados.

---

[22]Frank P. Lees, *Loss Prevention in the Process Industries* (Boston: Butterworths, 1983), p. 567.
[23]Lees, *Loss Prevention*, p. 569.

Nos sistemas de tubulações, as explosões podem começar como deflagrações e a frente de chama pode acelerar até velocidades de detonação.

Exemplo 13-1

Determine a pressão necessária para a ruptura de um tanque cilíndrico se ele for de aço 316, tiver um raio de 3 ft e uma parede com 0,5 in de espessura.

Solução

Como a pressão é desconhecida, a Equação 13-1 ou 13-2 é utilizada por tentativa e erro até a equação correta ser identificada. A Equação 13-1 é aplicável às pressões abaixo de $0,385S_M$. Como S_M (segundo a Tabela 13-2) é 85.000 psi, $0,385S_M = 32.700$ psi e $r = 3$ ft $= 36$ in e $t_v = 0,5$ in. Substituindo na Equação 13-1 para tanques cilíndricos, temos

$$p = \frac{S_M t_v}{r + 0,6t_v} = \frac{(85.000 \text{ psi})(0,5 \text{ in})}{(36 \text{ in}) + 0,6(0,5 \text{ in})} = 1170 \text{ psi}.$$

Portanto, a Equação 13-1 é aplicável, e uma pressão de 1.170 psi é necessária para romper esse tanque.

Exemplo 13-2

Determine a pressão necessária para romper um tanque esférico se ele for de aço 304, tiver um raio de 5 ft e uma parede com 0,75 in de espessura.

Solução

Esse problema é similar ao Exemplo 13-1; a Equação 13-3 é aplicável se a pressão for menor do que $0,665S_M$ ou $0,665(80.000) = 53.200$ psi. Utilizando a Equação 13-3 para tanques esféricos, temos

$$p = \frac{2t_v S_M}{r + 0,2t_v} = \frac{2(0,75 \text{ in})(80.000 \text{ psi})}{(5 \text{ ft})(12 \text{ in/ft}) + 0,2(0,75 \text{ in})} = 1990 \text{ psi}.$$

O critério de pressão é satisfeito por essa equação. A pressão necessária para romper esse tanque é 1.990 psi.

Exemplo 13-3

Durante uma investigação de acidente, constatou-se que a origem do acidente foi uma explosão que rompeu uma tubulação Classe 40, de aço 316, com 4 in de diâmetro. A hipótese é que uma deflagração de hidrogênio e oxigênio ou uma detonação foram a causa do acidente. Os testes de deflagração em um pequeno tanque esférico indicam uma pressão de deflagração de 500 psi. Qual pressão rompeu a tubulação? Foi uma deflagração ou uma detonação que causou essa ruptura?

Solução

Uma tubulação Classe 40, de 4 in, tem um diâmetro externo de 4,5 in, uma parede com 0,237 in de espessura e um diâmetro interno de 4,026 in. Segundo a Tabela 13-2, a resistência à tração S_M do aço 316 é 85.000 psi. A Equação 13-1 para cilindros é utilizada para calcular a pressão necessária para romper essa tubulação:

$$p = \frac{S_M t_v}{r + 0,6t_v} = \frac{(85.000 \text{ psi})(0,237 \text{ in})}{(2,013 \text{ in}) + 0,6(0,237 \text{ in})} = 9348 \text{ psi}.$$

A Equação 13-1 é aplicável porque a pressão é menor que $0,385 S_M = 32.700$ psi. A pressão necessária para romper essa tubulação, portanto, é 9.348 psi. Utilizando os dados do teste de deflagração, que produziram uma p_2 de 500 psi, e supondo um acúmulo de pressão, podemos estimar a pressão de deflagração na tubulação através da Equação 13-6:

$$p_2 = 500 \times 16 = 8000 \text{ psi}.$$

Para estimar as pressões resultantes de uma detonação e o acúmulo de pressão, calculamos a pressão original do teste de deflagração, p_1, empregando a Equação 13-6:

$$p_1 = 500/16 = 31,3 \text{ psi}.$$

Uma detonação com acúmulo de pressão é calculada agora utilizando a Equação 13-7:

$$p_2 = 31,3 \times 20 \times 20 = 12.500 \text{ psi}.$$

Portanto, a ruptura dessa tubulação deveu-se a uma detonação. A próxima etapa na investigação seria incluir a busca de uma reação química que produziria uma detonação. Um pequeno tanque poderia ser utilizado como teste.

Exemplo 13-4

Uma explosão irrompe através de uma planta química. Um tanque de 1000 ft³ contendo ar comprimido a 100 atm é objeto de suspeita. Os danos no local indicam que as janelas em uma estrutura a 100 jardas de distância estilhaçaram. A explosão mecânica desse tanque de ar comprimido é coerente com o dano relatado ou a explosão resultou de algum outro processo?

Solução

Segundo a Equação 6-29, a representação da energia contida em um gás comprimido,

$$W_e = \left(\frac{P_1 V_1}{\gamma - 1}\right)\left[1 - \left(\frac{P_2}{P_1}\right)^{(\gamma-1)/\gamma}\right].$$

No ar, $\gamma = 1,4$. Substituindo as quantidades conhecidas, obtemos

$$W_e = \frac{(101 \text{ atm})\left(14,7 \frac{\text{lb}_f/\text{in}^2}{\text{atm}}\right)\left(144 \frac{\text{in}^2}{\text{ft}^2}\right)(1000 \text{ ft}^3)}{1,4 - 1}\left[1 - \left(\frac{1 \text{ atm}}{101 \text{ atm}}\right)^{(1,4-1)/1,4}\right]$$

$$= 3,91 \times 10^8 \text{ ft-lb}_f = 1,27 \times 10^8 \text{ cal}.$$

A quantidade equivalente de TNT é

$$m_{TNT} = 1,27 \times 10^8 \text{ cal}/(1120 \text{ cal/g TNT}) = 1,13 \times 10^5 \text{ g TNT}$$

$$= 249 \text{ lb de TNT}.$$

Segundo a Equação 6-21, o fator de escala é

$$z_e = \frac{r}{(m_{TNT})^{1/3}}.$$

Substituindo, obtemos

$$z_e = \frac{300 \text{ ft}}{(249 \text{ lb})^{1/3}} = 47,66 \text{ ft/lb}^{1/3} = 18,9 \text{ m/kg}^{1/3}.$$

Segundo a Figura 6-23, a sobrepressão é estimada em 1,3 psia. A partir dos dados fornecidos na Tabela 6-9, o dano estimado é coerente com o dano observado.

13-8 Projetos Diversos para Incêndios e Explosões

Existem muitas outras características de projeto que evitam incêndios e explosões, como mostram a Tabela 7-8 e os livros do CCPS.[24,25,26,27]

13-9 Projetos para Reações Descontroladas

Os requisitos essenciais para evitar as reações descontroladas incluem

- compreender os conceitos e perigos das reações descontroladas (veja a Seção 8-1),
- caracterizar todas as possíveis reações descontroladas no sistema que está sendo especificamente projetado (veja a Seção 8-2) e
- utilizar este conhecimento para projetar os equipamentos e controles a fim de evitar descontroles. As características dos equipamentos podem incluir um reator semibatelada *versus* um reator batelada e os controles podem incluir redundância, duplo bloqueio e purga nas linhas de alimentação de monômeros (veja a Seção 8-3).

Algumas outras características de projeto[28] utilizadas para evitar descontroles incluem:

1. Projetar o consumo rápido dos reagentes a fim de evitar o seu acúmulo.
2. Projetar o sistema para remover o calor e os produtos gasosos gerados pelas reações.
3. Utilizar reatores semibateladas em vez de reatores bateladas, e acrescentar os reagentes em partes para controlar as concentrações de monômero, ou seja, concentrações mais baixas que evitem pressões excessivas e emissões em cenários de perda acidental do sistema de resfriamento.
4. Acrescentar salvaguardas para evitar descontroles devido a falhas de equipamento e dos controles. As falhas de equipamento podem ser nas bombas, agitadores, entre outros; e as falhas de controle podem ser nos controles de temperatura e pressão. Em casos como esses, os circuitos de controle redundantes perceberiam a falha e ativariam o *shutdown* seguro do sistema do reator.

---

[24] Center for Chemical Process Safety (CCPS), *Guidelines for Chemical Reactivity Evaluation and Application to Process Design* (New York: American Institute of Chemical Engineers, 1995).

[25] Center for Chemical Process Safety (CCPS), *Guidelines for Facility Siting and Layout* (New York: American Institute of Chemical Engineers, 2003).

[26] Center for Chemical Process Safety (CCPS), *Guidelines for Performing Effective Pre-Startup Reviews* (New York: American Institute of Chemical Engineers, 2007).

[27] Center for Chemical Process Safety (CCPS), *Guidelines for Safe and Reliable Instrumented Protective Systems* (New York: American Institute of Chemical Engineers, 2007).

[28] R. Johnson, "Chemical Reactivity Hazards", Safety and Chemical Engineering Education Committee of AIChE's Center for Chemical Process Safety (*www.SACHE.org*, 2005).

Conforme mencionamos anteriormente, é essencial o conhecimento dos possíveis problemas que ocorrem com as reações descontroladas. Além das características-chave do projeto mencionadas, esse conhecimento ajudaria os projetistas a reconhecerem o valor de outros possíveis problemas; por exemplo, reconhecer que a remoção do calor é mais difícil nos reatores maiores, evitar acrescentar os materiais em temperaturas acima da temperatura de operação do reator, e saber que os alívios para as reações descontroladas precisam ser projetados para fluxo bifásico.

As características-chave do projeto mencionadas acima são para os reatores, sendo chamadas às vezes de reações intencionais com produtos químicos reativos. Os descontroles também ocorrem nos tanques de armazenamento, caminhões-tanque e vagões-tanque; estas seriam classificadas como reações não intencionais com produtos químicos reativos. Existe um conjunto diferente de características de projeto para evitar esses acidentes,[29] incluindo o treinamento de pessoal para confirmar se estão a par desses possíveis problemas; resfriar os materiais até margens seguras abaixo da temperatura de autoaceleração de decomposição; incluir controles redundantes para monitorar as temperaturas e ativar os alarmes; projetar para que haja separação dos materiais incompatíveis; armazenar os materiais em áreas remotas às áreas de processamento; e etiquetar os materiais reativos, incluindo as condições limitadoras.

13-10 Projetos para Lidar com Pó e Poeira

O manejo seguro dos sólidos é importante porque muitos produtos químicos são produzidos em estado sólido para eliminar o transporte de diluentes solventes perigosos. Embora os engenheiros e químicos compreendam geralmente os perigos dos líquidos e gases inflamáveis, muitas vezes eles não reconhecem os perigos do manejo de pós e poeiras. Os pós, por exemplo, possuem regiões de inflamabilidade similares às dos gases e podem queimar e explodir como deflagrações ou detonações. O problema adicional com os pós, porém, é que as explosões primárias podem, e geralmente o fazem, iniciar explosões secundárias, à medida que as forças e a turbulência da explosão dispersam o pó que pode estar acumulado nos assoalhos, dutos ou acima de tetos falsos. Os perigos do pó são eliminados com características de projeto especiais e práticas de gestão, conforme descrevemos a seguir.

Os gases inflamáveis têm um triângulo de fogo que ilustra as três condições necessárias para os incêndios; ou seja, para queimar um gás inflamável, você precisa de combustível (gás inflamável), uma fonte de ignição e oxigênio. Os pós inflamáveis têm o pentágono de fogo que inclui combustível, uma fonte de ignição, oxigênio, baixa umidade e suspensão no ar. Com relação a isso, os pós queimam de maneira relativamente lenta quando inflamados em uma superfície, mas explodem quando são inflamados como suspensão. Muitas das práticas de projeto e gestão[30] mencionadas abaixo são focadas nesse pentágono.

Os requisitos essenciais para evitar as explosões de pós e poeiras incluem

- compreender os conceitos e perigos dos pós (veja o Capítulo 6),
- caracterizar as propriedades dos pós para o sistema que está sendo especificamente projetado (veja os Capítulos 6 e 7) e
- utilizar esse conhecimento para projetar os equipamentos e as práticas de gestão a fim de evitar as explosões de pó; veja as duas próximas seções.

---

[29]R. Johnson, "Chemical Reactivity Hazards".
[30]Louvar and Schoeff, "Dust Explosion Control", Safety and Chemical Engineering Education Committee of AIChE's Center for Chemical Process Safety (*www.SACHE.org,* 2006).

Projetos para Prevenir Explosões de Pó

Algumas características-chave de projeto[31] que são utilizadas para prevenir as explosões de pó incluem:

1. Quando transferir pós para líquidos inflamáveis, utilize confinamento e inertização, como foi descrito no Capítulo 7.

2. Elimine as fontes de ignição devido a metais indesejados, falha mecânica, superaquecimento, centelhas elétricas, altas concentrações de pó e eletricidade estática. O problema do metal indesejado é solucionado acrescentando armadilhas magnéticas que coletam partes metálicas; os problemas de falha mecânica são solucionados acrescentando detectores para perceber as falhas e iniciar uma parada segura; os problemas de superaquecimento são solucionados pelo monitoramento da temperatura dos rolamentos e correias (por exemplo, escorregamento); as centelhas elétricas são eliminadas pela utilização de partes elétricas à prova de explosão (Classe III e divisão adequada; veja o Capítulo 7); as altas concentrações de pó no equipamento e nas ventilações do equipamento são reduzidas pela utilização de sistemas de coleta pneumática de pó (chamados às vezes de filtros de mangas), e as altas concentrações de pó do lado de fora do equipamento devido a vazamentos das flanges ou equivalentes são evitadas pela adição de gaxetas e pelo aperto das flanges das gaxetas; e os problemas de energia estática são solucionados utilizando os ensinamentos do Capítulo 7, incluindo aterramento e ligação.

3. Atenuar as explosões de pó utilizando painéis de ventilação e supressão de explosão, conforme foi descrito no Capítulo 7.

Práticas de Gestão para Prevenir as Explosões de Pó e Poeiras

Existem duas práticas de gestão especialmente importantes e que devem ser utilizadas para evitar as explosões de pó e poeiras: (1) programar a limpeza periódica a fim de remover as poeiras acumuladas nos assoalhos, dutos e até mesmo acima de tetos falsos (veja o Capítulo 14), e (2) controlar as operações de solda e corte que utilizam as permissões de trabalho a quente discutidas anteriormente. Outras práticas recomendadas incluem o agendamento da limpeza periódica das armadilhas magnéticas de metais indesejados e as verificações de integridade mecânica para garantir que todos os controles e alarmes estejam funcionando conforme as especificações.

Leitura Sugerida

API 750, *Management of Process Hazards* (Washington DC: American Petroleum Institute, 1990).

L. Britton, *Avoiding Static Ignition Hazards in Chemical Operations* (New York: American Institute of Chemical Engineers, Center for Chemical Process Safety, 1999).

Center for Chemical Process Safety, *Guidelines for Design Solutions for Process Equipment Failures* (New York: American Institute of Chemical Engineers, 1998).

Center for Chemical Process Safety, *Guidelines for Engineering Design for Process Safety* (New York: American Institute of Chemical Engineers, 1993).

Code of Federal Regulations, "Process Safety Management of Highly Hazardous Chemicals", *29CFR 1910.119* (57FR23061), 1 de junho de 1992.

---

[31]Louvar and Schoeff, "Dust Explosion Control".

R. K. Eckhoff, *Dust Explosion in the Process Industries*, 3rd ed. (Houston: Gulf Publishing, 2003).

M. Glor, *Electrostatic Hazards in Powder Handling* (New York: John Wiley & Sons, 1988).

Trevor Kletz, *Plant Design for Safety: A User-Friendly Approach* (New York: Hemisphere Publishing Corporation, 1990).

T. Kletz, *Process Plants: A Handbook of Inherently Safer Design*, 2nd ed. (New York: Taylor & Francis Group, 2010.)

J. F. Louvar, B. Maurer, G. W. Boicourt, "Fundamentals of Static Electricity", *Chem. Engr. Prog.* (novembro de 1994), pp. 75-81.

Problemas

13-1 Determine a pressão necessária para uma tubulação inchar e a pressão necessária para uma tubulação romper. A tubulação é de aço 316, Classe 40, com 3 in, utilizada para transportar uma mistura de gás que às vezes está dentro da faixa de composição explosiva.

13-2 Determine a espessura necessária de um reator com paredes cilíndricas que deve ser projetado para conter com segurança uma deflagração (hidrocarboneto e ar). O vaso do reator tem um diâmetro de 4 ft e é construído com aço inoxidável 304. A pressão normal de operação é 2 atm.

13-3 Ocorre um acidente que rompe um vaso esférico de alta pressão. O vaso tem 1,5 ft de diâmetro, é feito de aço 304, e as paredes têm 0,25 in de espessura. Determine a pressão necessária para causar essa ruptura. Desenvolva algumas hipóteses relativas às causas do acidente.

13-4 Calcule a pressão teórica máxima obtida após a ignição de uma quantidade estequiométrica de metano e oxigênio em um vaso cilíndrico com 1,5 ft de diâmetro. Suponha uma pressão inicial de 1 atm.

13-5 Calcule a pressão teórica máxima obtida após a ignição de uma quantidade estequiométrica de metano e ar em um vaso cilíndrico com 1,5 ft de diâmetro. Suponha uma pressão inicial de 1 atm.

13-6 Utilizando os resultados do Problema 13-4, determine a espessura necessária para que a parede do vaso contenha essa explosão, caso seja feito de aço 316.

13-7 Utilizando os resultados do Problema 13-6, determine a espessura necessária para que a parede do vaso contenha uma explosão em outro tanque fisicamente conectado ao primeiro com uma tubulação de 1 in. Descreva por que o segundo tanque necessita de uma parede com espessura maior.

13-8 Descreva por que as recomendações de investigações de acidentes devem incluir recomendações para aperfeiçoar o sistema de gestão.

13-9 Descreva um programa de manutenção preventiva que seja concebido para evitar acidentes de automóvel.

13-10 Descreva o conceito de utilização das válvulas de bloqueio para evitar acidentes de detonação em um sistema que lida com gases inflamáveis. O sistema possui dois vasos que estão conectados por uma linha de vapor de 4 in.

13-11 Utilizando os dados e os resultados do Exemplo 13-3, determine a espessura da parede necessária para eliminar falhas futuras. Suponha que a altura da parede cilíndrica seja igual ao diâmetro do vaso.

13-12 Determine a espessura da parede do vaso necessária para conter uma explosão de 2 lb de TNT. O vaso esférico tem 1,5 ft de diâmetro e é construído com aço inoxidável 316.

13-13 Nos anos 1930 ocorreram muitos acidentes em residências devido à explosão dos aquecedores de água. Descreva quais características são adicionadas aos aquecedores de água para eliminar os acidentes.

13-14 Elabore uma definição para um incidente importante (*major incident*) e compare-a com a definição do CCPS. Veja CCPS, *Plant Guidelines for Technical Management of Chemical Processes Safety* (1992, p. 236).

13-15 Um sistema de gestão para investigação de acidentes inclui uma boa comunicação. Quais são os benefícios tangíveis de um bom sistema de comunicação? Compare a sua resposta com a do CCPS (1992, p. 238).

13-16 Os relatórios de investigação dos acidentes com quase perda (por pouco) também são importantes. Defina os acidentes de quase perda (*near-miss*). Compare a sua resposta com o que diz o CCPS (1992, p. 239).

13-17 Quais fatos deveriam ser incluídos em um relatório de acidente de quase perda? Compare a sua resposta com o que diz o CCPS (1992, p. 240).

13-18 A U.S. Chemical Safety and Hazard Investigation Board investigou um acidente na Morton Specialty Chemical Company em 1998. Avalie as recomendações da instituição e decomponha-as em três camadas de recomendações. Veja *www.chemsafety.gov/*.

13-19 Uma investigação de acidente na Tosco Refinery Company enfatizou a importância de um sistema de gestão. Descreva o acidente e desenvolva três camadas de recomendações. Veja *www.chemsafety.gov/*.

13-20 Uma investigação de acidente da EPA-OSHA na Napp Technologies Inc., em Lodi, New Jersey, desenvolveu as principais causas e recomendações para abordar estas causas. Descreva o acidente e elabore camadas de recomendações para esse acidente específico. Veja *www.epa.gov/ceppo/pubs/lodiintr.htm*.

13-21 A investigação do acidente em Lodi, New Jersey, incluiu acidentes industriais anteriores com hidrossulfeto de sódio e alumínio. Resuma as descobertas desses acidentes e elabore algumas recomendações de sistema de gestão para essas indústrias. Veja *www.epa.gov/ceppo/pubs/lodi-recc.htm*.

13-22 O sistema de purga e duplo bloqueio exibido na Figura 13-2 purga os produtos químicos para dentro de um pequeno tanque. No entanto, esse método cria um novo perigo: acrescenta outro tanque que contém um produto químico perigoso. Projete um sistema inerentemente mais seguro.

13-23 Recomenda-se que os tanques de processamento sejam projetados para o vácuo total. Descreva algumas maneiras de criar o cavername dos tanques que não são projetados para o vácuo total.

13-24 A instrumentação redundante é um conceito de projeto importante para melhorar a segurança de um sistema. Forneça exemplos em que a instrumentação redundante teria evitado grandes acidentes.

13-25 O conceito de utilização das listas de verificação (checklists) é muito importante. Forneça alguns exemplos de listas de verificação úteis.

13-26 Uma descrição de processo deve incluir um resumo para destacar as principais questões de segurança. Descreva o conceito desse resumo.

13-27 Desenvolva alguns exemplos de projetos inerentemente seguros.

13-28 O revestimento metálico do exterior de uma tubulação isolada é conhecido por acumular cargas estáticas. Quais são os dois métodos utilizados para evitar esse perigo e qual deles é o melhor?

13-29 Projete um sistema para derramar um pó em um líquido inflamável.

13-30 O nitrogênio é utilizado com mais frequência para inertizar sistemas; ou seja, o nitrogênio é acrescentado para manter a concentração de vapor inflamável abaixo do LFL. Quais precauções são tomadas quando se manuseia o nitrogênio?

CAPÍTULO 14

Casos Históricos

Os casos históricos são descrições de acidentes, incluindo suas causas, consequências e métodos necessários para evitar eventos similares. São descrições escritas pelos gestores das instalações e pelo pessoal de operação, pessoas com experiência prática, que conhecem e avaliam o acidente e os métodos de prevenção.

O estudo dos casos históricos é importante na área de segurança. Parafraseando G. Santayana, ou a pessoa aprende com a história ou está fadada a repeti-la. Isso é especialmente verdadeiro quanto à segurança; qualquer pessoa que trabalhe na indústria química pode aprender com os casos históricos e evitar situações perigosas, ou ignorar a história e se envolver em acidentes potencialmente fatais.

Neste capítulo, cobrimos os casos históricos conforme seu relato na literatura. São fornecidas referências para estudos mais completos. O objetivo deste capítulo é ilustrar, através de casos reais, a importância de aplicar os fundamentos de segurança dos processos químicos.

Os casos históricos são categorizados em cinco seções:

- Eletricidade estática
- Reatividade química
- Projeto de sistemas
- Procedimentos
- Treinamento

A causa de um acidente específico frequentemente o coloca em mais de uma categoria. Cada uma dessas seções inclui descrições de vários acidentes e um resumo das lições aprendidas.

As seguintes afirmações dão uma ideia dos casos históricos:

1. Esses acidentes realmente ocorreram. Qualquer pessoa familiarizada com o equipamento e os procedimentos específicos vai valorizar as lições aprendidas.
2. Os acidentes acontecem rapidamente e de maneira inesperada. Geralmente não há tempo hábil para retomar o controle de uma situação após um desvio significativo da condição normal. Aqueles que acreditam que podem controlar manualmente e com êxito os desvios estão fadados a repetir a história.

Casos Históricos

14-1 Eletricidade Estática

Uma grande parcela dos incêndios e explosões relatados resulta da ignição de uma mistura inflamável por uma centelha provocada por eletricidade estática. Muitos desses acidentes são repetições de acidentes previamente registrados; os engenheiros estão deixando passar alguns aspectos importantes deste assunto. A seguinte série de casos históricos é fornecida para ilustrar a complexidade desse tópico e para apresentar alguns requisitos de projeto importantes destinados a evitar futuros acidentes envolvendo a eletricidade estática.

Explosão no Carregamento de Vagões-Tanque[1]

Dois operadores de instalações estavam enchendo um vagão-tanque com acetato de vinil. Um operador estava no solo e o outro no topo do vagão com o bocal de uma mangueira de carregamento. Alguns segundos após o início da operação de carregamento, o conteúdo do tanque explodiu. O operador no topo do vagão foi lançado ao solo; ele sofreu traumatismo craniano e várias queimaduras pelo corpo, morrendo em decorrência destas lesões.

A investigação do acidente indicou que a explosão foi provocada por uma centelha estática que saltou do bocal de aço para o vagão-tanque. O bocal não estava ligado ao vagão-tanque para evitar o acúmulo de eletricidade estática. O uso de uma mangueira não metálica provavelmente também contribuiu.

Explosão em uma Centrífuga[2]

Um lodo contendo uma mistura de solvente com 90% de metilciclo-hexano e 10% de tolueno estava sendo alimentado em uma centrífuga. Um encarregado estava prestes a olhar o interior da centrífuga quando ela explodiu. A tampa foi erguida e uma chama saiu por entre a centrífuga e a tampa. O encarregado queimou a mão.

A linha de abastecimento do reator para a centrífuga era de aço revestido com Teflon, seguindo até um ponto a 3 ft da centrífuga, onde havia uma conexão de borracha. A curta linha da conexão até a centrífuga era de aço. A centrífuga era revestida.

A investigação do acidente indicou que uma atmosfera inflamável havia se desenvolvido em função de um vazamento de ar. A centrífuga revestida foi a fonte de ignição em consequência do acúmulo estático e da descarga.

O processamento posterior (e bem-sucedido) foi realizado em uma centrífuga de aço inoxidável aterrada e inertizada com nitrogênio.

Explosão no Sistema de Dutos[3]

Dois sistemas de dutos na mesma vizinhança continham linhas de transporte de poeira, secadores e funis. Um dos sistemas havia sido consertado recentemente e deixado aberto. O sistema aberto emitiu alguns vapores de metanol. O outro sistema estava sendo carregado, através de um funil,

---

[1] *Case Histories of Accidents in the Chemical Industry*, v. 1 (Washington, DC: Manufacturing Chemists' Association, julho de 1962), p. 106.
[2] *Case Histories of Accidents in the Chemical Industry*, v. 2 (Washington, DC: Manufacturing Chemists' Association, janeiro de 1966), p. 231.
[3] *Case Histories of Accidents in the Chemical Industry*, v. 3 (Washington, DC: Manufacturing Chemists' Association, abril de 1970), p. 95.

com um produto orgânico intermediário seco. A linha de carga consistia em uma tubulação de vidro nova e uma seção de 6 ft (1,8 m) de tubulação plástica. O sistema de dutos que estava sendo carregado explodiu violentamente e a explosão deu início a outros incêndios. Felizmente, ninguém se feriu com gravidade.

A investigação do acidente indicou que os vapores de metanol entraram no segundo sistema de carregamento. O transporte da poeira através da linha de vidro e plástico gerou uma carga estática e uma centelha. A fonte de ignição criou explosões violentas em ambos os sistemas. Vários vents se romperam e um painel de explosão da construção também se rompeu.

Esse acidente aponta a necessidade de avaliar cuidadosamente os sistemas antes, durante e depois da realização de modificações. As linhas abertas devem ser anuladas quando for possível a descarga de vapores inflamáveis. Além disso, as técnicas de aterramento e ligação adequadas devem ser utilizadas para evitar o acúmulo de eletricidade estática.

Condutor em um Depósito de Sólidos[4]

Um pó orgânico seco foi coletado no funil de um depósito alimentador. Um pedaço de metal indesejado entrou no depósito alimentador com os sólidos. À medida que rolou funil abaixo, ele acumulou uma carga pelo método de carregamento chamado separação. Em algum ponto na operação o metal indesejado se aproximou da parede metálica do depósito, que estava aterrada. Uma centelha saltou do metal indesejado para a parede aterrada. A centelha era energética em comparação com a energia de ignição mínima do pó. Como a atmosfera do depósito alimentador consistia em ar (além do pó), o pó explodiu e o depósito alimentador se rompeu.

Essa explosão poderia ter sido evitada com um coletor de metais indesejados; por exemplo, uma armadilha magnética ou tela. Uma proteção adicional seria o acréscimo de um gás inertizante.

Pigmento e Filtro[5]

Um solvente de baixo ponto de inflamabilidade contendo pigmento estava sendo bombeado através de um filtro de mangas para dentro de um tambor. O tambor de pigmento estava aterrado por meio de uma haste de aterramento. Embora a operação tenha corrido com êxito por algum tempo, um dia houve um incêndio.

A hipótese é de que um entre dois cenários poderia ter criado a ignição. Possivelmente, a haste de aterramento foi colocada mais perto do filtro do que antes, gerando as condições para uma descarga elétrica entre o filtro e a haste de aterramento. Também é possível que a haste de aterramento estivesse mais perto do tambor isolado do que antes; neste caso, uma centelha poderia ter saltado entre o tambor e o fio terra.

Esse sistema foi modificado para incluir um sistema de inertização e uma linha de carregamento com tubo de imersão, e todas as partes metálicas foram aterradas. As operações subsequentes transcorreram sem incidentes.

---

[4]J. F. Louvar, B. Maurer and G. W. Boicourt, "Tame Static Electricity", *Chemical Engineering Progress* (novembro de 1994), pp. 75-81.

[5]Louvar et al., "Tame Static Electricity".

Auxiliar de Manutenção[6]

O auxiliar estava transportando as ferramentas para o chefe. O auxiliar caminhou através de uma nuvem de vapor antes de entregar a ferramenta para o chefe. Em cada transferência, o chefe recebia um choque bem grande.

O problema foi o vapor; ele ficava carregado quando saía de um tubo de distribuição. Depois, a carga era transferida para o auxiliar e para as ferramentas quando ele passava pela nuvem de vapor. A perda de carga não ocorria porque o auxiliar estava usando sapatos com isolamento. O chefe estava aterrado porque estava de joelhos em uma grade úmida aterrada.

O uso de sapatos condutores e a mudança de local da caixa de ferramentas solucionaram esse problema. Esse exemplo poderia ter sido um desastre se o chefe estivesse consertando um vazamento de gás inflamável, por exemplo, durante uma situação de emergência.

Lições Aprendidas com a Eletricidade Estática

Os casos históricos envolvendo a eletricidade estática enfatizam a importância de compreender e aplicar os fundamentos descritos no Capítulo 7. Na análise de aproximadamente outros 30 casos relativos à eletricidade estática, algumas lições importantes foram identificadas: (1) Uma linha terra embutida é tornada não condutora pelo uso de um lubrificante não condutor para tubulações; (2) um potencial é gerado entre dois tanques que não estejam ligados; (3) sapatos com cabedal de couro são ineficazes contra a eletricidade estática; (4) o enchimento em queda livre gera carga estática e descarga; (5) o uso de mangueiras não metálicas é uma fonte de acumulação estática; (6) grandes voltagens são geradas quando amassamos e apertamos um saco de polietileno vazio; e (7) uma braçadeira de aterramento fraca pode não penetrar adequadamente a pintura do tambor a ponto de proporcionar um bom contato elétrico.

Também é elaborada uma série de recomendações: (1) Os operadores devem ser advertidos quanto à trefilação das tubulações através de suas luvas de borracha, resultando em acúmulo de energia estática; (2) o vestuário que gera eletricidade estática deve ser proibido; (3) as linhas de recirculação devem se estender para dentro do líquido a fim de evitar o acúmulo de eletricidade estática; (4) os sapatos com solas condutoras são necessários durante o manuseio de materiais inflamáveis; (5) ligação, aterramento, umidificação, ionização ou combinações de medidas são recomendadas quando a eletricidade estática representar um perigo de incêndio; (6) um pequeno spray de água vai drenar rapidamente as cargas elétricas durante as operações de corte; (7) cobertura de gás inerte deve ser utilizada durante o manuseio de materiais inflamáveis; (8) tambores e pás devem ser fisicamente ligados e aterrados; (9) as conexões de terra devem ser verificadas com um medidor de resistência; (10) os clipes de mola para aterramento e ligação devem ser substituídos por braçadeiras de aparafusar; (11) graxa condutora deve ser utilizada nas vedações dos rolamentos que precisam conduzir cargas estáticas; (12) o hidreto de sódio deve ser manuseado em embalagens à prova de estática; (13) centrífugas de aço inox devem ser utilizadas durante o manuseio de materiais inflamáveis; e (14) as flanges nas tubulações e nos sistemas de dutos devem ser ligadas.

Exemplo 14-1

Utilizando o processo de camadas de investigação de acidentes discutido no Capítulo 13, elabore as causas subjacentes da explosão do vagão-tanque discutida anteriormente nesta seção.

---

[6]Louvar et al., "Tame Static Electricity".

Solução

Os fatos descobertos pela investigação são

1. O conteúdo no topo do tanque era inflamável
2. A linha de carregamento era uma mangueira não condutora
3. Provavelmente uma centelha saltou entre o bocal de carregamento e o vagão-tanque
4. A explosão derrubou o homem do vagão-tanque (o ferimento fatal provavelmente foi o traumatismo craniano decorrente da queda)
5. Não havia procedimento de inspeção ou avaliação de segurança para identificar problemas dessa natureza

As recomendações em camadas são o resultado da revelação das causas subjacentes do acidente.

Primeira camada de recomendações: recomendações técnicas imediatas

1. Utilizar uma mangueira metálica condutora para transferir os fluidos inflamáveis.
2. Ligar a mangueira ao vagão-tanque e aterrar os dois.
3. Prover um projeto de tubulação de imersão para carregar os vagões-tanque.
4. Proporcionar meios para inertizar o vagão-tanque com nitrogênio durante a operação de enchimento.
5. Acrescentar guarda-corpos nas plataformas de carregamento para evitar as quedas acidentais do topo do vagão-tanque até o solo.

Segunda camada de recomendações: evitar o perigo

1. Elaborar procedimentos de carregamento do vagão-tanque.
2. Elaborar e ministrar aos operadores um treinamento especial para que os perigos sejam compreendidos em cada operação de carga e descarga.

Terceira camada de recomendações: aperfeiçoar o sistema de gestão

1. Iniciar uma inspeção imediata de todas as operações de carga e descarga.
2. Iniciar, como prática-padrão, uma política de realização da avaliação de segurança em todas as novas aplicações de carga e descarga. Inclua engenheiros e operadores nessa avaliação.
3. Iniciar uma auditoria periódica (a cada seis meses) para assegurar que todos os padrões e procedimentos sejam efetivamente utilizados.

14-2 Reatividade Química

Embora os acidentes atribuíveis à reatividade química sejam menos frequentes em comparação com os incêndios e explosões, as consequências são dramáticas, destrutivas e muitas vezes lesivas aos funcionários. Durante o trabalho com produtos químicos, o potencial para reações indesejadas, inesperadas e perigosas sempre tem de ser reconhecido. Os casos históricos a seguir ilustram a importância de compreender a química completa de um sistema de reação, incluindo as possíveis reações laterais, reações de decomposição e reações resultantes da combinação acidental e errada de produtos químicos ou condições de reação (tipo errado, concentrações erradas ou temperatura errada).

Casos Históricos

O Capítulo 8 fornece informações mais detalhadas sobre reatividade química e perigos associados.

Grupos Funcionais

Uma indicação preliminar dos possíveis perigos pode ser estimada conhecendo alguma coisa sobre a estrutura química. Os grupos funcionais específicos que contribuem para as propriedades explosivas de um produto químico através da combustão rápida ou detonação são ilustrados na Tabela 8-3.

Peróxidos

Os peróxidos *e* os compostos peroxidáveis são perigosas fontes de explosão. As estruturas dos compostos peroxidáveis são exibidas na Tabela 14-1. Alguns exemplos de compostos peroxidáveis são fornecidos na Tabela 14-2.

Quando as concentrações de peróxido aumentam para 20 ppm ou mais, a solução é perigosa. Os métodos para detectar e controlar os peróxidos são apresentados por H. L. Jackson et al.[7]

Índice de Perigo de Reação

D. R. Stull[8] elaborou um sistema de classificação para estabelecer os possíveis perigos relativos de produtos químicos específicos; a classificação se chama índice de perigo de reação (*reaction hazard index* – RHI). O RHI está associado com a temperatura adiabática máxima alcançada pelos produtos de uma reação de decomposição. Ele é definido como

$$\boxed{\text{RHI} = \frac{10T_\text{d}}{T_\text{d} + 30E_\text{a}},} \quad (14\text{-}1)$$

em que

T_d é a temperatura de decomposição (K) e

E_a é a energia de ativação de Arrhenius (kcal/mol).

A relação RHI (Equação 14-1) tem um valor baixo (1 a 3) nas reatividades relativamente baixas e valores mais altos (5 a 8) nas reatividades altas. Alguns dados de RHI de vários produtos químicos são fornecidos na Tabela 14-3.

Exemplo 14-2

Calcule o RHI do éter isopropílico e compare o resultado ao exibido na Tabela 14-3. Explique por que o RHI é relativamente baixo.

---

[7]H. L. Jackson et al., "Control of Peroxidizable Compounds", in *Safety in the Chemical Industry*, v. 3, Norman V. Steere, ed. (Easton, PA: Division of Chemical Education, American Chemical Society, 1974), pp. 114-117.
[8]D. R. Stull, "Linking Thermodynamic and Kinetics to Predict Real Chemical Hazards", in *Safety in the Chemical Industry*, pp. 106-110.

Tabela 14-1 Compostos Peroxidáveis[a,b]

Material orgânico e estrutura

1. Éteres, acetais:

$$-\underset{|}{\overset{H}{C}}-O-$$

2. Olefinas com hidrogênio alílico, cloro e fluorolefinas, terpenos, tetraidronaftaleno:

$$>C=C<$$

3. Dienos, vinil acetilenos:

$$>\overset{|}{C}=\overset{|}{C}-\overset{|}{C}=\overset{|}{C}<$$

e

$$>\overset{|}{C}=\overset{|}{C}-C\equiv CH$$

4. Parafinas e hidrocarbonetos alquiloaromáticos, particularmente os com hidrogênio terciário:

$$>\underset{H}{\overset{|}{C}}-$$

5. Aldeídos:

$$-\underset{H}{\overset{C=O}{|}}$$

6. Ureias, amidas, lactonas:

$$-\overset{O}{\overset{\|}{C}}-\overset{H}{\overset{|}{N}}-C$$

7. Monômeros vinílicos, incluindo os halogenetos de vinil, acrilatos, metacrilatos, ésteres de vinil:

$$>C=\overset{|}{C}-$$

8. Cetonas portando um alfa-hidrogênio:

$$-\overset{\|}{\underset{O}{C}}-\overset{|}{\underset{H}{C}}<$$

Materiais inorgânicos

1. Metais alquilo, particularmente o potássio
2. Alcóxidos metálicos e amidas metálicas alquila
3. Organometálicos

[a]H. L. Jackson, W. B. McCormack, C. S. Rondestvedt, K. C. Smeltz, and I. E. Viele, "Control of Peroxidizable Compounds", in *Safety in the Chemical Industry*, v. 3, Norman V. Steere, ed. (Easton, PA: Division of Chemical Education, American Chemical Society, 1974), pp. 114-117.
[b]R. J. Kelly, "Review of Safety Guidelines for Peroxidizable Organic Chemicals", *Chemical Health and Safety* (setembro-outubro de 1996), pp. 28-36.

Tabela 14-2 Exemplos de Compostos Peroxidáveis[a]

Perigo peroxidável no armazenamento
    Éter isopropílico
    Acetileno divinílico
    Cloreto de vinilideno
    Potássio metálico
    Amido de sódio

Perigo peroxidável na concentração
    Dietil éter
    Tetraidrofurano
    Dioxano
    Acetais
    Metil *i*-butil cetona
    Etileno glicol dimetil éter (glima)
    Éteres vinílicos
    Diciclopentadieno
    Diacetileno
    Metil acetileno
    Cumeno
    Tetraidronaftaleno
    Ciclo-hexano
    Metilciclopentano

Perigoso quando exposto ao oxigênio devido à formação de peróxido e subsequente iniciação de polimerização do peróxido
    Estireno
    Butadieno
    Tetrafluoretileno
    Clorotrifluoretileno
    Vinil acetileno
    Acetato de vinil
    Cloreto de vinil
    Piridina vinílica
    Cloropreno

[a]H. L. Jackson et al., "Control of Peroxidizable Compounds", in *Safety in the Chemical Industry*, v. 3, Norman V. Steere, ed. (Easton, PA: Division of Chemical Education, American Chemical Society, 1974), pp. 114-117.

Tabela 14-3 Dados do Índice de Perigo de Reação[a]

Número	Fórmula	Composto	Temperatura de decomposição (K)	Energia de ativação (kcal/mol)	RHI
1	$CHCl_3$	clorofórmio	683	47	3,26
2	C_2H_6	etano	597	89,5	1,82
3	C_7H_8	tolueno	859	85	2,52
4	$C_2H_4O_2$	ácido acético	634	67,5	2,38
5	C_3H_6	propileno	866	78	2,70
6	$C_6H_{14}O$	éter isopropílico	712	63,5	2,72
7	C_2H_4	etileno	1005	46,5	4,19
8	C_4H_6	1,3-butadieno	991	79,4	2,94
9	C_4H_8O	vinil etil éter	880	44,4	3,98
10	C_8H_8	estireno	993	19,2	6,33
11	N_2H_4	hidrazina	1338	60,5	4,25
12	C_2H_4O	óxido de etileno	1062	57,4	3,81
13	C_4H_4	vinilacetileno	2317	28,0	7,33
14	$C_{12}H_{16}N_4O_{18}$	nitrato de celulose	2213	46,7	6,12
15	C_2H_2	acetileno	2898	40,5	7,05
16	$C_3H_5N_3O_9$	nitroglicerina	2895	40,3	7,05
17	$C_4H_{10}O_2$	peróxido dietílico	968	37,3	4,64

[a]D. R. Stull, "Linking Thermodynamics and Kinetics to Predict Real Chemical Hazards", in *Safety in the Chemical Industry*, v. 3, Norman V. Steere, ed. (Easton, PA: Division of Chemical Education, American Chemical Society, 1974), pp. 106-110.

Solução

O RHI é calculado utilizando a Equação 14-1:

$$\text{RHI} = \frac{10 T_d}{T_d + 30 E_a},$$

em que, segundo a Tabela 14-3, T_d é 712°K e E_a é 63,5 kcal/mol. As unidades são compatíveis com a Equação 14-1. Substituindo, temos

$$\text{RHI} = \frac{(10)(712)}{(712) + (30)(63,5)} = 2{,}72,$$

que é o mesmo valor da Tabela 14-3. Esse RHI indica um produto químico com baixa reatividade. No entanto, o éter isopropílico é um composto peroxidável, conforme indicado pela Tabela 14-2. Se supusermos um RHI equivalente ao do peróxido dietílico (RHI = 4,64), os perigos de manipulação do éter isopropílico são altos, mesmo com as concentrações de peróxido tão baixas quanto 20 ppm. Este exemplo ilustra a importância de compreender a química do sistema inteiro.

Frasco de Éter Isopropílico[9]

Um químico precisou de éter isopropílico. Achou um frasco de vidro com 473 mL, e tentou, sem sucesso, abrir o frasco sobre uma pia. A tampa parecia estar muito apertada; então ele agarrou o frasco com uma mão, pressionou-o sobre o estômago e girou a tampa com a outra mão. Assim que a tampa se soltou, o frasco explodiu, praticamente estripando o homem e arrancando-lhe vários dedos. A vítima permaneceu consciente e, na verdade, descreveu coerentemente como o acidente aconteceu. O homem foi levado ao hospital e morreu de hemorragia interna generalizada 2 horas após o acidente.

Uma investigação identificou a causa do acidente como a decomposição rápida de peróxidos, que se formaram no éter enquanto o frasco permaneceu no depósito. A hipótese é de que alguns dos peróxidos cristalizaram nas roscas da tampa e explodiram quando ela foi girada.

À medida que os éteres envelhecem, especialmente o éter isopropílico, eles formam peróxidos. Os peróxidos reagem e formam outros subprodutos perigosos, como, por exemplo, o triperóxido de acetona. Esses materiais são instáveis. A luz, o ar e o calor aceleram a formação dos peróxidos.

Os éteres devem ser armazenados em recipientes metálicos. Somente pequenas quantidades devem ser compradas. Os éteres não devem ser mantidos por mais de 6 meses. Os recipientes devem ser etiquetados e datados no ato do recebimento e os recipientes abertos devem ser descartados após 3 meses. Todo o trabalho com os éteres deve ser feito por trás de barreiras de proteção. Sempre que possível, devem ser usados inibidores.

Decomposição do Nitrobenzeno do Ácido Sulfônico[10]

Um reator de 300 galões sofreu uma reação violenta, resultando em o tanque ser impulsionado através do piso para fora da edificação e através do teto de um prédio adjacente. O reator foi projetado para conter 60 galões de ácido sulfúrico e nitrobenzeno de ácido sulfônico, que, sabe-se, sofre decomposição a 200°C.

A investigação indicou que o conteúdo do vaso reacional foi mantido por 11 horas. Um vazamento de vapor para dentro do revestimento levou a temperatura a 150°C, aproximadamente. Embora os testes anteriores tenham indicado a decomposição a 200°C, testes subsequentes exibiram decomposição exotérmica acima de 145°C.

A causa subjacente desse acidente foi a falta de dados precisos sobre a reação de decomposição. Com dados satisfatórios, os engenheiros conseguem projetar proteções para evitar completamente o aquecimento acidental.

Oxidação Orgânica[11]

Operadores estavam se preparando para realizar uma oxidação orgânica. Foi aplicado vapor à jaqueta de aquecimento do reator para aquecer o ácido sulfúrico e um material orgânico a uma temperatura de 70°C. A taxa de aquecimento era mais lenta do que o normal. Os dois operadores desligaram o agitador e também interromperam o vapor. Um operador foi buscar um termômetro. Aproximadamente 1 hora mais tarde, o operador estava pronto para medir a temperatura através da câmara de visita. Ele ligou o agitador. Nesse ponto, o material irrompeu pela câmara de visita. Os dois operadores foram encharcados e morreram em decorrências dos ferimentos.

---

[9]*Case Histories*, v. 2, p. 6.
[10]*Case Histories*, v. 3, p. 111.
[11]*Case Histories*, v. 3, p. 121.

A investigação do acidente afirmou que o agitador nunca deveria ter sido desligado nesse tipo de reação. Sem agitação, o resfriamento não surte mais efeito, ocorrendo o aquecimento. Sem agitação, também ocorre a segregação dos produtos químicos. Quando o agitador é religado, os produtos químicos mais quentes se misturam e reagem violentamente.

Esse tipo de problema atualmente é evitável através do melhor treinamento do operador e da instalação de proteções para evitar que os operadores cometam erros. Isso é feito pela adição de sensores de temperatura redundantes e remotos e pela adição de bloqueios eletrônicos a fim de impedir que o agitador seja desligado enquanto a reação ainda for exotérmica.

Lições Aprendidas com a Reatividade Química

Os casos históricos pertinentes a produtos químicos reativos ensinam a importância de compreender as propriedades reativas dos produtos antes de trabalhar com eles. A melhor fonte de dados é a literatura disponível. Se não houver dados disponíveis, é necessário realizar experimentos. Os dados de interesse especial incluem as temperaturas de decomposição, a taxa de reação ou energia de ativação, a sensibilidade a impactos e o ponto de inflamabilidade.

14-3 Projetos de Sistemas

Quando novas plantas são construídas ou quando são necessárias modificações nas existentes, também são necessários projetos detalhados dos sistemas. Esses projetos devem incluir características de segurança especiais para proteger o sistema e o pessoal de operações. Os seguintes casos históricos enfatizam a importância dessas características especiais do projeto de segurança.

Explosão de Óxido de Etileno[12]

Um tanque de armazenamento de um processo continha 6500 galões de óxido de etileno. Ele foi contaminado acidentalmente com amônia. O tanque se rompeu e espalhou óxido de etileno no ar. Uma nuvem de vapor se formou e quase imediatamente explodiu, criando uma força explosiva equivalente a 18 toneladas de TNT, como ficou evidenciado pelos danos. Os eventos aconteceram com tanta rapidez que os funcionários não conseguiram se proteger adequadamente. Uma pessoa morreu e nove ficaram feridas; as perdas materiais ultrapassaram US$16,5 milhões.

Esse acidente foi atribuído à falta de proteção no projeto, destinada a evitar o retorno da amônia para o tanque de armazenamento. Aparentemente, as técnicas de atenuação não faziam parte do sistema (sistemas de dilúvio, diques e similares).

Explosão de Etileno[13]

A falha de uma junta de compressão de 3/8 in em uma linha de etileno de 1000-2500 psi localizada em uma vala para dutos resultou em um derramamento de 200 a 500 lb de etileno. Uma nuvem se formou e incendiou, produzindo uma explosão equivalente a 0,12-0,30 tonelada de

---

[12]J. A. Davenport, "A Survey of Vapor Cloud Incidents", *Chemical Engineering Progress* (setembro de 1977), pp. 54-63.
[13]Davenport, "A Survey of Vapor Cloud Incidents".

TNT. Esse acidente ocorreu em um pátio, produzindo uma explosão de nuvem de vapor parcialmente confinada. Duas pessoas morreram e 17 ficaram feridas; os prejuízos materiais foram de US$6,5 milhões.

As causas prováveis desse acidente incluem (1) o uso de tubulação não soldada, (2) a instalação de tubulações em valas, resultando no acúmulo de vapores inflamáveis, e (3) a falta de analisadores e alarmes de detecção automática de vapor.

Explosão de Butadieno[14]

Uma válvula no fundo de um reator abriu acidentalmente devido a uma falha de ar. O derramamento gerou uma nuvem de vapor que incendiou a 50 ft da origem. Cerca de 200 galões de butadieno vazaram antes da ignição. Foram estimadas sobrepressões de 0,5 a 1 psi. Três pessoas morreram e duas ficaram feridas.

As causas prováveis desse acidente incluem (1) a instalação de uma válvula falha aberta em vez de uma válvula falha fechada, (2) a falta de detectores de vapor, (3) a falta de um bloqueio instalado como dispositivo de atenuação e (4) a não eliminação das fontes de ignição nessa região operacional.

Explosão de Hidrocarboneto Leve[15]

Uma tubulação rompeu e resultou em um derramamento de 16.800 lb de hidrocarbonetos leves. Uma nuvem de vapor se formou e incendiou. A explosão eliminou os sistemas de dilúvio e a alimentação elétrica das bombas de incêndio. Danos importantes resultaram dos incêndios subsequentes. A sobrepressão máxima foi estimada a partir dos danos em 3,5 psi a 120 ft. A estimativa foi equivalente a 1 tonelada de TNT, gerando um rendimento da explosão de aproximadamente 1% da fonte total de energia. Esse acidente teve dois mortos e nove feridos. O dano total foi estimado em US$15,6 milhões.

A magnitude do acidente poderia ter sido reduzida com (1) um projeto aperfeiçoado da tubulação, (2) um projeto aperfeiçoado do sistema de dilúvio, (3) alimentação elétrica de reserva ou mais segura e (4) instalação de analisadores de detecção e válvulas de bloqueio.

Vibração da Bomba[16]

A vibração do rolamento ruim de uma bomba fez com que a vedação da mesma falhasse em uma seção de cumeno de uma unidade de fenol acetona. Os líquidos e vapores inflamáveis liberados incendiaram. Uma explosão rompeu outras tubulações de processamento, adicionando combustível ao incêndio original. Os danos ultrapassaram US$23 milhões.

Esse acidente poderia ter sido evitado por um bom programa de inspeção e manutenção. As possíveis melhorias no projeto incluem detectores de vibração, analisadores de gás, válvulas de bloqueio e sistemas de dilúvio.

---

[14]Davenport, "A Survey of Vapor Cloud Incidents".
[15]Davenport, "A Survey of Vapor Cloud Incidents".
[16]William G. Garrison, *One Hundred Largest Losses: A Thirty-Year Review of Property Damage Losses in the Hydrocarbon Chemical Industries*, 9ª ed. (Chicago: Marsh & McLennan Protection Consultants, 1986), p. 7.

Falha da Bomba[17]

Muitos acidentes são cópias infelizes de acidentes anteriores, como mostra o texto a seguir.

A falha do rolamento de uma bomba em uma refinaria de petróleo iniciou a fratura do eixo do motor e do suporte do rolamento da bomba. Depois, o gabinete da bomba quebrou, liberando óleo quente que autoincendiou. Falhas secundárias de tubulações e flanges forneceram combustível para o incêndio. Os danos totalizaram mais de US$15 milhões.

Como a bomba estava equipada apenas com válvulas operadas manualmente no lado de sucção, estas válvulas não puderam ser alcançadas durante o incêndio.

As válvulas de bloqueio automático teriam minimizado os danos nesse incêndio. Um bom programa de inspeção e manutenção teria evitado o acidente.

Segunda Explosão de Etileno[18]

Um acessório de drenagem na linha de um compressor de alta pressão (40 psi) se rompeu, permitindo que etileno escapasse. A nuvem de etileno poderia ser levada pela corrente e entrar no sistema de admissão de um motor que aciona um dos compressores. O etileno detonou no motor e esta explosão incendiou o resto dos vapores.

As explosões foram sentidas a 6 milhas de distância. Doze prédios foram destruídos, ocorrendo incêndios e danos por toda a planta de polietileno. O dano foi estimado em mais de US$15 milhões.

Equipamento automático detectou imediatamente o vapor perigoso e acionou o sistema automático de aspersão de água de alta densidade, que foi concebido para remover o etileno da atmosfera. O vazamento foi grande demais para o sistema de aspersão.

Esse acidente poderia ter sido atenuado se os analisadores de detecção de gases disparassem em concentrações mais baixas. Além disso, no projeto físico deveria ter sido observado que o compressor precisava de uma consideração especial para eliminar essa fonte de ignição.

Terceira Explosão de Etileno[19]

O etileno foi liberado acidentalmente de uma tubulação de aço inox de 1/8 in que leva a um manômetro da linha principal de um sistema compressor. A tubulação rompeu em consequência da fadiga transversal causada pela vibração do compressor. A ignição pode ter sido por eletricidade estática. Esse acidente causou US$21,98 milhões em prejuízos.

A construção do compressor, não habitada, estava equipada com um sistema de detecção de gases combustíveis. No entanto, não soou um alarme devido a um relé defeituoso na sala de controle. As válvulas automáticas de proteção contra falhas funcionaram adequadamente, bloqueando o fluxo de etileno, mas não antes de 450 a 11.000 lb de gás já terem escapado.

Esse acidente enfatiza a importância de adicionar detectores de gás que meçam os gases inflamáveis em concentrações baixas para que os alarmes e as válvulas de bloqueio possam ser acionados antes da liberação de grandes quantidades de gás.

---

[17]Garrison, *One Hundred Largest Losses*, p. 7.
[18]Garrison, *One Hundred Largest Losses*, p. 3.
[19]Garrison, *One Hundred Largest Losses*, p. 8.

Segunda Explosão de Óxido de Etileno[20]

O óxido de etileno é produzido adicionando-se etileno, oxigênio, um diluente de metano e dióxido de carbono reciclado a um reator contínuo. As composições gasosas são controladas cuidadosamente para manter as concentrações fora dos limites de explosão.

Uma instalação passou por uma situação de emergência. Os procedimentos de emergência determinavam: fechar a válvula de alimentação de oxigênio. A válvula de controle do oxigênio era fechada normalmente purgando ar pelo diafragma da tampa da válvula (ar para abrir). A linha de purga foi aberta e observada no painel de controle. No entanto, o ar não saiu pela ventilação da tampa porque uma vespa-de-barro construiu células de lama sobre o orifício de ventilação. Embora a válvula de ventilação estivesse aberta, conforme indicava o painel de controle, o ar não conseguia sair.

Os gases no reator de óxido de etileno passaram para a região explosiva, permanecendo ao mesmo tempo acima da temperatura de autoignição. Ocorreu uma violenta explosão, resultando em vários feridos e danos importantes à instalação.

Hoje é um padrão industrial o uso de identificação positiva da posição da válvula em todas as válvulas de segurança importantes – chaves fim de curso que são disparadas quando a válvula é aberta ou fechada. Além disso, todas as linhas de ventilação das válvulas são cobertas com telas anti-insetos para evitar entupimento.

Neste caso particular, o acidente também poderia ter sido evitado com procedimentos de inspeção e manutenção adequada.

Lições Aprendidas com os Projetos

Os casos relacionados ao projeto de sistemas enfatizam que (1) os acidentes acontecem rapidamente, geralmente com tempo inadequado para devolver manualmente o controle ao sistema depois que o cenário de acidente está em andamento; (2) os projetos de sistema necessários para evitar acidentes ou atenuar as consequências dos acidentes frequentemente são sutis, exigindo apenas alterações pequenas no processo; e (3) o tempo e esforço necessários para desenvolver um projeto de sistemas seguro são justificados: Um engenheiro é contratado por uma fração do custo da maioria dos acidentes.

Trevor Kletz[21] e Walter B. Howard[22] enfatizaram as características especiais do projeto de instalações mais seguras. As recomendações a seguir também incluem características de projeto provenientes das nossas próprias experiências:

- Utilize os materiais de construção adequados, especialmente quando utilizar sistemas antigos para novas aplicações.
- Não instale tubulações subterrâneas.
- Certifique-se de que a qualidade da construção (por exemplo, as soldas) satisfazem as especificações.

---

[20]W. H. Doyle, "Instrument-Connected Losses in the CPI", *Instrument Technology* (outubro de 1972), pp. 38-42.
[21]Trevor Kletz, *Learning from Accidents*, 3ª ed. (Boston: Butterworth-Heinemann, 2001.)
[22]Walter B. Howard, "Process Safety Technology and the Responsibilities of Industry", *Chemical Engineering Progress* (setembro de 1988), pp. 25-33.

- Confira todos os equipamentos e instrumentos comprados quanto à integridade e funcionalidade.
- Não prenda as tubulações com rigidez excessiva. As tubulações devem ficar livres para se expandir, de modo a não virem a danificar outras partes do sistema.
- Não instale flanges preenchidas com líquido acima de cabos elétricos. Um vazamento de flange vai molhar os cabos.
- Forneça suportes adequados para os equipamentos e tubulações. Não deixe que os suportes com mola fiquem completamente comprimidos.
- Projete portas e tampas para que não possam ser abertas sob pressão. Acrescente bloqueios para diminuir a pressão antes de as portas poderem ser abertas. Além disso, acrescente manômetros visíveis nas portas.
- Não deixe que as tubulações toquem o solo.
- Remova todos os suportes temporários após o término da construção.
- Remova todas as ramificações, *nipples* e tampões temporários de inicialização ou verificação, substituindo-os por tampões soldados adequadamente projetados.
- Não utilize conexões e acessórios aparafusados quando manipular produtos químicos perigosos.
- Certifique-se de que todo o traçado seja coberto.
- Confira se todos os equipamentos estão montados corretamente.
- Não instale tubulações em poços, valas ou depressões onde possa haver acúmulo de água.
- Não instale ponteiras de alívio perto demais do solo, onde o entupimento com gelo pode torná-las inoperantes.
- Certifique-se de que todas as linhas de captação de água possam ser adequadamente drenadas.
- Quando soldar reforços em tubulações ou tanques, assegure que o ar aprisionado possa escapar através de uma ventilação durante o aquecimento.
- Não instale *traps* em linhas onde a água possa acumular e desenvolver um problema de corrosão.
- Instale os foles cuidadosamente e de acordo com as especificações do fabricante. Os foles devem ser utilizados com prudência. Se for preciso, inspecione-os frequentemente e substitua-os quando for necessário, antes que falhem.
- Faça análises estáticas e dinâmicas dos sistemas de tubulação para evitar tensões ou vibrações excessivas.
- Projete os sistemas visando a operação e manutenção fáceis; por exemplo, instale válvulas manuais fáceis de alcançar pelos operadores e projete redes de tubulações visando à manutenção fácil ou com acesso fácil aos equipamentos que exigem manutenção.
- Instale telas anti-insetos nas linhas de ventilação.
- Faça análises estruturais dos sistemas de alívio para evitar danos estruturais durante os alívios de emergência.
- A tecnologia de segurança deve funcionar de primeira. Normalmente, não há oportunidade para ajustar ou aperfeiçoar a sua operação.
- Os instrumentos críticos para a segurança precisam ter reserva.

Casos Históricos

- Forneça válvulas de bloqueio manuais ou automáticas, ou equivalentes, para interrupções de emergência.
- Utilize indicadores de nível eletrônicos ou mecânicos, não os visores de vidro.
- Acrescente válvulas de bloqueio com proteção contra falhas e com uma indicação positiva da posição da válvula (chaves de fim de curso).

Exemplo 14-3

Analise o exemplo da primeira explosão de etileno (falha da junta de compressão de 3/8 in) para determinar a porcentagem de combustível que realmente explodiu em comparação com a quantidade de etileno emitida em uma nuvem de vapor.

Solução

A energia total contida na nuvem de vapor é estimada supondo o calor de combustão (Apêndice B). A reação de combustão é

$$C_2H_4 + 3O_2 \rightarrow 2CO_2 + 2H_2O.$$

Portanto, a energia teórica é

$$\Delta Hc = 1411,2 \text{ kJ/mol} = 12.046 \text{ cal/g}.$$

As toneladas de TNT baseadas nesse calor de combustão são calculadas pela Equação 6-24:

$$m_{TNT} = \frac{\eta m \, \Delta Hc}{E_{TNT}}$$

em que

$$m = (500 \text{ lb})(454 \text{ g/lb}) = 227.000 \text{ g}$$
$$E_{TNT} = (1120 \text{ cal/g})(454 \text{ g/lb})(2000 \text{ lb/t})$$
$$E_{TNT} = 1,017 \times 10^9 \text{ cal/t}.$$

Portanto,

$$m_{TNT} = \frac{(1)(227.000 \text{ g})(12.046 \text{ cal/g})}{1,017 \times 10^9 \text{ cal/t}}$$
$$m_{TNT} = 2,69 \text{ t de TNT}.$$

Com base na investigação do acidente, a energia explosiva é equivalente a 0,3 tonelada de TNT. Portanto, a fração de energia manifestada na explosão é 0,3/2,69 = 11,2%. Esses 11,2% são consideravelmente mais altos do que os 2% normalmente observados (veja a Seção 6-13) nas explosões de nuvem de vapor não confinada. A conversão de energia mais elevada resulta da ocorrência da explosão em uma área parcialmente confinada.

14-4 Procedimentos

Uma organização pode elaborar um bom programa de segurança se tiver funcionários que consigam identificar e eliminar os problemas de segurança. No entanto, um programa de segurança ainda melhor é elaborado por meio da implementação de sistemas de gestão destinados a evitar a existência de problemas de segurança, em primeiro lugar. Os sistemas de gestão utilizados frequentemente na indústria incluem as avaliações de segurança, procedimentos operacionais e procedimentos de manutenção.

As causas de todos os acidentes podem ser atribuídas, afinal, a uma falta de sistemas de gestão. Os casos históricos que demonstram especialmente esse problema são ilustrados nesta seção. No estudo dos casos devemos reconhecer que a existência dos procedimentos não basta. Também deve haver um sistema de verificações *in loco* para garantir que os procedimentos sejam realmente utilizados – e de maneira eficaz.

Testando um Tanque quanto a Vazamentos[23]

Uma boia de 2 ft de diâmetro foi fabricada em aço inoxidável e utiliza costura soldada. Funcionários foram encarregados de verificar a presença de vazamentos nas soldas. Foram instruídos a utilizar 5 psi de pressão de ar e uma solução de sabão para identificar vazamentos.

Eles prenderam uma mangueira de ar a 100 psi em um conector no tanque. Um operador ocupado lhes deu um manômetro. O manômetro foi escolhido de maneira incorreta para trabalho com vácuo e não para medir pressão, porque o identificador de vácuo era pequeno.

Pouco tempo depois, enquanto os funcionários realizavam os testes, a boia se rompeu violentamente. Felizmente, não houve fragmentação do metal e os dois empregados escaparam ilesos.

A investigação do acidente descobriu que o teste de vazamento deveria ter sido realizado com um procedimento hidráulico e não com ar, e que o recipiente deveria ter sido protegido com um dispositivo de alívio de pressão. Além disso, os funcionários deveriam ter gasto mais tempo conferindo o manômetro para se certificar de que era a opção correta para essa aplicação.

Homem Trabalhando em um Tanque[24]

Dois trabalhadores de manutenção estavam substituindo partes móveis de um grande Ribbon Mixer. O disjuntor principal permaneceu energizado; o misturador foi paralisado através de um dos três botões liga/desliga.

Enquanto um mecânico estava fazendo o seu trabalho dentro do misturador, outro operador em um andar adjacente pressionou, por engano, um dos outros três botões liga/desliga. O misturador começou a funcionar, matando o mecânico entre a parte móvel e o casco do tanque.

Foram elaborados procedimentos de bloquear-etiquetar-experimentar para evitar acidentes dessa natureza. Um disjuntor com chave na caixa de arranque, e a chave no bolso do mecânico, evita esse tipo de acidente. Após o bloqueio dos disjuntores, o mecânico também deve verificar a inativação do circuito testando o botão acionador de todos os disjuntores; esta é a parte de "experimentar" do procedimento bloquear-etiquetar-experimentar.

---

[23]*Case Histories*, v. 2, p. 186.
[24]*Case Histories*, v. 2, p. 225.

Explosão de Cloreto de Vinil[25]

Dois reatores de polimerização de cloreto de vinil estavam sendo operados pela mesma equipe de operadores. O reator 3 estava na fase de resfriamento e descarregamento e o reator 4 estava quase cheio de monômero e na fase de polimerização. O encarregado e três funcionários começaram a descarregar o conteúdo do reator 3, mas equivocadamente abriram o vaso do reator 4. O monômero gasoso de cloreto de vinil ainda em processo de polimerização explodiu para fora do vaso, preencheu o ambiente e logo depois explodiu violentamente, inflamado provavelmente por uma centelha de motor elétrico ou pela eletricidade estática gerada pelo escapamento de gás. Esse acidente resultou em quatro mortos e dez feridos dentro e no entorno da instalação.

O acidente poderia ter sido evitado com melhores procedimentos de operação e treinamento, para fazer com que os operadores considerassem as consequências dos erros. As instalações modernas utilizam bloqueios ou controladores de sequência e outras proteções para evitar esse tipo de erro.

Perigosa Expansão da Água[26]

Um sistema de destilação de óleo quente estava sendo preparado para operação. A temperatura foi elevada gradualmente até 500°F. Uma válvula no fundo da torre foi aberta para iniciar a transferência do óleo quente pesado para uma bomba de processo.

Antes do início da operação, foi instalado um conjunto de válvulas de duplo bloqueio na linha de descarga inferior. No entanto, ninguém percebeu que a segunda válvula criava um espaço morto entre as duas válvulas de bloqueio e que a água ficava presa entre elas.

Quando a válvula inferior foi aberta, o bolsão de água entrou em contato com o óleo quente. Um vapor intermitente subiu pela torre. O vapor criou pressões excessivas no fundo da torre e todas as estruturas internas da torre foram danificadas. Nesse caso, por sorte a pressão não ultrapassou a pressão de ruptura do recipiente. Embora não tenha havido feridos, a torre ficou destruída após o acidente.

Problemas similares a esse costumam ser identificados nas avaliações de segurança. Esse acidente, por exemplo, poderia ter sido evitado se a instalação tivesse utilizado um procedimento de avaliação da segurança durante a fase de projeto dessa modificação. Uma linha de purga e possivelmente uma linha de esvaziamento com nitrogênio teriam evitado o acúmulo da água.

As consequências de contaminar líquidos quentes e de alta temperatura de ebulição com líquidos de baixa temperatura de ebulição pode ser estimada através da termodinâmica. Se esses cenários forem possíveis, também devem ser instaladas válvulas de alívio para atenuá-los ou proteções adequadas devem ser acrescentadas para evitar o cenário perigoso em questão.

Reação Descontrolada de Fenol-Formaldeído[27]

Uma instalação sofreu reação descontrolada durante uma reação de polimerização de fenol-formaldeído. O resultado foi uma morte e sete feridos, além dos danos ambientais. A reação descontrolada foi desencadeada quando, contra os procedimentos de operação padrão, todas as matérias-primas e catalisa-

---

[25]*Case Histories*, v. 2, p. 113.
[26]*Hazards of Water*, livreto 1 (Chicago: Amoco Oil Company, 1984), p. 20.
[27]EPA, *How to Prevent Runaway Reactions*, Report 550-F99-004 (agosto de 1999). Disponível em *www.epa.gov/ceppo/*.

dores foram carregados no reator de uma só vez, seguido pela adição de calor. A razão principal para esse acidente foi a falta de controle administrativo para assegurar que o procedimento operacional padrão fosse utilizado adequadamente e que os operadores estivessem treinados.

As outras causas fundamentais foram (1) a má compreensão da química, (2) uma análise de risco inadequada e (3) nenhum controle de proteção para evitar reações descontroladas. Esse caso da EPA também resumiu sete acidentes similares com reações de fenol-formaldeído durante um período de 10 anos (1988-1997).

As Condições e uma Reação Secundária Causam uma Explosão[28]

Uma instalação fabricava corante misturando dois produtos químicos reagentes: orto-nitro cloro benzeno (o-NBC) e 2-etilexilamina (2-EHA). Uma reação descontrolada provocou uma explosão e incêndios que feriram nove trabalhadores. A reação descontrolada resultou dos seguintes fatores: (1) a reação foi iniciada em uma temperatura acima do normal, (2) o vapor utilizado para iniciar a reação foi mantido por tempo demasiado e (3) o uso de água de resfriamento para controlar a taxa de reação não foi iniciado suficientemente cedo.

A equipe de investigação constatou que a reação acelerou além da capacidade de remoção de calor do reator. A temperatura elevada resultante levou a uma reação de decomposição secundária e descontrolada, provocando uma explosão que arrancou a escotilha do reator e permitiu a liberação do conteúdo do vaso.

A pesquisa inicial da empresa quanto ao processo identificou e descreveu duas reações químicas exotérmicas: (1) A reação exotérmica desejada é iniciada na temperatura inicial de 38°C e avança rapidamente para 75°C; (2) uma reação de decomposição indesejada tem uma temperatura inicial de 195°C.

A instalação em funcionamento não estava a par da reação de decomposição. As informações de operação e processo da instalação descreviam a reação exotérmica desejada, mas não incluíam detalhes sobre a reação de decomposição indesejada. As informações em seu MSDS (FISPQ) também eram equivocadas (mencionando uma reatividade mais baixa e um ponto de ebulição muito mais baixo do que os valores reais).

As causas fundamentais desse acidente foram os procedimentos operacionais ruins e as informações de processo deficientes. O procedimento operacional, por exemplo, não abordava as consequências de segurança decorrentes dos desvios em relação às condições operacionais normais, como, por exemplo, a possibilidade de uma reação descontrolada e as etapas específicas para evitar ou recuperar o controle a partir destes desvios.

As recomendações da investigação incluíram (1) a revalidação dos dados de segurança de todos os produtos químicos, (2) a avaliação dos requisitos de alívio utilizando a tecnologia adequada e publicada pelo Design Institute for Emergency Relief Systems (DIERS) (veja os detalhes nos Capítulos 8 e 9), (3) a instalação de controles adequados e características de segurança para manusear esses produtos químicos reativos, (4) a revisão dos procedimentos operacionais e do treinamento de manipulação desses produtos químicos reativos, incluindo as descrições das possíveis consequências dos desvios em relação às condições operacionais normais e as etapas a serem cumpridas para corrigir

---

[28]CSB, *Chemical Manufacturing Incident*, Report 1998-06-I-NY. Disponível em *www.chemsafety.gov/reports/2000/morton/index.htm*.

os problemas resultantes, incluindo ainda a ação de resposta de emergência, (5) a implantação de um programa para investigar e documentar acidentes e (6) a revisão dos MSDSs (FISPQs) e a sua distribuição para qualquer pessoa que necessite destas informações.

Explosão de Tanque de Mistura de Combustíveis[29]

Ocorreu um acidente em uma instalação de mistura de combustíveis que reutilizava resíduos inflamáveis e perigosos. Um trabalhador morreu e dois outros ficaram feridos. A explosão e o incêndio resultante provocaram amplos danos na instalação.

Essa instalação possuía tanques de mistura de 1000 galões para misturar resíduos de solventes, limpadores e uma pequena quantidade de oxidantes, incluindo perclorato, nitrito e clorato. Antes do acidente, os procedimentos operacionais incluíam: (1) Cerca de 500 galões de solvente eram adicionados antes de dar a partida no agitador; (2) nenhuma cobertura de gás inerte era utilizada para diminuir a concentração de vapor para valores abaixo do limite de inflamabilidade inferior; (3) os oxidantes eram adicionados apenas após o vaso alcançar três quartos de preenchimento total de solvente e o agitador estar em funcionamento, segundo um procedimento verbal; (4) sabia-se que a adição dos oxidantes poderia ser perigosa, caso fossem adicionados sem uma grande quantidade de combustível líquido nos tanques de mistura.

No dia do acidente, dois trabalhadores despejaram quatro tambores de resíduos líquidos no vaso de mistura – cerca de metade da quantidade necessária para chegar ao agitador. Depois, adicionaram sólidos no topo do tanque; cerca de 2 lb de clorato, perclorato e nitrito. De trinta a sessenta segundos após os oxidantes serem adicionados e enquanto um quinto tambor de solvente estava sendo despejado no topo do reator, o líquido irrompeu subitamente para fora da câmara de visita do vaso. O vapor inflamável explodiu, engolfando um funcionário, que morreu, e ferindo dois outros.

No relatório de investigação da EPA foi declarado que os oxidantes fortes geralmente são considerados incompatíveis com muitas substâncias orgânicas devido ao potencial para reações perigosas. Cloratos, percloratos e outros oxidantes fortes são potencialmente incompatíveis com os álcoois, hidrocarbonetos halogenados, outros compostos orgânicos e solventes, e outros resíduos inflamáveis e combustíveis. As possíveis consequências da mistura desses materiais incompatíveis são reações, incêndios e explosões violentas.

As recomendações da EPA para a prevenção desse tipo de acidente incluíram (1) o estabelecimento de procedimento operacional padrão, que é essencial para a operação segura, (2) avaliação dos perigos químicos e dos processos antes de iniciar um processo ou procedimento que tenha sido modificado, (3) treinamento adequado dos funcionários nos processos em que atuam utilizando procedimento operacional padrão para os processos e tarefas, (4) garantia de que os mecanismos químicos e da reação associados a substâncias misturadas sejam bem compreendidos e documentados, (5) garantia de que os perigos químicos e os perigos dos processos sejam compreendidos e abordados e (6) garantia de que todos os funcionários compreendam os perigos do processo.

Lições Aprendidas com os Procedimentos

Às vezes os procedimentos são percebidos incorretamente como normas burocráticas que impedem o progresso. Durante a avaliação dos casos, fica claro que os procedimentos de segurança e o pro-

---
[29]EPA, *Prevention of Reactive Chemical Explosions,* Report 550-F00-001. Disponível em *www.epa.gov/ceppo/.*

cedimento operacional padrão são necessários para ajudar a indústria química a (1) eliminar os ferimentos nos funcionários, (2) minimizar os danos às instalações e (3) manter o progresso constante.

Na avaliação dos casos históricos relevantes para os procedimentos, outras lições são identificadas:[30]

- Utilize um procedimento de permissão para abrir recipientes que normalmente estejam sob pressão.
- Nunca utilize gás para abrir linhas obstruídas.
- Comunique as mudanças operacionais a outras operações que possam ser afetadas.
- Treine os operadores e o pessoal de manutenção para que compreendam as consequências dos desvios das normas.
- Faça auditorias periódicas e precisas dos procedimentos e do equipamento.
- Utilize os procedimentos de maneira efetiva (bloquear-etiquetar-experimentar, trabalho a quente, entrada em espaço confinado, emergência e similares).
- Utilize procedimentos de avaliação da segurança durante as fases dos projetos, incluindo novas instalações ou modificações nos sistemas existentes.

14-5 Treinamento

Falha na Solda

Uma refinaria de petróleo sofreu uma explosão que matou 17 pessoas e os danos físicos superaram os US$100 milhões. A explosão foi provocada pela ignição de uma grande nuvem de propano e butano que vazou de uma torre de absorção de amina.

Dez anos antes do acidente, uma seção cilíndrica da torre foi substituída *in loco*. O procedimento de solda por arco *in loco* não foi correto. Na investigação, constatou-se que o material da solda era susceptível a rachaduras por corrosão por hidrogênio. O vazamento e queda dessa torre deveram-se à corrosão dessa solda em volta da torre inteira.

A causa desse acidente foi o procedimento de solda e as propriedades do material da solda,[31] que não eram adequadas para o ambiente corrosivo na torre. A causa principal foi o mau treinamento: Os engenheiros civis devem saber da importância de especificar os métodos de construção e gerenciar o processo para que as especificações da construção sejam seguidas conforme as exigências.

Cultura de Segurança

Uma enorme refinaria de petróleo sofreu uma série de explosões em março de 2005. Foram 15 mortos e 180 feridos. As perdas financeiras também foram significativas: US$1,6 bilhão para indenizar as vítimas, uma multa da OSHA de US$87 milhões e uma multa de US$50 milhões por violações às normas ambientais.

Esse acidente se deveu a um vazamento de componentes leves e pesados da gasolina em uma torre, que resultou em uma explosão de nuvem de vapor.[32] As descargas do alívio seguiam para um sistema de descarte que consistia em um vaso de despressurização com ventilação para a atmosfera. O ma-

---
[30]T. A. Kletz, *What Went Wrong? Case Histories of Process Plant Disasters* (Houston: Gulf Publishing, 1985), pp. 182-188.
[31]"Union Oil Amine Absorber Tower – Accident", *TWI Services Company*, www.twi.co.uk/content/oilgas_casedown29.html.
[32]"Texas City Refinery", *http://en.wikipedia.org/wiki/Texas_City_Refinery_(BP)#Legal_action*.

terial descarregado era expelido por essa ventilação. Um projeto inerentemente mais seguro (tanque de *knockout* e um sistema de queima) teria evitado esse acidente. As principais causas identificadas pelo CSB incluíram deficiências com a gestão de pessoal, cultura de trabalho, manutenção, inspeção e avaliações de segurança.

O CSB recomendou uma equipe independente para avaliar a cultura de segurança dentro da empresa. Foi formada uma equipe que estudou a cultura da empresa; suas constatações foram divulgadas na Baker Review.[33] Os resultados principais parafraseados incluíram recomendações de treinamento que são relevantes para todas as empresas. A alta gestão deve

1. Prover liderança e treinamento eficazes na área de segurança de processos
2. Estabelecer e implantar um sistema de gestão e treinamento que identifique continuamente, reduza e gerencie os riscos à segurança dos processos
3. Treinar visando desenvolver uma cultura positiva, confiável e aberta de segurança de processos dentro da empresa
4. Treinar visando desenvolver um sistema eficaz para auditar e melhorar o desempenho da segurança de processos

Treinamento dentro das Universidades

Em dezembro de 2007 houve uma explosão de um reator de 2450 galões, matando quatro funcionários e ferindo 32, incluindo 4 funcionários e 28 membros do público que estavam trabalhando em empresas na área da instalação. A explosão danificou prédios em um raio de um quarto de milha da instalação.

A explosão ocorreu durante a produção do 175º lote de metilciclopentadienil manganês tricarbonil (nunca diga nunca!). Esse acidente se deveu a uma perda de resfriamento durante o processo, resultando em uma reação descontrolada que levou a temperaturas e pressões excessivas.[34] A pressão estourou o reator; o conteúdo incendiou-se e criou uma explosão equivalente a 1400 lb de TNT.

O CSB descobriu que a gestão (incluindo um químico e um engenheiro químico) não compreendeu os perigos da reação descontrolada associados à produção do MCMT. As principais deficiências técnicas foram a dependência de um único ponto de temperatura no sistema de controle e do alívio subdimensionado. Eles não compreenderam e avaliaram a importância dos controles redundantes durante o controle das possíveis reações descontroladas e nem tinham conhecimento relativo ao dimensionamento dos alívios para as reações descontroladas (alívios de fluxo bifásico).

O CSB fez recomendações de treinamento devido a esse acidente:

1. O American Institute of Chemical Engineers (AIChE) e a Accreditation Board for Engineering and Technology, Inc. (ABET) devem trabalhar juntas para incutir a conscientização dos perigos reativos nos currículos de bacharelado em engenharia química.
2. A AIChE deve informar a todos os estudantes membros sobre o Programa de Certificação SACHE em Segurança de Processos da AIChE.

---

[33]BP Texas City Incident – Baker Review", *www.hse.gov.uk/leadership/bakerreport.pdf.*
[34]"T2 Laboratories, Inc. Runaway Reaction", *www.csb.gov/assets/document/T2_Final_Copy_9_17_09.pdf.*

Treinamento Relativo ao Uso dos Padrões

Refinaria de Açúcar. Em fevereiro de 2008, uma série de explosões de pó em uma instalação de refino de açúcar matou 14 trabalhadores e feriu 36 que foram tratados devido a queimaduras graves. A refinaria convertia cana-de-açúcar em açúcar granulado. Um sistema de transportadoras e elevadores de caçamba transportava o açúcar granulado para silos de armazenamento.

O CSB[35] descobriu que a primeira explosão de pó (explosão primária) foi em uma esteira transportadora, de aço, confinada, e que esta explosão levantou e explodiu pó de açúcar que havia se acumulado nos assoalhos e superfícies horizontais elevadas (explosões secundárias). As explosões de pó secundárias se propagaram por todas as construções. Um rolamento superaquecido foi a mais provável fonte de ignição da explosão primária.

As principais recomendações do CSB para o acidente da refinaria de açúcar e que estavam especialmente relacionadas com o treinamento incluíram:

1. A gestão deveria treinar visando enfatizar a importância da minimização e controle dos perigos associados ao pó.
2. A empresa deveria reconhecer os perigos importantes durante o manuseio de pó de açúcar.
3. As políticas e procedimentos de manutenção e limpeza deveriam ser elaborados e implantados através do treinamento.

Empresa Farmacêutica. Em janeiro de 2003, uma explosão em uma indústria farmacêutica matou 6 funcionários e feriu 38, incluindo 2 bombeiros que responderam ao acidente. A explosão desencadeou incêndios por toda a fábrica e destruiu o sistema de aspersores de água (*sprinkler*) do prédio. Dois tanques plásticos de óleo mineral com 7500 galões de capacidade desabaram por causa do calor, e este combustível propagou mais incêndios.

A investigação do CSB identificou a causa principal do acidente como um perigo que havia se desenvolvido na fábrica ao longo dos anos;[36] o combustível na forma de matéria-prima de polietileno em pó havia se acumulado nas superfícies ocultas acima da área de produção, criando combustível para explosões e incêndios maciços. O produto final da planta era uma correia de borracha, a qual era mergulhada na mistura de água e polietileno para adicionar um polímero que servia como lubrificante. Embora o pó estivesse originalmente em uma solução de água segura, o processo incluía uma etapa de secagem da correia que removia a umidade e uma pequena quantidade de pó de polietileno seco. As pequenas quantidades de pó seco, porém, se acumularam ao longo do tempo e produziram o perigo final.

Como a instalação produzia suprimentos para uso médico, a limpeza tinha uma prioridade alta e as equipes limpavam continuamente o pó das áreas visíveis. No entanto, devido ao projeto deficiente do sistema de ventilação, o pó era levado para as ventilações que ficavam acima de um teto falso; esta foi a área de acúmulo de pó. O pó acumulou gradualmente até atingir uma espessura de meia polegada, aproximadamente, nas telhas do teto; até uma tonelada de pó poderia ter acumulado. Esse pó foi a fonte das explosões.

A causa principal do acidente foi o mau treinamento dos projetistas e operadores. Os projetistas não aplicaram os códigos e padrões disponíveis para lidar com o pó (veja o Capítulo 13) e os operadores não compreenderam os perigos de lidar com o pó. As deficiências da instalação incluíam (1) o uso de apare-

---

[35]"Sugar Dust Explosion and Fire", *www.csb.gov/assets/document/Imperial_Sugar_Report_Final_updated.pdf*.
[36]"Dust Explosion at West Pharmaceutical Services", *www.csb.gov/assets/document/West_Digest.pdf*.

Casos Históricos

lhos elétricos de propósito geral em vez de equipamentos específicos para esse ambiente perigoso; (2) o projeto do sistema de ventilação, que permitiu o acúmulo de pó nas telhas do teto falso; e (3) a falta de treinamento regular para informar os operadores e engenheiros a respeito dos perigos de lidar com o pó.

Lições Aprendidas com o Treinamento

Em 2005, o CSB emitiu um relatório[37] que identificou 200 incêndios de pó ao longo de um período de 25 anos, resultando em aproximadamente 100 mortos e 600 feridos. O CSB afirmou que esses desastres continuam a ocorrer porque as medidas de controle que deveriam existir são negligenciadas. O CSB enfatizou que a NFPA publica padrões abrangentes sobre a minimização do perigo do pó combustível, mas esses padrões não são reconhecidos ou compreendidos pelos que necessitam dessas informações. Claramente, o treinamento nessa área é negligenciado.

Durante a análise dos acidentes nesta seção, a falta de treinamento é uma deficiência importante. Esses acidentes teriam sido evitados pelo uso dos ensinamentos disponíveis na NFPA, CCPS e outros. Parafraseando Trevor Kletz: (1) Não inventamos novas maneiras de sofrer acidentes; continuamos a cometer os mesmos erros repetidamente; (2) as causas dos acidentes são visíveis um dia antes da sua ocorrência; (3) aprenda com a história ou você está fadado a repeti-la. Winston Churchill é amplamente citado como autor da frase: "Às vezes fazer o seu melhor não é o bastante. Às vezes você tem de fazer o que é preciso." Esteja treinado e treine!!

14-6 Conclusão

Este capítulo sobre casos históricos é resumido e não inclui todas as lições relevantes para os acidentes. As referências oferecem informações excelentes para mais estudos. Existem informações importantes na literatura aberta. No entanto, os casos e a literatura sobre segurança não têm valor, a menos que sejam estudados, compreendidos e utilizados de maneira adequada.

Exemplo 14-4

Utilizando o exemplo de expansão perigosa da água, calcule as pressões aproximadas que se desenvolveram no fundo dessa coluna. Suponha uma coluna com diâmetro de 2 ft, um acúmulo de água de 1 galão e uma pressão da coluna de 10 psia.

Solução

As áreas das bandejas da coluna são de 3,14 ft². Se o caminho da bandeja de vapor for aberturas pequenas, o pior cenário considera que todo o vapor d'água é coletado sob a bandeja de baixo. Considerando que o espaço da bandeja é de 1 ft, o volume embaixo da primeira bandeja é de 3,14 ft³. Utilizando uma equação de estado, temos

$$PV = \left(10{,}73 \frac{\text{psia ft}^3}{\text{lb-mol}\,°R}\right) nT,$$

$$P = \left(10{,}73 \frac{\text{psia ft}^3}{\text{lb-mol}\,°R}\right) \frac{(0{,}464 \text{ lb-mol})(500 + 460)°R}{3{,}14 \text{ ft}^3}$$

$$= 1522 \text{ psia se toda a água tiver vaporizado.}$$

---

[37]"CSB Reports Chemical Dust Explosions Are a 'Serious Problem'," *www.csb.gov/newsroom/detail.aspx?nid=272&SID=0&pg=1&F.*

A 500°F a pressão do vapor d'água é 680 psia. Portanto, a pressão máxima é 680 psi se restar alguma água em estado líquido. A força na bandeja inferior é

$$F = (680 \text{ lb}_f/\text{in}^2)(3{,}14 \text{ ft}^2)(144 \text{ in}^2/\text{ft}^2)$$
$$= 307.500 \text{ lb}_f.$$

Se a bandeja estiver aparafusada na coluna com seis parafusos de ½ in, cada parafuso tem

$$S = \left(\frac{307.500 \text{ lb}_f}{6 \text{ parafusos}}\right)\left[\frac{1 \text{ parafuso}}{(3{,}14)(0{,}25 \text{ in})^2}\right]$$
$$= 261.000 \text{ lb}_f/\text{in}^2.$$

Supondo uma resistência à tração de 85.000 psi para o aço 316, fica claro que as bandejas são tensionadas além do ponto de ruptura. Evidentemente, o recipiente poderia suportar 680 psia; senão, também teria se rompido.

Este exemplo explica por que todas as bandejas da coluna foram arrancadas dos suportes e também ilustra os perigos de contaminar um óleo quente com um componente de baixa temperatura de ebulição.

Leitura Sugerida

Case Histories of Accidents in the Chemical Industry, v. 1 (Washington, DC: Manufacturing Chemists' Association, julho de 1962).

Case Histories of Accidents, v. 2 (janeiro de 1966).

Case Histories of Accidents, v. 3 (abril de 1970).

T. A. Kletz, "Friendly Plants", *Chemical Engineering Progress* (julho de 1989), pp. 8-26.

T. Kletz, *Learning from Accidents,* 3rd. ed. (Boston: Butterworh-Heinemann, 2001.)

T. A. Kletz, *Plant Design for Safety* (New York: Hemisphere Publishing, 1991).

T. Kletz, *What Went Wrong? Case Histories of Process Plant Disasters and How They Could Have Been Avoided*, 5th ed. (Boston: Butterworth-Heinemann, 2009.)

S. Mannan, ed., *Lees' Loss Prevention in the Process Industries*, 3rd ed. (London: Butterworh-Heinemann, 2005.)

R. E. Sanders, *Managing Change in Chemical Plants: Learning from Case Histories* (London: Butterworh-Heinemann, 1993).

Problemas

14-1 Ilustre o processo de investigação em camadas dos acidentes, utilizando o Exemplo 14-1 como guia, para elaborar as causas subjacentes da explosão do sistema de dutos descrito na Seção 14-1.

14-2 Repita o Problema 14-1 para o acidente com o frasco de éter isopropílico descrito na Seção 14-2.

14-3 Repita o Problema 14-1 para o acidente com a decomposição do nitrobenzeno de ácido sulfônico descrito na Seção 14-2.

14-4 Repita o Problema 14-1 para a explosão de butadieno descrita na Seção 14-3.

14-5 Repita o Problema 14-1 para a explosão de cloreto de vinil descrita na Seção 14-4.

14-6 Um bloco quadrado de aço inoxidável (5 in × 5 in × 5 in) é soldado em um recipiente que é utilizado para serviço de alta temperatura (1200°C). O soldador realiza a solda continuamente em torno do bloco, esquecendo-se de deixar uma abertura para ventilação. Calcule a mudança de pressão entre o bloco e o recipiente se a temperatura mudar de 0°C para 1200°C.

14-7 Os tanques possuem normalmente um dispositivo de alívio para evitar danos durante a expansão térmica. Um tanque cilíndrico de aço inoxidável possui paredes com ¼ in de espessura e 4 ft de diâmetro. Ele é preenchido com 400 galões de água, e 0,2 ft^3 de ar fica preso em um manômetro. Comece em 0 psig e 50°F e depois aqueça o tanque. Em que temperatura o tanque vai se romper se não possuir um alívio?

14-8 Calcule o índice de perigo de reação (RHI – *reaction hazard index*) da nitroglicerina.

14-9 Calcule o RHI do acetileno.

14-10 Um destilador de peróxido de hidrogênio é utilizado para concentrar o peróxido pela remoção da água. O destilador é de alumínio de alta pureza, um material não catalítico para a decomposição do vapor de peróxido. O destilador é projetado para produzir 78% de peróxido de hidrogênio. Ele vai explodir espontaneamente em cerca de 90%. Exemplifique algumas características de projeto recomendadas para esse destilador.

14-11 Um tanque cilíndrico de 1000 galões e 4 ft de diâmetro está quase cheio de água. Ele possui uma almofada de 10% de ar a 0 psig e 70°F. Se o ar for completamente solúvel a 360°F e 154 psia, qual será a pressão do tanque a 380°F? Suponha uma parede com espessura de ¼ in de aço 316 e cabeças cilíndricas planas.

14-12 Uma operação requer a transferência de 50 galões de tolueno de um tanque para um tambor de 55 galões. Elabore um conjunto de instruções para esta operação.

14-13 Um reator é carregado acidentalmente com benzeno e ácido clorossulfônico, com o agitador desligado. Nessa condição, os dois reagentes altamente reativos formam duas camadas no reator. Elabore um conjunto de instruções de operação para lidar com essa situação de maneira segura.

14-14 Elabore características de projeto para evitar a situação descrita no Problema 14-13.

14-15 Por que são instaladas as telas anti-insetos nas ventilações das válvulas?

14-16 Leia o artigo de W. B. Howard [*Chemical Engineering Progress* (setembro de 1988), p. 25]. Descreva os projetos corretos e incorretos para instalar supressores de chama.

14-17 A partir do artigo de W. B. Howard (Problema 14-16), descreva seus conceitos a respeito da ventilação da combustão e das forças axiais.

14-18 Depois de ler o artigo de Kelly sobre peróxidos (veja a referência da Tabela 14-2), declare as concentrações mínimas perigosas dos peróxidos em solução com produtos químicos orgânicos.

14-19 Utilizando o artigo de Kelly (veja a Tabela 14-2), descreva os métodos utilizados com frequência para detectar peróxidos.

14-20 Utilizando o artigo de Kelly (veja a Tabela 14-2), descreva os métodos utilizados com frequência para remover peróxidos.

14-21 Utilize o artigo elaborado pela EPA (veja a nota de rodapé 27) para descrever as reações de formaldeído descontroladas que ocorreram entre 1988 e 1997.

14-22 Utilize o artigo elaborado pela EPA (veja a nota de rodapé 27) para descrever as lições aprendidas em consequência das reações de fenol-formaldeído descontroladas.

14-23 Utilize o artigo elaborado pela EPA (veja a nota de rodapé 27) para descrever as recomendações para prevenir as reações descontroladas.

14-24 Faça uma revisão dos casos descritos no livro da Marsh & McLennan,[38] e documente o número de acidentes que ocorreram nas refinarias e nas instalações petroquímicas.

14-25 Utilizando o livro da Marsh & McLennan, documente os dez maiores danos patrimoniais nas indústrias químicas de hidrogênio no período de 1968 a 1997.

14-26 Utilizando os resultados dos Problemas 14-24 e 14-25, qual indústria específica teve as maiores perdas e por quê?

14-27 Utilizando os resultados da Marsh & McLennan, qual é a distribuição nos intervalos de 5 anos e 10 anos?

14-28 Utilizando os resultados da Marsh & McLennan, qual porcentagem dos principais acidentes se deve a reações descontroladas?

14-29 Utilizando os resultados da Marsh & McLennan, quais são as principais causas dos acidentes?

14-30 Faça uma revisão e analise o documento da EPA sobre produtos químicos reativos (veja a nota de rodapé 29) e descreva as etapas necessárias para evitar acidentes desse tipo.

---

[38]*Large Property Damage Losses in the Hydrocarbon-Chemical Industries: A Thirty-Year Review* (New York: J. H. Marsh & McLennan Inc, 1998).

APÊNDICE A

Constantes de Conversão de Unidades[1]

Equivalências de Volume

in^3	ft^3	US gal	L	m^3
1	$5,787 \times 10^{-4}$	$4,329 \times 10^{-3}$	$1,639 \times 10^{-2}$	$1,639 \times 10^{-5}$
1728	1	7,481	28,32	$2,832 \times 10^{-2}$
231	0,1337	1	3,785	$3,785 \times 10^{-3}$
61,03	$3,531 \times 10^{-2}$	0,2642	1	$1,000 \times 10^{-3}$
$6,102 \times 10^4$	35,31	264,2	1000	1

Equivalências de Massa

onça (avoirdupois)	lb_m	grãos (*grains*)	g	kg
1	$6,25 \times 10^{-2}$	437,5	28,35	$2,835 \times 10^{-2}$
16	1	7000	453,6	0,4536
$2,286 \times 10^{-3}$	$1,429 \times 10^{-4}$	1	$6,48 \times 10^{-2}$	$6,48 \times 10^{-5}$
$3,527 \times 10^{-2}$	$2,20 \times 10^{-3}$	15,432	1	0,001
35,27	2,20	15.432	1000	1

[1] Selecionado de David M. Himmelblau, *Basic Principles and Calculations in Chemical Engineering*, 4ª ed. (Englewood Cliffs, NJ: Prentice Hall, 1982.)

Medida Linear

m	in	ft	mi
1	39,37	3,2808	$6,214 \times 10^{-4}$
$2,54 \times 10^{-2}$	1	$8,333 \times 10^{-2}$	$1,58 \times 10^{-5}$
0,3048	12	1	$1,8939 \times 10^{-4}$
1609	$6,336 \times 10^4$	5280	1

Equivalências de Potência

HP	kW	ft-lb_f/s	Btu/s	J/s
1	0,7457	550	0,7068	745,7
1,341	1	737,56	0,9478	1000
$1,818 \times 10^{-3}$	$1,356 \times 10^{-3}$	1	$1,285 \times 10^{-3}$	1,356
1,415	1,055	778,16	1	1055
$1,341 \times 10^{-3}$	$1,000 \times 10^{-3}$	0,7376	$9,478 \times 10^{-4}$	1

Equivalências de Calor, Energia ou Trabalho

ft-lb_f	kW h	HP h	Btu	cal	J
1	$3,766 \times 10^{-7}$	$5,0505 \times 10^{-7}$	$1,285 \times 10^{-3}$	0,3241	1,356
$2,655 \times 10^6$	1	1,341	3412,8	$8,6057 \times 10^5$	$3,6 \times 10^6$
$1,98 \times 10^6$	0,7455	1	2545	$6,4162 \times 10^5$	$2,6845 \times 10^6$
778,16	$2,930 \times 10^{-4}$	$3,930 \times 10^{-4}$	1	252	1055
3,086	$1,162 \times 10^{-6}$	$1,558 \times 10^{-6}$	$3,97 \times 10^{-3}$	1	4,184
0,7376	$2,773 \times 10^{-7}$	$3,725 \times 10^{-7}$	$9,484 \times 10^{-4}$	0,2390	1

Equivalências de Pressão

mm Hg	in Hg	bar	atm	kPa	psia
1	$3,937 \times 10^{-2}$	$1,333 \times 10^{-3}$	$1,316 \times 10^{-3}$	0,1333	$1,934 \times 10^{-2}$
25,40	1	0,03387	$3,342 \times 10^{-2}$	3,387	0,4912
750,06	29,53	1	0,9869	100,0	14,15
760,0	29,92	1,013	1	101,3	14,696
7,502	0,2954	0,01000	$9,872 \times 10^{-3}$	1	0,1450
51,71	2,036	$6,893 \times 10^{-2}$	$6,805 \times 10^{-2}$	6,893	1

Constante dos Gases Ideais R_g

1,9872 cal/gm-mol K

1,9872 Btu/lb-mol°R

8,3143 J/mol K

10,731 psia ft^3/lb-mol°R

8,3143 kPa m^3/kg-mol K = 8,314 J/gm-mol K

0,83143 bar m^3/kg-mol

82,057 cm^3 atm/gm-mol K = 8,2057 × 10^{-5} m^3 atm/mol K

0,082057 L atm/gm-mol K = 0,082057 m^3 atm/kg-mol K

21,9 (in Hg) ft^3/lb-mol°R

0,7302 ft^3 atm/lb-mol°R

1.545,3 ft lb$_f$/lb-mol°R

8,314 × 10^3 kg m^2/kg-mol s^2 K

Constante Gravitacional g_c

32,174 ft-lb$_m$/lb$_f$-s^2

1 (kg m/s^2)/N

1 (g cm/s^2)/dina

Diversos

1 Poise = 100 centipoise = 0,1 kg/m s = 0,1 Pa s = 0,1 N s/m^2

1 N = 1 kg m/s^2

1 J = 1 N m = 1 kg m^2/s^2

1 centipoise = 1 × 10^{-3} kg/m s = 2,4191 lb$_m$/ft-h = 6,7197 × 10^{-4} lb$_m$/ft-s

APÊNDICE B

Dados de Inflamabilidade de Hidrocarbonetos Selecionados

Tabela AB-1 Dados de Inflamabilidade de Hidrocarbonetos Selecionados

Composto	Fórmula	Calor de combustão (kJ/mol)		Limite de inflamabilidade[a] vol. % de combustível no ar		Temperatura de flash point[a] °C	Temperatura de autoignição[a] °C
		Inferior[a]	Superior[b]	LFL	UFL		
Hidrocarbonetos parafínicos							
Metano	CH_4	−802,3	−890,3	5,0	15,0	−188	600
Etano	C_2H_6	−1428,6	−1559,8	3,0	12,5	−135	515
Propano	C_3H_8	−2043,1	−2219,9	2,1	9,5	−104	450
Butano	C_4H_{10}	−2657,5	−2877,5	1,8	8,5	−60	405
Isobutano	C_4H_{10}	−2649,0	−2869,0	1,8	8,4	−83	460
Pentano	C_5H_{12}	−3245,0	−3536,6	1,4	7,8	−40	260
Isopentano	C_5H_{12}	−3240,3	−3527,6	1,4	7,6	−57	420
Neopentano	C_5H_{12}	−3250,4	−3514,1	1,4	7,5	−65	450
Hexano	C_6H_{14}	−3855,2	−4194,5	1,2	7,5	−23	234
Heptano	C_7H_{16}	−4464,9	−4780,6	1,0	7,0	−4	223
2,3-Dimetilpentano	C_7H_{16}	−4460,7	−4842,3	1,1	6,7	−15	337
Octano	C_8H_{18}	−5074,1	−5511,6	0,8	6,5	13	220
Nonano	C_9H_{20}	−5685,1	—	0,7	5,6	31	206
Decano	$C_{10}H_{22}$	−6294,2	−6737,0	0,8	5,4	46	208
Olefinas							
Etileno	C_2H_4	−1322,6	−1411,2	2,7	36,0	−136	450
Propileno	C_3H_6	−1925,7	−2057,3	2,0	11,0	−108	455
1-Buteno	C_4H_8	−2541,2	−2716,8	1,6	9,3	−79	384
2-Buteno	C_4H_8	−2534,4	−2708,2	1,8	9,7	−74	324
1-Penteno	C_5H_{10}	−3129,7	−3361,4	1,5	8,7	−18	273

Tabela AB-1 Dados de Inflamabilidade de Hidrocarbonetos Selecionados (*continuação*)

Composto	Fórmula	Calor de combustão (kJ/mol)		Limite de inflamabilidade[a] vol. % de combustível no ar		Temperatura de *flash point*[a] °C	Temperatura de autoignição[a] °C
		Inferior[a]	Superior[b]	LFL	UFL		
Acetilenos							
Acetileno	C_2H_2	−1255,6	−1299,6	2,5	80,0	−18	305
Hidrocarbonetos aromáticos							
Benzeno	C_6H_6	−3135,6	−3301,4	1,4	7,1	−11	562
Tolueno	C_7H_8	−3733,9	−3947,9	1,2	7,1	4	536
o-Xileno	C_8H_{10}	−4332,8	−4567,6	1,0	6,0	17	464
Hidrocarbonetos cíclicos							
Ciclopropano	C_3H_6	−1959,3	−2091,3	2,4	10,4	−94	498
Ciclo-hexano	C_6H_{12}	−3655,8	−3953,0	1,3	8,0	−20	260
Metilciclo-hexano	C_7H_{14}	−4257,1	−4600,7	1,2	7,2	−4	285
Fenol	C_6H_6O	−2921,4		1,8	8,6	79	715
Terpenos							
Terebintina	$C_{10}H_{16}$	—	—	0,8	6,8	51	252[2]
Álcoois							
Álcool metílico	CH_4O	−638,1	−764,0	7,5	36,0	11	463
Álcool etílico	C_2H_6O	−1235,5	−1409,2	4,3	19,0	13	422
Álcool alílico	C_3H_6O	−1731,9	−1912,2	2,5	18,0	21	378
n-Propanol	C_3H_8O	−1843,8	−2068,9	2,0	12,0	15	371
Álcool isopropílico	C_3H_8O	−1830,0	−2051,0	2,0	12,0	12	399
n-Butil álcool	$C_4H_{10}O$	−2456,0	−2728,3	1,4	11,2	29	343
Álcool isoamílico	$C_5H_{12}O$	−3062,3	—	1,2	9,0	43	350
Aldeídos							
Formaldeído	CH_2O	−519,4	−570,8	7,0	73	−53	430
Acetaldeído	C_2H_4O	−1104,6	−764,0	1,6	10,4	−38	185
Acroleína	C_3H_4O	−1553,5		2,8	31,0	−26	234
Metacroleína	C_4H_6O	−2150,0	−2268,1	2,1	14,6	2	234
Furfural	$C_5H_4O_2$	−2249,7	−2340,9	2,1	19,3	60	316
Paraldeído	$C_6H_{12}O_3$	−3125,2	—	1,3	16,2	36	238

(*continua*)

Tabela AB-1 Dados de Inflamabilidade de Hidrocarbonetos Selecionados (*continuação*)

Composto	Fórmula	Calor de combustão (kJ/mol)		Limite de inflamabilidade[a] vol. % de combustível no ar		Temperatura de *flash point*[a] °C	Temperatura de autoignição[a] °C
		Inferior[a]	Superior[b]	LFL	UFL		
Éteres							
Éter dietílico	$C_4H_{10}O$	−2503,5	−2751,1	1,9	48,0	−45	180
Éter divinílico	C_4H_6O	−2260,0	−2416,2	1,7	27,0	−47	360
Éter disopropílico	$C_6H_{14}O$	−3702,3	−4043,0	1,4	21,0	−28	443
Cetonas							
Acetona	C_3H_6O	−1659,2	−1821,4	2,6	12,8	−18	538
Metil-etil cetona	C_4H_8O	−2261,6	−2478,7	1,8	10,0	−6	516
2-Pentanona	$C_5H_{10}O$	−2880,0	−3137,6	1,5	8,2	7	457
2-Hexanona	$C_6H_{12}O$	−3490,0	−3796,3	1,2	8,0	25	424
Ácidos							
Ácido acético	$C_2H_4O_2$	−786,4	−926,1	5,4	16,0	43	427
Cianeto de hidrogênio	HCN	—	—	6,0	41,0	−18	538
Ésteres							
Formato de metila	$C_2H_4O_2$	−920,9	−1003,0	5,9	20,0	−19	456
Formato de etila	$C_3H_6O_2$	−1507,0	−1638,8	2,7	13,5	−4	455
Acetato de metila	$C_3H_6O_2$	−1461,0	−1628,1	3,1	16,0	−10	502
Acetato de etila	$C_4H_8O_2$	−2061,0	−2273,6	2,2	11,4	−4	427
Acetato de propila	$C_5H_{10}O_2$	−2672,0	—	2,0	8,0	15	450
Acetato de isopropila	$C_5H_{10}O_2$	−2658,1	−2907,0	1,8	7,2	2	479
Acetato de butila	$C_6H_{12}O_2$	−3283,0	−3587,8	1,7	7,6	22	421
Acetato de isopentila	$C_7H_{14}O_2$	−3889,9	−4361,7	1,0	7,5	25	360
Inorgânicos							
Hidrogênio	H_2	−241,8	−285,8	4,0	75,0	—	400
Amônia	NH_3	—	−382,6	16,0	25,0	—	651
Óxidos							
Monóxido de carbono	CO	−283,0	—	12,5	74,0	—	609
Óxido de etileno	C_2H_4O	−1218,0	−1264,0	3,0	—	−55	429
Óxido de propileno	C_3H_6O	−1785,3	—	2,1	21,5	−37	465
Dioxano	$C_4H_8O_2$	−2178,8	—	2,0	22,0	12	180

Tabela AB-1 Dados de Inflamabilidade de Hidrocarbonetos Selecionados (*continuação*)

Composto	Fórmula	Calor de combustão (kJ/mol) Inferior[a]	Calor de combustão (kJ/mol) Superior[b]	Limite de inflamabilidade[a] vol. % de combustível no ar LFL	Limite de inflamabilidade[a] vol. % de combustível no ar UFL	Temperatura de *flash point*[a] °C	Temperatura de autoignição[a] °C
Contendo enxofre							
Dissulfeto de carbono	CS_2	−1104,2	−1031,8	1,3	50,0	−30	90
Sulfeto de hidrogênio	H_2S	—	−562,6	4,3	45,0	—	260
Oxissulfeto de carbono	COS	−548,3	−546,0	12,0	29,0	—	—
Contendo cloreto							
Cloreto de metila	CH_3Cl	−675,4	−687,0	10,7	17,4	−66	632
Cloreto de etila	C_2H_5Cl	−1284,9	−1325,0	3,8	15,4	−50	519
Cloreto de propila	C_3H_7Cl	−1864,6	−2001,3	2,8	10,7	−32	593
Cloreto de butila	C_4H_9Cl	−2474,2	—	1,8	10,1	−28	460
Cloreto de sec-butila	C_4H_9Cl	−2465,2	—	1,9	9,1	−5	—
Cloreto de amila	$C_5H_{11}Cl$	−3085,2	—	1,6	8,6	13	260
Cloreto de vinil	C_2H_3Cl	−1158,0	—	3,6	33,0	−78	472
Clorobenzeno	C_6H_5Cl	−2976,1	—	1,3	7,1	32	638
Dicloreto de etileno	$C_2H_2C_{12}$	−994,5	−1133,8	5,6	12,8	4	460
Dicloreto de propileno	$C_2H_6C_{12}$	−1704,6	—	3,4	14,5	16	557
Brometos							
Brometo de metila	CH_3Br	−705,4	−768,9	10,0	16,0	−44	537
Brometo de etila	C_2H_5Br	−1284,4	−1424,6	6,7	11,3	−33	511
Aminas							
Metilamina	CH_5N	−975,1	−1085,1	4,9	20,7	−58	430
Etilamina	C_2H_7N	−1587,4	−1739,9	3,5	14,0	−46	384
Dimetilamina	C_2H_7N	−1614,6	−1768,9	2,8	14,4	−50	400
Propilamina	C_3H_9N	−2164,8	−2396,6	2,0	10,4	−12	318
Dietilamina	$C_4H_{11}N$	−2800,3	−3074,3	1,8	10,1	−26	312
Trimetilamina	C_3H_9N	−2244,9	−2443,0	2,0	11,6	−7	190
Trietilamina	$C_6H_{15}N$	−4044,5	−4134,5	1,2	8,0	−12	—
Diversos							
Acrilonitrila	C_3H_3N	−1690,0	−1789,1	2,4	17,3	0	481
Anilina	C_6H_7N	−3238,5	—	1,3	11	70	617

(*continua*)

Tabela AB-1 Dados de Inflamabilidade de Hidrocarbonetos Selecionados (*continuação*)

Composto	Fórmula	Calor de combustão (kJ/mol)		Limite de inflamabilidade[a] vol. % de combustível no ar		Temperatura de *flash point*[a] °C	Temperatura de autoignição[a] °C
		Inferior[a]	Superior[b]	LFL	UFL		
Diborano	B_2H_6	—	—	0,8	98	−90	52
Metacrilato de metila	$C_5H_8O_2$	−2546,8		2,1	12,5	11	—
Estireno	C_8H_8	−4219,3	−4438,8	1,1	6,1	32	490
Gasolina[c]				1,4	7,6	−43	

[a]Carl L. Yaws, *Chemical Properties Handbook* (New York: McGraw-Hill, 1999).
[b]T. Suziki, "Note: Empirical Relationship between Lower Flammability Limits and Standard Enthalpies of Combustion of Organic Compounds", *Fire and Materials* (1994), 18: 333-336 e 393-397.
[c]B. Lewis e G. Von Elbe, *Combustion, Flames, and Explosions of Gases* (New York: Harcourt Brace Jovanovich), 1987.

APÊNDICE C

Equações Detalhadas para os Diagramas de Inflamabilidade[1]

Equações Úteis para Misturas Gasosas

Neste apêndice derivamos várias equações úteis para trabalhar com os diagramas de inflamabilidade. A Seção 6-5 fornece material introdutório sobre o diagrama. Nesta seção derivamos as equações, provando que:

1. Se duas misturas de gases R e S forem combinadas, a composição da mistura resultante se situa em uma linha que conecta os pontos R e S no diagrama de inflamabilidade. A localização da mistura final na linha reta depende dos mols relativos das misturas combinadas. Se a mistura S tiver mais mols, o ponto da mistura final vai se situar mais perto do ponto S. Isso é idêntico à regra da alavanca utilizada nesses diagramas.

2. Se uma mistura R for diluída continuamente com a mistura S, a composição da mistura vai seguir ao longo da linha reta entre os pontos R e S no diagrama de inflamabilidade. À medida que a diluição continua, a composição da mistura vai se aproximar cada vez mais do ponto S. No final das contas, na diluição infinita, a composição da mistura estará no ponto S.

3. Nos sistemas que têm pontos de composição que caem sobre uma linha reta que passa através de um pico correspondente a um componente puro, os outros dois componentes estão presentes em uma proporção fixa ao longo de todo o comprimento da linha.

4. A concentração limite de oxigênio (*limiting oxygen concentration* – LOC) é estimada pela leitura da concentração de oxigênio na interseção da linha estequiométrica e de uma linha horizontal desenhada através do LFL. Isso é equivalente à equação

$$\text{LOC} = z(\text{LFL}). \tag{AC-1}$$

A Figura AC-1 mostra duas misturas de gases, indicadas como R e S, que são combinadas para formar a mistura M. Cada mistura de gás tem uma composição específica baseada nos três compo-

---

[1] Esse apêndice foi reproduzido (com modificações) de D. A. Crowl, *Understanding Explosions* (New York: American Institute of Chemical Engineers, 2003). Utilizado com permissão.

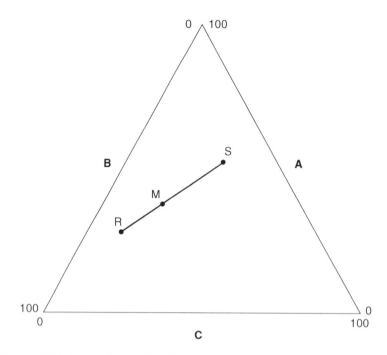

Figura AC-1 Duas misturas R e S são combinadas para formar a mistura M.

nentes gasosos A, B e C. Na mistura R, a composição gasosa, em frações molares, é x_{AR}, x_{BR} e x_{CR}, e o número total de mols é n_R. Na mistura S, a composição gasosa é x_{AS}, x_{BS} e x_{CS}, com n_s mols totais, e na mistura M a composição gasosa é x_{AM}, x_{BM} e x_{CM}, com n_M mols totais. Essas composições são exibidas na Figura AC-2 com relação aos componentes A e C.

Um balanço global e um balanço das espécies componentes podem ser feitos para representar o processo de mistura. Como não ocorre reação durante a mistura, os mols são conservados e

$$n_M = n_R + n_S. \tag{AC-2}$$

Um balanço molar para a espécie A é fornecido por

$$n_M x_{AM} = n_R x_{AR} + n_S x_{AS}. \tag{AC-3}$$

Um balanço molar para a espécie C é fornecido por

$$n_M x_{CM} = n_R x_{CR} + n_S x_{CS}. \tag{AC-4}$$

Substituindo a Equação AC-2 na Equação AC-3 e reorganizando, temos

$$\frac{n_S}{n_R} = \frac{x_{AM} - x_{AR}}{x_{AS} - x_{AM}}. \tag{AC-5}$$

De modo similar, substituindo a Equação AC-2 na Equação AC-4, temos

$$\frac{n_S}{n_R} = \frac{x_{CM} - x_{CR}}{x_{CS} - x_{CM}}. \tag{AC-6}$$

Equações Detalhadas para os Diagramas de Inflamabilidade

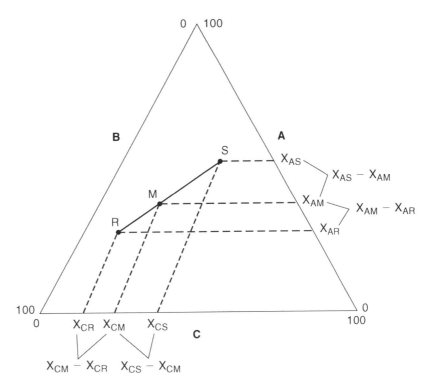

Figura AC-2 Informações de composição da Figura AC-1.

Igualando as Equações AC-5 e AC-6, temos

$$\frac{x_{AM} - x_{AR}}{x_{AS} - x_{AM}} = \frac{x_{CM} - x_{CR}}{x_{CS} - x_{CM}}. \tag{AC-7}$$

Um conjunto similar de equações pode ser escrito entre os componentes A e B ou entre os componentes B e C.

A Figura AC-2 mostra as quantidades representadas pelo balanço molar da Equação AC-7. O balanço molar é válido somente se o ponto M se situar na linha reta entre os pontos R e S. Isso pode ser visto na Figura AC-2 utilizando similaridade de triângulos.[2]

A Figura AC-3 mostra outro resultado útil baseado nas Equações AC-5 e AC-6. Essas equações implicam que a localização do ponto M na linha reta entre os pontos R e S depende dos mols relativos de R e S, conforme é exibido.

Esses resultados podem, em geral, ser aplicados a dois pontos quaisquer no diagrama triangular. Se uma mistura R for continuamente diluída com a mistura S, a composição da mistura acompanha a linha reta entre os pontos R e S. Com a continuação da diluição, a composição da mistura se aproxima cada vez mais do ponto S. No final das contas, na diluição infinita a composição da mistura está no ponto S.

Nos sistemas com pontos de composição que caem sobre uma linha reta passando através de um pico correspondente a um componente puro, os outros dois componentes estão presentes em uma

---

[2] O. A. Hougen, K. M. Watson et al., *Chemical Process Principles,* pt. 1, *Material and Energy Balances,* 2ª ed. (New York: Wiley, 1954.)

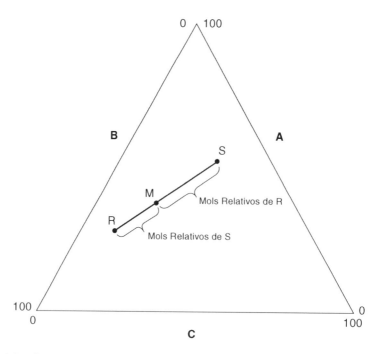

Figura AC-3 A localização do ponto M da mistura depende das massas relativas das misturas R e S.

proporção fixa ao longo de todo o comprimento da linha.[3] Isso é exibido na Figura AC-4. Nesse caso, a proporção dos componentes A e B ao longo da linha exibida é constante, sendo fornecida por

$$\frac{x_A}{x_B} = \frac{x}{100 - x}. \tag{AC-8}$$

Uma aplicação útil desse resultado é exibida na Figura AC-5. Suponha que desejemos encontrar a concentração de oxigênio no ponto em que o LFL intercepta a linha estequiométrica exibida. A concentração de oxigênio em questão é exibida como ponto X na Figura AC-5. A equação estequiométrica da combustão é representada por

$$(1) \text{ Combustível} + z\text{Oxigênio} \rightarrow \text{Produtos}, \tag{AC-9}$$

em que z é o coeficiente estequiométrico do oxigênio. A proporção oxigênio / combustível ao longo da linha estequiométrica é constante, sendo fornecida por

$$\frac{x_{O_2}}{x_{\text{Combustível}}} = z. \tag{AC-10}$$

Na concentração de combustível $x_{\text{Combustível}}$ = LFL, segue-se, da Equação AC-10, que

$$x_{O_2} = z(\text{LFL}). \tag{AC-11}$$

---

[3]Hougen et al., *Chemical Process Principles*.

Equações Detalhadas para os Diagramas de Inflamabilidade

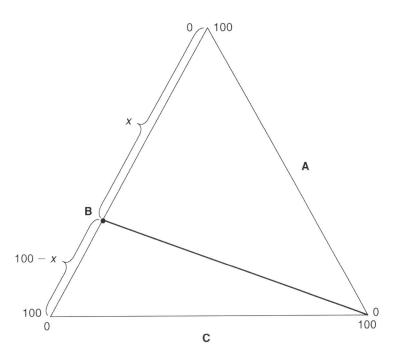

Figura AC-4 A proporção dos componentes A e B é constante ao longo da linha exibida, sendo fornecida por $x/(100 - x)$.

Esse resultado proporciona um método para estimar a LOC a partir do LFL. Essa estimativa gráfica da LOC é equivalente a

$$\text{LOC} = z(\text{LFL}), \tag{AC-12}$$

em que

z é o coeficiente estequiométrico do oxigênio, fornecido pela Equação AC-9, e

LFL é o limite inferior de inflamabilidade, em porcentagem volumétrica do combustível no ar.

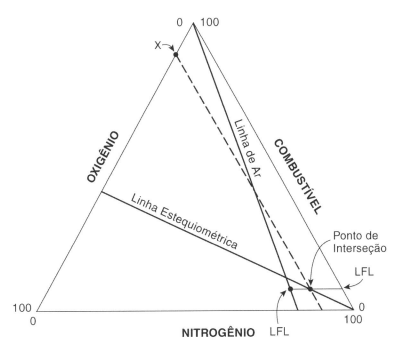

Figura AC-5 Determinação da concentração de oxigênio X na interseção do LFL e da linha estequiométrica.

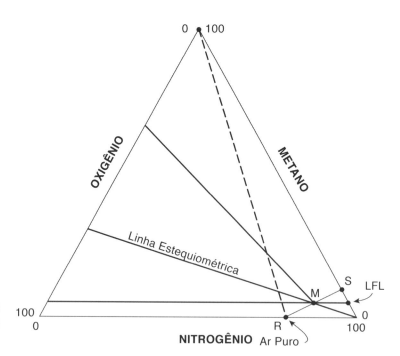

Figura AC-6 Estimativa de uma meta de concentração de combustível no ponto S para retirar um tanque de serviço.

Equações Úteis para Entrada e Saída de Serviço dos Tanques/Vasos de Processamento

As equações apresentadas nesta seção são equivalentes a desenhar linhas retas para mostrar as transições de composição do gás. As equações muitas vezes são mais fáceis de utilizar e fornecem um resultado mais preciso do que as linhas desenhadas manualmente.

A concentração de combustível para fora de serviço (*out-of-service fuel concentration* – OSFC) é a concentração máxima de combustível que evita a zona de inflamabilidade quando um tanque está sendo retirado de serviço. A OSFC é exibida como ponto S na Figura AC-6.

Dados detalhados da zona de inflamabilidade não estão disponíveis para a maioria dos compostos. Nesse caso, pode ser feita uma estimativa da localização do ponto S, como mostra a Figura AC-6. O ponto S pode ser aproximado por uma linha iniciando no ponto de ar puro e conectando através de um ponto na interseção do LFL com a linha estequiométrica. A Equação AC-7 pode ser utilizada para determinar a composição do gás no ponto S. Com referência à Figura AC-2, sabemos a composição do gás nos pontos R e M e desejamos calcular a composição do gás no ponto S. Façamos A representar o combustível e C o oxigênio. Então, segundo as Figuras AC-2 e AC-6, segue-se que $x_{AR} = 0$, $x_{AM} =$ LFL%, x_{AS} é a OSFC desconhecida, $x_{CM} = z(LFL)$ segundo a Equação AC-11, $x_{CR} = 21\%$ e $x_{CS} = 0$. Então, substituindo na Equação AC-7 e solucionando x_{AS}, temos

$$x_{AS} = \text{OSFC} = \frac{\text{LFL}\%}{1 - z\left(\dfrac{\text{LFL}\%}{21}\right)}, \qquad (AC\text{-}13)$$

em que

OSFC é a concentração de combustível para fora de serviço, ou seja, a concentração de combustível no ponto S da Figura AC-6.

LFL% é a porcentagem volumétrica de combustível no ar no limite inferior de inflamabilidade e z é o coeficiente estequiométrico do oxigênio na reação de combustão fornecida pela Equação AC-9.

Outra abordagem é estimar a concentração de combustível no ponto S estendendo a linha do ponto R através da interseção da LOC e da linha estequiométrica. O resultado é

$$\text{OSFC} = \frac{\text{LOC\%}}{z\left(1 - \dfrac{\text{LOC\%}}{21}\right)}, \qquad \text{(AC-14)}$$

em que LOC% é a concentração limite de oxigênio em porcentagem volumétrica de oxigênio.

As Equações AC-13 e AC-14 são aproximações para a concentração de combustível no ponto S. Felizmente, geralmente elas são conservadoras e preveem uma concentração de combustível menor do que o valor da OSFC determinada experimentalmente. Por exemplo, para o metano o LFL é 5,0% (Apêndice B) e z é 2. Desse modo, a Equação AC-13 prevê uma OSFC de 9,5%. Isso é comparável à OSFC de 14,5% determinada experimentalmente. Utilizando a LOC de 12% (Tabela 6-3), uma OSFC de 14% é determinada utilizando a Equação AC-14. Isso é mais próximo do valor experimental, mas ainda é conservador. Para o etileno, 1,3-butadieno e hidrogênio, a Equação AC-14 prevê uma OSFC mais alta do que o valor determinado experimentalmente.

A concentração de oxigênio em serviço (ISOC) é a concentração máxima de oxigênio que evita a zona de inflamabilidade, exibida como ponto S na Figura AC-7. Uma abordagem para estimar a ISOC é utilizar a interseção do LFL com a linha estequiométrica. Uma linha é traçada do vértice superior do triângulo através da interseção até o eixo do nitrogênio, como mostra a Figura AC-7. Façamos com

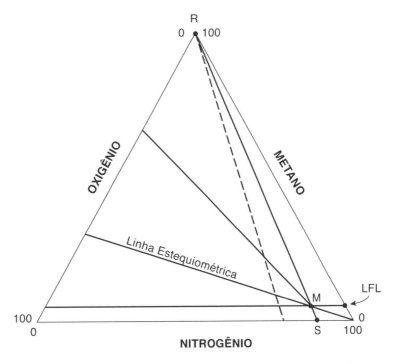

Figura AC-7 Estimativa de uma meta de concentração de nitrogênio no ponto S para retirar um tanque de serviço.

que A represente a amostra de combustível e C o oxigênio. Então, segundo a Figura AC-7, segue-se que x_{AM} = LFL%, x_{AR} = 100, x_{AS} = 0, x_{CM} = z(LFL%); segundo a Equação AC-11, x_{CR} = 0 e x_{CS} é a ISOC desconhecida. Substituindo na Equação AC-7 e solucionando a ISOC, temos

$$\text{ISOC} = \frac{z(\text{LFL\%})}{1 - \left(\dfrac{\text{LFL\%}}{100}\right)}, \qquad (AC\text{-}15)$$

em que

ISOC é a concentração de oxigênio em serviço em porcentagem volumétrica de oxigênio,

z é o coeficiente estequiométrico do oxigênio fornecido pela Equação AC-9 e

LFL% é a concentração de combustível no limite inferior de inflamabilidade em porcentagem volumétrica de combustível no ar.

A concentração de nitrogênio no ponto S é igual a 100 – ISOC.

Uma expressão para estimar a ISOC utilizando a interseção da concentração limite de oxigênio com a linha estequiométrica também pode ser desenvolvida utilizando um procedimento semelhante. O resultado é

$$\text{ISOC} = \frac{z(\text{LOC\%})}{z - \dfrac{\text{LOC\%}}{100}}, \qquad (AC\text{-}16)$$

em que LOC% é a concentração limite de oxigênio em porcentagem volumétrica de oxigênio.

Embora esses cálculos sejam úteis para fazer boas estimativas, os dados experimentais diretos e confiáveis em condições as mais parecidas possíveis com as condições do processo sempre são recomendados.

APÊNDICE D

Relatório de Avaliação Formal da Segurança do Exemplo 10-4

MEMORANDO DE PESQUISA

ENGENHARIA QUÍMICA

AVALIAÇÃO DA SEGURANÇA
DO SISTEMA PILOTO DE EXTRAÇÃO
LÍQUIDO-LÍQUIDO PODBIELNIAK

AUTOR: J. Doe   SUPERVISOR: W. Smith
8 de novembro de 1988

RESUMO

O sistema piloto de extração líquido-líquido Podbielniak (POD) foi remontado. Ele será utilizado para avaliar a possibilidade de lavar, com água, o tolueno. Uma avaliação formal da segurança ocorreu em 10/10/1988. As principais ações decorrentes dessa avaliação incluíram: (1) preencher com nitrogênio todos os vasos que contenham solvente, (2) aterrar e ligar todos os tanques que contenham solvente, (3) acrescentar suportes de imersão a todos os vasos, (4) utilizar coifas nas aberturas dos tambores, (5) acrescentar trocadores de calor equipados com medidores de temperatura para resfriar o solvente quente, (6) purgar com nitrogênio todos os vasos que contenham solventes antes da inicialização, (7) mudar o procedimento de emergência para ativar o alarme em caso de derramamento e acionar a válvula de isolamento do esgoto e (8) acrescentar tambores de recebimento em todos os fluxos de saída que contenham solvente.

Posteriormente, foram feitas algumas mudanças de equipamentos durante a verificação inicial do sistema e nas execuções dos testes. Essas alterações foram feitas para melhorar a operabilidade, não a segurança; por exemplo: (1) a bomba (P1) gerava um *head* insuficiente, e uma mola mais forte foi instalada; e (2) um líquido leve no ponto de amostragem, algumas válvulas de retenção e mais medidores de temperatura e manômetros foram instalados.

Química ABC	Química ABC	Química ABC
DISTRIBUIÇÃO: Todos		NÚMERO DO RELATÓRIO 88-5 CLASSE DE SEGURANÇA Nenhuma NÚMERO DO PROJETO 6280 APROVAÇÃO DO(S) SUPERVISOR(ES)

I. INTRODUÇÃO

A. Resumo do processo

O procedimento a seguir é utilizado para lavar o tolueno no equipamento fornecido.

1. Uma quantidade adequada de solvente é transferida do tanque de armazenamento de solvente para o tanque de emulsão.

2. Adiciona-se água ao solvente para formar uma emulsão.

3. A emulsão é aquecida até 190°F.

4. A emulsão é separada no extrator centrífugo (POD) que produz um fluxo contendo impurezas hidrossolúveis e um fluxo de solvente lavado.

B. Reações e estequiometria

Não ocorre nenhuma reação. No que diz respeito à estequiometria, uma parte de água é adicionada a uma parte de solvente. As vazões se baseiam em um máximo de 1.000 cc/min de solvente ao POD.

C. Dados de engenharia

O tolueno tem uma pressão de vapor de 7,7 psi a 190°F. As pressões de operação do sistema normalmente são 40 a 50 psig em torno do POD, com bombas capazes de produzir 140 psig. As temperaturas do sistema são mantidas entre 190°F e 200°F. As viscosidades típicas são menores que 10 centipoise nessa temperatura.

II. MATÉRIAS-PRIMAS E PRODUTOS

A. Solventes

O solvente utilizado com mais frequência é o tolueno. O tolueno ferve a 231°F, mas forma um azeótropo com a água fervendo a 183°F. Como isso está abaixo da temperatura de operação do sistema, os perigos estão presentes devido à inflamabilidade e a volatilidade. Além disso, o tolueno apresenta problemas especiais do ponto de vista da exposição dos funcionários como um suposto teratogênico.

Para minimizar os perigos, são tomadas as seguintes precauções:

1. Todos os vasos contendo solvente são preenchidos com N_2 e aterrados.

2. Todos os possíveis pontos expostos ao solvente estarão muito próximos dos dutos de exaustão (coifas) para a ventilação.

3. Todos os fluxos de produto são resfriados antes da descarga ou amostragem.

4. Tubos de colorimétricos estarão disponíveis para monitorar o ar ambiente.

Existe a possibilidade de utilizar outros solventes no sistema. As avaliações de segurança de cada um deles serão realizadas conforme a necessidade.

III. CONFIGURAÇÃO DO EQUIPAMENTO

A. Descrição do equipamento (esboços anexados)

1. Tanque de emulsão: O tanque de emulsão consiste em um reator Pfaudler encamisado, vitrificado, com capacidade para 50 galões, com preenchimento por N_2 e válvula de alívio. A emulsão é aquecida no vaso pela aplicação de vapor na camisa de troca térmica. A temperatura é controlada por meio de um controlador com indicação da temperatura medida no vaso. O controlador atua em uma válvula de controle na linha que leva vapor até a camisa. A emulsão circula do fundo do reator até o sistema POD e volta para o topo do reator por meio de uma bomba Viking acionada por um motor de 2 HP com 1.745 rpm.

    Um sopro é alimentado deste circuito para o sistema POD. A pressão nesse circuito de circulação é controlada por meio de um controlador de contrapressão localizado na linha de retorno para o topo do reator.

2. Sistema de solvente: O tanque de armazenamento de solvente é um recipiente sob pressão (112 psi a 70°F), de aço inoxidável, com capacidade para 75 galões e com um visor de vidro, preenchimento com nitrogênio e válvula de alívio. O solvente é bombeado do fundo do tanque de armazenamento para o tanque de emulsão. A bomba é uma Burks com turbina acionada por um motor de ¾ HP e 3.540 rpm. Um tubo de imersão é utilizado para carregar o solvente a vácuo através de um suporte de imersão no tanque onde o aterramento e a ligação são garantidos.

3. Sistema POD: O sistema POD consiste em um Extrator Baker-Perkins Modelo A-1 (ou seja, um extrator centrífugo Podbielniak) fabricado em aço 316. Um acionador de velocidade variável é capaz de girar a unidade em velocidades de até 10.000 rpm. A velocidade de operação normal é 8.100 rpm.

    A emulsão solvente/água é aquecida em seu subsistema e escoa através de um medidor de vazão mássica Micro Motion. A emulsão é alimentada no POD, onde a água e as fases orgânicas são separadas. Através desse contato e separação as impurezas são extraídas para a fase aquosa. Isso resulta em um solvente relativamente limpo.

4. Sistema de solvente lavado: O tanque de solvente lavado é um tambor aterrado de 55 galões. Uma coifa, posicionada sobre a tampa, ventila o tambor para o sistema de exaustão. O material alimentado no tambor é refrigerado da temperatura de operação do POD, aproximadamente 190°F, para 80-110°F por um trocador de calor de aço inoxidável.

5. Sistema de águas residuais: O tanque de águas residuais também é um tambor aterrado de 55 galões, ventilado para o sistema de exaustão. O fluxo de saída de líquido pesado (HLO) do sistema POD é refrigerado antes da descarga no tambor por um trocador de calor de aço inoxidável. O descarte depende do solvente utilizado, da sua solubilidade na água e das restrições ambientais.

B. Especificações do equipamento

1. Sistema de emulsão

   Reator: Pfaudler encamisado, 50 galões, vitrificado

   Pressões de operação: reator, 150 psi a 450°F

   camisa, 130 psi

   Válvulas de alívio de segurança: reator, 60 psi

   camisa, 125 psi

   Agitador: Turbina, 3,6 HP, 1.750 rpm, velocidade variável

   Bomba de circulação: HL124 da série Viking, 2 HP, 1.745 rpm

   Medidor de vazão mássica Micro Motion: Aço inoxidável 316L, intervalo de vazão 0-80 lb/min, precisão de 0,4% do intervalo, motor com unidade eletrônica montada separadamente em área não perigosa.

2. Sistema de solvente

   Tanque: 75 galões, aço inoxidável, disco de ruptura configurado para 112 psi

   Bomba: Turbina Burks, modelo ET6MYSS; ¾ HP; 3.450 rpm,

3. Sistema POD

   POD: Extrator centrífugo Baker-Perkins A-1, 316SS; temperatura máxima, 250°F; pressão máxima, 250 psig; velocidade máxima, 10.000 rpm

   Acionador: Reeves Motodrive de velocidade variável, 935-3.950 rpm, motor de 3 HP com 1.745 rpm

4. Sistema de solvente lavado

   Tanque: tambor de 55 galões

   Resfriador de líquido leve de saída (LLO): American Standard, passagem única, SS, modelo 5-160-03-024-001; temperatura máxima, 450°F; pressão máxima de trabalho, 225 psig casco, 150 psig tubo

5. Sistema de águas residuais

   Tanque: 55 galões

   Resfriador de HLO: O mesmo resfriador do LLO

IV. PROCEDIMENTOS

A. Procedimentos normais de operação

1. Purgar os tanques de solvente e emulsão com nitrogênio pelas válvulas V1a e V1b.

2. Se for necessário, os tanques de solvente e emulsão são ventilados por coifas, e para o sistema de exaustão pelas válvulas V2a e V2b.

3. Produzir vácuo (15 in Hg) no tanque de armazenamento de solvente e carregar com solvente sugando-o do tambor apropriado. Verificar o nível do tanque utilizando o nível de vidro. Conferir periodicamente o ar quanto à presença de tolueno utilizando tubos colorimétricos.

4. Interromper o vácuo e preencher com nitrogênio através da válvula V1a.

Relatório de Avaliação Formal da Segurança do Exemplo 10-4

5. Certificar-se de que a válvula V3 está fechada, do tanque de coluna d'água para o tanque de emulsão.

6. Carregar a quantidade adequada de água descalcificada através da válvula V4 para o tanque de coluna d'água localizado acima do tanque de emulsão.

7. Fechar a válvula V4 e preencher o tanque de coluna d'água com nitrogênio através da válvula V5.

8. Ligar o agitador do tanque de emulsão.

9. Bombear o solvente do tanque de armazenamento de solvente para o tanque de emulsão.

    a. Alinhar as válvulas do tanque de armazenamento de solvente através da bomba P2, até o topo do tanque de emulsão.

    b. Acionar a bomba P2.

    c. Parar a bomba e fechar as válvulas quando a adição estiver concluída.

10. Abrir a válvula V3 e adicionar a água do tanque de coluna d'água no tanque de emulsão. Fechar a válvula V3 quando a adição estiver concluída.

11. Estabelecer a circulação no sistema de emulsão.

    a. Fechar a válvula V6 no fluxo de alimentação para o medidor de vazão mássica Micro Motion.

    b. Alinhar as válvulas do fundo do tanque até a bomba P1 e da linha de retorno até o topo do tanque.

    c. Acionar a bomba P1.

    d. Abrir o fluxo de vapor para a camisa do tanque de alimentação.

    e. Levar a emulsão até a sua temperatura (190°F).

12. Ligar a água de refrigeração para o resfriador de descarga de solvente (LLO) e para o resfriador de descarga aquosa (HLO).

13. Alinhar as válvulas nos fluxos de HLO e LLO do POD até os resfriadores e até seus tanques de resíduos respectivos.

14. Abrir a válvula V10 para encher o POD.

15. Acionar o motor do POD e conduzir lentamente até a rpm desejada.

16. Abrir a válvula V6 para iniciar o fluxo da emulsão.

17. Ajustar o fluxo para obter a taxa desejada no medidor de vazão mássica Micro Motion.

18. Controlar a contrapressão nos fluxos de LLO e HLO do POD ajustando as válvulas V11a e V11b, respectivamente.

19. Podem ser extraídas amostras do fluxo de LLO através da válvula V12a e do fluxo de HLO através da válvula V12b.

20. Para interromper o POD após o término de um ciclo:

    a. Fechar a válvula V6.

    b. Reduzir a pressão no fluxo de LLO (válvula V11a) e diminuir lentamente a velocidade do rotor.

    c. Desligar o motor do POD.

d. Fechar a válvula V10 após a parada do rotor.

e. Interromper o sistema de emulsão.

f. Interromper o vapor e a água de refrigeração.

B. Procedimentos de segurança

1. As preocupações com a segurança exclusivas dessa operação são:

   a. O solvente utilizado é volátil e inflamável, além de também estar sendo utilizado em uma temperatura acima do seu ponto de ebulição normal na pressão atmosférica.

   b. Todos os materiais estão quentes (190°F ou mais) e capazes de produzir queimaduras térmicas.

   c. O tolueno apresenta um problema de manejo especial devido aos possíveis perigos para a saúde.

2. Os procedimentos específicos a serem seguidos para minimizar os riscos associados com os fatos acima são:

   a. Solventes inflamáveis

      1. Os solventes são expostos à atmosfera apenas com ventilação adequada.

      2. Os solventes são transferidos para dentro e para fora do sistema apenas quando estiverem frios. Não operar se os resfriadores não estiverem funcionando adequadamente.

      3. Todos os vasos de processamento que contêm solventes são purgados com N_2 e mantidos com preenchimento ou cobertura de N_2.

      4. Todos os vapores que contêm solvente são ventilados apenas para os dutos de exaustão, nunca para a área dos trabalhadores.

      5. A abertura inicial das válvulas de amostra e produto é feita lentamente para evitar a vaporização.

      6. Todas as transferências de fluxos contendo vapor de/para os tambores são feitas de acordo com os procedimentos aceitos de aterramento e ligação.

      7. Todo o equipamento é eletricamente aterrado.

   b. Material quente

      1. Evitar o contato com as linhas e tanques de processamento quentes. A maioria das linhas é isolada para proteção pessoal.

      2. Utilizar luvas quando trabalhar em equipamento possivelmente quente.

      3. Verificar periodicamente as temperaturas do fluxo e o fluxo da água de resfriamento para garantir que os resfriadores estejam funcionando adequadamente.

   c. Perigos para a saúde (toxicidade, etc.)

      1. Manipular material potencialmente perigoso apenas quando ele estiver frio e quando houver ventilação adequada.

      2. Verificar periodicamente a área de operação quanto a vazamentos utilizando tubos colorimétricos.

      3. Consertar imediatamente quaisquer vazamentos.

Relatório de Avaliação Formal da Segurança do Exemplo 10-4

3. Paralisação de emergência

    a. Fechar a válvula de solvente no fundo do tanque de armazenamento de solvente (se estiver aberta).

    b. Parar a bomba de solvente P2 (se estiver funcionando).

    c. Fechar a válvula no fundo do tanque de emulsão.

    d. Parar a bomba de emulsão P1.

    e. Interromper o vapor na camisa do tanque de emulsão.

    f. Interromper o sistema de acionamento do POD.

4. Procedimentos de proteção contra falha

    a. Falha do vapor: Nenhuma consequência negativa.

    b. Falha da água de refrigeração: Interromper o sistema.

        1. O LLO para o tambor de solvente lavado vai vaporizar e será sugado pelo sistema de ventilação.

        2. HLO para o tambor de resíduos: Um pouco de solvente pode vaporizar e ser sugado pelo sistema de ventilação.

    c. Falha elétrica: Fechar as válvulas de HLO e LLO para proteger a unidade enquanto ela gira desligada até parar.

    d. Falha de N_2: Interromper quaisquer procedimentos operacionais.

    e. Falha do sistema de exaustão: Interromper o sistema.

    f. Falha de bomba: Interromper o sistema.

    g. Falha de ar: Todas as válvulas de controle de vapor falham fechadas. Todas as válvulas de controle da água de refrigeração falham abertas.

5. Procedimentos de derramamento e emissão

    a. Derramamento de solvente: Siga a resposta ao derramamento perigoso detalhada no Manual de Segurança.

        1. Soe o alarme e evacue, caso seja justificável (por exemplo, derramamento de um tambor inteiro ou derramamento de solvente quente).

        2. Ventile o sistema em alta velocidade.

        3. Acione as válvulas de isolamento do esgoto.

        4. Se for seguro fazê-lo, isole o equipamento e as fontes de ignição e absorva ou represe o derramamento.

        5. Deixe o excesso evaporar. Verifique a área com explosímetros e tubos colorimétricos. *Não* entre na atmosfera explosiva.

        6. Quando for seguro fazê-lo, varra todo o material absorvente para tambores de resíduos visando ao descarte adequado.

        7. Consulte o Departamento de Meio Ambiente se o material estiver contido no sistema de esgotos.

C. Descarte de resíduos

O solvente lavado é coletado em tambores para descarte. O fluxo aquoso, após a análise, pode ser enviado diretamente para as estações públicas de tratamento (POTW). Ainda não foram estabelecidos limites para despejo versus eliminação dos resíduos em tambores. Se o solvente que está sendo utilizado for uma substância controlada (como o tolueno), a eliminação do HLO em tambor pode ser a única maneira aceitável.

D. Procedimento de limpeza

Os derramamentos pequenos são absorvidos com material absorvente e descartados em tambores. O equipamento é lavado com água quente e/ou fria, conforme o necessário.

V. LISTA DE VERIFICAÇÃO DE SEGURANÇA

___ Purgar o tanque de emulsão com nitrogênio, encher, estabelecer um preenchimento com nitrogênio.

___ Purgar o tanque de solvente com nitrogênio, encher, estabelecer um preenchimento com nitrogênio.

___ Purgar o tanque de solvente lavado com nitrogênio, estabelecer um preenchimento com nitrogênio.

___ Verificar o fluxo de água de resfriamento nos dois resfriadores.

___ Ventilação do sistema operacional.

___ Disponibilidade do material absorvente e do tambor de descarte.

___ Disponibilidade de luvas impermeáveis, óculos de proteção/protetor facial.

___ Vasculhar a área com tubos colorimétricos em busca de solventes perigosos.

___ Disponibilidade de equipamento de ar mandado.

___ Conferir todos os tambores quanto ao aterramento adequado.

Relatório de Avaliação Formal da Segurança do Exemplo 10-4

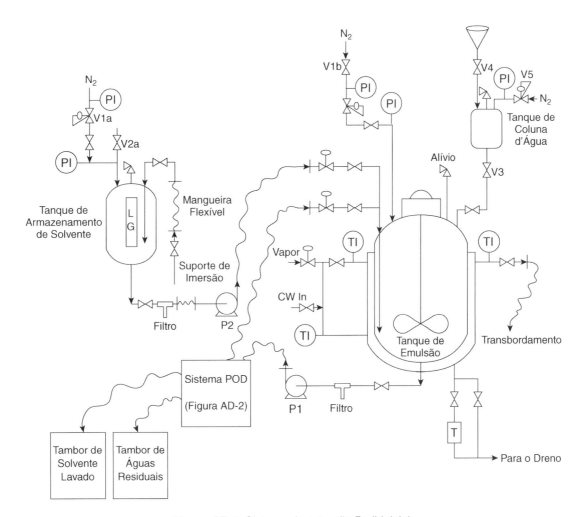

Figura AD-1 Sistema de extração Podbielniak.

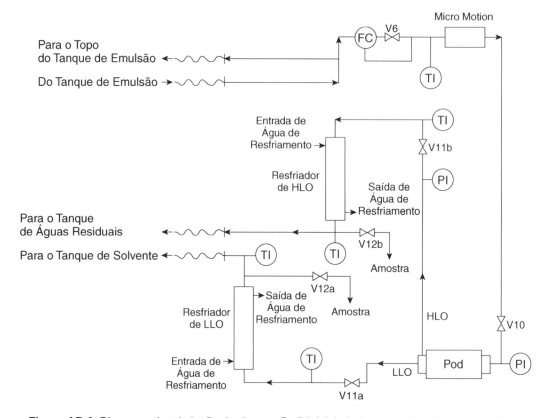

Figura AD-2 Diagrama da tubulação do sistema Podbielniak de lavagem de solvente com água.

Relatório de Avaliação Formal da Segurança do Exemplo 10-4

Folha de Dados de Segurança dos Materiais

Nome químico comum	Estado físico	Odor	
Tolueno	Líquido incolor	Doce, picante	
Sinônimo	**Peso molecular**	**Limiar de odor**	**Nº CAS**
Metilbenzeno	92,13	2-4ppm	108-88-3
Fórmula química	**Limites explosivos**	**Pressão do vapor**	**PEL**
C_7H_8	1,27-7,0%	36,7 mm Hg a 30°C	100 ppm, pele

Propriedades Tóxicas[a]

Olhos: Moderadamente irritante

Pele: Moderadamente irritante

Inalação: Efeitos no sistema nervoso central (SNC)

Ingestão: Moderadamente tóxico

[a] Os vapores podem provocar irritação nos olhos. O contato dos olhos com o líquido pode resultar em danos à córnea e irritação conjuntival que duram 48 horas. A inalação pode ser irritante e resultar em fadiga, dores de cabeça, efeitos no SNC e narcose em altas concentrações. O tolueno é absorvido através da pele. O contato repetido ou prolongado com a pele pode resultar em irritação, desengorduramento e dermatite.

Ocasionalmente, o envenenamento crônico pode resultar em anemia, leucopenia e aumento do fígado.

Alguns lotes comerciais de tolueno contêm pequenas quantidades de benzeno como impureza. O benzeno é um material controlado pela OSHA.

Proteção pessoal

Óculos de proteção, luvas impermeáveis, roupas protetoras e sapatos são recomendados. Os respiradores com filtro químico são suficientes para o manejo de rotina. Os respiradores com ar mandado ou autônomos são recomendados para as concentrações elevadas.

Primeiros socorros

Olhos: Lavar abundantemente com água. Consultar um médico.

Pele: Lavar as áreas afetadas abundantemente com água. Se a irritação persistir, procure ajuda médica.

Inalação: Remover para o ar puro. Ajudar na respiração, caso seja necessário. Consultar um médico.

Ingestão: Se for ingerido, *não* induzir o vômito. Chamar um médico imediatamente.

Precauções/considerações especiais

Trata-se de um líquido inflamável. A temperatura de *flash point* é 40°F e deve ser manuseado em conformidade. É preferível um armazenamento externo ou afastado. Separar dos materiais oxidantes.

APÊNDICE E

Dados da Pressão de Saturação do Vapor[1]

$$\ln(P^{\text{sat}}) = A - \frac{B}{C + T}$$

em que

P^{sat} é a pressão de saturação do vapor (mm Hg),

T é a temperatura (K) e

A, B, C são as constantes fornecidas abaixo.

Espécie	Fórmula	Intervalo (K)	A	B	C
Acetona	C_3H_6O	241-350	16,6513	2940,46	−35,93
Benzeno	C_6H_6	280-377	15,9008	2788,51	−52,36
Tetracloreto de carbono	CCl_4	253-374	15,8742	2808,19	−45,99
Clorofórmio	$CHCl_3$	260-370	15,9732	2696,79	−46,19
Ciclo-hexano	C_6H_{12}	280-380	15,7527	2766,63	−50,50
Acetato etílico	$C_4H_8O_2$	260-385	16,1516	2790,50	−57,15
Álcool etílico	C_2H_6O	270-369	18,9119	3803,98	−41,68
n-Heptano	C_7H_{16}	270-400	15,8737	2911,32	−56,51
n-Hexano	C_6H_{14}	245-370	15,8366	2697,55	−48,78
Álcool metílico	CH_4O	257-364	18,5875	3626,55	−34,29
n-Pentano	C_5H_{12}	220-330	15,8333	2477,07	−39,94
Tolueno	$C_6H_5CH_3$	280-410	16,0137	3096,52	−53,67
Água	H_2O	284-441	18,3036	3816,44	−46,11

[1] Selecionado de David Himmelblau, *Basic Principles and Calculations in Chemical Engineering*, 7ª ed. (Upper Saddle River, NJ: Prentice Hall, 2003), p. 1057.

APÊNDICE F

Tipos Especiais de Substâncias Químicas Reativas

As informações de reatividade foram extraídas de R. W. Johnson, S. W. Rudy a S. D. Unwin, *Essential Practices for Managing Chemical Reactivity Hazards* (New York: American Institute of Chemical Engineers, 2003).

Tabela AF-1 Algumas Categorias e Produtos Químicos Piroquímicos e Espontaneamente Combustíveis (esses materiais queimam ao serem expostos ao ar)

Categoria	Exemplos
Metais em pó muito fino	Alumínio, cálcio, cobalto, ferro, magnésio, manganês, paládio, platina, titânio, estanho, zinco, zircônio
Muitos catalisadores de hidrogenação contendo hidrogênio adsorvido (antes e depois do uso)	Catalisador de níquel-Raney com hidrogênio adsorvido
Metais alcalinos	Potássio, sódio
Hidretos metálicos	Germânio, hidreto de lítio e alumínio, hidreto de potássio, hidreto de sódio
Hidretos metálicos parcialmente ou totalmente alquilados	Butil-lítio, hidreto de dietilalumínio, trietilbismuto, trimetilalumínio
Metais arílicos	Fenil-sódio
Derivados de metal-alquilo	Dietiletoxialumínio, cloreto de dimetilbismuto
Derivados análogos de não metais	Diborano, dimetilfosfina, fosfina, trietilarsina
Metais carbonil	Pentacarbonilferro
Reagentes de Grignard (RMgX)	Cloreto de etilmagnésio, brometo de metilmagnésio
Sulfetos metálicos	Sulfeto de ferro
Diversos	Fósforo (branco), dicloreto de titânio

Tabela AF-2 Algumas Estruturas Químicas Susceptíveis à Formação de Peróxido (os peróxidos formados podem se tornar instáveis e explodir quando perturbados)

Estrutura química (nem todas as ligações são exibidas)	Exemplos/explicação
Substâncias orgânicas	
CH_2-O-R	Éteres com átomos de hidrogênio alfa, especialmente os éteres cíclicos e os que contêm grupos álcool primários e secundários, formam peróxidos perigosamente explosivos quando expostos ao ar e à luz
$CH(-O-R)_2$	Acetais com átomos de hidrogênio alfa
$C=C-CH$	Compostos alílicos (olefinas com átomos de hidrogênio alílico), incluindo a maioria dos alquenos
$C=C-X$	Halo-olefinas (por exemplo, clorolefinas, fluorolefinas)
$C=CH$	Ésteres, éteres, estirenos de vinilo e vinilideno
$C=C-C=C$	1,3-Dienos
$CH-C\equiv CH$	Alquilacetilenos com átomos de hidrogênio alfa
$C=CH-C=CH$	Vinilacetilenos com átomos de hidrogênio alfa, Tetraidronaftalenos
$(R)_2CH-Ar$	Alquilarenos com átomos de hidrogênio terciário (por exemplo, cumeno)
$(R)_3CH$	Alcanos e cicloalcanos com átomos de hidrogênio terciário (por exemplo, t-butano, compostos isopropílicos, decaidronaftalenos)
$C=CH-CO_2R$	Acrilatos, metacrilatos
$(R)_2CH-OH$	Álcoois secundários
$O=C(R)-CH$	Cetonas com átomos de hidrogênio alfa
$O=CH$	Aldeídos
$O=C-NH-CH$	Ureias substituídas, amidas e lactamas que possuem um átomo de hidrogênio ou um átomo de carbono acoplado ao nitrogênio
$CH-M$	Compostos organometálicos com um átomo metálico ligado ao carbono
Substâncias inorgânicas	
Metais alcalinos, especialmente potássio, rubídio e césio	
Amidas metálicas (por exemplo, $NaNH_2$)	
Alcóxidos metálicos (por exemplo, t-butóxido de sódio)	

Tabela AF-3 Categorias Químicas Susceptíveis à Reatividade com Água

Categoria	Exemplos
Amidas metálicas	Amida de chumbo, amida de potássio, amida de prata, amida de sódio
Cianetos inorgânicos	Cianeto de bário, cianeto de cálcio, cloreto de cianogênio, cianeto de prata
Clorosilanos	Metildiclorosilano, triclorosilano, trimetilclorosilano
Epóxidos (por exemplo, com ácido presente)	Óxido de butileno, óxido de etileno, diepoxibutano, epibromoidrina
Halogenetos ácidos inorgânicos	Cloreto de fosforila, cloreto de sulfurila, ácido clorossulfúrico
Halogenetos ácidos orgânicos	Anidrido acético, cloreto de ácido acético
Halogenetos metálicos anidros	Tribrometo de alumínio, tetracloreto de germânio, tetracloreto de titânio
Hidretos metálicos	Hidreto de cálcio, hidreto de lítio-alumínio, boroidreto de sódio
Hidretos não metálicos	Trifluoreto de boro, tricloreto de fósforo, tetracloreto de silício
Isocianatos	n-Butil isocianato, isocianato de metila, di-isocianato de tolueno
Metais alcalinos e alcalinoterrosos	Cálcio, potássio, sódio, lítio
Metais alquila	Alquilos de alumínio, alquilos de lítio
Metais em pó muito fino, sem película de óxido	Alumínio, cobalto, ferro, magnésio, titânio, estanho, zinco, zircônio
Nitretos, fosfetos, carburetos	Fosfeto de alumínio, carbureto de cálcio, fosfeto de gálio
Óxidos metálicos anidros	Óxido de cálcio
Óxidos não metálicos	Pentóxido de fósforo, trióxido de enxofre
Reagentes de Grignard; organometálicos	Cloreto de etilmagnésio, brometo de metilmagnésio

Tabela AF-4 Substâncias Comuns Reativas à Água

Esta não é uma lista completa. A reação com a água pode ser de lenta a violenta. Os produtos da reação podem ser tóxicos, corrosivos ou inflamáveis. Os produtos podem ser gasosos e de quantidade suficiente para romper um compartimento desprovido de alívio.

- Ácido clorossulfônico
- Ácido monocloro-s-triazinetriona
- Ácido sulfúrico
- Alquil-alumínios
- Anidrido acético
- Anidrido butírico
- Anidrido isobutírico
- Arseneto de gálio
- Butil-lítio
- Cálcio
- Carbureto de cálcio
- Chumbo tetraetila

- Chumbo tetrametila
- Cianamida
- Cloreto de ácido acético
- Cloreto de alumínio, anídrico
- Cloreto de benzoíla
- Cloreto de dicloroacetil
- Cloreto de dietil carbamila
- Cloreto de dietilalumínio
- Cloreto de propionila
- Cloreto de sulfurila
- Cloreto de tionila
- Cloretos de enxofre

(continua)

Tabela AF-4 Substâncias Comuns Reativas à Água (*continuação*)

Clorosilanos	Mono-(tricloro)-tetra (monopotássio dicloro)-penta-s-triazinetriona, seco
Decaborano	
Diborano	Octadeciltriclorosilano
Dicloreto de etilalumínio	Oxicloreto de cromo
Diclorosilano	Oxicloreto de fósforo
Dietil telurida	Pentacloreto de fósforo
Dietilzinco	Pentafluoreto de bromina
Difenildiclorosilano	Pentassulfeto de fósforo
Di-idrato dicloro-s-triazinetriona de sódio	Potássio
	Sesquibrometo de metilalumínio
Di-isocianato de isoforona	Sesquicloreto de etilalumínio
Di-isocianato de metileno	Sesquicloreto de metilalumínio
Di-isocianato de tolueno	Sódio
Dimetildiclorosilano	Tetracloreto de silício
Etilclorosilano	Tetracloreto de titânio
Etildiclorosilano	Tetracloreto de vanádio
Fenil triclorosilano	Tetracloreto de zircônio
Flúor	Tetrafluoreto de silício
Fosfeto de alumínio	Tribrometo de boro
Fosfeto de gálio	Tribrometo de fósforo
Germânio	Tricloreto de fósforo
Hidreto de dietilalumínio	Triclorosilano
Hidreto de di-isobutilalumínio	Triclorosilano de alilo
Hidreto de dipropilalumínio	Triclorosilano de amilo
Hidreto de lítio	Trietilalumínio
Hidreto de lítio-alumínio	Trietilborano
Hidreto de sódio	Trifluoreto de boro
Hidrossulfeto de sódio	Trifluoreto de boro eterato
Isocianato de metilo	Trifluoreto de bromina
Isocianato de n-Butil	Trifluoreto de cloro
Ligas de potássio-sódio	Tri-isobutilalumínio
Lítio	Trimetilalumínio
Metildiclorosilano	Trimetilclorosilano
Metilpentaldeído	Tripopil alumínio
Metiltriclorosilano	Vinil triclorosilano

Tabela AF-5 Oxidantes Típicos

- 1-Bromo-3-cloro-5,5-dimetilidantoína (BCDMH)
- Ácido clorídrico (10% de concentração máxima)
- Ácido clorossulfônico
- Ácido monocloro-s-triazinetriona
- Ácido nítrico e ácido nítrico fumante
- Ácido peracético
- Bromato de bário
- Bromato de magnésio
- Bromato de potássio
- Bromato de sódio
- Bromato de zinco
- Carbonato de sódio e peróxido
- Clorato de bário
- Clorato de cálcio
- Clorato de cobre
- Clorato de estrôncio
- Clorato de lítio
- Clorato de magnésio
- Clorato de potássio
- Clorato de sódio
- Clorato de tálio
- Clorato de zinco
- Clorato mercúrico
- Cloreto de cálcio
- Clorito de sódio
- Cloro
- Dicromato de amônio
- Dicromato de potássio
- Dicromato de sódio
- Di-idrato de sódio dicloro-s-triazinetriona
- Dióxido de chumbo
- Dióxido de magnésio
- Halane (1,3-dicloro-5,5-dimetilidantoína)
- Hipoclorito de bário
- Hipoclorito de cálcio
- Hipoclorito de lítio
- Mono-(tricloro)-tetra-(monopotássio dicloro)-penta-s-triazinetriona
- Nitrato de amila
- Nitrato de amônio
- Nitrato de guanidina
- Nitrato de n-Propila
- Nitritos, inorgânicos
- Óxidos de nitrogênio (NOx)
- Oxigênio
- Pentafluoreto de bromo
- Perborato de sódio (anídrico)
- Perborato de sódio monoidratado
- Perborato de sódio tetraidratado
- Percarbonato de potássio
- Percarbonato de sódio
- Perclorato de amônio
- Perclorato de bário
- Perclorato de cálcio
- Perclorato de chumbo
- Perclorato de estrôncio
- Perclorato de lítio
- Perclorato de magnésio
- Perclorato de potássio
- Perclorato de sódio
- Perclorato de sódio monoidratado
- Permanganato de amônio
- Permanganato de bário
- Permanganato de cálcio
- Permanganato de potássio
- Permanganato de sódio
- Permanganato de zinco
- Peróxido de bário
- Peróxido de cálcio
- Peróxido de estrôncio
- Peróxido de hidrogênio e ureia
- Peróxido de lítio
- Peróxido de magnésio
- Peróxido de potássio
- Peróxido de prata
- Peróxido de sódio
- Peróxido de zinco
- Persulfato de amônio
- Persulfato de potássio
- Persulfato de sódio
- Potássio dicloro-s-triazinetriona (dicloroisocianureto de potássio)
- Sódio dicloro-s-triazinetriona (dicloroisocianureto de sódio)
- Soluções de ácido perclórico
- Soluções de peróxido de hidrogênio
- Superóxido de potássio
- Tetranitrometano
- Tricloro-s-triazinetriona (tricloroisocianúrico) (todas as formas ácidas)
- Trifluoreto de bromo
- Trifluoreto de cloro
- Trióxido de cromo (ácido crômico)

Tabela AF-6 Alguns Compostos Polimerizantes (essas substâncias químicas podem polimerizar rapidamente com emissão de grande quantidade de calor)

1,3-Butadieno	Divinilbenzeno
2-Etil-hexilacrilato	Epicloroidrina
Acetato vinílico	Estireno
Acetileno vinílico	Éter vinílico
Ácido acrílico	Etileneimina
Ácido metacrílico	Etileno
Acrilamida	Etileno cianoidrina
Acrilato de etila	Isocianato de metila
Acrilato de metila	Isopreno
Acrilonitrila	Metacrilato de metila
Acroleína	Metil vinil cetona
Álcool propargílico	Metilclorometil éter
Butilacrilato	Óxido de 1,2-butileno
Butiraldeído	Óxido de etileno
Cianeto de hidrogênio	Óxido de propileno
Cloreto de vinilideno	Propionaldeído
Cloreto vinílico	Tetrafluoretileno
Crotonaldeído	Tetraidrofurano
Diceteno	Tolueno vinílico
Dicloroetileno	Trimetoxisilano
Di-isocianato de tolueno	

APÊNDICE G

Dados de Segurança para uma Série de Substâncias Químicas

Tabela AG-1 Dados de Segurança para uma Série de Substâncias Químicas

Composto	Peso Molecular	Limite de Exposição Ocupacional[a] (Threshold Limit Values – TLV)			OSHA[b] PEL 8-horas ppm	Classificações NFPA[c]		
		Média Ponderada pelo Tempo ppm (Time Weighted Average – TWA)	Exposição de Curta Duração ppm (Short-Term Exposure Limit – STEL)	C ppm		Saúde	Inflamabilidade	Instabilidade
Acetaldeído	44,05			25	200	2	4	2
Acetato de metila	74,08	200	250		200	2	3	0
Acetato de vinilo	86,09	10	15			2	3	2
Acetato etílico	88,10	400			400	1	3	0
Acetileno de metila	40,07	1000			1000			
Acetona	58,05	500	750		1000	1	3	0
Ácido acético	60,00	10	15		10	3	2	0
Ácido acrílico	72,06	2				3	2	2
Ácido butírico	88,1					3	2	0
Ácido clorossulfônico	116,5					4	0	2[w,ox]
Ácido fórmico	46,02	5	10		5	3	2	0
Ácido fosfórico	98,00	1 mg/m³	3 mg/m³		1 mg/m³	3	0	0
Ácido metacrílico	86,1					3	2	2
Ácido nítrico	63,02	2	4		2			
Ácido oxálico	90,04	1 mg/m³	2 mg/m³		1 mg/m³	3	1	0
Ácido pícrico	229,11	0,1 mg/m³			0,1 mg/m³	3	4	4
Ácido sulfúrico, aq.	—	0,2 mg/m³			1 mg/m³	3	0	2[w]
Acrilonitrila	53,05	2			1910,1045[R]	4	3	2
Acroleína	56,06			0,1	0,1	4	3	3
Álcool etílico	46,07		1000		1000	2	3	0

Tabela AG-1 Dados de Segurança para uma Série de Substâncias Químicas (*continuação*)

Composto	Peso Molecular	Limite de Exposição Ocupacional[a] (*Threshold Limit Values* – TLV)			OSHA[b] PEL 8-horas ppm	Classificações NFPA[c]		
		Média Ponderada pelo Tempo ppm (*Time Weighted Average* – TWA)	Exposição de Curta Duração ppm (*Short-Term Exposure Limit* – STEL)	C ppm		Saúde	Inflamabilidade	Instabilidade
Álcool isobutílico	74,12	50			100	2	3	0
Álcool metílico	32,04	200	250		200	1	3	0
Amônia	17,03	25	35	50	50	3	1	0
Anidrido acético	102,9	5			5	3	2	1
Anidrido ftálico	148,11	1			2	3	1	0
Anidrido maleico	98,06	0,1			0,25	3	1	1
Anilina	93,12	2			5[s]	2	2	0
Arsênico	74,92	0,01 mg/m³			1910,1010[R]	4	4	2
Arsina	77,95	0,005			0,05	4	4	2
Benzeno	78,11	0,5	2,5		1910,1028[R]	1	3	0
Bifenila	154,20	0,05	0,15		0,2	1	1	0
Brometo de hidrogênio	80,92			2	3			
Brometo de metila	94,05	1			(C) 20[s]	3	1	0
Brometo de vinilo	106,96	0,5				2	4	1
Bromo	159,81	0,1	0,2		0,1	3	0	0[ox]
1,3 Butadieno	54,09	2			1910,1051[R]	2	4	2
Buteno	56,11	250				1	4	0
Butiraldeído	72,1					3	3	2
Caprolactona	113,16	5 mg/m³						
Carbureto de cálcio	64,1					3	3	2[w]

(*continua*)

Tabela AG-1 Dados de Segurança para uma Série de Substâncias Químicas (*continuação*)

Composto	Peso Molecular	Limite de Exposição Ocupacional[a] (*Threshold Limit Values* – TLV)			OSHA[b] PEL 8-horas ppm	Classificações NFPA[c]		
		Média Ponderada pelo Tempo ppm (*Time Weighted Average* – TWA)	Exposição de Curta Duração ppm (*Short-Term Exposure Limit* – STEL)	C ppm		Saúde	Inflamabilidade	Instabilidade
Ceteno	42,04	1,5			0,5	1	3	0
Cetona dietílica	86,13	200	300			4	4	2
Cianeto de hidrogênio	27,03			4,7	10	3	0	0
Cianeto de sódio	49,0					3	0	0
Ciclo-hexano	84,16	100			300	1	3	0
Ciclo-hexanol	100,16	50			50	1	2	0
Ciclo-hexanona	98,14	20	50		50	1	2	0
Ciclo-hexeno	82,14	300			300	1	3	0
Ciclopentano	70,13	600				1	3	0
Cloreto de hidrogênio	36,74			2	(C) 5	3	0	1
Cloreto de metila	50,49	50	100			2	4	0
Cloreto de vinilo	62,50	1			1910,1017[R]	2	4	2
Cloreto polivinílico		1 mg/m³						
Cloro	70,91	0,5	1		1	4	0	0[ox]
Clorobenzeno	112,56	10			75	3	3	0
Cloroetil	64,52	100			1000	2	4	0
Clorofórmio	119,38	10			(C) 50	2	0	0
Crotonaldeído	70,09			0,3	2	4	3	2
Cumeno	120,90	50			50[s]	2	3	1
Diborano	27,69	0,1			0,1	4	4	3[w]

Tabela AG-1 Dados de Segurança para uma Série de Substâncias Químicas (*continuação*)

Composto	Peso Molecular	Limite de Exposição Ocupacional[a] (*Threshold Limit Values* – TLV)			OSHA[b] PEL 8-horas ppm	Classificações NFPA[c]		
		Média Ponderada pelo Tempo ppm (*Time Weighted Average* – TWA)	Exposição de Curta Duração ppm (*Short-Term Exposure Limit* – STEL)	C ppm		Saúde	Inflamabilidade	Instabilidade
Dicloreto de etileno	98,96	10			3	2	3	0
1,1-Dicloroetano	98,97	100			100	1	3	0
1,2-Dicloroetileno	96,95	200			200	2	4	2
Diclorometano = cloreto de metileno	96,95	200			200	2	1	0
Diesel combustível	—	100 mg/m³				1	2	0
Dietilamina	73,14	5	15		25	3	3	0
Dimetilamina	45,08	5	15		10	3	4	0
1,4-Dioxano	88,10	20			100	2	3	1
Dióxido de carbono	44,01	5000			5000			
Dióxido de cloro	67,46	0,1	0,3		0,1	3	0	0
Dióxido de enxofre, liq.	64,07		0,25		5	3	0	0
Dióxido de nitrogênio	46,01	3	5		(C) 5	3	4	0
Dissulfeto de carbono	76,14	1			5	4	3	2
Epicloridrina	92,53	0,5			5	2	3	2
Estireno, monômero	104,16	20	40		2 mg/m³	1	4	1
Éter dietílico	74,1							
Éter etílico	74,12	400	500		400	1	4	1
Éter isopropílico	102,17	250	310		500	2	3	1
Etil mercaptano	62,13	0,5			(C) 10	2	4	1

(*continua*)

Tabela AG-1 Dados de Segurança para uma Série de Substâncias Químicas (*continuação*)

Composto	Peso Molecular	Limite de Exposição Ocupacional[a] (Threshold Limit Values – TLV)			OSHA[b] PEL 8-horas ppm	Classificações NFPA[c]		
		Média Ponderada pelo Tempo ppm (Time Weighted Average – TWA)	Exposição de Curta Duração ppm (Short-Term Exposure Limit – STEL)	C ppm		Saúde	Inflamabilidade	Instabilidade
Etilamina	45,08	5	15		10	3	4	0
Etilbenzeno	106,16	100	125		100	2	3	0
Etilbrometo	108,98	5			200	3	3	0
Etileno	28,05	200				2	4	2
Etileno glicol	62,07			100 mg/m³	(C) 0,2	2	1	0
Fenol	94,11	5			5[s]	4	2	0
Flúor	38,00	1	2		0,1	4	0	4[w]
Fluoreto de hidrogênio	20,01	0,5		2		4	0	1
Fluoreto de vinilo	46,05	1				2	4	2
Formaldeido	30,03			0,3	1910,1048R	3	4	0
Formato de metila	60,05	100	150		150	2	4	0
Fosfina	34,00	0,3			0,3	4	4	2
Fosgênio	98,92	0,1			0,1	4	0	1
Furfural	96,08	2			5	3	2	1
Gases alcanos, C_1-C_4	—	1000						
Gasolina	—	300	500			1	3	0
Heptano, todos os isômeros	100,20	400	500		500	1	1	3
Hexacloroetano	236,74	1			1			
Hexano, outros isômeros	86,18	500	1000					

Tabela AG-1 Dados de Segurança para uma Série de Substâncias Químicas (*continuação*)

Composto	Peso Molecular	Limite de Exposição Ocupacional[a] (*Threshold Limit Values* – TLV)			OSHA[b] PEL 8-horas ppm	Classificações NFPA[c]		
		Média Ponderada pelo Tempo ppm (*Time Weighted Average* – TWA)	Exposição de Curta Duração ppm (*Short-Term Exposure Limit* – STEL)	C ppm		Saúde	Inflamabilidade	Instabilidade
Hidrazina	32,05	0,01			1	4	4	3
Hidróxido de sódio	40,0			2 mg/m³	2 mg/m³	3	0	1
Iodo		0,01	0,1		(C) 0,1			
Isocianato de metila	57,05	0,02			0,02[s]	4	3	2[w]
Metil mercaptano	48,11	0,5			(C) 10	4	4	1
Metil-etil-cetona	72,10	200	300		200	1	3	0
Metilamina	31,06	5	15		10	3	4	0
Monóxido de carbono	28,01	25			50	2	4	0
n-Butanol	74,12	20			100	3	3	0
n-Hexano	86,18	50			500	1	3	0
Naftaleno	128,19	10	15		10	2	2	0
Nitrobenzeno	123,11	1			1[s]	3	2	1
Nitrometano	61,04	20			100	2	3	4
Nonano	128,26	200				1	3	0
Octano, todos os isômeros	114,22	300			500	1	3	0
Óxido de etileno	44,05	1			1910,1047R	3	4	3
Óxido de propileno	58,08	2			100	3	4	2
Óxido nítrico	30,01	25			25			
Óxido nitroso	42,02	50						
Óxidos de nitrogênio						3	0	0[ox]

(*continua*)

Tabela AG-1 Dados de Segurança para uma Série de Substâncias Químicas (*continuação*)

Composto	Peso Molecular	Limite de Exposição Ocupacional[a] (*Threshold Limit Values* – TLV)			OSHA[b] PEL 8-horas ppm	Classificações NFPA[c]		
		Média Ponderada pelo Tempo ppm (*Time Weighted Average* – TWA)	Exposição de Curta Duração ppm (*Short-Term Exposure Limit* – STEL)	C ppm		Saúde	Inflamabilidade	Instabilidade
Ozônio	48,00				0,1			
Trabalho leve:		0,10						
Trabalho moderado:		0,08						
Trabalho pesado:		0,05						
< 2 horas		0,20						
Pentano, todos os isômeros	72,15	600			1000	1	4	0
Peróxido de hidrogênio	34,02	1			1			
40% a 60%						3	0	1^{ox}
>60%						3	0	3^{ox}
Piridina	79,10	1			5	3	3	0
Propileno	42,08	500				1	4	1
Querosene		200 mg/m³				2	2	0
sec-Butanol	74,12	100			150	3	3	2^w
Sódio	22,9					4	4	0
Sulfeto de hidrogênio	34,08	10	15		100			
terc-Butanol	74,12	100			100	1	3	0
Terebintina	~136	20				3	0	0
Tetracloreto de carbono	153,84	5			2 mg/m³	2	0	0
Tetracloroetileno	165,80	25	100					

Tabela AG-1 Dados de Segurança para uma Série de Substâncias Químicas (*continuação*)

Composto	Peso Molecular	Limite de Exposição Ocupacional[a] (*Threshold Limit Values* – TLV)			OSHA[b] PEL 8-horas ppm	Classificações NFPA[c]		
		Média Ponderada pelo Tempo ppm (*Time Weighted Average* – TWA)	Exposição de Curta Duração ppm (*Short-Term Exposure Limit* – STEL)	C ppm		Saúde	Inflamabilidade	Instabilidade
Tolueno	92,13	20			2 mg/m^3	2	3	0
Tricloroetileno	131,40	10	25		2 mg/m^3	2	1	0
Trietilamina	101,19	1	3			3	3	0
Trimetilamina	59,1	5	15			3	4	0
Xileno	106,16	100	150		100	2	3	0

[a] Dados do valor limite (TLV) da American Conference of Governmental Industrial Hygienists (ACGIH), *2009 TLVs and BEIs* (Cincinnati, OH: ACGIH, 2009).
[b] US Occupational Safety and Health Administration (OSHA), www.osha.gov.
[c] Classificações NFPA da National Fire Protection Association, *Fire Protection Guide to Hazardous Materials* (Quincy, MA: NFPA, 2002).
[OX] Oxidante
[R] Esses produtos químicos têm uma regulamentação específica da OSHA. Veja o documento da OSHA em *www.OSHA.gov*.
[S] Esses produtos químicos têm uma designação de pele da OSHA. Isso significa que eles podem ser absorvidos através da pele.
[W] Reativo à água.
A ausência de dados não indica propriedades não perigosas, mas apenas que os dados não são divulgados.

Índice

A

Acidente(s)
  e perdas, estatísticas de, 4
  em plantas químicas, 14
    e de hidrocarbonetos,
      distribuição de perdas, 17
  equipamentos associados, 16
  estatísticas para indústrias
    selecionadas, 8
  natureza do processo de um, 14
  pirâmide de, 11
  processo de um, vencendo o, 18
  relatório típico, 562
Acúmulo de carga de várias
  operações, 319
Água
  categorias químicas susceptíveis à
    reatividade com, 635
  perigosa expansão da, 595
  substâncias comuns reativas à, 635
Álcool
  etílico, coeficiente de pressão
    térmica do, 460
  metílico, coeficiente de pressão
    térmica do, 460
Alívio(s)
  conceitos, 403
  convencionais operados por mola
    para escoamento de
      líquido, 429
      vapor ou gás, 434
  dados para dimensionar os, 415
  de pressão, 402-427
  dimensionamento dos, 428-370
  operados por mola e discos de
    ruptura, 408
  projeto de, 418
  sistemas de, 416
  válvula de, 411
  vantagens e desvantagens
    dos, 414
*American Institute of Chemical
  Engineers* (AIChE), 4
Análise
  das camadas de proteção, 538
  do erro humano, 501
  dos modos de falha, efeitos e
    criticalidade, 502
  quantitativa de riscos
    (AQR), 471, 538
Aparelho
  de teste para colher dados da
    explosão de vapor, 263
  para poeiras, 265
AQR (*quantitative risk analysis*), 471
Árvore(s)
  cálculos quantitativos utilizando
    a, 535
  de eventos, 526
  de falhas, 530
  relação entre, de falhas e árvores
    de eventos, 537
  transferência lógica utilizadas em
    uma, componentes, 532
  vantagens e desvantagens, 536
Atenuação da emissão, 220
  abordagens, 221
Aterramento, 336
Auto-oxidação, 256
Auxiliar de manutenção transportando
  ferramentas, caso, 581
Avaliação
  da segurança, 495
  de risco, 512-554
  de segurança e investigações de
    acidentes, 561
  formal da segurança, 499
  informal da segurança, 497
  probalística de riscos, 471

B

Backpressure, 405
Balanço de cargas, 328
Benzeno, coeficiente de pressão
  térmica do, 460
Bhopal, Índia, 23
  rota reacional do metil isocianato
    usada em, 24
Bloquear-etiquetar-experimentar,
  permissão, 559
Blowdown, 405

Bomba
  falha da, 590
  vibração da, 589
Butadieno, explosão de, 589

C

Cálculos eletrostáticos, propriedades
  dos, 318
Calor, energia ou trabalho,
  equivalências, 606
Calorimetria dos produtos
  químicos, 365
Calorímetro(s), 367
  análise teórica dos dados do, 371
Camada(s) de proteção, 556
  análise das, 538
  independente, 543
Capacidade térmica γ para gases
  selecionados, 136
Capacitância
  de um corpo, 325
  de vários objetos, 321
Capacitores carregados,
  energia dos, 321
Caracterização dos produtos
  químicos reativos, perguntas
  importantes para, 365
Carga(s)
  acúmulo, 312
  balanço de, 328
  estática, fundamentos de, 312
Carregamento
  em dupla camada, 313
  por contato e atrito, 313
  por indução, 314
  por transporte, 314
Caso(s)
  fatais reportáveis, 6
  históricos, 579
  médicos reportáveis, 6
  não fatais reportáveis sem
    afastamento, 6
  reportáveis, 6
CEI, Índice Dow de Exposição
  Química, 478
Cenário, definição, 19

Centelhas, 335
Chumbo, 36
Chuveiros automáticos, 345
Ciclos da purga a vácuo, 300
Cloreto de vinil, explosão de, 595
Code of Federal Regulations (CFR), 62
Código de ética
   da AIChE, 558
   da Engenharia, 558
   Profissional do *American Institute of Chemical Engineers*, 5
Coeficiente
   de difusividade sendo função da direção, 186
   de dispersão para modelo de pluma de Pasquill-Gifford nas emissões rurais, 190
   de expansão térmica de uma série de líquidos, 460
Coifa, 99
   -padrão de laboratório, 100
Combustão, 233
Combustível(is), 232
   para a equação de Swift-Epstein, constante característica do, 452
Compostos
   peroxidáveis, 584
   polimerizantes, 638
Compressão adiabática, 257
Concentração(ões)
   de TWA, 80
   experimentais de oxigênio em serviço, 310
   limite de oxigênio, 245
Condensadores, 423
Condutividade em aditivos, aumentando a, 338
Condutor em um depósito de sólidos, caso, 580
Confinamento, 566
Conjunto de cortes mínimos, determinação dos, 534
Consequências, categorização semiquantitativa das, 541
Constante(s)
   de conversão de unidades, 605-607
   dos gases ideais, 607
   gravitacional g_c, 606
   para coeficientes de perda nos acessórios e válvulas, 2-K, 128
Contrapressão, 405
Cultura de segurança, 598
Curva
   de banheira típica da taxa de falha para componentes de processo, 514
   de dose resposta, 46
   modelos, 47

D

Dados calorimétricos, aplicação dos, 387
Dano por Míssil, 284
Danos pessoais decorrentes de explosões, 285
Deflagração, 234, 261, 568
Desastres significativos, sete, 22
Descarga(s)
   eletrostáticas, 314
   energia das, 316
   tipo corona, 316
   tipo escova propagadora, 315
Deslocamento a partir do enchimento de um vaso, 93
Detonação, 234, 261, 569
Diagrama de inflamabilidade, 248
Diamante da NFPA, 55
Dias de afastamento, 6
Dimensionamento dos alívios de pressão, cálculo, 428
Discos de ruptura no escoamento
   de líquido, 439
   de vapor ou gás, 439
Dispersão
   de gases densos, 196
   parâmetros que afetam a, 177
Distribuição gaussiana, 42
Doença ocupacional, 6
Dose *versus* resposta, 41
Drenagem, geometria da, 130
Duplo bloqueio e purga, 564

E

Ebulição de piscina de líquido, 160
Efeito(s)
   granada, 284
   tóxicos
      critérios relativos aos, 211
      nos organismos biológicos, 39
Eletricidade estática, 259, 312
   controle da, 334
   lições aprendidas com, 581
Emissão contínua a partir de fonte pontual, sem vento, regime não permanente para, 185
Empuxo
   de liberação, 217
   neutro, modelos de dispersão, 180
Enchimento dos recipientes, exposições do trabalhador durante, 92
Energia
   das descargas eletrostáticas, 316
   das explosões
      mecânicas, 282
      químicas, 280
Engenharia
   ética na, 4
   química, prática da, partes da OSHAct relevantes, 66
Entrada
   e saída de serviço dos tanques/vasos de processamento, equações úteis, 618
   no tanque, permissão de, 560
Equação(ões)
   de Brode, 282
   de Runes, 450
   para entrada e saída de serviço dos tanques/vasos de processamento, 618
   recomendadas para os coeficientes de dispersão de Pasquill-Gifford para a dispersão da Pluma, 191
   Swift-Epstein, constante característica do combustível para, 452
   úteis para misturas gasosas, 613
   utilizadas para aproximar as curvas das correlações de Britter-McQuaid para *puffs*, 200
Equipamento(s)
   à prova de explosão, 340
   de proteção individual, 97
Equivalência
   de calor, energia ou trabalho, 606
   de massa, 605
   de potência, 606
   de pressão, 606
   de TNT, 275
   de volume, 605
ERM (*equilibrium rate model*), 442
Erro humano, análise de, 501
Escala de Hodge-Sterner para o grau de toxidez, 53
Escoamento(s)
   adiabáticos, 138
   bifásico, 441
   choked, 135
   crítico, 135
   de gases ou vapores através de tubulações, 138
   de líquido, discos de ruptura no, 439
   de vapor ou gás, discos de ruptura no, 439
   dos gases ou vapores através de orifícios, 133
   isotérmicos, 145
   líquido através de tubulação, 124
   sônico, 135
      adiabático, 141
Escova propagadora, 315

Índice

Estado estacionário para emissão
 contínua a partir de fonte pontual
  com vento, 185
  sem vento, 183
Estatística(s)
 de acidentes
  e perdas, 4
   para indústrias selecionadas, 8
 de fatalidades para atividades não
  industriais, 9
Estrutura(s)
 de alta pressão, ventilações para, 452
 para baixa pressão, ventilações
  para, 450
 químicas susceptíveis à formação
  de peróxido, 634
Estudos toxicológicos, 40
Éter etílico, coeficiente de pressão
 térmica do, 460
Ética na engenharia, 4
Etileno
 diagrama experimental de
  inflamabilidade para, 252
 explosão de, 588
Evaporação
 a partir do enchimento de
  um vaso, 93
 de piscina de líquido, 160
Exaustão, 99
Expansão térmica, 459
 de uma série de líquidos,
  coeficientes de, 460
Explosão(ões), 14, 270
 características, 266
 conceitos diversos para evitar, 347
 condições e uma reação secundária
  causam uma, 596
 confinada, 234, 262
 danos pessoais decorrentes de, 285
 de butadieno, 589
 de cloreto de vinil, 595
 de etileno, 588
 de hidrocarboneto leve, 589
 de nuvem de vapor, 286
 de pó, 234
  e poeiras, práticas de gestão
   para prevenir, 574
  projetos para prevenir, 574
 de poeira e vapor, ventilação
  para, 449
 de tanque de mistura de
  combustíveis, 597
 de vapor em expansão de líquido
  em ebulição, 234, 287
 em uma centrífuga, caso, 579
 incêndios e, distinção entre, 233
 mecânica, 234

não confinada, 234
no carregamento de vagões-tanque,
 caso, 579
no sistema de dutos, caso, 579
parâmetros que afetam
 significativamente o
 comportamento das, 260
químicas, energia das, 280
resultantes da sobrepressão,
 danos de, 271
supressão de, 565
Exposição
 aos tóxicos voláteis, avaliação pelo
  monitoramento, 80
 do trabalhador
  à poeira, avaliação, 84
  ao ruído, avaliação, 85

F

F&EI, Índice Dow de Incêncio e
 Explosão, 478
Falha(s)
 árvore de, 530
 da bomba, 590
 de causa comum, 526
 na demanda, 542
 na solda, 598
 ocultas, 520
 reveladas, 520
FAR (*fatal accident rate*), 4
Fator
 de Atrito de Fanning, 125,
 de mistura não ideal k para várias
  condições de ventilação de
  diluição, 102
 de rugosidade ε das
  tubulações, 125
Federal Register, 62
Fibrose, 40
Ficha de informações de segurança de
 produtos químicos, 78
Flare, 421, 439
Flash
 de líquidos, 154
 point, 233, 478
  constantes utilizadas para
   prever, 237
  em vaso aberto de Cleveland,
   determinação, 236
Flixborough, Inglaterra, 22
 falha de uma seção de tubulação
  causou o acidente, 23
Fluidos de processo, alívios para
 expansão térmica dos, 459
Fluxo de corrente, 317
Fonte(s)
 de ignição, 232, 258

de informação sobre perigos
 relacionados à reatividade dos
 produtos químicos, 363
eletrostáticas de ignição, energia
 das, 317
modelos de, 113-175
Fórmula de Darcy, 142

G

Gás (Gases)
 cloro, perfil de concentração de uma
  emissão de, 230
 denso para gás de empuxo neutro,
  transição de, 205
 densos, dispersão de, 196
Gestão
 da Segurança dos processos de
  Produtos Químicos de Alta
  Periculosidade, 67
 de risco, plano de, 69
 para prevenir explosões de pó e
  poeiras, práticas, 574
Glicerina, coeficiente de pressão
 térmica do, 460
Grupos funcionais reativos, 362

H

Halogenatos, 38
HAZOP, 488
 estudo aplicado, 494
 formulário para registro de dados, 492
 palavras-guia utilizadas no
  procedimento, 490
Hidrocarboneto(s)
 leve, explosão de, 589
 selecionados, dados de
  inflamabilidade de, 608
Hidrogênio, diagrama experimental de
 inflamabilidade para, 253
Hierarquia de segurança de processos
 camadas de proteção, 556
 estratégias de segurança, 556
Higiene industrial, 35
 antecipação, 73
 avaliação, 77
 em plantas de produtos químicos,
  métodos, 96
 identificação, 73
 normas governamentais, 62
Higienista industrial, 73

I

IDLH (*immediately dangerous to life
 and health*), 55
Ignição, 233
 dos principais incêndios, 259

eletrostáticas, métodos gerais de projeto para evitar, 334
fonte de, 258
Incêndio(s), 14, 233
conceitos diversos para evitar, 347
e explosões, conceitos para prevenir, 298-355
externos aos tanques de processo, ventilação para, 455
nas indústrias químicas, proteção contra, 348
Incidente(s)
de processo, diretrizes para seleção dos, 163
definição, 19
Incompatibilidade química, 357
Índice
dados do, 586
de Incêndio e Explosão aplicado a uma instalação, 485
de perigo e reação, 583
Dow
de Exposição Química, 478
de Incêndio e Explosão, 478
dados selecionados para, 481
determinação do grau de perigo no, 483
Inércia térmica, 368
Inertização, 245, 298
Inflamabilidade
de hidrocarbonetos selecionados, 608
diagrama, 248
dos líquidos e vapores, características, 235
limites de, 233
no oxigênio puro, limites, 244
zona de, 253
Instalações de alívios, práticas de, 416, 6
Instrução individual, possíveis modos de falha, 358
Instrumentos à prova de explosão, 340
Intensidade sonora de atividades comuns, níveis, 85
Interação química, 357
Invólucros à prova de explosão, 340
IPL (*independent protection layer*), 543

J

Jacksonville, Florida, 28

L

Lei
do *United States Code,* 64
Emergency Planning and Community Right-to-Know, 217
Walsh-Healy, 63
Lesão ocupacional, 6
Levantamento dos perigos, 478
Liberação(ões)
de abertura limitada, tipos de, 115
realistas e cenários mais desfavoráveis, hipóteses de, 162
tóxica, 14
Ligações entre componentes, cálculos de vários tipos de, 517
Limite
de inflamabilidade, 233
de tolerância, 53
definições para, 54
Listas de verificação dos perigos do processo, 473
LOPA
análise das camadas de proteção, 537
formato geral da, 547
típica, 546

M

Massa, equivalência de, 605
Material(is)
de construção, 567
inflamáveis, dados de ventilação para manuseio, 344
resistência dos, 569
Matriz de compatibilidade química, 363
MAWP (*maximum allowable working pressure*), 405
MCMT(*methilcyclopentadienyl manganese tricarbonyl*), 28
Medida linear, 606
Mercúrio, coeficiente de pressão térmica do, 460
Metano, pressão máxima da combustão de, 238
Metanol, pressão de saturação do vapor do, 238
Método
de alívio, 403
de Baker-Strehlow, 279
de multienergia da TNO, 276
do nomograma simplificado, 446
do *probit,* 47
do TNT equivalente, 275
Misturas gasosas, equações úteis para, 613
Modelagens da dispersão de Pasquill-Gifford, limitações da, 196
Modelo
de Britter e McQuaid, 197
de fonte, análise conservadora, 162
de liberação tóxica e de dispersão de empuxo neutro, 180
parâmetros que afetam a dispersão, 177
de Pasquill-Gifford, 189
de *puff,* 180
de taxa de equilíbrio, 442
Modos de falha, efeitos e criticalidade, análise, 502
Morte(s)
acidentais, 12
por pessoa por ano, 4

N

National Electrical Code (NEC), 55
Névoas, 259
NFPA (*National Fire Protection Association*), 55
NIOSH (Instituto Nacional de Saúde e Segurança Ocupacional), 63
Nitrobenzeno do ácido sulfônico, decomposição do, 587
Nomograma
para dimensionar alívios básicos, 448
simplificado, método do, 446
Norma(s)
antiterrorismo para instalações de produtos químicos, 71
do *Code of Federal Regulations,* 64
Número
de Mach, 143
de Reynolds, 125

O

Odor de vários produtos químicos, limiares do, 76
Onda de choque, 234
Operating pressure, 405
Organismos biológicos
como tóxicos são eliminados pelos, 39
efeitos tóxicos nos, 39
Orientação(ões)
de concentração alternativa, hierarquia recomendada, 219
de emergência à exposição, níveis de, 215
OSHA (*Occupational Safety and Health Administration*), 5
direito de execução da, 64
Overpressure, 405
Oxidantes, 232
típicos, 637
Oxigênio limitantes, concentrações de, 246

Índice

P

Pasadena, Texas, 25
Perda(s)
    fatores de crédito para controle de, 480
    para os maiores acidentes em plantas químicas e de hidrocarbonetos, causas, 16
    prevenção, 2
Perigo(s), 2
    definição, 19
    identificação de, avaliação de segurança, 495
    levantamento dos, 478
    potenciais, identificação dos, 74
    tóxico, 35
Permissão
    bloquear-etiquetar-experimentar, 559
    de entrada no tanque, 560
    para trabalho a quente, 559
Peróxido, 583
    estruturas químicas susceptíveis à formação de, 634
PFD (*probabilities of failure on demand*), 542
    para IPLs ativas e ações humanas, 544
    para IPLs passivas, 543
Pigmento e filtro, caso, 580
Pino de ruptura, alívios
    do tipo, 412
    operados por, 449
Pior cenário, condições de, 196
Pirâmide de acidentes, 11
Planejamento da resposta de emergência, diretrizes, 213
Plano de gestão de risco, 69
    da EPA, parâmetros tóxicos especificados pelo, 218
Plantas químicas, 2
Plenums, 102
Pluma
    característica formada por uma emissão contínua do material, 178
    de chaminé, 220
    em estado estacionário com fonte localizada no solo, 188
Pó e poeira, projetos para lidar com, 573
Poeira, 38
    exposição do trabalhador à, avaliação, 84
Port Wentworth, Georgia, 28
Potência, equivalência de, 606
PRA (*probabilistic risk assessment*), 471
Pressão
    acumulada máxima permitida, 405
    de ajuste, 405
    de saturação a vapor, dados, 632
    de trabalho, máxima permitida, 405
    equivalência de, 606
    operacional, 405
Prevenção de perdas, 2
Primeiros socorros, 6
Probabilidade
    de coincidência, 524
    teoria das, revisão, 513
Probit (*probability unit*), 47
    correlações para uma variedade de exposições, 50
    transformação de porcentagens em, 49
Procedimento(s)
    de identificação de perigos e avaliação de riscos, 472
    operacionais, 558
    permissões, 559
    projetos de segurança e, 555-577
Processo
    de lavagem do tolueno com água, 223
    segurança de, estratégias, 556
Produto(s) químico(s)
    autorreativo, 357
    fonte de informação sobre perigos relacionados à reatividade dos, 363
    reativos, perigos específicos, 361
    perigos específicos, 361, 364
    pirofóricos e espontaneamente combustíveis, 633
Programa
    de prevenção, comparação dos, 71
    de resposta de emergência, 71
    de segurança bem-sucedido, ingredientes, 3
Projeto
    de segurança de processos, 562
    inerentemente mais seguros, 562
    para incêndios e explosões, 572
    para lidar com pó e poeira, 573
    para prevenir explosões de pó, 574
    para reações descontroladas, 572
Propriedades de inflamabilidade, relações entre, 235
Puff
    com vento, 183, 187
    formado pela emissão quase instantânea do material, 178
    sem vento, 184
    e com fonte localizada no solo, 188
Purga
    à vácuo, ciclos, 300
    combinada por pressão-vácuo, 303
    por pressão, 302
    ciclos de, 302
    com nitrogênio impuro, 304
    por sifão, 307
    por varrimento, 305

Q

Queda de voltagem eletrostática, 320

R

Reação(ões)
    descontrolada, 357
        de fenol-formaldeído, 595
    híbrida/não temperada, 387
    híbrida/temperada, 387
    volátil/temperada, 387
Reatividade química
    caracterização dos perigos relacionados a produtos químicos reativos, 364
    compreensão sobre o tema, 356
    compromisso, conscientização e identificação dos perigos, 359
    controle dos perigos, 388
    lições aprendidas com, 588
    perigo relacionado à, 357
Reator de polimerização sem alívio de segurança, 408
Redundância, 564, 565
Relatório
    de avaliação formal da segurança, 621-631
    típico de acidente, 562
Relaxamento, 335
Respiradores, 95
    úteis para a indústria química, 98
Risco(s), 2
    aceitável, 12
    análise quantitativa de, 538
    avaliação de, 512-554
    definição, 19
Ruído
    exposição(ões)
        do trabalhador ao, avaliação, 85
        permissíveis, 86
    intensidade do, cálculo, 85
Runes, equação de, 450

S

Safety, 2
    review, 495
Salvaguardas, 564, 565
Saúde, identificação de, dados úteis, 75
Scrubbers, 422, 439
Segunda explosão
    de etileno, 590

de óxido de etileno, 591
Segurança, 2
    avaliação(ões) da, 495
        formais e informais, *checklist*, 496
    cultura de, 598
    dos processos químicos, 65, 389
    gerenciando a, 557
    inerente, 19
    intrínseca, 19
    problemas relevantes para as indústrias químicas, 72
    programa de segurança, 2
    química indicativa de preocupação do público e, 3
    vulnerabilidade da, avaliação, 73
Set pressure, 405
Seveso, Itália, 25
Sifão, purga por, 307
Sistema(s)
    de alívio, 405
    de aspersores, 346
    de controle de fluxo, 517
    de proteção com *spray*, 346
    de purga e duplo bloqueio, 564
    de reação, temperado, 441
    de *sprinkler*, 346
    de ventilação, 99
Sobreposição em escala Sachs, 279
Sobrepressão, 234, 405
Sólidos
    com vapores inflamáveis, manuseio de, 340
    sem vapores inflamáveis, manuseio de, 339
Sprays, 259
Sprinkler, 345
Stratum corneum, 37
Substâncias químicas
    dados de segurança para uma série de, 639-647
    reativas, tipos especiais, 633-638
Supressores de chama, 565

T

Tanque, procedimentos, 594
Taxa
    de acidentes fatais, 4
    de evaporação de um líquido, estimativas, 89
    de falha, 514, 516
    de fatalidade, 4
    de ocorrência, 6
        da OSHA, 4
    volumétrica, determinação, 100
Técnica intrinsecamente segura, 21
Temperatura de autoignição, 233
Teoria das probabilidades, revisão da, 513
Terebintina, coeficiente de expansão térmica, 460
Termos usados pela OSHA e indústria para representar perdas relacionadas ao trabalho, 6
Tetracloreto de carbono, coeficiente de pressão térmica do, 460
Texas City, Texas, 27
TLV-C, 54
TLV-STEL, 54
TLV-TWA, 54
TNO (*Netherlands Organization for Applied Scientific Research*), 276
Tocha, 421
Tolueno, processo de lavagem com água, 500
Toxicidade, 35
Toxicologia
    como tóxicos
        entram em organismos biológicos, 36
        são eliminados pelos organismos biológicos, 39
    diamante da NFPA, 55
    dose *versus* resposta, 41
    efeitos tóxicos nos organismos biológicos, 39
    estudos toxicológicos, 40
    limites de tolerância, 53
    modelos para curvas de dose resposta, 47
    toxidez relativa, 52
    valores de concentração limite, 53
Tóxicos
    como entram em organismos biológicos, 36
    eliminados pelos organismos biológicos, como, são, 39
    no sangue, níveis de concentração, 37
    respostas a, 40
    rotas de entrada para, e métodos de controle, 36
Toxidez, 35
Trabalho a quente, permissão para, 559
Tratamento médico, 6
Treinamento
    dentro das universidades, 599
    relativo ao uso dos padrões, 600
Triângulo do fogo, 231
Tubulação(ões)
    de imersão, 338
    escoamento
        de gases ou vapores através de, 138
        de líquidos através de, 124

U

União, 336
Unidade(s)
    constantes de conversão de, 605-607
    de processamento, interações entre, 514

V

Valor(es)
    de concentração limite, 53
    de ERPG (*emergency response planning guideline*), 483
    de frequência típicos aos eventos iniciadores, 542
        para um cenário de acidente, 542
    eletrostáticos aceitos nos cálculos, 320
Válvula
    de alívio, 411
    de bloqueio, 564
    de pressão, 411
    de segurança, 411
    piloto, alívios operados por, 412
Vapor(es)
    misturas de, 239
    tóxicos, estimativa da exposição do trabalhador aos, 87
    volátil, balanço de massa do, 87

Pré-impressão, impressão e acabamento

grafica@editorasantuario.com.br
www.editorasantuario.com.br

Aparecida-SP